KB050045

DEF STAN 00-600
& JSP 886 Vol. 7

DEF STAN 00-600
& JSP 886 Vol. 7

초판 1쇄 인쇄일 2015년 10월 13일
초판 1쇄 발행일 2015년 10월 19일

지은이 영국 국방부
옮긴이 이해종
펴낸이 양옥매
디자인 최원용
교 정 조준경

펴낸곳 도서출판 책과나무
출판등록 제2012-000376
주소 서울특별시 마포구 월드컵북로 44길 37 천지빌딩 3층
대표전화 02.372.1537 **팩스** 02.372.1538
이메일 booknamu2007@naver.com
홈페이지 www.booknamu.com
ISBN 979-11-5776-100-5(93390)

이 도서의 국립중앙도서관 출판시도서목록(CIP)은 서지정보유통지원 시스템 홈페이지(http://seoji.nl.go.kr)와 국가자료공동목록시스템 (http://www.nl.go.kr/kolisnet)에서 이용하실 수 있습니다.
(CIP제어번호 : CIP2015027669)

DEF STAN 00-600 & JSP 886 Vol. 7

종합군수지원(국방부 사업 요구사항)

& 국방 군수지원체계 매뉴얼 7권 종합군수지원

영국 국방부 저 이해종 옮김

서문

푸르른 꿈을 안고 육군 병기장교로 임관한 지 얼마 지나지 않은 것 같은데 벌써 20년이란 시간이 훌쩍 흘러버리고, 이제는 마무리할 시간을 눈앞에 두고 있습니다. 지난 20년간의 군 생활을 돌아보면 10년 정도는 ILS 요소를 사용하는 야전 및 정비창의 정비실무자로 근무하였고, 그 후 10년은 방위사업청에서 ILS요소 개발을 관리하거나 기술지원하는 업무를 담당하였습니다.

야전에 근무하면서도 장교로서는 드물게 종합정비창의 정비현장에서 직장장 직책을 수행하며 장비/정비에 대한 이해와 ILS에 대한 필요성을 체감하였으며, 방위사업청에서 근무하는 10년 중 8년간을 '종합군수지원개발1팀'에서 근무하며 다양한 육군 무기체계의 ILS 개발과정에 참여하는 행운을 얻을 수 있었습니다. ILS라는 업무가 제게는 너무나 흥미롭고 재미있는 일이였기 때문에, 군 생활의 대부분, 아니 거의 전부를 투자할 수 있었다고 생각합니다.

ILS 라는 업무를 수행하기 위하여 이에 대한 공부를 하고 사업을 통하여 경험을 쌓아갈수록 두가지 커다란 궁금증이 생겨나기 시작했습니다.

"첫째, 운영유지단계를 위하여 개발하는 ILS에 왜 무기체계나 사업의 특성을 반영하는 절차는 없는 것인가?"

"둘째, 우리가 수행하는 ILS에 대한 규정이나 관련 이론 등은 우리와는 경제규모나 무기체계 개발환경이 너무나 차이가 나는 미국에서 온 것들밖에 없는가?"

하는 것입니다.

이러한 고민이 머릿속에 떠나지 않고 있음에도 불구하고 현업이 바쁘다는 이유로 애써 이를 무시하며 지내오다 2012년 공무 국외출장을 준비하면서 영국 국방부의 ILS 규정인 Def Stan 00-600과 JSP 886 제7권에서 그동안의 고민을 해결할 수 있는 실마리를 찾게 되었습니다.

영국 국방부에서는 2010년 4월 ILS에 관한 규정을 개정하면서 총 7개 Part로 구성된 Def Stan 00-60을 총 26페이지로 구성된 Def Stan 00-600으로 개정하면서 대부분의 상세한 내용들은 주로 JSP 886 제7권을 호출하는 형태로 개정하였습니다. 규정은 최소한의 기준만을 제시하고 세부적인 사항은 매뉴얼을 참조하도록 개정을 추진한 것은 효율적임과 동시에 업무에 발전적인 사항에 대해서는 좀더 유연하게 적용할 수 있는 방안이라는 생각합니다.

이 책에는 우리가 관심을 가져야 할 몇 가지 사항이 있습니다.

첫째, ILS 테일러링에 관한 사항입니다. 우리나라 ILS 업무의 기준이 되는 방위사업관리규정과 종합군수지원개발 실무지침서에는 11대 종합군수지원요소에 대한 설명과 이를 주장비 연구개발 시 함께 확보해야 한다는 내용만이 기술돼 있을 뿐, 사업의 성격과 무기체계 특성에 따라 조정이 가능하다는 내용은 누락되어 있었습니다. 이 책에서는 ILS 요소에 대하여 사업의 종류, 개발형태 등을 고려하여 운영에 꼭 필요한 것만을 획득할 수 있도록 ILS 테일러링을 규정에 반영하였고 JSP 886 제7권에 이에 대한 자세한 절차를 제시하였습니다.

이 책을 번역하는 과정 중에 쌓인 지식을 바탕으로 2014년 12월 개정된 방위사업관리규정에 "연구개발 및 구매하고자 하는 무기체계의 특성과 사업의 성격에 따라 그 개발항목 및 범위를 조정"할 수 있도록 반영하였으며, 2015년 7월 개정된 종합군수지원 개발 실무지침서에는 ILS 테일러링을 위한 기본절차를 수록하여 관련 업무를 수행하는 데 적용하도록 하였습니다.

둘째, 소프트웨어 ILS에 대한 기본적인 방향을 제공하고 있습니다. JSP 886 제7권 제4부는 '소프트웨어 지원'으로 구성되어 있습니다. 무기체계뿐만 아니라 소프트웨어 없이는 사용가능한 장비가 극히 제한될 정도로 민간과 국방 모든 분야에서 소프트웨어의 중요성은 날이 갈수록 높아지고 있습니다. 이러한 현상을 반영하여 방위사업관리규정에는 소프트웨어의 운영유지를 위하여 무기체계 소프트웨어에 대해서도 ILS 업무를 수행하도록 규정하였으나 이를 어떻게 수행할 것인가에 대한 지침이나 이론이 부족하여 사업을 수행하는 데 많은 어려움과 시행착오를 겪고 있습니다. 이 책에는 이에 대한 업무를 어떻게 수행해야 하는가에 대한 기준을 제시하고 있어 연구개발사업 간 소프트웨어의 ILS를 어떻게 개발하여야 할지 이를 해결할 실마리를 제공하고 있습니다.

그 외에도 계약에 관한 사항, 정비관점에서의 설계에 관한 사항 등 여러 가지 눈여겨 볼 만한 사항들이 있습니다.

제가 이 책의 번역을 결심하며 가장 중요하게 고려한 것은 미국보다는 경제적, 군사적 상황이 좀 더 가까운 영국에서 과연 어떻게 ILS 업무를 수행하고 있는가에 대한 연구를 통해 우리에게 적용가능한 발전방안을 찾고자 하는 생각이 있었기 때문입니다. 앞서 말씀드린 저의 고민을 해결하기 위한 방안으로 영국의 정책은 의미있는 내용을 담고 있습니다.

이 책 전체에서 이야기 하고자 하는 것은 ILS의 근본 문제, 즉, 제한된 비용을 활용하여 최적화된 요소를 개발하고 운용하자는 것입니다. 이를 해결하기 위하여 어떤 정책과 프로세스를 가지고 접근해야 하는지를 영국의 환경에서 이야기하고 있지만 이에 대한 이해가 있다면 대한민국의 획득 환경에 적용할 수 있는 방법을 충분히 찾을 수 있으리라 생각합니다.

군인의 한사람으로 외국 문서를, 특히 타국 정부 문서를 번역)하는 것은 쉽지 않은 일이었습니다. 영국 정부로부터 승인 받을 방법을 몰라 어려워하고 있을 때 흔쾌히 번역과 출판을 승낙하고 번역의 방안을 조언해 주신 영국 MOD Def Stan HELPDESK의 Harry Mooney 님, 번역에 많은 도움과 조언을 주신 ㈜한화의 심행근 ILS센터장님께 감사를 드립니다. 번역을 하고도 출판할 방법이 없어 고민할 때 흔쾌히 기회를 만들어 주신 모아소프트의 장주수 사장님과 항상 힘이 되어준 이기영 선배님께 감사를 드립니다. 이 책이 나오기까지 저 하나의 힘이 아니라 너무나 많은 분들의 도움이 있었습니다. 영국 규정에 대해 알려준 동완이, 번역초기 작업에 도움을 준 한석이, 형욱이, 병호, 바쁜 시간을 쪼개어 많은 의견을 준 성진이, 영수, 시온이, 혜령이 등 후배들에게 고마움을 전하고 싶습니다. 그리고, 여러번의 교정 작업을 통해 책을 책 답게 만들어주신 책과 나무의 양옥매 실장님 이하 여러분들께도 깊이 감사드립니다.

마흔이 넘은 아들을 여전히 걱정하시는 올해 칠순을 맞이하신 제 어머니 서영자 여사님과 사위 걱정 많으신 김청자 여사님, 제가 살아가는 힘인 제 아내와 예원, 예람이 두딸에게 고맙고 사랑한다는 말을 전하고 싶습니다.

부족한 제 영어 실력과 제가 잘 모르는 영국 획득환경 때문에 원문의 뜻을 오역한 부분이 있으리라 생각합니다. 그럼에도 불구하고 이 책의 번역을 결심하게 된 것은 부족하지만 ILS 업무의 발전과 우리다운 ILS 개발에 대해 고민을 하고 계신 분이 있다면 그런 고민을 하고 있는 사람이 여기도 있다고, 함께 고민을 해 보자고 알리고 싶은 마음에서였습니다. 그리고, 제 20년의 군생활을 마무리하며 제가 몸담았던 ILS란 업무가 발전할 수 있는 계기를 만들고자 하는 작은 욕심도 있습니다.

저에게 있어 번역이란 작업은 출판으로 끝이 나는 것이 아니라 시작이라고 생각합니다. 이 책의 출판으로 인해 앞으로 많은 질타와 논쟁이 따를 수 있겠지만, 이 책이 우리나라의 획득환경에서 ILS업무를 개발할 때 한번쯤은 고민하는 계기로 작용했으면 좋겠습니다.

마지막으로 이 책을 보시는 분들의 행복과 우리나라 ILS 업무발전을 기원합니다. 감사합니다.

2015년 가을 아침에

民休 이해종

DEF STAN 00-600

JSP 886 국방 군수지원체계 매뉴얼

제7권 종합군수지원

CONTENTS

영국 국방부

국방 표준 00-600

종합군수지원

국방부 프로젝트의 요구사항

Contents

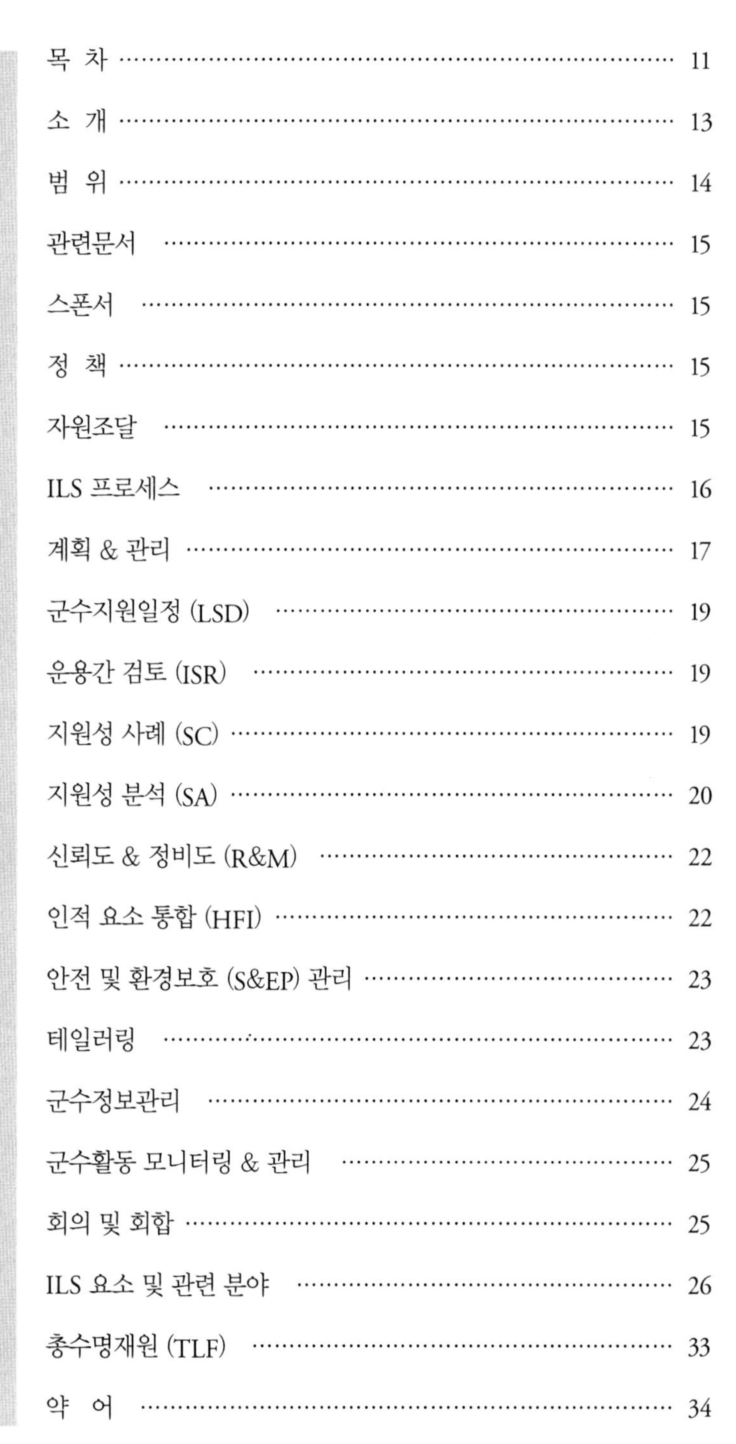

제1장

서문

수정 기록

순번	일시	관련 내용	서명 및 날짜

개정 소개

이 규격서는 이슈1에서 소개된다.

이력 기록

이 규격서는 다음과 같은 규격서를 대치한다.

Def Stan 00-60 Part0 Issue 6 dated 24 September 2004

Def Stan 00-60 Part1 Issue 3 dated 24 September 2004

Def Stan 00-60 Part3 Issue 6 dated 24 September 2004

Def Stan 00-60 Part10 Issue 5 dated 24 May 2002

Def Stan 00-60 Part20 Issue 7 dated 24 September 2004

Def Stan 00-60 Part21 Issue 6 dated 24 September 2004

Def Stan 00-60 Part22 Issue 5 dated 4 July 2003

Def Stan 00-600 Issue 1

a) 이 규격서는 총수명능력관리(TLCM)(역자 주 : Through Life Capability Management ; TLCM은 영국 국방부에서 2007년 군사력을 관리하기 위해 개발된 접근 방법이다. TLCM은 무기체계와 장비의 전력화 뿐만 아니라 운용유지, 성능개량, 무기체계를 위한 지원을 전 수명주기에 걸쳐 고려한다.)에 의한 지원에 입각하여 무기체계의 총 수명 관리 측면에서 ILS(역자 주 : Intergrated Logistics Support, 종합군수지원 ; 방위사업청에서 발간한 "종합군수지원개발실무지침서"에는 ILS를 '무기체계의 효과적이고 경제적인 군수지원을 보장하기 위하여 소요제기 시부터, 설계, 개발, 획득, 운용 및 폐기 시까지의 제반 군수지원 요소를 종합 관리하는 활동'으로 정의하고 있다. 즉, 상용장비와는 상이하게 전쟁 또는 전쟁 대비를 위하여 확보하는 무기체계의 특성을 고려하여 소요를 계획할 때 해당 무기체계를 어떻게 운용할지를 고려하여 이를 체계적으로 확보하는 활동을 ILS라고 할 수 있다.) 개념을 적용한 계약을 위한 국방부(MOD)(역자 주 : Ministry of Defence ; 영국 국방부, 영국정부의 방위정책을 구현하는 책임이 있는 영국의 정부기관으로 우리나라 국방부와는 달리 영국군의 사령부를 포함한다. 영국 국방부의 중요한 목표는 영국, 북아일랜드, 자국의 이익을 보호하고 이를 위해 국제 평화와 안정을 강화하는 것이다. 영국 국방부는 군의 일상적인 운용과 비상계획 및 국방 조달에 대한 관리업무를 수행한다.) 요구사항을 정의한다.

b) 이 규격서는 국방부를 위해 만들어 졌다.

c) 이 규격서는 이를 사용하는 기관들에 의해서 합의되어지며, 추후 모든 설계, 계약, 주문 등과 관련되고, 운용중인 장비의 성능개량에도 적용될 수 있다. 이 규격의 적용을 제한하는 문제가 발생하는 경우 규격을 수정할수 있도록 이를 알려야 한다.

d) 제안요청에 관한 사항, 계약에 관한 사항. 또는 제안 요청이나 계약에 명시된 기술에 관한 사항 혹은 감독기관에 대한 사항 등 이 규격에서 제시하고 있는 사항에 대하여 문의사항을 알려주시기 바랍니다.

e) 국방규격을 준수하는 경우에도 모든 법적 책임을 다하여야 한다.

f) 이 규격서는 오로지 국방부와 국방부와 계약을 수행하는 계약자간 사용을 위해서 만들어졌다. 따라서, 국방부는 해당 규격이 다른 용도로 사용되어 야기되는 모든 손실과 손상을 발생시키는 어떠한 사항도 법적 책임을 지지 않는다.

소개

1.1 국방 능력과 여기에 관련된 시스템의 총 수명 관리(TLM)(역자 주 : Through Life management ; 영국 국방부에서 제시하는 TLM은 다음을 포함한다 ; 완벽하게 통합된 능력의 제공, 수명주기간 프로젝트 관리, 소유비용의 관리, 획득에 장기간 동안 영향을 미치는 모든 영향의 고려. 영국 국방부에서 TLM을 적용하는 이유는 이를 통하여 모든 무기체계 획득 프로그램과 군사적 능력을 확보함에 있어서 더 나은 정보관리를 통하여 좀 더 많은 혜택을 제공받기 위해서 이다. 영국 국방부는 총 수명 관리를 구현하기 위하여 수년간 많은 변화를 수행하였다. 이러한 변화를 통해 총 수명 관리방법을 개발하기 위한 방안들이 도입되었다.)는 비용, 위험 및 노력을 포함한다. 그러한 비용, 리스크 및 노력이 당국에 의해 부담되어지든지, 혹은 계약자들과 공유되어지든지 간에, 비용과 리스크를 최소화하면서 총 수명간 가용도를 최적화하는 것을 요구한다.

1.2 ILS가 모든 제품 조달에 적용되어야 한다는 것은 국방부 정책이다. ILS는 제품[1] 설계에 영향을 주고 지원성 및 총수명재원(TLF)(역자 주 : Through Life Finance, TLF는 프로젝트의 총수명기간동안의 재원과 관련한 정보를 예측, 기록, 관리하여 재정적 정보를 제공하는 과정을 다루고 있다. 우리나라에 널리 알려진 미국의 LCC(Life Cycle Cost) 개념과 구별하기 위하여 총수명재원으로 번역하였다.) 총수명재원은 비용 예측과 모델링, 승인 및 보증, 프로젝트의 재정적 측면과 능력 관리, 데이터 소스와 재정 시스템 등을 포함하는 개념이다.)를 최적화하는 지원 솔루션을 개발하는 규정된 접근 방법이다. 즉, 초기 지원 요소를 제공하고, 운용방법 및 요구사항의 변경과 제품 수정을 고려한 지원 해결책의 지속적인 최적화를 보증한다.

1.3 당국이 지원사항에 대하여 계약할 때, 계약과 관련된 위험요소들에 대한 관리가 필요하며, 이러한 것은 ILS 분석 결과에 대한 확인 및 신뢰에 의해 가능해진다. 이러한 관리는 총 수

---

1 제품은 장비, 서비스, 체계, 복합체계로 정의된다.

명 주기 동안 적용해야 하고, 계약자나 지원 방안의 모든 최신화나 변경에 맞추어 관리해야 한다.

1.4 무기체계 전력화와 관련된 계약들은 이 규격에서 의무화된 ILS 결과물과 산출물을 참조하여 수록한 업무기술서(SOW)(역자 주 : Statement of Work ; 제공될 제품, 서비스 또는 결과에 대한 자세한 설명서, SOW는 작업활동, 산출물, 작업시간표를 정의하여 공급자가 고객에게 제공하는 공식 문서이며, 표준 및 관리규정, 세부요구사항, 가격 등이 포함되어 있다.)를 포함해야 한다. 모든 경우에 있어서, 계약의 범위에 따라 규격을 제한적으로 적용한다.

1.5 이 규격은 계약 활동을 지원하기 위해 특별히 제정되었다.

1.6 주요 결과물은 식별가능한 ILS 제품, 관리 또는 기술 중 하나이며, 계약 당사자간에 전달되고 Def Stan(역자 주 : Defence Standard, 영국의 국방 규격. Def Stan은 군 요구사항에 따라 배치된 장비의 지원을 위한 성능 규격이 제공된다.) 00-600 내에서 식별된다. 주요 결과물은 그 기능을 제공하는 프로세스의 산출물로 정의해야 한다. 주요 결과물은 잘 정의된 마일스톤에서 적절한 증거 수준에 의해 ; 그들은 명시적으로 배송 일정 및 판정 기준과 연관된 계약 내에서 식별되어야 한다. JSP(역자 주 : Joint Service Publication ; JSP는 영국 국방부와 관련된 문서로, 국방에 관해 적용되거나 관심이 있는 분야에 대한 기준 또는 지침을 제공한다. 이러한 문서는 관련분야에 종사하는 인원들이 안전 또는 공학적 요구사항에 대하여 중요한 문서로 간주된다.) 886 7권 2부 부록 B는 결과물의 사양을 지원하기 위한 종합군수지원 제품 설명(ILSPD)(Integrated Logistics Support Product Description)을 포함한다.

범위

2.1 이 국방규격은 국방부의 ILS 업무전반에 대해 설명하고, 조달 및 방산제품의 운용 지원을 위한 ILS 계약의 기준 체계를 제공한다. 또한 요구사항과 산출물 관련 계획에 대한 승인 및 일정에 대한 기반을 구축한다. 세부적인 계약상 요구사항들은 계약의 특수요구사항에 따라 조정되어야 한다.

2.2 국방규격에 대한 배경과 JSP 886과의 상호관계를 기술하였다. 그리고, 사업에 종합군수지원에 대하여 추가를 하고 이 사업이 실시될 지원환경을 서술하였다.

2.3 이 규격서에서 설명하고 있는 ILS 활동들은 최적화된 지원 솔루션으로 제품을 야전에 배치하여 능력을 제공하고, 제품 총 수명 주기 동안 다음 사항들의 수용을 지속할 수 있도록 개발 개념에서 폐기까지의 모든 단계(CADMID/T)(역자 주 : Concept, Assessment, Demonstration, Manufacture, In-service, Disposal/Termination, 무기체계에 대한 개념을 형성하고, 평가, 개발하여 운용, 폐기/도태의 이르는 전 수명주기를 말한다.)와 관련되어 있다.

a) 운용간(In-service) 피드백

b) 지원정책/운용 연구 변천

c) 설계 개선 및 기술 추가

d) 운용 방법의 변경

e) 지원전략의 변경

2.4 이 국방규격은 ILS 요구사항을 식별하고 있고, JSP 886은 ILS를 적용하는데 사용되는 구체적인 규격들과 다른 문서들의 일관된 적용을 위한 정책, 조언, 지침 및 프로세스를 제공하고 있다.

관련 문서

3.1 이 국방규격은 다수의 문서와 조약과 관계가 있다. 관련된 문서 및 조약에 대한 도식화된 표현은 "JSP 886 7권 2부 - ILS 관리"에서 확인할 수 있다.

스폰서

4.1 DES JSC SCM-EngTLS authors this defence standard on behalf of ACDS (Log Ops).

정책

5.1 국방부 정책은 시간과 비용 및 최적화된 TLF의 충분한 지원으로 요구성능에 부합하는 제품을 조달하는데 있다. ILS 정책 적용에 관한 지침 및 적용되어야 하는 분야들에 대한 정의는 "JSP 886 7권"에 상세히 나와 있다.

5.2 군수품 수석(CDM)(역자 주 : Chief of Defence Materiel, CMD는 영국군의 국방 조달 수석과 국방 물자 수석을 통합하여 국방 장비획득과 운용유지를 담당하기 위해 2007년 4월 만들어 졌다. CDM는 육해공군의 4성 장성 뿐만 아니라, 민간인도 역임할 수 있다.)와 지원의 은 ILS 분야가 국방규격에 따라 모든 제품조달(기술추가 및 개선을 포함)에 적용되어야 한다는 것을 국방규격을 통하여 의무화하였다.

5.3 ILS는 제품들이 지원성을 보유하고, 필요한 지원 인프라가 적절히 배치되며, 가용성 및 총수명재원(TLF)이 최적화 되도록 보장하기 위해 적용되어야 한다. 설계 결정에 영향을 줄 수 없는 상황에서, 최적화된 TLF를 추구하기 위하여 ILS 관점에서 지원방법 또는 기 개발된 장비의 선택에 영향을 미치도록 꾸준히 요구해야 한다.

자원 조달(Resourcing)

6.1 프로그램에서의 ILS

6.1.1. 총 수명주기간 ILS 활동을 보증하기 위해서는 프로젝트 프로그램 내에서 충분한 자원들을 식별하고 이용할 수 있어야 한다.

6.2 지원 솔루션

6.2.1. 지원 전략은 문서화되어야 하며 제품이나 서비스 보증을 위한 제원은 고안되어 지원대책에 부합하도록 전 수명기간동안 지원되어야 하고 사업비용에 포함되어야 한다.

6.2.2. 사업비용에는 필요한 기존 정보 시스템에 대한 수정을 포함한다.

ILS 프로세스

7.1 ILS프로세스는 획득 수명주기 간 프로젝트를 인도하고 관리하기 위한 활동, 시스템, 프로세스 및 툴을 제공하는 TLM에 필수적이다.

7.2 다음과 같이 사업을 적용할 때, 총수명관리(TLM)에 대한 접근은 쉽게 식별이 가능한 많은 특성을 가지고 있다 :

a) 총 수명 능력 관점의 적용

b) 총 수명 재원(TLF) 고려

c) 모든 이해 관계자의 참여

d) 정보를 바탕으로 한 의사결정

7.3 ILS 프로세스는 지원비용과 위험요소의 보장을 위한 공학적이고 분석적인 분야를 식별한다. 이러한 것들은 총수명재원(TLF)의 최적화 및 위험 완화를 목표로 제품의 총 수명간 개발 개념부터 폐기 시까지 식별되고 고려되어야 한다. ILS 업무 흐름도 관련 지침은 JSP 886 7권 2부 부록 A에 있다. 이러한 절차 내에서, 신뢰도와 정비도(R&M) 설계 정보는 TLF에 영향을 미친다. 방산장비의 소유 비용은 다음에 의해 절감된다.

a) 요구된 제품성능 및 가용도 특성을 충족할 수 있도록, 제품 개념 및 설계에 영향을 주는 지원 고려사항 보장

b) 제품을 배치하는데 필요한 합의된 지원사항 식별 및 제공

c) 지원 가능한 제품, 지원 인프라 및 표준화된 지원 정보를 조달 및 제공하기 위한 효율적이고 통합된 절차 제공

d) 관리 의사결정을 수행할 수 있도록, 운용 간의 장비 성능에 대한 모니터링이 가능한 설계 및 검증 단계에서 도출된 지원 정보 생성

e) 정보 인프라와 인터페이스 비용을 줄임으로써 업계 파트너 사이에 표준 인터페이스를 촉진할 수 있는 국방부와 방산업체 및 국방부와 부서간의 표준(사업 및 정보) 인터페이스를 활용

f) 향후 분석을 위하여 운용간 식별된 운용자에 의한 환류데이터 수집

g) 최선의 상태로 지원을 보장하기 위해 제공되는 지원에 대한 검토

h) 동맹국간 국제적으로 방산 장비에 대한 상호운용성 향상 및 지원 시설 중복 소요 축소 ; 상호운용성 문제 포함

- 정보체계간의 정보 교환
- 기술과 장비의 호환성
- 작업의 방법

• 절차의 호환성

• 복합체계의 접근(SOSA)(역자 주 : System Of Systems Approach ; SOSA는 특정도구, 방법 또는 관행 등을 의미하지 않으며, 기술, 정책, 경제의 상호작용을 통해 커다란 사고방식을 해결하기 위한 새로운 방식이다.) 의미의 고려사항

계획 & 관리

8.1 ILS 프로세스는 각 개별 프로젝트 요구사항을 충족하도록 테일러링 해야 한다. 테일러링 절차에 대한 지침은 "JSP 886 7권 6부"에 있다.

8.2 ILS 프로그램은 CADMID/T 주기를 통하여 관리되어야 한다. 전반적인 사업 관리 계획에서 필요한 산출물은 반드시 ILS 프로그램에 포함되어야 한다.

8.3 ILS 프로그램은 전환 계획을 수행해야 한다. 전환 계획은 하나의 지원 솔루션에서 다른 것으로 이동하거나 "설계 및 제조"에서 "운용"으로 전환되는 것을 수행하기 위한 상세한 계획이다.

8.4 ILS 프로그램은 지원 연속성 계획을 수행해야 한다. 지원 연속성 계획은 다른 능력을 유지하는 동안 하나의 지원 솔루션 공급자가 존재하는 능력으로 정의된다. 이 계획은 이를 어떻게 성취할지 나타내는 증거를 반드시 포함해야 한다.

8.5 국방부 ILS 관리자(MILSM)(역자 주 : MOD ILS Manager, MILSM은 IPT 리더에 의해 IPT구성원으로 지정되어 있다. MILSM은 IPT 리더를 대신하여 군수지원 분야에 대한 계획과 조달의 특정 목적을 수행하며, 팀내에서 다른 영역의 관리자과 동등한 지위를 가진다.)와 계약 ILS 관리자(CILSM)(역자 주 : Contractor's ILS Manager, CILSM은 해당 프로젝트 기간동안 계약자에 의해 지정되며, 계약자의 ILS 프로그램을 관리하는데 필요한 자원을 충분하게 제공하고 해당 프로젝트에 대한 모든 ILS 요구사항에 대한 책임을 지며, 요소별 개발 계획, 종합지원계획 등을 제공한다.) 는 각각의 주요 프로젝트 마일스톤에서 요구되는 모든 지원 관련 산출물을 식별하고 합의해야 한다. 중간 마일스톤을 적절히 관리하고 프로젝트의 특징에 따른 지원 관련 요구 사항의 적기 달성을 보장하기 위한 지침으로 "JSP 886 7권 2부 부록 A"의 프로세스 차트를 이용하여 식별되어야 한다.

8.6 군수지원위원회(LSC)(역자 주 : Logistic Support Committee, LSC는 사업관리자, ILS관리자, 사용자 등으로 구성되며, DEF STAN 00-600에서 규정된 절차에 ILSP를 개발, 유지, 구현하는 역할을 수행하는 위원회로 우리의 ILS-MT와 유사하다.)에서 주기적으로 합의되는 사전 군수지원일정(LSD)(역자 주 : Logistic Support Date, LSD는 초도 군수지원요소 즉, 초기 전력화되는 모든 장비 또는 무기체계를 지원하 충분한 군수지원요소가 사용할 수 있는 날을 말하며, 특별한 정의가 없는 경우 초도 전력화 시점을 말하며, 계약 납품일과 관계있다.)과 운용간 군수지원위원회에서 주기적으로 합의되는 후속 LSD에 대한 진행 경과를 모니터링해야 한다. 국방부 ILS 관리자(MILSM)(역자 주 : Ministry of Defence ILS Manager, 영국 국방부의 ILS업무 관리자)가 의장을 맡은 두 위원회는 DLoD(역자 주 : Defence Lines of Development, DLoD는 영국 국방부의 획득

분야에서 획득 사업이나 전략을 위한 관리 방안을 제공하며, 개념 및 교리, 장비, 정보, 인프라, 상호운용성, 군수, 조직, 인사, 교육 등을 포함한다.)에 따라 테일러링된 모든 ILS 요소를 검토한다.

8.7 수행업무, 산출물 및 소요기간은 표 8.1과 같다.

표 8.1 계획 및 관리 산출물

수행업무	산출물	소요기간
평가단계를 위한 지원요구사항 식별 및 기준수립	• 운용 연구 • ILS 계획 • 업무기술서(SOW)	초기 사업승인* 시
관리계획 생성	• 종합지원계획	SOW의 대응
시연단계를 위한 지원요구 사항 식별 및 프로그램 관리	• 운용 연구 최신화 • ILSP 최신화 • 업무기술서(SOW) • 군수지원위원회	최종 사업승인* 시
프로그램 관리	• 운용간 군수지원위원회	초도 납품 시점까지
자산 처리 관리	• 처리된 자산	수명주기간

*(역자 주 : 영국은 1998년 2월 전략국방검토서(SDR ; Strategic Defence Review)를 발표하면서 획득체계에 대한 개선을 추진하였다. 이 개선에 핵심은 초기에는 조달만을 고려하여 'Smart Procurement'라는 개념을 도입하는 하는 것이었다. 그러나 2000년 10월 조달 뿐 아니라 수명주기 전체에 대한 관리를 강조하기 위하여 'Smart Acquisition'의 개념이 정립되었다. 이러한 개혁의 내용중 하나가 승인 절차의 단순효율화를 들 수 있다. 사업 순기중 승인이 필요한 단계를 3~4단계에서 2단계로 축소하였다, 무기체계 수명주기중 개념 단계이후에 초기 사업승인(Initial Gate), 평가 단계 이후에 최종 사업승인(Main Gate)의 절차로 승인 절차를 단순화하여 사업의 형태에 따라 획득일정의 적기 달성 및 효율적인 의사수행을 목표로 하였다.)

8.8 종합 지원계획(ISP ; Integrated Support Plan)은 지원방안 개발자에 의해 초기에 제공되는 지원 관리계획이다. 이 계획은 수명주기동안 운영하는 방식을 기본으로 규정한다. 이는 지원 및 존재하는 환경에 대한 요구사항을 기록하여 개념 단계에서 개시되고, 수명 주기 동안에 최신화 되는 문서이다. 이는 사용될 지원 관리 프로세스를 규정하고, 완전 지원 솔루션의 다른 주요 산출물과의 관계를 규정한다. 이는 지원 솔루션에 대한 관리 매개물이다.

8.9 ISP는 지원 가능한 사례를 통해 최적 지원솔루션의 증명한다.

8.10 ISP은 기술 관리 체계에 대하여 안전, 보안, ARM 공학, 환경 및 구성 관리 등을 포함하되 제한하지 않는 두가지 방법으로 시연할 예정이다.

군수지원일정(LSD)

9.1 군수 지원 일정은 프로젝트 마일스톤의 ILS 일정 내에서 동의하고 공표한다. 이는 초도 전력화 이전에 선정되어서 지원 솔루션이 요구사항을 충족할 수 있도록 확증할 것이다. 지원 솔루션은 결함을 고칠 시간이 있도록 동원 되어야 한다.

9.2 군수 지원 일정은 모든 지원 기능이 이용할 수 있는 범위 안에 있을 때여야 하며 반드시 이용할 수 있는 규모는 아니어도 된다. 군수 지원 일정의 기준은 배달, 성취, 평가를 계획할 시간을 보장하기 위해 조기에 합의 되어야 한다.

운용간 검토(ISR)

10.1 주기적 및 임시 운용간 검토(역자 주 : In-Service Reviews, ISR, 운용간 지원실태와 예산의 우선순위를 실체화하여 측정가능한 형태로 제시하는 공식적인 검토회의로, 위험요소, 준비상태, 기술 현황 및 추세 등에 대한 평가를 제공하여 배치된 무기체계의 운용간 기술적, 운용적 상태를 특성화 하는 역할을 수행한다.)는 지원 솔루션이 운용 및 폐기 단계 기간 동안 성능, 시간 및 비용이 가장 효과적으로 활용될 수 있도록 해당 사업 TLMP(Through Life Management Plan)에 서술된 내용으로 수행 되어야 한다. 운용 간 피드백 수행을 위한 설명은 "JSP 886 7권 7부"에 포함되어 있다.

10.2 제시된 노후화 문제, 변경사항, 기술추가 및 최신화를 고려해야 하는 ISLSC(역자 주 : In Service Logistic Support Committee, 운용유지단계에서 지원방안을 논의하고 제품의 변경과 관련된 요소 또는 지원 권한을 부여하기 위하여 개최되는 공식적인 회의를 말한다.) 는 해당 변경사항들을 모니터링 해야 하고, 그 지원 솔루션에 대한 결과를 평가해야 한다.

10.3 요구사항의 변화, 제품이 사용 또는 지원되는 방법의 운영적인 변화(계획 또는 비계획)는 재검토를 촉진해야 한다.

지원성 사례(SC)

11.1 SC(역자 주 : Supportability Case, 정의된 무기체계개 사업의 지원요소를 충족할 것이라는 주장을 지지하기 위해 만들어지는 논리적이고 감사가 가능한 논의로 정의되며, 최초 요구사항의 성의로부터 시작하여 설계활동, 지원관련 각종 데이터, 운용단계의 야전 데이터 등을 포함한다.) 철학은 해당 제품이 모든 DLoDs에 대한 지원 분야를 포함하는 가용 활동들과 진보적인 보증 프로그램과 함께 총 수명주기를 통하여 지원될 수 있다. JSP 886은 1권과 7권에 대한 지침을 수록하고 있으며, 각각 국방부 보증 프로세스와 SC에 대한 지침이 나와 있다.

11.2 SC는 점차적으로 확대하는 증거로써, 이러한 유포 및 연관성은 사업에 대한 TLM 결정에 영향을 주도록 뒷받침되어야 한다.

11.3 SC는 해당 제품에 대한 지원성이 있다는 증거를 제공하는데 사용된다. 수행업무, 산출물 및 소요기간은 표 2와 같다.

11.4 SC 리포트는 ILS SOW에 상술되어 있듯이 예정된 간격으로 요구되는 주요 산출물이다. 이는 지원 솔루션의 디자인과 적당성의 지원가능 상태를 증명하기 위한 최신의 증거로 보고할 것이다. 이것은 지원 요구사항의 진보적인 보증을 위한 증거를 상술한다.

표 11.1 지원성 산출물

수행업무	산출물	소요기간
운용단계 이전까지 점진적인 보증 및 수용에 대한 증거제공	• 지원성 사례 보고서	프로젝트 일정에 따른 LSC 회의 시
운용단계 이후에 점진적인 보증 및 수용 증거제공	• 지원성 사례 보고서	프로젝트 일정에 따른 ISLSC 회의 시

지원성 분석(SA)

12.1 개요

12.1.1 SA(Supportability Analysis)는 ILS의 주요 도구이다. 그것은 ILS의 목표를 달성하는 주요 수단이며 그 활동은 다음과 같이 일련의 분석 수행업무들로 이루어져 있다.

a) 군수지원고려사항이 제품 설계에 주는 영향

b) 제품수명주기에서 가능한 초기에 지원이슈, 준비요구사항 및 비용집행 식별

c) 제품의 수명에 대한 군수지원 자원 요구사항 정의

d) 비용-효과적인 물리적 지원솔루션 창출

e) 총 수명주기간 군수지원 및 프로젝트 의사결정을 위한 필수 데이터 창출

f) 군수지원 및 프로젝트 의사결정을 위한 필수 정보 개발

12.1.2 국방표준은 구체적이고 상호관련된 기능을 식별한다. 이러한 내용들은 "JSP 886"에 상세하게 정의되어 있다. 이것은 SA 및 보급지원 및 기술 자료와 같은 ILS요소들의 기본적인 기능을 담고 있다.

12.1.3 SA는 초기설계에 영향을 미치는 영향과 임무시스템 또는 지원시스템의 설계에 대한 잠재적인 변화의 결과를 검토하기 위해서 수명주기에 걸쳐 반복적으로 실시된다. SA의 적용 관련 사항은 "JSP 886 7권"에 상세히 나와 있다.

12.1.4 SA는 TLF 최적화 및 지원관련 요구사항 정의을 수행하기 위하여 상호 균형적인 의사결정을 독려함으로써 임무 및 지원 체계 모두에 대한 설계에 영향을 미쳐야한다.

12.1.5 설계가 완성되어 감에 따라, SA 역할은 선택된 설계에 필요한 지원 작업과 자원을 식별하고 평가하는 쪽으로 변경된다.

12.1.6 결과 및 결론은 SC 및 군수정보보관소(LIR)내에 문서화된 그 증거가 요약되어진 SA보고서에서 기록되고 판단되어져야 한다.

12.1.7 SA 보고서의 정의에 대한 지침은 "JSP 886 7권"에 포함되어 있다.

12.2 지원성분석(SA) 요구사항

12.2.1 계약자 그리고/또는 국방부는 5개의 개별그룹으로 나누어진 15개의 수행 업무로 구성된 SA 요구사항들을 만족해야 한다.

12.2.1.1 프로그램 계획 및 통제는 비용 효율성에 초점을 맞추어 분석방법을 적용하고 다음과 같은 수행 활동들을 결정한다.

a) SA 전략 수립

b) SA 계획

c) 프로그램 및 설계 검토

12.2.1.2 임무 및 지원 시스템 정의는 평가 및 초기 시범 단계에서 적합한 SA 전단분석을 의미한다. 다음과 같은 수행업무들은 제품 지원성이 향상되도록 설계 영향에 반영되는 영역을 식별하는데 사용된다.

a) 운용 연구

b) 주장비 하드웨어, 소프트웨어, 펌웨어 및 지원 시스템

c) 표준화

d) 비교 분석

e) 기술 기회

f) 지원성 및 지원성 관련 설계 요소

12.2.1.3 대안에 대한 사전준비 및 평가는 일단 해당 설계가 재정의되고, 제품에 대한 다양한 지원 방법이 있을 경우 수행 가능한 Trade-off 여부를 식별한다.

a) 기능적 요구사항 식별

b) 지원 시스템 대안

c) Trade-off 분석

12.2.1.4 지원 자원 요구사항 결정은 제품의 충분한 지원요구사항들을 식별하고 총 수명 간 지속적으로 지원을 할 수 있도록 보증한다.

a) 작업 분석

b) 초기기 야전배치 분석

c) 현존 지원체계의 영향

12.2.1.5 지원성 평가는 해당 목표를 달성했는지와 어디에서 교훈을 얻을 수 있었는지를 확인하기 위해서 SA에 대한 검토결과를 다룬다. 여기에 표준보급, 정비 및 준비태세 보고 시스템을 이용할 수 있을 때에는 해당 지원성 데이터에 대한 분석도 포함한다.

a) 지원성 시험, 검증, 평가 및 수행업무 평가.

표 12.1 지원성 분석 산출물

수행업무	산출물	소요기간
SA 활동에 대한 근거와 결과 및 산출물에 대한 타당성 제시	• 지원성 분석 보고서	프로젝트 일정에 따른 LSC, ISLSC 주관
운용 간 검토	• 지원성 분석 보고서	프로젝트 일정에 따른 ISLSC 주관

신뢰도 & 정비도(R&M)

13.1 프로그램에서 R&M(역자 주 : Reliability & Maintainability, 신뢰도와 정비도. RAM 요소중 가용도(A)는 신뢰도와 정비도의 함수로 표현할 수 있으며, 가용도는 운용 및 지원체계에 따라 변동될 수 있는 요소이기 때문에 설계적 측면에서는 기술적으로 구현하여 제시할 수 있는 신뢰도와 정비도의 영향성을 중시하고 있다. 그러나, 사용자인 군의 입장에서는 가용도가 가장 중요한 값으로 여겨 우리가 사용하는 RAM 대신에 가용도를 앞으로 제시하여 ARM으로 표현하기도 한다.) 활동은 수행되어야 한다. 이는 지원성을 고려한 장비 설계에 중요한 영향이 있으며, 운용 능력 및 TLF 모두 지대한 영향을 끼친다.

13.2 전반적으로 TLMP는 ILS와 R&M 활동 간의 업무관계를 인지해야 한다. 그리고, 지원 고려사항이 설계 및 Trade-off 분석에 영향을 줄 수 있는 시점에 ILS 입력 자료로 요구되는 R&M 활동결과를 이용할 수 있도록 식별하고 계획하는 것을 보증해야 한다. 상세지침은 JSP 886 7권에 수록되어있다.

13.3 R&M에 대한 요구사항은 장비에 대한 기술적 요구규격 내에서 세분화 되어야 한다. ILS는 주어진 R&M 값을 달성하는 비용과 수행 요구사항들과 관련된 지원 선택들에 대한 비용을 식별하고 최적화하는 매커니즘을 제공한다.

13.4 SA에서 취해지는 활동들은 R&M 분석 및 보고서들로 요약되는 R&M 활동들로부터 산출물을 요구할 것이다. 수행업무, 산출물 및 소요기간은 표 8에서 식별되어진다.

인적 요소 통합(HFI)

14.1 HFI(역자 주 : Human Factors Integration, HFI는 인간과 관련된 문제를 식별하고 추적하여 해결하는데 있어서 기술적 측면과 인간적 측면 양측의 균형있는 발전에 초점을 맞춘 체계적인 과정을 말한다.)는 소요인원 및 장비설계에 기본적으로 반영해야할 인적 요소 검토 사항을 포함하는 세부적인 지침이다. 인적요소에 대한 검토를 통해서 안전하고 효율적으로 장비가 운용 · 유지되어야 한다. 세부적인 HFI에 대한 지침은 JSP 886 7권에 포함된다.

14.2 장비의 정의 및 조달을 수행하는 동안에, 운용 간 장비 또는 시설을 정비하는데 필요한 군과 민간 인력의 능력 및 한계점을 충분히 감안하는 것이 HFI의 전반적인 목적이다.

14.3 장비 지원에 대한 소요인력 및 인적 요소 영향을 결정해야 하고, 법적 요구사항을 충족

시켜야한다.

14.4 특히 장비 혹은 시설을 운영 및 정비하는데 필요한 군과 민간 인력의 수와 주특기를 결정해야 한다.

14.5 모든 인적 요소 이슈들에 대한 인식은 그것들이 장비 운용 및 지원성과 연관되어 있는 한, SA 수행 동안에 고려되어야 한다. 수행업무, 산출물 및 소요기간은 표 13와 같다.

표 14.1 인적 요소 통합(HFI) 산출물

수행업무	산출물	소요기간
요구사항 판단	HFI 계획	최종 사업승인 까지
제품 설계 영향	설계 검토서 HFI 시연	설계 종결까지
운용 간 검토	HFI 계획 최신화	프로젝트 계획에 따른 ISLSC

안전성 및 환경보호(S&EP) 관리

15.1 S&EP(Safety and Environmental Protection)는 인간과 환경에 피해를 예방하기 위하여 적용한다. 이에 관한 지침은 "Def Stan 00-56"과 "JSP 815"에 포함되어 있다.

15.2 S&EP는 인도된 장비와 서비스가 목적에 부합하고 안전한지 그리고, 규정과 정책에 따라 수립된 제약사항 범위에서 운용하는지를 보증한다.

15.3 S&EP 요구사항은 ILS에 적용하며, 프로젝트 중심의 환경관리 시스템과 통합될 수 있다. S&EP 관리에 대한 세부 지침은 "JSP 815"에 있다. 프로젝트에 대한 설계, 개발, 공학 혹은 군수을 안전 시스템에 적용하는데에는 차이가 없어야 한다.

테일러링

16.1 생산적이고 효과적인 ILS을 달성하기 위한 핵심방법은 정확한 테일러링에 달려 있는데, 이는 해당 프로젝트가 모든 주요한 지원 비용을 유발하는 요인들과 위험요소로 대변되는 세부적인 총 수명지원 요구사항들을 충족하기 위한 방법이다. 테일러링 활동은 이해 관계자 간의 합의하에 고객과 계약자가 공동으로 수행할 수 있으나, 최종 결정은 고객에 의해 이루어져야 한다.

16.2 비용 효과적인 SA 프로그램을 위한 핵심 방법은 분석에 대한 차별화된 테일러링에 달려 있다. 즉, 특정 프로젝트 및 수명주기 단계에 따라 다르게 적용해야 한다. 따라서, 해당 프로젝트에 대한 효율성을 극대화 할 수 있도록 특정 활동에 가용 자원을 집중시키는 것이다. SA 테일러링은 모든 프로젝트에서 필수적으로 수행해야 하고, 사용되는 방법론 및 근거는 SA 전략에 담겨져야 한다. SA 테일러링의 세부 지침은 "JSP 886 7권 6부"를 참조한다.

군수정보관리

17.1 ILS는 이 문서상에 언급된 다양한 분야들로 구성되어 있으며, 이는 전형적으로 광범위한 시스템에 있는 정보들에서 얻어진다. 이런 정보들은 포괄적으로 군수자료보관체계(LIR)로 볼 수 있다. 이러한 정보는 LIR 지원 내에 포함하고 있으며 전체수명 간 설계, 효과적 운용 및 지원솔루션의 최적화를 위해서 필요하다.

17.2 LIR은 양 당사자가 가지고 있는 공통 정보로 산업과 국방부 양측에 배포될 수 있다. LIR은 해당 프로젝트가 보안 전자 저장, 변경, 허용 및 변경 관리를 위한 메커니즘을 고려해야한다는 것을 필요로 한다. 또한, 데이터 품질 및 추적이력에 대한 보증도 검토되어야 한다. 추가적인 정보는 "JSP 886 7권 5부"에 상세히 설명되어 있다.

17.3 해당 정보는 합의된 교환 양식 절차 그리고/혹은 보안 허용 매커니즘을 통하여 이용할 수 있어야 한다.

17.4 정보는 적절한 시점에 프로세스들을 더 효과적, 동시적 혹은 반복적으로 수행함으로써 모든 관련 ILS 활동들 사이에 주고받을 수 있는 능력을 갖추어야 한다.

17.5 IER(역자 주 : Information Exchange Requirement, IER은 둘 또는 그 이상의 최종사용자간에 정보를 전송하기 위해 필요한 요구사항으로 특성의 관점에서 설명한다. 여기서의 특성에는 정보의 출처, 받는 사람. 내용, 크기, 적시성, 보안에 관한 사항 등을 포함한다.)을 위한 군수 정보 정의는 LCIA(역자 주 : Loigistics Coherence Information Architecture, LCIA는 CLS에 대한군수정보 요구사항을 정의하는 아키텍처이다. 이는 국방과 산업에서 동의한 공통된 프로세스, 표준, 정보 유통을 기반으로 한다.) 모델에 적합하여야 한다.

17.6 LogNEC (Logistics Network Enabled Capability) 의 조기 적용을 통한 산출물은 BIA 평가를 촉진시킨다. BIA(Business Information Architecture) 평가는 국방부와 산업 간의 군수 지원 교환 요구사항을 확인하기 위해 계약자와 국방부가 연합 하에 프로젝트를 지원하여 수행되어야 한다.

17.7 BIA 산출물은 군수정보계획(LogIP) 및 군수 정보 리스크 보고서에 표함 되어 있고 전 방위 군수 상호운용을 극대화할 수 있도록 프로젝트의 군수 IER을 발전시킬 주요 군수 정보 시스템 리스크, 이슈, 비즈니스 적정보 교환 욕구의 증명서를 포함 하여야 한다.

17.8 계약의 수준은 프로젝트의 군수 정보 요구의 복잡성에 달려 있다.

17.9 수행업무, 산출물 및 소요 기간는 표17.1과 같다.

표 17.1 정보 관리 산출물

수행업무	산출물	소요기간
군수 정보교환요구사항 (Logistic IER) 개발	LogIP	초기 사업승인 이전
Logistic IER 최신화	LogIP 최신화	최종 사업승인 이전

군수정보체계 및 서비스 (IS&S)* 요구사항 개발	IERs 지원을 위한 군수IS&S 제출 계획	최종 사업승인 이전
IERs 지원을 위한 군수 IS&S 제출	군수 IS&S 이행계획 및 Hd Log NEC와 합의지원	LSD 까지
군수 IERs 유지	총 수명간 지원계획	LSD 부터

*IS&S : Information Systems and Service

군수 활동 모니터링 및 관리

18.1 획득

18.1.1 ILS 프로세스를 통해 생성되는 정보는 형상관리 하에서 모니터링 및 관리되어야 한다. 정보교환은 LCIA에 따라 이루어져야한다. 상세 지침은 "JSP 886 7권 5부"를 참조한다.

18.2 운용 간 검토(In-service)

18.2.1 TLF는 지속적으로 운용 간 모니터링 해야 하고, 예측 비용과 비교해야 한다. 운용 단계 동안에 수립된 결정들은 TLF를 근간으로 만들어져야 하고, 제품에 대한 설계변경, 수정, 성능 개량 및 최신화 혹은 그것들에 대한 지원은 ILS 개념에 입각해야한다.

18.2.2 국방부 정책은 운용 간 수행활동 및 지원 정보의 수집을 요구한다. 이 정보는 제품 설계 및 지원 시스템의 개선을 위한 의사 결정을 알리는 데 사용한다. 신뢰도, 사용법, 성능정보의 예상치와 실제 값 비교 및 운용 간 비용들을 통해서 의사결정이 수행되고, 지원 전략의 개선으로 이어질 수 있어야 한다. 수집된 정보는 군수정보보관체계(LIR)에 기록되어야한다.

18.2.3 장비와 해당 장비에 대한 지원 설계 두 가지 모두에 대한 구성과 지원정보는 총 수명 동안 조정·통제되어야 한다. 변경사항에 대한 법적, 안정성 및 환경적인 입증이나 법정관리 책무를 입증하기 위하여 국방부 또는 권한을 위임받은 기관의 동의 또는 승인을 필요로 한다.

이러한 사항들은 합의된 지원 프로세스 내에서 정의되고, 검토에 의해 관리되어야 한다.

18.2.4 배치, 처리 및 노후화는 각각의 계획에 따라 사전대책을 강구하여 관리되어야 한다.

회의 및 회합

19.1 사전 계약 지침 회의는 국방부 요구 사항을 명확히 하기 위해 모든 입찰자 입회 하에 개최된다.

19.2 ILS 프로그램은 운용 이전에는 MILSM이 대표로 하는 군수지원위원회를 통해서 그리고, 운용 단계 동안에는 형상변경관리를 통해서 관리된다.

ILS요소 및 관련 분야

20.1 개요

20.1.1 ILS 목표를 달성하기 위하여 ILS와 관련된 다양한 요소들과 관련된 분야들을 다룬다. 이러한 것은 아래에서 정의되며, 해당 프로그램에 맞게 적절히 테일러링 되어야 한다. 아래에 기재된 계획들은 ISP의 일부로 전달되어야 한다.

20.1.2 ILS 요소들 간의 SA 통합 및 Trade-off 적용을 통하여 최적의 지원 기준이 생성되어야 한다.

20.1.3 계약서상에는 ILS요소들과 관련된 분야들로부터 도출된 산출물 및 납품계획이 상세히 수록된다.

20.1.4 모든 ILS요소 및 관련 분야 활동들에 대한 결과로 생성된 정보는 LIR의 일부로 관리되고 기록되고 지원 기관에서 접근할 수 있도록 하여야 한다.

20.1.5 추천은 지원 솔루션의 모든 요소를 통틀어 최적화 되어야 한다.

20.1.6 주요 산출물이 총 수명동안 검토되는 횟수는 계약서에 규정 되어 있어야 한다.

20.1.7 계약서 내의 계획과 활동은 안전 프로그램을 통해 통합 되어야 한다.

20.1.8 계약서 내의 계획과 활동은 보안 프로그램을 통해 통합 되어야 한다.

20.1.9 주요 산출물이 평가 및/또는 검증되는 방법은 ITEA(Integrated Test, Evaluation and Acceptance) 계획에 설명되어야 된다.

20.1.10 지원방안을 개발할 때 수출시장의 확장을 고려하여야 한다.

20.2 훈련 및 훈련장비(TE)

20.2.1 모든 국방부 개별 훈련은 훈련에 대한 국방 시스템 접근법(DSAT, Defence Systems Approach to Training)에 따라 개발되어야 한다. "JSP 886 7권"에 상세 지침이 포함되어 있다. 교육요구분석(TNA, Training Needs Analysis)은 DSAT에서 가장 효율적인 교육훈련 솔루션을 결정하는데 사용되는 매커니즘이다. 수행업무, 산출물 및 소요기간은 표 20.1에 있다.

표 20.1 훈련 및 훈련장비 산출물

수행업무	산출물	소요기간
사전조사	사전조사 보고서	최종 사업승인 이전
교육 · 훈련 요구 분석	권장 교육 솔루션	교육 개발 완료 시간
교육 솔루션 프로그램 개발	교육계획	교육 관련 산출물 완료 시간
교육 과정 인도	과정 내용물 및 관련 교육훈련 장비	운용요구사항을 충분히 습득할 수 있도록 하는 시간

운용 간 검토	최신화 : - 교육훈련 과정 내용물 - 교육훈련 장비	전체 프로젝트 일정을 고려한 운용간 군수지원위원회 권한

20.3 포장, 취급, 저장 및 수송(PHS&T)

20.3.1 모든 시스템 장비 및 지원품목들이 적절하게 포장, 취급, 저장 및 수송되어진다는 사실을 보증하는 자원, 절차, 설계 고려사항 및 방법들이 SA 수행 동안에 결정하고, LIR에서 기록한다.

20.3.2 그 요구사항들은 단기 및 장기 저장을 위한 환경 친화적 개발, 환경 공학 제한 및 장비 보존 요구사항들을 포함해야한다. 수행업무, 산출물 및 소요기간은 표 20.2와 같다.

20.3.3 계약자는 제품의 취급, 수송, 보관에 대한 추천과 안전 요구사항이 포함되어 있는 포장 상세 목록을 제공하여야 한다.

20.3.4 PHS&T는 저장 및 수송 법규를 준수해야 하며, 세부 지침은 "JSP 886 3권 5부"에 수록되어 있다.

표 20.2 포장, 취급, 및 수송 산출물

수행업무	산출물	소요기간
요구사항 범위 설정	PHS&T 요소 계획	최종 사업승인 이전
PHS&T 설계	PHS&T 명세서	LSD단계까지 인도할 수 있는 충분한 시간
PHS&T 인도	포장설계 저장, 정비, 수송능력 및 제약조건에 대한 요구사항	LSD까지
운용 간 검토	최신화 - 포장설계 - 적절한 저장 및 수송 능력에 대한 가용성	프로젝트 일정에 따른 운용간 군수지원위원회 권한

20.4 정비계획

20.4.1 정비계획은 두 가지 요소를 포함 하여야한다.

1. 정비 정책
2. 정비 일정

20.4.2 정비 정책은 어떤 정비 철학이 도입 되는지와 누가 어디서 언제 어느 라인과 레벨, 임무와 책임, 시설과 장비의 정비를 조달하는지 상술되어야 한다.

20.4.3 정비 일정은 시스템, 장비, 훈련 장비, 지원 및 시험 장비 (S&TE)와 연관되어 있는 정비

작업에 대한 정의를 제공하여야 한다. 이는 모든 지시되었거나 추천된 개선책 그리고 예방정비 임무와 주기적인 후속 업무를 포함하여야 한다. 이는 지원 기반 내에 이런 임무들이 어디서 수행되고 어느 기술과 자원이 이런 임무들을 수행하기 위해 필요한지 명시하여야 한다.

20.4.4 각각의 승인된 작업에 대한 모든 내용과 필요 지원 자원은 군수 정보 창고에 포함되어야 한다.

20.4.5 정비계획은 제품에 대한 정비개념 및 요구 사항을 확립하고 발전시키는 과정이다. 이러한 과정을 통해 궁극적으로는 각 제품에 대한 누락없는 정비계획을 도출해야 한다. 수행업무, 산출물 및 소요기간은 표 20.3에 있다.

20.4.6 도구, 기술 및 규격은 정비 솔루션을 최적화하는 데 사용되며, 정비 계획 활동의 일환으로 실시되어야한다. 상세지침은 "JSP 886 7권"에 수록되어 있다.

표 20.3 정비계획 산출물

수행업무	산출물	소요기간
정비전략 개발	SA 프로그램 계획 정비 계획	최종 사용승인 이전
제품 정비 계획	정비계획 정비 조정 시스템 정확한 정비정보 가용성	고객의 책임 하에 최초 사용 사용까지
제품 유지	제품유지 계획	제품을 처음 사용하기 충분한 시간
운용 간 검토	최신화 - 정비계획 - 정비 조정 시스템 - 정확한 정비정보 가용성	프로젝트일정에 따라 운용간 군수지원위원에에서 정의된 LSD에서

20.5 주요 전력화 일정

20.5.1 주요 전력화 일정은 계약 요구사항을 만족시키기 위한 지원 요소를 상술한 국방부의 전력화 계획에 맞춰 산출 되어야한다.

20.5.2 지원 솔루션은 주요 전력화 일정에 따라 전달 되어야한다.

20.5.3 전력화 계획은 능력의 추가를 포함한다. 이는 모든 관계자의 임무를 포함한 변경된 계획을 규정짓는다. 이는 전 부대에 걸쳐 시스템이 어떻게 배치/향상/재생될 것인지에 대한 정보를 제공한다.

20.5.4 전력화 계획은 합의된 기준 사용법 프로필을 이용 하여야한다. 이는 형상관리 계획의 인터페이스 통제를 포함 하여야한다. 이는 정보 요구사항과 누가 그 정보를 소유하고 책임을 지는지 상술되어 있는 관련 기술 계획과 명백히 관련지어야 한다.

20.6 기술정보 및 문서(Technical Information & Document)

20.6.1 국방부의 법적 조치를 충족하기 위해서, 모든 시스템과 장비들은 접근가능하고, 정확하고, 최신화 되고, 연관된 기술정보(TI)를 가져야 한다.

20.6.2 기술정보(TI)는 총 수명 동안 설계단계에서 산출된 정보를 포함하여 기록되고 유지될 모든 정보이다. 이 정보는 운영자를 대표하여 설계 조직이 관리할 것이다. 이 정보를 관리하기 위한 요구사항은 "JSP886 7권 5부"에 정의되어있다.

20.6.3 기술문서(TD)는 총 수명 동안 해당 장비를 운용, 유지, 수리, 폐기 및 지원하는데 필요한 정보로서 정의된다. 이 정보는 설계 조직로부터 발표 되었다. 수행업무, 산출물 및 소요기간은 표 20.4와 같다.

20.6.4 기술문서(TD) 묶음은 해당 장비가 효과적, 효율적 및 안전하게 관리, 운용 및 유지될 수 있도록 프로젝트, 장비 혹은 시스템을 위해서 제공되어야 한다. 이러한 목적을 달성하기 위해서 TD의 다양한 사용자들 즉, 운용자, 정비자, 관리자, 계약자들이 TD에 접근할 수 있도록 해만 한다. 그들 혹은 해당 장비가 어디에 있든지 간에 적절한 방식으로 접근이 가능해야 하는 것이다.

20.6.5 기술문서(TD)의 배치를 총 수명 동안 유효하게 하며, 발표 및 관리를 위하여 관리 시스템이 제공 되어야한다.

20.6.6 기술문서(TD)의 적절한 양식을 선택하기 위한 지침은 "JSP 886 7권 8.05부"에 있다.

표 20.4 기술문서 산출물

수행업무	산출물	소요기간
TD 요구사항 판단	TD 요소 계획 표준 정의	최종 사업승인 이전
TD 설계	TD에 대한 정의 TD를 관리하는 정보체계 솔루션 요구사항 정의	제품의 첫 번째 사용을 충족시키는 충분한 시간 내
TD 인도	동의된 양식 혹은 허용된 매커니즘으로 이용 및 전달되는 TD	고객 책임 하에서의 첫 번째 제품 사용까지
운용 간 검토	최신화된 TD	프로젝트 계획에 따라 형상 변경 관리 위원회

20.7 지원 및 시험장비(S&TE)(Support and Test Equipment)

20.7.1 공통, 자동, 유형에 특화된 지원 장비와 정비 정책에 근거하여 S&TE를 위해 추천받은 장소를 포함한 추천받은 S&TE의 목록이 제공되어야 한다.

20.7.2 S&TE와 관련된 정비 수행업무(예 : 정밀교정 등)는 정비 계획에 포함되어야 한다.

20.7.3 수행업무, 산출물 및 소요기간은 표 20.5과 같고 S&TE 지원은 "JSP 886 5권 1부"에 포함되어 있다.

표 20.5 지원 및 시험장비 산출물

수행업무	산출물	소요기간
요구사항 판단	요소 계획 규격 선정	최종 사업승인 이전
S&TE 설계	세분화 - 자동 시험 체계 - 시험 및 측정 장비 - 조정 요구사항	첫 번째 운용 필요성을 충족시키기 위한 충분한 시간 내
S&TE 인도	자동 시험 체계 특수한 형태의 장비 일반 품목 S&TE 정비 자산 관리 조정	고객 책임 하에 첫 번째 제품 사용까지
운용 간 검토	최신화 - S&TE	프로젝트 일정에 따른 운용간 군수지원 위원회

20.8 처리 및 폐기

20.8.1 병력감소 계획과 현재 영국 안전 및 환경 법률을 수용하는 처리 전략이 수립되어야 한다. 처리 운용은 국제 기준, 유럽 법규 및 환경 기관에서 정하는 규제를 수용하여야 한다.

20.8.2 처리 혹은 폐기를 CADMID/T 주기의 마지막 요소로 식별하는 한, 국방부 자산 및 소모물자들의 처리에 대한 영향은 총 주기를 통해서 고려되어야하고, TLMP에 포함되어야 한다.

20.8.3 수행업무, 산출물 및 소요기간은 표 20.6과 같고, 세부 지침은 "JSP 886 7권 8.07부", "JSP 886 2권 재고관리" 및 "JSP 886 9권 처리"에 나와 있다.

표 20.6 처리 및 폐기 산출물

수행업무	산출물	소요기간
요구사항 판단	처리 계획	최종 사업승인 이전
자산 및 소모물자 처리	처리 계획에 따른 처리	~의 따라 - 소모되어지는지 - 경제적 수리 가능한지 - 서비스가 불가한지
안전성과 환경 규약 준수 및 유지 가능 여부 운용 간 검토	최신화 된 처리 계획	프로젝트 일정에 따른 운용간 군수지원위원회

20.9 시설

20.9.1 시설은 장비를 통합, 검사, 시험, 저장, 운용, 정비 및 폐기하는데 필요한 관련된 서비스와 전반적인 물리적 인프라구조로 이루어진다.

20.9.2 권장된 서비스의 목록과 (현존하거나 새로운)시설들의 최대 소요기간 세부사항 및 장소가 제공되어야 한다.

20.9.3 수행업무, 산출물 및 소요기간은 표 20.7과 같다.

20.9.4 서비스와 시설과 관련된 정비 업무는 시설 정비 계획에 포함되어야 한다.

20.9.5 지원시설의 식별에 대한 지침은 "JSP 886 7권 8.08부"에 식별된다.

표 20.7 시설 산출물

수행업무	산출물	소요기간
요구사항 판단	시설 계획	최종 사업승인 이전
시설 구체화	세부적인 시설 규격 인도 프로그램	최초 운용 필요성을 충족시키기 위한 충분한 시간 내에
시설 인도	지어진 시설	고객 책임 하에서 제품에 대한 최초 사용까지
운용 간 검토	최신화된 시설	프로젝트 일정에 따른 운용간 군수지원 위원회

20.11 보급지원(SS)(역자 주 : Supply Support, 관리 기법, 사례, 무기체계와 지원에 대한 요구사항과 이를 획득, 저장, 처리를 결정하는데 사용되는 절차. SS는 종합군수지원의 중요한 요소이다.)

20.11.1 범위와 규모, 프로젝트 요구사항에 따라 결정된 계약 초기 몇 년간 최초 공급(IP)(Initial Provisioning, S&TE, 훈련장비 등을 포함)을 위한 최적 조건을 포함한 권장된 예비품의 목록이 제공되어야 한다. 이 정보를 제공할 기관은 채용되는 프로젝트 전략에 따라 정해질 것이다.

20.11.2 수리부속 데이터는 영국 NCB(National Codification Bureau) 전자 공급 관리 데이터 프로세스(eSMD)(electronic Supply Management Data form)에 관련되어 제공되어야 한다.

20.11.3 재공급을 위한 권장은 프로젝트 요구사항에 결정되어 제공되어야 한다.

20.11.4 공학 관리 아이템 (EMIs)(Engineering Managed Items)

20.11.4.1 공학관리아이템은 플랫폼, 장비, 모듈, 시스템, 하위시스템 또는 안전, 수행상의 이용 가능성, 법적 준수 또는 비용에 미칠 수 있는 잠재적 영향 때문에 총 수명동안 개별적으로 관리되어야 되는 별개의 아이템이 포함된 공학수명지원(ETLS)(Engineering Through Life Support) 요구사항에 종속하는 군수 재고에 속해 있는 아이템이다.

20.11.4.2 공학관리아이템의 목록은 정당성과 논리를 동반해 제공되어야 된다. 이 정보를 제공할 기관은 적용되는 프로젝트 전략에 따라 정해질 것이다.

20.11.4.3 국방부를 포함한 공학관리아이템을 관리하기 위해 문서적 과정, 절차 또는 시스템이 제공되어야 한다. 국방부의 예를 들자면 최신 정책과 일치하는 노후화 관리 등에 대한 사항은 고객의 종속성을 포함한다.

20.11.4.4 공학관리아이템을 관리하기 위한 정보는 위에 명시된 군수정보의 관리 섹션에 나와 있는 요구사항과 부합하여 제공되어야 한다.

20.11.5 수행업무, 산출물 및 소요기간은 표 20.8와 같다. 요구사항을 충족시키기 위한 보급 지원 절차(SSP)(Supply Support Procedure) 개발지침은 JSP 886 7권 8.10부에 포함되어 있다.

표 20.8 보급지원 산출물

수행업무	산출물	소요기간
요구사항 판단	보급지원계획	최종 사업승인 이전
SS에 대한 설계	성문화를 위한 자료 획득 추천 IPL 재보급 요구사항	수리부속 조달, TD 요구사항 및 구성품 식별 일정을 충족할만한 충분한 시간
SS 인도	군수정보체계 반영 패키지된 수리부속 인도	LSD까지
운용 간 검토	최신화된 수리부속 유지 개정된 EMI 목록	프로젝트 일정에 따른 운용간 군수 지원 위원회

20.12 형상관리(CM)(Configuration Management)

20.12.1 형상관리는 프로젝트의 총 수명 주기 간에 걸쳐 부품, 데이타, 소프트웨어 및 지원 데이타, 소요자원 등에 적용되어야 한다. CM은 해당 프로젝트의 수행 및 기능적 물리적 속성에 대한 통제와 가시성을 제공해야 한다.

20.12.2 아래 정보의 카테고리를 관리하는 것에 대한 고려가 필요하다..

1. 보증된 산출물 및 지원 정보
2. 과거 활동, 실패, 사용 등 역사적 기록
3. 대치된 정보
4. 지원 정보

20.12.3 이 프로젝트는 CM에 포함된 데이터 타입의 목록과 누가 책임을 가지고 있는지에 대한 목록을 수립, 합의 및 유지하여야 한다. 단, 데이터 교환은 국방부와 산업이 별개의 저장소를 각 CM 시스템의 일부로 포함시킬 수 있다는 것을 명심하여야 한다.

20.12.4 ILS 활동은 프로젝트의 전반적인 CM 요구사항 및 계약서상에 정의된 바에 따라 결정되어야 한다.

20.12.5 디자인 형상 보고서는 건축 상태와 명시된 시 각 지원 산출물에 적용되는 지원 정보를 정의한다.

20.12.6 수행업무, 산출물 및 소요기간은 표 15와 같고, CM에 대한 내용은 JSP 886 7권 8.12부에 수록되어 있다.

표 20.9 형상관리 산출물

수행업무	산출물	소요기간
요구사항 판단	-형상관리 계획 -디자인 형상 보고서	계약된 배치시까지
형상관리 수립	-변경 관리 위원회 모임, 작업 흐름 등과 같은 CM 관리를 위한 메커니즘 -형상관리 데이터셋	운용이 종료될 때까지

20.13 단종 관리(OM)(Obsolescence Management)

20.13.1 OM은 적용되어야 하고, 그 목적은 단종 총 수명주기 동안 재정 및 가용도 측면의 영향을 최소화하기 위하여 설계, 개발, 제조 및 서비스 지원의 필수적인 부분으로써 관리된다는 것을 보증하는 데 있다.

20.13.2 수행업무, 산출물 및 소요기간은 표 16과 같고, 세부 지침은 JSP 886 7권 8.13부에 수록되어 있다.

표 20.10 노후화 관리 산출물

수행업무	산출물	소요기간
요구사항 판단	단종 관리 계획	최종 사업승인 단계 이전
단종 관리 수립	단종 관리 단종 관리 데이터베이스	운용유지 종료시까지

총 수명 재원(TLF)

21.1 총 수명 비용 모델 시스템/정권 이내에 최신화된 모델로 이루어진 합의 비용 정보가 산출되어야 한다. 이 정보는 국방부 총수명 비용 모델에 사용될 수 있도록 이용 가능하여야 된다. 이 정보는 프로젝트에 사용되지 않은 고정비를 제외한 직접 비용을 포함하여야 한다.

21.2 각 프로젝트는 계약 전이나 협상 중에 TLF 산정과 기록 및 사용될 모델링 기술 요구사항을 수립하여야 한다. 계약은 책임 및 요구된 입력의 시간을 자세히 명시하여야 한다. 이 프로젝트는 모든 재정 모델에 적용될 수 있는 가정(assumption)의 목록을 수립하고 유지하여야 한다.

Acronyms

ACDS (Log Ops)	Assistant Chief of Defence Staff (Logistic Operations)
CADMID/T	Concept, Assessment, Demonstration, Manufacture, In-service, Disposal/Termination
CDM	Chief of Defence Materiel
CILSM	Contractor Integrated Logistic Support Manager
CM	Configuration Management
DES JSC SCM EngTLS	Defence Equipment and Support, Joint Support Chain, Support Chain Management, Engineering Through Life Support
DLoD	Defence Line of Development
DSAT	Defence Systems Approach to Training
EMI	Engineering Managed Items
HFI	Human Factors Integration
IER	Information Exchange Requirement
IG	Initial Gate
ILS	Integrated Logistic Support
ILSPD	Integrated Logistics Support product Description
ISLSC	In Service Logistic Support Committee
ISP	Integrated Support Plan
ISR	In-Service Review
IS&S	Information Systems and Services
ITT	Invitation To Tender
JSC	Joint Support Chain
JSP	Joint Services Publication
LCIA	Logistic Coherence Information Architecture
LIR	Logistic Information Repository
LogIP	Logistic Information Plan
Log NEC	Logistic Network Enabled Capability
LSC	Logistic Support Committee
LSD	Logistic Support Date
MILSM	MOD Integrated Logistic Support Manager
MG	Main Gate
MOD	Ministry of Defence
OM	Obsolescence Management

PHS&T	Packaging, Handling, Storage and Transportation
R&M	Reliability and Maintainability
S&TE	Support and Test Equipment
SA	Supportability Analysis
SC	Supportability Case
SS	Supply Support
SSP	Supply Support Procedures
TD	Technical Documentation
TE	Training Equipment
TLCM	Through Life Capability Management
TLF	Through Life Finance
TLM	Through Life Management
TLMP	Through Life Management Plan
TLS	Through Life Support
TNA	Training Needs Analysis

JSP 886 Volume 7 Part 1: Integrated Logistic Support Policy

Version 2.4 dated 27 Nov 12

JSP 886

국방 군수지원체계 매뉴얼

제7권

종합군수지원

제1부

종합군수지원 정책

Contents

Figure

Ministry
of Defence

제1장

종합군수지원 정책

배경

1. 본 문서는 영국 국방부의 종합군수지원(ILS) 기초와 적용에 관한 원칙과 개념을 소개한다. 또한 종합군수지원의 이점을 실현되도록 하는 데 필요한 책임과 과제에 대한 이해를 설명한다.
2. ILS는 수명 기간 동안의 모든 획득활동에 적용되는 포괄적인 원칙이다. 그러나, 비용대효과적인 ILS적용을 위해서는 편익과 비용 간의 균형이 필요하다.
3. 어떤 제품의 총수명주기 동안 획득 비용은 운영유지비용에 비해 적은 것으로 알려져 있다. 신뢰도와 정비도는 총소유비용(ownership cost)과 상당히 관련이 있으며, 제품의 수명주기에 걸쳐 이에 관한 투자는 개발이나 양산 기간에 많은 비용을 절감토록 한다.
4. Def Stan 00-600은 획득 및 지원 계약에 적용한다.

정책

5. 영국 국방부의 정책은 모든 획득체계에 종합군수지원(ILS)을 적용하는 것이다. ILS는 지원성과 총수명재원 (TLF)을 최적화하기 위해 제품설계와 지원방안을 개발하는 데 영향을 미친다. ILS는 초기 지원 요소를 산출하며, 경미한 성능개선과 작전적 용도 및 요구사항 변경 등을 고려하여 최적의 지원방안을 보장한다.

우선순위 및 권한

6. ILS 적용을 위한 권한은 “DE&S Corporate Governance Portal Index – 지원방안 관리”에 공표한다.

필수 요구사항

7. ILS 적용으로부터 발생하는 법적 또는 안전에 대한 요구사항은 없다. 사업팀(PT)은 지원방안의 설계에 반영되도록 ILS를 적용했음을 증명해야 한다.

보증 및 절차

보증

8. ILS 보증[1]은 ILS 원칙의 적절한 적용, 개별 사업의 상호작용과 TLS 지원방안 개선팀(SSIT)의 조언과 지침을 준수함으로써 얻을 수 있다.

9. ILS는 지원보증 (SA)에 기여하는데, 이는 수명주기 투자보증 논점 중의 하나이다. SA는 JSP 899에 기술되어 있다.

10. 보증에 관한 상세 사항은 획득운용체계 (AOF)의 지원방안묶음(SSE)에 설명되어 있다.

절차

그림 1: CADMID 주기

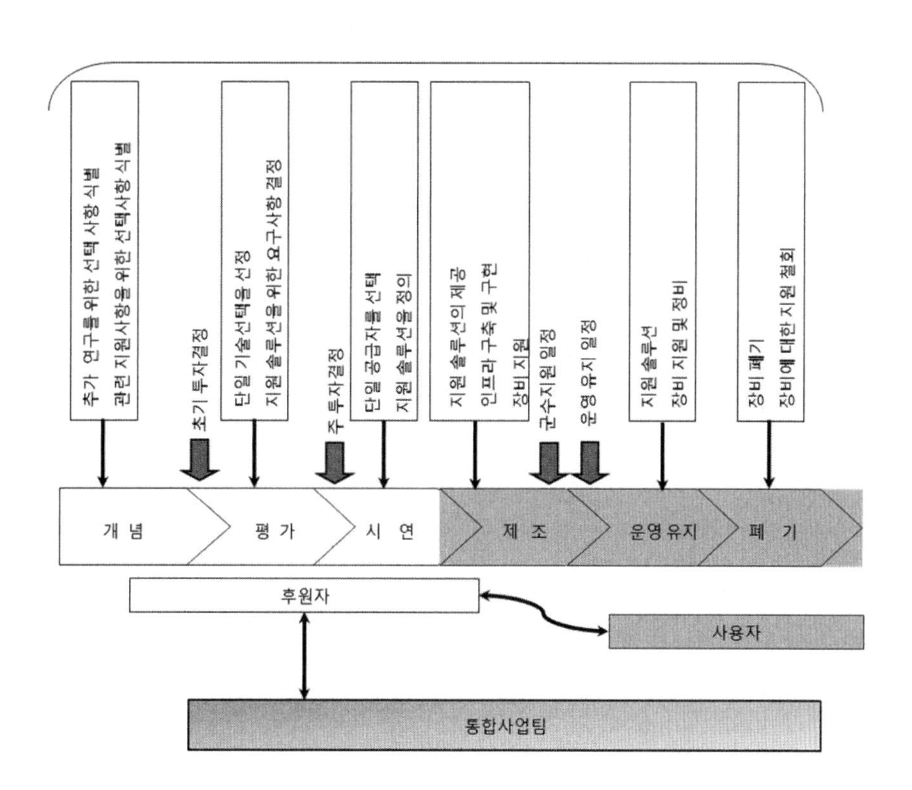

11. ILS는 사업의 전 기간 동안 적용된다. ILS의 초점은 제품의 수명주기 동안 개념, 평가,

---

1 지원개선팀의 중요성은 제품의 수명기간 동안 지속적으로 부각되며, PT와 SME 간의 관계를 촉진하여 문제점이 가능한 한 빠른 시일 내에 식별 및 해결될 수 있도록 한다. 지원개선팀은 일관성을 보장하고 운용상 위험을 줄이기 위해 환경 및 광범위한 국방 문제에 걸친 개별 사업의 영향을 분석한다. 지원개선팀의 조언은 지원방안묶음(SSE)에 포함된 정부정책 GP)을 기초로 한다.

시연, 양산, 사용, 폐기(CADMID) 단계 등 사업의 진행에 따라 변화한다. 그림 1은 CADMID 전반에 걸친 상위수준의 ILS 절차를 보여준다.

12. 사업팀의 사업 지원 성숙도 평가를 지원하기 위해 수명주기를 아홉개의 지원 성숙도 수준(SML)으로 구분한다.

13. 아홉개의 지원 성숙도 수준에 대한 정의는 제7권 2부 2장에 기술되어 있으며, 각각에 대한 평가 기준은 제7권 8부의 평가대상인 지원요소에 관한 내용에 기술되어 있다.

14. 하위 수준의 ILS 절차는 JSP 886 내의 개별 문서를 확인한다.

요구사항

15. 투자승인위원회(IAB)는 긴급운용소요(UOR)를 포함한 모든 신규 사업에 대한 지원전략을 필요로 한다. 지원전략은 ILS를 통하여 개발되고 체계화되며, 초기(Initial Gate) 단계와 주단계(Main Gate) 진입 승인을 위해 각각의 사업설명서(Business Case)의 필수요소로 포함된다.

16. 운용유지(In Service)단계에서 사업은 ILS 절차에 부합하도록 어떤 변경과 지원방안 개발을 해야 한다. 운용유지단계에서 획득한 성능을 모니터링하고 예측치와 비교한다. 운용유지단계에서 의사결정은 TLF에 기초하여 이루어지고 제품에 대한 개조 또는 지원은 기설정된 ILS 접근방향에 부합해야 한다.

17. 사업팀장은 ILS 정책을 실행할 책임이 있으며, 사업관리자, 종합군수지원 관리자(ILSM) 및 전방사령부(FLC)의 지원을 받을 수 있다. 이들은 수명주기 지원방안 개선팀(SSIT)과 지원방안의 설계, 개발 및 검토에서의 보증 절차와 연계성을 가져야 한다.

핵심원칙

18. ILS는 지원성과 총수명재원(TLF) 최적화를 위한 제품설계 그리고 지원방안의 개발에 영향을 주는 체계적 방법이다. 핵심 원칙은 아래와 같다:

a. 제품 설계에 영향을 미친다. 필요 시, 제품설 (관련 패키징 포함) 및 설비, 용역, 공구, 수리부속 및 인력의 이용은 최적의 TLF에서 제품의 가용도를 극대화하도록 최적화한다.

b. 지원방안을 설계한다. TLF를 최적화하기 위한 종합지원방안을 수립한다. 총수명재원을 최소화하도록 수명기간을 통한 설비, 용역, 공구, 수리부속 및 인력 운용을 최적화한다. 가능한 한 표준 또는 공통 설비, 공구, 수리부속 및 인력 운용을 장려한다.

c. 최초 지원 패키지를 인도한다. 주어진 시간에 제품을 지원하는 데 필요한 설비, 용역, 공구, 수리부속 및 인력을 결정하고 조달한다. 지원방안의 물리적 인도품목은 군수지원일자(LSD) 요구사항이 충족되도록 배치한다. 수명주기 지원은 올바른 곳에 적절히 배치되도록 한다.

d. 제품 획득. ILS는 기술시연 프로그램, 주요 업그레이드, 소프트웨어 사업, 공동사업 및 상용품 조달 등 국방부를 위한 모든 제품의 획득에 적용된다.

e. 제품의 지원성. ILS는 제품이 지원 가능하도록 설계되고, 필요한 지원기반이 구비되어야 하며, 총수명재원(TLF) 최적화되도록 적용한다.

f. ILS 요구사항. ILS는 기개발된 제품, 상용품(COTS) 또는 군용품(MOTS) 등 설계 결정에 영향을 받지 않더라도 지원성과 총수명재원(TLF) 측면에서 여전히 필요하다.

교육 및 역량

19. ILS의 기능적 업무역량은 국방장비 및 지원 Single Skills Framework의 군수기능 분야에 해당한다. 업무역량은 ILS 업무 성과가 측정 및 평가가 가능하도록 설계되어야 하고, 이에 따라 ILS 업무 관계자를 위한 교육 소요를 개발하는 데 활용되어야 한다. ILS의 기능적인 역량 범위에서 기량을 높이기 위한 교육은 TLS에서 식별하였다. 영국 국방부는 교육 과정을 개발하였으며, 교육은 업체에서도 가능하다.

관련 규격 및 지침

규격

20. Def Stan 00-600. 이 문서는 산업체[2]로부터 인도받는 ILS 인도물품 계약에 관련된 업무에 적용되는 규격서이다. 사용자는 쟁점이 되는 문제에 대해 TLS 정책 협조체로부터 조언을 받아야 한다.

지침

21. JSP 886 제7권, 2부: ILS 관리. ILS와 적용에 대한 지침을 제공한다.

22. 획득운용체계 (AOF). AOF의 종합군수지원 부분은 영국 국방성의 모든 관련자 및 국방획득에 관련된 모든 파트너 업체의 ILS 분야에 대한 정부 정책과 최적의 실무를 제공한다.

23. 전반적 조언 및 지도. ILS의 적용에 대한 전반적 조언 및 지도는 아래로부터 가능하다:

a. TLS 정책 협조체

b. 지원방안 개선팀

소유권 및 문의처

24. ILS 정책의 소유권은 ACDS LOG OPS에 있다.

---

2 ILS 출력 및 인도물품에 대한 계약은 Def Stan 00-600의 적용을 통해 이루어진다. 각 ILS 요소에 대한 특수한 정책이나 지침에 대해 사안별 전문가(SME)를 이용할 수 있다.

25. ILS 정책의 작성자는 DES JSC SCM Eng TLS PC2이다.

내용에 대한 세부 문의처 :
DES JSC SCM-Eng-TLS-PC2
Tel Mil: 9679 Ext 82689
Tel Civ: +44(0) 3067982689
E-mail: DESJSCSCM-EngTLS-PC2@mod.uk

출판에 대한 세부 문의처 :
DES JSC SCM - JSP886
Tel Mil: 9679 Ext 80953
Tel Civ: +44(0) 103679 80953
E-mail: desjscscm-jsp886@mod.uk

2 ILS 출력 및 인도물품에 대한 계약은 Def Stan 00-600의 적용을 통해 이루어진다. 각 ILS 요소에 대한 특수한 정책이나 지침에 대해 사안별 전문가(SME)를 이용할 수 있다.

제2장

종합군수지원 요소

1. ILS는 종합적인 방법으로 광범위한 지원 절차를 다룬다. ILS 방법론에서 이런 별개의 절차들을 ILS 요소라고 한다. ILS 요소의 목록은 그림 2와 같다. 이는 어떤 사업에 대한 모든 지원 관점을 포괄하지 않을 수도 있다.

2. 비용 대 효과적인 ILS 적용을 위해 ILS 요소들의 적용 범위와 깊이는 각 사업에 특성의 요구사항에 맞게 조정될 필요가 있다. 즉, 타당성 검토와 함께 일부 요소에 대해서는 생략하거나 추가할 필요가 있다.

최근 종합군수지원 요소

그림 2: ILS 요소

순번	세부 설명
1	**종합군수지원계획** 모든 사업은 종합군수지원계획(ILSP)이 필요하다. ILS-P는 사업 전체기간에 실행문서로서 유지하는 지원개념 문서의 한 부분이다. ILS-P는 특정사업 활동을 포괄하는 하위 계획을 포함하고, 각 기관 및 부서들간의 모든 인터페이스를 정의한다. ILS-P는 해당 사업의 전체 ILS 계획에 대한 국방부의 기술서이며, 군수지원에 대한 실행계획서이다. 이 문서는 현 단계의 요구사항, 과업(tasks), 인터페이스 및 주요 일정과 후속 단계에 대한 계획을 포함한다. ILS-P는 다른 사업관련 문서에 필요한 모든 지원 관련 정보들을 제공하며, 지원 목표, 지원 전략 및 모든 관련 계획을 포함한다.
2	**정비계획** 정비계획은 제품 및 지원장비에 대한 정비지원에 필요한 하드웨어, 소프트웨어, 물자, 시설, 인원, 절차 및 자료 식별 등으로 구성된다. 이 절차는 정비개념과 요구사항을 개발 및 수립을 통하여 구체적인 정비계획을 수립하는 것이다. 여기에는 아래와 같은 절차를 포함한다: 수리 정책 정의. 예상 수리업무 판단. 수리업무에 필요한 수리부속, 공구, 시설, 자료, 기술 및 인원 식별.
3	**보급지원** 정비계획 자료의 처리 과정으로서 수리부속을 기술자료에 포함하기 위해 식별하는 절차이다. 식별을 용이하게 하기 위해 목록코드를 부여하며, 조달할 수리부속 수량의 결정하는 절차로서 여기에는 아래와 같은 절차가 포함한다:

	목록화를 위한 품목 식별. 목록화, 보급체계로 품목자료 이전. 기술자료에 포함할 품목 식별. 적절한 규격에 부합되도록 기술자료 문서화와 함께 수행. 초도 보급(IP)을 위한 품목 식별. 수리부속의 범위 및 규모의 반복적 판단; 적절한 모델링 포함. 보급의 중복을 방지하기 위하여 기존 국방 재고 선별. IP 조달 및 보급체계로 계약자료 이전.
4	**지원 및 시험 장비(S&TE)** 제품의 운용 및 정비 지원을 위해 소요되는 장비(이동식 및 고정식). 여기에는 관련되는 다용도(Multi-use) 완성품, 정비장비, 공구, 측정 및 교정 시험장비 및 자동시험장비 등이 포함된다.
5	**설비 및 기반시설** 제품의 통합, 운용 및 정비에 소요되는 모든 물리적 기반 시설 및 서비스
6	**교육 및 교육장비** 운용유지 단계에서 제품 지원을 위해서는 훈련을 받고 자격을 갖춘 운용자 및 정비요원이 필요하다. 교육 소요를 정의해야 하며, 서비스 지원 요원의 현 수준과 요구수준을 정의하고 지원인원에 대한 교육 필요성과 교육소요분석(TNA)을 위한 자료는 SA 절차를 통해 개발한다.
7	**기술정보** 수명 주기 동안 제품의 운용, 정비, 수리, 지원 및 폐기를 위해 필요한 정보. 자료 제공을 위해 규격서를 식별한다. 여기에는 아래의 내용을 위한 문서, 마이크로 필름, 도면, 컴퓨터 지원 설계(CAD) 자료, 전자 문서, 그래픽, 영상물 등과 같은 비-문서 자료가 포함된다: 도해부품목록 / 카탈로그 (IPL / IPC). 체계 명세서 및 운용. 체계 운용 유지. 진단 지원. 수리 정보. 지원 흐름도, 체계 및 배선 다이어그램. 소프트웨어 자료. 군수지원분석 보고서. 자료, 영상 및 합성 교육자료 등 교육자료
8	**포장, 취급, 저장 및 수송(PHS&T)** 모든 제품 및 지원 품목, 특히 위험물은 관련 법규에 부합하도록 적절하게 포장, 취급, 저장 및 수송되어야 하며, 이를 위해 필요한 자원, 절차, 설계 고려사항 및 방법을 정의한다.여기에는 환경적 제한, 장/단기 저장을 위한 제품 저장 요구사항, 수리 작업 동안 품목의 취급 그리고 수송 조건 등을 포함한다.
9	**인간요소 통합** 제품의 운용 및 지원 분야에 걸친 인력 및 인간 요소 고려사항을 평가하는 특정 체계. 전반적인 목적은 제품의 정의 및 획득 기간 중 운용유지단계에서 장비 및 시설의 운용 유지에 필요한 군과 민간요원의 능력 및 제한사항을 충분히 고려하는 것이다.
10	**신뢰도 및 정비도** 신뢰도 및 정비도(R&M)는 운용유지단계에서 높은 수준의 가용도를 유지할 수 있도록 설계 및 제작 기간 중 체계 설계 및 제작 시 반영해야 할 고유 속성이다. 신뢰도중심정비(RCM)에 관한 요구사항은 평가 단계에서 수립되어야 한다. 개발 단계 중 RCM은 입찰요청서(ITT)에 반드시 포함하여야 한다. 이어서 RCM은 운용유지단계에서 경험과 개발을 고려하여 정비계획 개정에 활용한다.
11	**폐기 및 종료** 제품과 관련 수리부속 및 소모품의 효율적이고 효과적이며 안전한 폐기에 관한 것이다. 제품의 폐기는 설계 단계에서 고려되어야 한다. 이 단계에서 위험물 및 잠재적 위험물의 포함여부가 감소가 고려될 수 있다. 제품 및 제품의 능력 또는 제품의 일부 능력의 폐기 결정은 적절한 장비능력(EC) 분과위에 의해 이루어지며, 이 권한은 사업팀장에게 위임될 수 있다. 폐기에는 재배치, 판매, 폐기물 처리, 환경 영향 및 판매에 의하여 복구된 물자의 가능한 폐기 등을 고려해야 한다.

ILS와 관련된 요소

3. ILS 요소 외에도 ILS에 관련된 다른 규정이 있으며 이는 아래 그림 3에 제시하였다. 이는 지원방안 개발 시 고려해야 하며, 지원성 보증 계획에 상세하게 명시해야 한다.

그림 3: ILS와 관련된 요소

순번	세부 내용
1	**체계 설계 반영** 제품의 지원성을 보증하기 위한 임무 및 지원체계 분석은 최적화되어야 하고, 총수명주기비용은 절감되어야 한다.
2	**품질관리** 품질관리(QM)는 사업팀 및 방산업체 모두에게 조직적인 성과 달성과 향상을 목표로 하고 있으며, 다음을 가능하도록 한다. 예산부서 및 사용자 요구사항에 충족하는 제품 조달에 대한 신뢰도를 증대하고, 개선 사항 식별과 우선순위 판단 ; 역량있는 인원들의 가용성 보장
3	**자산 관리** 운용유지단계에서 자산관리 (AM)는 공학적 지원 계획과 이행을 통한 과제별로 구성 및 지원되는 효과적인 자산의 할당을 말한다. 요약하면 자산관리(AM)는 아래 기능을 포괄한다: 제품의 정비, 수리, 개조 및 완전분해수리(MRMO)의 모든 분야. 제품형상 관리. 부대 내 제품의 관리(소유권, 용도 및 임무수행). 수리 공정 중의 수리가능 제품 관리 및 추적.
4	**위험관리** 위험관리는 조직이 위험을 최소화하고 효율적인 방법에 의한 기회를 최대화할 수 있도록 위험의 내용, 식별, 분석, 계획 및 관리방안을 수립하는 업무에 대한 관리정책, 절차 및 실무의 체계적 적용으로 정의될 수 있다. 이 지침에 한하여 하나의 위험은 사건발생 확률과 그 결과에 대한 조합으로 정의한다.
5	**안전성 관리** 국방부 정책은 모든 수명주기 단계에서 안전성을 관리하고 위험에 대해 허용 가능하고 실제 가능한 최소(ALARP)의 수준으로 감소시킬 수 있는 제품의 조달, 지원 및 운용을 요구한다. 제품의 안전성 개선은 국방부의 사고를 줄여주어 자금을 보다 효과적으로 집행하게 하고 나아가 정책과 법령을 준수하는 데 도움을 준다. 문서화된 안전성 관리제도는 안전 사례의 창출과 사업 안전위원회의 감독을 통해 이 목표의 달성에 이용되는 주요 메커니즘이다.
6	**계약 관리** 계약은 국방부 계약 관리자에 의해 이루어진다. 협상을 통한 계약은 국방부와 협력업체 간의 관계를 조정해야 하는 복잡한 일이다. 계약이 올바르지 않을 경우, 국방부와 계약자의 관계는 정당할 수 없고, 국방부에 제공되는 제품의 품질이 저하될 수 있다.
7	**컴퓨터 지원 및 소프트웨어 지원** 컴퓨터를 운용 유지하는데 필요한 시설, 하드웨어, 소프트웨어 및 인력.
8	**운용유지단계에서 군수지원 성과 모니터링** 운용유지단계에서 얻게 되는 신뢰도, 정비도 및 지원 자료의 수집하는 것으로 반드시 기록하여 예측 데이터와 비교해야 한다. 예상 성과와 실제 성과의 비교와 운영유지비용은 지원전략을 변경할 수도 있게 하며, 필요 시 설계 및 지원성 특성 개선을 통한 총수명재원(TLF) 관리를 선도할 수도 있는 결정을 가능하게 한다. 실제 R&M 자료와 예상 값과의 비교는 다음 사항을 식별하기 위해 규칙적으로 이루어져야 한다: 수리부속 정책 변경. 정비개념 변경. 군수지원 결정 변경. 설계변경 요구사항. 아울러, 성과에 대한 추세 모니터링을 통해 문제가 커지기 전에 이를 발견하여 제거할 수 있도록 한다.

9	**군수정보관리** 국방군수에 관여하는 모든 사람은 자신이 전방이나 보급 부대에서 근무하든, 창나 사무실 또는 공장에서 근무하든 자신의 업무 수행을 위해 정보를 필요로 한다. 그들은 이 정보가 어디서 언제 만들어지고 언제 얻을 수 있는지에 상관없이 빠르고 쉽게 얻기를 바라며, 정확하고 명확한 정보를 얻기를 바란다. 이러한 정보를 다루기 위해서는 신뢰할 수 있는 적절한 정보 기술 - 하드웨어, 소프트웨어, 자료구조 - 이 필요하다. AD Def Log Info는 군수정보관리의 기초가 되는 정책의 정형화 및 시행에 대한 책임이 있다: KSA 4 참조.
10	**형상관리(CM)** 제품의 수명기간 동안 적용되는 형상관리는 제품의 사양 및 기능적 물리적 속성의 통제 및 식별을 가능토록 한다; 제품이 요구사항을 충족할 수 있고 수명기간 중 지원성 지원을 위해 충분히 상세하게 식별되었음을 입증할 수 있는 자료를 제공한다.
11	**단종관리(OM)** 제품 수명기간 중 제품단종을 관리하기 위해 수행되는 절차. 단종은 모든 제품, 소프트웨어, 공구, 공정, 지원제품, 규격서 및 사양서에 영향을 미친다. 이것은 제품의 모든 수명 단계에 영향을 준다. 이것은 피할수 없고 비용이 많이 들어 무시할 수 없는 일이지만, 사전 대비를 통해 면밀한 계획 수립을 하면 그의 영향 및 비용을 최소화할 수 있다. 단종관리의 목적은 제품의 수명 기간 중 비용과 영향을 최소화하고 단종문제가 설계, 개발, 생산 및 운용 중 지원의 중요 부분으로서 관리되도록 하기 위함이다.

제3장

종합군수지원 구조

1. ILS 방법론은 필요한 모든 지원 자원이 식별, 분석, 최적화되고, 서로간, 제안 제품 설계 및 기존 또는 제안 지원장비와의 일관성을 가지도록 하는 체계적 접근방안을 정의한다.

도구 및 기법

2. ILS의 기본적 도구는 다음과 같다:

a. 지원성 분석 (SA).

b. 고장유형 영향 및 치명도 분석 (FMECA).

c. 정비업무분석:

(1) 신뢰도중심정비 (RCM); 상태기반 모니터링 (CBM) 포함.

(2) 수리수준분석 (LORA).

지원성 분석(SA)

3. SA는 과도한 운용 비용을 유발할 수 있게 하는 설계 특성을 식별하는 것과 함께 개발되는 제품의 지원 관련 내용을 분석하는 체계적 방법이다. 일단 식별이 되면, 이 부분은 차후 비용을 줄이기 위해 설계 변경을 하고자 할 때 절충의 대상이 될 수 있다. SA는 체계의 수명주기 동안 최적화된 지원체계의 자원 소요를 식별하는 데 도움이 된다.

4. SA는 5개씩 그룹화된 15개의 활동으로 구성된다. 이 활동은 Def Stan 00-600에 식별되어 있으며 JSP 886 제7권 3부: 지원성 분석에 서술되어 있다. 이 활동을 요약하면 아래와 같다:

a. 프로그램 계획 및 통제: 이 활동은 가장 효율적인 분석의 적용 방법을 계획하는데 집중된다. 이것은 어떤 활동이 언제, 누구에 의해 어떤 제품에 대해 수행되어야 하는지를 결정한다.

b. 임무 및 지원체계 정의. 이 활동은 평가 및 시연단계의 앞 부분에 적합한 SA "전단" 분석 절차를 설명한다. 이것은 발견 내용을 보고서에 식별하고 종합하여 제품의 지원성을 지원하기 위한 것이다. 또한, 설계 변경으로 이익을 얻을 수 있는 부분을 식별하

는데 이용된다. 이 활동에는 아래 내용이 포함된다:

⑴ 제품이 이용되거나 지원될 방법 ⑵ 표준화의 적절한 시기

⑶ 기존 및 잠재적 비용 요인 ⑷ 신기술의 적용성

c. 대안의 준비 및 평가. 이 활동은 설계가 더욱 구체화되었을 때 적용될 수 있는 상세 설계의 절충문제와 제품에 대한 지원 대안을 식별한다. 이것은 통상 평가 단계 이후 또는 시연단계 초기에 시행된다.

d. 군수지원 자원소요 판단. 이 활동은 제품의 지원소요 전체를 식별하여 수명주기동안 지속적으로 지원 가능하게 한다. 소요를 판단하는 것은 가능한한 조기에 이루어져야 하지만, 여러가지 제한사항으로 인하여 설계가 최종 결정될 때까지 완료하는 것이 제한된다. 지원 소요에 영향을 주는 여러 요인이 고려되어야 한다.

e. 지원성 평가. 이 활동에는 SA가 목적을 달성했는지 그리고 배울 점이 어디에 있는지를 판단하기 위한 SA의 검토가 포함된다. 또한, 표준 보급, 정비 및 준비태세 보고 체계로부터 이용 가능하게 되는 지원성 자료의 분석도 포함한다.

고장 유형 영향 및 치명도 분석 (FMECA)

5. 고장 유형 영향 및 치명도 분석 (FMECA)은 그 결과가 설계에 반영될 수 있도록 적기에 수행되어야 한다. 이를 수행하는 목표는 가용도를 최대화 하고, 정비소요 및 궁극적으로 TLF를 최소화 하는 것이다: 고장 방지와 TLF 증가 사이에서 절충이 이루어진다. FMECA는 다음 중 어느 하나의 잠재 고장이 발생할 수 있음을 나타낸다:

a. 재설계에 의해 제거 또는 감소되는 고장.

b. 감소되지는 않으나 재설계에 의해 정비량이 감소될 수 있는 고장

c. 재설계에 의해 제거되지는 않으나 예방정비를 통해 막거나 감소될 수 있는 고장

d. 감소되지 않거나 감소시킬 필요가 없어서 보수정비를 통한 수리와 함께 발생이 허용되는 고장.

6. FMECA는 기록 및 판단의 수단이다:

a. 제품이 수행해야 할 기능

b. 고장이 발생하는 유형.

c. 고장의 발생 원인.

d. 고장이 제품에 미치는 영향

e. 고장의 치명도

신뢰도중심정비 (RCM)

7. 신뢰도중심정비(RCM) 분석은 가장 효율적인 정비 방법을 판단하기 위해 수행된다. RCM

및 FMECA의 복합 분석은 중복되는 노력과 자료의 잠재적 불일치성을 방지한다.

수리수준분석 (LORA)

8. 수리수준분석 (LORA)은 제품의 품목 수리에 대한 가장 적합한 정비계단을 결정하는 과정이다. 두 가지의 LORA 형태가 있다:

a. 경제적 LORA, 수리비용이 변수인 경우에만 이용된다.

b. 비 경제적 LORA는 기존의 정책, 접근성, 가용한 기능 및 제품의 크기 등 수리 장소에 영향을 주는 요소를 무시하는 경우에 적용된다.

종합군수지원 테일러링

개요

9. 테일러링은 수명주기 동안 제품 지원성의 개선에 가장 큰 영향을 미치는 ILS 요구사항, 적용 범위 및 깊이를 식별하는 활동을 말한다.

10. 종합군수지원 관리자(ILSM)는 계약자가 계약 요구사항의 충족을 위한 활동을 어떻게 수행해야 하는지 그리고 국방부가 사업 일정에 맞추어 이를 어떻게 모니터링 할 지를 고려해야 한다. 이 테일러링은 아래와 같은 시기에 수 차례 실시될 수 있다:

a. 사업의 자원소요 수립을 위한 최초 승인 제출 전

b. 사업의 자원소요 결정을 위한 최종 승인 제출 전

c. 입찰자에게 제작사의 ILSM 요구사항을 나타내기 위한 입찰 요청서 작성 시

d. 계약 협상 중 또는 계약 체결 직후; 계약자의 제안을 사업자원에 일치시키기 위해.

11. ILS 관리 기법, 모니터링 및 감사 수준, 사업 조직 및 프로그램 일정은 종합군수지원계획에 수록된다.

사업유형별 테일러링

12. 동일한 사업은 하나도 존재하지 않지만, 설계 자유도의 관점에 따라 사업을 분류하면 기본적으로 다음 두 가지 부류로 나눌수 있다;

a. 개발품목(DI). 설계 자유도가 보장된 경우, 지원성에 대한 가격요인 및 잠재적 설계 변경을 식별하기 위해 처음부터 SA과제를 이용한다. 설계가 확정되면, SA 과제는 소요되는 지원자원의 식별에 집중해야 한다.

b. 비개발품목(NDI). 여기에는 품목의 특성에 따라 설계 영향의 범위가 매우 좁은 상용품(COTS)이나 군 기성품(MOTS)이 포함된다. 따라서, 요구된 지원자원의 식별 과제에 역점이 두어진다. 설계 기간 중 분석이 이루어졌다면, 그 결과는 지원성 절충의 증거와 제품선택 과정을 지원하기 위한 설계 개선을 위해 검토될 수 있다.

JSP 886 Volume 7 Part 2: ILS Management

Version 2.3 dated 18 Dec 12

JSP 886

국방 군수지원체계 매뉴얼

제7권

종합군수지원

제2부

종합군수지원 관리

개정 이력		
개정 번호	개정일자	개정 내용
1.0	15 May 08	종합군수지원 매뉴얼
2.0	23 Nov 11	종합군수지원 매뉴얼 재 작성.
2.1	07 Jun 12	부록 A의 그림 1 수정.
2.2	12 Nov 12	제2장, 59~63항 지원 성숙도 수준의 개요
2.3	18 Dec 12	ILS COI에 설치된 도구 반영을 위한 부록 수정.

Contents

Figure

Ministry
of Defence

제1장

종합군수지원 관리 정책

배경

1. 종합군수지원(ILS)은 지원전략 수립과 지원방안 구축을 지원하는 강력한 방법론이다. 지원방안 개발 시 사업이 고려해야 할 방침을 포함하지 않으나, 방안을 구축할 때 고려해야 할 기법과 요소를 포함한다. ILS는 개조와 운영유지를 포함하는 양산사업뿐만 아니라 정보시스템(IS)이 뒷받침하는 자원관리체계 성능개량 사업과 긴급운용소요(UOR) 등에도 적용된다.
2. 지정된 지원방안개선팀(SSIT) 담당관과 핵심 관계자의 도움을 받아 ILS 관리자는 사업의 요구사항을 충족하도록 ILS 프로그램을 맞춤식으로 조정해야 한다.

방침

3. ILS의 방침은 JSP 886 제7권 1부에 공표한다.

우선순위 및 권한

4. 군수지원절차에서 지원분야 군수정책의 소유권은 국방물자국장(CDM)의 프로세스 기획자로서 국방군수운용참모차장(ACDS Log Ops)에게 있다. 이 역할은 국방군수위원회(DLB) 산하의 국방군수정책실무그룹(DLPWG) 및 국방군수조정그룹(DLSG)을 통하여 이루어진다. T&TE 정책에 대한 스폰서가 교육훈련국장(DT&E)의 책임인 본 관리 체계와 대비된다. 사업팀은 SSE에 의해 방향이 제시된 대로 핵심 정책 및 관리를 평가하고 이에 충족함을 보여주어야 한다.

필수 요구사항

5. ILS의 관리에 대한 필수 요구사항은 없다.

요구사항 및 제한사항

요구사항

6. 관련 군의 지원 요구를 포함하여 지원방안의 인도범위를 정의하는 개괄적인 요구사항의 세부

설명. 이것은 혁신적 방안을 개발하기 위한 기회를 극대화 한다.

제한사항

7. 식별된 바 없음.

핵심 원칙

8. ILS는 지원성 및 비용 요소가 식별되고 제품의 수명주기 동안 가능한 한 빠른 시기에 고려되어 수명주기비용(TLF)을 최적화하는 동시에 설계에 반영될 수 있도록 한다. Def Stan 00-600은 제품의 관리를 위해 수명주기에 걸친 ILS 적용에 대한 국방부 요구사항을 정의한다. 필요시 ILS는 향후의 모든 설계, 계약, 발주 등과 기존의 프로그램에도 가능하면 수정하여 적용한다.

9. ILS의 주요 목표는 아래와 같다:

a. 제품설계에 반영. 최소의 수명주기비용으로 최대의 가용도를 확보하기 위해 제품의 설계 및 시설, 공구, 수리부속 및 인력 사용이 최적화되도록 한다.

b. 지원방안의 설계. 수명주기비용을 최적화하기 위한 종합지원방안을 수립한다. 수명기간에 걸친 시설, 공구, 수리부속 및 인력의 사용이 수명주기비용을 최소화하기 위해 최적화되도록 해야 한다. 가능한 한 일반적이고 공통적인 시설, 공구, 수리부속 및 인력의 사용을 장려한다.

c. 초도지원 패키지 제공. 주어진 기간 동안 제품을 지원하기 위한 시설, 공구, 수리부속 및 인력을 결정하고 구매한다. 지원방안의 물리적 인도물품이 군수지원일자(LSD)를 만족하도록 한다. 수명주기동안 지원이 가능하도록 해야 한다.

10. ILS의 모든 분야가 맞춤식으로 조정된 Def Stan 00-600을 충족하도록 향후의 모든 장비 구매에 적용되도록 하는 것이 국방부의 방침이다. 여기에는 기술시연 프로그램(TDP), 주요 개량, 소프트웨어 사업, 협동 사업, 비 개발 및 상용품 구매 사업이 포함된다. 지원 가능하도록 제품이 설계되고, 필요한 지원 기반시설이 갖추어지며, 수명주기비용을 최적화 할 수 있도록 ILS가 적용되어야 한다. 설계 결정사항이 영향을 받지 않는 범주에 대해서도, 이미 개발된 장비를 선정하는 경우에도 지원성 및 수명주기비용의 반영을 위해 ILS는 여전히 필요하다.

11. ILS 관리자(ILSM)는 전반적인 프로그램에 대하여 수명주기비용에 관하여 ILS 요구사항이 가치를 높일 수 있도록 해야 한다. 가능한 지원방안과 고려 중인 모든 방안에 대하여 총수명재원(TLF) 측면에서 평가해야 한다.

그림1 : 사업의 단계

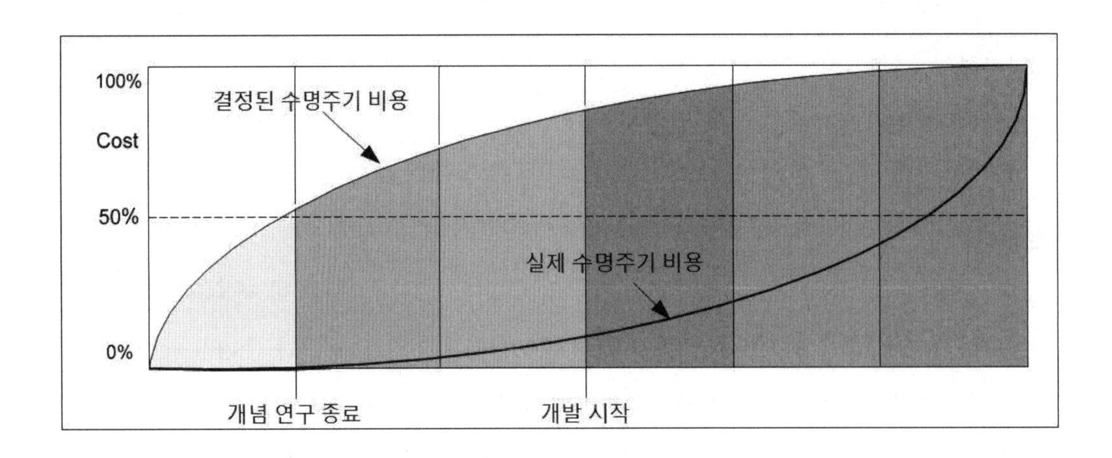

12. ILS는 제품의 수명주기 내에서 가능한 빠른 시기에 수명주기 비용을 식별하고 최적화하는 기능을 사업팀에 제공한다.

13. 양산에 착수하면 일단 설계를 변경하는데 매우 큰 비용이 소요된다. 따라서, 모든 사업의 지원 요구사항은 사업의 시작단계에서부터 명확히 제시되어야 한다. 비용절감 효과를 더 크게 얻기 위해서는 사업의 초기단계에 비용을 투자하는 것이 유리한데, 이는 운용유지단계에서보다 개념단계에서 설계변경이 용이하고 비용도 덜 들기 때문이다. 비용 프로파일을 그림 1에 나타내었다.

관련 규격 및 지침

14. 참조문서 또는 링크된 관련 출판물은 아래와 같다:

a. Def Stan 00-600: 종합군수지원. 국방부 사업을 위한 요구사항

b. JSP 886: 국방군수지원체계 매뉴얼

c. PLCS: ISO10303-AP239 사업 수명주기 지원

d. OAGIS 9.0: Open Applications group Information Standard 9.0.

e. ASD S1000D: 기술출판물에 대한 국제 사양서

f. ASD S2000M: 물자 관리를 위한 국제 사양서

g. ASD S3000L: 군수지원분석

h. IEC 60300-3-12: 종속성 관리 3-12부 종합군수지원 적용 지침

소유권 및 문의처

15. ILS 관리를 위한 방침의 스폰서는 DES JSC SCM-EngTLS-P-PEng 이다.

a. 기술적 내용에 관한 문의:

DES JSC SCM–EngTLS–PC2

Tel: Mil: 9679 Ext 82689, Civ: 030 679 82689.

b. 본 지침의 획득에 관한 일반적인 문의:

DES JSC SCM–SCPol–편집팀

Tel: Mil: 9679 Ext 80953, Civ: 030 679 80953

제2장

ILS 관리 프로세스

1. 사업의 전체 범위에서 효과를 얻기 위해서는 ILS 관리 프로세스는 다른 분야 또는 계획과 별개로 수행될 수 없다. 아래의 그림은 기존의 방침과 규격서 간의 주요 관계를 보여준다.

그림 2: ILS 관리의 상관관계

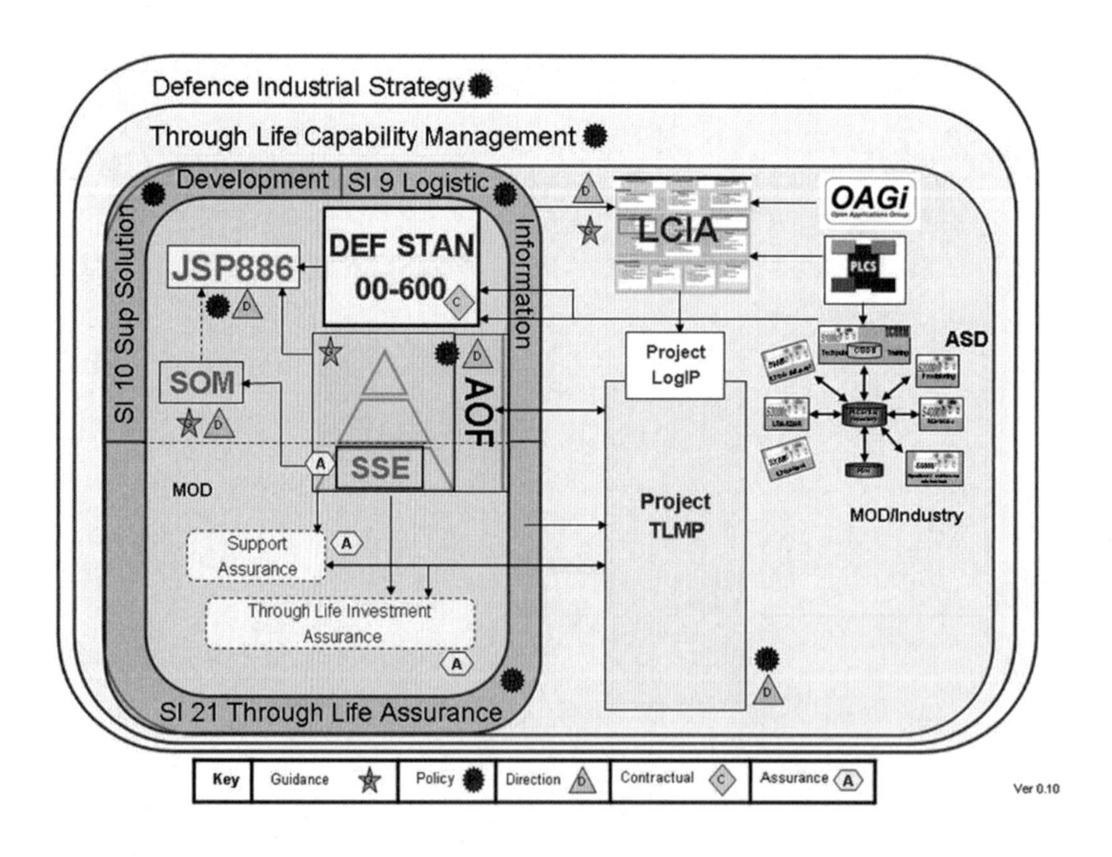

2. 사업팀은 외부기관의 보증을 받지 못하는 사업의 경우 운용센터(OC) 요원에 의해 내부적으로 보증되도록 해야 한다. 이것은 사업별로 지원성 케이스가 개발되도록 하는 Def Stan 00-600의 요구사항이다. 지원성 케이스에서 확인된 자료는 SSE 활동과 OC가 주도하는 후속 보증활동을 지원하는데 이용된다.

3. 기본적인 상위 ILS 프로세스를 아래 그림 3에 나타내었다. 요구되는 활동은 3개 부분으로 나누었다:

a. 수명주기지원 관리

b. 지원방안 수립

c. 지원 제공

4. 프로세스는 특성상 반복적이며 조정이 가능하므로, ILS 관리자는 사업 수명주기 단계와 고려중인 제품의 형태에 적합하게 시작부터 테일러링하는 것이 필수적이다.

5. 상위 ILS 활동과 사업 일정간의 관계를 보여주는 흐름도는 부록 A에 제시하였다.

그림 3: 최상위 ILS 프로세스

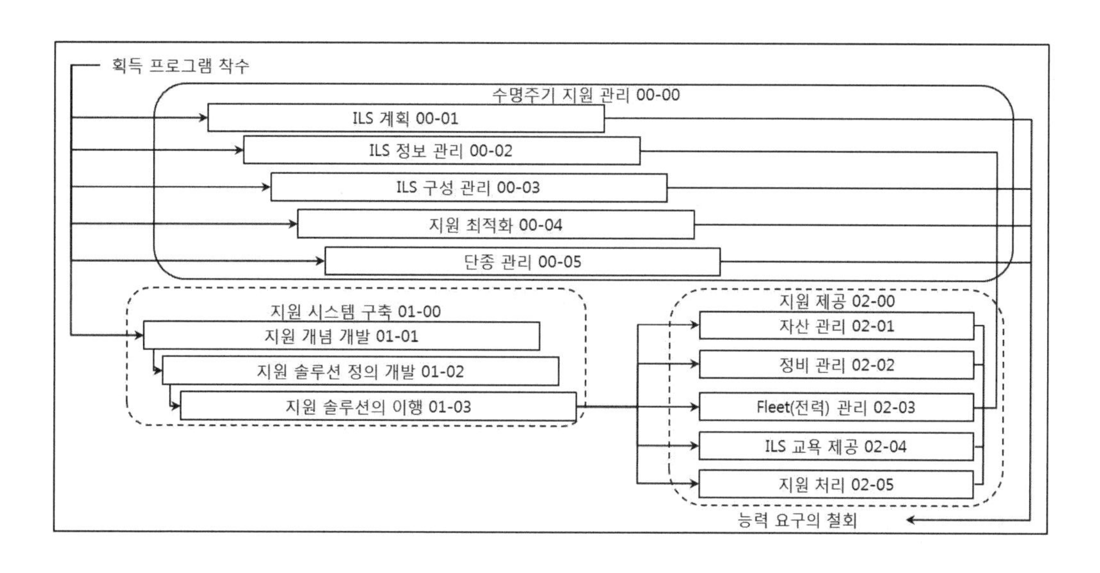

그림 4: ILS 요소

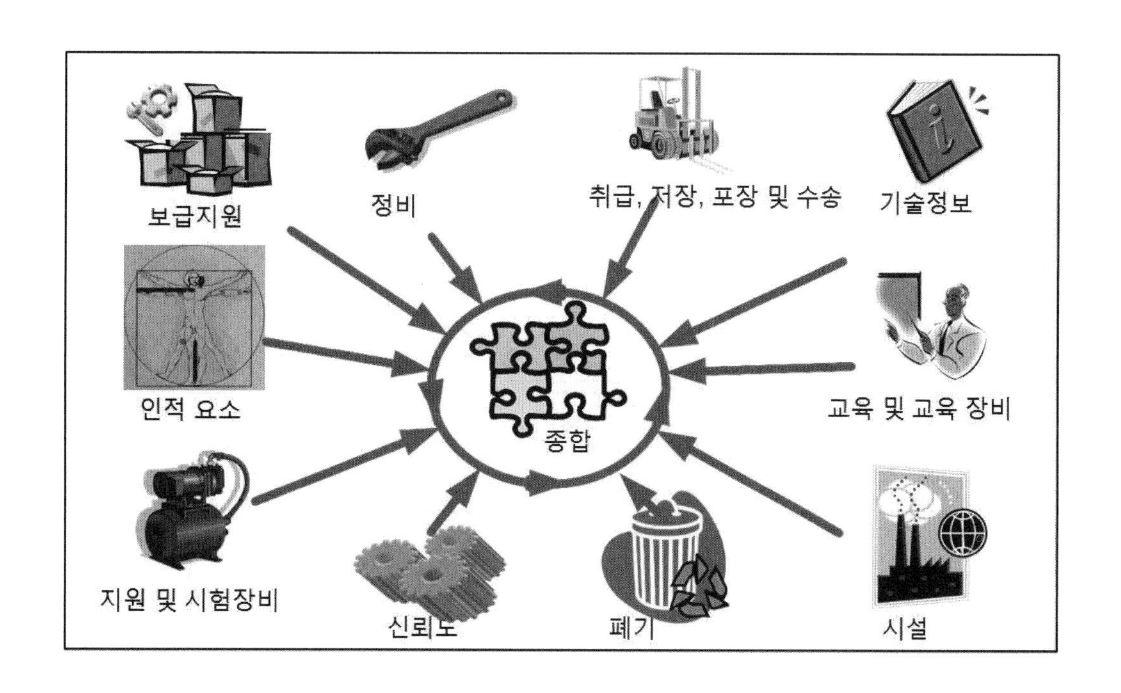

관리 프로세스 통합

6. 사업의 ILS 에 적용될 수도 있는 다른 사업의 관리 프로세스도 고려해야 한다. 특히, IT 사업에 대해서 아래의 관리 방법이 자주 적용된다:

a. 정보기술 정보 라이브러리(ITIL).

b. Prince II.

7. 정보기술 기반구조 라이브러리(ITIL, Information Technology Infrastructure Library)는 여러 정부 부처에 의해 승인된 IT 서비스 관리를 위한 최적의 실무 방법론을 영국 정부에게 제공한다. 이 방법론은 실질적으로 모든 정부 부처 및 주요 IS 체계 판매자들이 잘 이해하여 운용하고 있다. 현재 문서화된 방법은 ILS를 적용하지 못하며 만약 두 가지가 다 계약이행을 위해 요구될 경우 – 특히 사업이 지원 옵션 매트릭스(SOM)의 가용도 계약(CFA)과 능력 계약(CFC) 방안의 지원개념을 선택할 경우 – 업무 수행노력과 인도물품의 중복 가능성이 있다.

8. ITIL은 그 배경으로서 공식 방법론을 이용하여 IS 체계 개발과 함께 특별히 개발되었으며, 비–IS/IT 배경에는 거의 나타나지 않는다.

9. ITIL 활동에는 고장식별 및 해결, 교육훈련, 헬프 데스크, 사안관리, 변경 및 불출 관리, 형상관리 등이 포함된다.

10. 이 활동은 여러 가지 ILS 요소와 중복되며, ILS의 '통합' 측면에 있어서 중복되는 요소를 나타내기 위한 일관성 있는 단일 프로세스를 개발한다.

11. 이 항의 서비스 관리에는 정보기술 정보라이브러리 구조(ITIL v.3)에 관한 업체의 최적 실무를 포함하고 하위프로세스를 참조한다. ITIL 구조는 CIS 사업의 관리를 위하여 국방부 내에 전체적으로 채택되어야 하나 필요한 경우에 맞춤식으로 조정 반영한다. 본 절에서의 모든 인용은 공식 ITIL 교육용 매뉴얼에서 발췌한 것이다.

그림 5: 수명기간 방법론의 수명주기

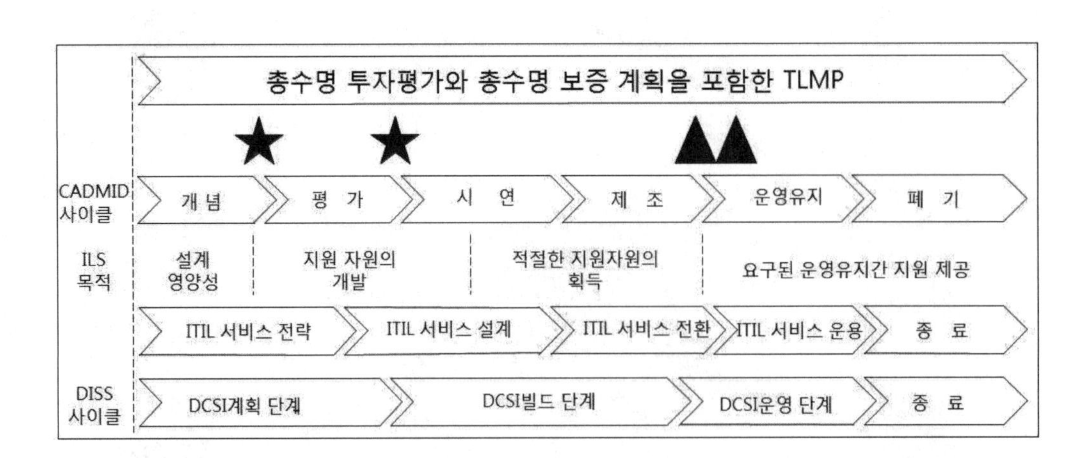

12. 서비스 전략. 조직적 능력뿐만 아니라 전략적 자산으로서 서비스 관리의 설계, 개발 및 이행 방법에 대한 지침. 아울러, 고객 서비스 및 시장을 향한 수행 목표와 기대치를 설정하고 기회 식별, 선택 및 순위를 매기는 방법에 대한 지침.

서비스 전략 내의 지원 프로세스는 아래와 같다:

a. 전략 수립

b. 서비스 포트폴리오 관리

c. 수요 관리

d. 재무 관리

e. 투자 회수

13. 서비스 설계. 서비스 설계 및 개발, 서비스 관리 프로세스 및 서비스 관리를 위한 설계 능력에 대한 지침이다. 전략적 목표를 서비스 및 서비스 자산의 포트폴리오로 바꾸는 설계 원칙 및 방법이며, 서비스 설계 내의 지원 프로세스는 아래와 같다:

a. 서비스 카탈로그 관리

b. 서비스 수준 관리

c. 공급자 관리

d. 능력 관리

e. 가용도 관리

f. 서비스 지속성 관리

g. 정보 보안 관리

14. 서비스 전환. 신규 및 변경된 서비스를 운용하도록 전환하는 능력을 개발하고 개선하기 위한 지침. 아울러, 서비스 및 서비스 관리 프로세스 변경의 복잡성 관리에 대한 지침; 혁신을 허용하면서도 불필요한 결과를 방지. 서비스 전환 내에서의 지원 프로세스는 아래와 같다:

a. 서비스 자산 및 형상관리

b. 변경 관리

c. 불출 및 배치 관리

15. 추가적인 프로세스는 아래와 같다:

a. 지식 관리

b. 서비스 입증 및 시험

c. 평가

16. 서비스 운용. 서비스 인도 지원의 효과와 효율을 달성하여 고객 및 서비스 제공자의 가치를 확보하는 것에 대한 지침. 이 외에 설계, 규모, 범위 및 서비스 수준의 변경을 허용하고, 서비스 운용의 안정성을 유지하는 방법에 대한 지침. 서비스 운용 내의 지원 프로세스는 아래와 같다:

a. 이벤트 관리

b. 사고 관리

c. 요구 달성

d. 문제점 관리

e. 자산 관리

17. 서비스 운영 범위 안에 아래와 같은 서비스 관리 기능이 있다:

a. 서비스 데스크

b. 기술 관리

c. IT 운영 관리

d. 응용 관리

18. 지속적인 서비스 개선. 서비스의 더 나은 설계와 도입 그리고 운영을 통한 고객의 가치 창조 및 유지에 대한 지침. 그 외에, 개선 노력과 결과를 서비스 전략, 서비스 설계 및 서비스 전환과의 연결을 지속하면서 서비스 품질, 운용 효율 및 비즈니스 지속성에서 점진적이고 큰 규모의 개선을 실현하기 위한 지침.

19. 지속적인 서비스 개선 기법은 ITIL 구조가 모든 수명주기 단계 동안 반복적, 주기적으로 유지토록 한다.

그림 6: 지원성 분석(SA) 업무 연관성에 대한 ITIL

SA 활동	ITIL 단계
조기 SA 전략 개발	서비스 설계
SA 계획	서비스 설계
프로그램 및 설계 검토	서비스 설계
운용 연구	서비스 설계
임무하드웨어, 소프트웨어, 펌웨어 및 지원체계 표준화	서비스 설계
비교 분석	서비스 설계
기술적 기회	서비스 설계
지원성 및 지원성 관련 설계 요소	서비스 설계
기능 요구	서비스 설계
지원체계 대안	서비스 설계
평가 및 절충 분석	서비스 설계
업무 분석	서비스 설계
기존 지원체계에 대한 영향	서비스 전환
생산 후 지원분석	서비스 전환
지원성 시험, 입증, 평가 및 업무 평가	지속적인 서비스 개선

수명주기지원 관리 [WBS 00-00]

지원 프로그램 수립

20. 지원 프로그램은 CADMID /T 사이클의 개념 단계에서 가장 빠른 시기에 시작되어야 한다.

국방부 ILS 담당 요구사항

21. 사업팀은 사업 내의 ILS 문제를 다루기 위해 통상 ILS 팀을 포함한다. ILS 팀의 크기와 구성은 장비 사업의 형태, 규모 및 복잡성에 따라 달라진다.

22. 원칙적으로, 사업팀장이 팀 구성을 결정한다; 그러나 여기에 몇 가지 주의할 점이 있다:

a. 사업팀장이 선정되기 전 요구사항 관리자는 사업팀의 시작 일자를 정하고 예산 및 구성원, 초기 인원을 구성해야 한다.

b. 팀의 ILS 인원 구성은 사업 수명주기의 각 단계에서 CDM을 만족시키며 유지 가능해야 한다.

c. 가용한 인원의 전문성은 사업의 요구 변화에 최적일 필요는 없다; 사업팀장은 외부 지원 및 인원 교체를 요구할 수 있다.

d. 사업팀장은 ILS팀에 필요한 적절한 구성원 수준과 전문기술을 결정하고 해당 사업의 지원성이 충분하게 지원될 수 있도록 적절하게 팀원을 구성한다. 사업에 적합한 직급의 ILS 담당자를 가능한 한 빠른 시기에 선정한다. ILS 업무 자격요건을 구비한 인원에 대한 요구사항이 식별되어야 한다.

e. 국방부 ILS 관리자(MILSM, 또는 경우에 따라 지원성 분석 (SA) 관리자)는 개념 단계 동안 국방부가 책임지는 SA 활동이 완료되도록 한다. MILSM은 ILS 전략 (나중에 종합군수지원계획으로 발전)과 평가단계를 위한 ILS SOW에 포함하기 위해 업체가 수행해야 할 적절한 SA 활동도 선정해야 한다.

23. ILS 관리 조직은 아래 항목에 대한 공급을 포함해야 한다:

a. 모든 사업, 특히 소규모 사업에서, ILS 관리자는 사업팀장이 지명하는데 통상 사업 관리자 보다 한 계급 낮다. 임무가 이러한 수준에 미치지 않을 경우 DE&S 운용센터가 ILS에 관한 조언과 기술지원을 할 ILS 사업지원팀을 구성한다.

b. 사업의 크기에 따라 MILSM은 아래 분야의 일부 또는 전부를 다룰 팀을 구성한다:

(1) 지원성 분석(SA).

(2) 군수자료 관리.

(a) 기술정보 / 출판.

(b) 보급지원 절차.

(c) 지원 및 시험장비(S&TE).

(d) 교육 및 교육장비(T&TE).

(e) 포장, 취급, 저장 및 수송(PHS&T).

(f) 인간 요소 통합(HFI).

(g) 시설 및 기반시설.

(h) 수명주기비용.

(i) 신뢰도 및 정비도 (R&M).

(3) 대형 사업의 경우, 하나의 팀을 계약자 측에 상주시키는 것이 적절할 수 있다.

c. 수명주기비용 예측, 야전 배치, 정비 용이성, 시설 식별, 국방시설사업, 신뢰도 및 정비도, 안전도, 관리 / 시험성, 인간요소통합 및 안전보건 등의 분야에 추가적인 전문인력이 요구될 수도 있다. 사업팀은 적절한 DE&S 운영센터와 협의하여 최적의 전문기술 자원을 판단한다. 요구된 능력의 가용도를 적시에 확보하기 위하여, 적기에 제공자 부서와 서비스수준합의(SLA)를 맺고 이를 정기적으로 최신화할 필요가 있다.

그림 7: ILS 조직도

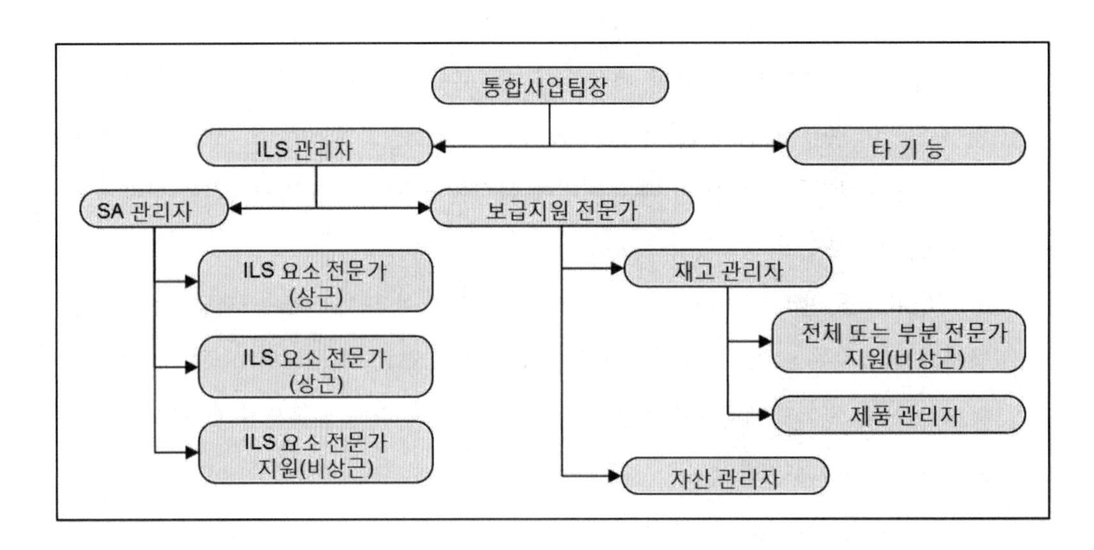

ILS 조직

ILSMj의 책임 및 ILS 담당 요구사항 확립

24. 사업팀장에게 직접 보고하는 MILSM은 통상 전체 사업의 지원 측면에 대한 책임을 진다. MILSM은 ILS 팀을 이끌 수 있으며, 한편으로는 사업팀의 일원으로서 PTL에게 보고한다. ILS 인원은 다른 책임을 질 수도 있다. 이런 책임은 프로그램의 운용 측면에 대해 책임을 지는 조직인 스폰서, 그리고 완전히 지원 가능하고 지원받는 체계의 '운용' 을 보장할 적절한 DE&S 운영센터에 대한 것이다.

25. 사업팀이 구매 단계에 있는 경우, 주요 고객은 스폰서가 되는 경향이 있지만 여전히 사용

자가 관여하고 있다. 장비의 운용단계가 수락된 경우 주요 고객으로서의 사용자는 보다 작은 역할을 하는 스폰서와 같이 한다.

26. 이런 노력은 지원성 문제가 아직 비용효율이 높고 수정작업을 할 여유가 있을 때, 운용단계의 문제점을 평가 및 시연단계에서 식별될 수 있도록 하는데 도움이 되어야 한다.

27. MILSM은 군수지원위원회를 통하여 모든 ILS 분야와 요소에 대하여 사업팀 내에 중앙 문의처를 제공한다. 이 ILS 요소들의 다른 요구사항들을 조절하고 통합하는 것은 어려운 일이다. 설계변경, 요구사항 변경 및 비용 절감을 동시에 다룰 때에는 더욱 그렇다.

할 일과 하지 않아야 할 일

28. MILSM이 ILS 업무를 수행하기 위하여 해야 할 일과 최대한 피해야 할 일이 있다.

29. 해야 할 일

   a. 사업팀의 핵심 일원이 되어야 한다.
   b. 지원성 문제와 수명주기비용 문제가 설계에 반영되도록 해야 한다.
   c. 설계의 지원성 문제가 사업 내에서 식별 및 계획되고 관리되도록 해야 한다.
   d. 사업의 요구에 부응하는 ILS 개발을 위해 실질적인 방법이 채택되도록 해야 한다.
   e. 기존 또는 예상되는 지원 기반시설 및 제한사항과 호환성을 확보한다.
   f. 필요 시 지원성 패키지가 이용 가능하도록 해야 한다.
   g. 지원 및 설계 팀의 인터페이스를 식별하고 조절한다.

30. 하지 않아야 할 일

   a. 지원에 관한 업무를 너무 많이 그리고, 불필요하게 일찍 시작하지 않아야 한다.
   b. 지원성 문제가 무시되지 않도록 해야 한다.
   c. 전체 사업의 문제보다 지원성 문제가 우선되도록 시도하지 않는다.
   d. 데이터를 위한 데이터를 만들지 않아야 한다.

ILS 팀의 구상 / 지정

31. 소규모 사업은 지원방안개선팀(SSIT)으로부터 추가적인 전문가의 조언, 지침 및 지원을 받아 단 한 사람으로 구성된 하나의 ILS 팀만이 필요할 수도 있다. 보다 복잡한 사업의 경우, 하나의 ILS 팀은 CADMID 주기에서 아래 직책의 일부 또는 전부로 구성될 수 있다:

   a. ILS 관리자
   b. ILS 엔지니어
   c. SA 관리자
   d. 보급지원 / 물자 담당자
   e. 야전 배치 담당자

f. 사안별 전문가 (SME).

사업 ILS 담당 요구사항

32. ILS 관리자의 역할은 아래와 같다:

a. 사업팀의 활동과 결정에 대한 예상을 지원하기 위해 장비사업의 관리팀을 맡을 국방부 종합군수지원 관리자(MILSM)가 사업팀장에 의해 지정된다.

b. MILSM은 ILS 원칙이 장비획득에 고려되고 적용될 수 있도록 하기 위해 많은 업무를 수행한다.

c. MILSM은 통상 PTL에게 직접 지시를 받는다. ILSM은 보통 다른 기능 관리자와 동등한 지위를 갖는다.

d. MILSM은 PTL을 대신하여 사업의 군수지원 측면의 계획 및 구매에 대한 책임을 진다. 여기에는 PTL을 대신하여 장비의 지원성 문제에 대해 스폰서에게 조언하고 ILS 프로그램을 관리한다.

e. 관계자들은 ILS활동에 대한 정보를 지속적으로 받아야 하며, 어떠한 결정이라도 지원성 목표에 악영향을 미칠 수 있는 것은 사전에 승인 받아야 한다. 이런 책임은 모든 관계자와 같이 MILSM이 주재하는 군수지원위원회(LSC)를 통해 처리한다. 업체의 참석은 계약의 경쟁 단계에는 일시 중단할 수 있다.

f. PTL에 대한 그의 주요한 책임에 더하여, MILSM은 사업이 사용자가 요구하고, 스폰서와 합의되고 또 '사용' 요구사항 세트에 규정된 장비 지원 상의 기존 서비스 정책과 적합한 지원전략을 추구하도록 하는 사용자에 대한 기능상 책임도 있다.

33. MILSM은 보통 아래의 업무를 수행한다:

a. 사업의 ILS 전략을 정의하고 지원하기 위한 많은 문서를 작성한다. 여기에는 아래 항목이 포함된다:

(1) ILS 전략

(2) ILS 계획, SA 전략

(3) SA 계획

(4) 운용 연구

(5) 평가단계 요구에 대한 작업기술서

(6) 작업 분해구조

(7) ILSP에 제시된 관리 목표에 대해 ILS 팀의 책임과 활동 및 모든 행정지원 관리

(8) 사업팀과 모든 군수지원 기관과의 인터페이스 제공.

(9) 사업팀 내에서 군수지원 기관과의 문의처 제공

(10) 사업과 관련된 계약자를 위한 ILS 중심점 제공.

(11) ILS 경험 기록부와 함께 전체 사업 이력의 일부로서 ILS 이력의 기록 / 유지.

(12) 국제사업 또는 군간의 협동사업의 경우, 리더 / 국제사업 사무실 / 영국 사업 사무실, 국가 기관 및 국가 계약자 간의 군수지원 문제에 대한 문의처 제공.

(13) 모든 사업관련 문서, 보고서 및 제출자료에 대한 군수지원 입력정보 제공.

(14) 프로그램 기준선에 대해 전체 구매전략의 하나로 지원전략 개발.

(15) 기술시범 사업, 개발 시운전, 제안 요청서, 입찰 요청서, 제안서 평가 및 계약 사양서를 포함하여 계획 및 프로그램에 지원성 요구사항을 포함.

(16) 모든 신뢰도 및 정비도 활동에 군수 입력정보 제공

(17) 장비의 수명기간에 걸쳐 모든 지원성 측면을 위한 지원 자금을 식별 및 정의하고, LTC 입찰 및 제출서류에 포함 모색.

(18) 운용 연구 개발에서 관련 OR 조직 지원 .

(19) MILSM은 지원성 측면이 아래 항목에 표시되도록 한다:

(20) 군수지원위원회(의장으로서).

(21) 형상변경관리위원회(위원으로서).

(22) 신뢰도 패널 .

(23) 사업관리위원회.

(24) 설계 검토(운용단계 포함).

(25) ILS / SA 검토.

(26) PTL이 지시한 기타 회의.

34. MILSM은 아래 분야에 대해 LSC에 보고하는 하위 그룹의 구성을 고려한다:

a. 교육 및 교육장비.

b. 포장, 취급, 저장 및 수송(PHS&T).

c. 신뢰도 패널.

d. 기술 정보(TI).

e. 지원 및 시험장비(S&TE).

f. 폐처리 및 종료.

g. 시설.

h. 인간요소 통합 (HFI).

i. 보급지원 절차.

j. 형상 관리(CM).

k. 단종 관리(OM).

l. 안전 및 환경 보호(S&EP).

35. MILSM은 계약자가 자신들의 종합군수지원계획(ILSP) 작성 시, 입찰 요청서(ITT), 작업기

술서(SOW) 또는 계약서에 명시된 SA 활동을 검토하도록 해야 한다.

계약담당자 요구사항

36. 계약자는 넓은 의미에서 국방부 사업 담당의 책임을 같이 하는 인원으로 팀을 만들어야 한다. 계약자측의 ILS 팀은 사업의 요구사항을 이해하고 지원성을 위한 설계반영 권한을 가지고 있음을 보여주어야 한다.

a. 업체는 사업의 가장 초기부터 성능, 비용, 시간 및 지원성을 절충하는데 적극적으로 참여해야 한다.

b. 개념 단계 동안 계약자는 어떤 의미에서 하나의 멤버이기보다는 사업팀에 선임된 것과 같다.

c. 사업팀 요원과 같이 업체의 조기 참여는 평가 단계를 위한 의미 있는 획득과 ILS 전략 개발에 도움이 된다.

ILS 요구사항 확립

37. 개발 중인 제품에 대한 ILS 요구사항은 스폰서에 의해 식별되어 제안된 운용 시나리오로부터 개발된다. ILSM은 ILS 요구사항이 수명주기비용과 관련하여 전체적인 프로그램에 '가치 부가'가 되도록 해야 한다. 사업이 진행됨에 따라, 이 요구사항은 더욱 세밀하게 정의되고 궁극적으로 사업 요구사항 세트 내에 정량화된 ILS 요구사항이다.

사업의 단계

38. 파악해야 할 상세 요구사항의 형태와 수준은 사업의 단계에 따라 다르다. 초기에는, 요구사항의 수준이 높다. 제작 단계로 진행되면, 상세한 수준의 군수 정보 인도물품이 요구사항으로 파악된다.

요구사항 파악

39. 요구사항의 파악은 관련 조사서 및 제출 서류에 지원성 입력정보를 제공할 때 핵심 활동 중의 하나이다. 이 요구사항에 대한 적절한 기록과 정당화는 아래 업무 수행 시 MILSM을 도와준다:

a. 모든 요구사항이 ITT에 의해 언급되도록 하기 위한 입찰요청서(ITT) 개발

b. 응답이 적합한지 점검하기 위한 입찰공고서 작성 또는 입찰자가 제안한 대안의 평가

c. 인도물품이 요구사항을 충족하는지 점검하고 계약자가 1인 이상인 경우 서로간의 성능 비교.

40. 운용에 대한 기존 요구사항은 장비가 운용 중 고장이 났거나 장비나 지원체계의 변경이

필요한 경우 추적될 수 있다.

41. 사업 초기에 요구사항의 정확한 기록과 각 단계별 변경사항의 기록 및 정당화는 다음 단계로 진입시 누락되는 요구사항이 없도록 한다.

42. 대부분의 사람이 '요구사항 파악'을 생각할 때면, 흔히 규격과 사양을 생각한다. 속도, 내구성 및 가용도도 모두 중요하지만, MILSM은 사업의 장비 수명주기지원을 위해 다음 단계에서 어떤 정보가 필요할 지를 생각해야 한다. ILS/SA 업무 및 이와 관련한 결과는 사업의 진행에 따라 요구사항으로서 문서화되어야 한다.

43. 각 사업 단계의 시작 시, 합의된 사업 요구사항 세트가 있다. 각 사업단계에서 기능 및 비기능 요구사항에 대한 고려가 필요하다.

요구사항 변경

44. MILSM이 계약에 포함시킬 요구사항은 사업의 수명기간에 걸쳐 변화한다. 대부분의 경우, 기본적으로는 동일하게 유지되나, 정보의 세부 내용은 단계별로 달라진다. 외부의 영향에 의해서도 변경될 수 있다. 사업을 통하여 요구사항이 기록 및 관리하고, 이에 대한 진행사항과 출처를 문서화한다.

외부 영향

45. 전통적인 사업팀의 통제를 벗어난 요인도 지원소요를 크게 변경시킬 수 있다. 여기에는 아래 항목 등이 포함된다:

a. 운용 역할의 변경 (스폰서)

b. 플랫폼의 정비 및 개량 주기 변경 (플랫폼 사업팀 대표)

c. 다른 플랫폼과 통합 (사업팀 리더는 관련 플랫폼 PTL과 협의)

d. 운용 또는 정비 부대 변경 (스폰서)

e. 교육 및 부서 조직을 포함한 인력의 변경 (사용자)

f. 상위 정부기관에 의한 변경

g. 환경 요구사항 (국가 또는 국제 법령)

사용자 요구사항 문서 (URD)의 ILS 입력자료 개발

46. URD는 사용자가 체계로부터 요구하는 출력이나 결과의 형태로 사용자 요구사항을 정의한다. ILS 관리자는 아래 항목을 포함하여 사업 URD의 지원 문제에 대한 적절한 입력정보나 지원을 제공한다:

a. 사업 지원성 목표

b. 비즈니스 케이스에 대한 지원전략문서의 사업 지원개념

c. 체계 요구사항 문서 (SRD)는 체계 요구사항, 즉 사용자 요구를 충족하기 위해 체계가 어떤 일을 해야 하는지를 정의하기 위하여 사용자 요구로부터 개발된다. MILSM은:

d. URD 지원 요구에 대응하여 ILS 팀에 의해 개발된 세부 지원전략이 SRD에 포함되도록 한다.

e. 지원성 목표를 식별하고 정당화한다.

47. 지원성 요구는 URD 및 SRD의 기초를 이루는 요구사항 데이터베이스에 포함되어야 한다. 요구사항 문서를 개발할 때, ILSM은 지원성 문제가 다루어지도록 하기 위해 능력실무그룹(CWG)에 참여한다. ILSM은 체계 운용을 위한 핵심 사용자 요구사항의 하나로서 지원성 요구사항을 포함하여야 한다.

48. URD에 대한 지원성 입력자료는 비기능적 요구사항이며, 장비가 운용될 지원환경을 정의한다. 모든 차이에 대해서는 정당성이 필요하다. 차이는 사용자 요구사항, 기술 분야 또는 외부 환경으로부터 발생할 수 있으며, 제품 또는 지원으로 나뉘어진다. 여기에는 아래와 같은 분야를 포함한다:

a. 운용성

b. 안전성

c. 보안

d. 엔지니어링 규격

e. 환경

f. 지원

49. 이들 요구를 조기에 식별하면 나중에 비용이 소요되는 변경을 피할 수 있고, 비용효율이 높은 대안으로 가는 절충 프로세스를 촉진한다. 각각의 비기능적 요구사항을 일괄 적용하는 것은 불필요하게 비용이 많이 소요되므로 피해야 한다. 이 요구는 적용되는 기능분할 중 최하위에 연결된 것을 식별해야 한다. 비 능 요구도 체계 기능과 동일한 속성과 함께 요구사항의 고유한 사양으로 표현한다.

체계 요구사항 문서(SRD)의 ILS 입력자료 개발

50. SRD는 체계 요구사항, 즉 사용자의 요구를 충족하기 위해 체계가 무엇을 해야 하는지를 정의하기 위해 사용자 요구사항으로부터 개발된다. MILSM은:

a. URD 지원 요구에 대응하여 ILS 팀에 의해 개발된 세부 지원전략이 SRD에 포함되도록 한다.

b. 지원성 목표를 식별하고 정당화한다.

51. 지원성 요구는 URD 및 SRD의 기초를 이루는 요구사항 데이터베이스에 포함되어야 한다. 요구사항 문서를 개발할 때, ILSM은 지원성 문제가 다루어지도록 하기 위해 능력실무그

룹(CWG)에 참여한다. ILSM은 체계를 위한 핵심 사용자 요구사항의 하나로서 지원성 요구사항 명세서의 포함에 대한 정당성을 제시해야 한다.

지원 성숙도 수준(SML)

52. 지원 성숙도 수준(SML)은 사업팀이 합의된 수명주기 마일스톤에서 사업의 개발, 인도 또는 폐기 단계 동안 위험을 식별하여 지원의 성숙도를 평가할 수 있도록 하는 관리 도구이다.
53. CADMID 사이클에 사업의 초기 단계를 위한 적당한 마일스톤이 있다고 국방부 및 업체 모두가 인정하지만, 지원 개발은 구매 후반부와 사용 및 폐처리 단계에서 더 상세한 수준을 요구한다.

그림 8: 지원 성숙도 수준

54. 이 요구사항을 만족시키기 위해, 아홉개 수준의 성숙도와 마일스톤을 아래 그림 9에 정의하였는데, 이들은 계약자와 합의가 이루어져야 한다.
55. 지원 성숙도를 정의하기 위해 특별한 기준을 이용하여 등급을 매겼다.

그림 9: 지원 성숙도 수준 (SML) 정의

SML	구 분	정의
1	사용자 요구사항 문서화	URD는 사용자가 체계로부터 요구하는 출력이나 결과의 형태로 사용자 요구사항을 정의한다. ILS 관리자는 아래 항목을 포함하여 사업 URD의 지원 문제에 대한 적절한 입력정보나 지원을 제공한다: 사업 지원성 목표 비즈니스 케이스에 대한 지원전략 문서의 사업 지원개념 체계 요구사항 문서(SRD)는 체계 요구사항, 즉 사용자 요구를 충족하기 위해 체계가 어떤 일을 해야 하는지를 정의하기 위하여 사용자 요구로부터 개발된다.

2	체계 요구사항 문서화	SRD는 체계 요구사항, 즉 사용자의 요구를 충족하기 위해 체계가 무엇을 해야 하는지를 정의하기 위해 사용자 요구사항으로부터 개발된다. MILSM은: URD 지원 요구에 대응하여 ILS 팀에 의해 개발된 세부 지원전략이 SRD에 포함되도록 한다. 지원성 목표를 식별하고 정당화한다. URD 및 SRD의 기초를 이루는 요구사항 데이터베이스에 지원성 측면을 포함시킨다. 요구사항 문서를 개발할 때, ILSM은 지원성 문제가 다루어지도록 하기 위해 능력실무그룹(CWG)에 참여한다. ILSM은 체계를 위한 핵심 사용자 요구사항의 하나로서 지원성 요구사항 명세서의 포함에 대한 정당성을 제시해야 한다. SRD는 초기 작업기술서(SOW)에 대한 기초가 된다. 구매 프로세스를 통해 진행하며, 최종 SOW를 기반으로 최종 입찰이 이루질 수 있을 때까지 SOW는 협상이 계속되는데, 이 SOW는 나중에 세밀하게 작성된 SRD의 기초가 된다. 이것이 계약적 SRD이다.
3	예비설계 검토	예비설계검토는 예비설계가 허용 가능한 위험과 비용 및 일정 제한 내에서 모든 체계 요구사항을 충족하고, 상세설계로 나아갈 기초를 수립했음을 확인시켜 준다. 정확한 설계 옵션이 선택되었고, 인터페이스가 식별되었으며, 검증방법이 설명되었음을 보여준다. 체계에 대한 지원방안 요구사항은 예비설계검토에서 충분히 이해된다.
4	상세설계 검토	상세설계검토는 설계 성숙도가 전면적인 제작, 조립, 통합 및 시험으로 진행할 수 있을 만큼 적절한 상태임을 보여준다. CDR은 식별된 비용과 일정 제한 내에서 능력 개발을 완료하고, 임무 수행 요구사항을 만족시키기 위해 기술적인 노력이 제 궤도에 올랐는지 판단한다.
5	지원방안 입증	지원방안 성숙도 5는 지원방안이 입증된 시점이다. 이것은 엔지니어링 평가 및 시험 그리고 지원방안 시연으로부터 증거가 확보되었음을 나타낸다.
6	군수지원 일자	군수지원일자(LSD)는 능력의 초기 인도를 지원하기 위하여 지원방안이 적절한 범위와 규모로 갖추어지고 능력의 운용을 충족할 수 있는 계획이 마련된 것으로 정의된다.
7	전력화 일자	전력화 일자(ISD)는 지원방안의 완전한 운용을 만족시키고 이를 유지하기 위하여 지원방안이 적절한 범위와 규모로 마련된 것으로 정의된다.
8	운용단계 지원 검증	초기 운용단계 지원 검토는 지원방안이 실제 환경에서 잘 작동되는지 검증하기 위해 요구된다. 계속적인 최고의 가치를 확보하고, 필요 시, 변경이 발생했을 때 지원방안을 세밀화하기 위해 후속 ISS 검토가 요구된다.
9	퇴역 일자	퇴역하는 날짜이다.

기술성숙도 수준(TRL)

56. TRL은 사업의 기술 및 체계 통합에 관련된 위험 식별에 의해 기술 성숙도 표시를 제공하는 하나의 기술관리 도구이다. 이것은 기술의 성숙도를 정의하기 위한 특정한 기준을 사용하는 등급이 매겨져 있다.

57. TRL은 지원성 분석을 할 때 특히 절충 분석 중에 중요하게 고려되는 사항으로, 지원체계 개발 시 반드시 고려한다.

58. TRL은 단종관리와 같은 특정한 ILS 요소와 긴밀하게 연결되어 있으며, 중요한 지원방안 비용 인자가 될 수 있다.

체계성숙도 수준(SLR)

59. 체계성숙도 수준(SRL)은 체계 엔지니어링 V 다이어그램(CADMID)에 대한 사업의 체계 성

숙도를 나타내는 1에서 9까지의 점수이다.

60. 그러나, SRL은 증거를 필요로 하며, 중요한 결정 시점에 사업의 보증을 제공한다. 최초 승인단계를 통과하기 위해서, 사업이 충분히 성숙되었음을 보여주는 증거가 반드시 있어야 한다.

61. SRL를 계산할 때 이용된 사업의 체계 엔지니어링 정의가 관련된 지원체계를 인식하도록 하는 것은 ILS 관리자의 책임이다.

62 SRL 결정 시. ILS 지원성 케이스가 반드시 고려되어야 한다. TRL 및 SRL에 대한 더 자세한 정보는 AOF에 설명되어 있다.

운용 연구 개발

63. 국방부 계층 구조(국방부AF)는 조직 내의 '개념 및 교리' 개발의 '적용개념' 단계 중 많은 수의 문서를 정의한다. 보다 자세한 사항은 DCDC 적용 개념 지침을 참조한다:

a. 운용개념(CONOPS). CONOPS는 능력의 범위(향후 및 필요한 범위까지)가 특정한 문제나 능력의 차이를 해결하기 위해 향후의 운용 환경에 어떻게 사용되는지를 설명한다. CONOPS는 개념 개발작업에 의해 구체화되고 입증되며, '정책 및 프로그램조정 그룹'(PPSG)에 의해 승인되는 시점에 국방계획 및 EC 위원회에 대해 지침이 되기 위한 충분한 성숙도를 보여준다. 합동운용개념위원회(JOCC) 및 환경 담당은 대부분의 CONOPS 작성에 책임을 진다. CONOPS는 일반적으로 개념 단계에서 만들어진다.

b. 고용개념(CONEMP). CONEMP는 운영 범위 내에서 특정한 능력에 대한 고용의 개념이며, 합동군 또는 단일 군 사용자에 의해 생성된다. CONEMP는 일반적으로 평가 단계에서 만들어진다.

c. 사용개념(CONUSE). CONUSE는 특정한 장비가 운용 또는 시나리오 범위 내에서 사용되는 방식을 설명한다.

64. 운용 연구 와 CONUSE는 동의어이며, 사업 내에서 한가지 문서만 존재한다. 본 방침을 적용하는 사업이 아니어서 CONUSE가 개발되지 않았다면, ILS 관리자는 '운용 연구'를 개발해야 한다.

65. Def Stan 00-600은 '운용 연구' 및 CONUSE가 수명기간 동안 최신화되고, 수명주기가 중간수명 개량 기간 동안 반복되면 재검토를 요구한다.

66. 운용 연구는 국방부에 의해 계약자가 공급 업무를 수행할 수 있도록 하는 데이터를 제공한다. 이 데이터의 대부분은 요구사항 사양서에 포함할 수 있으며, SRD에 더 정량화한 요구사항을 포함한다. 일반적으로 운용 연구는 아래 정보를 포함한다:

a. 교육 시설 .

b. 정비조직에 의한 가용한 정비 시설 .

c. 인력 가용도, 숙련도, 책임, 제한사항 .

d. 기존 교육과정, 기술 요구사항 등.

e. 추가적인 정보의 출처, 실제 장비를 조사할 수 있는 야전 방문장소.

f. 운용 연구는 평시 및 전시 시나리오 둘 경우 모두에 대해 설명.

g. 운용 연구 서식의 예 : 부록 H에 나타내었다.

ILS 전략

67. ILS 전략의 목표는 ILS / SA 프로그램의 주요 목표를 수립하는 것이다. 다시 말하면 어떤 장비를 구매하고, 그것이 어떤 사양을 충족해야 하며, 어떻게 지원되어야 하는가에 관한 것이다. 이것은 MILSM이 ILS 전략을 판단하고 SA 요구사항을 테일러링한다. 특정한 ILS / SA 전략의 선택은 ILS의 목표가 TLF 의 최적화라는 것을 생각하면서 지원 소요 및 이를 달성하기 위한 비용식별 및 최적화 목표 간의 균형을 유지하는 것이다. 주의를 기울이지 않으면 ILS / SA에 의해 확보된 이익이 이를 달성하는데 소요되는 비용보다 적을 수 있다. ILS 전략 문서는 사업 주기의 각 단계에서 어떤 업무가 반드시 수행되어야 하는 지, 그리고 지원 자원이 어떻게 수락되는지를 식별한다.

68. 전략은 ILS / SA 프로그램의 기초를 이루며, 관련 프로그램(예, R&M,), 수행할 ILS / SA 업무와의 인터페이스를 공식화하며, 요구된 ILS / SA 산출물을 일관성 있고 비용 대 효과가 높은 방법으로 통합한다. 특히, 관련 SA 프로그램으로부터 오는 지원 추천사항은 장비가 수명주기를 통하여 효과적으로 지원 및 운용될 수 있도록 하는 실제적인 인도물품으로 전환한다.

69. ILS 전략은 획득 방법에 따라 좌우되는데, 이것은 3가지의 전략 중 하나에 의해 포괄적으로 설명할 수 있다:

a. 개발품목 (DI). 개발품목은 기존의 체계나 장비가 운용 요구(OR, Operational Requierments)를 충족하지 못할 때 완전히 새롭게 설계 및 개발된 품목이다; 이것은 보통 '개발품' (DI, Development Item)이라고 불린다. 이것은 고객의 요구사항에 맞게 설계된다. 군수지원 요구사항은 설계대로 개발되어야 한다. 이 품목을 위해 필요한 군수지원 소요를 판단하고 개발하기 위하여 ILS 프로그램이 요구된다. 설계가 유동적이기 때문에 ILS 프로세스에는 설계 반영을 위한 상당한 규모의 자율성이 있으며, 가능한 한 빠른 시기에 지원성 관점의 요구사항을 설계에 반영해야 한다.

b. 비개발 품목(NDI). 비개발 품목(Non Development Item)은 이미 개발되어 이용가능하며 OR을 충족할 수 있는 품목이다. 이러한 장비는 연구개발 단계가 완료되었으며, 개발주기에 해당되지 않는다. NDI 사업은 추가적인 분석이나 데이터 생성의 필요성을 판단하기 위하여 기존 데이터 및 지원 개념을 평가한다. 장비의 설계에 반영할 것이 거의

없기 때문에, ILS는 지원의 최적화에 집중하게 된다. NDI는 구매 프로세스를 통해 확보한다.

c. 군운용 상용품(MOTS, Military Off The Shelf). 민수용 또는 방산업체가 민간 투자에 의해 군에서 운용하는 장비를 개발한 경우 이것은 NDI의 일부이다. 국방부의 요구하는 형식의 ILS 수행을 위한 데이터가 없을 수 있으나, 다른 수요자에게 제공한 정보를 수정하거나 재사용할 수 있다. 비록 ILS 프로세스가 설계에 영향을 주지 않더라도, 아래 항목을 위해 프로세스가 요구될 수 있다:

(1) 추가적인 데이터 분석이나 생성을 필요로 하는 부분을 식별하기 위하여 기존의 정보나 지원개념을 평가한다.

(2) 국방부의 필요에 맞게 조정할 수 있는지를 판단하기 위해 다른 군 고객에게 제공된 지원 패키지를 평가한다.

(3) 수명주기비용 활동 내에서 지원비용 비교를 통해 계약자를 선정한다.

d. 상용품(COTS, Commercial Off The Shelf). 국방부의 최소한의 개입과 함께 군운용 규격이 아닌 민수용 규격으로 설계로 개발된 경우를 말하며, 이것은 NDI의 일부이다. ILS를 수행하기 위한 데이터가 업체로부터 제공되지 않을 수 있다. 이런 정보가 필요한 경우, 인도된 장비에 대해 계산, 예측 및 측정을 해야 할 수도 있다. 이 구매전략은 흔히 상용 지원 패키지가 수립되어 이용이 가능한 장비에 적용되나, 국방부의 요구사항을 충족하기 위해 수정이 필요할 수 있다. 비록 ILS 프로세스가 설계에 영향을 주지는 않지만, 아래 항목을 위해 프로세스가 요구될 수 있다:

(1) 추가적인 데이터 분석이나 생성을 필요로 하는 부분을 식별하기 위하여 기존의 정보나 지원개념을 평가한다.

(2) 수명주기비용 활동 내에서 지원비용 비교를 통해 계약자를 선정한다.

(3) ILS 전략 템플릿의 샘플을 부록 J에 나타내었다.

긴급운용소요 (UOR)

70. ILS는 다른 획득사업과 마찬가지로 UOR에도 적용된다. UOR과 보통 구매와의 주요 차이는 군수지원일자가 전력화 일자보다 훨씬 뒤일 수 있다는 것이다.

71. 수행하는 ILS 업무는 보통 구매와 동일하나, 수행할 깊이와 SA 업무의 시기는 일반적인 구매 사업과 많이 다를 수 있다.

72. 이 경우 공급자로부터 어떤 혁신적인 지원방안이 가능한가를 심각하게 고려해야 한다.

73. 군수지원일자가 가능한 한 전력화 일자에 근접하도록 하기 위한 노력이 개발될 필요가 있다. 지원되지 않는 장비는 일반적으로 의도된 군사적 능력을 충족할 수 없으며, 엄밀한 위험분석 없이 지원 요구사항이 다른 조건과 절충되어서는 안 된다.

지원성 케이스 개시

74. 사업이 지원관련 요구사항을 식별하는 즉시 이를 충족하기 위한 활동을 지원성 케이스에 문서화하기 시작한다.

75. 처음에는 지원성 케이스에 기록할 필요가 있는 자료가 거의 없다. 지원성 케이스의 작성에 대한 지침은 JSP 886 제7권 9부를 참조한다.

최초 승인단계에 대한 ILS 계획

지원개념 개발 [WBS 01-01]

76. ILS 산출물 개발을 위해 이용될 수 있는 지원성 분석에 대한 세부 지침은 JSP 886 제7권 3부에 수록되어 있다. ASD S3000L과 같은 다른 국제 규격도 지원성 분석 수행을 위해 활용 가능한 방법론을 포함한다.

77. 지원개념의 개발은 ILS 계획에 의해 개시될 때 사업 수명의 초기부터 시작된다. 이것은 아래 항목과 병행하여 반복적으로 진행된다:

a. 능력 요구를 충족하는 ILS 산출물의 설계

b. 지원방안 정의에 의한 잠재적 지원방안의 초기 정의 및 지원수행 프로세스의 최적화

c. 지원방안 최적화의 고려사항을 포함하여 지원방안묶음 (SSE) 핵심 지원분야 (KSA) 및 처리 원칙(GP)에 의해 관리된다.

d. 최초 승인 제출 전 초기 반복을 종료한다.

e. 프로세스 입력의 변경에 대응하여 프로그램 수명주기 내에서 나중에 반복될 수 있다.

78. 프로세스에 대한 입력 정보는 아래와 같다:

a. 프로그램 정보

b. 운용요구, 능력 요구 및 URD에 포함된 요구사항

c. 요구된 ILS 산출물의 사용이 예상되는 요구된 운용 및 지원 환경

d. ILS 산출물의 요구된 용도

e. 모든 특정한 운용지원 관련 요구사항

f. 신규 ILS 산출물 및 그 지원체계에 강요된 모든 제한사항

g. 프로그램의 개념 단계 중 점진적으로 개발되는 ILS 산출물의 기능적 물리적 설계 요구사항

h. 이전 프로그램으로부터의 지원방안 정의 및 지원 경험

i. 방침에서 도출된 TLS 관리계획 또는 프로그램 지시

79. 문제가 되는 프로그램에 적용 가능한 모든 기타 TLS 합의, 규격, 방침 또는 절차.

80. 프로세스의 결과는 최초 승인 IAB까지 진행하기 위한 비즈니스 케이스를 위해 요구된 상세 수준까지 사업팀이 지원방안 정의 개발 및 수명주기비용 산출을 개시할 수 있도록 하는 사

업팀의 지원방안 명세에 기여하는 정보 세트이다. 이 정보는 아래 항목으로 구성된다:

81. 지원이 요구된 배치 환경의 식별.(배치 환경은 ILS 산출물, 고객 및 운용/지원 환경/장소가 복합된 것이다.)

82. 각 배치 환경에 대해 조사할 필요가 있는 하나 이상의 대체 지원개념. 지원 개념은 아래 항목이 복합된 것이다:

83. 지원의 모든 측면에 대해 적용되거나 조사하게 될 계약 전략의 식별(예, SOM 옵션).

84. 지원을 요하는 ILS 산출물의 특정 요소에 대해 조사하거나 적용될 정비 라인 및 단계에 대한 지침.

85. 지원방안의 설계 및 이것이 운용될 때 지원체계의 능력을 평가하는데 이용되는 지원성, 비용 및 준비성 척도의 초기 사양.

86. 프로세스에 대한 입력. TLS 계획과 궁극적으로 수명주기관리계획(TLMP) 및 관련 마스터 데이터 및 가정목록(MDAL). 여기에는 고장 유형 영향 및 치명도 분석(EMECA), 신뢰도중심정비(RCM), 수리수준분석(LORA), LCC 등과 같은 군수지원분석의 필요성에 관한 지원성 요구사항, 제한사항 및 추천사항이 포함된다.

87. 어떤 개념을 추가로 평가하여 지원방안 정의에 전개해 넣을 것인지를 결정하는데 필요한 초기 ILS SOW, WBS 및 ITT.

88. 아래 항목과 같은 사안에 대한 피드백:

a. 지원성 소요, 제한사항 및 목표

b. 하드웨어 및 소프트웨어 표준화 정보 및 추천사항을 포함하는 ILS 산출물의 기능적 물리적 설계

지원 옵션 매트릭스 (SOM)

89. SOM은 정비지원 지속개선팀(ESCIT)에 의해 사업팀을 위해 개발되었다. SOM은 효과 및 효율의 이익을 검토하여 지원계통의 옵션을 식별하는데 이용된다. 또한 이것은 주요 성능 및 비용 요인을 식별하고, 업체나 국방부 중 어느 쪽이 이 요인들을 더 관리를 잘 할지를 표시한다.

90. SOM은 장비 / 체계 지원계통의 설계 / 개선을 위한 국방부의 기존 선호 체계이다. SOM은 다소 세세한 구조이며, 아래와 같은 옵션을 제공한다:

a. 수리부속 제외 유지(SEU).

b. 수리부속 포함 유지(SIU).

c. 장려된 유지 비용 절감(IUCR).

d. 장려된 신뢰도 개선(IRI).

e. 대차대조표 상의 자산 가용도 운영(AAS on B/S).

f. 대차대조표 외의 자산 가용도 운영(AAS off B/S).

g. 대차대조표 상의 능력 운영(CS on B/S).

h. 대차대조표 외의 능력 운영(CS off B/S).

91. 일반적으로 SOM은 이상적인 출발점으로서 이용되며, 실제적인 방안은 흔히 장비 프로그램 내의 여러 가지 체계 및 장비에 대한 다양한 방법의 복합체이다.

그림 10: 지원옵션 매트릭스

능력 서비스 (대차대조표 외의)	■ 국방부는 국방부가 정의한 능력의 인도를 승낙한 업체에게 대금을 지불한다. ■ 제3의 수익적 사용자와 공유하는 업체 대차대조표 상의 자산 ■ 국방부가 능력 업그레이드의 소유권을 가진다. ■ 국방부가 안전도 법령 충족의 소유권을 가진다. ■ 전방의 유지 및 군수 프로세스에 업체 참여 가능성이 매우 크지만, 여전히 예상되는 운용 환경에 좌우된다. ■ 업체가 지원계통의 모든 기타 측면에 대한 소유권을 가진다.
능력 서비스 (대차대조표 상의)	■ 국방부는 국방부가 정의한 능력의 인도를 승낙한 업체에게 대금을 지불한다. ■ 제3의 수익적 사용자와 공유하는 국방부 대차대조표 상의 자산 ■ 국방부가 능력 업그레이드의 소유권을 가진다. ■ 국방부가 안전도 법령 충족의 소유권을 가진다. ■ 전방 유지 및 군수 프로세스에 업체 참여 가능성이 매우 크지만, 여전히 예상되는 환경에 좌우된다. ■ 업체가 지원계통의 모든 기타 측면에 대한 소유권을 가진다.
자산 가용도 서비스 (대차대조표 외의)	■ 지원계통의 특정 지점에 업체가 소유한 사용 가능한 자산의 가용도에 대해 대금을 지불한다 (보통 전-후방 범위). ■ 업체가 자산을 소유하며, 이에 따라 형상관리 및 기술문서에 대한 책임을 진다. ■ 후방 유지 소요의 계획 및 실행, 정비정책 조정 및 최신화 관리에 더 많은 자유도를 업체에게 준다. ■ 최신화 및 기술지원은 가용도 계약에 포함된다. ■ 업체에게 엔지니어링 및 지원계통 통합능력 개발이 요구된다. ■ 국방부는 가용도 요구사항을 정의한다; 안전성, 목적 부합성 보증 및 출구 전략이 요구된다. ■ 업체의 전방 유지 프로세스 참여는 운용 환경에 좌우된다.
자산 가용도 서비스 (대차대조표 상의)	■ 지원계통의 특정 지점에 국방부가 소유한 사용 가능한 자산의 가용도에 대해 대금을 지불한다 (보통 전-후방 범위). ■ 업체가 자산을 소유하며, 이에 따라 형상관리 및 기술문서에 대한 책임을 진다. ■ 후방 유지 소요의 계획 및 실행, 정비정책 조정 및 최신화 관리에 더 많은 자유도를 업체에게 준다. ■ 최신화 및 기술지원은 가용도 계약에 포함된다. ■ 업체에게 엔지니어링 및 지원계통 통합능력 개발이 요구된다. ■ 국방부는 가용도 요구사항을 정의한다; 안전성, 목적 부합성 보증 및 출구 전략이 요구된다. ■ 업체의 전방 유지 프로세스 참여는 운용 환경에 좌우된다.
장려된 신뢰도 개선	■ 국방부는 후방 유지 중 소모된 인건비, 간접비 및 수리부속에 대한 대금을 업체에게 지불한다. ■ 신뢰도 개선을 위한 설계 및 개조 구현에 대한 자유도를 업체에게 준다. ■ 국방부는 유지 소요를 계획하고, 업체는 '후방' 유지를 수행한다. ■ 업체는 후방 유지 및 신뢰도 수정을 위한 수리부속 소요를 계획하고 이를 구매한다. ■ 개량, 기술지원 및 개량의 비-신뢰도 측면은 별도로 계약된다. ■ 보다 장기적인 계약과 국방부의 더 나은 유지 부담 예측이 요구된다. ■ 업체에게 유지 부산물을 줄이기 위한 엔지니어링 능력 개발이 요구된다. ■ 절감된 유지 부산물의 이익을 공유할 메커니즘이 요구된다. ■ 국방부를 위한 안전성, 목적 부합성 보증이 요구된다.

장려된 유지 비용 절감	▪ 국방부는 후방 유지 중 소모된 인건비, 간접비 및 수리부속에 대한 대금을 업체에게 지불한다. ▪ 유지 작업범위 변경, 구성품 수리 체계 구성 및 시험수락 한도 수정에 대한 자유도를 업체에게 준다. ▪ 국방부는 유지 소요를 계획하고, 업체는 '후방' 유지를 수행한다. ▪ 업체는 후방 유지를 위한 수리부속 소요를 계획하고 이를 구매한다. ▪ 최신화, 개량 및 기술지원은 별도로 계약된다. ▪ 보다 장기적인 계약과 국방부의 더 나은 유지 부담 예측이 요구된다. ▪ 업체에게 유지 비용을 줄이기 위한 엔지니어링 능력 개발이 요구된다. ▪ 절감된 유지 비용의 이익을 공유할 메커니즘이 요구된다.
수리부속 포함 유지	▪ 국방부는 후방 유지 중 소모된 인건비, 간접비 및 수리부속에 대한 대금을 업체에게 지불한다. ▪ 국방부는 유지 정책의 모든 측면을 정의한다. ▪ 국방부는 유지 소요를 계획하고, 업체는 '후방' 유지를 수행한다. ▪ 업체는 후방 유지를 위한 수리부속 소요를 계획하고 이를 구매한다. ▪ 최신화, 개량 및 기술지원은 별도로 계약된다. ▪ 보다 장기적인 계약과 국방부의 더 나은 유지 부담 예측이 요구된다. ▪ 업체에게 수리부속 보급 능력 개발이 요구된다. ▪ 낮은 수리부속 비용 및 절감된 유지 TRT 이익을 공유할 메커니즘이 요구된다.
수리부속 제외 유지	▪ 국방부는 후방 유지 중 소모된 인건비, 간접비 및 수리부속에 대한 대금을 업체에게 지불한다. ▪ 국방부는 유지 정책의 모든 측면을 정의한다. ▪ 국방부는 유지 소요를 계획하고, 업체는 '후방' 유지를 수행한다. ▪ 국방부는 후방 유지를 위한 수리부속 소요를 계획하고 이를 구매한다. ▪ 최신화, 개량 및 기술지원은 별도로 계약된다.

92. 위의 목록은 기존의 행정적인 추세 하에서 기능에 대한 계약을 체결하는 것은 매우 바람직하다는 것을 나타낸다. 이 논리의 추구 시 최적의 방안이 무시될 수 있고, 전통적인 방법에 의해 달성될 수 있는 업무가 훨씬 높은 비용으로 계약되는 위험이 있다. 실제는 복잡한 사업을 위한 지원방안이 여러 가지 ILS 요소에 걸친 방법에서 서로 다르게 전개될 수도 있으며, 결과적으로 지원방안이 하나의 SOM 옵션에 쉽게 안착되지 못할 수 있다.

SOM 적용성

93. 위에 정의된 모든 지원 옵션 종류는 ILS 프로세스에서 개발품(DI) 및 비개발품(NDI)에 모두 적용할 수 있다.

94. 하나의 사업에 대한 지원방안의 혁신이 다른 사업에 영향을 미치고 불분명한 방법으로 TLF를 증가시킬 수 있다는 근본적인 위험이 있다. 하나의 사업에 대한 특정한 지원 혁신의 이익을 초과하는 국방 전체에 걸친 일관성 있는 지원 체계를 도입함으로써 전체적인 절감을 달성할 수 있다.

그림 11 : 조직의 주도를 위한 SOM 및 ILS 프로세스 연관성

범례: I = 업체가 주도 가능; M = 국방부가 주도해야 함; S = 공유 프로세스; B = 공동 (별도로 수행되는 프로세스)														
상위 지원 프로세스	전통방식		장려방식		가용도				능력			단계별 활동		
	SEU	SIU	UCR	RI	On BS	Off BS	On BS	Off BS	C	A	D	M	I	D
지원 개념 개발	M	M	S	S	S	S	S	S	Y	Y				
지원 방안 정의 개발	S	S	S	S	I	I	I	I		Y	Y	Y		
지원 체계 구현	M	M	M	M	I	I	I	I				Y		
자산 관리	M	M	S	S	I	I	I	I			Y	Y	Y	Y
정비 관리	M	M	I	I	I	I	I	I			Y	Y	Y	Y
단종 관리	M	M	M	M	I	I	I	I		Y	Y	Y	Y	
TLS 형상 관리	M	M	S	S	I	I	I	I	Y	Y	Y	Y	Y	
TLS 정보 관리	M	M	S	S	S	S	S	S	Y	Y	Y	Y	Y	Y
지원 최적화	M	M	M	M	S	S	S	S				Y	Y	
TLS 계획	M	M	S	S	S	S	I	I	Y	Y	Y	Y	Y	Y
Fleet 관리	M	M	M	M	S	S	S	S			Y	Y	Y	
TLS 교육 제공	M	M	M	M	B	B	I	I	Y	Y	Y	Y	Y	
폐처리 지원	M	M	M	M	S	S	I	I					Y	Y
참고: 상기 표는 일반적인 것이며, 가장 공통적인 옵션을 나타낸다. 이들은 개별 사업의 요구사항에 맞게 테일러링되어야 한다.														

95. 혁신적인 계획의 경우, 상업적 제한사항이 최종 방안에 거의 분명히 영향을 미친다. 여기에는 아래 항목 등이 포함된다:

a. 혁신 문제
b. 출구 전략
c. 지적재산권 문제
d. 계약적 연관성(공급자의 계층 및 수준)
e. 담당 전환 계획(TU 및 TUPE 포함)
f. 운용상의 CONDO 고려사항

96. 상기 그림은 지원방안의 형태별로 도출된 특정한 SOM에 대해 모든 특정한 활동을 위한 책임 당사자를 표시한다. 활동은 개발 및 비개발 품목에 대해 이루어지나 그 수준은 다르다.

수리부속 제외 유지(SEU)

97. 이 형태의 지원은 보다 전통적인 방식으로 알려져 있다. 전통적인 지원 체계에서, OEM은 설계 후 지원, 주로 개조 / 성능개량 및 상위계단 정비에 포함될 가능성이 크다. 일반적으로 장비를 운용하고 지원방안의 전체 소유권과 통제권을 가진다.

98. 전통적 방안에서, 인간 자원은 흔히 지원방안의 요구와 다른 고려사항에 대해 제공되는데, 보통 이용 가능한 군 인력은 운용상의 고려에 의해 도출된다. 이용 가능한 능력은 군에서 제공 가능한 것까지로 제한되고 장비의 지원을 위해 최적화 될 필요는 없다.

99. 이 방법의 사용은 군 인력의 숙련도를 유지하고 계약자에게 정확한 피드백을 해야 할 필요성을 없애주는 이점이 있다.

100. CONDO 고려사항은 없다.

101. 전통적인 군사 보급계통을 이용하고, 직접인도와 보급망 내 물품의 가시성 부족에 관한 문제는 없다. 모든 품목은 나토 재고번호가 부여된다.

수리부속 포함 유지 (SIU)

102. SIU는 일시적 또는 선택적인 CLS 방안으로 적용된다.

103. 장비가 CLS를 통해 수리된 경우, 당국은 가시성과 통제력을 잃게 된다. 장기간 가용도 측정을 기반으로 하는 계약은 계약자가 최소한의 가용도만을 충족하는 경우 체계 내에 충격흡수능력을 보유하지 않을 위험이 있다; 이것은 운용 요구사항과 충돌될 수 있다.

104. 수리부속 비용은 통상 알려진 일정에 대해 확정가격 기준인데, 이것은 예산의 불확실성을 줄여줄 수 있으며, 초기 구매 비용을 잠재적으로 줄이도록 비용을 분산되게 한다. 계약부서에 대한 통상적인 현금흐름을 경시하지 말아야 한다.

장려된 유지 비용 절감(IUCR)

105. 업체의 유지비용 절감을 위한 엔지니어링 능력 개발이 장려된다. 유지 작업 범위의 변경, 구성품 수리 체계 구성 및 시험 수락한도 수정에 대한 자유도가 업체에 주어진다. 국방부는 유지 소요를 계획하고, 업체는 '후방' 유지를 수행한다.

106. 국방부는 후방 유지 중 소모된 인건비, 간접비 및 수리부속에 대한 대금을 업체에게 지불한다. 이 방법은 절감된 유지 비용의 이익을 공유하기 위해 이해하기 쉽게 정리된 회계 방법으로 하는 협력관계를 요구한다. 당국은 후방 유지 중 소모된 인건비, 간접비 및 수리부속에 대한 대금을 업체에게 지불한다. 보다 장기적인 계약과 국방부의 더 나은 유지 부담 예측이 요구된다.

107. 업체는 후방 지원을 위해 수리부속 소요를 계획하고 이를 구매한다. 최신화를 포함하는 설계 후 서비스 활동, 개량 및 기술지원은 별도로 계약된다.

장려된 신뢰도 개선(IRI)

108. 업체의 신뢰도 개선을 위한 엔지니어링 능력 개발이 장려된다. 신뢰도 개선을 위한 설계 변경 및 개조 구현에 대한 자유도가 업체에 주어진다. 국방부는 유지 소요를 계획하고, 업체는 '후방' 유지를 수행한다.

109. 국방부는 후방 유지 중 소모된 인건비, 간접비 및 수리부속에 대한 대금을 업체에게 지불한다. 이 방법은 개선된 신뢰도에서 발생한 이익을 공유하기 위해 이해하기 쉽게 작성된 수준의 회계 방법으로 하는 협력관계를 요구한다. 당국은 후방 유지 중 소모된 인건비, 간접비 및 수리부속에 대한 대금을 업체에게 지불한다. 보다 장기적인 계약과 국방부의 더 나은 유지 부담 예측이 요구된다.

110. 성능개량, 기술지원 및 비신뢰도 부분에 대한 최신화는 별도로 계약된다.

111. 당국은 운용상 고장 위험을 전적으로 계약자에게 이전할 수 없기 때문에 이 방안이 안전하고 운용 목적에 부합한다는 보증 수단을 요구한다.

대차대조표 상/외의 자산 가용도 서비스(AAS on/off B/S)

112. 순수한 형식의 가용도 계약은 계약자가 체계의 운용을 제외한 모든 지원을 포함한 전체 체계를 대상으로 한다.

113. 체계 자체 자산의 소유권에 대한 고려와 함께, 보급계통 절차 내의 수리 시설 소유권 및 고유 IPR도 고려되어야 한다.

114. 허용 가능 수준의 가용도의 인도 위험은 이론적으로 계약자에게 잔존하며, 이에 따라 계약자는 최적의 방안을 채택하도록 동기가 부여될 것으로 추정된다. 계약자는 체계 가용도 및 성능을 개선하기 위해 노력할 것이라고 가정한다.

115. 실제로 중대한 군사 능력에 대한 위험이 항상 당국으로 돌아오기 때문에 당국은 계약 체결 시 신뢰 수준을 뒷받침하는 증거를 요구할 수 있다. 왜냐 하면, 계약자에 대한 재정적 위험은 당국에 대한 운용상 위험과 비교할 때 사소한 것이며, 특정 군사 능력의 차이는 어떠한 상황하에서도 절대 수용할 수 없는 것이기 때문이다.

116. 계약자는 관료적인 국방부 절차와 지나치게 복잡한 프로세스에 의해 방해를 받지 않고, 계약된 가용도 수준을 달성하기 위하여 신속하게 개선을 이행할 수 있다는 것이 이론이다.

117. 계약자는 보통 성능개선에 대해 인센티브가 주어지는데, 이 조항은 타당성이 있고 측정 가능해야 하며, 쌍방에 의해 명확하게 이해되어야 하는데, 그렇지 않을 경우 계약이 실행되지 못 하는 위험을 당국이 져야 한다.

118. 충돌이 생기는 경우의 보급계통 지원에 대해 계약에 고려되어야 한다; 이것은 CONDO 한계에 의해 제한된다.

119. CLS 지원 방안을 이용하는 것은 총 인원수로서 보통 동등한 군이나 민간 서비스 담당보다 인원 할당율이 더 낮으며, 관련된 모든 반복적 교육 책임으로부터 당국을 배제한다. 국방부의 문화는 많은 인력을 순환시키는 것이어서 2년 정도의 보직이 일반적이다. 계약자의 참여가 많아지면 군내의 기술축적이 저하되는 결과를 초래하여 경제적 측면에서 회복이 어려움을 나타낼 수도 있다.

대차대조표 상/외의 능력 서비스(CS On/Off B/S)

120. 전체 범위에 대한 CLS에서, 당국은 장비 및 서비스의 운용을 포함하여 비용 및 성능에 대한 모든 능력의 인도 계약을 체결한다. 가용도 계약을 위해 식별된 대부분의 문제도 능력 기반의 CLS에 적용된다. 이것은 지원방안의 개발을 위한 제한된 자원을 가진 사업에 대해 매우 매력적이다; 그러나, 적절한 위험관리에 대한 책임을 포기하지 않도록 주의해야 한다.

121. 이 CLS 옵션은 비 전투지역으로 제한하는 CONDO 방침에 의해 다른 방법보다 더 제한된다.

122. 주 체계나 서비스 그리고 관련 지원방안의 제공에 관련된 결정은 전적으로 계약자의 재량권에 맡겨진다. 따라서, 계약자는 사실상 모든 위험을 떠안게 되기 때문에 주 체계, 서비스, 그리고 지원방안 등을 마음대로 관리할 수 있다.

123. 당국에 대한 위험은 계약의 실패가 군사적 능력 갭의 발생으로 연결된다는 것인데, 이것은 강력한 출구 전략이 없을 경우 당국이 실질적으로 할 수 있는 것은, 다른 계약자와 같이 다시 시작하거나 내부의 능력을 구축하여 메우는 것뿐이다. 지나치게 계약자를 의존함으로 인한 당국의 위험은 주의 깊게 평가되어야 한다.

124. 장기간 시장 경쟁을 불가능하게 만드는 장기간 능력 기반의 CLS 계약 체결 시 주의를 기울여야 한다.

계약관리 고려사항

125. 계약의 관리 통제는 보통 staggered threshold stratagem 또는 비례방식을 통한 인센티브가 주어지는 적절한 수준의 대금 지불과 연결된다. 당국에 대한 실질적인 위험은 요구된 운용가용도를 달성하지 않은 채 수행될 수 있는 계약을 작성하게 되는 것이다; 대금 지급을 계속하더라도 능력의 차이는 존재하게 된다. 당국은 우수한 업적에 따른 배당금을 제공할 수 있는데, 이 때는 보통 한도가 있으며, 금액에 합당한 가치를 받았는지 검증한다.

126. 연간 비용 증명 내의 미지급분을 포함해 다음 회계연도로 넘어가는 대금지불을 방지하여 보다 우수한 예산 관리를 가능하게 한다.

계약 세부사항

127. 상위 계약 요구사항의 작성 전략이 확실한 목표인 반면, 이것은 가끔 명백한 조건, 특히 계약자가 새로운 업무를 수행해야 하는 경우 뒷받침되어야 한다. 무엇을 인도할 때 누구의 책임이냐는 것의 오해로 인해 발생하는 분쟁을 막기 위해 계약적 요구사항의 명확한 정의는 필수적이다. 핵심/비 핵심 활동 등과 같은 이해하기 어려운 구성은 피해야 한다.

128. 확실한 정비주기 계획 및 통제방법이 명확하게 설명되어야 한다.

계약 조건

129. 장기 계약 방식은 긍정적으로 평가된다. 적절한 계약 기간 및 검토시점은 쌍방 간에 주도적인 접근을 가능하게 한다. 고객을 위한 개선된 자금 예측은 계약자의 보다 안정적인 업무수행을 가능하게 한다. 지원 계약의 빈번한 변경은 계약자와 국방부 직원간의 강력하고 효과적인 실무 관계 구성과 업체 지식의 이전을 방해한다.

130. CLS 방식의 계약 수행은 보통 완전한 협동 관계가 성립될 때 개선된다. 이것은 '계약이 파기되고, 쌍방이 해야 한다고 알고 있는 업무를 계속하기로 협동 관계를 이루었을 때 지원방안이 대두되는' 일부 무기체계 CLS 계약의 경우에는 옳은 이야기이다. 이런 상황은 다분히 성격 문제로 발생하며, 서로 지지하는 조직 문화를 만들기 위하여 올바른 팀이 요구된다.

131. 계약 조직 내의 의사결정을 위한 핵심 요인은 지금까지 국방부에 의해 잘 이해되지 못했다. 이것의 한 예는 비용효율이 낮은 정보를 국방부가 요구하여 계약자를 주 목적으로부터 벗어나게 한 경우가 있다. 상업상 현실에 대한 실제적인 이해가 중요하다.

융통성

132. 계약자는 장비가 계약 한도 내에서 사용되도록 장비의 용도를 반드시 모니터링 한다. 장비가 운용 중 계약된 용도 범위를 벗어나 사용되면 계약이 무효가 되는 것으로 생각할 수 있다. 운용 상황의 편차에 대한 협상 수단이 합의되어야 한다. 쌍방이 계약 뒤에 숨어버리는 상

황은 장기적인 이익을 만들어내지 못 한다.

최신화 문제

133. 사업의 초기에 시작되지 못한 모든 지원방안은 계약적 책임이 하나의 계약 조직에서 다른 것으로 이전될 필요가 있을 수 있다. 이런 계약적 책임의 최신화는 원래의 계약 당사자의 사업 이해에 적합하지 않을 수 있기 때문에 문제가 발생할 수 있다.

134. 기존 계약의 해지 또는 새로운 당사자에게 책임의 교체에 관련된 모든 비용은 지원방안을 설계할 때 신중하게 고려되어야 한다. 비즈니스의 교체는 다른 여러 상황에서 흔히 유사한 문제를 가지는 출구전략과 긴밀하게 연결된다; 둘 다 본질적으로 가능성을 모색하는 기술과 경계를 이루는 IPR 문제와 연결된다.

출구 전략

135. 당국은 통상 CLS 계약이 어떻게 수행되는지에 대한 세부 내용으로부터 거리를 두려고 하나, 이익이 없거나 사업계획에 맞지 않게 된 계약에 흥미를 잃은 계약자의 위험에 대해서는 충분한 인센티브가 주어지는 계약으로 상쇄시켜 주어야 한다.

136. 벌칙 조항은 영국 법령 내에서 적용하기가 어렵고 계약자에게 원하는 행동을 유도하는 경우가 거의 없었기 때문에 피해야 한다

137. 당국은 지원 계약이 실패할 경우 지원 문제를 내부 또는 다른 계약자에게 이전하는 전략을 가지고 있어야 한다. 통제된 방법으로 지원계약에서 벗어나는 추가 요구사항은 흔히 계약 종료시점 보다는 시작 시에만 성공적으로 협상이 이루어질 수 있는 IPR 문제와 결부된다.

IPR 문제

138. 지적 재산권 문제는 공개되었을 때 경쟁사가 이익을 볼 것이라고 계약자가 느낄 경우 특히 문제가 되는데, 계약서에 이에 대한 사항이 적절히 반영되지 않을 경우 소송이나 공개 불가의 위험이 있다.

139. 당국은 폭 넓은 비즈니스를 수행하고 필요 시 계약에 대한 책임을 다른 당사자에게 이전할 수 있도록 충분한 IPR 권리를 확보하도록 해야 한다.

계약적 연관성

140. 많은 혁신적인 지원방안을 가진다는 것은 국방부 계약부서가 많은 형태의 계약을 동시에 관리할 수 있는 결과를 낳으며, 이는 관리 업무량을 증가시키고, 특히 계약부서의 이직률이 높을 경우 관리상의 위험을 증가시킨다.

141. 계약 기간과 범위에 관련된 일관성 문제가 있어서, 개별 CLS 방안은 결과적으로 이질적

인 프로세스와 시스템 그리고 복수의 보급계통을 가져오는 보급계통 내의 단일품목 소유권과 같은 폭 넓은 국방부 방침에 연관되지 않을 수 있다.

142. 계약자와 당국이 지원방안 및 운용의 요소를 공유하는 경우, 실패의 원인을 돌리는 문제가 발생할 수 있다. 특히 지원되는 체계의 여러 ILS 요소 또는 부품이 서로 다른 CLS 계약자와 계약되었을 때 해결이 어렵다.

143. 중재를 위한 방법에 동의하는 것은 결정을 기다리는 동안 장비가 사용 불가 상태로 방치되는 것을 막을 수 있다. 계약자는 책임이 있다고 판단하지 않으면 추가 비용없이 수리작업을 수행하지 않는다. 이런 상황을 피하기 위해 가능한 방법은 제3자의 중재 방법을 사용하는 것이며, 이것은 분쟁이 발생될 때보다 계약 시작 시에 계약에 반영해 두는 것이 바람직하다.

운용 제한사항

배치된 계약자 운용 (CONDO)

144. CLS에 대한 신뢰는 운용상의 압력에 의해 실패할 가능성이 큰 의존 문화를 만들어낼 수 있으며, 역설적으로 지원이 가장 필요할 때 더욱 그러하다. 내부에 전문기술이 없거나 불충분할 때, 운용상 공약에 대한 영향은 지대할 수 있다.

145. 계약자에 대한 과도한 의존은 주둔국 지원(HNS) 가용도에 대한 가정과 논리에 맞지 않는다. 이러한 경우 배치에 대한 결정은 궁극적으로 계약자에게 있게 된다; 이들은 특정 상황의 운용에 대하여 지원을 할 수도 있고 거절할 수 있다.

146. 만약 계약자가 위험한 지역에서는 지원을 하지 않기로 결정했다면, 국방부 인원(민간인 및 군인)은 결함을 수리하지 못 할 수 있다; 역설적으로 이 때가 체계의 수명에서 결함의 즉각적인 수리가 절실히 필요한 기간일 수 있다.

CLS 이행 형태

완전 CLS

147. 설계 프로그램의 명백한 장점은 사용자의 개별 요구에 맞게 방안이 특별히 테일러링된다는 것이다; 이러한 설계가 가능한 것은 정부가 주요한 그리고 단독 구매자 이기 때문이다. 준비된 지원 방안은 설계 비용 없이 완벽하게 적합하며 유사한 운용 환경 및 상황으로부터 입증된 신뢰도를 가지고 있다. 만약, 준비된 지원방안을 가진 CLS 제공자가 다른 주요 구매자를 가지게 된다면 정부의 요구는 우선순위가 낮아질 가능성이 있다. 이러한 경우 정부의 요구와는 다른 방향으로 개조나 개량이 이루어져 부리부속 보급에 악영향을 줄 수 있다. 이러한 문제를 조기에 인식하는 경우 계약조건을 확고히 하여 위험을 완화할 수 있다.

148. 준비된 지원방안의 장점은 계약자가 유사하거나 더 나은 지원방안을 저비용으로 제공할 수 있다는 것이다. 이것은 사업의 규모에 따라 가능하게 된다; 계약자는 다른 고객을 가지

고 있고, 따라서 더 높고 지속적인 생산량에 대한 더 많은 투자를 정당화하고 그 결과 전체적으로 높은 효율을 기할 수 있다. 더 상위의 사안별 전문가의 활용은 이 방안에서 얻을 수 있는 또 다른 장점이 될 수 있다.

149. 계약된 OEM이 체계에 대한 정비를 수행하는 경우, 아마도 정비에서 기인한 고장의 가능성은 더 낮을 것이다.

150. 기성 방안에서 전적으로 책임진 설계에 계약자가 참여하는 경우, 지적 재산권의 문제는 반드시 밝혀져야 하며, 그렇지 못하면 완전하게 공개하기 어려운 위험이 있을 수 있다.

151. 신병 보충 및 유지문제는 민간인 고용을 통해 완화될 수 있으나 계약자의 분쟁 중에는 서비스가 제공되지 못할 위험이 있으므로, CLS 참여는 분쟁의 우발적인 발생과 같이 항상 고려되어야 한다.

152. 군 요원의 교육 비용을 경시하지 말아야 하며, 흔히 많은 고객을 상대로 매일매일 요구된 업무를 이미 수행해 본 계약자를 이용하여 군 요구를 지원하는 것이 더 싸게 보일 수 있다.

임시 CLS

153. 임시 CLS는 통상적으로 당국과 같이 장비의 전력화를 용이하게 하기 위해 일정한 기간 동안에 사용된다. 주 계약자가 군수지원을 수행하고 이는 나중에 시간을 기준으로 전부 또는 시간에 대한 함수로 반복적인 당국 지원으로 전환된다.

154. 추구하는 주요 이점은 초기 문제의 해결에 OEM이 가진 지식과 경험에 대한 투자를 최대한 활용하여 계약자의 최고의 실무능력을 기반으로 하는 지원방안의 수립과 예측된 당국의 업무량에 대한 실제적인 근거를 제공하기 위한 것이다.

155. 이 방법의 가장 큰 위험은 CLS 기간 이후 당국이 완벽한 지원을 하지 못할 수 있고, 추가적인 지원에 대한 계약도 되지 않을 수 있다는 것이다. 지원 체계의 결함을 포함하여 일부 체계의 설계 결함이 임시 기간 이후까지 감지되지 않을 수 있거나 계약자가 그런 결함의 발생을 감출 수도 있다.

156. 자신의 책임이 전력화 초기에 제한된 것이라는 것을 알고 있는 계약자는 따로 계약하지 않는 한 일반적으로 수명주기 후반부에 명백해지는 단종이나 폐처리 같은 골치 아픈 문제를 고려하지 않을 가능성이 크다.

총 수명자금(TLF) 활동

총 수명자금(TLF) / 총 수명비용(WLC) / 수명주기비용(LCC) 모델

157. 모든 비용 예측을 지원하고 경제성 분석으로 통보하기 위해 하나의 총 수명자금 모델 구조가 개발되고 유지되어야 한다. 비용 구조는 다양한 수명주기비용 소스 및 모델로부터 모든 비용 요소를 통합하는 하나의 비용 데이터 시트 또는 데이터베이스로 구성된다. 사업팀 리더

는 장비의 수명주기에 걸쳐 비용 구조의 소유권에 대한 책임을 진다.

158. 국방 프로그램에는 공통적으로 사용되는 3가지의 비용 모델링 기법이 있다:

a. 전체 수명비용(WLC).

b. 총 수명비용(TLC).

c. 수명주기비용(LCC).

159. WLC는 기반시설 및 집단 교육 / 인재 및 영업 부문 등과 같은 모든 대형 조직과 함께 선정된 사업의 TLC로 구성되는 가장 큰 숫자이다. 수명기간에 걸쳐 옵션을 획득하고 운용하기 위한 전체 자원의 예측 값이다.

160. WLC를 예측하는 이유는 수명기간에 걸쳐 사업이 실행 가능하도록 하기 위함이다.

161. TLC는 WLC보다 적으며, 수명기간에 걸쳐 선택된 지원옵션의 비용을 예측한 값이다:

a. TLC는 일반적으로 예산 추산 목적으로 사용된다.

b. LCC는 가능한 옵션의 상대적인 이점을 비교하는데 이용된다.

c. LCC는 설계 결정을 통보하는데 사용된다.

WLC 모델 식별

162. TLF 예측은 예상되는 미래의 자원 소요를 보여주는 별도의 비용모델의 이용하여 도출될 수 있다. 모델링 예측 신뢰도는 이를 뒷받침하는 데이터 및 가정의 정확도 및 타당성에 의해 정해진다. 프로그램 관리자, 지원 관리자, CAAS, 자문가, 계약자 및 부서 조직에 의해 이용되고 있는 다양한 TLF 모델이 있다. 이 비용 모델은 3가지의 그룹으로 나눌 수 있다:

a. 상용 스프레드시트. 이것은 실질적으로 기초로부터 모델을 구성할 때 사용되는 대부분의 WLC 작업의 기준이다.

b. 전용 모델. 이것은 특별한 분야, 예를 들면 장비를 기반으로한 분석 등에 대한 반복적인 유사 분석의 결과로 흔히 개발된다.

c. 범용 재산권 모델. 이것은 모든 제품에 범용으로 이용되도록 개발되었으며, 내장된 일부 광범위한 알고리즘을 가지고 있다. 참고: 현재 '모델실무그룹'은 기존의 비용 모델의 식별과 검증업무를 수행 중에 있다. 여러 사업 종류와 단계에 대해 가장 적절한 모델에 대한 지침이 적절한 때에 마련될 것으로 예상한다.

163. 사업 간의 일관성 유지를 위해, TLF 모델이 구성되어 이 모델로부터 아래의 요소가 추출되도록 하는 것이 중요하다:

a. 현재가에서 자원 측면의 사업 TLF

b. 현재가에서 현금 측면의 사업 TLF와 VAT 별도 표시

c. 조달금리에 따른 현금 흐름 할인법 프로파일

d. 현재가격(PV) 측면의 사업 TLF

e. DE&S에 귀속되는 개념, 평가, 시연 및 제작 비용의 세부내역(사업팀 및 관련 운용 비용 포함)

f. 자원 측면의 소유권 비용

g. 운용 및 지원비용 세부내역(폐처리 포함)

h. TLF 모델의 정보 내용 식별

164. TLF 모델은 장비의 수명기간에 걸쳐 주요 관리 결정을 지원하기 위한 제원 데이터를 포함하도록 구성되어야 한다. 최초승인 및 최종승인 단계에서 참고적인 TLF 예측은 모든 이해관계자가 예측 값을 승인할 수 있도록 충분히 명확해야 한다. 데이터는 COEIA 및 비즈니스 케이스를 포함하는 활동을 지원하고, 주요 성능 목표를 측정하며 장비 프로그램 및 단기 계획에 입력정보를 제공하기 위해 쉽게 다룰 수 있어야 한다. 장비가 사용 단계에 도달하면, 비용 모델링 예측은 실제 비용으로 지속적으로 검증되며, 연간 총 소유비용을 이해하고 절감시키는 수단을 제공한다.

165. 공통 비용자원분해구조(CRBS)는 PT / ICFP가 여러 획득 단계에서 다양한 TLF 요소를 고려하도록 개발되었다. 요구사항이 완전히 정의되지 않았을 경우, 입찰요청서에 대해 제출된 제안서를 평가하기 때문에 CRBS는 사업의 개념단계에도 동일하게 적용된다. CRBS에 축적하도록 상세한 정보의 양이 이용 가능하기 때문에 비용 모델 및 마스터 데이터 가정 목록(MDAM)은 이런 변경내용을 반영하도록 최신화된다.

166. 비용자원분해구조는 사용상의 융통성을 고려해 만들어졌다. 모든 요소가 모든 비용작업을 위해 반드시 적당하지는 않으며, 어떤 경우에는 나타난 특정 분야에 대해 훨씬 더 세부적으로 내려가야 할 필요가 있을 수 있다. 이것은 관련 항목이 간과되지 않도록 하는 유용한 점검표이다.

TLF 모델의 독립적 평가

167. 업체에게 비용 예측을 요구한 경우, 이들의 제안서에 대한 독립적인 평가가 필요하다. 이를 위해, 입찰요청서내에 TLS 하드웨어 및 소프트웨어 질의서(해당될 경우)를 포함할 필요가 있다. 질의서는 사업의 특징과 사업의 단계에 따라 테일러링되어야 한다. 이러한 예는 CAAS에 의해 제공될 수 있다.

168. 사업의 불확실성에 대응하기 위해, TLF 예측이 AOF의 관리위험 부분에 설명된 3점 예측기법을 사용하는 것이 필수적이다.

WLC / LCC 분석

169. 아래의 개별 ILS WBS 활동에 대해, TLF&OM 팀과 같이 별도의 지침을 협의하고 먼저 ESCoM 모델 페이지를 검토하는 것이 바람직하다.

예측에 대한 성능 비교

170. TLF 모델, MDAL 및 비용자원분해구조를 유지하는 것은 수명기간 동안의 요구사항이다. 이런 모든 도구는 조기 예측에 대한 실제 소유 비용을 모니터링하고 '운용단계' 투자평가, 자금 목표 및 핵심 성능 측정을 평가하는 기본이 된다.

171. 비용모델 구조는 사업팀 리더, 요구사항 관리자 및 사용자에게 장비의 소유비용 평가를 제공하기 위해 유지된다. 이 정보는 지원비용을 절감하기 위해 향후에 주의가 요구되는 경우 미래의 장비를 예측하고 이를 식별하기 위한 유용한 데이터를 제공한다. COO는 '운용단계' 장비의 수명기간에 걸쳐 사업팀이 평가될 수 있는 중요한 성능 목표의 하나를 구성한다.

172. MDAL 자료도 운용 및 지원상의 가정이 어떻게 소유비용에 영향을 미치는지에 대해 더 넓은 시야를 제공하기 위해 PTL에 의해 유지된다.

173. '운용단계' TLF는 여러 가지 예산 범위에 들어간다. 따라서 일관성 있고 완전한 통합 접근을 제공하기 위해 비용자원분해구조가 유지되는 것이 필수적이다.

174. 사업의 전력 단계를 통하여 비용 예측에 대한 체계 성능을 비교하는 것이 필요하다. 국방부내에서 TLF / WLC / COO의 예측 및 측정 능력이 개선됨에 따라, 목표는 구매 기준에서 TLF 기준으로 이동한다. 사업팀에 대한 중요 목표는 수명기간에 걸쳐 사업이 추진됨에 따라 사업 변화의 COO를 예측한 정도를 측정하는 것이다. 따라서, 사업팀 리더가 TLF / WLC / COO 예측에 영향을 주는 MDAL의 변화 기록을 유지하고, 예상 지출에 대한 실제 지출을 비교하는 사업 계정을 유지하는 것이 중요하다.

TLF 계획 및 마일스톤 모니터링

175. MDAL은 사업팀 리더 및 요구사항 관리자에게 획득 사이클에 걸쳐 모든 자금계획의 가정을 기록할 수 있도록 해 준다. 사업 MDAL이 모든 사업의 가정을 확보할 수 있도록 가능한 한 초기에 이행되도록 하는 것은 사업팀 리더 및 요구사항 관리자의 책임이다.

운용 및 지원비용 세부내용 취합

176. 운용 데이터가 수집되는 야전 운용 현장에 현재 저장소 / 분석 센터가 하나도 없기 때문에 가용도 데이터를 평가하기가 어렵다.

177. 다양한 구매 단계에서 TLF 데이터 수집:

a. 개념 – 최초 승인. 장비 구매의 이 단계에서, TLF 예측은 파라메트릭 데이터에 의해 이루어진다. CAAS는 이 단계의 TLF 평가에 대한 지침을 제공할 수 있다. 기존 시스템의 운용 및 지원 비용은 COEIA 옵션 '아무것도 하지 않기 및 최소한으로 하기' 위해 요구된다. 이런 데이터의 축적에 대한 조언은 '운용단계' 사업팀, 국방 기관 및 전방 사령부를 통해 얻을 수 있다.

b. 평가 – 최종 승인. 이 단계에서 장비의 사양과 운용 환경이 확인됨에 따라 TLF가 구체화 된다. 변화가 발생하면, TLF 모델은 최신화되어야 하고, MDAL 문서 내의 관련 가정도 구체화된다.

예측 값과 실제 값의 비교

178. MDAL은 정기적으로 검토되며, 사업팀 리더에게 기존 가정의 기록을 제공한다. 장비의 수명기간에 걸친 비용 변화의 감사 추적을 제공하기 위해 MDAL의 연속적인 반복이 유지된다.

완전한 최종 WLC 보고서

179. 이 활동에 대한 특별한 지침은 TLF 웹사이트를 참조한다.

지원방안 정의 개발 [WBS 01-02]

최초승인에 대한 ILS 계획 – 군수지원위원회(LSC) 구성

180. 군수지원위원회(LSC)는 군수지원일자(LSD)까지 지원 문제를 협의하기 위해 열리는 공식 회의이다. 앞으로의 ILS 요소 계획을 처리하며, 군수지원위원회의 주관은 국방부 ILS 관리자(MILSM)가 맡는다.

181. LSC는 LSD까지 ILS 관리 프로세스의 중심부를 구성한다. LSC의 권한은 본 문서의 부록E에 수록되어 있다. MILSM은 획득 단계에 따라 사업 단위로 각 ILS 요소를 다루는 기능별 전문가를 식별한다. 일부 ILS 기능별 전문가는 사업을 위한 작업이 수행되기 전 '고객 공급자 합의'(CSA) 또는 '서비스 수준 합의'(SLA)를 요구하는 기관이나 다른 조직으로부터 올 수도 있다.

182. LSC에 대한 주요 입력정보는 각 ILS 요소, 관련 분야 또는 요구사항에 대한 증거를 제공하는 임시 지원성 케이스 보고서를 통해 제공된다.

ILS 요소 및 LSC 실무그룹 구성

183. 이것은 특별한 ILS 요소나 지원성 문제를 다루기 위한 LSC의 하부 위원회이며, LSC로 공식 보고한다. 이 회의는 소규모의 관계자가 참여하여 특정한 ILS 요소나 지원성 문제에 대하여 집중적으로 다루며 필요 시에만 소집된다. 실무그룹은 사업의 요구사항, 최초승인(IG) 비즈니스 케이스 및 ILSP 등 주요 사업문서에 입력할 지원성 정보를 정의하거나, 계약자의 보고서나 기타 계약 인도물품을 협의하기 위해 소집된다. 공식 LSC와 임시회의 간에 적절한 조절이 필요하다. 운용 연구 개발이 전체 LSC에 더욱 적절할 수 있다. ILS 요소 및 LSC 실무그룹 회의 소집의 장점은 아래와 같다:

a. 공식적.

b. 참여 .

c. 결정의 추적성 및 의사결정에 공동참여.

d. 지원성 케이스에 대한 증거의 생성 및 검토

184. ILS 요소 및 LSC 실무그룹 회의의 단점은 아래와 같다:

a. 회의로 인한 피로.

b. 업무부담 .

c. 하나의 사업을 통해 세상의 문제를 다 해결하려는 충동.

국방부 ILS 계획 개발

185. ILSM은 모든 사업에 대한 ILSP 및 잠재적인 ILS 요소 계획을 수립한다. ILSP는 사업의 수명기간 동안 유지되는 살아있는 문서이다. 이것은 특별한 사업 활동을 다루는 하위 계획을 포함하고 위임된 기관 간의 모든 인터페이스를 정의한다.

186. ILSP는 사업에 대한 전체 ILS 프로그램의 국방부 명세서이다. 또한 군수지원에 대한 실행 계획이다. 여기에는 현재 단계 및 다음 단계의 요구사항, 업무, 인터페이스 및 마일스톤이 포함된다. 이것은 다른 사업문서 및 서류에 대해 필요한 모든 지원 입력정보를 제공한다. 또한 지원성 목표, 지원전략 및 모든 관련 계획이 포함된다. ILSP의 내용은 사업의 규모 및 단계에 맞게 조정되며, 아래 항목을 고려한다:

a. 운용 및 조직상의 요구사항

b. 사업 요구사항에 명시된 신뢰도 및 정비도 요구

c. 운용 연구 및 기술 사양서

d. 구매 전략, ILS 전략 및 폐처리 전략의 요약

e. '운용단계' 지원 개념에 반영될 수 있는 군수 제한사항 및 전략적 지원 고려사항을 포함한 지원 전략.

f. SA 전략

g. 자원, 작업기술서, 위험 및 마일스톤 등을 포함한 프로그램 관리

h. 교육, 인력 및 기술 요구사항

i. 시험 및 평가 기준

j. ILS 요소 계획

k. 생산 라인 폐쇄 후 지속적인 보급 보장 계획

l. 장비 및 관련 지원의 배치와 장비지원관리자(ESM)에게 책임을 이전하는 계획

187. ILSP는 Def Stan 00-600 및 국방부 방침에 따라 완전히 지원 가능한 장비의 개발 및 인도에 영향을 미칠 수 있는 모든 관련 분야 및 요소에 연결 및 조정하기 위한 요소계획을 포함

한다. 이 요소계획에는 아래 항목이 포함될 수 있다:

a. 지원성분석계획(SAP).

b. 보급지원계획(SSP).

c. 기술문서(TD). 전자식 기술문서(ETD) 및 상호작용식 전자식 기술 출판물(IETP) 포함.

d. 정비 계획

e. 지원 및 시험장비(S&TE).

f. 신뢰도 및 정비도(R&M).

g. 시설

h. 인간요소 통합(HFI).

i. 교육 및 교육 장비(T&TE).

j. 포장, 취급, 저장 및 수송(PHS&T).

k. 폐처리 및 종료

l. 소프트웨어 지원

m. 총수명재원(TLF)

n. 단종 관리

o. 형상 관리

p. 안전 및 환경 관리

188. ILSP는 사업이 착수 된 후 즉시 개시되어야 한다. ILSP는 차츰 발전되어 정기적으로 검토 및 최신화되고, 최소한 각 사업 단계별로 사업수명주기 내의 주요 단계에서 재 수립된다. 이것은 정비정책 문서처럼 장비의 '운용단계' 수명까지 지속된다.

189. ILSP의 샘플 서식을 부록 I에 수록하였다.

수명주기관리계획에 대한 ILS 입력정보 개발

190. 수명주기관리계획(TLMP)는 개념 단계의 개요로 만들어져 사업의 수명주기에 걸쳐 최신화되어 유지된다. 이것은 스폰서에 의해 개시된다. 사업팀은 운용단계 프로세스 동안의 책임을 포함하여 CADMID 주기의 획득 단계 동안 소유권을 유지한다. TLMP는 연결된 하위 계획 및 프로세스에 의해 지원된다. 스폰서와 사업팀 리더는 계획에 따라 결정사항이 검토되도록 모든 관련 분야로부터 조언을 구하고 사업팀과 스폰서의 승인이 기록되도록 해야 한다. TLMP는 총수명재원과 밀접하게 연결되어 있다. TLMP는 모든 사업 계획과 문서를 연결하고 참조하는 '원-스톱 샵'이며 주요 결정에 대한 감사 추적을 제공한다.

191. TLMP에 대한 지원성 입력은 계획의 전략 및 자원 부문, 특히 총수명재원(TLF)과 관련된다. 이 입력은 아래 항목을 포함하는 지원성 계획 및 문서와의 연결로 구성될 수 있다:

a. 지원전략

b. ILSP 및 계약자 ISP

c. R&M 케이스(Def Stan 00-42 제3부 참조).

d. 군수관계자, 적절한 고객 서비스 합의(CSA) 및 서비스 수준 합의(SLA).

e. 통합시험, 평가 및 수락계획(ITEAP)에 대한 군수입력정보

f. 사업 이전에 대한 군수입력정보

g. 폐처리 계획

h. 요구사항 및 수락 관리계획(RAMP).

i. 지원성 케이스 보고서

최초승인(IG) 비즈니스 케이스에 대한 지원성 입력정보 제공

192. 능력 스폰서와 사업팀 리더는 함께 승인을 위한 비즈니스 케이스를 만든다. 이 제안은 별개의 요구사항 및 기술적 조사를 필요로 한다.

193. 최초승인은 분석을 통해 평가 기간 중 조사될 옵션 정의를 완료하고, 성능, 비용 일정에 대한 적절한 파라미터가 최종승인 - 승인 '한계범위' - 에 도달하기 전에 사업을 위해 준비가 되는 시점에 이루어져야 한다. 비즈니스 케이스는 평가 단계 - 능력 요구사항이 절충에 대한 한계와 범위에 어떻게 맞아 들어가는지에 관한 옵션 범위를 연구하기 위해 만든 단계 - 로 진행하기 위해 승인을 요청한다. 승인을 받기위해서는 고객에게 제안한 성능, 비용 및 시간 한계에 대하여 신축성 있는 방안이 있다는 합리적인 신뢰가 요구된다.

194. 최종승인 시점까지 위험은 충분히 감소되어야 하며, 사업은 '운용단계' 사업팀으로 사업을 이전하기 위한 기준과 함께 전력화 일자, 성능 파라미터 및 확실하게 설정될 비용에 대해 성숙된 수준에 충분히 도달해야 한다.

195. 최초승인 케이스에 대한 지원성 입력정보는 지원전략 초안 작성에 사업팀 리더를 도와주며, 사업 비즈니스 케이스를 승인하는 DE&S 관계자들의 지지를 받을 수 있도록 한다.

ILS SOW 초안 작성

196. ILS SOW는 장비나 체계의 군수 요구사항을 정의한다; 장비를 지원하기 위해 어떤 일이 달성되어야 하는지를 설명한다. ILS SOW는 ILS 전략을 결정할 때 실시된 ILS / SA 테일러링의 결과를 바탕으로 한다. 이것은 계약자가 ITT 및 후속계약의 요구사항을 완수하기 위해 수행하는 활동을 설명한다. 또한 엔지니어링 업무, 지원 요구사항, 검토 및 일정을 설명하고 어떤 ILS 업무가 계약자에 의해 수행되어야 하며 언제까지 달성되어야 하는지를 나타낸다. 이것은 준수해야 할 문서관리 및 이에 사용되는 규격에 대한 세부 지침도 설명한다.

운용 연구 최신화

197. 운용 연구는 폭넓은 ILS 요구사항과 발전되는 운용 상황에 대한 계속적인 적용성을 점검하기 위해 재검토된다.

지원성 케이스 최신화

198. 지원성 케이스는 아래 항목의 달성 여부를 입증하기 위해 최신화된다:

a. ILS 요구사항이 감사 가능한 프로세스에 의해 식별되었으며 사업 요구사항 세트에 포함되었다.

b. 요구사항에 대한 방안을 개발하기 위하여 적절한 국방부의 ILS 기능 조직이 구성되었다.

c. 실현 가능한 ILS 전략이 개발되었다.

d. 국방부 요구사항을 충족하기 위하여 적절한 계획이 착수되었다.

e. 필요한 TLF가 식별되었다.

f. 적절한 SSE 관리 정책을 위해 필요한 평가가 달성되었다.

최종승인에 대한 ILS 계획

ILS 요소 및 LSC 실무그룹

199. 늘어나는 최종승인에 대한 업무량을 다루기 위해, 최초승인 전에 구성된 LSC의 하위 위원회를 재검토하여야 한다. 실무그룹별로 참여한 관계자와 함께 실무그룹의 수와 범위를 검토할 필요가 있다.

사업 기술 실무그룹 (PTWG)

200. 모든 사업팀 담당관이 계약자의 기술회의에서 지원성 문제 설명의 필요성을 잘 알고 있더라도, ILS 팀원이 기술회의에 참여하는 것이 매우 중요한데 이들은 지원성 및 ILS 문제에 더 집중하는 경향이 있기 때문이다. 이 회의에 참석할 인원은 ILS 팀의 핵심 요소인 SME이다. 만약, 적절한 전문가가 없을 경우, ILS 지원개선팀으로부터 도움을 받을 수 있다.

201. 설계검토(DR). MILSM(또는 그의 대리인)은 지원 문제가 고려되도록 하기 위해 원칙적으로 DR에 참석해야 한다. ILS 및 SA는 각 DR의 의제가 되어야 한다.

202. 상세설계검토(CDR). MILSM은 지원문제가 검토되도록 하기 위해 CDR에 참석한다. ILS 및 SA는 각 CDR의 의제가 되어야 한다. 일단 설계가 확정되면 ILS 관리자의 능력은 TLF에 심각하게 영향을 준다.

운용연구 최신화

203. 운용연구는 발전하는 체계 요구사항 / 군사적 운용정책을 반영하기 위해 최신화되어야 한다.

ILS SOW 최신화

204. ILS SOW는 LSC가 승인한 모든 변경사항이 반영되도록 재검토 및 최신화되어야 한다.

지원방안 정의 개발

205. 지원방안 정의 개발은 지원방안 요구사항과 지원 목표에 따라, 수명기간에 걸쳐 군사적 능력의 유지에 사용하기 적합한 지원방안 정의의 개발 및 불출에 요구되는 활동이다. 서로 다른 지원 개념을 설명하기 위해 여러 가지 지원방안 정의가 요구될 수 있다. 이의 작성에 포함된 업무는 업무사양 및 지원자원 공유 풀에서 작업함으로써 최소화될 수 있다.

최종승인(MG) 비즈니스 케이스에 대한 지원성 입력자료 제공

206. 능력 스폰서와 사업팀 리더는 함께 승인을 위한 비즈니스 케이스를 만든다. 이 제안은 별개의 요구사항 및 기술적 조사를 필요로 한다.

207. 최종승인은 제안된 투자 옵션이 요구된 능력과 금액에 합당한 가치를 제공할 수 있다는 것을 분석을 통해 명확히 하고 이의 신뢰를 제공하기 위해 증거가 수집된 시점에 이루어져야 한다. 비즈니스 케이스는 개발 단계 - 절충에 대한 한계와 범위 내에서 능력 요구사항을 만족하는 체계를 개발하기 위해 만들어진 단계 - 로 진행하기 위해 승인을 요청한다. 승인을 받기 위해서는 고객이 성능, 비용 및 일정 한도에 대하여 제안한 방안을 만족한다는 합리적인 믿음이 요구된다.

208. 최종승인 시점까지 위험은 충분히 감소되어야 하며, 사업은 '운용단계' 사업팀으로 사업을 이전하기 위한 기준과 함께 전력화 일자, 성능 파라미터 및 확실하게 설정될 비용에 대해 충분히 성숙된 수준에 도달해야 한다.

209. 최종승인 케이스에 대한 지원성 입력정보는 지원전략 초안 작성 시 사업팀 리더를 도와주며, 사업 비즈니스 케이스를 승인하는 DE&S 관계자들의 지지를 받을 수 있도록 한다.

수명주기 장비지원계획(TLESP) 개발

210. TLESP는 체계에 대한 지원방안을 문서화하기 위해 사업 TLMP 내에 자리한다. 사업의 초기 획득 단계에서, TLESP는 ILS 계획으로서 존재한다. 체계 설계가 성숙해지고 지원방안의 '운용단계' 관리에 대해 제안한 방법이 개발되면, TLMP는 '운용단계' 지원계획이 되고 지원체계의 효과를 유지하기 위해 요구사항을 문서화한다. 여기에는 아래 항목 등이 포함된다:

a. 사용, 고장 및 결함 보고 정책 및 요구사항 .

b. 장비지원 방침의 명세 및 지시.

c. 사용 시나리오 모델링 요구사항.

d. 계획된 개량 및 중간수명 강화.

e. 단종관리 정책.

f. 군수 관계자와 적절한 고객 서비스 합의(CSA) 및 서비스 수준 합의(SLA).

g. 수리부속 범위 조정.

계약 체결 전 ILS 계획

운용연구 최신화

211. 운용연구는 최신 군사작전 실무가 반영될 수 있도록 ITT 서류의 일부로서 발행 전 최신화되어야 한다.

최종 ILS SOW 작성

212. 사업 계약부서의 정책에 따라, ILS SOW는 계약 요구사항 명세서에 직접 첨부되거나 계약서 본문의 지원관련 요구사항으로 변환될 수도 있다.

제안서 평가 전략

213. 사업팀의 제안서 평가 프로세스에 대한 ILS 입력은 아래의 사안을 고려한다:

a. 최소한의 기술적합성이 정의되었나?

b. 지원과 성능의 가중치가 합의되었나?

c. 한 부분이 지나치게 부각되지 않도록 채점 방법의 민감도가 적용되었나?

d. 각 제작사가 기술적으로 적격한가?

e. 기술적인 문제가 적절한 조직에 의해 지적되었나?

f. 제안서에 대한 질의응답 및 해명을 위해 적당한 준비가 되어 있나?

214. ITT 전에 이 작업이 완료되어야 함을 보여주는 감사 추적은 모든 입찰자에게 공정한 경쟁을 보장한다.

215. 사업팀은 ITT 발간 전에 제안서 평가계획을 위한 명확한 가중 채점 방식을 수립해야 한다. ILS 팀은 이 프로세스의 입력 정보를 제공한다. ILS 팀은 해당 채점 기준 내에서 제안서의 지원성 측면을 평가한다.

ITT 프로세스 지원

216. ILS / SA 요구사항이 정의되어 구매 프로세스의 각 단계별 계약 문서에 포함되어야 한다. 가능한 경우, 계약자의 범위를 남겨두어 이들이 최선의 방안을 제안하도록 상위 요구사항을 식별하는 것이 그 목표이다. 반드시 충족되어야 할 조건들만 명확하게 식별되어야 한다. 식별된 요구사항은 외형적으로만 화려한 해결 방안을 피할 수 있을 만큼 명확해야 한다. 이것의 목표는 계약자가 ILSP를 다시 들먹일 것이 아니라 자신의 이해와 적절하다고 생각하는 것을 보여주도록 하는 것이다. 참고로 둘 이상의 계약이 체결될 경우, MILSM은 자신이 할당 가능한 자원보다 많은 회의와 제품을 요구하지 말아야 한다.

217. ILS / SA 프로그램은 계약자에 의한 ILS / SA 업무 수행을 위해 적절한 체계를 제공하는 요구사항 패키지의 적절한 개발에 좌우된다. 이것은 아래의 업무로 구성된다:

a. ILS 작업 기술서(SOW). 장비 / 체계의 군수 요구사항 및 군수 요구사항의 충족을 위해 장비/체계의 군수 요구사항 및 계약자의 예상 업무를 정의한다.

b. 계약문서 요구목록(CDRL). 내용, 빈도 및 형식 등 요구된 계약 인도물품을 정의한다.

c. 운용연구. 장비나 체계가 운용하게 될 기존 또는 예상 환경을 설명한다.

d. 입찰문서의 나머지 부분에 대한 영향

e. 추가적인 관급정보(GFI).

f. MILSM은 입찰 제안서의 평가에 이용되는 채점방식의 ILS 요소를 개발해야 한다. MILSM은 이 방식에 ILS / SA 요구사항의 적절한 가중치가 포함되도록 해야 한다. 경우에 따라, 가중치와 같은 채점 방식의 특정 요소가 ITT 패키지에 포함될 수도 있다

ILS 설문지

218. ILS 설문지는 부록 G에 정의하였다. 이 설문지는 MILSM이 ILS를 수행하는 계약자의 능력을 평가할 수 있도록 하기 위함이다.

ILS 요구사항 평가

219. ILS 요구사항은 입찰요청서(ITT), 제안서 평가기준 및 계약서(또는 성능, R&M, 비용 및 일정과 동등한 기준에 대해)에 설명되어 있다. 확실한 지원성 인도에 대해 ILS 프로그램이 성공적으로 완료될 때까지 ILS 대금을 일부 유보하는 것과 같은 적절한 인센티브가 고려되어야 한다.

220. 관련 획득단계에 따라 적절하게 계약의 규범적인 요소를 포함해야 한다:

a. ILS 프로그램에 대한 요구사항. 여기에는 설계에 반영하고 규정된 수락기준에 대해 지원성 시험을 협조 및 수행하기 위하여 ILS 요소의 통합 개발을 위한 관리 노력과 책임이 포함된다.

b. ILS 원칙, 실제는 사업의 이행에 대한 계약자 공약의 명백한 입증이 도출되어야 한다. 이 입증에는 ILS 요구사항 이행을 위해 약속한 자원의 상세한 내용이 포함되어야 한다; 즉, 담당 요원의 수와 경력 등.

c. 필요할 경우 중간 대금지불 목적인 마일스톤을 포함하여 정량적이고 정성적인 ILS 요구사항 및 제안사항

d. 기타 정량적이고 정성적인 ILS 계획 요소

221. 계약자는 계약의 ILS 요구사항의 충족을 위해 계획된 방법을 설명한 SA 계획(SAP)을 포함하여 종합지원계획(ISP)를 작성하여 제출해야 한다. 차후 계약 문서가 되는 ISP는 대금 지불을 위한 합의된 기준에 대해 계약자의 업무수행을 객관적으로 측정하는데 이용된다.

222. 규정된 ILS 요구사항은 명확하게 식별되고 인도 일정과 관련된 인도물품과 함께 특정한 계약 항목 하에 별도로 식별되어야 한다.

223. 제안서/계약서는 ILS 요구사항의 충족에 관련된 규정된 각 계약 항목에 대한 개별 가격을 보여준다. 여기에서 단 하나의 예외는 비록 총 수명자금(TLF) 측면에서 높은 비용의 옵션이 요구되더라도 설계, 개발, 생산 및 군수지원 패키지에 대한 경쟁을 통해 획득된 전체 사업 패키지에 대한 확정가 계약에 관련된 경우이다.

ILS 계약 평가 / 체결

224. 제안서는 채점방식과 적합성 판정표에 대해 평가된다. 입찰자의 답변을 평가하고 계약자의 ILS / SA 프로그램의 타당성과 일정을 판단하는 것은 MILSM의 책임이다. MILSM은 입찰에 대한 답변의 다른 관련 부분의 평가에도 참여한다. 계약자가 다른 점에서는 적합한 경우, MILSM은 특정 부분에 대한 해명을 요구할 수 있다.

225. 입찰자는 자신의 ILS / SA 활동에 대한 업무와 책임을 정의한 종합지원계획(ISP) 및 잠정적으로 기타 지원요소계획(SEP)을 작성하도록 요구된다. 이 계획은 CDRL / ITT 내용을 반영해야 하며, 자신이 이해하는 ILS / SA와 전체적인 프로그램에 이를 통합하는 것도 고려해야 한다.

226. ISP는 계약자가 수행하겠다고 제안한 모든 ILS 활동과 이들 업무가 어떻게 관리되는지를 설명한다. SEP는 관련 활동에 대해 더욱 자세한 내용을 제공한다. 사업의 단계에 따라, 모든 SEP가 관련되는 것은 아니다. 이것은 MILSM이 입찰자의 역량을 가장 정확하게 측정할 수 있는 계획 평가에 의한다.

참고: 요소 계획은 작은 사업의 경우 주 ISP에 부록으로 붙여질 수 있다.

227. 지원분석계획(SAP)의 내용은 SOW에 명시된 요구사항을 충족하기 위해 SA를 달성하기 위한 계약자의 제안방법을 명확하게 포함한다. 여기에는 SA의 관리 및 행정상의 절차에 대한 상세한 설명이 포함되어야 하고, 특정한 활동이 서로간에, 그리고 전체 ILS 및 사업의 마일스

톤에 관하여 언제 수행되는지가 설명되어야 한다.

ILS 지침 (입찰자) 회의 실시

228. ITT 프로세스의 하나로, 입찰자 회의에 대한 요구가 있을 수 있는데, 여기에서 사업팀은 특별히 관련된 것으로 판단되는 점에 대한 지침을 제공할 수 있다.

229. MILSM은 입찰 예정자로부터의 질문에 대해 설명해야 할 때가 있을 수 있다. 입찰 서류의 모순이나 오류에 의한 모든 설명이 모든 계약자에게 제공되도록 하는 것이 통상적인 지침이다. 특별한 질문은 사업관리자의 재량에 따라 '비밀'로 답변될 수 있다.

230. 계약자가 ILS 요구사항의 설명을 요구할 경우, MILSM은 모든 설명이 하나의 경쟁업체에게 불공평한 이익을 주지 않도록 해야 한다.

계약 체결 후 ILS 계획

231. 탈락한 입찰자는 자신들의 입찰에 대한 피드백을 받을 권리가 있다. MILSM은 요구사항에 대해 어느 부분이 취약하고 부적합 했는지를 알 수 있도록 준비한다. 입찰자를 만족시키지 못할 경우 국방부의 불공정 처리에 대해 소송으로 이어질 수 있다.

ILS 지침 회의

232. 국방부의 방침은 기본적으로계약 체결 후에는 지침회의가 필요 없어야 한다는 것이다. 계약자는 이 회의를 당연한 것으로 여겨서는 안 되나, 요구는 할 수 있다. ILS 문제에 대한 질문과 설명은 입찰자 회의나 입찰 전 보충 질의 시기에서 이루어져야 한다. 적절한 계약자 및 제안서 평가에도 불구하고, 계약 체결 후 ILS 작업 패키지의 상호 이해에 대한 협의가 여전히 필요한 경우, 계약에 불이익을 주지 않으면서 ILS 실무자 회의가 실시될 수 있다. 이를 통해 예외적으로 계약 조항에서 오류가 발견된 경우, 이는 공식 수정계약의 대상이 된다.

ILS 지침 회의 실시

233. SA 지침 회의는 입찰자가 국방부의 요구사항을 명확하게 이해하도록 하기 위해 실시될 수 있다. 여기에서 다루어질 내용은 아래와 같다:

- a. 프로그램 협조
- b. 계약 요구사항 검토
- c. 미결 사안의 해명
- d. SA 계획 승인
- e. 책임 합의
- f. 각 ILS 분야에 대한 특별 지침

234. 추가 정보 또는 해결을 요하는 모든 문제는 제안서 제출 전 입찰자 회의나 계약 체결 전 해명 회의 또는 지침 회의에서 제기될 수 있다.

235. 지침 회의는 계약 체결 후 실시될 수 있으나, 계약의 세부 요구사항을 어떻게 이행할지에 대한 합의만을 목적으로 한다. 문제 제기, 방안 제시, 국방부가 대응해야 할 미결 문제에 대한 합의 도출 등은 계약자의 책임이다.

LSC 계약자 참여

236. 최초 LSC 연락 회의는 국방부와 계약자간에 ILS / SA 프로그램 요구사항의 완벽한 이해를 확보하기 위하여 계약 체결 후 60일 이내에 예정 및 실시된다. 이 회의에서 ISP / SA 계획에 대한 국방부의 의견이 검토된다. 합의된 계약조건 및 SOW는 표준 계약수정 절차에 의해서만 수정될 수 있음을 참조한다. 아울러, 아래 항목이 고려되어야 한다:

a. 일정의 명확화

b. 정보 흐름의 검증

c. 문의처 지정

d. 자료원의 확립

e. 검토 정책의 명확화

f. 검토 절차 확립

g. 군수정보 접근권의 명확화

237. 최초 연락 회의에 뒤이어 상설 LSC 팀이 구성되어야 하며 ILS / SA, 프로그램 및 설계검토에 참여하는 인원으로 구성한다.

계약자 종합지원계획 개발

238. 종합지원계획(ISP)는 계약 문서이다. 이것은 계약자에 의해 작성되며, 계약 인도물품을 제공하기 위한 SA 계획 등 계약자의 ILS 조직, 입찰 요청서의 ILS 요구사항을 충족하기 위하여 계획된 방법 및 활동을 설명한다.

239. ISP는 입찰 서류의 ILS 내용이 평가되는 기본 문서이다; 따라서 입찰에 대한 답변과 함께 포괄적인 초안을 포함하는 것이 필수적이다. ISP는 보통 사업에 대한 ILSP를 상세하게 반영한다.

240. 입찰자는 자신의 ILS / SA 활동에 대한 업무와 책임을 정의한 종합지원계획(ISP) 및 잠정적으로 기타 지원요소계획(SEP)을 작성한다. 이 계획은 CDRL / ITT를 반영해야 하며, 자신이 이해하는 ILS / SA와 전체적인 프로그램에 이를 통합하는 것도 반영해야 한다.

241. ISP는 ILSP에 설명된 조정된 Def Stan 00-600 요구사항을 충족하도록 작성되어야 한다. ISP를 위한 ILSPD는 본 문서의 부록 B에 수록하였다.

242. 계약자의 지원분석계획(SAP)의 내용은 SOW에 정의된 범위와 상세 수준 내에서 SA의 달성을 위해 계약자가 제안한 방법을 명확하게 포함하여야 한다. 여기에는 SA의 관리 및 행정상 절차에 대한 상세설명이 포함되어야 하고, 특정한 활동간, 그리고 전체 ILS 및 사업의 마일스톤에 관하여 언제 수행할것인지가 설명되어야 한다.

243. 낙찰자의 ISP는 계약에 통합되고, 대금지불 목적으로 합의된 수락기준에 대해 계약자의 업무수행을 객관적으로 측정하는데 이용된다. 예외적으로 ITT는, 제안서의 일부로 전체 ISP의 요구가 부적당할 경우, 제안서가 달성 가능하다는 믿음을 줄 수 있도록 ILS에 대한 접근 방법에 대하여 입찰자로부터 충분한 증거를 요구할 수 있다. 이 때, 대금지불 목적의 특정한 조기 마일스톤으로서 국방부가 수용 가능한 ISP에 대한 조항이 계약에 식별되어야 한다. 사업 마일스톤 및 지불 계획은 지원성 인도물품에 대하여 가중치를 주어야 한다. 가능한 수단은 지원성 마일스톤과 인도품목에 대하여 계약자가 이를 달성할 경우 더 큰 혜택을 주고, 대금지불 목적으로 이들을 하나의 인도품목으로 만드는 다른 패키지에 포함시키는 것이다.

244. 계약자는 인도 일정에 대한 업무수행 측정 결과를 통보받아야 한다. 이를 달성하기 위한 가장 효과적인 방법은 계약 수락기준을 각 인도품목 별로 계약에 명시하는 것이다.

계약자 ILS 하부요소 계획 개발 / 협조

245. ILSP에 식별된 각 하부요소는 필요 시 별도의 상세 계획이나 단순한 상황에 대한 ILSP의 관련 부록을 가질 수 있다. 이 계획은 사용될 특정한 기법, 수행할 업무, 그리고 Def Stan 00-600 및 국방부 방침의 요구사항을 충족하기 위하여 완전히 지원 가능한 제품의 개발 및 인도에 영향을 미칠 수 있는 모든 관련 분야 및 요소의 ILS / SA 프로그램 개발 및 통합을 식별하고 설명한다. 이 요소 계획의 ILSPD는 본 문서의 부록 B에 수록되어 있다. 이 하부요소 계획에는 아래 항목이 포함될 수 있다:

a. 지원 분석
b. 보급 지원
c. 기술 정보
d. 정비 계획
e. 지원 및 시험장비(S&TE).
f. 신뢰도 및 정비도(R&M).
g. 시설
h. 인간요소 통합(HFI).
i. 교육 및 교육 장비(T&TE).
j. 포장, 취급, 저장 및 수송(PHS&T).
k. 폐처리 및 종료

l. 소프트웨어 지원

m. 총수명재원

n. 단종 관리

o. 형상 관리

p. 안전 및 환경보호 관리

ILS 계약자 하부계획 개발 / 협조

246. 계약자는 계약 (일반적으로 계약서의 부록인 ILS SOW로 표시)에 따라 자신의 ILS / SA 활동에 대한 업무 및 책임을 정의한 지원요소계획(SAP)을 제공한다. 이 계획은 계약 / ITT를 반영하나, 자신의 ILS / SA에 대한 이해 그리고 전체 프로그램에 이를 통합하는 것도 반영한다.

ILS 하부요소 업무로부터 ILS 입력정보 정의

247. 하나의 활동으로부터의 결과가 거의 변함없이 다른 활동의 입력이 되고, 최종 결과는 각 분야 및 ILS 하부요소 간의 상호작용의 결과로서 변화하는, ILS는 반복적인 프로세스이다.

248. 입력 및 출력의 '형식' 및 정의는 일관된 방법으로 데이터의 공유와 이용이 가능하도록 모든 관계자 간에 합의되고 공식화되어야 한다.

249. 정보의 지적재산권(IPR)은 충분히 검토되어야 한다.

250. 데이터의 제공시기 및 인도 매체는 프로세스 모든 측면의 통합이 가능하도록 관리되어야 한다.

설계반영 인터페이스 확립

251. 구매전략이 설계반영 기회를 제공하는 경우, ILS는 지원성이 총수명비용을 염두에 두고 설계되도록 하기 위해 장비설계 프로세스에서 중요한 부분이 되어야 한다 SA는 설계 정보로부터 입력정보를 도출하나, 지원 가능 장비를 획득하기 위해 진행되므로 설계에도 반영한다. 여기서, 설계 반영에 관련된 많은 SA 업무가 반복적인 특성을 가졌다는 것을 다시 강조하는 것이 중요하다.

사업문서를 위한 인터페이스 및 입력정보 확립

252. MILSM은 사업 ILS 프로그램의 중심점이며, 많은 국방부 조직뿐만 아니라 외부 업체 및 기관과도 인터페이스를 해야 한다. MILSM은 이러한 인터페이스를 식별 및 관리하고 프로그램을 통하여 통제한다. 인터페이스를 식별한 후, 요구된 입력, 상호 관계, 출력 및 감사 요구 등이 확립되어야 한다.

재원

253. ILS 팀의 적절한 인원 구성 외에, PTL / MILSM은 이들이 업무를 성공적으로 수행하는 데 필요한 자원을 식별한다. PTL / MILSM은 사업 스폰서와 공동으로, 지원 비용이 사업에 할당되도록 사업 예산 예측에 적절한 대책이 마련되도록 해야 한다. 장비에 대한 지원 자원(계약자의 ILS 비용 포함)의 제공은 사업팀에 의해 이루어진다.

254. 구매의 단계 및 사업의 복잡성에 따라, ILS 팀은 SA 프로그램의 전반적인 관리 및 조정에 대해 책임을 지는 지원분석(SA) 관리자를 채용할 수 있다. SA 관리자는 아래 항목에 대한 책임을 질 수 있다:

a. 국방부 SA 활동을 식별하고 조정하기 위하여 SA 전략 및 내부 SA 계획을 개발한다.

b. 테일러링 소요를 식별한다.

c. 입찰 문서에 입력정보를 개발한다; 즉, ILS SOW 및 운용 연구.

d. 계약자 제안서의 적합성을 평가한다.

e. 계약 요구사항과의 적합성을 평가하여 계약자의 수행을 모니터링한다.

f. R&M, WLC, RCM 수리부속 및 LORA를 위해 요구된 모델 데이터 및 입력 파라미터를 분석한다.

g. 설계검토와 관련하여 정기적인 검토를 수행한다.

h. 편견 없이 관급정보(GFI) 및 조언을 제공한다.

i. ILS / SA 인도물품에 대한 의견 제시 및 수락

j. 모든 임시 보고서 소요 및 추가 지원 데이터 판단

ILS 사업 지원 입찰 개발(하청 계약)

255. 모든 협력업체에 대한 요구사항이 식별되도록 하는 것은 계약자의 책임이다. 그러나 MILSM은 주 계약자가 이를 이해하고 하청계약을 체결하도록 유도해야 한다.

256. ILS / SA 요구사항이 정의되어 하청 계약자에게 전달되어야 하며, 구매 프로세스의 각 단계별 계약 문서에 포함되어야 한다. 가능한 경우 하청 계약자의 범위를 남겨두어 이들이 최선의 방안을 제안하도록 상위 요구사항을 식별하는 것을 목표로 한다. 반드시 충족되어야 할 조건들만 명확하게 식별되어야 한다. 그러나, 요구사항은 겉만 화려한 방안을 피할 수 있을 만큼 명확해야 한다. 이것은 목표는 하청 계약자가 ILSP를 다시 들먹일 것이 아니라 자신의 이해와 무엇이 적절하다고 생각하는가를 보여주도록 하는 것이다.

257. ILS / SA 프로그램은 하청 계약자에 의한 ILS / SA 업무 수행을 위해 적절한 체계를 제공하는 요구사항 패키지의 적절한 개발에 좌우된다. 이것은 아래의 업무로 구성된다:

a. ILS 작업 기술서(SOW), 장비 / 체계의 군수 요구사항 및 군수 요구사항의 충족을 위해 장비/체계의 군수 요구사항 및 하청 계약자의 예상 업무를 정의한다.

b. 계약문서 요구목록(CDRL). 내용, 빈도 및 형식 등 요구된 계약 인도물품을 정의한다. 이것은 보통 SOW의 부록으로 첨부된다.

국방부 및 지원기관과 ILS 업무분장 합의 도출

258. 모든 이해관계자를 식별한 후, MILSM은 모든 업무분장 합의가 제기되고 승인되도록 해야 한다. 예를 들면, 조언 및 지침이 정량화되어 인도되도록 하기 위해 '사업'과 SSE SME 간에 합의가 요구될 수 있다.

계약 관리

259. 계약이 체결된 후, MILSM은 계약자 ILS / SA 업무의 모니터링에 대한 책임이 있다. ILS / SA 프로세스의 통합은 ILS / SA의 완료에 영향을 주거나 이에 따라 좌우되는 ILS / SA 데이터 연관성을 관리하기 위해 필요한 통제를 제공하는 관리 풍토나 기능상 연관성의 수립을 요구한다.

260. MILSM은 이 모니터링을 통해 ILS / SA 활동과 계약자 조직의 다른 모든 요소 간에 지속적인 조정이 이루어지도록 해야 한다. 이것은 통합일정이 지켜지고 일정의 영향이 즉시 판단되어 치유될 수 있도록 한다. SA는 아무것도 없는 상태에서 수행되어서는 안 된다; 이것은 구매 주기를 통해 다른 많은 활동과 상호의존적이다. MILSM은 보통 아래 항목을 통해 ILS / SA 프로그램을 모니터링 한다:

a. 계약자의 ILS / SA 계획의 검토.

b. ILS / SA 회의 주재.

c. ILS / SA 검토회의 참여.

d. 설계검토에 참여.

e. 계약자의 ILS / SA 산출물 검토.

f. 계획 검토.

g. 계약자의 계획에 대한 진도가 모니터링되고 최신화된 계획이 검토된다.

261. 수락. 무엇이 수락되는가는 사업의 단계에 따라 다르다. 초기 단계의 경우, 산출물은 시제장비를 위한 약간의 지원장비와 함께 구매의 다음 단계에 대한 제안서나 계획일 것이다. 제작 단계의 끝 부분에는, 전체 범위의 지원 자원, 사용 단계를 위한 계획 및 폐처리 계획의 개요가 있을 것이다.

262. 계약 기간 중 작성된 계획 및 보고서는 요구사항의 충족성에 대해 검토되어야 한다.

263. 지원 추천사항의 수락. ILS 인도물품은 ILS / SA 업무가 정확하게 완료되었는지 검토되어야 한다; 군수 데이터는 설계 데이터와 일치해야 하고, 완전해야 하며 제안된 정비개념에 적합해야 한다. 이론적인 지원 추천사항은 증가하는 설계 정의 수준과 같이 사업을 통하여 검

토되어야 한다. 최종 수락은 공장수락 절차의 일부를 구성해야 하며, 지원 추천사항이 적절하고 인도될 실제 설계 형상으로 추적 가능하도록 하는 것을 목표로 한다.

264. 지원자원의 수락. 지원 또는 군수자원의 수락은 주 장비나 플랫폼의 수락에 통합되어야 한다. 이것은 요구된 수리부속이 물리적으로 이용 가능하도록 보장하는 것에서부터 군수체계의 전체 시운전, 정비도 시험 통합, 군수 청구 소요 일수의 확인, 그리고 지원문서의 유효성 및 적용성의 입증에 이르기까지 다양하다. MILSM은 사업에 적절한 요구사항을 식별하고 수락계획이 군수자원을 포함하도록 해야 한다.

265. 지속성. 각 획득 단계의 끝까지 각 단계에 뒤이어, MILSM은 다음 단계를 준비해야 한다. 이것은 사업 초기로 되돌아가 다음 단계의 전략 또는 '운용단계' 지원으로 이전을 검토하는 것일 수 있다. 지속적 지원에는 장비나 플랫폼의 전력화 수락에 뒤이은 모든 ILS 활동이 포함된다. 여기에는 제공된 지원 기반시설의 능력 / 효과의 모니터링 및 요구에 따른 지원자원의 조정이 포함된다.

지원성 케이스의 최신화

266. 계약 체결 후에는 계약자에 대한 지원성 케이스 변경을 작성하기 위한 증거에 집중된다.

267. 증거는 아래 기준을 만족하도록 제공되어야 한다:

a. 요구사항에 대한 방안을 개발하기 위하여 적절한 계약자 ILS 기능 조직이 구성되었다.

b. 실현 가능한 ISP가 개발되었다.

c. 국방부 요구사항을 충족하기 위한 적절한 도구 및 규격이 식별되었다.

d. 필요한 ILS 활동이 적절한 비용 모델에 식별되었다.

ILS 입력정보를 TLMP / MDAL에 최신화

268. TLMP의 군수 요소는 하위레벨 ILS 문서의 모든 변경이 포함되도록 하기 위해 재검토된다.

269. TLMP 및 MDAL을 최신화하는 동안, 군수 고려사항에 영향을 줄 수 있는 모든 변경에 대해 폭넓은 문서가 검토된다.

지원 방안 이행 [WBS01-03]

군수지원일자에 대한 ILS 계획

군수지원일자 (LSD)

270. LSD는 사용 지점에서 소요 군으로부터 군수지원이 요구되는 날짜이다. 군의 조기 운용단계 지원에 대해 계약자와 합의가 없는 한, 흔히 첫 번째 생산장비의 예상 인도일자가 될 수 있다. 이때, LSD는 '운용단계' 군수지원 책임이 계약자에서 '운용단계' 계약자 / 국방부로 이

전되는 날짜가 된다.

271. LSD는 초도군수지원 패키지(전체 장비나 체계를 위한 모든 필수 지원 수량이 초도 배치된 모든 장비나 체계의 지원을 위해 충분함)가 이용 가능한 날짜이기도 하다.

272. LSD는 계약 인도일자, 합의된 목표일자 또는 요구된 목표일자와 관련될 수 있다. 이것은 관련 서류(ILSP, SRD / URD, TLMP 등)에 명확히 정의된다.

273. 효과를 높이기 위해, LSD는 사업 전력화 일자(ISD) 또는 초도 전력화(IOC) 전에 달성되어야 하는데, 왜냐하면 이것은 충분한 장비가 군에 배치되고 작전상의 목적에 기여하는 상태가 될 때에만 달성되기 때문이다.

운용단계에 대한 ILS 계획

운용단계 군수지원위원회 (ISLSC) 가동

274. 운용단계 군수지원위원회(ISLSC)는 군수지원일자(LSD) 이후 지원 문제를 협의하고 산출물, 관련 요소 또는 지원에 대한 변경을 승인하기 위한 공식 회의이다.

275. ISLSC는 LSD 이후 ILS 관리의 중심을 이룬다. ISLSC의 권한은 본 문서의 부록F에 수록되어 있다. MILSM은 사업 단위로 각 ILS 요소를 다루는 기능별 전문가를 식별한다. 일부 ILS 기능별 전문가는 사업을 위한 작업이 수행되기 전 '고객 공급자 합의'(CSA) 또는 '서비스 수준 합의'(SLA)를 요구하는 기관이나 다른 조직으로부터 올 수도 있다.

ILS 요소 및 ISLSC 실무 그룹

276. 이것은 특별한 ILS 요소나 지원성 문제를 다루기 위한 ISLSC의 하부 위원회이며, ISLSC로 공식 보고한다. 이 회의는 더 적은 수의 관계자가 참여하여 특정한 ILS 요소나 지원성 문제에 집중하며 필요 시에만 소집된다.

운용단계 지원계획

277. 이 계획은 설계 기간 동안 정의된 지원 보급이 적절하고 효과적이며, 모든 취약점을 식별하기 위한 적절한 피드백 프로세스가 유지되도록 하는 업무와 책임을 설명한다.

야전배치 계획

278. 체계의 '전력화' 조기 계획은 차후에 이익을 돌려준다. 야전배치 계획은 조기 배치 품목의 초도 배치 및 지원을 설명한다. 이 문서는 정기적인 최신화를 필요로 한다. 여기에는 군수 마일스톤이 충족되지 않거나 요구된 LSD보다 장비가 먼저 배치되는 경우의 지원을 위한 비상 계획이 포함된다. 국방부 ILS 팀은 장비지원 부서와 공동으로 장비배치 지원계획을 수립한다. 배치 지원계획은 평가단계에서 시작될 수 있으며, 그때부터 반복되다가 궁극적으로 신

규 장비를 성공적으로 배치하는데 필요한 일정, 절차 및 조치를 수립한다. 이것은 자금 및 자원을 포함하여 사용자 수락문서 및 회의에 군수지원 입력정보를 제공하는데 이용된다.

279. 야전배치 계획은 제품, 관련 요소 또는 지원의 개조를 관리하는데 이용된다; 사전 LSD에 대한 변경이거나 각 개별 발생에 대한 단독 계획일 수도 있다.

운용단계

280. 지상 장비지원방침지침(ESPD)과 공중 지원방침명세서(SPS)는 사용 수명 기간 중 특정 장비나 체계의 관리에 대한 방침을 정의한다. ESPD / SPS의 내용은 사업팀의 책임이나, 최초 발행은 계약자와 함께 ILS 팀에 의해 이루어진다.

지원체계 벤치마크

281. 운용 단계 동안, 벤치마크를 통해 지원체계를 입증하는 것이 유용하다. 이 벤치마크는 URD 및 SRD에 식별되고 사용 중인 다른 비교 체계에 의해 달성되는 지원성 요구사항이다.

운용단계 지원전략 개발

282. 운용단계 지원전략은 획득된 체계에 운용단계 지원을 제공하기 위한 전략을 설명한다. 설계가 성숙해 감에 따라, 전략은 세부 계획으로 발전해 간다. 이 계획은 설계 기간 동안 정의된 지원 보급이 적절하고 효과적이며, 모든 취약점을 식별하기 위한 적절한 피드백 프로세스가 유지되도록 하는 업무와 책임을 설명한다.

운용단계 지원으로의 이전계획 개발

283. PTL은 획득의 초기에 이전 관리자를 지정한다. 이전 관리자는 획득에서 운용단계 지원으로 이전되는 것과 관련된 모든 문제에 대한 사업팀의 중심점이며, 이전실무그룹(TWG)의 구성, 진행 및 주재를 책임진다.

284. 이전 프로세스를 성공적으로 관리하기 위해 필요한 세부정보를 제공하기 위하여, TLMP는 이전계획(TP)에 의해 지원을 받는다. TP는 아래 항목을 보장하기 위해 필요한 세부정보를 제공한다:

a. 모든 이전 관계자가 식별 및 개입되었다.

b. 모든 이전 활동, 활동 담당자 및 예정 완료일자 등을 명시한 계획이 마련 및 유지된다.

c. 이전되는 모든 데이터가 식별 및 합의되었다.

d. 이전 수락기준이 식별되고 미리 합의되었다.

e. 각 문서의 수락에 대한 책임자가 지정되고 합의되었다.

f. TWG가 예정된 군수지원일자(LSD) 이전에 DE&S 및 전방 사령부(FLC) 대표자와 공동으로 수행될 지원 요구사항의 공식 검토를 수행한다.

g. ILSM은 명백히 이전 관계자 중의 하나이며, 특정한 이전 활동과 이전될 여러 문서를 담당한다.

운용단계 지원계획 개발

285. 운용단계 지원계획은 설계 기간 동안 정의된 지원 보급이 적절하고 효과적이며, 모든 취약점을 식별하기 위한 적절한 피드백 프로세스가 유지되도록 하는 업무와 책임을 설명한다.

운용단계 지원관리 체계 개발

286. 운용단계 지원계획을 관리하기 위해 마련되는 체계가 식별되어야 한다..

운용단계 지원 일정 개발

287. 이 일정은 무엇이 언제 누구에 의해 요구되는지를 설명한다. 가장 중요한 일자는 군수지원일자 (LSD) 일 것이다.

제3자 지원관리 – ILS 서비스 수준 합의

288. 군사적 능력은 보통 두 개 이상의 무기체계 및 장비의 상호 운용을 통해서 제공되며, 일부 무기체계 및 장비는 체계 능력에 기여하기 위해 단독으로 운용한다. 가장 중요한 예는 해상, 육상 및 공중 환경에서 운용유지 단계 및 신규 플랫폼에 영향을 주는 BOWMAN이다. 다른 장비에 대한 해당 장비의 연계성을 고려하고 명세화하는 것은 사업팀의 책임이다. 이 문제는 사용자 및 체계 요구사항 문서(URD / SRD)에 수록한다. 다음 이들 종속성 내지 연계성 관리의 모든 측면이 이들 다른 장비에 대한 사업관리 책임을 가진 사업팀과 같이 공식 서비스 레벨 합의서(SLA)에 기록한다.

289. '사업'과 기관간의 SLA 합의가 제기되고 모니터링 및 통제되어야 한다. MILSM은 모든 요구된 SLA가 작성 및 합의되고, 예상된 결과가 명확히 정의되고(일정 포함) 인도에 대해 모니터링되도록 하는 책임을 진다.

지원방안의 이행

운용단계 지원 평가 계획 / 기준 개발

290. MILSM은 지원방안이 운용유지 단계에서 어떻게 평가되는지 파악해야 한다. 성능을 확인하고 앞선 단계에서 공식화되고 인지된 운용에 대한 평가는 필수적이다.

인계 이행 준비

291. 전력화 일자(ISD)는 해당 무기체계를 관련 최고 사령관에게 제공하는 일자로 장비의 수명주기에서 가장 중요한 마일스톤일 것이다. 이 시점에서, 장비 지원계획에 식별 및 합의된 바와 같이 효과적인 지원이 가능해야 하고 지속 가능해야 한다.

292. 군수지원일자(LSD)는 사용 지점에서 소요군으로부터 군수지원이 요구되는 날짜이다. 군의 조기 운용단계 지원에 대해 계약자와 합의가 없는 한, 흔히 첫 번째 생산장비의 예상 인도일자가 될 수 있다.

293. 효과를 높이기 위해, LSD는 사업 전력화 일자(ISD) 또는 초도 전력화(IOC) 일자 이전에 달성되어야 한다.

294. 적절한 C-in-C는 장비의 가용도 및 활동 수준에 대한 사업팀의 고객이 된다. 이 고객 활동은 능력 스폰서의 것과는 다르다는 것을 인식해야 한다. 후자는 요구사항을 정의하고 능력을 받아들이는 서식의 세부내용을 수락해야 한다. 일단 전력화되면 요구사항 관리자가 여전히 요구하는 어떠한 개조나 획득과는 상관 없이 능력은 정의될 뿐만 아니라 현존한다.

295. 개발, 기술적 위험 감소 및 전력화 수락이 완료되면 소유권은 즉시 사용자에게 이전된다. 이 시점은 장비의 형태와 생산되는 전력화 물량에 따라 달라진다. 예를 들면, 대량의 물량(예, 유도탄 500발) 양산이 포함된 사업은 소량이 일단 성공적으로 양산이 되면 소요군으로 사업을 이전하는 것은 전적으로 가능하다. 그러나, 세척의 신형 잠수함을 개발하는 경우, 마지막으로 양산한 함이 전력화 수락시험을 완료하기 전까지는 이전이 제한될 수 있다.

관급자산(GFA) 관리

296. 관급자산(GFA)에는 관급장비(GFE), 관급시설(GFF), 관급정보(GFI) 및 관급자원(GFR)이 포함된다. DE&S 계약 부서는 계약 및 회계를 포함하여 국방부가 주도하는 GFA 정책을 가지고 있다.

인도일정과 지원기관의 관리 (GFA 등)

297. MILSM은 계약에 정의된 바와 같이 모든 관급자산 (GFA)의 적기 인도에 대한 책임을 진다. MILSM은 아래 항목을 보장한다:

a. 관련 조직과 인도 계획이 개발되고 합의된다.

b. 조직은 인도일정 및 그들의 책임을 완전히 이해한다.

c. 인도는 계약 합의를 충족하기 위해 적기에 실시한다.

d. 모든 당사자가 장비, 정보 및 서비스 측면에서 계약자가 국방부로부터 무엇을 기대하는지를 완전히 이해하는 것이 필수적이다. MILSM은 계약자가 요구하는 GFA 범위의 합의를 위해 계약자와 협상을 해야 한다. 계약자와의 수송, 정비, 교정, 결함 수리

및 사고로 인한 손상에 대한 책임은 모든 당사자에 의해 이해되어야 한다. 이 요구사항은 관급자산(GFA) 계획에 명확하게 정의되고 반영되어야 한다.

GFA 계약일정 개발

298. GFA 소요가 일단 정의되면, 인도일정이 수립되고 계약 및 관련 국방부 기관과 합의되어야 한다. 이 일정에는 최소한 품목의 설명, 요구 형상, 일자, 정비/교정 요구 및 담당 기관을 포함한다.

GFA 인도 모니터링

299. MILSM은 일정에 따라 GFA의 적기 인도를 모니터링 해야 한다. 계약자와 기관과의 정기적 회의가 필요할 수 있다.

운용단계 지원 최적화 [WBS00-04]

계획 평가

300. 평가 계획에 따른 운용단계 지원의 인도가 평가되도록 하기 위해 수행측정을 위한 메커니즘을 식별하고 적용한다.
301. 평가 방법은 지원성 케이스 프로세스와 연계한다.

운용단계 피드백

302. 이것은 문제 제기자에게 피드백하는 것을 포함해서 피드백 데이터의 수집, 분석 및 관리에 대해 계약을 체결하고 이들에 대한 책임의 식별을 포함한다. 이 메커니즘이 계약사항이 되도록 하는 것은 MILSM의 책임이다.
303. 아래의 수단과 기법은 지원계약의 관리에 사용된다.

성과 지표

304. 전체적인 성과는 미리 정의된 척도에 의해 평가되는데, 이것은 수행된 업무에 대해 일반적으로 매우 좋음, 좋음, 보통, 미흡 또는 부족으로 표기한다.
305. 성과 모니터링의 대상이 되는 요소에는 아래 항목이 포함된다:

a. 제품 성능.
b. 제품 가용도.
c. 신뢰도.
d. 비용.
e. 설계 후 지원 수행 측정:

(1) 결함 / 고장 조사.

(2) 기술 발간물 수정.

(3) 기타(기술적 질의).

(4) 개조 제안.

(5) 기술 지침.

f. 엔지니어링 지원 수행 측정:

(1) 계획 정비 완료 시간.

(2) 비 계획 정비 완료 시간.

(3) 보급지원 수행 측정.

(4) 정비중요 품목 인도 시간.

g. 교육 지원 수행 측정:

(1) 수행.

(2) 품질.

(3) 가용도.

(4) 일관성.

(5) 관리.

h. ILS 관리 수행 측정:

(1) 설계 후 지원 관리.

(2) 엔지니어링 지원 관리.

(3) 보급지원 관리.

(4) 교육지원 관리.

i. 전체적인 CLS 관리

j. 수행 측정. KPI가 정의되고 정량화되어 정확한 측정이 가능해야 한다.

k. 지원 계약을 개시하기 전 비용 기준선을 확립하는 것이 매우 중요하다. 성과의 증가 또는 감소를 정하는 것은 반드시 정확해야 하며, 기존의 정부 관리 시스템으로부터 숫자를 받아 검증 없이 그냥 쓰면 되므로 매우 용이하다. 최근의 많은 지원방안(통상 CLS 기반)은 개선된 모니터링 시스템을 보여주었는데, 기존의 숫자들이 전혀 정확하지 않아서 정부는 처음부터 불리한 입장에 처하게 되었다.

l. 어떻게 측정할 지를 해결하기 전에 핵심 요구사항을 식별하는 것이 필요하다. 전통적인 시나리오에서는 최초 한 대 구매 후 모든 반복비용을 당국이 지불해야 했다. 다른 한편으로, 능력 계약을 할 경우 합의된 주기로 매우 간단한 확정가격을 계약자에게 지불하고 합의된 능력이 충족되었는지 확인만 한다.

최적화된 지원계획 도구 활용

306. 장비지원 지속개선팀(ESCIT)의 최적화된 지원계획 수단은 사용 성능을 최적화 할 때 고려되어야 하는데, 이 수단은 기존의 운용유지 단계 사업에서 상당한 비용절감이 가능토록 하였다.

운용단계 검토

307. 인도된 지원은 기존 환경에서 최적의 가치를 지속적으로 제공할 수 있도록 합의된 주기에 검토 한다.

308. 검토는 아래 항목에 대한 변경에 의해서도 가능하다:

a. 운용상 용도.

b. 환경.

c. 기술 삽입.

d. 개량.(예, 중간수명 개량)

309. 운용단계 모니터링 및 검토에 대한 자세한 지침은 JSP 제7권 7부에 수록되어 있다.

단종 관리 [WBS 00-05]

310. 단종 관리는 수명주기 지원에 필요한 최초 계획수립 활동 및 지원체계 확립으로 시작하는 장비의 수명기간에 걸쳐 이루어진다. 이 접근 방법은 단종 위험 상태의 평가가 이루어지고 있음을 보증한다. 단종의 전체적 영향은 장비가 사용 단계에 도달하면 분명해지고, 장비를 운용 상태로 유지하기 위한 지원 제공이 중대한 현안으로 될 수 있다.

311. 단종 측면의 관리는 관련 상황의 식별과 장비 형태별 단종문제 경감을 위한 가능성 확립으로 시작된다. 이 정보는 보급지원계획의 한 요소로서 보급계통과 같이 작성된다. 전체적인 관리 방법은 단종관리계획에 포함한다.

312. 단종관리의 수행은 단종관리계획과 보급지원계획을 실행에 옮긴다. 운용 피드백과 결합된 이 방법은 단종관리 달성을 위한 실행 가능한 접근방법을 확립한다.

313. 단종관리를 수행하는 동안, 식별된 경험정보는 운용 관리계획의 점진적 조정에 반영된다. 장비의 단종관리 필요성이 없어지면, 어떻게 그 조직에서 업무를 수행했는지를 나타내는 사업-후 '사업 검토 및 평가' 보고서를 작성한다.

314. 단종관리에 대한 포괄적인 정책은 JSP 886 제7권 8부 13절을 참조한다.

군수 형상 관리 [WBS 00-03]

315. 이 활동은 TLS 형상의 생성 및 유지에 필요한 도구 및 관리 기술의 형상 및 식별을 관리하기 위한 계획 수립을 포함한다. 이 활동은 아래 항목을 설명한다:

a. 형상관리 계획

b. 형상 규정

c. 형상변경 관리

d. 형상유지의 관리

e. 형상 감사

f. 검증 및 피드백

g. ILSM은 수명기간동안 ILS 산출물 형상이 제품의 형상과 일치하게 유지되도록 해야 한다.

h. 모든 ILS 요소가 지원되는 제품과 폭넓은 정책 / 전 기업적인 지원체계에 내재된 변경과 같이 최신화되도록 유지되게 하는 것이 필수적이다.

군수정보 관리 [WBS 00-02]

316. TLS 정보관리 활동은 정보 항목의 발생, 확보, 작성 및 표현(내용, 의미, 형식 및 매체), 보관(유지, 전송) 검색 및 폐처리에 대한 권한과 책임을 마련한다.

317. 군수정보 관리에 대한 지침은 JSP 886 제7권 5부에 수록되어 있다. MILSM은 사업 수명주기의 초기에 군수정보를 위해 이용된 정보관리 프로세스 및 시스템을 정의해야 한다.

318. 정보는 고가라는 것에 유의해야 하고, MILSM은 서비스 프로세스에 이용되는 정보만 계약에 반영한다.

319. 군수정보 고려사항은 사업 수명주기정보관리계획(TLIMP)에 기록된다. 군수정보의 관리 및 교환에 대한 메커니즘은 군수정보계획(LogIP)에 기록한다.

지원 제공 [WBS03-00]

320. 사용 단계 중 MILSM은 지원방안의 계약자 지원 규모에 따라 다소 차이는 있더라도 아래 활동에 참여한다.

자산 관리 [WBS 03-01]

321. 할당된 자산의 관리 통제는 지원에 요구되는 플랫폼, 차량 및 부수 품목 등에 대한 재고관리의 하위 전문 분야이다. 자산은 일련번호가 부가되었거나 그렇지 않은 필수 품목일 수 있다. 자산관리의 필요성은 적정한 재고 수준, 정비 및 정비로부터 즉각적인 반환, 수리 또는 서비스를 보장하여 이들 자산의 최대 가용도를 제공하기 위함이다. 자산관리는 정비 및 저장 비용의 제한을 위해 요구된 폐처리를 포함한다.

322. 운용단계 동안, 아래의 활동이 요구된다:

a. 자산관리 소요 식별.

b. 자산관리 데이터 모니터링 및 보고

c. 자산관리 업무 계획

323. 운용단계 ILS 관리팀은 흔히 일련번호나 다른 고유 식별자에 의해 개별 단위로 관리되는 자산의 관리에 대한 책임을 진다. 공통적인 사유는 아래와 같다:

a. 국제 무기거래 규정(ITAR) 제한.

b. 고가.

c. 순방향 / 역방향 보급계통 위치 식별.

정비 관리 [WBS03-02]

324. 지원방안의 특성에 따라, ILSM은 여러 가지 정비관리 시스템 및 활동을 관리하고 조정해야 한다.

325. 운용단계에서, 정비에는 아래 항목이 포함될 수 있다:

a. 요구된 역할에 대한 자산 형상 작성 및 운용 전 / 후 손질 업무 수행.

b. 알려진 고장의 발생을 최소화하기 위한 예방작업.

c. 고장 발생 후 고장 정비.

d. 손상 발생 시 수리.

e. 기술 개량이나 성능 향상을 위한 개조.

f. 요구된 향후 조치를 판단하기 위한 업무의 진단 조절 및 규정.

326. 이 프로세스는 아래 항목을 포함한다:

a. 정비 수행을 모니터링하고 ISLSC를 통하여 피드백 생성.

b. 비계획 정비 소요 및 순위를 감안하여 함대 관리의 장기 정비 계획을 기준으로 한 단기 / 자원소요 작업 일정 수립, 그리고 '정비 작업 지시서' 작성 및 발행의 통제.

c. 정비작업지시 수행 및 모든 자원 사용을 포함한 수행된 작업의 기록.

d. 정비부담을 덜기 위해 제품이나 서비스의 인도가 수정될 수 있는 부분을 식별하기 위한 추세분석 수행.

e. 운용 단계 중, ILS 팀은 보통 정비관리 시스템 및 모든 ILS 요소와 관련 분야간의 일관성 유지에 대한 책임이 있다.

함대 관리 [WBS 03-03]

327. 지원체계의 특성에 따라, ILSM은 함대 관리 활동에, 특히 훈련 목적 또는 성능 향상 및 개조의 기술적 평가를 위해 전방 라인 키트가 요구된 경우, 참여할 수도 있다.

328. 함대 지원 관리자는 운용 요구사항에 맞추어 개별 또는 여러 플랫폼을 통제한다. 함대

관리 우선순위는 운용 요구를 충족하기 위해 플랫폼의 정확한 혼용이 정확한 시간과 장소에 가능하도록 하기 위한 것이다. 다음 사항이 요구된다:

329. 함대 요구사항을 판단한다:

a. 함대 활동 계획

b. 함대 활동의 모니터링, 확보 및 보고

TLS 교육 제공 [WBS03-04]

330. TLS 교육의 제공은 교육 소요를 끌어들이기 위한 홍보 수단으로서 시간 / 날짜 / 장소 등의 측면에서 특정한 교육과정을 식별하는 것이다.

a. 교육 소요 식별

b. 교육 계획

c. 교육 제공

d. 교육 활동 모니터링 및 분석

사업 종료를 위한 ILS 계획

종료 / 중지 및 폐처리에 대한 프로그램 개발

331. MILSM은 사업의 수명기간 중 폐처리 / 종료 계획을 충족하는 프로그램이 개발되도록 한다. 운용단계의 이전과 초기에는 프로그램이 미성숙 단계이나, 폐처리 / 종료 단계에 접어들면 하나의 사업으로 최신화된다.

332. 폐처리는 운용 단계에 걸쳐 발생하는 활동이란 점을 참고해야 한다.

종료 / 중지 및 폐처리를 위한 프로그램 이행 [WBS 03-05]

333. 사업은 폐처리 / 종료 프로그램의 이행에 따라 중지된다. 폐처리 활동에 대한 조언과 지침은 JSP 886 제7권 08-07부에 수록되어 있다.

334. 지원성 케이스는 사업 경험 보고서 작성에 유용한 물자에 대해 최종화 되고 분석된다.

335. ILS 관리자는 법령 준수를 위해 기록 보관이 요구되는, 수명기간에 걸쳐 지원활동에 의해 발생되는 모든 정보를 식별한다

부록 A: 상위 ILS 활동

1. 이 그림은 상위 ILS 활동을 나타낸다. 그림 내에 포함된 정보를 보완하기 위해 세부적인 프로세스가 이용된다.

그림 12: 운용단계 전 활동

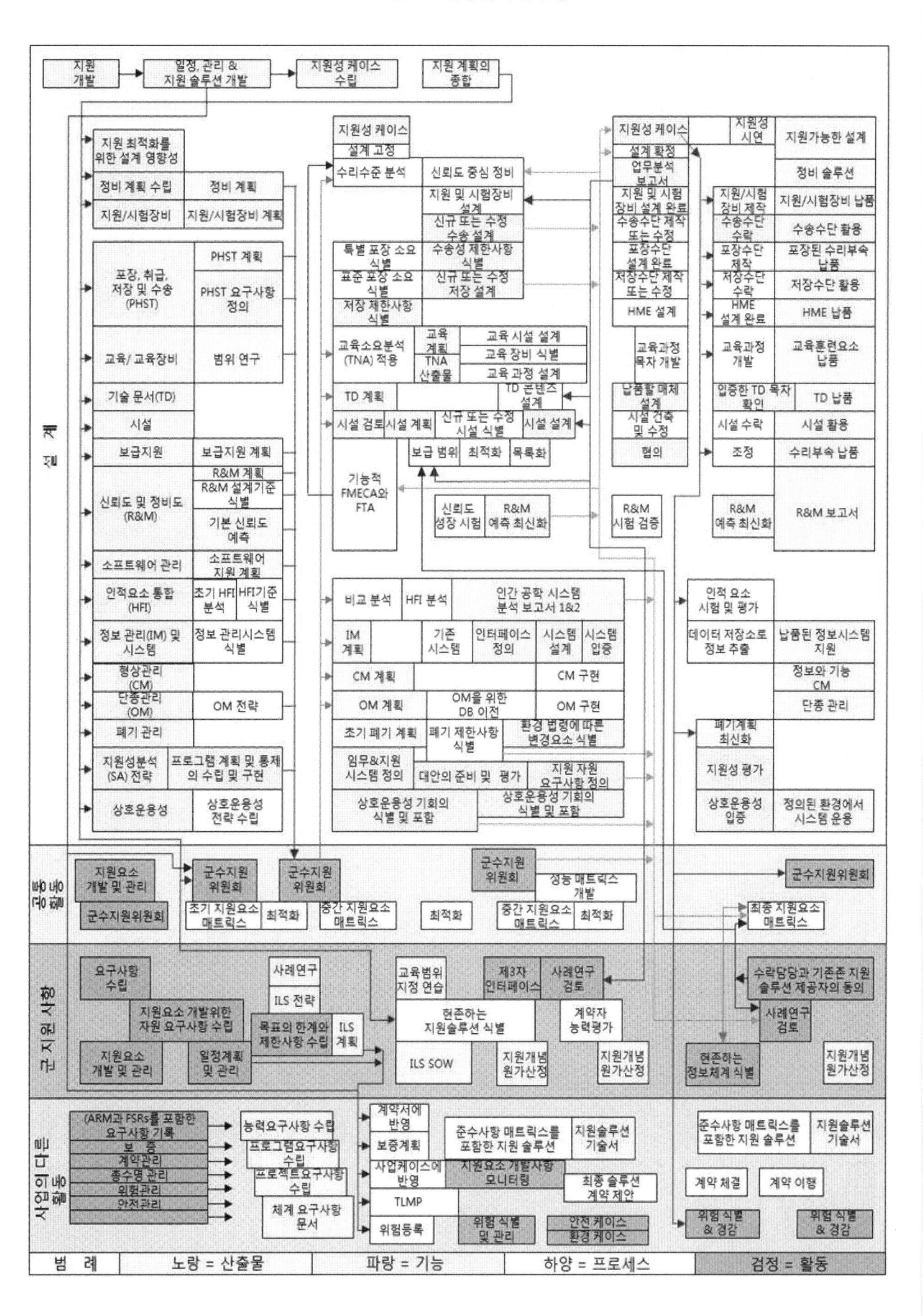

참고:

1. 입력정보에는 가용도, 신뢰도 및 정비도 (ARM) 요구 및 군 지원요구(FSR)가 포함된다 – 참고 2 참조.

2. 군 지원요구(FSR)는 Heads of Capability (HoC)가 소유한 상위 능력 요구사항 세트로부터 프로그램 요구사항 세트 (PgRS) 및 사업 요구사항 세트 (PjRS)를 통하여 최종적으로 체계 요구사항 세트(SRS)까지 종속된 (CRS)수명주기능력관리 (TLCM) 단계 4G에 따라 개발된 국방 장비 요구사항의 일부를 구성한다. FSR은 국방군수개발라인 (L-DLoD)을 지지하며, '국방 개념 체계'의 '유지' 요소 하에 존재한다.

그림 13: 운용단계 및 폐처리 활동

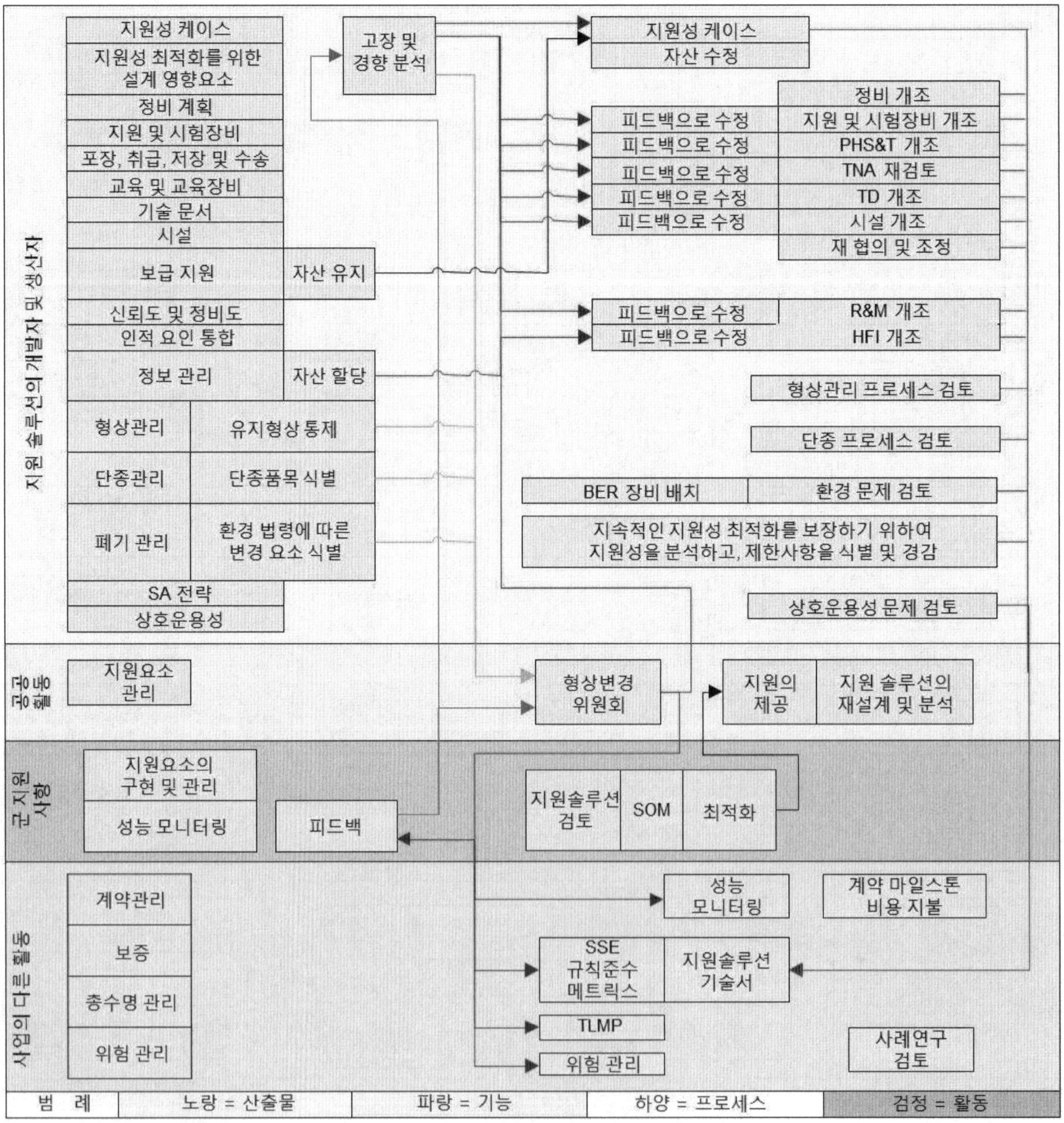

지원 솔루션의 개발자 및 생산자
지원성 케이스
지원성 최적화를 위한 설계 영향요소
정비 계획
지원 및 시험장비
포장, 취급, 저장 및 수송
교육 및 교육장비
기술 문서
시설
보급 지원
자산 유지
신뢰도 및 정비도
인적 요인 통합
정보 관리
자산 할당
형상관리
유지형상 통제
단종관리
단종품목 식별
폐기 관리
환경 법령에 따른 변경 요소 식별
SA 전략
상호운용성
고장 및 경향 분석
지원성 케이스
자산 수정
피드백으로 수정
피드백으로 수정
피드백으로 수정
피드백으로 수정
피드백으로 수정
정비 개조
지원 및 시험장비 개조
PHS&T 개조
TNA 재검토
TD 개조
시설 개조
재 협의 및 조정
피드백으로 수정
피드백으로 수정
R&M 개조
HFI 개조
형상관리 프로세스 검토
단종 프로세스 검토
BER 장비 배치
환경 문제 검토
지속적인 지원성 최적화를 보장하기 위하여 지원성을 분석하고, 제한사항을 식별 및 경감
상호운용성 문제 검토
공동 활동
지원요소 관리
형상변경 위원회
지원의 제공
지원 솔루션의 재설계 및 분석
군 지원 사항
지원요소의 구현 및 관리
성능 모니터링
피드백
지원솔루션 검토
SOM
최적화
사업의 다른 활동
계약관리
보증
총수명 관리
위험 관리
성능 모니터링
계약 마일스톤 비용 지불
SSE 규칙준수 메트릭스
지원솔루션 기술서
TLMP
위험 관리
사례연구 검토

범 례	노랑 = 산출물	파랑 = 기능	하양 = 프로세스	검정 = 활동

부록 B: ILS 산출물 설명서(PD)

개요

1. 이 부록은 ILS 산출물 설명서 (ILS PD)를 포함한다. ILS PD는 특정한 사업과 함께 ILS 활동의 관리 측면을 설명하는 포괄적인 문서 세트를 국방부에 제공하기 위해 구성된다. ILSPD는 5개의 카테고리, ILS 관리, 지원성 분석, 기술문서(TD), 보급지원절차(SSP) 및 지원성 케이스로 분류한다.

2. 테일러링의 일부로서, ILSM은 어떤 제품이 사업을 위해 적당한지를 선택하고, 사업에 고유한 인도물품을 개발하기 위한 기준으로서 제품설명 서식을 사용한다. 계약적 인도물품을 규정하기 위해 이 서식에 물자를 추가하거나 뺄 수도 있다. 편집 가능한 MS 워드 버전의 이 서식은 DES JSC Eng TLS가 운영하는 해당 MOSS 사이트의 ILS 커뮤니티에서 이용 가능하다.

3. ILS 관리 PD. 이 PD 카테고리의 인도물품에는 계약자가 ILS 프로세스 (예, 종합지원계획 및 지원성 분석계획)를 어떻게 수행하는지를 설명하는 계획과 절차를 포함한다.

4. 지원성 분석 (SA) PD. 이 PD 카테고리의 인도물품은 계약된 SA 요구사항을 충족하고 관련 보고서 (예, 고장유형 영향 및 치명도 분석, 신뢰도중심정비 등)의 작성을 위한 적절한 분석 기법을 수행하기 위하여 적용 가능 SA 활동이 완료될 수 있도록 한다. 또한 해당될 경우 지원성이 체계 설계에 반영되도록 한다.

5. 기술문서 PD. 이것은 종이 및 전자 형식의 문서와 데이터 생산에 관련된 요구사항을 설명한다.

6. 보급지원 PD. 이것은 물자관리 및 장비지원에 관련된 요구사항을 설명한다.

산출물 설명서 번호체계

7. PD에는 아래의 협정에 따라 고유한 식별자를 부여한다:

PD XXXX-YY

XXXX	– 4자리 숫자 식별자
YY	– 버전 번호

PD 종류	번호 범위
관리 PD	0001–0999
지원성 분석 PD	1001–2000
기술 문서 PD	2001–3000
보급 지원 PD	3001–4000
지원성 케이스 PD	4001–5000

산출물 설명

8. 전체 PD 세트는 아래와 같이 구성된다:

a. 관리 PD:

PD0001-01 종합지원계획

PD0002-01 지원성 분석 계획

PD0003-01 ILS 관련 회의, 회의록 및 조치사항

PD0004-01 종합군수지원요소 계획

PD0005-01 소프트웨어 지원 계획

b. 지원성 분석 PD:

PD1001-01 지원성 분석 (SA) 활동.

PD1002-01 절충 분석 보고서

PD1003-01 고장 유형, 영향 및 치명도 분석 (FMECA) 프로그램 계획

PD1004-01 고장 유형, 영향 및 치명도 분석 (FMECA) 보고서.

PD1005-01 신뢰도중심정비 (RCM) 프로그램 계획

PD1006-01 신뢰도중심정비 (RCM) 보고서.

PD1007-01 수리수준분석 (LORA) 프로그램 계획

PD1008-01 수리수준분석 (LORA) 보고서

c. 기술 문서 PD:

PD2001-01 기술문서 관리계획 (DMP).

PD2002-01 데이터 모듈 소요 목록 (DMRL).

PD2003-01 최종 인도 상호작용식 전자식 기술 출판물 (IETP).

PD2004-01 인도된 출판물 데이터베이스 (DPDB).

PD2005-01 최종 출판물 데이터베이스 (FPDB).

d. 보급 지원 PD:

전력화 (군수지원일자(LSD) 이전)

PD 3001-01 보급지원 전략

PD 3002-01 보급지원 계획

PD 3003-01 초도보급 지침 회의

PD 3003-02 초도보급 지침 문서

PD 3003-03 초도보급 이행

PD 3004-01 NATO 목록화

PD 3005-01 도해부품 카탈로그 (IPC).

e. 사용[1] 단계 (LSD 이후):

PD 3006-01 재보급[2] 계획

PD 3007-01 사용 CLS 조급지원지침 (SSI)[3].

PD 3008-01 보급지원 평가계획

f. 지원성 케이스 PD:

PD 4001-01 지원성 케이스

PD 4002-01 지원성 케이스 보고서 PD.

ILS 산출물 설명서 서식

9. 본 부록에 포함된 설명에 의해 다루어지지 않는 사업의 고유 산출물을 대해서 아래의 산출물 설명서 서식을 사업에 사용하도록 권장된다.

ILS 산출물 설명서	
산출물 제목	**산출물 설명서 식별자**
설명 요약	
목적	
전체 설명 / 산출물 구성	
서식 및 표현 ADOBE PDF 마이크로소프트 오피스	
할당된 책임 고객 책임자 공급자 책임자 고객 보증 공급자 보증	
품질 보증 품질 방법 수행 식별자 요구된 품질 점검 기술	

1 수명기간에 걸친 개조와 개량은 향후 나토 목록화에 대한 소요를 발생하고 사용 단계에 걸쳐 IPC에 대한 변동을 유발할 수 있다.

2 재보급을 위한 계획은 보통 JSP 886 제7권 2부에 설명된 TLMP의 핵심 요소인 사업 재고계획에 의해 충족된다.

3 '사용' SSI에 대한 상세한 내용은 JSP 886 제3권 2부에 수록되어 있다.

ILS 산출물 설명

<table>
<tr><th colspan="2">ILS 산출물 설명</th></tr>
<tr><td>산출물 제목
종합지원계획</td><td>산출물 설명서 식별자
PD0001-01</td></tr>
<tr><td colspan="2">설명 요약
본 PD는 ILS SOW에 규정될 종합지원계획(ISP)의 서식 및 내용에 대한 요구사항을 포함한다.</td></tr>
<tr><td colspan="2">목적
ISP는 계약에 규정된 ILS 프로그램의 업무의 계약자 계획 및 수행을 평가, 모니터링 및 수락하기 위해 국방부에 의해 사용된다.</td></tr>
<tr><td colspan="2">전체 설명 / 산출물 구성
ISP는 데이터 수집 및 분석, 업무 관리, 통제 및 실행 그리고 ILS 프로그램 업무에 대한 계약자의 관리계획을 수록한다.
계약자의 관리계획은 신규 체계나 장비의 통합이, 배치되었을 때, 모든 지원성 기준에 충족하는 것을 입증한다.
ISP는 아래에 나열한 각 절을 포함해야 한다. 데이터나 문장의 요구가 없는 경우, 계약자는 '해당 없음'이라고 기입하고 사유를 기재한다. 7개의 절은 아래와 같다:
개요;
보급체계 개념;
종합군수지원 (ILS) 프로그램 관리, 보직 및 수행;
ILS 프로그램 업무;
ILS 프로그램에 적용되는 관련 계획;
프로그램 계획 및 마일스톤;
본문에 사용된 용어 및 약어
개요
본 절은 ILS 작업기술서에 명시된 ISP 요구사항을 식별한다. 이 절은 아래의 하위 절을 포함한다:
1.1. 목적 및 범위. 이 절은 계약된 ILS 프로그램의 관리 및 수행에 대한 문서인 ISP의 목적 및 범위에 관련된 설명을 나타낸다.
1.2. ISP 요약. 이 절은 제출된 물자의 범위, 내용 및 구성의 명확한 이해를 확립하기 위하여 ISP의 설명을 제공한다.
1.3. 절차 최신화. 이 절은 ISP에 대한 변경이 어떻게 개발, 승인 및 통합되는지의 설명을 제공한다.
2. 보급지원 개념
이 절은 ILS 및 지원 프로세스에 관련된 체계 특성의 요약을 포함한다. 포함된 내용은 체계가 계획된 운용 역할에서 어떻게 활용되고 지원되는지에 대한 설명이다. 이 절은 아래의 하위 절을 포함한다:
2.1. 체계/장비 설명. 이 절은 체계/장비 및 주요 하부체계/장비의 기능적 물리적 특성의 간단한 설명을 제공한다. 또한, 포함된 내용은 장비나 체계 및 운용 시 이에 연동되는 모든 관련 체계 또는 장비간의 물리적 기능적 관계에 대한 설명이다.
2.2 신뢰도 기능 인터페이스. 이 절은 ILS 활동이 어떻게 ARM 기능과 상호작용 하는지를 설명한다.
2.3 안전관리 인터페이스. 이 절은 ILS 활동이 어떻게 안전 관리 기능과 양방향으로 상호 작용하는지에 대해 설명한다.
2.4 보안관리 인터페이스. 이 절은 ILS 활동이 어떻게 보안 관리 인터페이스와 양방향으로 상호 작용하는지에 대해 설명한다.
2.5 형상관리 시스템 인터페이스. 이 절은 ILS 활동이 어떻게 필요한 형상관리 시스템과 양방향으로 상호 작용하는지에 대해 설명한다
2.6 단종관리 시스템 인터페이스. 이 절은 ILS 활동이 어떻게 단종관리 시스템과 양방향으로 상호 작용하는지에 대해 설명한다.
2.7 상호운용성 인터페이스 소요. 이 절은 수명기간에 걸쳐 상호운용성이 어떻게 관리되는지를 설명한다. 여기에는 아래 항목이 포함된다:
정보 시스템을 통한 정보 교환;
기술 및 장비의 호환성;
인원의 작업 방법;
프로세스의 호환성;
조직간의 상호작용을 요구하는 지원방안의 기타 요소
2.8 관리 시스템 인터페이스 변경. 이 절은 ILS 프로그램이 어떻게 사업 능력 관리 및 통제 시스템 부분과 인터페이스 하는지에 대해 설명한다.</td></tr>
</table>

3. ILS 프로그램 관리, 조직 및 수행
이 절은 계약된 ILS 프로그램의 관리 및 수행에 사용하는 국방부 및 계약자가 포함된 모든 프로세스의 설명을 제공한다. 이 절은 아래의 하위 절을 가진다:
3.1. 계약자의 목표, 방침, 일반관리 절차. 이 절은 ILS 프로그램에 관련된 목표, 방침, 일반관리 절차를 설명한다.
3.2. 계약자의 ILS 조직 구조. 이 절은 계약된 ILS 프로그램 요구사항을 달성하기 위해 선정한 계약자의 조직 구조를 설명한다. 계약된 ILS 프로그램의 달성을 위해 책임을 맡은 인원의 성명, 직위, 직책, 책임 및 권한을 제시한다.
3.3. 하청 계약자 및 판매자 인터페이스 관리. 이 절은 ILS 통제방법 및 하청 계약자와의 조직적 인터페이스에 포함된 모든 주요 하청 계약자 (ISP 에 대한 경우, 주요 하청 계약자는 인도물품의 공급을 국방부의 주 계약자에게 직접 인도하도록 되어있다)의 목록을 포함한다. 포함된 내용은 판매자 하청 계약의 ILS 요구사항을 규정하는 방법과 특정한 작업 및 인도물품 달성을 통제하는 수단에 대한 설명이다.
3.4. 국방부 ILS 조직 및 인터페이스. 이 절은 계약자의 ILS 조직과의 연관성 표시와 함께 국방부의 ILS 조직의 설명을 포함한다.
3.5. 설계 인터페이스 계획 및 보고. 이 절은 승인된 관리 시스템과 함께 계약자가 어떻게 보고를 수행하고, 공식 설계 반영 프로그램과의 통합에 대한 감사 추적을 제공하는지의 설명을 포함한다. 설계 인터페이스 계획은 계약적으로 요구된 다른 체계 엔지니어링 분야에 의해 이루어진 모든 군수 소요와 정비 결정이 서로 간에 입출력 되도록 한다. 체계 엔지니어링 분야에는 설계 프로그램, 안전성 프로그램, 표준화 프로그램 및 ARM 프로그램 등이 포함된다.
3.6. 계약자의 목표. 이 절은 운용 요구사항에서 체계나 장비의 운용 배치까지 진행하는데 요구된 비용효율이 높은 통합 설계, 개발, 시험 및 평가 업무를 제공하는 시스템의 설명을 포함한다. 감사 추적 및 보고 기준의 표시 등이 포함된다.
3.7. 계약자의 접근방법. 이 절은 운용 요구사항을 실현 가능하고 비용효율이 높은 체계로 변환하는 활동 및 결정의 논리적인 순서의 확립을 포함한다.
3.8. 계약자의 통합. 이 절은 모든 엔지니어링, 설계, 관리 및 노력 그리고 신뢰도, ILS, 표준화 및 생산 등의 분야의 통합을 확립하는 설계 인터페이스/엔지니어링 분야 통합을 설명한다. 이것은 SA 프로그램, 비용 효율이 높은 설계 강화 및 체계/장비 설계 등에 대한 영향을 통제하기 위하여 필요하다. 감사 추적 및 보고 기준의 표시 등이 포함된다.
3.9. 계약자의 통제 및 보고. 이 절은 계약자의 내부 보고절차의 표시를 포함한다. 기술 프로그램 계획 및 일정 계획간의 관계가 포함된다. 설계반영 및 계약적 제공이 충족되도록 하는 특정한 업무 및 관리 절차간에 계획된 인터페이스의 표시가 포함된다. 아울러, 설계 및 체계 엔지니어링 반영에 대한 ILS 확립이 포함된다.
3.10. 설계 후 서비스 (PDS). 이 절은 장비의 ILS와 관련하여 국방부에게 PDS를 제공하는 계약자의 방법에 대한 설명을 포함한다. 계약자는 수명기간에 걸쳐 최적의 비용으로 효과적인 지원 정책 유지에 대한 영향 측면에서 PDS와 ILS에 미치는 결과를 고려해야 한다. 아래 내용이 설명되어야 한다:
3.10.1. 설계 기록의 통제 및 유지
3.10.2. 기록 정보의 유지
3.10.3. 장비의 하드웨어 및 소프트웨어에 대한 지원 제공
3.10.4. 단종문제를 조사하기 위한 기술적 업무의 이행
4. ILS 프로그램 업무
이 절은 계약자가 ILS 프로그램의 작업기술서 또는 동등한 사양서에 명시된 모든 ILS 프로그램 업무를 어떻게 달성하는지에 대한 설명을 포함한다. 별도의 계획에 의해 다루어지지 않는 ILS 프로그램 업무의 경우, 상세한 설명이 이 절에 포함되어야 한다. 이 절은 아래의 하위 절을 포함한다:
4.1. SA 활동 및 군수정보 저장소 (LIR). 이 절은 계약에 명시된 SA 활동 및 하위 활동, 그리고 LIR의 관련 문서의 달성 계획의 상세 설명을 포함한다.
4.2. 기타 규격. 이 절은 계약에 명시된 모든 기타 관련 규격 및 업무의 상세 설명을 포함한다.
5. ILS 프로그램에 적용 가능한 관련 계획
이 절은 ILS 프로그램 노력을 위해 필요한 관련 계획인 적절한 부록을 포함한다. 이 절은 아래의 하위 절을 포함한다:
5.1. 관련 계획. 이 절은 계약적으로 요구된 ILS 프로그램 업무; 예를 들면 PD0002-00에 따른 SA 계획, 그리고 계약적으로 요구된 ILS 요소개발 노력에 대한 별도로 인도되는 모든 계획; 예를 들면 PD0004-00에 따라 작성된 문서관리 계획, 보급계획, 교육 및 교육장비 계획 등을 참조한다.
6. 프로그램 계획 및 마일스톤
이 절은 ILS 노력에 대한 프로그램 계획 및 통합일정 계획을 포함한다. 이 절은 아래의 하위 절을 포함한다:
6.1. 통합일정표. 이 절은 예비설계검토 및 상세설계검토 (PDR & CDR) 등 모든 프로그램 마일스톤을 포함하는 통합일정표이다.
6.2. ILS 프로그램 마일스톤 차트. 이 절은 ILS 회의 및 검토 등 요구된 모든 ILS 프로그램 업무의 달성을 위해 필요한 이벤트의 마일스톤이다.
6.3. ILS 요소 마일스톤 차트. 이 절은 기술 출판물, 보급지원 등 지원 요소 개발 노력에 요구된 모든 ILS 프로그램 업무의 달성을 위해 필요한 이벤트의 마일스톤이다.
7. 용어, 약어 및 정의
이 절은 본문에 사용된 모든 용어, 약어 및 정의를 포함한다.

서식 및 표현 ADOBE PDF 마이크로소프트 오피스
할당된 책임 고객 담당자 – 국방부 ILS 관리자 공급자 담당자 – ILS 관리자 고객 보증 – SSIT 팀 대표 공급자 보증 – 품질 관리자
품질 보증 품질 방법 – 공식 검토 수행 식별자 – 규정 안됨 요구된 품질점검 숙련도 고객 국방부 ILS 레벨 2 라이센스 공급자 규정 안됨.

ILS 산출물 설명

산출물 제목 지원성 분석 계획 (SAP)	**산출물 설명서 식별자** PD0002-01

설명 요약
이 산출물 설명서는 지원성 분석 계획 (SAP)을 정의한다. SAP는 효과적인 SA 프로그램을 확립하고 수행하는데 이용되는 주요 관리 도구이다. 입찰요청서, 제안요청서 또는 작업기술서에 대한 답변으로 제출되는 경우, 이것은 소스 선택 프로세스에 이용된다.

목적
이 계획은 지원성 분석(SA)이 엔지니어링 노력의 일부로 SA 프로그램 요구사항을 충족하기 위해 어떻게 수행되는지에 대한 계약자의 접근방법과 설명을 식별한다.

전체 설명 / 산출물 구성
이 산출물 설명서는 서술 작업의 결과로 나오는 SAP의 내용 및 작성 지침을 정의한다. SAP는 아래에 나열된 각 절을 포함해야 한다. 데이터나 문장의 요구가 없는 경우, '해당 없음'이라고 입력하고 사유를 기재한다. SAP는 계약자의 SA 프로그램이 전반적인 프로그램 요구사항을 충족하기 위해서 어떻게 수행되는지에 대해 설명한다. 이 계획은 자립형 문서이며 종합지원계획의 일부를 구성할 수 있다. 이것은 국방부의 수락에 따라 계약 기간 중 계약자에 의해 최신화 된다.

1. SAP에는 아래 항목이 포함된다:
1.1. SA 프로그램 설명. 이 절은 SA 프로그램이 해당 프로그램 문서에 포함된 체계 및 군수 요구사항을 충족하기 위해 어떻게 수행되는지를 설명한다.
1.2. SA 프로그램/일정. 이 절은 각 SA 프로그램 활동의 예상 시작시점과 완료시점과 함께 일정을 포함한다. 다른 ILS 프로그램 소요 및 관련 엔지니어링 소요와 SA 일정과의 관계도 포함된다.
1.3. 관리체계 및 조직. 이 절은 SA 에 적용 가능한 관리 체계를 식별한다. 국방부 SA 조직과의 관계도 포함된다.
1.4. 적용성. 이 절은 SA가 계약자가 제안한 방안에 어떻게 테일러링되는지에 대한 설명을 포함한다.
1.5. SA 활동. 이 절은 계약된 SA 요구사항을 충족하기 위해 달성되어야 하는 각 SA 활동과 이들이 어느 정도까지 수행되어야 하는지를 정의한다.
1.6. 장비 분해구조 (EBS) / SA 대상 목록. 이 절은 SA가 수행되어 문서화된 품목의 EBS 표시를 포함한다. 또한 SA 대상 목록 및 적용 가능한 선정 기준도 포함된다. 이 목록은 분석 추천된 모든 품목, 추천되지 않은 품목 그리고 선택 또는 미 선택에 대한 적절한 타당성을 포함한다.
1.7. 하청 계약자의SA 프로그램 관리. 이 절은 내부 프로세스와 하청 계약자의 관리와 함께 이 프로세스가 어떻게 전체 SA 프로그램에 통합 및 관리되는지에 대한 설명을 포함한다.
1.8. 개요/식별. 이 절은 완성품, 구매 권한, 작성 권한, 계약번호 및 계획에 대한 전체적인 배경을 식별한다.
1.9. 계획의 목적. 이 절은 계획의 목적의 상세 설명을 포함한다.
1.10. 인터페이스 소요. 이 절은 SA 활동과 데이터가 다른 ILS, 시스템 지향 업무 및 데이터와 어떻게 인터페이스 되는지에 대한 설명을 포함한다. 이 설명에는 아래 프로그램과의 분석 및 데이터 인터페이스가 포함된다:
1.10.1. 체계/장비 설계 프로그램
1.10.2. 체계/장비 신뢰도 및 정비도 프로그램
1.10.3. 인간요소 통합 프로그램

1.10.5. 부품 통제 프로그램
1.10.6. 체계 안전 프로그램
1.10.7. 포장, 취급 및 저장 프로그램
1.10.8. 수송 및 수송성 프로그램
1.10.9. 초도 보급 프로그램
1.10.10. 체계 / 장비 시험성 프로그램
1.10.11. 생존성 프로그램
1.10.12. 기술 문서 프로그램
1.10.13. 교육 및 교육장비 프로그램
1.10.14. 시설 프로그램
1.10.15. 지원장비 프로그램
1.10.16. 시험 및 평가 프로그램
1.11 SA 프로세스 규격. 이 절은 특정 SA 업무 / ILS 요소에 대해 어떤 SA 프로세스 규격이 이용되는지에 대해 설명한다.
1.12. 지원성 분석 형상 체계. 이 절은 SA 대상품목을 위해 이용되는 형상 체계에 대한 설명을 포함한다.
1.13. 설계 요구사항 배포. 이 절에는 지원성 관련 설계 요구사항이 설계자와 관련 인원에게 배포되는 방법이 포함된다. 또한, 지원성 관련 설계 요구사항이 하청 계약자에게 전달되고 이런 상황에서 이루어지는 통제방법이 포함된다.
1.14. 관급자산 (GFA).
이 절은 계약자에게 불출되는 정부자산 및 요구된 인도 일정의 표시를 포함한다.
1.15. SA 데이터 최신화 및 검증. 이 절은 형상통제 절차를 포함하여 SA 데이터를 최신화 하고 검증하는 절차를 포함한다.
1.16. 상태 및 통제 절차. 이 절은 각 활동의 상태 및 통제를 평가하는데 이용되는 절차와 각 활동의 수행을 위한 책임과 승인된 유니트의 식별을 정의한다.
1.17. 결함 통제. 이 절은 지원성에 영향을 미치는 설계 문제나 결함의 식별 및 기록에 대한 절차, 방법 및 통제를 포함한다. 또한, 문제의 해결을 위해 요구된 수정작업과 조치가 취해진 경우는 그 상태의 식별을 포함한다.
1.18. 데이터 수집. 이 절은 SA 및 관련 설계 데이터를 문서화, 배포 및 통제하기 위한 활동의 수행에 의해 이용되는 데이터 수집 시스템의 설명을 포함한다.
1.19. 설계 검토 절차. 이 절은 SA 및 SA 프로그램 참여와 함께 관련 설계 정보의 공식적 검토 및 통제를 위해 제공하는 설계검토 절차의 설명을 포함한다.
1.20. 교육. SA 팀의 교육 및 경험이 서술되고, 향후의 인원에 대한 교육방법이 설명된다.
1.21. 소프트웨어에 대한 SA. 이 절은 소프트웨어에 대한 지원분석의 필요성을 설명한다.
1.22. 의견. 이 절은 공급되는 SA 전략에 대한 의견을 제공한다. 여기에는 공급될 추가자료의 필요성 및 SA 전략과 다른 문서간의 모든 모순점이 포함될 수 있다.
1.23. 품질 보증. 이 절은 SA에 대한 품질보증의 정확한 적용을 위해 취해지는 대책을 식별한다.

서식 및 표현
ADOBE PDF
마이크로소프트 오피스

할당된 책임
고객 담당자 - 국방부 ILS 관리자
공급자 담당자 - ILS 관리자
고객 보증 - SSIT 팀 대표
공급자 보증 - 품질 관리자

품질 보증
품질 방법 - 공식 검토
수행 식별자 - 규정 안됨
요구된 품질 점검 기술
국방부 ILS 레벨 1 라이센스
공급자 규정 안됨

ILS 제품 설명서	
산출물 명칭 ILS 관련 회의	**산출물 설명서 식별자** PD0003-01

설명 요약
이 산출물 설명서는 ILS/SA 회의와 관련된 의제, 회의록 및 조치사항을 정의한다. 회의록은 계약자에 의해 작성되어 국방부와 합의된다.

목적
회의 수행의 공식화.

전체 설명 / 산출물 구성
이 PD는 회의 의제, 회의록 및 요구된 결과 조치에 대해 요구된 서식과 내용을 설명한다.
1. 회의는 국방부와 계약자간에 합의된 일시에 계획된다. 회의는 국방부 ILS 관리자(MILSM) 또는 지정된 대표자 및 계약자 ILS 관리자(CILSM) 또는 지정된 대표자가 같이 주재한다.
2. 회의록의 서식/의제는 아래 항목을 포함할 수 있다; 이 목록은 포괄적이지 않으므로, 개별 사업이나 특정 요구사항에 맞게 개발되고 테일러링되어야 한다:
2.1. 명칭. 이 항목은 회의 번호, 명칭, 장소 및 날짜를 포함한다.
2.2. 참석자. 이 항목은 회의 참석인원의 목록을 포함한다.
2.3. 불참자. 이 항목은 회의에 참석하지 않은 초대자 명단을 포함한다.
2.4. 제기된 문제. 이 항목은 이전 회의의 회의록에서 발생된 문제를 포함하며, 이전 회의록에 대한 협의 및 합의 기회를 제공한다.
2.5. 협의 내용. 이 항목은 ILS 프로그램에 따른 마일스톤에 대해 측정된 진도 및 관련 문제를 포함하여 보고서 및 통신문의 발표와 전반적인 협의 내용을 포함한다.
2.6. 기타 안건. 이 항목은 사업의 목표와 관련이 있는 것으로 판단된 모든 문제를 협의할 기회를 준다.
2.7. 폐회. 이 항목은 차기 회의의 일시 및 장소를 포함한다.
2.8. 첨부. 이 항목은 조치의 책임자, 조치를 수행하는 개인, 조직 및 조치 완료/예정일자를 명확히 식별하고 해설을 부가하는 조치사항 목록을 포함한다. 조치사항은 사업의 계약 상황에 대한 변경 관련사항은 포함하지 않는다.
2.9. 배포. 참석자와 모든 기관, 참가하지 않았으나 회의록 사본을 요구하는 부서 및 인원.
3. 무엇이 협의되었고, 정해진 일정 내에 어떤 조치를 수행하기로 합의되었는지를 명확히 기록할 수 있도록 회의록은 회의의 내용을 정확히 서술해야 한다.
4. 회의록은 수락 여부를 나타내기 위해 공동 주재자 모두가 서명해야 한다.
5. 회의에서 협의는 '편견 없이' 수행되어야 하며, 계약 당사자의 권리나 책임에 영향을 주어서는 안 된다.

서식 및 표현
ADOBE PDF
마이크로소프트 오피스

할당된 책임
고객 담당자 - 국방부 ILS 관리자
공급자 담당자 - ILS 관리자
고객 보증 - SSIT 팀 대표
공급자 보증 - 품질 관리자

품질 보증
품질 방법 - 공식 검토
수행 식별자 - 규정 안됨
요구된 품질 점검 기술
고객 국방부 ILS 레벨 1 라이센스
공급자 규정 안됨

ILS 제품 설명서	
산출물 명칭 종합군수지원요소 계획	**산출물 설명서 식별자** PD0004-01
설명 요약 이 산출물 설명서는 계약자의 종합군수지원(ILS) 요소 계획을 식별하여 설명한다. 이 계획은 사용될 특별한 기법, 수행될 업무 그리고 전체적인 ILS/SA 프로그램 및 관련 프로그램에 대한 개발 및 통합을 설명한다. 개별 요소계획은 국방부 승인을 위해 하나로 통합되어 제출될 수 있다.	
목적 계획의 근본적 목적은 계약자가 제안한 ILS 요소와 전체 ILS 및 엔지니어링 프로그램과의 통합에 대한 검토 및 평가 기준을 국방부에게 제공하기 위함이다. 또한, 계약된 ILS 요소 적합성 요구사항의 확립을 식별하고 마일스톤을 제공한다. 이 계획은 ILS 요소 프로그램의 수립 및 실행을 위해 사용되는 기본 도구이다. 입찰요청서, 제안요청서 또는 작업기술서에 대한 답변으로 제출되는 경우, 이것은 소스 선택 프로세스에 이용된다.	
전체 설명 / 산출물 구성 세부 요구사항 1. 개요 1.1. 완성품의 식별 및 설명 1.2. 계약자, 계약번호 및 계약 조직의 식별 1.3. 모든 요소 프로그램 마일스톤의 식별 2. 신뢰도 계획은 Def Stan 00-40 에 제시된 조언 및 지침에 따라야 하며, 아래 사항을 포함해야 한다: 2.1. 신뢰도에 책임이 있는 계약자의 프로그램 조직 구조의 식별 2.2. 데이터 선정, 데이터 흐름, 데이터 저장 및 데이터 통제가 어떻게 조정되는지에 대한 설명. 2.3. 고장 유형, 영향 및 치명도 분석(FMECA)의 요구사항 수행을 위한 계약자의 절차 설명. 상세한 요구사항은 PD1003-XX FMECA 프로그램 계획 및 PD1004-XX FMECA 보고서에 포함되어 있다. 3. 정비도 계획은 JSP 886 제7권 08-03부에 제시된 조언 및 지침에 따라야 하며, 다음 사항을 포함해야 한다: 3.1. 정비도에 책임이 있는 계약자의 프로그램 조직 구조의 식별. 3.2. 데이터 선정, 데이터 흐름, 데이터 저장 및 데이터 통제가 어떻게 조정되는지에 대한 설명. 3.3. 신뢰도중심정비(RCM)의 요구사항 수행을 위한 계약자의 절차 설명. 상세한 요구사항은 PD1005-XX RCM 프로그램 계획 및 PD1006-XX RCM 보고서에 포함되어 있다. 3.4. 수리수준분석 (LORA)의 요구사항 수행을 위한 계약자의 절차 설명. 상세한 요구사항은 PD1007-XX LORA 프로그램 계획 및 PD1008-XX LORA 보고서에 포함되어 있다. 4. 군수 시험과 평가 계획은 시험평가가 엔지니어링 설계 및 개발 프로세스에 어떻게 수행되는지를 설명한다. 5. 인간요소 통합(HFI) 계획은 JSP 886 제7권 08-09부에 제시된 조언 및 지침에 따라야 하며, 다음 사항을 포함해야 한다: 5.1. 완성품 설계가 안전하고 효율적이며 신뢰성 있는 운용을 촉진하기 위해 모든 분야에서 어떻게 인간 요소 위험을 최소화 하는지에 대한 설명. 5.2. HFI 프로세스와 이것이 인간요소 엔지니어링, 인력, 인원, 교육, 안전 및 보건유해성 평가에 미치는 영향의 설명. 5.3. 기존 지식, 기술 및 경험 능력의 식별 5.4. 교육 필요성 분석의 식별 및 적절한 과정이 어떻게 수행되는지에 대한 설명. 5.5. 교육의 효과가 어떻게 측정되는지에 대한 설명. 5.6. 교육 과정이 최신화되고 완성품의 진보와 관련하여 기술 규격으로서 향후 개발되게 하는 절차의 식별 6. 시설 계획은 아래 사항을 포함한다: 6.1. 신규 시설의 식별, 타당한 사유, 비용 및 개발에 대한 절차 6.2. 시설 제안 소요가 어떻게 방지되고 최소화되었는지에 대한 설명 6.3. 특수 시설의 식별에 대한 필요성의 설명 6.4. 기존 시설의 개조에 대한 설명 7. 보급지원 계획은 SME에 의해 합의된 서식이어야 한다. 8. 지원장비 계획은 아래 사항을 포함해야 한다: 8.1. 가능한 경우 공통 공구 또는 일반 시험장비의 사용을 포함하여 기존의 운용단계 지원 장비의 최적 활용 및 신규 시험장비 및 특수시험장비 (STTE)의 방지에 대한 설명. 8.2. 제안된 모든 지원장비의 소요 및 정당성에 대한 설명. 8.3. 수공구, 기계적 시험장비 및 전기/전자 시험장비의 설명 9. 문서관리 계획은 PD2001-XX에 따라 별도로 설명되어야 한다. 10. 포장, 취급, 저장 및 수송 계획 (PHS&T Plan) 은 JSP 886 제7권 08-02부에 제시된 조언과 지침의 조건에 따라야 하며, 아래 사항을 포함해야 한다: 10.1. 정책, 절차, 특수 요구사항 및 안전 주의사항에 관한 사항과 함께 포장, 취급, 저장 및 육상, 해상 및 공중 수송	

10.2. 모든 관련 위험을 포함시키기 위한 장비 폐처리에 관련된 고려사항 10.3. 특수 포장 및 특수취급 소요의 설명 10.4. 바 코드 사용의 설명
서식 및 표현 ADOBE PDF 마이크로소프트 오피스
할당된 책임 고객 담당자 – 국방부 ILS 관리자 공급자 담당자 – ILS 관리자 고객 보증 – SSIT 팀 대표 공급자 보증 – 품질 관리자
품질 보증 품질 방법 – 공식 검토 수행 식별자 – 규정 안됨 요구된 품질 점검 기술 고객 국방부 ILS 레벨 1 라이센스 공급자 규정 안됨

ILS 제품 설명서	
산출물 명칭 소프트웨어 지원 계획	**산출물 설명서 식별자** PD0005-01
설명 요약	
목적	
전체 설명 / 산출물 구성	
서식 및 표현 ADOBE PDF 마이크로소프트 오피스	
할당된 책임 고객 담당자 – 공급자 담당자 고객 보증 공급자 보증	
품질 보증 품질 방법 수행 식별자 요구된 품질 점검 기술 국방부 ILS 레벨 2 라이센스 공급자 규정 안됨	

ILS 제품 설명서	
산출물 명칭 지원성 분석 (SA) 업무 계획	**산출물 설명서 식별자** PD1001-01
설명 요약 이 PD 는 수행해야 할 SA 활동과 하위 활동에 대한 계획을 정의한다	
목적 본 PD의 목적은 계약적 요구사항의 충족을 보장하기 위한 활동을 검토하고 평가하기 위한 기준을 국방부에게 제공하기 위함이다.	

전체 설명 / 산출물 구성 이 산출물은 Def Stan 00-600의 계약적 요구사항을 충족하기 위한 SA 활동과 하위활동의 수행에 대한 계획을 포함한다: 아래의 업무는 보통 고객에 의해 수행되며, 예외적인 상황에서만 계획에 포함된다: SA 전략 지원성 분석 계획 프로그램 및 설계 검토 운용 연구 아래 업무는 보통 계약자에 의해 수행되며 테일러링 되지 않는 한 계획에 포함된다: 임무 하드웨어, 소프트웨어, 펌웨어 및 지원체계 표준화; 비교 체계; 기술적 기회; 지원성 및 지원성 관련 설계 요소; 기능 소요 식별; 지원체계 대안; 대안 및 절충분석 평가; 정비업무 분석; 조기 야전배치 분석; 생산 후 지원 분석; 지원성 시험, 평가 및 검증
서식 및 표현 ADOBE PDF 마이크로소프트 오피스
할당된 책임 고객 담당자 - ILS 관리자 공급자 담당자 - ILS 관리자 고객 보증 - SSIT 팀 대표자 공급자 보증 - 품질 관리자
품질 보증 품질 방법 - 공식 검토 수행 관리자 규정 안됨 요구된 품질점검 숙련도 ILS 레벨 II 라이센스

ILS 제품 설명서	
산출물 명칭 절충분석 보고서	**산출물 설명서 식별자** PD1002-01
설명 요약 이 산출물 설명서는 절충분석 결과의 제시를 위한 서식을 정의한다.	
목적 절충 보고서의 주요 목적은 계약적 요구사항의 충족을 판단하기 위한 절충분석 결과를 국방부에게 제공하기 위함이다.	
전체 설명 / 산출물 구성 전체 설명 ₩ 산출물 구성 1. 보고서의 서식은 아래에 나열한 각 절을 포함한다. 데이터나 문장이 없는 경우 계약자는 사유를 기재한다. 서식은 다음과 같다: 1.1. 서론. 1.2. 목적. 1.3. 가정 및 제한사항 1.4. 개요. 1.5. 결과. 1.6. 추천사항. 1.7. 첨부.	

세부 요구사항 내용. 절충분석은 계약자에 의해 수행되며 아래 사항을 포함한다: 1.1. 서론. 서론의 내용은 관련 서류를 참조하고, 이전에 결정에 도달한 내용을 제시하며, 수행된 절충의 범위와 목적을 기재한다. 보고서를 작성하게 된 경위를 간략하게 설명한다. 아울러, 검토 대상 체계와 장비를 간략히 설명한다. 1.2. 목적. 보고서의 목적은 제안 지원체계를 국방부에 추천하고, 지원을 위한 최적의 방법으로 결정한 위험, 비용, 가용도, 지원 및 기타 요소의 분석 결과를 문서화 하기 위함이다. 1.3. 가정 및 제한사항. 사용된 절충기법의 특성과 분석의 범위는 사업의 단계 및 체계의 복잡성에 따라 좌우된다. 프로그램 초기의 절충은 일반적으로 범위가 넓다. 개발이 진행됨에 따라, 절충도 점점 세밀해 지고 입력정보도 더 명백해 진다. 각각의 평가나 절충의 기준은 문서화 된다. 기준선 정보는 프로세스에 걸쳐 기준이 되어야 한다. 최적의 대안을 선정하기 위해 사용되는 정량적 정성적 기준은 문서화 된다. 상기 요소에 관련된 모든 가정이나 제안사항이 설명된다. 1.4. 개요. 아래의 내용이 다루어진다: 1.4.1. 평가나 절충분석을 위해 선택 또는 구성된 적절한 모델이나 관계가 식별되어야 한다. 1.4.2. 분석을 위해 사용된 지원체계나 체계가 식별되고, 사용하게 된 간단한 논리적 근거를 부가한다. 1.5 결과. 결과는 아래에 나열한 카테고리에 상세히 설명한다. 각 카테고리에 대해, 대안의 추천이나 거절에 대한 논리적 근거를 수록한다. 1.5.1. 정비 정책. 수리수준분석 (LORA)를 기반으로 채용할 정비정책의 분석은 각 대안에 대해 설명되어야 한다. 이 분석은 보급지원 소요를 고려해야 한다. 추천사항은 체계에 대해 가장 수용 가능한 전체적인 정비 및 지원개념으로 만들어져야 한다. 1.5.2. 인력 및 인원. 각 대안에 대한 인력 및 인원 소요 분석이 기록된다. 각 평가는 체계의 운용 및 정비를 지원하는데 필요할 수 있는 기술 전문분야, 숙련도 및 경험을 포함한다. 1.5.3. 교육. 각 대안을 수행하기 위해 필요한 최적의 교육이 다루어지고 선호된 옵션이 식별된다. 교육방법은 공식, 비공식 및 현장직무교육으로 혼합하여 구성된다. 1.5.4. 시험 개념. 가용한 대안의 설명에 뒤이어, 어떤 방법의 시험이 정비활동 지원에 가장 적합한지에 관한 추천사항이 설명되어야 한다. 1.5.5. 비교 분석. 이 절은 기존 또는 기준 시스템에서 발생하는 지원문제를 식별하고, 이들 문제가 극복가능 한지를 판단하기 위해 제안한 지원대안을 분석한다. 신규 시스템이 전력화 되기 전 반드시 수정되어야 할 부족한 사항이나 치명적 문제가 부각되어야 한다. 가장 적절한 대안이 식별된다. 1.5.6. 에너지 소요. 에너지 소스의 비용이나 가용도 변경으로 인해 발생할 수 있는 문제 영역이 각 대안과 함께 식별되어야 한다. 선호되는 옵션이 식별된다. 1.5.7. 수송성. 수송 자원 사용을 최적화 하는 지원 옵션이 식별된다. 1.5.8. 시설. 시설 측면에서 최적의 지원 체계를 판단하기 위한 분석이 설명되고 선호된 방안이 식별된다. 1.6. 추천사항. 상기 카테고리에 대한 선호 대안을 식별하고 나면, 대상 체계/장비에 대한 선호된 전체 지원체계가 식별되고 정당화 된다. 이 추천사항은 군수정보 저장소에 기록된다. 이 보고서의 결과를 감안한 후속 조치가 추천된다. 본문에 언급되지 않은 자료는 이 추천사항에 포함되지 않아야 한다. 1.7. 첨부. 필요 시, 보고서의 내용이나 추천사항을 보완하기 위한 세부내용이 첨부된다. 본문의 설명을 보완하기 위해 표나 그림이 포함될 수 있다.
서식 및 표현 ADOBE PDF 마이크로소프트 오피스
할당된 책임 할당된 책임 고객 담당자 - 국방부 ILS 관리자 공급자 담당자 - ILS 관리자 고객 보증 - SSIT 팀 대표자 공급자 보증 - 품질 관리자
품질 보증 품질 방법 - 공식 검토 수행 식별자 - 규정 안됨 요구된 품질 점검 숙련도 고객 국방부 ILS 레벨 2 라이센스 공급자 규정 안됨

ILS 제품 설명서

산출물 명칭	산출물 설명서 식별자
고장 유형 영향 및 치명도 분석 (FMECA) 프로그램 계획	PD1003-01

설명 요약

이 산출물 설명서는 계약자의 FMECA 프로그램 계획을 설명한다. 이 계획은 사용될 특수한 기법과 수행될 업무를 설명하고 전체적인 SA 프로그램 및 기타 관련 프로그램에 이를 개발 통합시키는 것을 정의한다.

목적

이 계획은 계약적 적합성을 확보하고 FMECA가 시작되고 완료되는 마일스톤을 제공하기 위해, 계약자가 제안한 FMECA 프로그램과 그 내용의 검토 및 평가 기준을 국방부에 제공한다. 이 계획은 효과적인 FMECA 프로그램을 수립하고 실행하는데 사용되는 기본 도구이다. 입찰요청서, 제안요청서 또는 작업기술서에 대한 답변으로 제출되는 경우, 이것은 소스 선택 프로세스에 이용된다.

전체 설명 / 산출물 구성

이 산출물 설명서는 FMECA 프로그램의 작성을 위한 서식, 내용 및 작성지침을 포함한다. 데이터나 문장의 요구가 없는 경우, 계약자는 '해당 없음'이라고 기입하고 사유를 기재한다. FMECA 프로그램 계획은 계약 기간 중 국방부의 수락에 따라 분석 결과, 프로그램 일정 수정 또는 프로그램 결정을 기준으로 필요 시 최신화 된다.

이 산출물은 PD1004-01 FMECA 보고서에 설명된 산출물과 같이 사용된다.

세부 요구사항

1. FMECA 프로그램 계획은 아래 항목을 포함해야 한다:

1.1. 계약자 식별정보, 계약번호 및 국방부 계약부서

1.2. 완성품의 식별정보 및 설명

1.3. FMECA의 수행 책임을 지는 계약자 조직의 식별

1.4. IEC 60812에 명시된 요구사항의 수행을 위한 계약자의 절차의 설명. 이 설명에는 아래 내용이 포함된다:

1.4.1. FMECA 작성 절차

1.4.2. 설계변경 내용 반영을 위한 FMECA 최신화 절차

1.4.3. 설계 지침 제공을 위한 분석결과 사용 절차

1.5. FMECA 구성 및 문서화에 사용되는 계약자 워크시트 서식의 설명

1.6. 아래 항목을 식별하는 프로세스 및 가정의 설명:

1.6.1. FMECA 접근방법, 즉 하드웨어, 기능별 또는 조합

1.6.2. 최하위 분석 대상의 조립수준

1.6.3. 성능 기준 및 허용 한도 측면에서 품목의 고장을 구성하는 일반적인 설명 또는 고장의 정의

1.7. 분석 소요가 어떤 프로세스나 분석 가정을 변경하는 경우, FMECA 보고서에 이를 식별하고 기록해야 한다.

1.8. 고장이 가정되는 체계 하드웨어 또는 기능 수준에 적용되는 조립수준의 식별. 별도 정의가 없는 한, 계약자는 아래 항목에 대한 분석 수행 시 최하위 조립 수준을 기준으로 해야 한다:

1.8.1. 각 SA 대상품목에 대한 완전한 입력정보를 확보하기 위해 SA 대상 목록 내에 규정된 최하위 조립수준

1.8.2. 품목이 위험도 분류의 치명(카테고리 I) 또는 심각(카테고리 II)으로 할당되는 최하위 조립수준.

1.8.3. 위험도 분류의 보통(카테고리 III) 또는 경미(카테고리 IV)로 할당되는 품목에 대한 규정 또는 계획된 정비 및 수리수준

1.9. 체계 기능 및 고장 유형 추적의 일관된 식별에 사용되는 계약자의 목록화 체계 설명. 목록화 체계는 장비 분해구조를 기반으로 하거나 다른 통일된 번호부여 체계를 바탕으로 해야 하며, 각 고장 유형 및 체계에 대한 관련성의 완전한 가시성을 제공해야 한다.

1.10. FMECA에 대한 고장율을 확인하는데 사용되는 데이터 소스의 식별.

1.11 군수정보 저장소에 FMECA의 결과가 어떻게 기록되는지 설명.

서식 및 표현

ADOBE PDF

마이크로소프트 오피스

체계화된 데이터베이스

할당된 책임

고객 담당자 - 국방부 ILS 관리자

공급자 담당자 - ILS 관리자

고객 보증 - SSIT 팀 대표자

공급자 보증 - 품질 관리자

품질 보증
품질 방법 - 공식 검토
수행 식별자 - 규정 안됨
요구된 품질 점검 숙련도
고객 국방부 ILS 레벨 2 라이센스
공급자 규정 안됨

ILS 제품 설명서

산출물 명칭	**산출물 설명서 식별자**
고장 유형 영향 및 치명도 분석 (FMECA) 보고서	PD1004-01

설명 요약
이 산출물 설명서 및 내용은 계약에 명시된 업무 요구사항에 의해 작성된다. 국방부가 수락한 FMECA 프로그램 계획은 계약을 일부를 구성하며 규정된 FMECA 업무 요구사항을 정의한다.

목적
FMECA 보고서의 기본 용도는 FMECA 프로그램의 결과를 국방부에 통지하고 계약의 적합성을 판단하기 위함이다.

전체 설명 / 산출물 구성
세부 요구사항
1. FMECA 프로그램 계획의 일부로 선정된 계약의 작업 시트는 FMECA 보고서의 바탕을 구성한다. 추가로 요구되는 정보는 아래와 같다:
1.1. 수행되는 분석 수준의 식별
1.2. 적용 가능한 설계 규격의 설명
1.3. 체계 정의 설명 및 결과 분석 데이터
1.4. 결과의 세부 요약
1.5. 고장 유형의 선정 식별
1.6. 고장 유형의 분류 목록 설명
1.7. 분석에 사용된 데이터 소스 및 기법의 식별
1.8. 설계변경을 반영하기 위한 FMECA 최신화에 대한 추천사항
FMECA 보고서는 JSP 886 제7권 08-04부 또는 계약에 별도로 명시된 조언 및 지침에 따라 계약자에 의해 수행된 FMECA 계획의 결과를 상세히 기록한다. FMECA 보고서는 최소한 아래에 설명된 정보를 포함해야 한다.
이 산출물은 PD1003-XX FMECA 프로그램 계획에 설명된 산출물과 같이 사용되어야 한다.

서식 및 표현
ADOBE PDF
마이크로소프트 오피스

할당된 책임
고객 담당자 - 국방부 ILS 관리자
공급자 담당자 - ILS 관리자
고객 보증 - SSIT 팀 대표자
공급자 보증 - 품질 관리자

품질 보증
품질 방법 - 공식 검토
수행 식별자 - 규정 안됨
요구된 품질 점검 숙련도
고객 국방부 ILS 레벨 1 라이센스
공급자 규정 안됨

ILS 제품 설명서	
산출물 명칭 신뢰도중심정비 프로그램 계획	**산출물 설명서 식별자** PD1005-01

(RCM)

설명 요약

이 산출물 설명서는 계약자의 RCM 계획을 식별하고 설명한다. 이 계획은 사용된 특정한 기법과 수행된 업무를 설명하며, 전체 SA 프로그램 및 기타 관련 프로그램에 이를 개발하고 통합하는 것을 설명한다.

목적

이 계획의 사용 목적은 계약적 RCM 적합성 소요를 확립하고 RCM의 개시 및 완료 시점을 나타내는 마일스톤을 제공하기 위하여, 계약자가 제안한 RCM 프로그램의 검토 및 평가에 대한 기준을 국방부에게 제공하기 위함이다. 이 계획은 효과적인 RCM 프로그램을 확립하고 추진하는데 사용하는 기본 도구이다. 입찰요청서, 제안요청서 또는 작업기술서에 대한 답변으로 제출되는 경우, 이것은 소스 선택 프로세스에 이용된다.

전체 설명 / 산출물 구성

이 산출물 설명서는 RCM 계획의 제공에 의해 작성된 데이터에 대한 내용과 작성 지침을 포함하며, 아래의 절을 반드시 포함해야 한다. 데이터나 문장의 요구가 없는 경우, 계약자는 '해당 없음'이라고 기입하고 사유를 기재한다. RCM 프로그램 계획은 분석 결과, 프로그램 일정 변경 또는 프로그램 결정에 따른 국방부의 수락결정에 따라 계약 기간 중 필요 시 최신화된다.

이 산출물은 PD1006_XX RCM 보고서에 설명된 산출물과 같이 사용되어야 한다.

세부 요구사항

1. RCM 프로그램 계획은 아래 항목을 포함해야 한다:
1.1. 계약자 식별정보, 계약번호 및 국방부 계약부서
1.1.1 연구 및 기술에 참여할 인원의 식별
1.2. 완성품의 식별정보 및 설명
1.3. 분석의 배경 및 범위의 식별
1.4. 아래 항목을 포함하여 요구된 정보가 어떻게 제시되는지의 사례:
1.4.1. 워크시트 레이아웃
1.4.2. 사용된 소프트웨어 패키지
1.5. 사용된 RCM 방법
1.6. FMECA를 RCM 업무 분석에 연결하는데 사용된 목록화 체계의 설명
1.7. 구조적 중요 품목 및 기능적 중요 품목 선정 기준 및 목록
1.8. Zonal Plan 작성 사례
1.9. 설계변경을 반영하기 위한 RCM 최신화 절차
1.10. 설계 지침을 제공하기 위한 설계 추천정보의 이용 절차
1.11. 고장율 및/또는 고장 패턴의 확인에 사용되는 데이터 소스.

서식 및 표현

ADOBE PDF
마이크로소프트 오피스

할당된 책임

고객 담당자 - 국방부 ILS 관리자
공급자 담당자 - ILS 관리자
고객 보증 - SSIT 팀 대표자
공급자 보증 - 품질 관리자

품질 보증

품질 방법 - 공식 검토
수행 식별자 - 규정 안됨
요구된 품질 점검 숙련도
고객 국방부 ILS 레벨 2 라이센스
공급자 규정 안됨

ILS 제품 설명서	
산출물 명칭 신뢰도중심정비 (RCM) 보고서	**산출물 설명서 식별자** PD1006-01
설명 요약 산출물 설명서는 계약에 명시된 업무 요구에 의해 작성된 서식과 내용 지침을 포함한다. 국방부가 수락한 RCM 프로그램 계획은 계약을 일부를 구성하고 특정한 RCM 업무 요구사항을 정의한다.	
목적 RCM 보고의 사용 목적은 RCM 프로그램의 결과와 계약적 충족성 여부를 국방부에게 제공하기 위함이다.	
전체 설명 / 산출물 구성 RCM 보고서는 계약서 및 국방부가 수락한 정비계획에 따라 수행된 RCM 분석의 결과를 상세하게 수록한다. 이 산출물은 PD1005-XX RCM 프로그램 계획에 설명된 산출물과 같이 사용되어야 한다. 세부 요구사항 1. RCM 프로그램 계획의 일부로 선정된 워크시트는 RCM 보고서의 바탕이 된다. 추가로 요구된 정보는 사용된 작업 시트나 소프트웨어 패키지 그리고 국방부의 수락에 따라 달라진다. 2. RCM 보고서는 아래 항목을 포함한다: 2.1. 사용된 RCM 방법, 완성품의 설명, 배경 및 체계 범위를 포함하여 수행된 RCM 분석의 사양. 2.2. RCM 분석이 방침을 수용하지 못 할 수 있는 모든 사례와 함께 방침과 하자보증에 관련된 모든 참조 정보 목록. 2.3. 모든 업무 및 업무빈도 추천사항에 대한 충분한 정당성. 2.4 각 분석 대상품목 별로 RCM 분석에 의해 생성된 모든 출력정보 목록 2.5. 설계변경을 반영하기 위한 예방정비 계획의 작성 및 최신화에 대한 추천사항	
서식 및 표현 ADOBE PDF 마이크로소프트 오피스	
할당된 책임 고객 담당자 - 국방부 ILS 관리자 공급자 담당자 - ILS 관리자 고객 보증 - SSIT 팀 대표자 공급자 보증 - 품질 관리자	
품질 보증 품질 방법 - 공식 검토 수행 식별자 - 규정 안됨 요구된 품질 점검 숙련도 고객 국방부 ILS 레벨 2 라이센스 공급자 규정 안됨	

ILS 제품 설명서	
산출물 명칭 수리수준분석 (LORA) 프로그램 계획	**산출물 설명서 식별자** PD1007-01
설명 요약 이 산출물 설명서는 계약자의 LORA 프로그램 계획 및 LORA 대상 선정기준을 식별하고 설명한다. LORA 계획은 사용되는 특정한 기법 및 수행될 업무를 설명한다. 이것은 전체 SA 프로그램 및 기타 관련 프로그램에 이를 개발 및 통합하는 것을 정의한다.	
목적 LORA 프로그램 계획의 사용 목적은 계약적 LORA 적합성 소요를 확립하고 RCM의 개시 및 완료 시점을 나타내는 마일스톤과 연구 계획 일정을 제공하기 위하여, 계약자가 제안한 LORA 프로그램의 검토 및 평가에 대한 기준을 국방부에게 제공하기 위함이다. 이 계획은 효과적인 LORA 프로그램을 확립하고 추진하는데 사용된다. 입찰요청서, 제안요청서 또는 작업기술서에 대한 답변으로 제출되는 경우, 이것은 소스 선택 프로세스에 이용된다.	

전체 설명 / 산출물 구성

이 산출물 설명서는 LORA 프로그램 계획에 대한 서식, 내용 및 작성지침을 포함하며, 아래의 절을 반드시 포함해야 한다. 데이터나 문장의 요구가 없는 경우, 계약자는 '해당 없음'이라고 기입하고 사유를 기재한다. 이 계획은 분석 결과, 프로그램 일정 변경 또는 프로그램 결정에 따른 국방부의 수락결정에 따라 계약 기간 중 필요 시 최신화된다.

세부 요구사항

1. LORA 프로그램 계획은 아래 항목을 포함해야 한다:

1.1. 완성품의 식별 및 설명

1.2. LORA 프로그램 계획을 작성하는 계약자, 국방부의 LORA 프로그램 계약부서 및 계약 번호의 식별.

1.3. LORA를 수행하는 계약자의 내부 조직 구성 식별

1.4. 다른 ILS 요소 및 체계 엔지니어링 분야와 LORA의 관련성

1.5. 설계에 영향을 주는 LORA 정보가 장비 설계에 전달되는 방법

1.6. '고장 시 폐처리' 추천성 또는 수리성 추천에 대한 설계자 지침에 사용되는 기준.

1.7. 아래 정보를 포함하여 LORA 입력 정보 및 최종 LORA 결정사항의 수집, 최신화 및 검증 절차:

1.7.1. 체계 지원 요구사항 및 군수계획에 LORA 결정사항을 통합하고 모니터링 하는 절차.

1.7.2. 계약자의 시험, 시연, 개발시험 및 운용시험의 데이터 및 결과와 함께 LORA에 입력하는 데이터의 최신화 절차.

참고: 이 산출물 설명서는 PD1008-XX LORA 보고서에 설명된 산출물과 같이 사용되어야 한다.

1.8. 다른 SA 프로그램과 관련 체계 엔지니어링 활동의 일정에 대한 일정 관련성을 포함하여 LORA 프로그램을 수행하는데 필요한 업무 및 마일스톤의 개요.

1.9. LORA 업무가 LORA 결과를 필요로 하는 다른 SA 활동보다 먼저 끝나도록 하기 위해, 다른 SA 프로그램 이벤트와 각 LORA 프로그램 업무 관련성 및 이를 SA 프로그램 일정에 통합하는 것에 대한 설명.

1.10. LORA 프로그램의 수행에 사용될 LORA 모델 그리고 수행될 LORA 클래스의 식별 및 설명. LORA 모델은 상대적 경제성과 실행 가능한 수리나 폐처리 옵션의 이행 수준을 비교하는데 사용되는 컴퓨터화된, 수동, 수학적 모델 또는 기법으로 정의된다. 체계 또는 완성품 분석, 하부체계 또는 품목 분석 그리고 수리부속의 특정한 분야를 포함하는 3가지 LORA 클래스가 있다.

1.11. LORA를 위해 계약에 따른 완성품을 구성하는 특정한 품목을 식별하는 목록. 이 목록에는 분석이 추천된 품목, 분석이 추천되지 않은 품목 그리고 선정 또는 비 선정 논리가 포함된다. 이 목록은 군수정보 저장소에 사용된 SA 형상체계와 일치한다.

1.12. 지원 체계와 함께 분석 대상 체계와 유사한 이전 체계와 분석 대상체계에 대한 지원체계 제한사항의 기준선을 확립하는데 이용되는 이전 LORA의 식별.

1.13. 경제성 고려사항으로부터 도출된 대상의 결정 조정에 대해 영향을 주거나 이를 감안해야 하는 모든 경제적 고려사항에 대한 사유 및 정당성.

1.14. 아래 항목에서 체계 엔지니어링 및 군수 산출물 또는 데이터의 개발 또는 개정을 지원하는데 사용된 LORA 결과:

1.14.1. 정비계획.

1.14.2. 정비할당표 (MAC).

1.14.3. 근원, 정비 및 복구성 (SMR) 부호

1.14.4. 보급 부품 목록 (PPL).

1.14.5. 군수정보 저장소 (LIR).

1.14.6. 고장 유형 영향 및 치명도 분석 (FMECA).

1.14.7. 신뢰도

1.14.8. 정비도.

1.14.9. 신뢰도중심정비 (RCM).

1.15. 아래 측면에서 장비의 설계 반영을 위해 LORA 결과가 사용되는 방법:

1.15.1. 모듈성

1.15.2. 자체고장진단. (BIT).

1.15.3. 자체고장진단 장비 (BITE).

1.15.4. 시험도

1.15.5. 수리 또는 폐처리

1.16. LORA 모델을 수행하는데 요구되는 LORA 데이터 및 이 데이터를 제공하는 소스 (예, 국방부, 계약자, 하청 계약자, 판매자, 시험기관)

1.17. 설계 및 프로그램 특성의 불확실성을 정량화 하기 위한 민감도 분석 소요 및 제안 범위.

서식 및 표현
ADOBE PDF
마이크로소프트 오피스

할당된 책임
고객 담당자 – 국방부 ILS 관리자
공급자 담당자 – ILS 관리자
고객 보증 – SSIT 팀 대표자
공급자 보증 – 품질 관리자

품질 보증
품질 방법 – 공식 검토
수행 식별자 – 규정 안됨
요구된 품질 점검 숙련도
고객 국방부 ILS 레벨 2 라이센스
공급자 규정 안됨

ILS 제품 설명서	
산출물 명칭 수리수준분석 (LORA) 보고서	**산출물 설명서 식별자** PD1008-01

설명 요약
이 산출물 설명서는 계약에 명시된 업무 요구에 의해 작성된 서식 및 내용 지침을 포함한다. 국방부가 수락한 LORA 프로그램 계획은 계약의 일부를 구성하며, 특정한 LORA 업무 요구사항을 정의한다.

목적
LORA 보고서의 사용 목적은 계약자의 LORA 업무의 결과와 계약적 충족 여부를 국방부에게 제공하기 위함이다.
LORA 보고서는 SA 업무 및 계약에 정의된 바에 따라 계약자에 의해 수행된 LORA 프로그램 내에서 착수한 활동 결과를 상세히 수록한다. 이 보고서는 아래 항목의 참조와 함께 경제성 및 운용상 이점에 대한 분석 및 후속 추천사항을 수록하고 지원한다:
a. 고장 시 수리 대 폐처리
b. 최적 수리 수준
c. 지원 장비 (시험 프로그램 세트, 자체고장진단 장비 및 진단시험 장비)
d. 정비시설 소요
e. 정비 및 보급지원 수명주기비용
f. 수리부속 보급
g. 각 LORA 대상 품목에 대한 특정한 설계 대안
이 보고서는 LORA 모델의 데이터 입력 및 데이터의 소스도 수록한다. 아울러, LORA 모델의 수행으로부터 나오는 기준 출력 산출물도 포함된다.
이 산출물 설명서는 PD1007-XX LORA 프로그램 계획과 같이 사용되어야 한다.

전체 설명 / 산출물 구성
1. LORA 보고서는 아래 항목을 포함해야 한다:
1.1. 수행된 LORA의 명세 그리고 시험, 측정 및 진단장비, 정비인원, 자체고장진단 장비, 보급 및 정비시설에 대해 고려된 각 정비대안, 위치 및 운용 시나리오의 설명
1.2. 사용된 LORA 모델. LORA 모델은 상대적 경제성과 실행 가능한 수리나 폐처리 옵션의 이행 수준을 비교하는데 사용되는 컴퓨터화된, 수동, 수학적 모델 또는 기법으로 정의된다.
1.3. 각 LORA 대상품목에 대한 계약자의 수리수준 또는 폐처리 추천. LORA 대상 품목은 국방부가 승인한 LORA 프로그램 계획에 나열된 것이다. 체계의 운용상 (성능 및 지원) 및 기술적 (신뢰도 및 정비도 설계 요소) 요구사항과 함께 LORA 추천정보의 호환성에 대한 간단한 설명이 포함된다.
1.4. 운용상 또는 지원 소요상 비용이 문제가 되지 않는 경우, 모든 추천 수리 또는 폐처리 수준 설명. 아울러 경제성 요소에 의해 다른 결과가 나올 수 있는 비 경제성 고려사항도 설명된다.
1.5. 하자보증 또는 모든 형태의 계약자 지원에 의해 달성될 모든 경제적 이익의 식별.
1.6. 활용된 LORA 모델 데이터 요소의 목록과 수리수준 및 폐처리 대안 분석의 각 데이터 요소에 대해 사용된 수치값. 각 데이터 요소에 대한 수치 데이터의 출처의 근거도 포함된다. 모든 예측 데이터의 도출에 사용된 방법에 대한 설명이 포함된다. 이 설명은 특히, LORA에 사용된 신뢰도 및 정비도 값 (이들 값의 소스 포함) 그리고 요구된 값으로부터의 모든 유도나 할당에 대한 정당성을 지원하기 위한 논리를 다루어야 한다. 모든 예측 값은 민감도 분석 설명에도 포함되어야 한다.

전체 설명 ₩ 산출물 구성
1. LORA 보고서는 아래 항목을 포함해야 한다:
1.1. 수행된 LORA의 명세 그리고 시험, 측정 및 진단장비, 정비인원, 자체고장진단 장비, 보급 및 정비시설에 대해 고려된 각 정비대안, 위치 및 운용 시나리오의 설명
1.2. 사용된 LORA 모델. LORA 모델은 상대적 경제성과 실행 가능한 수리나 폐처리 옵션의 이행 수준을 비교하는데 사용되는 컴퓨터화된, 수동, 수학적 모델 또는 기법으로 정의된다.
1.3. 각 LORA 대상품목에 대한 계약자의 수리수준 또는 폐처리 추천. LORA 대상 품목은 국방부가 승인한 LORA 프로그램 계획에 나열된 것이다. 체계의 운용상 (성능 및 지원) 및 기술적 (신뢰도 및 정비도 설계 요소) 요구사항과 함께 LORA 추천정보의 호환성에 대한 간단한 설명이 포함된다.
1.4. 운용상 또는 지원 소요상 비용이 문제가 되지 않는 경우, 모든 추천 수리 또는 폐처리 수준 설명. 아울러 경제성 요소에 의해 다른 결과가 나올 수 있는 비 경제성 고려사항도 설명된다.
1.5. 하자보증 또는 모든 형태의 계약자 지원에 의해 달성될 모든 경제적 이익의 식별.
1.6. 활용된 LORA 모델 데이터 요소의 목록과 수리수준 및 폐처리 대안 분석의 각 데이터 요소에 대해 사용된 수치 값. 각 데이터 요소에 대한 수치 데이터의 출처의 근거도 포함된다. 모든 예측 데이터의 도출에 사용된 방법에 대한 설명이 포함된다. 이 설명은 특히, LORA에 사용된 신뢰도 및 정비도 값 (이들 값의 소스 포함) 그리고 요구된 값으로부터의 모든 유도나 할당에 대한 정당성을 지원하기 위한 논리를 다루어야 한다. 모든 예측 값은 민감도 분석 설명에도 포함되어야 한다.
1.7. 결과와 같이 수행된 민감도 분석의 정의. 이 설명에는 민감도 분석과 사용된 특정한 수치 범위의 일부로서 변화된 LORA 모델 데이터 요소 및 그 범위에 대한 논리적 근거의 식별, 그리고 계약자의 LORA 추천사항에 영향을 주는 각 변화된 수치 값의 식별이 포함된다. 민감도 및 분석의 설명은 LORA 추천사항의 타당성 기준을 제공하여 설계 및 특성의 불확실성을 정량화 하기 위함이다.
1.8. LORA 결정의 민감도에 대한 정의. 이 정의는 민감도 분석의 일부로서 포함되며, 경제성, 비 경제성 및 운용상 이점을 고려할 때 최적으로 선정된 것 외에 대안 선택의 불리한 측면의 식별을 포함한다.
1.9. 모든 정비 및 군수지원 계획 요소 최신화를 위한 추천정보.
1.10. LORA를 바탕으로 정비 및 군수지원에 관련된 계획 요소 최신화를 위해 만들어진 모든 추천정보의 식별. 또한, 수리수준 및 폐처리 추천정보를 만들 때 고려된 운용 및 준비성 요구사항의 한도 및 영향에 대한 설명도 포함된다.
1.11. 분석된 체계나 장비의 도표. SA를 하지 않을 경우 표에 대한 참조가 어떻게 포함되는지에 대한 설명. 또한 이전에 국방부가 수락한 모든 추천사항이나 이전 분석으로부터 이루어진 결정과 함께 현재 분석의 결과에서 나온 LORA 추천사항도 포함된다
1.12. 분석 대상 품목에 대한 LORA 모델의 수행에 의해 생성된 출력정보의 목록.
1.13. 계약자의 수리 및 폐처리 추천정보의 검토 후 국방부에 의해 내려진 수리 및 폐처리 수준의 문서화. 이 결정은 전체적인 수락에서 예산의 집행연기까지 다양할 수 있다. 이 문서화된 결정은 잠정적인 것으로 간주되며 프로그램의 조건이 변경될 경우 수정될 수 있다. 이 부분은 계획 도구의 하나로서 고려된다. 변경될 수 있는 특정한 정비 체계의 계획과 관련된 영향과 비용 때문에 잠정적인 수리수준 및 폐처리 결정의 문서화 결정은 신중을 기해야 한다. 민감도 분석 설명은 수리수준 및 폐처리 결정에 포함된 위험을 결정하는데 사용된다.
1.14. 식별된 모든 유사 체계/장비의 비교 및 분석 대상 체계/장비에 대한 정비 체계
1.15. 장비의 수리수준 및 폐처리 결정에 반영된 동 유사장비에 대해 부가된 모든 제한사항의 식별.
1.16. 분석 대상장비에 의해 사용되는 정비체계가 확립된 특정한 구성품 및 조립체의 식별
1.17. 검토 대상 유사장비에 대해 수행된 LORA를 바탕으로, 분석 대상장비에 대한 군수 계획 요소의 최신화를 위한 추천정보를 포함하기 위하여 유사장비에 대해 LORA 소스 데이터가 어떻게 사용되는지에 대한 표시 및 설명.
1.18. 개발 중인 체계의 설계 반영을 위한 장비 설계자에 대한 모든 추천사항의 타당성.
1.19. LORA 결정을 체계나 장비에 반영하기 위한 장비 설계자에 의해 추천된 활동의 식별.
1.20. 문제점, 결론, 가정, 예외 및 요구된 활동의 설명.

서식 및 표현
ADOBE PDF
마이크로소프트 오피스

할당된 책임
고객 담당자 - ILS 관리자
공급자 담당자 - ILS 관리자
고객 보증 - SSIT 팀 대표자
공급자 보증 - 품질 관리자

품질 보증
품질 방법 - 공식 검토
수행 식별자 규정 안됨
요구된 품질점검 숙련도 ILS 레벨 II 라이센스

ILS 제품 설명서	
산출물 명칭 기술문서 관리계획 (TDMP)	**산출물 설명서 식별자** PD2001-01

설명 요약

이 산출물 설명서는 기술문서 관리계획 (TDMP)을 식별하고 설명한다. TDMP는 장비의 정비, 운용 및 교육지원에 요구되는 일반 절차, 계획 관리 조건, 선택, 문서의 준비, 선택 및 인도에 대해 설명한다.

목적

TDMP는 계약자의 기술문서 생산의 평가, 모니터링 및 수락을 위해 국방부에 의해 이용된다.

전체 설명 / 산출물 구성

전체 설명 ₩ 산출물 구성

절이나 하위 절에 데이터나 문자 입력 요구가 없는 경우, 계약자는 "해당 없음'이라고 기재하고 사유를 기입한다.

TDMP는 아래에 나열된 형식과 내용을 따른다. 요구된 인도물품에 대한 일정을 설명한다.

세부 요구사항

1. TDMP는, 해당될 경우, 아래 항목을 포함해야 한다:

1.1. 문서 개발을 위한 방법의 설명

1.2. SA로부터 나오는 정보, 운용 요구 데이터, 엔지니어링 데이터, 운용자 데이터 및 시험 데이터의 활용을 위한 체계

1.3. 데이터의 일관되고 공통적인 사용을 달성하기 위한 방법

1.4. 규격서 및 사양서의 사용

1.5. 통합 및 관련 활동, 그리고 하청 계약자의 노력이 관련되고 통제되는 방법.

1.6. 문서 개발계획 및 승인 절차

1.7. 예비 문서개발 및 배포 방법

1.8. 최초 검증 절차

1.9. 두 번째 검증 절차

1.10. 공정 중 검토 절차, 통제 및 일정

1.11. 데이터의 절차 및 검색 시스템 그리고 이미 개발된 데이터의 중복을 방지하는 방법

1.12. DM 작성 및 관리

1.13. 취급 순서 및 우선순위 변경 및 보충 방법

1.14. 문서 현황 보고

1.15. 비밀 정보의 통제

1.16. 문서에 포함시키기 위한 국방부가 불출한 엔지니어링 변경 및 지침/정보의 통합 방법

1.17. 아래 영역에서 결정이 이루어지게 하는 방법의 설명:

1.17.1. 계약자에 의해 요구된 장비를 다루거나 보충, 변경 또는 개정을 통해 적합해 질 수 있는 기준 국방부 문서의 식별.

1.17.2. 참조 장비를 다루거나 보충분 작성을 통해 적합해 질 수 있는 기존 상용 문서의 식별

1.17.3. 수락 가능한 지원을 위해 신규 문서가 요구되는 장비의 식별.

1.18. 문서화 작업의 성공적인 완료에 대한 위험, 특히 기술문서 조직의 통제범위를 벗어난 요인의 식별 그리고 위험 억제에 대한 관련 제안.

1.19. 이 계획은 각 인도물품 또는 인도물품 그룹의 내용에 대한 개략적인 설명을 포함한다. 여기에는 아래 항목이 포함된다:

1.19.1. 요구사항에 대한 충족 및 미 충족 범위를 나타내기 위한 적용 사양서의 특정 부분에 대한 참조.

1.19.2. 문서 프로그램의 모든 특징이나 새로운 내용.

1.19.3. 장비형상 및 설계의 특수성을 바탕으로 하는 새로운 표현 기법에 대한 예상 소요.

1.20. 문서불출 일정이 서로 관련된 문서의 종속성을 알 수 있도록 하는데 이용되는 절차.

1.21 필수적인 것으로 처리되는 지침 부분의 표시는 TDMP의 부록으로 식별된다.

2. TDMP는 필요 시 아래 항목의 인도에 대한 일정을 설명한다:

2.1. 데이터 모듈 요구 목록 (DMRL) (PD 2002-XX).

2.2. 최종 인도물품 (IETP) (PD2003-XX).

2.3. 인도된 출판물 데이터베이스 (DPDB) (PD2004-XX).

2.4. 최종 출판물 데이터베이스 (FPDB) (PD2005-XX).

서식 및 표현

Adobe PDF

마이크로소프트 오피스

할당된 책임
고객 담당자 - 국방부 ILS 관리자
공급자 담당자 - ILS 관리자
고객 보증 - SSIT 팀 대표자
공급자 보증 - 품질 관리자
국방부 SME - DES JSC SCM-EngTLS-TD-AG

품질 보증
품질 방법 - 공식 검토
수행 식별자 - 규정 안됨
요구된 품질 점검 숙련도
고객 국방부 ILS 레벨 2 라이센스
공급자 규정 안됨

ILS 제품 설명서

산출물 명칭	**산출물 설명서 식별자**
데이터 모듈 요구 목록 (DMRL)	PD 2002-01

설명 요약
산출물 설명서는 데이터 모듈 요구 목록 (DMRL)을 식별하고 설명한다. DMRL은 기술문서 관리계획(TDMP)의 일부를 구성한다.
서식은 계약 시 정해진 바를 따른다. DRML의 내용은 장비의 지원에 소요되는 모든 데이터 모듈(DM)을 포함한다.

목적
ASD S1000D에 따라 제작된 전자식 기술문서의 세부 내용 요구를 식별하기 위함이다.

전체 설명 / 산출물 구성
1. 각 DM 에 대해 표시되는 정보는 최소한 아래 항목으로 구성된다:
1.1. DMC (데이터 모듈 코드).
1.2. DM 제목.
1.3. 발간 번호.
1.4. 발간 일자 (이것은 DM이 발간된 날짜이다)
1.5. DM의 품질보증 상태.
1.6. DM의 종류.
1.7. 소스 SA의 형상 식별자
2. DMRL은 저작 개시 전에 국방부 ILS 관리자에게 인도되어야 하며, ILS TD 실무그룹 회의 일정 전에 필요 시 재 불출된다.

서식 및 표현
Adobe PDF
마이크로소프트 오피스

할당된 책임
고객 담당자 - 국방부 ILS 관리자
공급자 담당자 - ILS 관리자
고객 보증 - SSIT 팀 대표자
공급자 보증 - 품질 관리자
국방부 SME - DES JSC SCM-EngTLS-TD-AG

품질 보증
품질 방법 - 공식 검토
수행 식별자 - 규정 안됨
요구된 품질 점검 숙련도
고객 국방부 ILS 레벨 1 라이센스
공급자 규정 안됨

<table>
<tr><th colspan="2">ILS 제품 설명서</th></tr>
<tr><td>산출물 명칭
최종 인도물품 상호작용식 전자식 기술 출판물 (IETP)</td><td>산출물 설명서 식별자
PD2003-01</td></tr>
<tr><td colspan="2">설명 요약
이 산출물 설명서는 선정된 뷰어/브라우저 상에서 운용되도록 구현된 필요한 모든 링크와 통합된 출력 형식 구성 지침과 함께 최종 출판물 데이터베이스 (FPDB)를 구성하는 최종 인도물품 상호작용식 전자식 기술 출판물 (IETP)을 식별하고 설명한다.</td></tr>
<tr><td colspan="2">목적
상호작용식 기술 출판물의 내용 및 형식을 식별하기 위함이다.</td></tr>
<tr><td colspan="2">전체 설명 / 산출물 구성
1. 개요. 최종 인도물품 IETP의 제작에 요구되는 형식 및 내용은 ASD S1000D에 제시된다.
2. IETP의 형태는 계약에 명시된 바를 따른다.</td></tr>
<tr><td colspan="2">서식 및 표현
국방부의 trilogiView와 호환되는 출판물.</td></tr>
<tr><td colspan="2">할당된 책임
고객 담당자 - ILS 관리자
공급자 담당자 - ILS 관리자
고객 보증 - SSIT 팀 대표자
공급자 보증 - 품질 관리자
DES JSC SCM-EngTLS-TD-AG</td></tr>
<tr><td colspan="2">품질 보증
품질 방법 - 공식 검토회의
수행 식별자 - 규정 안됨
요구된 품질 점검 숙련도- ILS 레벨 II 라이센스</td></tr>
</table>

<table>
<tr><th colspan="2">ILS 제품 설명서</th></tr>
<tr><td>산출물 명칭
인도된 출판물 데이터베이스 (DPDB)</td><td>산출물 설명서 식별자
PD2004-01</td></tr>
<tr><td colspan="2">설명 요약
이 산출물 설명서는 인도된 출판물 데이터베이스(DPDB)를 정의한다. DPDB는 특정한 장비나 사업의 지원에 사용하기 위하여 개발 및 선정된 모든 데이터 모듈의 마스터 데이터베이스 이다.</td></tr>
<tr><td colspan="2">목적
DPDB의 내용은 장비/사업에 대해 적용 가능한 모든 DM이며, 합의된 DMRL을 따른다.</td></tr>
<tr><td colspan="2">전체 설명 / 산출물 구성
DPDB는 계약된 장비의 정비, 지원 및 운용에 요구되는 모든 DM 및 관련 정보를 포함한다.
DPDB는 전자식 및 종이식 기술 출판물의 제작을 위하여 모든 데이터 모듈 및 관련 정보 대상을 포함한다.</td></tr>
<tr><td colspan="2">할당된 책임
고객 담당자 - ILS 관리자
공급자 담당자 - ILS 관리자
고객 보증 - SSIT 대표자
공급자 보증 - 품질 관리자
국방부 SME - DES JSC SCM-EngTLS-TD-AG</td></tr>
<tr><td colspan="2">품질 보증
품질 방법 - 공식 검토
성능 식별자
요구된 품질 점검 기술 - ASD S1000D 기술 지식</td></tr>
</table>

ILS 제품 설명서	
산출물 명칭 최종 출판물 데이터베이스 (FPDB)	**산출물 설명서 식별자** PD2005-01
설명 요약 이 산출물 설명서는 최종 출판물 데이터베이스 (FPDB)를 정의한다.	
목적 FPDB의 목적은 IETP 제공을 위해 제3자를 선정한 경우, 사업이 완전히 형식을 갖추고 축적된 데이터베이스를 인도받을 수 있도록 하기 위함이다.	
전체 설명 / 산출물 구성 FPDB의 형식은 DPDB를 기반으로 하며, 내용은 사업을 위해 활용되는 DPDB로부터 오는 선택된 모든 DM과 관련 정보 대상이다. 세부 요구사항 1. FPDB는 최종 인도물품 IETP의 제작이 가능하도록 정의된 필요한 모든 링크를 포함하여 계약된 장비의 정비, 지원 및 운용에 요구되는 모든 DM 및 관련 정보를 포함한다. 2. FPDB는 DPDB를 기반으로 한다. 여기에는 생성된 모든 링크 및 정의된 교차 참조용 하이퍼링크 (ASD S1000D에 설명된 바와 같이) 와 함께 특정한 장비/사업을 위해 이용하도록 선정된 모든 데이터 모듈 및 관련 정보 대상이 포함된다.	
할당된 책임 고객 담당자 - 국방부 ILS 관리자 공급자 담당자 - ILS 관리자 고객 보증 - SSIT 팀 대표자 공급자 보증 - 품질 관리자 국방부 SME - DES JSC SCM-EngTLS-TD-AG	
품질 보증 품질 방법 - 공식 검토 수행 식별자 - 규정 안됨 요구된 품질 점검 숙련도 고객 국방부 ILS 레벨 2 라이센스 / ASD S1000D 세부 기술 지식 공급자 규정 안됨	

ILS 제품 설명서	
산출물 명칭 보급지원 전략	**산출물 설명서 식별자** PD 3001-01
설명 요약 이 PD는 보급지원의 ILS 요소에 대한 전략을 설명한다. SS 전략.	
목적 공급자(계약자)에 대한 수명주기에 걸친 보급지원 인도의 SS 요구사항을 고객(국방부)이 정의할 수 있도록 하기 위함이다.	
전체 설명 / 산출물 구성 보급지원 전략은 최적화되고 통합된 상용 방안을 촉진하기 위하여 혁신과 산업적 역량을 이용하려고 노력한다. 그러나, 이것은 지원방안묶음 (SSE)의 핵심지원분야 (KSA) 내에서 개발되어야 한다: KSA 1 - 군수 보급 및 지원성; KSA 2 - 지원성 엔지니어링; KSA 3 - 보급계통 관리 KSA 4 - 군수 정보 전략의 초도 개발 책임은 프로그램 지원 사무국과 같이 사업팀에 있다. 이것은 사업 수명주기관리계획 (TLMP) 내에 포함되어야 한다. SS 인도물품 보급지원 전략은 사업 보급지원 절차 (SSP)를 설명하고 아래 SS 인도물품을 다룬다: 1. 보급지원 계획 2. 보급지원을 위한 설계 3. 보급지원의 인도 4. 보급지원 절차의 모니터링 및 검토	

전략에서 다루어질 분야는 아래와 같다:
a. 군수보급 및 지원성. 국방계획가정 (DPA)에 의해 정의된 바와 같이 운용(파견군의 구성, 배치, 운용 및 복귀)을 수행하기 위한 군수보급/지원성을 제공하는 능력.
b. 엔지니어링 및 자산 관리. 안전 및 엔지니어링 목적을 위해, 특정한 고가의 중요 자산은 특별한 정책에 의해 관리된다. 기술관리품목 (EMI)은 품목의 인수 시 국방부 Logs/E&AM IS에 기록되는 고유한 일련번호에 의해 수명기간 동안 추적된다. 특정한 절차가 자산 수령, 저장, 정비 및 불출 시에 EMI 정책에 의거 이행될 수 있도록 하기 위해 EMI는 인도 시점에 쉽게 식별 가능하도록 하는 것이 중요하다. 자세한 정보는 JSP 886 제7권 5부에 수록되어 있다.
c. 자재 흐름. 자재 흐름의 목표는 속도, 확실성 및 낮은 총 비용을 제공하는 경제적이고 민첩한 보급계통의 수립이다.
d. 산업계 및 혁신. 보급지원 전략은 최적화되고 통합된 상용 방안을 촉진하기 위하여 혁신과 산업적 역량을 이용하려고 노력한다.
e. 계약자의 운용 지원. 운용 지원을 위한 계약자의 이용.
f. IKM 및 군수 C4I. 군수정보의 가용도 극대화 및 자산의 가시성과 군수 의사결정 개선을 위하여 군수 지휘, 통제, 통신, 컴퓨터 및 정보 (C4I)에 대한 효과적인 정보 및 지식 그리고 신뢰성 있고 안전하며 일관된 접근방법에 대한 요구사항.
g. 인원 및 교육. 정확하게 교육을 받고 자원을 가진 지원 인원의 적기 제공, 보유 및 유지.
h. 총 수명 비용 (WLC) 및 소유 비용. 운용, 교육, 지원, 유지 및 폐처리 등 획득의 장기적 영향을 고려하여 방산장비의 소유비용에 대한 면밀한 조사.
i. 자원 관리. 적절성, 규칙성, 금액에 합당한 가치에 관한 자원의 최적 활용을 보장하기 위한 재무 프로세스의 관리.
j. 환경 및 안전. 적절한 E&S 법적, 규제 및 정책 요구사항의 준수.
k. 보급지원 예산. 보급지원 예산은 핵심 지원 분야에 대한 업무가 진행됨에 따라 증가되며, 최초승인 및 최종승인 제출을 위한 비즈니스 케이스의 핵심부분을 구성한다. 예산에 대한 책임은 프로그램 위원회 및 사업팀에게 있다.

서식 및 표현
ADOBE PDF
마이크로소프트 오피스

할당된 책임
고객 담당자 - 프로그램 위원회 장비 및 군수지원 DLOD 담당자
공급자 담당자 - 사업 ILSM
고객 보증 - CIWG/AWG
공급자 보증 - TLS SSIT SSO

품질 보증
품질 방법 - 공식 검토
수행 식별자 규정 안됨
요구된 품질 점검 숙련도

ILS 제품 설명서

산출물 명칭	산출물 설명서 식별자
보급지원 계획	PD 3002-01

설명 요약
보급지원 계획은 종합군수지원계획 (ILSP)의 보급지원 요소를 제공한다.

목적
보급지원 계획은 공급자(계약자)가 고객(PT ILSM)에 대한 보급지원을 어떻게 계획, 인도 및 모니터링 할 지를 효과적으로 입증하는 수단이다.

전체 설명 / 산출물 구성
보급지원(SS) 계획 - 예시
1. 개요
2. 원칙
3. 목표
4. 범위
5. 보급지원 조직
6. 부서별 책임
7. 대체적 전략, 즉 모든 예비품 패키지의 보급을 포함하여 고려될 제안정책이나 옵션
8. SS 마일스톤의 일정
9. 관계자 관리

10. 수명주기에 걸친 SS의 모니터링 및 평가 - SA 활동과 함께 모든 정비 계단에서 장비의 운용 및 정비 지원에 필요한 가장 경제적인 수리부품 및 예비품 패키지를 식별하기 위한 모델링 도구의 사용 참조.
11. 도해부품 카탈로그 및 도해예비부품목록 등 보급문서 계획. TD에 포함시키기 위해 수리부속을 식별하기 위한 정비 계획 데이터의 처리.
12. 초도 보급 (IP) (DEFCON 82) - 아래 항목에 대한 세부 요구사항:
a. IP 책임 - 전자 수리부속 구매에 대한 절차 정의
b. IP 지침 회의
c. 예비 평가회의 및 일정
d. 초도 보급 목록 (IPL) 편집 - 분해 수준; IPL의 표현, 크기 및 개수; 특정 데이터 요소의 관리 및 해석 및 부품 데이터의 공유성
e. IPL의 작성, 프로세스, 표현 및 레이아웃
f. 도해의 작성, 관리 및 배포
g. IP 제원의 최신화 - 최신화 및 수정 관리
h. 관측정보의 생성, 형식 및 관리
i. 전자식 데이터 교환(EDI)을 위한 구조 및 형식 (DEFFORM 30).
13. NATO 목록화 - 목록화에 대한 책임 및 목록화가 필요한 품목을 식별하는데 이용되는 절차 및 프로세스의 정의 (DEFCON 117)
14. 발주 - 전자구매 절차
15. 재보급 / 재고 관리 및 최적화
16. 청구 소요 일수 - 폭동/전시 기간의 보급지원을 간단히 설명한다.
17. 특수 컨테이너(STC)를 사용한 포장 (DEFCON 129).
18. 취급 - 기계적 취급장비 소요 및 수송성
19. 저장 / 저장 수명 요구사항
20. 수송성
21. 인도 계획
22. 라벨링 바코드 (DEFCON 129).
23. 소모품.
24. 보건 안전 (DEFCON 68 (위험물품, 자재 및 물질에 대한 보급 제원)에 따른 안전 제원). DEFCON 624 (무기, 탄약 또는 전쟁 물자에 석면 사용)는 입찰요청서에 반드시 포함되어야 한다.
25. 엔지니어링 도면 보급

서식 및 표현
ADOBE PDF
마이크로소프트 오피스

할당된 책임
고객 담당자 - PT ILSM
공급자 담당자 - 계약자 ILSM
고객 품질 보증 - TLS SSIT SSO
공급자 보증 -

품질 보증
품질 방법 - 공식 검토
수행 식별자 - 규정 안됨
요구된 품질 점검 숙련도

ILS 제품 설명서	
산출물 명칭 초도보급 지침회의 소요	**산출물 설명서 식별자** 보급 지원 - PD3003-01

설명 요약
이 산출물 설명서는 초도보급(IP) 지침회의에서 다루어질 사안을 식별하고 설명한다.

목적
모든 보급 활동 전 계약적 요구사항이 충족되도록 고객 및 공급자가 합의하도록 하기 위함이다.

전체 설명 / 산출물 구성
1. 데이터 요소의 필요성이 메시지의 요구사항 및 빈도와 함께 결정 및 합의되고, 교환 합의서의 모든 내용이 최종화 된다. 시험 소요는 반드시 합의되어야 한다. 예를 들면 아래 측면이 결정되어야 한다:

전체 설명 ₩ 산출물 구성
1. 데이터 요소의 필요성이 메시지의 요구사항 및 빈도와 함께 결정 및 합의되고, 교환 합의서의 모든 내용이 최종화 된다. 시험 소요는 반드시 합의되어야 한다. 예를 들면 아래 측면이 결정되어야 한다:
1.1. 시험 수준: 인터페이스 또는 데이터 베이스 수준에서.
1.2. 시험 데이터 산출 책임
1.3. 시험결과 평가를 위해 채택된 방법
2. 정비개념 및 방침 그리고 IP 프로그램 수행을 위한 일정에 대해 합의가 이루어져야 한다. 주요 출력정보는 합의된 IP 프로그램과 완료된 IP 지침 문서이다.
3. 결과 작성에 필요한 형식 및 내용은 IP 지침 문서 (PD 3003-02)의 공식화에 이용되는 회의록 형식이다.
세부 요구사항
1. IP 지침회의는 PT ILSM 또는 지정된 대리인 그리고 계약자의 ILS 관리자 또는 지정된 대리인에 의해 같이 주재된다.
2. 이 회의는 계약자와 합의된 일시에 국방부에 의해 개최된다.
3. 이 회의는 회의시설이 제공되는 경우 계약자 업체에서 실시된다. 회의록은 명시된 바와 같이 PD3003-02에 따라 작성된다.
4. 회의 형식 및 의제는 개별 사업 소요에 맞게 개발 및 조정된 주제를 포함한다. 아래의 내용이 보통 의제에 포함된다:
4.1. 개발되는 정비개념과 지원 방침을 반영하기 위한 IP에 대한 계약자의 접근방법 확인 및 설명
4.2. 요구된 IP 발표 수준 결정.
4.3. IP 프로그램의 개요
4.4. IP 프로그램에 대한 일정
4.5. 부품번호 기반의 사전 초도보급목록 (IPL)에 대한 소요
4.6. 모든 수리부속 추천의 기준이 되는 고객의 지원 파라미터
4.7. 부품 데이터 공통성
4.8. 따라야 될 모든 절차와 함께 생산 및 수리부속, 현장교환품목의 동시 발주
4.9. JSP 886에 정의된 IP 프로세스와의 차이
4.10. 목록화 소요
4. 11. 적용 데이터 요소의 식별, 이들의 해석에 대한 합의, 사업에 이용될 적절한 부호의 할당.
4.12. 적절한 교환 합의의 이행
4.13. IP 프로세스에 이용될 계약자 및 고객의 IT 시스템, 그리고 IP 프로그램 계획에 의해 제시된 이들의 가용도 및 일정의 확인
4.14. 데이터 교환을 위한 시험 프로그램의 파라미터
4.15. 관찰 수행을 위한 절차
4.16. IP 발주를 위한 절차
4.17. IP 지침 문서에 대한 요구사항
4.18. 도해부품문서의 작성 및 인도
4.19. 예비평가 회의의 수행 계획
4.20. IP 프로세스에 대한 계약자 지원 계획 관련 문제
5. 지침회의에서의 토의는 '편견 없이' 이루어지며, 계약 당사자의 권리 및 책임에 영향을 미쳐서는 안 된다.

서식 및 표현
ADOBE PDF
마이크로소프트 오피스

할당된 책임
고객 담당자 - 국방부 ILS 관리자
공급자 담당자 - ILS 관리자
고객 보증 - SSIT 팀 대표자
공급자 보증 - 품질 관리자

품질 보증
품질 방법 - 공식 검토
수행 식별자 - 규정 안됨
요구된 품질 점검 숙련도
고객 국방부 ILS 레벨 2 라이센스
공급자 규정 안됨

ILS 제품 설명서	
산출물 명칭 초도 보급 지침 문서	**산출물 설명서 식별자** PD 3003-02
설명 요약 IP 지침회의의 결과는 국방부 및 계약자간의 합의에 대한 상세한 요구사항을 제공하는 공식 지침문서에 반영된다. IP 프로세스 및 지원 절차는 고객 및 계약자간에 합의된 사업의 특성 및 조건에 따라 조정될 수 있다.	
목적 IP 지침 문서는 초도 수리부속 소요가 식별 및 목록 작성되어 국방부 ILSM에게 제출되게 하는 세부 방법을 정의한다. IP 내에, 데이터 요소의 선택 및 메시지의 사용에 대한 옵션이 있다. 지침문서는 지침회의에서 토의된 내용을 공식 기록하며, 합의된 내용의 기록을 제공한다.	
전체 설명 / 산출물 구성 1. 아래 항목은 IP 지침문서에 의해 다루어져야 할 내용이다: 1.1. 장 납기 품목 - 부품번호 기반 초도보급 제원 표현(PNOIPD). 고객 및 계약자는 장 납기에 대한 정의를 사업 초기에 합의해야 한다. 생산 소요 기간이 이 기간을 초과하는 품목은 PNOIPD IPL 표시 대상이 된다. 1.2. IPL의 크기. 다량의 데이터 흐름 취급에 높은 융통성을 제공하는 모든 IP 사업 번호부여 방식이 가능하다. 이런 방식은 아래 항목을 고려해야 한다: a. 각 카탈로그 순서 번호(CSN) 기반의 IPL은 보급지원 계획에 별도로 정의되지 않는 한 최대 5,000라인을 포함할 수 있다. b. IPL은 IP 사업번호(IPPN)의 번호로 구성할 수 있다. c. IPPN은 관련 체계 설계 책임을 가진 계약자와 별개이다. d. 개별 장비의 경우, 단일 IPPN의 표시는 그 장비의 도해부품카탈로그(IPC)의 내용과 관련된다. 1.3. 일정. IP 프로그램의 수행 일정이 작성 후부터 변동되었다면, 고객에 의해 개정된 흐름도가 보급지원 계획에 제공된다. 예, 수리부속 정량화 모델링 또는 발주 연기의 필요성. 1.4. 도해. 지원 초안 및 마스터 IPL에 도해를 제공되게 하는 매체는 보급지원 계획에 명시된다. 1.5. 사전평가 회의(PAM). PAM은 보통 고객이 주재하는 회의로서, 여기서 미 해결된 모든 검토의견 및 공식 IPL의 내용을 고객 및 계약자가 합의할 수 있다. PAM의 결과는 마스터 IPL이다. 각 PAM은 5일을 초과할 수 없다. 참고: 구매할 수리부속 량의 결정에는 아래의 비즈니스 프로세스가 포함된다: a. 목록화를 위한 품목의 식별: (1) 목록화 (2) 품목 데이터를 국방부 보급지원 기본재고시스템 (BIS)으로 이전. (3) 기술문서에 포함시킬 품목의 식별 (4) 적절한 규격이 충족되도록 하기 위해 '기술문서'와 협력 (5) 초도 보급(IP)을 위한 품목의 식별 (6) 수리부속의 범위 및 규모의 반복적 판단; 적절한 모델링 포함. (7) 보급의 중복을 방지하기 위해 기존 국방재고에 대한 선별 (8) IP의 구매 및 보급 시스템으로 계약데이터 이전 (9) 기술관리품목의 고유 자산 식별 데이터를 국방 자산관리 시스템으로 이전	
서식 및 표현 ADOBE PDF 마이크로소프트 오피스	
할당된 책임 고객 담당자 - PT ILSM 공급자 담당자 - 계약자 ILSM 고객 보증 - TLS SSIT SSO 공급자 보증 - 품질 관리자	
품질 보증 품질 방법 - 공식 검토 수행 식별자 - 규정 안됨 요구된 품질 점검 기술 - ILS 레벨 2 라이센스	

ILS 제품 설명서	
산출물 명칭 초도 보급 목록 (IPL)	**산출물 설명서 식별자** PD 3003-03
설명 요약 IPL은 여러 번 반복될 수 있다. ASD S2000M 프로세스는 초안, 공식 및 마스터 IPL 가능성을 가지고 있다 이 프로세스는 IP 프로그램의 시작 전 IP 지침회의에서 국방부와 계약자간에 합의될 수 있다.	
목적 IPL은 초도 보급 기간 동안 장비/플랫폼을 지원하는데 필요한 수리부속 및 S&TE를 공급자(계약자)가 목록을 식별하고 추천목록을 고객(국방부 ILSM)에게 제출하게 하는 수단이다.	
전체 설명 / 산출물 구성 1. IPL은 검토를 위한 수리부속 카테고리의 범위 조절 요구사항과 아래 항목을 포함한다: a. 운용 지원을 위한 초도 수리부속 일습 b. 창 지원을 위한 초도 수리부속 일습 c. 설치 및 작업준비용 수리부속 d. 지원 및 시험장비용 수리부속 e. 총 수명 구매 2. IPL 초안. 데이터의 최초 편집 후, 계약자는 IPL 초안 (전자 매체 우선)을 고객에게 제공한다. 고객은 초안의 내용을 검토하고 계약자에게 필요한 의견을 제공한다. IPL 초안은 계약자가 작성하고 PT-ILSM이 검토하는 나토 목록화 프로세스를 개시하는데도 이용된다. 3. 공식 초안. 고객의 의견을 접수하면, 계약자는 고객의 의견을 받아들일 경우 자신의 데이터베이스를 수정한다. 또한, 계약자는 목록화 프로세스의 결과도 반영하며 사전평가 회의에서 발표 및 검토하기 위한 공식 IPL을 작성한다. 4. 사전평가 회의(PAM). PAM은 보통 계약자에게 검사를 위한 장비 및 엔지니어링 도면이 이용 가능하도록 요구된 경우, 계약자의 공장에서 이루어진다. PAM의 결과는 공식 IPL에 대한 합의된 변경사항이며, 이것은 계약자의 데이터베이스에 반영되어 공식 IPL로 불출된다. 공식 IPL은 통상 인쇄본으로 작성된다. PAM의 목적은: a. 고객이 지원될 장비에 대해 친숙해진다. b. IP 제원에 대한 고객의 의견을 검토하고 필요한 조치에 대해 합의한다. c. 나토 목록화에 대한 질의를 검토한다. d. 고객이 공급한 부호를 포함하여 모든 미결된 부호를 부여한다. e. IP 제원을 승인한다. 5. 마스터 IPL. 마스터 IPL은 사전평가 회의에서 결정된 보급 문서의 최종 버전이다. 이것은 고객이 자신의 보급 및 발주 프로세스를 수립할 때 이용된다. 계약자는 아래 항목에 대한 책임을 진다: IPL에서 요구된 데이터 요소 제작사의 부품번호 제작사 나토재고번호 (이미 목록화가 된 경우) 짧은 품명 불출 단위 사전 포장 수량 물자회계분류코드 (DE&S PT에 의해 제공됨) 추천 기본 수량 추천 배치 수량 기술관리품목 식별자 주기정비 식별자 사전불출 검사 식별자 저장 수명 식별자 포장 수준 식별자 STC 식별자 저장 요구사항 교정 식별자 중요 수리부속 식별자 위험품목 식별자 정전기 민감 품목 식별자 예측 품목 가격 총 수명분 구매 추천 품질 보증 문서 식별자	

6. 출력 결과물. IP의 주 결과물은 군수지원일자(LSD) 이전에 고객에게 인도될, 제작 단계 중에 최종 IPL에서 합의된 바와 같이 초도 수리부속 및 S&TE에 대한 발주이다. 수리부속 및 S&TE는 LSD 전 설치, 시운전 및 작업준비가 필요할 수 있다.

서식 및 표현
ADOBE PDF
마이크로소프트 오피스

할당된 책임
고객 담당자 – PT ILSM
공급자 담당자 – 계약자 ILSM
고객 보증 – TLS SSIT SSO
공급자 보증 – 품질 관리자

품질 보증
품질 방법 – 공식 검토
수행 식별자 – 규정 안됨
요구된 품질 점검 기술 – ILS 레벨 2 라이센스

ILS 제품 설명서	
산출물 명칭 나토 목록화	**산출물 설명서 식별자** PD 3004-01

설명 요약
나토 목록화는 보급품목에 고유한 나토 재고번호 (NSN)을 부여하는 것이다. 이 기능은 UKNCB 또는 UKNCB로부터 공식 인가된 기관에 의해 영국 내에서 수행된다.

목적
사업팀 또는 JSC 내의 Log IS를 이용하여 요구, 관리 또는 추적되는 계약자군수지원(CLS)에 의거해 협력 업체에 의해 구매되는 모든 보급품이 나토 목록화가 되도록 하는 것이 국방 정책이다.

전체 설명 / 산출물 구성
1. 나토 목록화는 모든 보급품목이 통일된 방식으로 식별 및 기록되도록 하는 전문화된 재고 식별, 분류, 명명 및 고유번호 부여 프로세스 이다.
2. 목록화를 요구하는 품목의 선정은 일반적으로 초도보급목록(IPL)을 기준으로 한다. 이를 위해, MTo는 계약자가 DEFCON 117에 따라 OEM으로부터 모든 부품번호/규격번호 및 소스 데이터 식별 정보를 확보하는 절차를 수립하도록 한다.
b. 계약자가 소스 데이터를 UK NCB로 제공하는 절차를 수립하도록 한다.
계약자는:
(1) UKNCB로부터 인가된 계약 목록화 업체로부터 목록화 지식과 경험을 고용하거나 계약을 고려할 수 있다.
(2) UK NCB의 요구사항을 충족하고 모든 목록화 관련 메시지에 대해 통신할 수 있도록 UK NCB와 연락을 유지할 수 있다.
3. 나토 품목 식별. 나토 품목 식별은 어떤 품목이 있으며 유사 품목과 어떻게 다른지를 명백하게 입증하는데 필요한 최소한의 정보로 이루어진다. 품목 식별은 아래의 기본 요소로 구성된다:
a. 품명: 목록화에는 두 가지의 품명이 사용된다:
(1) 지정품명: 지정품명(AIN)은 대부분 정의에 의해 결정되는 유사 특성을 가진 보급품목의 계열을 지정하기 위해 선택되고 신중하게 한계를 정한다.
(2) 비 지정품명. 비 지정품명(Non-AIN)은 AIN이 없을 경우 전문적인 실무작업에 따라 제작사나 나토 기관에 의해 생산 품목에게 부여되는 품명일 수 있다.
b. 나토 재고번호. 나토 재고번호(NSN)는 고유한 13자리 숫자로 아래와 같이 구성된다:
(1) 4 자리의 나토 보급분류부호 (NSC),
(2) 9 자리의 나토 품목 식별번호 (NIIN), 아래와 같이 구성:
(a) 2자리의 국가부호국 국가 부호(NC)는 NSN을 부여하는 국가를 나타낸다.
(b) 7자리의 품목 식별번호 (IIN), 국가 내의 고유 번호.
(c) NSC는 동적이며 변경될 수 있다; 그러나, 뒤의 9자리(NIIN)는 고유한 것이며 변경되지 않는다.
c. 특성 데이터. 유사품목과 품목을 구분 짓는데 필요한 통일된 방법으로 기록된 길이, 폭, 높이, 재질, 색상, 표면처리 등과 같은 해당 품목 식별정보에 따른 품목에 적절한 필요한 지원특성 제원의 설명

	NSC	NIIN		
	NC		IIN	
	1005	99	1234567	

4. 보급품목정보시스템 (ISIS) 데이터베이스. UK NSN이 부여된 모든 품목 또는 영국이 소유권을 등록한 외국 부호국에 의해 목록화된 품목에 대한 데이터 기록은 UKNCB에 의해 보급품목정보시스템(ISIS)에 유지된다. "모든 외국 NSN은 UK NCB에 의해 영국 소유권이 등록되어야 한다. UK NCB에 의해 NSN만 부여된 품목은 BIS에 등록될 수 있다."
5. 보급관리데이터. 초기 작성 시 수집된 데이터 (NSN에 대한 후속 수정 포함)는 ISIS에서 관련 BIS로 가는 전자 출력에 수단에 의해 '서비스 보급 또는 재고 관리자'에게 전달된다. 최소한의 요구된 데이터 세트 제공은 SS3, CRISP 또는 SCCS에 품목이 자동으로 도입되게 한다. eSMD의 생성은 이를 통해 NSN 품목 기록이 3개의 주요 BIS에 도입되게 할 수 있게 하는 유일한 수단이다.

서식 및 표현
ADOBE PDF
마이크로소프트 오피스

할당된 책임
고객 담당자 - PT ILSM
공급자 담당자 - 계약자 ILSM
고객 보증 - TLS SSIT SSO
공급자 보증 - 품질 관리자

품질 보증
품질 방법 - 공식 검토
수행 식별자 - 규정 안됨
요구된 품질 점검 숙련도- ILS 레벨 1 라이센스

ILS 제품 설명서

산출물 명칭	**산출물 설명서 식별자**
도해 부품 카탈로그	PD 3005-01

설명 요약
도해부품 카탈로그는 본문과 도해를 포함한 전체 구성품 분해도이다. 각 장은 주요구성품과 관련되며 나중에 세분화 된다.

목적

전체 설명 / 산출물 구성
IPC는 IETP의 일부로 인도된다. (예, ASD S1000D에 따라)

서식 및 표현
ADOBE PDF
마이크로소프트 오피스

할당된 책임
고객 담당자 -
공급자 담당자
고객 보증
공급자 보증

품질 보증
품질 방법
성능 식별자
요구된 품질 점검 숙련도

ILS 제품 설명서	
산출물 명칭 재보급 계획	**산출물 설명서 식별자** PD 3006-01

설명 요약

국방부 물자회계 정책은 사업팀이 재고계획의 형식으로 재보급 계획을 수립하도록 요구한다.

목적

사용자에게 정확한 품목이 적기에 적재 장소에서 가용되도록 하기 위함이다. 금액에 합당한 가치를 제공하기 위하여 국방 재고가 최적화되고 비용 대 효율을 높게 하기 위함이다.

전체 설명 / 산출물 구성

재고 계획의 표제

개요

1. 개요 및 범위. 이 필드는 관리원칙(GP) 3.3 및 3.5의 SSE 적합성 지원을 위한 범위를 다루는 재고계획에 대해 책임을 지는 특정한 플랫폼/장비/물품 그룹을 설명한다.

2. 관리. FLC 참여. 이 필드는 관련 FLC와 PT가 가진 관계 그리고 FLC의 요구가 어떻게 계획에, 즉 JBA에서 요구된 출력의 반영을 통해, 반영되는지를 보여준다.

3. IM 계획 검토 프로세스 및 TLMP와 통합. PT는 사업 필요성을 충족하기에 적절하다는 판단에 따라 FLC와 정기적으로 검토 및 협의를 가지는 것으로 예상된다.

4. 수행 관리. 이 필드는 사업팀이 자신의 수행, 보고 방식, 사용 중인 KPI 및 FLC와 합의된 지속적인 개선에 대한 목표를 어떻게 관리하는지를 설명한다.

5. 역할 및 책임. 이 필드는 현재와 향후의 재고관리 비즈니스 모델과 역할을 지원하는 조직 구성을 설명한다. 특히, 재고 기획자 및 보급계통 관리 SME의 역할이 설명되어야 한다.

재무 관리

6. NAO 요구사항. 회계보증, 재고분리, 재고 재무상태 및 재무제표 등 NAO 요구사항은 아래에 설명된다:

a. 회계보증. 이 필드는 전통 계약 / CLS / CfA / CfC 계약에 의해 지원되는 모든 국방부 소유 재고에 대해 어떤 회계방식과 편성이 갖추어져 있는지를 설명한다.

b. 재고분리. 이 필드는 CLS / CfA / CfC 계약을 통해 지원되는 사업팀 재고 내에 어떤 분리 전략이 존재하는지 설명한다.

c. 재고 재무상태. 이 필드는 재고 재무상태 지수를 생성할 때 사업팀에 의해 이루어진 산출 값, 산출 방법 및 가정을 규정한다.

d. 재무제표. 이 필드는 아래의 표를 포함하는데, 이는 사업팀의 재무상태, 구매 계획, 폐처리 계획 및 사용자 소비의 개요를 제공하는 가장 최근의 Planning Round 정보 입력으로부터 축적된다.

7. 총 재고가치 (£M). 이 필드는 순 장부 가액(NBV) 및 장부가액 총액(GBV)에 보유중인 재고에 대한 개시잔액(4월 1일)을 보여주고, 카테고리(지원 정보로서 중요 수리부속, RMC 및 해당할 경우, 유도무기, 유도탄 및 폭탄 (GWMB))별로 세분한다.

8. JSCS 재고 활동 및 비용 예측. CDM의 지시에 따라, JSCS 및 D Fin은 사업팀에게 수령, 저장, 정비, 불출 및 분배 등 JSCS에 의해 제공되는 서비스에 대한 비용을 청구하는 비용청구 시스템을 도입한다.

9. 폐처리 계획 (폐처리의 장부가액총액 £M). 이 필드는 기존 회계연도에 대한 폐처리 목표수준, 실제 당성 수준 및 차기 회계연도 (Planning Round 및 기타 재무자료에 나타난 바와 같이) 에 대한 목표 폐처리수준을 반영한다.

최적화

10. 분석 및 모델링. 이 필드는 재고의 어떤 부분이 분석/모델링 되었는지를 설명하고, 재고 수준을 지원하고 정당화 하기 위해 활용된 재고분석의 질과 깊이를 명백히 표시해야 한다. 필요한 상세 정보를 제공하기 위해, 이 계획은 아래 항목을 설명해야 한다:

a. 범위 및 규모조절 활동. 이 활동이 어떻게 이루어졌거나 이루어지게 될 것인가? 내부적으로, SCM-SCO를 통해 또는 계약을 통해?

b. 어떤 최적화 수단 및 방법이 해당 재고에 적용되었거나 적용될 것인가? 이것은 단순한 공학적 판단, 단일 품목 모델링에서 다단다층 (MIME) 모델링 분석까지 다양할 수 있다.

c. 언제 분석이 수행되었고 마지막으로 검토되었으며, 그것의 목적은 무엇이었나? 사업팀은 분석이 이루어졌거나 차기에 계획되었을 때 CADMID 주기상의 날짜 및 지적된 핵심 요점을 설명해야 한다.

d. 수리가능 품목의 관리 / 역 보급계통 청구 소요 일수(RSCPT) 에 대해 어떤 접근방법이 명백한가? 사업팀은 수리가능 품목이 초도 보급(IP) 및 재 보급(RP)와 관련하여 어떻게 관리, 검토 및 최적화되는지, 그리고 재고 내에 수리가능 품목의 수행을 개선하기 위해 사업팀이 가지고 있는 대책을 설명한다.

e. 향후의 재고 최적화를 법적으로 지연시키는 어떤 이유가 있는가? CLS / IOS / CfA / CfC 등과 같은 재고 수준의 영향, 현재 또는 향후에, 이로 인해 재고가 계약자에게 넘어가지 못하거나, 또는 폐처리를 위해 계약자에 의해 소모되거나 검토되기 전까지 장부상에 유지되는 경우 등.

11. 분할. 이 절은 가치, 부피 및 빈도 측면에서 핵심 비즈니스 요인을 이해하기 위하여 재고 분할에 어떤 작업이 이루어졌는지를 설명한다. 분할 영역에는 아래 항목이 포함될 수 있다:
a. 재고의 목록화. 이 필드는 사업팀에게 요구된 단일품목 소유정책을 충족하기 위한 요구사항 그리고 JSC에 입력되는 모든 품목이 운용 지원 시 JSC를 통해 재고의 취급 및 추적을 가능하게 하는 핵심요소인 나토 목록화에 대해 설명한다.
b. 관리 통제. 적절히 관리되지 못한 관리 통제, 금지, 제한 및 조회, 그리고 SPC 처리 시간 내에 처리되고 타당성에 대한 주기적인 검토는 정해진 목표 내에 인도하는 보급계통의 능력에 나쁜 영향을 미칠 수 있다.
c. 단종. 계획은 사업팀의 사용 품목의 단종관리 전략을 나타내야 한다.
d. 특수 재고 보유. 운용 재고, 군 생성, 유지 재고(전시 비축량, 장비 가동 팩 및 배치가능 수리부속 팩)의 보유 소요.
e. 배정된 재고. 특수한 프로그램 (예, 수리, 특수 업무, 계획된 운용단계 단종을 반영하는 개조 프로그램)에 대해 배정된 재고.
f. 예비 재고. 양해각서(MOU)에 따른 재고 (다른 국가가 포함된 경우 및 일부 CLS / IOS / CfA / CfC 계약 등)
g. 'Life of Type' 구매. 퇴역일자까지 소모될 것으로 예상되는 'Life of Type' 수량만.
h. Suffix Stock. 운용센터 사업팀은 마지막 Suffix Stock 검토가 실시되었을 때, 품목의 수량, 포함된 재고의 가치, 계속 보유품에 대한 분해 비율 그리고 수리업무 및 폐처리를 위해 식별된 재고를 나타내야 한다.
i. 불일치 수령 (NCR). 사업팀은 12일간의 합의된 일정 동안 OC / JSCS 에 걸쳐 미결된 NCR이 없도록 하기 위한 자신의 통제 범위 내에 갖추어진 프로세스를 설명해야 한다.
12. 폐처리 계획. 수명주기관리계획의 일부로서 사업팀은 계획된 단종, 장비 및 물자의 퇴역 관리를 다루는 폐처리계획을 보유해야 한다.
13. 재고분석 지원을 위한 데이터 가용도. 선택된 지원방안과 상관 없이 사업팀의 데이터 관리 전략을 설명하고 가용도, 근원, 정보 시스템에 걸친 이전 방법, 재고분석을 지원하기 위한 원시 데이터의 무결성 신뢰 수준, 보급, 선별 및 재무계정을 포함해야 한다.
14. 위험 및 가정. 이 필드는 위험 부분을 부각시키고 이를 경감시킬 방안과 함께 재고 계획의 작성 및 유지에 사용되는 계획수립 가정을 설명한다.

서식 및 표현
ADOBE PDF
마이크로소프트 오피스

할당된 책임
고객 담당자 - PT ILSM
공급자 담당자 - 계약자 ILSM
고객 보증 - TLS SSIT SSO
공급자 보증 - 품질 관리자

품질 보증
품질 방법 - 공식 검토
수행 식별자 - 규정 안됨
요구된 품질 점검 숙련도- ILS 레벨 2 라이센스

ILS 제품 설명서

산출물 명칭	**산출물 설명서 식별자**
계약자군수지원(CLS)을 위한 운용단계 보급지원지시(SSI)	PD 3007-01

설명 요약

목적
SSI의 목적은 EBC 프로세스를 활용하는 장비를 지원하기 위하여 마련된 특정한 CLS 계약에 관련된 지침을 설명하기 위함이다. 사업팀은 이 지침을 자신의 사업 요구사항을 충족하기 위하여 SSI를 수립할 때 기준으로 사용해야 한다.

전체 설명 / 산출물 구성
SSI 템플릿
(CLS 계약 명칭 삽입)
개요
1. 본 지침의 사용
2. 목표
장비 정비 - 개요
3. 수리 정책
관리 범위

4. DMC/IMC
BIS 상의 품목 데이터 기록 최신화
5. 품목 데이터 기록
6. 세부 NSN으로 변경
보급 및 재고보유
7. 개요
8. 중요 재고
9. 최초 규모산정 및 유니트의 저장
요구 프로세스
10. 요구.
a. 요구의 거절
b. 요구의 조회
c. 요구의 전송
d. 계약자에 대한 요구 처리
e. 계약자 사안
11. 보급 정보
12. 부품 사안
13. 교차 서비스에 의한 요구의 충족
14. 보급 대응
요구의 추진 / 진행 / 취소 / 수정
15. 불출 예정
16. 요구 진행 문의
17. 요구의 취소/수정
18. 고객의 초점
불출 업무/임대 절차
19. 불출 지시 및 불출지시 업무
분배 및 배송 추적
20. 보급계통 청구 소요일수
21. 국방 분배 시스템을 통한 직접 지원
22. 사전출하통지 (ASN).
23. 인도.
24. 배송 추적
25. 통제
26. 포장 및 배송
27. 포장 라벨링
28. 특수 라벨
29. 작전 전장으로 분배
30. 요구 예외
예비품 보급 계통
31. 유니트 잉여분 공표
32.수리가능 품목 외의 재고 반환 및/또는 폐처리
수리가능 품목의 반환
33. 체계의 회수 및 반환
34. 수리가능 품목의 관리
35. 회수 통지
36. 백 로딩.
37. 직접 교환
38. 비밀 배송
39. 불일치
40. 수리가능 품목의 연체 반납 독촉
41. 지휘 계통
보고
42. 장비고장보고 (EFR).
43. 신뢰도
44. 통계
기타
45. 비즈니스 연속성

46. 특수공구 및 시험장비 (STTE).
47. Complete Equipment Schedule (CES).
48. 기술 출판물
49. 형상관리
50. 고객 관찰 절차
감사 검사
51. 유니트 감사 추적 및 등록절차

형식 표현
ADOBE PDF
마이크로소프트 오피스

할당된 책임
고객 담당자 – PT ILSM
공급자 담당자 – 계약자 ILSM
고객 보증 – TLS SSIT SSO
공급자 보증 – 품질 관리자

품질 보증
품질 방법 – 공식 검토회의
수행 식별자 – 식별 안됨
요구된 품질 점검 숙련도– ILS 레벨 2 라이센스

ILS 제품 설명서

산출물 명칭	**산출물 설명서 식별자**
보급지원 평가 계획	PD 3008-01

설명 요약
사업의 수명주기에 걸쳐 보급지원 절차의 수행을 측정하고 평가하기 위한 메커니즘이다. 모든 관계자로부터 정기적인 피드백이 접수되어야 하며, 필요 시 경험에서 교훈과 기록된 최적의 실무 및 조정이 만들어진다.

목적
SSP의 수행을 모니터링 및 평가하고, 향후의 지원방안 및 계약 전략에 반영할 수 있도록 경험에서 얻은 교훈과 최적의 실무를 식별하기 위함이다.

전체 설명 / 산출물 구성
1. 모든 관계자로부터 정기적인 피드백을 제공하는 시스템이 이행되어야 하며, 필요 시 경험에서 교훈과 기록된 최적의 실무 및 조정이 만들어진다. 운용단계 지원 개정 / 기존 지원방안에 대한 검토가 사용자와 함께 DE&S의 승인 프로세스를 통해 지원방안묶음(SSE)에 따라 개발되어야 한다.
가능한 빠른 시기에 적절한 관계자와의 접촉이 이루어져야 한다. 고려해야 할 사항은 아래와 같다:
a. 기본 / 배치된 재고시스템 및 E&AM 시스템상의 품목 데이터 기록 유지
b. 공급자, 고객, 사용자, 수리 및 정비요원간의 자동화된 전자 데이터 교환
c. 수리 루프 관리
d. 의료 및 일반 저장품 사업팀에 의해 구매된 일반 저장품의 공급
e. 포장, 취급, 저장 및 수송 (PHS&T) 소요에 대한 JSCS와 IBA
f. 단일품목 소유권 품목의 공급을 위한 다른 사업팀과 IBA
g. 재 보급 예산
h. 물자 요구 처리에 대한 절차
i. 기술관리품목의 관리를 위한 절차

형식 및 표현
ADOBE PDF
마이크로소프트 오피스

할당된 책임
고객 담당자 – PT ILSM/재고 관리자
공급자 담당자 – 계약자 ILSM/운용단계 지원 관리자
고객 보증 – SCM TLS SSIT/CIT
공급자 보증 –

품질 보증
품질 방법 – 공식 검토회의 수행 식별자 – 식별 안됨 요구된 품질 점검 숙련도- ILS 레벨 1 라이센스

ILS 제품 설명서	
산출물 명칭 지원성 케이스	**산출물 설명서 식별자** PD4001-01
설명 요약 지원성 케이스는 정의된 체계가 사업의 지원 소요를 충족할 것이라는 논쟁을 지지하기 위해 만들어진 논리적이고 감사 가능한 논증 방법이다.	
목적 지원 소요가 적절하게 밝혀졌다는 감사 가능한 증거를 제공하기 위함이다.	
전체 설명 / 산출물 구성 1. 지원성 케이스는 "정의된 체계가 사업의 지원 소요를 충족할 것이라는 논쟁을 지지하기 위해 만들어진 논리적이고 감사 가능한 논증 방법이다."라고 정의된다. 지원성 케이스는 요구사항의 개시문에서 시작하여, 이후 운용단계, 야전 데이터 및 모든 변경 기록을 통해, 설계 활동, 시운전 등에서 오는 지원관련 증거 및 데이터를 포함하여 식별되고 인지된 실제적인 위험, 전략 및 관련정보와 지원정보를 참조하는 '증거 체계'를 포함한다. 2. 지원성 케이스는 증거 체계와 연결된 지원성 케이스 보고서의 발간을 통하여 주기적으로 최신화 되는 최상위 통제 문서이다. 3. 따라서, 지원성 케이스는 사업의 수명주기관리 결정에 통지하기 위하여 배포 및 관련성이 유지되어야 하는 점진적으로 확장되는 증거의 몸체이다. 지원성 케이스는 제품에 대해 형상 통제된 지원성 요구사항에 대한 연결을 포함하거나 제공한다. 4. 지원성 케이스는 아래 항목을 포함하는 하나 이상의 지원성 케이스 보고서를 참조한다: a. 조사 및 성공 기준에 따른 지원성 요구사항 b. 요구사항을 설명하는 식별된 SA 프로세스 결과 c. SA의 불완전 특성으로 인해 필요한 모든 가정 5. SA 요구사항이 충족되었다는 증거를 제공하는 SA 프로세스의 형상 통제된 결과의 증거 또는 이의 연결	
형식 및 표현 ADOBE PDF 마이크로소프트 오피스	
할당된 책임 고객 담당자 – 사업 관리자 공급자 담당자 – 사업 관리자 고객 보증 SSIT 팀 공급자 보증	
품질 보증 품질 방법 – 공식 검토회의 수행 식별자 요구된 품질 점검 기술 고객 국방부 ILS 레벨 2 라이센스 공급자 – 식별 안됨	

ILS 제품 설명서	
산출물 명칭 지원성 케이스 보고서	**산출물 설명서 식별자** PD 4002-01
설명 요약 지원성 케이스 보고서는 (보통 프로그램의 미리 정해진 시점에) 증거 체계에서 합의된 바와 같이 지원성 케이스에 대해 최신화 된다. 이것은 지난 보고서에서 전체적인 지원관련 성과 / 진도, ILS 전략 및 계획의 검토와 평가를 제공한 후의 작업에서 도출된 증거, 논쟁 및 결론을 보고한다.	

목적
지원성 케이스를 최신화 하기 위함이다. 지원성 케이스는 "정의된 체계가 사업의 지원 소요를 충족할 것이라는 논쟁을 지지하기 위해 만들어진 논리적이고 감사 가능한 논증 방법이다."라고 정의된다. 지원성 케이스는 요구사항의 개시문에서 시작하여, 이후 운용단계, 야전 데이터 및 모든 변경 기록을 통해, 설계 활동, 시운전 등에서 오는 지원관련 증거 및 데이터를 포함하여 식별되고 인지된 실제적인 위험, 전략 및 관련정보와 지원정보를 참조하는 '증거 체계'를 포함한다.
전체 설명 / 산출물 구성
지원성 케이스 보고서 고유 식별자 다른 지원성 케이스 보고서와 연결된 관련성 지원성 요구사항 목록 지원성 위험 목록 요구사항 충족 증거 지원성 관련 사업 마일스톤 상황 본 보고 기간 중 밝혀진 산출물 인도물품 본 보고 기간 중 밝혀진 프로세스 인도물품 요구사항을 충족하는 외부의 형상 통제된 ILS 산출물과 연결 위험회피 증거 위험회피를 구현하는 외부의 형상 통제된 ILS 산출물과 연결 위험경감의 증거 위험경감을 구현하는 외부의 형상 통제된 ILS 산출물과 연결 본 보고 기간 중 밝혀진 SA 업무 본 보고 기간 중 밝혀진 ILS 요소 ILS 업무/요소 성숙도 요약 분석 차기 기간에 제안된 활동
형식 및 표현
ADOBE PDF 마이크로소프트 오피스
할당된 책임
고객 담당자 - ILS 관리자 공급자 담당자 고객 보증 SSIT 팀 대표자 ₩ 사업 관리자 공급자 보증
품질 보증
품질 방법 - 공식 검토회의 수행 식별자 요구된 품질 점검 기술 - ILS 레벨 2 라이센스

부록 C: 일반적인 ILS 작업기술기술서 (SOW) 템플릿

문서 작성 템플릿

1. 본 문서는 사업에 관련된 종합군수지원 작업기술서 작성에 있어서 ILS 관리자를 지원하기 위해 작성되었다. ILS SOW 템플릿은 DES JSC-SCM-EngTLS에 의해 개발된 일련의 ILS 관리 문서 안내의 일부를 구성한다.

2. 템플릿은 필수적이거나 규범적이지 않으므로 사용자에 의해 수정되어야 한다. 이것은 완전 개발 사업에 적용 가능하며, 최신화 및 개량 프로그램 중 교육 시설, 지원 시설, 소프트웨어, 무기체계 및 장비 또는 비-개발품(NDI) / 상용품 체계 및 장비 등에 사용될 때에는 조정

및/또는 개발되어야 한다.

3. 템플릿은 두 부분으로 구성된다:

a. 본 부록에 포함된 본문 안내 부분

b. 해당 MOSS 팀 사이트의 Eng TLS ILS 커뮤니티 상에서 운영되는 엑셀 스프레드 시트

4. 해당 팀의 ILS 커뮤니티에 접속하지 않는 사용자의 경우, 본 템플릿의 엑셀 부분은 JSP 886의 앞 부분의 문의처를 통해 직접 확보할 수도 있다.

종합군수지원 작업기술서 (ILS SOW)

수신:

[사업명]

[문서 참조번호]

작성자:

[문서 당국]

제목:

[날짜]

불출 조건
본 문서에 제공된 정보는 아무런 조건이나 편견 없이 제공된다.
이 정보는 영국 정부에 의해 국방 목적으로만 불출된다.
이 문서는 영국 정부에 의해 적용되는 보안 수준과 동일하게 다루어져야 한다.

서문

[작성 완료 후 표준 보안 문구를 여기에 삽입한다]

5. 본 문서에서 참조하는 다른 요구사항, 사양서, 도면 또는 문서는 이들 문서의 최신판을 말한다.

6. 본 문서의 내용은 개발, 제작 또는 사용의 모든 단계에서 보건 안전에 관련된 법적 의무로부터 공급자 또는 사용자를 면책하지 않는다.

7. 본 문서는 국방부 내에서 그리고 국방부의 계약 수행에서 계약자가 사용하도록 작성되었으며 불공정 계약 조건 법 1977의 저촉을 받는다. 국방부는 계획이 다른 목적을 위해 이용된 경우 어떤 책임 (국방부, 공직자 또는 기관 측의 부분에 대한 태만 등 포함)도 지지 않는다.

문서 형상 통제

8. 본 문서는 [문서 관리자]에 의해 관리된다. 이 문서는 완전한 본문 부분, 부록 또는 첨부의

발간에 의해 수정된다. 수정 상태는 해당 페이지의 바닥글 정보에 기록된다.

9. 각 사업단계의 완료 시 신규 버전의 문서가 발간된다.

개정 번호	일자	수정된 페이지	변경 내용	수정 반영자

머리말

10. 이 절은 배경 정보가 계약자에게 제공되도록 하기 위해 제공된다.

사업 제품 설명

11. 지원 소요를 이해할 수 있도록 제품[4]의 개요를 설명해야 한다; 이것은 사업에 직접 포함되지 않은 부분도 구매하는 장비의 계약적 요구사항에 관한 결정 근거를 이해할 수 있도록 한다. 이 설명은 요약 문서로부터 흔히 확보될 수 있으며, 다이어그램에 의해 가장 잘 표현될 수 있다. 주 ILS 계획의 본문을 참조할 수도 있다. 체계 / 장비의 기능 요구사항을 설명한다. 선호하는 정비 개념을 규정하나, 계약자의 새로운 안 도입이 제한된다는 의미를 내포해서는 안 된다. 상세한 주요 자원의 제한사항은 운용 연구에 식별된다.

획득 전략

12. 획득 전략 옵션을 설명한다. 표준화 및 상호운용성에 대한 방침을 참조한다.

13. 제품 또는 제품 내의 하부체계가 다른 획득 전략으로부터 이익을 얻을 수도 있으므로 결정을 위한 대체 획득 전략을 검토한다. 특정한 요구를 충족하기 위해, 비록 넓은 범위의 획득 분류가 존재하지만, 이들은 주요 변수이다; 비-개발 품목, 즉 상용품, 국방부의 비-개발 품목, 다른 군사용 비-개발품, UK 개발품목, 협동 개발품목, 주 계약자 체계 / 장비, 합작투자 계약 체계 / 장비, 계약자군수지원(다양한 수준), 민관협력, (임대), 점진적 능력 획득. 구매 옵션에는 ESCIT 지원 옵션 매트릭스의 전체 범위가 포함된다. 다른 ILS 전략이 각각의 획득 형태에 적용되며, MILSM은 자신의 특정한 장비에 대한 획득 옵션을 정의할 때 각각의 상대적인 이점을 평가해야 한다. 고려해야 할 요소에는 국방부 및 정부의 방침, 비용, 적합성, 일정 및 위험이 포함된다.

---

4 제품은 장비, 서비스, 체계 또는 복합체계로 정의된다.

ILS 규격서

14. DEFFSTAN 00-600 '국방부 사업을 위한 종합군수지원 요구사항'은 제품의 획득에 대해 종합군수지원의 적용을 위한 국방부 요구사항을 식별한다. 본 획득 프로세스의 일부로서 수행되는 모든 ILS 활동은 특정한 예외가 명시되어 있는 경우를 제외하고 Def Stan 00-600의 요구사항을 충족해야 한다.

15. Def Stan 00-600 버전 [사업에 적용되는 최종 버전의 Def Stan 00-600을 명시한다] 이 본 사업에 적용된다.

배경

기존 지원전략과 통합

16. 기존의 지원 전략과 모든 지원 전략을 통합하기 위한 요구사항을 설명한다

17. Def Stan 00-600에 정의된 ILS 및 SA 의 채용은 설계 프로세스 내 지원 문제의 단계별 분석의 정의에 의한 설계 반영 목적을 달성하기 위하여 더욱 공식적인 체계를 추가한다. 또한, 이것은 체계화되고 통제된 방법으로 지원 데이터의 효율적인 관리를 가능하게 하는 기반시설을 제공한다. ILS의 적용은 기존 유지 및 지원 전략의 요구사항을 계약자에 대한 체계화된 지원성 평가를 부가하는 능력과, 결과로 나오는 데이터를 관리 및 취급하기 위한 정보 기술의 이용에 의해 보다 용이하고 비용 대 효율이 높게 달성되도록 한다.

18. MILSM은 이 요구사항에 적용 가능하다고 판단된 상세한 SA 활동을 제공하는 관련 SA 전략도 참조한다. 중대한 국면에 장비의 추가적인 수량이 요구될 가능성이 있는 경우, 다국적 측면도 개략적으로 설명되어야 한다. 지원 체계의 주요 관계자가 식별되고 이들의 요구사항을 설명한다.

계약 조항

19. 해당 팀 사이트의 ILS 커뮤니티 상에서 운영되는 엑셀 기반의 ILS SOW 도구는 개별 ILS 요소의 사업 요구사항을 충족하기 위한 계약 조항의 목록을 생성하는데 이용된다.

부록 D: 국방부 ILS 관리자의 권한 (TOR)

목적

1. 이 TOR은 지원옵션매트릭스(SOM)의 구매 옵션 중에서 활용하는 국방부 구매 사업에 대한 일반적인 템플릿으로서 제공된다. 이 TOR은 ILS 관리자가 다국적 또는 나토 사업에 참여하는 경우 일부 연락 역할과 추가적인 관리문서의 작성이 요구된다.

도출 참조자료

2. 사업팀 (PT) 리더 TOR.
3. 사업 권한

참조문서

4. Def Stan 00-600.
5. 지원방안묶음 (SSE).

개요

6. 국방부 종합군수지원 관리자(MILSM)는 사업팀 리더(PTL)에 의해 사업팀(PT)에 지정된다. MILSM은 PTL을 대신하여 군수지원 측면의 계획 및 구매의 특정한 목적을 위해 지정된다. 사업팀 내에서 MILSM은 다른 기능 분야 관리자와 같은 신분으로 처리된다.

DE&S에 대한 전문적인 책임

7. PTL에 대한 기본적인 책임 외에, MILSM은 사업이 기존의 서비스 정책을 따르는 지원전략을 추구하도록 하는 DE&S에 대한 책임이 있다. DE&S 에 의해 공표되는 이 정책은 국방부의 능력 스폰서에 의해 작성되는 사업 요구사항 세트 (PRS)에 반영된다. PTL은 이후 체계 요구사항 세트(SRD)를 작성하는데, 여기에는 PRS 지원 소요에 대응하기 위해 MILSM에 의해 개발된 상세한 지원 전략이 포함된다.

PTL로부터 위임 받은 책임

8. MILSM은 PTL에게 ILS 프로그램의 관리 책임과 제품 지원성 문제에 대해 스폰서에게 조언하는 책임이 있다. MILSM은 참석하는 적절한 지원 기관과 같이 군수지원위원회 (LSC)를 구성하고 주재하면서 이 책임을 접하게 된다.

업무

9. 개요. 사업을 위한 ILS의 중심점을 제공한다.
10. 모든 군수지원 관계자와 함께 PT를 위한 인터페이스 제공. ILS 업무 및 목표를 달성하기 위하여 ILS 팀 조직, 인력 및 기술 요구사항의 판단 및 개발.
11. ILS 팀의 관리 개인 및 팀 업무 그리고 목표의 설정 및 감독.
12. 신뢰도, 정비도 및 시험도 활동에 군수지원 입력정보 제공.
13. 아래 항목을 포함하여 국방부, 필요 시 협력 국가, 내의 회의 및 위원회에서 ILS 요구사항 제시:

a. 사업 군수지원위원회 (LSC) 주재

b. 관련 체계에 대해 LSC에서 사업 요구사항 제시.

c. ILS의 요소 및 분야에 관련된 회의에서 사업을 대표.

d. PT 관리 위원회

e. 다른 사업 분야 (안전, 품질, 보안, 위험관리 등)

f. ILS의 관련 요소 및 분야에 대해 LSC에 보고하는 하부 그룹 구성을 고려.

g. 지원 위험의 식별 및 모니터링, 책임이 할당되고 경감 계획이 수립되도록 하고, 합리적으로 실행 가능한 최저(ALARP) 수준으로 경감시킨다.

h. 업체 및 다른 ILS 관리자에게 필요한 ILS 지원 제공

i. 경험적 교훈이 다른 사업팀, 계약자 및 필요 시 DES JSC SCM-ENGTLS에게 전파되도록 한다.

j. 국제적 또는 군간 협동 사업인 경우, 리더 / 국제 사업 사무국, 연국 사업팀 및 국가별 기관 간의 군수지원 문제에 대한 문의처 제공

k. 모든 사업 문서, 서류, 보고서 및 제출서류에 군수 입력정보 제공

l. 전력화 계획 수립

계약 체결 전

14. CADMID 주기 내에서 각 계약의 체결 전, MILSM은 아래 항목을 검토한다:

a. ILS 프로그램을 관리하는데 필요한 자원 및 절차를 정의하면서 사업을 위한 ILS 전략을 작성 또는 검토하고 최신화한다.

b. 사업을 위한 지원성 분석(SA) 전략을 작성, 검토 및 최신화 하고 SA 요구사항, 군수정보 저장소(LIR) 요구사항 및 관련 예산을 정의한다.

c. 정의된 ILS 전략의 일부로서 ILS 및 SA 테일러링 기법을 이용하여 비용이 최적화된 지원 계획을 개발한다.

d. 국방부의 지침에 따라 군수 준비완료 선언으로 이어지도록 달성되어야 하는 업무 및 마일스톤을 식별하면서, ILS 전략의 목표에 일치하는 ILS 계획 (ILSP)를 작성하고 유지한다.

e. 전체적인 획득 전략의 일부로서 프로그램 기준선 (최초/최종 승인 비즈니스 케이스를 위한)에 대한 지원 전략을 개발한다.

f. 모든 프로그램 계획에 일관된 지원성 요구사항이 포함되도록 한다.

g. 장비의 수명기간에 걸쳐 모든 지원성 측면에 대한 자금을 식별하고, 비용이 반영된 수명주기관리계획 (TLMP)에 포함되도록 한다.

h. 관련 능력/요구사항 실무그룹의 일원으로서 프로그램에 대한 운용연구의 개발을 관

리한다.

i. 지원성 시연과 뒤이어 초도 제품 인도 전 군수지원일자 (LSD) 공표를 계획한다.

j. 계약 체결 전 회의, 협의, 발표 또는 지침 회의에서 업체에게 사업의 ILS 요구사항을 제시한다.

k. 아래 항목을 포함하여 지원성 요구사항이 제안요청서, 입찰요청서(ITT), 작업기술서(SOW), 제안서 평가 및 계약 사양서에 포함되도록 한다:

(1) ILS 제안서 평가 계획의 개발

(2) ILS 제안서 평가 채점 방식의 개발

(3) ILS 산출물 설명서(ILS PD)의 선정 및 작성

(4) 계약문서요구목록 (CDRL) 및 운용단계 데이터 요구사항 작성.

(5) 계약 담당와 함께 적용 가능한 DEFCONS 및 DEFORMS의 선정

(6) 테일러링된 ILS 작업분해구조 (WBS)의 개발

l. 아래 항목을 포함하여 사업 제안서 평가 프로세스의 지원에서 ILS 채점 방식의 적용을 통한 ITT 답변 평가:

(1) 제안된 지원 옵션의 평가

(2) 총수명비용 (WLC) / 소유비용 (COO)을 포함한 총수명재원 (TLF) 평가.

(3) 지원성 계획의 평가

m. 관급정보 (GFI), 관급장비 (GFE), 관급인원 (GFP) 및 관급시설 (GFF) 요구사항을 포함하여 관급자산 (GFA)을 식별한다.

n. 지원성 케이스를 개시한다.

o. ILS 위험이 사업 위험 등록부에 포함되도록 한다.

계약 체결 후

15. CADMID 주기 내에서 각 계약 체결 후, MILSM은 아래 항목을 고려해야 한다:

a. 군수 능력이 요구된 체계 운용 가용도를 지원하도록 한다.

b. 설계가 성숙돼 감에 따라 관계자, 전문가 및 업체와 접촉하여 지원성 전략을 평가하고 최신화 한다.

c. 고장 유형 영향 및 치명도 분석(FMECA), 수리수준분석 (LORA), 신뢰도중심정비(RCM), 절충평가 및 군수 모델링 수행에 있어서 계약자를 지원하고, 지원성 (특히, 평가 및 시연단계에 적합한)에 대한 설계반영을 위해 ILS 기록 인도물품 및 보고서에 대한 추천을 검토하고 작성한다.

d. ILS 요구사항이 사업의 기술 실무그룹, 특히 상세설계검토에 전달되도록 한다.

e. 실행 가능하고 유익한 경우 (즉, 전 사업팀에 걸쳐), 적합한 지원 방안이 개발 및 이행되

도록 한다.

f. 계약자 및 정부 조직에 의해 ILS 및 SA 프로세스의 정확한 테일러링 및 계약된 요구사항의 달성을 감독한다.

g. ILS 계획에 따라 지원성 시연 및 평가 활동의 협조, 그리고 지원성을 위한 설계 반영, 지원 및 설계에 대한 보고서 작성 및 추천 작성.

h. 필요 시 GFA의 적기 불출 관리

i. 총수명재원 (TLF) 목적의 예산편성을 위한 지원비용 최신화 및 입증

j. 체계 엔지니어링 프로세스 내에서 업체와, 필요 시 협력 국가와의 회의에서 사업의 ILS 요구사항 제시를 포함하여 사업과 관련된 계약자를 위한 ILS 중심점을 제공한다.

k. 전력화 계획 수립.

l. LSD, ISD 또는 IOC 전 ILS 요소 인도물품을 인증하고 수락한다. (특히, 초도 수리부속, 교육 보조재, 공구, 시험장비 및 기술문서 관련 항목)

m. 인도된 지원 데이터가 사업 지원전략 및 운용단계 지원 요구사항과 일치하게 제공되도록 한다.

n. ILS 활동의 진도를 모니터링 하고 PTL에게 보고하며, TLMP 및 사업 위험 등록부에 ILS 입력되도록 한다.

o. 지원성 케이스의 검토 및 최신화

p. 군수정보 저장소의 개발 보장.

q. 적절한 지원데이터 기록(결함 보고 포함) 시스템의 운용개시.

운용단계

16. 운용단계 동안, ILS 관리자는 획득단계의 것과 모두 동일한 요소를 고려하나, 강조의 수준이 다르다. CADMID 주기의 운용단계 동안, MILSM은:

a. 형상변경관리위원회를 주재,

b. 사업/부서/ILS 표준화 간의 중심점을 제공,

c. 지원성 엔지니어링 목표가 충족되고 모든 변경이 지원성 엔지니어링 측면에서 악영향을 미치지 않도록 하기 위해 체계 개조/기술 삽입/성능 개량을 설계에 반영,

d. 기존 및 새로운 고객 요구사항이 충족되도록 임무 체계의 지원요소 모니터링,

e. 성능 개선을 위한 체계 개조 활동 개시,

f. 요구된 지원 자금 변동을 식별하고 예산 사이클 및 TLMP에 입력,

g. 지원성 케이스 최신화 및 검토,

h. ESICIT와 연락하고 운용단계 지원을 최적화 하기 위해 OSP 수단을 적용한다.

사전 요구 자격

17. 최소 수준: ILS 레벨 1 라이센스

18. 적합 수준:

    a. 적절한 영국 학회 회원

    b. 승인된 PGCERT₩PGDIP₩MSC ILS.

부록 E: 군수지원위원회(LSC)의 권한(TOR)

목적

1. 군수지원위원회는 군수지원일자 (LSD)까지 지원 문제를 협의하는 공식 회의이다,

2. LSC의 목표는 아래와 같다:

    a. 계약된 Def Stan 00-600 ILS 요구사항에 충족하도록 계약자에 의해 작성된 종합지원계획(ISP)의 합의,

    b. ILS 작업기술서 (SOW)의 요구사항을 충족하는 ILS 작업일정 개발,

    c. ISP를 충족하는 활동의 진도 모니터링 및 합의,

    d. 지원 위험의 식별, 책임의 할당 및 합리적으로 실행 가능한 최저 수준으로 경감 모니터링,

    e. 통합 마일스톤 및 계약 요구사항에 대한 진도를 모니터링 하고 성과를 추천

    f. 운용 연구를 개발하고 유지,

    g. 장비 전력화 문제에 대한 전체적인 군수지원 식별

    h. 군수지원 제공을 위한 비용 옵션 및 절충 조사

    i. 군수정보 저장소(LIR)에 대한 정보 소요의 개발 지원

    j. 각 구매 단계에서 입찰요청서에 대한 입력정보 개발

    k. 관급자산(GFA)과의 문제 해결

    l. 지원성 케이스의 검토 및 승인

의장 및 회원

3. MILSM이 주재하며, 회원은 아래와 같다:

    a. 국방부 사업팀 요구사항 관리자

    b. 국방부 사업팀 사업 관리자

    c. 계약자 ILSM.

    d. 사용자, 국방부 및 계약자 ILS 요소 분야 지원 기관

책임

4. LSC는 국방부 사업팀 리더와 계약자 사업 관리자에게 보고한다.

주기

5. LSC 회의는 ILS 작업 일정에 정의된 합의된 주기에 실시된다.

6. LSC 회의 시기는 상세설계 검토 및 단계 평가회의 등과 같은 주요 사업회의 이전에 실시하도록 맞추어진다.

부록 F: 운용단계 군수지원위원회의(ISLSC) 권한

목적

1. 운용단계 군수지원위원회는 군수지원일자(LSD) 이후 지원문제를 협의하기 위한 공식 회의이다.

목표

2. ISLSC의 목표는 아래와 같다:

a. 계약된 Def Stan 00-600 ILS 요구사항에 충족하도록 계약자에 의해 작성된 종합지원계획(ISP)의 합의,

b. . ILS 작업기술서(SOW)에 추가된 새로운 요구사항을 충족하는 ILS 작업의 추가 일정 개발,

c. ISP를 충족하는 활동의 진도 모니터링 및 합의,

d. 지원 위험의 식별, 책임의 할당 및 합리적으로 실행 가능한 최저 수준으로 경감 모니터링,

e. 통합 마일스톤 및 계약 요구사항에 대한 진도 및 성과 모니터링

f. 운용 연구 최신화

g. 장비 개조, 기술 삽입 / 리프레시의 도입에 관한 전반적인 지원문제 식별.

h. 군수지원 제공을 위한 비용 옵션 및 절충 조사

i. 군수정보저장소(LIR)의 검토 및 승인

j. 설계 후 서비스에 대한 입찰요청서의 작성 내용 개발.

k. 운용단계 데이터 검토

l. ESCIT OSP 프로세스에 입력정보 제공

m. 지원성 케이스의 검토 및 승인

n. 단종문제 관리

o. 주기적인 운용단계 지원 검토 실시

p. TLMP에 대한 입력 정보 개발.

의장 및 회원

3. MILSM이 주재하며, 회원은 아래와 같다:

a. 국방부 사업팀 요구사항 관리자

b. 국방부 사업팀 사업 관리자

c. 계약자 ILSM.

d. 사용자 대표자

e. 필요한 국방부 및 계약자 ILS 요소 분야 지원 기관

책임

4. ISLSC의는 국방부 사업팀 리더와 계약자 사업 관리자에게 보고한다.

주기

5. ISLSC 회의는 ILS 작업 일정에 정의된 합의된 주기에 실시된다.

6. ISLSC 회의 시기는 상세설계 검토 및 단계 평가회의 등과 같은 주요 사업회의 이전에 실시하도록 맞추어진다.

부록 G: 일반적인 ILS 질의

문서 작성 템플릿

1. 본 문서는 사업에 관련된 종합군수지원 작업기술서 작성에 있어서 ILS 관리자를 지원하기 위해 작성되었다. ILS SOW 템플릿은 DES JSC-SCM-EngTLS에 의해 개발된 일련의 ILS 관리 문서 안내의 일부를 구성한다.

2. 템플릿은 필수적이거나 규범적이지 않으므로 사용자에 의해 수정되어야 한다. 이것은 완전 개발 사업에 적용 가능하며, 최신화 및 개량 프로그램 중 교육 시설, 지원 시설, 소프트웨어, 무기체계 및 장비 또는 비-개발품(NDI) / 상용품 체계 및 장비 등에 사용될 때에는 조정 및/또는 개발되어야 한다.

3. 이탤릭 체로 된 주석 부분은 최종 문서에서 삭제되어야 한다.

[사업명]에 대한 ILS 질의사항

[문서 참조번호]

작성자:

[문서 당국]

제목:

[날짜]

불출 조건 본 문서에 제공된 정보는 아무런 조건이나 편견 없이 제공된다. 이 정보는 영국 정부에 의해 국방 목적으로만 불출된다. 이 문서는 영국 정부에 의해 적용되는 보안 수준과 동일하게 다루어져야 한다.

서문

1. 본 문서는 영국정부의 자산이며, 공적인 용도를 위해 그 내용을 알고자 하는 자만을 위한 정보이다. 이 문서를 습득한 자는 영국 국방부, D MOD Sy, London, SW1A 2HB로 안전하게 반송될 수 있도록 습득 경위와 장소를 적어 영국 영사관, 영국 군부대 또는 영국 경찰서에 즉시 넘겨야 한다. 본 문서의 인가되지 않은 보유나 파손은 영국 공직자 비밀 엄수법 1911-1989를 위반하는 것이다. (정부 공직자 이외의 자에게 이를 불출하는 경우, 이 문서는 개인 단위로 불출된 것이며, 수령한 자는 영국 공직자 비밀 엄수법 1911-1989 또는 국가 법령의 조항 내에서 비밀 유지가 위임되고, 개인적으로 이를 안전하게 보호하고 그 내용을 비 인가자에게 공개하지 않도록 하는 책임을 진다.)

2. 본 문서가 추가로 필요한 경우, ILS 관리자 또는 ILS 사업 사무국에서 획득해야 한다. ILS 관리자는 수정판의 불출을 위해 보유자 등록 현황을 유지해야 한다.

3. 본 문서에서 참조하는 다른 요구사항, 사양서, 도면 또는 문서는 이들 문서의 최신판을 말한다.

4. 본 문서의 내용은 개발, 제작 또는 사용의 모든 단계에서 보건 안전에 관련된 법적 의무로부터 공급자 또는 사용자를 면책하지 않는다.

5. 본 문서는 국방부 내에서 그리고 국방부의 계약 수행에서 계약자가 사용하도록 작성되었으며 불공정 계약 조건 법 1977의 저촉을 받는다. 국방부는 계획이 다른 목적을 위해 이용된 경우 어떤 책임도 (국방부, 공직자 또는 기관 측의 부분에 대한 태만 등 포함) 지지 않는다.

문서 형상 통제

6. 본 문서는 [문서 관리자]에 의해 관리된다. 이 문서는 완전한 본문 부분, 부록 또는 첨부의 발간에 의해 수정된다. 수정 상태는 해당 페이지의 바닥글 정보에 기록된다.

7. 각 사업단계의 완료 시 신규 버전의 문서가 발간된다.

개정 번호	일자	수정된 페이지	변경 내용	수정 반영자

머리말

8. 이 질의는 제안서 평가 프로세스 중 국방부 ILS 관리자가 즉시 심사할 수 있는 형식으로 사업에 대한 ILS 및 지원성 분석(SA) 요구사항의 중요한 주제를 다룬다.

9. 질의의 형식은 각 질문이 보통 상세한 답변이 요구되는 식으로 되어 있다. 대부분의 경우 단순한 '예' 또는 '아니오'식의 답변은 적당하지 않다.

10. 이 질의에 대한 답변은 제안서 제출에 대해 명시된 바와 같이 계약자 종합지원계획(ISP)과 그 하부 계획에 관련된다. (ILS 요구사항 참조)

종합군수지원(ILS) 관리

11. ILS 및 지원성 분석에 대한 업체 방침을 설명한다.

   a. 사업관리, 엔지니어링/설계 및 지원 요소간의 관계를 보여주는 조직도를 포함하여 ILS 관리 조직을 설명한다.

   b. ILS 관리에 할당된 자원을 설명한다.

   c. 설계반영을 위한 지원성에 대한 요구사항이 성숙한 체계, 신규 또는 개조된 설계에 어떻게 충족되는지를 나타낸다.

   d. 어떤 ILS 요구사항을 계약자 장비가 충족하지 못하는지를 설명한다. 충족을 위해 필요한 대책과 이 대책의 비용 및 위험을 명시한다.

군수정보 저장소

12. 정보 시스템이 ILS 관리를 위해 어떻게 사용되는지를 설명한다.

13. 소프트웨어 패키지 및 데이터베이스 관리를 포함하여 정보 저장소의 구성 및 관리에 이용된 방법을 설명한다.

하청 계약 공급자

14. 하청 계약 공급자의 군수지원 프로그램이 어떻게 전체적인 ILS 프로그램 요구사항에 일치하여 관리되는지를 설명한다.

총 수명 재원 (TLF)

15. 따라야 할 TLF 프로세스를 설명한다. TLF와 SA간의 상호작용을 설명한다; SA 결과가 어떻게 TLF를 수정하고 SA가 TLF 비용 요인을 부각시키기 위해 어떻게 구성되어 있는지. TLF 상태 측면에서, 계약자의 하부 체계에 무엇이 가장 현저한 비용 요인인가 (또는 예상되는가).

형상 통제

16. 주 장비, 부수장비, 소프트웨어, 수리부속, 교육 및 문서를 포함하여 계약자가 공급하는 인도물품의 모든 요소에 대해 형상 통제가 어떻게 유지되는지를 설명한다.
17. 장비제작 규격 및 이후의 개조에 대한 형상관리가 어떻게 ILS 및 SA에 포함되는지 설명한다.

지원성 분석

18. 이 항의 질문은 두 개의 표제로 이어진다: 신규 설계 산출물 (완전 개발 주기를 요하는) 및 성숙된 제품.
    a. 분석 목적을 위해, 신규제품은 기존 개조된 제품을 포함하는 것으로 가정한다.
    b. 제안업체는 그 제품이 어느 카테고리에 속하는지 식별하고, 전체 분석이 비용효율이 낮다고 판단되면, 개조된 제품에 대해 수행될 분석의 깊이를 정당화 한다.
    c. 입찰업체는 제안된 정비개념에 따라 SA 방법을 테일러링하거나 다른 대체 제안을 정당화 한다.
    d. 입찰업체가 지원성 분석에 대한 JSP 886의 지침을 따르지 않기로 결정한 경우, 수행할 프로세스를 정의한다.
    e. 제안한 제품이 신규 설계와 성숙된 설계의 혼합인 경우, 입찰업체는 아래 두 표제의 질문에 대해 답변한다.

신규 설계 제품

19. SA 계획은 신규 설계 제품에 대한 SA를 다루어야 한다.
    a. SA 계획의 제공 외에, 입찰업체는 지금까지 수행된 SA의 결과 및 계약 수주 전까지 계획된 모든 SA 지속 활동을 포함하여 입찰 준비 프로세스의 일부로 이미 수행된 모든 SA 활동을 설명한다.
    b. 이 정보는 질의에 대한 답변으로 제공된다.

성숙된 제품

20. 장비의 당초 개발 프로그램 기간 동안 이행되었다면 그 SA 프로그램을 설명한다.

a. 당초 개발에 공식 SA 프로그램이 요구되지 않았다면, 결과로 얻은 군수지원 패키지의 기준이 되어 수행되었던 모든 분석을 설명한다.

b. SA 계획은 제품의 당초 사용자/구매자를 위해 작성되었었나? 만약 그렇다면 그 사본을 제공한다.

c. SA가 당초 구매자/공급자를 위해 수행되었다면, 결과의 이용이 가능한지 설명한다.

d. 최소한, SA 프로그램을 설명하고, 수행된 각 활동과 하위활동을 식별하며, 그 결과를 설명한다.

e. 결과의 유효성에 영향을 주는 당초 프로그램과 이번 입찰간의 차이부분을 강조한다.

f. 장비 개발 기간 동안 지원성 문제가 어떻게 검토되고 모니터링 되었는지 설명한다.

21. 아래 항목으로부터 어떤 지원성 설계 기준이 도출되었나:

a. 운용 연구

b. 임무 하드웨어, 소프트웨어, 펌웨어 및 지원체계 표준화

c. 비교 분석

d. 기술적 기회

e. 각 지원성 특성의 식별 및 정량화

f. 제안한 설계가 요구사항을 어떻게 충족하였는지, 그리고 각 요구사항의 달성이 어떻게 시연 또는 시험되었는지 설명한다.

g. 정비업무가 어떻게 식별되었는지 설명한다.

h. 제품에 대해 고장 유형 영향 및 치명도 분석(FMECA)이 수행되었는가?

i. FMECA가 수정정비 업무를 생성하는데 이용되었는가?

j. FTA가 제품의 개발 기간 중 수행되었는가?

k. 사용된 규격을 정의하고 분석을 수행하는데 사용되는 방법을 식별한다.

l. 기능 업무 소요가 어떻게 식별되었는지 설명한다.

m. 제안한 제품에 대해 고려된 지원체계 대안을 설명한다.

n. 적용된 규격 및 기준, 프로세스 및 획득된 결과를 포함하여 제품에 대한 당초의 개발 프로그램 기간 동안에 수행된 절충분석을 설명한다.

o. 장비에 대한 당초 개발 프로그램 기간 중에 정비업무분석 (MTA)이 수행되었었나?

p. 군수자원 소요가 어떻게 식별되었고 정비업무분석의 결과가 어떻게 기록되었는지 설명한다. 분석에서 이번 입찰에 적용 가능한 부분을 표시한다.

q. 테일러링된 Def Stan 00-600의 요구사항을 충족하기 위해 성숙된 장비에 대해 어떤 SA 활동이 제안되었나?

r. SA 계획은 이 부분을 포함해야 한다.

s. SA와 포장, 취급 및 수송 (PHS&T), 설계 엔지니어링 및 수리 프로세스간의 연결을 설명한다.

신규 및 성숙된 제품의 신뢰도, 정비도 및 시험도

신뢰도

22. 설계 프로세스에 적절한 가중치를 주는 프로세스를 설명한다:

a. 계약자가 공급하는 품목에 대한 고장간 평균시간(MTBF)을 정의하고 규정한다.

b. SRU 수준까지 MTBF의 할당을 규정한다. 이들 값이 어떻게 도출되었는지 설명한다.

c. 계약자가 공급하는 품목에 대한 제품설계 수명을 설명한다. 이들 값이 어떻게 도출되었는지 설명하고 이를 뒷받침하는 증거를 제공한다.

환경 내구성 검사 (ESS)

23. 적용될 ESS의 수준 결정을 위한 절차를 설명한다:

a. 스트레스의 형태, 수준, 프로파일 및 노출시간이 어떻게 결정되는지 설명한다.

b. 성능 및 스트레스 기준이 어떻게 모니터링 되고 식별되는지 설명한다.

c. ESS 중 결함 발생에 뒤이어 재 검사의 수준 및 범위가 어떻게 정해지는지 설명한다.

d. 누적 손상에 대한 스트레스 형태 그리고 손상을 주지 않는 최대 허용 노출시간/스트레스 수준은 어떻게 결정되는지 설명한다.

e. 장비의 어떤 기능이 사용되고 어떻게 모니터링 되는지 식별한다.

f. ESS의 결과 및 야전 고장이 ESS를 모니터링 하기 위해 어떻게 이용되는지 설명한다.

g. ESS 프로그램을 설명한다.

정비도

24. 설계 프로세스에서 정비도에 적절한 가중치가 주어지도록 하는 프로세스를 설명한다:

a. 계약자의 공급 품목에 대해 제안한 정비 정책이 부적절하다고 판단된 경우, 적절한 정책을 설명하고 간략히 사유를 설명한다.

b. 요구된 정비의 단계, 주기, 인원 수/숙련도 및 특수 시험장비를 규정한다.

c. 운용단계 수리에 들어 가는 모든 항목에 대한 평균 실제수리시간을 규정한다.

d. 어떤 정비 작업을 방한복 및 장갑 또는 완전한 화생방핵 (CRBN) 방호복을 착용한 작업자가 수행할 수 없는지 설명한다.

e. 여기에는 지원 및 시험장비에 대한 정비가 포함된다:

f. 특수정비 제한이 적용되는 경우를 설명한다. 예를 들면:

g. 중량 (HFI 고려를 위해)

h. 유해성 (폭발물, 방사선, 등)

i. 배터리

j. 정전기 민감성

k. 방습제

l. (MILSM은 본 사업에 관련된 사항을 나열한다).

시험도

25. 제품 설계 프로세스에서 적절한 가중치가 어떻게 시험도에 주어지는지 설명한다:

a. 시험도에 대한 설계 철학을 설명한다.

b. 장비의 결함 고장 또는 성능 저하가 어떻게 탐지되는지 설명한다.

c. 어떤 수준까지 고장으로 진단되는가?

계약자 군수지원 (CLS)

26. 입찰요청서에 의해 CLS가 요구되었거나 계약자에 의해 제공된 경우, 계약자는:

a. CLS에 의거 제공되는 지원 및 제공되는 기간을 설명한다.

b. CLS의 제공에 의해 국방부가 얻는 이익과 사유를 설명한다.

c. 이 질의의 다른 항에 대한 답변에 대해 CLS가 받게 될 영향을 설명한다.

d. CLS가 요구되거나 제공되지 않는 경우:

e. 계약자가 공급한 품목의 계획된 사용 수명에 대해 제품지원 엔지니어링 및 보급 서비스가 어떻게 제공되고, 어떤 서비스가 제공되는지 설명한다.

f. 계약자가 공급한 품목을 위해 제안된 수리 및 오버 홀 조직 및 관리에 대하여 설명한다.

g. 수리나 오버 홀 되는 각 품목의 이력 기록이 어떻게 유지되는지 설명한다.

h. 수리부속 소모량 및 해당될 경우 운용단계 사용에 대한 데이터를 포함하여 제공될 수리 데이터/문서를 정의한다.

i. 대응 일정을 포함하여 특수한 결함 조사에 반응하기 위해 뒤따르는 절차를 설명한다.

j. 모든 지원요소가 부적당하다고 증명된 경우, 추가 지원이 어떻게 제공되는지 설명한다.

지원 및 시험장비 (S&TE)

27. S&TE 소요의 식별 및 정당화에 대한 프로세스를 설명한다.

a. 계약자가 공급한 품목을 위해 제안된 정비개념을 지원하는데 필요하다고 판단된 S&TE 품목을 식별한다.

b. 어떤 정비 라인에서 이들이 사용되는지 규정한다.

보급지원

28. 신규 설계 제품의 경우, 공장 수리 지원을 위한 수리부속을 포함하여 추천 수리부속의 범위와 규모가 어떻게 결정되는지 설명한다.

a. 성숙된 장비의 경우, 공장 수리 지원을 위한 수리부속을 포함하여, 제안한 정비정책에 대하여 제품을 지원하는데 요구되는 수리부속의 범위와 규모를 식별한다.

b. 수리부속의 범위가 어떻게 식별되고 정당화 되었는지 설명한다.

c. 장비의 사용 수명 기간 중 수리지원이 어떻게 제공되는지 설명한다.

d. 계약자는 몇 년 동안 수리부속 지원 및 4차 라인, 후방 창 수리를 제공할 수 있는가?

e. IP, 나토 목록화 IPC 및 후속 주문에 대한 요구사항 (ASD 사양서 2000M)을 충족하기 위해 어떤 준비가 되어 있는가?

f. SA 프로그램에 물자 지원 (ASD 사양서 2000M에 따른)을 연결하는 조직을 설명한다.

g. 어떤 품목이 시한성인지 그리고 각 시한성 품목에 대한 정책을 설명한다.

포장, 취급, 저장 및 수송

29. 신규 제품의 경우, 제품 및 그 구성품에 대한 PHS&T 요구사항이 어떻게 결정되는지 설명한다.

30. 계약자가 공급하는 품목에 대한 포장방법과 규격을 설명하고 각각의 최대 저장수명을 정의한다.

31. 성숙된 제품의 경우:

a. 어떻게 PHS&T 요구사항이 도출되었는지 설명한다.

b. 제품과 그 구성품에 대한 특수 PHS&T 요구사항은 무엇인가?

c. 이 포장은 어떤 규격을 따르는가?

d. 바 코딩은 어떤 규격을 따르는가?

e. 특수 표기 및 관련 문서를 포함하여 위험물질은 어떻게 포장, 취급 및 저장되는가?

f. 자화/정전기 민감 부품에 대해 준비된 것을 설명한다.

g. 계약자가 공급하는 품목에 적용되는 모든 특수한 PHS&T 고려사항을 설명한다.

기술 정보

32. SA 프로세스를 위해 어떤 기술정보 (예를 들면 도면, CAD 모델 등)가 이용 가능하며, 가용한 형식/시스템은 무엇인가?

a. 기술문서의 존재 여부 그리고 제작된 사양서에 대한 사양을 설명한다.

b. SA 또는 다른 군수분석 데이터가 기술 출판물의 기초로서 이용되는 프로세스를 설명한다.

c. 기술정보는 프로세스 내에서 어떻게 대조되고 입증되는가?

d. 전자식 기술출판물 (IETP)가 제안된 경우, 이들이 제작되는 프로세스와 제공되는 IETP의 클래스를 설명한다.

시설

33. 시설 소요가 식별되고 정당화 및 정량화 되는 프로세스를 설명한다.

34. 계약자가 공급한 물품에 대해 어떤 시설이 소요되는지 시설 데이터 초안 제출 형식으로 식별한다.

교육 및 교육장비

35. 체계에 대한 TNA 수행 방법을 설명한다.

a. 체계에 대한 기존의 이용 가능한 교육 자재를 설명한다.

b. 체계에 대한 기존의 이용 가능한 교육 장비를 설명한다.

c. 체계에 대한 새로운 교육 자재 생성 방법을 설명한다.

d. 체계에 대한 새로운 교육 장비 생성 방법을 설명한다.

단종 관리

36. 장비에 대해 사용되는 단종관리 방법을 설명한다.

37. 장비에 대해 알려진 단종 문제를 설명한다.

폐처리

38. 장비에 대한 추천된 폐처리 방법을 설명한다.

a. 폐처리비용을 줄이기 위해 어떤 조치가 취해졌는지 설명한다.

b. 계약자가 공급한 품목 내의 위험 물질 및 품목의 목록을 제공한다.

c. 기존의 환경 법규를 어떻게 충족하게 될지 설명한다.

d. 향후의 환경 법규를 어떻게 충족하게 될지 설명한다.

부록 H: 일반적 운용 연구를 위한 문서 작성 템플릿

1. 본 문서는 사업에 관련된 종합군수지원 계획 작성에 있어서 ILS 관리자를 지원하기 위해 국방부 ILS 정책팀에 의해 작성되었다. ILS 계획 템플릿은 ILS 과정 개발팀의 국방부 ILS 교육 그룹 관리에 의해 개발된 일련의 ILS 관리 문서 안내의 일부를 구성한다.

2. 본 문서는 사업에 관련된 종합군수지원 작업기술서 작성에 있어서 ILS 관리자를 지원하기 위해 국방부 ILS 정책팀에 의해 작성되었다. ILS SOW 템플릿은 DES JSC SCM-ENGTLS-Pol Co-Ord에 의해 개발된 일련의 ILS 관리 문서 안내의 일부를 구성한다.

3. 템플릿은 필수적이거나 규범적이지 않으므로 사용자에 의해 수정되어야 한다. 이것은 완전 개발 사업에 적용 가능하며, 최신화 및 개량 프로그램 중 교육 시설, 지원 시설, 소프트웨어, 무기체계 및 장비 또는 비-개발품(NDI) / 상용품 체계 및 장비 등에 사용될 때에는 조정 및/또는 개발되어야 한다. MILSM은 사업에 맞게 ILS 전략의 적용성을 정의하기 위해 범위를 수정해야 한다.

4. 이탤릭 체로 된 주석 부분은 최종 문서에서 삭제되어야 한다.

[사업명]을 위한 운용 연구

[문서 참조번호]

작성자:

[문서 당국]

On

[날짜]

불출 조건
본 문서에 제공된 정보는 아무런 조건이나 편견 없이 제공된다.
이 정보는 영국 정부에 의해 국방 목적으로만 불출된다.
이 문서는 영국 정부에 의해 적용되는 보안 수준과 동일하게 다루어져야 한다.

서문

1. 본 문서는 영국정부의 자산이며, 공적인 용도를 위해 그 내용을 알고자 하는 자만을 위한 정보이다. 이 문서를 습득한 자는 영국 국방부, D MOD Sy, London, SW1A 2HB로 안전하게 반송될 수 있도록 습득 경위와 장소를 적어 영국 영사관, 영국 군부대 또는 영국 경찰서에 즉시 넘겨야 한다. 본 문서의 인가되지 않은 보유나 파손은 영국 공직자 비밀 엄수법 1911-1989를 위반하는 것이다. (정부 공직자 이외의 자에게 이를 불출하는 경우, 이 문서는 개인 단위로 불출된 것이며, 수령한 자는 영국 공직자 비밀 엄수법 1911-1989 또는 국가 법령의 조항 내에서 비밀 유지가 위임되고, 개인적으

로 이를 안전하게 보호하고 그 내용을 비 인가자에게 공개하지 않도록 하는 책임을 진다.)

2. 본 문서가 추가로 필요한 경우, ILS 관리자 또는 ILS 사업 사무국에서 획득해야 한다. ILS 관리자는 수정판의 불출을 위해 보유자 등록 현황을 유지해야 한다.

3. 본 문서에서 참조하는 다른 요구사항, 사양서, 도면 또는 문서는 이들 문서의 최신판을 말한다.

4. 본 문서의 내용은 개발, 제작 또는 사용의 모든 단계에서 보건 안전에 관련된 법적 의무로부터 공급자 또는 사용자를 면책하지 않는다.

5. 본 문서는 국방부 내에서 그리고 국방부의 계약 수행에서 계약자가 사용하도록 작성되었으며 불공정 계약 조건 법 1977의 저촉을 받는다. 국방부는 계획이 다른 목적을 위해 이용된 경우 어떤 책임도 (국방부, 공직자 또는 기관 측의 부분에 대한 태만 등 포함) 지지 않는다.

문서 형상 통제

6 본 문서는 [문서 관리자]에 의해 관리된다. 이 문서는 완전한 본문 부분, 부록 또는 첨부의 발간에 의해 수정된다. 수정 상태는 해당 페이지의 바닥글 정보에 기록된다.

7. 각 사업단계의 완료 시 신규 버전의 문서가 발간된다.

개정 번호	일자	수정된 페이지	변경 내용	수정 반영자

참조 문서

8. 이 절의 목적은 사업의 지원 고려사항에 적당한 모든 관련 참조문서를 식별하기 위함이다.

서론

9. 이 절은 배경 정보가 계약자에게 제공되도록 하기 위해 제공된다.

종합군수지원

10. 종합군수지원은 아래 항목을 가능하게 하는 관리 분야이다:

a. 최적의 수명주기 비용으로 최적의 신뢰도, 정비도 및 가용도가 확보된다.

b. 지원 고려사항이 제품의 설계나 선택에 반영된다.

c. 제품을 위한 가장 적합한 지원의 식별 및 구매

사업

체계/장비 설명

11. 지원 소요를 이해할 수 있도록 제품이나 체계의 개요를 설명해야 한다. 이것은 사업에 직접 포함되지 않은 부분도 구매하는 장비의 계약적 요구사항에 관한 결정 근거를 이해할 수 있도록 한다. 이 설명은 요약 문서로부터 흔히 확보될 수 있으며, 다이어그램에 의해 가장 잘 표현될 수 있다. 주 ILS 계획의 본문을 참조할 수도 있다. 체계 / 장비의 기능 요구사항을 설명한다. 선호하는 정비 개념을 규정하나, 계약자의 새로운 안 도입이 제한된다는 의미를 내포해서는 안 된다. 상세한 주요 자원의 제한사항은 운용 연구에 식별된다.

사업 이력

12. 사업이나 제품의 이력이 여기에 설명된다. 이전의 연구 및 참조정보의 상세한 내용은 초기 작업을 검토하고 중복을 방지하기 위해 제공된다. 타당성 또는 사업정의 연구의 지원 추천사항은, 특히 정치적 또는 재정적 제한의 변경으로 인한 결과로 그 후에 수정되었다면 문서화될 수 있다. 지원에 영향을 주는 모든 가정, 외부 요인 또는 관리상의 결정은 향후 분석에 고려되도록 하기 위해 참조되어야 한다.

구매 전략

13. 구매전략 옵션을 설명한다. 표준화 및 상호운용성에 대한 방침을 참조한다.

14. 플랫폼 또는 플랫폼 내의 하부체계가 다른 획득 전략으로부터 이익을 얻을 수도 있으므로 결정을 위한 대체 획득 전략을 검토한다. 특정한 요구를 충족하기 위해, 비록 넓은 범위의 획득 분류가 존재하지만, 이들은 주요 변수이다; 비-개발 품목, 즉 상용품, 국방부의 비-개발 품목, 다른 군사용 비-개발품, UK 개발품목, 협동 개발품목, 주 계약자 체계 / 장비, 합작투자 계약 체계 / 장비, 계약자군수지원(다양한 정도), 민관협력, (임대), 점진적 능력 획득. 지원 옵션 매트릭스 상에 식별된 옵션. 다른 ILS 전략이 각각의 획득 형태에 적용되며, MILSM은 자신의 특정한 장비에 대한 획득 옵션을 정의할 때 각각의 상대적인 이점을 평가해야 한다. 고려해야 할 요소에는 국방부 및 정부의 방침, 비용, 적합성, 일정 및 위험이 포함된다.

ILS 전략

15. DEFFSTAN 00-600 '국방부 사업을 위한 종합군수지원 요구사항'은 제품의 구매 및 수명기간에 걸친 지원에 대해 종합군수지원의 적용을 위한 국방부 요구사항을 식별한다. 수명기간 동안 수행되는 모든 ILS 활동은 계약에 명시된 Def Stan 00-600의 조정된 요구사항을 충족해야 한다.

16. ILS 요소 계획 및 특히 SA 활동은 중복을 방지하고 최적의 지원 구성이 식별되도록 사업 전반에 걸쳐 협조되어야 한다.

17. 상용품 장비의 이용은 지원 고려사항의 설계반영을 위한 기회를 제한한다. 설계의 자유도가 주어진 경우, ILS 지원이 는 설계 프로세스에 고려되도록 하는데 이용된다. 설계 자유도가 없는 경우, ILS는 제안된 체계의 지원성을 평가하는데 이용된다.

배경

기존 지원전략과 통합

18. 기존의 지원 전략과 모든 지원 전략을 통합하기 위한 요구사항을 설명한다.

19. 국방부 내에서 ILS 방법론의 채용은 국방부 규격 (JSP)에 정의된 기존 유지 및 지원 방침의 연장이다. MILSM은 수명주기 동안 제품이 적절히 지원을 받도록 하여 '능력'을 충족해야 할 책임이 있다.

20. ILS 및 SA 방법론의 채용은 설계 프로세스 내 지원 문제의 단계별 분석의 정의에 의한 설계 반영 목적을 달성하기 위하여 더욱 공식적인 체계를 추가한다. 또한, 이것은 체계화되고 통제된 방법으로 지원 데이터의 효율적인 관리를 가능하게 하는 기반시설을 제공한다. ILS의 적용은 기존 유지 및 지원 전략의 요구사항을 계약자에 대한 체계화된 지원성 평가를 부가하는 능력과, 결과로 나오는 데이터를 관리 및 취급하기 위한 정보 기술의 이용에 의해 보다 용이하고 비용 대 효율이 높게 달성되도록 한다. MILSM은 사업지원 팀에 대한 유사한 목표, 업무 및 책임을 가지고, ILS 계획이 사업지원 계획의 기초가 되도록 효과적으로 고려될 수 있다.

21. MILSM은 이 요구사항에 적용 가능하다고 판단된 상세한 SA 활동을 제공하는 관련 SA 전략도 참조한다. 중대한 국면에 장비의 추가적인 수량이 요구될 가능성이 있는 경우 다국적 측면도 개략적으로 설명되어야 한다. 지원 체계의 주요 관계자가 식별되고 이들의 요구사항을 설명한다.

체계 기능 분석

22. 기능분석 체계 분해구조 및 조립수준을 설명한다.

지원 기능 분석

23. 기능분석 체계 분해구조 및 조립수준을 설명한다.

군수 연구

24. 새로운 기술의 적용, 군수 능력의 비교 및 기존 장비에서 얻은 교훈에 관한 간단한 설명을

제공한다.

기타 요인

25. 사업에 적용될 수 있는 중요한 국제적, 정치적, 사회적, 환경적 또는 경제적 요인을 식별한다.

26. MILSM은 적용 가능한 모든 조기 결정과 함께 장비에 대한 요구사항의 발전에 대한 관련 배경을 제공한다. 이것은 조기 작업의 불필요한 중복을 방지한다.

사업승인을 위한 입력정보

27. ILS 및 사업 요구사항 세트(이전의 URD), 체계 요구사항 문서 및 수명주기관리계획 간의 관계를 식별한다.

ILS 문서

28. 아래 문서는 본 사업을 위한 ILS의 관리에 사용된다. 문서는 계약에 따른 것이거나 정보 목적용일 수 있다. 계약에 명확히 명시되지 않는 한, 이 문서의 내용이 계약 요구사항의 변경으로 간주되지 않는다.

ILS 전략

29. ILS 전략은 제품에 대해 ILS를 적용하기 위한 국방부의 접근방법이다.

ILS 계획

30. ILS 계획은 사업의 요구사항을 충족하기 위하여 Def Stan 00-600에 따라 조정된 ILS에 대한 국방부의 접근방법을 설명한다. 이 계획은 작업기술서(SOW)에 명시된 국방부 요구사항의 이해를 돕기 위해 잠재적 입찰자와 계약자를 포함하여 외부 당사자에게 제공된다.

SA 전략

31. SA 전략 문서는 제안장비와 그 지원환경을 분석하고 최적화 할 때 특정한 사업의 요구사항을 충족하기 위하여 어떻게 테일러링되어야 하는지를 식별한다. 이것은 SA 계획에 설명된다.

ILS 작업 분해구조

32. ILS 작업 분해구조 (WBS)는 ILS 프로그램을 지원하고 ILS 프로그램의 국방부 및 계약자 요소 양쪽을 위한 메커니즘을 제공한다.

ILS 작업기술서

33. ILS 작업기술서 (SOW)는 하나의 계약 문서이다. 이것은 계약자가 완수해야 할 활동을 설명한다. 여기에는 수행할 업무, 보고 요구 및 검토 일정에 대한 요구사항이 포함된다. SOW는 계약자료요구목록 (CDRL) 및 ILS 산출물 설명서 (ILSPD)에 의해 요구될 경우 보충된다.

계약문서요구목록

34. 계약문서요구목록 (CDRL)은 하나의 계약 문서이다. CDRL은 계약 조건에 따라 인도될 정보를 규정한다. 이것은 각 인도물품의 인도 요구사항 (일정 포함) 및 형상 통제를 정의한다. 상세한 내용이 요구될 경우, 별도의 ILS 산출물 설명서 (ILSPD)가 추가 정보의 제공을 통해 CDRL의 범위를 넓히는데 이용될 수 있다.

데이터 항목 설명

35. ILS 산출물 설명서는 사업 데이터의 형식, 표현 및 인도 요구사항을 규정한다.

SA 계획

36. 제안한 지원성 분석 계획(SAP)은 계약 체결 시 계약자료가 된다. 이것은 계약자에 의해 작성되며 SOW에 설명된 SA의 계약적 요구사항을 달성하기 위해 계획된 자신의 SA 조직 및 활동을 설명한다.

ILS 요소 계획

37. ILS 요소 계획은 ILS 계획의 핵심 부분이다. 이것은 지원 체계의 요소가 어떻게 설계, 구현, 운용 및 입증되는지를 규정한다.

종합지원계획

38. 종합지원계획(ISP)은 하나의 계약 문서이다. 이것은 계약자에 의해 작성되며 계약적 인도물품을 제공하기 위해 계획된 자신의 ILS 조직 및 활동을 설명한다. ISP는 그 내용에 의해 입찰 제안서의 ILS 내용이 평가되는 기본 문서이다; 따라서, 입찰에 대한 답변과 함께 포괄적인 초안을 포함하는 것이 필수적이다. ISP는 보통 사업에 대한 ILSP를 밀접하게 반영한다.
39. 국방부 사업팀에 의해 지금까지 완료된 보고서 및 연구결과.

운용 연구

목표

40. 이 운용 연구는 [사업명, 참조번호 및 모든 적용 가능한 문구 삽입]에 적용된다.

41. 사업의 ILS 요소에 대한 전체적인 권한을 가진 국방부 부서를 설명하고, 만약 그것이 합동군 사업팀일 경우, 특정 요소에 대한 책임이 관련 군 당국으로 위임될 수 있다. ILS의 전체적인 통제는 지정된 선도 군에 의해 조정된다. 먼저, 관련 국방부 부서가 운용 연구를 작성하며, 사업이 진행되어 감에 따라 계약자도 연구의 최신화를 위해 책임이 할당될 수 있다. 종합군수지원계획(ILSP)의 요구사항에 적합하도록 하는 운용 연구의 테일러링은 사업의 군수지원이나 총 수명 재원(TLF) 양쪽에 아무런 이익을 주지 않는 업무가 수행되지 못 하게 한다.

범위

42. 이 운용 연구는 계약문서는 아니나, 국방부가 사용중인 장비를 현재 어떻게 지원하는지를 설명한다. 이것은 작업기술서(SOW)에 설명된 국방부 요구사항의 이해를 돕기 위해 중요한 배경 정보를 잠재적 입찰자 및 계약자에게 아무런 조건이나 편견 없이 제공된다.

43. 정보는, 가능한 경우, 설계가 기존의 국방부 지원 실무 및 절차를 충족하기 위해 조정되도록 하기 위해 신규 장비의 설계자가 사용하도록 제공된다. 현재의 지원 서비스를 중심으로 설계함으로써, 새로운 장비가 특수 교육 및 특수 공구 그리고 이의 지원을 위한 시험장비 소요를 최소하면서 전력화가 가능할 수 있다.

44. 운용 연구 내의 정보는 국방부 내의 사업팀, 운용 요구 담당 및 여러 지원 기관 등 다양한 소스로부터 수집된다.

내용

45. 이 운용 연구는 구매할 장비의 의도된 용도, 교체될 제품의 설명, 현재 및 향후의 모든 제한사항 및 기반시설을 포함해 구상 중인 지원전략에 대한 정보(해당할 경우)를 포함한다. 운용 연구는 의도한 운용단계의 용도 및 국방부 요구사항의 해석에 대한 지침을 잠재적 입찰자 및 계약자를 포함한 외부 당사자에게 제공하나, 새로운 안의 도입을 제한하지는 않는다.

반복

46. 이 운용 연구는 필요 시 최신화 되지만, 적어도 각 단계의 결과가 최신화 계획에 통합되는 경우 각 개별 구매 사업 단계의 완료 시에 최신화 된다.

47. 운용 연구의 초안은 국방부 종합군수지원 관리자(MILSM)에 의해 먼저 작성된다. 수명주기의 초기 단계 동안, 특정 정보는 결정되지 않으므로, 확실한 세부내용을 알게 되면 운용 연구의 추가 반복이 수행되고 불출되어야 한다. 장비를 요구할 수도 있는 모든 육상 시설의 식별도 고려해야 한다. 이것은 교육소요분석(TNA) 이 수행된 후 세밀화된다. 사업 주기 동안, 확실한 정보가 알려짐에 따라 계약자에게 문서의 추가 반복 수행이 요구될 수 있다. 문서가 발전됨에 따라 포함된 정보는 계약적 합의의 기초로서 이용될 수 있으므로, 작성된 내용은 실

제적이고 달성 가능해야 한다.

48. 운용 연구가 타당성 연구 ITT의 일부로 불출된 경우, 아래 문구가 포함되어야 한다:

49. "입력된 모든 내용이 초기 사업 단계의 즉각적 용도를 가지거나 정량화된 데이터를 포함하지 않는다. 데이터의 삭제나 추가는 사업단계의 기능이며 이 기준 정보에 대한 체계 옵션의 개발이다."

제1절 – 교체되는 체계의 요약

50. 이 절의 목적은 신규 체계가 제대로 문서화된 지원체계를 가진 기존 체계를 교체하는 경우 교체될 체계를 설명하기 위함이다. 표현에서 차세대의 동일한 제품이 원하는 방안이라는 것은 의미하지 않아야 한다. 계약자는 계약적 요구사항의 제한에 해당하는 대안 설계를 탐색해 볼 수 있다. 만약 새로운 체계가 완전히 새로운 개념이라면 기존 지원 데이터는 적용이 불가할 수 있다.

기존 체계

51. 임무 프로파일, 현재 장착된 장비의 수, 제거계획 일자를 포함하여 교체되는 체계의 간단한 설명.

기존 정비 및 지원 계획

52. 기존 정비계획 및 지원계획을 설명한다. 신규 체계에 적당할 수 있는 모든 관련 지원성 요소를 설명한다. 이것은 유사 군수지원 시설을 요구하는 체계가 있을 수 있는 기존 운용단계 장비의 간단한 설명을 포함하며, 이를 상세히 설명한다. 특수한 지원문제나 인지된 이점 또는 기존 장비와 관련된 장점도 강조되어야 한다.

기존 인력

53. 체계나 장비의 지원에 직접적으로 관련된 운용자, 정비자 및 기타 담당에 대한 기존 인력 규모/필요량을 주 문서 또는 부록에 설명한다.

운용자

54. 아래의 인력은 운용 유지에 이용된다:

계급/등급	부서/직무/주특기	소요 인원

정비자

55. 아래의 인력은 운용 유지에 이용된다:

계급/등급	부서/직무/주특기	소요 인원

기타 인력

56. 아래 인력은 운용을 직접 지원하는데 이용된다:

계급/등급	부서/직무/주특기	소요 인원

식별된 교훈

57. 체계 / 장비의 지원에서 식별된 지원성에 관한 교훈을 설명한다.

지원성 비용 요인

58. 체계의 지원에서 식별된 지원성 비용 요인을 설명한다.

제2절 – 정량화된 지원성 요소

59. 이 절의 목적은 신규 체계 또는 장비 (담당 소요)의 운용 특성을 개략적으로 설명하고 체계가 어떻게 어디에 배치되고 지휘체계 (운용 개념)에게 통합되는지를 설명하기 위함이다. MILSM은 운용 담당이 평화 시, 전시로 전환(TTW) 그리고 전시에 정비 또는 지원 상의 주요 제한사항을 식별할 수 있도록, 장비 또는 체계의 가장 사실 같은 최악의 시나리오를 제공하도록 한다. 운용 연구에서 도출된 정보 및 데이터는 가용도 및 지원 소요의 예측을 지원할 수 있도록 정량화 된 조건이어야 한다; 이것은 연구결과 초안을 작성할 때 염두에 두어야 한다. 보건 안전 규정에 의해 부가된 제한은 운용 연구에 포함되어야 하나, 특정한 종류의 시험장비의 필수 사용과 같은 특정한 정비 제한은 여기에는 포함되지 않지만 SA 활동 임무 하드웨어, 소프트웨어, 펌웨어 및 지원체계에는 포함되어야 한다. 이전의 하부 업무에서 밝혀진 요인의 정량화 시, 활용 문제에 대해 주의가 필요하다. 제품의 운용 시간은 가용도 산출에 주요 요인이

므로, 신뢰도 보증 계약이 발효되는 경우 상당한 계약적 중요성을 가진다. 신뢰도 예측은 장비가 사양서에 기재된 최악의 값에서 항상 운용되는 것으로 가정할 수 있으나, 임무 프로파일은 보통 실제로는 그렇지 않음을 보여준다.

운용상 요인 – 신규 체계 임무 / 사용 프로파일

보안

60. 아래의 항에서 요구되는 일부 데이터는 "비밀"일 수 있다. 가능한 경우, 운용 연구 데이터는 더욱 쉽게 통제될 수 있는 별도의 문서를 참조하는 모든 민감한 데이터와 함께 "대외비"로 제한된다.

운용 소요

61. '사업'의 역할 및 목적을 설명한다. 신규 체계가 어떻게 사용되며 그것의 의도된 배치 시나리오를 설명한다. 평화 시, 전시로 전환 및 전시를 위한 관련 용도를 설명한다. 임무 프로파일은 체계가 장착되는 플랫폼의 기존 임무 프로파일에 의해 주로 결정된다. 만약 이 운용 연구가 신규 플랫폼을 위한 것인 경우, 아래의 운용 소요가 설명되어야 한다 – 관련 정보를 사업 요구사항 세트에 요약한다.

체계 임무 프로파일

62. 체계 임무 프로파일을 설명한다. 시나리오와 역할의 모든 변화를 포함하여 체계의 의도된 전략적 용도를 설명한다. 이것은 통지 요구, 기간, 배치 역할, 수행 활동, 운용 주기, 체계의 임무에 따른 속도, 예, 지역 작전, 작전지역으로 이동을 포함한다. 정비간의 최대 운용 시간도 설명되어야 한다. 하위 절은 평화 시 요구사항, 전시로 전환 및 전시 요구사항을 설명한다.

장비 임무 프로파일

63. 신규 체계에 대한 임무 프로파일을 설명한다, 일반적으로 이것은 체계 요구사항과 일치한다. 장비 형상도 나타내야 한다 (송신기 켬/끔, 무기 상태, 수신기 기능 작동, 등). 이것은 표 형식을 이용하면 잘 나타낼 수 있다. 임무 중 사용 비율로 나타낸 센서 장비의 기능 형상도 명시된다. 하위 절은 평화 시 요구사항, 전시로 전환 및 전시 요구사항을 설명한다.

운용 사용률

64. 대표적인 사용 패턴을 설명한다. 듀티 사이클, 전시 일/주/년 단위 운용 시간, 훈련 및 평시 사용률을 정의한다.

65. 아래 표는 전시의 전체 체계에 대한 예상 사용률을 요약한다.

일련번호	대상	요구 조건
1	운용 장소 개수:	
2	지원되는 체계의 수:	
3	연간 임무의 수:	
4	연간 운용 시간:	
5	평균 임무 기간:	

비 운용 사용률

66. 아래 표는 전시의 전체 체계에 대한 예상 사용률을 요약한다.

일련번호	대상	요구 조건
1	운용 장소 개수:	
2	지원되는 체계의 수:	
3	연간 임무의 수:	
4	연간 운용 시간:	
5	평균 임무 기간:	

운용 환경

CBRN 운용

67. 체계가 CBRN 환경에서 운용될 가능성 여부를 설명한다.

환경 조건

68. 플랫폼이 운용하게 될 운용 환경이 설명된다. 체계가 운용 또는 저장될 기후, 물리적 (진동, 충격 및 압력 포함), 전자적, 열, 습도 등의 조건을 설명한다. 요인을 증가 또는 감소 시키는 하부 체계에 대한 환경이 명시되고 각 설계 옵션에 대해 정당화 되어야 한다. 운용상 충격 조건은 플랫폼 내의 무기 장비에 대한 충격 설계조건을 따라야 한다. (플랫폼의 참조문서 번호를 삽입한다). 요구된 신호 강도 (예, 노이즈 특성)를 나타낸다. 다른 특수 조건 (예, 잠수함에 대한 유독성 규정, Magnetic Hygiene 조건도 여기에 명시되어야 한다). 전체 사양서의 기술부분에 대한 참조가 만들어 질 수 있다. 운용 환경 내의 내부 환경 통제에 대한 요구사항을 간단히 설명한다.

기지 개념

69. 신규 체계가 장착되는 플랫폼에 대해 예상되는 기준부대를 설명한다.

야전배치 계획

70. 일반적 개념에서 몇 대의 장비가 어디에 어떤 순서, 차수, 등으로 배치되는지를 설명한다. 보급 품목으로 예견되는 체계의 수와 장단기 계획에 어떤 보급 재정 예측이 포함되어 있는지 설명한다. 이것은 현재 알려진 사업 프로그램 요구사항을 충족한다. 장비지원 및 군수지원을 위한 소속 지원부대를 식별한다. 예상된 교관 수를 나타낸다. 이것은 교육소요분석(TNA)의 결과에 따라 수정 된다.

상호운용성

71. 적용되는 규격을 포함하여 핵심 상호운용성 소요를 설명한다.

인터페이스 및 지원 체계

72. 기존 체계나 장비와의 호환성과 같이 신규 체계와 같이 이용되는데 필요한 기타 시설을 설명한다. 체계와 같이 운용, 연동, 장착, 수리 등이 되어야 하는 모든 제품을 설명한다. [장비목록 참조].

군수 지휘, 통제 및 통신

73. 신규 체계에 적용되는 군수 지휘 및 통제 시스템 그리고 프로세스를 간략히 설명한다.

정량적 지원 요소

74. 이 절의 목적은 기존의 지원 정책 및 조직을 설명하는 상세한 데이터 및 정보를 제공하기 위함이다. 채용된 지원 정책은 보통 국방부의 표준 지원 수준에 일치한다. 특정 체계에 대한 계획은 최적의 지원수준, 즉 기존의 정책 및 기반시설을 고려하여 가능한 총 수명 재원에서 최대의 가용도를 확보해야 한다.

전반적 체계 기능

75. 각 부분의 기능을 포함하여 신규 장비의 모든 요소를 설명한다. 군수지원을 요구하거나 이에 영향을 줄 수 있는 품목을 식별한다. 필요 시, 이 절을 각 요소 마다 하부 절로 나눈다.

가용도, 신뢰도 및 정비도

76. 사업에 대한 가용도, 신뢰도 및 정비도 요구는 초기 R&M 케이스에 명시되어야 한다.

정비 제한사항 / 요구사항

77. 기존 정책을 충족하기 위해 체계 설계에 어떻게 반영되었는지 설명한다. 신규 체계의 수명기간 동안 정비운용은 최소한으로 유지되어야 한다. 체계가 전체적으로 더 높은 가용도를 가졌음을 의미하는 기술검사 및 수리의 용이함을 위한 설계 고려사항이 주어진다.

정비 개념

78. 이 절의 목적은 신규 체계/장비에 대한 기존의 또는 선호하는 정비 정책을 식별하기 위함이다. 이 절은 본 문서의 상세한 부록으로서 제시되는 것이 바람직하다.

79. 신규 체계에 대한 정비 개념을 정의한다. 보통 이것은 해당 플랫폼에 대한 표준 정비 및 지원 수준에 일치한다. 이것은 계약자에 의해 신뢰도중심정비(RCM)과 수리수준분석 (LORA)가 수행된 후 확인 또는 세밀화 된다. 사업정의 단계 동안 SA 및 정비도 프로그램은 요구된 정비수준을 결정한다. 향후의 운용연구 반복을 통해 정비개념을 더욱 발전 시킨다. 사업의 단계 및 구매 경로에 따라, 주어진 장비에 대해 어느 정도의 범위까지 할 것인지에 대한 정책 결정이어야 한다. 제한사항은 억제되어야 하나 SA 프로세스 동안 계약자가 대체 방법의 조사 및 제안을 할 수 있도록 충분한 여유는 남겨둬야 한다. 체계 및 장비의 정비계획 초안이 이미 작성되었다면, 이것은 ITT에 참조 문서로 첨부되어야 한다.

80. 이 절에는 아래의 문제가 다루어져야 한다:

a. 정비 / 지원의 라인. 각 지원 라인 및 정비 계단과의 관계에 대해 충분히 설명한다. 이 정보는 계약자가 각 정비 체계 단계의 능력에 대한 이해를 도와준다. 이것은 본 문서의 부록이나 첨부로 제공되는 것이 바람직하다.

b. 정비 깊이. 각 정비 계단 및 지원 단계와의 관계에 대해 충분히 설명한다. 이 정보는 계약자가 각 정비 체계 단계의 능력에 대한 이해를 도와준다. 이것은 본 문서의 부록이나 첨부로 제공되는 것이 바람직하다.

c. 정비 계획. 체계 지원의 인접한 라인인 사용자와 기관의 정비 책임을 설명한다. 이것은 수리수준분석 (LORA)에 의해 지원된다.

정비 담당 관리

81. 기존의 정비 인력구성 절차, 교대, 작업 주기 등을 설명한다.

예방 정비

82. 계획된 예방 및 상태 기반 정비 소요에 관련하여 신규체계에 대한 방침과 책임을 설명한다. 체계 / 장비 지원수명주기, 예상 수명, 수리 주기, 재생 주기를 설명한다.

수정 정비

83. 체계에 대한 수정정비 방침을 설명한다. 수리는 보통 운용 성능에 대해 최소한의 영향을 주며 가능한 한 경제적으로 요구된다. 계약자는 이에 대해 비용 효율이 높은 대체 대안을 제안하도록 장려된다.

폐처리 / 수리

84. 교환 폐처리 또는 수리에 대한 방침과 수리 절차가 어떻게 수립되는지를 설명한다. LORA 및 RCM 분석이 수리 대 폐처리 분석의 방침을 결정할 수 있다.

검사

85. 사용자의 검사 및 일상 손질에 대한 방침을 설명한다.

엔지니어링 통제 시스템

86. 정비부대 수준으로 존재하는 모든 엔지니어링 통제 시스템을 설명한다.

전장 피해 수리 소요

87. 전장 피해 수리 소요에 대한 방침을 설명한다.

무기 정비 조건

88. 무기 정비에 대한 방침을 설명한다.

보급 지원

89. 보급지원에 대한 방침을 설명한다. 이 정보는 부록이나 첨부로서 포함시키는 것이 바람직하다. 이 절에는 아래 항목에 대한 방침이 포함될 수 있다:

a. 초도 수리부속 소요 결정

b. 수리부속 식별 (목록화)

c. 특히, 다음과 같은 부리부속 분류에 대한 재보급 소요, 저장 소요 및 비축 수준의 결정; 물, 식품, 탄약, 연료, 윤활유, 가스, 임무필수 수리부속, 지원폭주 소요, 주 장비팩 PEPS 수리가능 자산관리 절차, 발주 관리, 구매 계획, 대금청구, 대금 지불 소요, 자산 추적, 재고 관리, 전자 데이터 교환, 전자 상거래.

지원 및 시험장비 (S&TE)

90. 공구나 시험장비 그리고 기존 보유분이나 승인된 목록의 사용 소요에 대한 기존의 방침을

설명한다. 특수공구 및 시험장비 정책 그리고 가용도를 별도로 본문의 부록이나 첨부자료에 설명하는 것이 바람직하다.

91. 특수공구 및 시험장비, 범용 지원장비, 공통 수공구, 자체고장진단 및 외부 시험장비 외에 BITE 사용 등을 포함하여 기존 체계의 지원을 위해 사용 가능한 기존 공구, 특수공구 및 시험장비를 설명한다.

92. 지원장비 소요는 전면개발(FSD) 단계 동안 식별되고, 정보 저장소에 수록된다. FSD 단계 동안 신규 체계를 위한 특수 시험장비 소요가 개발, 시험 및 평가될 수도 있다. 특수전용시험장비 (STTE)의 개발 및 사용은 사업 관리자와 조정된다. 진단을 촉진하기 위한 자동시험장비(ATE) 사용의 장단점은 SA 활동의 일환으로 개발 단계 에서 조사된다. 필요한 시험용 프로그램의 개발은 FSD 단계에서 조정된다. 필요 시, 장비 / 플랫폼의 지원을 위해 이용 가능한 ATE 시스템을 설명한다.

인력 및 인간 요소

93. 기존의 인간요소 통합(HFI) 방법론과 HFI 및 ILS 간의 인터페이스를 설명한다. HFI와 ILS 방법론 간의 부드러운 인터페이스가 확보되도록 주의를 기울여야 한다. 인간 엔지니어링은 SA 범위 밖인 장비의 인간공학 등과 같은 설계 측면을 포함한다. HFI의 다른 부분은 ILS / SA 업무와 중복되며, 이에 대한 책임이 명확히 정의되어야 한다. 특히, 지원성 분석(SA) 프로세스 도중 교육 소요의 식별은 보통 HFI 담당으로 넘겨지는 반면, 지원성에 부담을 주는 시뮬레이터 및 트레이너의 식별은 반드시 SA 프로세스에 포함되어야 한다.

94. 교육 문제는 보통 HFI 방법론에 의해 다루어지는데, 이것의 상세한 내용은 일반적으로 별도 문서의 주제이다. 신규 체계의 지원성 요소와 인터페이스 되는 교육 측면은 운용 연구에 포함되고 HFI 팀과 조정되어야 한다.

참고: HFI 방법론은 수용과 거주성 같은 측면은 고려하지 않기 때문에 HFI 용어는 영국해군 내에서 사용된다. 이 내용은 반드시 명시되고, 제한사항 파악을 위해 사업팀의 HFI 담당과 조정되어야 하며, 만약 해당 내용이 있다면 계약자에게 부가되어야 한다.

95. 체계 안전, 보건 유해 평가 (COSHH, 몬트리올 의정서), 작업장 보건 및 안전법, 공장 법에 대한 기존 방침을 설명한다.

96. 엔지니어링 및 보급 인력 유지 수준, 신병 수준, 신병 소요에 대한 기존 방침을 설명한다.

교육 및 교육 장비

97. 교육소요 분석, 교육장비 개발, 교육장비 지원 그리고 교육 및 교육장비에 대한 기존 방침을 설명한다. 상세한 내용은 본문의 부록이나 첨부로 포함하는 것이 바람직하다.

기술 정보

98. 신규 체계에 대한 기술교범 (보통 전자식 기술교범(IETM))에 대한 기존 방침을 설명한다.

99. 기존 체계에 대한 경미한 개량 등의 상황 하에서 인쇄본 형식의 교범이 요구될 수 있는 경우를 설명한다. 어떤 형식의 출판물을 구매할 지의 결정은 예측된 총 수명비용을 기준으로 사업별로 이루어진다.

100. 마스터 기록 데이터베이스 파일 및 기술자료 묶음에 대한 기존 방침을 설명한다.

101. 전자적 수단을 이용한 기술 데이터 이전에 대한 기존 방침을 설명한다.

포장, 취급, 저장 및 수송 (PHS&T)

102. 수송성 및 이동성 소요 (전장, 전략적 또는 전술적 경우)에 대한 기존 방침을 설명한다.

103. 수리 기관에서 사용할 수리부속 포장에 대한 기존 방침을 설명한다.

104. 리프팅 한도, 취급 보조장비, 리프팅 태클에 대한 기존 방침을 설명한다.

105. 제습, 저장수명 및 보존 등 저장 환경 소요를 충족하기 위해 저장 요구사항에 대한 포장 수준을 설명한다.

폐처리 계획

106. 폐처리 계획에 대한 기존 방침을 설명한다.

군수 능력의 운용단계 모니터링

107. 실시간 안전진단 시스템을 포함하여 군수 능력의 운용단계 모니터링에 대한 기존 방침을 설명한다. (상태 기준의 모니터링 시스템, 소모 데이터 수집, 교환 및 활용, 정보 저장소 데이터의 입증)

소프트웨어 지원

108. 소프트웨어 지원에 대한 기존 방침을 설명한다.

점진적 획득

109. 기술 삽입, 개조 프로세스, 점진적 획득 및 설계 후 서비스에 대한 기존 방침을 설명한다.

표준화, 공통성 및 상호운용성

110. 수리부속의 표준화 및 공통성에 대한 기존 방침을 설명한다.

111. 공구, 시험 및 지원장비 그리고 정보의 표준화, 공통성 및 상호운용성에 대한 기존 방침을 설명한다.

보안 및 지적 재산권

112. 정보, 장비 및 지적 재산권 보안에 대한 기존 방침을 설명한다.

a. 관급장비 및 정보

b. 관급장비 및 정보에 대한 기존 방침을 설명한다.

c. 단종 관리 (OM).

d. 단종 관리 (OM)에 대한 기존 방침을 설명한다.

형상 관리 (CM)

113. 형상 관리 (CM)에 대한 기존 방침을 설명한다.

품질 보증 (QA)

114. 품질 보증 (QA)에 대한 기존 방침을 설명한다.

제3절 – 신규 체계에 대해 이용 가능한 기존 지원

115. 이 절의 목적은 기존의 수리 및 보급 시설을 설명하고 신규 체계의 지원을 위해 이용 가능한 다양한 업무를 수행할 수 있는 인원의 작업 기능 및 가용도의 표준 설명을 제공하기 위함이다. 일부 기존 시스템은 상세한 설명이 필요한 고유한 시설 및 지원을 가지고 있다. 인원의 역할은 정비 보다 운용에 더 강조되기 때문에, 정비지원을 정의할 때 일부 체계의 경우 주의가 필요하다.

지원 조직 및 기관

116. 체계 / 장비에 포함될 것 같은 기존의 운용 사령부, 부대, 및 하부 조직을 설명한다.

a. 체계 / 장비에 포함될 가능성이 있는 정비 및 수리 조직, 엔지니어링 지원 관리를 설명한다.

b. 체계 / 장비에 포함될 가능성이 있는 보급지원 관리를 설명한다.

c. 체계 / 장비에 포함될 가능성이 있는 교육지원 관리를 설명한다.

d. 체계 / 장비에 포함될 가능성이 있는 조직에 가장 적당한 규정 및 문서를 설명한다.

정비

117. 신규 체계 / 장비에 대해 이용 가능할 것 같은 정비계단을 설명한다.

118. 신규 체계 / 장비에 대해 이용 가능할 것 같은 정비 기지의 위치를 식별하고 가용도 및 능력을 정량화 한다:

a. 리프팅, 견인, 예인, 인양 및 강하를 위한 기지, 수리 및 정비시설의 위치를 식별하고 가용도 및 능력을 정량화 한다.

b. 지원 서비스 – 전력, 청수, 냉각수, 염수, 순수, 압축공기(고압 및 저압), 특수 무기체계 정렬 시설, 스팀, 전화, 폐처리물 처리(오수, 폐처리물 및 기름 목초), 탱크 세척, 용접대, 운반 및 저장 지역, 잔교 서비스, 도킹 및 중량물 수리시설, 기체, 새시와 선체 및 기계 수리, 115V 60Hz단상 전기 공급, 저압 공기, 냉온 청수, 적절한 작업대, 보관대 및 지원 물자의 위치를 식별하고 가용도 및 능력을 정량화 한다.

c. 인원 서비스 – 조리, 숙박, 오락 및 의료 – 의 위치를 식별하고 가용도 및 능력을 정량화 한다.

d. 조선소나 계약자 작업장에서 재생을 요하는 주 장비의 제거, 도장 및 보존, 주요 개조 및 개량의 구현을 포함하여 특수 시설의 위치를 식별하고 가용도 및 능력을 정량화 한다.

e. 특수하거나 독특한 시설, 서비스 정비 및 수리 조직의 위치를 식별하고 가용도 및 능력을 정량화 한다.

f. 정비, 결함 진단, 하드웨어 및 소프트웨어의 수정, 성능 시험 및 분석 그리고 특수 무기체계의 사용자 측면에 관련된 문제 대한 지원과 조언을 제공하기 위한 무기지원 전문 서비스의 위치를 식별하고 가용도 및 능력을 정량화 한다.

g. 수리 및 정비 시설의 위치를 식별하고 가용도 및 능력을 정량화 한다.

h. 서비스 정비 및 수리 조직의 위치를 식별하고 가용도 및 능력을 정량화 한다.

i. 국방부 / 4차 라인 수리시설을 소유한 국방기관의 위치를 식별하고 가용도 및 능력을 정량화 한다.

j. 부대편제 수리능력의 위치를 식별하고 가용도 및 능력을 정량화 한다.

k. 이동형 또는 배치가능 정비시설의 위치를 식별하고 가용도 및 능력을 정량화 한다.

l. 일반 전자장비의 정비, 검사 및 수리, 그리고 제한된 시설에서 운용 및 시험되는 이동형 장비의 수리를 위한 전자정비 시설의 위치를 식별하고 가용도 및 능력을 정량화 한다. 표준형 작업대, 휴대형 수리 공구, 공통 전자 시험장비 및 보관대의 능력을 식별한다.

m. 지정된 정전기 안전 취급장소의 가용도 및 능력을 정량화한다.

n. 전자 정비시설에서 서비스 되는 것 이외의 기계적 장비, 유압 및 전기적 장비의 유지, 정비 및 수리를 위한 금속 기계 작업 시설 및 작업장의 위치를 식별하고 가용도를 정량화 한다. 중형 갭 선반, 벤치 장착형 수직 드릴 기계, 연마기, 바이스, 표준자중시험기, 쌍안확대경 조각 시험기, 오일 함수 측정기, 진동 시험기, 충격펄스 측정기, 내시경, 견본유 채취키트, 배기가스 분석키트 및 초음파 세척기의 가용도 및 능력을 정량화 한다.

o. 판금작업, 용접, 배관, 철공, 목공, 및 GRP 수리 등, 기체, 몸체, 차체, 선체 구조

의 정비 및 수리를 위한 시설의 위치를 식별하고 가용도를 정량화 한다. 금속절단 띠톱, 공압 금속절단 톱, 연마기, 파이프 절단기, 벤치 장착형 드릴 기계, 알곤/전기 아크 및 가스 용접 및 절단 장비, 휴대형 유압 장치, 폭발식 리벳건 및 목공용 수공구 일습의 가용도 및 능력을 정량화 한다.

p. 항공 전자장비의 수리 및 일상 점검을 위한 시설의 위치를 식별하고 가용도 및 능력을 정량화 한다. 표준형 작업대, 시험용 도구, 공구 및 전자 시험장비 보관대의 가용도 및 능력을 정량화한다.

q. 전방 수리시설의 위치를 식별하고 가용도 및 능력을 정량화 한다.

r. 수리지원 시설의 위치를 식별하고 가용도 및 능력을 정량화 한다.

s. 검사 시설의 위치를 식별하고 가용도 및 능력을 정량화 한다.

t. 탄성 중합체 시설의 위치를 식별하고 가용도 및 능력을 정량화 한다.

u. 유해하고 위험한 물질의 저장 및 취급 시설의 위치를 식별하고 가용도 및 능력을 정량화 한다.

보급 지원

119. 자산 및 재고 통제 시스템의 위치를 식별하고 가용도 및 능력을 정량화 한다.

a. 수리부속 보급시설의 위치를 식별하고 가용도 및 능력을 정량화 한다.

b. 수리부속 보유 부대의 위치를 식별하고 가용도 및 능력을 정량화 한다.

c. 수리부속 보급 시스템의 위치를 식별하고 가용도 및 능력을 정량화 한다.

d. 수리부속 보충 시스템의 위치를 식별하고 가용도 및 능력을 정량화 한다.

e. 보급/이동 우선순위 코드 및 청구 소요시간, 특히 전투용 보급품, 연료, 오일, 윤활유, 물, 식량, 특수 가스, PPE, 탄약, 보급 연관성을 식별한다.

f. 군 / 부대 지정자, 소요 긴급성을 정량화 한다.

g. 특수저장 품목 식별의 가용도 및 능력을 정량화 한다.

지원 및 시험장비 (S&TE)

120. 시운전 및 교정 센터의 위치를 식별하고 가용도 및 능력을 정량화 한다.

121. 특수 공구 및 시험장비의 위치를 식별하고 가용도 및 능력을 정량화 한다.

122. 지원장비 및 시험 측정 및 진단 장비의 위치를 식별하고 가용도 및 능력을 정량화 한다.

123. 인력 및 인간 요소:

a. 이용 가능한 서비스 분과 조직 및 기술을 정량화 한다.

b. 이용 가능한 수병 / 항공병 / 보병을 정량화 한다.

c. 이용 가능한 운용자/전쟁 분과를 정량화 한다.

d. 이용 가능한 군수분과 체계를 정량화 한다.

e. 이용 가능한 군수기술 수준을 정량화 한다.

교육 및 교육 장비

124. 인원 및 교육의 위치를 식별하고 가용도 및 능력을 정량화 한다.

a. 참가 대상자 설명을 제공한다.

b. 함상 교육 시설의 위치를 식별하고 가용도 및 능력을 정량화 한다.

c. 운용자 교육시설의 위치를 식별하고 가용도 및 능력을 정량화 한다.

d. 정비자 교육 시설의 위치를 식별하고 가용도 및 능력을 정량화 한다.

기술 문서

125. 기존 기술 문서의 위치를 식별하고 가용도 및 능력을 정량화 한다.

포장, 취급, 저장 및 수송 (PHS&T)

126. 포장, 취급 및 저장 시설의 위치를 식별하고 가용도 및 능력을 정량화 한다.

a. 물자 취급장비의 능력과 한도를 식별한다.

b. 화물 취급 시설 및 장비의 능력 및 한도를 식별한다.

c. 모달 수송 시스템의 한도를 식별한다.

d. 중앙 분배 시설의 위치를 식별하고 가용도 및 능력을 정량화 한다.

e. 인도 방법을 식별한다.

f. 물자 이동방법을 식별한다.

군수 능력의 운용단계 모니터링

127. 운용단계 군수능력 모니터링 시스템 및 시설의 능력, 요구사항 및 한도를 식별한다.

소프트웨어 지원

128. 이용 가능한 언어 및 컴파일러를 식별한다.

129. 소프트웨어 정비 시설의 위치를 식별하고 가용도 및 능력을 정량화 한다.

점진적 획득

130. 기술삽입, 개조 프로세스, 점진적 획득 및 설계 후 서비스의 위치를 식별하고 가용도 및 능력을 정량화 한다.

시설

131. 엔지니어링, 저장, 대량 유류, 폭발물, 교육, 지원장비, 공구, 피복 등의 부대 내외 건물의 위치를 식별하고 가용도 및 능력을 정량화 한다.

표준화, 공통성 및 상호운용성

132. 수리부속 공통성, 공통 품목, 목록화 및 나토 재고번호의 사용과 관련한 군수 표준화, 공통성 및 상호운용성 분야를 식별한다.

관급자산

133. 관급장비, 정보, 시설 및 인원의 형식을 식별하고 가용도를 정량화 한다.

부록, 첨부 및 기타 지원 문서

134. 제안된 방침:

a. 신뢰도 및 정비도 방침
b. 정비 방침
c. 정비 라인/단계
d. 보급지원 방침
e. 지원 및 시험장비 (S&TE) 방침
f. 인력 및 인간 요소 방침
g. 교육 및 교육 장비 방침
i. 기술문서 방침
j. 포장, 취급, 저장 및 수송 (PHS&T) 방침
k. 폐처리 계획 방침
l. 군수 능력의 운용단계 모니터링 방침
m. 소프트웨어 지원 방침
n. 기술삽입, 개조 프로세스, 점진적 획득, 설계 후 서비스 방침
o. 표준화, 상호운용성 및 공통성 방침
p. 보안 및 지적 재산권 방침
q. 관급장비 및 정보 방침
r. 형상관리 (CM) 방침
s. 품질보증 (QA) 방침
t. 용어 및 약어 해설

135. 제안된 자원의 가용도:

a. 정비자원 가용도

b. 보급지원 자원 가용도

(1) 소요 긴급성

(2) 보급 우선순위 코드

(3) 표준 청구 소요시간

(4) 공통성 분야의 정의

c. 지원 및 시험장비 (S&TE) 자원 가용도

d. 인력 자원 가용도

e. 교육 및 교육장비 자원 가용도

f. 포장, 취급, 저장 및 수송 (PHS&T) 자원 가용도

g. 정보 시스템 자원 가용도

h. 소프트웨어 지원 자원 가용도

i. 관급장비 정보자원 가용도

136. 배포:

a. MILSM.

b. PT 리더

c. SA 관리자

d. 요구사항 관리자

e. 예산 관리자

f. 모델링 자원 조직

g. 교육 조직

h. 운용 사령부

i. 계약 분과

j. 업체

부록 I: 일반적인 ILS 계획 문서 작성 템플릿

1. 본 문서는 사업에 관련된 종합군수지원 계획 작성에 있어서 ILS 관리자를 지원하기 위해 국방부 ILS 정책팀에 의해 작성되었다. ILS 계획 템플릿은 ILS 과정 개발팀의 국방부 ILS 교육 그룹 관리에 의해 개발된 일련의 ILS 관리 문서 안내의 일부를 구성한다.

2. 본 문서는 사업에 관련된 종합군수지원 작업기술서 작성에 있어서 ILS 관리자를 지원하기 위해 국방부 ILS 정책팀에 의해 작성되었다. ILS SOW 템플릿은 DES JSC SCM-ENGTLS-Pol Co-Ord에 의해 개발된 일련의 ILS 관리 문서 안내의 일부를 구성한다.

3. 템플릿은 필수적이거나 규범적이지 않으므로 사용자에 의해 수정되어야 한다. 이것은 완전 개발 사업에 적용 가능하며, 최신화 및 개량 프로그램 중 교육 시설, 지원 시설, 소프트웨어, 무기체계 및 장비 또는 비-개발품(NDI) / 상용품 체계 및 장비 등에 사용될 때에는 조정 및/또는 개발되어야 한다. MILSM은 사업에 맞게 ILS 전략의 적용성을 정의하기 위해 범위를 수정해야 한다.

4. 이탤릭 체로 된 주석 부분은 최종 문서에서 삭제되어야 한다.

[사업명]에 대한 종합군수지원 계획

[문서 참조 번호]

작성자:

[문서 당국]

제목:

[날짜]

불출 조건 본 문서에 제공된 정보는 아무런 조건이나 편견 없이 제공된다. 이 정보는 영국 정부에 의해 국방 목적으로만 불출된다. 이 문서는 영국 정부에 의해 적용되는 보안 수준과 동일하게 다루어져야 한다.

서문

1. 본 문서는 영국정부의 자산이며, 공적인 용도를 위해 그 내용을 알고자 하는 자만을 위한 정보이다. 이 문서를 습득한 자는 영국 국방부, D MOD Sy, London, SW1A 2HB로 안전하게 반송될 수 있도록 습득 경위와 장소를 적어 영국 영사관, 영국 군부대 또는 영국 경찰서에 즉시 넘겨야 한다. 본 문서의 인가되지 않은 보유나 파손은 영국 공직자 비밀 엄수법 1911-1989를 위반하는 것이다. (정부 공직자 이외의 자에게 이를 불출하는 경우, 이 문서는 개인 단위로 불출된 것이며, 수령한 자는 영국 공직자 비밀 엄수법 1911-1989 또는 국가 법령의 조항 내에서 비밀 유지가 위임되고, 개인적으로 이를 안전하게 보호하고 그 내용을 비 인가자에게 공개하지 않도록 하는 책임을 진다.)

2. 본 문서가 추가로 필요한 경우, ILS 관리자 또는 ILS 사업 사무국에서 획득해야 한다. ILS 관리자는 수정판의 불출을 위해 보유자 등록 현황을 유지해야 한다.

3. 본 문서에서 참조하는 다른 요구사항, 사양서, 도면 또는 문서는 이들 문서의 최신판을 말한다.

4. 본 문서의 내용은 개발, 제작 또는 사용의 모든 단계에서 보건 안전에 관련된 법적 의무로부터 공급자 또는 사용자를 면책하지 않는다.

5. 본 문서는 국방부 내에서 그리고 국방부의 계약 수행에서 계약자가 사용하도록 작성되었으며 불공정 계약 조건 법 1977의 저촉을 받는다. 국방부는 계획이 다른 목적을 위해 이용된 경우 어떤 책임도 (국방부, 공직자 또는 기관 측의 부분에 대한 태만 등 포함) 지지 않는다.

문서 형상 통제

6 본 문서는 [문서 관리자]에 의해 관리된다. 이 문서는 완전한 본문 부분, 부록 또는 첨부의 발간에 의해 수정된다. 수정 상태는 해당 페이지의 바닥글 정보에 기록된다.

7. 각 사업단계의 완료 시 신규 버전의 문서가 발간된다.

개정 번호	일자	수정된 페이지	변경 내용	수정 반영자

참조 문서

8. 이 절의 목적은 사업의 지원 고려사항에 적당한 모든 관련 참조문서를 식별하기 위함이다.

서론

9. 이 절은 배경 정보가 계약자에게 제공되도록 하기 위해 제공된다.

종합군수지원

10. 종합군수지원은 아래 항목을 가능하게 하는 관리 분야이다:

a. 최적의 수명주기 비용으로 최적의 신뢰도 및 정비도 그리고 가용도가 확보되도록 한다.

b. 지원 고려사항에 의해 제품의 설계나 선택이 영향을 받도록 한다.

c. 제품을 위한 가장 적합한 지원의 식별 및 구매

사업

체계/장비 설명

11. 지원 소요를 이해할 수 있도록 제품이나 체계의 개요를 설명해야 한다. 이것은 사업에 직접 포함되지 않은 부분도 구매하는 장비의 계약적 요구사항에 관한 결정 근거를 이해할 수 있도록 한다. 이 설명은 요약 문서로부터 흔히 확보될 수 있으며, 다이어그램에 의해 가장 잘 표현될 수 있다. 주 ILS 계획의 본문을 참조할 수도 있다. 체계 / 장비의 기능 요구사항을 설명한다. 선호하는 정비 개념을 규정하나, 계약자의 새로운 안 도입이 제한된다는 의미를 내포해서는 안 된다. 상세한 주요 자원의 제한사항은 운용 연구에 식별된다.

사업 이력

12. 사업이나 제품의 이력이 여기에 설명된다. 이전의 연구 및 참조정보의 상세한 내용은 초기 작업을 검토하고 중복을 방지하기 위해 제공된다. 타당성 또는 사업정의 연구의 지원 추천사항은, 특히 정치적 또는 재정적 제한의 변경으로 인한 결과로 그 후에 수정되었다면, 문서화될 수 있다. 지원에 영향을 주는 모든 가정, 외부 요인 또는 관리상의 결정은 향후 분석에 고려되도록 하기 위해 참조되어야 한다.

구매 전략

13. 구매전략 옵션을 설명한다. 표준화 및 상호운용성에 대한 방침을 참조한다.

14. 플랫폼 또는 플랫폼 내의 하부체계가 다른 획득 전략으로부터 이익을 얻을 수도 있으므로 결정을 위한 대체 획득 전략을 검토한다. 특정한 요구를 충족하기 위해, 비록 넓은 범위의 획득 분류가 존재하지만, 이들은 주요 변수이다; 비-개발 품목, 즉 상용품, 국방부의 비-개발품목, 다른 군사용 비-개발품, UK 개발품목, 협동 개발품목, 주 계약자 체계 / 장비, 합작투자 계약 체계 / 장비, 계약자군수지원(다양한 정도), 민관협력, (임대), 점진적 능력 획득. 지원 옵션 매트릭스 상에 식별된 옵션. 다른 ILS 전략이 각각의 획득 형태에 적용되며, MILSM은 자신의 특정한 장비에 대한 획득 옵션을 정의할 때 각각의 상대적인 이점을 평가해야 한다. 고려해야 할 요소에는 국방부 및 정부의 방침, 비용, 적합성, 일정 및 위험이 포함된다.

ILS 전략

15. Def Stan 00-600 '국방부 사업을 위한 종합군수지원 요구사항'은 제품의 구매 및 수명기간에 걸친 지원에 대해 종합군수지원의 적용을 위한 국방부 요구사항을 식별한다. 수명기간 동안 수행되는 모든 ILS 활동은 계약에 명시된 Def Stan 00-600의 조정된 요구사항을 충족해야 한다.

16. ILS 요소 계획 및 특히 SA 활동은 중복을 방지하고 최적의 지원 구성이 식별되도록 사업 전반에 걸쳐 협조되어야 한다.

17. 상용품 장비의 이용은 지원 고려사항의 설계반영을 위한 기회를 제한한다. 설계의 자유도가 주어진 경우, ILS는 설계 프로세스에 지원이 고려되도록 하는데 이용된다. 설계 자유도가 없는 경우, ILS는 제안된 체계의 지원성을 평가하는데 이용된다.

배경

기존 지원전략과 통합

18. 기존의 지원 전략과 모든 지원 전략을 통합하기 위한 요구사항을 설명한다.

19. 국방부 내에서 ILS 방법론의 채용은 국방부 규격 (JSP)에 정의된 기존 유지 및 지원 방침의 연장이다. MILSM은 제품이 수명주기 동안 적절히 지원되도록 해야 할 책임이 있다.

20. ILS 및 SA 의 채용은 설계 프로세스 내의 지원 문제의 단계별 분석의 정의에 의한 설계 반영 목적을 달성하기 위하여 더욱 공식적인 체계를 추가한다. 또한, 이것은 체계화되고 통제된 방법으로 지원 데이터의 효율적인 관리를 가능하게 하는 기반시설을 제공한다. ILS의 적용은 기존 유지 및 지원 전략의 요구사항을 계약자에 대한 체계화된 지원성 평가를 부가하는 능력과, 결과로 나오는 데이터를 관리 및 취급하기 위한 정보 기술의 이용에 의해 보다 용이하고 비용 대 효율이 높게 달성되도록 한다. MILSM은 사업지원 팀에 대한 유사한 목표, 업무 및 책임을 가지고, ILS 계획이 사업지원 계획의 기초가 되도록 효과적으로 고려될 수 있다.

21. MILSM은 이 요구사항에 적용 가능하다고 판단된 상세한 SA 활동을 제공하는 관련 SA 전략도 참조한다. 중대한 국면에 장비의 추가적인 수량이 요구될 가능성이 있는 경우 다국적 측면도 개략적으로 설명되어야 한다. 지원 체계의 주요 관계자가 식별되고 이들의 요구사항을 설명한다.

군수 연구

22. 새로운 기술의 적용, 군수 능력의 비교 및 기존 장비에서 얻은 교훈에 관한 간단한 설명을 제공한다.

기타 요인

23. 사업에 적용될 수 있는 중요한 국제적, 정치적, 사회적, 환경적 또는 경제적 요인을 식별한다.

24. MILSM은 적용 가능한 모든 조기 결정과 함께 장비에 대한 요구사항의 발전에 대한 관련 배경을 제공한다. 이것은 조기 작업의 불필요한 중복을 방지한다.

사업승인을 위한 입력정보

25. ILS 및 사업 요구사항 세트(이전의 URD), 체계 요구사항 문서 및 수명주기관리계획 간의 관계를 식별한다.

ILS 문서

26. 아래 문서는 본 사업을 위한 ILS의 관리에 사용된다. 문서는 계약에 따른 것이거나 정보 목적용일 수 있다. 계약에 명확히 명시되지 않는 한, 이 문서의 내용이 계약 요구사항의 변경으로 간주되지 않는다.

ILS 전략

27. ILS 전략은 제품에 대해 ILS를 적용하기 위한 국방부의 접근방법이다.

지원성 분석 전략

28. SA 전략 문서는 제안된 장비와 그 지원 환경을 분석하고 최적화 할 때 본 사업의 요구를 충족하기 위해 SA 요구사항이 어떻게 테일러링되는지를 식별한다.

운용 연구

29. 이 운용 연구는 계약 문서는 아니다, 이것은 구매할 장비의 의도한 용도, 교체될 체계의 설명, 구상중인 지원 전략 및 기존 지원체계로부터 나타나는 제한사항, 인력 및 가용한 기술에 대한 정보(해당할 경우)를 포함하고 장비의 지원을 위해 활용될 수 있는 기존 및 향후의 자원을 식별한다. 운용 연구는 의도된 운용단계의 용도 및 국방부 요구사항의 해석에 대한 지침을 잠재적 입찰자 및 계약자를 포함한 외부 당사자에게 제공하나, 새로운 안의 도입을 제한하지는 않는다.

ILS 작업 분해구조

30. ILS 작업 분해구조 (WBS)는 ILS 프로그램을 지원하고 ILS 프로그램의 국방부 및 계약자 요소 양쪽을 위한 메커니즘을 제공한다.

ILS 작업기술서

31. ILS 작업기술서 (SOW)는 하나의 계약 문서이다. 이것은 계약자가 완수해야 할 활동을 설명한다. 여기에는 수행할 업무, 보고 요구 및 검토 일정에 대한 요구사항이 포함된다. SOW는 계약자료요구목록 (CDRL) 및 ILS 산출물 설명서 (ILSPD)에 의해 요구될 경우 보충된다.

계약문서요구목록

32. 계약문서요구목록 (CDRL)은 하나의 계약 문서이다. CDRL은 계약 조건에 따라 인도될 정보를 규정한다. 이것은 각 인도물품의 인도 요구사항 (일정 포함) 및 형상 통제를 정의한다. 상세한 내용이 요구될 경우, 별도의 ILS 산출물 설명서 (ILSPD)가 추가 정보의 제공을 통해 CDRL의 범위를 넓히는데 이용될 수 있다.

ILS 산출물 설명서

33. ILS 산출물 설명서는 사업 데이터의 형식, 표현 및 인도 요구사항을 규정한다.

SA 계획

34. 제안한 지원성 분석 계획(SAP)은 계약 체결 시 계약자료가 된다. 이것은 계약자에 의해 작성되며 SOW에 설명된 SA의 계약적 요구사항을 달성하기 위해 계획된 자신의 SA 조직 및 활동을 설명한다.

ILS 요소 계획

35. ILS 요소 계획은 ILS 계획의 핵심 부분이다. 이것은 지원 체계의 요소가 어떻게 설계, 구현, 운용 및 입증되는지를 규정한다.

종합지원계획

36. 종합지원계획(ISP)은 하나의 계약 문서이다. 이것은 계약자에 의해 작성되며 계약적 인도물품을 제공하기 위해 계획된 자신의 ILS 조직 및 활동을 설명한다. ISP는 그 내용에 의해 입찰 제안서의 ILS 내용이 평가되는 기본 문서이다; 따라서, 입찰에 대한 답변과 함께 포괄적인 초안을 포함하는 것이 필수적이다. ISP는 보통 사업에 대한 ILSP를 밀접하게 반영한다.

a. 국방부 사업팀에 의해 지금까지 완료된 보고서 및 연구결과

b. 추가 보고서나 연구결과의 세부 내용

종합군수지원계획

37. 국방부 군수지원 전략은 제품/체계 설계와 그의 통합된 장비 및 서비스의, 특히 임무 필수인, 지원성에 초점을 둔다. 종합군수지원 계획은 ILS 및 SA 전략 문서를 바탕으로 한다.

목표

38. ILSP의 목표는:

a. 군수 소요와 제한사항을 식별하고 문서화한다.

b. 요구된 군수 활동, 업무 및 마일스톤을 설명한다.

c. 모든 관련 ILS 요소와 업무가 고려되도록 한다.

d. ILS 프로그램 참가자를 위한 책임을 정한다.

39. 이 ILSP의 범위는 계약의 [단계 명 삽입] 단계를 위해 [참조사항 삽입]에 명시된 모든 임무 필수 제품, 체계, 관련 주변장치, 소프트웨어, 지원 및 시험장비, 일반 및 특수 공구, 교육, 문서, 핸드북, 매뉴얼 및 GFE / GFI / GFS / GFF에 대한 지원에 적용된다.

ILS 목적

40. 제품/체계에 대한 군수지원 노력은 아래와 같은 목적을 가진다:

a. 설계 , 성능 및 비용과 가중치로 군수지원 고려사항이 제품/체계 설계 제안에 포함되도록 한다.

b. 최소의 총 수명자금(TLF)으로 제품/체계에 대한 최적의 군수지원이 달성될 수 있도록 프로그램이 계획이 수립되도록 한다.

c. 기존의 국방부 절차와 통합하는 조정된 접근방법을 제공하는 다양한 지원 요소 계획을 식별하고 통합한다.

d. 지원성 소요가 설계에 반영되도록 하기 위해 체계 및 관련 제품이 유지되고 지원 기반시설이 SA 에 의해 결정되도록 하는 것이 국방부의 의도이다.

범위

41. 이 종합군수지원계획은 요구사항을 충족하는 제안된 [제품 종류 추가]의 구매를 위한 [사업명]에 적용된다. 종합군수지원을 위한 적절한 준비가 완료되었음을 보여주는 것이 이 계획의 의도이다. 이것은 ILS 팀을 위한 계획과 구성 그리고 제품/체계에 맞게 ILS 기능을 테일러링하는 것을 포함한다. 이 계획은 궁극적으로 계약에서 지금 단계의 군수지원 내용을 보여준다.

42. ILS 프로그램은 단독 활동이 아니며, 제안 체계에 대한 제안 지원 구조의 적합성을 보증하기 위하여 설계 프로세스와 긴밀하게 연결된다. ILS 분석은 설계의 군수 영향을 식별하는 이 개발을 반영하며, 대체 설계 옵션의 지원에 대한 지침을 제공한다. 이를 위해 특정한 ILS 업무의 계획 및 관리에 대해 공동 조정된 접근방법을 요구한다.

내용

43. ILSP의 내용은 특정 사업의 형태 및 단계에 따라 달라진다. 상세한 여러 검토 주기 및 적용되는 여러 기능의 개발을 위해 지원성 분석이 일단 시작되면, SA 활동이 별도의 문서로 개발되도록 요구한다. 이 견본 계획은 별도 문서, 즉 계약자 SA 계획으로 제공된 SA 활동과 함

께 이런 문서의 예를 제공한다. 그러나, SA 계획은 ILS 계획에 밀접하게 연결되어 있기 때문에 ILSP 에 대한 부록을 구성한다. 이와 유사하게, 신뢰도 및 정비도 (R&M) 활동은 ILA/SA 프로세스와 매우 긴밀하게 맞추어지고 동일한 데이터베이스를 활용하며, 서로 간에 데이터를 제공한다. R&M 활동도 Def Stan 00-40에 의해 정의된 하나의 전문 분야이다. 따라서 별도의 R&M 계획이 이 ILSP의 부록으로 작성되며, 이 두 전문 분야간의 인터페이스를 설명해 준다.

44. 종합군수지원 프로세스는 사업의 여러 설계 단계를 거치기 때문에 지원성 분석(SA) 활동을 통해 SA 요구사항에 대한 용이한 참조 문서를 제공한다. 국방부의 SA 적용을 이해하기 위해 국방부 획득 절차의 일반적 지식이 필요하다.

반복

45. 그림 1은 사업이 개발 수명주기를 통해 진행됨에 따라 ILSP가 어떻게 작성되고 개정되는지를 보여준다. 개발 수명주기의 여러 단계에서 ILS 프로세스에 적용되는 여러 가지 목표와 ILS 의 반복적인 특성을 식별한다.

46. 각 단계 마다 이 문서를 최신화 하는 것이 필요하다. MILSM은 이 문서의 형상관리를 책임 진다.

ILS 요구사항

47. 지원에 영향을 주는 운용상 및 조직상의 요구사항은 여기에 요약된다. 여기에는 다음 항목이 포함될 수 있다: 상세한 임무 프로파일, 사용중인 제품의 개수, 수리 루프의 세부사항, 군수 지연시간, 신뢰도, 정비도 및 가용도 요구와 같은 장비 준비성 목표. 만약 ILSP의 보안 등급 하향이 허용된다면, 인용해 쓰는 것이 적절할 수 있다. 이 자료는 지침용일 뿐이며, 실제적인 URS / SRD / 운용 연구를 소스 데이터로 참조해야 하는데, 이들 자료는 이 계획의 최신화와 상관없이 최신화 될 수 있기 때문이다. 이것은 여러 다른 문서에서 데이터의 일관성을 유지하기 위함이다.

지원 개념

48. 지원 기지의 공간 또는 중량 제한, 저장 방침 및 위치, 능력 등과 같은 제한사항과 함께 선호된 지원 전략이 정의되어야 한다. 이 정보의 많은 부분은 이미 운용 연구에 포함되어 있을 수 있으며, 이들은 반드시 참조되어야 한다.

그림 1 : 지원 개념도

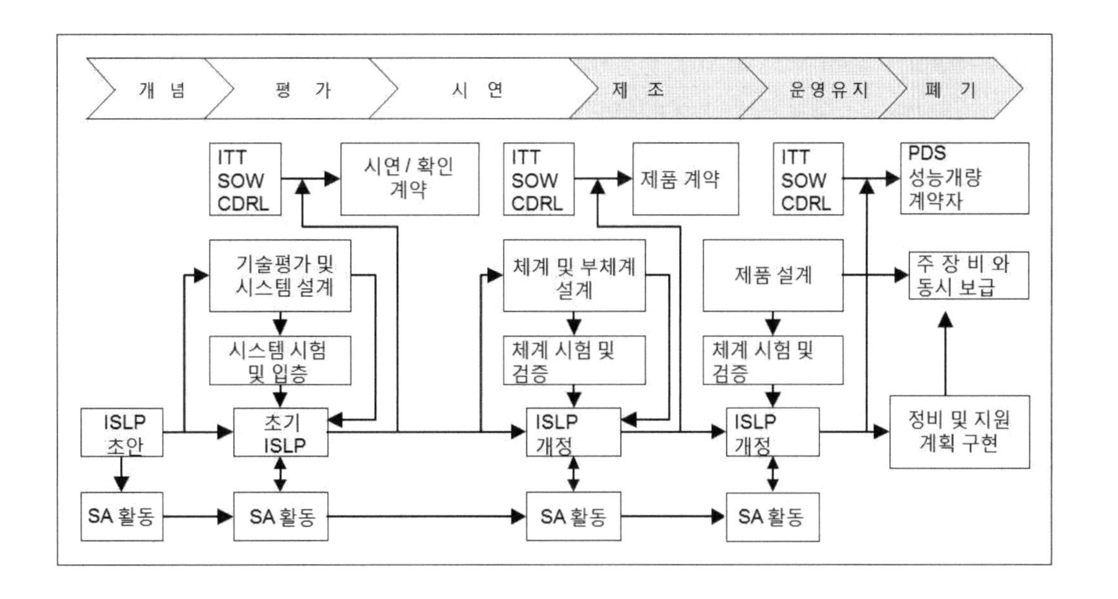

49. 소프트웨어 지원에 대한 전략, 특히 육상 통합시설의 필요성이 정의되어야 한다. 계약자 군수지원 (CLS) 정책의 채용에 대한 범위 및 전략도 식별되어야 한다. 기존 국방부 지원 체계와의 인터페이스와 궁극적으로 국방부 통제로 이양하는 것에 대한 전략과 함께 계약자의 책임이 정의되어야 한다. 국방부 방침을 따르지 않은 계약자의 개념 연구를 방지하기 위해 가능한 대체 지원 개념의 범위 및 수락에 대한 지침이 정의되어야 한다.

타당성 연구

50. 타당성 연구에서 ILS 요소의 목표는 제품 / 체계에 대한 지원성 소요를 정의 분석 하고 비용을 산출하는 것이다.

ILS 조직

요구사항 관리자

51. 소속, 전화번호, 팩스, 이 메일 주소 및 위치와 함께 스폰서가 식별된다.

사업팀

52. 사업팀 (PT) 구조는 여기에 식별된다.

a. ILS 조직은 사업팀 리더가 주도하는 사업팀의 핵심 부분이다. PT 리더는 소속, 전화번호, 팩스, 이 메일 주소 및 위치와 함께 식별된다.

b. 여러 설계팀, 조직 및 전문 지원 요소간의 관계를 책임 / 보고 경로가 나타나게 도표를 이용하여 정의한다.

그림 2: ILSP의 수명주기

<table>
<tr><th>개념 공식화</th><th>평가</th><th>시연</th><th>제작 및 운용단계</th><th colspan="2">운용 및 지원</th></tr>
<tr><td rowspan="3">비용</td><td>대안의 TLF 예측 개발</td><td>TLF 영향을 고려한 요구사항</td><td>선정된 대안 내</td><td rowspan="3" colspan="2">TLS 영향을 고려한 제품 개선</td></tr>
<tr><td>가용 한도와 비교</td><td>대안의 TLF 예측 정의</td><td>세밀화/TLF 최신화</td></tr>
<tr><td>주 체계 요구사항의 관련 문제</td><td>가용한 한도 세밀화 및 비용 목표에 맞춘 설계</td><td>비용에 맞춘 설계</td></tr>
<tr><td rowspan="8">종합
군수지원</td><td colspan="5">지원성 분석 (SA)</td></tr>
<tr><td>ILSP 초안</td><td>ILSP 최신화</td><td>ILSP 최신화
지원체계의 시험평가
운용단계 지원계획</td><td colspan="2">지원계획 이행</td></tr>
<tr><td>준비성 및 R&M
목표 식별</td><td>군수지원체계의 설계 완성</td><td>모든 필요한 지원품목 획득</td><td colspan="2">운용 지원</td></tr>
<tr><td>인력 제한요소 식별</td><td>ILS가 설계 절충의 일부임을 보장</td><td>필요 시 후퇴전략 구현.</td><td colspan="2">지원비용 연구</td></tr>
<tr><td>ILS 전략 개발</td><td></td><td colspan="3">체계 및 모든 지원 품목 인도</td></tr>
<tr><td>대체 지원개념 연구</td><td></td><td></td><td colspan="2"></td></tr>
<tr><td>설계반영 정의
각 대안의 군수 영향</td><td>지원 위험 해결</td><td></td><td>지원 비용 연구</td><td>설계 후 지원</td></tr>
<tr><td>위험 식별</td><td></td><td></td><td></td><td></td></tr>
<tr><td>시험 평가</td><td>시험결과/연구 보고서</td><td>시험결과/연구 보고서</td><td>수락 문서</td><td colspan="2">운용단계 신뢰도 시연</td></tr>
</table>

ILS 관리

국방부 ILS 관리자 (MILSM)

53. 국방부 ILS 관리자 (MILSM)는 [사업명 삽입]의 획득에 관련된 모든 ILS 활동의 계획 및 수행에 대해 사업 관리자에게 책임이 있다. MILSM은 [소속, 전화번호, 팩스, 이메일 주소 및 위치 삽입]이다. MILSM은 공동으로 조정되고 경제적인 방법으로 적기에 계획 및 활동이 가능하도록 해야 한다. MILSM은 ILS의 기본 요소로 구성된 테일러링된 ILS 프로그램을 만드는데 필요한 조치와 활동을 정의한다. MILSM은 계약자 ILS 관리자와 여러 하청 계약자를 위한 ILS 프로그램 요소에 대한 중심점을 제공한다.

핵심 인원

54. ILS 조직을 설명하고 핵심 ILS 인원과 그들의 책임을 식별한다. 예, SA 관리자, ILS에 입력 정보를 가진 다른 조직 내의 다른 인원을 삽입한다. 사업의 ILS 측면에 도움을 주는 계약자의 모든 지원 담당을 식별한다.

ILS 조직 및 인터페이스

55. ILS 조직과 엔지니어링/설계 간의 인터페이스를 설명한다. 다른 지원 요소, 조직 및 전문 지원 담당 간의 관계를 가급적이면 도표를 이용하여 책임과 보고 경로가 보이도록 식별한다. 계약적 승인, 수락 및 인도물품의 내부 배분 등과 같은 상세한 통신의 승인 및 분배 절차.

ILS 교육

56. 모든 ILS 라이선스를 포함하여 국방부 ILS 팀이 가지고 있는 모든 교육 소요를 식별한다.

계약자 ILS 조직

57. ILS 조직과 계약자 ILS 관리팀간의 각각의 인터페이스를 정의한다; 즉, 사업 관리자, ILS 및 SA 관리자, 등. 국방부 및 계약자간의 공식 및 비공식 소통을 위한 상세 문의처.

ILS 프로그램

프로그램 개요

58. 제품개발 프로그램은 사업의 적절한 단계별로 프로그램을 설명해야 한다. 이 문서가 최신화 될 때와 인도물품이 계약자로부터 인도될 때를 설명해야 한다. 계약 체결 전, 목록은 ILS 사양서에 삽입된 요구사항을 설명하고, 계약 후 계약자와 합의된 날짜가 삽입된다.

작업 분해구조

59. 사업 작업분해구조의 ILS 요소를 정의한다. 개략적인 내용은 여기에 소개하고 상세 내용은 부록으로 제공될 수 있다. 사업 일정의 변경이 식별되고 ILS 업무에 대한 영향이 식별되어야 한다.

업무 책임

60. ILS 업무에 대한 책임을 정의한다. 개략적인 내용은 여기에 소개하고 상세 내용은 부록으로 제공될 수 있다.

ILS 마일스톤 계획

61. 프로그램 일정은 ILS 업무의 모든 초안 및 최종본 인도물품이 언제 요구되는지를 나타낸다.

62. 프로그램은 아래 항목을 고려할 수 있다:

활동내용	일자
ILS 전략 초안 작성	
ILS 프로그램 초안 작성	
SA 전략 초안 작성	
SA 프로그램 초안 작성	
정보저장소 수립 계획 초안 작성	
입찰요청서	
입찰	
ITT 평가	
계약 체결	
군수계획 회의	
전체 지원계획 요약	
주요 지원업무 관리 프로그램 초안 작성	
설치	
준비일자	
교육준비완료일자	
군수지원일자	
장비 전력화 일자	
트레이너 전력화 일자	

63. 일정은 예상 문제점이 식별되는 시간을 고려해 도표 형식으로 만든다.

64. ILS, SA, R&M 요소 간의 관계를 나타내는 주요 사업 마일스톤을 정의한다. 이것은 ILS/SA 활동이 설계 개발상황과 일치되도록 사업 및 설계 마일스톤과 연결된다. (예)

a. 요구된 목표 일자

b. 군수 지원 일자

c. 전력화 일자

d. 개략적인 것은 여기에 나타내고 상세한 내용은 부록으로 제공될 수 있다.

작업기술서

65. SOW는 ILS 업무, 책임 및 인도물품을 나열한다. 모든 ILS/SA 인도물품 및 회의가 식별된다. 이것은 CDRL이나 관련 ILS PD 형식으로 제공될 수 있다. ILS SOW는 계약 체결 시 계약 문서가 된다. 이것은 계약자가 수행해야 할 활동을 설명한다. 여기에는 수행해야 할 업무, 보고 요구사항, 검토회의 소요 및 시기가 포함된다. SOW는 필요 시 계약문서 요구목록(CDRL) 및 데이터 항목 설명(DID)에 의해 요구될 때 보완된다. 프로그램의 각 단계나 체계에

대해 개별 SOW가 요구된다. CDRL 서식 및 일부 ILS PD 견본은 JSP 886 제7권에 수록되어 있다.

진도 모니터링 및 검토

66. 진도 모니터링 및 검토에 대한 절차, 회의 및 파라미터를 설명한다.

자금

67. ILS 및 SA 활동에 대한 예측된 가용한 자금은 현재 단계와 이후의 작업을 위한 제안된 활동에 적절한 자금지원이 이루어지도록 하기 위해 정기적으로 검토 및 모니터링 되어야 한다. 자금에 대한 상세한 내용은 별도의 기밀 문서에 유지된다. 자금의 획득, 모니터링 및 검토를 위한 절차 및 책임은 여기에 포함될 수 있다.

68. 이 ILSP를 업체에 제공하려고 한다면, 이 부분은 반드시 제거되어야 한다.

자금 및 계약 관리

69. MILSM은 계약 진도가 어떻게 모니터링 되고, ILS 업무에 대한 단계별 대금 지불을 고려한 주요 마일스톤이 어떻게 만들어지며, 대금지불이 어떻게 누구에 의해 승인되는지를 설명한다. 또한 계약 수정이 어떻게 시작되고 승인 및 평가되는지도 설명한다. 이것은 계약서의 적절한 조항의 참조를 통해 나타낼 수 있다.

70. 당국은 군수지원 또는 형상통제관리위원회의 일부로서 정해진 주기, 통상 6주 간격으로 계약자의 공장에서 검토회의를 실시한다. 당국/계약자간의 인터페이스가 계약자가 정의한 SA활동에 부합되는지 학인하고, SA 데이터 소요를 결정하며, SA 활동의 합의된 모든 변경이 SA 계획에 반영되도록 하기 위해 최초 검토회의는 계약 체결 후 30일 이내에 실시된다. 계약자는 의제 준비, 기록 및 회의록 작성 배포 그리고 기술 참조자료 제공을 통해 SA 검토 팀을 지원한다. SA 검토 회의 시, 계약자 ILS 관리자 (또는 인가된 대표자)는 계약자를 대변하고 입장을 밝히는 권한을 가지고 참석한다. 각 SA 검토 시작 시, 계약자는 검토 대상인 각 제품, 체계 및 하부 체계의 기능과 지금까지 개발된 정비 계획을 설명하는 발표를 한다. 계약자는 전반적인 SA 상황을 발표하고 예상 문제점을 식별한다. 문제점 또는 지연 그리고 제안된 경감조치 내용의 통지는 의제로 제안된 항목으로 검토되기 전에 당국으로 제출되어야 한다. 계약자는 이후 미결 항목의 달성 상황을 모니터링 한다.

71. 계약 수정의 개시, 승인 및 평가 절차는 국방부 계약 분과 및 계약자의 계약 부서와 합의되어야 한다.

사업 승인을 위한 입력정보

72. TLMP, IGBC 및 MGBC의 입력정보를 포함하여 사업의 군수지원 요소에 대한 장단기 자금계획의 제출 프로세스를 설명한다.

SA 전략

73. 사업의 본 단계에 적용되는 SA 전략의 요소는 SA 계획 [문서 참조번호]에 요약된다. 여기에는 아래 항목에 대한 요구사항 및 방침이 포함된다:

a. SA 대상품목의 식별

b. 중요 품목 형상통제 이행 방법

c. SA에 대한 테일러링 및 책임

d. SA 업무 및 인도물품의 일정

74. SA 계획의 견본은 JSP 886 제7권 2부의 부록에 수록되어 있으며 아래 사항을 설명한다:

a. SA 프로그램

b. SA 검토

c. 운용 연구

d. 임무 하드웨어, 펌웨어, 소프트웨어 및 지원체계 정의

e. 지원성 및 지원성 관련 설계 요소

f. 기능소요 식별

g. 고장 유형 영향 및 치명도 분석 (FMECA).

h. 계획된 정비 시스템

i. 업무 분석

j. 조기 야전배치 분석 - 시설 소요

k. 지원성 평가

75. 생산 후 지원계획은 통상 SA 계획에 포함된다. 별도의 생산 후 지원계획의 필요성은 보통 COTS 품목의 급격한 발전 등으로 인한 제품 생산능력이 변동될 수 있을 경우에 요구된다. MILSM은 사업을 위해 별도의 계획이 요구되는지를 판단한다.

ILS 요소 계획

76. ILS 프로그램은 다수의 개별 요소를 포함할 수 있다. 단순한 계약의 경우, 이것은 주 ILSP 내에 설명될 수 있으며, 실제로는 MILSM이 아래와 같은 요소 계획을 개발해야 한다.

신뢰도 및 정비도 (R&M) 계획

77. ILS 및 R&M간의 관계와 각 활동에 포함된 프로세스 간의 데이터 흐름을 규정한다.

정비 계획

78. 이 계획은 아래 항목에 대한 방침, 책임, 프로세스 및 절차에 대한 상세 정보를 제공한다:

a. 장비 / 플랫폼에 대한 전체적인 방침

b. 정비계단 방침

c. 계획정비, 수정정비에 대한 정비일정

d. 정보 패키지 및 자료 묶음

e. 정비 한계 및 제거 경로

보급 지원 계획

79. SA는 요구사항을 개발한다. 책임 및 일정과 함께 범위 및 규모조절, 초도 보급 및 재 보급에 대한 방침이 요구된다. 적절한 모델, 자금 통제 및 관리를 위한 제도의 식별 및 개발도 결정되어야 한다.

a. 계획은 아래 항목의 평가, 제공 및 비용을 다룬다:

b. 자체 수리부속 (BIS).

c. 초도 보급 - 정비용 수리 부속

d. 시험 및 조정용 수리부속

e. 초도 보충 재고 (IRS).

f. 초도 수리 프로그램 지원

g. 총 수명분 구매

h. 장비가동 팩

i. 장납기 품목

지원 및 시험장비 (S&TE) 계획

80. SA에 의해 식별된 소요의 정의 및 구매

시설 계획

81. 기존 자산에 의해 부가된 개발 및 제한사항, 신규 공장, 창고, 정비/시설 및 기반시설 지원의 식별, 승인, 비용 및 개발/개조.

인력 및 인간요소 계획

82. 인간-기계 인터페이스에 인간이 참여하도록 하기 위해 분석 및 설계반영을 수행하는 것은 가능한 한 안전하고 효율적이어야 한다. 인간요소 통합계획은 설계 책임을 포함하며, 인간요소 관리자에 의해 작성된다; 이 요소 계획은 인간요소의 지원성 측면과 HFI 활동에 대한 책

임의 연결/분리를 식별한다.

83. ILS / SA는 지원성 안전문제 및 이를 안전관리자에게 보고하는 문제를 식별해야 한다. MILSM은 어떤 방법이 사업에 적절한지 결정해야 한다.

교육 및 교육장비 계획

84. 가용한 인력 및 기술의 상세한 정보는 운용 연구에 포함되나, 새로운 것이나 독특한 사업 관련 부분은 여기에서 강조한다. 교육 및 인력 소요에 대한 모든 특수한 전략 및 제한사항이 식별된다. 특히, 시운전 팀, 국방부 훈련 교관의 사전 수락 교육에 대한 방침이 설명되어야 한다.

기술문서 계획

85. 기술자료, 이의 관리 및 형상통제, 출판 및 일정의 식별에 대한 절차

포장, 취급, 저장 및 수송 (PHS&T) 계획

86. 방침, 절차, 특수 소요 및 영향, 안전 및 주의사항의 식별

폐처리 계획

87. 설계 프로세스 동안 MILSM은 운용단계 및 수명 종료 후 제품의 폐처리를 위한 요구사항에 대해 고려해야 한다. TLF 비용 고려라는 것은 기존의 법령 보다는 예상되는 환경 법령에 따라 사업의 위험 관리 계획에 제품의 폐처리가 설명되어야 한다는 것을 뜻한다. 교체 검토 시기에 국방부의 조언을 받아 구식이나 잉여 물자의 폐처리 시기를 결정하는 것은 보통 소유하고 있는 군의 책임이다. 폐처리에 필요한 자금은 예상 운용수명을 기준으로 하여 프로그램 거래 타당성에 반영되어야 한다. 폐처리에 대한 전형적인 옵션은 판매, 교환, 재사용 또는 파쇄이다.

군수정보 계획

88. MILSM은 각 지원 분야의 계획 및 진도가 가시적이 될 수 있도록 군수정보 관리 시스템을 갖추어야 한다. 이것은 기존 또는 향후 정보기술 자원의 사용을 어떻게 극대화 하는지를 식별하고, 체계 소요의 수명주기에 걸친 제품 사업 단계에서 적절한 도구로 유지되도록 한다.

총 수명 재원 계획

89. 설계 결정 인자로서의 TLF 사용에 대한 방침과 개발 및 장비의 운용단계 수명에 걸친 TLF 모델의 개발 및 유지에 대한 모든 요구사항 및 책임이 정의되어야 한다.

90. TLF 계획은 소프트웨어 및 하드웨어 비용을 산출하는데 이용되는 방법론 구조 및 데이터 요소를 설명한다.

지원폭주 소요 계획

91. MILSM은 중대 국면 동안 제품/체계에 대한 모든 지원폭주 소요와 이에 대한 계약적 준비를 식별해야 한다.

운용단계 지원 계획

92. 운용단계 지원 계획은 군으로의 이전과 운용단계 지원이 가능한 한 가장 비용효율이 높고 효율적인 방법으로 수행되도록 하기 위해 필요한 ILS/SA 활동 및 인터페이스를 식별한다. 여기에는 아래 항목이 포함된다:

a. 운용단계 지원 준비

b. 운용단계 활동

c. 단종 및 폐처리

군수능력의 운용단계 모니터링 계획

93. MILSM은 제품 및 지원 시설의 운용 수명 동안 총 수명자금의 각 요소에 대해 달성된 능력을 비교하는 데이터의 수집 및 모니터링의 필요성을 고려한다. 제품의 기능, 신뢰도, 정비도 및 지원 능력 달성은 정기적으로 검토되어야 한다. 여기에는 현재의 운용단계 능력 데이터와 함께 총 수명자금 비용 산출 실행이 포함될 수 있다.

94. MILSM은 능력 수치의 실제적 사용을 이용한 적절한 수준의 상세정보를 예측된 수치와 비교한 후 지원 전략을 검토하기 위한 필요성을 고려해야 한다. 가능한 결과로는 변경 없음, 하자보증 요청, 지원 구조의 수정, 장비의 수정, 장비 복구를 위한 오버 홀 및 장비의 폐처리 등이 포함될 수 있다.

소프트웨어 지원 계획

95. 소프트웨어 지원 요소 계획은 체계나 장비의 소프트웨어 요소에 SA 방법론을 적용하는 것을 설명한다. 이것은 아래 항목을 설명한다:

a. 소프트웨어 지원 묶음의 정의

b. 지원방침 상에서 소프트웨어의 영향

c. 지원자원의 식별, 정량화 및 최소화

d. 정보 저장소에 소프트웨어 수록

야전배치 계획

96. MILSM은 사용 제품의 개량에 대한 제안을 식별한다.

97. 야전배치 계획은:

a. 배속을 완료하기 전 모든 임시 지원준비에 대한 배치 및 저장 지점을 명시한다.

b. 초기 배치 품목에서 장비나 지원의 초도 배치를 설명한다.

c. 생산 인도 일정에 연결한다.

d. 효과적인 지원 없이 배치된 장비의 위험을 관리할 수단을 설명한다.

e. 군수 마일스톤이 충족되지 않았거나 장비가 LSD 이전에 배치된 경우의 지원을 위한 비상 계획을 포함한다.

f. 운용단계로의 원활한 이전을 위한 계획을 포함한다.

설계 후 기술 삽입, 개조 프로세스 계획

98. 이 계획은 장비에 대한 개조 및 개량을 개발하는 동안 Def Stan 00-600에 식별된 원칙이 사용되도록 하기 위해 개발 후 활동 (즉, 장비의 수락 후)의 하나로 수행하는데 필요한 업무를 설명한다. 여기에는 아래 항목이 포함된다:

a. 진행중인 PDS 기능

b. 개조에 SA 적용

c. ILS 요소에 대한 PDS 조치의 영향

표준화 계획

이 계획의 주요 목적은 혼합된 전장 시나리오에서 수리부속, 비축품 및 장비의 공통성을 식별하기 위한 것이다. MILSM은 자신의 특정 사업이 별도의 활동과 계획을 요구하는지 또는 업무가 SA 활동에 포함될 수 있는지를 판단한다 (예, 장비가 나토 작전을 위한 것인지 아니면 다국적 사업용인지).

수락기준 계획

MILSM은 예상되는 인도에 대한 수행 측정에 대해 계약자에게 통지해야 한다. 이를 위한 가장 효과적인 방법은 각 인도물품에 대한 수락 기준을 계약서에 규정하는 것이다.

지원성 시험, 평가 및 검증

지원성 평가는 지원성 달성 수준의 감사 프로세스이다. 이것은 모든 결함을 식별하고 체계 준비성의 달성 또는 향상을 위해 필요한 모든 개선을 제안한다.

이 분야에는 아래와 같은 6가지의 하위 활동이 있다:

a. ILS 요구사항에 식별된 준비성 목표의 달성을 확인하기 위하여 시험평가 전략을 수립한다.

b. 지원성 보고서, 추천사항 및 문서의 결과를 포함한 지원 패키지를 만든다.

c. 시험 평가 프로세스를 수립하고 문서화 할 프로그램을 만든다.

d. 목표 준비성 요소의 달성을 검증하기 위하여 시험 결과를 분석한다.

e. 실제 야전 능력이 모니터링 되도록 하는 효율적인 보고 계통을 개발한다.

f. 지원성 목표의 달성을 검증하기 위하여 지원성 데이터를 분석한다.

g. SA 관리자는 실제 평가 가정과 체계의 운용단계 운용이 최적화된 제안 운용 정비개념에 해당하는지를 확인한다.

군수 시연

군수 시연은 주 장비와 같이 제공된 지원 기반시설의 검토 및 수락을 위한 MILSM 및 계약자 간의 일련의 회의로 구성된다.

처음에는 정보 저장소, 추천 수리부속 및 STTE 추천의 검토 그리고 견본 핸드북의 조사 형태이다. 사업이 진행됨에 따라, 지원 체계 및 추천사항의 실제 장비에 대한 검토가 필요하게 된다. 이것은 장비의 수락과 입증 프로그램에 연결된다. 사업의 복잡성에 따라, 별도의 지원성 시험평가 계획이 요구될 수 있으나 이것은 주 장비 수락계획에 통합된다.

MILSM은:

a. ITT에 포함시키기 위해 시험평가소요를 설명한다. 이 소요는 사업 프로그램 계획과 일치해야 한다.

b. MILSM은 계약자가 제출한 시험평가 계획을 검토하고 평가한다.

c. 계획에 설명된 시험평가 시연에 참관하고 수락한다. 군수시연의 결과를 반영하고 정보 저장소를 최신화 하는 책임이 정의되어야 한다.

보안 및 지적 재산권

MILSM은 운용단계 관리업무를 수행하면서 지원업무 및 자원의 식별을 위한 충분한 정보 구매에 관련된 IPR 문제 극복 방법을 고려해야 한다.

관급자산 관리 계획

이 절은 계약자에게 제공된 모든 GFE/GFI/GFS/GFF를 설명한다. 아래 항목이 설명되어야 한다:

a. 품목의 설명

b. 계약자에게 인도

c. 품목에 대한 문서 및 인도 시점에 대한 정보

d. GFE 품목에 대한 SA 데이터의 제공

e. GFE의 정비 책임

f. 수리 및 재 보급 절차

g. 개조 상태

h. 이전 절차

i. 사업분석에 통합 범위 (예, 신뢰도 산출 등)

형상관리 (CM) 계획

군수 활동은 형상관리 업무에 통합된다. ILS 담당은 형상감사 및 검토, 군수지원 또는 형상 및 변경관리위원회 활동, 그리고 하청 계약자 형상관리 활동에 참여한다.

품질 보증 (QA) 계획

MILSM은 효과적인 위험관리와 함께 적절한 평가가 보장되도록 ILS 인도물품의 입증과 시험 및 시연 계획이 QA 계획과 조정되도록 한다. ILS의 품질보증은 사업팀 QA 계획에 설명되어야 한다.

위험관리 계획

MILSM은 ILS 업무에 대한 위험 평가를 정기적으로 수행해야 한다. 위험의 식별 및 위험경감 대책에 대한 책임 및 절차가 정의되어야 한다.

안전 계획

MILSM은 계약자에 의해 식별된 지원 안전 문제를 모니터링 해야 한다. 또 사업에서 안전에 대해 누가 책임을 지며 필요한 모든 인터페이스에 합의해야 하는지 식별한다.

안전은 인간 요소의 요구사항이다. MILSM은 조기 연구의 결과로 알려진 모든 지원성 안전 문제를 규정한다. 또한, 사업 안전 절차에 따라 지원성 안전 문제를 식별하고 이를 안전 관리자에게 통지하는 책임이 있다.

군수 데이터 저장소 교환 합의

설명해야 할 분야는 아래와 같다:

a. LCIA의 사용.

b. 전자식 예비품 관리방식 채용

c. SA 및 군수정보 저장소 데이터의 사용 및 교환 (특히 SA 전략 및 SA 계획에 설명된)

d. 사업팀 및 국방부 기관간의 데이터 흐름

e. 사업과 장비/주 계약자간의 데이터 흐름

컴퓨터 자원의 구매

아래 IT 품목은 국방부 사업팀이 사용하도록 구매된다. 이들은 [내부 절차에 의한 것인지 장비계약의 일부인 경우인지를 정의] 에 의해 구매된다.

비 작전 컴퓨터 자원(NOCR)은 지원체계의 일부이며 이 목록에 제외된다. 이들은 정비 요소 계획 또는 필요 시 별도의 NOCR 요소 계획에 설명될 수 있다.

지원성 케이스 생성

지원성 케이스의 생성 메커니즘을 설명해야 한다. 상세한 지침은 JSP 886 제7권 9부 지원성 케이스에 수록되어 있다.

지원성 케이스와 아래 항목간의 연결이 설명돼야 한다:

a. 군수정보 저장소

b. 형상관리 시스템

c. LSC 및 ISLSC.

용어 및 약어 해설

제안된 부록:

a. 설계 반영 계획

b. 정비 계획

c. 보급지원 계획

d. 지원 및 시험장비 (S&TE) 계획

e. 신뢰도 및 정비도 (R&M) 계획

f. 시설 계획

g. 인력 및 인간요소 계획

h. 교육 및 교육 장비 계획

i. 기술문서 계획

j. 포장, 취급, 저장 및 수송 (PHS&T) 계획

k. 폐처리 계획

l. 지원정보 관리 시스템 계획

m. TLF 계획

n. 지원폭주 소요 계획

o. 운용단계 지원 계획

p. 군수능력 운용단계 모니터링 계획

q. 소프트웨어 지원 계획

r. 야전배치 계획

s. 기술삽입, 개조 프로세스, 점진적 획득, 설계 후 서비스 계획

t. 표준화 계획

u. 수락기준 계획

v. 보안 및 지적 재산권 계획

w. 관급자산 관리 계획

x. 형상관리 (CM).

y. 위험관리 계획

z. 품질 보증 (QA) 계획

aa. 안전 계획

bb. 전자 데이터 교환 합의

cc. 배포

부록 J: 일반적인 지원성 분석 전략

문서 작성 템플릿

1. 본 문서는 사업에 관련된 종합군수지원 계획 작성에 있어서 ILS 관리자를 지원하기 위해 국방부 ILS 정책팀에 의해 작성되었다. ILS 계획 템플릿은 ILS 과정 개발팀의 국방부 ILS 교육 그룹 관리에 의해 개발된 일련의 ILS 관리 문서 안내의 일부를 구성한다.

2. 본 문서는 사업에 관련된 종합군수지원 작업기술서 작성에 있어서 ILS 관리자를 지원하기 위해 국방부 ILS 정책팀에 의해 작성되었다. ILS SOW 템플릿은 DES JSC SCM-ENGTLS-Pol Co-Ord에 의해 개발된 일련의 ILS 관리 문서 안내의 일부를 구성한다.

3. 템플릿은 필수적이거나 규범적이지 않으므로 사용자에 의해 수정되어야 한다. 이것은 완전 개발 사업에 적용 가능하며, 최신화 및 개량 프로그램 중 교육 시설, 지원 시설, 소프트웨어, 무기체계 및 장비 또는 비-개발품(NDI) / 상용품 체계 및 장비 등에 사용될 때에는 조정 및/또는 개발되어야 한다. MILSM은 사업에 맞게 ILS 전략의 적용성을 정의하기 위해 범위를 수정해야 한다.

4. 이탤릭 체로 된 주석 부분은 최종 문서에서 삭제되어야 한다.

[사업명]에 대한 지원성 분석 전략

[문서 참조번호]

작성자:

[문서 당국]

제목:

[날짜]

불출 조건 본 문서에 제공된 정보는 아무런 조건이나 편견 없이 제공된다. 이 정보는 영국 정부에 의해 국방 목적으로만 불출된다. 이 문서는 영국 정부에 의해 적용되는 보안 수준과 동일하게 다루어져야 한다.

서문

1. 본 문서는 영국정부의 자산이며, 공적인 용도를 위해 그 내용을 알고자 하는 자만을 위한 정보이다. 이 문서를 습득한 자는 영국 국방부, D MOD Sy, London, SW1A 2HB로 안전하게 반송될 수 있도록 습득 경위와 장소를 적어 영국 영사관, 영국 군부대 또는 영국 경찰서에 즉시 넘겨야 한다. 본 문서의 인가되지 않은 보유나 파손은 영국 공직자 비밀 엄수법 1911-1989를 위반하는 것이다. (정부 공직자 이외의 자에게 이를 불출하는 경우, 이 문서는 개인 단위로 불출된 것이며, 수령한 자는 영국 공직자 비밀 엄수법 1911-1989 또는 국가 법령의 조항 내에서 비밀 유지가 위임되고, 개인적으로 이를 안전하게 보호하고 그 내용을 비 인가자에게 공개하지 않도록 하는 책임을 진다.)

2. 본 문서가 추가로 필요한 경우, ILS 관리자 또는 ILS 사업 사무국에서 획득해야 한다. ILS 관리자는 수정판의 불출을 위해 보유자 등록 현황을 유지해야 한다.

3. 본 문서에서 참조하는 다른 요구사항, 사양서, 도면 또는 문서는 이들 문서의 최신판을 말한다.

4. 본 문서의 내용은 개발, 제작 또는 사용의 모든 단계에서 보건 안전에 관련된 법적 의무로부터 공급자 또는 사용자를 면책하지 않는다.

5. 본 문서는 국방부 내에서 그리고 국방부의 계약 수행에서 계약자가 사용하도록 작성되었으며 불공정 계약 조건 법 1977의 저촉을 받는다. 국방부는 계획이 다른 목적을 위해 이용된 경우 어떤 책임도 (국방부, 공직자 또는 기관 측의 부분에 대한 태만 등 포함) 지지 않는다.

문서 형상 통제

6. 본 문서는 [문서 관리자]에 의해 관리된다. 이 문서는 완전한 본문 부분, 부록 또는 첨부의 발간에 의해 수정된다. 수정 상태는 해당 페이지의 바닥글 정보에 기록된다.

7. 각 사업단계의 완료 시 신규 버전의 문서가 발간된다.

개정 번호	일자	수정된 페이지	변경 내용	수정 반영자

참조문서

8. 이 절은 사업의 지원분야 고려에 관련된 모든 관련문서를 식별한다.

머리말

9. 이 절은 배경 정보가 계약자에게 제공되도록 하기 위해 제공된다.

종합군수지원

10. 종합군수지원은 아래 항목을 가능하게 하는 관리 분야이다:

a. 최적의 수명주기 비용으로 최적의 신뢰도 및 정비도 그리고 가용도가 확보되도록 한다.

b. 지원 고려사항에 의해 장비의 설계나 선택이 영향을 받도록 한다.

c. 장비를 위한 가장 적합한 지원의 식별 및 구매

사업

체계/장비 설명

11. 지원 소요를 이해할 수 있도록 제품이나 체계의 개요를 설명해야 한다. 이것은 사업에 직접 포함되지 않은 부분도 구매하는 장비의 계약적 요구사항에 관한 결정 근거를 이해할 수 있도록 한다. 이 설명은 요약 문서로부터 흔히 확보될 수 있으며, 다이어그램에 의해 가장 잘 표현될 수 있다. 주 ILS 계획의 본문을 참조할 수도 있다. 체계 / 장비의 기능 요구사항을 설명한다. 선호하는 정비 개념을 규정하나, 계약자의 새로운 안 도입이 제한된다는 의미를 내포해서는 안 된다. 상세한 주요 자원의 제한사항은 운용 연구에 식별된다.

사업 이력

12. 사업이나 장비의 이력이 여기에 설명된다. 이전의 연구 및 참조정보의 상세한 내용은 초기 작업을 검토하고 중복을 방지하기 위해 제공된다. 타당성 또는 사업정의 연구의 지원 추천사항은, 특히 정치적 또는 재정적 제한의 변경으로 인한 결과로 그 후에 수정되었다면, 문서

화될 수 있다. 지원에 영향을 주는 모든 가정, 외부 요인 또는 관리상의 결정은 향후 분석에 고려되도록 하기 위해 참조되어야 한다.

구매 전략

13. 구매전략 옵션을 설명한다. 표준화 및 상호운용성에 대한 방침을 참조한다.

14. 체계 또는 체계 내의 하부체계가 다른 획득 전략으로부터 이익을 얻을 수도 있으므로 결정을 위한 대체 획득 전략을 검토한다. 특정한 요구를 충족하기 위해, 비록 넓은 범위의 획득 분류가 존재하지만, 이들은 주요 변수이다; 비-개발 품목, 즉 상용품, 국방부의 비-개발 품목, 다른 군사용 비-개발품, UK 개발품목, 협동 개발품목, 주 계약자 체계 / 장비, 합작투자 계약 체계 / 장비, 계약자군수지원(다양한 정도), 민관협력, (임대), 점진적 능력 획득. 지원 옵션 매트릭스 상에 식별된 옵션. 다른 ILS 전략이 각각의 획득 형태에 적용되며, MILSM은 자신의 특정한 장비에 대한 획득 옵션을 정의할 때 각각의 상대적인 이점을 평가해야 한다. 고려해야 할 요소에는 국방부 및 정부의 방침, 비용, 적합성, 일정 및 위험이 포함된다.

ILS 전략

15. DEFFSTAN 00-600 '국방부 사업을 위한 종합군수지원 요구사항'은 제품의 구매 및 수명기간에 걸친 지원에 대해 종합군수지원의 적용을 위한 국방부 요구사항을 식별한다. 수명기간 동안 수행되는 모든 ILS 활동은 계약에 명시된 Def Stan 00-600의 조정된 요구사항을 충족해야 한다.

16. ILS 요소 계획 및 특히 SA 활동은 중복을 방지하고 최적의 지원 구성이 식별되도록 사업 전반에 걸쳐 협조되어야 한다.

17. 상용품 장비의 이용은 지원 고려사항의 설계반영을 위한 기회를 제한한다. 설계의 자유도가 주어진 경우, ILS는 설계 프로세스에 지원이 고려되도록 하는데 이용된다. 설계 자유도가 없는 경우, ILS는 제안된 체계의 지원성을 평가하는데 이용된다.

배경

기존 지원전략과 통합

18. 기존의 지원 전략과 모든 지원 전략을 통합하기 위한 요구사항을 설명한다.

19. 국방부 내에서 ILS 방법론의 채용은 국방부 규격 (JSP)에 정의된 기존 유지 및 지원 방침의 연장이다. MILSM은 제품이 수명주기 동안 적절히 지원되도록 해야 할 책임이 있다.

20. ILS 및 SA 의 채용은 설계 프로세스 내의 지원 문제의 단계별 분석의 정의에 의한 설계 반영 목적을 달성하기 위하여 더욱 공식적인 체계를 추가한다. 또한, 이것은 체계화되고 통제된 방법으로 지원 데이터의 효율적인 관리를 가능하게 하는 기반시설을 제공한다. ILS의 적용은

기존 유지 및 지원 전략의 요구사항을 계약자에 대한 체계화된 지원성 평가를 부가하는 능력과, 결과로 나오는 데이터를 관리 및 취급하기 위한 정보 기술의 이용에 의해 보다 용이하고 비용 대 효율이 높게 달성되도록 한다. MILSM은 사업지원 팀에 대한 유사한 목표, 업무 및 책임을 가지고, ILS 계획이 사업지원 계획의 기초가 되도록 효과적으로 고려될 수 있다.

21. MILSM은 이 요구사항에 적용 가능하다고 판단된 상세한 SA 활동을 제공하는 관련 SA 전략도 참조한다. 중대한 국면에 장비의 추가적인 수량이 요구될 가능성이 있는 경우 다국적 측면도 개략적으로 설명되어야 한다. 지원 체계의 주요 관계자가 식별되고 이들의 요구사항을 설명한다.

체계 기능 분석

22. 기능분석 체계 분해구조 및 조립수준을 설명한다.

지원 기능 분석

23. 기능분석 체계 분해구조 및 조립수준을 설명한다.

군수 연구

24. 새로운 기술의 적용, 군수 능력의 비교 및 기존 장비에서 얻은 교훈에 관한 간단한 설명을 제공한다.

기타 요인

25. 사업에 적용될 수 있는 중요한 국제적, 정치적, 사회적, 환경적 또는 경제적 요인을 식별한다.

26. MILSM은 적용 가능한 모든 조기 결정과 함께 장비에 대한 요구사항의 발전에 대한 관련 배경을 제공한다. 이것은 조기 작업의 불필요한 중복을 방지한다.

사업승인을 위한 입력정보

27. ILS 및 사업 요구사항 세트, 체계 요구사항 문서 및 수명주기관리계획 간의 관계를 식별한다.

ILS 문서

28. 아래 문서는 본 사업을 위한 ILS의 관리에 사용된다. 문서는 계약에 따른 것이거나 정보 목적용일 수 있다. 계약에 명확히 명시되지 않는 한, 이 문서의 내용이 계약 요구사항의 변경으로 간주되지 않는다.

ILS 전략

29. ILS 전략은 제품에 대해 ILS를 적용하기 위한 국방부의 접근방법이다.

ILS 계획

30. ILS 계획은 사업의 요구사항을 충족하기 위하여 Def Stan 00-600에 따라 조정된 ILS에 대한 국방부의 접근방법을 설명한다. 이 계획은 작업기술서(SOW)에 명시된 국방부 요구사항의 이해를 돕기 위해 잠재적 입찰자 및 계약자를 포함하여 외부 당사자에게 제공된다.

운용 연구

31. 이 운용 연구는 계약 문서는 아니다. 이것은 구매할 장비의 의도한 용도, 교체될 체계의 설명, 구상중인 지원 전략 및 기존 지원체계로부터 나타나는 제한사항, 인력 및 가용한 기술에 대한 정보(해당할 경우)를 포함하고 장비의 지원을 위해 활용될 수 있는 기존 및 향후의 자원을 식별한다. 운용 연구는 의도된 운용단계의 용도 및 국방부 요구사항의 해석에 대한 지침을 잠재적 입찰자 및 계약자를 포함한 외부 당사자에게 제공하나, 새로운 안의 도입을 제한하지는 않는다.

ILS 작업 분해구조

32. ILS 작업 분해구조 (WBS)는 ILS 프로그램을 지원하고 ILS 프로그램의 국방부 및 계약자 요소 양쪽을 위한 메커니즘을 제공한다.

ILS 작업기술서

33. ILS 작업기술서 (SOW)는 하나의 계약 문서이다. 이것은 계약자가 완수해야 할 활동을 설명한다. 여기에는 수행할 업무, 보고 요구 및 검토 일정에 대한 요구사항이 포함된다. SOW는 계약자료요구목록 (CDRL) 및 ILS 산출물 설명서 (ILSPD)에 의해 요구될 경우 보충된다.

계약문서요구목록

34. 계약문서요구목록 (CDRL)은 하나의 계약 문서이다. CDRL은 계약 조건에 따라 인도될 정보를 규정한다. 이것은 각 인도물품의 인도 요구사항 (일정 포함) 및 형상 통제를 정의한다. 상세한 내용이 요구될 경우, 별도의 ILS 산출물 설명서 (ILSPD)가 추가 정보의 제공을 통해 CDRL의 범위를 넓히는데 이용될 수 있다.

ILS 산출물 설명서

35. ILS 산출물 설명서는 사업 데이터의 형식, 표현 및 인도 요구사항을 규정한다.

SA 계획

36. 제안한 지원성 분석 계획(SAP)은 계약 체결 시 계약자료가 된다. 이것은 계약자에 의해 작성되며 SOW에 설명된 SA의 계약적 요구사항을 달성하기 위해 계획된 자신의 SA 조직 및 활동을 설명한다.

ILS 요소 계획

37. ILS 요소 계획은 ILS 계획의 핵심 부분이다. 이것은 지원 체계의 요소가 어떻게 설계, 구현, 운용 및 입증되는지를 규정한다.

종합지원계획

38. 종합지원계획(ISP)은 하나의 계약 문서이다. 이것은 계약자에 의해 작성되며 계약적 인도물품을 제공하기 위해 계획된 자신의 ILS 조직 및 활동을 설명한다. ISP는 그 내용에 의해 입찰 제안서의 ILS 내용이 평가되는 기본 문서이다; 따라서, 입찰에 대한 답변과 함께 포괄적인 초안을 포함하는 것이 필수적이다. ISP는 보통 사업에 대한 ILSP를 밀접하게 반영한다.

a. 국방부 사업팀에 의해 지금까지 완료된 보고서 및 연구결과

b. 추가 보고서나 연구결과의 세부 내용

지원성 분석 전략

목적

39. [사업명] 사업에 대한 SA 프로그램의 목적은 신중하게 선택된 절충연구의 적용을 통해 최적의 시스템에 도달하도록 하기 위한 것이다.

목표

40. [사업명]에 대한 지원성 분석(SA)의 목표는 아래와 같다:

a. 군수지원 고려사항을 체계/장비 설계에 반영한다.

b. 지원성 및 준비성의 요구 수준에 대한 총 수명자금 최적화

c. 장비 수명에 대한 군수지원 소요 정의

d. 주요 군수지원 비용 요인 판단

e. 사업관련 목표 (참고용)

f. 인력 활용 최소화

g. 기존 지원 및 시험장비 활동 최대화

범위

41. 이 문서는 [사업명]의 개발 및 생산을 위하여 Def Stan 00-600의 테일러링된 요구사항을 충족하는데 사용되는 지원성 분석(SA) 프로그램에 대한 전략을 식별한다. 이 SA 전략은 본 사업의 요구사항을 충족하기 위해 테일러링된 SA에 대한 국방부의 접근방법을 설명한다. 이것은 계약 문서가 아니다; 이 전략은 작업기술서(SOW)에 서술된 국방부 요구사항의 이해를 위한 지침을 잠재적인 입찰자와 계약자를 포함한 외부 당사자에게 제공된다. 이 전략 문서는 제공된 결정이 장비 대안 및 지원 옵션에 영향을 주도록 하기 장비 요구사항에 맞추어 조정된 Def Stan 00-600에 정의된 SA 활동을 식별한다. SA 전략은 ILS 전략의 부속 문서를 구성하며, 이 두 문서는 함께 특정 사업의 지원성 측면을 개발하기 위한 방침을 수립한다.

내용

42. 이 전략은 현재의 프로그램 단계 동안 완료해야 할 SA 활동, 완료 책임 및 ILS, LCC, R&M 및 설계 활동을 지원하기 위한 SA 데이터의 제공을 보장하기 위하여 일정관리를 식별하는 계약자에 의해 ILS/SA의 목표가 달성되도록 하기 위해 사업을 통해 충족되어야 하는 SA 요구사항을 설명한다.

반복

43. 이 전략은 필요 시 최신화 되지만, 적어도 각 단계의 결과가 최신화 계획에 통합되는 경우 각 개별 사업 단계의 완료 시에 최신화 된다. 설계 개념이 세밀화 되고 CADMID 주기를 통해 진행함에 따라, SA는 더욱 자세하게 적용되므로 지원 소요와 수명주기 비용이 세밀화하게 된다. 따라서, 이 SA 전략은 충족될 요구사항과 각 사업 단계에 대한 적용성을 식별한다.
44. 먼저, 최초 계획은 심도 있게 다룬 개념 / 타당성 연구(평가)와 뒤이은 사업단계 개요와 함께 전체적인 SA 요구사항을 설명한다. 최신화된 SAP는 평가로부터 인도물품을 구성하며, 예비설계(PD) 활동을 상세히 그리고 이후 단계는 개요를 다룬다.

SA 관리 조직

45. 조직도는 [사업의 ILS 요소를 위한 조직도의 위치 참조 삽입]에 나타나 있다. 권한과 책임을 정의한다.

핵심 인원

46. SA 전략은 책임 및 보고 경로와 함께 국방부 내의 SA 팀을 설명한다. 전문적인 지원이 활용된 경우, 요구된 합의, 자금제공 책임 및 기간도 수록된다.

국방부 SA 관리자

47. ILSM은 SA의 계획 및 관리에 대한 책임을 진다.
48. SA 관리자를 식별한다.
49. SA 관리자의 책임은 관련된 ILS 전략에 정의될 수 있다.

계약자 SA 관리 조직

50. 전략에는 ITT의 답변의 일부로서 계약자에 의해 제공되는 정의도 요구된다. 각 계약자는 자신의 SA 활동에 대한 식별, 이행, 관리 및 진도에 대해 책임을 진다. 각 계약자는 사업 구조에서 적절한 직위의 지정된 SA 관리자를 가지는데, 이 사람은 작업기술서에 서술된 모든 SA 활동 및 SA 데이터 소요의 계획 및 관리에 대한 책임을 지며, 각각의 전문가에 의한 SA 활동의 통제, 진도 및 이행에 대한 중심점 역할을 수행한다.
51. MILSM은 계약자의 사업관리가 이 요구사항이 하청 계약자와 주요 장비 공급자와 종속 연결되도록 규정하고 확인해야 한다.

국방부 기술지원팀 (TST)

52. SA 프로그램과 관련된 업무, 예를 들면 프로그램을 통한 정보 저장소 데이터 무결성 입증 및 데이터 형상관리의 유효성 그리고 계약자가 수행한 SA의 검증을 수행하게 될 수도 있는 모든 기술지원팀을 식별한다. 상기 업무 외에, TST는 본 SA 전략 내에 ILS 관리자에 의해 결정된 SA 활동을 수행한다. 업무 프로세스를 설명한다.

회의 및 검토

53. 국방부 SA 소요를 충족하기 위해 계약자가 완수해야 하는 SA 활동은 합의되고 그 진도는 CADMID 단계에 따라 군수지원 또는 형상변경관리위원회를 통해 모니터링 된다.
54. 계약자는 SA 프로그램 및 활동 검토에 대한 빈도 및 절차를 제안해야 한다.
55. 계약자는 SA 프로그램 및 활동 검토가 기술 설계 회의/검토, LSC 또는 ISLSC에 어떻게 인터페이스 되는지 식별한다.

일정

56. 프로그램 일정 및 마일스톤은 본 사업을 위한 ILS 계획에 설명된다.
57. SA 활동 선정에 대한 일정의 영향을 설명한다.

비용

자금

58. SA의 수행 비용은 SA 활동의 선정 시 고려되는 것이 필수적이다. 계약자가 SA 계획에 대체 또는 추가 SA 요구사항을 제안하는 경우, 이 활동이 투자 대 회수를 더 크게 제공한다는 증거가 요구된다. SA 활동 및 정보 저장소 데이터의 선택에 대한 모든 비용 제한 문제를 설명한다. 이 절은 ITT의 일부로 불출 전에 제거되어야 한다는 점을 주의해야 한다.

a. SA 및 관련 인력의 비용을 식별한다.

b. 예산 보유자를 명시한다.

c. 자금 편성을 설명한다.

자원

59. 아래의 자원은 본 SA 전략의 수행에 요구된다:

a. TLS, R&M 모델링 등에 이용되는 컴퓨터 응용 프로그램을 포함하여 국방부 내의 SA 수행에 요구되거나 이용 가능한 자원을 나타낸다.

b. 부족분은 어떻게 처리되는지 설명한다.

위험

60. [사업명]을 위한 위험관리는 TLMP에 설명된다. 위험관리는 SA 프로그램에 적용된다. 진도 모니터링 외에, 군수자원에 대한 불이행 가능성은 반드시 평가되어야 하고 체계 지원성에 대한 영향이 정량화 되어야 한다. 추가 SA 활동을 통한 위험 경감이 고려되어야 한다.

61. SA 전략을 ILS 계획을 통해 위험 등록부에 연결한다. AS 프로세스와 관련된 인지된 위험을 문서화 하고 고려 중인 회피 또는 경감 계획을 설명한다. 이 절은 문서의 핵심 부분이다. 이것은 분석 프로세스를 개별 ILS 요소 계획에 연결하여 프로세스가 요구된 인도물품 군수자원에 연결되게 한다. 그런 다음 수행되어야 하는 분석의 테일러링 논리와 향후 분석의 예상된 방향을 설명한다.

SA 계획

지원성 분석 계획

62. 지원성 분석 계획(SAP)은 SA 전략을 충족하기 위한 적용을 정의하기 위해 작성된다. 이것은 [계약자 이름 삽입]에 의해 작성된다. SAP은 모든 지원성 분석 활동의 조정과 관련된 분야 및 다른 분야간의 인터페이스 통제에 대한 기본 문서이다. SAP은 일정 및 책임과 함께 사업 기간 동안 적용되는 방법과 절차를 설명한다. MILSM은 계약자의 SA 계획이 입찰 평가와 같은 국방부 내부 사업 활동을 포함하게 강화되도록 한다.

SA 테일러링

63. Def Stan 00-600에 수록된 SA 요구사항의 테일러링은 필수적이다. 많은 활동이 사업의 여러 단계에서 반복될 수 있다. MILSM은 이에 해당되는 요소를 식별한다. 이들 각 활동에 대해, 사업에 대한 적용성, 다른 활동의 지원에 필요한 데이터의 타이밍 및 활동 (및 입증)의 수행 책임이 식별되어야 한다. 테일러링 절차는 Def Stan 00-600에 설명된다.

64. 해당할 경우, SA 활동을 수행하는데 어떤 테일러링 도구 및 모델링 도구가 이용되는지 규정한다.

65. 테일러링 고려사항

66. 본 사업을 위한 SA 요구사항 선정 시 아래 기준이 고려되어야 한다:

a. 테일러링 결정의 배경 논리를 완전히 문서화 한다. 결과적으로 각 고려사항의 제시 프로세스는 의사결정 프로세스를 도와준다. 테일러링 논리의 이해를 계약자에게 제공하는 것 외에, 이 절은 SA 전략의 최신화에 대한 필수적인 정보를 제공한다. SA 활동의 선택에 대한 체계 설계의 전반적인 영향을 설명한다. 운용 연구가 작성되지 않았다면, 체계의 블록도를 포함하고 SA의 적용을 적절한 하부체계에 관련시킨다.

활동 선정

67. 모든 활동이 본 사업의 모든 단계에 적용되지는 않는다. 계약자는 국방부의 요구사항을 충족하기 위해 수행될 SA 활동을 식별해야 한다. 계약자가 SA 전략에 식별되지 않은 SA 활동에 대한 요구사항을 고려하는 경우, 이것은 제안서 (SAP)에 명확히 식별되어야 하고 이를 포함시키는 것에 대한 정당한 사유를 제공해야 한다. 이와 유사하게, 계약자가 SA 활동이 사업에 아무런 가치를 주지 못 한다고 판단하는 경우, 이것도 SAP에 설명되어야 한다. 업무를 포함하거나 제외하는 모든 제안은 별도로 가격이 매겨져야 한다.

활동 범위

68. 각 활동의 범위가 반드시 결정되어야 한다. 사업 초기 단계에서, 체계나 하부체계 수준까지 분석을 제한하는 것이 허용될 수 있으나, 그 뒤 단계에서는 구성품 단위까지 분석이 확대된다. 아울러, 분석의 깊이는 품목의 중요도에 따라 체계의 부품 간에 변동된다. 계약자의 SA 계획은 각 활동에 대해 제안된 분석 수준을 표시해야 한다.

69. 본 사업을 위한 요구사항으로 선택된 SA 활동은 [선택된 활동 및 범위를 나타내는 부록/첨부의 참조번호 삽입]에 나타나 있다.

소프트웨어에 대한 SA 적용

70. SA 기법은 소프트웨어 제품에 적용되며, MILSM은 소프트웨어가 SA 활동의 일부로 설

명되어야 한다는 정도로 전략에 규정해야 한다. 이것은 JSP 886 제7권 4부에 설명되어 있다. 소프트웨어는 관련 하드웨어의 일부로 고려될 수 있기 때문에, 대부분의 소프트웨어는 제품 SA 활동의 일부로서 설명된다. 체계 레벨에서는 소프트웨어 지원의 통합 및 표준화만 설명되면 된다.

체계SA 통합

71. 제품의 새로 설계된 요소에 대해 충족해야 할 SA 요구사항을 규정하는 것 외에, MILSM은 정보 저장소를 완성품, 즉 체계에 통합하는 필요성을 설명해야 한다. 추천된 지원은 체계의 지원 기반시설과 호환되어야 한다. 따라서, SA 전략은 다른 사업으로부터 데이터를 획득, 입증 및 통합하는 프로세스를 식별한다. 사업의 추천 사항은 여러 가지 임무 기간 등 다른 가정을 토대로 할 수 있기 때문에, 기본적 데이터만 이전된다. 지원 추천사항은 통합 데이터 및 체계관련 파라미터를 이용하여 재 생성될 수 있다.

72. 이 통합을 촉진하기 위해, MILSM은 유효성, 내용 및 형식 측면에서 수용가능 한지를 확인하기 위해 하부 체계로부터 오는 데이터의 호환성을 검토한다. SA 데이터가 없는 경우, 데이터를 소급하여 생성할 때의 비용 효과를 신중히 검토해야 하는데, 흔히 이 일은 비용이 많이 들거나 달성이 어렵기 때문이다. 고 비용의 재 작업을 하지 않고도 하부체계의 부분 통합이 가능하기 때문에 최소한의 핵심 데이터만 생성하는 문제를 고려한다. 마찬가지로, 불필요한 노력 대신에 최소한의 SA 데이터만 요구하는 상용품 장비의 통합도 검토한다.

73. 범 체계적인 SA 관리번호부여(LSICI) 체계의 확립은 SA 데이터를 체계 수준의 시스템에 통합하는 것을 용이하게 한다. 체계 SA 전략은 특정 사업에서 설계나 구매되는 체계의 해당 요소에 대해 수행하는 요구사항과, 무기체계와 같은 다른 사업으로부터 SA 데이터를 통합하는 필요성 모두를 설명한다. 체계에 장착되는 각 주요 장비에 대한 SA 전략 문서는 장비 MILSM 및 본 문서의 부록으로부터 확보된다. 장비가 다른 체계에서 이미 사용되고 있다면, 완료된 SA 작업의 세부 내용이 설명되어야 한다. SA가 적용되지 않았다면, 체계 ILS 관리자는 이를 채용하고자 하는 논리를 설명한다.

관급자산 (GFA)

74. 아래 문서의 SA 수행을 지원하기 위해 정부는 계약자에게 데이터를 제공한다:

a. 운용 연구.

b. 참조번호 및 버전 번호를 제공한다.

c. ILS 전략

d. 참조번호 및 버전 번호를 제공한다.

e. SA 계획.

f. 참조번호 및 버전 번호를 제공한다.

기존 데이터

75. 아래의 분석은 이전의 프로그램 단계 동안에 완료되었다:

a. 이전 사업 단계에서 완료된 업무를 요약한다. 정보 저장소 데이터를 포함하여 적절한 데이터 인도물품을 참조한다. 현 단계에 대한 SA 요구사항 및 데이터의 선택에 대한 영향을 설명한다.

다른 사업으로부터 오는 데이터

76. 범 체계적인 정보 저장소에 포함시키기 위해 다른 사업/소스로부터 가용한 자료가 있는 경우, 입증을 조건으로 제공되어야 한다. 기존 정보 저장소 데이터의 이전에 대한 방침은 전략에 식별되고 계약자 ISP에 합의되어야 한다.

군수지원 전략

77. 군수지원 개념은 [체계/장비]가 수명기간에 걸쳐 어떻게 유지되는지를 식별한다. SA 프로세스는 지원전략을 판단한다. 이것은 [체계/장비]에 대한 기존 또는 선호된 정비개념 및 개별 체계/하부체계 장비를 위한 보급지원으로서 제공된다. 기존/선호* [필요 시 삭제] 지원 전략은 담당 요구사항, 지원성 문서 및 운용 연구에 설명된다.

78. SA 업무 및 정보 저장소 데이터의 선정에 대한 지원전략의 전체적 영향을 설명한다.

79. SA 활동의 한가지 목적은 가장 비용효율이 높은 지원전략을 식별하는 것이므로, MILSM은 군수지원전략이 '계약적' 지원전략보다 '선호된' 전략을 식별하도록 한다. 사업관련 조건에 의해 특정한 정비나 보급지원이 요구된 경우, 이것은 명확히 식별되고 다른 개념의 고려를 위한 허용 범위가 분명히 명시되어야 한다. MILSM은 장비가 예외적인 것이 아닌 한, 선호 또는 표준 전략에 대한 내용을 제공하며, 단, 장비가 예외적인 것일 경우는 지원전략의 정의를 계약자에게 맡겨둘 수도 있다. 지원 전략은 사업이 진행됨에 따라, 특히 '체계 지원 전략' 연구의 결과를 이용할 수 있는 경우, 수정이 필요할 수 있다. 주 계약자 관계나 계약자군수지원의 사용은 체계의 대체 지원에 대한 잠정적인 비용 절감 방침의 하나로서 설명돼야 한다.

다른 설계분야에 인터페이스

80. SA 활동 및 정보 저장소 보고서는 ILS 요소 계획과 상호 작용한다. ILS 요소 계획 내의 활동이 SA 활동이나 정보 저장소 보고서에 의해 충족될 수 있는 경우, 이것은 관련 계획에 제시되어야 한다.

대안의 평가

81. SA는 주로 설계 대안의 평가에 관여한다. 분석의 규모 및 결과적인 비용은 갑자기 증가할 수 있으며 테일러링 프로토콜이 가장 유리해 지는 것이 이 시점이다. 설계 대안의 평가 업무는 매우 상호 작용적이며, 설계 및 지원을 고려하여, 지원을 제공하는 대체 방법과 경쟁 옵션의 수명주기 비용에 대한 영향을 필요로 한다. 이 연구는 프로그램에 대해 완료되어야 하는데, 지원성 의사결정을 지원하고 적기에 TLF에 SA 데이터가 사용 되도록 하기 위해 그 결과가 필요하기 때문이다. 계약자는 SA가 가용한 예산 및 일정 내에서 완료되도록 하기 위한 설계 최적화 프로세스의 일부로서 수행되는 옵션의 범위까지 SAP에 정의해야 한다. 체계 통합 활동 내에서, 이 옵션은 주로 개별 체계/하부체계 사업의 지원 추천에 대한 확인 및 합리화로 이루어진다.

R&M 요구사항

82. R&M 목표 및 관련 정비 개념의 일관성 및 합리화를 확보하기 위해 SA 및 R&M 커뮤니티 간의 긴밀한 접촉이 조성된다. SA 데이터는 RM 팀이 사용할 수 있어야 하며, 모든 R&M 데이터는 정보 저장소에 수록된다. 고장 유형 영향 및 치명도 분석(FMECA)는 수정정비 활동의 생성을 위한 기본 정보를 제공한다. FMECA의 결과는 정보 저장소에 수록되고 후속 분석의 기본을 이룬다.

신뢰도중심정비

83. Def Stan 00-45에 따른 신뢰도중심정비(RCM)와 SA 프로세스에 대한 입력 작업의 수행은 예방정비 업무를 식별한다. RCM의 수행 책임은 SA 전략에 정의된다.

수리수준분석 (LORA)

84. LORA의 수행 범위 및 책임은 SA 전략에 정의된다. 계약자는 SAP에 채용되는 방법론을 식별한다. 장비 LORA의 결과는 각 체계, 하부체계에 대한 지원개념이 전체적인 지원 방침과 능력에 호환되도록 하기 위하여 합리화 되어야 한다.

85. 정비업무가 검토되고, 장비의 각 품목에 적용되는 가장 효과적인 정비전략을 식별하기 위하여 수리수준분석(LORA) 기법을 이용하여 후속 지원이 조사, 평가 및 문서화된다. 가장 중대한 수리수준 결정은 '함상 수리' 또는 '육상 수리'이다. 이 결정의 결과는 설계뿐만 아니라 작업장 시설, 저장 및 함상 숙련도 측면에서 함에도 영향을 준다. 대부분의 결정은 운용 연구에 설정된 기준을 이용하여 정해진다.

86. 보다 더 논쟁을 초래할 수 있는 특성에 대해서는, 별도의 LORA가 개발될 필요가 있다. 운용상 또는 조직상의 요인이 특정한 수리수준의 할당을 강요하지 않는 경우, 최적화된 TLF

를 기준으로 결정이 내려져야 한다. 모델링을 위해 일부 수학적 모델이 이용 가능하다. 일부 계약자의 제안서를 평가할 때, MILSM은 쓸만한 상용 패키지의 식별을 고려한다.

형상 관리

87. SA 전략은 형상관리 수행을 위한 범위와 책임을 정의한다. SA는 Def Stan 05-57의 원칙에 따라 CM 계획에 정의된 전체 형상관리의 대상이 된다. 많은 양의 '반복적인' SA 데이터로 인해, 형상관리 내에 정보 저장소 및 관련 SA 데이터의 엄격한 통제가 필요하다. 통제된 방법으로 지원 데이터를 관리하기 위해 관련 장비/LRU에 대한 SA 데이터를 식별하기 위해 LSICI가 이용된다. 이것은 체계/하부체계가 독립적으로 개발되도록 하나 LSICI 할당을 변경하지 않고 체계 수준의 정보 저장소에 포함되게 하여, 나중에 장비 SA를 체계 레벨로 쉽게 통합되도록 한다.

문서

88. SA 전략은 문서가 SA 에서 생성된 데이터나 정보 저장소 내의 데이터와 일관성을 유지하도록 프로세스와 책임을 정의한다.

교육 및 교육 장비

89. SA 전략은 교육팀에게 데이터를 제공하는 책임을 정의한다. SA 활동의 일부로서 교육 시설, 교육장비에 대한 요구사항도 정의되어야 한다.

인간 요소 (HF)

90. 지원 인력 및 인간요소 관련 사항이 식별되어야 한다. 이것은 HF 팀에 의하거나 SA 활동의 일부로서 수행될 수 있다. MILSM은 중복을 피하기 위해 SA 및 HF 분야에 해당하는 업무에 대해 누가 책임인지를 식별한다. SAP, 운용 연구 및 SA는 인간요소통합 관리계획에 의해 영향을 받는다. SA 전략은 데이터를 공유하고 활동에 있어서 중복이나 불일치를 방지하기 위해 이 두 분야가 어떻게 통합되는지를 식별한다. 체계 HF 정책은 관련 제품/하부체계에 주요한 영향을 미치므로, 이들은 체계 담당 구성 및 숙련도를 정의할 때 고려되어야 한다.

포장, 취급, 저장 및 수송 (PHS&T)

91. PHS&T 소요는 개별 제품 SA 활동의 일부로서 정의된다. 체계 PHS&T 활동은 비용을 최소화 하기 위하여 이들 소요를 합리화 하는 것으로 이루어진다. 이것은 만약 사업 수명주기의 초기에 운용 연구의 일부로서 표준화에 대한 지침이 체계 사업에 제공되었다면 더 쉬워진다.

총 수명 재원 (TLF) 분석

92. SA 데이터는 TLF 모델링에 대한 주요 입력정보를 구성하며, SA 전략은 SA 데이터를 TLF 모델에 이전하는 효과적인 수단을 정의한다. TLF 데이터를 정보 저장소에 포함하는 것은 계약 비용 정보의 보안 유지 특성으로 인해 바람직하지 않다.

지원폭주 소요

93. 해당할 경우, SA 프로세스 동안 대상 중요 품목이 식별되어 정보 저장소에 수록된다. SA 전략은 이 작업의 수행을 위한 프로세스 및 책임을 정의한다.

데이터 관리

94. MILSM은 Def Stan 00-600에 따라 SA 전략 내에 정보 저장소에 대한 요구사항을 나타낸다. SA 프로그램은 많은 양의 세부 데이터를 생성한다. 이 데이터를 통제하고 관리하기 위하여, 적절한 정보 저장소가 요구된다. MILSM은 전자 형식의 데이터 이전 방법도 식별해야 한다. 해당 소프트웨어로 인해 발생한 모든 인도물품 결함에 대해 국방부가 책임지도록 하기 때문에 특정한 상용 소프트웨어 패키지의 사양은 피해야 한다. 이 시스템의 사용을 위한 하드웨어, 소프트웨어 및 담당 교육을 위해 LS 전략 내에 충분한 예산이 할당되어야 한다.

군수관련 품목의 형상 식별자 (LSICI)

95. 군수관련 품목의 형상식별자 (LSICI)가 [사업명]에 적용된다. LSICI는 지원 및 모든 교육장비 그리고 하드웨어 설치(연결)를 포함하여 체계 하드웨어 및 소프트웨어의 물리적 기능적 분해구조를 제공하기 위해 이용된다.

96. LSICI는 모든 정비중요 품목에 대해 할당되는 고유한 식별자이다. 이것은 흔히 계층적 분해구조로 되어 있다. LSICI는 구매의 평가 단계 종료 시부터 개발되며, 개별 정비중요 품목을 식별, 관리 및 모니터링하고 SA 프로세스에서 발생된 대량의 데이터를 취급하기 위해 PD 동안 세밀화 된다.

97. 가능할 경우, LSICI의 분해는 SA의 지원성 분석과 절충을 하지 않고 비용과 노력을 제한하기 위해 가능한 한 상위 조립수준으로 제한한다.

98. 계약자는 체계의 LSICI 분해를 제공한다. 분해 초안은 제안서에 포함되어야 한다.

99. MILSM은 SA 전략 내에 LSICI 구조의 생성에 대한 범위 및 책임을 정의한다. MILSM은 전체 LSICI가 별도로 개발된 관련 체계/하부체계로부터 오는 개별 SA 데이터를 포함 할 수 있도록 하기 위해, 체계 LSICI 구조를 정의할 수 있다. MILSM은 체계 LSICI구조를 이들 개별 사업으로 배포하는 책임을 진다. LSICI에 대해 제안된 구조는 MILSM에 의해 정의될 수 있으나, 계약자에 의해 자신이 제안한 방안의 제품 분해를 바탕으로 더 효과적으로 제공될 수 있다.

ILS 산출물 설명서

100. 본 사업에 적용될 UK ILSPD를 나열하고 정의한다. ILSPD는 JSP 886 제7권 2부 부록B에 정의되어 있다. ILSPD는 계약문서요구목록(CDRL)에 포함된다.

101. 데이터 인도. 계약자 SA 계획은 SA 데이터의 인도에 대한 계획을 설명한다. 계약자는 SA 계획 내의 인도 횟수를 규정한다.

고려될 옵션은 아래와 같다:

a. 온라인 접속. 이것은 Abbey Wood 국방부에 있는 ILSM으로 연결하기 위한 적절한 컴퓨터 장비(하드웨어 및 소프트웨어) 및 모뎀 연결 장치를 필요로 한다.

b. 전자 형식을 통한 월별 최신화. 이를 위해 계약자는 정보 저장소 소프트웨어 사본 1식을 MILSM에게 제공해야 한다.

c. SA 보고서의 인쇄. 이것은 하나의 대비책으로 고려된다.

d. 데이터 접근. 데이터 접근을 위한 요구사항 및 준비사항을 설명한다.

e. 데이터 통제 및 보안. 데이터 통제 및 보안접근에 대한 요구사항 및 준비사항을 설명한다.

f. 데이터 정비. 체계 수락 후 정보 저장소의 유지 및 최신화를 위한 방침 정의.

g. 데이터 교환. Def Stan 00-600의 요구사항에 따른 데이터 전송에 이용되는 수단, 형식 및 프로토콜을 규정한다.

h. 데이터 소유권 및 지적 재산권. 데이터 소유권 및 지적 재산권(IPR) 문제가 정의되고 모든 계약적 요구사항에 명확히 포함되어야 한다. 이것에 대한 국방부 방침 및 필수 요구사항은 SA 전략에 설명된다.

i. 정보 저장소 데이터의 운용단계 시용. 체계 수락 후 정보 저장소의 유지 및 최신화에 대한 방침이 정의된다.

SA 검토

102. MILSM은 내용 및 빈도 측면에서 SA 검토 요구사항을 정의해야 한다.

품질 보증

103. 품질보증 요구사항은 계약조건에 정의되며, Def Stan 05-61 및 Def Stan 05-65에 의해 관리된다. 장비 지원 패키지에 이르기 위해 분석, 데이터 및 채용된 모든 절충연구의 완전한 추적성 제공이 계약자에게 요구되어야 한다.

104. SA 전략은 특정 사업에 대한 이 사양의 적용을 식별한다.

105. 모든 ILS / SA 활동 및 인도물품은 품질보증 계획에 포함된 품질보증 대상이다. 사업팀이 이들 요구가 모든 하청 계약자 및 그들의 주요 장비 공급자에게 종속 되도록 하는 것이 필

수적이다.

SA 프로그램 일정

개요

106. 개요는 사업의 각 단계에 적용되는 SA 요구사항 및 목표의 개요를 보여준다. 요구된 분석 깊이의 이해와 함께 계약자가 각 단계에서 수행되어야 하는 SA 활동을 식별하는 것을 도와준다.

평가

107. 이 단계는 임무 지원 소요의 정량화 및 문서화, 그리고 일반지원 기능 소요의 식별에 초점을 맞춘다.

이 단계 동안의 목표

108. 예비 SAP을 통하여 SA에 대한 계약자의 약속에 관해 확인이 필요하다. 낙찰자는 평가 연구단계 동안 이 계획을 더 발전시킨다.

a. 비용요인이 식별된다.

b. 표준화 및 기술적 기회가 설명된다.

c. 지원성 설계 요소가 정의된다..

d. 체계 및 주요 하부체계 수준에서 지원 소요가 판단되고 중요 부분이 표시된다.

e. 필요한 지원의 대체 제공 방안이 논의된다.

f. 선호 지원전략이 정의된다.

g. 지원성 평가 보고서(SAR)가 작성된다.

h. 군수중요품목 형상식별자 (LSICI) 구조가 각 방안에 대해 설명된다. 제안된 LSICI 구조는 계약자 SAP에 설명된다.

i. 사업의 이 단계에서, 계약자는 SA 데이터를 문서화 하기 위해 소프트웨어를 개발하거나 이용할 필요가 없다.

j. MILSM은 제안된 장비 옵션의 지원성 문제를 식별하는 것에 대해 기준을 제공하기 위하여 기준선 비교 시스템을 개발한다.

k. 지원 옵션을 식별하고 정량화 하기 위해 추가적인 전단 분석이 수행된다.

l. 체계 및 하부체계 수준의 정보 저장소를 개발하기 위해 초기 작업이 수행된다.

m. 제품 LSICI 구조의 개발이 추가로 정의된다.

시연

109. 이 단계는 임무 및 지원 소요의 세밀화 그리고 지원 대안 개념의 준비에 초점을 맞춘다. 이것은 평가 단계에서 만들어진 장비 개념을 체계 요구사항으로 변환하도록 설계되었다.

110. 시연단계의 목표는 평가 단계에서 개시된 활동의 지속적인 개발이다:

a. 정보 저장소는 합의된 소프트웨어 데이터베이스를 이용하여 개발된다.

b. 시연단계의 주요 인도물품은 주요 지원성 비용 및 위험 요인 및 SA 계획이다.

c. 가장 적절한 지원 개념의 선정 및 군수자원 소요의 예비 식별

d. 이전에 식별된 비용 및 위험 인자의 감소에 집중.

e. ILS 요소를 개발하는데 필요한 데이터를 생성하고 입증하기 위하여 상세한 활동 분석이 수행되고, 전체 지원 소요의 식별 및 평가가 완료된다.

f. 제안된 지원 추천사항이 설계 상태와 일관되고 제안된 지원 제공과 호환되며, 운용 파라미터를 충족하는 가운데 가장 비용효율이 높은 지원 기반시설을 나타내도록 한다.

제작

111. 제작 단계 동안, SA 노력은 ILS 요소의 개발을 위한 데이터의 생성, 통합 및 입증에 집중한다.

112. 이 단계의 목표는 아래와 같다:

a. 상세한 활동 분석이 수행되고 전체 지원 소요의 식별 및 평가가 완료된다.

b. 군수자원 식별 및 생산 후 지원 분석의 작성 및 구매 완료

c. SA는 지원 소요가 설계 상태의 모든 변경에 대해 여전히 일관성을 가지도록 유지되어야 한다.

d. 아울러, 식별된 모든 지원 문제가 서비스 위험을 줄이기 위해 추가로 검토된다.

운용단계 SA

113. 이 단계는 지원 체계의 구현, 운용, 입증 및 개선에 초점을 맞춘다:

a. 제품 성능이 모니터링 되고 예측 값과 비교된다.

b. 실제 비용과 TLF를 비교한다.

c. 제품 개조나 최신화 후 지속된 최적의 지원을 보장하기 위해 필요에 따라 완료된 SA 활동

d. 정보 저장소 내에 데이터의 유지

e. 지원능력 검토, 평가 및 검증

기존 사업단계에 대한 소요

114. 기존 단계에 대해 완료되어야 하는 SA 소요 (완료 책임 포함)는 [참조 내용]에 설명된다.

차기 사업단계에 대한 소요

115. 차기 사업 단계를 위한 SA에 대한 일반적 접근방법을 설명한다. 현재 단계의 결과는 차기 사업 단계 동안 SA 수행을 위한 수정된 SA 전략이 될 수 있다.

용어 및 약어 해설

116. 부록, 첨부 및 기타 지원 문서

117. 배포

부록 K: 일반적인 보급지원 계획 문서 작성 템플릿

1. 본 문서는 사업에 관련된 종합군수지원 계획 작성에 있어서 ILS 관리자를 지원하기 위해 국방부 ILS 정책팀에 의해 작성되었다. ILS 계획 템플릿은 ILS 과정 개발팀의 국방부 ILS 교육 그룹 관리에 의해 개발된 일련의 ILS 관리 문서 안내의 일부를 구성한다.

2. 본 문서는 사업에 관련된 종합군수지원 작업기술서 작성에 있어서 ILS 관리자를 지원하기 위해 국방부 ILS 정책팀에 의해 작성되었다. ILS SOW 템플릿은 DES JSC SCM-ENGTLS-Pol Co-Ord에 의해 개발된 일련의 ILS 관리 문서 안내의 일부를 구성한다.

3. 템플릿은 필수적이거나 규범적이지 않으므로 사용자에 의해 수정되어야 한다. 이것은 완전 개발 사업에 적용 가능하며, 최신화 및 개량 프로그램 중 교육 시설, 지원 시설, 소프트웨어, 무기체계 및 장비 또는 비-개발품(NDI) / 상용품 체계 및 장비 등에 사용될 때에는 조정 및/또는 개발되어야 한다. MILSM은 사업에 맞게 ILS 전략의 적용성을 정의하기 위해 범위를 수정해야 한다.

4. 이탤릭 체로 된 주석 부분은 사용자의 이해를 돕기 위한 것으로 최종 문서에서 삭제되어야 한다.

보급지원 계획

서문

보급지원 절차

1. 보급지원 절차는 초도보급, 나토 목록화, 재 보급, 견적 요청, 발주 행정, 대금 청구 및 수리 & 오버 홀을 포함한다.

SSP 전략

2. Def Stan 00-600은 제품의 획득에 대한 ILS 적용의 국방부 요구사항을 설명한다. 본 획득 절차의 일부로 수행되는 초도 보급 및 나토 목록화 활동은 별도의 예외가 적시된 경우를 제외하고 Def Stan 00-600의 요구사항을 충족해야 한다. 견적 요청, 발주 행정, 대금 청구 및 수리 & 오버 홀은 '구매 대금지불'(P2P) 방식의 적용에 의해 처리된다.

3. 각 단계나 제품에 대한 보급지원 계획이 다른 단계나 제품에 대한 보급지원 계획을 고려하도록 하는 것이 매우 중요하다. 다른 사업으로부터 하드웨어를 활용하는 사업의 요소에 대한 수리부속의 범위 및 규모 설정은 그 사업에 의해 제공되는 수리부속의 범위 및 규모를 고려해야 한다. 예를 들면, 사용자 데이터 터미널 수의 증가는 요구된 수리부속의 동일한 증가를 가져오지 않을 가능성이 있다.

4. 사업이 소프트웨어 위주의 사업인 경우, 보급지원에 대한 이것의 결과는 항상 확실하지는 않다. 사업을 위한 SSP는 하드웨어, 펌웨어, 이전 매체, 백업 및 저장 목적의 소프트웨어 추가 사본을 고려해야 한다. 하드웨어의 범위와 규모는 소프트웨어 구현의 빈도 및 방법 등과 같은 소프트웨어 지원 업무에 의해 영향을 받을 수 있다.

SSP 계획

범위

5. 이 계획은 본 사업의 테일러링된 Def Stan 00-600의 요구사항을 충족하기 위한 보급지원에 대한 국방부의 접근방법을 설명한다.

내용

6. 이 계획은 [사업명]에 대한 SSP 계획의 목표를 설명한다. 이것은 평가단계에서 수행될 활동을 식별하고 차기 사업단계 동안 수행될 활동을 설명한다.

반복

7. 이 전략은 필요 시 최신화 되지만, 적어도 각 단계의 결과가 최신화 계획에 통합되는 경우 각 개별 사업 단계의 완료 시에 최신화 된다.

배경

관련 문서

8. 이 계획은 [사업명]에 대한 종합군수지원계획의 일부이다.

9. 계약자는 종합군수지원계획의 일부로서 SSPP 계획을 제공한다. SSPP 계획의 초안은 제안서에 포함되어야 한다.

참조 문서

10. 아래의 참조 문서가 본 계획에 적용된다:

a. Def Stan 00-600: 국방부 사업을 위한 종합군수지원 요구사항

b. JSP 886 제3권: 보급계통 관리

c. JSP 886 제7권 1부: 종합군수지원

d. JSP 886 제7권 5부: 보급지원 절차

목적

프로그램

11. 보급지원 프로그램의 목적은 [사업명]의 보급지원이 운용단계 동안 요구된 가용도로 정비 계획에 따라서 [사업명]을 유지하기 위한 문서 및 절차 그리고 요구된 수리부속의 범위 및 규모를 식별하도록 하는 것이다.

12. 평가 단계의 보급지원 요소의 목적은 요구된 수리부속의 예상 범위와 규모를 식별하고 최적의 수리부속 획득 방법을 결정하는 것이다.

사업관리

핵심 인원

13. 국방부 SSP 관리자 (해당할 경우)

14. ILS 관리자는 합의된 사업 업무분장에 따라 [관련 부서]의 보급지원 관리자에 의해 지원을 받는다.

15. [사업명]의 보급지원 관리자는 [이름]이다.

계획

16. MILSM은 관련 전문 분야로부터 지원을 받아 SSP(본 문서)를 작성한다.

회의 및 검토

17. 보급지원은 수명주기 단계에 따라 군수지원위원회(LSC) 또는 형상변경관리위원회(CCMC)의 의제가 된다.

18. 보급지원 관련 문제는 모든 사업 검토 및 지원성 분석(SA) 검토에서 고려된다.

목표

프로그램 요구사항

19. 프로그램 요구사항은 전체 획득 프로세스 종결 시 완수되어야 할 목표를 설명한다. 이

요구사항은 획득 프로세스의 각 단계 동안 완료되어야 할 활동의 누적된 노력의 의해 달성된다. 프로그램 요구사항은 지금 단계에서 완료된 활동의 결과에 따라 획득 단계 동안 수정될 수 있다.

20. 실행 가능하고 비용효율이 높을 경우, 모든 [사업명] 보급지원 절차는 Def Stan 00-600의 요구사항에 일치한다. 초도보급 목록, 도해부품 카탈로그 및 도면은 전자형식이어야 한다.

21. 별도의 대안 절차가 더 효과적이란 것을 보여주지 못하는 한, 관련 사업을 위한 SSP는 검토되어야 하고, 필요 시 [사업명]을 위해 채택되어야 한다.

22. 모든 수리부속은 표준 절차에 따라 나토 목록화가 되어야 하나, 불필요한 비용 발생이 없을 경우에 한한다.

23. 초도 제품의 지원에 필요한 전체 범위 및 규모의 수리부속 및 소모성 품목은 LSD 최소 3개월 이전에 보급계통에서 이용 가능해야 한다.

24. 소모성 품목은 현재 사용 중이거나 ILSM과 합의된 것으로부터 선정된다.

평가단계의 활동

25. 비교분석 및 수리부속 소요 식별에 이용하기 위한 기준선 비교 체계(BCS) 개발.

26. BCS를 위해 요구된 수리부속의 범위 및 규모 결정, 그리고 운용 연구에 설명된 사용 프로파일과 기존 정비철학의 차이 조정.

27. BCS를 위한 중요 수리부속 소요의 결정 (예, 장납기 품목, 고가 수리부속 등)

28. 앞에서 도출된 수리부속 소요에 관련된 위험과 가정의 식별

29. 비교분석 보고서 [사업명]에 결과를 수록

30. 신규 제품을 위한 재고 업무로부터 초도 수리부속 목록 (하드웨어, 펌웨어, 이전 매체 및 백업용 소프트웨어 사본 포함) 초안 작성

31. 결과를 기능 소요 보고서에 기록한다.

32. 결과를 타당성 연구 보고서에 기록한다.

차기 사업단계의 활동

33. 평가단계의 결과는 차기 사업단계 동안의 수리부속 평가 및 획득 활동을 위한 SSP 계획이 된다.

부록 L: 일반적인 폐처리 계획 문서 작성 템플릿

1. 본 문서는 사업에 관련된 종합군수지원 계획 작성에 있어서 ILS 관리자를 지원하기 위해 국방부 ILS 정책팀에 의해 작성되었다. ILS 계획 템플릿은 ILS 과정 개발팀의 국방부 ILS 교육 그룹 관리에 의해 개발된 일련의 ILS 관리 문서 안내의 일부를 구성한다.
2. 본 문서는 사업에 관련된 종합군수지원 작업기술서 작성에 있어서 ILS 관리자를 지원하기 위해 국방부 ILS 정책팀에 의해 작성되었다. ILS SOW 템플릿은 DES JSC SCM-ENGTLS-Pol Co-Ord에 의해 개발된 일련의 ILS 관리 문서 안내의 일부를 구성한다.
3. 템플릿은 필수적이거나 규범적이지 않으므로 사용자에 의해 수정되어야 한다. 이것은 완전 개발 사업에 적용 가능하며, 최신화 및 개량 프로그램 중 교육 시설, 지원 시설, 소프트웨어, 무기체계 및 장비 또는 비-개발품(NDI) / 상용품 체계 및 장비 등에 사용될 때에는 조정 및/또는 개발되어야 한다. MILSM은 사업에 맞게 ILS 전략의 적용성을 정의하기 위해 범위를 수정해야 한다.
4. 이탤릭 체로 된 주석 부분은 사용자의 이해를 돕기 위한 것으로 최종 문서에서 삭제되어야 한다.

[사업명]에 대한 폐처리 계획

[문서 참조번호]

작성자:

[문서 당국]

제목:

[날짜]

불출 조건
본 문서에 제공된 정보는 아무런 조건이나 편견 없이 제공된다.
이 정보는 영국 정부에 의해 국방 목적으로만 불출된다.
이 문서는 영국 정부에 의해 적용되는 보안 수준과 동일하게 다루어져야 한다.

서문

[작성 완료 후 표준 보안 문구를 여기에 삽입한다]

1. 본 문서에서 참조하는 다른 요구사항, 사양서, 도면 또는 문서는 이들 문서의 최신판을 말한다.
2. 본 문서의 내용은 개발, 제작 또는 사용의 모든 단계에서 보건 안전에 관련된 법적 의무로부터 공급자 또는 사용자를 면책하지 않는다.

3. 본 문서는 국방부 내에서 그리고 국방부의 계약 수행에서 계약자가 사용하도록 작성되었으며 불공정 계약 조건 법 1977의 저촉을 받는다. 국방부는 계획이 다른 목적을 위해 이용된 경우 어떤 책임도 (국방부, 공직자 또는 기관 측의 부분에 대한 태만 등 포함) 지지 않는다.

문서 형상 통제

4. 본 문서는 [문서 관리자]에 의해 관리된다. 이 문서는 완전한 본문 부분, 부록 또는 첨부의 발간에 의해 수정된다. 수정 상태는 해당 페이지의 바닥글 정보에 기록된다.

개정 번호	일자	수정된 페이지	변경 내용	수정 반영자

폐처리단계 개요

5. 업체는 폐처리 단계 동안 통상 사업팀의 핵심 일원으로 남아 있는 업체 대표자와 같이 사업팀의 결과에 대한 핵심적인 제공자로 남는다. 사업의 초기 단계에서, 업체는 폐처리 방안에 대한 옵션을 제안한다. 이것은 수명주기관리계획에 반영되고 이후 최종승인 단계에서 승인된다. 비용 대 효과가 높고 안전한 폐처리를 보장하기 위해 조사해야 할 필요가 있는 여러 가지 옵션이 있다. 이 옵션에는 재 배치, 인가된 제삼자에게 판매, 업체로 반송, 물자의 판매, 폐처리물의 처리 및 국방부 비용으로 폐처리가 포함된다.

서론

6. 이 절은 배경 정보가 계약자에게 제공되도록 하기 위해 제공된다.

참고: '폐처리'는 수리부속, 소모품, 포장 등과 함께 수명주기에 걸쳐 효율적이고 효과적이며, 안전한 제품의 폐처리를 다룬다.

사업

체계/장비 설명

7. 지원 소요를 이해할 수 있도록 제품이나 체계의 개요를 설명해야 한다. 이것은 사업에 직접 포함되지 않은 부분도 구매하는 장비의 계약적 요구사항에 관한 결정 근거를 이해할 수 있도록 한다. 이 설명은 요약 문서로부터 흔히 확보될 수 있으며, 다이어그램에 의해 가장 잘 표현될 수 있다. 주 ILS 계획의 본문을 참조할 수도 있다. 체계 / 장비의 기능 요구사항을 설명한

다. 선호하는 정비 개념을 규정하나, 계약자의 새로운 안 도입이 제한된다는 의미를 내포해서는 안 된다. 상세한 주요 자원의 제한사항은 운용 연구에 식별된다.

사업 이력

8. 사업이나 제품의 이력이 여기에 설명된다. 이전의 연구 및 참조정보의 상세한 내용은 초기 작업을 검토하고 중복을 방지하기 위해 제공된다. 타당성 또는 사업정의 연구의 지원 추천사항은, 특히 정치적 또는 재정적 제한의 변경으로 인한 결과로 그 후에 수정되었다면, 문서화될 수 있다. 지원에 영향을 주는 모든 가정, 외부 요인 또는 관리상의 결정은 향후 분석에 고려되도록 하기 위해 참조되어야 한다.

구매 전략

9. 구매전략 옵션을 설명한다. JSP 886 I에 포함된 폐처리에 대한 방침을 참조한다.
다른 전략으로부터 국방부가 이익을 얻을 경우, 이의 판단을 위해 대체 폐처리 전략을 검토한다. 비록 넓은 범위의 폐처리 옵션이 있더라도, 고려되어야 할 주요 분야는 다음과 같다: 재배치, 판매, 복구 및 귀금속 재료의 판매, 업체로 반환, 국방부 비용으로 폐처리.
10. 고려해야 할 요인에는 국방부 및 정부의 방침, 국가/국제적 법령, 비용, 일정 및 위험이 포함된다.
11. 폐처리 전략은 순차적으로 아래 항목을 고려해야 한다:

a. 재 배치

b. 국방부 폐처리 서비스 기관(DSA)과 같이 일하는 업체의 영업 마케팅 팀과 사업팀은 금액 대비 합당하고 효과적인 체계에 대한 타국의 요구를 충족하는 혁신적인 방안을 제안할 수 있다. 판매의 상당 부분이 시장의 요구에 좌우되므로 시장에 대한 이해가 필요하다.

c. 업체로 반환

d. 물자의 복구 및 판매, 그리고 폐처리물의 처리 (환경 영향 포함)

e. 국방부의 비용으로 폐처리

참고: 폐처리 서비스 기관은 국방부의 모든 잉여제품 및 초과 재고품의 폐처리에 대해 단독으로 위임 받은 기관이다.

폐처리 계획

12. 잉여 자재 또는 장비에 대한 폐처리 계획 수립 시, 폐처리 지침에 대해 JSP 886 를 참조하고 폐처리 서비스 기관(DSA) 내의 적절한 담당과 협의할 필요가 있다.

13. 고려해야 할 사항에는 다음 항목이 포함된다: 폐처리 전략, 시장 분석 (DSA와 향후 판매 작업을 위해), 업체 참여, 수리/오버 홀 또는 해체, 수리부속 소요, 가용도, 저장, 배분, 개조, 교육, 출판물, 통신.

폐처리 권한

14. DSA는 장비에 대한 실질적인 용도가 더 이상 없다는 것을 적절한 조직과 협의를 통해, 잉여품으로 선언되는 장비에 대해 정확한 권한이 주어지고 사업팀 리더/ MILSM이 만족하도록 하는 것에 대한 책임이 없다. 장비에 대한 보급 당국은 폐처리 조치의 개시를 공식적으로 승인해야 한다.

유효성

15. 이행 하기 전에 폐처리 계획의 조항이 기존의 법령과 국방부 방침에 관하여 유효하다는 것을 보장할 필요는 없다. 계획은 실제 이행보다 수년 전에 마련되므로, 적절한 법령과 방침 문서에 적절한 설명이 제공된다.

폐처리 조치 기록

16. 판매 송장, 계약자/사용 위치 및 폐처리 품목의 설명 등을 포함하여 폐처리 조치의 기록에 대한 계획을 수립하고 이를 유지할 필요가 있다.

판매 권한

17. DSA 가 판매 권한을 위임한 경우, 해당 기관으로 매출환입 보고가 이루어져야 한다. 그러나, 대부분의 경우, DSA가 모든 판매 가능한 물자에 대한 폐처리 조치를 수행한다. 자체적인 위임 판매에 대한 상세한 조언은 JSP 886에 수록되어 있다.

마케팅 합의

18. 국방부로의 환원을 최대화하기 위하여, DSA는 업체와 여러 가지 물품 기반의 상업적 저장 및 마케팅 합의를 하게 된다. 이 합의는 보유 부대로부터 잉여 물자의 신속한 제거와 전문 물품 딜러를 통해 재판매 가능성의 극대화를 보장한다. 이 합의에 대한 세부사항은 JSP 886에 수록되어 있다.

데이터

19. 사업의 구매 및 운용단계 지원 단계에서 전자 데이터의 문제가 부각되지만, 장비 자체가 폐처리될 때 사업 기간 중 축적된 데이터의 폐처리에 대한 심각한 문제가 있을 수 있다. 전자

정보의 물리적 폐처리는 대량의 인쇄 종이보다 쉬울 수 있겠으나 주의가 필요하다. 폐처리 전략이 전자 데이터를 사용하는 타국으로의 판매인 경우, 구매자 시스템과의 호환성 및 비밀 정보의 제거를 포함한 데이터 이전 문제가 있다. 전자 데이터를 받아 들이지 못하는 구매자의 경우, 인쇄 형식으로 변환하는 문제를 심각하게 고려해야 한다. 데이터의 저장이 고려되는 경우, 그 책임은 기관 또는 데이터를 생성하는 계약자가 될 수 있으며, 반드시 방침을 따라야 한다.

20. 폐처리 위험에는 아래 항목이 포함된다:

a. 유해 물질

b. 환경 문제

c. 데이터 저장/이전

d. 안전 문제

e. 보안

f. 법령의 변경 (국가 및 국제 법령)

g. 예상 폐처리 비용 및 수입금

h. 적절한 회계 처리

i. 국방부의 주의 의무는 판매든 자체비용 폐처리이든 최종 폐처리까지 이어진다. 가능한 경우, 모든 물자는 DSA를 통하여 판매에 의해 폐처리된다 (판매를 통해 폐처리될 수 없는 품목에 대해서는 JSP 886를 참조한다). PTL/ILSM은 잉여 물자가 판매 가능성이 없는 것으로 판단되는 경우, DSA는 이를 보유 부대로 통지하고 폐처리물로서 또는 파괴에 의한 폐처리 등 적절한 방법을 승인한다는 것을 알고 있어야 한다.

j. PTL/ILSM 은 기존의 법령 및 국방부 규정에 완전히 충족하도록 하기 위해 적절한 보급 당국과 협의하여 유해 물자의 폐처리에 대한 계약이 수립되도록 해야 한다.

k. DSA는 IT 매체와 같이 보호 표기가 된 물자의 폐처리는 수행하지 않는다.

l. 재 배치 가능이라고 식별된 모든 물자는 기존 회계 규정에 따라 이전되며, 사업 재무팀으로부터 조언을 구할 수 있다.

업체로부터 지원

21. 업체는 여러 가지 방법으로 폐처리를 지원할 수 있다:

a. 판매/파괴에 대한 조언 제공

b. 다른 시장으로 폐처리하는 것에 대한 지원

c. 장비의 이전의 지원에 대한 일반적인 정보 제공

폐처리단계 개요

22. 업체는 폐처리 단계 동안 사업팀의 결과에 대한 핵심 제공자로 남는다. 업체 대표자는 보

통 사업팀의 핵심 일원으로 남아 있는다.

23. 사업의 초기 단계에서, 업체는 폐처리 방안에 대한 옵션을 제안한다. 이것은 수명주기관리계획에 반영되고 이후 최종승인 단계에서 승인된다.

24. 비용 대 효과가 높고 안전한 폐처리를 보장하기 위해 조사해야 할 필요가 있는 여러 가지 옵션이 있다.

25. 다른 옵션으로는 인가된 제삼자에게 판매가 포함된다; 여기서, 국방부 폐처리 서비스 기관(DSA)과 같이 일하는 업체의 영업 마케팅 팀과 사업팀은 금액 대비 합당하고 효과적인 체계에 대한 다국의 요구를 충족하는 혁신적인 방안을 제안할 수 있다.

26. 판매의 상당 부분이 시장의 요구에 좌우되므로 시장에 대한 이해가 필요하다.

폐처리단계 – 업체참여 지침

27. 업체는 핵심적인 역할을, 특히 폭발물, 화학 및 핵 폐처리 등의 전문 분야에서, 맡는다. 이것은 판매 지원을 위한 비즈니스 케이스 및 마케팅 케이스를 개시한다.

추가 정보

29. JSP 886 외에, 아래의 특정 분야에서 상세한 조언을 구할 수 있다:

a. 마케팅 합의서

b. 컴퓨터 및 데이터 보안

c. 증여.

d. 탄약 폐처리

30. DSA 서비스에는 아래 항목이 포함된다:

a. 자산 실현. 고정자산의 재 판매 (필요 시)에 대한 포괄적인 수집 및 준비. 수명기간 동안의 사용으로 감가 상각된 자본화된 품목을 다루며, 안전하고 확실한 처분을 제공한다.

b. 재고 폐처리. 모든 소모성 품목에 대한 완벽한 '폐처리를 위한 수거' 서비스. 획득연도 중에 손익 계정에서 삭제될 수 있는 제품과 서비스에 적용되는 임계 자본지출 내에 해당하는 모든 구매가 대상이 된다.

c. 부지 정리. 사무실 바닥부터 전체 사무실 건물까지, 공장 건물에서 전체 산업단지까지 그리고 주거 및 상업 시설에서 전체 산업지구까지 전부를 포괄하는, 모든 규모와 복잡성을 가진 사업에 대한 맞춤식 정리 서비스. 자산의 효과적이고 적기 불출을 보장하기 위해 선택된 계약업체와 같이 전담 팀이 각 사업 및 작업에 걸쳐 완벽한 서비스를 제공한다.

d. 폐처리물 관리. DSA의 폐처리 활동을 보완하는 범 영국 폐처리물 관리 서비스. 금속류, 오일류 및 화학 설비의 완벽한 서비스 제공뿐만 아니라 DSA는 모든 종류의 특수 폐처리물(즉, 유해물질)의 '폐처리를 위한 수거' 편의 및 형광등과 모든 종류의 가로등의

재생을 제공하기 위해 면허를 가진 폐처리물 관리 전문가와도 같이 작업한다.

e. 자문. 모든 폐처리 문제에 대한 전문적인 조언 서비스. DSA는 유일하게 폐처리 관리의 모든 면에서 포괄적인 조언 서비스를 제공한다. 폐처리를 종합 군수 계통의 핵심 부분에 두고 고객과 함께 작업한다. 전문가 팀은 개별 폐처리물 감사에서부터 완전 제휴관계까지 모든 것을 제공하며, 비용을 통제 및 경감하고 수익을 최적화 하기 위한 방법의 식별을 제공한다.

용어 및 약어 해설

31. 부록, 첨부 및 기타 지원 문서

32. 배포

부록 M: ILS 작업분해구조 (WBS)

일반적인 문서 작성 템플릿

1. 본 문서는 사업에 관련된 종합군수지원 계획 작성에 있어서 ILS 관리자를 지원하기 위해 국방부 ILS 정책팀에 의해 작성되었다. ILS 계획 템플릿은 ILS 과정 개발팀의 국방부 ILS 교육 그룹 관리에 의해 개발된 일련의 ILS 관리 문서 안내의 일부를 구성한다.
2. 본 문서는 사업에 관련된 종합군수지원 작업기술서 작성에 있어서 ILS 관리자를 지원하기 위해 국방부 ILS 정책팀에 의해 작성되었다. ILS SOW 템플릿은 DES JSC SCM-ENGTLS-Pol Co-Ord에 의해 개발된 일련의 ILS 관리 문서 안내의 일부를 구성한다.
3. 템플릿은 필수적이거나 규범적이지 않으므로 사용자에 의해 수정되어야 한다. 이것은 완전 개발 사업에 적용 가능하며, 최신화 및 개량 프로그램 중 교육 시설, 지원 시설, 소프트웨어, 무기체계 및 장비 또는 비-개발품(NDI) / 상용품 체계 및 장비 등에 사용될 때에는 조정 및/또는 개발되어야 한다. MILSM은 사업에 맞게 ILS 전략의 적용성을 정의하기 위해 범위를 수정해야 한다.
4. 이탤릭 체로 된 주석 부분은 사용자의 이해를 돕기 위한 것으로 최종 문서에서 삭제되어야 한다.

[사업명]에 대한 종합군수지원 작업분해구조 일정

[문서 참조 번호]

작성자:

[문서 당국]

제목:

[날짜]

불출 조건
본 문서에 제공된 정보는 아무런 조건이나 편견 없이 제공된다.
이 정보는 영국 정부에 의해 국방 목적으로만 불출된다.
이 문서는 영국 정부에 의해 적용되는 보안 수준과 동일하게 다루어져야 한다.

서문

1. 본 문서는 영국정부의 자산이며, 공적인 용도를 위해 그 내용을 알고자 하는 자만을 위한 정보이다. 이 문서를 습득한 자는 영국 국방부, D MOD Sy, London, SW1A 2HB로 안전하게 반송될 수 있도록 습득 경위와 장소를 적어 영국 영사관, 영국 군부대 또는 영국 경찰서에 즉시 넘겨야 한다. 본 문서의 인가되지 않은 보유나 파손은 영국 공직자 비밀 엄수법 1911-1989를 위반하는 것이다. (정부 공직자 이외의 자에게 이를 불출하는 경우, 이 문서는 개인 단위로 불출된 것이며, 수령한 자는 영국 공직자 비밀 엄수법 1911-1989 또는 국가 법령의 조항 내에서 비밀 유지가 위임되고, 개인적으로 이를 안전하게 보호하고 그 내용을 비 인가자에게 공개하지 않도록 한다.)

2. 본 문서가 추가로 필요한 경우, ILS 관리자 또는 ILS 사업 사무국에서 획득해야 한다. ILS 관리자는 수정판의 불출을 위해 보유자 등록 현황을 유지해야 한다.

3. 본 문서에서 참조하는 다른 요구사항, 사양서, 도면 또는 문서는 이들 문서의 최신판을 말한다.

4. 본 문서의 내용은 개발, 제작 또는 사용의 모든 단계에서 보건 안전에 관련된 법적 의무로부터 공급자 또는 사용자를 면책하지 않는다.

5. 본 문서는 국방부 내에서 그리고 국방부의 계약 수행에서 계약자가 사용하도록 작성되었으며 불공정 계약 조건 법 1977의 저촉을 받는다. 국방부는 계획이 다른 목적을 위해 이용된 경우 어떤 책임도 (국방부, 공직자 또는 기관 측의 부분에 대한 태만 등 포함) 지지 않는다.

문서 형상 통제

6 본 문서는 [문서 관리자]에 의해 관리한다. 이 문서는 완전한 본문 부분, 부록 또는 첨부의 발간에 의해 수정한다. 수정 상태는 해당 페이지의 바닥글 정보에 기록한다.

7. 각 사업단계의 완료 시 신규 버전의 문서를 발간한다.

개정 번호	일자	수정된 페이지	변경 내용	수정 반영자

참조 문서

8. 이 절의 목적은 사업의 지원 고려사항에 적당한 모든 관련 참조문서를 식별하기 위함이다.

서론

9. 이 절은 배경 정보가 계약자에게 제공되도록 하기 위함이다.

종합군수지원

10. 종합군수지원은 아래 항목을 수행하는데 필요한 전문적인 관리 방법이다:

a. 제품설계에 반영. 제품 설계 및 시설, 공구, 수리부속 및 인력의 사용이 최적화된 TLF에서 제품 가용도를 극대화 하도록 최적화한다.

b. 지원방안의 설계. TLF를 최적화 하기 위한 종합지원방안을 수립한다. 시설, 공구, 수리부속 및 인력의 수명주기에 걸친 사용이 총 수명비용을 최소화할 수 있도록 최적화 한다. 필요시 가능한 한 표준 또는 공통 시설, 공구, 수리부속 및 인력의 사용을 권장 한다.

c. 최초지원 패키지 인도. 주어진 기간 동안 제품의 지원을 위해 요구된 시설, 공구, 수리부속 및 인력의 결정 및 구매. 군수지원일자(LSD) 요구를 충족하도록 지원 방안의 물리적 인도가 이루어지도록 한다. 필요시 수명주기 지원이 가능하도록 한다.

사업

체계/장비 설명

11. 지원 소요를 이해할 수 있도록 제품이나 체계의 개요를 설명해야 한다. 이것은 사업에 직접 포함되지 않은 부분도 구매하는 장비의 계약적 요구사항에 관한 결정 근거를 이해할 수 있도록 한다. 이 설명은 요약 문서로부터 흔히 확보될 수 있으며, 다이어그램으로 가장 잘 표현할 수 있다. 주 ILS 계획의 본문을 참조할 수도 있다. 체계 / 장비의 기능 요구사항을 설명한다. 선호하는 정비 개념을 규정하나, 계약자의 새로운 안 도입을 제한하는 의미를 내포해서는 안 된다. 상세한 주요 자원의 제한사항은 운용 연구에서 식별한다.

사업 이력

12. 사업이나 제품의 이력이 여기에 설명된다. 이전의 연구 및 참조정보의 상세한 내용은 초기 작업을 검토하고 중복을 방지하기 위해 제공된다. 타당성 또는 사업정의 연구의 지원 추천 사항은, 특히 정치적 또는 재정적 제한의 변경으로 인한 결과로 그 후에 수정되었다면, 문서화될 수 있다. 지원에 영향을 주는 모든 가정, 외부 요인 또는 관리상의 결정은 향후 분석에 고려되도록 하기 위해 참조한다.

구매 전략

13. 구매전략 옵션을 설명한다. 표준화 및 상호운용성에 대한 방침을 참조한다.

14. 플랫폼 또는 플랫폼 내의 하부체계가 다른 획득 전략으로부터 이익을 얻을 수도 있으므로 결정을 위한 대체 획득 전략을 검토한다. 특정한 요구를 충족하기 위해, 비록 넓은 범위의 획득 분류가 존재하지만, 이들은 주요 변수이다; 비-개발 품목, 즉 상용품, 국방부의 비-개발 품목, 다른 군사용 비-개발품, UK 개발품목, 협동 개발품목, 주 계약자 체계 / 장비, 합작 투자 계약 체계 / 장비, 계약자군수지원(다양한 정도), 민관협력, (임대), 점진적 능력 획득. 지원 옵션 매트릭스 상에 식별된 옵션. 다른 ILS 전략이 각각의 획득 형태에 적용되며, MILSM은 자신의 특정한 장비에 대한 획득 옵션을 정의할 때 각각의 상대적인 이점을 평가해야 한다. 고려해야 할 요소에는 국방부 및 정부의 방침, 비용, 적합성, 일정 및 위험이 포함된다.

ILS 전략

15. Def Stan 00-600 '국방부 사업을 위한 종합군수지원 요구사항'은 제품의 구매 및 수명기간에 걸친 지원에 대해 종합군수지원의 적용을 위한 국방부 요구사항을 식별한다. 수명기간 동안 수행되는 모든 ILS 활동은 계약에 명시된 Def Stan 00-600의 조정된 요구사항을 충족해야 한다.

16. ILS 요소 계획 및 특히 SA 활동은 중복을 방지하고 최적의 지원 구성이 식별되도록 사업 전반에 걸쳐 협조되어야 한다.

17. 상용품 장비의 이용은 지원 고려사항의 설계반영을 위한 기회를 제한한다. 설계의 자유도가 주어진 경우, ILS는 설계 프로세스에 지원이 고려되도록 하는데 이용된다. 설계 자유도가 없는 경우, ILS는 제안된 체계의 지원성을 평가하는데 이용된다.

배경

기존 지원전략과 통합

18. 기존의 지원 전략과 모든 지원 전략을 통합하기 위한 요구사항을 설명한다.

19. 국방부 내에서 ILS 방법론의 채용은 국방부 규격 (JSP)에 정의된 기존 유지 및 지원 방침의 연장이다. MILSM은 제품이 수명주기 동안 적절히 지원되도록 해야 할 책임이 있다.

20. ILS 및 SA 의 채용은 설계 프로세스 내의 지원 문제의 단계별 분석의 정의에 의한 설계 반영 목적을 달성하기 위하여 더욱 공식적인 체계를 추가한다. 또한, 이것은 체계화되고 통제된 방법으로 지원 데이터의 효율적인 관리를 가능하게 하는 기반시설을 제공한다. ILS의 적용은 기존 유지 및 지원 전략의 요구사항을 계약자에 대한 체계화된 지원성 평가를 부가하는 능력과, 결과로 나오는 데이터를 관리 및 취급하기 위한 정보 기술의 이용에 의해 보다 용이하고 비용 대 효율이 높게 달성되도록 한다. MILSM은 사업지원 팀에 대한 유사한 목표, 업무 및

책임을 가지고, ILS 계획이 사업지원 계획의 기초가 되도록 효과적으로 고려될 수 있다.

21. MILSM은 이 요구사항에 적용 가능하다고 판단된 상세한 SA 활동을 제공하는 관련 SA 전략도 참조한다. 중대한 국면에 장비의 추가적인 수량이 요구될 가능성이 있는 경우 다국적 측면도 개략적으로 설명되어야 한다. 지원 체계의 주요 관계자가 식별되고 이들의 요구사항을 설명한다.

체계 기능 분석

22. 기능분석 체계 분해구조 및 조립수준을 설명한다.

지원 기능 분석

23. 기능분석 체계 분해구조 및 조립수준을 설명한다.

군수 연구

24. 새로운 기술의 적용, 군수 능력의 비교 및 기존 장비에서 얻은 교훈에 관한 간단한 설명을 제공한다.

기타 요인

25. 사업에 적용될 수 있는 중요한 국제적, 정치적, 사회적, 환경적 또는 경제적 요인을 식별한다.

26. MILSM은 적용 가능한 모든 조기 결정과 함께 장비에 대한 요구사항의 발전에 대한 관련 배경을 제공한다. 이것은 조기 작업의 불필요한 중복을 방지한다.

사업승인을 위한 입력정보

27. ILS 및 사업 요구사항 세트, 체계 요구사항 문서 및 수명주기관리계획 간의 관계를 식별한다.

ILS 문서

28. 아래 문서는 본 사업을 위한 ILS의 관리에 사용된다. 문서는 계약에 따른 것이거나 정보 목적용일 수 있다. 계약서에 명시되지 않는 한 이 문서의 내용이 계약 요구사항을 변경시키지는 않는다.

ILS 전략

29. ILS 전략은 제품에 대해 ILS를 적용하기 위한 국방부의 접근방법이다.

ILS 계획

30. ILS 계획은 사업의 요구사항을 충족하기 위하여 Def Stan 00-600에 따라 조정된 ILS에 대한 국방부의 접근방법을 설명한다. 이 계획은 작업기술서(SOW)에 명시된 국방부 요구사항의 이해를 돕기 위해 잠재적 입찰자 및 계약자를 포함하여 외부 당사자에게 제공한다.

지원성 분석 전략

31. SA 전략 문서는 제안된 제품과 그 지원 환경을 분석하고 최적화 할 때 본 사업의 요구를 충족하기 위해 SA 요구사항이 어떻게 테일러링되는지를 식별한다. 이것은 SA 계획에 기술된다.

운용 연구

32. 이 운용 연구는 계약 문서는 아니다. 이것은 구매할 장비의 의도한 용도, 교체될 체계의 설명, 구상중인 지원 전략 및 기존 지원체계로부터 나타나는 제한사항, 인력 및 가용한 기술에 대한 정보(해당할 경우)를 포함하고 장비의 지원을 위해 활용될 수 있는 기존 및 향후의 자원을 식별한다. 운용 연구는 의도된 운용단계의 용도 및 국방부 요구사항의 해석에 대한 지침을 잠재적 입찰자 및 계약자를 포함한 외부 당사자에게 제공하나 새로운 안의 도입을 제한하지는 않는다.

ILS 작업기술서

33. ILS작업기술서 (SOW)는 하나의 계약 문서이다. 이것은 계약자가 완수해야 할 활동을 기술한 것이다. 여기에는 수행해야 할 업무, 보고 요구 및 검토 일정에 대한 요구사항을 포함한다. SOW는 계약자료요구목록 (CDRL) 및 ILS 산출물 설명서 (ILSPD)에 의해 필요시 보충한다.

계약문서요구목록

34. 계약문서요구목록(CDRL)은 하나의 계약 문서이다. CDRL은 계약 조건에 따라 인도될 정보를 기술한다. 이것은 각 인도물품의 인도 요구사항 (일정 포함) 및 형상통제를 기술한 것으로 상세한 내용이 요구될 경우, 별도의 ILS 산출물 설명서(ILSPD) 제공을 통해 CDRL의 범위를 확장할 수 있다.

ILS 산출물 설명서

35. ILS 산출물 설명서는 사업 데이터의 형식, 표현 및 인도 요구사항을 규정한다.

SA 계획

36. 제안한 지원성 분석 계획(SAP)는 계약 체결 시 계약자료가 된다. 이것은 계약자에 의해 작성되며 SOW에 설명된 SA의 계약적 요구사항을 달성하기 위해 계획된 자신의 SA 조직 및 활동을 설명한다.

ILS 요소 계획

37. ILS 요소 계획은 ILS 계획의 핵심 부분이다. 이것은 지원 체계의 요소가 어떻게 설계, 구현, 운용 및 입증되는지를 규정한다.

종합지원계획

38. 종합지원계획(ISP)은 하나의 계약 문서이다. 이것은 계약자에 의해 작성되며 계약적 인도 물품을 제공하기 위해 계획된 자신의 ILS 조직 및 활동을 설명한다. ISP는 그 내용에 의해 입찰 제안서의 ILS 내용을 평가하는 기본 문서이다. 따라서 입찰에 대한 대응과 함께 포괄적인 초안을 포함해야 한다. ISP는 보통 사업에 대한 ILSP를 반영한다.

국방부 사업팀에 의해 지금까지 완료된 보고서 및 연구

39. 필요에 따라 추가 보고서나 연구를 식별한다.

작업분할구조

목적

40. ILS 작업분해구조(WBS)는 ILS 관리자의 ILS 프로그램 계획수립을 지원하고 ILS 프로그램의 국방부 및 계약자 요소의 통제를 위한 메커니즘을 제공한다.
41. 이것은 고려사항을 식별하기 위한 지침이나 점검표로 활용하기 위함이다. 이것은 모든 것을 포함하지는 않으며, 개별 사업 마다 요구하는 시기와 내용에서 서로 다를 수 있다.

체계 작업분할구조

42. WBS의 목적은 효율적인 프로그램 달성을 위한 효과적인 사업관리를 위하여 예산과 자원이 할당되도록 전체 프로그램을 별도의 관리 가능한 업무와 하위업무로 분해하는 것이다. 주요 체계 사업에서 프로그램을 최소의 관리가능 업무로 구분하는 작업은 대규모의 계획 수립과 자원할당을 필요로 한다. 그러나, WBS가 일단 완료되고 나면 전체 프로그램이 정의된다. 아래 그림 1은 통상적으로 사업/체계 관리에 해당되는 ILS 활동과 함께 3 단계의 전형적인 체계 WBS (함정을 예로 들었다)를 식별한 것이다.

그림 1 : 전형적인 체계 WBS

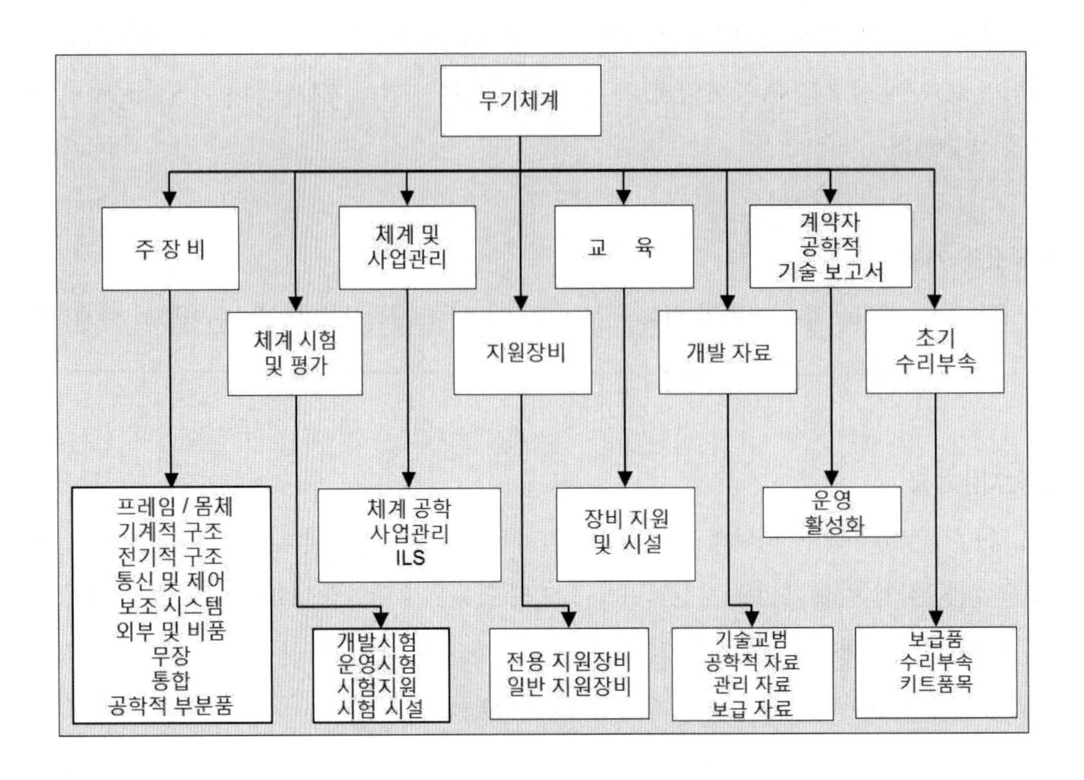

43. ILS 기능은 지원 소요의 식별, 평가 및 최적화를 포함한다. 지원 요소를 구매하고 제공하는 프로세스는 각각 별도로 전통적으로 식별되었다. 사업/체계 WBS 코드 '000'에 의해 수행된 ILS 업무의 결과는 상세 요구사항을 식별하며, 이는 차후 개별 지원 요소에 의해 구매 및 제공된다.

참고: 이 템플릿에 사용된 번호부여 체계는 단순 표기용일 뿐이며, 사업의 특정한 업무 분해 구조 번호부여 체계와 일치해야 한다.

ILS 작업분할구조

44. ILS 기능은 이후 그림 2에 보인 바와 같이 여러 개의 다른 분야로 분할할 수 있다. ILS WBS 000의 하위 구분, 즉 'ILS 계획 및 지원성 분석'은 모든 개별 지원요소에 공통인 작업이다.
45. 각 주요 ILS 프로세스의 개략적인 설명은, 가능한 경우, Def Stan 00-600에 따른 설명에 따른다.

수명주기지원 관리 [00-00]

46. 이 최상위 활동은 5개의 핵심 하위 프로세스로 구성된다:

a. ILS 계획수립 (00-01).

b. ILS 정보 관리 (00-02).

c. ILS 형상 관리 (00-03).

d. 지원 최적화 (00-04).

e. 단종 관리 (00-05).

그림 2: ILS 프로세스 분해구조, 번호부여 체계

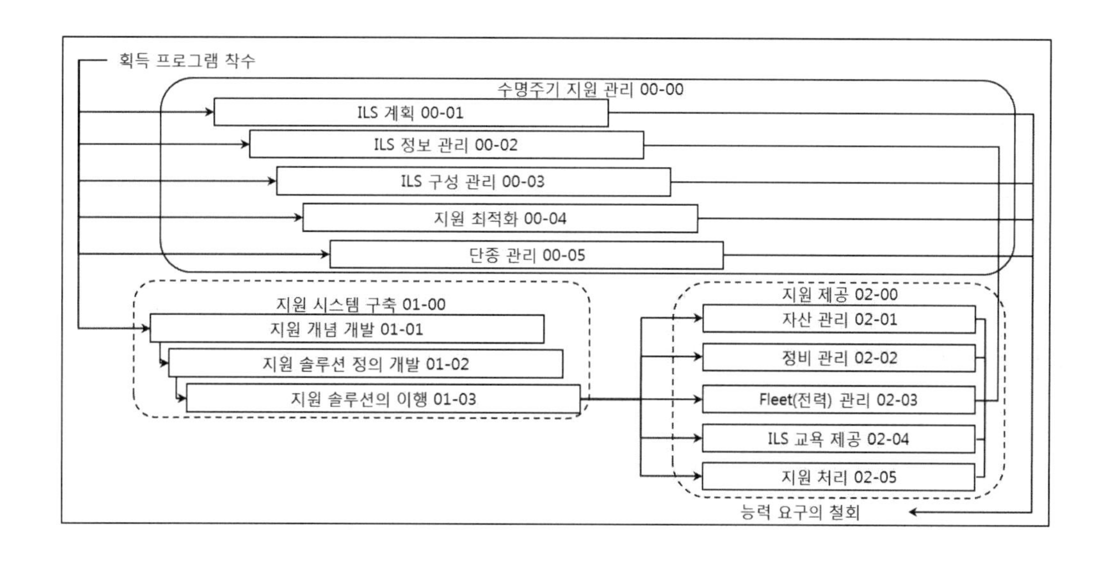

ILS 계획 [00-01]

47. 이 프로세스는 TLS 활동을 수행하기 전 TLS 존속을 위한 필수적인 사전 전제조건을 확보한다.

ILS 정보 관리 [00-02]

48. 정보 항목의 출처, 생성 수집, 기록 및 폐처리에 관한 권한 및 책임을 지정한다. 정보의 내용, 의미, 형식 및 표현을 위한 매체, 보존, 전송 및 검색을 정의한다. 정보는 여러 형태(예, 구두, 문장, 그림, 숫자로)로 시작되어 종료될 수 있으며, 여러 가지 매체(예, 전자식, 인쇄, 자기식, 광학식)를 이용해 저장, 처리, 복제 및 전송될 수 있다. 조직 구조상 제한사항을, 즉 기반시설, 조직간 통신, 분산된 사업 업무, 고려해야 한다. 관련 정보의 저장, 변환, 전송 및 표현에 대한 규격 및 관행은 방침, 합의 및 법적 제한에 따르른다. 출처 – ISO 15288.

ILS 형상 관리 [00-03]

49. 형상관리는 제품의 형상을 관리하는 상황과 환경을 제공하는데 필요한 프로세스로 정의된다. 형상관리는 책임의 할당, 인원의 교육, 수행의 측정, 효과의 판단 및 프로세스 개선을 위한 추세를 계산한다. 관리 및 계획 프로세스의 목적과 이점은 CM 프로세스 활동이 적용되고, CM 프로세스 활동을 위한 조직적 책임을 확립하고, 필요한 자원과 시설을 판단하며, 지속적인 개선을 위한 기초를 제공하는 것이다. 수행해야 하는 전형적인 활동은 적용 환경의 정의, 적용 가능한 CM 절차의 정의, 환경에 적합한 도구, 기법 및 방법(공급자의 관리 포함)의 선정, 그리고 CM을 위한 수행 식별자의 판단이다.

지원 최적화 [00-04]

50. '능력'에 의해 식별된 척도에 대한 지원체계의 성능, 지원 방안 소요 및 발견된 부족분을 나타내기 위한 수정작업의 필요성 식별을 평가하는 활동.

단종 관리 [00-05]

51. 이 프로세스는 실행 가능한 조직을 구성하고, 단종 관리 계획을 수립하며 이를 달성한다.

지원체계 수립 [01-00]

52. 이 최상위 활동은 핵심적인 3개의 하위 프로세스로 구성된다:

    a. 지원 개념 개발 (01-01).

    b. 지원방안 정의 개발 (01-02).

    c. 지원방안 이행 (01-03).

지원개념 개발 [01-01]

53. 이 프로세스는 사업 수명주기의 초기에 TLS 계획에 의해 개시된다.

54. 아래 항목과 병행하여 반복적으로 진행된다:

    a. 능력 소요를 충족하는 ILS 제품의 설계

    b. 지원 방안 정의 및 지원성능 최적화 프로세스에 의한 잠재적 지원방안의 초기 정의

    c. SSE KSA 및 GP (지원방안 최적화 고려 포함)를 기준으로 한다.

    d. 최초승인 제출 전에 초기 반복을 종료한다.

55. 프로세스 입력의 변경에 대응하여 프로그램 수명주기의 후반에 반복될 수 있다. 프로세스에 대한 입력정보는 아래와 같다:

    a. 프로그램 정보

56. 아래 항목을 포함하여 사업 요구사항 세트에 포함된 지원에 관련된 요구사항:

a. 요구된 ILS 산출물이 사용될 것으로 예상되는 운용 및 지원 환경.

b. ILS 산출물의 요구된 용도

c. 모든 특정한 운용지원 관련 요구사항

d. 신규 ILS 제품 및 그 지원 체계에 부가된 모든 제한사항

e. 프로그램 개념단계 동안 점진적으로 발전함에 따른 ILS 산출물의 기능적 및 물리적 설계 정보

f. 이전 프로그램의 지원방안 정의 및 지원 경험. 즉, 상기 1.c.에 언급된 관리 방침(GP)으로부터 도출된 TLS 관리계획이나 프로그램 지침

g. 문제의 프로그램에 적용 가능한 모든 기타 TLS 합의, 규격, 전략, 방침 또는 절차.

h. 프로그램의 결과는 사업팀의 지원성 보증보고서(SAR)에 기여하는 정보이며, 이는 나중에 사업팀이 최초승인 투자평가위원회 (IAB)로 보내기 위해 해당 비즈니스 케이스에서 요구하는 상세 수준으로 지원 방안 정의 개발 및 수명주기 비용 산출을 개시할 수 있도록 한다. 이 정보는 아래 항목으로 구성된다:

(1) 지원이 요구되는 배치 환경의 식별. (배치 환경은 ILS 산출물, 고객 및 운용/지원 환경/장소가 복합된다).

(2) 각 배치 환경에 대해 조사해야 할 하나 이상의 대체 지원개념 세트. 지원 개념은 아래 항목을 결합한 것이다:

(3) 모든 지원 측면 (예, SOM 옵션)에 대해 적용되거나 검토되어야 할 계약 전략의 식별.

(4) 지원을 요구하는 ILS 산출물의 모든 측면에 대해 검토 또는 적용되어야 하는 정비의 라인 및 단계에 대한 지침

(5) 운용유지 단계에서 지원방안의 설계 및 지원체계의 성능을 평가하는데 이용되는 지원성, 비용 및 준비성 척도의 초기 사양.

57. 아래 항목에 대한 입력 정보:

a. TLS 계획 및 궁극적으로 TLMP (지원성 소요 및 추천사항의 식별, FMECA, RCM, LORA, LCC, 규모 조절 등과 같은 군수지원분석에 대한 필요성 포함)

b. 지원방안 정의에 어떤 개념을 더 평가하고 개발해야 하는지를 결정하기 위해 요구되는 초기 SOW, WBS 및 ITT.

58. 아래 항목에 대한 피드백:

a. 지원성 요구사항, 제한사항 및 목표

b. 하드웨어 및 소프트웨어 표준화 정보 및 추천을 포함하여 ILS 산출물의 기능적 물리적 설계

지원방안 정의 개발 [01-02]

59. 지원방안 요구사항과 지원 목표에 따라 수명기간에 걸쳐 국방전력 유지에 적합한 지원방안을 개발하고 제공하는 활동. 서로 다른 지원 개념을 설명하기 위해 여러 가지 지원방안을 정의할 수 있다. 세부 작업은 업무사양 및 지원자원 공유 풀에서 작성함으로써 최소화 될 수 있다.

지원방안 이행 [01-03]

60. 배치 환경의 범위 및 특성 내에서 각 지원방안의 획득 및 이행에 필요한 모든 잠재적 요구사항 및 관계자 지원을 식별한다.

지원 제공 [02-00]

61. 이 최상위 활동은 5개의 핵심 하위 프로세스로 구성된다:

a. 자산 관리 (02-01).

b. 정비 관리 (02-02).

c. 함대 관리 (02-03).

d. ILS 교육 제공 (02-04)

e. 지원 폐처리 (02-05).

자산 관리 [02-01]

62. 자산관리 업무 (취역, 할당, 이전, 정비 및 폐처리)의 필요성을 판단하기 위해 필요한 자산에 대한 실제 위치 및 상태의 비교를 위한 활동.

정비 관리 [02-02]

63. 이 최상위 프로세스는 운용 자산의 정비관리를 위한 요구사항을 확립한다. 정비는 아래와 같이 분류될 수 있다:

a. 요구된 역할을 위한 자산의 준비

b. 요구된 형상으로 자산을 구성

c. 정해진 운용 전/후 손질 업무 수행

d. 예방정비 - 알려진 고장의 발생을 방지하거나 지연.

e. 수정정비 - 발생된 고장을 수정.

f. 수리 - 발생된 손상을 수정.

g. 개조

h. 신 기술로 최신화

i. 향상된 능력으로 개량

j. 요구된 향후의 작업을 판단하기 위한 업무의 진단, 조절 및 결정

k. 프로세스에는 아래사항이 포함된다:

l. 정비 수행 모니터링 및 피드백 발생

m. 비 계획 정비 소요 및 순위를 감안하여 관리 시스템으로부터 장기 정비를 기준으로 단기 / 자원소요 작업 일정 수립, '정비작업지시' 작업 및 발행

n. 정비작업지시서 수행 및 모든 자원 사용을 포함한 수행된 작업 기록.

o. 언제: 제작 단계에서 시작하여 사업 종료 시까지 계속된다.

함대 관리 [02-03]

64. 아래 항목을 포함한 함대 지원의 필요성을 판단하기 위해 요구되는 가용도에 대한 함대의 가용도를 비교하는 활동:

a. 취역

b. 공급

c. 할당

d. 이전

e. 정비

f. 폐처리

ILS 교육 제공 [02-04]

65. TLS 교육의 제공은 교육 소요를 끌어들이기 위한 홍보 수단으로서 시간 / 날짜 / 장소 등의 측면에서 특정한 교육과정을 식별하는 것이다.

지원 자원 폐처리 [02-05]

66. 제품의 운용유지 또는 지원업무 수행이 더 이상 필요하지 않거나 폐처리가 필요한 모든 지원 자원 또는 기타 자산(예, 플랫폼, 체계, 장비, 기타 자산, 소모품, 폐처리품 등)이나 잉여품을 식별한다. 여기에는 장비, 수리부속 및 폐처리품의 폐처리 및 복구에 관해서 JSP 886 국방지원체계 매뉴얼의 요구사항을 참고하며, 이들의 상태 및 조건 그리고 폐처리 기준, 자원 및 활동을 포함한다. (적절한 설명 삽입)

확장된 체계 작업 분해구조

67. 확장된 작업 분해구조 (EWBS)는 아래에 제공된 세부분해를 바탕으로 한다. 각 ILS 활동은 나중에 더욱 상세한 업무를 식별하도록 개발된다. 전통적인 EWBS는 비용 중심으로 되어 있

어서, 국방부 사업팀의 재무 책임에 해당하는 부분만 식별한다. 다른 분야나 조직에 의해 수행된 업무는 별도로 예산이 지원되므로 포함하지 않을 수도 있다.

작업 분해구조 체계

68. 아래의 일반적인 WBS 템플릿 (5단계만 표시됨)은 각 사업 별로 개발 및 조정되어야 한다:

레벨

1 2 3 4 5

사업

완성품 1

체계 1

하부체계

하부체계 n…

체계 n

하부체계 n…

완성품 n…

플랫폼 통합

체계 엔지니어링 / 프로그램 관리

체계 엔지니어링

체계 정의

체계 엔지니어링 계획

신뢰도 엔지니어링

정비도 엔지니어링

인간 요소

SA

프로그램 관리

ILS

ILS 계획 및 관리

ILS 계획의 보고

변경 제안의 통제

SA 및 정비 계획

SA 계획 및 통제

지원성 설계

- 정비 계획
- 지원성 평가
- 정보 저장소
  - 관리
  - 축적
  - 검증
  - 입증
- SA
  - 요구된 활동 및 보고

체계 시험 및 평가
- 개발 시험 및 평가
- 운용 시험 및 평가
- 목업
- 시험 및 평가 지원
- 시험 시설

PHS&T
- PHS&T 계획
- PHS&T 데이터

교육
- 서비스
- 시설
- 교육 계획 및 통제
- 교육 업무 분석
- 교육 개발
  - 운용자
  - 정비 인원
  - 지원 인원
  - 간부 초도 교육
    - 운용자
    - 정비 인원
    - 지원 인원
  - 과정의 인증 및 개정
- 기능 평가

교육 지원 장비

인원

인원 소요 연구

기술 데이터

기술자료 계획

변경 및 개정 메커니즘

기술 출판물

기술 출판물 계획 및 통제

초안 출판

출판 / 번역

최종 출판

엔지니어링 데이터

관리 데이터

지원 데이터

데이터 저장소

지원 장비

지원장비 계획 및 통제

운용 지원장비 목록

신규 지원장비의 설계 / 생산

시험 장비

ATE 계획 및 통제

시험도 연구

ATE/ATP 설계 요구사항

ATE/ATP 설계 및 생산

운용 / 사이트 활성화

체계 조립, 설치 및 현장 점검

사이트 건축

사이트 / 완제품 전환

계약자 지원

임시 계약자 지원

창정비를 포함한 LCS계획

PDS 소요

하자보증 계획

수리부속의 단종

소프트웨어 지원

소프트웨어 지원 계획

시설

업체 시설

건설, 전환, 확장

장비획득 또는 현대화

정비(업체 시설)

시설 데이터

보급지원 계획

SSP를 위한 SOW 점검표

초도 예비품 및 수리부품

ILS 업무 목록

69. ILS WBS의 생성 목적은 전형적인 '일반' 사업에 대한 ILS 활동의 일부로서 국방부 사업팀에 의해 수행되어야 할 활동을 식별하는 수단을 제공하기 위함이다. 기본 WBS는 전형적인 제품 구매를 위해 필요한 모든 ILS 업무를 식별하기 위해 차후에 확장된다.

70. 이 ILS 업무 목록은 사업팀의 책임에 해당되거나 해당되지 않을 수도 있는 분야를 식별토록 한다. 또한, 하위 ILS 활동에 대한 상호작용 및 책임을 식별하는데 도움이 된다.

적용성 / 책임 매트릭스

71. 상세한 업무 목록은 작업기술서 및 ILS 계획 개발을 위한 기초로 이용될 수 있다. 공통 번호부여 체계의 이용은 업무 계정이 테일러링 도구로 사용할 수 있게 하고, 계약에 의거 제공되는 일반적인 SOW의 적용성이 특정 요구사항을 반영하기 쉽게 해 준다.

부록 M의 첨부 1 : ILS WBS 스프레드시트

1. 해당 팀의 ILS 커뮤니티에서 운용되는 엑셀 기반의 ILS WBS 도구는 사업 요구사항을 충족하기 위해 필요한 활동의 세부 목록을 작성하는데 이용된다.

2. ILS SOW에 의해 계약자에게 부가된 활동의 지원에 필요한 활동의 선택 시 주의를 기울여야 한다. WBS 도구의 이용을 원하지만 해당 ILS 커뮤니티에 접근할 수 없는 사람은 본 문서 앞 부분의 문의처 주소를 통해 확보할 수도 있다.

JSP 886 Volume 7 Part 3: Supportability Analysis.

Version 2.5 dated 14 Jul 14

JSP 886

국방 군수지원체계 매뉴얼

제7권

종합군수지원

제3부

지원성 분석

개정 이력		
개정 번호	개정일자	개정 내용
1.0	23/07/08	웹 내용을 군수지원분석지침으로 변환.
1.1	04/10/10	Annex D Appendix 2 수정 및 신규 Appendix 3 및 Appendix 4 추가.
2.0	28/01/11	전체 갱신.
2.1	08/02/11	편집 및 포맷 변경.
2.2	06/07/11	문의처 정보의 갱신
2.3	05/12/12	문의처 수정, ISILSC 참조 추가, 27절 방사성 물질 원 (페이지 21)

Contents

제3장

지원성 분석 프로그램 요구사항의 이행에 대한 적용 지침 304

제4장

소프트웨어에 대한 지원성 분석 적용 333

제5장

활동 입력 및 출력 338

제1장

지원성 분석 정책

내용

1. JSP886의 본 자료는 종합군수지원(ILS)에서 지원성 분석(SA) 적용에 대한 핵심정책 내용을 제공한다.

정책

2. 지원성 분석이 모든 국방부 장비 획득사업에 적용되도록 하는 것이 국방부의 방침이다. 이것은 SA의 수행을 설명하고 있는 본 JSP의 제7권 1부에 실려있는 ILS 적용의 핵심 기법이다.

우선순위 및 권한

3. ILS 적용의 권한은 DE&S Corporate Governance Portal Index 에 공표한다.

요구사항

4. 사업 수행 시 SA 프로그램의 이행은 하나의 요구사항이다. ILS의 일부로서 SA를 제품에 적용하지 않을 경우 총수명재원(TLF), 제품 가용도, 정비도 및 안전도에 영향을 미치게 된다.

보증 및 절차

보증

5. SA는 ILS 프로세스 내에서 하나의 기법으로 관리정책 2.1에 의해 개별적으로 보증한다. 보증에 대한 지침은 JSP 889에 수록되어 있다.
6. 보증: 관리정책은 일관된 지원방안의 제공에 대한 위험의 식별과 이에 대한 지원을 독립적으로 수행하는 지원개선팀에 의해 외부적으로 평가한다.

절차

7. SA는 사업에 맞게 조정되어 CADMID 사이클을 통해 적용된다.

a. 사업의 설계 단계 중 (CADMID[1] 획득 사이클에서 개념, 평가 및 시연 단계에 의해 나타나는) SA 프로세스는 설계 엔지니어가 지원성 요구사항을 제품 설계에 반영하도록 지원한다. 사업이 진행되고 설계가 확정되면 SA 프로세스는 정보 저장소에 정보를 문서화하여 등록하며, 이 정보는 운용 단계 중 제품의 지원에 필요한 특정한 자원을 포함한다. 이 자료는 전력화된 체계가 최적의 수명주기 비용으로 준비태세 및 지원성 목표를 충족할 수 있도록 지원 자원의 계획, 조달, 인도 및 관리하는데 이용된다

b. 사업의 제작 및 운용 단계에서도 SA는 계속 적용된다. 운영성 자료는 고비용 및 준비성 요인을 식별하기 위하여 정보 저장소 내의 자료와 비교한다. SA피드백 루프를 그림 1에 나타내었다.

8. SA 절차는 완전 설계 및 개발품목(FDI)에만 국한되지 않고 비개발품목(NDI), 상용품(COTS) 구매 또는 복합시스템 등에 적용한다.

그림 1 : 지원성 분석의 전체 피드백 루프

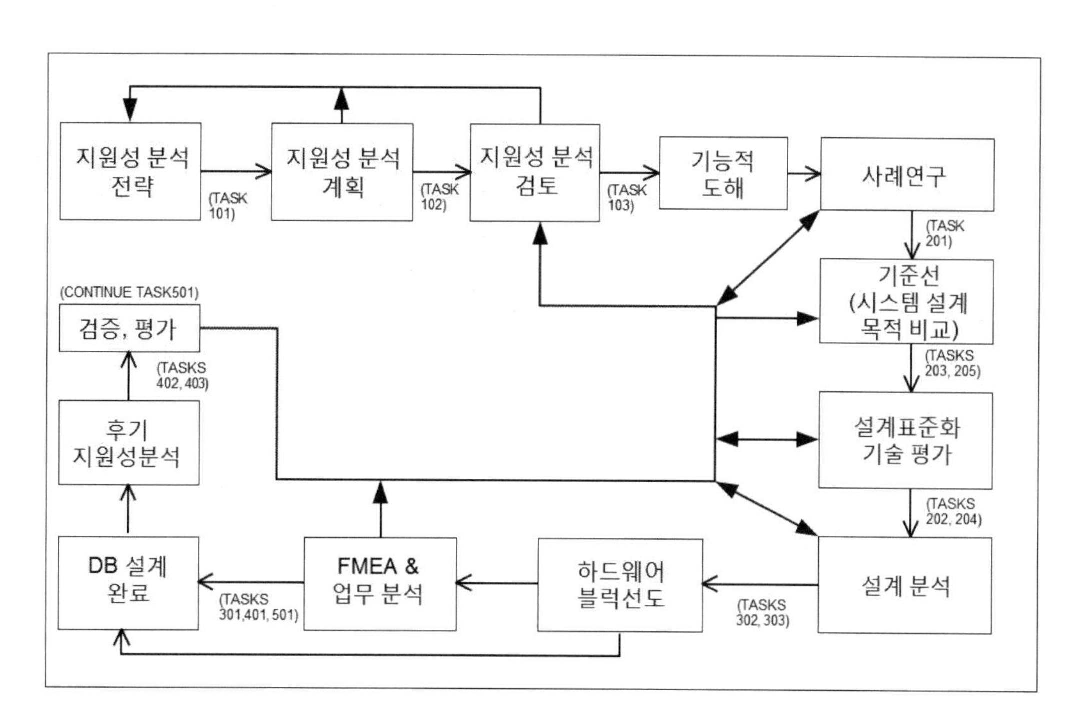

핵심 원칙

9. SA는 제품의 지원에 관한 체계화된 분석 방법과 CADMNID 사이클을 통해 적용되는 인도 및 통합지원 방안의 핵심 원칙이다. 제품 개발 중에는 운용 중 과도한 비용을 발생시킬 수

1 국방부 획득 사이클 – CADMID (개념, 평가, 시연, 제작, 운용 및 폐기)

있는 설계 특성을 식별하는 것이 목적이다. 일단 식별이 되면 이 부분은 차후의 비용 절감을 위해 설계 변경을 위한 절충 대상이 될 수 있다.

10. SA 요구사항은 Def Stan 00-600에 식별하고 있으며, 5개의 그룹으로 나누어진다:

a. 프로그램 계획 및 관리; 효과적인 분석에 역점을 두고 수행할 활동을 결정한다.

b. 임무 및 지원체계 정의; 제품 지원성의 지원을 위해 설계 변경이 필요한 부분을 식별하기 위해 사업 초기 단계에서의 SA 분석을 한다.

c. 대안의 준비 및 평가; 진전된 설계 및 제품지원 대안에 적용될 절충 사항을 식별한다.

d. 군수지원 자원소요 판단; 지원방안의 개발을 알려주기 위해 제품에 대한 전체 지원 소요를 식별하고 수명기간 중 지원성을 보장한다.

e. 지원성 평가; 효과도를 평가하기 위해 SA를 검토하고 예상된 이익의 실현 여부를 확인한다.

11. 모든 사업에는 SA가 적용된다. SA의 범위는 각 사업마다 다르며, 이는 COTS 제품 등 변동 요소를 포함하기 때문이다. 각 개별 사업에 적합하도록 CADMID 사이클을 통하여 테일러링이 되어야 한다.

12. 지원성 분석계획(SAP)은 ILS 작업기술서에 명시된 바와 같이 계약된 SA 요구사항의 충족 여부를 식별하기 위해 계약자에 의해 작성된다. 사업에서 지원부분의 효과적인 통합을 SA가 인도하는 방법은 사업 계획에 별도로 식별되어야 한다.

13. SAP는 SA 프로그램이 요구사항을 충족하기 위해 어떻게 수행되는지를 상세히 설명한다. 여기에는 아래 내용을 포함한다 :

a. 활동 별 담당 기관을 포함하는 SA 프로그램 일정.

b. 관리 체계 및 조직.

c. 제안된 방안에 대한 SA 적용.

d. 요구사항을 충족하기 위해 선택된 SA 활동 및 분석의 깊이.

e. 제품 세부분해구조 및 대상품목목록

f. 협력업체의 SA 프로그램 관리.

g. 인터페이스 소요.

h. SA 관리번호 체계 .

i. 정부불출정보(GFI) 소요

j. 정부불출장비(GFE) 소요

k. 정부불출시설(GFF) 소요

l. SA 데이터 갱신 및 검증

m. 데이터 수집

n. 정보 저장소 체계

소프트웨어

14. SA는 하드웨어와 동일하게 소프트웨어에도 적용되나, 특히 안전도 관련 측면에 강조된다.

15. 'JSP 886 제7권 4부 소프트웨어 지원'에서 소프트웨어가 수명주기 동안 지원 가능하고 가장 효과적인 방법으로 서비스에 적용하기 위한 국방부 정책을 설명한다.

관련 규격

16. Def Stan 00-600.

소유권 및 연락처

17. JSC 내에서 SA 목표에 대한 정책 구성 책임은 DES JSC SCM-EngTLS-PEng에 있으며, 군수지원정책협의그룹 (DLPSG)에 의해 승인된다.

18. 본 자료의 기술적인 부분에 대한 질의는 아래 부서로 한다:

DESJSCSCM-ENGTLS-PC2

Tel: Mil: 9679 Ext 82689. Civ: 030679 82689

E-Mail: desjscscm-engtls-pc2@mod.uk

19. 본 자료의 획득 및 표현에 대한 질의는 아래 부서로 한다:

DES SCM-PolComp-JSP 886 편집팀

Tel: Mil: 9679 Ext 80953. Civ: 030679 80953

E-Mail: DESJSCSCM-JSP886@mod.uk

제2장

일반 요구사항

적용범위

1. 본 자료는 국방장비 및 물자의 전반적인 획득 목표와 수명주기 관리를 충족하는 SA 요구사항을 이해하기 위한 정보와 지침을 제공한다. 이 자료는 계약자 및 국방부 SA 요구사항에 동일하게 적용된다. 이 조언 및 지침은 계약 문서로서 사용되도록 만들어진 것은 아니다. 사업에 맞게 Def Stan 00-600 요구사항을 조정하여 계약 요구사항에 충족하도록 수행해야 할 SA[2] 활동을 식별하는데 활용한다.

2. SA 수행에 적용되는 관련 자료를 아래에 제시하였다:

표 2.1: 지원성 분석에 적용되는 자료

참조번호	제목
Def Stan 00-600	종합군수지원. 국방부 사업을 위한 요구사항
ASD S1000D	공통 데이터베이스를 활용한 기술 출판물에 대한 국제 규격서
ASD S2000M	군용 장비에 대한 물자관리 통합자료처리를 위한 국제 규격서
Def Stan 00-40	신뢰도 및 정비도
Def Stan 00-45	엔지니어링 고장 관리를 위한 신뢰도중심정비 이용
Def Stan 05-57	국방물자에 대한 형상관리정책 및 절차서

지원성 분석 관리 및 정보 저장소

지원성 분석 관리

3. SA 관리는 3개의 주요 부분으로 구분될 수 있다:

2 SA는 전통적인 LSA Task 번호부여 방식을 이용하지 않으며, 해당할 경우, LSA Task 번호는 참조용으로만 괄호 안에 표시된다.

a. SA 프로세스 수행을 위한 자원의 결정 및 제공 .

b. SA 프로세스의 통합 및 수행.

c. SA 프로세스 결과의 이행.

지원성 분석 프로세스

4. Def Stan 00-600에서 조정된 계약 요구사항을 충족하기 위한 SA 프로세스는 계약자에 의해 공급, 설계 또는 생산되는 모든 제품에 대한 지원 및 지원관련 정보의 준비, 분석 및 배포를 위한 기준을 만들어야 한다. 특정한 제품을 위해 종합지원계획(ISP) 및 지원분석계획(과제 102)가 요구된다. 이 자료에는 계약자가 사업 수행을 위한 개발주관기관의 조직, 관리 및 통제 방침에 대해 서술한다. 여기에는 입찰 요청서 또는 계약서에 명시된 ILS 요소를 포괄하는 제품 설계 및 기타 지원 관련 활동에 대한 권한 및 책임과 함께 관련자 정보가 포함된다. 사업의 단계나 크기에 맞게

a. 계약에 명시된 인도물품을 포함하여 ILS 기능을 관리하고 SA 프로그램을 책임지는 관리자를 지정하고,

b. SA 프로그램의 각 측면을 감독하는 관리자를 할당하고,

c. SA 프로세스를 이용하여 만든 자료 및 기타 분석 결과의 이용 및 폐기 관리 및 통제에 대한 책임을 식별하는 것은 타당할 수 있다.

5. 설계 및 제작 프로세스와 SA 프로세스를 통합한다.

지원성 분석 활동

6. FDI 및 COTS 사업에 대한 SA 활동을 표 2.2에 제시하였으며, 활동에 대한 지침 및 CADMID 단계별 하위활동의 적용성은 표 2. 4에서 2. 13에 나타내었다.

표 2.2: 지원성 분석 활동

활동 시리즈	목적	활동 / 하위 활동
프로그램 계획 및 관리 (100 시리즈)	공식 프로그램 계획 및 검토작업 제공	SA 전략개발 (Task 101) 지원성 목표 (Task 101. 2. 1) 비용 예측 (Task 101. 2. 2) 최신화 (Task 101. 2. 3) SA 계획 (SAP) (Task 102) SA 계획 (Task 102. 2. 1) 최신화 (Task 102. 2. 2) SAP 양식 (Task 102. 2. 3) 프로그램 및 설계 검토 (Task 103) 검토 절차 수립 (Task 103. 2. 1) 설계 검토 (Task 103. 2. 2) 프로그램 검토 (Task 103. 2. 3) SA 검토 (Task 103. 2. 4) SA 지침 협의 (Task 103. 2. 5)

<table>
<tr><td rowspan="2">임무 및 지원체계 정의 (200 시리즈)</td><td rowspan="2">지원성 목표 및 지원성 관련 설계 목표, 기존 체계와 비교를 통한 임계치 및 제한사항, 지원성, 비용 및 준비성 요인 분석</td><td>운용 연구 (Task 201)
지원성 요소 (Task 201. 2. 1)
정량적 요소 (Task 201. 2. 2)
현장 방문 (Task 201. 2. 3)
운용 연구 보고 및 갱신 (Task 201. 2. 4)
임무 하드웨어, 소프트웨어, 펌웨어 및 지원체계 표준화 (Task 202)
지원성 제한사항 (Task 202. 2. 1)
지원성 특성 (Task 202. 2. 2)
추천 방안 (Task 202. 2. 3)
위험 (Task 202. 2. 4)
비교 분석 (Task 203)
비교 체계 식별 (Task 203. 2. 1)
기준치 비교 방법 (Task 203. 2. 2)
비교 체계 특성 (Task 203. 2. 3)
정성적 지원성 문제 (Task 203. 2. 4)
지원성, 비용 및 준비성 요인 (Task 203. 2. 5)
고유 체계 요인 (Task 203. 2. 6)
최신화 (Task 203. 2. 7)
위험 및 가정 (Task 203. 2. 8)
기술적 기회 (Task 204)
추천 설계 목표 (Task 204. 2. 1)
최신화 (Task 204. 2. 2)
위험 (Task 204. 2. 3)</td></tr>
<tr><td>지원성 및 지원성 관련 설계 요소 (Task 205)
지원성 특성 (Task 205. 2. 1)
민감도 분석 (Task 205. 2. 2)
재산권 자료 식별 (Task 205. 2. 3)
지원성 목표 및 관련 위험 (Task 205.2.4)
사양서 요구사항 (Task 205. 2. 5)
NATO 제한사항 (Task 205. 2. 6)
지원성 목표 및 임계치 (Task 205. 2. 7)</td></tr>
<tr><td>대안의 준비 및 평가 (300 시리즈)</td><td>신규 품목에 대한 지원체계 최적화, 그리고 비용, 일정, 성능 및 지원성 간의 최적 균형을 갖춘 체계의 개발</td><td>기능 소요 식별 (Task 301)
기능 소요 (Task 301. 2. 1)
고유 기능별 소요 (Task 301. 2. 2)
위험 (Task 301. 2. 3)
운용 및 정비 업무 (Task 301. 2. 4)
설계 대안 (Task 301. 2. 5)
최신화 (Task 301. 2. 6)
지원체계 대안 (Task 302)
지원 개념 (Task 302. 2. 1)
지원개념 갱신 (Task 302. 2. 2)
지원계획 대안 (Task 302. 2. 3)
지원계획 갱신 (Task 302. 2. 4)
위험 (Task 302. 2. 5)
대안의 평가 및 절충분석 (Task 303)
절충 기준 (Task 303. 2. 1)
지원체계 절충 (Task 303. 2. 2)
체계 절충 (Task 303. 2. 3)
준비성 민감도 (Task 303. 2. 4)
인력 및 인원 절충 (Task 303. 2. 5)
교육 절충 (Task 303. 2. 6)
수리수준 분석 (Task 303. 2. 7)
고장진단 절충 (Task 303. 2. 8)
비교 평가 (Task 303. 2. 9)
에너지 절충 (Task 303. 2. 10)
생존성 절충 (Task 303. 2. 11)
수송성 절충 (Task 303. 2. 12)
지원시설 절충 (Task 303. 2. 13)</td></tr>
</table>

군수지원자원 소요의 결정 (400 시리즈)	운용 환경에서의 신규 체계에 대한 군수지원자원 소요 식별 및 제작지원 이후를 위한 계획 개발	업무 분석 (Task 401) 업무 분석 (Task 401. 2. 1) 분석 자료 (Task 401. 2. 2) 신규/치명적 지원 자원 (Task 401. 2. 3) 교육소요 및 추천 (Task 401.2.4) 설계 개선 (Task 401. 2. 5) 관리 계획 (Task 401. 2. 6) 수송성 분석 (Task 401. 2. 7) 공급 소요 (Task 401. 2. 8) 입증 (Task 401. 2. 9) ILS 출력 산출물 (Task 401. 2. 10) 정보 저장소 갱신 (Task 401. 2. 11) 공급 선별 (Task 401. 2. 12) 조기 야전배치 분석 (Task 402) 신규 체계 영향 (Task 402. 2. 1) 인력 소스 및 인원별 기능 (Task 402. 2. 2) 자원부족의 영향 (Task 402. 2. 3) 전투자원 소요 (Task 402. 2. 4) 문제해결을 위한 계획 (Task 402. 2. 5) 생산 후 지원 분석 (Task 403) 생산 후 지원 계획 (Task 403. 2. 1)
지원성 평가 (500 시리즈)	규정된 요구사항이 달성되고 결함이 수정되었는지 확인.	지원성 시험, 입증, 평가 및 업무평가 (Task 501) 시험 및 평가 전략 (Task 501. 2. 1) 체계지원 패키지 구성품 목록 (Task 501. 2. 2) 목표 및 기준 (Task 501. 2. 3) 최신화 및 수정 조치 (Task 501. 2. 4) 지원성 평가 계획 (생산 후) (Task 501. 2. 5) 지원성 평가 (생산 후) (Task 501.2.6)

군수정보 저장소 관리

7. 공학적 규칙 및 ILS 기능별 요소는 각각에 의해 개발된 자료의 활용성을 극대화하기 위해 군수정보 저장소(LIR)에 통합하여 유지한다. 이 절차는 별도의 자동화 지원시스템을 활용하여 별도 조직(국방부 및 계약자)이 수행한다.

8. 통합에 따른 이점은 아래와 같다:

a. 노력의 중복 감소

b. 데이터의 일관성 및 품질 향상

c. 개발 중인 품목 또는 제품의 품질 향상

d. 제품 지원성에 대한 설계 반영 개선

9. 정보 저장소는 제품의 상세한 지원 소요를 식별하는데 필요한 공학 및 군수 데이터를 집대성한 체계화된 데이터베이스를 제공한다. 정보관리에 대한 추가 조언 및 지침은 JSP886 제7권 5부에 수록되어 있다.

10. 정보 저장소에 포함된 정보는 아래 업무에 활용된다:

a. 정비 소요 개발.

b. 군수 지원성에 대한 특수한 설계 요인의 영향 판단

c. 제안된 제품 지원체계가 제품의 신뢰도 및 정비도 특성에 미치는 영향 판단.

d. 설계 반영

e. 절충 분석, WLF 연구 및 군수지원 모델링을 위한 기초 정보 제공

f. 군수지원 산출물의 작성을 위한 원천 자료 제공

11. 각 사업마다 하나의 정보 저장소를 만든다. 대형 사업의 경우 주요 하위체계별로 분할한 저장소를 만들 수 있다. 이 경우 전체 사업에 걸쳐 군수지원분석관리번호(LCN)가 일관성을 가지도록 주의해야 한다.

12. 정보 저장소 및 정보기술(IT) 체계를 운영하는데 사용되는 컴퓨터 자원간의 관계의 관리 및 통제를 고려해야 한다. Def Stan 00-600에 서술된 정보관리 요구사항을 참고하여 정보 저장소로의 자료 입출력 계획을 마련한다.

사업에 대한 지원성 분석 및 군수정보 저장소 적용

지원성 분석 프로세스

13. SA 프로세스는 사업의 모든 단계에 걸쳐 적용된다. 국방부 관점에서 이 프로세스는 지원성 측면의 고려와 함께 개념단계부터 시작된다. 이 고려의 결과는 지원의 최적화를 위해 설계 프로세스에 피드백 된다. 그러나, 모든 사업이 설계에 반영할 수 있는 것은 아니다. SA가 지원성을 설계에 반영하지 못 하는 경우 사업의 요구에 맞게 활동이 조정되는데, 기존 설계된 군수지원성의 식별 및 기록 정도로 제한한다. 활동이 축소된 SA라 하더라도 의사결정 및 군수지원 소요판단에 필요한 데이터를 제공하기 위한 정비소요의 분석을 포함한다. SA 프로세스는 제품의 수명주기동안 반복적으로 적용된다. 이 절차는 그림 2.1에 나타나있다.

그림 2.1: 제품 설계 중 지원성 분석 프로세스

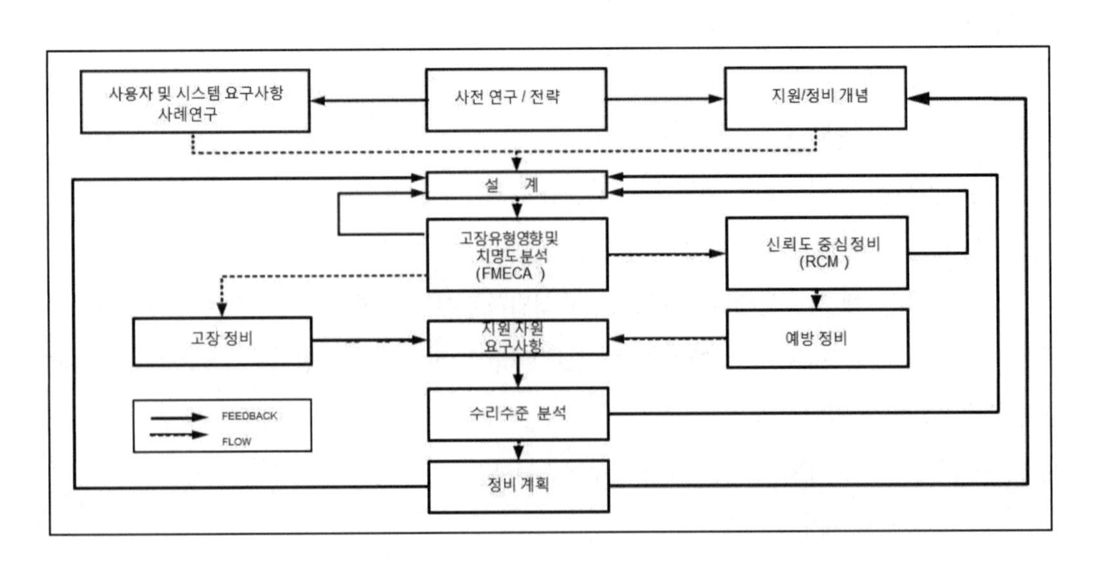

14. 일반적으로 SA 프로세스는 하나의 단계에서 제품 분해구조의 최하위까지 적용하지는 못하며, 모든 품목을 분석하는 것이 항상 타당한 것은 아니다. 보통 분석은 주 SA 대상품목을 식별하기 위하여 기능별 세부분해구조의 평가로부터 시작하여 제품 세부분해구조의 조립수준을 올라가며 점진적으로 분석한다. 제품의 변경에 따라 나중의 분석에서 뚜렷한 지원비용 절감이 식별된 경우(앞에서의 분석에도 영향을 미치는) 앞서 실시한 분석은 유효성 확인을 위해 재평가되어야 한다.

소프트웨어에 대한 지원성 분석 적용

15. 소프트웨어에 대한 SA 적용의 특별한 지침은 제4장에 수록하였다.

설계 반영

16. 지원성에 대한 가장 큰 설계 영향은 개념, 평가 및 초기 시연단계에서 이루어진다. 이 단계는 지원성에 영향을 미치는 절충 연구를 포함하는 초기 분석 결과를 포함한다. 최적의 지원성 확보를 방해하는 식별된 위험 요소를 부각시켜야 한다.

17. Def Stan 00-600에 명시된 개별 SA 활동의 제목 및 책임기관을 표 2.3에 나타내었다. '담당 기관'은 각 활동의 최초 조치에 대한 책임이 누구에게 있는지를 나타낸다. 이 표는 지침용으로 제시된 것이며, 모든 활동이 각 사업의 모든 단계에 대해 적용되는 것은 아니다.

표 2.3: SA 활동 책임

제목	담당 기관
SA 전략 개발 (Task 101)	후원자 및 사업팀(PT)
SA 계획 (Task 102)	PT
프로그램 및 설계 검토 (Task 103)	PT 및/또는 계약자
운용 연구 (Task 201)	후원자 및 사업팀(PT)
임무 하드웨어, 소프트웨어, 펌웨어 및 지원체계 표준화 (Task 202)	계약자
비교 분석 (Task 203)	계약자
기술적 기회 (Task 204)	계약자
지원성 및 지원성 관련 설계 요소(Task 205)	계약자
기능 소요 식별 (Task 301)	계약자
지원체계 대안 (Task 302)	계약자
절충 분석 (Task 303)	계약자
업무 분석 (Task 401)	계약자
조기 야전배치 분석 (Task 402)	PT 및/또는 계약자
생산 후 지원 분석 (Task 403)	PT 및/또는 계약자
지원성 시험, 평가 및 검증 (Task 503)	PT 및/또는 계약자

지원성 분석 활동 적용성

18. 아래 표 2.4 ~ 2.13은 아래 사업에 대한 SA 활동 및 CADMID 수명주기 단계간의 통상적인 결합의 예를 보여준다:

a. 개발(FDI) 사업

b. 상용품(COTS) 사업

프로그램 계획 및 관리 활동

19. 프로그램 계획 및 관리(100 시리즈 업무) 활동은 분석 업무 적용을 위해 가장 비용효율이 높은 방법의 계획에 집중한다. 어떤 활동이 계획되고, 언제 그리고 어떤 제품에 수행할 지를 결정한다.

표 2.4: FDI 사업을 위한 프로그램 계획 및 관리 활동

활동 내용	C	A	D	M	I	D
SA 전략 개발(Task 101)	SA 정책 정의.					
지원성 목표 (Task 101.2.1)	G					
비용 예측 (Task 101.2.2)	G					
갱신 (Task 101.2.3)		G	G	G	G	G
SA 계획 (Task 102)	활동 및 책임 정의.					
SA 계획 (Task 102.2.1)	G				M	
갱신 (Task 102.2.2)		G	G	G	M	
SAP 포맷 (Task 102.2.3)	G	G	G	G	M	
프로그램 및 설계 검토 (Task 103)	작업이 어떻게 모니터링 되는가?					
검토 절차 수립 (Task 103. 2. 1)	G	G	G	G	M	
설계 검토 (Task 103. 2. 2)	G	G	G	G	M	
프로그램 검토 (Task 103. 2. 3)	G	G	G	G	M	
SA 검토 (Task 103. 2. 4)	G	G	G	G	M	
SA 지침 협의 (Task 103. 2. 5)	G	G	G	G	M	

참고: G – 통상적 적용, M – 수정 적용, N – 해당 없음, S – 선택적 적용

표 2.5: COTS 사업을 위한 프로그램 계획 및 관리 활동

활동 내용	C	A	D	M	I	D
SA 전략 개발(Task 101)	SA 정책 정의.					
지원성 목표 (Task 101.2.1)	G					
비용 예측 (Task 101.2.2)	G					
갱신 (Task 101.2.3)		G	G	G	G	
SA 계획 (Task 102)	활동 및 책임 정의.					
SA 계획 (Task 102.2.1)	G					
갱신 (Task 102.2.2)		G	G	G	M[3]	
SAP 포맷 (Task 102.2.3)	G	G	G	G	M	
프로그램 및 설계 검토 (Task 103)	작업이 어떻게 모니터링 되는가?					
검토 절차 수립 (Task 103. 2. 1)	G	G				
설계 검토 (Task 103. 2. 2)	G	G				
프로그램 검토 (Task 103. 2. 3)	G	G	S			
SA 검토 (Task 103. 2. 4)	G	G	S			
SA 지침 협의 (Task 103. 2. 5)	G	G	S			

참고: G – 통상적 적용, M – 수정 적용, N – 해당 없음, S – 선택적 적용

임무 및 지원체계 정의 활동

20. 임무 및 지원체계 정의(200 시리즈 업무)활동은 평가 및 조기 시연 단계에 적절한 SA "전단" 분석에 대해 설명한다. 이 활동은 제품의 지원성을 지원하고 발견된 내용을 보고서에 수록하기 위해 설계 변경에서 이익이 되는 부분을 식별하는데 이용된다.

3 지원체계에만 적용 가능함.

표 2.6: FDI 사업을 위한 임무 및 지원체계 정의 활동

활동 내용	C	A	D	M	I	D
운용 연구 (Task 201)	기존 지원체계 식별.					
지원성 요소 (Task 201. 2. 1)	G	G			M	
정량적 요소 (Task 201. 2. 2)	G	G			M	
현장 방문 (Task 201. 2. 3)	G	G			M	
용도 연구 보고 및 갱신 (Task 201. 2. 4)		G	G		M	
임무 하드웨어, 소프트웨어, 펌웨어 및 지원체계 표준화 (Task 202)	기존체계와 가능한 표준화 식별.					
지원성 제한사항 (Task 202. 2. 1)	G	G	G	G	M	
지원성 특성 (Task 202. 2. 2)	G	G	G		M	
추천 방안 (Task 202. 2. 3)	G	G	G	G	M	
위험 (Task 202. 2. 4)	G	G	G	G	M	
비교 분석 (Task 203)	기존 체계의 문제점 식별.					
비교 체계 식별 (Task 203. 2. 1)	G	G			M	
기준치 비교 방법 (Task 203. 2. 2)	G	G	G		M	
비교 체계 특성 (Task 203. 2. 3)	G	G			M	
정성적 지원성 문제 (Task 203. 2. 4)	G	G	G		M	
지원성, 비용 및 준비성 요인 (Task 203. 2. 5)	G	G	G		M	
고유 체계 요인 (Task 203. 2. 6)	G	G			M	
갱신 (Task 203. 2. 7)		G	G		M	
위험 및 가정 (Task 203. 2. 8)	G	G			M	
기술적 기회 (Task 204)	가능한 새로운 아이디어 식별.					
추천 설계 목표 (Task 204. 2. 1)	G	S			M	
갱신 (Task 204. 2. 2)		G	S		M	
위험 (Task 204. 2. 3)		G	S		M	
지원성 및 지원성 관련 설계 요소 (Task 205)	설계팀에게 지침 제공.					
지원성 특성 (Task 205. 2. 1)		G	G		M	
민감도 분석 (Task 205. 2. 2)		G	G		M	
재산권 자료 식별 (Task 205. 2. 3)		G	G		M	
지원성 목표 및 관련 위험 (Task 205.2.4)		G	G		M	
사양서 요구사항 (Task 205. 2. 5)			G		M	
NATO 제한사항 (Task 205. 2. 6)		G	G		M	
지원성 목표 및 임계치 (Task 205. 2. 7)			G		M	

참고: G – 통상적 적용, M – 수정 적용, N – 해당 없음, S – 선택적 적용

표 2.7: COTS 사업을 위한 임무 및 지원체계 정의 활동

활동 내용	C	A	D	M	I	D
운용 연구 (Task 201)	기존 지원체계 식별.					
지원성 요소 (Task 201. 2. 1)	G	G			M1	
정량적 요소 (Task 201. 2. 2)	G	G			M1	
현장 방문 (Task 201. 2. 3)	G	G			M1	
용도 연구 보고 및 갱신 (Task 201. 2. 4)		G	G		M1	
임무 하드웨어, 소프트웨어, 펌웨어 및 지원체계 표준화 (Task 202)	기존체계와 가능한 표준화 식별.					
지원성 제한사항 (Task 202. 2. 1)	G	G	G1	G	M	
지원성 특성 (Task 202. 2. 2)	G	G	G		M	
추천 방안 (Task 202. 2. 3)	G	G	G	G	M	
위험 (Task 202. 2. 4)	G	G	G	G	M	
비교 분석 (Task 203)	기존 체계의 문제점 식별.					
비교 체계 식별 (Task 203. 2. 1)	G	G				
기준치 비교 방법 (Task 203. 2. 2)	G	G	G			
비교 체계 특성 (Task 203. 2. 3)	G	G				
정성적 지원성 문제 (Task 203. 2. 4)	G	G	G			
지원성, 비용 및 준비성 요인 (Task 203. 2. 5)	G	G	G			
고유 체계 요인 (Task 203. 2. 6)	G	G				
갱신 (Task 203. 2. 7)		G	G			
위험 및 가정 (Task 203. 2. 8)	G	G				
기술적 기회 (Task 204)	가능한 새로운 아이디어 식별.					
추천 설계 목표 (Task 204. 2. 1)	G	S				
갱신 (Task 204. 2. 2)		G				
위험 (Task 204. 2. 3)		G				
지원성 및 지원성 관련 설계 요소 (Task 205)	설계팀에게 지침 제공.					
지원성 특성 (Task 205. 2. 1)		G	G			
민감도 분석 (Task 205. 2. 2)		G	G			
재산권 자료 식별 (Task 205. 2. 3)		G	G			
지원성 목표 및 관련 위험 (Task 205.2.4)		G	G			
사양서 요구사항 (Task 205. 2. 5)			G			
NATO 제한사항 (Task 205. 2. 6)		G	G			
지원성 목표 및 임계치 (Task 205. 2. 7)			G			

참고: G – 통상적 적용, M – 수정 적용, N – 해당 없음, S – 선택적 적용

활동 대안의 준비 및 평가

21. 활동 대안의 준비 및 평가(300 시리즈 업무)는 설계가 더 진전되었을 때 수행되는 세부 절충 그리고 다른 방법의 제품 지원을 식별한다. 이 활동은 통상 평가 단계의 후반 또는 시연 단계 초기에 수행된다.

표 2.8: FDI 사업을 위한 활동 대안의 준비 및 평가

활동 내용	C	A	D	M	I	D
기능 소요 식별 (Task 301)	기능 (Task 목록)의 위험, 설계 결함 및 지원 요인 식별					
기능 소요 (Task 301. 2. 1)	G	G	G		M	
고유 기능 소요 (Task 301. 2. 2)	G	G	G		M	
위험 (Task 301. 2. 3)	G	G	G		M	
운용 및 정비 업무 (Task 301. 2. 4)	G	G	G		M	
설계 대안 (Task 301. 2. 5)	G	G	G		M	
갱신 (Task 301. 2. 6)	G	G	G		M	
지원체계 대안 (Task 302)	다른 지원 옵션 식별					
지원개념 대안(Task 302. 2. 1)	G	G			M	
지원개념 갱신 (Task 302. 2. 2)	G	G	S		M	
지원계획 대안 (Task 302. 2. 3)	S	S	G		M	
지원계획 갱신 (Task 302. 2. 4)	S	S	G		M	
위험 (Task 302. 2. 5)	G	G	G		M	
대안의 평가 및 절충분석 (Task 303)	설계 및 지원 옵션 평가. 선호 지원옵션 결정. 설계 연구 지원					
절충 기준 (Task 303. 2. 1)	G	G	G		M	
지원체계 절충 (Task 303. 2. 2)	G	G	G		M	
체계 절충 (Task 303. 2. 3)	G	G	G		M	
준비성 민감도 (Task 303. 2. 4)	G	G	G		M	
인력 및 인원 절충 (Task 303. 2. 5)	G	G	S		M	
교육 절충 (Task 303. 2. 6)	G	G	G		M	
수리수준 분석 (Task 303. 2. 7)	G	G	G		M	
고장진단 절충 (Task 303. 2. 8)	G	G	S		M	
비교 평가 (Task 303. 2. 9)	G	G	S		M	
에너지 절충 (Task 303. 2. 10)	G	G	S		M	
생존성 절충 (Task 303. 2. 11)	G	G	G		M	
수송성 절충 (Task 303. 2. 12)	G	G			M	
지원시설 절충 (Task 303. 2. 13)	G	G			M	

참고: G – 통상적 적용, M – 수정 적용, N – 해당 없음, S – 선택적 적용

표 2.9: COTS 사업을 위한 활동 대안의 준비 및 평가

활동 내용	C	A	D	M	I	D
기능 소요 식별 (Task 301)	기능 (Task 목록)의 위험, 설계 결함 및 지원 요인 식별					
기능 소요 (Task 301. 2. 1)	G	G	G		M	
고유 기능 소요 (Task 301. 2. 2)	G	G	G		M	
위험 (Task 301. 2. 3)	G	G	G		M	
운용 및 정비 업무 (Task 301. 2. 4)	G	G	G		M	
설계 대안 (Task 301. 2. 5)	G	G	G		M	
갱신 (Task 301. 2. 6)	G	G	G		M	
지원체계 대안 (Task 302)	다른 지원 옵션 식별					
지원개념 대안(Task 302. 2. 1)	G	G			M	
지원개념 갱신 (Task 302. 2. 2)	G	G	S		M	
지원계획 대안 (Task 302. 2. 3)	S	S	G		M	
지원계획 갱신 (Task 302. 2. 4)	S	S	G		M	
위험 (Task 302. 2. 5)	G	G	G		M	
대안의 평가 및 절충분석 (Task 303)	설계 및 지원 옵션 평가. 선호 지원옵션 결정. 설계 연구 지원.					
절충 기준 (Task 303. 2. 1)	G	G	G		M	
지원체계 절충 (Task 303. 2. 2)	G	G	G		M	
체계 절충 (Task 303. 2. 3)	G	G	G		M	
준비성 민감도 (Task 303. 2. 4)	G	G	G		M	
인력 및 인원 절충 (Task 303. 2. 5)	G	G	G		M	
교육 절충 (Task 303. 2. 6)	G	G	G		M	
수리수준 분석 (Task 303. 2. 7)	G	G	S		M	
고장진단 절충 (Task 303. 2. 8)	G	G	S		M	
비교 평가 (Task 303. 2. 9)	G	G	S		M	
에너지 절충 (Task 303. 2. 10)	G	G	S		M	
생존성 절충 (Task 303. 2. 11)	G	G	S		M	
수송성 절충 (Task 303. 2. 12)	G	G			M	
지원시설 절충 (Task 303. 2. 13)	G	G			M	

참고: G – 통상적 적용, M – 수정 적용, N – 해당 없음, S – 선택적 적용

지원자원 소요 판단

22. 지원자원 소요 판단 활동(400시리즈 업무)은 제품의 전체 지원 소요를 식별하여 수명주기 동안 지속적으로 지원 가능하도록 한다. 이 활동은 완료하는데 가장 자원 중심적이기 때문에 실제적으로 가장 늦게 완료되며, 설계가 완료되었을 때가 이상적이나, 지원 소요에 영향을 주는 선행기간을 고려해야 한다.

표 2.10: FDI 사업을 위한 지원자원 판단 활동

활동 내용	C	A	D	M	I	D
업무 분석 (Task 401)	상세한 지원 소요를 식별하고 문서화.					
업무 분석 (Task 401. 2. 1)		S	G		M	
분석 자료 (Task 401. 2. 2)		S	G		M	
신규/치명적 지원 자원 (Task 401. 2. 3)		S	G		M	
교육소요 및 추천 (Task 401.2.4)		S	G		M	
설계 개선 (Task 401. 2. 5)		S	G		M	
관리 계획 (Task 401. 2. 6)		S	G		M	
수송성 분석 (Task 401. 2. 7)		G	S		M	
공급 소요 (Task 401. 2. 8)		S	G		M	
입증 (Task 401. 2. 9)		S	G		M	
ILS 출력 산출물 (Task 401. 2. 10)		S	G		M	
정보 저장소 갱신 (Task 401. 2. 11)		S	G		M	
공급 선별 (Task 401. 2. 12)		S	G		M	
조기 야전배치 분석 (Task 402)	기존 지원조직에 대한 영향 판단.					
신규 체계 영향 (Task 402. 2. 1)			G		M	
인력 소스 및 인원별 기능 (Task 402. 2. 2)			G		M	
자원부족의 영향 (Task 402. 2. 3)			G		M	
전투자원 소요 (Task 402. 2. 4)			G		M	
문제해결을 위한 계획 (Task 402. 2. 5)			G		M	
생산 후 지원 분석 (Task 403)	생산 중단 후 소요 수립.					
생산 후 지원 계획 (Task 403. 2. 1)		G	G	G	M	

참고: G – 통상적 적용, M – 수정 적용, N – 해당 없음, S – 선택적 적용

표 2.11: COTS 사업을 위한 지원자원 판단 활동

활동 내용	C	A	D	M	I	D
업무 분석 (Task 401)	상세한 지원 소요를 식별하고 문서화. 전체 RCM 분석 완료. ILS 자료를 위한 원 데이터 제공.					
업무 분석 (Task 401. 2. 1)		S	G		M	
분석 자료 (Task 401. 2. 2)		S	G		M	
신규/치명적 지원 자원 (Task 401. 2. 3)		S	G		M	
교육소요 및 추천 (Task 401.2.4)		S	G		M	
설계 개선 (Task 401. 2. 5)		S	G		M	
관리 계획 (Task 401. 2. 6)		S	G		M	
수송성 분석 (Task 401. 2. 7)		G	S		M	
공급 소요 (Task 401. 2. 8)		S	G		M	
입증 (Task 401. 2. 9)		S	G		M	
ILS 출력 산출물 (Task 401. 2. 10)		S	G		M	
정보 저장소 갱신 (Task 401. 2. 11)		S	G		M	
공급 선별 (Task 401. 2. 12)		S	G		M	
조기 야전배치 분석 (Task 402)	기존 지원조직에 대한 영향 판단.					
신규 체계 영향 (Task 402. 2. 1)			G		M	
인력 소스 및 인원별 기능 (Task 402. 2. 2)			G		M	
자원부족의 영향 (Task 402. 2. 3)			G		M	
전투자원 소요 (Task 402. 2. 4)			G		M	
문제해결을 위한 계획 (Task 402. 2. 5)			G		M	
생산 후 지원 분석 (Task 403)	생산 중단 후 소요 수립.					
생산 후 지원 계획 (Task 403. 2. 1)		G	G	G	M	

참고: G – 통상적 적용, M – 수정 적용, N – 해당 없음, S – 선택적 적용

지원성 평가 활동

23. 지원성 평가 활동 (500시리즈 업무)에는 목표 달성 여부와 배울 점이 있는지를 판단하기 위한 SA 검토가 포함된다. 또한, 지원성 데이터의 분석도 포함되는데, 이 데이터는 표준 보급, 정비 및 준비성 보고체계로부터 오기 때문이다.

표 2.12: FDI 사업을 위한 지원성 평가 활동

활동 내용	C	A	D	M	I	D
지원성 시험, 입증, 평가 및 업무평가 (Task 501)	지원체계가 목표를 달성하는지 검증하는 절차 개발.					
시험 및 평가 전략 (Task 501. 2. 1)	G	G	G		M	
체계지원 패키지 구성품 목록 (Task 501. 2. 2)		G	G	G	M	
목표 및 기준 (Task 501. 2. 3)		G	G	G	M	
갱신 및 수정 조치 (Task 501. 2. 4)		G	G	S	S	
지원성 평가 계획 (생산 후) (Task 501. 2. 5)			G	S	M	
지원성평가 (생산 후) (Task 501.2.6)					G	

참고: G – 통상적 적용, M – 수정 적용, N – 해당 없음, S – 선택적 적용

표 2.13: COTS 사업을 위한 지원성 평가 활동

활동 내용	C	A	D	M	I	D
지원성 시험, 입증, 평가 및 업무평가 (Task 501)	지원체계가 목표를 달성하는지 검증하는 절차 개발.					
시험 및 평가 전략 (Task 501. 2. 1)	G	G	G			
체계지원 패키지 구성품 목록 (Task 501. 2. 2)		G	G	G		
목표 및 기준 (Task 501. 2. 3)		G	G	G		
갱신 및 수정 조치 (Task 501. 2. 4)		G	G	S[1]	S[1]	
지원성 평가 계획 (생산 후) (Task 501. 2. 5)			G	S[1]		
지원성평가 (생산 후) (Task 501.2.6)					G	

참고: G – 통상적 적용, M – 수정 적용, N – 해당 없음, S – 선택적 적용

군수정보 저장소 개발

24. 군수정보 저장소의 모집단은 SA 활동의 수행으로 인해 발생된 결과를 기록하기 위해 통상 시연단계에서 기준치 비교 방법(BCS)이 이용된 경우 더 일찍 시작된다. 정보 저장소는 제품의 수명 주기 동안 그 수와 질의 향상이 지속될 수 있다.

지원성 분석 대상 품목 (CLI)

25. SA 절차는 분석 대상인 제품의 요소를 식별하는 것으로 시작된다. SA CIL는 SA 활동을

통해 추후 분석이 필요하다고 판단되는 제품의 각 부분을 식별한다. MSI의 식별에 대한 주요 활동은 고장 유형 영향 및 치명도 분석(FMECA) 절차이다. 분석이 진행됨에 따라 하위 조립체 및 품목이 차후 분석을 통해 식별되기 때문에 예비 대상 목록이 확대된다. 결국에는 지원 활동이 필요한 군수품 운용과 관련한 모든 품목을 대상으로 한다. 품목의 제작에 이용되는 부분품 및 자재는 보통 CIL에 포함된다. 분석의 결과 비중요 품목으로 식별된 대상 품목은 CIL에서 제외된다.

26. SA 대상은 단지 제품 MSI에 국한되지 않고, 지원, 시험 및 교육 정비를 포함한다. 수송, 저장, 포장 및 취급, 보급지원 및 시설에 대해서도 고려해야 한다. CIL은 SA 프로그램을 통해 유지 및 갱신되며, 제품의 모든 지원 중요 항목이 SA 프로세스에 의해 적절히 제시되도록 한다.

27. 대상 품목을 선정할 때 단지 정비뿐만 아니라 모든 ILS 요소가 고려되도록 하는 것이 중요하다. 예를 들어 정비를 필요로 하지 않는 방사능 물질은 포장, 취급 및 저장 규칙을 준수해야 하기 때문에 군수지원 측면에서 매우 중요하다. 이들은 보급지원에 영향을 주는 개별 관리 품목으로서 관리가 필요하다.

정비 계획

28. 정비 계획은 기본 ILS 요소이다. 정비 계획은 SA 프로세스에 의해 개발된다. 이 프로세스는 업무 분석(Task 401)과 함께 고장 유형 영향 분석(FMEA) / FMECA, 신뢰도중심정비(RCM) 및 수리수준분석(LORA) 기법을 포함한다. 필요 시 소프트웨어 지원성 분석(SAS)을 적용하여야 한다.

29. 업무 분석은 사업의 구매 유형 및 수명주기 단계에 동등한 수준과 깊이로 수행된다. 설계 및 개발 중인 사업의 경우, 업무분석 프로세스는 제품의 정비개념 및 지원자원 소요 수립을 위해 계약자에 의해 수행된다. 이 프로세스에는 아래 내용이 포함된다:

a. FMECA에 의해 식별된 치명 고장 유형은 제품이 치명적 고장을 제거하도록 설계되었는지 확인하기 위해 RCM 논리를 이용하여 분석된다. 이것이 불가능한 경우, 예방정비 업무가 식별된다. RCM의 결과는 성능과 가용도 요구를 만족하면서 TLC를 최적화하기 위해 구매 및 사용 단계에서 이용된다. FMEA / FMECA 및 RCM은 고장 및 예방정비 활동 식별로 이어지는데, 이는 지원자원 소요의 결정이 가능하도록 한다. 이용되는 FMEA / FMECA 및 RCM 표준은 MILSM과 합의된다.

b. LORA의 적용은 어떤 단계에서 해당 품목이 수리 또는 폐기되어야 하는지를 결정한다. 이것은 특별한 요구사항이 없을 경우 통상 경제적인 요소를 기준으로 한다.

지원성 분석 테일러링

30. 국방부 ILSM과 계약자 ILSM은 특정 사업에 대한 계약 요구사항의 충족을 위한 특정한 활동을 식별하기 위해 표 2.2에 명시된 모든 SA 활동을 고려할 필요가 있다. 하나의 제품은 신규 설계와 기존 또는 상용품 요소로 이루어진 복합물이기 때문에 요구된 활동은 동일한 사업 내에서 달라지게 된다. 설계역시 다른 사업단계에서 다른 활동의 완료뿐만 아니라 동일한 활동을 다른 사업단계에서 세부적으로는 다른 수준으로 처리되도록 요구할 수도 있다. 제3장 참조.

31. 그림 2.2는 테일러링의 논리를 보여준다. 테일러링 프로세스는 여러 설계 단계 및 다른 제품 카테고리에 대해 수 차례 이루질 필요가 있다. 최우선 목표는 아래 사항을 식별하는 업무이다:

a. 설계 반영 및 총 수명비용(TLC)을 절감하는 이점,

b. 그 때 이용 가능한 설계 및/또는 지원 자료의 예상 수준으로 처리될 수 있는 업무.

그림 2.2: 테일러링 논리 다이어그램

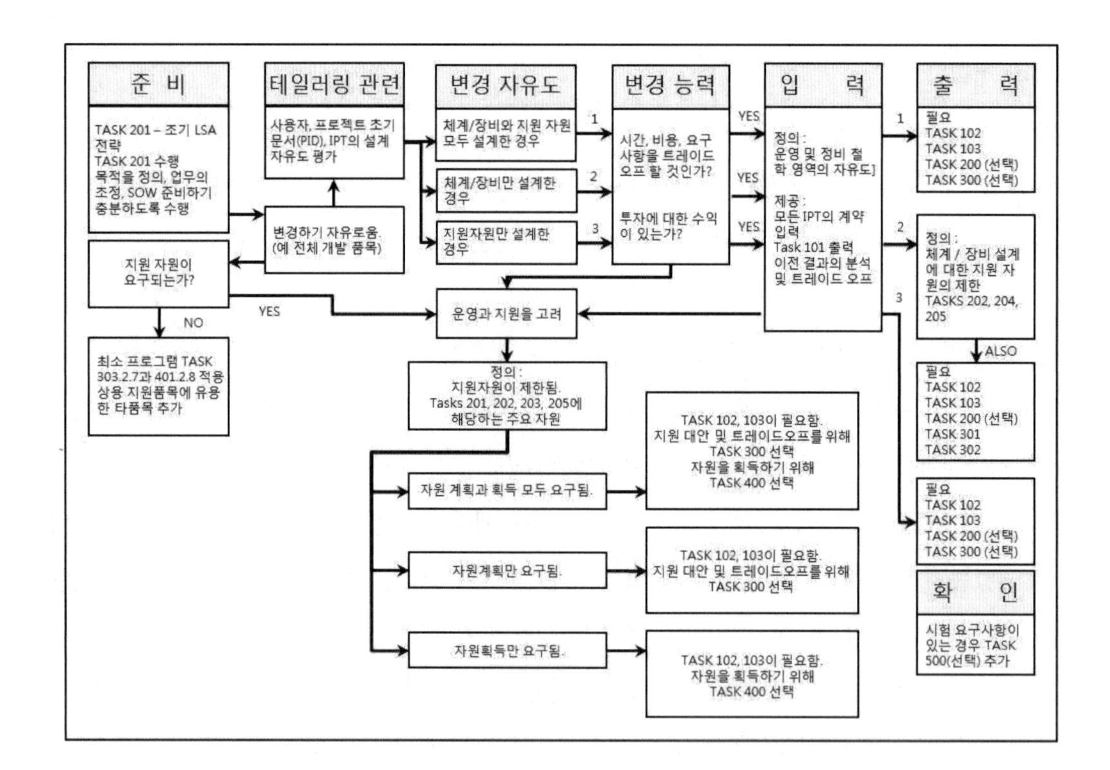

지원성 분석 위험 분야

32. SA 계획, SA 요구사항 또는 사업의 필요성을 충족하기 위한 활동의 계획을 수립하지 않으면 아래 내용 중 하나 또는 전부가 결과로 나타날 수 있다:

a. 과도한 비용

b. 필요한 분석을 미실시하거나 불필요한 분석의 수행

c. 중요한 정보 요구를 간과한 채 과도한 자료의 개발

d. 지원자원의 부적절한 수준의 구매 또는 시기를 놓친 보급

제3장

지원성 분석 프로그램 요구사항의 이행에 대한 적용 지침

서론

개요

1. 이 장에서는 2장의 표2.2에 수록된 SA활동의 선택 및 테일러링에 대한 논리적 근거 및 지침을 제공한다. 이 장은 사업 목표 달성을 위한 가장 비용효율이 높은 방법으로 SA 활동을 테일러링 하는데 활용한다. 그러나, 계약문서에서 참조 또는 구현되지 않는다. 본 장은 어떤 요구사항도 포함하고 있지 않다; 본 장의 사용자는 공급자에게 SA 활동을 식별해 주고자 하는 모든 고객을 포함한다.

2. 계약자는 계약서에 명시된 SA 요구사항을 충족하기 위해 SA 활동 및 하위 활동을 테일러링 한다. 선택된 활동은 SA 계획(SAP)에 포함되고 군수지원위원회(LSC) 또는 운용단계군수지원위원회(ISLSC)를 통해 합의 및 그 진도를 모니터링한다.

본 장의 이용방법

3. 이 절은 SA 프로그램 구성 및 개별 활동 및 하위 활동 요구사항 적용에 대한 지침을 제공한다. 사용자는 먼저 SA 프로그램에 대한 일반 적용 지침에 포함되어 있는 SA 프로그램 개발에 영향을 미치는 주요 고려사항을 먼저 검토한 후 선택된 활동 및 하위 활동을 기준으로 아래의 업무활동 및 하위 활동 절의 세부 지침을 참조한다.

지원성 분석 프로그램에 대한 일반 적용 지침

SA 프로세스

4. 위에서 언급한 바와 같이, SA는 여러 인터페이스와 반복적이고 종합적인 활동이다.

5. SA 절차는 크게 두 개 부분으로 나누어진다:

    a. 지원성 분석

    b. 지원성의 평가 및 검증

6. 본 절차의 반복적인 특성과 인터페이스의 입출력 관계는 아래에 서술한 구매 단계별로 달라진다.

지원성 분석

7. SA 절차 중 이 부분은 설계 및 운용 개념에 반영되도록 제품 레벨에서 시작된다; 대안 개념의 전반적인 군수지원 소요를 식별한다; 설계, 운용 및 지원성 특성을 제품의 준비성 목표에 연관시킨다.

제품 레벨 분석은 운용 연구, 비교분석 및 요인 식별, 기술적 기회의 식별 및 지원, 운용 및 설계 개념간의 절충 그리고 군내부 지원 대 계약자 지원, 자체시험 기능 대 외부 시험 기능 등과 같은 대안 지원개념 및 변동되는 정비 계단의 절충에 의해 특성 지워진다. 제품 레벨의 절충이 일단 이루어지면, 분석 작업은 제품수준의 분석에 의해 수립된 구성 내에서 하위조립수준의 제품 및 지원제품 최적화로 옮겨 간다. 이 분석은 ILS의 모든 요소를 포함하기 위해 모든 운용자 및 정비 기능의 통합 분석을 통한 제품의 군수지원 자원 소요 및 업무빈도, 업무 시간, 인원 및 기능 소요, 보급지원 요구 등을 결정하는 업무를 정의한다. 기능 및 업무를 특정한 정비 계단, LORA, RCM 분석에 할당하고 정비시간과 군수지원 자원소요의 최적화를 위한 설계 권고안의 공식화를 통해 이 단계에서 최적화가 이루어진다. 이 단계의 SA를 통해 도출된 데이터는 보급 제원 목록, 인원 및 교육 소요, 그리고 전자 문서 등과 같은 각 ILS 요소와 관련된 산출물의 개발에 들어가는 직접 입력 데이타로 사용된다. 이것은 ILS 요소 자료 간의 호환성을 보장하고 한 개 이상의 군수지원 요소에 적용되는 자료의 공통적 이용을 허용한다.

평가 및 검증

8. SA 프로세스의 평가 및 검증은 명시된 신뢰 수준에서 분석의 유효성 및 분석으로부터 개발된 산출물을 시연하고, 분석 결과 및 산출물을 요구된 대로 조정하기 위하여 제품 수명주기 동안 수행된다. 또한 평가 및 검증은 지원개념의 검증을 위해 조기 계획과 함께 시작되어 배치 후 지원을 포함할 수 있도록 개발, 구매, 배치 및 운용을 통해 계속된다.

인터페이스

9. SA 인터페이스간의 협력은 실무수준에서 최종 해결을 요하는 중요한 관리 과제이다. 상기 SA 하위 활동은 적용 가능한 하위 활동이 전체적인 업무 충실도를 잃지 않으면서 가장 직접적으로 참여한 그룹에 할당되도록 구성된다. 특정한 구매 프로그램의 경우, SA 인터페이스는 입출력 관계, 책임 및 활동의 시기가 중복되지 않고 적절히 도출되도록 하기 위해 검토되는

SAP(Task 102)에 서술된다. 아래의 일반적인 지침은 인터페이스 문제를 도출하는데 유용하다:

체계 레벨 지원성 분석을 위한 입출력

10. 일부 체계 레벨 SA는 하드웨어–운용–지원 절충 수준(하위 Task 303. 2. 3)의 체계 분석 / 엔지니어링을 포함한다. 제품 체계 레벨 SA는 이 절충에 대한 입력이고, 결국 여러 전문 분야로부터 입수한 입력의 수집, 합성 및 체계 분석이다.

11. 주요 체계 구매에서 지원투자, 운용 및 지원(O&S) 비용 및 기타 구매 비용의 고려가 필요하다. 총수명비용(TLC) 예측은 여러 체계 대안에 대한 투자 및 지원자원 소요를 비교하게 된다. 비용분석 방법론은 하드웨어 / 소프트웨어, 신뢰도 및 정비도 특성, 사용 빈도 및 시나리오 등에 주어진 가정에 대해 정해진 수준의 준비성을 달성하기 위한 자원 소요를 명확히 밝혀야 한다. TLS 및 운용 및 지원 비용의 여러 요소는 합당한 절충 결정을 내리는데 매우 중요하다. 인력 및 에너지 등과 같은 자원 소요의 일부 비용 불명확성은 그 민감도가 밝혀져야 하며, TLC의 주요 요소를 나타내어야 한다. 이것의 목표는 체계 준비성 목표와 같은 주요 제한사항 내에서 비용을 최소화 하는 것이다.

12. 그림 3.1은 입출력 형식에서 주요 관계의 예를 보여준다. 체계 레벨 SA의 출력은 전문 엔지니어링 프로그램, ILS 요소 개념 및 계획에 대한 경계 조건 또는 목표를 이루는 인터페이스 활동에 영향을 미친다.

그림 3.1: 체계레벨 군수지원 분석 인터페이스

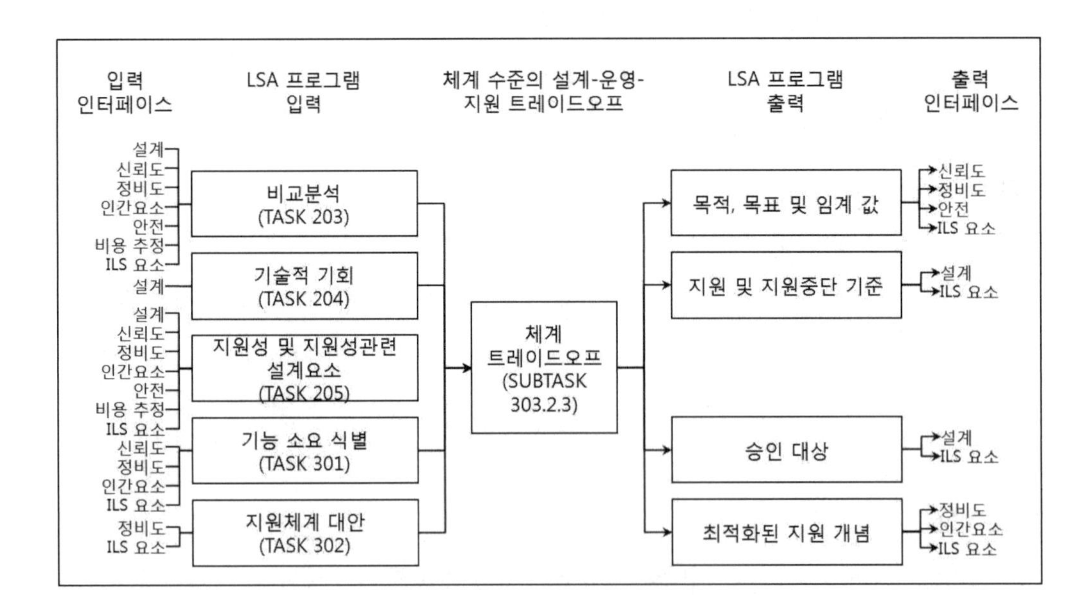

체계레벨 지원성 분석의 강화 및 확장

13. 개발이 진행됨에 따라 SA는 반복 수행되어 앞에서 언급한 입출력 개념과 함께 하위 조립

레벨로 확대된다. 경계조건, 제한사항 및 목표는 전문 엔지니어링 및 ILS 요소 분야로부터 들어오는 입력데이터를 바탕으로 더욱 보강 확대된다. 아울러, 지원체계는 수립된 경계 및 목표 내에서 최적화된다. 후속 분석을 위한 별도의 경계 제공을 위해 엔지니어링 특성 및 ILS 요소 내에서 특수한 하위 활동 절충이 수행된다. 여기에는 자체고장진단(BIT) 대 외부시험의 절충(하위 Task 303. 2. 8) 및 교육 절충(하위 Task 303. 2. 6)이 포함된다.

업무분석 인터페이스

14. SA는 분석할 모든 활동에 대한 요구를 포함하지만 특수한 활동 분야(예를 들면, 운용자 임무 또는 치명적 정비 업무)는 필요한 입력사항을 제공하기 위해 HFI 프로그램의 일부로 분석될 수 있다. 아울러, 상세한 업무 분석 입력 데이터는 신뢰도 및 정비도 그리고 안전도 전문가에 의해 공급된다.

자원소요 식별

15. SA 절차 중 이 단계는 모든 군수지원 자원 소요의 식별을 포함한다. 이 식별에는 설계 및 전문 엔지니어링 분야로부터 오는 입력이 포함되며, 모든 자원 소요는 SA 데이터베이스 내에 취합된다. 이런 소요는 개별 ILS 요소에 대한 계획 및 산출물의 향후 개발 및 관리에 사용되도록 하기 위해 다양한 ILS 요소 관리자에게 제공된다.

주요 기준

16. 수명주기 동안 ILS 적용에 대한 국방부의 정책은 JSP 886 제7권 1부에 수록되어 있다. 체계 구매 프로그램을 결정하는 네가지 주요 요소는 비용, 시간, 성능 및 지원성이다. SA 프로세스는 네가지 요소 모두에 영향을 미친다; 따라서, 제품 결정으로 상당한 입력사항을 제공한다. 구매 사업마다 기준 및 강조 부분이 달라지는 반면, 세가지 주요 문제는 체계 레벨에서 부각되는데, 이는 구매 결정에 영향을 미치고 SA 프로세스의 출력이 된다.

인력 및 인력 제한사항

17. 인력 및 인원 부족과 관련된 문제는 인원수, 기능 및 기능수준 측면에서 문제가 된다. 이 문제는 설계 프로세스뿐만 아니라 더 전통적인 군의 인력 및 인원 문제 연구를 통해 접근해야 한다. 신규 제품의 인력 수와 기능수준 요구는 이에 맞추어 관리되어야 하고, 신규 제품의 초기 개념과 함께 시작한다.

체계 준비성

18. 설계 파라미터(예를 들면 신뢰도 및 정비도), 군수지원 자원(수리부속 및 인력 등) 및 군수지원 체계

제원(재보급 시간 등)에 관련된 군수지원은 체계 준비태세 목표와 연계되어야 한다. 이런 목표는 체계마다 그리고 평시와 전시에 따라 달라질 수 있다. 운용 가용도는 흔히 평시의 좋은 측정 대상인 반면 운용 가용도, 출격률, 야전 일일 임무 및 완수율은 흔히 전시의 측정 대상이 되는데, 이들은 평시 준비태세 및 전시 능력에 대한 핵심 요소이다. 체계 준비태세 측정은 설계 제원인 성능, 시간 및 비용과 동등하므로 이에 따라 관리되어야 하며, 신규 제품의 초기 개념과 같이 시작되어야 한다.

비용

19. 주요 체계 구매사업의 경우 지원투자 및 운용 및 지원(O&S) 비용뿐만 아니라 기타 구매 비용도 고려되어야 한다. 총 수명비용(TLC) 예측은 여러 체계 대안에 대한 투자 및 지원자원 소요를 비교하게 된다. 비용계산 방법론은 하드웨어 / 소프트웨어, 신뢰도 및 정비도 특성, 사용 빈도 및 시나리오 등에 대한 주어진 가정에 대한 정해진 수준의 준비성을 달성하기 위한 자원 소요를 명확히 밝혀야 한다. TLS 및 O, S 비용의 여러 요소는 합당한 절충 결정을 내리는데 매우 중요하다. 인력 및 에너지 등과 같은 자원 소요의 일부 비용 불명확성은 그 민감도가 밝혀져야 한다. TLC의 주요 요소를 나타내어야 한다. 목표는 체계 준비성 목표와 같은 주요 제한사항 내에서 비용을 최소화 하는 것이다.

분석소요 개발 전략

20. 생산적이지만 비용효율이 높은 SA의 핵심은 가용한 자원을 프로그램에 가장 이익이 높은 활동에 자원을 집중한다. 이러한 집중을 SA 전략이라 한다. 여기에는 달성 가능한 지원성 및 지원체계 목표를 차츰 발전시키는 SA 프로그램의 수립을 포함한다. SA의 개괄적인 목표는 제품 설계에 반영하고, 가장 효과적인 지원 개념을 구성하며, 군수지원 자원 소요를 정의하는 것이다.

이런 일반적인 목표는 개발 사업에 대해, 특히 사업 초기 가장 융통성이 많을 때, 더욱 명확한 목표로 옮겨 가야 한다. 이 목표는 최종 사업목표나 요구로 확정될 때까지 한층 더 다듬어진다. 분석 전략의 개발에는 많은 수의 상호작용 변수가 포함된다. 이런 변수의 전략 고려사항 및 가능한 영향은 테일러링 단계에서 밝혀져야 한다. SA 활동과 하위 활동은 사업 결정 시점을 충족하도록 맞춤 및 일정 조정이 되어야 한다. 본 자료에 포함된 지침은 테일러링 프로세스를 지원하기 위함이다. 그러나 모든 것을 다 포함하지 못하므로 특정 사업에 맞추어 조정한다.

활동의 선택 및 집중

개요

21. SA 활동의 선택은 하위 활동 레벨에서 이루어져야 하는데, 이는 하위활동이 일반적으로

특정 단계 또는 사업 유형에 대해 작성되기 때문이다. 특정 하위 활동의 선택에 대한 논리적 근거는 광범위한 고려사항을 포함한다.

22. 상기 제2장의 그림 2는 활동의 선택에 적용되는 일반적인 테일러링 논리 구조를 나타낸다. 활동 및 하위 활동의 초기 선택은 아래 고려사항에 대해 조정될 수 있다:

a. 설계 자유도의 범위

b. 사업이 긴급 운용 소요(UOR)일 경우, 단계별 시간 조정

c. 이미 완료된 작업

d. 데이터의 가용성 및 타당성

e. 시간 및 자원의 가용도

f. 운용 정보 요구

g. 규격에 명시 안된 활동 요구

h. 구매 고려사항

23. 이들 요소에 대한 지침은 아래에 제시된다. 앞에서 말한 대부분의 요소는 SA 활동 규모를 줄이거나 제한하려는 경향이 있다. 그러나, 선택 내용은 확인되어야 한다. 만약 하위 활동이 포함되지 않았다면, 그 타당성 및 용도는 반드시 평가되어야 한다. 이 하위활동의 수행이 불가능하거나 불필요할 경우 그 사유를 명시해야 한다.

집중

24. 최초 선택된 하위 활동이 완료된 후, 투자에 대한 회수가 큰 부분에 노력을 집중하고 다른 요구사항을 규정하기 위해 추가적인 집중이 요구된다. 집중에 대한 고려사항은 다음과 같다:

a. 특정 부분에 대한 하위활동의 수정 또는 제한

b. 가장 적합한 지원 그룹에 쉽게 할당될 수 있도록 하는 하위 활동의 명세서

c. 이용할 모델 및 관련 데이터의 명세서

d. 사업 승인을 요하는 부분 또는 활동의 명세서.

25. 계약자는 활동 및 하위활동에 대한 SA 요구를 정의할 수 있어야 한다. 일반적으로 10~20%의 하위 체계에 전체 지원소요의 80~90%가 집중된다. 일부 절충 분석(Task 303) 평가 및 절충은 매우 일반적이며, 핵심 부분에 집중하기 위해 더 큰 특이성에서 이점을 얻는다. 특정한 분석에 이용되는, 특히 TLC에 대한 모델 및 정의가 규정되어야 한다. 모델의 고려사항은 아래의 구매 고려사항에서 더 심도 있게 다루어진다. 이 항의 나머지 부분은 SA 전략의 개발에 고려되는 여러 가지 요소의 특수한 영향에 대해 논한다.

전략에 영향을 미치는 요소

사업의 유형 / 변경

26. 사업 카테고리에는 신규 사업, 제품 개선 사업, 설계 후 서비스(PDS)의 의한 개량 또는 COTS 사업이 포함된다. 주요 개량은 이미 완료된 분석 작업의 일부의 반복 또는 이에 대한 새로운 접근을 요구한다. 사업의 유형은 목표, 하위활동 선택 및 집중에 영향을 준다. 제품 개선 사업이나 PDS 개량 사업에서, 잠재적인 SA 목표는 아래 사항에 집중될 수 있다:

a. 제품의 변경된 부분에 대한 지원 위험

b. 지원성 개선을 통한 전체 제품에 대한 성능개량 기회. 신규 또는 신기술 적용 제품은 지원성 달성의 위험이 증가하며, 이 위험을 감소시키기 위한 활동의 요구를 증가시킨다. 이전에 입증된 기술을 이용한 현대화는 목표 달성 위험을 감소시키며, 신 기술(고 위험일 필요는 없음)의 사용을 통한 군수지원 부담을 줄여주는 더 많은 기회를 제공할 수 있다. 이런 고려는 예비 목표 결정에 명백한 영향을 줄 수 있다. 또한, 대안 지원개념은 확정된 체계지원 개념으로 인해 제품 수준의 계약에 의해 더욱 제한될 수 있다.

준비태세 목표

27. 준비태세 목표는 사업의 시작과 함께 진행되는 주요 관심대상이다. 이런 목표가 의욕적일 경우, 초기 분석의 관심 중 하나는 신뢰도 및 정비도 그리고 수리소요시간 등과 같은 준비성 관련 설계 및 지원목표에 맞추어져야 한다. 지원인력 소요가 많거나, 과다한 운용 및 지원 비용을 요구하는 체계/제품은 소요나 비용이 낮은 체계/제품보다 개선을 위한 더 많은 투자가 있음을 나타내며, 예비 SA 목표 선택에서 더 많은 고려를 필요로 하게 된다.

설계 자유도 범위

28. 제품의 설계 자유도 범위는 하위 활동 선택에서 핵심적 고려사항이다. 설계 자유도는 단계 설정과 같은 사업적 고려사항과 연관된다. 전단 SA 하위활동의 대부분의 목표는 준비성, 지원성 및 비용을 개선하기 위하여 설계 특성의 선택에 영향을 주는 것이다. 설계가 확정되었다면, 이 활동에 의한 이점은 크지 않을 수 있다. 이 항에 제시된 일부 요소는 이런 관점에서 시사점이 있다. 개선 및 성능개량 사업은 변경이 없거나 경미한 변경이 있는 부분에 군수지원 부담을 줄이기 위한 재설계가 가능하지 않는 한, 설계 자유도가 특정한 하위 체계에 제한될 수 있다.

UOR 사업은 여러 가지 가능한 SA 하위활동을 거부하는 경향이 있으나, 신 기술의 이용보다는 미리 계획된 제품을 개선할 때 기존 기술 및 계획을 이용하는 경향도 있어서, 설계 자유도 관점이 변하게 된다. 설계 자유도는 임무 체계가 아닌 지원체계에 대해서도 존재할 수 있다. SA 노력 및 목표는 이에 맞추어 집중되어야 한다. 지원성 소요가 제품 요구사항 및 설계의 핵심 요소가 되도록 하는 SA 목표는 설계자가 설계 착수와 함께 지원성 목표에 집중할 경우 가장 최적으로 달성될 수 있다.

기술 정보

29. 설계 프로세스에서 작성 및 문서화된 기술정보는 설계자, 운용자, 정비자 및 지원장비 간의 인터페이스 문제를 식별하기 위해 설계자 및 지원성 전문가 사이에 배포되어야 한다. 지원성을 결정짓는 진단 특성, 전자 / 기계 인터페이스, 신뢰도 및 정비도 예측, 품목 기능, 조정 요구, 커넥터 및 핀 배열 등과 같은 기술적 설계정보는 설계 자료의 핵심 부분이 되어야 한다. 설계의 자유도가 존재할 경우, 계약자의 SA 계획은 이런 종류의 정보에 대한 작성, 관리 및 승인에 대해 서술해야 한다.

가용한 시간 및 자원

30. 설계 반영을 위해, SA는 시간 및 자원을 필요로 한다. 그 결과가 설계 반영을 위한 적기에 가용되지 못하는 활동은 잠재적인 개선이 미리 계획된 제품 개선의 일부로 계획될 수 없는 한, 포함되지 않는다. UOR 사업은 그 이름이 내포하듯 설계 반영을 위한 SA 활동 시간을 감소시키는 경향이 있다. 사업 예산이 제한적일 경우, 자체 능력을 이용하여 조기 SA 범위 산정, 비교분석 및 요인 식별 등과 같은 일부 활동을 수행하는 것이 가능할 수 있다. 자금이 제한적일 때 취할 수 있는 다른 방법은, 일부 활동 및 하위활동간의 상호 관련성을 이용하는 것이다. 예를 들면, 비교 SA는 요인 식별을 필요로 하고, 그 반대로 요인 식별에서는 개선을 위한 목표 선정이 필요하다. 만약 어떤 이유로, 이 활동 중 하나만 수행 가능하다면, 개선 목표가 세가지 중에서 논리적 선택이 된다. 이런 방법은 판정이 삭제된 활동에서 얻은 데이터로 대체되기 때문에 정확성은 제한된다. 따라서, 이러한 방법은 대안이 없는 경우 최후의 수단으로 채택된다. 자체 능력은 제한적이나 예산은 가용한 경우, 이런 하위활동이 계약자와 특수 전문가에 의해 수행할 수 있다..

이미 완료된 작업

31. 이미 완료된 작업은 하위활동 선택에 영향을 줄 수 있다. 비교분석, 요인 식별 및 개선 주도 등과 같은 활동은 사업착수(예, 제품승인위원회 제출) 또는 다른 요구 문서 준비에 대한 입력으로 이미 완료되었을 수 있다. 이 작업의 품질은 평가되어야 한다. 작업의 품질이 적절하다면, 전체 개정보다는 최신화가 필요할 수 있다. 마찬가지로 사업 착수 또는 다른 요구 문서는 SA 범위를 한정하는 경향이 있는 목표나 제한사항을 규정할 수 있다. 그러나, 명백한 한정으로 받아들이기 전에 그 명세서를 지원하는 이런 제한사항 또는 목표 및 SA의 현실성을 확인하는 것은 매우 중요하다.

과거 경험 및 이력 데이터

32. 유사한 기존 시스템 상의 경험 및 이력 데이터베이스의 가용도, 정확도 및 타당성은 전술한 일부 활동 및 하위 활동의 완수에 결정적으로 작용한다.
가용한 데이터베이스는 집중도나 타당성을 제공하기 위해 광범위한 작업이 필요한가를 판단하기 위해 면밀히 조사해야 한다. 만약 이런 데이터베이스가 가용하지 못한 경우, 특히 요구된 데이터가 투자대비 회수가 클 것으로 예상되거나 위험한 부분에 있는 경우, 예측 데이터를 고려할 수 있다.

구매 고려사항

33. LSC 및 ISLSC는 국방부 또는 독립 기관에 의해 단독적으로 수행되거나, 국방부 및 계약자간에 공유하거나, 계약자에 의해 단독적으로 수행되는 SA 활동에 합의하고 규정해야 한다 (제2장의 표2.4 ~ 2.14 참조).

34. 작업이 완료되었다면, 계약된 계획의 SA 부분은 개발되고 구매 문서에 수록될 수 있다. 구매 입찰 조건에 따라 향후 수행할 활동 제공자가 SA 요구의 추가나 삭제를 제안하고, 세부적인 하위 활동 정의 및 일정을 제공하도록 하는 것은 매우 유익하다. 추가적으로, 향후 수행할 활동 제공자는 비용효율이 높은 데이터 발생 절차를 이용해야 한다. 향후 계약자의 테일러링 프로세스 및 비용 절감 노력은 SA 프로그램 수행 능력 평가의 요소가 된다. 구매 사업의 목표는 구매문서의 작성에서 고려되어야 한다. 이런 종류의 구매에 대한 지원성 목표는 기술이 활용된 경우 설계 반영 및 후속 세부 SA에 대한 정보 저장소 생성을 통해 가장 잘 이용될 수 있다. 다른 SA 활동은 완전 개발 사업에 대해 동일하게 중요하게 된다. 구매의 특성은 논리적인 입찰 참여를 위해 계약자가 일부 SA 활동을 하도록 할 수 있다. 이 외의 구매 고려사항은 아래 절에서 다룬다.

활동 문서

35. 본 장에 수록된 SA 활동 결과의 문서화 및 유지는 아래와 같은 목적을 위해 필요하다:

a. 제품의 지원성에 영향을 주도록 수행된 분석의 감사 이력 및 결정 제공

b. 제품 수명주기의 후속 SA 활동에 대한 입력을 위해 SA 결과 제공

c. ILS 요소 기능 관리자의 이용을 위한 소스 데이터 제공 및 기능 관리자로부터 ILS 요소 데이터를 기록하는 표준 방법 제공.

d. 구매사업 문서에 대한 입력 제공

e. 중복 분석 방지

f. 차후 구매사업에 이용하기 위한 경험 데이터베이스 제공

g. 지원성 증거의 입력 제공

지원성 분석활동 책임 – 개인

36. 제품 SA 프로그램의 일부로 수행하는 SA 활동은 국방부 활동, 계약자 활동 또는 둘 다로서 수행할 수 있다 (제2장의 표 2.4 ~ 2.14 참조). 활동 문서는 다른 SA 활동의 수행을 위한 입력 데이터 또는 향후 구매 단계에서 더 상세한 수준으로 동일한 활동을 수행하기 위한 입력 데이터로서 그 결과를 다른 활동에서 이용할 수 있을 정도의 수준으로 개발한다.
일부 활동이 국방부에 의해 수행되고 나머지가 계약자에 의해 수행된 경우, 두 기관 간 데이터 교환 절차가 마련되고 합의되어야 한다(보다 자세한 조언 및 지침은 JSP 886 제7권 5부에 수록되어 있다).

계약자료 요구 목록 (CDRL)

37. CDRL은 계약자가 계약에 따라 인도해야 하는 자료 및 정보를 식별한다. CDRL의 적절한 완료 및 적용 제품 명세서(PD, JSP 886 제7권 1부 부록)에서 불필요한 자료를 삭제하고 LSC나 ISLSC는 사업 요구를 효과적으로 충족하는 인도물품 자료를 구성한다.

지원성 분석 데이터

38. 데이터 및 데이터의 문서 간에는 뚜렷한 차이가 있다. 아울러, 자주 중복되는 SA 데이터에 대한 많은 형태의 문서가 있다. 이런 문제 때문에, SA 프로그램 데이터 및 데이터 포맷 요구사항은 비용 대 효과를 높이면서 사업의 요구를 충족할 수 있도록 주의깊게 범위를 정해야 한다. 데이터 및 문서 비용에 영향을 주는 요소에는 아래 사항이 포함된다:

a. 작성 및 인도 시간. 데이터의 문서화 또는 기록은 그 데이터가 차후 별도의 비용으로 다시 만들어야 되지 않도록 하기 위해 설계 및 SA 절차 상의 자료 발생과 일치해야 한다. 반복적인 최신화를 하지 않고 가장 완전한 형태로 데이터를 획득할 수 있을 때까지 데이터의 인도를 연기한다.

b. 계약자에 의한 데이터의 이용.

c. 특수한 양식 요구.

d. 세부 요구의 정도.

e. 데이터 획득을 위해 필요한 연구의 정도.

f. 필요한 검증의 정확도 및 규모.

g. 데이터 내용에 대한 책임 기간.

h. 문서가 작성되도록 한 소스 데이터의 가용도 및 정확도.

지원성 모델링

39. 일부 SA를 활동을 수행하기 위해 모델을 이용하는 것은 제품의 복잡성에 따라 달라진다.

복잡한 체계의 경우, 제품 설계, 운용 및 지원 제원을 체계 성능에 연관시키기 위해 모델이 이용된다. 모델은 체계 제원을 예측하기 위한 체계적인 분석 프로세스로 정의된다. 이것은 고유 가용도에 대한 단순한 분석으로부터 여러 개의 완성품 환경 및 모든 단계의 정비를 포괄하는 복잡한 시뮬레이션 모델에 이르기까지 다양하다. 일반적으로, 수명주기 초기에 이용되는 모델은 적은 양의 입력 데이터를 요구하는 체계 레벨의 모델이다. 이후 구매 프로세스에서, 설계가 좀 더 진전되고 지원 개념이 수립되면 보다 복잡한 모델이 사용될 수 있다. SA 프로세스 중에 이용되는 모델은 당면한 문제를 분석할 수 있는 정도로만 복잡해야 한다. 입력을 거의 요하지 않는 단순하고 적용이 용이한 모델은 분석의 결과를 바로 확인할 수 있기 때문에 가능한 한 언제든지 이용한다.

체계 준비성, 수명주기 비용, 운용 및 지원 비용 또는 다른 모델이 ITT 또는 RFP에 명시되는 경우 입찰자가 모델 및 그 결과를 이해하고 있는지를 판단하기 위해 제안서를 평가할 필요가 있다. 모델 예측 및 데이터는 운용 및 지원 개념에서 신뢰도 및 정비도, 설계까지 추적 가능해야 한다. 또한 설계 특성이 적용된 입력 데이터에 대한 근거를 확보해야 한다.

SA 활동 및 하위활동에 대한 세부 지침

프로그램 계획 및 관리(Task 100 시리즈)

40. 일반적 고려사항:

a. '프로그램 관리'는 아래 업무를 요구하는 SA의 효과적인 관리를 제공한다:

b. 모든 소요 활동을 식별하는 계획 수립

c. 각 소요 활동의 시기와 각 활동의 책임자를 식별하는 일정 수립.

d. 적시적인 관리 결정을 통한 실행

41. 관리 절차는 정확한 정보가 정확한 시간에 이용 가능하도록 하여 적시에 의사결정이 이루어지도록 LSC나 ISLSC를 통해 수립 및 합의되어야 한다. SA 계획 및 관리는 항상 사업에 의해 수행된다. 세가지 활동(Task 101, 102, 103)에 나타나있는 SA 계획 및 관리의 기본 요소는 계약 요구사항에 명시되어 있지 않더라도 완수되어야 한다.

지원성 분석 활동 소요의 식별

42. 주어진 구매 사업 및 수명주기 단계를 위해 수행되어야 하는 SA 활동의 결정은 '선택 및 집중'에서 다루었다.

시기

43. 일정수립 활동은 목표 달성을 위해 SA 프로그램에서 매우 중요하다. SA 활동의 적절한 일정수립에 대해 적용되어야 할 기준은 다음 사항을 보장하기 위해서이다:

a. 모든 소요 활동이 완료되고 필요할 때 데이터가 이용 가능하다.

b. 자원과 시간의 낭비를 막기 위해 꼭 필요한 활동만 실시되고 요구된 데이터만 이용 가능하다. SA 활동의 일정 수립 시 고려해야 할 요소에는 아래 사항이 포함된다:

c. 구매단계의 초기에 설계 반영을 달성하기 위해, SA 활동이 완료되어 제품 대안이 고려될 때 지원성 정보가 이용 가능해야 한다. 구매 프로세스의 말기에는 SA 활동이 완료되어 ILS 요소가 적기에 식별, 시험 및 야전 배치되도록 하기 위해 지원성 정보가 이용 가능해야 한다.

d. 대안을 비교할 때 차이점 평가에 필요한 수준 이하로 분석하지 않는다. 하위레벨 분석은 대안을 선택한 후 수행한다.

e. 일부 구매 사업에서 특정한 SA 활동을 수행하기에는 너무 늦을 수 있다. 예를 들면, 설계가 확정된 후 설계 중심의 절충은 투자에 대한 회수를 거의 불가능하게 한다.

프로그램 실행

44. 성공적인 SA 프로그램은 식별된 활동이 식별된 시간 안에 완수되기를 요구한다. 이의 보증은 발생한 문제점을 식별하고 문제점의 제거 또는 최소화를 위해 수립된 메커니즘에 대해 사업관리관점에서 결정을 내릴 수 있도록 하려면, 군수지원 또는 운용단계군수지원위원회를 통하여 SA의 지속적인 모니터링해야 한다. 효율적으로 프로그램을 실행하기 위하여 상호 이해관계를 식별하고 상호 지원 활동의 이점을 극대화하며, 중복되는 노력을 최소화 하기 위한 SA 프로그램과 다른 체계 엔지니어링 프로그램간의 업무조정이 필요하다.

지원성 분석 전략의 개발(Task 101)

45. 이 활동은 하나의 SA 프로그램에서 제일먼저 수행하는 계획수립 활동이며, 비용대 효과가 높은 프로그램 개발을 위한 가장 중요한 첫 번째 단계이다. 활동 소요의 확정 전 확실한 설계 및 운용방법, 지원성 특성 및 가용한 데이터의 분석은 SA 프로그램이 설계에 지원성을 최대한 반영되도록 하는 핵심 부분에 집중하도록 해 준다. 향후 투자에 대한 효과를 보장하기 위해 사업 초기 수행하는 이 활동에 투자는 필수적이다. 대부분이 개념 및 타당성 연구 활동을 위한 전략 개발과 관련되어 있지만, 이 활동은 통상 SA 요구사항을 포함하고 있는 ITT의 작성 이전에 적용된다.

지원성 분석 계획(SAP)(Task 102)

46. SAP는 효과적인 SA 프로그램의 계획을 수립하고 실행하는 기본 도구이다. 이것은 어떤 SA 활동이 완수되어야 하고, 언제 각 활동이 완수되어야 하며, 누가 그 완수에 책임이 있는지, 그리고 어떻게 각 활동의 결과가 이용되는지를 효과적으로 문서화 한다. SAP는 단독 문

서일 수도 있고 사업 ISP에서 요구하는 경우 ISP의 일부로 포함될 수 있다. ITT에 대해 제출되는 계획은 '사업'이 계약자의 SA 소요에 대한 향후 접근방법 및 이해, 그리고 SA 활동의 수행을 위한 조직 체계의 평가에 도움을 준다.

47. SAP는 일반적으로 ITT에 대한 답변으로 제출되는데 '사업'에서 승인되면 계약의 일부가 된다. 이 자료는 계약 요구사항을 충족하고 책임을 분담하기 위해 계약자가 어떤 SA 활동 및 하위 활동을 수행해야 하는지를 상세히 서술한다. SAP는 필요시 계약자가 ITT 문서에 포함한 요구사항에 대해 전반적인 사업적 이익을 나타내는 논리적 근거를 뒷받침하며 추가적인 요구나 수정사항이 제안되도록 한다. SAP는 사업 현황과 계획된 조치사항을 반영하는 진화적인 문서가 되어야 하며, 조건 충족시 최신화한다. 사업일정 변경, 시험 결과 또는 SA 활동 결과에 따라 SAP를 수정하여 SAP를 관리문서로서 효과적으로 활용한다.

프로그램 및 설계 검토 (Task 103)

48. 이 활동은 네 종류의 검토에 관한 것이다:

a. 지원성 관점에서 설계정보의 검토.

b. 제품 설계 검토.

c. 공식 제품 프로그램 검토.

d. 상세 SA 프로그램 검토.

49. 첫 번째 종류의 검토(Sub-task 103. 2. 1)는 지원성 전문가에게 설계 반영 및 절충관리 권한을 제공한다. 대부분 계약자의 경우 이 종류의 검토는 정상적으로 운용한다. 이 하위 활동은 설계 및 설계 수정 작업 시에만 적용되기 때문에 비 개발품이나 COTS 구매 사업에는 적용되지 않는다. 이 유형의 검토에 대한 계약자 절차는 SAP에 포함한다.

50. 예비설계검토, 상세설계검토 및 제품 준비성검토 등과 같은 제품설계 검토 및 사업 검토(Sub-tasks 103. 2. 2 및 103. 2. 3)는 사업을 위한 중요한 관리 및 기술적 도구이다. 적절한 인원 설정을 위해 SAP에 명시되어야 하며, 전체적인 사업 진도, 일관성 및 기술적 정확도를 평가하기 위해 설계검토는 구매사업 중 주기적으로 개최된다. 이 검토를 내부적으로 실시하였거나, 협력업체와 실시하였거나 전체적은 SA에서 중요한 부분이 된다. 계약자의 내부 및 협력업체의 검토결과는 문서화되어 군수지원 또는 운용단계군수지원위원회의 요구 시 '사업'에서 이용가능하도록 한다.

51. 사업 및 설계 검토 외에, SA 프로그램에 대한 검토가 주기적으로 개최된다(Sub-task 103. 2. 4). 이 검토는 프로그램 및 설계 검토에서 밝혀진 품목의 더욱 세부적인 부분을 제공하며, SOW에 정의된 모든 SA 활동에 대한 진척 상황을 나타내야 한다. 대표적인 협의 항목에는 활동 결과, 데이터, 할당된 조치의 상황, 설계 및 지원성 문제, 시험일정 및 진도 및 협력업체 업무 현황 등이 포함된다. SA 검토는 가능한 경우 ILS 검토의 일부로 수행하며, SAP에 프로

그램 및 설계 검토에 대한 명시와 일정을 포함한다(Task 103). 이 검토의 핵심 부분은 '사업' 및 계약자간의 SA 요구에 대한 완벽하고 일관된 이해를 보장하기 위해 계약 수준 전 상세 지침회의(Def Stan 00-600 참조)를 개최한다. 아울러, '사업'은 검토를 위한 자원을 최대화하는 검토 정책을 수립한다. SA 데이터의 표본화 대 100% 검토, 정해진 일자 기준 대신에 필요 시 검토 실시 및 요인과 고 위험 부분에 집중하는 것은 검토 정책 수립에서 짚어봐야 할 고려사항 중 일부이다.

52. 공식 검토 외에 공식적으로 제출되지는 않지만 수락 목록을 통해 이용 가능한 계약자 데이터로부터 유용한 정보를 획득할 수 있다. 이 목록은 사업에서 요구하거나 계약자에 의해 검토될 수 있는 문서와 자료를 편집한 것이다. 통상 상세한 설계 분석, 시험 계획, 시험 결과 및 기술적 결정을 포함한다. 이 자료는 별도의 데이터로 구성한다.

임무 및 지원체계 정의(Task 200 시리즈)

일반적 고려사항

53. 제한사항, 임계치 및 개선 목표를 식별하고 지원성 입력을 조기에 절충하는데 제공하기 위해 구매 사업 초기에 SA를 수행하는 것이 매우 중요하다. 이 분석작업은 지원성, 비용 및 준비성의 주요 요인과 함께 합리적으로 달성 가능한 신규제품에 대한 지원성 제원을 식별할 수 있다. 일단 식별된 요인은 개선을 위한 목표와 방법을 식별하기 위하여 SA 집중을 위한 기초를 제공한다. 임무 및 지원체계 정의 활동은 통상 체계 구매 프로세스 초기(개념 및 평가 단계)에 체계 및 하부체계 레벨에서 이루어진다. 위험의 식별 및 SA는 높은 불확실성과 수명주기 초기의 미확인 내용 때문에 핵심 기능을 수행한다. 이 활동의 수행에는 기존의 운용 체계와 그 특성 그리고 신규 제품이 운용 환경에 도달할 때 얻어지는 예상 체계 및 성능의 면밀한 조사가 필요하다. 신규 제품 지원성 및 지원성 관련 설계 제한사항은 신규 제품이 야전 배치되었을 때 이용 가능한 지원 체계 및 자원을 기준으로 수립한다. 임무 또는 무기체계 분석 중 공식 사업 착수 전에 지원성 분석을 수행한 경우 이 시리즈의 활동 범위는 같은 SA를 두 번 하지 않도록 적절하게 테일러링 한다.

운용 연구(Task 201)

54. 운용 연구는 SA 프로그램의 모든 활동에 대해 사전에 필요한 SA 활동이다(SA 전략 활동 [Task 101] 제외). 이것은 국방부 요구를 충족하고 신규 제품에 대한 모든 ILS 계획 및 준비성 분석을 위한 기초자료를 제공하기 위해 수행되어야 한다. 운용 개념은 신규 제품이 임무 요구를 달성하기 위해 평시 및 전시에 어떻게 군 체계에 통합되고, 배치 운용되는지를 명시해야 한다. 이 개념은 지원 체계가 반드시 개발되어야 하는 구조를 제공한다. 운용 연구분석은 준비성 및 ILS 자원 예측에 필요한 정량적 지원성 요소를 확립한다. 준비성 분석 및 ILS 계획에 대한 운

용 개념의 커다란 영향으로 인해, 운용 연구는 신규 제품의 평시 및 전시 배치를 위한 가장 가능성 있는 경우와 최악의 시나리오에 모두에 대해 살펴봐야 한다. 운용 부대 및 정비부대에 대한 야전 방문(Sub-task 201. 2. 3)은 기존의 능력, 자원 및 문제점의 식별 측면에서 상당한 입력 데이터를 운용연구에 제공할 수 있다. 신규제품의 운용 및 지원에 참여하게 될 기존 부대 및 정비창을 판단하기 위해 신규제품에 대한 운용 환경이 충분히 식별되었다면 야전방문이 유용할 수 있다.

임무 하드웨어, 소프트웨어, 펌웨어 및 지원체계 표준화(Task 202)

55. 많은 경우, 기존 군수지원 자원의 활용은 실질적으로 TLC 감소시키고, 준비성을 향상시키며, 신규제품 도입의 영향을 최소화하고 신규제품을 이용하여 운용 부대의 기동성을 증가시킨다. 이런 잠재적 이점을 지원하는 요소는 아래와 같다:

a. 기존 품목이나 지원 체제의 이용은 신규품목 또는 지원체제를 배치하는데 드는 개발 비용을 피할 수 있다.

b. 신규 훈련 프로그램의 개발 비용을 절감할 수 있다.

c. 자원의 사용 가능 확률이 증대된다.

d. 운용 부대의 완성품 간 지원항목의 공통성은 기동 시 더 적은 품목의 이동을 요구할 수 있고, 이로 인해 운용 부대의 준비성이 향상된다.

e. 다른 품목의 사용방법을 새로 배우는 것보다 동일한 품목의 이용 빈도 증대를 통해 지원 및 시험장비 이용에 대한 인원의 숙련도가 향상될 수 있다.

56. 동일한 잠재적 이익이 개발중인 자원의 이용에 적용될 수 있다. 이 경우 개발비는 완성품의 수량이나 지원 편성에 분배 가능하다. 그러나, 개발품목은 운용 환경에서 입증되지 않고 사업의 지연이나 취소에 처할 수도 있기 때문에 내재된 위험은 증가된다. 지원체계 표준화 요구도 국방부 또는 서비스 지원 정책으로부터 제기될 수 있다. 이 요구의 사례에는 표준 소프트웨어 언어 요구 또는 표준 복합체계 시험장비의 사용 등을 포함한다.

57. 기존 및 계획된 자원이 분석되고 이점이 결정되었다면, 제품의 요구 및 제한사항은 이점을 확보하기 위해 식별되고 문서화한다. 지원체계 표준화로부터 이익을 얻기 위한 지원성 및 지원성 관련 설계 소요는 설계 착수 전 수립되어 요구 충족을 위한 재설계 비용이 최소화되도록 해야 한다. 동시에, 이 활동의 수행은 예상되는 설계 작업의 수준을 기준으로 필요한 정도까지만 요구하도록 한다. 예를 들면, 체계 및 하부체계 레벨의 설계 대안만이 개발되고 평가된다면, 체계 및 하부체계 레벨 지원 표준화 요구만 식별한다.

58. 이용 가능한 기존의 군수지원자원의 식별은 국방부 및 군이 사용하는 핸드북, 카탈로그 및 가용한 지원 장비(시험, 측정 및 진단 장비, 공구 및 공구 키트 내용, 개인 기술 및 기타 자원)를 식별하는 등록부의 이용을 통해 이루어질 수 있다. 운용 연구 개발 (Task 201)의 일부로 실시된 야전 방문

도 신규제품의 지원에 이용 가능한 기존의 능력 및 자원을 식별할 수 있다.

59. 임무 하드웨어 및 소프트웨어 표준화 프로그램 및 부품관리 프로그램을 통한 표준화는 제품 및 부품의 확대를 최소화하고 TLC를 감소시키며, 체계 준비성을 향상시키고 군과 국가 간의 표준화 및 상호운용성을 증대시킨다. 임무 수행, 신뢰도 및 정비도, 품질 및 생존성에 미치는 표준화의 영향이 크기 때문에, 광범위한 표준화 프로그램은 지원성 활동뿐만 아니라 다른 체계의 엔지니어링 규칙도 포함한다. 표준화 방법은 표준화 및 상호호환성(S 및 I)의 고려 때문에 통상 개념 단계에서 조사가 이루어지며, 사업을 진행하면서 하위 조립레벨로 점차적으로 범위가 확대된다. 표준화 프로그램은 보통 정량적 계수 및 야전방문(Sub-tasks 202. 2. 2 및 202. 2. 3)을 위해 요구 데이터를 제공할 수 있다. 또한, 표준화 요구가 성능이 낮은 품목이나 지원 편성 또는 현저한 개선이 가능한 품목 또는 지원편성에 대해 수립되지 않도록 이 활동을 수행하는데 주의를 기울여야 한다.

비교 분석 (Task 203)

60. 비교 분석을 수행하는 것은 크게 세 가지 목적이 있다:

a. 신규 제품 제원의 예측 및 개선 목표 식별을 위한 안정된 분석 기초 정의

b. 신규 제품에 대한 지원성, 비용 및 준비성 요인의 식별

c. 후속 분석에서 비교 체계 데이터의 이용에 내재된 위험의 식별

61. 효과적인 SA 프로그램의 수행을 위한 주요 핵심요소는 효율적인 SA 프로세스 및 비교 체계에서 획득된 데이터의 이용이다. 이 프로세스는 이력 데이터 검토라고도 불린다. 여기에는 다른 제품으로부터 이용 가능한 정보의 이용도 포함되는데, 이를 통해 신규 제품이 성능 및 지원성 부분이 개선되도록 한다. 실제적인 비교 체계가 수립될 수 있다면, 비교 체계의 정보는 아래 정보의 식별에 도움을 준다:

a. 하부체계 및 구성품의 높은 잠재 고장률.

b. 주요 불가동 시간 유발 인자.

c. 지원성을 향상시키는 설계 특성.

d. 지원성을 저하시키는 설계 특성을 포함한 잠재적 지원성 문제 부분.

e. 잠재적 안전이나 인간요소 영향 및 설계 개념.

f. 군수지원을 위한 자원의 총 소요.

g. 제품의 군수지원 소요, 운용 및 지원 비용 및 확보된 준비성 수준을 좌우하는 설계, 운용 및 지원 개념.

비교 체계

62. 비교 체계 및 하부체계의 식별 및 기준선 비교 체계(BCS)는 신규 제품에 대한 설계, 운용 및 지원 특성 그리고 예상되는 제원의 유형에 대한 일반적인 지식을 필요로 한다. 설계 파라미터(신뢰도 및 정비도 등)가 예측되었다면, 신규 제품과 설계 특성이 유사한 기존 운용 제품이 식별된다. 만약 신규 제품의 주요 하부체계가 식별되었다면, 설계 파라미터 예측을 위한 BCS는 한 개 체계 이상으로부터 여러 하위 체계로 된 복합체일 수 있다. 만약 지원 파라미터 (재보급 시간, 수리소요시간, 수송시간, 등)가 예측되었다면, 신규 제품의 지원과 유사한 기존 체계 (지원 체계)가 식별되어야 한다. 이것은 설계 특성에서 유사한 제품을 지원하는 것과 완전히 다른 지원 체계일 수 있다.

63. 비교 체계 서술에서 요구되는 상세 수준은 신규 제품의 설계, 운용 및 지원 특성 및 신규 제품 파라미터에 대한 예측에서 요구된 정확도에 대해 세부적으로 알고 있는 정보의 양에 따라 달라진다. 비교 체계 및 하부체계는 사업에 의해 식별된다. BCS는 예상되는 설계 진도에 맞는 수준에서 수립되어야 한다. 비교 수준 및 이용되는 데이터 출처가 명시되어야 한다. 비교 분석(Task 203)에는 비교 체계 식별에서 다른 상세 수준을 제공하기 위해 설계된 두 개의 하위 활동인 비교 체계 및 기준선 비교 특성(Sub-tasks 203. 2. 1 및 203. 2. 2)이 포함된다. 예를 들면, 신규제품에 대한 설계 개념이 매우 일반적인 경우, 통상적인 수준의 비교 체계 설명 (Sub-task 203. 2. 1)만 작성된다. 더 상세하고 높은 정확도가 요구되는 경우 기준선 비교 특성(Sub-task 203. 2. 2)을 이용한다. 그러나 더 상세한 내용이 요구될수록 SA 비용이 증가하므로 이에 따른 적절한 하위활동을 선택한다.

64. 비교 체계 수립에 이용된 가정 및 내재된 관련 위험은 신규 제품의 정확도 예측 판단에 중요한 역할을 한다. 신규 제품의 설계, 운용 및 지원 개념과 기존 체계간의 낮은 유사성은 문서화되어야 하고, 이에 따라 신규 제품의 예측을 다루어야 한다. 아울러, 환경과 운용상의 차이가 식별되고 지원성, 비용 및 준비성 값이 이에 따라 조정되지 않는 한 고유의 위험이 복합 비교 체계 수립에 포함된다.

65. 기존 체계의 정성적 지원성 문제(Sub-task 203. 2. 4)는 신규 제품의 개발 중 개선을 위한 부분에 이해를 돕기 위하여 철저하게 분석한다.

66. 지원성, 비용, 준비성 및 고유 체계 인자가 식별되어 (Sub-task 203. 2. 5 and 203. 2. 6) 개선 부분이 식별될 수 있고, 지원성 및 지원성 관련 설계 제한사항이 개선을 위해 공식화 될 수 있도록 해야 한다. 기존 체계의 주요 문제점이 식별되어 이들 문제의 제거나 경감을 위한 방법이 개발되어야 한다. 본 장의 다른 활동과 같이 노력의 시기 및 범위는 제한사항이 효과적이 되도록 제품 설계 노력의 시기 및 범위와 비례해야 한다. 타당성 연구 단계 분석은 체계 및 하부체계 레벨에서 이루어져 체계 및 하부체계의 제한사항이 시연 단계로 들어 가기 전 정의될 수 있도록 한다.

67. 지원성, 비용, 준비성 인자는 많은 수의 예상으로부터 식별될 수 있다; 인자는 개선을 달성하기 위한 특정한 ILS 요소, 특정한 지원 기능(예, 정렬 또는 교정 소요), 특정한 임무 하부조립체 / 구성품, 또는 특정 운용 시나리오 / 요구 특성일 수 있다. 적절한 인자의 식별은 개선의 달성을 위해 가장 효과적인 제한사항을 수립하기 위한 사전 요구사항이다. 인자의 영향이 아닌 참 인자가 식별되도록 주의를 기울여야 한다. 예를 들면, 그 요인이 하부체계의 낮은 신뢰도의 결과일 경우, 보급지원 비용은 비용 인자가 아니다. 이 경우 하부체계 신뢰도가 비용 인자가 된다. 인자의 식별은 비교 체계의 가용도 데이터에 따라 달라진다. 지원성, 비용, 준비성 및 고유 체계 인자 활동(Sub-tasks 203. 2. 5 및203. 2. 6)을 인용할 때, 계약자는 인자 식별을 지원하기 위해 가용한 데이터베이스를 고려해야 한다. 아울러, 이 활동은 전문 분야에 의해 수행될 수 있으며, 그 결과는 SA 프로그램을 따라 통합된다. 예를 들면, 인력, 인원 및 교육 SA는 HFI 및 교육 전문가에 의해 수행할 수 있으며, 정비도 비교는 신뢰도 및 정비도 프로그램을 따라 실시한다.

기술적 기회(Task 204)

68. 이 활동은 지원성 전문가와 설계 요원이 합동으로 수행한다. 이것은 신규 제품의 지원성 개선을 달성하기 위한 잠재적인 기술방안을 식별하기 위해 설계되었다.
이 활동은 지원성, 비용 및 준비성 값의 예상 영향을 식별하여 신규 제품의 지원성 및 지원성 관련 설계 목표가 수립될 수 있도록 한다. 비교 체계에 정성적 문제가 식별된 제품 인자 및 부분에 대한 기술적 진보의 적용에 특별한 주의를 기울여야 한다. 개선은 어느 레벨(체계, 하부체계 또는 그 하위)에서 개발될 수 있지만, 체계 및 하부체계 지원성 값에 대한 각각의 기여도를 기준으로 우선순위가 매겨져야 한다.

지원성 및 지원성 관련 설계 요소 (Task 205)

69. 이 활동은 신규 제품의 개발을 관리하는 지원성 파라미터를 확립한다. 이 파라미터에는 목표, 임계치, 정성적이고 정량적인 제한사항 및 제품 사양 요구가 포함된다. 지원성 특성(Sub-task 205. 2. 1)은 나머지 하위 업무에 대한 기준으로 작용하는 대안 개념의 지원성 영향을 정량화한다.
70. 지원성 및 지원성 관련 설계 요소(Task 205) 수행의 결과로서 개발되는 파라미터의 형태는 개발의 단계에 종속된다. 일반적으로, 지원성 목표는 타당성 연구 수행 전 민감도 분석 (Sub-task 205. 2. 2) 수행 중에 수립된다. 이 목표는 이전의 임무 및 지원 체계 정의 활동, 특히 기술적 기회 분석(Task 204)의 결과로써 식별된 기회의 결과를 기준으로 수립되며, 임무 요구에 대해 가장 비용효율이 좋은 방안 달성을 위한 절충의 대상이 된다. 타당성 연구 이후 시연단계 이전, 목표 및 임계치가 절충 대상이 아닌 사양 요구 분석(Sub-task 205. 2. 5) 중 수립된다. 임계

치는 구매 사업을 통해 충족을 입증해야 하는 성능의 최소의 필수적인 수준을 나타낸다.

71. 전반적인 제품 목표 및 임계치는 체계, 하부체계 또는 재산권 자료 식별 분석(Sub-task 205. 2. 3)의 지원체계 사양에 포함될 수 있게 지원성 소요에 도달하도록 할당 및 전환되어야 한다. 이 하위 활동은 사양 파라미터가 설계 및 지원체계 개발을 통하여 계약자가 통제할 수 있는 것만 포함하도록 하는데 필요하다. 관급자산(GFA)의 지원 부담 및 다른 영향, 행정 및 군수지연 시간, 그리고 계약자의 통제를 벗어난 다른 항목은 이 프로세스에서 설명된다. 예를 들면, 만약 인력에 대한 전체적인 임계치가 연간 제품당 100인시이고, 관급 하부체계가 연간 제품당 25인시를 요구한다면, 사양에는 계약자 개발 하드웨어에 대한 연간 제품당 75인시의 임계치를 반영한다. 지원성 목표 및 임계치에서 사양 요구로의 전환은 준비성 파라미터에 대해서도 중요하다. 구매 대상 품목이 완성 체계일 경우, 적용가능 준비성 파라미터는 체계 사양에 포함되는데 적합할 수 있다. 그러나, 구매 대상 품목이 체계 이하인 경우 (즉, 하부체계 또는 체계에 들어가는 제품), 다른 파라미터(즉, 군수지원 관련 신뢰도 및 정비도 파라미터)가 더 적절하다.

72. 재산권 자료 식별 분석(Sub-task 205. 2. 3) 수행 시, 가능한 지원성 인센티브에 대해 철저한 고려가 있어야 한다. 그러나, 인센티브는 최적의 체계레벨 방안을 보여주지 않는 하위레벨에서의 최적화 접근을 방지하기 위해 체계레벨(일부 구매를 위한 하부체계도 가능)이어야 한다.

대안의 준비 및 평가(Task 300 시리즈) – 일반적 고려사항

반복

73. 이 시리즈에 포함된 활동은 특성상 반복적이며 수명주기의 각 단계에 적용 가능하다. 아울러, 이들은 통상 순서적으로 수행된다; 즉, 기능이 식별되고(Task 301), 기능의 충족을 위해 대안이 개발되며(Task 302), 평가 및 절충이 수행된다(Task 303). 이 프로세스는 이후 점차 하위 조립수준으로 반복되며 전통적인 체계 엔지니어링 방법으로 상세화된다.

시기

74. 기능의 식별, 대안의 개발 및 절충 분석은 세부 레벨까지 설계 및 운용 개념 개발과 시기를 맞추어 수행되어야 한다. 수명주기의 초기에는, 기능 및 대안만 차이 분석을 위해 필요한 수준까지 개발되고 절충이 이루어진다. 더 상세한 내용은 절충이 이루어지고 대안의 범위가 좁혀진 후에 개발될 수 있다. 이와 동시에, 필요한 ILS 요소 자원의 개발 및 시험이 지원 계획 수립을 수행할 수 있도록 하는 시간에 지원계획이 최종화된다.

기능 소요 식별(Task 301)

75. 신규 제품에 대한 운용 및 정비 기능의 식별은 비용, 시간, 성능 및 지원성 간의 최적 균형을 달성하는 체계의 개발을 보장하도록 상세설계 결정과 부합해야 한다. 신규 제품에 대한

지원성, 비용 또는 준비성 인자인 기능 소요, 또는 새로운 설계 기술 또는 새로운 운용 개념을 기준으로 수행되는 새로운 기능에 대해서는 특별히 강조되어야 한다.

76. 기능의 식별은 새로운 신규제품의 지원성을 향상 시키는 지원 방안 또는 설계 개념에 대한 기초를 제공한다. 새로운 기능 소요의 식별은 잠재적인 지원성 위험으로 인해 관리상 주의에 대한 기준을 제공한다. 기능 흐름도는 기능 소요 식별 및 기능 간의 관계 확립에 사용되는 유용한 도구이다.

77. 또한, 다른 체계 엔지니어링 프로그램은 기능소요 식별 프로세스에 상당한 입력을 제공한다. 예를 들면, HFI 전문가는 운용상 기능의 식별 및 분석에 최적일 수 있다; 수송 전문가는 수송 소요의 식별 및 분석에 최적일 수 있다 등. 기능 소요 식별(Task 301)에 따른 SA 프로그램은 신규 제품을 위해 개발된 지원체계가 모든 기능 요구를 충족하도록 적절한 전문 분야에 의해 개발된 기능 소요를 통합한다.

78. 기능 소요 식별(Task 301)은 체계 및 하부체계 레벨 기능(Sub-tasks 301. 2. 1, 301. 2. 2 및 301. 2. 3) 으로부터 상세한 운용 및 정비 업무 소요 (Sub-task 301. 2. 4)까지 상세 수준의 변동에 대비하도록 설계되었다. 적절한 하위 활동 소요는 설계 정의 및 일정 소요의 수준을 바탕으로 식별된다.

79. 운용 및 정비 업무소요(Sub-task 301. 2. 4.)는 FMECA, RCM 분석 및 제품 기능소요의 상세 검토를 통해 식별된다.

80. FMECA는 체계와 그 구성품의 고장 유형을 식별하여 보수정비 소요를 파악한다.

81. RCM은 아래 사항을 위해 예방정비 소요를 식별한다:

a. 초기 고장의 발생 전 또는 주요 결함으로 커지기 전 이의 식별 및 수정 .

b. 고장률 감소.

c. 발생된 숨은 고장 탐지.

d. 제품 정비 프로그램의 비용효율 향상 .

82. 제품 기능 소요의 검토는 수정 또는 예방정비 소요를 식별하거나, 제품이 정해진 환경에서 운용하면서 실시되어야 한다. 이 업무에는 운용, 수리회송 업무, 재설치, 임무 프로파일 변경, 수송 업무 등이 포함된다.

83. FMECA는 잠재 고장유형, 각 고장의 예상 영향 및 임무 완수, 안전도 또는 다른 중요한 출력에 미치는 각 영향의 치명도를 식별한다. FMECA 소요는 일반적인 신뢰도 및 정비도 프로그램에 포함된다; 그러나, 체계에 대한 FMECA소요는 일부 SA 활동을 수행하기 위해 FMECA 결과가 필요하기 때문에 SA 프로그램과 함께 개발된다. 특히, FMECA는 자체내장 시험 및 외부 시험사양 및 평가에 대한 기초정보를 제공한다. 이런 공동 작업은 FMECA의 시기, 상세 수준 및 문서 소요를 고려해야 한다.

84. RCM은 예방정비 업무의 타당성 및 합당함을 판단하고, 설계검토를 위해 정비문제 부분

을 부각시키며, 신규제품에 대한 가장 효과적인 예방정비 프로그램을 수립하기 위한 제품 신뢰도, 정비도 및 안전도 데이터의 체계적 분석 방법으로 이루어진다. RCM 논리는 제품의 내부 신뢰도 및 안전도 수준을 가능한 데까지 보존하기 위해 당면한 고장이 어떻게 탐지되고 수정되는지에 대한 점진적 판단을 통해 FMECA 동안 식별된 제품 내 각 수리가능 품목의 개별 고장 유형에 적용된다.

85. FMECA 및 RCM 분석에서 식별되지 않은 제품 기능 소요를 충족하기 위한 활동 소요는 통상 체계 레벨의 활동이다. 이런 활동은 상대적으로 수명주기의 초기(평가 단계 및 시연단계의 시작)에 분석되어서 제품 설계가 지원성 문제를 배제할 수 있게 적절히 정의되도록 해야 한다. 이런 활동은 흔히 제품 요구(예, 수리소요시간은 정해진 시간을 초과할 수 없거나 체계가 정해진 형태로 수송되어야 한다 등)에 의해 제한되므로, 상세 분석은 요구가 과도해질 때 설계반영 결정이 적기에 이루어질 수 있도록 시기에 맞춰 수행되어야 한다.

지원체계 대안 (Task 302)

86. 신규 제품에 대한 지원 대안은 적용되는 각 ILS 요소를 포함하고 모든 기능 소요를 만족시켜야 한다. 초기 지원 대안은 지원성, 비용 및 준비성 요인 그리고 신규 제품의 고유 기능 소요를 밝히는 체계수준의 지원 개념이다. 이 대안의 절충 및 평가 후(Task 303), 이 대안은 추후 절충 및 평가를 위해 하위 레벨에서 공식화 된다. 하향 반복식으로 이 SA를 수행하는 것은 SA 수행에 있어서 자원을 효율적으로 이용하는데 도움을 준다. 지원 대안은 절충 및 평가를 위해 동일한 상세 수준으로 공식화되어 절충 SA가 완료된 후 더 상세하게 개발된다. 이 프로세스는 모든 정비 계단, 지원을 요구하는 모든 하드웨어 및 소프트웨어, 그리고 모든 운용 및 정비 업무를 포괄하는 상세 지원계획에 체계 지원개념이 반영될 때까지 제품 구매 프로세스 동안 반복적으로 지속된다.

87. 대안 지원 체계는 개별 ILS 요소에 대안을 지원체계에 통합하는 것으로 공식화된다. 이 절차의 수행 중, 아래의 관점이 고려되어야 한다:

a. ILS 요소 간에 존재하는 상호 연관성(예, 인력, 인원 및 교육 대안은 지원제품 대안에 따라 달라질 수 있다).

b. 하나의 ILS 요소에 대한 세부 대안의 공식화는 상위레벨 체계 대안이 평가 및 선택될 때까지 비용효율이 낮을 수 있다.

c. 일부 경우에, 지원 대안의 공식화가 평가 및 절충 프로세스에 이용된 모델의 고유 특성일 수 있다. 이것은 수리 대 폐기 대안 그리고 수리와 폐기를 위한 대안 정비단계가 모델의 실행 동안 자동적으로 공식화되는 정식 개발 단계에서 이용되는 많은 LORA 모델의 경우 해당된다.

평가대안 및 절충 분석 (Task 303)

88. 설계, 운용 및 지원 대안간의 절충분석은 체계 개발에서 고유한 부분이다. 이 분석이 체계의 확정 전 모든 체계 요소(비용, 일정 성능 및 지원성)를 고려하여 수행될 경우 최적의 이익이 실현된다. 이용된 절충 모델 및 기법의 특성, SA의 규모, 범위 및 상세 수준은 구매 단계 및 체계의 복잡성에 좌우된다. 사업 초기의 절충은 일반적으로 범위 면에서 전문 분야 간의 문제이고 방대하다. 개발이 진행됨에 따라, 절충이 점점 이루어지고 입력이 더욱 특정화되며, 출력은 더 적게 관련 파라미터에 영향을 준다.

89. 신규 제품에 대해 식별된 지원 대안 간의 절충은 요구사항을 만족시킬 수 있는 지원 방안을 식별하기 위해 수행된다. 이 절충은 대안의 설계, 운용 및 군수지원자원 요소를 제품의 지원성 소요에 연관시키는 모델이나 매뉴얼 절차를 이용하여 수행된다. 이 대안은 순위가 결정되고, 핵심 설계, 운용 또는 지원 요소를 변경할 수 있는 결과의 민감도가 결정된다. 대안의 선택 및 각하에 대한 논리적 근거를 포함한 결과는 후속 반복절차 및 보강을 위해 문서화된다. 지원 대안간 및 지원, 설계 및 운용 대안 간의 절충분석 결과는 체계 결정 프로세스의 가장 중요한 데이터 입력이 된다. 따라서, 절충분석 결과에는 내재된 가정 및 위험의 식별이 포함되어야 한다.

90. 절충 기준 활동(Sub-task 303. 2. 1)은 대안의 평가 및 절충분석(Task 303)에 따라 수행된 각 평가 및 절충에 대한 일반적 요구를 제공한다. 지원 체계 및 체계 절충(Sub-tasks 303. 2. 2 및 303. 2. 3)은 대안 지원 방안 및 대안 설계, 운용 및 유지 방안을 분석하기 위해 제품의 수명주기 동안에 이루어지는 지속적인 요구이다. 나머지 하위 활동은 주어진 수명주기 동안 빈번하게 적용되는 핵심 절충 및 평가를 나타낸다. 주어진 구매 프로그램의 경우, 잠재적 절충 및 평가의 범위는 절대적으로 제한이 없어야 한다. 별도의 평가 및 절충이 식별되고 구매 프로세스를 통하여 필요에 따라 수행되도록 하기 위해 '사업'과 계약자 간에 절차가 합의되어야 한다. 주어진 구매 프로그램을 위한 절충 및 평가의 선택 및 실행에서, 아래와 같은 요소가 고려되어야 한다:

a. 체계 준비성 분석(Sub-task 303. 2. 4)은 항상 최우선으로 고려되어야 한다.

b. 체계의 지원성, 비용 및 준비성 인자를 다루는 절충 하위활동을 선택한다. 또한, 선택된 절충 및 평가 하위활동의 범위는 요인들로 한정될 수 있다.

c. 일부 절충 및 평가는 SA 프로그램에 입력되기 위해 특정한 그룹에 의해 수행되도록 하게도 한다. 예를 들면, 진단 절충(Sub-task 303. 2. 8)은 정비도 프로그램에 따라 수행될 때 최적일 수 있다; 교육 절충(Sub-task 303. 2. 6)은 교육 전문가에 의해 수행될 때 최적일 수 있다.

d. 인력 및 인원 절충(Sub-task 303. 2. 5)을 위한 기준 파라미터로 인시를 이용할 때에는 두 요인을 고려하여 주의를 기울여야 한다. 첫째, 인원의 각 숫자에는 이에 관련된 인

시의 범위가 존재한다. 인시를 더하거나 빼도 이 범위(상한선 또는 하한선)를 벗어나지 않는 한 인원 수는 변동이 없을 수 있다. 이 때에는, 요구된 인원수를 변경해야 한다. 둘째, 인원의 기능이 고려되지 않는 한 소요 인시 및 인원 간의 직접적 관련은 없다. 예를 들면, 요구된 기능의 수에 따라, 동일한 인시가 한 사람이 될 수도 있고 여러 사람이 될 수도 있다.

e. 개념단계의 수리수준분석(Sub-task 303. 2. 7)은 전체 개념만 분석해야 한다.

f. 해당되는 경우(예, 계약자 대 자체 지원 대안의 고려 시), 실제적인 인건비가 이용되도록 해야 한다. 흔히, 군에서 발표한 인건비는 충원, 유지 등에 관련된 비용은 포함하지 않으므로, 이 인건비를 이용할 경우 절충 결과에 오류를 가져올 수 있다.

군수지원 자원소요 결정(Task 400 시리즈)

일반적 고려사항

91. 제안한 대안 제품과 관련된 군수지원을 위한 자원의 소요는 제품이 개발 과정을 통해 진행됨에 따라 식별되고 보강되어야 한다. 식별의 범위는 신규 제품의 규모와 복잡성 그리고 구매 사이클의 단계에 좌우된다. 개발이 진행되고, 기본 설계 및 운용 특성이 확립되면,
이 결정은 더욱 상세한 군수지원 자원 소요를 완벽하게 식별할 수 있도록 하는 특정한 설계 및 운용 데이터를 분석하는 절차가 된다. SA의 이 부분은 ILS의 주요 요소의 소요를 식별한다. 이 SA는 비용이 많이 들 수 있고, 상당한 양의 문서 개발을 포함할 수 있다. 이 부분에서 SA 활동의 시기 및 범위 결정 시, 아래 사항이 고려되어야 한다:

a. 군수지원 자원소요의 조기 식별은 신규 또는 치명적 소요로 제한하여 이 소요의 개발 및 시험에 대해 가용한 자원이 효과적으로 이용되고 충분한 구매 시간이 할당되도록 해야 한다. 이 식별은 지원체계 절충(Sub-task 303. 2. 2)의 일부로서 완수되어야 하며 문서는 최소 필수 데이터로 제한되어야 한다.

b. 다른 체계 대안에 대한 자원 소요는 대안의 평가 및 절충에 필요한 수준까지 식별되어야 한다.

c. 군수지원 자원소요는 각 ILS 요소에 대해 요구된 문서 개발을 위한 일정을 고려하는 동안 식별되어야 한다. 보급, 개발, 전자교범, 교육 프로그램 수립 등에 요구되는 시간을 고려한 활동 일정 완수.

d. 군수지원을 위한 자원 소요의 식별에 적용될 수 있는 문서에는 여러 수준이 있다(예, 초도 보급 완수를 위해 요구되는 전체 데이터 요소가 나중에 문서화 되는 중, 보급지원 소요는 사업 초기 몇 가지 데이터 요소의 문서를 통해 식별될 수 있다).

e. 군수지원 자원소요의 식별을 위한 상세 입력 데이터는 많은 체계 엔지니어링 기능에 의해 발생된다. 따라서, SA 및 문서 소요 및 시기선택은 작업의 중복을 방지하고 요구

된 입력 데이터의 적기 가용을 위하여 반드시 SA 프로그램 및 다른 체계 엔지니어링 프로그램 간의 합동 노력이어야 한다.

업무분석 수행 (Task 401)

92. 이 활동은 신규 제품을 운용 및 지원하기 위한 모든 ILS 요소에 대한 소요를 상세하게 식별한다. 또한 여기에는 지원성 강화가 달성될 수 있는 부분을 식별하기 위한 SA 소요도 포함된다. 이 활동의 수행 중, 각 운용 및 정비 업무에 대한 아래 내용이 결정된다:

a. 정비 계단.

b. 인원수, 기능 레벨, 기능 분야, 인시 및 경과시간.

c. 필요한 예비품, 수리부속 및 소모품.

d. 지원장비; 시험, 측정 및 진단 장비 ((TMDE); 및 필요한 시험 프로그램 세트(TPS).

e. 권고된 교육 장소 및 근거와 함께 요구된 교육 및 교육 자재.

f. 업무 수행을 위해 필요한 절차.

g. 소요 시설.

93. 예상된 운용 환경에서 업무 수행의 간격 및 빈도. 업무 빈도의 연간 운용 기준은 이 업무에서 생성된 정보의 오용을 방지하기 위해 신중하게 선택되고 널리 이해되어야 한다.

포장, 취급, 저장 및 수송 소요

94. 업무분석(Task 401) 수행 시기 및 깊이는 설계 및 운용 정의 그리고 사업 일정에 의해 좌우된다. SA는 설계 작업으로부터 요구된 입력 정보가 올 때까지 비용효율이 높게 수행될 수 없으며, SA 활동을 수행하고 ILS 요소 문서(예, 기술교범, 인원 소요 목록 등)의 개발을 위해 그 결과를 적기에 이용하기 위한 충분한 시간을 할당하지 않는 지점을 넘어서까지 지연될 수 없다. 평가 및 시연 초기 단계 동안, 작업은 필수 정보까지로 한정되어야 한다. 시연 단계 후반에, 이 활동은 모든 제품 구성품에 대해 수행된다. 체계의 제작 및 배치 중에 이 활동은 모든 설계 단계에 대해 수행한다.

95. 이 활동의 범위는 SA가 수행될 체계 하드웨어 및 소프트웨어의 식별, SA가 수행될 조립 수준의 식별, 분석에 포함되어야 할 정비단계의 식별 및 소요 문서 량의 식별을 통하여 사업 요구를 비용 대 효과가 높게 테일러링 할 수 있다. 이 테일러링 프로세스를 수행할 때에는 다른 체계 엔지니어링 프로그램과 합동으로 이루어져야 하며, 각 ILS 요소에 대한 소요를 고려해야 한다.

96. 업무분석(Task 401)은 필수적으로 모든 체계 엔지니어링 전문 분야 및 ILS 기능 요소 관리자를 포함하는 가장 많은 협조와 인터페이스를 요구하는 SA 프로그램의 한 부분이다. 적절히 인터페이스된 경우, 업무분석은 제품의 지원성을 보장하고 제품을 위한 통합 지원체계를 개

발하기 위한 매우 비용효율이 높은 수단을 제공한다. 만약 적절히 인터페이스되지 못했다면, SA는 다른 분석을 중복해 실시하고 호환되지 않는 ILS 산출물을 생산하는 매우 비용효율이 낮은 프로세스가 될 수 있다. SA 프로그램은 이런 입력 데이터를 ILS 문서 작성을 위해 요구되는 출력 산출물로 통합 및 전환한다.

조기 야전배치 분석(Task 402)

97. 이 활동은 신규 제품을 요구된 자원과 함께 효과적으로 야전 배치하는 것이다. 신규 체계 영향 분석(Sub-task 402. 2. 1)은 신규제품의 배치로 인한 기존 체계의 영향을 정량화하기 위해 설계되었다. 이 영향 판단은 개선된 전반적인 군의 능력을 나타내고, 신규 제품을 효과적으로 수용하는 계획을 수립하도록 하는 구매결정 프로세스를 위해 필요하다. 인력 소스 및 인원 기능 분석(Sub-task 402. 2. 2)은 배치에 따른 인력 및 인원 영향을 다룬다. 이 하위활동은 신규제품을 위해 어디에서 필요한 인력과 기능이 와야 하는지, 이로 인해 다른 체계에는 어떤 영향이 미치게 되는지를 식별한다. 자원부족 영향 분석(Sub-task 402. 2. 3)은 군수지원자원 변동 수준에 대한 체계 준비성의 영향을 식별한다. SA는 예산 소요에 대한 정량적 기준을 형성한다. 전투자원소요(Sub-task 402. 2. 4)는 대안 운용환경에서의 군수지원을 위한 자원소요를 식별하고, 전시 정비 예비재고, 동원계획 및 요구사항에 대한 기초 정보를 제공한다.
문제해결 계획(Sub-task 402. 2. 5)은 신규제품의 잠재적인 야전 배치 문제를 완화하기 위해 개발되는 계획을 요구한다. 이 하위활동은 제품 레벨 구매에 선택적으로만 적용되어야 한다.

생산 후 지원분석 (Task 403)

98. 이 활동은 생산 후 지원 문제가 식별되고 밝혀지도록 하기 위한 것이다. 배치 후 환경에서 재구매 문제, 생산라인의 폐쇄, 설계단종, 제작사에 의한 예상 사업중단 등은 적절한 예비품 및 수리부품의 보급을 보장하는 데에 문제를 야기한다. 이들 요소가 현재의 잠재 문제까지 판단되었다면, 신규제품에 대한 효과적인 수명주기 지원이 가능하도록 계획이 수립되어야 한다.

지원성 평가 (Task 500 시리즈) – 일반적 고려사항

평가 유형

99. 이 시리즈에서 다루는 지원성 평가에는 두 가지 부분이 있다; 공식 시험 및 평가 프로그램의 일부로서의 평가, 운용 환경에서 제품에 대한 운용, 정비 및 보급 데이터의 분석을 통한 배치 후 평가. 앞의 경우, 평가는 배치 전에 이루어지고, 해당되는 경우, 후속 시험 및 평가 중 초도 배치 시 실시된다. 뒤의 경우, 평가는 정상 운용 환경에서 제품에 대해 가용한 데이터를 근거로 실시된다.

시험 평가

100. 지원성 시험평가 프로그램은 세 가지 목적을 달성한다:

a. 준비성, 운용 및 지원 비용, 지원자원 소요의 체계 레벨 예측에 입력을 제공하기 위한 지원성 및 지원성 관련 설계 파라미터에 대한 측정 데이터를 제공한다.

b. 지원성 문제를 노출하여 배치 전 수정될 수 있도록 한다.

c. 지원성 및 지원성 관련 설계 소요의 충족여부를 시연.

101. 시험평가 계획, 일정수립 및 비용 투자는 투자에 효과를 극대화하기 위해 이 목표와 관련되어야 한다. 효과적인 시험평가 프로그램의 개발은 시험의 중복을 방지하고 시험 프로그램의 효과를 최대화하기 위해 모든 체계 엔지니어링 분야 간의 긴밀한 협조를 요구한다. 지원성 평가 요구를 충족하면서 전자 출판물의 이용을 포함하여 군수지원 시연의 신뢰도 및 정비도, 환경시험, 내구성 시험 및 기타 시험이 이용된다. 잘 통합된 시험 프로그램은 시험 결과의 이용을 최대화하는 시험 조건의 수립을 포함한다. 시험평가를 수행하기 위한 하드웨어 가용도 및 시간이 일반적으로 대부분의 구매의 경우에서 중요하고, 시험결과는 신규 제품에 대한 첫 번째 명백한 데이터를 나타내기 때문에 매우 중요한 피드백 루프임을 고려할 때 이것은 중요 요소이다.

시험환경

102. 지원성에 대한 시험평가 프로그램의 목표를 충족하기 위한 시험결과의 이용을 결정하는 하나의 주요한 요소는 시험 환경이다. 실재로, 시험결과 및 야전관측 파라미터 간에는 커다란 차이가 있다. 이 차이는 시험 중 정비를 위해 계약자 기술요원을 이용하고 시험 중 계획된 자원(기술교범, 공구, 시험장비, 인원 등)을 사용하지 않은 채 이상적인 환경에서 시험을 수행한 것에 상당부분 원인이 있다. 배치 후 제품을 운용 및 유지하기 위해 가용될 예상된 운용 환경 및 예상된 군수지원자원(모든 ILS 요소)을 고려하여 실제적인 시험환경이 수립되어야 한다. 야전 환경의 전체 시뮬레이션이 비현실적이고 비용효율이 낮지만 시험환경은 가능한 한 근접해야 하며, 준비성, 운용 및 유지 비용, 군수지원 자원소요에 대한 체계 레벨 예측을 갱신하기 위해 시험 결과를 이용할 때 시험환경과 야전환경의 차이점을 설명할 수 있어야 한다.

생산 후 평가

103. 지원성에 대한 체계의 궁극적 측정은 배치 후 그것이 그 환경에서 어떻게 잘 수행하는지에 의해 결정된다. 운용 환경으로부터 오는 피드백 데이터의 분석은 제품이 그 목적을 충족하였음을 검증하고 배치 후 지원을 평가하는 데 필요한 마지막 단계이다. 일부의 경우, 이 평가는 통상적인 준비성, 보급 및 정비 보고 계통으로부터 일상적으로 가용한 야전 피드백 데이터를 이용하여 이루어질 수 있다; 다른 경우에는, 표준 보고 계통을 통해 오는 데이터는 허용 가

능한 신뢰 수준에서 검증 목적을 달성하기 위해 보충되어야 한다. 보충 자료에 대한 요구는 데이터 및 데이터 수집을 위한 유니트 이용에 대한 영향을 확보하기 위해 비용 및 자원에 대한 가중치를 적용해야 한다.

지원성 시험, 검증, 평가 및 업무 평가 (Task 501)

104. 초기 지원성 시험 및 평가 전략 계획(Sub-task 501. 2. 1)은 시험이 수행되는 수명주기 단계 이전에 발생한다. 이 계획은 시험을 위해 요구된 자원(하드웨어, 시간 및 지원)의 식별을 포함한다. 시험평가 전략은 지원성 및 지원성 관련 설계 소요를 기준으로 해야 한다; 지원성 비용 및 준비성 인자; 그리고 이와 관련한 높은 위험이 존재하는 부분. 시험평가 계획은 다른 체계 엔지니어링 시험 소요와 통합된 지원성 목표 및 기준을 포함해야 한다. 예비개념 계획은 제품의 지원성, 비용 및 준비성 목표의 타당성에 영향을 주는 설계 및 운용 특성의 평가(평가단계 시험 중)를 위한 전략을 포함해야 한다. 평가 단계 중, 계획은 시연 (시연 단계 중)을 위한 전략, 야전/일반지원 정비 계단을 통한 정해진 신뢰 수준 내에서 수립된 지원성 및 지원성 관련 설계 목표를 포함해야 한다; 운용성 및 운용자 교육의 평가; 모든 ILS 요소를 포함하는 군수지원 계획의 타당성; 그리고 연료, 탄약, 보급 및 기타 ILS 요소에 대한 소요의 정량화. 예비생산 계획은 임무 하드웨어, 소프트웨어 및 생산 전 완전히 시험되지 못한 지원 품목 의 평가(후속 시험 및 평가 (FOT&E) 중)를 위한 전략을 포함해야 한다; 초기 생산 품목이 성숙된 체계에 대한 임계치를 충족하는 운용 환경에서 시연; 운용 전술, 교육 소요 및 요구된 군 개념의 보강

105. 세부 시험계획 및 기준은 제품의 시험평가 목표를 근거로 수립되어야 한다(Sub-task 501. 2. 2). SA 프로그램에 의해 제공되어야 하는 데이터의 중요한 카테고리는 시험평가를 위한 시험 활동에 제공되어야 할 ILS 요소의 식별이다. 이 식별은 기능소요 식별(Task 301), 대안 평가 및 절충 분석(Task 303) 및 업무 분석(Task 401)의 핵심 부분의 하나이다. 지원성 시험, 검증, 평가 및 업무 평가(Task 501)는 이 자원의 시험평가를 위한 상세 계획을 제공한다.

106. 시험의 결과로 나오는 데이터는 아래 업무의 달성을 위해 목표 및 기준분석(Sub-task 501. 2. 3)의 일부로 분석된다:

a. 시험 중 발견된 결함의 수정, 이전 시험에서 식별된 결함을 제거하기 위해 실시된 수정작업의 검증.

b. 준비성, 운용 및 지원 비용, 군수지원 자원소요에 대한 체계 레벨 예측의 갱신.

c. 수립된 목표 및 임계치 충족을 위해 지원성 및 지원성 관련 설계 파라미터에서 요구된 개선량의 식별

d. 계약 요구사항의 달성 및 미달성 부분 식별

e. 자재 구매 결정 프로세스에 입력하기 위한 지원성 평가 제공

f. 정보 저장소 데이터 최신화

g. 향후 제품 구매에 대한 후속 비교분석을 위한 경험 정보 데이터베이스 제공

107. 갱신 및 수정작업(Sub-task 501. 2. 4) 및 생산 후 지원성 평가 계획(Sub-task 501. 2. 5)은 신규 제품의 생산 후 평가를 위한 요구사항을 제공한다. 이 경우, 기존 야전 보고계통이 이 분석을 위해 필요한 데이터나 정확도를 제공하지 못하면, 보충자료 수집 프로그램이 계획 및 승인되고, 수행에 필요한 예산이 마련되어야 한다. 갱신 및 수정작업(Sub-task 501. 2. 4)은 일반적으로 생산 전에 일어나고, 데이터 검토 및 분석(Sub-task 501. 2. 5)은 배치 후 수행된다. 야전 결과가 정상 야전 운용 중에 수집되도록 하기 위해 이 활동의 계획 시 주의를 기울여야 한다. 배치 직후의 데이터 수집은 아래의 상황 중 하나라도 발생하는 경우 오류가 발생할 수 있다:

a. 신규 제품 배치 팀이 제품과 같이 있다.

b. 예정된 정상 교육 소스가 아닌 다른 곳에서 교육을 받은 운용자 정비인원이 배치되었다.

c. 초기 보급지원이 표준 보급계통이 아닌 다른 곳에서 확보되었다.

d. 다른 품목의 배치 동안 중간지원자원이 이용되었다(예, 지원 및 시험장비)

108. 야전보고 계통으로부터 확보된 데이터의 분석은 군수지원 자원소요, 제품개선 프로그램 또는 운용전술의 수정을 통하여 제품 강화를 위한 중요한 정보를 제공한다.

아울러, 야전 결과, 시험 및 평가 결과, 엔지니어링 예측 간의 비교 SA는 더 나은 사업 지원성, 비용 및 준비성 파라미터를 위해 향후 구매 프로그램에서 사용되도록 하는 정보를 제공한다.

제4장

소프트웨어에 대한 지원성 분석 적용

개요

서론

1. 소프트웨어를 포함하는 모든 사업에 대한 SA 전략은 하드웨어 및 소프트웨어 요소에 SA 활동을 적용한다. 그러나, 활동 적용의 세부 수준에서, 소프트웨어에 대한 몇 가지 별도의 기법 및 고려사항이 있는데, 이들은 본 장에 서술되어 있다. 소프트웨어에 대한 전반적인 SA 프로세스를 그림 4.1에 나타내었다.

그림 4.1: 소프트웨어에 대한 지원성 분석 프로세스

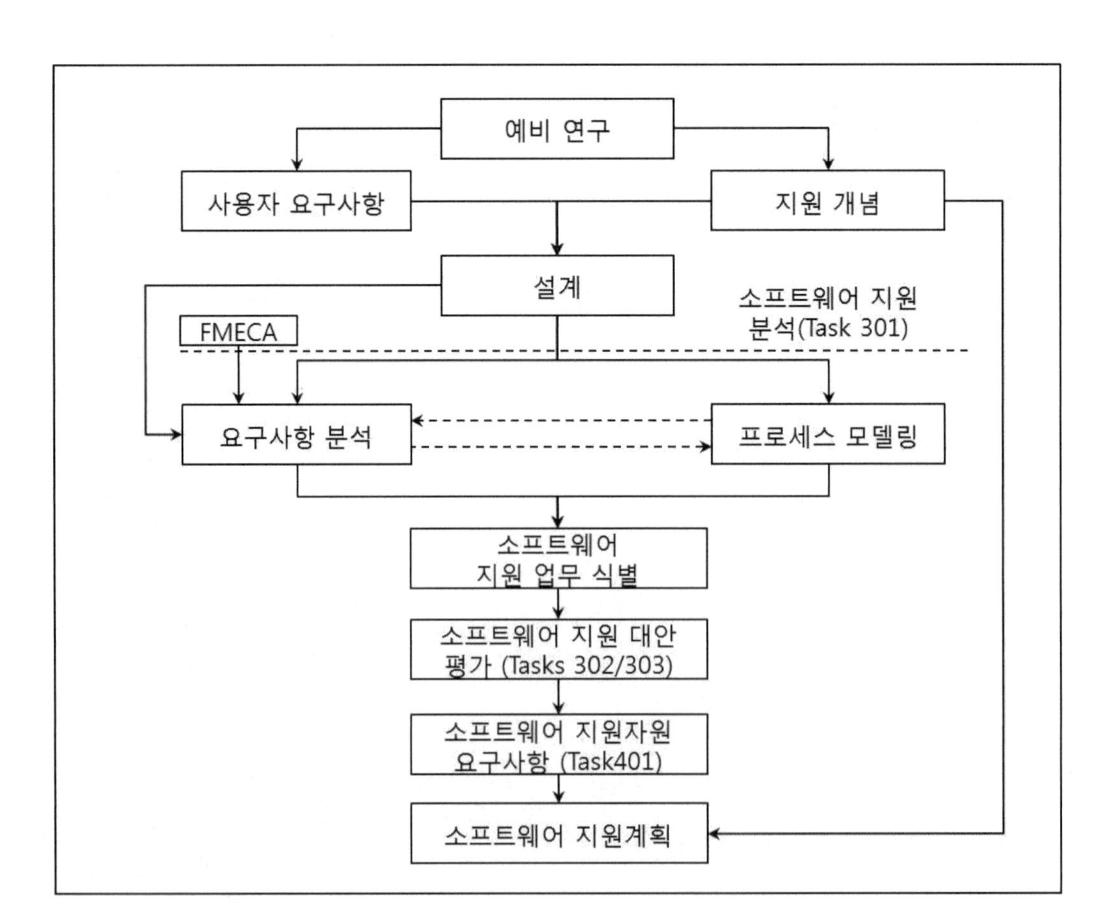

2. 소프트웨어 지원(JSP 886 제7권 4부)은 전체적인 제품 설계 및 소프트웨어 개발 프로세스에 의해 영향을 받는다. 전체적인 제품 설계는 소프트웨어의 요구된 기능 및 성능 그리고 그것이 동작하는데 따르는 제한사항을 결정한다. 소프트웨어 개발 프로세스는 개발 완료 시 소프트웨어 내의 잔여 결함의 과소와 소프트웨어 개조 용이함에 영향을 미친다. 소프트웨어 구매 계약은 통상적으로 소프트웨어의 기능과 요구된 모든 개발 규격을 정의한다. 따라서, 지원성을 위한 최적 설계에 대한 범위는 거의 제공되지 않는다. 그 결과, 소프트웨어 측면에 대한 SA는 이런 계약이 정의되기 전에 시작한다.

소프트웨어에 대한 지원성 분석 활동의 적용성

3. 넓은 의미로, 대부분의 SA 하위 활동은 소프트웨어에 그대로 적용될 수 있다. 본 장에서는 소프트웨어에 대한 전반적인 SA 프로세스에 관해 SA 하위활동의 적용을 설명한다. 여기에는 필요 시 소프트웨어에 대해 수행되는 특별한 해석 또는 활동에 대한 주석이나 추가 정보가 포함된다. 특정한 하위 활동에 그러한 수정사항이 없는 경우, 그 하위활동은 전체 제품에 대해 하드웨어 및 소프트웨어에 동일하게 해석 및 적용된다. 소프트웨어 요소에 대한 SA 활동의 적용에 관한 추가적 지침은 본 장에 제공된다.

4. 아래의 두 SA 하위활동은 소프트웨어에 적용되지 않는 것으로 고려한다:

a. 에너지 절충(Sub-task 303. 2. 10) – 기술적으로 호환성이 없음.

b. RCM(Sub-task 301. 2. 4. 2) – 본 장의 후반의 소프트웨어 지원성 분석의 범위에서 다루어지기 때문에 부적절함.

조기 사업단계 활동

5. 사업의 초기, 예비설계 단계 중 소프트웨어 품목과 관련하여 수행되는 SA 활동은 지원과 최적화된 TLC 달성하기 위한 가장 커다란 잠재적 이점을 제공한다. 그러나, 이런 이점의 구현은 체계의 특성 및 구매 전략(예, 개발 대 상용품) 그리고 어떤 설계 반영이 가능한가에 제약을 받는다.

6. 사업의 개념 및 타당성 단계에서, 예비 SA 활동은 국방부, 선정된 계약자 또는 둘 다에 의해 수행될 수 있다. 출력은 공식 체계 요구사항의 지원 측면을 작성하고 잠정적인 소프트웨어 지원 개념의 공식화에 이용된다. 주요 관심 분야는 다음과 같다:

a. 주요 제품기술 요구사항. 이것은 기능 소요(예, 시험 및 시험성, 체계 모니터링, 데이터 기록 등) 및 비기능 소요(예, 진보 능력) 카테고리에 해당된다.

b. 개발 표준. 소프트웨어 설계 및 개발, 품질 및 형상 관리에 관련하여 적용될 계약적 표준.

c. 지원체계 소요. 소프트웨어 지원 체계에 대해 요구된 속성 및 성능 / 서비스 수준.

7. 체계 소요에 대한 부분은 표 4.1에 보인 SA 활동 맵을 통해 축적될 수 있다(참고: 제시된 분석 사안은 단순 표시를 위해 나타낸 것이며 사업마다 달라진다). 소프트웨어 측면에 대한 이 SA 활동 맵은 JSP 886 제7권 6부: 테일러링에 서술된 제품레벨 지침과 같이 고려되어야 한다.

표 4.1: 체계 소프트웨어 소요에 대한 지원성 분석 활동 맵

소요 부분	분석 사안	관련 SA 활동				
		참고 1	참고 2	참고 3	참고 4	참고 5
주 제품 기술소요	기능 측면: 자체고장시험, 진단 및 모니터링 복구, 재구성, 성능저하, 모드 전환 데이터 기록 / 접근 / 업로드 / 다운로드	●		●	●	●
	기능 측면: 진보 능력, 메모리, 처리, 데이터 통신			●		●
개발 규격	설계 / 개발 방법 및 도구: 소요 파악, 체계 분석, 코드, 시험 등		●	●	●	
	구현 표준: 언어, 데이터 통신, 펌웨어, 보안, 문서 등		●	●	●	
	관리: 사업 / 품질 / 형상 관리 표준		●	●		
지원체계 소요	준비성 / 반응력 불출 빈도 지적 재산권 고객 자원의 이용 지원 개념(Task 302를 통하여)	●	●	●		●

참고:

1. 운용 연구(Task 201).
2. 표준화(Task 202).
3. 비교 분석(Task 203).
4. 기술적 기회(Task 204).
5. 지원성 및 지원성 관련 설계 요소(Task 205).

8. 사업 초기단계에서 SA 활동의 적용 목표는 통상적으로 대상 체계 및 기능이 제공되는 체계 구조(예, 처리, 데이터 통신 / 보안)를 위한 응용 소프트웨어이다. SA 활동의 예비적용에 대한 주요 목적은 소요 및 제한사항 그리고 추후 분석을 요하는 사안의 명확한 식별이다. 이것은 수행될 수도 있는 모든 후속 SA 활동 반복으로 연결을 용이하게 한다. 모든 출력 보고서의 형식은 사업 단계 및 체계의 특성에 따라 달라지며, MILSM과 합의된다.

소프트웨어에 대한 지원성 분석

9. 소프트웨어 개발 또는 구매가 일단 시작되면, 그림 4.1에 제시된 것과 같이 SA 절차가 진행될 수 있다(테일러링된 절차에 따라). 소프트웨어의 구현 중 또는 후 SA 활동은 주로 소프트웨어 지원에 필요한 정보의 파악 및 정의에 집중된다.

10. 소프트웨어에 대한 지원성 분석(SAS)은 체계의 소프트웨어 측면에 대한 기능소요 식별(Task 301)의 적용을 지원하는 기법이다. SAS의 목표는 소프트웨어 지원에 대한 잠재적 소요 및 이에 영향을 주는 제한사항을 식별하고, 체계 가용도 및 지원성을 향상시키기 위한 소프트웨어 소요를 식별하는 것이다,

11. SAS는 두 개의 폭넓은 활동으로 구성된다: 소요 분석 및 프로세스 모델링. 이 활동의 수행에 대한 지침은 본 절에 제공된다. 적용에 필요한 깊이는 사업의 단계, 구매의 형태 및 제품의 역할에 따라 달라진다. 분석 작업을 위한 비용 및 시간 간의 균형 및 상세 수준에 대한 통상적 접근 방법이 적용된다.

12. 소프트웨어에 대한 고장유형 영향 및 치명도 분석(FMECA) 및 신뢰도중심정비(RCM)의 적용성은 아래와 같다:

a. FMECA는 소프트웨어와 관련이 있으며, 전체 제품에 적용되는 분석은 모든 특정 고장 유형에 대해 관련 기능이 소프트웨어에 의해 제공되거나 종속되는지 식별한다. 이 문제에 대한 상세한 지침은 아래의 소프트웨어 지원 소요 분석에 제공된다.

b. RCM은 소프트웨어에 직접 적용되지 않는다. 왜냐하면, 소프트웨어 고장은 항상 마모나 파손에 의한 것이 아니라 의도하지 않은 설계 특성의 결과이다. 그러나, 평가된 안전 치명도에 따라, 소프트웨어 품목은 안전도 무결성 레벨(정보 저장소에 기록된)의 적용을 받을 수 있다. 이것은 SA 보고서를 통해 무결성 / 신뢰도에 대해 요구된 보증을 제공하기 선택된 소프트웨어 도구 및 방법으로 추적이 가능하다.

13. SAS의 적용. SAS는 기능소요 식별(Task 301)의 일부로서 소프트웨어 지원 필수 항목(SSSI)에 대해 수행된다. 아래 항은 상기 기법이 실제적으로 적용되는지 설명한다.

소프트웨어 지원 자원소요

14. 소프트웨어 지원 자원소요는 전체 제품에 대한 업무분석(Task 401)의 적용과 함께 분석 및 정량화된다. 제품의 운용상 이용에 관련된 소프트웨어 지원 활동, 임무 준비 및 복구는 기본적으로 제품 수준의 활동이다. 유사한 접근방법이 제품 레벨에서 수행된 소프트웨어의 전형적 활동에 적용된다. 그러나, 소프트웨어 개량과 관련된 활동은 아래에 설명한 몇 가지 특별한 고려를 필요로 한다.

a. 불출 빈도. 전문가의 도구가 소프트웨어 프로그램에 대한 변화속도 및 변경 규모의 상세한 예측을 위해 이용될 수 있다. 그러나, 운용 연구, 비교체계의 평가 및

SAS 응용에서 생성된 정보를 근거로, 계획된 불출 빈도가 판단될 수 있다. 이를 정보 저장소에 기록되도록 준비가 되어 있다. 국방부가 달리 규정하지 않는 한, 불출 빈도는 불출 빈도 옵션의 범위에 대한 자원 및 비용, 그리고 사용자에 대한 요구가 기능 및 성능이 점진적으로 개선되는 이점을 취할 수 있어야 하는 것 사이에서 균형을 이루어야 한다.

b. 개발 및 지원 기능 간의 자원 공유. 개발 소프트웨어의 구매 특성 상 흔히 상위 모제품의 초기 운용 일자를 초과하여 상당한 기간 동안 개발 작업이 지속된다. 동시 개발 및 지원 활동이 일부 공통 시설이나 자원을 요구하는 경우, 전반적인 예상 활용 소요를 충족하기 위한 능력이 판단되어야 한다. 필요 시 대체 자원제안이 만들어져야 한다.

c. 치명적 자원. 소프트웨어 개량 시설의 특정 요소는 전체 변경 개발 및 구현 프로세스에서 '병목'(즉, 단일, 치명적 자원)을 초래한다. 자원소요 분석은 이런 품목을 식별하고 평균 활용지수를 예측한다. 필요 시 구제조치가 제안되어야 한다.

d. 통합 소프트웨어 팀 자원. 소프트웨어에 대한 지원이 고객에 의해 이루어지도록 권고된 경우, 지원 계획은 QA및 CM 등과 같은 기반시설을 포함하여 모든 소요 기능 및 자원을 포괄하는 통합지원 팀 명세를 제공해야 한다.

소프트웨어 척도의 이용

15. 소프트웨어 척도는 어떤 데이터가 수집되고 분석되어야 하는지에 관한 소프트웨어 제품 또는 그 개발 프로세스의 모든 속성이다. 이런 활동은 사업 모니터링 및 프로세스 개선 등과 같은 비군수지원 영역에 속할 수 있으나, 지원자원 소요 정량화를 도와주어 SA 프로세스에 대해 가치가 있다.

16. 이런 이점에도 불구하고, 모든 종류의 국방부 사업에 적절하고 이용 가능한 소프트웨어 척도의 표준 세트를 정의하는 것은 어렵다. 그러나, 국방부는 소프트웨어 지원 자원 및 비용 예측을 위해 특정한 방법이나 도구의 이용을 규정하거나 선호할 수 있다. 이런 선호가 명시되지 않은 경우, 계약자는 적절한 세부 지원 데이터의 생성 및 분석에 대한 접근방안을 제안해야 한다. 어떤 경우에도, 이런 방법과 도구에 관련된 인도물품 보고서의 형식과 내용은 정의되고 MLISM과 합의되어야 한다.

소프트웨어 지원 계획

17. 소프트웨어 지원계획은 지원 소요 및 지원 체계 대안의 제품레벨 분석과 함께 통합된다. SAS 활동은 소프트웨어에 대한 기능소요 식별 (Task 301)을 설명하며, FMEA (즉, 소프트웨어에 의해 유도된 고장 유형)로부터 오는 출력의 관련 측면을 고려한다.

18. 소프트웨어 개량과 관련되지 않은 소프트웨어 지원 기능의 경우, 지원체계 대안의 고려는

표준 SA 프로세스의 적용을 통해야 한다. 그러나, 소프트웨어 개량 기능에 대한 비교분석(Task 203) 및 지원체계 대안(Task 302)의 경우, 계약자는 JSP 886 제7권 4부에 서술된 여러 가지 특별한 고려사항을 감안해야 한다.

제5장

활동 입력 및 출력

프로그램 계획 및 관리(Task 100 시리즈)

조기 군수지원분석 전략 개발 (Task 101)

목적

1. 획득 및 수명주기 제품관리 프로그램 조기 사용을 위하여 제안된 SA 프로그램 전략의 개발 및 SA 소요의 식별

활동 내용

2. 대상 제품에 대한 지원성 목표 작성, 목표를 달성하지 못하는 위험의 식별 및 문서화, 및 제안한 SA 소요의 식별(Task 101. 2. 1).

3. 제안한 지원성 목표 및 분석 소요는 아래 요소를 기준으로 해야 한다:

   a. 신규 제품에 대한 확실한 설계, 정비 개념 및 운용 방법, 각 설계 및 운용 방법의 신뢰도 및 정비도, 운용 및 지원 비용, 군수지원 자원 및 준비성 특성

   b. 계약자가 제안한 SA 활동 및 하위활동 수행을 위해 요구되는 준비성, 운용 및 유지 비용, 군수지원자원의 가용도, 정확도 및 타당성

   c. SA 활동 및 하위활동 수행의 잠재적 설계 영향

   d. 소프트웨어 지원성 및 소프트웨어 엔지니어링 소요를 규정하기 위한 방법

4. 지원성 목표 작성(Task 101. 2. 1), 각 활동 수행의 비용 효과, 주어진 예상 비용 및 일정 제한사항(Task 101. 2. 2)에 따라 식별된 각 활동 및 하위활동의 수행을 위한 비용 예측.

5. 분석 결과, 프로그램 일정 수정 및 사업 결정을 기준으로 요구된 SA 전략 최신화(Task 101. 2. 3).

활동 입력

6. 신규 제품을 위한 임무 및 기능 소요.

7. 예측된 사업자금 및 일정 제한사항과 가용한 인원의 기술 또는 예측 숫자의 부족, 전략적 자재의 제한된 우선순위 등과 같은 제품의 지원에 영향을 주는 기타 알려진 핵심 자원의 제한사항.

8. SA 활동용으로 사업 / 계약자로부터 이용 가능한 데이터베이스
9. 요구된 모든 데이터 품목의 인도와 식별
10. 신규 제품에 적합한 이전에 수행된 국방부 / 군의 임무 및 제품 분석

활동 출력

11. 신규 제품에 대하여 제안된 지원성 목표를 요약한 SA 전략 및 투자대비 최적의 회수를 제공하는 사업의 각 단계별 제안 SA 소요. 지원성 목표 작성 및 비용의 예측
12. 적용 가능 시 SA 전략 갱신.

군수지원분석 계획 (Task 102)

목적

13. 모든 SA 활동을 식별하고 통합하며, 관리 책임 및 활동을 식별하고, 분석 업무의 완수에 대안 방법을 요약한 지원성분석 계획(SAP) 개발.

활동 설명

14. SA 프로그램이 사업 요구를 충족하기 위해 어떻게 수행되는지를 설명한 SAP 작성(Task 102. 2. 1). SAP는 ISP가 요구된 경우 종합지원계획(ISP)의 일부로 포함될 수 있다. SAP는 사업단계에 맞추어진 각 요소에 대한 정보의 범위 및 깊이와 함께 정보의 다음과 같은 요소를 포함한다:

a. 적용 사업문서에 정의된 체계 및 군수지원 소요를 충족하기 위해 어떻게 SA 활동이 수행되는지에 대한 설명

b. SA에 적용되는 관리 체계 및 권한의 설명. 여기에는 라인, 서비스, 스텝 및 정책 조직 간의 상호 관련성이 포함된다.

c. 수행되는 각 SA 활동과 활동이 어떻게 수행되는지의 식별. 적용 가능한 경우, 체계 절충(Task 303. 2. 3)에 따라 수행되는 주요 절충의 식별

d. 각 SA 활동에 대한 예상 시작 및 완료 일정. 다른 ILS 프로그램 소요 및 관련 체계 엔지니어링 활동과의 일정 관련성이 식별된다.

e. SA 활동과 데이터가 어떻게 다른 ILS 및 체계 지향적 활동 및 데이터와 인터페이스되는지에 대한 설명. 이 설명에는 적용 가능 시 아래의 프로그램과 인터페이스되는 분석 및 데이터가 포함된다:

(1) 제품 설계.

(2) 제품 신뢰도.

(3) 제품 정비도.

(4) 인간 요소 통합.

(5) 표준화.

(6) 부품 관리.

(7) 체계 안전도.

(8) 포장, 취급, 저장 및 수송.

(9) 초도 보급.

(10) 제품 시험성.

(11) 생존성.

(12) 기술 자료.

(13) 교육 및 교육 장비.

(14) 시설.

(15) 지원 장비.

(16) 시험평가.

f. 소프트웨어 품목 등 SA가 수행되고 문서화되는 품목의 제품분해구조(PBD) 식별. SA 대상 품목의 식별 및 SA 대상 품목 선정 기준. 이 목록에는 분석이 권고된 모든 품목, 권고되지 않은 품목, 선택 및 비선택에 대한 적절한 논리적 근거.

g. 이용되는 SA 관리번호 체계의 설명

h. 지원성 및 지원성 관련 설계 소요가 설계자 및 관련 인원에게 배포되는 방법.

i. 지원성 및 지원성 관련 설계 소요가 협력업체에 배포되는 방법 및 그 상황에 따른 통제

j. 계약자에게 제공되는 정부 데이터

k. SA 데이터를 위해 형상통제 절차를 포함시키기 위한 SA 데이터의 최신화 및 검증 절차

l. 지원장비의 완성품 등 정부불출장비 / 자재(GFE / GFM) 및 협력업체 / 판매자 불출자재에 대한 SA 소요

m. 각 활동의 상태 및 관리, 각 활동의 수행에 대한 권한과 책임 및 부대 식별을 평가하기 위한 절차

n. 지원성, 요구된 수정작업 및 문제 해결을 위해 취해진 조치에 영향을 주는 설계 문제나 결함의 식별 및 기록을 위한 절차, 방법 및 관리

o. SA 및 설계 데이터를 문서화, 배포 및 관리하기 위해 계약자가 이용하는 데이터 수집 방식의 설명

p. 이용될 군수정보 저장소(LIR)에 대한 설명

q. 분석 결과, 프로그램 일정 변경 및 사업 결정을 바탕으로 사업 승인에 필요한 SAP

최신화(Task 102. 2. 2).

r. 본 JSP의 2부에 식별된 '지원성 분석 계획'의 포맷을 위한 PD는 이 계획의 수립에 적용되며, 인도 데이터 품목의 하나로 요구될 때 규정된다(Task 102. 2. 3).

활동 입력

15. 본 표준에 의거 요구되는 각 SA 활동 및 SA 프로그램의 일부로서 수행되는 모든 추가 활동의 식별.
16. SAP의 계약적 상태 및 갱신에 대한 승인절차 식별
17. 제공될 모든 특정한 주입 또는 SA 교육의 식별
18. 개발될 SAP의 기간
19. 요구된 모든 데이터 품목의 인도 식별
20. 제품 요구 및 개발 일정
21. SA 전략에 명시된 활동 및 하위활동(Task 101).

활동 출력

22. 지원성 분석 계획
23. 적용 가능한 경우 지원성 분석 최신화

프로그램 및 설계 검토 (Task 103)

목적

24. 적기에 통제된 방법으로 SA 프로그램 참여와 함께 불출된 설계 정보의 공식 검토 및 관리를 위해 계약자가 계획 및 제공하도록 하는 요구사항을 확립하고, SA 프로그램이 계약 일정에 따라 진행되어 지원성 및 지원성 관련 소요가 달성되도록 하기 위함이다.

활동 설명

25. 적기에 통제된 방법으로 SA 프로그램 참여와 함께 불출된 설계 정보의 공식 검토 및 관리를 제공하는 설계 검토 절차의 확립 및 문서화(Task 103. 2. 1). 이 절차는 지원성 소요, 검토 내용의 문서화 방법, 검토 대상이 되는 설계 자료의 종류 및 각 검토 활동의 권한 정도에 적합한 수락 / 거절 기준을 정의한다.

26. 지원성 및 지원성 관련 설계 계약 요구사항의 공식 검토 및 평가는 각 제품설계 검토(예, 체계설계검토(SDR), 예비설계검토(PDR), 상세설계검토(CDR) 등)의 핵심 부분이다(Task 103. 2. 2). 계약자는 해당되는 경우 협력업체와 같이 검토 일정을 수립하고 각 검토 일정을 '사업' 쪽으로 미리 통보한다. 설계검토에서는 SA 프로그램의 모든 관련 부분을 식별하고 토의한다. 사업 단계 및 수행할 검토에서는 최소한 아래와 같은 주제를 토의하도록 안건이 개발 조정된다:

a. 활동 및 EBS 요소에 의해 수행되는 SA

b. 지원성, 비용 및 준비성 요인, 신규 또는 치명적 군수지원 자원소요 등 제안 설계 특성의 지원성 평가.

c. 아래와 같은 고려, 제안 또는 수행된 수정작업:

d. 고려사항에 따른 지원 대안

e. 고려사항에 따른 제품 대안

f. 평가 및 절충 분석 결과

g. 기존 체계 / 제품과의 비교분석

h. 제안 또는 수행된 설계나 재설계

i. 지원성 및 지원성 관련 설계 소요의 검토(개발된 사양서 검토와 함께).

j. 지원성 목표 수립 또는 달성을 향한 진도

k. 요구, 완료 및 계획된 SA 문서화

l. 지원성에 영향을 주는 설계, 일정 또는 분석 문제

m. 권고안의 설명을 포함하는 지원성 관련 설계 권고안의 식별; 승인되었거나 보류 중인 것과 상관없이, 그리고 승인을 위한 논리적 근거(예, 비용 절감, 정비 부담 감소, 보급지원 감소, 신뢰도 개선, 안전 또는 유해성 감소 등)

n. 기타 필요한 주제 및 이슈

27. 지원성 및 지원성 관련 설계 소요의 공식 검토 및 평가는 계약에 명시된 각 제품 프로그램의 중요 부분을 차지한다(Task 103. 2. 3). 프로그램 검토에는 ILS 관리 팀 회의, 신뢰도 프로그램 검토, 정비도 프로그램 검토, 기술자료 검토, 시험 통합 검토, 교육 프로그램 검토, 인간요소 통합 프로그램 검토, 체계 안전도 프로그램 검토 및 보급지원 검토 등이 포함된다. 계약자는 적용 가능 시 협력업체와 검토 일정을 수립하여 각 검토에 대해 미리 '사업'으로 통보한다. 각 제품 사업 검토의 결과는 문서화된다. 프로그램 검토는 SA 프로그램의 모든 관련 측면을 식별하고 토의한다. 사업 단계 및 수행할 검토에 적용되는, 최소한의 설계 검토(Task 103. 2. 2)에 따라 제시된 주제를 토의하도록 안건이 개발 조정된다.

28. SA 프로그램에서는 계약자가 프로그램의 현황 검토를 허용하기 위해 계획 및 일정이 수립된다 (Task 103. 2. 4). SA 프로그램의 현황은 계약에 의해 규정된 SA 검토, LSC 또는 ISLSC에서 평가된다. 계약자는 적용 가능 시 협력업체와 검토 일정을 수립하여 각 검토에 대해 미리 '사업'으로 통보한다. 각 SA 검토의 결과는 문서화된다. SA 프로그램 검토는 설계 및 프로그램 검토에서 다루어진 것 보다 더 상세한 수준까지 SA 프로그램의 모든 관련 측면을 식별하고 토의한다. 사업 단계 및 수행할 검토에 적용되는, 최소한 설계 검토(Task 103. 2. 2)에 따라 제시된 주제를 토의하도록 안건이 개발 조정된다.

29. Def Stan 00-600에 요구된 바와 같이 지침회의가 개최된다(Task 103. 2. 5).

활동 입력

30. 요구된 설계, 프로그램 및 SA 검토의 식별 및 장소
31. '사업'으로 모든 계획된 검토에 대한 사전 통지 소요
32. 검토 결과에 대한 기록 절차
33. 미결 문제 검토에 대한 '사업' 및 계약의 후속 방법 식별
34. 요구된 모든 데이터의 인도 식별

활동 출력

35. 적기에 통제된 방법으로 SA 프로그램 참여와 함께 불출된 설계 정보의 공식 검토 및 관리를 위해 제공하는 설계 검토 절차.
36. 식별된 설계 권고안을 포함하는 각 설계 검토의 안건 및 문서화된 결과
37. 각 제품 프로그램 검토의 안건 및 문서화된 결과
38. 각 제품 SA 검토의 안건 및 문서화된 결과
39. 각 보급준비 관련 활동 또는 회의의 일정 및 안건 그리고 문서화된 결과

임무 및 지원체계 정의(Task 200 시리즈)

운용 연구 (Task 201)

목적

40. 신규 제품의 예정된 사용에 관련된 적절한 지원성 요소를 식별하고 문서화하기 위함이다.

활동 설명

41. 신규 제품의 예정된 사용에 관련된 적절한 지원성 요소의 식별 및 문서화(Task 201. 2. 1). 고려해야 할 요소에는 기동성, 배치 시나리오, 임무 빈도 및 기간, 설치 개념, 소프트웨어 지원성, 예상 수명, 다른 체계 / 품목과의 상호작용, 운용 환경 및 인간의 능력과 한계 등이 포함된다. 지원성 요소의 식별에는 평시 및 전시 배치 모두에 대해서 고려된다. 하드웨어, 소프트웨어, 임무 및 지원성 파라미터를 정량화하고 신규 제품에 적합하게 기수행되었던 임무 부분 및 무기체계 분석이 식별되고 문서화 된다.
42. 지원 대안 개발 및 지원 분석수행(Task 201. 2. 2)에서 반드시 고려되어야 할 적합한 지원 요소의 식별 및 문서화(Task 201. 2. 1) 업무의 결과인 정량화된 데이터의 문서화. 이 데이터는 아래 사항을 포함한다:
    a. 단위 시간 당 많은 임무, 임무 기간, 운용 일수, 마일, 시간, 사격, 비행 또는 단위 시간 당 사이클 등으로 구성되는 운용 요구사항
    b. 지원되는 체계 수

c. 수송 요소(예, 방법, 형태, 수송 수량, 목적지, 수송 시간 및 일정)

d. 허용 정비기간(관련 소프트웨어 지원활동 포함)

e. 위험 물질, 유해 폐기물 및 환경 오염을 포함하는 환경 요구사항

f. 신규 체계의 요구를 지원하는데 이용 가능한 운용자, 정비자 및 지원 인원 수

43. 신규 제품에 대한 계획된 운용 및 지원 환경을 가장 가깝게 나타내는 운용 부대 및 지원활동에 대한 야전 방문 수행(Task 201. 2. 3).

44. 적절한 지원성 요소 문서화, 정량적 데이터 문서화 및 야전 방문(Tasks 201. 2. 1, 201. 2. 2, 및 201. 2. 3)의 수행 중 개발된 정보를 문서화 한 운용 연구 보고서 작성. 신규 제품의 예정된 사용에 대한 더 자세한 정보가 이용이 가능토록 하는 운용 연구의 최신화(Task 201. 2. 4).

활동 입력

45. 장소, 부대 형태, 정비창 위치 등 신규 제품에 대한 예정된 임무 및 사용 정보

46. 필요 시 방문할 야전부대(Task 201. 2. 3)

47. 요구된 모든 데이터 품목의 인도 식별

신규제품의 예정된 사용에 관련된 가용한 소스 문서

48. 하드웨어, 소프트웨어, 임무 및 지원성 파라미터를 정량화하고 신규 제품에 적합하게 기 수행되었던 임무 부분 및 무기체계 분석

활동 출력

49. 신규제품의 예정된 사용에 관련된 적합한 지원성 요소

50. 지원 분석 및 지원대안 개발에서 고려되어야 할 적합한 지원성 요소의 문서화(Task 201. 2. 1)의 결과인 인간요소 통합목표 대상 설명을 포함하는 정량화 데이터.

51. 야전 방문 보고서

52. 더 나은 정보가 이용될 수 있도록 운용 연구 및 최신화

임무 하드웨어, 소프트웨어 및 지원 체계 (Task 202)

목적

53. 비용, 인력, 인원, 준비성 또는 지원정책 고려사항으로 인한 이점이 있는 기존 및 계획된 군수지원 자원을 기준으로 신규 제품에 대한 지원성 및 지원성 관련 제한사항을 정의하고 임무 하드웨어 및 소프트웨어 표준화 업무에 지원성 입력을 제공하기 위함이다.

활동 설명

54. 고려사항에 따른 각 제품 개념의 이용에 대한 잠재적 이점을 가진 기존 및 계획된 군수지원 자원의 식별(Task 202. 2. 1). 모든 ILS 요소가 고려되어야 한다. 비용, 인력, 인원, 준비성 또는 지원정책의 고려사항 및 이점 때문에 프로그램의 제한사항이 되어야 하는 항목에 대한 정량화된 지원성 및 지원성 관련 설계 제안사항 정의.

55. 임무 하드웨어 및 소프트웨어의 표준화를 추진하기 위해 지원성, 비용 및 준비성과 관련된 정보를 제공(Task 202. 2. 2). 이 입력은 추구하는 임무 하드웨어 및 소프트웨어 표준화 수준에 맞추어 제공된다.

56. 비용, 준비성 또는 지원 고려사항으로 인해 유용성이 있는 임무 하드웨어 및 소프트웨어 표준화 방법의 식별 그리고 체계 / 제품 표준화 업무(Task 202. 2. 3)에 참여. 이 활동은 설계 개발 수준에 맞추어 실시된다.

57. 확립된 각 제한사항에 관련된 모든 위험의 식별(Task 202. 2. 4). 예를 들면, 알고 있거나 예상된 부족, 제한된 소프트웨어 지원 자원에 대한 의존성, 그리고 표준화 제한사항 확립 시 개발되는 군수지원을 위한 자원은 가능한 위험 부분을 제시한다.

활동 입력

58. 표준화 요구로 인한 신규 제품에 대한 필수 지원성 및 지원성 관련 설계 제한사항. 여기에는 모든 표준화 및 상호호환성 (S 및 I) 제한사항이 포함된다.

59. 인간요소 통합목표 대상에 대한 설명을 포함하는 기존 및 계획된 군수지원자원에 관한 '사업'에서 들어오는 정보

60. 필수 임무 하드웨어 및 소프트웨어 표준화 소요

61. 요구된 모든 데이터의 식별 인도

62. 고려 중인 대안체계 개념

63. 운용 연구(Task 201).

활동 출력

64. 지원 표준화 고려사항을 근거로 한 신규제품에 대한 정량화된 지원성 및 지원성 관련 설계 제한사항

65. 고려 중인 임무 하드웨어 및 소프트웨어 표준화 방안의 지원성, 비용 및 준비성

66. 비용, 준비성 또는 지원성 고려사항으로 인해 유용성이 있는 권고된 임무 하드웨어 및 소프트웨어 표준화 방안

67. 확립된 각 제한사항과 관련된 문서화된 위험

비교 분석 (Task 203)

목적

68. 아래 업무 수행을 위한 신규제품의 특성을 나타내는 기준선 비교방식(BCS)을 선택 및 개발하기 위함이다:

a. 지원성 관련 파라미터 예측, 신규제품의 지원성 파라미터의 타당성 판단 및 개선 목표 식별

b. 신규제품의 지원성, 비용 및 준비성 인자 판단

활동 설명

69. 신규제품 대안과 비교 목적에 유용한 기존 체계 및 하부체계(운용 및 지원)의 식별. 신규제품 대안이 설계, 운용 또는 지원 개념에서 현저한 차이를 보일 경우 또는 모든 대상 파라미터를 충분하게 비교하기 위하여 다른 기존 체계가 요구된 경우 다른 기존 체계가 식별된다(Task 203. 2. 1).

70. 현저히 다른 각 신규제품 대안의 비교분석 및 지원성, 비용 및 분비태세 인자 식별에 이용하기 위한 BCS의 선택 또는 개발. BCS는 다른 기존 체계로부터의 복합 요소가 신규제품 대안의 설계, 운용 및 지원 특성을 가장 근사하게 나타내는 경우 이를 이용해 개발될 수 있다. 다른 대상 파라미터의 비교를 위해 다른 BCS나 복합 요소가 유용할 수 있다. 이전에 개발된 BCS는 신규제품에 대한 요구의 충족 정도를 판단하기 위해 평가된다(Task 203. 2. 2).

71. 식별된 비교체계의 운용 및 유지비용, 군수지원 자원소요, 신뢰성 및 정비도 값, 소프트웨어 지원성 특성 및 준비성 값을 판단한다. 수립된 각 BCS에 대해 체계 및 하부체계 레벨에서 이 값들을 식별한다. 이 값들은 비교체계의 용도 프로파일 및 신규제품 용도 프로파일 간의 차이를 고려하기 위해 조정된다(Task 203. 2. 3).

72. 신규제품에서 방지되어야 할 소프트웨어 지원 프로세스 문제점 등 비교체계에 대한 정성적 환경, 건강 유해성, 안전 및 지원성 문제점을 식별한다(Task 203. 2. 4).

73. 각 비교체계 또는 BCS의 지원성, 비용 및 준비성 인자를 판단한다. 이 인자들은 비교체계의 설계, 운용 또는 지원특성으로부터 올 수 있으며, 신규제품의 인자를 나타낼 수 있다. 예를 들면, 수리 소요 시간은 주요한 준비성 인자가 될 수 있다; 특정한 하부체계는 주요한 인력 인자가 될 수 있다; 소프트웨어 개량 인원, 도구 및 시설은 비용 인자가 될 수 있고, 또 에너지 비용이 주 비용 인자가 될 수 있다(Task 203. 2. 5).

74. 비교체계에서 비교할 만한 하부체계나 제품이 없을 경우, 신규제품 내의 하부체계 또는 제품으로부터 신규제품에 대한 모든 지원성, 비용 또는 준비성 인자를 식별하고 문서화 한다(Task 203. 2. 6).

75. 신규제품 대안이 더 잘 정의되거나 더 나은 데이터가 비교 체계 및 하부체계에서 확보될

수 있도록 비교 체계, 관련 파라미터, 및 지원성, 비용 및 준비성 인자를 최신화한다(Task 203. 2. 7).

76. 기존 제품 및 기존 체계 간의 낮은 유사성 정도 또는 기존 체계의 정확한 데이터 부족 등과 같은 비교체계와 그와 연관된 파라미터에 관련된 모든 위험 및 가정을 식별하고 문서화 한다 (Task 203. 2. 8).

활동 입력

77. 기존 운용 체계에 관한 '사업'에서 오는 정보
78. 요구된 모든 데이터의 인도 식별
79. 비교체계 설명에 대한 요구된 상세 수준
80. 고려 중인 신규제품 대안의 설명
81. 운용 연구(Task 201) (목표 대상 설명 포함).
82. 신규 제품에 관련된 기존에 개발된 BCS

활동 출력

83. 신규제품과의 비교에 유용한 기존 체계 및 하부체계의 식별
84. 비교 체계 및 하부체계의 운용 및 지원 비용, 군수지원 자원소요, 신뢰도 및 정비도, 소프트웨어 지원성 특성(해당될 경우) 및 준비성 값
85. 신규제품에서 방지되어야 할 비교체계에 대한 정성적 환경, 건강 유해성, 안전 및 지원성 문제점의 식별. 여기에는 제품 설계로 인해 체계 성능에 심각한 영향을 주거나 신규제품의 설계에 방지되어야 할 비교체계에 관련된 운용 및 정비 업무 식별이 포함된다.
86. 비교 체계 / 제품을 기준으로 한 신규제품의 지원성, 비용 및 준비성 인자.
87. 비교체계에서 비교할 만한 하부체계나 제품이 없을 경우, 신규제품 내의 하부체계 또는 제품으로부터 나오는 신규제품에 대한 지원성, 비용 또는 준비성 인자.
88. 비교체계 설명 및 그와 관련된 파라미터의 최신화
89. 비교 체계 및 하부체계 그리고 이를 위해 확립된 파라미터의 이용과 관련된 위험과 가정

기술적 기회(Task 204)

목적

90. 신규제품의 지원성 특성 및 소요의 개선을 위한 설계 기회를 식별하고 평가하기 위함이다.

활동 설명

91. 기존 체계 및 하부체계에 비해 신규제품에서는 개선된 지원성 확보를 위해 설계 기술 방

안 및 해당되는 경우 소프트웨어 엔지니어링 방안을 수립한다(Task 204. 2. 1). 이 설계 방안은 아래 업무를 통해 수립된다:

a. 기술적 진보, 해당될 경우 소프트웨어 엔지니어링 개발 및 기타 신규제품 개발에 활용될 수 있고, 군수지원 자원소요 감축, 비용 절감, 환경영향 감소, 안전도 개선 또는 체계 준비성 향상에 대한 잠재적 가능성을 설계 개선으로 식별.

b. 지원성, 비용, 환경 영향, 안전도 및 준비성 값에 달성될 개선결과의 예측.

c. 지원체계 효과 향상이나 준비성 향상을 위해 신규제품 개발 중 적용될 수 있는 군수지원 요소(지원장비 및 교육장비 등)에 대한 설계 개선 식별.

92. 신규제품 대안이 더욱 잘 정의되도록 설계 목표 최신화(Task 204. 2. 2).

93. 확립된 설계 목표와 관련된 모든 위험, 잠재적 개선을 검증하는데 필요한 개발 및 평가 방안, 그리고 잠재적 개선 이행을 위한 모든 비용 또는 일정 영향의 식별(Task 204. 2. 3).

활동 입력

94. 요구된 모든 데이터의 인도와 식별.

95. 기술 평가 및 개선에 관한 '사업'에서 오는 정보.

96. 첨단 체계 및 제품을 위한 기존 신뢰도, 정비도 및 지원체계 설계 방안.

97. 비교분석(Task 203)으로부터 비교체계에 대한 지원성, 비용 및 준비성 및 인자.

98. 비교분석(Task 203)으로부터 기존제품에 대한 정성적 지원성 문제.

활동 출력

99. 신규제품에 개선을 달성하기 위한 권고 설계사양.

100. 신규제품 대안이 잘 정의되도록 수립된 설계 목표 최신화.

101. 확립된 설계 목표와 관련된 모든 위험, 잠재적 개선을 검증하는데 필요한 개발 및 평가 방안, 및 잠재적 개선 이행을 위한 모든 비용 또는 일정 영향.

지원성 및 지원성 관련 설계 요소 (Task 205)

목적

102. 이 업무의 목적은 아래 사항을 확립하기 위함이다:

a. 대안설계 및 운용 개념으로부터 나오는 정량적 지원성 특성.

b. 사업승인 문서, 제품 사양서, 기타 요구 문서 또는 해당될 경우 계약서에 포함시키기 위한 신규제품에 대한 지원성 및 지원성 관련 설계 목표, 임계치 및 제한사항.

활동 설명

103. 신규제품에 대한 대안설계 및 운용 개념으로부터 나오는 정량적 지원성 특성을 식별한다. 운용 특성은 제품 / 체계 별 승무원 수, 각 승무원 직무의 적성 및 기능 소요, 그리고 각 업무 및 체계 운용모드별 수행 표준 등의 측면에서 표현된다. 지원성 특성은 실행 가능한 지원개념, 인력 소요 예측, 체계와 관련된 각 직무에 대한 적성 및 기능 소요, 각 정비업무의 수행 표준, 신뢰도 및 정비도 파라미터(소프트웨어 업로드 포함), 체계 준비성, 운용 및 지원 비용, 그리고 군수지원 자원소요 등과 같은 측면에서 표현된다. 전시 및 평시 조건 모두에 대해 고려되어야 한다(Task 205. 2. 1).

104. 신규제품에 대한 지원성, 비용 및 준비성 인자와 관련된 변수에 대한 민감도 분석 수행(Task 205. 2. 2).

105. 재산권이나 기타 소스 통제로 인해 계약자가 제공해야 하는 정보를 제한하는 규정이나 법령에 의한 제한사항 때문에 완전한 설계 권리를 갖지 못하는 사업에 대한 모든 하드웨어 및 소프트웨어 식별. 대안 및 비용, 일정 및 기능 영향을 포함한다(Task 205. 2. 3).

106. 제품에 대한 지원성, 비용, 환경 영향 및 준비성 목표를 확립한다. 확립된 목표의 달성에 내재된 위험이나 불확실성을 식별한다. 신규제품에 계획된 신기술에 관련된 모든 위험을 식별한다. (Task 205. 2. 4)

107. 사양서, 기타 요구 문서 또는 해당될 경우 계약서에 포함시키기 위한 신규제품에 대한 지원성 및 지원성 관련 설계 제한사항을 확립한다. 설계 제한사항은 위험 물질, 위험 폐기물 및 환경 오염 등에 관련된 제안사항을 나타낸다. 이 제한사항은 정량적 및 정성적 제한사항을 모두 포함한다. 정량적 제한사항을 LIR에 문서화 한다(Task 205. 2. 5).

108. 임무 요구 충족을 위해 NATO 제품의 채택을 가로막는 모든 제한사항을 식별한다(Task 205. 2. 6).

109. 지원성, 비용 및 준비성 목표를 최신화하고, 신규 제품 대안이 더욱 잘 정의될 수 있도록 지원성, 비용 및 준비성 목표, 임계치를 확립한다(Task 205. 2. 7).

활동 입력

110. 적용 프로그램 문서.

111. 요구된 모든 데이터의 인도 식별.

112. GFE/GFM과 관련된 지원성 및 지원성 관련 설계 요소 식별.

113. 신규제품에 계획된 신기술 등 고려중인 신규제품 대안에 대한 설명.

114. 비교분석(Task 203)으로부터 비교 체계에 대한 지원성, 비용 및 준비성 값 및 인자.

115. 기술적 기회(Task 204)로부터 신규제품에 대한 기술적 기회.

116. 지원체계, 임무 하드웨어, 임무 소프트웨어 또는 임무 펌웨어 표준화 고려사항(Task 202)에 따른 신규제품에 대한 지원성 및 지원성 관련 설계 제한사항.

활동출력

117. 대체 임무 하드웨어, 소프트웨어 펌웨어, 지원체계 설계 및 설계 권리 제한을 제거하기 위한 업무를 포함한 운용 개념.
118. 신규 임무 하드웨어, 소프트웨어 펌웨어, 지원체계 및 관련 위험에 대한 지원성, 비용 및 준비성 목표. 신규제품에 계획된 신기술과 관련된 지원성 위험.
119. 신규제품에 대한 정량적 정성적 지원성 및 지원성 관련 설계 제한사항. 정량적 지원성 및 지원성 관련 설계 제한사항을 문서화한 LIR 데이터.
120. 임무 요구 충족을 위해 NATO 제품의 채택을 가로막는 모든 제한사항을 식별.
121. 최신화된 지원성, 비용 및 준비성 목표. 신규제품에 대한 지원성, 비용, 준비성 목표 및 임계치.

대안의 준비 및 평가(Task 300 시리즈)

기능 소요 식별(Task 301)

목적

122. 고려 중인 각 제품에 대해 예정된 환경에서 수행되어야 하는 운용 및 지원 기능을 식별한 후 운용, 정비 및 지원을 위한 인간능력 요구를 식별하고 이 요구를 활동 목록에서 문서화하기 위함이다.

활동 설명

123. 고려 중인 각 설계 대안에 대해 예정된 운용 환경에서 운용 및 정비되어야 하는 신규제품에 대해 적용되어야 할 기능을 식별하고 문서화 한다(Task 301. 2. 1). 이 기능은 설계 및 운용 시나리오 개발 정도에 맞추어 식별되며, 평시 및 전시 기능을 포함한다. 식별된 기능에 관련된 위험 물질, 유해 폐기물 및 환경 오염 등 위험을 식별한다.
124. 신기술 또는 운용 개념으로 인해 신규제품의 특성이나 지원성, 비용 또는 준비성 인자인 기능소요를 식별한다(Task 301. 2. 2). 식별된 가능에 관련된 위험 물질, 유해 폐기물 및 환경 오염 등 위험을 식별한다.
125. 신규제품의 기능 요구 충족에 내재된 모든 위험을 식별한다(Task 301. 2. 3).
126. 신규제품 또는 시설에 대한 업무 목록이 작성된다. 이 업무 목록은 임무 분석, 시나리오 / 조건 및 식별 기능 소요(즉, 기능 분석)에 따라, 고려 중인 신규제품(하드웨어 및 소프트웨어)에 관하여 운용자, 정비자 또는 지원 인원이 수행해야 할 모든 업무를 식별한다(Task 301.

2. 4). 이 활동은 설계 및 운용 시나리오의 개발과 상세 수준을 맞추어 식별된다. 업무 목록은 임무, 시나리오 / 조건, 기능, 작업, 직무, 하위활동 및 활동요소를 정의하는 업무 분류 형태로 구성된다. 업무 목록은 업무 설명으로 구성되며, 각각은 아래와 같이 이루어진다:

a. 업무 중 무엇이 달성되어야 하는지를 나타내는 행위.

b. 업무 중 무엇을 해야 하는지를 나타내는 목표.

c. 관련되었거나 유사한 업무와 활동을 구별하기 위한 수식구문.

127. 업무 설명은 분명하고 간결하다. 각 활동에 관련된 위험물질, 폐기물 발생, 대기 또는 수질오염 물질 배출 및 환경 영향이 식별된다. 한 개 이상의 임무에 동일한 업무가 있고, 이들이 교육목적을 위한 집합 업무인 경우, 업무목록에 식별된다. 업무 설명은 그래픽 전시나 시간표 등으로 대체될 수 있다. 업무 설명은 참여인원의 자격, 필요 공구 또는 작업도구 등에 대한 것이 아니라 업무에 밀접하게 관련된 정보로 제한된다. 운용, 예방정비, 수정정비 및 기타 운용 준비, 운용 후, 교정 및 수송 등과 같은 지원 업무는 아래 방법에 의해 식별된다:

128. 고장 유형 영향 및 치명도 분석(FMECA) 또는 평가분석 결과는 보수정비 업무소요를 식별하고 문서화 하기 위해 분석된다(Task 301. 2. 4. 1). FMECA 또는 동등한 분석은 설계 진도에 따른 수준까지 그리고 '사업'에 규정된 바와 같이 문서화된다. 체계 FMECA에는 소프트웨어 관련 고장 유형 또는 소프트웨어 이상이나 하드웨어 고장에 의해 발생될 수 있는 고장 유형의 식별이 포함된다. 이런 결과는 직접적인 체계 지원 활동의 식별을 촉진하기 위한 소프트웨어 지원 분석 및 소프트웨어를 개량하기 위한 장기 수정작업에 입력으로 이용된다. 아울러, 소프트웨어 지원 분석의 출력은 전체적인 체계 FMECA에서 고려된다. FMECA 또는 동등한 분석의 결과로 생성된 데이터는 LIR에 문서화 된다.

129. 예방정비 업무소요는 신뢰도중심정비(RCM) 분석(Task 301. 2. 4. 2)의 수행에 의해 식별될 수 있다. RCM 분석은 FMECA 데이터의 기초가 되며 LIR에 문서화 된다.

130. 운용, 정비 및 기타 지원 업무는 임무 분석 및 신규제품이 운용될 시나리오 / 조건을 고려한 신규제품 기능 소요의 분석을 통해 식별된다(Task 301. 2. 4. 3). 이 분석은 인원에게 할당된 각 체계 기능을 검사하며, 어떤 운용자 또는 지원인력의 업무가 각 체계 기능의 수행에 포함되는지를 판단한다.

131. 기능소요 또는 운용 및 정비업무 소요 식별 중 발견되지 않은 설계 결함을 수정하기 위한 설계 대안을 수립하는데 참여한다(Task 301. 2. 5). 군수지원 자원소요를 요하는 기능을 줄이거나 단순화하기 위한 대안 설계가 분석된다. 소프트웨어 운용 및 지원 업무의 식별 및 분석은 체계레벨 설계 / 사양으로 수정 피드백을 제공하기 위해 이용될 수 있다.

132. 신규제품이 더욱 잘 정의되고 더 나은 데이터가 이용될 수 있도록 기능 소요, 운용 및 정

비업무 소요를 최신화한다 (Task 301. 2. 6).

활동 입력

133. 요구된 모든 데이터의 인도와 식별

134. RCM 분석 수행에 이용되는 세부 RCM 절차 및 논리

135. 이 활동이 수행되는 제품 하드웨어, 소프트웨어 및 펌웨어, 그리고 이 분석이 수행되어야 하는 인덴쳐 수준의 식별

136. 기능 및 활동을 식별하기 위해 이 활동의 수행 시 분석되어야 할 하드웨어, 소프트웨어 및 펌웨어에 대한 정비 계단의 식별

137. 활동 식별 프로세스로부터 나오는 기능 흐름도 또는 설계 권고안 데이터 등과 같은 LIR 데이터에 대한 모든 문서 소요

138. 적절한 규격에 따른 FMECA 소요

139. 고려중인 제품 개념의 설명

140. 비교분석(Task 203)으로부터 지원성, 비용 및 준비성

141. FMECA 결과

142. 운용 연구(Task 201).

활동 출력

143. 평시 및 전시 환경의 신규제품에 대한 문서화된 기능 소요

144. 신규제품에 독특하거나 지원성, 비용 또는 준비성 인자인 기능소요 식별

145. 신규제품의 기능 소요를 충족하는데 내재된 모든 위험의 식별

146. '사업'에 명시된 인덴쳐 수준까지 체계 하드웨어, 소프트웨어 및 펌웨어에 대한 설명을 포함시키기 위해 활동 소요를 식별하는, LIR 또는 '사업'에 의해 승인된 동등한 양식에 문서화된 활동 목록

147. 기능 소요, 운용 및 정비 활동 식별 프로세스의 결과로서 재설계를 요하는 설계 결함의 식별

148. 신규제품이 더욱 잘 정의되고 더 나은 데이터가 이용될 수 있도록 식별된 기능 소요, 운용 및 정비 업무 소요(소프트웨어 지원 포함) 최신화

지원체계 대안(Task 302)

목적

149. 개발을 위한 최적 체계의 평가, 절충 분석 및 판단을 위해 신규제품에 대해 실현 가능한 지원체계 대안을 수립하기 위함이다.

활동 설명

150. 확립된 지원성 및 지원성 관련 설계 제한사항(Task 302. 2. 1) 내에서 신규제품의 기능 소요를 충족하는 실현 가능한 체계 레벨 지원개념 대안을 개발하고 문서화한다. 각 지원개념 대안은 제품 지원 및 운용 개념 개발에 맞춘 상세 수준까지 개발되며, ILS의 모든 요소를 다룬다. 동일한 지원개념이 여러 신규 제품설계 및 운용 대안에 적용될 수 있다. 지원개념 대안은 대안의 평가 및 절충에 이용될 만큼의 상세 수준으로 마련된다. 고려된 지원 대안의 범위는 기존의 표준 지원개념에 한정되지 않으나, 체계 준비성을 향상하고 인력 및 인원 소요를 최적화하며, 운용 및 지원 비용을 절감하는 혁신적인 개념의 식별을 포함한다. 계약자 군수지원(전체, 일부 또는 일시적)은 지원개념 대안의 공식화에서 고려한다.

151. 체계 절충이 수행되고 신규제품이 더욱 잘 정의되도록 지원개념 대안을 최신화 한다(Task 302. 2. 2). 지원개념 대안은 체계 및 하부체계 레벨에서 문서화되며, 지원성, 비용, 준비성 인자 및 신규제품에 고유한 기능 소요를 다룬다.

152. 제품지원 및 운용 시나리오의 개발과 상세 수준을 맞추어 신규제품을 위한 실현 가능한 지원개념 대안을 개발하고 문서화한다(Task 302. 2. 3).

153. 절충이 수행되고 신규제품 및 운용 시나리오가 더욱 잘 정의되도록 지원개념 대안을 최신화하고 보강한다(Task 302. 2. 4).

154. 공식화된 각 지원체계 대안에 관련된 위험을 식별한다(Task 302. 2. 5).

활동 입력

155. 요구된 모든 데이터의 인도와 식별 .

156. 기능 소요(Task 301)로부터 고려중인 제품 대안에 대한 기능 소요.

157. 지원성 및 관련 설계 요소(Task 205)로부터 신규제품에 대한 지원성 및 지원성 관련 설계 제안사항.

158. 고려 중인 신규제품 대안의 설명 .

활동 출력

159. 신규제품 대안에 대한 체계수준의 지원개념 대안 .

160. 체계 절충이 수행되고 신규제품 대안이 더욱 잘 정의되도록 최신화된 지원개념 대안.

161. 제품 지원 및 운용 시나리오의 개발 수준에 맞춘 신규제품에 대한 지원계획 대안 .

162. 체계 절충이 수행되고 신규제품이 더욱 잘 정의되도록 최신화된 지원계획 대안.

163. 공식화된 각 지원체계 대안에 관련된 위험.

대안의 평가 및 절충 분석 (Task 303)

목적

164. 각 제품 대안에 대한 선호 지원체계 대안 판단, 그리고 비용, 일정, 성능, 준비성 및 지원성 간의 균형을 유지하며 요구를 충족하는 최적의 방법(지원, 설계 및 운용)을 결정하기 위한 체계 대안 절충에 참여하기 위함이다.

활동 설명

165. 이 활동에 의거 수행될 각 평가 및 절충에 대해(Task 303. 2. 1):

a. 최적의 결과를 결정하는데 이용될 정량적이고 정성적인 기준을 식별한다. 이 기준은 제품에 대한 지원성, 비용, 환경 영향 및 준비성 요구사항에 관련된다.

b. 지원성, 설계 및 운용 파라미터, 그리고 평가 기준을 위해 식별된 파라미터 간의 분석적 관계나 모델을 선택하거나 구성한다. 많은 경우, 평가나 절충을 수행할 때 동일한 모델 또는 관계가 적절할 수 있다. 분석적 관점에서 관련성을 서술할 때 모수 산정식 / 비용 산정식(PER / CER)이 적절할 수 있다.

c. 확립된 관련성 및 모델을 이용하여 절충하거나 평가를 수행하고 수립된 기준에 따라 최적의 대안을 선택한다.

d. 높은 위험성을 내포하거나 신규제품의 지원성, 비용 또는 준비성을 유발하는 변수에 대한 적절한 민감도 분석을 수행한다.

e. 내재된 위험 및 가정을 포함하는 평가 및 절충의 문서화.

f. 제품이 더욱 잘 정의되고 더 정확한 데이터가 이용될 수 있도록 평가와 절충을 최신화한다.

g. 분석에는 평시 및 전시의 고려사항이 모두 포함되어야 한다.

h. 절충 결정을 기준으로 기존 또는 계획된 무기, 보급 및 수송 체계에 미치는 영향을 산정한다.

i. 생산 후 지원 및 단종 문제를 포함시키기 위한 수명주기 지원 고려사항을 판단한다.

166. 각 제품 대안에 대해 식별(Task 302)된 지원체계 대안간의 평가 및 절충(Task 303. 2. 2)을 수행한다. 선택된 지원체계 대안에 대해, 모든 신규 또는 치명적 군수지원 자원소요를 식별하고 문서화한다. 재구성된 인원 직무 분류가 있으면 새로운 자원으로서 식별된다.

167. 고려사항(Task 303. 2. 3)에 의거한 설계, 운용 및 지원 개념 간의 평가 및 절충을 수행한다.

168. 신뢰도 및 정비도, 수리부속 예산, 재보급 시간, 인력 및 인원 기능 가용도 등과 같은 핵심 설계 및 지원 파라미터 변동에 대한 체계 준비성 파라미터의 민감도를 평가한다(Task 303. 2. 4).

169. 전체 소요 인원수, 직무 분류, 기능 수준 및 요구된 경험 등의 측면에서 제품개념 대안

인력 및 인원 문제를 예측 및 평가한다. 이 분석에는 조직의 간접인력 소요, 오차율 및 교육 소요를 포함한다(Task 303. 2. 5).

170. 운용 및 지원 인원의 요구된 숙련도를 달성 및 유지하기 위한 최적안을 결정하기 위하여 설계, 운용, 교육 및 인원 직무 설계 간의 평가 및 절충을 수행한다. 교육의 평가 및 절충이 수행되며, 직무 분류 간의 직무 전환, 기술 출판물 대안, 공식 복합교육 대안, 현장직무교육, 부대 훈련 및 교육 시뮬레이터 이용 등을 고려한다(Task 303. 2. 6).

171. 가용한 설계, 운용 및 지원 데이터에 맞춘 적절한 규격에 따라 수리수준분석(LORA)을 수행한다. 보급장비 대상으로 식별(Task 303. 2. 7)된 품복에 대한 LORA로부터 근원, 정비 및 복구성(SMR)부호를 식별한다. 관련된 제품 하드웨어 품목에 대해 순수하게 소프트웨어 품목의 취급(예, 업로드, 다운로드)에 관계된 소프트웨어 지원 활동이 LORA에 포함된다.

172. 자체고장진단(BIT), 오프라인 시험, 수동 시험, 자동 시험의 변동 수준과 시험용 연결 지점을 포함시키기 위한 진단개념 대안을 평가하고 및 고려중인 각 제품대안에 대한 최적 진단 개념을 식별한다(Task 303. 2. 8).

173. 신규제품과 기존 비교체계 / 제품의 지원성, 비용 및 준비성 파라미터 간의 비교평가를 수행한다(Task 303. 2. 9). 기준 체계 / 제품에 비해 발전된 정도를 기준으로 신규제품에 대한 지원성, 비용 및 준비성 목표 달성에 내재된 위험을 산정한다.

174. 제품 대안 및 에너지 소요 간의 평가 및 절충을 수행한다(Task 303. 2. 10). 고려 중인 각 제품 대안에 대한 유류(POL) 소요를 식별하고, 유류 비용에 대한 민감도 분석을 수행한다.

175. 제품 대안 간 전투환경에서의 생존성, 전장 피해 수리 특성에 대한 평가 및 절충을 수행한다(Task 303. 2. 11).

176. 제품 대안 및 수송성 소요 간의 평가 및 절충을 수행한다(Task 303. 2. 12). 고려 중인 각 대안에 대한 수송성 소요, 각 수송 모드에 대한 제한사항, 특성 및 환경을 식별한다. 이것은 소프트웨어의 경우에는 데이터 이전 특성과 동등하며 이에 대한 별도의 지침은 본 JSP 제7권 4부에 서술되어 있다.

177. 제품 대안 및 지원시설(전력 / 유틸리티, 도로 등) 소요간의 평가 및 절충을 수행한다 (Task 303. 2. 13). 고려중인 각 지원체계 대안에 대한 시설 소요와 각 시설 종류에 대한 제한사항, 특성 및 환경을 식별한다.

활동 입력

178. 요구된 모든 데이터의 인도 식별 .

179. 수행될 식별된 평가 및 절충의 검토 방법, 평가 기준, 이용될 분석적 관련성 및 모델, 분석 결과 및 수행될 민감도 분석.

180. 수행될 특정한 평가, 절충 또는 민감도 분석.

181. 이용될 분석적 관련성 또는 모델.

182. 신규제품의 운용자 또는 지원 인원에 대한 제한(인원수 또는 기능).

183. 징집, 훈련, 유지, 개발 및 인원 채용율에 관련된 비용을 포함하는 적절한 절충 및 평가에 이용될 인력 및 인건비.

184. 지원체계 대안(Task 302)으로부터 신규제품에 대한 지원 대안.

185. 고려 중인 제품 대안에 대한 설명.

186. 지원성 및 관련 설계 요소(Task 205)로부터 신규제품에 대한 지원성 및 지원성 관련 설계 목표, 임계치 및 제한사항.

187. 신규제품에 적용 가능한 CER/PER 이력.

188. 인원 직무 분류에 적용 가능한 직무 및 활동.

189. Def Stan 00-250에 따라 만들어진 인간요소 통합활동 수행분석의 결과.

활동 출력

190. 이 활동에 의거 수행된 각 평가 및 절충에 대한:

  a. 적절한 민감도 분석결과, 평가 및 절충의 결과, 그리고 관련된 모든 위험을 고려하여 선택된 대안에 대한 평가기준, 분석적 관계, 사용 모델을 정의.

  b. 해당되는 경우 절충 및 평가의 최신화 .

191. 각 대안에 대한 지원체계 대안 권고 및 신규 또는 치명적 군수지원 자원소요의 식별.

192. 비용, 성능, 준비성 및 지원성 요소를 기준으로 한 제품 대안 권고.

193. 핵심 설계 및 지원 파라미터 변동에 대한 제품 준비성 민감도.

194. 제품개념 대안에 대한 총 인력 및 인원 소요를 예측한다.

195. 운용 및 지원 인원의 요구된 숙련도 달성 및 유지를 위한 최적 교육 및 인원 직무 설계.

196. LORA 결과.

197. 고려 중인 각 제품대안에 대한 최적 진단 개념.

198. 신규 제품 및 기존 비교제품의 지원성, 비용 및 준비성 파라미터간의 비교.

199. 제품 대안 및 에너지 소요간의 절충 결과.

200. 제품 대안과 생존성 및 전투 피해 수리 특성간의 절충 결과.

201. 제품 대안 및 수송성 소요 간의 절충 결과.

202. 제품 대안 및 시설 소요 간의 절충 결과.

군수지원 자원소요의 판단 (Task 400 시리즈)

업무 분석 (Task 401)

목적

203. 아래 업무를 하기 위해 신규제품에 대해 요구된 운용 및 정비업무를 분석하기 위한 것이다:

a. 각 업무에 대한 군수지원 자원소요 식별

b. 신규 또는 치명적 군수지원 자원소요 식별

c. 수송성 소요 식별

d. 수립된 목표, 임계치 또는 제한사항을 초과하는 지원 소요 식별

e. 운용 및 유지 비용을 줄이고, 군수지원 자원 소요를 최적화 또는 준비성을 향상시키기 위한 설계 대안의 개발 참여를 지원하기 위한 데이터 제공

f. 요구된 ILS 문서(기술교범, 교육 프로그램, 인력 및 인원 목록 등)의 작성을 위한 소스 데이터 제공

활동 설명

204. 기능 소요(Task 301)로부터 업무 목록에 포함된 각 운용, 정비 및 지원 업무의 상세 분석을 수행하고 아래사항을 판단한다(Task 401. 2. 1):

a. 업무를 수행하기 위해 필요한 군수지원 자원 (모든 ILS 요소 고려).

b. 예정된 제품의 운용 환경 및 규정된 연간 운용 기준에 따른 업무 빈도, 업무 간격, 경과 시간 및 인시.

c. 대안의 평가 및 절충(Task 303) 완료 후 수립된 지원계획을 기준으로 한 정비 할당.

d. 위험 물질의 사용, 유해 폐기물의 생성 및 그 처리 그리고 대기 및 수질 오염물질 배출이 포함된 환경 영향.

205. 업무분석(Task 401. 2. 1)의 결과를 LIR에 문서화한다(Task 401. 2. 2).

206. 각 업무의 수행에 필요한 신규 또는 치명적 군수지원 자원소요 및 이들 자원과 관련된 위험 물질, 유해 폐기물 및 환경 영향 소요를 식별한다(Task 401. 2. 3). 신규 제품을 운용 또는 정비하기 위해 개발을 요하는 것은 신규 자원이다. 여기에는 새로운 설계 또는 기술을 지원하기 위한 지원 및 시험장비, 시설, 신규 또는 특수 수송 체계, 신규 컴퓨터 자원 및 신규 수리, 시험 또는 검사 기법 또는 절차가 포함된다. 치명적 자원은 새로운 것은 아니지만 일정 제한, 비용 또는 알려진 희소성으로 인해 특별히 관리상 주의가 요구되는 것을 말한다. 따로 요구되지 않는 한, 자원 소요에 대한 설명과 정당성을 제공하기 위해 신규 및 개조된 군수지원 자원을 LIR에 문서화한다.

207. 식별된 업무 절차 및 인원 할당을 기준으로, 교육 소요를 식별하고 최적의 훈련 방식(강

의실, 현장 직무교육 또는 둘 다)에 대한 권고 및 추천에 대한 논리적 근거를 제공한다(Task 401. 2. 4). 그 결과는 LIR에 문서화한다.

208. 각 업무별 총 군수지원 소요자원을 분석하고 어떤 업무가 신규제품에 대한 수립된 지원성 및 지원성 관련 설계 목표 또는 제한사항을 충족하지 못하는지 판단한다(Task 401. 2. 5). 운용 및 유지 비용을 줄이고 군수지원 자원소요를 최적화하며, 위험 물질의 사용, 유해 폐기물의 생성 및 그 처리 그리고 대기 및 수질 오염물질 배출이 포함된 환경 영향을 줄이거나 준비성을 향상시키는 업무를 식별한다. 설계 대안을 제안하고, 업무를 최적화 및 단순화하며 업무소요를 수용 가능한 수준으로 가져오기 위한 대안 방법의 개발에 참여한다.

209. 식별된 신규 또는 치명적 군수지원 자원을 바탕으로, 각 신규 및 치명적 군수지원 자원에 관련된 위험을 최소화하기 위해 취해질 수 있는 관리 조치를 판단한다(Task 401. 2. 6). 이 조치에는 세부적인 추적 절차나 일정 그리고 예산 수정이 포함될 수 있다. 완성품이 생산 중이거나 생산에 들어갈 때 '사업'은 완성품과 부품의 일괄획득(SAIP) 결합하는 것에 대한 타당성과 효과를 고려한다.

210. 제품 및 수송을 위해 이의 분할이 요구된 경우 각 부분에 대한 수송성 분석을 수행한다(Task 401. 2. 7). Def Stan 00-3의 일반 요구사항이 초과될 경우, 수송성 엔지니어링 특성을 LIR에 수록한다. 수송성 문제가 식별된 경우 설계 대안 개발에 참여한다.

211. 초기 보급을 요하는 지원자원의 경우, 보급기술문서(PTD)를 LIR에 수록한다(Task 401. 2. 8).

212. 시제품 상에서 운용 및 정비 업무의 수행을 통해 LIR에 수록된 핵심 정보를 검증한다(Task 401. 2. 9). 이 검증은 업무분석(Task 401. 2. 1)에서 식별된 절차와 자원을 이용하여 수행하며, 필요 시 최신화한다.

검증 소요는 검증 시간 및 소요를 최적화 하기 위해 다른 체계 엔지니어링 시연 및 시험 (예, 정비도 시연, 신뢰도 및 내구성 시험)과 조정된다.

213. '사업'에 규정된 바와 같이 ILS 문서 소요를 충족하기 위한 출력 요약 및 보고서를 작성한다(Task 401. 2. 10). 작성 시 LIR에 포함된 모든 관련 데이터를 포함한다.

214. 더 나은 정보가 이용될 수 있도록 하고 다른 체계 엔지니어링 프로그램으로부터 오는 적용 가능 입력 데이터가 최신화 되도록 LIR 안의 데이터를 최신화 한다(Task 401. 2. 11). 초도 보급 데이터의 인도 및 수락 이후, 계약자는 설계변경통지(DCN)을 통해 보급 데이터에 대한 승인된 변경내용을 '사업'으로 통지한다.

215. 지원체계 표준화, 재보급 선별 및 품목등록 통제 검토를 촉진하기 위하여 국방부 선별을 위해 제출되는 보급 및 기타 구매 데이터를 식별한다(Task 401. 2. 12).

활동 입력

216. 이 분석이 수행되는 제품 하드웨어 및 소프트웨어 식별.
217. 이 분석이 수행되어야 하는 인덴쳐 레벨 식별.
218. 이 활동 중 문서화 되어야 하는 정비단계 식별.
219. 알려지거나 예상된 군수지원 자원 부족.
220. 일정, 예산 한도 및 목표.
221. LIR 외의 모든 보충 문서 소요(예, 수송성 여유 다이어그램 등).
222. 요구된 모든 데이터의 인도 식별.
223. 아래 정보에 관해 '사업'으로부터 오는 정보:
224. 기존 및 계획된 인원 기능, 능력 및 교육계획.
225. 일반 지원 및 시험장비.
226. 가용한 시설.
227. 가용한 훈련 장비.
228. 기존의 수송 체계 및 능력.
229. 각 정비 계단에서 신규 제품의 운용 및 정비를 수행할 인원의 능력(목표 대상) 설명.
230. 신규제품의 운용자 또는 지원 인원에 대한 제한(인원 수 또는 기능).
231. 업무 빈도를 위한 연간 운용 기준.
232. 기능소요(Task 301)로부터 운용 및 정비 소요.
233. 인간요소 통합업무 수행분석의 결과.
234. 대안평가 및 절충(Task 303)에서 식별된 제품에 대한 지원계획 권고.
235. 지원성 및 관련 설계 요소(Task 205)로부터 지원성 및 지원성 관련 설계 목표.
236. 지원 품목의 초도 보급 지원을 위해 개발된 제품.

활동 출력

237. 사업에 의해 규정된 인덴쳐 레벨까지 제품 하드웨어 및 소프트웨어에 대한 완성된 LIR 데이터 또는 '사업'에 의해 승인된 동등한 양식으로 문서화된 데이터
238. 신규 체계의 운용 및 정비를 위해 필요한 신규 또는 치명적 군수지원 자원의 식별.
239. 업무가 신규제품에 대해 수립된 목표 및 제한사항을 충족하지 못하거나, 운용 및 유지 비용을 줄이고, 군수지원 자원 소요를 최적화 또는 준비성을 향상시킬 기회가 있는 경우, 설계 방안 대안
240. 각 신규 또는 치명적 군수지원 자원소요에 관련된 위험을 최소화하기 위한 관치 조치의 식별

241. LIR에 수록된 핵심 정보의 검증

242. '사업'에 의해 규정된 바와 같이 작성 시 LIR에 포함된 모든 관련 데이터가 포함된 출력 요약 및 보고서

243. 더 나은 정보가 이용될 수 있도록 하고 다른 체계 엔지니어링 프로그램으로부터 입수한 적용 가능 입력 데이터가 최신화된 LIR 데이터.

244. 국방부 선별을 위해 제출된 보급 데이터를 바탕으로 적절한 부품번호 및 나토 재고번호, 형상 상태 및 부품 조달원의 식별. 선별 결과는 하위 활동인 보급소요 및 LIR 최신화(Tasks 401. 2. 8 및 401. 2. 11)에 의해 도출된 바와 같이 요구된 보급 문서 내에 포함한다.

조기 야전배치 분석(Task 402)

목적

245. 기존 체계에 신규 제품의 도입으로 인한 영향을 산정하기 위해, 신규 제품의 요구를 충족하기 위한 인력 및 인원의 소스를 식별하고, 신규제품을 위해 필요한 군수지원 자원을 확보하지 못 했을 때의 영향을 판단하며, 전투 환경을 위한 필수 군수지원 자원소요를 판단한다.

활동 설명

246. 신규제품 도입으로 인해 기존 체계(무기, 보급, 정비, 수송)에 미치는 영향을 산정한다. 이 산정은 수리시설의 업무량 및 일정, 보급 및 재고 요소, 자동시험장비 가용도 및 성능, 인력 및 인원 요소, 교육 프로그램 및 소요, 소프트웨어 지원 소요, POL 소요 및 수송 체계에 대한 영향을 조사하며, 신규 제품 소요로 인해 발생된 기존 무기체계 지원에 필요한 모든 변화를 식별하려는 것이다(Task 402. 2. 1).

247. 신규 제품을 위한 요구된 인력 및 인원이 어디로부터 확보되는 지를 판단하기 위해 기존의 인력 수준을 분석한다. 인력 및 인원에 대한 식별된 소스를 이용하여 기존의 운용 체계에 미치는 영향을 판단한다(Task 402. 2. 2).

248. 요구된 수량의 군수지원 자원을 확보하지 못하여 발생한 제품 준비성에 미치는 영향을 산정한다(Task 402. 2. 3).

대안의 평가 및 절충분석(Task 303)에 의해 수행되는 분석을 중복하지 말 것.

249. 전투 사용을 바탕으로 군수지원 자원소요의 변화를 판단하기 위한 생존성 분석을 수행한다. 이 분석은 위협 평가, 예상 전투 시나리오, 제품의 취약점, 전투 피해 수리 능력 및 전투에서의 구성품 필요성을 기초로 수행된다. 권고된 군수지원 자원(예, 전장 피해 수리 키트) 및 요구를 충족하기 위한 소스를 식별하고 문서화한다(Task 402. 2. 4).

대안의 평가 및 절충분석(Task 303)에 의해 수행되는 분석을 중복하지 말 것

250. 상기 산정 및 분석에서 식별된 문제점에 대한 해결책의 수행을 위한 계획을 개발한다(Task 402. 2. 5).

활동 입력

251. 요구된 모든 데이터의 인도 식별.

252. 아래 정보에 관해 '사업'으로부터 오는 정보:

a. 인력 및 인원 기능에 대한 기존 및 계획된 소스.

b. 기존 및 계획된 체계의 능력 및 요구사항.

c. 예상 위협, 전투 시나리오, 제품의 취약점, 예상 마모율, 전투 피해 수리 능력 및 전투 중 필요성 .

253. 업무분석(Task 401)에서 나오는 신규제품에 대한 군수지원 자원소요

254. 대안의 평가 및 절충분석(Task 303)에서 나오는 결과

활동 출력

255. 기존 및 계획된 무기 및 지원체계에 대해 신규제품의 하드웨어 및 소프트웨어의 도입이 미치는 영향

256. 신규제품의 인력 및 인원 소요를 충족하기 위한 인력 및 인원 기능의 소스

257. 신규제품을 운용 및 정비하기 위해 필요한 군수지원 자원의 획득 실패가 제품 준비성에 미치는 영향

258. 전투환경에 대한 필수 군수지원 자원소요 및 이 소요를 충족하기 위한 소스의 식별.

259. 조기 야전배치 분석을 수행하는 동안 인지된 문제점 경감을 위한 계획:

a. 기존 체계에 대한 영향 산정

b. 기존 입력 및 인원 수준 분석

c. 제품 준비성에 미치는 영향 산정

d. 생존성 분석 수행

운용 지원 분석 (Task 403)

목적

260. 제품 잔여 수명 동안 적절한 군수지원 자원이 보장되도록 하기 위해 생산라인의 폐쇄 전 신규제품의 수명주기 지원 소요(소프트웨어 지원 소요 포함)를 분석하기 위함이다.

활동 설명

261. 제품의 예상 유효수명을 산정한다. 생산 라인의 폐쇄 후 부적절한 지원 소스로 인해 잠

재적 문제를 나타내게 될 제품과 관련된 지원항목을 식별한다. 제품의 잔여 수명 동안 예상된 지원 어려움에 대한 대안 해결책을 개발하고 분석한다. 계획을 이행하는데 필요한 예측된 자금과 함께 잔여 수명 동안 효과적인 지원을 보장하기 위한 계획을 개발한다. 최소한 이 계획은 제작, 하드웨어 및 소프트웨어 지원, 수리 센터, 데이터 수정, 지원 관리, 형상관리 및 단종 문제를 다룬다(Task 403. 2. 1).

활동 입력

262. 아래 정보에 관해 '사업'으로부터 오는 정보:
    a. 기존 및 계획된 보급원.
    b. 제품의 예상 수명.
    c. 제품 신뢰도 및 정비도 데이터.
    d. 자체 및 계약자 제작 및 수리 대안에 관련된 비용.
263. 요구된 모든 데이터의 인도 식별
264. 운용 환경 내에서 제품에 대해 이용 가능한 보급 및 소모 데이터
265. 제품에 대해 계획된 제품 개선
266. 조기 야전배치 분석(Task 402) 결과

활동 출력

267. 요구를 충족시킬 방법과 함께 잔여 수명기간 동안 제품에 대한 군수지원 자원소요를 식별하는 계획 및 관련 비용

지원성 평가(Task 500 시리즈)

지원성 시험, 평가 및 검증 (Task 501)

목적

268. 규정된 지원성 소요 달성을 평가하고 예상에서 벗어난 사유를 식별하고, 결함을 수정하고 체계 준비성을 향상시키는 방법을 식별하기 위함이다.

활동 설명

269. 체계시험 및 평가계획에 입력을 제공하기 위해 규정된 지원성 및 지원성 관련 설계소요가 달성되거나 달성 가능하도록 하는 시험 및 평가 전략을 공식화한다(Task 501. 2. 1). 공식화된 시험 및 평가 전략은 신규제품에 대해 정량화된 지원성 소요를 바탕으로 한다; 지원성, 비용 및 준비성 요인; 지원성 이슈와 이와 관련된 높은 정도의 위험. 계획된 시험 길이와 비용 그리고 초래된 통계적 위험간에 절충을 수행한다. 이전의 시험 및 평가 경험 그리고 지원성 평가

의 정확도에 미치는 결과적 영향을 근거로 하는 지원성 목표 검증의 잠재적 시험 프로그램 제한사항을 문서화한다.

270. 군수지원 시연 중 평가되고 개발 및 운용 시험 중 시험 / 입증되는 지원자원을 식별하는 체계지원 패키지(SSP) 컴포넌트를 개발한다(Task 501. 2. 2). 컴포넌트 목록은 아래 정보를 포함한다:

a. 지원성 시험 소요.
b. 적용되는 정비할당표(MAC).
c. 전자 문서.
d. 예비품 및 수리부품.
e. 교육장비 / 제품.
f. 특수 및 일반 공구.
g. 시험, 측정 및 진단 장비(TMDE).
h. 운용 및 정비 인력/인원 소요.
i. 교육 과정.
j. 수송 및 취급 장비.
k. 교정 절차 및 교정 장비.
l. 이동식 및/또는 고정식 지원 시설.
m. 소프트웨어 지원시설 및 도구.
n. 기타 지원 장비.

271. 시험평가 계획 목표 및 기준을 수립 및 문서화하고, 조정된 시험 프로그램 및 시험평가 계획에 포함되는 목표를 충족하기 위해 필요한 시험자원, 절차 및 일정을 식별한다(Task 501. 2. 3). 수립된 목표 및 기준은 치명적인 지원성 문제 및 소요가 수용 가능한 신뢰 수준으로 해결 또는 달성되도록 하기 위한 기초를 제공한다.

272. 시험결과를 분석하고 신규제품에 대해 규정된 지원성 소요의 달성을 검증 / 평가한다(Task 501. 2. 4). 제품이 수립된 목표 및 임계치를 충족하도록 지원성 및 지원성 관련 설계 파라미터에 요구된 개선의 범위를 판단한다. 수립된 목표 또는 임계치가 수용 가능한 신뢰 수준으로 시연되지 못한 모든 부분을 식별한다. 대안의 평가 및 절충(Task 303)에서 수행된 분석을 중복하지 않는다. 시험평가 중 발견하지 못한 지원성 문제에 대한 수정을 개발한다. 여기에는 하드웨어 및 소프트웨어 지원 계획, 군수지원 자원 또는 운용 전술에 대한 수정이 포함될 수 있다. 시험결과를 기준으로 LIR에 포함되고 문서화된 군수지원 계획 및 군수지원 자원소요를 최신화 한다. 신규 제품에 대한 예측 비용, 준비성 및 군수지원 자원 파라미터에 대한 최신화의 영향을 정량화한다.

273. 운용 환경 내에서 신규제품에 대해 확보된 지원성 정보의 양과 정확도를 판단하기 위한 표준 보고계통을 분석한다(Task 501. 2. 5). 신규제품을 위해 수립된 지원성 목표의 달성의 측정, 또는 제품 수명주기의 구매 단계 중에 시험되지 못한 지원성 요소의 검증에서 모든 부족 결과를 식별한다. 표준 보고계통을 통해 확보되지 않는 야전으로부터 요구된 지원성 데이터를 확보하는 실행 가능한 계획을 수립한다. 최적의 데이터 수집 계획 식별을 위해 데이터 수집 및 통계적 정확도확보를 위한 비용, 데이터 수집 기간 및 운용 부대 개수간의 절충 분석을 수행한다. 비용, 기간, 데이터 수집 방법, 운용 부대, 예상 정확도 및 데이터의 용도를 포함한 선택된 데이터 수집계획을 문서화 한다.

274. 데이터가 표준 보급, 정비 및 준비성 계통, 그리고 신규 제품에 대해 이행된 특별한 데이터 수집 프로그램으로부터 이용 가능하도록 지원성 데이터를 분석한다(Task 501. 2. 6). 신규 제품에 대해 수입된 목표 및 임계치의 달성을 검증한다. 운용 결과가 예상을 벗어나는 경우 원인분석 및 수정조치사항을 판단한다. 피드백 정보를 분석하고 개선이 비용효율이 높게 이루어질 수 있는 부분을 식별한다. 개선 권고안을 문서화 한다.

활동 입력

275. 요구된 모든 데이터의 인도 식별.
276. 표준 보고계통에 관해 '사업'에서 오는 정보.
277. 비교 체계에 대한 이전의 시험 및 평가 경험.
278. 지원성 및 지원성 관련 설계 요소(Task 205).
279. 비교분석(Task 203)으로부터 신규제품에 대한 지원성, 비용 및 준비성 요인.
280. 대안 평가 및 절충 분석(Task 303).
281. 시험 결과.
282. 표준 정비, 보급 및 준비성 계통 및 신규제품을 위해 개발된 모든 특수 보고 계통으로부터 오는 운용환경 내의 신규제품에 대한 지원성 데이터.

활동 출력

283. 지원성 검증에 대한 시험평가 전략, 잠재적인 시험 제한의 식별 및 지원성 평가의 정확도에 대한 영향.
284. 체계지원 패키지 컴포넌트 목록.
285. 시험평가 목표, 기준, 절차/방법, 자원 및 일정을 포함하는 시험평가 계획.
286. 시험평가 중에 발견하지 못한 지원성 문제에 대한 수정조치사항 식별. 시험 결과를 토대로 최신화한 지원 계획, 군수지원 자원소요 및 LIR 데이터. 지원성 목표 및 임계치 충족을 위해 요구된 개선사항 식별.

287. 운용 환경 내에서 신규제품의 지원성 요소 측정 세부계획.

288. 예상과 달성된 지원성 요소의 비교, 예상 및 운용 결과 간의 모든 편차 식별, 편차에 대한 사유 및 결함의 수정 또는 준비태세 향상을 위한 변경 권고(설계, 지원 또는 운용).

JSP 886 Volume 7 Part 4: Software Support

Version 2.2 dated 01 Feb 13

JSP 886

국방 군수지원체계 매뉴얼

제7권

종합군수지원

제4부

소프트웨어 지원

개정 이력		
개정 번호	개정일자	개정 내용
1.0	21 Jul 06	JSP 586 권의 일부로 초도 출판.
1.1	28 Aug 08	DE&S 조직변경 반영.
2.0	29 Jan 10	추가 조언 및 지침 추가.
2.1	13 May 11	조언 및 지침 갱신.
2.2	01 Feb 13	페이지 3 1항, 3e 및 4항. 페이지 4 Para 항. 페이지 6 15항. 제1장 19b 항, 22, 25, 31 및 32항의 문구 수정. 부록 B □ 약어목록 수정.

Contents

소프트웨어 지원 370

제1장

소프트웨어 지원 고려사항 374

소프트웨어 지원

배경

1. 본 자료는 국방 장비 및 지원(DE&S), 엔지니어링 그룹(EG) 및 소프트웨어 지원성(SS) 팀에 의해 제공되는 내용을 포함한다. 본 자료의 목적은 당국의 정책을 정의하고 지원 가능한 소프트웨어의 구매 및 정비 가능성을 최대화하기 위한 지침을 제공하는 것이다. 본 자료는 아래 자료에 이전에 수록된 이전의 소프트웨어 정책 및 정보를 대체한다:

    a. Air Publication (AP) 100D-10.

    b. Joint Air Publication (JAP) 100A-01 12.8장.

2. 소프트웨어는 체계의 물리적 구조 내의 여러 레벨에서 다양한 기능을 제공할 수 있다. 따라서, 모든 소프트웨어는 호스트 시스템의 운용 효과를 지속하기 위해 적절한 수명주기 지원을 요구한다. 본 자료는 육상, 해상, 공중 및 정보시스템 분야에 채용된 소프트웨어에 적용되며, 모든 국방개발 (DLOD)에 대해 고려되어야 한다.

정책

3. 소프트웨어 지원이 장비의 수명주기 동안 완전하게 고려되어야 하는 것이 국방부의 정책이다. 이것은:

    a. 권한을 가진 역량 있는 소프트웨어 지원성 사안별 전문가(SME)의 지정

    b. JSP 886 제7권 3부에 정의된 소프트웨어 지원 분석(SSA)의 적용에 의해 이루어질 수 있다.

    참고: 수행되는 분석의 깊이는 장비 수명주기의 단계에 따라 가변적이다. 활동 내용이 감소된 각 SSA에 대해서는 정당한 이유가 필요하다.

    c. SSA활동을 통한 추적 및 측정 가능한 소프트웨어 지원 요구의 수립. 이것은 공식 요구사항 자료에 수록한다.

    d. 소프트웨어 지원의 달성을 입증하기 위한 점진적 보증

    e. 인도팀장/사업팀장 (DT / PTL)은 아래의 활동에 대하여 책임이 있다:

    (1) JSP 886 제7권 2부: 종합군수지원관리에 따라 사업에 대한 소프트웨어 지원 정책의 이행 및 유지

    (2) 소프트웨어 변경 통제

우선순위 및 권한

4. 군수지원 절차에서 지원분야 군수정책의 소유권은 국방물자국장CDM의 프로세스 절차 기획자로서 국방군수운용참모차장(ACDS Log Ops)에게 있다. 이 역할은 국방군수위원회(DLB) 산하의 국방군수실무그룹(DLWG) 및 국방군수조정그룹 (DLSG)을 통하여 이루어진다.

소프트웨어 지원정책에 대한 스폰서[1] 가 DES JSC 지원 체계 관리 내의 '엔지니어링 수명주기 지원 최고 엔지니어'의 책임인 본 관리 체계와 대비된다. 사업팀은 SSE에 의해 방향이 제시된 대로 핵심 정책 및 관리를 평가하고 이에 충족함을 보여주어야 한다.

요구 조건

5. 소프트웨어 관리와 관련된 요구사항은 없다. 그러나, 소프트웨어 지원 문제의 처리를 소홀히 하는 것은 수명주기 비용, 성능, 가용도, 정비도 및 전체 체계 안전도에 영향을 미친다.

보증

6. 소프트웨어 지원은 관리정책 2.1 및 관리정책 2.5에 대해 개별적으로 보증되는 ILS 절차의 요소이다. 보증 지침은 JSP886 제1권 3부 지원방안묶음에 제시된다.
7. 개별적으로 인도에 대한 위험을 식별하고 일관적인 지원방안의 제공을 지원하는 지원방안 개선팀은 외부적으로 관리 정책을 평가한다.

절차

8. 소프트웨어 지원에 대한 절차 및 지침은 JSP886 제7권 3부 군수지원분석지침에 소개되어 있다.

핵심 원칙

소프트웨어의 역할

9. 추후 개량 없이 소프트웨어가 개발 및 완료될 수 있다는 생각은 잘 못된 것이다. 체계는 지속적으로 변하는 세계에서 기능을 다 할 수 있도록 설계되며, 가능한 변경 요인의 끊임없는 흐름을 전제로 한다. 현대적 장비의 상당한 부분은 소프트웨어의 이용에 의해 구동된다.
따라서:

a. 소프트웨어는 체계의 크기나 무게 제한에 큰 영향을 주지 않고 매우 복잡한 과제를 수행할 수 있고,

b. 소프트웨어의 개량은 운용 가용도에 최소한의 영향을 주면서 이루어질 수 있으므로 소프트웨어의 이용은 적절하다.

10. 모든 다른 설계 규칙과 공통으로 그리고 전 수명을 전망하면서, 소프트웨어 지원은 그것

---

1 스폰서- JSP의 내용, 배포 및 출판에 대한 책임을 가진 자 (위임장에 따름). DLWG 그룹장을 통해 발행되고 관련 규정에 따라 효력을 가진 위임장(LoD)에 의해 정해진 책임.

의 역할과 재정적 공약의 균형을 이룬 고려 수준으로 이해 및 관리되고 구현되어야 한다. 이에 대한 이유는 아래와 같다:

a. 소프트웨어 지원은 최적의 총 수명비용(WLC) / 소유 비용 (COO)으로 지속 가능한 능력 제공을 위한 국방전략비전의 필수 요소이다.

b. 체계 신뢰도는 부분적으로 소프트웨어 신뢰도에 좌우된다.

c. 군사 전략과 전산기술의 지속적인 발전은 고도로 유연하고 민감한 지원 제도를 필요로 한다.

소프트웨어 지원

11. "소프트웨어 지원"이라는 용어는 체계 소프트웨어를 구동하고 유지하게 하는 활동을 설명한다. 소프트웨어 지원은 두 가지 요소로 구성된다:

a. 소프트웨어 운용 지원 (SOS). 소프트웨어의 로드, 리-로드, 다운로드, 저장, 배포에 필요한 작업이나 모든 소프트웨어 취급 활동의 수행을 말한다.

b. 소프트웨어 개선. 운용 중인 소프트웨어 품목에 대한 설계 변경 및 이행을 말한다. 일부 "변경 요구서"는 항상 소프트웨어 개선 활동의 시작이다.

참고: 모든 소프트웨어 변경은 개량으로 불린다. 왜냐하면, 소프트웨어 변경 작업은 새로운 소프트웨어 산출물을 만들어 내기 때문이다. 특히, 이것은 원래의 상태로 되돌아가지 않는다.

c. 이들 두 요소는 서로 관련이 있다고는 하지만, 지원 절차, 자원 및 시설 측면에서 별개로 구별된다. 소프트웨어 지원분석 (SSA)의 적용은 JSP 886 제7권 3부에 상세히 서술된 바와 같이 지원 소요의 식별을 지원한다.

소프트웨어 지원 고려사항

12. 소프트웨어 지원에 대한 고려사항은 제1장에 서술하였다.

용어 / 약어

13. 용어 및 약어 목록은 부록 B와 C에 각각 수록하였다.

관련 규격 및 지침

14. 본 자료를 위해 아래와 같은 규격서 및 지침이 제공되며, 별도의 언급이 없는 한, 이들은 최신 개정판이다:

a. JSP 440: 국방보안교범 8부 – 통신보안

b. JSP 886 제7권 2부: 종합군수지원 관리

c. BS ISO/IEC 12207: 정보기술, 소프트웨어 수명주기 절차

d. BS EN 61508-4:2002: 전기/전자/프로그램 가능 전기 안전관련 시스템의 기능별 안전성 4부 - 용어정의 및 약어

e. ISO 9001:2000: 품질관리제도. 요구사항

f. TickIT Guide. 품질관리제도 수립 지침 및 ISO 9001:2000 인증

g. Def Stan 00-49: 신뢰도 및 정비도 용어정의에 대한 국방부 지침

h. Def Stan 00-56: 군용 시스템에 대한 안전도 관리 요구사항

i. Def Stan 05-57: 군수품에 대한 형상관리

j. 역량 성숙도 모델 통합 (CMMI), 소프트웨어 공학 연구소 (SEI)

k. 군사 항공 환경 (MAE) 사업절차 (BP) 1201: 획득 안전도 및 환경관리제도에 대한 지침

소유권 및 문의처

15. 본 정책은 EG 소프트웨어 정책 분야 리더에 의해 유지되며, 장비 수명 주기의 모든 단계에 관련된 소프트웨어 지원 문제에 대해 국방부 관련 부서에 조언과 지침을 제공한다. 문의처는 아래와 같다:

a. 기술적 문제에 관한 문의처:

소프트웨어 정책 분야 리더.

DESTECH-EGSw-POL@mod.uk

Tel: Mil: 9679 Ext 34146. Civ: 030679 34146

b. 편집상 문제에 관한 문의처:

DES JSC SCM-SCPol-Editorial Team

Tel Mil: 9679 Ext 80953. Civ: 030 679 80953

제1장

소프트웨어 지원 고려사항

소프트웨어 고장의 특성

1. 대부분의 초기 소프트웨어는 현재부터 일부는 수명주기 동안 고장이 존재한다; 그러나, 하드웨어[2] 와 달리 소프트웨어[3] 만은 체계적인 고장을 일으킨다. 따라서, 소프트웨어로 인한 고장은 아래 원인에 의해 발생한다:

a. 인도 전에 제거되지 않은 고장

b. 규정된 한도를 벗어난 체계 운용

c. 후속 정비를 통한 고장의 유입

2. 소프트웨어 결함을 제거하기 위해서는 개량이 필요하다. 그러나, 체계를 유지하거나 이전의 규정된 상태로 환원하기 위해서는 복구 작업 (리-로드, 리부트, 재시작)이 필요하다.

지원 고려사항

3. 소프트웨어를 지원할 수 없는 경우 소프트웨어 진화(Evolution)를 불가하게 만드는데, 이는 모든 관계자를 결국 성능 격차의 위험에 노출시킬 수 있다. 이런 위험을 줄이기 위해, 지원 가능한 소프트웨어의 획득이 설계 목표가 되어야 하며, 설계에 대한 체계적 접근방법의 선택은 아래 내용을 보장한다:

a. 다른 요소 내에서 소프트웨어의 상호관계를 이해하기 위해 모든 DLOD에 걸친 시각이 선택된다.

b. 소프트웨어의 개발, 구매 및 운용에 영향 요소를 식별하는 관계자 분석이 수행된다.

c. 전 수명 동안의 소프트웨어 변경 요구 및 관련 소프트웨어 지원 요구사항의 최초 식별을 위해 포괄적인 검토가 이루어진다.

---

2 하드웨어의 경우, 무작위 고장이 주를 이루며, 정비 업무의 요인이 된다.

3 특정 원인에 대한 확정적 방법에 관련된 고장. 이것은 설계, 제작 공정, 운용 절차, 자료 또는 기타 관련 요소의 변경을 통해서만 제거될 수 있다.

d. 전 수명 접근방법이 선택되는데, 이는 전 수명 소프트웨어 변경 및 관련 운용단계[4] 소프트웨어 지원 요구사항의 계획 및 비용을 고려한다.

e. 발전하는 시스템의 정비 및 개량을 반영하기 위해 지원 프로세스를 재검토 및 갱신한다.

4. 지원 계획. 획득 기간 중, 소프트웨어 지원과 관련된 모든 계획 및 원가계산이 전 수명 관리계획의 일부로 문서화되어 총 수명비용(WLC) 전략의 일부로 포함된다. 운용 중인 경우라면 소프트웨어 지원에 대한 모든 변경은 적절한 문서에 반영한다.

5. 공식 계약. 관련자와 소프트웨어 지원 능력 제공을 위한 책임간의 관련성을 정의하기 위해 공식계약[5] 이 이루어진다. 이 계약이 체계의 수명 주기 동안 유지되는 동안 타당성의 연속성에 대해 주기적 그리고 사안별 기준으로 재검토 한다.

소프트웨어 지원분석

6. 소프트웨어 지원분석 (SSA)은 지원 요구사항, 사안 및 지원요인을 장비 수명주기의 가능한 초기에 식별하는 일련의 분석 과제이다. SSA의 응용은:

a. 장비의 설계에 반영하기 위한 군수지원 고려를 가능하게 한다.

b. 군수지원과정과 장비의 수명을 위한 그 것의 자원 요구사항을 확인하게 한다.

7. 섹션 17에 서술된 군수지원 프로세스 및 모델은 SSA의 응용 및 소프트웨어 지원 요구사항의 식별을 지원할 수 있다. 특히, SSA는 아래 사항을 충분히 고려한다:

a. 소프트웨어 변경의 유형

b. 가변 지원

c. 대체 지원방안

소프트웨어 변경 유형

8. 소프트웨어 변경은 아래와 같이 구분될 수 있다:

a. 수정. 수정 변경은 소프트웨어 결함을 제거하기 위해 소프트웨어 품목을 개선한다.

b. 적응. 적응 변경은 변화된 환경에서 규격을 계속 충족할 수 있도록 소프트웨어 품목을 개선한다.

c. 완벽. 완벽 변경은 개선된 방식에서 기존 규격을 충족할 수 있도록 소프트웨어 품목을 개선한다.

4 CADMID/T 수명주기의 운용단계와 관련된 소프트웨어 지원.

5 예를 들면, 고객 공급자 계약, 서비스 레벨 계약, 내부 사업 계약, 등

d. 강화. 강화 변경은 체계에 추가적인 기능을 더할 수 있도록 소프트웨어 품목을 개선한다.

가변 지원

9. 체계의 수명 기간 동안, 소프트웨어 지원 요인은 동일한 치명도를 가지지 않는다. 따라서, 소프트웨어 지원 방안은 변경 치명도에 대응하여 가변적이고 유연해야 한다; 일반적으로 아래 사항에 의해 촉진될 수 있다:

a. 수명기간 동안 적절한 지원 방안의 보유 및 적기 가용도, 여기에는 소프트웨어 개발환경(SDE)과 충분한 기능을 갖춘 인력이 포함되며, 이로 인해 능력이 수명기간[6] 동안 유지될 수 있다.

b. 통상 및 긴급 소프트웨어 개량을 수행하기 위한 능력을 명백하게 인식하고 수용하는 지원 방안.

대체 지원방안

10. 군수지원의 변화는 전통적인 방식의 지원에서 가용도 계약 (CfA) 및 궁극적으로 능력 계약(CfC)으로 이전되는 결과로 나타난다. 이 변화가 소프트웨어 기반 체계에 동일하게 적용되는 동안, 지원방안이 효과적이고 효율적이며 지원 제공자와 무관함을 증명하는지 각 접근방안의 의미가 고려되어야 한다. 지원이 업체, 서비스 인력 또는 파트너 팀에 의해 제공되는 것과 상관 없이 주 접근방법은 아래와 같다:

a. 전통 방법. 소프트웨어의 경우, 전통적 지원과 수리부속 포함은 동일하게 처리될 수 있다. 두 방법 모두 소프트웨어 적응 및 강화를 위해 수립되는 추가적인 지원 편성과 함께 소프트웨어 수정을 위한 소프트웨어 하자보증 제공에 의존한다.

b. 수정 변경. 소프트웨어 수정변경은 계약자 군수지원 (CLS) 절차에 의해 일반적으로 촉진된다. 공급자의 비용으로 수정 변경이 수행된 경우, 소프트웨어 하자보증이 효과적으로 제공된다. CLS 계약의 수립 중 아래와 같은 대체 안을 고려할 수 있다:

(1) 수명기간 하자보증. 이 옵션은 공급자가 소프트웨어의 수명기간 동안 무상으로 수정 변경을 수행한다.

(2) 한정기간 하자보증. 이 옵션은 공급자가 운용일 후 합의된 일정 기간 동안 무상으로 수정 변경을 수행한다[7]. 하자보증 기간이 만료되면 고객은 모든 수정 변경에 대한 비용을 지불한다.

(3) 무 하자보증. 이 옵션은 고객이 모든 수정 및 변경에 대해 비용을 지불하며, 바람직하지 않은 것으로 판단된다.

c. 적응 및 강화. 소프트웨어의 적응 및 강화는 성능을 지속하기 위해 필요하다. 그러

나, 수정 변경과는 달리 이행에 대한 재정적 책임은 거의 고객에게 부가된다. 소프트웨어 제품의 수명주기를 통한 적응 및 강화를 촉진하기 위해 사후설계 서비스(PDS)를 종종 제공한다.

d. 가용도 계약. CfA를 통해 공급자는 사전에 정해진 규격에 대한 사용가능 체계의 적기 제공을 위한 책임을 진다. 따라서, 체계 가용도를 유지하는 소프트웨어 변경만 CfA에 의해 수행한다. 국방부가 요구한 소프트웨어 적응 및 강화의 필요성이 존재하는 경우 별도의 PDS가 역시 필요하다.

e. 수정 변경. 소프트웨어에 대한 CfA의 적용은 체계 가용도의 측정에 소프트웨어로 인한 모든 고장이 포함되는 경우에만 유효하다. 따라서, CfA의 성공은 소프트웨어 가용도의 적절한 확립과 확실한 측정에 크게 의존한다. 성공적인 CfA는:

(1) 소프트웨어 하자보증 및 CLS에 대한 필요성을 무시한다.

(2) 공급자가 효과적이고 효율적인 지원방안을 수립하도록 동기를 부여한다.

f. 적응 및 강화. 적응 및 강화는 체계 사양을 변경시키므로 이런 유형의 변경이 CfA에 의해 수행되는 것은 부적절[8] 하다. 더욱이, 체계사양이 변경되는 경우 CfA는 재검토되거나 가능하면 갱신할 필요가 있을 수 있다.

g. 능력 계약. CfA에 의해 제공되는 지원 외에, CfC 지원 방안은 사전에 정해진 체계에 반하는 능력의 적기 인도에 대한 책임을 지게 된다. 따라서, CfC는 체계의 수명기간 동안 모든 유형의 소프트웨어 변경을 수용해야 한다. CfC를 촉진하기 위해 고객 및 공급자 모두 소프트웨어 변경에 대한 잠재적 필요성에 대한 충분한 이해를 가져야 한다. 변경에 대한 필요성이 잘 못 이해된 경우, 수명기간을 통한 능력의 제공이 어려움에 빠질 수 있다.

11. 소프트웨어 CfA 및 CfC 에 대한 계약 메커니즘은 전통적인 지원 방식과는 다르다. CfA의 경우 계약 프로세스는 체계 사양 변경에 대응하여 가용도 기준에 대한 변경을 수용할 수 있어야 한다. CfC의 경우 계약 프로세스는 진보하는 운용상 요구에 대응하여 체계 사양에 대한 변경을 수용할 수 있어야 한다.

---

6 여러 조직에게 소프트웨어 개량이 할당되는 경우, 지원 효율성이 저하되지 않도록 지원 자원 (SDE 및 인원)의 중복이 신중하게 관리되어야 한다.

7 효과를 높이기 위해, 하자보증 기간에 가장 빈도가 높은 소프트웨어 결함이 노출되어야 한다. 이것은 모든 범위의 기능과 운용 시나리오를 사용하는 등 다양한 체계 운용을 통해 도움을 받을 수 있다.

8 국방부가 요구한 변경은 별도의 PDS에 의해 촉진되어야 한다. 그러나, 체계 가용도 충족을 위해 공급자에 의한 변경은 CfA 내에 포함되어야 한다.

지원 방안

12. SSA의 출력을 기준으로, 선택된 소프트웨어 지원 방안은 최소한 아래 내용을 밝혀야 한다:

a. 후원자 및 사용자 요구사항

b. 국방부 인원이 고용된 필수 지역 (즉, "지적인 고객"의 위치 유지)

c. 국방부 또는 업체 지원 둘 중 하나, 또는 복합체의 타당성 (공동 협조)

d. 제공될 지원 수준에 대한 완전한 충분한 정의 (보통 및 긴급 운용 모두에 대한)

e. 적절한 소프트웨어 지원 방안 (즉, CLS, CfA, 등).

f. 요구된 소프트웨어 지원 기반시설 (즉, 인원, 시설, 교육 등)

g. 최적 비용으로 지원 제공

h. 위험 관리

i. 체계 소프트웨어의 운용상 사용을 가능하게 하는 모든 관련 자료에 대한 지원 요구사항[9]

j. 소프트웨어 지원에 관련되거나 영향을 주는 다른 모든 사업관련 요소

소프트웨어 지원 요구사항

13. 상용품(COTS)에서 개발에 이르기까지 소프트웨어 유형과 상관없이 소프트웨어 지원은 항상 동일한 포괄적 기능을 포함한다. 그러나, 각 기능을 수행하는 조직은 소프트웨어의 유형과 지원 요구에 따라 크게 변한다.

14. 아래 그림에 나타낸 소프트웨어 지원 모델은 포괄적 지원 기능 및 소프트웨어 지원을 가능하게 하는 항목의 흐름을 보여준다. 일반적인 모델로서, 개별 사업의 필요성에 특정한 소프트웨어 지원 요구사항의 도출을 돕기 위하여 활용될 수 있다. 완벽하고 적절하며 측정 가능한 지원 요구사항의 정의를 통해 효과적이고 효율적인 소프트웨어 지원방안의 수립 가능성이 개선되고 능력을 지속할 수 있는 능력이 최대화 된다.

15. 소프트웨어 지원에 대한 필요성이 일단 식별되면, 높은 수준의 지원 요구사항이 사용자 요구사항 문서(URD)에 정의되어야 하고, 이로써 상세 지원 체계 요구사항은 체계 요구사항 문서(SRD)에 수록될 수 있다. SRD 소프트웨어 지원 요구사항은 지원방안이 제공될 서비스의 요구 수준을 정의해야 한다. 이것은 아래 사항으로 측정할 수 있다:

a. 엔드투엔드 소프트웨어 개량기간 (보통 및 긴급 변경 모두에 대한)

b. 각 지원 기능에 대한 응답 시간 및 최대 수용가능 기간

c. 하나의 지원 기능에서 다른 것으로 진행할 항목별 최대 수락가능 기간

---

9 데이터 지원이 요구된 경우, 통상 전반적인 소프트웨어 지원 요구사항과 같이 통합 기능으로서 고려된다.

d. 지원 기능 사용율 (즉, 연간 각 기능이 사용되는 횟수)

16. 아래 그림 1에 나타난 행위자의 설명은 아래와 같다:

a. 사용자. '사용자'라는 용어는 체계와 상호작용하는 모든 인원을 말하며, 특히 여기에는 운용자 및 지원 인원이 포함된다. 따라서, 사용자는 체계 운용에 관한 질문을 제기하거나, 문제점을 발견하고, 적응 및 강화를 위한 아이디어를 낼 수도 있는데, 이것을 통틀어 "질문"이라고 한다. 이들 질문은 '질문 보고서' 작성에 의해 공식화 되며, 이는 내부에서 발생된 모든 변경 필요성을 나타낸다. 질문 보고서는 모든 관련 정보 및 자료를 문서화 하여 '질문 평가' 기능으로 보낸다.

b. 외부 변경 인자. '외부 변경 인자'라는 용어는 사용자의 운영에서 비롯되지 않은 변경 요구의 출처를 말한다. 이런 변경 인자의 예로는, 소프트웨어 컴포넌트의 인터페이스 또는 내재하는 하드웨어의 변경에 대응하여 기능을 보존하려는 하려는 필요성일 수 있다.

c. 호스트 시스템. '호스트 시스템'이라는 용어는 소프트웨어 및 데이터가 상주하는 물리적인 장비를 말하며, 이의 운용을 통해 체계 기능 또는 능력이 제공된다.

소프트웨어 지원 모델

그림 1: 소프트웨어 지원 모델

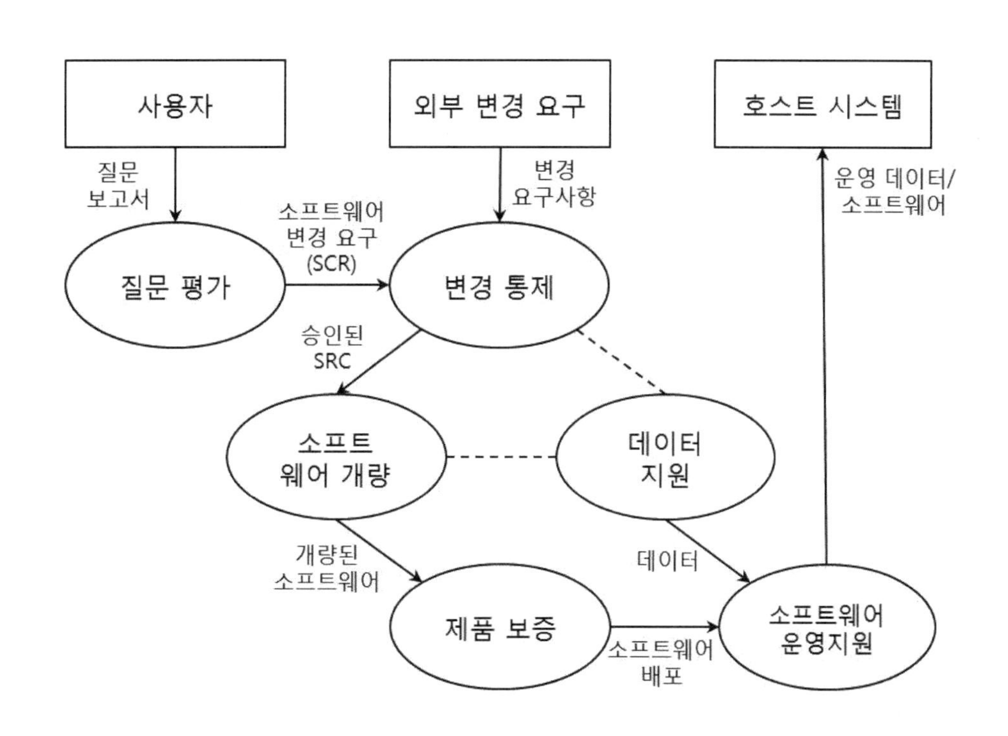

17. 그림 1에 나타난 기능은 설명은 다음과 같다:

a. 질문 평가. 질문평가 기능은 모든 질문의 원인을 식별하고 문제점의 특성을 분류하며 중복을 제거하고 사용자 오류를 파악하기 위해 질문 보고서를 평가 및 여과한다. 이 기능은 제2의 해결책을 식별하여 소프트웨어 개량의 요구를 발생시키지 않고 많은 문제를 해결할 수 있다; 그러나, 일부 질문은 소프트웨어 변경 요구 (SCR)를 발생한다. 모든 SCR에 대해 평가자는 각 변경에 대한 운용상의 이점, 비용 및 위험을 평가하고 발견된 사항을 '변경통제' 기능 및 원 작성 부서로 보낸다. 질문평가는 모든 '질문 보고서'의 진척사항과 타당성 검토 및 영향 분석 결과에 관한 변경통제에 대해 사용자에게 피드백 한다.

b. 변경통제. '변경통제' 기능은 운용상 능력 및 체계 준비태세의 요구를 충족하도록 SCR을 승인 및 순서화 한다. '변경통제'는 사용자가 작성한 SCR (평가된 '질문 보고서'를 통하여)과 외부에서 제기된 소프트웨어 변경 요구를 다룬다. 이 기능은 목표, 제한사항 및 주어진 가용한 자원범위 내에서 변경 요구를 조정한다. 필요한 경우, '변경통제'는 외부에서 제기된 소프트웨어 변경에 대한 타당성 및 영향의 연구 수행을 위해 '질문평가'를 실시한다. 소프트웨어 및 데이터간의 의존성으로 인해, '변경통제' 기능은 모든 소프트웨어 및 데이터 변경과 체계 기능에 대한 이들의 잠재적 영향을 알고 있어야 한다.

c. 소프트웨어 개량. '소프트웨어 개량' 기능은 승인된 SCR의 이행을 다룬다. '소프트웨어 개량'의 출력은 신규 소프트웨어 로드와 문서 지원이며, 이들은 불출 이후 호스트 시스템에 의해 사용 준비 상태가 된다. 소프트웨어 및 데이터간의 의존성으로 인해, '데이터 지원' 기능으로 모든 소프트웨어 변경에 대한 정보를 제공한다.

d. 데이터 지원. 모델(그림 1)과 관련하여, 데이터는 호스트 시스템에 로드 또는 다운로드 되거나, 불출된 소프트웨어 구성을 위해 이용된 임무 및 엔지니어링 관련 정보를 말한다. '데이터 지원' 기능은 데이터의 발생, 보존, 분석 및 개조를 담당한다. '데이터 지원'의 출력은 호스트 시스템 내의 사용을 위한 신규 데이터 로드 및 문서 지원이다. 소프트웨어 및 데이터간의 의존성으로 인해 '소프트웨어' 개량' 기능으로 모든 데이터 변경에 대한 정보를 제공한다.

e. 제품 보증. '제품보증' 기능은 개조된 제품이 불출을 위해 수락 가능한지, 즉 제품이 승인된 SCR의 수행 후 사용하기에 안전하고 신뢰성이 있거나 지원 가능한지를 검증하는 일을 한다. 기본 수준에서, 이 기능은 불출된 소프트웨어가 정상적으로 구성되고 불출된 서류에 적절히 문서화 되는 것을 보장한다. 이 기능만이 요구된 품질특성을 위해 보증된 무결성 표현에 공식적 증거를 제시하도록 하는 것은 중요하다. 특히, 이 기능은 제품 무결성에 대한 모든 활동을 나타내지 않는데, 이는 이 활동이 정비 모델을 통하여 존재하기 때문이다.

f. 소프트웨어 운용 지원. 8a항에 상세히 설명한 '소프트웨어 운용 지원 (SOS)'의 정의를

다시 쓰면 아래와 같다:

"SOS는 로드, 리로드, 다운로드, 복제, 복사, 저장, 배포 및 모든 소프트웨어 취급 활동의 수행을 말한다."

이 말은 임무 또는 엔지니어링 데이터의 로드, 구성, 검색 및 삭제를 위해 필요한 모든 작업을 포함하도록 확대될 수 있다. 체계가 운용상 또는 엔지니어링 출력에 대해 데이터의 처리에 의존하는 경우 이런 확대는 적절하다.

소프트웨어 변경 관리

18. 모든 체계 내의 소프트웨어는 수명 기간 동안 변경에 처하게 된다. 이런 소프트웨어 변경은 소프트웨어의 결함, 소프트웨어가 상호작용하는 다른 체계의 변경, 또는 능력 강화 필요성에 의해 시작될 수 있다. 수명기간 동안 체계의 무결성을 유지하기 위해, 소프트에어 지원 활동이 포괄적으로 관리되고 변경이 통제된 방법에 의해 수행되는 것은 필수적이다. '소프트웨어 변경 관리'는 최소한 다음 사항을 보장해야 한다:

 a. 모든 소프트웨어 변경의 영향은 충분히 평가되어야 한다[10].
 b. 하드웨어 개량은 체계 소프트웨어에 미치는 영향에 대해 충분히 평가되어야 한다.
 c. 소프트웨어의 불출은 체계 시험 및 수락에 대한 조정을 포함하여 관리한다.
 d. 소프트웨어 형상 관리 (CM)와 관련 데이터를 유지한다.

19. 아래 항은 소프트웨어 변경 통제 및 형상관리가 소프트웨어 시스템에 대해 어떻게 구현되는지를 나타낸다; 그러나, 요구된 세부 절차[11]를 제공하지는 않는다. 아래 지침은 소프트웨어 변경에 책임이 있는 모든 조직 또는 주체에 적용된다. 예를 들면:

 a. 소프트웨어 변경 통제 위원회 (SCCB).
 b. 소프트웨어 및 데이터의 지원을 책임지는 기관, 예를 들면:
  (1) 설계 조직 (DOs)[12]
  (2) 사업팀 / 인도팀 (P/DTs).
  (3) 전방사령부(FLC).
  (4) 종합군수지원 관리자 (ILSMs).
  (5) 소프트웨어 지원 팀 (SSTs)[13].
  (6) 원 장비 제작사 (OEM).

10 보안성, 안전성, 교육 및 품질보증 영향분석 포함.

11 이런 절차가 준비 및 불출되도록 조정하는 것은 SCCB의 책임이다.

12 서비스 또는 업체일 수 있다.

13 공동 협조 상태하에서 각각의 서비스, 업체 또는 협조체일 수 있다.

소프트웨어 변경 통제

20. 소프트웨어 변경 통제는 2개의 요소로 구성된다:

a. SCCB에 의해 수행되는 일일 활동

b. 소프트웨어 변경의 분석 및 진행

소프트웨어 변경 통제 위원회 (SCCB)

21. 소프트웨어를 포함하는 모든 시스템의 경우, 체계 내에 포함된 소프트웨어의 변경에 대한 통제 실시를 위한 관리 체제를 제공하기 위해 고유한 SCCB의 구성을 고려해야 한다[14]. SCCB에 의해 관리되는 소프트웨어까지는 변경 필요성에 좌우된다. ILSM은 아래 업무의 수행에 책임이 있다:

a. SCCB의 수립.

b. SCCB의 권한(TOR) 작성

참고: 일반적인 SCCB TOR을 부록 1에 나타내었다.

c. 적절한 지원 정책 문서 내에 SCCB 위원을 문서화 한다.

22. 각 SCCB는 최소한 적절한 운용 전문가, P/DT, FLC, DO 및/또는 주 체계 계약자 및 SST로부터 오는 대표자로 구성한다. 이것은 SCCB가 위원 중에 운용자 및 통제, 실무 및 재정 책임자의 시각을 가지도록 하기 위함이다. 비록 보편적으로 적용되지는 않더라도 SCCB에 제시된 기관의 통상적인 핵심 기능은 아래와 같다:

a. 운용자의 시각

b. 국방부, 계약자 및 기타 체계 CM 기관과의 링크 제공

c. 비용, 기간, 운용을 위한 불출, 보안 문제, 안전 문제 및 기타 사업관련 문제의 고려와 함께 제안된 소프트웨어 변경의 타당성에 대한 전문가 조언 제공

d. 프로그램 작업의 과제수행 및 기능 통제 제공

e. 운용 체계에 맞게 모든 업그레이드가 유지되도록 지원 시설의 형상 통제

f. SST 내에 국방부 인원이 포함되어 있는 경우, 적절한 교육, 교통, 생활 및 숙식비용 제공

g. 서비스, 보안 및 안전 요구사항에 대해 불출 완료를 통한 체계설계의 무결성에 대한 책임

---

14 체계 변경 통제 위원회는 소프트웨어가 무시할만한 변경 요구를 가진 것으로 판단된 경우 책임을 포함할 수도 있다.

h. 주 설계 기록 및 관련 자료 유지

i. 필요 시 DA와 협의를 통해 운용상 사용을 위한 소프트웨어 불출 승인

소프트웨어 변경 진행

23. 소프트웨어 변경 요구. 체계 소프트웨어에 대해 제안된 모든 소프트웨어는 엄격히 통제된다. 따라서, 변경 요구는 소프트웨어 변경 요구서(SCR)에 의해 개시되는데, 이것은 SCCB로 보내져 판단을 받는다.

24. SCR 평가. SCR을 접수하면, SCCB는 통상 아래 사항을 포함하는 타당성 연구 수행을 요구한다:

a. SCR이 운용상 이점을 주거나 지원 비용의 감소 가능성 제공 여부를 평가; 이 기준을 만족하지 못 할 경우, SCR은 보통 거절되고 이 사실은 원 요구자에게 통보된다. 모든 경우, SCCB는 SCR의 이행 가능 여부 및 금전적인 가치 표현 여부를 평가한다. SCCB는 수락된 각 SCR에 대해 우선순위를 할당한다.

b. 아래 작업을 위해 적절한 기술 주체와 연락:

(1) 하드웨어 대신 소프트웨어 방안이 적절한지 확인한다.

(2) 관련 하드웨어의 개조 필요 여부를 판단한다.

(3) 계획된 하드웨어 개조가 SCR의 소프트웨어 방안에 대한 영향 여부를 판단한다.

c. 체계의 보안 인증이나 안전 문제에 대한 SCR의 가능한 영향의 판단. SCR이 진행되었다면, SCCB는 체계의 보안 재 인증 또는 안전 문제의 재 검증을 위한 조치를 개시해야 한다.

25. SCR 상태 평가. SCR이 체계 요구사항에 대한 주요 기능 변경을 나타내는 경우, 소프트웨어 변경 의 특성은 개조 대신 소프트웨어 개발이 된다. 상당한 소프트웨어 개발이 요구되는 경우, SCCB는 상위 방침을 찾기 위해 적절한 '능력' 고객에게 상신하는 것을 고려한다.

형상 관리 (CM)

26. 소프트웨어 지원의 효과는 소프트웨어 형상 관리 능력에 좌우되며, 이에 따라 형상관리는 체계의 수명주기 동안 지속되고 어디에나 존재하는 절차가 되어야 한다. CM은 아래의 5가지 활동을 활용하여 체계 소프트웨어 전체에 적용되어야 한다:

a. 계획. CM절차 및 관련 CM 데이터베이스 (CMDB)의 목적, 범위, 목표, 정책 및 절차의 계획 및 정의

b. 식별. 체계내의 모든 형상항목 (CI)의 선정 및 식별

c. 통제. 접수에서 폐기까지 오직 승인되고 식별 가능한 형상항목만 수락 및 기록되도록 한다.

d. 형상 유지. 수명주기 동안 각 CI에 대한 모든 기존 데이터 및 이력 데이터의 보고

e. 검증 및 감사. CI의 물리적 존재를 검증하고 이들이 CMDB에 정상적으로 기록되었는지 확인하는 일련의 검토 및 감사

27. 추가적으로, 개조 프로세스 내에서, 모든 SCR은 형상통제로 제시되어야 하고, 비록 거절되더라도 형상통제 아래에 유지되어야 한다[15].

향후 지원 고려사항

안전도 문제[16]

28. 모든 소프트웨어 변경의 일부로서 체계 안전도에 대한 영향을 고려하고 관리한다.

보안 문제[17]

29. 모든 소프트웨어 변경의 일부로서 보안 인증에 대한 영향을 고려하고 관리한다.

교육 문제

30. 소프트웨어의 지원 및 운용에 관련된 모든 핵심 역량의 요구사항은 소프트웨어 지원 관리 전략 내에 식별되어야 한다. ILSM은 소프트웨어 지원 분석의 적용 초기에 인원의 교육에 적용될 특별한 사업 요구사항 및 표준을 식별하여 적절한 교육이 적기에 제공되도록 한다.

품질 보증[18]

31. 소프트웨어 개량 작업이 체계의 무결성을 저하시키지 않도록 하는 것은 필수적이다. 이를 위해 소프트웨어 품질 보증(SQA) 및 적용될 제삼자의 인증 요구사항을 식별하는 것은 D/PT의 책임이다. 국방부 인원이 업체와 협조가 맺어진 경우, SQA 표준의 적용은 아래 작업에 적용 가능할 경우 일관성을 유지 한다:

a. SQA 개념 및 지시의 공통 체계 제공

b. 재작업을 최소화 하면서 국방부와 업체간 소프트웨어 이전 촉진

c. 사용을 위한 소프트웨어 불출을 위해 SQA 관련 요구사항의 충족

단종 문제

32. 소프트웨어 단종은 보급 또는 지원 중단에 있어서는 하드웨어와 유사하나, 특히 소프트

---

15 이로 인해 중복되는 노력이 최소화 될 수 있다.

16 안전도에 관한 특수한 요구사항은 Def Stan 00-56에 상세히 나타나 있다.

17 보완과 관련된 특수한 요구사항은 JSP 440 8부에 서술되어 있다.

18 군수품질정책에 대한 추가적 정책에 대해서는 Defence Quality Agency (DQA)에 문의할 것.

웨어에서는 적기에 소프트웨어 변경이 불가하다. 사업의 규모와 기간에 따라 이것은 DT/PT를 일시적 또는 영구적 능력 격차 및 수용이 불가한 체계 가용도 위험에 처할 수 있다. 소프트웨어 단종에 영향을 받는 요소는 많은데, 상호운용성, 기능 저하 및 공급자 지원 중지 등이 간단한 사례이며, 소프트웨어 지원 계획의 일부 또는 전반적인 장비 단종계획의 일부로 고려 및 관리할 필요가 있다.

1장 첨부 : 소프트웨어 변경 통제 위원회의 권한 개요

1. 소프트웨어 변경 통제 위원회(SCCB)의 권한은 아래와 같다:
   a. SCCB 절차의 작성, 합의 및 주기적 검토
   b. 높은 수준의 체계형상 통제위원회 요구사항을 이해하고 소프트웨어 변경 관리
   c. 안전도, 보안, 체계 호환성 및 운용 역할 (타 체계와의 상호운용성 포함)에 대한 소프트웨어 변경의 영향 검토
   d. 소프트웨어 변경 요구(SCR)에 대한 우선순위 할당
   e. 체계 검증 및 운용 시운전을 위한 요구사항 검토
   f. 모든 신규 소프트웨어 불출 지원
   g. 신규 소프트웨어 불출에 관한 상위 기관에 대한 조언 및 소프트웨어 형상의 공식 기록 유지 여부 확인.
2. 의무 완수를 위해, SCCB는 특정한 사안에 대한 전문가 조언을 위해 하위 위원회의 소요를 결정할 수 있다. 예를 들어, 안전 및 보안 등 전문적 엔지니어링에 대해 모든 SCR을 평가하기 위한 하위 위원회를 구성할 수 있다. 이 하위 위원회는 SCR 비용 및 시간에 관한 타당성 연구를 수행하도록 SST에 과제수행 권한을 줄 수 있다. 이 경우 SCCB는 하위 위원회의 위원을 정의하고 세부 TOR 및 절차를 이들에게 제공한다. 그러나, SCR의 승인 또는 거절 책임은 항상 SCCB에 있다.
3. 운용 체계에 대한 중요한 변경 관리는 통상 체계변경 통제 위원회(CCB)가 한다. 체계 CCB가 존재하는 경우 SCCB는 그 하위 위원회가 되며, 소프트웨어 개량에 대한 전문가 조언을 제공한다. 체계 형상 통제 위원회가 존재하지 않는 경우 SCCB의 수립 책임이 있는 ILSM은 다른 관련 형상 주체와 관련성을 정의한다.

부록 A: 용어 정의

1. 본 자료에 적용되는 용어의 정의는 다음과 같다:

a. 데이터: 호스트 시스템에 로드 되거나 다운로드 되는 임무 및 엔지니어링 관련 정보. 데이터는 지리적 정보와 같은 정적 정보, 또는 임무 목표를 규정하는 지시의 형태일 수도 있다.

b. 호스트 시스템. 소프트웨어 및 데이터가 상주하는 물리적 장비로 이들의 운용을 통해 체계의 일부 기능이 작용한다.

c. 운용 중 소프트웨어 지원. CADMID/T 수명주기의 운용 중 단계와 관련된 소프트웨어 지원

d. 무작위 하드웨어 고장[19]. 무작위 시간에 발생하는 고장, 하드웨어에서 하나 이상의 가능한 기능 저하 메커니즘으로부터 나타난다.

e. 소프트웨어. 컴퓨터 시스템의 운용에 적합한 프로그램, 절차, 규칙, 데이터 및 모든 관련 자료

f. 소프트웨어 수명주기. 소프트웨어의 최초 개발 시작부터, 유지 및 최종적으로 소프트웨어 및 관련 데이터의 폐기까지 필요한 활동

g. 소프트웨어 운용 지원 (SOS). 로드, 리-로드, 다운로드, 복제, 복사, 저장 또는 모든 소프트웨어 취급 작업의 수행에 필요한 활동

h. 소프트웨어 개량. 소프트웨어 개량은 운용 중 소프트웨어 품목에 대한 설계 변경의 개발 및 이행을 말한다. 소프트웨어 변경 요구가 항상 소프트웨어 개량 활동을 개시시킨다.

i. 소프트웨어 지원 팀 (SST). 운용 중 소프트웨어 지원을 제공하기 위해 구성된 조직이며, 전체가 다 국방부 또는 업체에서 지원되거나, 국방부 및 업체간 협조체를 이룰 수도 있다.

j. 관계자. 소프트웨어 지원에 영향을 주거나 받을 수 있는 기고나 및 사용자

k. 체계적 고장. 특정 원인에 대한 확정적 방법에 관련된 고장. 이것은 설계, 제작 공정, 운용 절차, 자료 또는 기타 관련 요소의 변경을 통해서만 제거될 수 있다.

l. 사용자. 특정한 기능의 수행을 위해 호스트 시스템을 사용하는 개인 또는 조직

---

19 BS EN 61508-4:2002 - 전기/전자/프로그램 가능 전자 안전관련 시스템의 기능별 안전 4부-용어정의 및 약어

부록 B: 약어

본 자료에 사용된 약어의 정의는 아래와 같다:

AP	Air Publication
BP	사업절차
CfA	가용도 계약
CfC	능력 계약
CCB	변경 통제 위원회
CI	형상 항목
CLS	계약자 군수지원
CM	형상 관리
CMDB	형상관리 데이터베이스
CMMI	성능 성숙도 모델 통합
COO	소유 비용
COTS	상용품
DO	설계 조직
DE&S	국방 장비 및 지원
DLODs	국방 개발품
DT	인도팀
EG	엔지니어링 그룹
ILSM	종합군수지원 관리자
JAP	Joint Air Publication
MAE	군사항공환경
OEM	원 제작사
PDS	사후 설계 서비스
PT	사업팀
PTL	사업팀 리더
SCCB	소프트웨어 형상 통제 위원회
SCR	소프트웨어 변경 요구서
SDE	소프트웨어 개발 환경
SEI	소프트웨어 엔지니어링 연구소
SME	사안별 전문가
SOS	소프트웨어 운용 지원
SQA	소프트웨어 품질 보증
SRD	체계 요구사항 문서
SS	소프트웨어 지원성
SSA	소프트웨어 지원 분석
SSE	지원방안묶음
SST	소프트웨어 지원팀
TORs	권한
URD	사용자 요구사항 문서
WLC	총 수명비용

JSP 886 Volume 7 Part 05.01: Management and Exploitation of Equipment Generated System Information

Version 2.0 dated 30 Jan 12

JSP 886

국방 군수지원체계 교범

제7권

종합군수지원

제05.01부

자동생성 군수정보의 관리 및 활용

개정 이력		
개정 번호	개정일자	개정 내용
1.0	02/08/11	임시 출판 버전
2.0	30/01/12	정책 재 작성

Contents

제1장

자동생성 군수정보의 관리 및 활용 392

Ministry
of Defence

제1장

자동생성 군수정보의 관리 및 활용

배경

1. 본 자료는 장비에 의해 자동으로 생성된 군수정보의 관리와 활용에 대한 합동 군 정책을 제공한다.

2. 이 정책은 국방군수정보전략 (DSLI)[1]에 따라 관리 및 활용되는 자동생성 군수정보의 필요성으로부터 수립되었다. 이 전략은 숙련된 인원에 의해 신속하고 용이하게 활용되도록 할 충분한 품질과 관리를 갖춘 정확한 정보를 적기에 군수결정지원(LDS) 프로세스에 제공하기 위한 필요성을 강조한다.

3. 장비에 의해 자동으로 생성된 정보에는 전자식 상태감시시스템(HUMS)에 생성된 출력뿐만 아니라 사용자에 의해 관측정보로서 직접 장비에 입력된 데이터의 결과 또는 다른 사용 통계, 소비, 안전 및 형상과 같은 관련 군수지원 분야, 그리고 소요 추세, 성능 및 사용 패턴과 같은 Business Intelligence[2] 로부터 오는 결과도 포함될 수 있다.

4. 그러나, 정보 단독의 생성으로는 충분하지 않으며 반드시 활용되어야 한다. 즉, 이 활용('체계정보활용' (SIE)라고도 불림)이 LDS 프로세스가 합의된 수준의 체계 운용 가용도를 달성하도록 작동하게 하는 것이다. 따라서, 이 정책의 범위는 정보의 자동생성뿐만 아니라 장비 외에서의 수집, 대조, 저장 및 분석도 포괄한다. (그림 1 참조)

그림 1: 체계 정보 활용

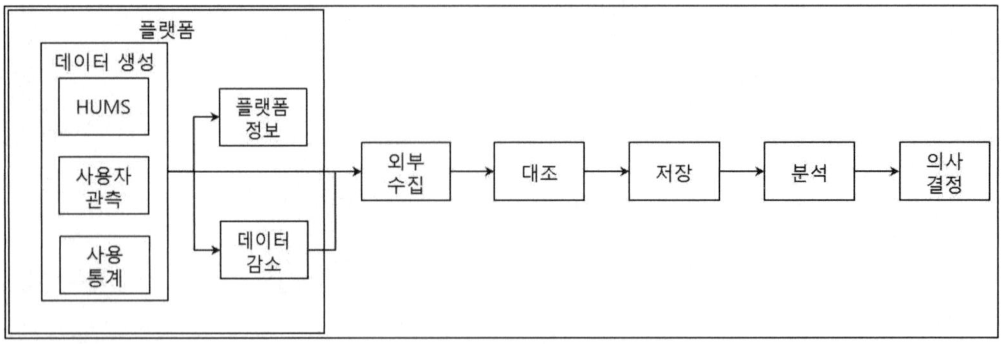

정책

5. 아래의 절차 및 프로세스가 모든 국방부 사업에 적용되도록 하는 것이 합동지원체계국장(DJSC)에 의해 지시된 국방부의 방침이다:

a. 사업팀 (PT) 리더는 관련 정보 계획과 같이 장비의 수명주기관리계획 개발을 책임지는 담당자를 선정해야 한다. 정보 계획의 목적은 PT, 파트너 업체 및 기타 정보의 흐름 및 이용 상에 위치한 관계자간의 합의를 이끌어 내기 위함이다.

b. 각 정보 계획의 일부로서, 데이터 관리에 계획 및 제한사항에 따라 자동생성 정보의 관리 및 활용을 다루는 하위 절이 개발된다. 이 하위 절은 Business Intelligence와 LDS에 적용되는 안전, 정비계획, CLS 요구, 수리수준의 지원 분석, 요구 추세 및 사용 패턴 등과 같은 군수 소요에 도출되거나 이에 긴밀하게 결부된다.

c. 보증 프로세스의 일부로서, 정보계획 및 그 하위 절은 최초 및 최종 승인 시 수립되어야 하며 운용 중 주기적으로 검토되어야 한다.

우선순위 및 권한

6. 군수 프로세스의 지원 분야 군수정책의 소유권은 국방물자국장CDM의 프로세스 기획자[3]로서 국방군수운용참모차장(ACDS Log Ops)에게 있다. 이 역할은 국방군수위원회(DLB) 산하의 국방군수정책실무그룹(DLPWG) 및 국방군수조정그룹 (DLSG)을 통하여 이루어진다. 이것은 국방군수정보전략이 Hd JSC SCM 으로 위임된 정책에 대해 ACDS Log Ops 및 스폰서[4]에 의해 출판되는 본 관리체계와 대비된다.

요구사항

7. 국방부의 주의의무와 기타 법적 책무[5]를 충족하기 위해, 운용 및 정비 부서는 핵심 엔지니어링 구성품 및 체계의 중요한 상태에 관한 정확하고 접근 가능한 기록을 가지고 있어야 한다. 장비로부터 자동 정보의 발생은 이 정보 제공의 중요한 수단이며, 나아가 안전 운용을 보장하는 핵심 부분을 구성한다.

---

1 ACDS (Log OPS) 국방군수정보 잠정전략, 2011년 10월 17일자.

2 Business Intelligence – 요구 추세 및 사용 패턴을 기준으로 서비스, 체계 및 네트워크 개선의 목표설정을 지원하기 위해 수집 및 처리되는 정보.

3 JSP899: 군수지원 프로세스–임무 및 책임

4 스폰서 – JSP의 내용, 배포 및 출판에 대한 책임을 가진 자 (위임장에 따름). DLWG 그룹장을 통해 발행되고 관련 규정에 따라 효력을 가진 위임장(LoD)에 의해 정해진 책임.

5 산업안전보건법 1974, 항공 안정성 책임, 항해 안정성 의무, 주행 안정성 등

절차

8. 장비 정보 및 그 후속 활용을 위한 프로세스는 JSP 886 제7권 2부: ILS 관리 및 JSP 886 제7권 5부: 지원정보의 관리에 따라 개발되어야 한다. 프로세스는 적기 정보 제공이 안전 및 장비 가용도를 향상시켜 그 비용 및 복잡성을 정당화시키는 군수지원, 특히 정비, 의 중요한 부분을 이룬다.

9. 어떤 자동정보가 요구되는지를 결정하는 프로세스는 요구된 군수 능력, 장비 지원을 위해 내려져야 하는 결정 및 더 나은 군수 투자 의사결정을 위해 필요한 Business Intelligence에 의한 시작으로부터 도출된다. 이 결정은 요구된 정보소요와 데이터 필드를 결정한다. 또한 언제 데이터가 요구되고 어떻게 그것이 최적으로 제공되는지도 결정한다.

10. 전자정보의 공동 이용에 대한 상세한 프로세스는 전자 비즈니스 개요의 AOF 상용 툴 키트에 수록되어 있으며, 상세한 지침은 관련 규격에 나타나 있다 (참조문서 참고).

요구 및 제한사항

요구

11. 자동정보체계는 사용자의 요구에 맞게 설계되어야 한다. 이 체계 및 발생되는 데이터는 데이터의 품질 및 출처가 수명기간 동안 유지되도록 하기 위해 관리된다.

제한사항

12. 모든 신규 정보체계의 설계는 국방군수정보전략에 의해 요구되는 접근방법 및 상호운용성을 보장하기 위하여 유사한 운용 환경에 배치된 다른 군수체계로 인한 제한사항을 고려해야 한다. 또한 D S&E 에 의해 지시된 SOSA 방법도 설계에 고려되어야 한다. (참조문서 참고).

핵심 원칙

13. 자동정보 체계로부터 요구된 새로운 장비, 능력 및 정보는 설계 단계 초기에 고려되어야 한다.

14. 자동 발생된 군수 및 사업지능 정보에 대한 소요 설정 시, 핵심 원칙은 아래와 같다:

  a. 체계로부터 정보 자동 확보의 비용/복잡성과 Business Intelligence 및 LDS를 위해 도출될 수 있는 이점 사이에 계산되고 지시된 균형은 항상 이루어져야 한다. 자동정보체계의 능력은 먼저 최상위 자산관리 소요를 고려하고 품목 레벨 소요까지 이어서 내려가야 한다. 이 능력은 필요 시 우선 순위를 매겨야 한다.

  b. 장비정보는 전체 정보체계의 단지 일부임을 인정한다. 채택된 체계 또는 플랫폼 정보 계획은 다른 단-대-단 군수 및 운용 정보 요소와 일관성을 가져야 한다 (데이터 링크 포함)

c. 요구된 특정한 능력을 고려할 때, 모든 데이터의 사용에는 주의를 기울여야 한다, 여기에는 아래 사항이 포함될 수 있다:

(1) 안전도 유지

(2) 가용도 개선

(3) 수명주기비용 절감

(4) 임무군수능력 보고

(5) 소모품 모니터링

(6) 정비 주기에 영향을 주는 이벤트나 파라미터 기록

(7) 정비소요 및 조기 고장 경고 문제 예측. 그러나, 예측 알고리즘 이용의 장점(데이터의 적시성 및 감축)은 추가적인 복잡성의 비용과 예측 알고리즘이 변화하는 환경에서 작동되도록 하는 필요성에 대하여 신중히 고려되어야 한다.

(8) 관련 데이터 및 정보의 지시, 수집, 가공, 배포를 통한 Business Intelligence 제공

d. 동일한 플랫폼상에서 다른 시스템에 의해 유사한 정보가 다른 곳에서 중복 기록되지 않도록 하기 위해 데이터 세트를 최소화 한다.

15. 군수 및 비즈니스 정보 자동발생을 위한 체계 설계 시, 핵심 원칙은 아래와 같다:

a. 모든 군수결정소요에 대해, 정보 소요는 구매자 및 공급자에 의해 이해되도록 결정 및 시연되어야 한다. 최종화되기 전, 정보 소요가 성취될 수 있고 군수정보체계로 이전될 수 있도록 수립되어야 한다.

b. 반드시 원래 데이터가 정보로 처리되거나 해석되어야 한다.

c. 요구 추세 및 사용 패턴에 근거하여 Business Intelligence의 처리에 정보가 어떻게 이용될 수 있고, 특히 정비 및 수리 의사결정 프로세스에 정보가 어떻게 이용될 수 있는지에 대해 고려되어야 한다.

d. 데이터 이전 소요를 최소화 하는 것을 고려해야 한다. 데이터 이전 소요의 설계에는 아래 사항이 고려되어야 한다:

(1) 체계가 주어진 운용 역할에서 제 기능을 하도록 하기 위해 베어러 네트워크의 가능한 한계.

(2) 자동이든 또는 사람이 개입되어 하든 플랫폼으로부터의 데이터 이전 소요를 줄이기 위한 예비 처리.

(3) 데이터 흐름 경로 및 통신 두절의 영향

(4) 다른 수단에 의한 이전 포함 복귀 데이터 소요 모드의 필요성

e. 정보는 필요한 개입이 요구되는 사람, 예를 들면 운용자, 정비자 또는 정비 관리자에게 충분한 시간 동안 사용할 수 있도록 제공되어야 한다.

f. 데이터 정확도, 신뢰도, 정화, 입증 및 검증 통제에 대한 요구가 계획되고 실행되어

야 한다.

g. 정보는 제삼자 Business Intelligence 시스템 또는 네트워크에 의해 이용될 수 있는 포맷이어야 한다.

16. 자동적으로 발생되는 군수 및 business intelligence 정보 관리 시, 핵심 원칙은 아래와 같다:

a. 데이터의 품질을 보장할 능력을 가진 관계자에 의해 정보검증 및 관리 프로세스가 설치되어야 한다.

b. 필요 시, 정보체계와 관련된 모든 문제에 대한 보고 및 해결 절차가 마련되고 이행되어야 한다.

c. 정보가 어디에 보관되고 누가 가지고 있으며 언제까지 유지해야 하는지가 명확해야 한다. 정보 및 데이터 기록은 JSP 747: 국방정보 관리정책에 따라 유지되어야 한다.

d. 정보에 대한 보안 소요가 JSP 440에 따라 명확해야 하고, 특히 어떤 정보가 보안 또는 민감도 이유로 격리되었는지가 명확해야 한다. 정보 사용에 대한 모든 제한은 모든 관계자에게 분명히 공표되어야 한다.

e. 정보에 대한 요구는 주기적으로 검토되어야 한다.

17. 자동적으로 발생되는 군수 및 business intelligence 정보 활용 시, 핵심 원칙은 아래와 같다:

a. 누가 어떤 특정 정보를 요구하는지, 누가 조치를 해야 하고 언제 해야 하는지가 명확해야 한다.

b. 가능한 경우 시작점 또는 임계 레벨과 같은 행동 개시 방법이 사전에 결정되어야 한다,

c. 합의된 알고리즘 또는 개시 점에 따라 정보 분석이 특정한 조치를 제안하였지만 이를 취하지 않은 경우, 누가 , 왜 조치를 취하지 않았는지가 적절한 곳에 기록되어야 한다.

d. 분석 결과 (안전 등)로 나온 조치를 취하지 않은 후속 결과는 명확해야 하고 모든 관계자에게 통보되어야 한다.

e. 가능한 경우, 데이터 및 정보는 후속 사업에서 이용될 수 있어야 한다.

관련 규격 및 지침

18. 관련 규격 및 출판물은 아래와 같다:

a. JSP 329: 국방 정보 일관성

b. JSP 440: 국방보안 매뉴얼

c. JSP 602: 1006 leaflets: 정보 일관성 지시 및 지침 – 전술 데이터 링크

d. JSP 604 네트워크 접속 규칙

e. JSP 747: 국방정보 관리정책

f. JSP 817: 상태감시 및 상태기반정비 정책

g. JSP 886 Volume 7 Part 2: 종합군수지원 관리

h. JSP 886 Volume 7 Part 5: 지원정보 관리

i. JSP 886 Volume 7 Part 8: 정비수행 및 기록

j. Support Solutions Envelope (SSE) – KSA GP4.1 (HUMS, LOG IP), GP4.2 (LCIA, IER).

k. AOF 사용 툴 키트 전자 비즈니스 공동 작업

l. ISO 8000: 데이터 품질

m. Def Stan 23-09: 일반 차량 구조

소유권

19. 장비발생 체계정보의 관리 및 활용에 대한 정책은 DES JSC SCM-Eng에 의해 입안되었다. 상세 문의처는 아래와 같다:

a. 문서 입안 및 SME:

DES JSC SCM-EngTLS-Rel1d

Cedar 2A #3239, MOD Abbey Wood BRISTOL BS3 28JH

Tel: Mil: 9679 35355, Civ: 030 679 35355

b. 문서 편집:

DES JSC SCM-SCPol-ET Editorial Team

Cedar 1A, #3139, MOD Abbey Wood, BRISTOL, BS 34 8JH

Tel: Mil: 9679 80953 Civ: 030 679 80953

JSP886 Volume 7 Part 6: Tailoring

Version 1.1 dated 09 Jan 12

JSP 886

국방군수지원체계 매뉴얼

제7권

종합군수지원

제6부

종합군수지원 테일러링

개정 이력		
개정 번호	개정일자	개정 내용
1.0	23 Mar 11	초도 출판.
1.1	09 Jan 12	JSP 제목 변경 및 포맷 최신화.

Contents

제3장 테일러링 절차 416

Figure

Ministry
of Defence

제1장

테일러링 정책

배경

1. 테일러링은 사업에서 비용효율이 높은 종합군수지원(ILS)의 적용의 기초가 된다. 이것은 수행되어야 하는 ILS 활동의 범위와 깊이를 식별하는 프로세스이며, 주어진 사업의 범위, 규모, 복잡성, 수명주기 단계 및 계약 내용에 따라 달라진다. 정확한 테일러링은 특정한 수명주기 지원소요, 치명적인 지원비용 인자 및 위험이 적기에 적절한 방법으로 밝혀질 수 있도록 한다.

2. 테일러링은 모든 사업에 대해 필수적이며, 이용되는 논리적 근거 및 방법은 지원성 분석(SA)의 테일러링에 대한 전략적 지침에 수록되고 JSP 886 제7권에 제공되어 있다.

3. 테일러링은 모든 관계자의 동의 하에 당국과 계약자간에 수행될 수 있으나, 최종 결정은 당국에 의해 이루어져야 한다.

정책

4. 국방부의 정책은 모든 제품의 획득에 종합군수지원을 적용하는 것이다. 이 정책은 JSP 886 제7권에 상세히 서술되어 있다. 이 정책은 기술시연 프로그램, 주요 개량사업, 소프트웨어 사업, 합동 사업, 비-개발 및 기성품 구매 등 국방부를 위한 모든 제품의 획득에 적용된다. 테일러링은 ILS 의 기본적인 측면이며, 모든 장비 획득 사업에서 ILS 활동을 그에 맞도록 조정하는 것이 국방부의 방침이다.

우선순위 및 권한

5. Chief of Defence Materiel (CDM)가 영국 국방부의 종합군수지원 정책의 책임자이다. ILS 개발 활동은 CDM 을 대신하여 국방군수운용참모차장(ACDS Log Ops)에 의해 수행된다. 군수 정책의 개발 및 관리에 대한 책임은 ACDS (Log Ops)에 의해 국방군수조정그룹 (DLSG)을 통하여 군수정책실무그룹(LPWG)으로 위임되었다. LPWG는 ILS 정책개발 및 유지에 대한 책임을 독립된 전문 분야로 위임하였다. ILS의 정책개발 및 유지에 대한 책임은 이를 DE&S 책임자 및 TLS를 통해 행사하는 Director Joint Support Chain (DJSC)로 위임되었다.

요구 조건

6. 테일러링은 특정사안별 안전이나 법적 요구는 아니나, 테일러링의 출력은 최소의 수명주기비용(TLF)으로 최적의 지원 방안을 인도하는 데 필수적이다. ILS를 테일러링하기 위한 사업에 대한 요구는 DE&S Corporate Governance Portal에 의해 공표된다.

절차

7. 테일러링은 일반 작업분해구조 (WBS)에 세분화된 모든 요소에 적용된다. 고려해야 할 주요 테일러링 요소는 아래와 같다:

그림 1: 주요 테일러링 요소

요소	설명
ILS 활동	사업에 대한 ILS 분야/요소 및 관련 요소를 최적화기 위해 어떤 요소가 필요한가?
출력	지원소요를 정의하고 충족하는데 어떤 정보, 인도물품 및 계획이 필요한가?
입력	분석 지원을 위해 어떤 정보가 필요한가?
자원	비용, 시간 및 인력 측면에서 사업에 의해 요구된 ILS 활동을 수행하는데 어떤 자원이 이용 가능한가?
SA 소요 테일러링	지원 가능한 제품을 확보하도록 모든 분석이 수행되게 하기 위해서 어떤 SA 활동이 필요한가?

그림 2: 테일러링 흐름도

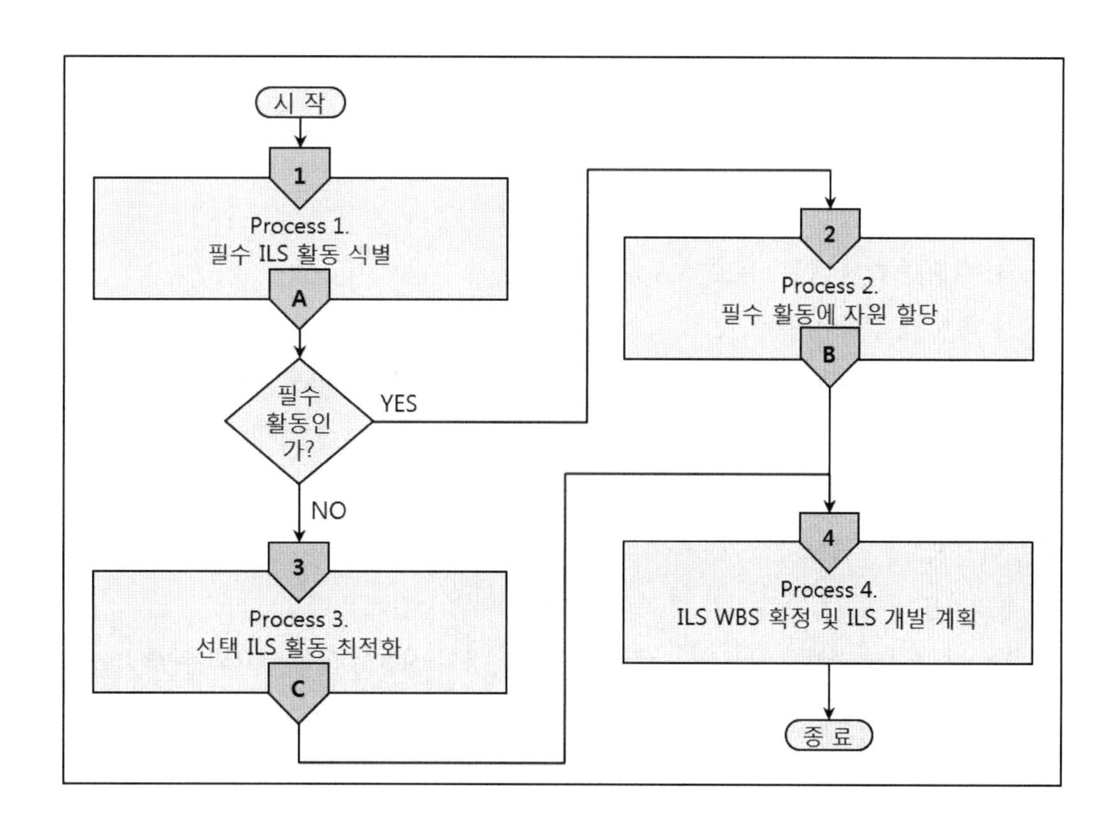

핵심 원칙

8. 테일러링은 ILS의 모든 요소 및 분야에 적용되어야 한다. 이것은 ILS 및 SA 전략 개발 시 수행되는 테일러링의 대부분과 함께 ILS 관리의 필수 부분이나, 계약 체결 직전까지 세밀한 조정이 계속된다. 국방부 ILS 관리자 (MILSM)은 소요에 따라 테일러링을 하며, 계약자는 제안한 지원방안의 세부 지식에 따라 테일러링을 수행한다. 최종 안은 계약 협상 및 합의 대상이 된다.

9. 네 가지의 핵심 테일러링 활동이 고려된다:

a. 사업의 필수 ILS 활동 식별

b. 필수 활동 비용을 맞추기 위한 비용 분석 및 예산 배정

c. 비용 대비 부가가치 측면에서 추가적 ILS 활동의 식별 및 비용산정

d. 전체 ILS 사업 수락. 각 테일러링 활동 후 다른 분야도 다시 살펴봐야 한다.

10. 획득전략은 수행해야 할 ILS의 규모를 좌우한다. 어떻게 그 항목이 개발되는가? 그것은 완전히 새로운 것인가, 개조된 것인가 아니면 기존 체계인가? 제품만 구매하는가 아니면 전체 패키지를 구매하는가 또는 체계를 임대하는가? 테일러링에서 다루어야 할 고려에는 아래 사항이 포함된다:

a. 사업의 형태 (개발품목(DI), 비-개발 품목(NDI) 또는 상용품(COTS)).

b. 사업 단계/일정 제한

c. 비용 한도

d. 가용한 시간 및 자원

e. 내재된 설계 자유도의 범위

f. 데이터 가용도 및 타당성

g. 사업에 대해 이미 완료된 작업

h. 비교 사업에 대한 과거 경험 및 이력 데이터

i. 비 표준 소요 업무

j. 투자 대비 회수 예측

11. MILSM은 모든 ILS 영역에서 설계 자유도의 범위 및 정보의 가용도, 적용성을 고려하여 테일러링을 수행해야 한다. 가장 많은 이점을 얻어질 수 있는 부분에 노력을 집중한다. 이것은 일부 주요 ILS 활동 및 DI와 COTS 두 대상 간의 차이를 고려하여 나타낼 수 있다. 완전 개발, 비-개발 및 COTS가 불가피하게 혼합되는 요즈음의 구매에서 이상적인 방안은 아마도 결정에 영향을 미치는 장비의 가격 및 복잡성 양극 사이의 중간에 있다.

12. 계획 및 보고서 작성은 모든 문제 중에서 가장 비용과 시간이 많이 소요되는 일이다. 소요를 과다하게 규정하는 것은 유용한 분석보다 오히려 가치 없는 보고서를 생산하게 한다. MILSM은 자신들의 능력에 신뢰감을 주는 충분한 유형의 계약자 업무의 증빙자료와 작업 수

행에 자유로움을 주는 것 사이에 균형이 필요하다.

관련 규격 및 지침

13. 테일러링은 ILS 활동 수행에 있어서 핵심 분야이다. 여기에는 아래와 같은 규격서를 적용한다.

a. Def Stan 00-600: 종합군수지원, 국방부 사업을 위한 요구사항

b. Def Stan 00-60: 종합군수지원

14. 중요 참조사항: Def Stan 00-600은 모든 신규 사업에 적용한다. Def Stan 00-60은 수명주기 표준이며, 이와 계약된 사업에서는 향후 최소 20년간 더 이를 적용해야 한다. Def Stan 00-60은 폐기되었으나, Def Stan 웹 사이트에 계속 제공된다.

소유권

15. 테일러링 정책의 책임과 소유권은 DES JSC TLS-POL DHd에 있으며, DLPWG의 승인을 받아야 한다.

a. 기술지침 부분:

DES JSC SCM-EngPol&TLS-PC6

Cedar 2A, #3239, MOD Abbey Wood, BRISTOL, BS 34 8JH

Tel: Mil: 9679 82679 Civ: 030679 82679

Email: mailto:DESJSCTLS-Pol-PC6@mod.uk

b. 획득 및 표현에 대한 질의는 아래 부서로 한다:

DES JSC SCM-P&C-JSP886 Editorial Team

Cedar 1A, #3139, MOD Abbey Wood, BRISTOL, BS 34 8JH

Tel: Mil: 9679 80953 Civ: 03067 980953

Email: DESSCM-PolComp-JSP886@mod.uk

제2장

테일러링 지침

서론

1. 제품소유의 총수명재원(TLF) 최적화와 함께 지원 품질을 개선하는 것은 국방부의 핵심 목표이다. 종합군수지원(ILS)은 지원 비용의 식별 및 최적화를 위해 방법이다.

2. 불필요한 작업과 노력의 중복을 줄이기 위해 ILS 획득 활동의 효과적인 테일러링은 비용효율이 높은 ILS 적용을 위해 필수적이다.

개요

3. 신규 사업 또는 미완성으로 판단되는 사업은 아래의 절차를 이용하여 Def Stan 00-600의 테일러링한다.

4. 그러나 계약자가 Def Stan 00-600 SA 및 정보관리요구를 충족하기 위해 LSA 업무 및 LSAR를 적용하기로 했다면 계약자 SA 프로그램 및 계획을 평가하기 위해 본 JSP의 제7권 12부를 활용할 수 있다.

5. ILS 테일러링에는 ILS 프로그램의 전부 또는 일부를 포함한다. JSP의 이 부분은 아래 사항을 포함하여 사업의 모든 ILS 분야 및 관련 요소에 대해 Def Stan 00-600에 의해 요구된 상세 테일러링 절차를 제공한다:

 a. 지원성 분석 (SA)
 b. 신뢰도 및 정비도 (R&M)
 c. 기술 데이터 및 자료
 d. 보급 지원
 e. 단종 관리
 f. 인간 요소
 g. 수명주기비용
 h. 품질 보증
 i. 지원 및 시험장비 (S&TE).

j. 교육 및 교육장비

k. 안전도

l. 형상 관리

m. 수송도

n. 포장, 취급, 저장 및 수송 (PHS&T).

o. 시설

p. 폐기

q. 소프트웨어 지원

6. 본 절차는 제품 수명주기의 각 단계를 시작하기 전 국방부 ILS 관리자 (MILSM) 및 계약자 ILS 관리자 (CILSM)의 사용을 위한 것이다. 최초 MILSM은 사업 자원소요를 확립하기 위해 프로그램을 테일러링 해야 한다. 테일러링 절차의 뒤이은 반복은 입찰 자료 작성에 입력자료 제공과 협상 지원 및 진도 모니터링을 한다. CILSM은 국방부에 대해 논리적이고 혁신적인 대응을 하기 위해 동일한 절차를 이용할 수 있으며, 국방부는 계약 전 최종 테일러링 분석을 실시한다.

7. 주 계약자 및 하청 계약자간의 계약을 위해 특별히 개발되지 않았더라도 본 절차는 여기에 동일하게 적용할 수 있다.

8. 테일러링은 ILS 적용의 비용효율을 높이기 위해 필요하다. 이것은 사업의 수명주기 동안 요구된 목표 및 노력에 대한 최적의 이익을 얻기 위해 ILS 및 ILS 관련 분야/요소 활동의 범위 및 깊이를 식별하는 프로세스이다. 모든 ILS 요구 작업기술서(SOW) 및 계획은 불필요한 중복된 업무를 제거하고 나머지 부분의 범위를 최적화하기 위해 검토한다. 이 기능을 수행하지 않으면 불필요한 노력을 해야 하므로 높은 비용과 비효율적인 분석 결과로 나타난다. ILS 노력이 작업을 위한 작업으로 보여진다면 설계나 구매 프로세스의 구성요소로서 ILS 의 신뢰는 손상된다.

ILS 테일러링

9. ILS의 주 목표 중의 하나는 효과적으로 가치를 부가하는 업무를 수행하기 위함이다. Def Stan 00-600의 요구사항이 충족되도록 하기 위한 결정은 ILS SOW를 개발할 때 고려된다. MILSM은 계약자가 어떻게 이 활동을 수행하며, 가용한 자원과 사업의 일정 내에서 어떻게 이를 모니터링 하는지에 대해 고려해야 한다. 이 테일러링은 수 차례 수행한다. 이 시기에는 아래와 같다.

a. 사업자원 소요를 확립하기 위해 최초 사업승인을 제출하기 전

b. 사업자원 소요를 확정하기 위해 최종 사업승인을 제출하기 전

c. MOD 요구를 입찰자에게 제시하기 위해 입찰 요청서를 작성할 때

d. 계약자의 제안을 사업 자원에 맞추기 위해 계약 협상 중이나 계약 체결 직후

e. 운용-검토 전

10. ILS 관리 기법, 모니터링 수준, 감사, 사업 조직 및 프로그램 일정은 ILS 계획에 포함한다.

테일러링의 적용

11. 테일러링은 ILS의 모든 요소 및 분야에 적용되어야 한다. 이것은 ILS 및 SA 전략 개발 시 수행되는 테일러링의 대부분과 함께 ILS 관리의 필수 부분이나, 계약 체결 직전까지 세밀한 조정이 계속된다. MILSM은 인지된 소요에 따라 테일러링을 하며, 입찰자는 제안한 지원방안의 세부 지식에 따라 테일러링을 수행한다. 최종 안은 계약 협상 및 합의 대상이 된다.

12. 테일러링은 궁극적으로 입찰 요청서에 포함되는 일반 작업분해구조에 나타난 모든 요소에 대해 적용되는 반복적 프로세스이다. 고려해야 하는 주요 요소는 아래 그림 3에 나타내었다.

그림 3: 테일러링 요소

요소	설명
ILS 활동	사업에 대한 ILS 분야/요소 및 관련 요소를 최적화기 위해 어떤 요소가 필요한가?
출력	지원소요를 정의하고 충족하는데 어떤 정보, 인도물품 및 계획이 필요한가?
입력	분석 지원을 위해 어떤 정보가 필요한가?
자원	비용, 시간 및 인력 측면에서 사업에 의해 요구된 ILS 활동 수행하는데 어떤 자원이 이용 가능한가?

13. 아울러 여러 가지 활동의 통합 및 모니터링에 관련된 관리 업무도 있다.

핵심 활동

14. 이 요소는 네 가지 핵심 테일러링 활동으로 나타난다:

a. 사업의 필수 ILS 활동 식별

b. 필수 활동 비용 충족을 위한 비용분석 및 예산 배정

c. 비용 대 부가가치 측면에서 추가 ILS 활동의 비용 식별

d. 전반적인 ILS 사업 수락

각 활동의 테일러링 후, 다른 부분도 다시 살펴 보아야 한다.

테일러링에 영향을 주는 요소

15. 테일러링 프로세스에 다루어야 할 고려사항으로는 아래 사항을 포함한다.

a. 사업의 형태 (개발품목(DI), 비-개발 품목(NDI) 또는 상용품(COTS))

b. 사업 단계/일정 제한

c. 비용 한도

d. 가용한 시간 및 자원

e. 내재된 설계 자유도의 범위

f. 데이터 가용도 및 타당성

g. 사업에 대해 이미 완료된 작업

h. 비교 사업에 대한 과거 경험 및 이력 데이터

i. 비 표준 소요 업무

j. 투자 대비 회수 예측

16. 이들 중 일부에 대해서는 아래에서 더 자세히 다룬다.

획득 전략

17. 획득전략은 수행해야 할 ILS 규모를 좌우한다. 어떻게 그 항목이 개발되는가? 그것은 완전히 새로운 것 인가, 개조된 것인가 아니면 기존 체계인가? 제품만 사는가 아니면 전체 패키지를 사는가 또는 체계를 임대하는가?

개발 전략

18. 운용을 위해 제품/체계를 도입하는 데에는 세 가지 주요 경로가 있다. 그림 4에 이들을 요약하였다.

그림 4: 개발 전략

전략	세부 내용
개발 품목 (DI)	기존 체계 또는 제품이 운용 요구(OR)를 충족하지 못할 때 설계 및 개발되는 완전히 새로운 품목으로서 개발 품목(DI)이라고 한다. 이것은 특정한 성능 사양을 충족하도록 설계된다. 군수지원소요가 설계와 함께 개발되어야 한다. 품목을 위해 필요한 군수지원을 판단하고 개발하기 위해 심층 ILS 프로그램이 요구된다. 왜냐 하면, 설계가 유동적이고, 가능한 한 조기에 지원성 설계에 반영하도록 ILS 프로세스에 가장 큰 자유도가 부여되기 때문이다.
비-개발 품목 (NDI)	비-개발 품목(NDI)는 이미 개발되어 이용 가능하고 운용 요구를 충족할 수 있는 품목. 제품에 대한 연구개발 단계가 완료되어 개발 주기의 대상이 되지 않는다. NDI 사업은 추가 분석 및 자료 생성이 필요한 부분을 식별하기 위해 기존 데이터와 지원 개념의 평가를 필요로 한다. 제품의 설계 반영이 거의 없기 때문에, ILS는 지원방안의 최적화에 집중한다. NDI는 통상 축소된 구매 프로세스를 통해 진행된다.
상용품 (COTS)	이것은 NDI의 한 부분으로 제품이 설계에 대해 최소한의 국방부 요구를 반영하여 군사표준이 아닌 민수 표준에 따라 개발된다. 다른 ILS 분야를 수행하기 위한 데이터는 상용 소스에서 가용하지 않을 수 있다. 이런 정보가 필요한 경우, 인도 대상 물품에 대해 개산, 예측 또는 측정될 필요가 있을 수 있다. 이 구매전략은 사용 지원 패키지가 이용 가능하도록 수립된 제품에 흔히 적용되지만 국방부 요구를 충족하기 위해 개조할 필요가 있을 수 있다. 비록 ILS 프로세스가 설계 반영을 할 수는 없겠지만, 프로세스는 아래 업무를 위해 이용될 수 있다: 추가 분석 및 자료 생성이 필요한 부분을 식별하기 위해 기존 데이터와 지원 개념 평가. 수명주기비용 활동 내에서 지원비용의 비교를 통해 방안의 선택.

19. MILSM은 모든 ILS 영역에서 설계 자유도의 범위 및 정보의 가용도 및 적용성을 고려하여 테일러링을 수행해야 한다. 가장 많은 이점이 얻어질 수 있는 부분에 노력을 집중해야 한다. 이것은 일부 주요 ILS 활동 및 DI와 COTS 두 대상 간의 차이를 고려하여 나타낼 수 있다. 이것을 표 3에 나타내었다. 완전 개발, 비-개발 및 COTS가 불가피하게 혼합되는 요즈음의 구매에서, 이상적인 방안은 아마도 결정에 영향을 미치는 장비의 가격 및 복잡성 양극 사이의 중간에 있다.

20. 주 계약 내용에 대한 변경은 요즈음은 거의 공통적이다. 계약자는 CLS 기간이 없는 경우라도 초기 지원 패키지를 완전히 정의하고 제공하는 것을 예상해야 한다. 국방부는 특정한 지원 시설 및 기관이 이용되도록 위임할 수 있다.

그림 5: 개발전략에 대한 ILS 분야 및 요소

요소/분야	개발품	상용품
지원성 분석	대상품목에 대해 모든 분석 적용 - 전체 FMECA, LORA, RCM, 등 포함.	설계/선택 반영에 대한 옵션에 따라 SA 활동의 범위 및 깊이에 대한 제한적인 적용.
신뢰도 및 정비도	전체 R&M, 모델링, 시험 및 확장 프로그램 포함.	제작사의 예측이 달성되도록 하는 매우 제한적인 모니터링.
기술 데이터 및 자료	Def Stan 00-600 요구를 충족하도록 조정되고 ASD S1000D에 따른 모든 문서.	제작사의 문서가 특정한 소요를 충족하도록 개조.
보급 지원	Def Stan 00-600 요구 사항을 충족하도록 조정되고 ASD S2000M 에 따른 모든 수리부속/지원 분석	소요의 충족을 위해 제작사의 수리부속/지원에 대한 제한적인 분석.
단종	영향을 최소화 하기 위한 모든 분석 및 단종위험관리 프로그램의 개발	단종위험관리 프로그램의 전면 개발.
인간 요소	설계 반영을 위한 모든 인간요소 분석	선택 프로세스에 고려된 인간 요소. 제품을 주변 상황에 맞추는 효과에 영향을 주는 범위.
수명주기 비용	설계 반영을 위한 완벽한 TLF 분석	선택 프로세스에만 고려된 TLF.
품질 보증	QA 요구는 사업품질계획에 제공된다.	QA 요구는 사업품질계획에 제공된다.
지원 및 시험장비	S&TE 고려는 설계에 반영 가능.	선택 프로세스의 하나로 고려된 특수 S&TE에 대한 소요.
교육	범위설정에서 교육의 필요성을 보여줄 경우, 전체 교육소요분석(TNA) - 설계 반영을 통해 교육부담 감소를 위한 범위 설정.	범위설정에서 교육의 필요성을 보여줄 경우, 전체 교육소요분석(TNA), 그러나 선택 프로세스에서 교육부담을 고려하기 위한 범위로만 한정.
안전	설계 반영을 위한 전체 안전도 분석.	선택 프로세스에 이용된 안전도 분석
형상관리	개발 (ILS 포함) 프로그램 및 그에 따라 인도되는 체계에 요구된 전체 형상관리.	인도된 체계에만 요구된 형상관리
수송성	설계 반영을 위한 전체 수송성 분석.	선택 프로세스에서 고려된 수송성.

포장, 취급, 저장 및 수송	설계 반영을 위한 전체 PHS&T 분석.	선택 프로세스에서 고려된 PHS&T.
시설	전체 시설 분석 - 설계 반영을 통해 시설소요의 최적화를 위한 범위 설정.	전체 시설 분석, 단 선택 프로세스 중 시설소요에 반영될 범위로 한정.
폐기	설계 반영을 위한 전체 폐기 분석	선택 프로세스에서 이용된 폐기 분석.
소프트웨어 지원	설계 반영을 위한 전체 소프트웨어 지원 분석	선택 프로세스에서 이용된 소프트웨어 지원성 분석.

계약 제도

21. 아래 그림 6에 나타낸 것과 같이 크게 세 가지의 계약 형태가 있다.

그림 6: 계약 제도

계약 형태	세부 설명
주 계약	국방부는 제품을 구매하고 내부의 모든 지원을 제공한다. 이 개념은 지금 거의 소규모 구매에만 이용되며, 기존의 보다 잘 지원이 잘 되는 제품을 반복 구매한다.
주 계약 (CLS)	하나의 계약자가 제품 및 지원 패키지를 제공한다. 이런 형태는 통상 계약자가 수년간 제품의 지원에 책임을 지는 일정 기간의 '계약자 군수지원' (CLS)를 포함한다. 비록, 계약자가 초기 지원에 책임을 지지만, MILSM은 지원체계가 적절하고 필요 시 궁극적으로 국방부의 통제를 받을 수 있는지를 확인해야 한다.
PFI/PPP	민간자본주도(PFI) 및 민간협력(PPP)은 계약자가 전체 패키지를 구매하여 국방부에 본질적으로 이를 대여하는 상대적으로 새로운 제도이다. MILSM은 계약자가 지원 패키지를 범위를 효과적 설정하고 비용을 산출했는지를 확인해야 한다.

획득 단계

22. ILS 및 SA 활동의 적용 깊이는 개발 프로그램의 단계에 좌우된다.

개념

23. 이 단계에서 상세 수준은 매우 제한적이며, ILS 목표는 주로 지원성에 대한 설계 반영이며, 잠재적 지원개념 대안 수립 및 체계에 대한 실제적인 지원 준비성을 정량화 한다. 최종 체계의 TLF 예측에 상세한 정보가 요구된다.

평가

24. 평가에 따라 설계 대안의 수가 줄어 들고, 이상적으로 현장교체품목(LRU) 레벨까지 보다 상세한 정보 이용이 가능해 진다. ILS 및 SA 목표는 설계의 선택에 영향을 미치고, 지원성이

고려되도록 하며, 지원 문제나 비용 인자를 식별한다. 또한 가능한 한 이 부분을 줄이거나 제거해야 한다. 가능한 지원 기반시설은 개략 비용과 함께 식별한다. 시연 전에 TLF 예측을 완료한다.

시연

25. 시연 단계에서 상세한 분류(Breakdown)가 가능하며 설계는 거의 안정화된다. 세부적인 지원 소요를 식별한다. 일부 설계 최적화가 아직 가능하나 제한적이다. 다음 사항을 보장하기 위한 지원 기반시설을 식별하고 최적화한다:

a. 전체 플랫폼 지원 개념 충족

b. 지원 소요 최소화 (특히, 지원형태에 대해 고유한 것)

c. 가용한 지원 기반시설과 일관성 유지

d. 필요 시 가용할 것

제작

26. 제작 단계 중 지원 품목은 구매 및 인도된다. 이 단계의 목표는 필요한 시기 및 장소에 비용효율이 높은 지원을 제공하는 것이다. 제작 기간 중 모든 설계 변경이 고려되고 구매 프로세스에 반영되도록 주의를 기울여야 한다. 수락 및 인수 중 지원성을 고려해야 한다.

운용

27. 제공된 지원이 적절하고 효과적이도록 운용 단계에 대한 ILS 및 SA가 적용되어야 한다. 필요 시 문제점을 제거하고 성능을 개선하며, 설계나 환경에 대한 변화를 허용하도록 지원계획 및 절차를 수정할 필요가 있다.

폐기

28. 폐기 단계에 대한 ILS 적용은 체계 및 관련 지원 기반시설의 퇴역이 적기에 효과적으로 이루어지도록 하는데 필요하다. 폐기 계획은 지원 패키지의 철수와 다른 체계(운용 및 계획 중 포함)에 대한 영향에 초점을 맞추어야 한다. 폐기 단계에 들어갈 때 사업에 적용될 향후 법령을 예측할 수 없기 때문에 실제 폐기 비용이 얼마가 될 지 염두에 두어야 한다. 또한, 능력 공백을 방지하기 위해 진부한 제품을 운용하는데 들어가는 비용도 고려해야 한다.

ILS 문서

29. JSP 886 제7권 2부의 ILS 산출물 설명서 (ILSPD)는 SA 활동의 관리 측면을 다루는 일반적인 문서를 보여준다. 이들은 참조용일 뿐이며 완전히 결정적인 것으로 받아들이거나 테일러

링 없이 이용되어서는 안 된다.

ILS 작업기술서(SOW)

30. JSP 886 제7권 2부, 부록M에 서술된 일반적인 WBS는 전형적인 사업의 구매전략(DI, NDI, COTS)에 적절한 업무의 표시를 나타내어 주는 부록 A의 매트릭스를 포함한다. MILSM은 사업 요구를 충족하기 위해 SOW 및 CDRL을 테일러링 하는데 이를 이용한다. WBS는 사업단계에서 적절히 고려된 활동의 조사를 통해 제3장에 서술된 테일러링 절차에 따라 조정해야 한다. 그 다음 적절한 활동이 SOW에 포함될 WBS를 개발하기 위해 특정한 사업 요구를 충족하기 위해 선택한다.

31. SOW는 사업에 관련되고 반드시 고려되어야 할 모든 특정 고려사항의 명확화를 위해 확대한다.

ILS 계획

32. 계획 및 보고서의 작성은 모든 문제 중에 가장 비용과 시간이 많이 소요되는 일이다. 소요를 과다하게 규정하는 것은 유용한 분석보다 오히려 가치 없는 보고서를 생산하게 한다. MILSM은 자신들의 능력에 신뢰감을 주는 충분한 유형의 계약자 업무의 증거와 작업 수행에 자유로움을 주는 것 사이에 균형을 유지해야 한다. 이것은 나중에 인도되는 제품으로 대금지불이 연결되는 대금지불 단계에 의해 복잡해 진다.

33. 보고의 시기는 통상 사업단계 종료 시 또는 해당될 경우 일부 중간 지점으로 자명해 진다.

34. 계획은 일반적으로 아래와 같이 필요하다.

a. 사업단계에서 수행되는 작업에 대한 입찰 답변과 계획 초안

b. 다음 단계에서 이용되도록 해당 사업에서 수행될 작업에 대한 입찰 답변과 개요

c. 해당 사업단계에서 수행될 작업에 대한 계약 체결 직후의 상세 계획

d. 현재 단계의 종료를 향해 진행중인 차기 사업단계를 위한 계획 초안

35. MILSM은 계약으로부터 무엇이 요구되었는지 이해하여야 하나, 입찰자가 입찰 요청서에 대해 인도물품의 내용 및 시기를 제안하도록 어느 정도의 여유를 제공해야 한다.

제3장

테일러링 절차

개요

1. ILS 테일러링 절차는 MILSM/CILCSM에 의해 수행되는 모든 ILS 테일러링 활동을 일련의 흐름도를 통해 나타낸다. 이해를 돕기 위해 각 흐름도에는 프로세스 활동 제목을 부연 설명하는 주석을 추가한다.

용어

2. 흐름도와 설명에 사용된 용어의 정의는 아래와 같다:

그림 7: 테일러링 용어

필수	주어진 사업 ILS 요구의 만족스러운 완료를 위해 필수적인 것으로 판단되기 때문에 WBS에 포함된 활동. WBS에서 필수 활동을 배제하는 것은 충분한 정당화가 이루어져야 한다. 이 활동을 포함하지 않는 것은 사업에 대한 수용 불가한 정도의 높은 위험으로 고려되어야 한다.
선택	주어진 사업 ILS 요구의 만족스러운 완료를 위해 제한적인 중요도를 가진 활동. WBS 상의 선택 활동은 사업 요구에 포함될 필요는 없으나, 포함도 고려될 수 있다. 미 포함에 따른 사업에 대한 영향은 미미하다.
해당 없음	주어진 사업 ILS 요구의 만족스러운 완료를 위해 요구되지 않았거나 부적당하여 WBS에 배제된 활동. 모든 '해당 없음' 부류에 대한 사유는 기록되어야 한다. 이 활동의 미 포함으로 인한 사업에 대한 위험은 없다.
사업 제한사항	시간, 비용, 인력 등 ILS 요구에 영향을 줄 수 있는 사업에 부과된 제한 또는 한계.
ILS 제한사항	시간, 비용, 인력 등 ILS 요구에 부과된 제한 또는 한계.
관계자	사업 ILS 요구의 개발에 영향을 줄 수 있는 역할 또는 이해를 갖고 있는 모든 사람. 반드시 WBS에 포함된 주제 분야의 대표자로 구성.
추후 고려사항	WBS 상의 품목에 대한 추가적인 신중한 의향이나 고려사항. 이것은 관련 사업 ILS 위험 분석 및 경감에 따라 '선택'로 분류된 모든 활동으로부터 포함 또는 미 포함된 부분까지 적용된다.

테일러링 진행

3. ILS 테일러링 절차는 네 가지의 프로세스 부분으로 나누어진다:

a. 프로세스 1: 필수 ILS 요구를 식별한다.

b. 프로세스 2: 자원을 할당한다.

c. 프로세스 3: 선택 활동 선택을 최적화 한다.

d. 프로세스 4: 사업 WBS 수락 및 ILS 프로그램 계획

위험 분석

4. 절차의 일반적 및 바탕 구조는 위험분석 기법이며, 이것은 왜 MILSM/CILSM이 이런 기법에 대한 이해를 가져야 하는 이유이다. 순수한 위험 분석과 이 ILS 테일러링 방법간의 차이는 보통의 위험 분석에서 높은 위험은 경감 활동을 요구한다는 적용성에 있다. 그러나 ILS 프로그램에 대한 높은 위험이라는 것은 특정한 활동의 수행이 높은 비용, 많은 자원 또는 성능에 큰 영향을 초래한다는 것을 보여주고, 그 활동을 추구하기에 좋지 않은 ILS 활동으로 만든다는 것을 의미한다.

5. ILS 테일러링 절차의 수행에서, MILSM 및 CILSM은 어느 한번에 분석되는 것의 상세 정보의 양을 제한하도록 해야 한다. 절차는 체계적이고 적용이 용이해야 한다.

일반적인 ILS 작업분해구조

6. 본 JSP의 제7권 2부 부록 M에 서술된 일반적 ILS WBS는 전체 절차의 근간을 이룬다. 이것은 각 육, 해, 공 작업 분야로부터 편집하여 개발되었으며 모든 환경에서 ILS 관리자에 의해 수행될 수 있는 ILS 활동의 전형으로 되었다. WBS는 소모적으로 고려되면 안 되는 역동적인 목록이다.

7. ILS 테일러링 절차의 수동 적용이 가능하도록 WBS가 만들어졌다. 이를 위해, MILSM/CILSM은 체계화된 방법으로 각 주제에 대해 서술해야 한다. 예를 들면, 모든 활동이 고려되어야 하고, 각 라인에 대해 MILSM/CILSM은 먼저 그 활동이 프로그램에 대한 승인 프로세스의 성공적인 완료를 위해 필수적인지를 결정한다.

8. 아래의 ILS 테일러링 절차의 이용에 의해, 일반적인 ILS WBS와 함께, 국방부 및 업체의 ILS 관리자는 정확하고 효과적인 (비용, 시간 및 성능) ILS 프로그램을 같이 만들어 내는 작업을 할 수 있다.

그림 8: ILS 테일러링 절차 흐름도

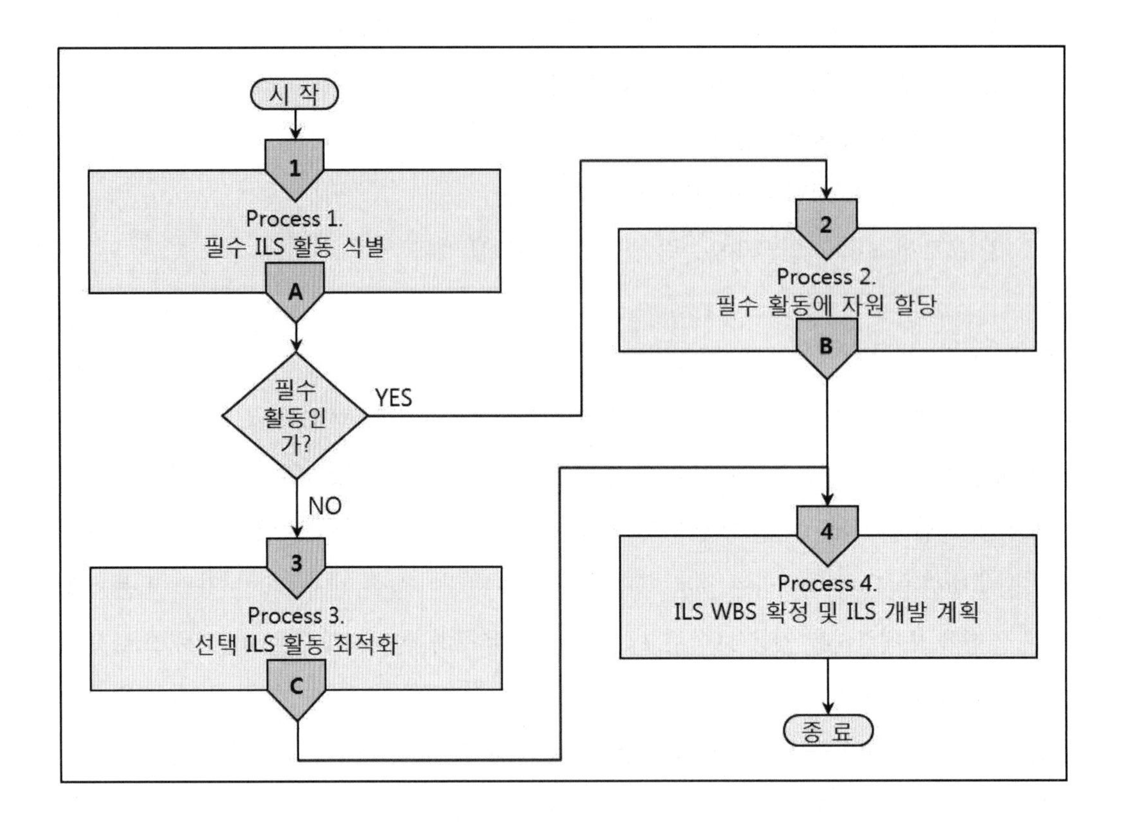

그림 9: ILS 테일러링 절차 표

1	필수 ILS 활동 선택
이 프로세스는 일반적인 WBS에 나타난 모든 활동을 고려하며, 주어진 사업과 사업 ILS 제한사항 내에서 어떤 필수 ILS 활동이 사업을 위한 것인지를 결정한다. 모든 관계자가 식별되어야 하고, ILS 활동 범위 내의 다른 사업 활동 영향에 대한 주관적 평가가 이루어진다. 국방부 ILS 팀이 첫 번째 반복을 수행하고 뒤 이은 반복은 모든 관계자의 참여 하에 실시 및 합의한다.	
2	필수 활동 자원 할당
이 프로세스는 프로세스 1에서 필수로 식별된 ILS 활동에 대한 실현성 분석을 실시한다. 업무 수행에 필요한 자원은 가용한 범위 내에서 예측하여 균형을 맞춘다. 잉여 자원은 선택로 분류된 다른 활동을 위해 자원 제한사항으로 사용하도록 정량화 한다. 할당된 자원 내에서 필수 활동의 완료가 불가한 경우의 영향은 기록되어 PTL 에게 강조되어야 한다.	
3	선택 ILS 활동 최적화
이 프로세스는 일반 WBS로부터 남은 ILS 활동을 고려하며, 이들을 '해당 없음' 또는 '선택'로 분류한다. 해당 없음으로 분류된 활동은 각 활동에 판단 논리에 따라 달성되어야 한다. 잔여 활동은 실현성에 따라 사업에 가치가 있는 것으로 고려되나, 성공적인 사업 완수를 위해 필수적인 것은 아니다. 활동과 활동의 결합은 가용한 자원 제한사항 내에서 어떤 것이 사업에 최적 이익을 주는지 분석되어야 한다. 선택되지 못한 활동은 각 활동에 판단 논리에 따라 기록해야 한다.	
4	ILS WBS 확정 및 ILS 개발 계획
이 프로세스는 사업 ILS WBS의 작성 및 확정을 완료한다. 사업 ILS WBS는 두 부분으로 이루어지는데, 사업에 의해 완료되어야 하는 상세 활동과 요구되지 않은 활동. 각 활동에 대한 판단 근거는 활동의 의존도, 책임 및 다른 활동과의 상호 관계와 함께 기록된다.	

그림 10: 프로세스 1 - 필수 ILS 활동 선택 흐름도

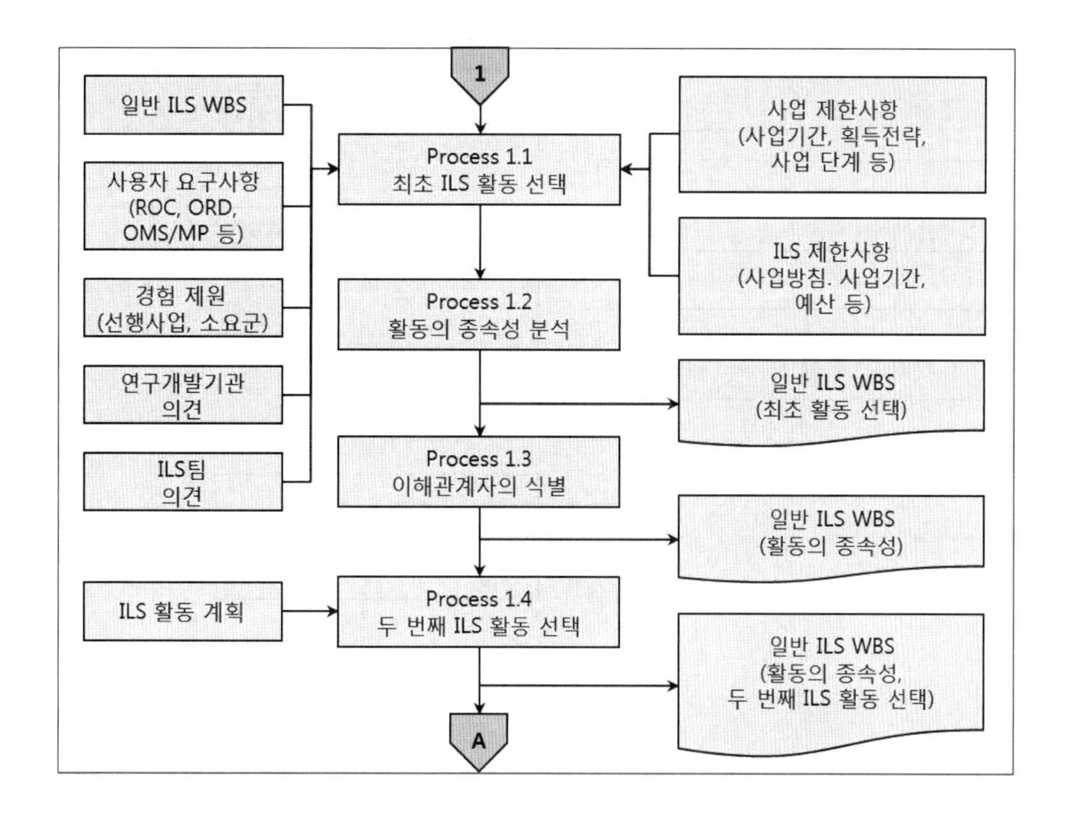

그림 11: 프로세스 1 – 필수 ILS 활동 선택

1	필수 ILS 활동 선택
이 프로세스는 일반적인 WBS에 나타난 모든 활동을 고려하며, 주어진 사업과 사업 ILS 제한사항 내에서 어떤 필수 ILS 활동이 사업을 위한 것인지를 결정한다. 모든 관계자가 식별되어야 하고, ILS 활동 범위 내의 다른 사업 활동의 영향에 대한 주관적 평가가 이루어진다. 국방부 ILS 팀이 첫 번째 반복을 수행하고 뒤 이은 반복은 모든 관계자의 참여 하에 실시 및 합의한다.	
1.1	최초 ILS 활동 선택
ILS 관리팀은 사업 제안사항 및 ILS 제한사항에 따라 일반 WBS 상의 모든 활동을 '해당 없음,' '필수'또는 '선택'로 분류하며 한다. '해당 없음'으로 분류된 모든 활동에 대한 사유를 필요 시 다른 분류의 사유와 함께 상세히 기록한다.	
1.2	활동의 종속성 분석
일반 WBS으로부터 필수 및 선택 활동으로서 첫 번째 통과로 식별된 활동과 이들의 의존 및 관련된 활동이 WBS 활동과 대비되는 것을 나타내는지(관련 있는 경우) 조사되어야 한다. '해당 없음'으로 식별된 활동에 대한 의존도가 나타나는 경우, 활동 분류는 재검토되어야 한다. 그러면, 테일러링 업무는 특정한 활동 미수행의 관계를 즉시 인지할 수 있다.	
1.3	이해관계자의 식별
각 해당 WBS 활동에 대해 모든 관계자를 식별한다 (입력 및 출력 모두). 식별된 관계자는 각 해당 WBS 활동에 대해 표시된다. 이들은 WBS 활동과 유지되며 계약 출력 문서로 전환된다.	
1.4	두 번째 ILS 활동 선택
MILSM은 첫 번째 통과 분류에 의해 할당된 부류를 고려하고 할당에 대해 합의 또는 수정을 위하여 모든 관계자로 구성된 ILS 활동-계획 워크숍을 소집한다. 당초의 분류에 대한 변경 사유를 기록해야 한다.	

그림 12: 프로세스 2 – 필수 활동 자원 할당 흐름도

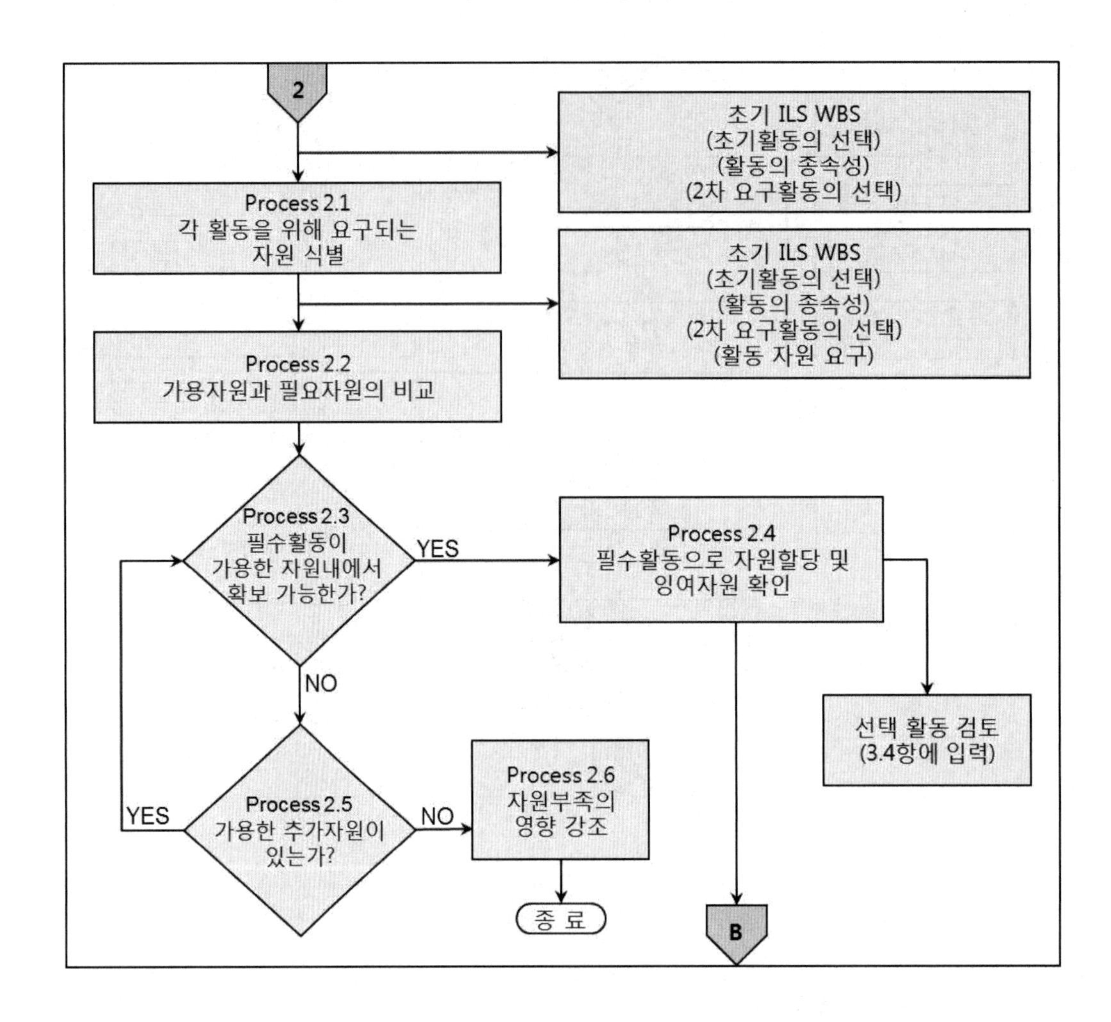

그림 13: 프로세스 2 – 필수 활동 자원 할당

2	필수 활동 자원 할당
이 프로세스는 프로세스 1에서 필수로 식별된 ILS 활동에 대한 실현성 분석을 실시한다. 업무 수행에 필요한 자원은 가용한 범위 내에서 예측하여 균형을 맞춘다. 잉여 자원은 선택으로 분류된 다른 활동을 위해 자원 제한사항으로 사용하도록 정량화 한다. 할당된 자원 내에서 필수 활동의 완료가 불가한 경우의 영향은 기록되어 PTL 에게 강조되어야 한다.	
2.1	각 활동을 위해 요구되는 자원 식별
ILS 관리팀은 활동의 수행에 필요한 예측 자원을 식별한다. 각 활동에 대한 주관자(즉, 업체/국방부)를 나타낼 필요가 있다.	
2.2	가용자원과 필요자원 비교
ILS 사업 활동 자원 소요를 가용한 자원과 비교한다.	
2.3	필수 활동이 가용한 자원 내에서 확보 가능한가?
사업이 가용한 자원과 함께 비용, 시간 및 인력 측면에서 필수 활동을 수행할 수 있는가?	
2.4	필수활동으로 자원 할당 및 잉여 자원 확인
관계자 팀은 활동 수행에 요구된 예측 자원을 할당한다. 남는 가용한 자원은 정량화되어 선택 활동을 위한 제안사항으로 이용된다 (프로세스 3.4에 대한 제한사항 입력).	

2.5	가용한 추가자원이 있는가?
필수 활동 수행을 위한 더 많은 자원의 가용도가 추구되어야 한다. 만약 추가 자원이 가용하고 사업에 할당되었다면, 프로세스 2-2에서 2.5까지의 실현성 요소가 재 반복된다.	
2.6	자원 부족의 영향 강조
영향 명세서를 작성하여 ILS 프로그램에 대한 최소 요구가 할당된 가용한 자원 내에서 달성될 수 없음을 PTL에게 통보한다.	

그림 14: 프로세스 3 – 선택 ILS 활동 최적화 흐름도

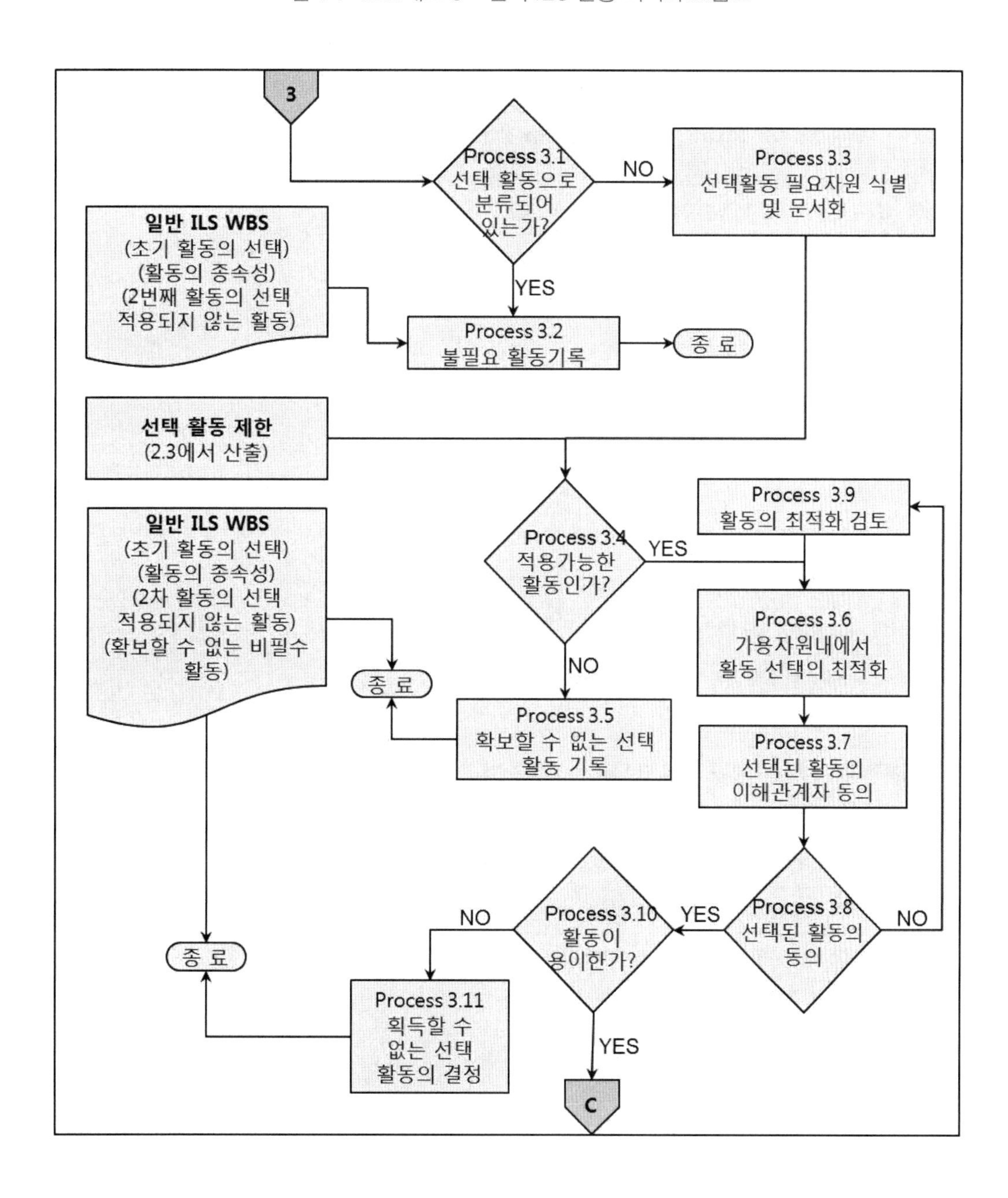

그림 15: 프로세스 3 - 선택 ILS 활동 최적화 흐름도

3	선택 ILS 활동 최적화 흐름도
이 프로세스는 일반 WBS로부터 남은 ILS 활동을 고려하며, 이들을 '해당 없음' 또는 '선택'로 분류한다. 해당 없음으로 분류된 활동은 각 활동에 판단 논리에 따라 달성되어야 한다. 잔여 활동은 실현성에 따라 사업에 가치가 있는 것으로 고려되나, 성공적인 사업 완수를 위해 필수적인 것은 아니다. 활동과 활동의 결합은 가용한 자원 제한사항 내에서 어떤 것이 사업에 최적 이익을 주는지 분석되어야 한다. 선택되지 못한 활동은 각 활동에 판단 논리에 따라 기록되어야 한다.	
3.1	선택활동으로 분류되었는가?
ILS 팀은 '필수'로 분류되지 않은 WBS 활동을 고려하며, 이들의 추후 분류를 '선택' 또는 '해당 없음'으로 판단한다. 분석 수행 중, 프로세스 1.1에 부각된 의존도가 고려되어야 한다.	
3.2	불필요 활동을 기록
'해당 없음'으로 분류된 모든 WBS 활동은 사유와 완화 의견, 정당성과 함께 기록되어야 한다.	
3.3	선택 활동에 필요한 자원을 식별하고 기록한다.
ILS 관리팀은 '향후 고려' 활동 수행에 필요한 예측 자원을 식별한다. 주의: 자원은 비용, 시간 및 인력을 포함한다. 각 활동에 대한 주관자(즉, 업체/국방부)를 나타낼 필요가 있다.	
3.4	적용가능한 활동인가?
각 선택 활동 수행의 비용이 가용한 잉여 자원과 비교된다.	
3.5	확보할 수 없는 선택활동 기록
자원 소요가 가용한 범위를 초과하는 개별 활동은 사유와 완화 의견, 정당성과 함께 기록되어야 한다.	
3.6	가용한 자원 내에서 활동 선택을 최적화 한다.
ILS 관리팀은 소요자원 및 가용자원 그리고 할당된 우선순위 비교를 통해 각 활동 수행의 이점을 평가한다.	
3.7	선택된 활동을 관계자와 합의한다.
관계자는 ILS팀에 의해 이전에 선택로 분류된 실현 가능한 활동의 최종 선택을 고려한다.	
3.8	활동이 합의되었는가?
관계자는 ILS 관리팀의 실현 가능한 선택 활동 선택을 검증한다.	
3.9	활동 최적화를 검토한다.
모든 관계자간의 의견 일치 도달을 위해 선택 활동의 반복적 검토.	
3.10	활동이 실현 가능한가?
선택되지 않은 선택 활동은 사유와 완화 의견, 정당성과 함께 기록되어야 한다.	
3.11	실현 불가 선택 활동을 기록한다.
실현 불가 선택로 식별된 활동은 결정 근거와 함께 WBS에 기록되어야 한다.	

그림 16: 프로세스 4 – 사업 ILS WBS 수락 흐름도

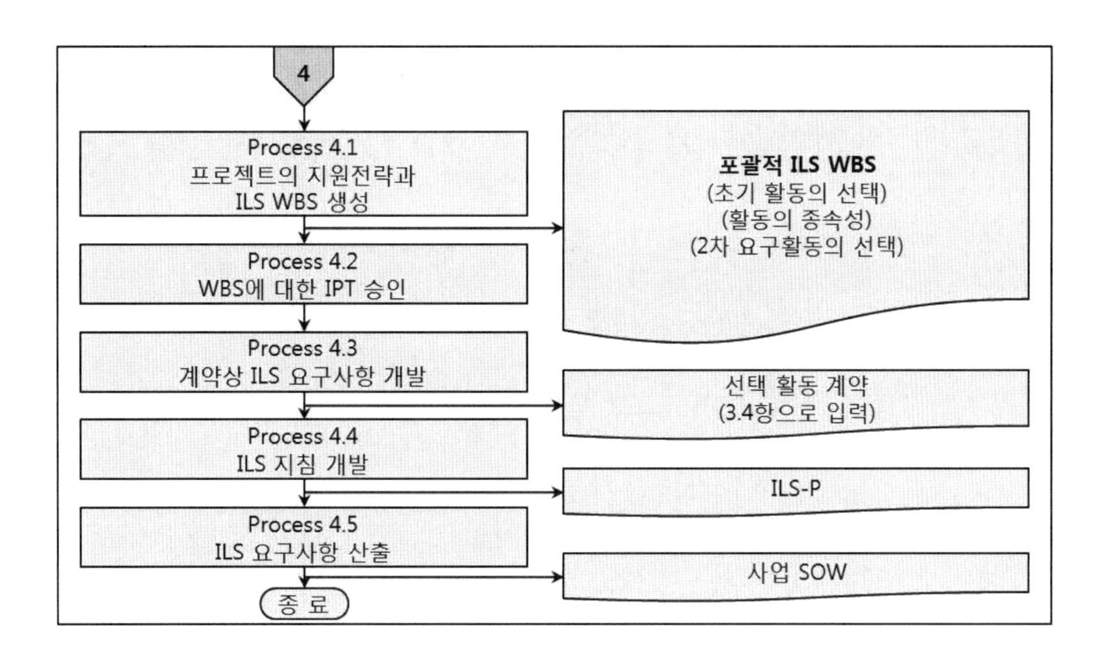

그림 17: 프로세스 4 – 사업 ILS WBS 수락

4	사업 ILS WBS 수락
이 프로세스는 사업 ILS WBS의 작성 및 수락을 완료한다. 사업 ILS WBS는 두 부분으로 이루어지는데, 사업에 의해 완료되어야 하는 상세 활동과 요구되지 않은 활동. 각 활동에 대한 판단 근거는 활동의 의존도, 책임 및 다른 활동과의 상호 관계와 함께 기록된다. 테일러링된 ILS WBS는 공식 승인되고 사업 SOW 및 ILS 계획 작성에 이용된다.	
4.1	사업지원 전략 및 ILS 활동 WBS를 작성한다.
일반 ILS WBS는 모든 ILS 활동을 통합하기 위해 테일러링 절차의 모든 단계에서 최신화 된다. 출력은 두 부분으로 된 사업에 특성화된 WBS이다. 즉, 사업에 의해 수행될 활동과 그렇지 않은 활동. 앞의 것은 각 활동의 예측 비용 및 자원 할당, 다른 활동과의 관계 및 의존도, 관계자의 책임 및 그 뒤의 의사결정 프로세스에 대한 것이다. 두 번째 부분은 선택되지 못한 활동과 이 결정을 지원하는 사유와 정당성 그리고 완화 의견을 상세히 서술한 WBS 기록이다. 이 정보는 사업 이력에 기록된다.	
4.2	사업 WBS의 공식 PT 수락
PTL은 계획된 사업 ILS WBS에 공식 합의하고 수락한다.	
4.3	ILS 계약 요구사항을 개발한다.
ILS 관리자는 사업 ILS WBS에 기록된 ILS 활동 정보를 이용하여 데이터 획득 및 저장, 계약자/협력업체에게 불출 준비를 위한 프로세스 및 포맷 등 ILS 요구사항을 인도한다.	
4.4	ILS 사업지침을 개발한다.
ILS 관리자는 ILS WBS 및 SOW 상의 각 ILS 활동에 대해 기록된 정보를 이용하며, ILS 계획의 포맷에 사업에 특정한 ILS 지침 및 문서를 작성한다. 이 계획은 사업에 포함하기로 합의된 모든 ILS 활동 및 SA 활동을 포괄한다.	
4.5	ILS 요구사항 산출
ILS 관리자는 프로세스 4.2에 기록된 ILS 활동 정보를 이용하여 계약자/협력업체에게 ILS 요구사항이 산출될 수 있도록 한다. 이 요구사항은 ILS 작업분해구조 및 ILS 작업기술서 형식으로 산출된다.	

JSP 886 Volume 7 Part 07: Support Delivery Management, Monitoring & Reviews:

Version 1.0 dated 26 Oct 12

JSP 886

국방군수지원체계 매뉴얼

제7권

지원성 분석

제7부

보급 인도 관리, 모니터링 및 검토

개정 이력		
개정 번호	개정일자	개정 내용
1.0	26 Oct 12	초도 출판

Contents

제5장

검토 448

Ministry
of Defence

제1장

보급 인도 관리, 모니터링 및 검토

배경

1. 제품 수명주기의 초기 단계 중 종합군수지원 방법론을 이용하여 성능 및 운용 요구를 충족하고, 수명주기 비용을 최적화하며 지속 가능한 지원 방안이 개발되었다. JSP의 본 자료에서는 제품 수명 기간 중 지원 방안을 인도하고 모니터링 하기 위한 프로세스에 대한 정책 및 조언을 제공한다.

정책

2. 인도된 지원 방안이 관리, 감시, 검토 및 최적화 되고, 승인된 변경이 자금을 받도록 하는 것이 합동지원체계국장 (DJSC)에 의해 지시된 국방부의 방침이다.

3. 지원 관리자는 그들의 지원 방안이:

 a. 지원계약을 충족하도록 인도되고,

 b. 지속적으로 성능요구를 만족하며,

 c. 성능, 운용 및 환경 요소의 변경을 고려하여 최적 상태로 유지될 수 있게 주기적으로 검토되도록 해야 한다.

우선순위 및 권한

4. 군수 프로세스의 지원 분야 군수정책의 소유권은 국방물자국장(CDM)의 프로세스 기획자[1]로서 국방군수운용참모차장(ACDS Log Ops)에게 있다. 이 역할은 국방군수위원회(DLB) 산하의 국방군수정책실무그룹(DLPWG) 및 국방군수조정그룹 (DLSG)을 통하여 이루어진다. 이것은 지원 인도 관리, 모니터링 및 검토 정책의 스폰서[2]가 Head Support Chain Management (Hd SCM)의 책

1 JSP899: 군수 프로세스 - 임무 및 책임.

2 스폰서 - JSP의 내용, 배포 및 출판에 대한 책임을 가진 자 (위임장에 따름). DLWG 그룹장을 통해 발행되고 관련 규정에 따라 효력을 가진 위임장(LoD)에 의해 정해진 책임.

임인 본 관리 체계와 대비된다. 사업팀(PT)은 지원방안 패키지에 의해 제시된 핵심 정책 및 관리에 충족하는 하는 것을 평가 하고 보여주어야 한다.

필수 요구사항

5. 지원 인도관리, 모니터링 및 검토를 위해 법적으로 요구된 조건은 없다.

요구사항 및 제한사항

요구사항

6. 지원방안이 인도되어야 하는 범위의 경계는 관련 국방 지원 요구와 사업체계요구문서와 함께 사용자 요구 문서에 정의된다.

제한사항

7. 식별 안됨.

핵심 원칙

8. 보급 관리, 모니터링 및 관리는 아래와 같은 방법으로 임무를 수행하는 운용단계군수지원위원회 (IS LSC) 를 통해 이루어진다:

a. 지원방안의 인도 및 유지를 보장하기 위해 계약적 요구 충족에 대한 계약 및 계약자 이행 모니터링

b. 모든 ILS 요소와 동일한 제품이 장착된 플랫폼과 장비간에 수행된 모니터링 및 조정. 이것은 체계로부터 시작된 제안된 변경이 모든 지원 방안에 걸쳐 고려되도록 한다.

c. 유지:

(1) 제품의 요구를 지속적으로 충족할 수 있도록 하기 위해, 모든 지표에 대한 코드화, 고장추세 분석 및 폐기 계획

(2) 참여한 모든 관계자와 접촉

(3) 자금지원이 된 ILS 소요 세트

d. 사고에 대한 대응, 인도된 지원방안에 미치는 영향과 효과의 평가

e. 지원지표가 계약, 제품 및 성능에 적합성을 유지하도록 하기 위해 지원 최적화 도구를 이용하여 인도된 지원 검토

f. 제품, 계약 또는 운용상 용도에 대한 각 개조 및 변경의 경우, 분석이 비용 요인이 되지 않도록 하기 위해 검토를 테일러링 한다.

g. 회계 규정을 충족하기 위해 수명주기 데이터, 정보 및 재무 기록의 유지. 출력은 지

원검토로 정보를 제공한다.

h. 인도 레벨에서 전체 체계 및 환경에 테일러링 되고, 지속적인 최고의 가치 및 사업의 군 요소 준비상태 (FE@R)의 지속적인 제공을 보장하는 지원방안을 주기적으로 검토

i. 기술삽입, 업그레이드, 보존 및 운용상 변경이 관리되고 변경내용이 지원방안에 반영 되도록 함.

j. 수용 가능한 수준으로 유지하기 위한 지원 위험 모니터링 및 완화대책 감독

관련 규격 및 지침

9. 아래 문서가 본 문서의 내용을 보완한다.

a. JSP 886: 국방군수지원체계 매뉴얼

b. Def Stan 00-600 - 종합군수지원, 국방부 사업을 위한 요구사항

c. Def Stan 00-44: 신뢰도 및 정비도 데이터 수집 및 분류

d. Def Stan 05-57: 군수품의 형상관리

e. DEFCON 637: 결함 조사 및 책임

소유권 및 문의처

10. 국방군수지원체계 매뉴얼(JSP 886)에 서술된 정책, 프로세스 및 절차의 소유권은 합동지원체계국장(DJSC)에게 있다. Head Support Chain Management (SCM-Hd)는 DJSC를 대신하여 JSC 정책의 관리에 대한 책임을 진다. 이 지침은 DES DSA에 의해 입안되었다:

a. 내용에 관한 질의는 아래 창구로 한다:

DES JSC SCM-EngTLS-PC6

Tel: Mil: 9679 82679, Civ: 030679 82679

b. 획득 및 표현에 대한 질의는 아래 창구로 한다:

DES JSC SCM-Editorial Team

Tel Mil: 9679 82700, Civ: 030679 82700

제2장

지원인도 예산

1. 장기적인 예산지원을 제공하고 지원계약을 위해 재무승인을 적기에 제출하여, 제품에 대한 지원계획을 조정하고 지원정책을 이행하는 것은 국방부 사업팀장의 업무이다.

2. 사업 담당자는 지원 정책이 수행되도록 이행하고 목적에 합당하도록 하기 위해 다른 국방부 기관 및 부서, 계약자의 이용을 위해 요구된 시설/자원을 보장하기 위한 수명주기비용 정책을 수행한다. 또한 사업팀장은 필요 시 이 요구의 검토 및 최신화를 지원한다.

3. 지원 관리자는 자금예산 예측의 산출에 참여하는데, 여기에는 모든 지원 활동 준비를 포함해야 한다.

4. 지원 관리자는 기존 체계의 지원 및 향후 체계의 개량, 개조 및 검증에 대한 모든 지원 비용이 포함되도록 한다.

5. 기본 비용 외에 제안에는 대체 가정이 포함될 수 있다. 이것은 변경이 기본 가정이 될 수 있도록 하며, 지원 관리자는 이 대안의 지원 영향이 식별되고 고려되도록 한다. 이것은 상용품(COTS)이 포함된 경우 적용 가능한데, 이들의 설계 예상수명이 체계의 부품이었을 때보다 짧기 때문이며, 짧을 경우 수명기간 동안 더 많은 주기적 업데이트를 필요로 하는 결과를 낳는다.

6. 수명기간 동안 제품의 기준선 재설정 정책의 채택은 기술적 업데이트나 운용상, 환경적 및 지원 방안 변경을 반영하기 위한 제품의 업데이트 기회를 제공한다.

제3장

수락 및 이전

수락 절차

1. ILS 수락절차는 요구된 ILS 활동이 수명주기 지원방안 비용을 입증하고 위험 관리 및 지원 계획을 식별 및 개발하기 위하여 수행되도록 하기 위함이다. 이용될 수락 절차는 계약서에 명시된다.

2. 지원 관리자는 '군수지원일자' (LSD) 이후 시운전 및 검사 프로그램을 지원한다. 제품이 수명주기 동안 지원된다는 것을 국방군수라인개발(DLOD)의 지명된 소유자에게 보여주기 위한 증거가 요구된다.

3. 수명주기 관리계획의 일부로서 통합시험, 평가 및 수락계획 (ITEAP)이 수립 및 유지된다.)

4. 지원 관리자는 지원성 분석 활동, 지원성 시험, 평가 및 입증의 결과가 '사업 통합시험, 평가 및 수락 계획'에 포함되도록 하는 책임이 있다.

5. 수락 절차로부터 오는 정보는 Def Stan 00-600에 정의된 바와 같이 군수정보 저장소에 수록되며, 지원성 문제를 최신화하는데 이용되는 증거 및 정당성을 포함한다.

6. 지원자원의 수락 미 입증은 전체 수락절차의 핵심 요소이다.

7. 통합시험, 평가 및 수락은 지원방안이 사용자 요구를 지속적으로 충족시키는 것을 확인하기 위하여 ITEAP에 따라 수행된다. 또한, 사업 기간 동안 기술적 및 운용상의 위험, 시간 및 비용을 식별하고 관리하는 방법이기도 하다.

8. ILS 활동은 아래와 같이 구성된다:

    a. 모든 설계 변경에 대응하도록 지원방안 최신화

    b. 모든 미해결 지원방안 문제 해결

    c. 운용단계 위험을 줄이기 위해 기존 지원방안 분석 결과에 미치는 영향에 대한 지원 권고안 검토

9. IS LSC에 의한 수락은 지원성 문제 및 요약 보고서의 증거를 요구하는데, 여기에는 지원 대책 효과의 실제적 시연이 포함될 수 있다. 지원성 문제에 대한 지침은 JSP 886 제7권 9부에 포함되어 있다.

10. 지원 관리자는 수락 프로세스의 일부로서 확보된 경험을 식별하여 향후 사업의 지원 성 예측과 계획에 이용되도록 한다.

운용단계 지원으로 이전

11. 구매의 시작으로부터 ILS의 주요 목표 중 하나는 운용 중에 지원이 될 수 있는 제품을 생산하는 것이다.

12. 운용단계지원으로의 이전을 위한 최종 계획은 지원 배치일정의 수립 및 이행과 함께 구매의 제작단계 중 이루어진다. 이 일정은 운용단계 활동으로 이전되는 것이 계획 및 관리되도록 한다. 이것은 '사업 야전배치계획' 의 한 부분일 수도 있고 단독으로 될 수 있다.

13. 야전배치 계획에 대한 지침은 JSP 886 제7권 2부에 포함되어 있다.

14. 지원 관리자는 초기 수리부속 저장, 해당될 경우 제품에 대한 정비계약 등 LSD에서 식별된 모든 필수 지원 요소가 파악되도록 한다.

15. 운용단계에 대한 계획은 아래 사항을 포함해야 한다.

a. 지원 관리자 및 업체 파트너의 역할 및 책임

b. 지원 요소에 대한 책임을 다른 지원 기관으로 인계

c. 군수정보의 관리 및 유지 방안

d. 지원 계약 관리

제4장

지원 인도 관리

1. 지원방안은 운용단계지원방안 계획 (ISSP)과 TLMP에 통합된 것으로 구분된다.

2. 사업이 운용단계로 들어 가면, 종합군수지원 관리자는 지원 관리자가 되어 역할이 변경된다.

3. 지원 관리자는 다음 사항을 보장하기 위해 IS LSC 의장을 통해 지원방안의 인도 및 관리에 대한 책임을 진다.

   a. 인도된 지원은 지원계약에 따른 것이다.

   b. 용도, 결함, 교육 및 기술정보가 모니터링 되고 관리 및 통제된다.

   c. 신뢰도 개선을 위한 잠재적 개선을 식별하기 위해 고장추세 분석이 수행된다.

   d. 개조 및 변경이 승인 및 관리되고, 기존 체계에 대한 영향이 평가된다.

   e. 운용 및 환경 변화로 인한 유지 및 기술 삽입이 사용자 요구 충족을 위해 반영된다.

그림 1 : 지원 관리를 위한 모델

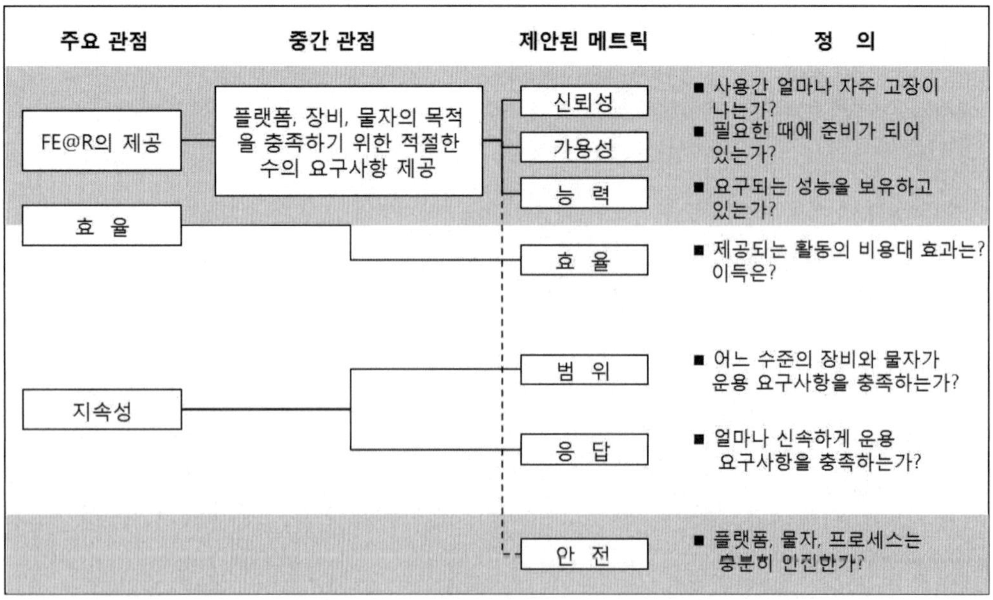

주요 관점	중간 관점	제안된 메트릭	정 의
FE@R의 제공	플랫폼, 장비, 물자의 목적을 충족하기 위한 적절한 수의 요구사항 제공	신뢰성	■ 사용간 얼마나 자주 고장이 나는가?
		가용성	■ 필요한 때에 준비가 되어 있는가?
		능 력	■ 요구되는 성능을 보유하고 있는가?
효 율		효 율	■ 제공되는 활동의 비용대 효과는? 이득은?
지속성		범 위	■ 어느 수준의 장비와 물자가 운용 요구사항을 충족하는가?
		응 답	■ 얼마나 신속하게 운용 요구사항을 충족하는가?
		안 전	■ 플랫폼, 물자, 프로세스는 충분히 인진한가?

f. 단종이 관리되고 인도된 지원에 미치는 영향을 최소화하기 위한 절차가 이행된다.

g. 최적화되고 최고의 가치를 유지하도록 ILS 원칙을 이용하여 지원방안의 주기적 검토가 실시된다.

h. 비용 인자를 식별하기 위해 재고관리 자료로부터 사용율 평가가 수행된다.

i. 지원위험이 수용 가능한 수준으로 유지되고 경감대책이 계획되어 수행된다.

4. IS LSC는 아래와 같은 지원 주요 목표가 완수되도록 한다:

a. 군 요소 준비상태 (FE@R) 제공

b. 효율

c. 지속성

5. 상위모델에 대한 제안된 개념은 위의 그림 1에 나타내었다.

테일러링

6. 아래에 서술된 프로세스 및 절차는 포괄적이고 복잡하며, 모든 활동이 다 '사업'에 적절하지 않을 수 있다. 지원 관리자는 쓸모 없거나 고 비용의 부적절한 작업을 제외한 모든 업무가 밝혀지도록 한다.

7. 테일러링 프로세스에 대한 지침은 JSP 886 제7권 6부에 포함되어 있다.

통합

8. 지원은 완전히 체계에 통합되어야 하고 모든 사업의 관련 분야, 위원회, 계획 및 프로세스와 입출력을 주고 받는다. 여기에는 아래 사항이 포함된다:

a. 재고 관리

b. 기술적인 면 (설계)

c. 안전도

d. 환경적인 면

e. 보안

f. 재무

g. 계약

h. 단종 관리

i. 형상 관리

j. 수명주기 관리

k. 위험 관리

l. 신뢰도

m. 정보 관리

n. 운용 요구

9. 상기 요소 간의 관계를 보여주는 그림을 부록A에 나타내었다.

접근성

10. 지원 관리자는 관계자 간의 모든 처리가 국방획득가치에 따라 개방적이고 공정하도록 해야 한다.

11. 프로세스는 반응적이고 실제적이며, 반사적이기 보다는 주도적이다.

12. 주도적인 지원 관리에는 아래 관리 방법론 중 하나 또는 복합적인 이용이 포함된다:

a. 모든 인터페이스를 정의하여 모든 요소 내의 변화 결과 제한.

b. 관계자와 합의되고 정의된 주기로 지원을 최신화하기 위해 관계자와 계획 합의.

c. 변화의 대응에 이용되는 인도된 지원 및 프로세스를 모니터링.

모니터링

13. 지원 관리자는 모니터링 시스템이 모든 기관과의 접촉 및 참여를 보장하도록 하며, 또한 ILS 요구가 모든 지원 형태에 포함되고 적절히 자금지원 되도록 해야 한다. '사업' 제공 데이터는 Operational Centre 및 DE&S 레벨의 지원체계 효과를 분석하기 위하여 통합군수지원체계국장에 의해 이용된다. '사실에 의한 지원계통 관리' (SCMBF) 분석으로 다루어지는 9개의 분야를 부록 B에 나타내었다.

14. 운용단계의 ILS 적용 목표는 다른 수명 단계의 것과 정확하게 동일하다. ILS 및 지원성 분석 활동은 유형의 이점이 있는 곳에만 수행되며, 동일한 ILS 관리 및 면밀한 테일러링이 반드시 적용되어야 한다.

15. 사용자의 이용에 적용되는 절차를 이용하여 아래 부분에 포함된 결함 및 고장의 추세를 식별 및 분석하고 수리할 필요가 있다:

a. 하드웨어

b. 소프트웨어

c. 기술 문서

d. 교육

e. 예비품

f. 인도된 지원

g. 공급자 업무수행

h. 모든 ILS 요소

16. 지원 관리자는 모든 관계자로부터 오는 피드백을 검토해야 하며, 최초 발의자에게 통보하

고 그 결과를 받아들이는 폐-루프 프로세스를 운용한다.

17. 비용에 관련된 지원은 작업 시작 전 승인되어야 하고 모니터링 및 관리되어야 한다.

18. 지원 관리자는 수행해야 할 보고 및 분석의 수준에 대해 예비 운용단계 활동 중에 개발된 전략을 이행한다. 여기에는 아래와 같은 몇 가지 요소가 포함된다:

a. 체계의 복잡성 및/또는 참신함

b. 운용상 중대성

c. 안전 중요도

d. 다른 유사 체계와의 경험

e. 예측된 신뢰도 또는 다른 예측치 검증 필요성, 조언 및 지침은 Def Stan 00-44에 포함되어 있음.

운용단계군수지원위원회 (IS LSC)

19. 지원 인도의 모니터링 및 관리의 핵심 수단은 운용단계군수지원위원회 (IS LSC)를 통하는 것인데, 이 위원회의 권한은 JSP 886 제7권 2부 부록 F에 서술되어 있으며 다음 사항을 식별한다:

a. 역할

b. 프로세스

c. 절차

모니터링

20. IS LSC는 계약 요구사항에 대한 지원 방안 인도를 모니터링 한다:

21. 지원 공급자 업무수행. 지원 계약 및 계약자 업무수행은 계약 요구사항이 충족되도록 하기 위해 모니터링 되고 관리된다.

22. 주요일정 대금지불. 재무 담당관에게 주요일정에 대한 대금지불을 통보한다.

23. 수리 시간

24. 지원체계 성능

a. JSC 지원체계 관리는 DE&S 레벨에서 아래의 10개 운용 센터 (OC) 분야에 대한 보고를 위해 '사실에 의한 지원체계 관리' (SCMBF) 데이터를 생성한다.

b. 이 데이터는 지원체계 성능을 규정하고 DE&S 내의 문제를 식별하기 위해 OC 및 다른 핵심 관계자에 의해 사용된다.

c. 추가 정보는 부록 B에 포함되어 있다.

25. 전방 지원체계

a. 전방체계의 정확한 분석이 수행되도록 하기 위해 충분한 정보 이용이 가능해 진다.

b. 이 데이터는 인도된 지원의 계약적 요구사항 충족을 위해 계약자의 수행 평가에 이

용된다.

26. 예비 지원 체계

a. 예비 지원 체계는 계약자 수행을 좌우한다.

b. 이것은 계약자의 통제 밖일 수 있으므로, 계약자가 책임을 국방부로 전가하는 위험을 최소화 하기 위해 예비 지원체계에 대한 상세 정보가 만들어진다.

27. 예비품 가용도

관리

28. 초기 지원 야전배치 계획. 이것은 인도된 지원이 야전배치 계획에 적시된 제품의 수량에 적합해지도록 한다.

29. 개조 이행. 소요 자산이 운용 능력을 저하시키지 않는 프로그램에서 할당 및 개조되도록 한다.

30. 야전배치 계획 수정. 능력에 대하여 최소한으로 배분된 프로그램의 원활한 개조를 가능하게 한다. 모든 최신화 또는 개조는 계약을 통해 처리된다.

31. 운용상 변화. 인도된 지원에 대한 이용 변화의 영향 평가.

32. 환경 변화. 인도된 지원에 대한 이용 환경 변화의 영향 평가.

33. 제품 개량. 인도된 지원의 제품에 대한 개량의 영향 평가.

34. 지원성 문제에 입력 제공. 결정, 정당화 및 증거가 이용 가능해야 하도록 한다.

35. 단종

a. IS LSC는 단종문제가 단종계획에 따라 관리되도록 한다. 단종관리에 대한 지침은 JSP 886 제7권 8.13부에 포함되어 있다.

b. 플랫폼 및 제품이 예측 또는 요구된 수명에 대해 구매된다. 이것은 여러 가지 사유로 길어지거나 단축될 수 있다.

c. 지원 관리자는 폐기에 대한 것 뿐만 아니라 제품 또는 체계의 전부 또는 일부분의 단종이 시작되는 것을 탐지하는 전략도 수립해야 한다.

d. 지원 관리자는 그 다음에 필요 시 적절한 교체를 찾아 보거나 제품의 수명을 연장하는 계약 조치를 취한다.

e. 단종 개시의 징후에는 다음 사항이 포함된다:

⑴ 예비품의 가용 불가 및 터무니 없는 교체 비용

⑵ 제품을 유지하기 위한 필요 기술이나 교육의 부족

f. 역할의 변경 또는 강화된 능력의 도입으로 더 이상 이용되지 않는 제품

36. 형상관리. 제품 및 기술정보의 형상관리

a. 정책 및 조언은 JSP 886 제7권 8.12부에 포함되어 있다.

b. 형상관리(CM)는 획득 수명주기를 통해 제품 기능 및 물리적 특성을 통제하는 메커니즘을 제공하며, 개발에서 생산으로 그리고 운용으로 질서정연하게 이전되도록 한다.

c. 절차는 제품 기술 자료에 서술된 바와 같이 제품의 형상, 조립 및 기능 특성의 통제로서 CM을 적용하기 위해 채택된다.

d. CM은 제품의 수명기간을 통해 변경의 기록을 제공하며 제품 및 그 하부체계 또는 구성품간의 모든 의존도를 보여준다.

e. 기준선에 대한 변경 기록은 국방부 및 공급자 모두에게 이용 가능해야 한다.

37. 재고관리 입력. 조언 및 지침은 JSP 886 제2권에 포함되어 있다.

38. 제품 및 예비품 사용 상세내용. 지원 관리자는 고장이나 사건 발생을 보고한 당시의 정확한 환경 및 용도에 대한 충분한 정보를 제공하기 위하여 이 절차가 운용단계 전부터 시작되도록 한다. 여기에는 운용시간, 정비상태 및 환경정보 (운용 및 기후상)가 포함된다.

39. 사업 안전도 문제 입력. 보고된 모든 사건 및 사고가 조사된다. 안전문제에 관련된 사항이 식별되고 적절히 조치된다. 조치는 발생한 위험을 최소화 하기 위해 승인된다. 지원 체계에 대한 영향을 평가한다.

40. 신뢰도 문제에 대한 입력. 기존 용도 및 고장 증거, 추세 및 분석과 함께 신뢰도의 유지. 합의된 주기에 따른 출판은 관계자들이 신뢰도 방안 및 달성에 관한 정보를 통보 받을 수 있도록 한다.

41. 폐기 계획

a. 예비품의 경제적 수리 초과나 사용 중 파기

b. 사용 중인 제품의 경제 수리 초과

c. 아래 사항에 대한 폐기 단계 중 사용 불가:

(1) 수량 감축 반영을 위한 지원

(2) 제품. 제정 또는 수정된 모든 법안은 제품 폐기에 미치는 영향에 대해 평가되어야 한다. 폐기 계획은 모든 결정 및 취해진 조치를 반영하기 위해 적절히 최신화 된다.

(3) 폐기 절차 및 지침은 JSP 886 제2권 404부: '재고 폐기'에 서술되어 있다.

지원 위협의 식별, 경감 및 관리

42. 위험관리는 사업관리 프로세스의 중요 부분이며, 사업 결정 및 예상을 통보해야 한다. 또한 조직의 단체 위험관리 활동도 통보한다.

a. '사업 위험관리 전략' (RMS)에 반영하고 '사업 위험관리 계획' (RMP)에 지원 문제를 유지한다.

b. 공통 위험 정보를 이용하는 공통 '사업 위험관리' 프로세스

c. 모든 주요 결정 문제에 시점에서의 지원위험의 수용 가능한 수준 합의

d. 시간 및 비용에 대해 10%, 50% 및 90% 신뢰 수치를 생성하기 위해 사업 데이터와 함께 위험 정보 이용. 이 정보는 사업 승인에 요구된다.

e. 사용 단계 및 사업의 특성에 적절한 공식적이고 개방적인 위험관리 방안 채택

f. 위험관리에 가장 적합한 자에게 위험 소유권 할당

제품정보, 데이터 및 용도 피드백의 접수, 분석 및 조치

43. 사용자

a. 제품 고장 및 사건

b. 기술자료 변경 권고

c. 교육 변경 권고

44. 재고관리. 조언 및 지침은 JSP 886 제2권에 포함되어 있다.

a. 재고 용도

45. 지원 공급자

a. 단종 데이터

b. 계약을 위한 운용 변수

c. 계약을 위한 환경 변수

d. 고장:

(1) 추세

(2) 조사

e. 신뢰도

(1) 데이터 분석

(2) 보고서

f. 아래에 대한 수정 권고:

(1) 제품. 법령 수정이 식별되면, 제품에 이용된 모든 새로운 위험 또는 위험 물질은 개조에 의해 최소화된다.

(2) 지원 방안

46. 국방부 안전 조직 및 기관

47. 법령 수정

48. 제품 변경

49. 외부 안전 조직 및 기관

50. 능력 보증인

51. 운용상 변화

52. 환경적 변화

검토, 분석 및 승인

53. 추세 분석 보고
    a. LIR에 포함된 정보는 인도된 지원에 영향을 비칠 수 있는 추세를 식별하기 위해 분석된다.
    b. 분석에는 모든 분야가 포함되나 특히 아래 부분에 집중된다:
        (1) 예비품 소모
        (2) 결함
        (3) 고장율
        (4) 신뢰도
        (5) 시험 및 측정 수행 (고장 미 발견 포함)
54. 개량 권고
    a. 결함, 신뢰도 또는 운용상 및 관련 개량 프로그램 관리로부터 발생한 제품에 대한 개량.
    b. 기술 정보, 자료 변경 및 다른 ILS 요소에 대한 모든 영향
    c. 교육 변경 및 다른 ILS 요소에 대한 모든 영향
55. 결함 보고
    a. 결함 조사
    b. 개조 조사
56. 사건 보고서
    a. 사건 조사
    b. 개조 조사
57. 모든 결함, 관찰 또는 사건의 원 제공자에게 피드백

개조 및 변경의 영향 평가 및 완화

58. 지원 위험 및 '사업 위험 등록부'에 입력제공
59. 신뢰도 및 신뢰도 문제에 입력 제공. 조언은 JSP 886 제7권 8.04부에 포함되어 있다.
60. 정비 루틴. 조언은 JSP 886 제7권 8.03부에 포함되어 있다.
61. 교육 및 교육 장비. 조언은 JSP 886 제7권 8.01부에 포함되어 있다.
62. 지원방안 인도
63. ILS 요소. Def Stan 00-600 및 JSP 886 제7권 2부에 식별되어 있다.
64. ILS 관련 분야. Def Stan 00-600 및 JSP 886 제7권 2부에 식별되어 있다.
65. 안전 및 '사업 안전 문제'에 입력 제공. Def Stan 00-600 및 JSP 886 제7권 2부에 식별되어 있다.
66. 운용.

67. 환경

68. 폐기 계획

a. 교체된 품목 또는 예비품에 대한 폐기 계획 이행에 따른 영향 최신화.

b. 제정 또는 수정된 모든 법안은 제품 폐기에 미치는 영향에 대해 평가되어야 한다.

c. 법령 수정이 식별되면, 제품에 이용된 모든 새로운 위험 또는 위험 물질은 개조에 의해 최소화된다.

ISSP 최신화

69. 야전배치 계획

70. 폐기 계획

71. ILS 요소 계획

지원성 문제 모니터링 및 관리

72. 발생된 모든 관련 데이터 및 정보는 군수정보 저장소에 포함된다. 지원성 문제는 IS LSC의 입출력 등 모든 지원 활동으로부터 증거 및 정당성과 함께 유지된다. 지원성 문제에 대한 조언 및 지침은 JSP 886 제7권 9부에 포함되어 있다.

a. 최신화. 모든 IS LSC 결정은 내려진 결정에 대한 정당성과 증거, 그리고 점진적인 보증과 함께 지원성 문제에 최신화 된다.

b. 요구 및 검토 보고서. 주기적 및 특별 보고서는 사업 일정에 따라 작성되고 IS LSC 회의에 제공된다.

자금 지원된 작업 승인

73. 자금 승인을 위한 승인 및 감독 프로세스의 목적은 장관 및 사무차관(PUS)이 재무부(HNT)에서 국방부로 지속적인 재무 위임을 정당화 하도록 관리 체계를 제공하는 것이다.

a. 조사

b. 개조

c. 지원계약 주요일정

경험 학습 (LFE)

74. LFE는 사업 후 평가와 긴밀하게 연결된다. 이것은 사업의 결과가 어떻게 최초의 투자 평가를 만족하는지에 대한 사업 평가를 하는 동안 조직의 경험학습을 돕는다. LFE는 핵심 사업 프로세스의 하나로 인식되며, '사업 계획'은 수명주기의 모든 단계에서 LFE를 고려해야 한다. LFE의 적용은 위험, 이슈의 예상을 도와주고 향후 성공 가능성을 증대시킨다.

주기적 검토 영향의 개시, 모니터링 및 평가

75. 지원 방안 지속적인 최적화 및 금전적 가치를 보장하기 위해 합의된 주기로 검토된다 (5장 참조). 검토는 요구된 분석의 상세수준을 반영하여 테일러링된 ILS 방법론 및 프로세스를 이용하여 수행된다.

IS LSC 주기성

76. IS LSC 회의의 주기성은 모든 관계자에 의해 합의되며, '사업 주요일정 계획'에 포함된다.
77. IS LSC는 '능력 실무 그룹'으로 보고되는 전체 사업 프로그램 및 계획 프로세스의 일부이다.

정보 품질

78. 모든 결함 또는 고장에 대한 명확하고, 정확하고 전체적인 정보는 데이터가 분석되어 적기에 효율적인 방법으로 수정이 이루어지게 하는데 필수적이다.
79. IS LSC는 정보의 품질이 모니터링, 관리 및 통제되도록 한다. 보고 프로세스는 원 제공자에게로 가는 피드백도 포함한다.
80. 국방 군수는 정보체계에 포함된 정보를 보다 효율적이고 효과적으로 활용하는 요구를 가지고 있다. 국방군수정보전략은 이것이 기존 및 계획된 체계의 재사용을 극대화하고 향후 확산을 제한함으로써 가장 최적으로 달성되는지를 파악한다.
81. 국방 네트워크는 사용자에게 무료가 아니며 자금이 지원되어야 한다. JSP 886 제7권 1부에 식별된 광범위한 정책이 네트워크 자원에 효율적으로 위치하고 이용할 수 있도록 준비가 되어 있다. 사용자 수와 터미널 하드웨어 수의 증가를 포함하여 기존 군수 IS에 대한 변경/최신화 또는 적용을 고려할 때 정책의 준수는 이 부분에 일관성을 가져다 준다.
82. LogNEC Front Door는 국방전략 및 정책과의 일관성 유지를 위해 모든 Log IS의 이행 전 협의된다.
83. D ISS는 합의된 성능, 시간 및 비용 한도 내에서 Log IS를 지원하기 위해 통신 및 기반시설을 제공하는 업무를 맡는다.
84. 지원정보 관리에 대한 조언 및 지침은 JSP 886 제7권 5부에 서술되어 있다.

지원성 분석

ILS 및 지원성 분석 전략

85. 전략 문서는 체계 정비개념에 대한 극단적인 변경을 제외하고 개조의 일부로서 최신화 될 필요가 있다. 전략은 후속 개발 작업이 예상된 경우라면 수정 절차의 일부로서 최신화된다.

ILS 및 지원성 분석 계획

86. 대부분의 개조/재설계 활동의 경우, ILSP의 부록용 이외에는 ILS 요소 및 지원성 분석 계획이 요구되지 않는다. 이것은 고려중인 특정한 개조에 적용되는, 당초 개발계획 내의 특정한 활동을 식별한다.

87. 그렇지 않으면, 운용단계지원방안 계획이 특정한 개조에 관련된 활동 목록으로써 보완된다. 이것의 목적은 지원성 평가 활동이 식별되고, 그에 대한 책임이 명확히 정의되도록 하는 데 있다.

88. 지원 관리자는 지원성 분석 계획에 대한 최신화의 필요성, 범위가 최초 개조 승인 프로세스에 명확히 명시되도록 한다.

지원성 분석 활동

89. 제품 개조 또는 재설계 프로세스 동안 수행되는 지원성 분석 (SA) 활동은 비용효율이 높은 이점을 발생하는 것에 테일러링 되어야 한다.

90. 지원성 분석 계획에 명시되어 제품의 구매를 위해 이용된 SA 활동은 지원 소요의 식별 및 최적화를 지원하고 프로세스에 영향을 줄 수 있는 개조나 재설계를 위해 수행될 요구 활동의 식별을 위한 기준선으로서 이용될 수 있다.

91. 기준선 밖으로 테일러링될 활동은 개발 프로세스 중에 내려진 결정으로 인해 원래 활동이 더 이상 불가능하고 더 이상의 설계 자유도가 없는 최초 설계에 적용되는 것이다. 이것은 COTS 제품에도 동일하게 적용된다.

92. 지원성이 밝혀지도록 하기 위해, 개조 프로세스에 대한 지원성 분석 활동의 적용성이 개조 지침에 식별된다.

93. 재 설계 또는 개조의 경우, 지원 관리자는 지원성 분석을 요약한 계약자로부터의 보고서를 받게 된다. 이 보고서는 자동 또는 수동으로 군수정보 저장소에 이용 가능하다.

군수정보 저장소(LIR) 관리

94. LIR은 모든 연구를 위한 데이터 원으로서 중요하며, 국방부 계약자는 정보에 접근이 가능하다. IS LSC는 LIR이 수명주기 동안 계속적으로 유지되도록 한다.

95. LIR 유지 비용은 사업 자금 소요에 포함되어야 한다.

96. 사업 수락 활동의 일부로서, 국방부는 LIR에 저장된 정보의 검토, 승인 및 수락 권리를 가진다.

97. 계약 형태에 따라, 제품 및 플랫폼에 대한 사용을 위한 수락에서, LIR이 보유 중인 계약자 정보는 제품/플랫폼에 대한 책임 이전의 일부로서 국방부로 이전될 수 있다.

98. LIR은 설계 최적화 목적에 요구된 방대한 양의 데이터를 포함할 수 있다. 비용을 줄이기

위해, 제품의 수명주기 동안 제한된 데이터만 유지된다. 이렇게 유지된 데이터는 향후 수정 활동을 위한 기준으로도 이용된다.

99. 전체 LIR 재 확립에 대한 비용효율이 평가되고, 필요 시, 개조 설계팀으로 제공되는 관급 정보의 일부를 구성한다.

100. LIR 관리를 위한 전략은 지원 관리자에 의해 정의된다. 이것은 예상된 개조/갱신율과 후속 개발 소요의 가능성에 좌우된다.

101. 다른 사업, 문서 및 계획으로 제공되는 데이터 및 정보는 LIR 내에 포함된다.

운용 신뢰도 및 정비도 (R&M)

102. 운용단계 동안 능력의 제공을 지원하기 위해, 신뢰도 및 정비도가 아래 정보의 모니터링 기록을 통해 유지된다:

a. 체계 사용

b. 예방정비 및 보수정비 업무량

c. 예비품 및 소모품 사용

d. 제품 비가용도

e. 제품 비신뢰도

103. 이것은 운용 R&M을 판단하고 부족부분을 식별하게 한다.

104. 이 데이터의 분석은 부족의 원인이 이해되도록 하고, 가능한 경우, 대안이 개발되고 개조가 이루어지도록 한다. 이 활동은 R&M 문제가 유지되도록 한다.

105. R&M에 대한 지침은 JSP 886 제7권 08.03a–e 와 8.04부에 포함되어 있다.

안전성

106. 지원 관리자는 인도된 지원과 제품, 운용상 용도 또는 환경적 용도에 대한 변경이 국방부 또는 외부 당국에 의해 규제 받는 모든 안전 측면을 위반하지 않도록 해야 한다.

107. 사업 안전 문제는 관련 사안의 지원과 함께 최신화되어야 한다. 적절한 사안 전문가가 참여하고 필요 시, IS LSC에 초청 또는 임시 참석하도록 해야 한다.

108. 통상적인 측면에는 아래와 같은 것이 포함된다:

a. 보건, 안전 및 환경 보호. 이에 대한 조언은 AOF에 있음.

b. 비행 안정성. 이에 대한 조언은 AOF에 있음.

c. 군수품 안전성. 이에 대한 조언은 AOF에 있음.

d. 운용 안전성.

제5장

검토

검토

1. 지원성 및 비용 가치를 보장하는 검토가 계약에 명시된 주기로 수행되고, 사업 주요일정 계획에 포함되어야 한다.

2. IS LSC는 아래 사안에 대응하기 위해 인도된 지원의 검토 및 영향 평가를 촉진한다:

   a. 프로그램에 계획된 주기적 검토

   b. 법령 변경

   c. 운용 또는 환경적 변화

   d. 계획된 개량

   e. 정비 일정 변경

   f. 자금지원 변동

   g. 비 계획적인 변경

3. 검토는 ESCIT와 같이 수행되며, OSP와 같은 최적화 도구를 이용할 수 있다.

지원성 분석 활동

4. 테일러링된 지원성 분석 활동은 개량, 유지, 기술 삽입, 운용상 변화(성능 관리) 및 환경 변화가 최적의 가치를 내며, 지원이 지속 가능하게 유지되도록 하기 위해 수행된다.

지원 검증

정비 계획

5. 효과적이고 달성 가능한 정비계획은 최소의 수명주기 비용으로 요구된 가용도와 신뢰도를 충족하는데 필수적이다.

6. 최초 정비계획은 예측 및 경험 데이터를 바탕으로 신뢰도중심 정비(RCM)로부터 생성된다.

7. 따라서 정비계획은 운용경험 및 변경된 사용을 반영하기 위한 살아있는 문서로 유지된다.

8. 데이터 보고계통을 통한 피드백이 이용되며, 고객의 이해와 협조를 유지하기 위해 그들과

통신이 유지된다.

9. 지원 관리자는 가정이 여전히 유효하도록 하기 위해 IS LSC 관계자에 의해 합의된 일정한 주기로 유지 정책을 검토한다. 고려되는 요소에는 아래 사항이 포함된다:

a. 수리수준분석(LORA) 및 RCM 권고 등 정비계획의 유효성

b. 제품제작 규격으로부터 상용 규격으로 이탈

c. 법령 수정

d. 배치된 수량 대 예비품의 분배 및 수량

e. 당초 소모량 예측의 정확도

f. 당초 예측을 미달 또는 초과하는 제품 성능

10. 정비정책 및 지침은 JSP 886 제7권 8.03a ~ 8.03e부에 서술되어 있다.

지원 검증을 위한 잠재적 수행원인

법령 수정

11. 법령 수정이 검토되고, 적절한 경우, 인도된 지원에 대한 영향이 평가된다.

운용상 또는 환경적 요구 변화

12. 운용상 및 환경적 조건의 변경은 인도된 지원 조건에 미치는 영향에 대해 평가된다. 분석은 제품 또는 지원계약의 변경으로 나타날 수 있다.

13. 변경의 모니터링 및 합의에 대한 메커니즘은 ISLSC를 통해 이루어진다.

계획된 개량

14. 가끔 '기술 삽입'으로 불리기도 하는 이 옵션은 체계의 전부 또는 일부 부품의 설계가 최신화 되고 단종 품목이 교체되는 제품 수명기간 중의 예정 지점을 포함한다.

15. 이러한 성능개량은 향상된 요구사항을 만족하기위한 중간 수명개량과 일치하거나 하지 않을수 있다.

16. 체계 개량 프로그램은 수명주기비용의 최소화 필요성을 감안해야 한다.

17. 개량이 검토되고, 적절한 경우, 인도된 지원 및 계약된 가용도에 미치는 영향이 평가된다.

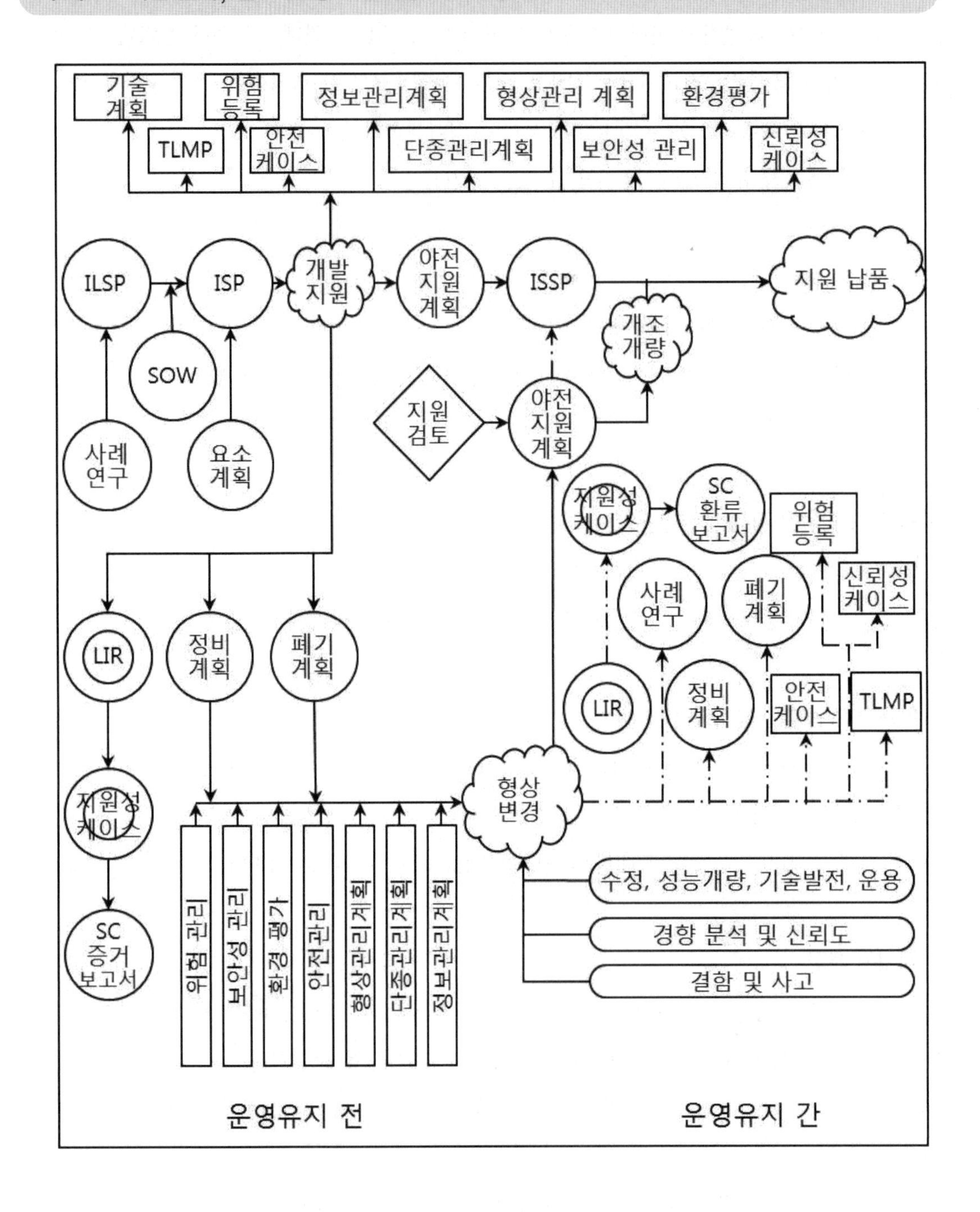

상기 그림은:

1. 지원 방안 개발 중(운용단계 전), ILS 계획 및 요소가 어떻게 서로 그리고 관련 분야 계획 및 ILS 외부 프로세스와 인터페이스 및 상호 작용하는지를 보여주고,

2. 지원 방안의 인도를 이용하며, 제품에 대한 수정 또는 운용상 용도에 대한 변화가 관련 계획 및 증거 제공 프로세스간의 인터페이스 식별 및 이들의 유지에 의해 어떻게 관리되는지 보여준다. 이 프로세스는 운용 전 단계 중에 그리고 운용단계 변경 프로세스에 의해 개발되었다.

부록 B: 사실에 의한 지원체계 관리

1. '사실에 의한 지원체계 관리' (SCMBF) 데이터는 DE&S 레벨에서 아래의 10개 운용 센터 (OC) 분야에 대한 보고를 위해 'JSC 지원체계 관리'에 의해 만들어진다. 이 데이터는 지원체계 성능을 규정하고 DE&S내의 문제를 식별하기 위해 OC 및 관계자에 의해 이용된다.

2. SCMBF가 다루는 9개 분야는 아래와 같다:

(1) 직접 가용도(IA) 깊이
출처: EDW (PM4IM) CLS 데이터 아님.
요구에 따른 Off the Shelf가용도 %

설명: '직접 가용도 깊이'는 UK 창으로부터 요구된 목표 이슈에 대한 적합성을 측정한다. 이 값은 해당 월에 만들어진 이슈의 충족 백분율을 보여준다. '육상' 및 '해상'에서, 이 측정은 깊이 가용도만 측정한다. '해상': IA '이슈 일자'가 '요구 일자' 2일 이내인 경우, 또는 '요구 형태'가 '미래'인 경우. 육상: 'UNICOM 승인' 일자 1일 이내 또는 가용하지 않을 경우 요구 일자 2일 이내 만족된 IA. 항공: RDD가 충족된 경우 만족된 IA.

(2) 재고 불출예정 잔고 (%)
출처: EDW (PM4IM) CLS 데이터 아님.
월말에 아직 충족하지 못한 요구의 백분율.

설명: 불출예정 기간에 제출되어 월말에 여전히 충족되지 않은 요구의 백분율.
해상: '불출'이 현재 비 가용 상태일 때 불출예정으로 기록됨.
육상: SS3으로 식별된 불출예정.
항공: MJDI에 따라 불출예정, 요구일자의 월에 기록 (또는 요구일자가 없는 경우, 불출일자).

(3) 공급자 수행
출처: EDW (PM4IM) CLS 데이터 아님.
기일을 30일 초과한 주문의 백분율

설명: 업체로부터 당초의 예상 인도 예측일보다 30일 초과한 인도물품 수, 총 입고 백분율로 표시.
해상: 당초 입고 일자가 보고기간의 첫째일 보다 적을 때 총 입고 수 (구매 상태 4, 구매방법이 Q1, Q3, Q6, Q9, T1 또는 W1이 아니고, 입고 재고 수량이 0이 아닐 때)
육상: 당초 입고 일자보다 30일 늦은 입고 계수.
항공: Base Information System 내에 불충분한 데이터라는 것은 이 척도가 항공 환경에 이용되지 않는다는 것을 말한다.

(4) 사업팀 조치를 요하는 NCTR

출처: LCS

설명: LS 내의 지원성 체계에 입력되는 미 충족 거래 수령을 세부적으로 서술한다. 이것은 운용 센터(OC), 미결 순위가 매겨진 수령, PT 치유 조치 개시 전 루틴 미 불출 및 경과 시간에 의해 나누어진다.

(5) PT 재고 관리 통제 (%)

출처: EDW

설명: 자재의 불출 전 PT개입을 요하는 NIIN의 백분율을 식별한다. 해상의 경우, 이것은 CRISP 관리 통제 코드 상의 Sers 1, 3, 4, 6 또는 9와 동일하다. 항공에서는, SCCS 통제수준 코드 2, 3, 4 및 5와 동일하다. 육상의 경우는 SS3 보급 관리 상태 1, 관리 통제 품목. (육상의 경우 정의는 검토 중임). LCS에 유지되지 않은 CLS 품목은 제외.

(6) 불출에 적당하지 않은 재고 (£M)

출처: SSIT Reps

설명: 적색 카드(의심, 단종 등)의 값. 예를 들면 항공 환경 같은 개별 환경에 대한 다른 기준이 있으며, 이것은 접미사 C, D, Q, W1, W2 및 X를 가진 창 재고를 말 한다.
백만 파운드 단위로 측정.

(7) DE&S 대차대조표 상의 재고 장부가액 총액 및 순 장부 가액 (£Bn)– GWMB 포함.

출처: Fin Accts

설명: 재고의 월간 재고 장부가액 총액 및 순 장부 가액을 나타낸다.
(더 나은 시각적 표현을 위해 고려중인 척도)

(8) 재고 폐기 (£M)

출처: LCS 및 STP

설명: 그래프는 폐기 프로세스의 다양한 단계를 통한 폐기 값을 보여준다.
(결정, 불출, 배송, 완료)
현재, 4개중 두 칸을 채우기 위해 STP만 제공된다. £M 단위로 표시됨.
(더 나은 시각적 표현을 위해 고려중인 척도)

(9) 4년 이상 이동된 적 없는 LCS 재고
출처: LCS

설명: 비 이동으로 지정된 LS에 의해 관리되는 품목의 백분율 (4년 이상 미 이동 재고 기준). Beith, Crombie, Glen Douglas, Gosport and Plymouth 에서의 비활성 EBS 활동. Forms, Pubs 및 West Moors 활동은 이 척도에서 제외된다. CLS 데이터는 이 척도에서 제외된다.

3. 현재 보고되는 10개 클러스터는 아래와 같다:

a. D 공중 지원

b. D 전투 항공.

c. D JSC (물품).

d. D 헬리콥터.

e. D ISS.

f. D ISTAR.

g. D 육상 장비

h. D 함정

i. D 잠수함

j. D 무기

JSP 886 Volume 7 Part 8.01 – Training & Training Equipment

Version 1.2 dated 04 May 12

JSP 886

국방 군수지원체계 교범

제7권

종합군수지원

제8.01부

교육 및 교육 장비

개정 이력		
개정 번호	개정일자	개정 내용
1.0	04/06/10	최초 버전.
1.1	22/06/10	계약 정보 최신화
1.2	04/05/12	진행중인 변경 반영을 위한 개정.

Contents

제3장

교육 주요일정 468

제4장

최신화된 JSP 822 프로세스 검토 471

제1장

교육 및 교육 장비

배경

1. 종합군수지원의 기본적 원칙은 제품지원에 관련된 장기적 조치가 제품 수명주기의 초기에 검토되도록 하기 위해 수명 시간에 걸친 접근방법을 적용하는 것이다. 관련 교육 장비의 획득 등 적절한 교육방안의 개발은 가장 비용효율이 높은 방법으로 능력의 제공을 보장하는 핵심이다. 요구된 프로그램의 일정은 전체 지원방안과 맞아야 한다.

2. 이 정책의 목적은 ILS 모든 분야를 이용하여 수명주기 동안 교육 및 교육장비(T&TE)가 구매, 관리 및 지원되도록 하는 것이다. 이 절차의 준수는 관련 인원이 능력의 수명 기간 동안 계획된 자원 내에서 적절한 교육을 받을 수 있게 한다.

우선순위 및 권한

3. 군수 프로세스의 지원 분야 군수정책의 소유권은 국방물자국장(CDM)의 프로세스 기획자로서 국방군수운용참모차장(ACDS Log Ops)에게 있다. 이 역할은 국방군수위원회(DLB) 산하의 국방군수정책실무그룹(DLPWG) 및 국방군수조정그룹 (DLSG)을 통하여 이루어진다. 이것은 JSP 882에 명시된 훈련 및 교육(T&E) 정책에 대한 스폰서가 훈련 및 교육국장(DT&E)의 책임인 본 관리체계와 대비된다. T&TE 는 ILS 방법론과 DES JSC SCM 소관의 정책 내에서 개발, 제공 및 관리된다. 사업팀(PT)은 SSE에 의해 제시된 핵심 정책과 관리에 준수하는 것을 평가하고 보여주어야 한다.

요구사항

4. 국방부의 법적 안전 및 주의 의무를 충족하기 위하여, 모든 제품, 플랫폼, 체계 및 장비에 대해 적절한 T&TE를 가용해야 하는 것이 요구된다. 국방부가 적절한 자격을 갖추고 경험 있는 인원(SQEP)을 갖도록 하기 위해, 사업팀은 전체적인 지원 방안의 하나로 주도적인 교육 전략을 개발, 구매 및 이행해야 한다.

정책

5. DT&E의 방침은, DT&E 및 JSP 82에 의해 적절하다고 판단된 경우, JSP 896에 따라 국방부의 개별 교육 및 교육장비가 개발되어야 한다는 것이다. 교육은 '투자평가 위원회 및 운용센터 책임자'가 만족하도록 사업의 초기 및 최종승인 비즈니스 케이스에 제시되어야 한다. T&TE는 요구된 프로그램 일정에 맞추어 개발, 제공 및 관리되고 전체 지원방안과 적합해야 한다.

핵심 원칙

6. 계약자에 의하여 개발된 '종합지원계획' (ISP)는 교육 방안의 개발, 제공 및 관리를 위한 프로세스 및 계획을 식별한다.

7. 범위의 설정은 사업의 초기 단계에서 이루어지며, 사용자 요구의 충족에 필요한 교육소요의 가능성이 있는 경우 이를 식별한다. 이것은 교육이 어떻게 제품 능력 소요에 기여하는 지와 향후 분석을 위한 자원을 식별한다.

8. 최적화된 수명주기 비용으로 교육 방안의 개발과 지원 가능한 교육장비의 구매를 위하여, 교육소요분석(TNA)을 통해 교육 옵션이 식별되고 절충되어야 한다.

9. 교육 내용, 장비 및 지원은 '교육준비완료일자'(RFTD) 또는 '군수지원일자'(LSD)를 충족하도록 개발되고 제공되어야 한다. 이것은 모든 교육 관계자 간에 합의되어야 하며, 전체 ILS 프로그램과 맞아야 한다. RFTD는 제품 운용일자를 만족하기 위해 교육이 준비 완료되어야 하는 핵심일정으로 정의된다.

10. 사용자 교육소요를 충족하도록 방안이 제공되며, 관리 및 효과적인 평가 그리고 수정 프로그램을 통해 유지되어야 한다.

11. '사업'은 기존 교육방안과 호환성을 유지하면서 가장 적절한 획득 전략을 식별하기 위해 관련 DE&S 교육팀 및 전방사령부(FLC)와 협의해야 한다. 교육은 수명주기를 통해 체계 성능, 비용 및 사업 일정을 따라 완벽하게 고려해야 한다.

12. JSP 822를 이용하여, 교육은 세 가지로 구분된다.

   a. 개인. 운용수행명세서(OPS) 충족을 위해 개인이 교육을 받으며, 교육은 운용자, 정비요원 및 감독관/지휘관을 위해 제공되고, 교관/교육 개발자를 교육시켜야 한다.

   b. 연속. 연속 교육은 작업장에서 OPS를 적절한 수준으로 유지하기 위한 교육 능력을 제공한다.

   c. 집합. 집합 교육은 팀, 부대 또는 편제의 능력을 향상시키기 위한 것으로 응집된 주체로 작용하여 운용 능력을 강화시키기 위한 것이다.

13. 그림 1은 능력을 제공하기 위해 제공될 수 있는 이런 종류의 교육을 보여준다.

그림 1 :

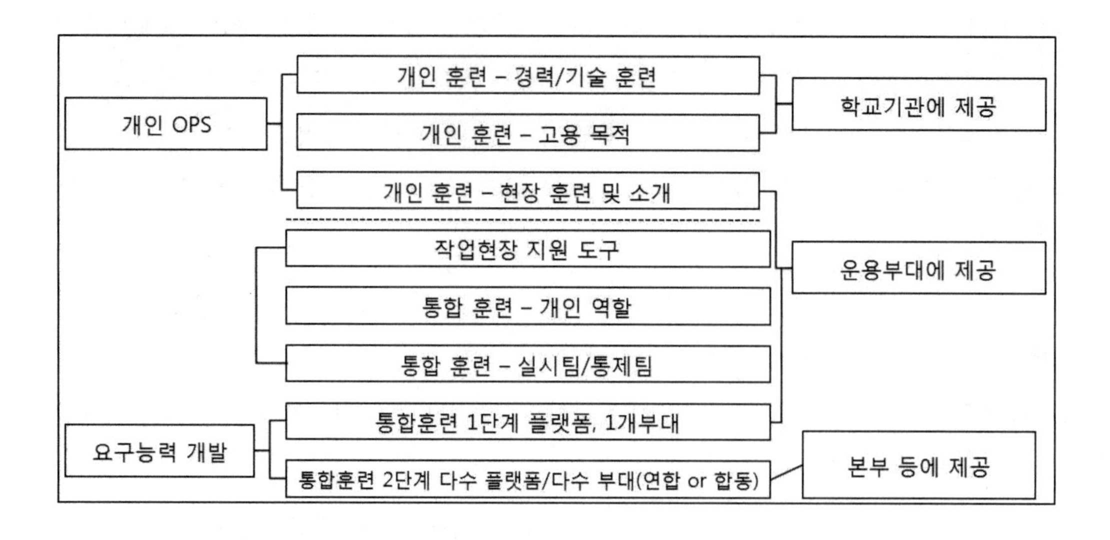

14. 종합군수지원은 앞에서 식별된 3가지 종류의 교육을 식별하며, 정비자 및 운용자를 위해 본 정책에 포함되는 두 단계로 제공한다.

a. 최초 (또는 임시) 교육

b. 지속 (또는 정상 상태) 교육

15. 운용수행명세서(OPS) 충족을 위해 개인이 교육을 받으며, 교육은 운용자, 정비요원 및 감독관/지휘관을 위해 제공되어야 하고, 교관/교육 개발자를 교육시켜야 한다. 연속 교육은 작업장에서 OPS를 적절한 수준으로 유지하기 위한 교육 능력을 제공한다.

16. 교관의 초기 교육은 운용자 및 정비자가 최초 제품의 인도 전 교육을 받을 수 있도록 적기에 완료해야 한다.

17. 아래 항목을 포함하는 유지 프로세스는 운용 및 폐기 단계 중 군수지원위원회(LSC), 운용 전 및 운용 중 군수지원위원회(IS LSC)를 통해 모니터링 하고 통제한다.

a. 교육방안 옵션 및 절충 합의

b. 교육장비 및 지원 개발, 제공 및 유지

c. 교육개념 개발, 제공 및 유지

d. 전체 사업 프로그램 및 일정이 타협되지 않도록 진도 및 인도물품에 합의하고 모니터링 한다.

관련 규격 및 지침

18. JSP 822: 국방 개인 훈련, 교육 및 기능의 통제 및 관리

19. 국방 교육 지원 매뉴얼 (DTSM).

문의처

DCDS PERS–TESR–TRG SYS POL SO2

Email: DCDS PERS–TESR–TRG SYS POL SO2

Tel Mil: 9621 85940, Civ: 020 721 85940

문서 편집자

DES JSC SCM–JSP886 편집팀

Cedar 1a #3139, MOD Abbey Wood, BRISTOL BH34 8JH

Tel: Mil: 9679 80953, Civ: 030679 80953

제2장

프로세스

1. 교육은 교육 개발 및 교육 능력 모두가 ILS 분야와 잘 조정되고, 수명기간 동안 능력의 인도에 필요한 모든 적용 정보, 장비 및 장비지원을 포함하여 포괄적인 방법으로 개발되도록 하기 위해 적절한 프로그램 위원회에 의해 통제된다.
2. 이 프로세스는 TNA 요구사항과 RFTD 요구를 충족하는 교육 내용과 그와 관련된 지원시험장비를 식별하여 인도한다.
3. 통상적으로, 제품을 만드는 계약자는 시운전 및 수락 프로그램을 만족시키기 위해 중간 교육 개발을 지원한다. 이것은 나중에 계약자에 군 요원 또는 양측의 합동으로 인도된다. 교육 개발자가 일단 교육을 받고, 제품, OPS 및 교리가 성숙되면, 정상 상태의 교육이 개발되고 제공될 수 있다. 여기에는 교육용 시뮬레이터, 컴퓨터 기반의 교육, 강의실 및 장비 내장 교육 방법을 포함한다.

교육준비완료일자 (RFTD)

4. RFTD는 계약자와 국방부에 간에 합의된 날짜로 아래의 내용이 가용해 진다.
   a. 교육 시설
   b. 교육 내용
   c. 교육 장비
   d. 교육장비 지원
   e. 훈련된 교관
   f. 초도 제품 인수를 위한 훈련된 정비자 및 운용자

JSP 822 & DTSM

5. JSP 822, 국방교육관리 매뉴얼 및 그와 관련된 국방교육지원 매뉴얼(DTSM)은 요구된 교육을 만족시키기 위한 범위와 가장 비용효율이 높은 방안의 판단에 필요한 교육소요분석(TNA)의 수행을 위한 정책 및 프로세스를 각각 포함한다.

6. JSP 822는 DT&E '훈련, 교육, 기능 및 재배치' (TESR)의 소관이며, 국방부의 '개인 훈련 및 교육 통제 및 관리 정책'이다. 이것은 군인 및 국방부 민간 요원에게 제공되는 모든 '개인 훈련 및 교육'에 적용된다. 이 JSP는 단일 문서로 출판되지 않는다.

7. JSP 822에는 아래의 '교육관리정책 및 매뉴얼'에 대한 정책을 포함한다.

a. 개인 훈련 및 교육 소요의 통제

b. 개인 훈련 및 교육의 관리

c. 개인 훈련 및 교육의 보증

d. 스텝 제공 공식 교육에 대한 국방교육 정책

e. '교육에 대한 국방체계접근 품질표준'

8. 교육지원매뉴얼은 교육지원국방센터(DCTS)의 소관으로 관리되며, 다음 사항을 다룬다:

a. 교육의 분석, 설계 및 개발

b. 교육소요 분석

c. 교육의 평가

d. 기술기반 교육

e. 국방개인교육의 내외부 감사

9. '교육에 대한 국방체계접근' (DSAT)은 모든 수명주기(CADMID)를 포괄하며 (그림 2) 대부분의 TNA가 최종 승인 후 수행되는 것을 나타낸다.

10. 그러나, 개념 및 평가단계 모두에서 사업 최종 승인으로 제공할 수 있는 여전히 이용 가능한 상당한 정보가 있다.

그림 1 : DSAT 및 CADMID

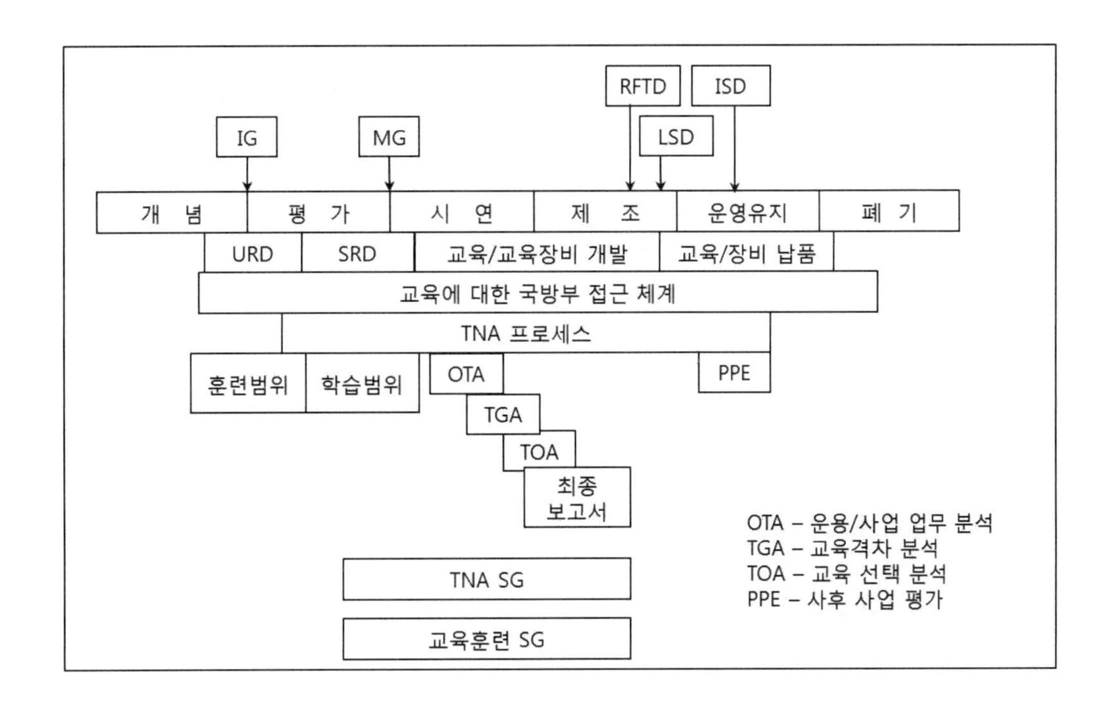

11. 상위 레벨에서 조기 분석을 수행하는 것은 교육소요의 과소평가를 방지하고 요구된 능력이 전 운용 단계를 걸쳐 가용되도록 하는데 상당한 기여를 하는 제품 설계를 따라 교육방안의 개발을 도와준다.

12. JSP 822는 기준 문서이며, DTSM과 같이 TNA 수행에 대한 심층적인 내용을 제공한다. 그러나 아래의 요약은 ILS 관리자에게 핵심 포인트의 개요를 제공한다.

인원

13. 교육 대상 인원은 아래 4 그룹 중 하나에 속한다.

a. 정비자. 개인 또는 운용 상태 제품의 정비를 맡은 개인들. 이는 예방정비 및 보수정비 일수 있으며, 장소와 깊이는 지원성 분석에 의해 결정된다.

b. 운용자. 개인 또는 야전의 제품 운용을 맡은 개인들

c. 감독자. 상위 시스템의 일부로서 제품이 운용되는 곳에서 개별 운용자의 작업을 감독하고 조정하는 책임을 맡은 개인.

d. 교육 스테프. 교육 제공을 맡은 인원, 교육 패키지가 필요할 수도 있다.

범위

14. 교육은 개인 또는 팀에게 제공되도록 요구될 수 있으며, 기 교육 패키지의 일부로 구성될 수도 있고, 연속 교육 진행에 기여할 수도 있다.

15. 한 예로, 새로운 컴퓨터 기반의 추적 체계에 관련된 교육은 정비자 교육 및 운용자 교육 요소를 요구할 수 있다.

16. 만약 이 제품이 탐지장비의 일부로서 운용된다면, 인원 간의 정확한 상호작용을 보장하기 위한 팀 상황에서 교육이 제공될 필요가 있다. 이 경우, 여기에는 모든 제품 운용자의 활동을 조정하는 팀 감독자가 있을 수 있으며, 이 감독자도 교육을 필요로 할 수 있다.

17. 마지막으로 교육을 제공하는 인원 자체가 최초교육을 요구할 수 있다. 따라서 새로운 제품의 도입은 비록 그것이 경미한 변경이더라도 교육 활동 범위에 영향을 미칠 수 있다. 이런 모든 활동의 제공이 사업팀의 책임이 아니더라도 도입의 전체 의미를 이해하는 것은 ILSM의 책무이다.

장소 및 교육 수단

18. 교육은 여러 가지 수단을 통해 많은 장소에서 제공될 수 있다. 매우 단순한 형태로, 교육은 지원 문서에 대한 최신화를 구성할 수 있으며, 공식적 인도에 참여하지도 않는다.

19. 스케일을 움직여 제품의 운용을 상세히 나타내는 특정한 문서 (인쇄본 또는 전자 파일)가 고려될 수 있다 (대부분의 상용 전자제품이 부가되는 핸드북과 유사)

20. 교육장소에 특수한 교육 패키지를 만들 필요가 있기 전 제품 또는 작업장에 설치된 특수한 전자식 학습장치도 고려될 수 있다.

21. 교육제공 장소(계약자의 건물일 수 있음)에서 교육이 최적으로 제공되었다고 판단된 경우라면, 교육의 수준은 강사가 지도하는 시연으로부터 충실한 전체 교육장비까지의 범위를 아우르는 것이다.

교육 분류

22. 요구되는 교육의 수준과 가장 적절한 장소를 판단하기 위하여 교육의 분류가 식별되어야 한다.

23. 교육의 분류(그림 3)는 1에서 6까지가 있으며, 여기서 1은 무리한 교육이 추천될 정도(영국 해군 승조원에 대한 소화 훈련이 한 예다)로 매우 중요한 기능이며, 6은 공식 교육이 요구되지 않음을 나타낸다. 교육 범주를 도출하기 위해, 전체적인 분석이 필요할 수 있으나, ILSM은 현재 준비된 것을 바탕으로 의견을 만들 수 있다.

24. 군 스텝에 대한 모든 기능을 수행하기 요구된 숙련도 세트는 운용수행명세서(OPS)로 알려진 문서에 서술되어 있다.

a. OPS. 교육수행명세서(TPS)에 서술되어 있는 적절한 교육을 통해 달성됨

b. TPS. 개인이 공식 교육과정을 완료할 수 있는 (어느 수준까지) 업무를 서술한다.

c. 현장직무 교육명세서 (WBTS). 현장에서 요구된 모든 공식 교육을 서술한다.

새로운 제품을 운용하고 정비하는 개인을 위한 이 문서의 검토에 의해, ILSM은 요구된 교육의 예상 수준을 판단할 수 있게 된다.

그림 2: 교육 분류

교육 분류	정의
1	공식 교육 종료 시, 피 교육생은 전체 표준 작업을 운용상의 물리적, 기능적 및 환경적 충실도가 정확하게 재현된 실제적 시나리오 및 조건에서 전체 업무를 수 차례 수행해 보게 된다. 피 교육생은 운용 현장에 도착하는 즉시 만족스럽게 업무를 수행할 수 있게 된다.
2	공식 교육 종료 시, 피 교육생은 전체 표준 작업을 운용상의 물리적, 기능적 및 환경적 조건과 실제적 시나리오에서 전체적으로 최소 한 차례 수행해 보게 된다. 피 교육생은 운용 현장에 도착 후 업무를 수행할 수 있어야 한다.
3	공식 교육 종료 시, 피 교육생은 전체 작업을 훈련 환경에서 직무에서 요구된 것 보다 낮은 수준(안전 기준은 완전히 충족)으로 전체 업무를 수행해 보게 된다.

4	공식 교육 종료 시, 피 교육생은 요구된 기초 지식과 원리의 적절한 수준을 시연해 보나, 업무 수행을 위해 필요한 숙련도를 개발하는데 적용하지는 않는다.
5	작업장 지원으로 모든 공식 교육이 제공됨.
6	피교육생에 대한 공식 교육이 필요 없음.

관련 기관

25. TNA의 수행은 복잡하고 시간이 많이 소요되는 프로세스이나, ILSM은 따로 분석을 수행하는 것으로 예상되지 않는다. 조언과 지침은, 획득운용체계(AOF)의 SSE 부분에서 KSA 2.8에 대한 문의처 정보를 제공하며, JSP 822는 일부 핵심 관계자의 책임을 상세히 밝힌다.

26. 교육소요당국(TRA)은 OPS의 도출 및 유지에 대한 책임이 있으며, 교육제공당국(TDA)은 마찬가지로 TPS의 도출 및 유지에 대한 책임을 진다.

27. ILSM이 교육소요의 예상 범위를 이해할 수 있도록 하기 위해 상기 기관 사이의 조기 문의처가 있어야 한다.

28. 이런 기본을 이해함으로써, ILSM은 사업의 초기승인 및 최종승인으로 정보를 제공하기 위하여 교육방안 예상범위의 증거 기반 의견을 도출해 낼 수 있다.

29. 상세한 내용은 그 다음 전체적인 TNA에 의해 보강된다. 기존의 OPS/TPS 조사에 의해 수행된 모든 최초 작업은 이 프로세스로 제공되며 이에 따라 일정을 단축한다.

30. 핵심 마일스톤에서의 증거 요구는 제3장에 나타내었다.

교육 및 교육장비 개발

31. TNA의 추천은 RFTD를 지키기 위한 교육 내용, 교육 장비 및 이 둘을 위한 관련 지원의 개발 및 제공에 의해 충족된다.

32. 공통 TE가 있는 경우 TE는 능력의 증거가 되지는 안는다. TNA로부터 시뮬레이션이 식별된 경우라면 AOF상에서 이용 가능한 국방부 시뮬레이션 전략을 준수해야 한다.

교육 및 교육장비 유지

33. IS LSC는

a. 정비자 교육은 운용 당국의 역량 요구를 충족하는 '적합한 자격과 경험을 가진 자'(SQEP)인 개인을 양산하도록 지속되고,

b. 운용자 및 팀 교육은 운용 효과가 극대화 되도록 전방사령부(FLC)에 의해 최신화되도록 해야 한다.

중점 포인트

34. 사업팀 리더는 획득 과정을 통해 교육 활동을 관리하기 위해 알맞은 핵심 포인트를 지정한다.

제3장

교육 주요일정

사용자 요구문서 (URD)

1. 사업팀은 교육 및 교육장비(T&TE)의 소요가 URD에 명확하게 명시되도록 해야 한다.

2. T&TE는 종합군수지원 요소 중의 하나이며, 전체 종합군수지원계획(ILSP)에 적시된다.

3. URD 구조, 제출 및 ILS 계획에 대한 상세 정보는 획득운용체계(AOF)상에서 구할 수 있다.

최초 승인 (IG)

4. 사업팀은 아래 사항을 최초승인 시까지 고려해야 한다.

   a. TRA 식별

   b. TDA 식별 (해당할 경우)

   c. 교육정책그룹 수립

   d. IGBC를 위한 자금소요 식별 (범위설정 연구 및 보고서 작성)

   e. 영향을 받은 인원 식별

   f. 교육계획 초안 작성

   g. T&TE와 관련되어 체결된 모든 계약에 국방부 정책에 대한 적절한 참조가 포함되도록 한다.

체계 요구 문서 (SRD)

5. 사업팀은 T&TE에 대한 소요가 SRD 내에 포함되도록 해야 한다. 방안은 제1장에 명시된 정책을 준수해야 한다.

6. SRD 구조 및 제출에 대한 상세한 정보는 AOF 상에서 구할 수 있다.

최종 승인 (MG)

7. 사업팀은

   a. TNA 정책그룹을 수립한다.

b. 식별된 개인의 OPS를 검토한다.

c. 식별된 개인의 TPS를 검토한다 (해당할 경우).

d. 교육정책그룹(TSG) 및 JSP 822에 정의된 TNASG 조치 계획을 만든다.

e. 교육계획을 검토하고 최신화 한다.

f. TNA 및 옵션 연구를 위한 MGBC 자금을 신청한다.

g. T&TE와 관련되어 체결된 모든 계약에 국방부 정책에 대한 적절한 참조가 포함되도록 한다.

h. TRA에 의한 RFTD 합의

교육준비완료일자 (RFTD) 또는 군수지원일자 (LSD)

8. 교육 및 교육장비 (T&TE) 지원 방안에 관련된 합의된 규격 및 사양이 만족되었음을 시연하고 확인하는 것이 필요하다.

9. 사업팀은 제2장 또는 LSD (시간 일정이 같을 경우) 에 정의된 RFTD를 충족하기 위하여 충분한 T&TE가 이용 가능하도록 해야 한다.

10. T&TE은 TSG에 승인되어야 하고 RFTD/LSD에 의해 검증된다.

11. 사업팀은

a. TSG와 TNASG 가 폐지되고 LFE가 적절히 파일되도록 한다.

b. 교육계획을 검토하고 최신화 한다.

c. 장비/과정 자재/적절한 지원 비용을 포함한 교육 소요가 사업의 수명주기비용 모델에 포함되었는지 파악한다.

d. RFTD/LSD를 달성한다.

운용-중 검토 (ISR)

12. 사업팀은

a. 교육계획을 검토하고 최신화 한다.

b. RFTD를 달성한다 (해당할 경우).

폐기일자 (OSD)

13. 사업팀은 T&TE 폐기가 폐기 계획을 통해 나타내지도록 한다.

긴급 운용 소요 (UOR)

14. UOR은 관련 교육을 요구할 수 있다; 따라서, 비록 공식적 또는 핵심제품 구매에 의해 요구된 것처럼 그렇게 상세하고 깊이까지 필요 없더라도 전술한 동일한 프로세스가 채택된다.

15. 사업팀은

a. TRA를 식별한다.

b. TDA를 식별한다 (해당할 경우).

c. 영향을 받은 인원을 식별한다.

d. 교육 제공 장소를 파악한다.

e. T&TE 소요를 식별하고, 초도 및 후속 배치를 위한 요구사항을 충족하기 위한 전략을 수립한다.

f. 장비/과정 자재/적절한 지원 비용을 포함한 교육 자재를 식별하고, 초도 및 후속 배치를 위한 요구사항을 충족하기 위한 전략을 수립한다.

16. 제품지원의 일부로서 교육 요소를 가지고 있는 UOR에 대해 전술한 것처럼 전체적인 분석이 수행되어야 한다. 단 이들이 뒤이어 핵심에 포함되는 경우에 한한다.

제4장

최신화된 JSP 822 프로세스 검토

1. 기존 JSP 882 버전과 관련 DTSM은 재 작성 중에 있으며, 전술한 동일한 광범위한 원칙을 따를 것이다. 주요 변경 내용은 TLCM 및 ILS와 일치하는 상세한 지침에 대한 개선이다.
2. 최신화된 JSP822와 이를 지원하는 DTSM은 국방개발라인(DLOD) 교육 요구와 이의 운용을 위한 수락을 생성하도록 하는 체계 방식에 기반을 둔 사업 및 위험관리의 새로운 적용을 반영한다.
3. 그림 4는 수명주기(CADMID)가 어떻게 '사업 착수'/'사업 수립' 프로세스에 합쳐지고, 어떻게 교육 DLOD가 지원되는지를 보여준다.

그림 3: 수명주기(CADMID) 프로세스 및 교육 DLOD 지원

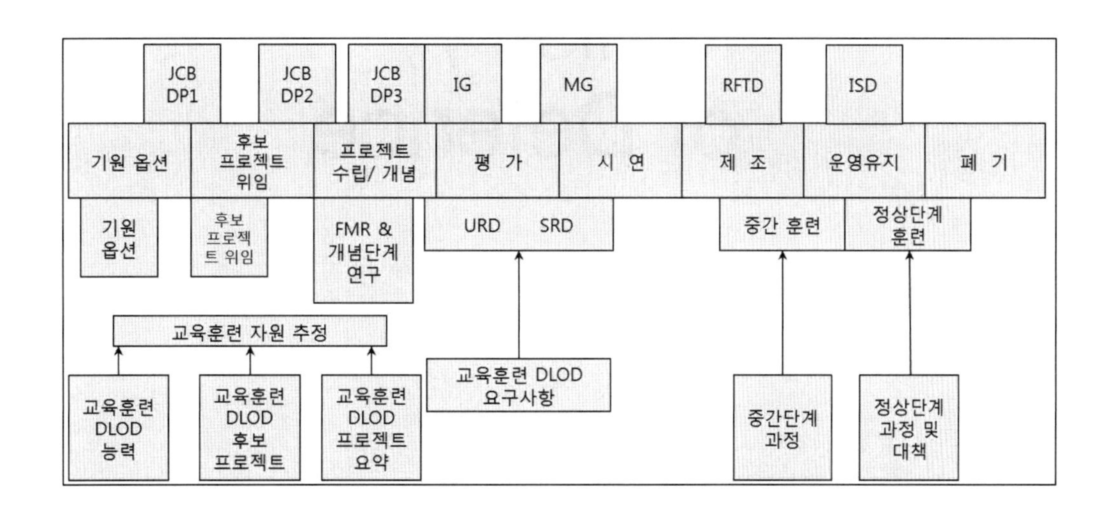

JSP 886 Volume 7 Part 8.02: PHS&T

Version 1.1 dated 17 Oct 12

JSP 886

국방군수지원체계 매뉴얼

제7권

종합군수지원

제8.02부

포장, 취급, 저장 및 수송

개정 이력		
개정 번호	개정일자	개정 내용
1.0	13 Apr 12	초판 발행
1.1	17 Oct 12	신규 제4장 추가.

Contents

제1장

포장, 취급, 저장 및 수송 (PHS&T) 478

제2장

포장, 라벨링 및 표기 483

제3장

취급 491

제4장

저장 494

제5장

수송 498

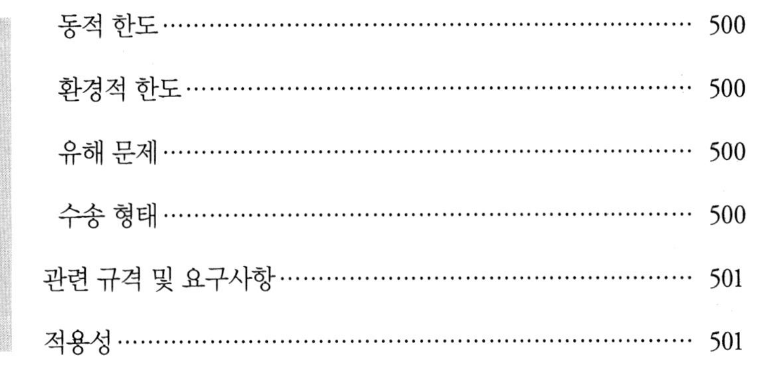

제1장
포장, 취급, 저장 및 수송 (PHS&T)

배경

1. 본 자료는 포장, 취급, 저장 및 수송 (PHS&T) 계획을 수립하게 하는 정책의 핵심 포인트를 제공하여, 수명주기지원(TLS)의 일부로서 사업팀(PT), 재고 관리자(IM) 및 전방 사령부(FLC)에 의해 이들이 장비(긴급 운용소요(UOR) 포함)의 관리에 효과적으로 적용되도록 한다. 포장, 취급, 저장 및 수송 (PHS&T) 계획의 목적은 ILS 요소 및 관련 분야 (Def Stan 00-600), 모든 적절한 법령 및 SSE를 준수하도록 지원하기 위함이다.

방침

2. 사업 내의 모든 품목에 대한 모든 PHS&T 요구사항이 고려되어, 포장 및 라벨 부착, 저장, 취급 및 보급체계를 통해 적절하게 수송되어서, 사용가능하며 수락 가능한 상태로 사용자에게 도달하게 하는 것이 국방부의 방침이다.

3. 모든 품목이 계획에 기록된 자신의 PHS&T 요구사항을 가지도록 하는 것이 국방부의 방침이다. 이 PHS&T 계획은 JSP 886 제7권: 종합군수지원 및 Def Stan 00-600에 따라 종합군수지원 절차의 일부로서 구성되어야 한다. PHS&T 계획의 고려사항은 수명주기의 처음, 즉 운용 연구에서부터 시작되어 지속되어야 한다. PHS&T 계획은 ILSP의 일부를 구성하며 수명주기관리계획 (TLMP)에 의해 참조된다. 따라서, 궁극적으로는 계약자 ISP의 일부로도 구성된다. 완성체계 및 하부 조립체 등의 경우 전체 ILS 평가가 부적절할 때에는 기본적인 원칙이 적용된다.

우선순위 및 권한

4. 군수 프로세스의 지원 분야 군수정책의 소유권은 JSP 899: 군수 프로세스 □ 역할 및 책임에 서술된 국방물자국장(CDM)의 프로세스 기획자로서 국방군수운용참모차장(ACDS Log Ops)에게 있다. 이 역할은 국방군수위원회(DLB) 산하의 국방군수실무그룹(DLWG) 및 국방군수조정그룹 (DLSG)을 통하여 이루어진다.

5. PHS&T는 군수 프로세스 내의 필수 구성요소이며, PHS&T 정책에 대한 스폰서가 Hd JSC SCM에 위임된 본 관리 체계와는 대비된다.

요구 조건

6. 명시된 국방부 요구사항 외에 법령이 국방지원체계의 모든 단계에서 프로세스를 통해 적용된다. 이것은 인원, 환경 및 자산을 보호하기 위하여 주의 의무를 제공한다. 관련 규격 및 문서 목록 참조한다.

절차

7. 사업팀(PT)과 재고 관리자(IM)은 수명주기를 통하여 모든 단계에서 검토 및 개발되는 PHS&T 계획 내에 모든 PHS&T 요구사항을 상세히 작성해야 한다.

8. PHS&T 계획의 주요 출력 정보는 후속 장에서 서술되며, 아래 사항에 대한 요구사항을 제시한다.

a. 포장, 연료, 윤활유, 천 및 위험물의 추가 예외와 비 군수품을 위한 포장

b. 취급

c. 저장

d. 수송

9. PHS&T 계획은 수명주기를 통해 움직이기 때문에 사업의 발전하는 요구사항과 함께 변경되나, 적어도 최종승인 및 군수지원일자(LSD)는 확정해야 한다.

핵심 원칙

개요

10. PHS&T 의 모든 측면은 서로 관련되며, 따로 고려되지 않는다.

11. 사업 능력 전체에 걸친 모든 요구사항이 고려되어야 하며, 예비지원체계(RSC)등 단대단(E2E) 보급체계를 통하여 모든 품목의 성공적인 이전을 보장하기 위하여, 기술적 논리적 측면에 관련된 모든 정보가 획득되고 소통되도록 하기 위해, 품목에 대한 특수 요구사항의 조기 식별이 이루어져야 한다. 특수 요구사항을 제공하는 요소에는 아래 사항이 포함된다.

a. 품목의 물리적 특성

b. 이동 시기 및 유형

c. 이동 기관 요구사항 - 군수품 및 민수품

d. 특수자산 관리 요구사항, 예: UID 추적, 수리 루프

e. 운용 요구사항

12. 모든 PHS&T 요구사항은 수명주기의 모든 단계에서 검토 및 개발되어야 하며, 효과적이

고 일관적인 수명주기(TL) 지원방안이 작동되도록 하기 위해 각 PHS&T 요소내의 변경이 다른 것에 미치는 영향이 고려되고 조절되어야 한다.
13. 계획 수립 시 역 보급 계통(RSC)이 무시되지 말아야 한다.

특수저장 및 위험물 저장

14. PHS&T 계획 수립 시, 먼저 저장에 특수 요구사항, 즉 민감도 (자장 및 정전기, 특히 파손성 등) 여부를 고려할 필요가 있는데, 이것이 PHS&T 계획의 각 부분에 상당한 영향력을 가지고 있기 때문이다.
15. 저장이 위험한 것으로 분류되는 지 여부는 가능한 한 빨리 확립되어야 한다. 각 품목의 공급자는 이를 반드시 알아야 하고 정보를 앞으로 내 보내야 한다. 또, 서비스 재고 데이터베이스에 식별되어야 하나, 항상 이렇게 되지는 않는다.
16. 위험물로 고려된 결과는 가능한 수송 형태와 포장의 종류는 엄격하게 통제되며, 이것은 PHS&T 계획에 반드시 포함되어야 한다.

환경

17. PHS&T 계획은 생산자 책임 의무 (포장 폐기물) 규정 (SI 1997 No. 648) (수정판), ISPM-15 및 몬트리올 의정서 등과 같은 JSP 418에 반영된 환경을 보호하기 위한 요구사항의 준비를 고려해야 한다.

소유권

18. PHS&T 정책의 스폰서는 DE&S JSC SCM-EngTLS 이며, 세부 문의처는 아래와 같다:

a. 포장, 라벨링 및 표기에 대한 기술적 문제:
DES JSC SCM-EngTLS-Pkg
Tel: 군: 9679 35353, 민: 030679 35353

b. 취급관련 기술적 문의:
DES LE GSG DI WTE
Tel: 군: 9679 38147. 민: 03067 938147

c. 저장 관련 기술적 문의:
DES JSC SCM-SCPol 보급정책 개발
Tel: 군: 9679 80959. 민: 030679 80959

d. 수송 관련 기술적 문의:
DSEA-DLSR-MovTpt 도로 정책
Tel: 군: 9679 80970, 민: 030679 80970

e. 편집 관련 기술적 문의:

DES JSC SCM-SCPol-편집팀

Tel 군: 9679 80953, 민: 030679 80953

관련 규격 및 지침

19. 개요

a. JSP 418: 지속 가능한 개발 및 환경 매뉴얼

b. JSP 800: 국방 이동 및 수송 규정

c. JSP 899: 군수 프로세스 - 역할 및 책임

d. Def Stan 00-600: 국방부 사업을 위한 종합군수지원 요구사항

e. DEFCON 81-41: 국방부 물자의 포장

f. DEFCON 129: 연료, 윤활유, 식품, 의료보급품 및 군수품 외의 물품 포장

g. DEFFORM 96: 조달문서에 대한 부호표

h. ISPM-15 식물위생 측정을 위한 국제 표준 - 15.

i. 생산자 책임 의무 (포장 폐기물) 규정 (SI 1997 No. 648) (수정판).

j. 오존층 파괴 물질에 관한 몬트리올 의정서

제1장의 부록 A: 용어 정의

용어	정의
위험물	JSP 800 4a 및 4b 참조. 필수 국가/국제 요구사항 적용과 함께 포장 수준 A 또는 C
수출 거래 포장 (포장 수준 C)	상용 자재 및 방법을 이용하고 요구된 PPQ 구조를 포함한 포장은 어떤 수단을 이용하더라도 고객에게 인도되는 도중 최적의 보호를 제공한다. 물품은 영국 외의 목적지로 수송될 수 있으며, 수정된 (보통 더 튼튼한) 설계가 필요할 수 있다. Def Stan 81-41 및 DEFCON 129 참조.
수준 H	하나 이상의 제원이 통상적인 군용 수준(J, N 및 P)을 초과하는 수준으로 포장될 필요가 있는 것으로 식별된 품목은 수준 H로 지정된다. Def Stan 81-41 원칙이 H 수준 포장에도 적용된다. 전체 포장 요구사항은 적절한 시험일정과 같이 계약에 상세히 포함된다.
군용 포장 (MLP) 수준 J, N 또는P (나토 포장수준 2, 3 및 4와 동등함)	Def Stan 81-41의 요구사항을 충족하도록 설계된 포장. 군사용 용도로 공급되거나 민간용이 아닌 군사용 보급 계통을 지나기 때문에 더 많은 보호를 요구하는 품목에 적용됨. 포장 수준은 가장 낮은 것부터 높은 것까지의 보호의 단계이다; P, N, J, H, S, T.
서비스 포장 지수 (SPIN)	국방부가 TDOL의 DR에 보유하고 있는 SPIS 기록의 데이터베이스. 여기에는 SFS 및 특정한 기존 도면으로 포장된 품목의 기록도 보관된다.
서비스 포장 지침서 (SPIS)	군사용 포장 수준 설계 및 요구사항을 설명한 문서. 여기에는 스케치 및 공식 도면, 자재 참조 정보, 프로세스 및 SFS 참조 정보 등이 포함될 수 있다. SPIN에 보관된 국방부 기록. Def Stan 81-41 제4부 및 DEFCON 129 참조.
특수 내용물 용기 (STCC)	제2장 부록 2 참조.

표준 계열 규격서 (SFS)	SFS는 동일한 포장 목적으로 판단되거나 또는 크기 등의 특성만 다르기 때문에 동일한 기술적 처리가 이루어질 수 있는 많은 자재 그룹 또는 '계열'을 다루기 위해 만들어진 국방표준이다. SFS로 정의된 품목이 SPIN의 목적을 위한 설계에 대한 SPIS가 없더라도, 이들은 수정된 SPIS 기록과 함께 기록된다.
거래 포장 (포장수준 A)	상용 자재 및 방법을 이용하고 요구된 PPQ 구조를 포함한 포장은 어떤 수단을 이용하더라도 고객에게 인도 되는 도중 최적의 보호를 제공한다. 대부분 기계적 취급장비에 의한 취급됨. 상용포장은 별도의 규정이 없는 한 장기 저장 시 품목의 포장을 위한 제한된 능력을 가지고 통상 공급자로부터 인수자까지 1회 수송에 적합한 것으로 판단된다. Def Stan 81-41 제1부 및 DEFCON 129 참조.
포장 코드	재고관리 데이터베이스 및 포장 수준 등과 같은 특정 군수측면을 식별하기 위한 체계에 이용된 코드 (DEFFORM 96 참조)
수송 또는 선적	철도, 트럭, 선박 또는 항공기(수송 수단) 등과 같은 일반적으로 이용 가능한 장비를 이용하여 물품을 상당한 거리 (수km 이상)의 이동.
수송성	견인, 자주 또는 육상 (도로, 철도), 수상(운하, 강), 공중 또는 해상을 통한일반 수송수단에 의해 이동되는 물품의 고유한 능력.
수송 형태	물품이 물리적으로 이동되는 여러 가지 방법, 즉, 도로, 철도, 운하, 공중 또는 해상
적재	선박, 항공기 또는 화물용 용기에 저장하는 것. 여기에는 격리, 안전, 보안, 접근 (필요 시) 및 효율적인 공간 사용 등이 포함된다.

제2장

포장, 라벨링 및 표기

배경

1. 이 장은 수명주기지원(TLS)의 일부로서 사업팀(PT), 재고 관리자(IM) 및 전방 사령부(FLC)에 의해 PHS&T 계획 내에서 포장 및 라벨링이 장비의 관리(긴급 운용소요(UOR) 포함)에 효과적으로 적용되도록 하는 정책의 핵심 포인트를 제공한다. 이 정책은 식품, 가스, 윤활유, 의료품(약품), 위험물(JSP 800) 및 군수품(JSP 762)에 대한 포장 및 라벨링 방침은 제외한다.

2. 포장 및 라벨링은 정확한 품목이 운용 순위에 따라 효율적으로 제작사에서 사용자에게 가도록 하기 위한 기본적인 요구사항이다. 포장 및 라벨링 정책의 적용 이점에는 아래 사항이 포함된다:

a. 정확한 품목이 사용자에게 불출된다.

b. 불출된 품목이 목적에 부합되게 보급계통에 유지된다 (특히, 저장 및 수송 중).

c. 국방을 위한 최적비용이 달성된다 (폐기물 감소 등).

d. 법령이 준수된다 (예, 안전취급 등)

e. 물품이 국방부 배송추적 및 창고 시스템에 정확하게 기록될 수 있다.

f. 포장 자체가 취급, 저장, 수송 및/또는 수송성과 연관하여 고려되어야 한다.

방침

3. 지원방안묶음(SSE) 매트릭스는 포장 및 라벨링을 다루는 관리 정책(GP) 3.4를 강조한다. SSE내의 GP에 대한 조언, 지침 및 지원 위험에 대한 식별은 DES JSC SCM 지원방안개선팀(SSIT)에 의해 제공된다.

우선순위 및 권한

4. 국방군수위원회(DLB)의 포장 정책 스폰서는 Hd. JSC SCM에서 EngTLS-Pkg로 위임되었다. 사업팀은 SSE에 의해 제시된 핵심 방침과 관리에 충족되는 것을 평가하고 보여주어야 한다.

요구 조건

5. 위험물 포장은 JSP 800 제4A권 및 4B권 (부록 A도 참조) 및 관련 DEFCON의 요구사항을 충족해야 하고, 법적 요구사항을 만족시켜야 한다.

6. 포장의 선택, 사용 및 폐기는 기존의 국가 및 관련 국제 환경, 건강 및 안전 법령을 준수해야 한다.

참고: 군용 포장은 포장(필수 조건) 및 포장 폐기물 규정을 준수해야 한다. (JSP 418 설명서 03 참조)

절차

7. 사업팀 및 재고 관리자는 수명주기의 모든 단계에서 검토 및 개발되어야 하는 PHS&T 계획에 모든 포장 및 라벨링 요구사항을 상세히 서술해야 한다. 이것은 포장이 수명주기의 초기 단계에서 고려되어야 하며, 단순히 차기 단계 것으로 남겨두면 안 된다는 것을 말한다.

핵심 원칙

8. 모든 포장은 물품이 예상된 저장, 취급 및 배급 프로세스를 통하여 제작사에서 최종 사용자까지 가는 동안 보호되도록 설계 및 규정되어야 한다.

9. 모든 포장은 Def Stan 81-41 제6부에 요구된 바와 같이 그리고 정확한 수령을 보장하기 위해 명확하고 정확하게 라벨링 되고 표기되어야 한다. 이렇지 않을 경우 비용 및 지연이 증가한다.

10. 규정된 포장의 표준은 비용효율이 가장 높은 방법으로 요구사항을 충족해야 한다.

11. 계약된 포장 공급자는 모든 포장이 요구사항을 충족하고, 국방부, 국가 및/또는 국제 법령에 기준한 것과 상관없이 모든 명시된 규정이 충족되도록 해야 한다.

12. 특수 포장, 취급 또는 보건 및 안전 요구사항을 요하는 모든 장비는 보급계통을 통해 취급에 주의를 기하도록 이에 따라 포장 및 표기되어야 한다; 즉, 자기장 또는 정전기 민간 부품. 전자는 Def Stan 81-130에 따라, 후자는 BS EN 61340-5-1에 따라 취급한다.

포장 수준

13. 사업팀과 재고관리자는 적절한 포장 분류 (MLP, 거래 포장 등), 수준 (J, N, P 및 H, NATO 2, 3 및 4 등), 주 포장 수량 (PPQ), 불출단위(UOI) 및 라벨링에 대한 설정 및 계약을 통해 계약 및 주 계약자를 지원한다. 필요할 경우 사업팀/재고관리자는 공인 포장업체 또는 주 계약자로부터 조언을 구한다. 포장 수준 및 PPQ는 관련 재고시스템이 있거나 나중에 수정되는 경우 가능한 한 빠른 시간 내에 여기에 업 로드 해야 한다.

참고 1: 주 포장 수량 (PPQ) – 최종 사용자 불출을 위해 가장 적당한 포장으로 선택된 자재의

품목 수량. (Def Stan 81-41 제1부 부록 B 용어 참조)

참고 2: PPQ는 통보되거나 불출단위(UI)에 적합해야 한다.

14. 군사용 포장 수준(MLP)이 요구되는 경우, 기본적인 군사용 포장 및 라벨링 (바 코드 포함) 기준을 설명해 놓은 Def Stan 81-41을 충족해야 한다 (DEFCON 129도 참조). 기존 군사용 수준 (J, N, P (NATO 수준 2, 3 및 4와 호환) 및 H)만 명시된 경우, 부록 A 참조. 폐기된 군사 규격이나 수준이 명시되면 안 된다.

참고: MLP는 CRISP 및 SCCS 데이터베이스 내에 숫자 코드로 그리고 저장 시스템3 (SS3)에 문자기호로 표시된다 (DEFFORM 96 참조). 차기 시스템 (BIWMS)에서 이들은 통합될 것이다.

15. 계약서에 상용 포장(aka trade pack) 이 규정된 경우, 공급자는 요구사항을 만족시키기 위해 가장 비용효율이 높은 방법과 자재가 이용되도록 해야 한다. 거래(수준 A) 및 수출 거래 포장(수준 C)에 대한 상세 내용은 부록 A, Def Stan 81-41 및 DEFCON 129를 참조한다.

위험물 저장 및 포장 수준

16. 어떤 품목이 위험물로 분류된 경우, 군사용 포장을 할당하면 안 된다. 이런 물품은 별도로 규정되며 (JSP 800 제4a 및 4b권 참조), 통상 수준 A 또는C 그리고 관련 규정에 따라 위험물로 식별된다.

군용 수준 포장 설계

17. 국방부는 목적에 맞는 포장의 설계 및 제작을 업체에 맡긴다. 업체는 국방부 요구사항 인도를 위한 능력을 갖추어야 한다. 설계 표준을 유지하기 위해 인증제도인, '군용 포장업체 인증 제도 (MPAS)가 있다. MPAS 제도(MPAS Part1)와 관련 교육제도(MPAS Part 2) 그리고 군수 계약자 인정 등록((MPAS Part 3)에 대한 자세한 내용은 DES JSC SCM EngTLS 포장 웹사이트에서 구할 수 있다.

18. 업체는 DEFCON 129 및 기타 관련 DEFCON (예, 15, 68, 129j)과 여기에서 참조하는 DEFFORM (예, 96, 111, 129a 및 129b)에 따라 계약된다. 계약 당국은 MLP 설계, MLP 제작 및 기타 포장을 위해 MPAS 인증 업체를 이용해야 한다.

19. 가능한 업체가 하나뿐이거나 적합한 범위를 가진 인증업체가 없는 경우 또는 그것이 UOR인 이례적인 상황에서는 예외가 있을 수 있다. 이 경우에는, PT/재고 관리자는 충분한 품질관리가 제공되는 비 인증 계약자를 사용하여 포장 결과가 Def Stan 81-41 및 요구된 능력(추후 명시)을 완전히 지속적으로 충족할 수 있게 한다. 이런 예외는 수락 및 합의된 통제를 비켜가는 것이기 때문에 단기적이어야 하고 예외적인 상황에서만 이용해야 한다.

20. 모든 군사용 수준 포장 (J, N, P 또는 H) 및 모든 STCC는 사용되는 포장의 모든 자재 및 방법을 정의한 서비스 포장 지침서(SPIS) 설계 또는 표준 계열 사양서(SFS)를 가져야 한다. SPIS를

이용하면 이전 설계의 전부 또는 일부를 재 사용하게 하므로, 불필요한 재 설계를 피하고 개조 설계 제작을 위한 시간을 줄일 수 있어서 비용 절감이 가능하다.

21. 모든 설계/포장 사양서는 품목의 전체 나토 재고번호를 참조해야 한다. 물품의 수명주기 동안 NSN은 변경될 수 있으며, 기존 NSN은 UK ISIS로부터 가져온다. JSP 886 제2권 4부: '영국 내 나토 부호화' 참조.

22. MPL 포장이 요구(신규 또는 수정)된 경우, 선정된 인증포장설계 업체는 도면과 기타 관련 분서와 같이 SPIS로서 Def Stan 81-41에 따라 포장 설계를 기록한다. 업체는 후속 주문에 대비해서 상세한 정보를 제공할 수 있도록 SPIS의 사본을 보관해야 한다. 또한, 국방부가 보관 및 사용할 수 있도록 DEFCON 129에 따라 전체 사본을 국방부로 제공한다.

23. 국방부는 장비의 MPL 포장에 대한 필요 정보를 포장 업체에게 제공하기 위해 PT/IM 및 기타 승인된 사용자가 접근할 수 있도록, SPIN 데이터베이스에 하나의 기록으로서 SPIS/SFS 설계의 사본을 유지한다. TDOL은 데이터베이스를 운영한다; 사용자의 시스템 접근 지침은 DE&S SCM EngTLS 웹사이트에 올려져 있다. 데이터베이스의 이용은 재 주문 및 기타 목적을 위한 포장 설계에 쉽게 접근할 수 있게 해 준다. 데이터로부터 설계 및 기타 설계 정보를 얻기 위한 요청은 DEFFORM 129A를 이용하여 작성한다.

수령 시

24. 수령 시, 포장은 포장 설계 및 수준에 따라 취급 및 수송되어야 한다. 운용 중, 포장 및 취급 요구사항이 수령 후 변경되었다면 (예, 장비가 영국 창이 아닌 전장으로 선적되었고, 이것이 원래의 포장 성능 기준을 초과한다면), 당초 포장 수준은 새로운 요구사항을 충족하지 못 할 수 있다. 이 결과, 그 품목은 재포장 또는 과 포장 등이 요구될 수 있다. PT/재고 관리자는 적절한 조치를 위해 국방부 저장 및 수송 부서 또는 필요 시 계약자와 연락을 취해야 한다.

참고: 포장 수준이 PT/IM에 변경될 수 있으므로, 그 품목에 대해 그렇게 하지 않아야 하며, 이것은 불필요한 NCR을 발생할 수 있다. 모든 변경은 가능한 한 빠른 시간 내에 재고 시스템과 계약자가 최신화되도록 계약 변경이 필요할 수 있다.

25. PT/IM 및 계약에 의해 정해진 사양서(Def Stan 81-41에 따른)에 따라 포장 및 라벨링 되지 않고 공급된 품목은 국방부에 의해 거절된다.

26. 포장 관련된 원인의 불일치 영수증(NCR)이 있는 경우, 단일 서비스 프로세스를 이용해 엔지니어링 결함으로서 JSP 886 제2권 1부 11장을 참조한다:

a. RN 서식 S2022: 자재, 설계 또는 지원 결함 보고서, BR 1313 제7장 참조

b. AF G8267A/B: 장비 고장 보고서. JSP 886 제5권 2부 참조

참고: D Pkg A 서식 G833 또는 MOD 서식 833 참조 가능, 이 두 서식은 폐기되었으며, 사용하면 안 된다.

c. MOD 서식 760: 서술형 고장 보고서. MAP-01 제7장 참조

특수 내용물 용기

27. 특수 내용물 용기(STCC)가 이용된 경우 (부록A 참조), 포장된 품목을 보호하고 추가 손상을 방지하기 위해, 관련 저장 품목이 명확하게 식별되어야 하며, 계약자에게 통보(수리 가능)(JSP 886 제3권 8부 참조)를 포함하여 역 보급 계통(RSC, 반환) 같은 운용-중 활동과 연계되어야 한다.

포장 및 환경

28. 국방부의 정책은 능력과 운용 요구사항을 충족하는 지속 가능한 구매를 이용하는 것이다(부록 B 참조). 재사용된 포장 자재 및 재 사용 가능한 포장을 최대한 이용해야 한다.

29. 수출입용으로 목재를 이용한 포장과 완충제는 해당될 경우 ISPM-15를 충족해야 하며, 영국 목재 포장자재 표기 프로그램에 따라 열처리 및 표기되어야 한다.
(산림위원회 웹사이트 www.forestry.gov.uk/planthealth 참조)

역 보급 계통

30. 역 보급 계통을 통해 반환한다. JSP 886 제3권 13부: '자재 및 장비의 반환은 JSP 379에 따라 포장 및 라벨링 되어야 한다: 합동 보급계통 또는 다른 부대로 후송되는 장비의 포장을 위해 전방 사령부(FLC)에 대한 지침을 제공하는 '포장인 핸드북' 참조.

포장 및 폐기

31. 모든 포장의 폐기는 JSP 886 제2권 4부:'재고의 폐기' 또는 JSP 886 제3권 16부: '유니트 폐기'에 따라야 한다.

적용성

32. 이 정책은 CLS(계약자 군수지원) 및 CFA(가용도 계약) 등을 포함하여 모든 장비획득 사업에 적용된다.

소유권

33. 본 자료의 제1장 9절 참조.

관련 규격 및 지침

34. 포장.

a. JSP 317: 식품, 연료 및 윤활유

b. JSP 379: 포장자 핸드북

c. JSP 418: 지속 가능한 개발 및 환경 매뉴얼

d. JSP 472 재무회계 및 보고 매뉴얼

e. JSP 762: 무기 및 군수품 총 수명 능력

f. JSP 800: 국방 이동 및 수송 규정

g. JSP 886 제2권 1부: 방침

h. JSP 886 제2권 4부: 영국 내 NATO 목록화

i. JSP 886 제2권 404부: 재고 폐기

j. JSP 886 제3권 13부:자재 및 장비의 반환

k. JSP 886 제3권 16부: 유니트 폐기

l. JSP 886 제4권 1부: 물자회계의 기조

m. JSP 886 제5권 2부: 육상장비 지원

n. Def Stan 81-41: 군수품의 포장

o. Def Stan 81-130: 자기장 민감 장비의 수송, 취급, 저장 및 포장

p. DEFCON 117: 나토 목록화용 문서의 보급

q. DEFCON 129: 식품, 연료, 윤활유, 의료품 및 군수품을 제외한 물품의 포장

r. DEFFORM 96: 조달문서 부호표

s. BS EN 61340-5-1: 정전기: 정전기 형상으로부터 전자장치 보호 - 일반 요구사항

제2장의 부록 A: 특수 내용물 용기 (STCC)

1. 특수 내용물 용기 (STCC)는 보급계통을 걸쳐 취급, 저장 및 수송 도중 특수 품목을 지원 및 보호하면서 여러 번의 수송이 가능하도록 설계된 독특한 형상의 용기이다. 이것은 목록화(NSN) 되어 있으며, 내용물보다 가격이 비쌀 수 있다. 보통 수리가능(P 등급) 재고 저장품목으로 분류된다.

2. 수리 및 반환 루프(RSC)를 포함하는 보급계통을 통해 이동할 때 아래 사항이 STCC에 적용된다.

a. 특정(별도로) 부호 품목 관련한 목록화(NSN)된 STCC는 다른 품목용으로 이용되면 안 된다.

b. 모든 STCC는 Def Stan 81-41 6부에 따라 표기되어야 한다.

참고 1: 여러 가지 표기가 다른 군을 위해 사용되고 있으며, 시간이 지나면서 변경된다. 예를 들면, 해군 것은 두 개의 노란 선이 있으나, 다른 군의 것은 노란색 스텐실로 'STC'라고 표기된다.

참고 2: 3군에 대한 별도의 식별 표기 정책은 검토될 예정이다.

3. 다른 목록화된 품목과 같이, PT나 IM에 의해 구매되며, 자재 분류는 수리가능(P 등급)이다.

4. 모든 STCC 설계는 TDOL에 의해 호스트 되는 SPIN 데이터베이스 내에 SPIS로서 포함되어야 한다.

5. STCC의 마감 색상은 규정되지 않았다. 따라서, 색상은 운용 조건 충족을 위해 요구된 관련 표준을 준수해야 한다.

6. STCC의 관리는 적절한 관리 투명성 및 추적성에 달려 있으며, 재고관리코드 (IMC) 정책에 의해 달성된다. STCC 관리 정책은 JSP 472 및 JSP 886 제4권에 제시되어 있다.

a. STCC는 속이 빈 채 자체 NSN으로 저장되거나, 속이 채워진 채 내용물의 NSN으로 저장될 수 있다.

b. STCC는 자신의 해당 장비/품목의 재고관리코드 (IMC) 내에 보유될 수 있다.

7. 관련 장비를 포함 또는 포함하지 않은 STCC의 폐기는 JSP 886 제2권 404부: '재고의 폐기'에 따라야 한다, 특히, P 등급 품목에 대해 부대는 관리 PT로부터 STCC의 폐기를 위한 확실한 승인을 받아야 한다.

제2장의 부록 B: 환경 고려사항

1. 포장의 설계에서 사용 후 폐기물이 되는 포장 재료의 이용을 최소화할 필요성을 고려해야 한다. 또한, 인증된 자재가 대체품 사용에 비해 더 오래 쓰고 환경적 손상이 덜 하도록 주의를 기울여야 한다. 설계자는 아래 사항을 이용하여 이를 달성할 수 있다.

a. 포장의 재사용이 최대화되게 한다. 특히 반환해야 하는 품목(수리가 또는 순환부품) (주기적 반환 - 계획 정비)

b. 재사용 가능한 포장 재료 및/또는 구성품 사용

c. 가능한 한 경량화 (사용되는 재료 양 절감)

d. 재사용 또는 폐품 재활용을 위해 쉽고 편하게 분리되는 포장 재료 및/또는 구성품 사용

e. 최종 폐기 비용을 최소화하는 포장재료 사용, 예, 유해성분을 포함하지 않고 에너지 회수를 위해 소각 가능한 부패성 소재

2. 상기의 짧은 목록은 목적 달성을 위한 유일한 수단이 아니다. JSP 418: '지속 가능한 개발 및 환경 매뉴얼' 참조.

3. 대부분의 기존 포장은 일회용으로 생각되나, 그 중 상당 부분이 재사용 또는 폐품 재활용 가능하고 또 그렇게 해야 한다. 따라서, 국방부 내에는 역 보급 계통(RSC)을 지원하기 위해 포장 재료의 경제적 재활용이 적용된다. 재사용 가능하게 설계된 포장을 최대한 사용하는 것도 적용된다. 이런 포장은 '재사용 가능' 이라는 표시가 되어 있고, STCC와 유사한 방법으로 관리된

다. 즉, 나토 NSN으로 목록화가 되어 있고, 기존의 관련 JSP 886 요구사항에 따라 관리된다.

4. 포장의 재사용 및 보수는 비용을 절감할 뿐만 아니라 정부/국방부 지속가능 목표 달성을 지원하기도 한다. 재사용 가능 포장은 RSC 활동에 가장 자주 사용된다.

제3장

취급

배경

1. 이 장은 수명주기지원(TLS)의 일부로서 사업팀(PT), 재고 관리자(IM) 및 전방 사령부(FLC)에 의해 PHS&T 계획 내에서 취급이 장비의 관리(긴급 운용소요(UOR) 포함)에 효과적으로 적용되도록 하는 정책의 핵심 포인트를 제공한다. 식품, 연료, 윤활유(JSP 317), 의료품 (약품), 군수품(JSP 762) 및 위험물(JSP 800, 4a, 4b)에 대한 별도의 정책이 있을 수 있다.

방침

2. 지원방안묶음(SSE) 매트릭스는 취급을 다루는 GP로 관리 정책(GP) 3.x를 강조한다. SSE내의 GP에 대한 조언, 지침 및 지원위험에 대한 식별은 DES JSC SCM 지원방안개선팀(SSIT)에 의해 제공된다.

우선순위 및 권한

3. 국방군수위원회(DLB)의 취급 정책 입안은 Hd. JSC SCM에서 EngTLS로 위임되었다. 사업팀은 SSE에 의해 제시된 핵심 방침과 관리에 충족되는 것을 평가하고 보여주어야 한다.

요구 조건

4. 품목 및 포장된 품목의 취급은 기존의 국가 및 관련 국제 환경, 보건 및 안전 법령을 준수해야 한다.

절차

5. 사업팀 및 재고 관리자는 수명주기의 모든 단계에서 검토 및 개발되어야 하는 PHS&T 계획에 모든 취급 요구사항을 상세히 서술해야 한다. 이것은 취급이 수명주기의 초기 단계에서 고려되어야 하며, 단순히 차기 단계 것으로 남겨두면 안 된다는 것을 말한다.

핵심 원칙

정의

6. 취급은 제한된 거리 내의 한 지점에서 다른 지점으로 품목을 이동하는 것이다. 취급은 보통 아래와 같이 한 장소로 제한된다.

a. 저장소에서 수송 수단으로 이동 등 창고와 저장소 간

b. 조립 중 작업 내에서

c. 사용 중

일반 고려사항

7. 취급이 일어나는 모든 이런 별도의 장소가 고려되어야 하나, 첫 번째 것만 PHS&T 계획에 반영된다. 다른 경우는 자체 고려사항에 의해 다루어진다.

8. 취급을 고려할 때, 다음 정보의 필요성이 감안되어야 한다; 품목의 질량(무게, kg), 크기, 무게 중심, 파손성 평가, 안전성 고려사항, 특수 요구(전기장 및 자기장에 대한 민감성 등), 제안된 수송 방법, 가능한 포장 부착물 및 스타일 (지게차 베이스, 상부 구조, 슬링 부착, 손잡이 등)

9. 품목의 취급 또는 단거리 이동은 보통 수동 또는 기계적 취급장비(MHE)를 통해 이루어진다 (JSP 886 제3권 6부: '취급, 저장 및 물자의 수송용 장비' 참조)

10. 수동으로 취급될 수 있는 최대 중량은 약 25kg로 수동취급운용규정 1922에 의해 정의된다. 그러나, 다른 제원, 즉 크기나 무게중심은 비록 중량이 이 보다 적더라도 수동 취급을 배제한다. 포장 설계는 허용 한도가 초과되지 않도록 품목의 수동 취급에 대한 요구사항을 포함해야 한다.

취급 장비

11. 취급장비에 대한 요구사항을 계획할 때 표준 취급장비를 이용하도록 노력을 기울여야 한다. 특수 취급장비의 규격화 또는 개발은 전체 체계의 수명주기 비용을 상승시키므로 배제되어야 한다.

12. 품목의 이동 또는 취급을 위해 특수 취급장비가 요구되는 경우, 추가 지원장비로서 문서화 되어야 한다. 취급장비는 운용 및 정비를 위한 소요 장비의 하나로 식별되지 않기 때문에 간과될 때가 많다. 따라서, 특수 취급장비의 조기 식별 및 문서화에 주의를 기울여야 한다.

관련 규격 및 요구사항

13. 취급:

a. JSP 317: 식품, 연료 및 윤활유

b. JSP 762: 무기 및 군수품 총 수명 능력

c. JSP 800: 국방 이동 및 수송 규정

d. JSP 886 제3권 6부: 취급, 저장 및 물자 수송용 장비

e. 수동 취급 운용 규정 1992.

적용성

14. 이 정책은 CLS(계약자 군수지원) 및 CFA(가용도 계약) 등을 포함하여 모든 장비획득 사업에 적용된다.

소유권

15. 본 자료의 제1장 9절 참조.

제4장
저장

배경

1. 이 장에서는 수명주기지원(TLS)의 일부로서 사업팀(PT)에 의해 PHS&T 계획 내에서 저장 요소가 장비의 관리(긴급 운용소요(UOR) 포함)에 효과적으로 적용되도록 하는 정책의 핵심 포인트를 제공한다. 물자는 안전하고, 쉽게 위치를 알 수 있으며, 식별 가능하고, 필요 시 완전히 사용 가능 상태로 용도에 적합하도록 저장된다.

방침

2. 국방부의 방침은 물자가 자신의 조건을 유지하며 안전하고 쉽게 위치를 알 수 있는 방법으로 저장되게 하는 것이다.

요구사항

3. 물자의 저장은 기존의 국가 및 관련 국제 환경, 보건 및 안전 법령을 준수해야 한다.

절차

4. 지원방안묶음(SSE) 매트릭스는 저장을 다루는 GP로 관리 정책(GP) 3.x를 강조한다. SSE내의 GP에 대한 조언, 지침 및 지원위험에 대한 식별은 DES JSC SCM 지원방안개선팀(SSIT)에 의해 제공된다. 사업팀은:

a. 물자가 일반적인 저장소에 저장되도록 PHS&T 계획에 포장 요구사항을 작성하고 유지한다. 일반적인 저장소는 주변 온도와 습도가 유지되고 건조하고 안전한 시설이라고 고려된다. 이것은 저장이 사업주기의 초기 단계에 고려될 필요가 있고, 나중으로 방치되면 안 된다는 것을 말한다. 사업팀은 자신의 사업에 요구되는 특수 저장시설 소요를 조사하고, 일반적 저장보다 요구가 더 많을 경우, PHS&T 계획을 재 검토한다.

b. 업체가 DEFCON 117을 이용하여 포장 품목과 함께 용적측정용 데이터를 공급하도록 한다. 개별 포장 설계의 포장측정용 데이터는 목록화 데이터 세트의 일부로서 작성

할 때 요구된다.

c. 오염(부식 등)의 식별 또는 장비의 작동을 위하여 저장소에 유지해야 할 필요가 있는 물자를 식별한다. 사업팀은 자격이 있는 인원에 의해 수행되는 정비에 대해 준비한다; 이 일에는 저장에서 물자 제거, 포장 해체, 검사, 재 포장 및 저장소로의 복귀가 포함될 수 있다. 사업팀은 저장 제공자가 저장 중 정비를 제공할 수 있을 것으로 가정하면 안 된다.

d. 수명 기간을 통하여, 발생하는 특별한 저장 관련 사안의 관리 및 해결을 위해 저장 제공자, 업체 및 DES JSC SCM-EngTLS-Pkg와 협의한다.

핵심원칙

물리적 요구

5. 일반사항. 저장은 개방된 구역에서 밀폐되었거나 밀폐되지 않은 창고에서, 제어된 환경 또는 특수한 시설 내에서 제공될 수 있다. 예상된 저장 환경은 적용될 포장을 결정할 수 있다. 반대로, 이미 포장된 품목의 포장은 그것이 요구하는 저장을 결정할 수 있다.

6. 특수 저장. 환경적으로 제어된 장소, 포장 내용물의 특성에 의해 요구되는 별도 저장, 특수 보안 소요, 또는 직접적인 취급이 불가한 기타 고려사항 등과 같은 특수 저장 요구사항은 가능한 한 사업 초기에 식별되어야 저장에 대한 대체 방안이 개발될 수 있다. 특수저장 소요는 특수 시설, 취급 및 수송에 대한 추가 요구사항을 발생하는 폭포효과를 낳을 수 있다. 이런 관점에서, 특수 요구사항은 반드시 비용 상승을 가리키므로, 가능한 한 피해야 한다. 위험물 (특히 군수품) 및 자기장 민감 품목의 저장과 같이 특정한 유형의 물자에 대한 특수 요구사항이 있다.

7. 물리적 요구. 적층되는 물자의 하중을 견딜 수 있는 바닥, 저장 수단 및 MHE. 범람이나 해충의 염려가 없어야 한다. 창고는 건조하고, 청결하며 먼지가 없어야 한다. 최대 저장 능력은 총 유동 및 예상 재고 소요량과 동등해야 한다. 인원, 물자 및 취급장비에 의해 접근하기 위한 전용 자유 공간.

통제

8. 보안. 물자 및 관리 기록의 보안 및 안정성. 저장소 및 기록에 대한 접근은 해당 구역에서 작업하는 인력으로 제한되어야 한다. 흥미 유발 품목, 범죄 및 테러집단의 흥미유발(ACTO) 또는 비밀 물자등과 같은 더 높은 보안 수준을 요구하는 모든 물자는 안전하게 저장되고 보호된다.

9. 통제. 수량의 가시성, 상태 및 저장 위치를 알려주는 재고관리 시스템의 사용. 저장 표식, 신호 및 배치도는 저장 위치를 쉽게 알 수 있도록 해 준다.

10. 법령. 화재 안전 주의사항, 물자, 적절한 위험관리 전략 및 사업 지속 계획에 대한 조언을 하기 위해 국방 화재 위험 관리 조직(DFRMO)과 협의해야 한다. 운용상 또는 재정적 사유가

있는 경우 재고 분리가 이루어진다. HASAW 및 COSHH 법과 규정이 충족되어야 한다.

운용

11. 모든 물자 조건은 별도로 저장되어야 한다. 사용불가 품은 명확히 표식이 되고 별도로 저장하여 사용가능 품목이 교차 오염되지 않도록 한다.

12. 위험 품목 또는 물자는 명확하게 식별되고, 이에 따라 적절한 저장 및 취급 조건이 주어져야 한다.

13. 전략적 저장에 대한 저장위험 관리계획이 수립되어야 하며, 여기에는 강화된 보호 또는 다중 위치 저장이 포함될 수 있다.

14. 저장 위치는 랙, 용기, 팔레트 등에 영구적으로 표기되어야 한다. 분필 또는 기타 비 영구 표기는 사용될 수 없다.

15. 저장은 재고 및 저장이 파손되었는지 파악하기 위해 주기적으로 검사되어야 한다.
손상의 원인이 조사되며, 가능한 경우 손상을 수리하고, 불가한 경우 손실 조치를 취한다. 손상의 재발을 막기 위해 조치가 취해져야 한다. 저장 장소는 쓰레기나 포장 자재 찌꺼기가 없도록 건조하고 깨끗하게 유지되어야 한다.

16. 저장소에 물자 저장. 물자를 저장할 때, 아래의 지침이 지켜져야 한다:

a. 품목은 수동이나 MHE에 의해 쉽고 안전하게 옮겨질 수 있어야 한다.

b. 가능하면 중량물은 선반의 하부나 출입구 옆의 팔레트 위에 둔다.

c. 포장 라벨은 전면을 향하도록 한다.

d. 저장수명품목은 오래된 품목을 먼저 사용할 수 있도록 하기 위해 잔여일자가 명확히 보여야 한다.

e. 분리된 품목은 정확하게 표식을 해야 한다.

f. 불규칙하게 생긴 물품은 과도 중량 피해를 막도록 위치시킨다.

g. 위험물은 적절하고 정확하게 식별되도록 표식을 하여 저장한다. 위험물 저장은 기존 안전 데이터 시트에 링크를 제공하는 JSP 515: '위험물 저장 시스템'에 따라 관리된다.

17. 불출. 저장에서 불출 시, 아래의 원칙이 지켜져야 한다:

a. 불출을 위해 일련번호가 부가된 품목이 식별되었거나 특수한 운용 요구가 따로 지시되지 않는 한, 오래된 재고를 먼저 불출한다.

b. 분리된 품목은 품목을 박스에 담거나 포장하기 전에 불출한다.

c. 특수 내용물 용기(STCC)에 저장된 품목은 STCC와 함께 불출된다.

d. 불분명한 상태의 품목 또는 의심스러운 재고는 저장 또는 불출 전 자격을 갖춘 인원에 의한 검사를 위해 격리된다.

e. 계약자 군수지원 (CLS) 소요를 통해 요구된 경우, 국방부 소유 및 계약자 소유 재고

는 명확히 분리하여 유지되어야 한다.

f. 미 불출 재고, 반송할 재고, 결함 및 수리가능 조치 품목 및 미 지불 재고간에 명확한 격리가 유지되어야 한다.

g. 주 포장 수량 (PPQ)은 건드리지 말아야 하나, 만약 제한된 저장 조건으로 인해 필요하다면, PPQ를 사안에 따라 재봉인 하고 새로운 수량을 반영하여 라벨을 수정한다.

조사

18. 화재 주의사항 및 경고가 저장 내용물에 적당하고, 화재 발생 시의 절차가 정기적으로 실시된다. 필요 시 DFRMO의 조언을 구한다. 저장 구역의 금연 규정이 엄격히 지켜진다; 흡연 재료는 위험물 구역으로 반입하지 말아야 한다.

19. 군수 담당은 아래 사항을 보장하기 위해 자체 지침에 정해진 바와 같이 저장 장소의 관리 및 적합성 보증 검사를 수행한다.

a. 품목이 적절히 저장되었다.

b. 저장실은 청결하고 화재 위험이 될 수 있는 폐기물이 없다.

c. 위험물이 안전하게 저장되었다.

d. 저장수명품목의 적절한 관리 (수명 품목)

e. 보안관리 점검이 정상 근무 시간 외에 저장 사무실 및 저장 구역에 대해 수행되고 있다.

f. 관리점검이 정상적으로 수행되고 적절한 기록부에 발생 사건에 대한 상세한 내용과 함께 기록된다.

20. 저장 또는 물자의 제한사항 때문에 추가 관리점검에 대한 TLB 저장 지시가 자체 지침에 따라 수행되고 기록된다.

관련 규격 및 요구사항

21. 저장

a. JSP 515: 위험물 저장 정보 시스템

b. DEFCON 117: 나토 목록화용 문서의 보급

적용성

22. 이 정책은 CLS(계약자 군수지원) 및 CFA(가용도 계약) 등을 포함하여 모든 장비획득 사업에 적용된다.

소유권

23. 본 자료의 제1장 9절 참조.

제5장

수송

배경

1. 이 장에서는 수명주기지원(TLS)의 일부로서 사업팀(PT) 및 재고 관리자(IM)에 의해 PHS&T 계획 내에서 수송이 장비의 관리(긴급 운용소요(UOR) 포함)에 효과적으로 적용되도록 하는 정책의 핵심 포인트를 제공한다.

방침

2. 지원방안묶음(SSE) 매트릭스는 수송을 다루는 GP로 관리 정책(GP) 3.7:'장비 수송성을 강조한다. SSE내의 GP에 대한 조언, 지침 및 지원위험에 대한 식별은 DES JSC SCM 지원방안개선팀(SSIT) 및 인도지원 및 조언(DAA) 팀에 의해 제공된다.

우선순위 및 권한

3. 국방군수위원회(DLB)의 수송 정책 입안은 Hd. JSC SCM에서 EngTLS로 위임되었다. 사업팀은 SSE에 의해 제시된 핵심 방침과 관리에 충족되는 것을 평가하고 보여주어야 한다.

요구 조건

4. 품목 및 포장된 품목의 수송은 기존의 국가 및 관련 국제 환경, 보건 및 안전 법령을 준수해야 한다.
5. 수송은 JSP 800 (모든 부분) 특히, 제4A권 및 4B권, 관련 DEFCON 의 요구사항을 충족해야 하며, 법령의 요구사항을 준수해야 한다.

절차

6. 사업팀 및 재고 관리자는 수명주기의 모든 단계에서 검토 및 개발되어야 하는 PHS&T 계획에 수송/수송성 요구사항을 상세히 서술해야 한다. 이것은 수송/수송성이 수명주기의 초기 단계에서 고려되어야 하며, 단순히 차기 단계 것으로 남겨두면 안 된다는 것을 말한다.

핵심 원칙

수송성

7. 품목의 수송성은 비용효율이 높은 PHS&T을 위한 기본이다. 새로운 장비의 계획 및 설계 시 주요한 고려사항이 되어야 한다. 모든 수송 요구 수단에 의해 효율적으로 장비가 이동되는 능력은 더 높은 운용 가용도 및 낮은 수명주기 비용의 결과로 나타난다.

8. 장비의 수송 및 수송성 설계에 대한 지침은 Def Stan 00-3: '장비의 수송성에 대한 설계 지침' 임시 버전에서 구할 수 있다.

9. 수송성을 최적화 하고 저장, 정비 및 기타 취급 소요를 보완하기 위해 취급, 결박 및 슬링 고정 점을 장비의 설계에 반영하는 것이 필요하다. 장비는 안전하게 이동될 수 있도록 설계되어야 한다. 이동 목적의 분할과 분해 능력은 운용과 정비를 위한 용이한 재 조립과 함께 설계 고려사항이 되어야 한다.

물리적 및 체적 한계

10. 수송 준비를 할 때 표준 치수를 초과하는 장비 설계는 별도의 취급과 수송 조건을 필요로 하기 때문에 방지해야 한다. 장비가 화물 트럭 내부 또는 표준 화물 선적 컨테이너 내에서 수송되는 경우, 운반 중량을 포함한 표준 한계는 컨테이너에 의해 정의된다.

11. 참고: 용적측정용 데이터는 DEFCON 117에 따라 목록화 데이터 세트의 일부로서 작성할 때 요구된다. 이 정보는 저장 및 수송에 대한 물리적 요구사항을 수립할 때 필요하다.

물리적 특성 및 수송성

12. 설계 프로세스 도중, PHS&T는 수송성 문제를 식별하고 방안을 제안하기 위하여 장비 설계를 평가한다. 이른 단계에서 수송성에 영향을 미치는 특성은 식별되어야 한다. 이 설계 특성의 전형적인 예를 그림 1에 나타내었다. 여기에는 과대한 크기, 과 중량, 연약함, 위험 또는 유해함의 결과로 나타나는 설계를 포함한다.

그림 1: 수송성에 영향을 미치는 품목 특성

물리적 속성	크기; 폭, 높이, 길이 순 중량, 총 중량 무게 중심
동적 한계	가속도 – 상호 직교 축을 따른 허용 가속도, 펄스 시간 및 펄스 형태 진동 – 선적 자세 평면 상의 공진 주파수. 편차 – 선적 자세 평면 상의 최대 허용 굽힘. 표면 부하 – 최대 허용 표면 부하 결박 – 상호 직교 축을 따른 결박, 고정 및 손잡이 상의 최대 허용 동적 부하 취급 누출 – 고체, 액체 또는 가스 최대 허용 방출량

환경적 한도	온도, 압력, 습도 청결도 및 살균
유해 효과	개인 안전 – 인체 접촉 시 증기 또는 액체의 유독성. 방사, 전자기파 또는 방사능. 정전기 (접지 소요). 폭발물: 충격 또는 관통에 의한 오염에 대한 민감도 병인학적 또는 생물학적 – 개인 또는 공중 보건 악화 또는 치사량

동적 한도

13. 민감하거나 파손되기 쉬운 장비는 사용된 재료 또는 설계의 형태 때문에 특수한 취급 또는 고유한 포장을 요구할 수 있다. 수송 중 장비의 고정을 위해 추가적인 고정물은 유도 응력으로부터 파손 가능성을 줄여준다.

환경적 한도

14. 비록 군사용 장비가 튼튼하고 극한의 환경을 견딜 수 있다고 생각 하지만, 항상 그렇지는 않다. 많은 장비가 파손될 수 있고 극한의 온도, 대기압력 또는 습도에 의해 신뢰도가 영향을 받는다. 이러한 제한사항을 유발하는 피할 수 없는 설계 특성은 주의를 요한다. 이런 품목의 보호를 위해서 특수한 용기가 요구될 수 있다.

유해 문제

15. 수송하는데 유해하거나 위험한 장비는 안전 고려조건 때문에 특수한 PHS&T 문제를 야기할 수 있다. 이 문제는 해결을 위한 목록의 맨 위에 올라 가야 한다. 장비의 물리적 PHS&T 측면에 결부된 개인의 보호는 항상 최우선 사안이 된다 (JSP 800 제4a권 및 4b권 참조).

수송 형태

16. 장비의 이동은 선적을 위한 표준 수송 형태를 이용해 이루어진다, 즉 육상, 공중 및 해상. 수송 수단에는 화물차, 열차, 선박 및 항공기가 포함된다. 국방부는 장비의 수송에 상용 및 군용 자산 둘 다를 사용한다.

참고: 대형 품목에 대한 표기는 크기 및 중량에 대해 추가 라인을 포함할 수 있다.

17. 모든 군용 장비의 수송은 JSP 800에 포함된 절차를 이용하여 요구, 조정 및 기록되어야 한다.

18. 사용되는 수송 형태는 선적되는 품목의 우선순위, 수송 자산의 가용도, 중량 및 크기 제한사항에 좌우된다. 대부분의 프로그램은 모든 가능한 수송 형태에 의한 장비의 이동을 고려한다. 특수한 상황에서 실제 이용된 형태는 운용 우선순위를 기준으로 한다.

관련 규격 및 요구사항

19. 수송

a. JSP 800: 국방 수송 및 이동 규정

b. 수동 취급 운용 규정 1992 (수정판)

c. Def Stan 00-3: 장비의 수송성에 대한 설계 지침, 임시 버전.

적용성

20. 이 정책은 CLS(계약자 군수지원) 및 CFA(가용도 계약) 등을 포함하여 모든 장비획득 사업에 적용된다.

JSP 886 Volume 7 Part 8.03A: Maintenance Planning

Version 1.2 dated 24 Jan 13

JSP 886

국방 군수지원체계 교범

제7권

종합군수지원

제8.03A부

정비 계획

개정 이력		
개정 번호	개정일자	개정 내용
1.0	20 Jun 2011	초도 출판
1.1	18 Aug 2011	경미한 개정; 내용 변경 없음.
1.2	24 Jan 2013	경미한 포맷 개정; 내용 변경 없음.

Contents

Figure

제1장

정비계획에 대한 소개

개요

1. 정비는 검사, 시험, 근무, 그리고 사용성, 수리, 재생 및 재활용[1]에 관한 분류를 포함하여 장비를 규정된 상태로 유지하거나 복귀 시키기 위해 수행되는 모든 활동이다. 적절한 정비가 수행되도록 하기 위해서, 아래 작업을 수행해야 한다.

a. 정비설계 수행. 어떤 정비가 필요한지 결정한다.

b. 정비 관리. 언제 그리고 어디서 실제 정비가 이루어지는지 결정한다.

c. 정비의 수행 및 기록. 정비를 수행하고 적절한 기록을 유지한다.

d. 정비기록 활용. 기존의 정비의 개선 또는 향후 제품의 정비 개선을 위하여 경험으로부터 학습한다.

대부분의 제품의 경우, 정비활동을 기록하기 위해 정비관리 시스템을 이용하는 것이 유리한데, 이를 아래 그림에 체계적으로 나타내었다.

그림 1: 정비 프로세스

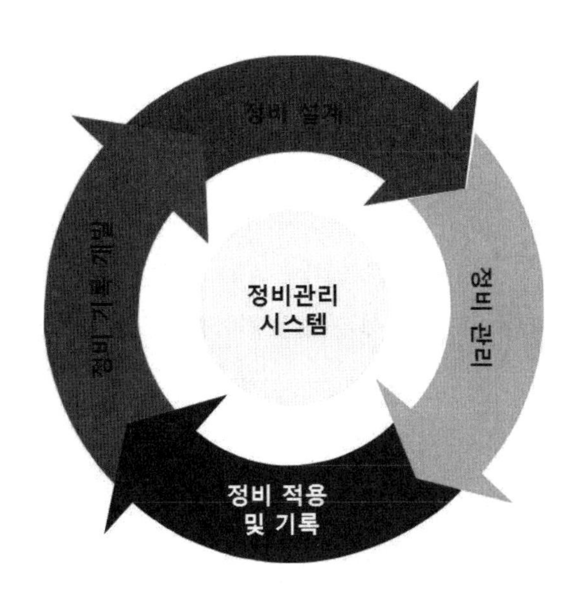

정비계획

2. 장비에 대한 정비의 성공적인 개발 및 수행은 정비 전략 및 정비계획의 조기 식별에 좌우된다.

   a. 정비전략. 장비를 위한 지원전략은 JSP 886 제1권 4부:'지원옵션 매트릭스'의 지침을 이용하여 판단한다. 사업의 여러 요소에 대한 여러 가지 옵션이 있을 수 있다.

   b. 정비계획. 정비계획은 ILS 기법을 이용하여 '개발 및 제작' 단계 동안 만들어진다. 그리고 이 계획은 사용 및 폐기 단계 동안 개발한다.

   (1) 계획 창안. 정비전략은 정비계획을 개발하는데 이용되는데, 이 둘 다 지원성 분석 단계에 제공된다. 이 분석은 초기 지원 패키지 (기술문서, 초기 수리부속 목록, 특수공구 및 시험장비(STTE)), 운용 및 정비 교육 소요, 시설 및 기타 자원의 내용을 제공한다.

   (2) 계획 개발. 이 계획은 지원전략이 완성됨에 따라 장비의 수명기간 동안 구체화 한다.

3. 정비계획[2]은 정비 서비스가 제품 및 그 지원에 만족스럽게 제공되도록 하기 위해 필요한 하드웨어, 소프트웨어, 자재, 시설, 인원, 프로세스 및 데이터의 식별을 포함한다. 프로세스는 상세한 정비계획의 결과로 나타나는 정비개념 및 소요를 개발하고 수립한다. 여기에는 아래와 같은 프로세스를 포함한다.

   a. 서비스 일정 정의

   b. 수리 정책 정의

   c. 예상 수리 업무 판단

   d. 수리업무를 위해 필요한 수리부속, 공구, 시설, 문서, 기법 및 스텝 식별

4. 정비계획의 개발은 아래의 제목 하에 다루어진다.

   a. 정비설계

   b. 정비관리

   c. 정비 수행 및 기록

우선순위 및 권한

5. 군수지원 절차에서 지원분야 군수정책의 소유권은 국방물자국장(CDM)의 프로세스 기획자[3]로서 국방군수운용참모차장(ACDS Log Ops)에게 있다. 이 역할은 국방군수위원회(DLB) 산하의 국방군수정책실무그룹(DLPWG) 및 국방군수조정그룹 (DLSG)을 통하여 이루어진다. 신뢰도 및 정비도 정책에 대한 스폰서[4]가 Hd JSC SCM에게 위임된 본 관리 체계와 대비된다. 사업팀은 SSE에 의해 방향이 제시된 대로 핵심 정책 및 관리를 평가하고 이에 충족함을 보여주어야 한다.

관련 규격 및 지침

6. 참조번호 및 관련 출판물에 대한 링크 포함

   a. JSP 886: 국방 군수지원 체계 매뉴얼:

(1) Volume 7 Part 1: 종합군수지원 정책

(2) Volume 7 Part 5: 지원정보 관리.

(3) Volume 7 Part 8.03B: 정비 설계

(4) Volume 7 Part 8.03C: 정비 관리

(5) Volume 7 Part 8.03D: 정비 수행 및 기록

(6) Volume 7 Part 8.03E: 정비기록 활용.

(7) Volume 7 Part 8.04: 신뢰도 및 정비도

b. BR 1313 수상함의 정비관리

c. AESP 0200-A-090-013: DEME(육군) 엔지니어링 표준

d. JAP 100A-01: 군사 항공 엔지니어링 정책, 규정 및 문서

e. Def Stan 00-600: 국방부 사업을 위한 종합군수지원 요구사항

소유권 및 문의처

7. 정비계획을 위한 정책은 DES JSC SCM-EngTLS에 의해 입안되었다.

a. 스폰서 상세 정보:

DES JSC SCM-EngTLS-RelA

Tel: 군: 9679 37755, 민: 03067 937755

b. 문서 편집자:

DES JSC SCM-SCPol Editorial Team

Tel: 군: 9679 80953, 민: 030 679 80953

---

1 연합행정간행물 -6 (AAP-6): 나토 용어 및 약어 정의

2 JSP 886 제7권 1부: 종합군수지원 정책

3 JSP899: 군수 프로세스 - 역할 및 책임

4 스폰서 - JSP의 내용, 배포 및 출판에 대한 책임을 가진 자 (위임장에 따름). DLWG 그룹장을 통해 발행되고 관련 규정에 따라 효력을 가진 위임장(LoD)에 의해 정해진 책임.

JSP 886 Volume 7 Part 8.03B: Maintenance Design

Version 1.3 dated 30 Jan 13

JSP 886

국방 군수지원체계 교범

제7권

종합군수지원

제8.03B부

정비 설계

개정 이력		
개정 번호	개정일자	개정 내용
1.0	20 Jun 11	초도 출판
1.1	18 Aug 11	경미한 개정; 내용 변경 없음.
1.2	11 Jun 12	제2장: 정비관리 시스템, 제3장: 상태기반정비(CBM) (출처 JSP817) 추가
1.3	30 Jan 13	포맷 최신화. 내용 변경 없음.

Contents

Figure

Ministry
of Defence

제1장
정비설계에 대한 소개

개요

1. 정비는 검사, 시험, 근무, 그리고 사용성, 수리, 재생 및 재활용[1]에 관한 분류를 포함하여 장비를 규정된 상태로 유지하거나 복귀 시키기 위해 수행되는 모든 활동이다. 적절한 정비가 수행되도록 하기 위해서, 아래 작업을 수행해야 한다.

  a. 정비설계 수행 어떤 정비가 필요한지 결정한다.

  b. 정비 관리 언제 그리고 어디서 실제 정비가 이루어지는지 결정한다.

  c. 정비의 수행 및 기록 정비를 수행하고 적절한 기록을 유지한다.

  d. 정비기록 활용 기존의 정비의 개선 또는 향후 제품의 정비 개선을 위하여 경험으로부터 학습한다.

2. 대부분의 제품의 경우, 정비활동을 기록하기 위해 정비관리 시스템을 이용하는 것이 유리한데, 이를 아래 그림에 체계적으로 나타내었다.

그림 1: 정비 프로세스

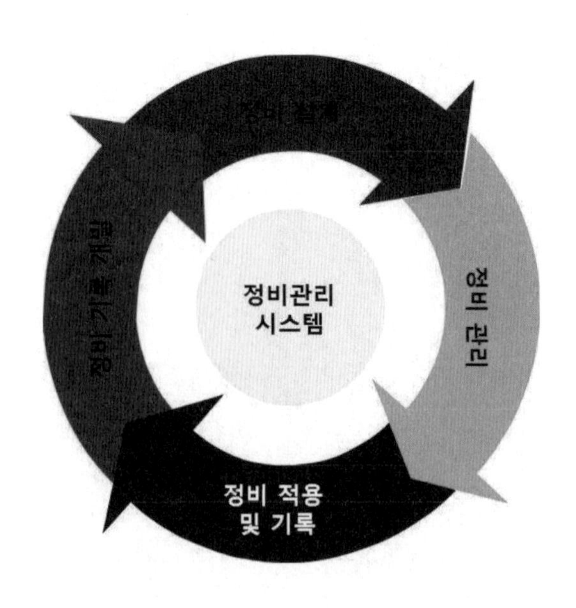

배경

3. 이 부분은 정비가 어떻게 설계되어야 되는지에 대한 방침과 지침의 핵심 포인트를 제공한다.

4. 정비를 요하지 않는 품목은 없다[2]. 정비가 요구되는 경우, 품목이 설계 되는 동안 정비 설계가 되어야 하며, 그렇지 않을 경우, 정비는 차선으로 밀린다. 정비는 사업 수명주기의 가장 초기에 고려되어야 한다. 종합적인 프로세스를 아래 그림에 나타내었다.

5. 품목의 성능 요구사항을 사용 중 한번 낮추게 되면 신뢰도가 상승하고 정비도 줄게 되어 체계가 개선되는 결과를 낳는다. 원래의 요구 성능을 내도록 품목이 설계되기 때문에 이러한 절충은 언제든지 이루어질 수 있다.

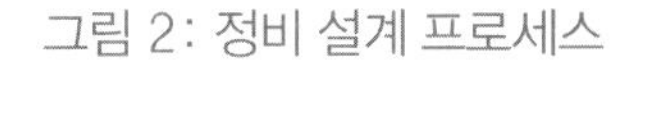
그림 2: 정비 설계 프로세스

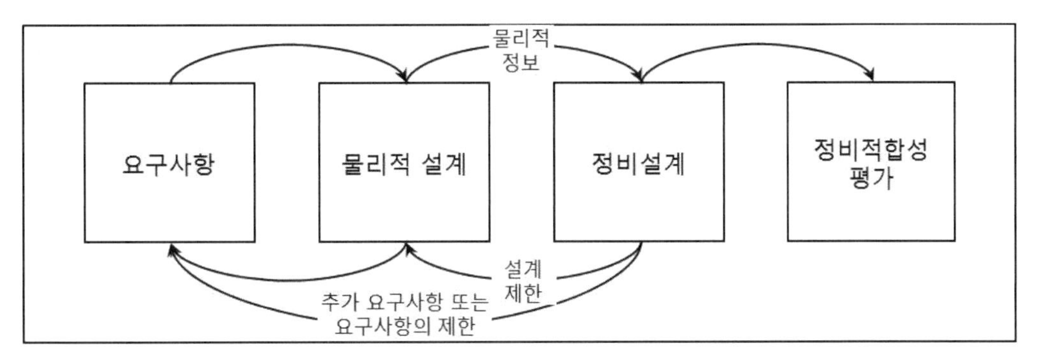

정책

6. 정비소요가 성능 설계와 동일하게 고려되도록 정비 설계는 품목의 설계에 맞추어져야 한다. 정비설계는 아래와 같은 체계적 프로세스에 따라야 한다:

a. 최적화된 정비가 이루어진다.

b. 식별된 정비가 적절하다는 증거를 보여준다.

c. 적절한 정비가 개발되는 설계 프로세스 동안 신뢰를 준다.

d. 정비가 수행되도록 하는 지원정보를 생성한다.

우선순위 및 권한

7. 군수지원 절차에서 지원분야 군수정책의 소유권은 국방물자국장(CDM)의 프로세스 기획자[3]로서 국방군수운용참모차장(ACDS Log Ops)에게 있다. 이 역할은 국방군수위원회(DLB) 산하의

---

1 연합행정간행물 -6 (AAP-6): 나토 용어 및 약어 정의

2 인공위성은 정비요원을 위성으로 보내는 비용 문제 때문에 일반적으로 정비 소요가 없고, 정비를 요하지 않는 품목은 우리가 이용하고 버리는 것이며, 그 외의 모든 것은 어느 정도의 정비를 필요로 한다.

3 JSP899: 군수 프로세스 – 역할 및 책임

국방군수실무그룹(DLWG) 및 국방군수조정그룹 (DLSG)을 통하여 이루어진다. 신뢰도 및 정비도 정책에 대한 스폰서[4]가 Hd JSC SCM에게 위임된 본 관리 체계와 대비된다. 사업팀은 SSE에 의해 방향이 제시된 대로 핵심 정책 및 관리를 평가하고 이에 충족함을 보여주어야 한다.

핵심 원칙

8. 장비의 고장이나 허용한도 이하로 성능이 저하되는 것을 방지하기 위해 요구되는 정비활동을 식별하는데 체계화된 방법론이 이용되어야 한다. (JSP 886 제7권 8.04부: 신뢰도 참조)

9. 이 연구는 재 설계에 의해 정비의 제거/최소화가 고려될 수 있도록 사업의 초기에 수행해야 한다.

10. 요구된 정비활동은 패키지화되어야 한다. 각 정비 패키지에 대한 자원, 인력, 시설, 공구 등이 식별되어야 한다. ILS 프로세스는 모든 정비활동이 제품 인도물품 (정비계획)에 상세히 서술되어야 한다. 이것은 요구된 가용도로 품목을 정비하는데 필요한 모든 물리적 및 인력 자원을 세부적으로 나타내야 하며, 이들이 어떻게 용도 연구에 정의된 운용 시나리오에 인도되는지를 보여주어야 한다.

11. 전체적인 제품 지원 방안 내에 완전히 통합되고 다른 관련 품목과 호환되는 정비관리에 대한 전략이 개발되어 정비계획에 명시되어야 한다. 또한 이 계획은 정비검토에 대한 계획과 어떻게 이들이 사업 검토에 통합되는지를 나타내야 한다.

12. 정비설계에 관련된 결정사항에 대한 감사가 실시되어야 한다.

13. 각 주요 품목에 대해, 자재의 상태가 평가되고 정비활동 개시 방법이 결정되어야 한다. 이것은 고장 시 수리하는 단순한 반응적 방법부터, 정해진 정비 일정, 전체적인 조건 기준 정비 및 예지를 통한 성능 저하율을 기준으로 한 반응적 일정 등이 될 수 있다. 그 다음 정비활동을 개시하는데 필요한 용도나 조건 정보가 각각에 대해 식별되어야 한다.

14. 이 정보를 수집하기 위한 자동 시스템의 이용이 조사되어야 한다. 이런 시스템의 이점은 데이터의 범위에 대한 추가적 복잡성에 대한 비용 그리고 데이터 폭에 대한 모든 요구와 균형을 이루어야 한다. 이것은 즉시 (경보 및 경고), 근 실시간 (HUMS/SIE) 또는 오프라인 (증거 기록) 등이 될 수 있다.

15. 각 품목에 대해, 정비기록에 대한 요구가 식별되어야 하며 어떤 정비방법이 선택되더라도 이와 일관성이 있어야 한다.

16. 정비조직의 구성과 이의 운용 방법은 선택된 정비방법을 지원하는데 필요한 정비 데이터

---

4 스폰서 – JSP의 내용, 배포 및 출판에 대한 책임을 가진 자 (위임장에 따름). DLWG 그룹장을 통해 발행되고 관련 규정에 따라 효력을 가진 위임장(LoD)에 의해 정해진 책임.

의 분석 책임을 나타내는 정비계획에 포함된다. 또한 여기에는 정비 관리자 및 다른 핵심 인원이 가질 수 있는 재량권의 범위와 이들의 책임이 어떻게 안전성 위임과 연관되는지에 대한 상세한 내용이 포함된다.

17. 적절한 정비관리 시스템은 정비활동의 개시를 위해 필요한 데이터와 함께 적기에 유지한다.

18. 품목이 일단 사용에 들어가면, 추세파악 및 개선을 위한 정비기록의 검토는 정비계획에 파악된 전략에 따라 이행되어야 한다.

관련 규격 및 지침

19. 참조번호 및 관련 출판물에 대한 링크 포함

a. JSP 886: 국방 군수 지원 체계 매뉴얼:

(1) Volume 7 Part 2: 종합군수지원 관리

(2) Volume 7 Part 5: 지원정보 관리

(3) Volume 7 Part 8.03A: 정비 계획

(4) Volume 7 Part 8.03C: 정비 관리

(5) Volume 7 Part 8.03D: 정비 수행 및 기록

(6) Volume 7 Part 8.03E: 정비기록 활용

(7) Volume 7 Part 8.04: 신뢰도 및 정비도

b. BR 1313 수상함의 정비관리

c. AESP 0200-A-090-013: DEME(육군) 엔지니어링 표준

d. AESP 0200-A-100-013: 장비 손질 검사 및 필수장비 검사

e. MAP 01: 군사 항공국 (MAA) 정비 및 감항성 프로세스 (MAP).

f. JAP(D) 100A-0409-1 GOLDespTM 군수정보시스템. 절차 매뉴얼

g. JAP(D) 100A-0409-1A GOLDespTM 군수정보시스템. 절차 매뉴얼 (전자 인증)

h. JAP(D) 100A-0409-2 GOLDespTM 군수정보시스템. 지원 정책 및 지시

i. Def Stan 00-600: 종합군수지원. 국방부 사업을 위한 요구사항

소유권 및 문의처

20. 기술문서에 대한 정책의 스폰서는 DES JSC SCM-EngTLS 이다.

a. 스폰서 세부 정보:

DES JSC SCM-EngTLS-RelA

Tel: 군: 9679 Ext 37755, 민: 030679 37755

b. 문서 편집자:

DES JSC SCM-SCPol 편집팀

Tel: 군: 9679 Ext 80953, 민: 030679 80953

제2장

정비관리 시스템

배경

1. 정비관리에 대한 많은 방법이 정비활동의 확보, 수행 및 기록을 위한 전용 소프트웨어 시스템을 이용한다. 이의 기능에는 정비설계 단계 동안 개발된 (예를 들면 RCM 정보입력) 정비일정의 통합부터 운용단계 정비활동의 확보 및 기록 그리고 수명 종료 시점에서 장비/체계의 폐기가 포함될 수 있다. 검사 및 일상적 예방정비를 위한 작업지시/패키지의 일정수립에 대한 핵심 기능을 제공하는 것 외에, 정비관리 시스템은 자산관리, 재고관리 및 안전 요구사항의 처리를 위해 요구되는 필수 문서 등 추가 기능을 포함하기 위해 테일러링 한다.

방침

2. 국방부의 방침은 정비설계의 수행으로부터 정비활용까지가 적절한 정비관리 시스템(MMS)에 통합되고 그 안에서 관리되도록 하는 것이다.

절차

3. 국방부 내에서 이용된 MMS는 아래와 같다; 이들의 기능은 영역에 관련된 요구사항에 따라 달라진다.

a. 해상환경 BR1313: 수상함의 정비관리. 제5장: 유니트 정비 관리 시스템(UMMS). UMMS는 RCM을 바탕으로 하는 웹 기반의 컴퓨터화 된 MMS이다. UMMS는 함정, 잠수함, RFA 및 해안 환경의 관리를 운영한다.

b. 육상환경 JAMES (육상)는 모든 자원 관리자, 엔지니어, 계획 수립자 및 행정가에게 국방부 육상 환경 내의 운용 중인 모든 장비에 대한 데이터 및 정보를 제공하도록 설계된 전사적 자원관리 계획(ERP) 시스템이다. 이것은 영국군, DE&S, 정부기관 및 국방부 엔지니어링 및 자산관리(E&AM)에 포함된 국방 계약자를 위한 도구이다.

c. 항공환경

(1) 회전익. 3개의 문서(JAP(D) 100A-0409-1 절차 매뉴얼, JAP(D) 100A-0409-1A 전자-인정에 대한 절차 매뉴얼 및 JAP(D) 100A-0409-2 지원 정책 및 일반 지시)가 각 항공기의 운용 및 정비에 관련된 군수 및 엔지니어링 데이터의 기록, 저장 및 예측의 전자적 방법인 GOLDesp 군수정보시스템을 위한 방침 및 절차를 설명한다.

(2) 고정익. 군수정보 및 기술시스템(LITS)는 자산관리적용(MAM) 및 정비관리적용(MMA)을 포함한다. LITS 명령 및 지시(DAP 300A-01) 책자 13은 MMA의 용도 및 효과를 설명한다. MMA는 장비의 수명과 정비에 소요되는 자원의 더욱 효과적인 관리를 위해 사용자가 정비 프로그램을 생성하게 하고 자산의 잔여수명을 계산할 수 있도록 한다.

4. 이 시스템은 전용 시스템에 우선하여 이용된다. 특정 장비/시스템에 관련된 모든 정비활동이 이들 표준 국방부 시스템을 통합하도록 하는 것은 사업팀의 책임이다.

제3장

상태 모니터링 및 상태기반정비

개요

1. 이 장은 상태모니터링(CM) 및 상태기반정비(CBM)에 대한 국방부 방침을 제공한다. 아울러, 이 방법에 대한 이점이 제시된다.

2. CM 및 CBM의 적용을 설명하는 최상위 수준이 소개된다. 이 절차는 새로운 장비와 사용중 장비에 공히 적용된다.

방침

3. 국방부 사업팀은 플랫폼의 수명주기 지원에 대한 적절한 수준의 CM과 적절한 CBM 방법을 고려해야 한다.

4. 본 장의 순서도는 CBM이 적절한지를 판단하기 위한 프로세스와 어떻게 이 기법을 적용하는지를 정의한다.

5. 사업팀은 CM을 이용하여 아래의 순서도에 설명된 'CM 검토 패널 프로세스'에 의해 모니터링 되고 지지되는 CBM을 개발한다.

6. 이 계획은 수명기간에 걸친 요구사항이며 수명주기관리계획(TLMP)에 포함되어야 한다. 충족 여부는 지원방안묶음 (SSE) 보증 프로세스를 통해 모니터링 된다.

용어 정의

7. 아래 그림 3은 CM 및 CBM 분야에 사용되는 주요 용어정의 (Controlled Values Repository에 주어진 대로)를 제시한다.

그림 3: CM 및 CBM에 사용되는 주요 용어정의

용어	정의
상태기반정비(CBM)	일상적 또는 지속적 모니터링으로부터 확보된 장비 내 품목의 상태 인식 결과로서 개시된 정비
상태 모니터링(CM)	설계 무결성을 유지하고 안전한 운용이 지속되도록 하기 위하여 장비로부터 데이터의 수집 및 분석.

정비도	주어진 조건과 제시된 절차 및 자원으로 정비가 수행되었을 때 요구된 기능을 수행할 수 있는 상태의 유지 또는 그 상태로 복귀되게 하는 사용 조건에 따른 장비의 능력.
예지상태관리(PHM)	향후 운용의 정해진 지점에서 구성품의 상태를 예측하기 위한 하나 이상의 파라미터를 이용한 프로세스.
신뢰도	주어진 시간 동안 주어진 조건 하에서 요구된 기능을 수행하기 위한 능력.
신뢰도중심정비 (RCM)	대상 체계에 대해 적절한 예방정비(시간 기준), 보수정비(반응적) 및 예측정비(상태 모니터링, 예지)의 정비 수행을 통합하여 최적화된 정비일정이 수립될 수 있도록 하는 고도로 개발된 방법론.

신뢰도중심정비 및 상태기반정비간의 관련

8. 신뢰도중심정비(RCM) 및 상태기반정비(CBM)간에 관련이 있다는 것을 인식하는 것이 중요하다. 이 절은 RCM 및 CBM에 대해 논하고, 이들 둘 간의 연관을 설명한다.

9. RCM은 최적화된 정비일정이 수립될 수 있도록 하는 고도로 개발된 방법론이며 아래 원칙을 포함한다.

a. 장비의 기능 유지에 집중

b. 고장 유형 영향 및 치명도 분석의 수행을 통해 장비 기능의 손실을 초래할 수 있는 특정한 고장 유형의 식별

c. 각 식별된 고장 유형의 중요성에 대한 순위 부여

d. 장비에 적절한 예방정비(시간 기준), 보수정비(반응적) 및 예측정비(상태 모니터링, 예지)를 반영할 수 있는 최적의 정비일정 결정

10. RCM은 Def Stan 00-40, 00-42, 00-44, 00-45, 00-49에 서술되어 있으므로, 이 장에서는 더 이상 다루지 않는다.

11. RCM 프로세스 동안 식별된 고장 유형의 경우, CM 이 적용될 수 있는 부분이 많다. 이 경우, 아래의 핵심 활동이 적용된다.

a. 각 고장 유형에 대한 평가기법 결정 (예, 모델)

b. 어떤 데이터가 요구되는지, 어떤 파라미터가 측정되어야 하는지 그리고 어떤 빈도의 데이터가 획득되어야 하는지의 평가

c. 향후 운용의 정해진 지점에서 장비의 상태를 예측하기 위한 예지상태관리(PHM) 기법의 이용

12. 다양한 형태의 CM(인간에 의한 검사로부터 지속적 모니터링 까지)은 구성품의 수명 및 장비의 가용도를 최대화하는 신축적인 정비전략을 제공하는 CBM의 선택 및 응용을 뒷받침하는데 이용된다.

13. CBM 하에서, 장비의 정비는 품목의 성능이 정해진 성능 수준 아래로 저하될 때 고장을 방지하기 위해서만 수행된다. 따라서, CBM은 본 장에서 서술되는 자체적인 방침과 관리를 요구한다.

상태 모니터링

14. CM의 목표는 수명 기간 동안 장비의 어떤 부분에 대한 상태를 측정하고 평가하여 장비의 고장 및 불가동 시간 방지를 위해 정비 시점을 예측하는 것이다. CM은 종합군수지원의 한 요소이며, 관련 지침은 Def Stan 00-600, JSP 886 제7권 2부에 포함되어 있다.

15. 장비의 CM은 국방 및 민수 일부 분야에 잘 수립되어 있다. 미 국무부는 CM과 CBM의 이점을 인식하여 2003년부터 CM의 이행을 요구한다.

16. CM은 아래 세 측면을 가지도록 고려될 수 있다.

a. 장비 보호 또는 장비 손질. 이것은 사용자 및 정비자에 의한 장비의 상태 모니터링을 포함한다. 여기에는 두 가지 요소가 있다.

(1) 과제관련 지침. 일상점검/점검과 같은 계획된 업무와 장비가 작동되지 않거나 분명한 증상(소음, 냄새)이 있을 때 등과 같이 비계획적으로 발견되어 수행된 조치를 포함한다.

(a) 주기성 및 계획 점검의 내용은 장비의 기술문서에 포함되어야 하고, 계획된 업무를 수행하고 특정 장비에 대한 비계획적 발생을 통지하기 위하여 기술문서 및 교육이 사용자 및 정비자를 위한 요구사항을 반영하도록 하는 것은 사업팀의 책임이다.

(b) CM의 이 측면은 본 문서에서 더 이상 고려되지 않는다.

(2) 전 환경 지침. 모든 환경에 대한 일반적 '장비손질' 정책이 작성되도록 할 필요도 있다. 특정 명령/환경에 대한 지침 및 방안 문서는 아래와 같다.

(a) 해상. BR1313: 수상함의 정비관리

(b) 육상. AESP 0200-A-100-013: 장비 손질 검사 및 필수 장비 검사 (사용자 핸드북 - AESP Category 201에 주어진 장비의 특정 조언과 같이)

(c) 항공. 감항성 엔지니어링 (CAE) - 4000 시리즈 규제 조항 - 정비 및 감항성 프로세스 매뉴얼 (AP 100B-01에 주어진 장비의 특정 조언과 같이)

b. 외부 분석. 가까운 실시간 정비 이벤트를 예측하기 위하여 표본화를 이용하는 별개의 이벤트로 구동되는 기법이다.

(1) 분광식 오일 분석 프로그램(SOAP) 또는 비파괴 검사(NDT)와 같은 전문화된 기법을 이용하여 장비의 특정 부분에 대한 정보를 수집한다.

(2) 이 데이터는 장비의 구성품 상태에 관한 지시를 제공하기 위해 사이트 내/외부에서 분석된다. 그 다음, 이 분석의 결과는 정비 활동이 요구되는지 판단하는데 이용된다.

(3) 이 방법은 통상적으로 수리비용을 줄여 주는 고장에 이용된 구성품을 피하고 편리한 시간에 정비가 수행되도록 한다. 또한, 장비 사용 시 중요 안전 구성품의 고장을 방지한다. 보통, 이 기법은 적은 수의 정비와 중요 안전 구성품에 제한된다.

c. 내부 분석. 이것은 심층 분석의 상당부분이 실시간에 가깝게 처리되지만, 실시간 정비 이벤트의 예측을 위해 내장된 체계나 센서를 이용하는 지속적 모니터링 기법이다.

(1) 내부분석 체계에는 자체고장진단장비(BITE), 자체시험 프로그램, 데이터 로거 및 안전진단시스템(HUMS)이 포함된다.

(2) 이 시스템의 출력은 직접 또는 분석적 인터페이스를 통해 사용자 또는 정비자에게 제공될 수 있다. 이 기법에 의해 수집된 데이터는 장비에 대한 정비 및 운용 정보를 제공하는 이중 용도이다.

(3) 사용된 기법의 사례에는 마모 파편 모니터링 체계, 회전 기계장치의 진동분석 및 항공기 동체구조의 피로 모니터링이 포함된다. 데이터는 온라인 센서, 오프라인 모니터링 프로세스로부터 유도, 경험상의 관찰 또는 이들의 일부 복합적 이용에 의해 측정될 수 있다. 사용된 파라미터에는 진동 및 온도가 포함된다. 통보는 경보나 경고의 형태로 발생될 수 있다.

(4) 가끔 소형 휴대형 모니터링 키트가 이용되는 한편, 다른 경우에는 장비에 내장된 BITE나 HUMS와 같이 고도로 자동화된 모니터링 프로세스가 이용된다.

(5) 국방에 대한 추가적 문제는 장비 상태에 대한 정보가 플랫폼의 지원 및 그 가용도에 대한 지원 의사결정을 위하여 모든 관계자에게 이용되도록 해야 한다는 것이다 (예를 들면, ILS 환경의 수리 행정에서 수리부속 및 전자문서의 주문).

17. CM에 이용할 수 있는 많은 엔지니어링 기법과 기술분야가 있다. 사용할 기법과 분야의 선택은 장비의 형태 및 정비 목적을 위해 필요한 데이터의 정도에 좌우된다.

예지상태 관리

18. 예지상태 관리(PHM)는 향후 운용의 정해진 시점에서 장비상태의 예측을 위해 진동, 마모 파편 분석 등과 같은 CM의 일부로 획득된 하나 이상의 장비 측정 파라미터를 이용하는 프로세스이다.

19. 아울러, 분해 후 검사에 의해 대상 고장 유형에 대한 기법의 입증이 요구된다.

20. 따라서 좋은 PHM 시스템을 갖는다는 것은 성공적인 CBM 체계를 확보하는데 필수적이다.

상태기반 정비

21. 함정, 전차 및 항공기와 같은 군사용 체계의 경우, CBM은 아래 두 가지 대안에 대해 뛰어난 정비 전략이다.

a. 고장 날 때까지 운용

b. 계획 정비

22. '고장 날 때까지 운용' 방법은 예상치 못한 상황에서 장비의 파손이 발생할 수 있다. 계획 정비는 보통 보수적이기 때문에, 장비상태나 더 높은 정비 비용과 상관없이 장비 오버 홀로 유도할 수 있다.

23. CBM이 특정 장비 형태에 대해 가장 최선의 방법인지 판단하기 위하여 순서도의 범위설정 연구가 이용될 수 있다.

24. CM과 PHM 기법의 이용은 CBM 방식을 이행하는데 필수적 사전 조건이다.

25. 이 방법은 적시관리방식(Just in time) 정비의 결과인 리드타임과 고장 전의 요구되는 정비를 예측하기 위해 장비에 관한 조건과 상태 정보 둘 다를 이용한다. CBM 을 완벽하게 지원하기 위해 이 방법을 촉진하는 수리부속 보급 시스템도 만들어질 필요가 있다.

26. CBM의 주요 이점은 절감된 정비 비용, 자산의 개선된 가용도 및 전방 장비의 효과적 운용이다. 추가적인 이점은 개선된 안전성 및 장비설계당국으로 돌려 보내지는 설계개선의 식별이다.

상태 모니터링 및 상태기반정비의 이점

27. CBM의 주요 이점은 중요 정비 품목이 더욱 고비용 고장을 초래하는 운용상 불편한 시간에 발생할 수도 있는 모든 치명적 고장이 발생 전에 양호한 환경에서 교체될 수 있다는 것이다.

28. 정비작업의 개선된 계획 수립을 통해 정비자가 영내와 운용 환경 모두에서 장비 가용도를 극대화하는 것을 CM과 CBM이 지원하므로, 이 방법은 장비의 가용도를 최적화 한다.

29. CM 및 CBM은 내재된 이점과 비용에 대해 평가되어야 한다. 그림 4는 이 기법의 이행과 관련된 일부 이점 및 비용을 보여준다.

그림 4: 상태 모니터링 및 상태기반정비의 이점 및 비용

이점	비용
임무 윈도우 내의 개선된 장비 가용도	상태 모니터링 시스템 설계
전략적 및 전술적 결정을 지원하기 위해 가용한 장비의 상태 정보	상태 모니터링 시스템의 구매
절감된 군수 규모	설치 및 시험 운용
향상된 운용 안전	데이터 분석 및 저장 운용
절감된 정비 비용	인원 교육
설계 개선의 식별	관련 조직의 변경, 예, 제 1, 2 라인
'안전수명' 만기에 따른 구성품 변경 소요 감소.	
예방정비 소요, 특히 기능개입(Invasive) 검사 소요 절감.	
개선된 경고 시간 및 보다 정확한 고장 진단으로 인한 수리부속 가속도 개선 (이것은 수리부속 가용도 측면 중 하나일 뿐이다).	
고장 징후를 보여주는 장비는 배치 전에 걸러지거나 배치 이전에 걸러진다.	
이차 손상 및 그 영향을 줄일 수 있다.	
정비로 유발된 어려움 감소.	
안전성 개선	
전방 장비 포함 모든 유니트의 개선 효과도	

30. CM에 대한 업체 사용 분석은 '고장 날 때까지 운용' 및 '계획 정비' 정비전략이 생산 부문에서 점점 더 받아들여지지 않고 있음을 보여준다.

31. 예측능력 같이 CM 이용의 대안은 기계 데이터의 수집을 기초로 기계적 문제점의 조기 발견을 제공한다. 이것은 낮은 기계 정비 비용과 높은 기계 가용도를 나타내게 한다.

32. 결과는 일반적이고 어떤 업체에도 제한적이지 않았다. 전형적인 업체 이익은 아래와 같다:

a. 수리 및 정비 비용의 50%-80% 절감

b. 수리부속 재고 30% 감소

c. 30% 매출 증대로 전체 이익율 20%-60% 증가

33. 국방 부문에서, 자산의 가용도는 임무 윈도우 밖의 정비 업무를 계획하는 능력에 의해 개선된다. 전장 정비 지휘관은 자신의 전투 승리 자산 상태에 관한 정보를 가짐으로써 도움을 받는다.

34. 그 외에 전장에서 정비작업 소요가 줄어들면 기술요원, 공구, 시험장비, 시설 및 저장 공간 등과 같은 배치된 군수자원에 맞추기가 쉬워진다.

35. CM과 CBM에 관련된 비용이 인식되어야 한다.

36. 고장 유형 및 관련 평가 기법 (해당될 경우)의 식별 그리고 센서, 데이터저장 및 분석 소프트웨어 등 장비의 구매에 관련된 계획 업무는 비용을 수반한다.

37. 추가 비용은 담당의 교육 및 기존 지원활동의 재 구성 등 체계의 시험 운용 및 시험이다.

38. CM 및 CBM은 계약자지원계약(CLS) 또는 가용도 방안이 고려될 때 태어난다. 상태 모니터링 방침 및 계획의 개발은 계약자의 책임이다; 사업팀은 이 프로세스에 제공할 제한된 입력 정보만 가질 수 있다. 사업팀은 계약자에 의해 수집된 원시 데이터가 국방부에 제공되도록 하고 데이터 수집 방법이 국방부 특히 전방 사령부(FLC)에게 부담이 되지 않도록 해야 한다.

순서도

39. 기법의 이행을 관리하는 책임은 최적의 실무가 이루어질 수 있도록 사업팀을 지원하는 국방부 감독 부서와 함께 개별 플랫폼 사업팀에게 있다. 아래 순서도는 국제 표준, 예를 들면 ISO 16587 등 최고의 실무 자료로부터 개발되었다.

40. 순서도의 절차에 대해 3가지의 단계가 있다:

a. 제1단계 – 범위설정 연구. 이것은 모니터링 할 고장 유형을 결정한다. RCM 기법이 이 프로세스에 이용될 수 있다. 이 외에, 이 단계는 CM 키트 소요를 식별한다. 긍정적인 비용절감이 구현되는 것을 점검하기 위해 비용 이익 분석이 수행된다.

b. 제2단계 – 상세설계 및 구현. 이것에 대한 핵심은 데이터 분석 및 일부 담당 교육을 수행하면서 최소한 하나의 대상 플랫폼에 CM 및 CBM 시스템의 시험 운용을 해 보는 것이다.

c. 제3단계 – 운용단계 사용. 이것은 전 함대에 걸쳐 CM 및 CBM 시스템을 도입 사용하는 것이다. 추세 및 한도가 초과된 부분을 파악 하는 것과 같은 정상적인 데이터 수집 및 분석이 포함된다. 발전하는 고장 유형이 탐지되면, 치명도 및 예상 잔여 안전수명의 평가를 위해 사안별 전문가가 추천된다.

41. 절차의 제1, 2단계 후, 사업팀은 '기술검토패널'에게 접근 방법에 대하여 설명해야 한다.

42. 아울러 주기적으로 (따로 합의되지 않는 한 매 3년 마다) 사업팀은 CM 및 CBM 시스템 운용에 대해 진행중인 검토를 '기술검토패널'에게 설명해야 한다.

43. '검토 패널'은 SSE 보증의 일부분을 구성하며, 보통 사업팀, 국방부 사안별 전문가 및 CM 수행 책임 기관, 예를 들면 통합운용지원(IOS) 편제 내의 설계 당국(DA)의 대표자를 포함한다. 모든 안전성 문제를 포함하여 접근방법의 기술적 타당성을 판단하기 위해 사업팀의 방법론 및 접근 방법은 평가되어야 한다.

44. '검토 패널'에 대하여 사업팀이 제출한 지속적인 기록과 제안되어 채택된 CM 및 CBM 체계 그리고 매3년 주기 검토는 수명주기관리계획(TLMP)에 유지된다. 각 단계별로 요구된 프로세스는 아래에 설명된다.

제1단계 – 범위설정 연구

45. 범위설정 연구 프로세스는 아래 그림 5에 제시되었으며, 요구된 작업에 대한 상세한 설명은 그림 다음에 서술하였다. 각 절의 제목은 그림에 나타난 프로세스와 관련된다.

그림 5: 범위설정 연구

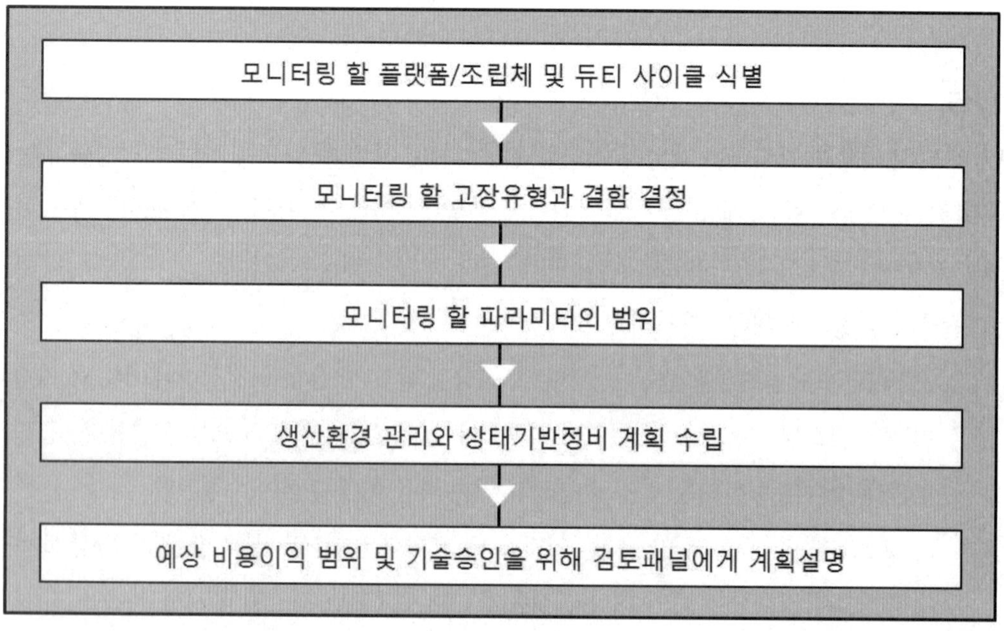

모니터링 될 플랫폼/구성품 및 듀티 사이클 식별

46. CM 및 CBM에 가장 적합한 장비 형태는 파손 또는 고장이 임무 윈도우의 운용적인 능력에 중대한 영향을 미치고, 치명적인 안전 위해성을 나타내며 높은 비용을 발생시키는 것이다.

47. 운용 환경, 장비의 듀티 사이클 및 신뢰도에 대한 광범위한 연구도 필수적이다. 이것은 RCM 기법을 이용하여 이루어질 수 있다.

48. CBM 에 대해 고려 중인 대부분의 품목을 제거하기 위해 단순한 비용상 이익 및 위험분석이 이용되어야 한다. 예를 들면, 보급 및/또는 수리 비용 측면에서 중요하지 않고 비용 요인도 아니며, 현저한 정비 인시 내용이 없거나 파손되어도 심각한 안전성 문제를 야기하지 않는 품목에 대해 CBM을 고려해서는 안 된다.

모니터링 할 고장 유형 및 결함을 결정한다

49. 임박한 고장을 진단하기 위한 모든 체계의 능력은 고장 유형과 어떻게 그 것들이 표출되는지에 대한 상당한 지식을 요구한다. 고장 유형은 다양한 방법으로 식별될 수 있다.

50. 가장 단순한 방법은 고장유형을 장비에 대한 그들의 영향을 나열하는 것이다.

51. 가장 상세한 방법은 4개의 간단한 단계로 나눌 수 있는 고장 유형 영향 및 치명도 분석(FMECA)이다.

a. 고장 유형을 식별하고 그 원인을 판단한다.

b. 고장을 분석하고 고장유형의 영향 판단 및 긴요도를 분류한다.

c. 고장 발생 확률을 예측한다.

d. 긴요도 및 발생 확률을 이용하여 치명도를 산출한다.

모니터링 할 파라미터의 범위를 정한다

52. 이전 단계에서 유도된 고장 유형의 목록은 어떤 성분을 모니터링 하고 어떤 파라미터를 측정할지 판단하기 위해 검토한다.

53. 어떤 파라미터를 모니터링 할 지의 선택은 대상 장비의 운용 지식과 고장유형에 대한 모델이나 평가 기법이 있을 경우 도움을 받을 수 있다. 대상 파라미터에는 다음 사항 등이 포함되어야 한다:

a. 한도

b. 모니터링 빈도

c. 모델의 요구사항

d. 자재 데이터

54. 고장 유형에 대해 체계가 어떻게 반응하는지에 대한 지식은 구현할 측정 체계의 형태 및 측정의 수준과 빈도, 그리고 이용할 한도나 경보를 결정하는데 필수적이다.

예를 들면 잠재적으로 문제를 빠르게 전파시켜 결국에는 엄청난 결과를 가져오는 기어 이의 갈라짐, 그리고 헬리콥터의 손실과 같은 식별된 고장 유형은 HUMS 같은 적절한 시스템을 이용하여 지속적으로 모니터링 되어야 한다.

상태 모니터링 및 상태기반정비 계획을 수립한다

55. 적절한 CM 및 CBM 시스템의 식별 (예를 들면, 하드웨어, 소프트웨어, 평가 기법)은 대상 장비 및 지속적 모니터링 또는 선택된 모니터링의 요구 여부 등과 같은 여러 요소에 좌우된다.

56. 센서(진동 트랜스듀서 또는 칩 감지기) 요구사항, 데이터 기록 (지속적 또는 주기적 여부), 데이터 분석 (온라인 또는 오프라인), 평가 기법, 데이터 관리 및 데이터 저장 등도 고려되어야 한다.

예를 들면 온라인 분석은 실시간 이력 진동 데이터 처리 및 평균신호의 제6 모멘트를 산출할 수 있는 HUMS 시스템에 의해 수행된다. 대상 파라미터의 처리와 추출을 위해 수집되어 데이터 분석가에게 보내진 데이터는 오프라인 분석으로 분류된다.

57. 평가는 분석된 데이터의 중요도를 판단하는 활동이다. 고장 유형의 경우, 평가는 잠재적 고장의 진단 및 수리에 도움이 될 수 있다. 다양한 예지상태관리 기법이 관련되며, 이의 예는 아래와 같다.

a. 온라인 또는 오프라인의 수치 알고리즘

b. 전문가 시스템 또는 이력 데이터에 대한 훈련된 신경망

c. 마모 파편 분석과 같은 연구실 분석

d. 피로도 평가 수행과 같은 사안별 전문가

58. 이 평가 활동의 결과는 대상 장비의 상태 및 잠재적 장래 가용도를 나타내는 정보를 제공한다.

59. 이 모니터링의 핵심 부분은 데이터 저장 및 관리이다. 추세 분석을 지원하기 위해 데이터의 가용성을 확보하는 것은 필수적이다.

60. 그 외 고려사항은 모든 사건 조사에서 후속 이용을 위한 데이터의 보관이다. 또한, 체계의 상태에 대한 정보가 임무 윈도우 이전 또는 중에 전장 지휘관에게 즉각 가용하도록 하는 것이 중요하다.

예상 비용 이익 범위 및 기술승인을 위해 '검토패널'에게 계획 설명

61. CM 및 CBM 전략 이행에 의한 긍정적인 비용 이익 달성 여부를 예측하기 위하여 연구가 수행되어야 한다. 비용이익 분석에서 아래 항목이 고려되어야 한다:

a. CM 장비의 설치 비용. 트랜스듀서 및 HUMS, 지상국 및 컴퓨터 등과 같은 추가적으로 배치된 키트뿐만 아니라 장비의 개조에 관련된 모든 비용 등이 포함된다.

b. 데이터 분석 및 해석 등 운영 비용

c. 소프트웨어 및 하드웨어 정비 비용. 파손으로 인한 체계의 불가동 비용

d. 결함 치유 및 수리 비용. 예, CM을 이용 시 고장 탐지확률을 고려한 고장 날 때까지 운용 및 고장 탐지

e. 임무 윈도우에서 장비 가용도의 전술적 이익을 제시하는 요소

f. 인원 안전 요소, 예, 전장에서 응급수리 수행 등

62. 명확한 비용 이익이 아래와 같이 사업팀에 의해 결정되어야 한다:

비용이익 = [회피비용] – [상태감시 및 상태기반 정비 비용]

63. 전체 범위설정 연구를 완료한 후, 사업팀은 결과를 작성하여 이를 SSE 보증 프로세스의 일부로 검토패널에게 설명해야 한다. 검토패널은 제안된 CM 및 CBM 시스템의 기술적 타당성을 평가한다.

제2단계 – 상세설계 미 구현

64. 상세설계 및 구현 단계는 아래 그림 6에 나타내었으며, 요구된 작업의 상세 설명을 그림 다음에 서술하였다. 각 절의 제목은 그림에 나타낸 프로세스와 관련된다.

그림 6: 상세 설계 및 구현 프로세스

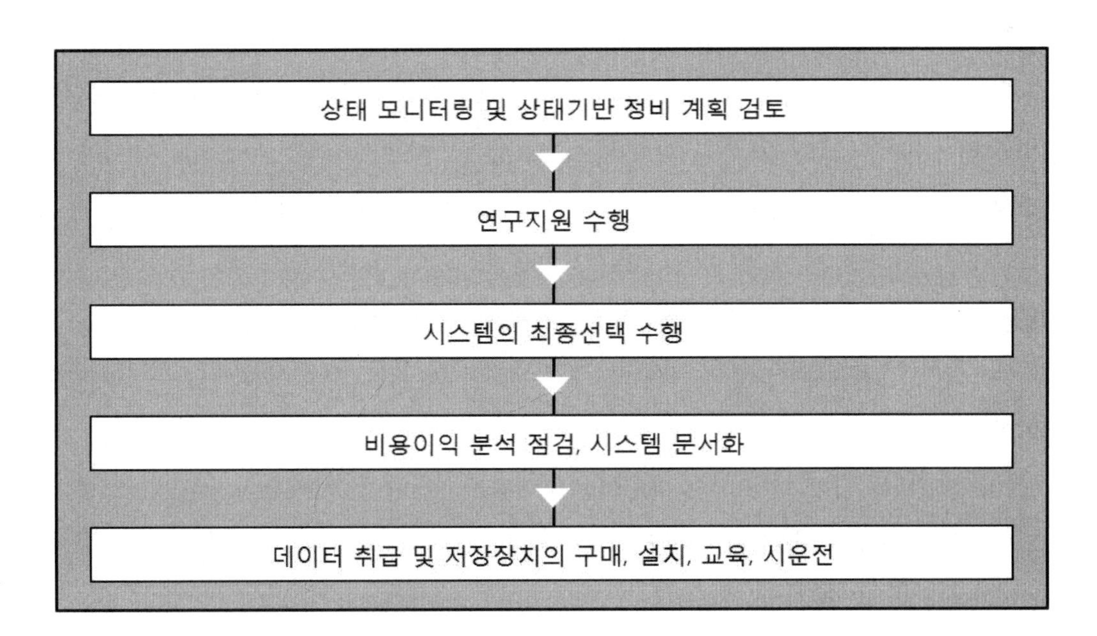

상태 모니터링 및 상태기반정비 계획을 검토한다

65. 단계 1a의 범위설정 연구를 수행하여 CM 및 CBM 계획이 작성된다.

66. 검토의 목적은 선택된 CM 및 CBM 시스템이 대상장비가 높은 수준의 신뢰도가 달성되는데 도움이 되도록 하기 위해 계획을 평가하는 것이다.

67. 또한, 모니터링 되는 고장 유형은 최종 확정되고, 사용할 파라미터는 검토 및 보강되어야 한다.

예를 들면, 기어와 베어링 결함을 모니터링 하기 위해 진동을 결정했다면, 다음 단계는 어떤 파라미터를 이용할 것 인지와 한도 설정을 결정해야 한다. 아울러, 모니터링의 빈도도 설정될 수 있다.

연구지원을 수행한다

68. 모든 모니터링 대상 고장 유형에 대해 평가가 이루어지도록 하는 것이 중요하다. 여기에는 예를 들면 알고리즘 및 모델 개발, 자재 데이터의 수집 및 측정이 필요할 수 있다.

예를 들면, 베어링 결함을 점검하기 위한 진동 데이터의 분석은 신호 증폭과 패턴 매칭 등을 수행하는 신호처리 알고리즘의 개발이 필요할 수 있다.

시스템의 최종 선택을 수행한다

69. 계획의 검토 및 수락에 이어, 관련 시스템은 최종화되고 완벽하게 정의될 수 있다. 이 작업은 트랜스듀서, 데이터 기록기, 분석용 소프트웨어, 데이터 저장 등 모든 요구사항을 감안해야 한다.

70. 다른 고려사항으로는 키트의 신뢰도 및 견고함 그리고 전장에 배치되는 동안 사용 가능 상태를 유지하기 위한 적합성과 유사 체계에 대한 기존 운용 중 절차에 미치는 영향이 포함된다.

71. 일단 최종화 되면, 전체 시스템은 최소 하나의 플랫폼에서 시험 운용되어야 한다. 이 작업의 목적은 데이터 분석, 저장 및 체계가 요구된 성능 발휘를 보여주기 위한 평가 기능을 포함하여 전체 단-대-단 시험을 수행하고 밝혀진 부족함을 수정하기 위함이다.

비용 이익 분석을 점검하고, 긍정적일 경우 시스템을 문서화 한다

72. 하드웨어, 소프트웨어, 운용, 정비 및 관리 비용과 이익을 고려하여 엄밀한 분석이 수행되어야 한다.

73. 이것은 개발된 시스템이 이익을 제공하는지 여부를 판단한다. 이익을 제공하는 것으로 판단되면, CM 및 CBM 시스템을 문서화 한다.

74. 여기에는 체계 명세서 및 목적 그리고 아래 사항이 포함된다.

a. 탐지가능 고장 유형 및 시스템 선택의 논리적 근거

b. 시스템의 정확도 및 신뢰도와 그것이 어떻게 이용되고 운용 중 유지되는지를 시연하기 위한 시험운용으로부터의 결과를 포함해야 하는 시스템 목적에 대한 적합성. 이것

은 담당 교육의 상세 내용도 포함한다.

75. 기술적 검토를 위해 최종 방법론이 검토 패널에게 제시되어야 한다. 검토 패널은 SSE 보증 프로세스의 일부로 최종 시스템의 기술적 타당성을 평가한다.

데이터 취급 및 저장장치의 구매, 설치, 시운전, 스텝 교육 및 설정한다

76. 시스템이 최소 하나의 플랫폼에서 시험 운용을 완료하여 만족스럽게 작동되는 지와 시스템 문서화를 점검한 후, 전 함대에 대해 걸쳐 시스템을 배치하기 위해 전체 구매 프로세스가 수행될 수 있다. 다루어져 할 주요 문제는 아래와 같다.

a. 플랫폼/장비에 시스템을 설치하는 것이 계획된 작업을 요구할 수 있고, 시스템이 개량 또는 중기 수명 개선일 경우 장비 가용도가 타협될 수 있다.

b. 데이터 저장 및 검색 시스템의 설정은 IT 기반시설 및 대역폭 등과 같은 다른 시스템에 영향을 줄 수 있다.

c. 전방 및 후방 지원책임을 포함한 담당 교육

d. 기본 계획정비가 CM 및 CBM 이용해 움직이는 것을 고려하여 재검토 될 필요가 있다.

제3단계 – 운용단계 사용

77. '운용단계 사용' 단계는 아래 그림 7에 나타내었으며, 요구된 작업의 상세 설명을 그림 다음에 서술하였다. 각 절의 제목은 그림에 나타낸 프로세스와 관련된다.

그림 7: 운용단계 사용 프로세스

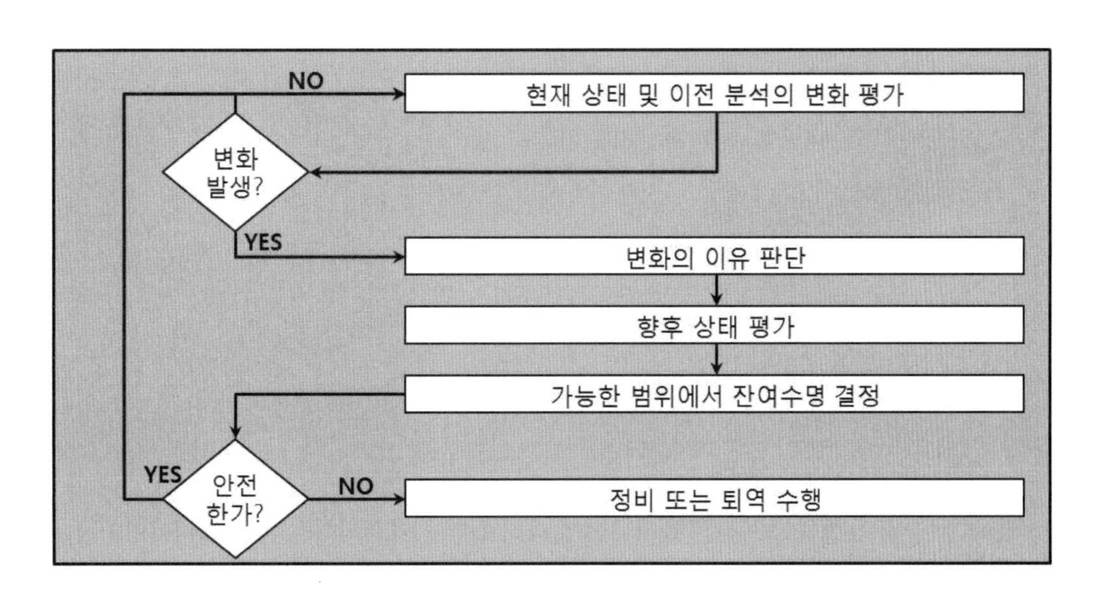

현재 상태 및 이전 분석부터의 변화를 평가한다

78. 이 필수 활동에는 대상 장비 상태의 측정 및 평가를 포함한다. 이 프로세스는 파라미터가 '정상' 범위를 벗어나면 경보가 발생하는 HUMS가 장착된 플랫폼의 경우와 같이 자동화 할 수 있다.

예를 들면, 헬리콥터의 변속기 장치를 모니터링 하기 위해 이용되는 파라미터 중의 하나에는 진동 데이터의 측정 및 약간의 신호처리 작업을 포함한다. 이 파라미터는 대상 장비의 '정상' 데이터와 비교할 수 있다.

변화가 발생했는가?

79. 위에서 다룬 바와 같이 장비의 기능 변화는 보통 대상장비의 모니터링에 이용되는 파라미터의 하나 또는 여러 개의 변화에 의해 표시된다. 이 변화는 예를 들면 HUMS 시스템에 의한 온라인으로 또는 정비 담당에 의해 오프라인으로 감지할 수 있다.

80. 일부 진보된 CM 시스템의 경우, 대상장비의 변화를 감지하기 위해 클러스터 분석과 같은 활동이 이용된다. 만약 변화가 발생하면 사안별 전문가의 개입이 필수적이다.

변화의 이유를 판단한다

81. 대상장비에서 변화가 감지된 경우, 다음 단계는 예상 고장 유형을 식별하기 위해 진단 활동을 수행한다. 이 단계에서, 엔지니어는 장비로부터 추가 데이터 확보 등에 의해 추가 정보 정보를 확보할 수 있다.

82. 이 단계에서 데이터베이스, 전문가 시스템 및 장비 설계당국(DA)의 조언에 의해 조사에 도움을 받을 수 있다. 여러 가지 출처로부터의 데이터 검토는 매우 중요하다. 예를 들면:

a. 비계획 정비의 이력

b. 분해 보고서

c. 사용 이력 (예를 들면, 비행 데이터 기록기)

d. 마모 파편 분석

e. 엔진 진동 데이터

f. 변속 진동 데이터

g. 고장의 통계적 분석

h. 구성품 자산관리 정보 (예, 군수정보기술시스템 (LITS), GoldESP, 합동자산관리 및 엔지니어링방안 (JAMES) 등으로부터)

83. 아울러, 고장 유형을 조사하는 엔지니어에 의해 첨단 신호처리와 같은 엔지니어링이 이용될 수 있다. 이 활동은 고장 유형의 명백한 식별과 함께 종결되어야 한다.

향후 상태를 평가한다

84. 고장 유형을 식별하면 다음 단계는 그 고장 유형이 향후 발전되도록 하는 결과를 평가하는 것이다. 여기에는 대상 장비에 대한 예상 안전성 및 적합성을 평가하기 위한 추세분석 및/또는 구조적 무결성 평가의 수행을 포함한다.

85. 고장 유형에 대한 이전의 경험이 이 단계에서 엔지니어를 지원하는 데 매우 귀중하다. 플랫폼에 고장 유형이 탐지되면 보통 나머지 함대에 대한 점검이 추천된다.

가능한 범위에서 잔여 수명을 판단한다

86. 고장 유형이 충분히 이해되고 기존의 모델에 의해 계량화 되었다면 산출에 포함된 적절한 안전 요소와 함께 잔여 안전수명의 예측이 가능할 수 있다. 이 단계에서 장비 설계당국(DA)의 개입이 필요하다.

87. 안전 수명 연장에 도움이 되는 장비 사용상의 변경 추천이 고려되어야 한다. 예를 들면, 시스템은 안전한 비행 또는 통제된 온도 영역에서만 이용되어야 한다는 권고가 있을 수 있다.

지속하기에 안전한가?

88. 발전되는 고장의 존재에 대한 관찰, 모니터링의 수행 및 서비스를 위한 안전성 및 적합성에 대한 영향 검토가 이루어지고 나면 다음 단계의 초치에 대해 결정이 이루어져야 한다.

89. 만약 고장 유형이 심각하지 않은 것으로 판단되거나 고장 시점까지 장기간의 시간이 남아 있는 경우 운용 중에 계속 사용하자는 결정이 내려질 수 있다. 모니터링은 지속되어야 한다. 그렇지 않은 경우에는 정비 조치 수행을 위한 결정이 내려져야 한다.

정비/퇴역을 수행한다

90. 필요 시 정비 작업이 수행되어야 한다. 극단적인 경우, 장비가 퇴역될 수도 있다.

요약

91. CBM은 CM에 의해 확보된 데이터 분석을 근거로 정비를 예측하는 활동이며, 정비관련 품목에 대한 특수한 관련이 있다. 이들 품목은 임무 중 고장이 매우 치명적이며 수리 비용, 정비 부하 또는 운용상 영향이 높은 것들이다.

92. CM 및 CBM 구현에 대한 책임은 개별 장비 사업팀에게 있다. 각 서비스를 위해 본 문서에 서술된 순서도는 상세한 지침과 함께 최상위 지침으로 이용되어야 한다. 활동의 결과는 장비 가용도의 개선이어야 한다.

93. 충족 여부는 SSE 보증 프로세스를 통해 모니터링 된다.

JSP 886 Volume 7 Part 8.03C: Management of Maintenance

Version 2.1 dated 20 Nov 12

JSP 886

국방 군수지원체계 교범

제7권

종합군수지원

제8.03C부

정비 관리

개정 이력		
개정 번호	개정일자	개정 내용
1.0	20 Jun 11	초도 출판
1.1	18 Aug 11	경미한 개정; 내용: 6항 추가. (미 출판)
1.2	13 Jun 12	제2장 추가 (자문용 초안)
2.0	24 Jul 12	v1.1 및 v1.2 변경 내용 반영. 재출판
2.1	20 Nov 12	제2장, 3항 사례 삭제. 경미한 포맷 변경.

Contents

제1장

Figure

제1장

정비관리에 대한 소개

개요

1. 정비는 검사, 시험, 근무, 그리고 사용성에 대한 분류, 수리, 재생 및 재활용[1]에 관한 분류를 포함하여 장비를 규정된 상태로 유지하거나 복귀 시키기 위해 수행되는 모든 활동이다. 적절한 정비가 수행되도록 하기 위해서, 아래 작업을 수행해야 한다:

a. 정비설계 수행. 어떤 정비가 필요한지 결정한다.

b. 정비 관리. 언제 그리고 어디서 실제 정비가 이루어지는지 결정한다.

c. 정비의 수행 및 기록. 정비를 수행하고 적절한 기록을 유지한다.

d. 정비기록 활용. 기존의 정비의 개선 또는 향후 제품의 정비 개선을 위하여 경험으로부터 학습한다.

대부분의 제품의 경우, 정비활동을 기록하기 위해 정비관리 시스템을 이용하는 것이 유리한데, 이를 아래 그림에 체계적으로 나타내었다.

그림 1: 정비 프로세스

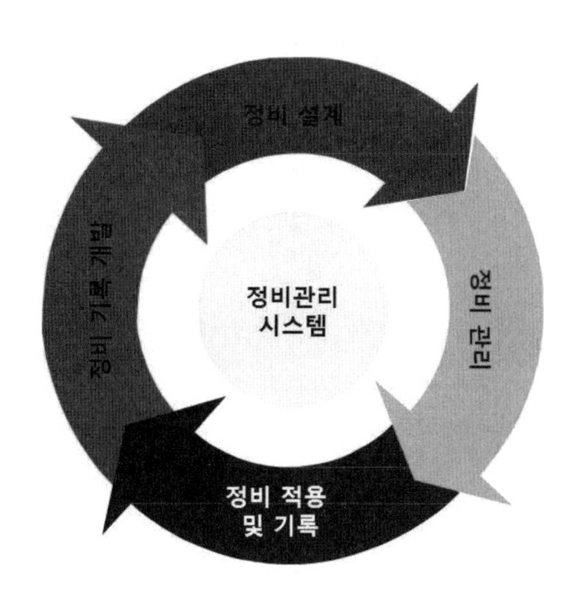

배경

2. 이 부분은 정비가 어떻게 관리되어야 하는지에 대한 방침과 지침의 핵심 포인트를 제공한다.

3. 필요 시 품목이 가용하도록 하기 위해 정비가 요구될 수 있다. 이 활동은 정비가 적절한 표준으로 수행되고, 시설 및 자원에 대한 업무량이 품목 사용자의 요구와 균형을 이루도록 하기 위해 관리되어야 한다.

방침

4. 사업팀 (PT) / 정비 관리자 및 하위 지휘관은 자원 및 시설이 품목의 정비 요구에 대해 적절하도록 하기 위해 정비에 대한 요구를 모니터링 한다. 정비 관리자는 언제 그리고 어디서 품목에 대한 정비가 수행되는지를 결정한다. 정비계단에 대한 결정을 돕기 위한 별도의 지침이 제2장에 포함되어 있다.

우선순위 및 권한

5. 군수지원 절차에서 지원분야 군수정책의 소유권은 국방물자국장(CDM)의 프로세스 기획자[2]로서 국방군수운용참모차장(ACDS Log Ops)에게 있다. 이 역할은 국방군수위원회(DLB) 산하의 국방군수실무그룹(DLWG) 및 국방군수조정그룹 (DLSG)을 통하여 이루어진다. 정비 정책에 대한 스폰서[3]가 Hd JSC SCM에게 위임된 본 관리 체계와 대비된다. 사업팀은 SSE에 의해 방향이 제시된 대로 핵심 정책 및 관리를 평가하고 이에 충족함을 보여주어야 한다.

핵심원칙

6. 아래 사항에 책임을 지는 정비 관리자가 책임자로 있는 일관성 있는 정비관리 조직이 있어야 한다:

  a. 정비의 모든 측면에 대한 효과적인 관리
  b. 가용한 품목의 효과적인 인도를 위한 책임
  c. 안전 운용에 영향을 주는 고장의 최소화

7. 아래와 같은 활동 지원으로부터 본 중심 역할에 대한 명확한 책임 보고 라인이 있어야 한다:

  a. 최전방 정비의 관리

---

1 연합행정간행물 -6 (AAP-6): 나토 용어 및 약어 정의

2 JSP899: 군수 프로세스 - 역할 및 책임

3 스폰서 - JSP의 내용, 배포 및 출판에 대한 책임을 가진 자 (위임장에 따름). DLPWG 그룹장을 통해 발행되고 관련 규정에 따라 효력을 가진 위임장(LoD)에 의해 정해진 책임.

b. 후방 또는 오버홀 관리

c. 스토리지 정비 관리 및 데이터 분석 (이 역할이 조직간 경계를 겹치더라도 수행)

8. 정비 관리자 및 지원 계층은 그들의 관리 하에 있는 품목의 자재 상황이 승인된 절차에 따라 안전 운용을 보증하는 수준까지 유지되도록 하기 위해 기술적 결정을 내릴 수 있는 권한을 위임 받은 기술 당국 및/또는 규제 기관에 설명할 수 있어야 한다.

9. 먼저 관련품목의 안전성 문제 그 다음 운용상 수행 손실을 기준으로 하는 위험 기반의 접근방법이 정비 우선순위 정보를 제공하는데 이용된다. 품목 상태 및 중대 이벤트 모니터링으로부터 오는 피드백은 운용 또는 필요 시 설계 당국으로 보내진다.

10. 정비 조직은:

a. 달성 가능 수준의 신뢰도를 기준으로 자원과 직접정비 및 수리활동을 계획한다.

b. 정비 인원이 운용 요구를 충족하도록 업무를 부여한다.

c. 정비, 검사 및 기록 유지의 효과 및 품질을 점검 및 검증한다.

d. 위임 받은 대로 정비 요구에 대한 결정을 내린다.

11. 정비조직은 아래 작업을 위하여 정비작업 완료 및 미처리 부분 모니터링을 위한 명확한 수행 수단을 이용한다:

a. 전제적인 품목 가용도를 최적화 하기 위한 자원을 감독한다.

b. 미처리로부터 발생한 안전 운용에 대한 증가된 위험을 최소화 한다.

c. 효과적인 지원 최적화를 위한 전체적인 품목 가용도에 대한 정비 기여도를 모니터링 한다.

d. 단기 운용 군수지원 및 장기 전략적 의사 결정을 제공한다.

관련 규격 및 지침

12. 참조번호 및 관련 출판물에 대한 링크 포함.

a. JSP 886: 국방 군수 지원 체계 매뉴얼:

(1) Volume 7 Part 3: 지원성 분석

(2) Volume 7 Part 5: 지원정보 관리

(3) Volume 7 Part 8.02: 포장, 취급, 저장 및 수송

(4) Volume 7 Part 8.03A: 정비 계획

(5) Volume 7 Part 8.03B: 정비 설계

(6) Volume 7 Part 8.03D: 정비 수행 및 기록

(7) Volume 7 Part 8.03E: 정비기록 활용

(8) Volume 7 Part 8.04: 신뢰도 및 정비도

b. BR 1313 수상함의 정비관리

c. AESP 0200-A-090-013: DEME(육군) 엔지니어링 표준

d. MAP 01: 군사 항공국 (MAA) 정비 및 감항성 프로세스

e. Def Stan 00-600: 종합군수지원. 국방부 사업을 위한 요구사항

문의처

13. 정비관리를 위한 정책은 DES JSC SCM-EngTLS에 의해 입안되었다.

a. 본 지침의 기술적 내용에 대한 질의:

DES JSC SCM-EngTLS-RelA

Tel: 군: 9679 37755, 민: 03067 937755

b. 본 지침의 입수에 관한 일반적 질의:

DES JSC SCM-SCPol 편집팀

Tel: 군: 9679 80953, 민: 030679 80953

제2장

정비 계단

1. 법률에 의해, 모든 고용주는 작업용 장비가 효율적인 상태, 효율적인 작업 순서 및 잘 수리된 상태로 유지되게 해야 한다.

2. 국방부는 환경 영역에 걸쳐 사용된 다양한 장비를 가지고 있다. 장비는 임무 완수를 위해 이 환경에서 운용되어야 한다. 적절한 정비의 수행은 장비의 가용도 및 성능도 보장한다. 정비지원은 두 가지로 분류될 수 있다:

   a. 운용 환경에서 최상으로 수행될 수 있는 업무 (전방 지원[4])

   b. 수행될 수 없는 업무 (후방 지원[5])

3. 어떻게, 어디서 그리고 누가 정비를 수행해야 하는지의 판단 및 식별에는 여러 가지 방법이 있다. 필요 시 능력이 확보되도록 하기 위해 이 모든 것이 구매 단계 이전 또는 임무 시작 전에 수행되어야 한다. 이의 고려사항에는 아래와 같은 사항이 가용해야 한다:

   a. 적절한 스텝

   b. 적합한 장비

   c. 부품의 가용성

   d. 작업 환경의 적합성

   e. 요구된 안전 장비

절차

4. 사업팀은 모든 장비에 대한 식별 및 정의에 대한 책임을 진다; 어디에서 누구에 의해 어떤

---

4 '전방'은 배치 가능한 준비상태 군 요소(FE@R)에 연결된 능력을 포함하여 운용 환경에 즉각적 지원의 제공을 위해 필요한 모든 군수 프로세스 및 기능을 포함한다; 이전의 모든 1차 및 일부 2차 라인 능력. '전방'은 운용 효과의 강조와 함께 HQ AC에 의해 관리된다.

5 '후방'은 평화 시 후방영역에 위치하는 일부 배치 가능한 능력을 포함하여 전방에 있지 않는 모든 군수 프로세스 및 기능을 포함하나, 준비상태 군 요소(FE@R)를 배치하기 위해 요구된다. '후방'은 지속가능성, 효율 및 비용을 강조하면서 업체와 같이 DE&S에 의해 관리된다.

장비가 수리될 수 있는가; 이 결정은 감사를 통해 검증될 수 있도록 기록되고 정당화 되어야 한다.

5. 어디에서 정비가 이루어져야 하는지를 고려할 때, 사업팀 또는 장비 책임자는 성공적으로 이를 달성하고 아래 사항을 파악하도록 선의의 최상의 방법으로 임해야 한다:

a. 결정으로 인한 영향

b. 장비가 작동될 환경

c. 장비를 정비하고 운용하는 사람 또는 장비에 의해 영향을 받을 수 있는 사람의 안전

d. 임무 달성을 보장하면서 최적의 정비가 이루어지는 곳

e. 누가 정비를 수행하는지

f. 정비가 이루어지는 곳의 환경

g. 정비 운용을 위해 요구된 공구 및 부품

h. 국방부 외에서 가용한 지원

i. 부품의 폐기 및 반송

j. 정비기록의 최신화

k. 정보나 기술발전에 따른 정비계획의 최신화

l. 포장, 취급, 저장 및 수송 (PHS&T) 소요

6. 장소. 장비의 수행을 위한 장소의 결정 시, 가용도를 극대화하기 위해 '전방' 정비활동이 합리적이고 효과적으로 최적화될 수 있는 거리에 관한 검토가 있어야 한다. 보다 세부적인 정비활동은 예를 들면, 특별히 전문화되고 제한적인 자원이 요구될 수도 있는 후방에서 더 용이하게 제공될 수 있다.

7. 단계. 모든 정비활동을 위한 최적의 장소를 확립할 때, 이 곳에서 효과적으로 수행될 수 있는 정비의 단계가 연이어 고려되어야 한다. 통상적으로, 정비활동의 단계는 아래와 같이 설명된다:

a. 제1단계. 근무 및 일일 준비. 여기에는 작동 시험, 보충, 근무, 재 장전, 임무 변경, 경미한 개조, 고장 진단 및 교체를 통한 보수 정비, 조정 또는 경미한 수리 등과 같은 운용이 포함된다.

b. 제2단계. 통상적으로 제공되는 자원 내에서 정해진 시간 내에 고장진단 및 경미한 승인된 개조를 포함하여 교체, 조정 또는 경미한 수리에 의한 보수 정비.

c. 제3단계. 제2단계 보다 깊이 있는 보수 정비. 여기에는 수리, 부분적 재생 및 특수한 기능이 필요한 개조, 특수 장비 또는 일반적으로 제공하기에 비 경제적인 상대적으로 사용 빈도가 낮은 능력이 요구되는 수정 같은 운용이 포함되나, 완전한 분해, 재생 및 재 조립에는 미치지 않는다.

d. 제4단계. 완전 재생, 중대한 전환 또는 중대한 수리 등의 정비.

8. 장소 및 단계가 위와 같이 별도로 고려되었다 하더라도, 어디에서 누구에 의해 수행되느냐 하는 측면에서, 전방에서든 후방에서든 모든 정비 활동이 적절하게 최적화 되어야 하는 중요성에서 이두 가지는 본질적으로 연결되어 있다.

9. 아울러, 국방부 외부로부터 지원이 가능할 수 있는지에 관해 인식이 필요하며, 특히, 전장에서 민간인의 지원 참여에 대한 고려가 필요하다. 또한, 지원이 국방부 외부로부터 제공되는 경우, 요구되는 시점에 이 지원이 가능한지 여부에 대해 고려가 필요하다.

10. 지원방안에 대한 결정의 영향을 검토 할 때 정비활동의 계획을 지원하기 위한 상세한 정책 지침은 Task 302.7의 수리수준분석 (LORA)에 대한 지침과 함께 JSP 886 제7권 3부: '지원성 분석 '(SA)'에서 구할 수 있다.

JSP 886 Volume 7 Part 8.03D: Conduct and Record Maintenance

Version 2.0 dated 20 Nov 12

JSP 886

국방 군수지원체계 교범

제7권

종합군수지원

제8.03D부

정비 수행 및 기록

개정 이력		
개정 번호	개정일자	개정 내용
1.0	20 Jun 11	초도 출판
1.1	18 Aug 11	경미한 개정; 내용 변경 없음.
1.2	xx xxx xx	제2장: 장비고장 보고 추가.
1.3	07Nov 12	제2장 추가. 경미한 포맷 변경.
2.0	20 Nov 12	제2장 삭제, 소요 데이터는 9 & 10항에 있음.

Contents

제1장

정비의 수행 및 기록에 대한 소개 548

Figure

Ministry
of Defence

제1장

정비의 수행 및 기록에 대한 소개

개요

1. 정비는 검사, 시험, 근무, 그리고 사용성에 대한 분류, 수리, 재생 및 재활용[1]에 관한 분류를 포함하여 장비를 규정된 상태로 유지하거나 복귀 시키기 위해 수행되는 모든 활동이다. 적절한 정비가 수행되도록 하기 위해서, 아래 작업을 수행해야 한다:

a. 정비설계 수행. 어떤 정비가 필요한지 결정한다.

b. 정비 관리. 언제 그리고 어디서 실제 정비가 이루어지는지 결정한다.

c. 정비의 수행 및 기록. 정비를 수행하고 적절한 기록을 유지한다.

d. 정비기록 활용. 기존의 정비의 개선 또는 향후 제품의 정비 개선을 위하여 경험으로부터 학습한다.

대부분의 제품의 경우, 정비활동을 기록하기 위해 정비관리 시스템을 이용하는 것이 유리한데, 이를 아래 그림에 체계적으로 나타내었다.

그림 1: 정비 프로세스

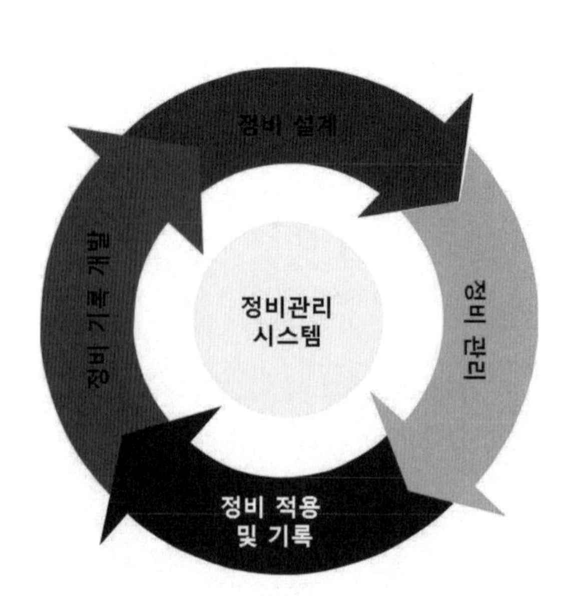

배경

2. 이 부분은 어떻게 정비가 수행되고 기록이 유지되어야 되는지에 대한 방침과 지침의 핵심 포인트를 제공한다.

3. 필요 시 품목이 가용하도록 하기 위해 정비가 필요하다. 이 정비는 적절한 기능을 갖춘 훈련된 요원에 의해 적절한 정비 지침에 따라 수행되어야 한다. 정비 수행 외에, 적절한 기록이 유지되어야 하며, 이 두 요소의 주요 목적은 아래와 같다:

 a. 어떤 일이 수행되었는지, 특히 안전 관련 문제에 대한 중요성의 기록.

 b. 국방부가 품목에 대한 학습을 통해 가용도의 개선과 보다 최적화된 정비가 가능하도록 한다.

방침

4. 정비는 해당 품목의 정비지침에 따라 정비 관리자에 의해 요구된 바와 같이 수행된다. 품목에 대한 상세한 사항이 기록 및 유지된다.

우선순위 및 권한

5. 군수지원 절차에서 지원분야 군수정책의 소유권은 국방물자국장(CDM)의 프로세스 기획자[2]로서 국방군수운용참모차장(ACDS Log Ops)에게 있다. 이 역할은 국방군수위원회(DLB) 산하의 국방군수정책실무그룹(DLPWG) 및 국방군수조정그룹 (DLSG)을 통하여 이루어진다. 신뢰도 및 정비도 정책에 대한 스폰서[3]가 Hd JSC SCM에게 위임된 본 관리 체계와 대비된다. 사업팀은 SSE에 의해 방향이 제시된 대로 핵심 정책 및 관리를 평가하고 이에 충족함을 보여주어야 한다.

핵심 원칙

6. 정비 및 수리 부대는 안전 운용에 영향을 줄 수 있는 예상치 못한 고장 발생을 최소화하면서 가용도를 최적화하기 위해 정비 관리자에 의해 설정된 우선순위에 따라 계획된 검사, 정비 및 반응적 정비를 수행한다.

7. 정비/수리는 기술당국 또는 위임 승인된 자체 당국에 의해 승인된 지시 및 순서에 따라 수행되어야 한다.

8. 업무 분담 및/또는 추가적 절차를 이용하여 품목 및 인원의 안전을 보장하기 위하여 작업

1 연합행정간행물 -6 (AAP-6): 나토 용어 및 약어 정의

2 JSP899: 군수 프로세스 - 역할 및 책임

3 스폰서 - JSP의 내용, 배포 및 출판에 대한 책임을 가진 자 (위임장에 따름). DLPWG 그룹장을 통해 발행되고 관련 규정에 따라 효력을 가진 위임장(LoD)에 의해 정해진 책임.

통제 시스템이 운용되어야 한다.

9. 검사, 수리 및 정비의 기록은 아래 사항을 위해 공식 시스템을 이용하여 이루어져야 한다:

  a. 정비활동의 요구 주기가 지켜졌는지 증명한다.

  b. 향후 정비 소요를 예측하거나 고장 수리 지원을 위한 자재 상태의 기록 제공

  c. 정비 검토를 요구할 수도 있는 마모나 악화의 비율이나 메커니즘에 관련이 있는 중대한 사건이나 편차를 기록한다. 이 기록은 필요 시 기술당국으로 제출된다.

  d. 검토 및 검토 목적을 위해 수리/불가동시간 데이터 기록을 제공한다. 지원군수정보시스템 (LogIS)는 이 기록이 정비관리 조직 및 기술당국에서 이용 가능하도록 해야 한다.

10. 정비계획이나 운용 안전의 여유에 영향을 줄 수 있는 예외적인 사건이나 자재 상태는 보고되어야 한다. 장비 고장 데이터의 식별 및 확보는 사용자 및 설계 당국의 안전한 사용, 설계 변경 또는 품목의 계속 사용에 관련된 의사결정을 도와준다. (JSP 886 제5권 2부: '육상장비지원, 2011년 10월 13일자)

11. 명확하고 단순한 방법의 고장 보고는 사고 예방을 도와줄 수 있고, 과 안전 대책의 효과와 장비를 모니터링하는 수단을 제공한다. 모든 장비 사용자는 결함, 고장 및 중대한 사건을 장비를 지원하는 사업팀에게 보고할 수 있어야 한다. 비용을 줄이고 군수지원 IS 체계를 단순화하기 위해, 전문 시스템 보다는 표준 시스템의 이용이 우선된다. 장비 고장 보고(EFR)을 위한 표준 시스템은 JSP 886 제7권 8.04부: '신뢰도 및 정비도'의 제2장에 제시하였다.

관련 규격 및 지침

a. JSP 886: 국방 군수지원체계 매뉴얼:

  (1) Volume 7 Part 1: 종합군수지원 정책

  (2) Volume 7 Part 5: 지원정보 관리.

  (3) Volume 7 Part 8.03A: 정비 계획

  (4) Volume 7 Part 8.03B: 정비 설계

  (5) Volume 7 Part 8.03C: 정비 관리

  (6) Volume 7 Part 8.03E: 정비기록 활용.

  (7) Volume 7 Part 8.04: 신뢰도 및 정비도

b. BR 1313 수상함의 정비관리

c. AESP 0200-A-090-013: DEME(육군) 엔지니어링 표준

d. JAP 100A-01: 군사 항공 엔지니어링 정책, 규정 및 문서

e. Def Stan 00-600: 종합군수지원. 국방부 사업을 위한 요구사항

문의처

12. 정비관리를 위한 정책은 DES JSC SCM-EngTLS에 의해 입안되었다.

a. 본 지침의 기술적 내용에 대한 질의:

DES JSC SCM-EngTLS-RelA

Tel: 군: 9679 37755, 민: 03067 937755

b. 본 지침의 입수에 관한 일반적 질의:

DES JSC SCM-SCPol 편집팀

Tel: 군: 9679 80953, 민: 030679 80953

JSP 886 Volume 7 Part 8.03E: Maintenance Record Exploitation

Version 1.1 dated 18 Aug 11

JSP 886

국방 군수지원체계 교범

제7권

종합군수지원

제8.03E부

정비기록 활용

개정 이력		
개정 번호	개정일자	개정 내용
1.0	20/06/11	초도 출판
1.1	18/08/11	경미한 개정; 내용 변경 없음

Contents

제1장

정비기록의 활용에 대한 소개 556

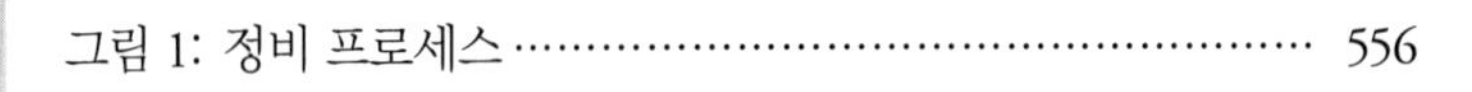

Figure

Ministry
of Defence

제1장

정비기록의 활용에 대한 소개

개요

1. 정비는 검사, 시험, 근무, 그리고 사용성에 대한 분류, 수리, 재생 및 재활용[1]에 관한 분류를 포함하여 장비를 규정된 상태로 유지하거나 복귀 시키기 위해 수행되는 모든 활동이다. 적절한 정비가 수행되도록 하기 위해서, 아래 작업을 수행해야 한다:

a. 정비설계 수행. 어떤 정비가 필요한지 결정한다.

b. 정비 관리. 언제 그리고 어디서 실제 정비가 이루어지는지 결정한다.

c. 정비의 수행 및 기록. 정비를 수행하고 적절한 기록을 유지한다.

d. 정비기록 활용. 기존의 정비의 개선 또는 향후 제품의 정비 개선을 위하여 경험으로부터 학습한다.

대부분의 제품의 경우, 정비활동을 기록하기 위해 정비관리 시스템을 이용하는 것이 유리한데, 이를 아래 그림에 체계적으로 나타내었다.

그림 1: 정비 프로세스

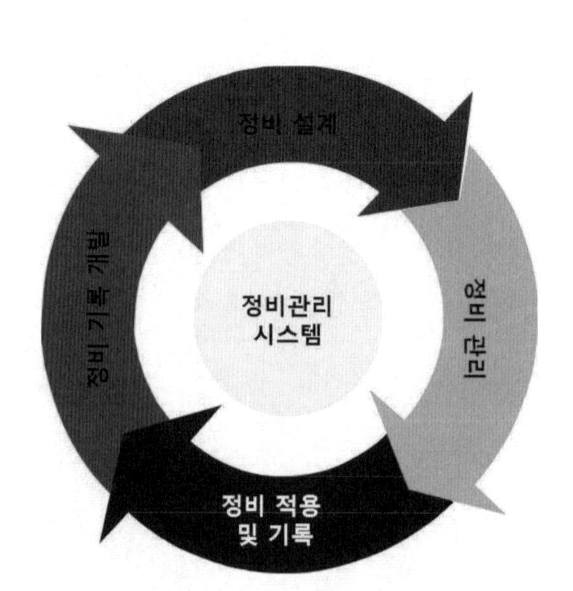

배경

1. 이 부분은 품목의 가용도를 개선하고 운용 비용을 줄이기 위해 어떻게 정비 기록이 활용되어야 하는지에 대한 방침과 지침의 핵심 포인트를 제공한다.

2. 많은 품목 및/또는 기간을 고려할 때, 정비활동 (검사 포함)의 결과는 품목의 실제 수행에 대한 지식을 향상시키고 이에 따라 가용도 및 비용효율을 개선하기 위한 향후 정비의 최적화를 가능하게 한다. 또한, 이 기록은 새로운 품목을 개발할 때 개별 설계 보조 자료가 된다.

방침

3. 정기적으로 (설계 프로세스에서 설정), 품목의 정비 기록은 아래 사항에 대한 잠재적인 가능성을 판단하기 위해 검토된다:

a. 품목의 가용도 및 신뢰도 개선

b. 정비 비용의 절감

c. 운용 및/또는 안전 관련 위험의 감소

우선순위 및 권한

4. 군수지원 절차에서 지원분야 군수정책의 소유권은 국방물자국장(CDM)의 프로세스 기획자[2]로서 국방군수운용참모차장(ACDS Log Ops)에게 있다. 이 역할은 국방군수위원회(DLB) 산하의 국방군수정책실무그룹(DLPWG) 및 국방군수조정그룹 (DLSG)을 통하여 이루어진다. 신뢰도 및 정비도 정책에 대한 스폰서[3]가 Hd JSC SCM에게 위임된 본 관리 체계와 대비된다. 사업팀은 SSE에 의해 방향이 제시된 대로 핵심 정책 및 관리를 평가하고 이에 충족함을 보여주어야 한다.

핵심 원칙

5. 미리 정한 개시 시점 (이벤트의 수)에, 알아내야 할 필요가 있는 사안이 있는 경우, 그리고 관련 조치가 취해지도록 하기 위해 모든 대상 품목 유형에 대한 기록을 검토한다. 중요 품목의 경우에는, 개시 시점이 한 개의 이벤트일 수 있고, 덜 중요한 품목의 경우는 이벤트의 개수가 일정 기간 동안 사용하는 양에 따라 조정되어야 한다.

6. 미리 정한 개시 시간(정비계획에 결정된 사용량/일수)에, 정비설계가 조사되어야 하는지를 판단하기 위해 품목에 대한 정비 결과서를 검토한다. 예를 들면, 정비 기록에 예상보다 덜 '마모'

---

1 연합행정간행물 –6 (AAP–6): 나토 용어 및 약어 정의

2 JSP899: 군수 프로세스 – 역할 및 책임

3 스폰서 – JSP의 내용, 배포 및 출판에 대한 책임을 가진 자 (위임장에 따름). DLPWG 그룹장을 통해 발행되고 관련 규정에 따라 효력을 가진 위임장(LoD)에 의해 정해진 책임.

되었다라고 되어있다면, 정비 주기의 확대를 고려해 볼 수 있다 – 실제 결정은 정비설계의 반복을 통해 이루어진다.

7. 상태 모니터링과 같은 보다 진보된 정비 방법도 임계 수준이 적절히 유지되기 있음을 보장하기 위해 여전히 검토를 요구한다.

8. 모든 정비 검토활동은 고장의 위험과 정비기록에 내재된 불확실성간의 균형을 유지해야 한다.

9. 다른 사업의 정비설계를 지원하기 위해 다른 사업에서도 정비기록을 이용할 수 있도록 한다.

10. 미리 정한 기준으로 유사 사업을 통해 얻은 경험과 품목에 대한 적용을 고려한다.

11. 요구된 바 대로 정비기록을 유지한다 (품질, 기간 등)

관련 규격 및 지침

12. 참조번호 및 관련 출판물에 대한 링크 포함

  a. JSP 886: 국방 군수지원체계 매뉴얼:

    (1) Volume 7 Part 1: 종합군수지원 정책

    (2) Volume 7 Part 5: 지원정보 관리.

    (3) Volume 7 Part 8.03A: 정비 계획

    (4) Volume 7 Part 8.03B: 정비 설계

    (5) Volume 7 Part 8.03C: 정비 관리

    (6) Volume 7 Part 8.03D: 정비의 수행 및 기록

    (7) Volume 7 Part 8.04: 신뢰도 및 정비도

  b. BR 1313 수상함의 정비관리

  c. AESP 0200-A-090-013: DEME(육군) 엔지니어링 표준

  d. JAP 100A-01: 군사 항공 엔지니어링 정책, 규정 및 문서

  e. Def Stan 00-600: 종합군수지원. 국방부 사업을 위한 요구사항

소유권

13. 정비기록의 활용에 대한 정책은 DES JSC SCM-EngTLS에 의해 입안되었다.

  a. 스폰서 상세 정보:

  DES JSC SCM-EngTLS-RelA

  Elm 2A #4222, MOD Abbey Wood, BRISTOL BS32 8JH

  Tel: 군: 9679 37755, 민: 03067 937755

b. 문서 편집자:

DES JSC SCM-SCPol 편집팀

Cedar 1A #3139, MOD Abbey Wood, BRISTOL BS32 8JH

Tel: 군: 9679 82700, 민: 030679 82700

JSP 886 Volume 7 Part 8.04: Reliability & Maintainability

Version 3.0 dated 3 Dec 12

JSP 886

국방 군수지원체계 매뉴얼

제7권

종합군수지원

제8.04부

신뢰도 및 정비도

개정 이력		
개정 번호	개정일자	개정 내용
1.0	12 Mar 10	초판 발행.
1.1	05 Jul 10	페이지 12 DRACAS에 대한 참조 추가.
2.0	01 Jul 11	문의처 최신화.
2.1	15 Mar 12	신규 제2장: DRACAS 추가됨.
2.2	20 Aug 12	추가 프로세스 지침 반영.
3.0	03 Dec 12	신규 제3장: 지원 성숙도 수준 추가됨. 문의처 최신화.

Contents

Ministry
of Defence

제1장
신뢰도 및 정비도에 대한 소개

개요

1. 이 장에서는 수명주기지원(TLS)을 위한 신뢰도 및 정비도(R&M)의 규정, 개발 및 관리에 대한 정책 및 지침의 핵심 포인트를 제공한다.

2. 또한, R&M은 종합군수지원에 밀접하게 연관되고 그 핵심 부분을 구성하는 신뢰도중심정비(RCM) 분야를 포함한다. R&M 및 RCM은 둘 다 가용도에 대하여 큰 영향(특히 운용과 평화 시의 훈련 중)을 미친다. 중요한 이 두 분야에서 국방부의 방침을 따르지 않을 경우 수명주기비용(TLC)를 증가시키고 안전성과 사기를 약화시켜 군사적 능력을 위태롭게 한다.

3. R&M은 아래 항목의 질을 포함하는 포괄적인 용어이다:

a. 가용도

b. 신뢰도

c. 정비도

d. 내구도

e. 신뢰도중심정비 (RCM).

f. 시험도.

방침

4. 아래의 프로세스와 절차가 모든 국방부의 사업에 적용되도록 하는 것이 국방부의 방침이다:

a. R&M은 장비의 수명기간에 걸쳐 장비의 성능, 비용 및 사업일정과 마찬가지로 충분히 고려되어야 한다.

b. R&M은 투자평가위원회가 만족할 수 있도록 최초 및 최종 승인단계의 비즈니스 케이스에 설명되어야 한다.

c. 강력하고 측정 가능한 R&M 요구사항이 구매 및 지원 계약에 포함되어야 한다.

d. RCM은 새로운 능력에 대한 예방정비 프로그램을 도출할 수 있도록 구매계약에 포함되어야 한다.

e. 계약적 R&M 요구사항이 시연, 제작 및 사용 기간 중 충족되는 것을 입증하기 위해 점진적 보증이 이용되어야 한다.

f. RCM은 사용 단계 중 정기적으로 예방정비 프로그램을 검토하고 수정하는데 이용되어야 한다.

g. 사업팀(PT) 리더는 장비의 수명기간에 걸쳐 통상적인 R&M 활동을 관리하기 위한 담당자(FP)를 지명한다. FP는 국방대학을 통해 이용 가능한 별도의 FP 교육을 수료해야 한다.

h. 모든 장비 사용자는 효과적인 '장비 고장 보고'(EFR) 프로세스를 통해 결함, 고장 및 심각한 사고 등을 장비를 지원하는 사업팀으로 보고할 수 있어야 한다. 사업팀은 이 보고를 분석하여 필요 시 수정작업을 시작하고, 원래 보고자에게 환류 해 준다. 비용을 줄이고 군수 IS 시스템을 단순화하기 위해, 전용 시스템보다는 표준 시스템의 사용이 바람직하며, 국방부의 표준 시스템은 제2장에 나타내었다.

5. 플랫폼 장비 및 기타 지원전략의 다양성을 고려하여, 이 목적의 달성을 위해 최적 실무작업, 기법 및 방법론의 테일러링 요소가 요구될 수도 있다.

절차

6. 프로세스, 절차 및 지침은 Def Stan 00-40 시리즈에 제공되어 있다.

7. 최고의 실무 지침이 안전도 및 신뢰도 협회 (SaRS)에 의해 출판되었다. 특히, 추천되는 내용은 아래와 같다:

a. 어떤 신뢰도 관련 활동이 수명주기의 어떤 단계에서 이루어져야 하는지를 보여주는 상호작용식 프로세스 맵인 '국방부 사업팀 신뢰도 및 정비도 프로세스'.

b. 이 활동에 대한 세부 지침은 GR-77: '국방 체계를 위한 R&M 매뉴얼'에 수록되어 있다.

지원 성숙도 수준

8. 제품 R&M의 성숙도는 제7권 2부 2장에 제안된 사업 마일스톤과 언제까지 이것이 달성되어야 하는 지와 함께 정의된 9 개의 지원성숙도 수준(SML)을 이용하여 사업의 수명주기 동안 평가될 수 있다.

9. '사업'이 SML을 이용하여 지원의 성숙도를 평가하도록 하기 위해, 각 SMP에 대한 효과 측정 방법이 제3장의 그림 1에 제시되었다. 사업관련 부분의 효과 측정은 계약자와 합의되어, 개발 및 지원 계약에 포함된다. 해당 사업의 위험도 이 그림에 표시되었다.

핵심 원칙

10. 점진적 보증 (Def Stan 00-42: R&M, 보증 활동) 및 R&M 케이스의 원칙은 서로 다른 제품과 기술은 특정하거나 고유한 엔지니어링 활동을 필요로 한다는 인식하에, 제품의 R&M 질이 수명주기에 걸쳐 관리되게 하는 수단으로서 채택된다. 이것은 아래의 목표를 만족시킴으로써 달성된다:

a. 구매자는 R&M 요구사항을 결정하고, 요구사항과 관련 내용이 구매자와 공급자에게 이해되었음을 입증한다; (Def Stan 00-40: 신뢰도 및 정비도).

b. 프로그램 활동은 구매자의 R&M 요구사항을 만족시키기 위해 계획되고 이행된다.

c. 구매자는 R&M 요구사항이 충족되었다는 보증을 받아야 한다. R&M 케이스 및 지원 증거는 사업의 수명주기관리계획 (TLMP)에 수록된다.

11. 공급자는 두 번째 목표 달성을 위해 필요한 활동을 제안할 수 있다. 세 번째 목표는 설계, 개발 및 조기생산 프로세스 기간 동안 축적된 점진적 보증의 제공에 의해 충족된다. 이 보증은 R&M 케이스 증거 체계에 규정된 적절한 폐 루프 신뢰도 관련 문제 관리 시스템 (즉, 데이터 기록 및 수정작업 시스템 (DRACAS)) 에 의해 지원되는 R&M 케이스 보고서를 통해 구매자에게 제공된다. Def Stan 00-42 제3부는 획득운용체계 (AOF)상의 R&M 프로세스에 의해 지원되는 주요 참조 기준이다.

12. R&M 데이터는 종합군수지원 (ILS) 프로그램의 필수적인 구성요소를 이룬다. 이익을 극대화하고 비용을 최소화 하기 위해, ILS 및 R&M 활동은 시작부터 조정되는 것이 필수적이다.

관련 규격 및 지침

13. 아래 문서는 관련 규격과 지침을 제공한다:

a. JSP 471: 국방 핵 사고 대응

b. JSP 482: 국방부 폭발물 규정

c. JSP 886: 제5권 2부: 육상장비지원

d. BR1313 수상함의 정비관리

e. MAP-01: 정비 및 감항성 프로세스 매뉴얼

f. Def Stan 00-40: 신뢰도 및 정비도

g. Def Stan 00-42: R&M 보증 활동

h. Def Stan 00-44: R&M 데이터 수집 및 분류

i. Def Stan 00-45: 엔지니어링 실패 관리를 위한 RCM 사용

j. Def Stan 00-49: 요구사항에 사용된 R&M 용어에 대한 지침

k. 국방부 사업팀 신뢰도 및 정비도 프로세스

l. GR-77: 국방 체계를 위한 R&M 매뉴얼

소유권 및 문의처

14. 군수 프로세스 지원에서 군수정책의 소유권은 국방물자국장(CDM)의 프로세스 기획자로서 국방군수운용참모차장(ACDS Log Ops)에게 있다. 이 역할은 국방군수위원회(DLB) 산하의 국방군수실무그룹(DLWG)를 통하여 이루어진다. R&M 정책의 스폰서는 DES JSC SCM-EngTLS-신뢰도 이다.

a. 스폰서 세부정보:

DES JSC SCM-EngTLS-Reliability

Tel: Mil: 9679 37755, Civ: 030679 37755

b. 문서 편집자:

DES JSC SCM-SCPol-Editorial Team

Tel: Mil: 9679 80953, Civ: 030679 8095

제2장

데이터 기록, 분석 및 수정작업 시스템 (DRACAS) 및 장비고장보고 (EFR)

배경

1. 데이터 기록, 분석 및 보수 작업 시스템(DRACAS)에 대한 많은 접근은 운용에 들어가는 것으로 끝나므로, DRACAS 가 폐 루프 내에서 운용 중 이벤트의 수집, 분석, 수정 및 추적되게 하는 것과 같이 운용 단계로 진행됨에 따라 이점이 발생된다. 이것은 시간이 지남에 따라 제품이 개선되어 수명주기 비용을 낮추고 안전위험 및 운용상 위험을 줄이며 이에 대한 이해를 높이는 결과를 낳는다.
2. 체계는 사용하기 쉬워야 하고, 사용자에게 환류를 제공해야 한다. 사업팀에 의해 획득된 정보는 장비의 설계, 운용 또는 정비에 대한 수정작업의 식별과 우선순위를 부여한다.

절차

3. DRACAS에 통합하기 위해 사용자가 결함, 고장 및 심각한 사고를 보고하도록 수립된 국방부의 장비 고장 보고 (EFR) 시스템은 아래와 같다:

   a. 해상환경: RN 서식 S2022: 물자, 설계, 지원 또는 문서의 결함 보고서. BR1313 수상함의 정비관리, 제5장: 서식 S2022 또는 S2022A.

   b. 육상환경: AF G8267A / B: 장비 결함 보고서 (육군). JSP 886 제5권 2부: 육상장비 지원, 제3장: 장비결함 보고

   c. 군사 항공 환경: 국방부 서식 760: 서술식 결함 보고 (공군). MAP-01: 정비 및 감항성 프로세스 매뉴얼, 제7.5장: '결함 보고'의 지침

   d. 탄약: 국방부 서식 1671: 탄약 사고/위기 상황 보고서. JSP 482: 국방부 폭발물 규정, 제25장: '탄약사고 보고 및 조사'의 지침

   e. 핵: JSP 471: 국방 핵 사고 대응

4. 이 시스템은 최전방 보고 및 피드백을 위해 전용 시스템보다 우선하여 이용되어야 하며, 이 국방부 표준 시스템이 사업 DRACAS에 반영되고 적절한 자원이 적기에 보고 활동에 지원되도록 하며, 사용자에게 적절한 환류가 되도록 하는 것은 사업팀의 책임이다.

제3장

신뢰도 및 정비도 지원 성숙도 수준

1. 제품 R&M의 성숙도는 제7권 2부 2장에 제안된 사업 마일스톤과 언제까지 이것이 달성되어야 하는 지와 함께 정의된 9 개의 지원성숙도 수준(SML)을 이용하여 사업의 수명주기 동안 평가될 수 있다.

최종적 성공기준

2. 최종적인 성공의 기준은 아래와 같다:

a. 체계, 하부체계에서 LRU 까지의 신뢰도, 정비도 및 시험도가 충분히 이해되고, 이들 특성이 임무 요구를 효율적이고 효과적으로 충족한다.

b. 사용자가 체계가 요구를 충족하고 임무는 빈약한 신뢰도, 정비도 및 시험도 특성에 의해 타협되지 않는다는 자신감을 가진다.

c. 신뢰도, 정비도 및 시험도 프로세스는 적합한 규모의 지원 체계가 결정되도록 하고 신뢰도, 정비도 및 시험도에 대한 위험이 식별 및 관리되도록 한다.

d. 알려진 신뢰도, 정비도 및 시험도 특성은 수리부속의 범위 및 규모가 최적화 되었음을 나타낸다.

e. 사용 패턴의 변경에 대한 영향이 모니터링 되고 이해되며, 그 결과 체계의 신뢰도 특성의 이해를 새로이 하고 지원 계통에 적절한 변화를 가져온다.

사업 성숙도의 평가

3. '사업'이 성공 기준에 대한 성숙도 평가를 하도록 하기 위해, 그림 1에 나열한 각 SML에 대한 효과 측정이 계약자와 합의되고 개발이나 지원계약에 포함되어야 한다.

그림 1 : 신뢰도, 정비도 지원 성숙도 수준 (SML)

SML	효과 측정	부재 시 위험
1	• 아래 항목을 포함하여 Def Stan 00-42 제3부에 따른 최초 R&M 케이스: a) R&M 위험 평가 b) 증거 체계 초안 c) 능력의 예상 배치 및 사용 패턴에 관한 초기 가정 d) 초기 고장 정의 e) 적절한 신뢰도 매트릭스 f) 신뢰도, 정비도 및 시험도 척도에 대한 필요성 설명 • 신뢰도, 정비도 및 시험도 전략	• 성능, 비용 및 시간 상의 영향과 함께 비효율적이고 비효과적인 R&M 프로그램의 결과로 나타나는 시작 때부터 이해부족의 위험. • 부적절한 프로그램의 결과로 나타나는 증거 요구사항의 이해부족 • 공급자가 고객의 요구를 충족하지 못하는 방안을 설계하는 위험. • 고객 및 공급자가 향후의 충돌로 나타날 예상에 대한 공통 이해 부족. • 요구사항에 대한 이해 상실로 현명한 절충안 도출에서 부적절한 절충/거절의 결과로 나타남. • 국방부 및 계약자의 요구사항 이해부족으로 양측의 부적절한 자원 배분으로 프로그램 인도가 불가능해짐.
2	• Def Stan 00-42 제3부에 따라 최신화된 R&M 케이스 • 신뢰도, 정비도 및 시험도 시험 및 시연을 위한 필요성의 광범위한 평가	• 사업이 프로그램으로부터 표류하여 시간/비용이 초과되고 부족한 성능을 나타내는 위험 • 자금 및 시간이 부족하여 사용자 (임무 성공) 및 지원체계에 대한 후속 영향과 함께 운용에 들어가는 체계가 미완성인 결과로 나오게 될 위험.
3	• Def Stan 00-42 제3부에 따라 최신화된 R&M 케이스 • 각 설계 옵션에 대한 고장 같은 유형에 대한 초기 이해 • 각 지원 옵션에 대한 총 수명비용의 윤곽	• 인도된 시스템의 작동보다는 기술적 성능에 초점을 둔 위험.
4	• 설계가 평가되고 있는 것과 동일한 깊이로 신뢰도가 고려되었고, 신뢰도, 정비도 및 시험도가 다른 설계 및 지원 가정에 일치한다는 분명한 증거와 함께 Def Stan 00-42 제3부에 따라 최신화된 R&M 케이스 • 설계 방안을 위해 핵심 고장 유형이 이해되었다. • 각 지원 옵션 별 총 수명비용의 이해에 대한 향상된 신뢰	• 가정 간의 불일치가 체계의 능력에 관해 과다한 신뢰 또는 부적절한 지원결정 수립으로 이어지는 위험.
5	• 지원방안, 특히 정비계획이 체계의 신뢰도, 정비도 및 시험도에 대한 충분한 이해와 함께 개발되었다는 분명한 증거와 함께 Def Stan 00-42 제3부에 따라 최신화된 R&M 케이스. • 기준선 신뢰도, 정비도 및 시험도 예측이 자원 및 노력의 소요와 함께 정량화되었다.	• 정비계획이 체계의 실제 고장 유형을 설명하지 못하는 위험.
6	• 수리부속의 범위와 규모가 신뢰도, 정비도 및 시험도 특성 및 뒤이은 정비계획을 기준으로 한다는 분명한 증거와 함께 Def Stan 00-42 제3부에 따라 최신화된 R&M 케이스. • 정비도가 시연될 수 있다. • 충분한 시험 시설이 사용 가능하다.	• 사용 가능한 수리부속의 범위와 규모가 부적절하여 요구를 충족하지 못하거나 과다한 재고를 구매하는 위험.

7	• 최종 설계가 신뢰도, 정비도 및 시험도 요구를 충족한다는 분명한 증거와 함께 Def Stan 00-42 제3부에 따라 최신화된 R&M 케이스. • 운용 데이터가 수집된다. • 운용 중 사용, 고장, 수리, 수리부속 사용 및 손질/예방정비 작업이 적절히 모니터링되고 기록된다. • 운용 중 신뢰도, 정비도 및 시험도가 요구된 것과 같다는 증거 (통상적인 모니터링 경유). • 운용 중 신뢰도, 정비도 및 시험도 달성을 기준으로, 능력을 계속 보유하기 위해 지원방안이 적절히 유지되고 있다는 증거.	• 미완성된 체계가 사용자에게 인도되어 사용자(임무성공)에게 영향을 주고 지원방안에 과부하를 유발할 위험.

JSP 886 Volume 7 Part 8.05: Technical Documentation

Version 5.0 dated 19 Dec 12

JSP 886

국방 군수지원체계 교범

제7권

종합군수지원

제8.05부

기술 문서

개정 이력		
개정 번호	개정일자	개정 내용
1.0	08 Oct 09	초도 출판 (제1장: 방침)
2.0	05 Nov 09	표준 포맷 적용 (제1장: 방침)
3.0	23 Aug 09	출판 사유 (제2, 3 및 4장 (A&G) 추가).
4.0	09 Aug 11	제5장 추가.
5.0	19 Dec 12	제6장 추가. 재 포맷.

Contents

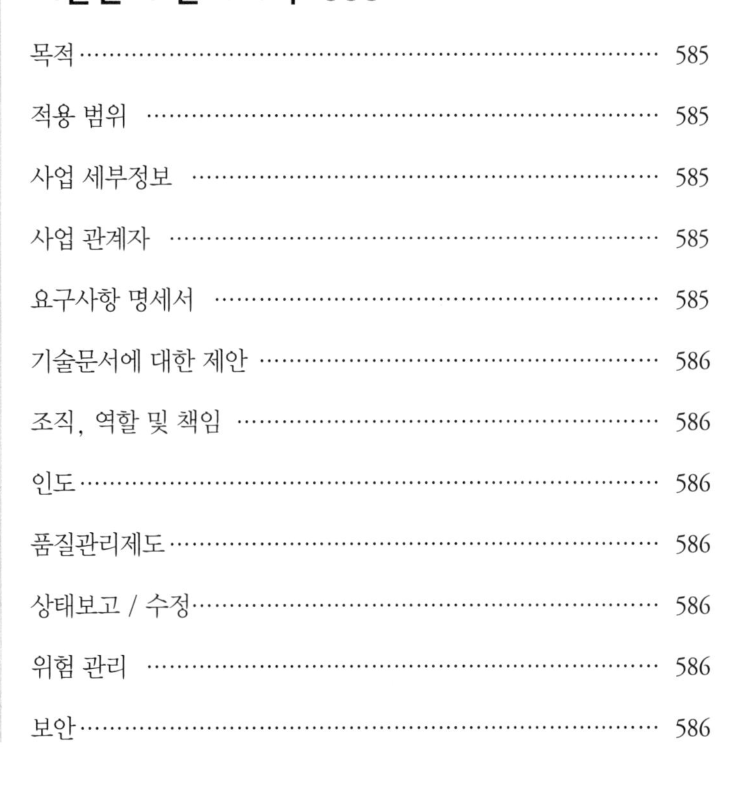

제3장

기술문서 관리계획 585

제4장

기술문서 관리 및 인도 587

제5장

긴급운용요구 (UOR) 590

제6장

기술문서를 위한 계약 592

제1장

기술 문서

배경

1. JSP 886 제7권에서 이 부분은 수명주기지원(TLS)를 위한 기술문서(TD) 의 종류 및 적절한 수준의 선택에 대한 방침과 지침에 대한 핵심 포인트를 제공한다.

2. TD는 전 수명기간 통하여 장비의 운용, 정비, 수리, 지원 및 폐기에 필요한 정보로 정의된다. 여기에는 지원성 분석(SA) 데이터, 데이터 모듈, 문자 또는 삽화, 복제 가능한 마스터 자재, 전자식 기술 출판물(IETP) 및 매체에 상관없이 출력된 모든 정보가 포함된다.

3. TD 정책의 목적은 모든 플랫폼, 체계 또는 장비 (PSE)를 위한 TD 활동의 상세한 특정 요구사항이 제공되어 효과적이고 효율적이며 안전하게 운용, 관리 및 정비되도록 하기 위함이다. 이의 달성을 위해, TD의 다양한 사용자, 즉 운용자, 정비자, 관리자 및 계약자는 적절한 방법으로 장비나 그들이 배치되어 있는 어디에서나 TD에 접근할 수 있어야 한다.

방침

4. 합동지원체계국장(DJSC) 및 군수정책실무그룹장(DLPWG)으로부터 지시된 국방부의 방침은:

 a. TD가 전자식 기술문서 (ETD)로서 전자식 형태로 생산 및 인도되고, 지원, 정비 교육을 위해 모든 장비로 제공되며, 최초 사용 때부터 기술지원을 제공하여 효과적이고 효율적이며 안전하게 운용, 관리, 정비 및 폐기되도록 해야 한다.

 b. 출력정보는 가능한 한 사용 시점에 가까운 때에 이용 가능해야 한다.

 c. TD는 수명기간 동안 형상이 통제되는 체계화된 일관성 있는 형태로 인도되어야 한다.

 d. TD는 지원 계약자, 국방부 당국, 기관 및 전세계에 배치된 부대 등 모든 사용자가 접근 가능한 적절한 형태로 인도되어야 한다. 이 정책은 긴급운용요구(UOR)를 위한 TD 방안도 포함한다.

5. UOR에 대한 추가적 TD 정보는 제5장에 상세히 기술된다.

우선순위 및 권한

6. 군수지원 절차에서 지원분야 군수정책의 소유권은 국방물자국장(CDM)의 프로세스 기획자로서 국방군수운용참모차장(ACDS Log Ops)에게 있다. 이 역할은 국방군수위원회(DLB) 산하의 국방군수정책실무그룹(DLPWG) 및 국방군수조정그룹 (DLSG)을 통하여 이루어진다. 기술문서 정책에 대한 스폰서가 Hd JSC SCM에게 위임된 본 관리 체계와 대비된다. 사업팀은 SSE에 의해 방향이 제시된 대로 핵심 정책 및 관리를 평가하고 이에 충족함을 보여주어야 한다.

요구 조건

7. 법적 주의의무 충족을 위해, 모든 플랫폼, 체계 및 장비 (PSE)는 사용하기에 안전한 접근이 가능하며 정확하고, 관련 있는 최신의 기술문서와 같이 제공되도록 하는 것이 국방부의 요구사항이다.

이행 프로세스

8. 플랫폼, 체계 또는 장비 레벨에서 본 정책의 이행은 관계자와 합의된 '사업 기술문서 관리'(TDMP)로서 개발되고 공표되어야 한다. 이 계획은 아래 사항을 고려해야 한다:

a. 요구된 품질의 서비스 TD 개발 및 인도에 대한 계약적 의무를 어떻게 '사업 프로그램 계획' / '종합지원계획' 내의 일정에 맞출 것인가?

b. 인도될 모든 TD의 내용에 대한 형식 및 종류가 정의된다.

c. 사용자, 정비자 및 관리자의 요구가 기존 및 향후 지원 기반시설의 능력과 같이 고려되어야 한다.

d. TDMP는 필요 시 DES JSC SCM EngTLS-TD에 자문을 하여 AOF 및 SSE에 설명된 요구사항과 일관성이 있어야 한다. 국방부 정책에 추종 또는 이탈하는 사업 결정은 합의 후 TDMP에 공표된다.

e. TDMP는 모든 TD 인도물품과 호스팅 정보 시스템은 TD 관계자 (특수 사용자 부대)가 수락할 수 있는 기술 수준과 맞아야 한다.

f. 모니터링 프로세스는 장비의 최초 사용 전에 지명된 이슈 당국에 의해 문서의 점진적인 인도가 정확성을 위하여 통제 및 검증되도록 정의되어야 한다.

9. TDMP는 지원방안의 개념 단계 동안 만들어지며, 주요일정에 대해 모니터링 된 기술문서 인도 까지 진행되어야 한다.

핵심 원칙

10. TD는 4항에 제시된 목적에 맞도록 적절한 형식과 시기에 제공되어야 한다.

11. 어떤 형식으로 TD를 인도할 것인가를 결정할 때, 그것을 지원하는 수명주기 비용을 고려

해야 한다. 가능한 경우, 동일한 호스팅 방안을 활용하고, 기존 문서체계에 맞으며, 동일한 관리 제도에 속하고 같은 방법으로 인원을 교육시키면서 유사한 플랫폼, 체계 또는 장비에 사용되는 TD와 통합되어야 한다.

12. 모든 사업의 지원을 위한 TD의 인도는 적기에 교육 준비완료일자 (TRD), 군수지원일자 (LSD), 사용 일자 (ISD), 초도 전력화 일자 (IOC) 또는 완전 전력화 일자 (FOC)에 대한 합의된 기준을 충족하여야 한다.

기술문서 인도

13. 국방부 정책은 전자식 기술문서(STD)형식으로 기술문서를 인도하도록 감독한다. ETD는 화면을 통해 볼 수 있는 문서로 정의된다. 다양한 TD 인도 물품은 다른 기능, 비용 및 지원성 소요를 끌어 들인다. 이 정보로 보강된 '사업'은 플랫폼, 체계 또는 장비의 운용상 요구, 사용자 및 상호운용성 요구에 가장 적절한 TD 인도물품을 선택한다. TD 방안은 실제적이고 비용효율이 특히, 사업, 체계 또는 구매하는 장비의 전 수명비용과 비교했을 때, 높아야 한다.

14. 전자식 기술문서(IETP)로 국방부의 기술문서 정책을 이행할 때, 구현이 불가능하거나 다른 방법이 비용 대 효과가 더 좋다는 것을 보여줄 수 없는 경우, 이 선호된 인도방법이 모든 사업 및 관련 장비에 이용된다.

전자식 기술 출판물

15. 전자식 기술 출판물은 데이터 세트로서 인도되고, 데이터 모듈(DM)로 이루어진다. ASD/AIA S1000D version 2.2에 따라 개발되고, 국방부의 단체용 뷰어인 trilogiView를 이용하여 인도된다. 이 IETP는 기존 종이로 된 출판물을 디지털화한 것이다. 요구된 데이터 세트는 서로 동적으로 연결되어 의미 있는 출판물을 구성한다. 작성자가 정한 표현 순서대로가 아니라 사용자의 대응을 바탕으로 정보를 전시하도록 만들어졌기 때문에 전자식 기술 출판물 (IETP) 라고 불린다. 전자식 형식은 다른 전자식 출판물 및 체계와 연결이 가능하게 한다. 고도로 신축적인 이 문서는 문자와 그래픽 데이터를 연결하고 ASD/AIA S1000D의 원리를 이용하여 동일 정보를 여러 가지 정보 세트로 형상 통제 및 다중 이용이 가능하게 할 수 있다. 이 인도 옵션은 사용자 및 저장 데이터 간의 인터페이스로서 국방부 DII 뷰어/탐색기인 'trilogiView'에 좌우된다.

16. 전체 IETP 구조의 비용이 정당화 될 수 없는 경우, 사업팀은 이동형 문서 포맷(PDF)을 인도 방안으로 이용한다.

이동형 문서 포맷(PDF)

17. 이동형 문서 포맷(PDF) 또는 리니어 전자 문서는 정보가 이런 형식의 인도물품으로 사용

자에게 보여지는 방식을 서술한다. 데이터 내용은 인쇄본처럼 한 페이지씩 연속하여 보여지며, 이런 TD는 흔히 '페이지 터너'하고 불린다. PDF/A 는 전자문서의 장기 보존을 위해 어떻게 이동형 문서 포맷(PDF)을 이용하는지를 규정한 ISO 표준 (ISO 190005-1:2005) 이며, 페이지 지향적인 문자형 문서를 위해 선호되는 형식으로 제안된다. PDF/A 문서는 독립식으로, 항상 동일한 방식으로 문서를 전시하기 위해 모든 필요 정보를 내장하고 있다. 온라인 기술문서(TDOL)는 이 인도 방법을 위한 단체 호스팅 방안이다. 이런 형태의 TD 인도물품에 대한 상세한 정보는 AOF 에 공표된다.

상용품(COTS) 매뉴얼

18. 상용품 매뉴얼은 단기 사업을 위해서 수용 가능한 TD 방안이 될 수 있으나, 정당화 될 필요가 있다. 향후 수정 될 가능성이 있는 경우 주의가 필요하다. 이것은 보통 수정 없이 출판하기에 적합한 항상 구입 가능한 제작사 출판물이다.

관련 규격 및 지침

19. TD의 생산 및 유지를 도와주는 규격서 및 지침으로 현재 이용 가능한 것은 아래와 같다:
    - a. JSP (D) 543: 국방기술문서 지침서
    - b. Def Stan 00-600: 종합군수지원. 국방부 사업을 위한 요구사항
    - c. Def Stan 05-123: 항공기, 무기 및 전자장비의 구매를 위한 기술 절차. 4부: 기술 정보의 제공
    - d. 2010DIN04-195: 긴급운용요구사항준칙 버전 6 (UOR SI V6).
    - e. 2011DIN04-080: UOR 환경의 방침, 조언 및 지침
    - f. ASD/AIA S1000D: 공통 데이터베이스를 활용한 기술출판을 위한 유럽 항공 및 방위산업협회(ASD) 규격서
    - g. PDF (A) (ISO 19005-1:2005): 장기보존을 위한 전자문서 파일형식

소유권 및 문의처

20. 기술문서 정책의 스폰서는 DES JSC SCM-EngTLS-PEng이다. 문의처는 아래와 같다:

    a. 기술적 문의:

    DES JSC SCM-EngTLS-TD-Pol

    Tel: 군: 9679 Ext 35395. 민: 030679 35395

    b. 편집 관련 문의:

    DES JSC SCM-SCPol-편집팀

    Tel Mil: 9679 Ext 80953. Civ: 030 679 80953

제2장

수명주기 내의 기술문서

개요

1. 이 장은 개념, 평가, 시연, 제작, 사용 및 폐/종료 (CADMID (T))주기 내의 주요 승인 시점에서 핵심 기술문서(TD) 소요를 식별하기 위해 사업팀(PT)을 지원한다.

2. 승인 당국은 주요 승인 시점에 넓은 범위의 획득 수명주기 전략이 고려되는 것을 예상한다. 수명주기 (CADMID)는 두 개의 주요 승인 시점이 있다:

3. 최초 승인 (IG)은 수명주기 내의 첫 번째 승인 시점이다. 이것은 모든 평가작업 수행 이전에 일어나며, 상대적으로 '낮은 장애물'로 고려된다.

4. 최종 승인 (MG)은 평가 작업이 완료된 후에 일어나며, 방안이 승인되는 주요 결정 시점이다. MG승인은 성공적인 인도에 대한 위험이 승인된 국방 요구사항을 충족하기 위한 제안방안의 이점에 대해 고려되는 경우, 사업을 위한 핵심 투자결정 시점으로 남는다. MG 승인은 또한 모든 국방개발라인(DLOD)에 걸쳐 전체 수명비용을 고려한다. 결정적으로, 이것은 지원방안뿐만 아니라 장비 구매도 다룬다.

5. 수명주기의 각 단계는 이전 단계에서 합의된 계획 수행, 출력 정보의 검토, 차기 단계에 대한 계획 및 잔여 단계에 대한 준비사항 개요를 포함한다. CADMID 주기의 TD 요구사항에 대한 시각적 표현을 그림 1에 나타내었다.

사용자 요구사항 문서 (URD)

6. 사업팀은 TD에 대한 요구사항이 URD 내에 명확하게 서술되도록 해야 한다. TD는 종합군수지원 (ILS) 요소 중의 하나이며, 전체 종합군수지원계획 (ILSP)에 서술된다. TDMP에 대한 상세 정보는 제3장을 참조한다.

7. 불명확하거나 해명이 필요한 경우, 사업팀은 TD의 모든 측면에 대한 조언과 지침을 제공하는 TD 팀(DES JSC SCM-EngTLS-TD-AG)을 접촉한다. URD 구조 및 제출 그리고 종합군수지원계획에 대한 상세한 정보는 획득운용체계(AOF)에서 구할 수 있다.

그림 1: CADMID 주기 내의 기술문서

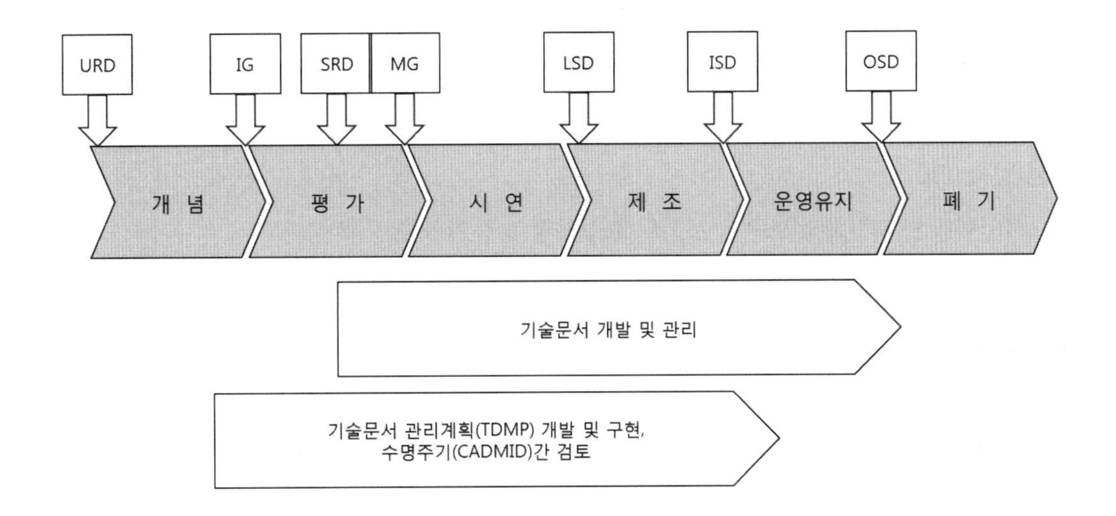

최초 승인 (IG)

8. 사업팀은 지원방안묶음(SSE) 적합성 도구에 문서화된 요구사항의 증거를 제공한다.

체계 요구사항 문서 (SRD)

9. 사업팀은 TD에 대한 요구사항이 SRD 내에 포함되도록 확인한다. 방안은 본 문서의 상기 제1장에 서술된 방침을 충족해야 한다. SRD 구조 및 제출에 대한 상세 정보는 AOF에 구할 수 있다.

최종 승인 (MG)

10. 사업팀은 SSE 적합성 도구에 포함된 요구사항의 증거를 제공해야 한다.

군수지원일자 (LSD)

11. 사업팀은 적절한 증거를 확보하고 지원방안이 SSE 관리방침 (GP) 2.6에 충족하도록 해야 하는 책임이 있다.

12. TD 지원방안과 관련된 합의된 규격서 및 사양서가 충족되었음을 시연/확인하는 것이 필요하다. ASD/AIA S1000D 사양이 사업을 위해 적합하다고 판단된 경우, 데이터 모듈 요구목록(DMRL)이 요구되고 '비즈니스 규칙'이 작성된다.

13. 사업팀은 충분한 TD를 군수지원일자(LSD)에 이용 가능하도록 해야 한다. TD는 운용 중 프로세스검토(IPR)을 통해 승인되고, LSD까지 검증되어야 한다. 1차 검증 책임은 주 계약자에게 있으며 이는 의무적이다. 2차 검증 프로세스는 사업팀의 책임인데, 비록 이것이 S1000D내의 필수 요구사항이 아니더라도, 문서가 정확하고 사용하기에 안전하다는 것을 보

장하기 위해 사업팀이 조치를 취하는 것이 바람직하다. 이것은 프로세스에 입회하기 위해 계약자의 1차 검증에 가능할 경우 참여함으로써 달성될 수 있다. 입증 및 검증에 대한 상세한 정보는 Def Stan 05-123에 포함되어 있다.

사용 일자 (ISD)

14. 사업팀은 SSE 적합성 도구에 포함된 요구사항의 증거를 제공해야 한다.

폐기 일자 (OSD)

15. 사업팀은 폐기 계획을 통해 TD의 폐기를 나타내도록 해야 한다. 장비가 제삼자에게 판매 또는 해체되었다면, 사업팀은 TD를 최신화 해야 한다. 또한 사업팀은 TD를 역사적 목적으로 제공하기 위해 관련 박물관/유물 부서와의 연락도 고려해야 한다.

제3장

기술문서 관리계획

목적

1. 기술문서 관리계획(TDMP)의 목적은 플랫폼, 체계 또는 장비를 위한 TD의 식별, 생산 및 정비하는데 이용되는 방법을 서술하기 위함이다. 모든 TD 활동과 책임은 TDMP에 상세히 나열된다.

적용 범위

2. TDMP의 적용 범위는 TD 팀이 어떻게 TD 인도물품을 만들고 보급 및 관리하는지를 당국으로 보여주는 것이다. 여기에는 계획이 적용되는 장비 및 서비스의 완전한 식별도 포함된다.

사업 세부정보

3. 이것은 본 계획이 참조로 하는 사업의 간단한 설명이고 의도한 지원 방안의 특성이다. 주요 부분은 아래와 같다:

a. 사업명

b. TDMP가 다루는 사업의 간단한 개요

c. 지원방안의 설명. 이것은 중대한 지원방안에 관한 TDMP의 평가를 지원하는 정보를 포함한다.

사업 관계자

4. 관계자는 특정 사업에 이해나 관련이 있는 개인, 단체 또는 조직이다. 이 절은 그런 사업 관계자를 식별한다.

요구사항 명세서

5. 이 절은 TD에 관한 당국의 사양서 및 계약자의 작업기술서(SOW)를 나타내는 사업에 대한 핵심 요구사항을 식별한다. 여기에는 설명, 운용 및 정비에 관련한 정보가 포함되어야 한다.

요구사항은 상기 제1장에 서술된 기존의 TD 방침에 일치해야 한다.

기술문서에 대한 제안

6. 이 절은 제공될 정보의 범위 및 포맷을 설명한다. 여기에는 일반적인 TD 프로세스의 설명 및 준비절차의 세부분해가 포함된다. 만약 인도물품이 IETP에 포함된다면, DMRL의 개발, S1000D 사업규칙의 이행 및 어떻게 이들이 LSAR 및 부품목록에 연결되는지가 포함될 필요가 있다. 또한 데이터 모듈 또는 매뉴얼의 생성 및 입증/서명 절차 등 생산 프로세스의 세부분해를 위한 요구사항도 있다.

조직, 역할 및 책임

7. 이 절은 설계당국 (DA) 및 구조의 개요를 설명한다. TD 팀, 조직 및 권한(TOR)의 설명을 제공하기 위한 요구사항이 있는 경우, 여기에 상세히 서술된다.

인도

8. 이 절은 모든 최종검토, 상신 절차 및 인도 일정을 포함하여 최종 인도 프로세스의 설명을 제공한다. 제4장은 인도에 대한 추가 정보 및 조언을 제공한다.

품질관리제도

9. 이것은 시행되고 있는 품질관리제도에 대한 정보를 제공하며, 관련 품질보증 절차의 세부사항을 포함한다.

상태보고 / 수정

10. 이것은 모든 최신화가 어떻게 데이터 모듈 이슈상태, 관리 버전 번호부여 및 전체 프로세스 상태에 대한 보고와 관련하여 계획되는지를 규정한다. 또한, 이 절은 문서에 대한 변경이나 최신화가 어떻게 관리되는지도 식별한다.

위험 관리

11. 이 절은 위험이 어떻게 관리되는지 상세히 설명한다.

보안

12. 이것은 자재 분류의 세부분해와 분류된 데이터가 어떻게 관리되는지를 포함한다. TD의 생산 중 그리고 후속 배포를 위해 수출통제정보, 특히, 국제 무기거래규정(ITAR) 제한사항에 주의가 필요하다. JSP 440: 보안 국방 매뉴얼에서 다루는 보안지침 준수에 주의를 기울여야 한다.

제4장

기술문서 관리 및 인도

개요

1. 기술문서(TD)를 위한 효과적이고 효율적인 관리 및 인도체계는 TD 정보가 CADMID 주기의 모든 단계에서 정확하고 최신의 것이며 사업, 체계 또는 장비(PSE)의 지원 소요를 충족하도록 하기 위해 정보의 흐름이 통제 및 유지되도록 하는데 매우 중요하다.

TD의 지원 및 제공의 식별

2. 전자식 기술문서(ETD)를 실질적으로 가능한 한 사용 시점에 가까운 때에 인도하는 것이 국방부의 방침이다. 따라서 이를 가능하게 하는 지원 및 제공의 식별은 사업의 성공에 매우 중요하다. 제1장에서 설명한 기존의 TD 방침 요구를 인식하는 것도 아주 중요하다.

출판 스폰서

3. 출판 스폰서는 출판물의 공인 소유자이다. 스폰서 쉽은 보통 플랫폼, 즉 출판물에 의해 지원되는 차량 또는 장비의 관리자, 즉 적절한 사업팀 리더(PTL)에게 있다.
4. 출판물 스폰서의 역할은 기존 국방부 문서 전략의 효과적인 이행, 특히 군 사용자 기반의 ETD 관리에 대해 필수적이다.
5. 스폰서는 요구사항을 규정하고 수명주기의 출판 생산, 배포 및 유지에서 폐기까지를 감독하며, 출판물에 대한 비지니스 케이스의 식별을 위한 책임을 진다. 스폰서는 출판물의 생산단계에서부터 폐기될 때까지 문의처를 유지한다. 스폰서는 출판을 위한 적절한 검토 기간을 보장하여 수정판의 재불출 대신에 손에 의한 수정을 금지한다.
6. '합동지원체계 서비스'는 스폰서를 위한 '서식 및 출판 지침'을 발행한다.

사업팀의 책임

7. 사업팀(PT)은 요구된 TD의 모든 측면을 위한 구매와 관리에 대한 책임을 진다. 사업팀은 필요 시 TD 인도 요구사항에 대해 계약자 및 다른 국방부 기관과 직접 소통하고 처리한다.

8. 군수 및 엔지니어링 시스템의 인도에 대한 합동 지원체계 정책 준수를 보장하기 위해 FLIS LogNEC 으로부터 TD에 대한 조언이 확보된다.

9. 계약된 사양과 상기 제1장에서 요구된 TD 정책에 따라서 출판 업무를 승인하고 최종 인도된 자재의 수락을 결정하는 것은 사업팀 내의 ILSM 책임이다.

출판물 인도

10. 제1장은 전자식 기술문서(ETD)로서 TD를 인도하도록 '사업'에게 요구하고 있다. 전자식 기술문서(IETP)로 국방부의 기술문서 정책을 이행할 때, 구현이 불가능하거나 다른 방법이 비용 대 효과가 더 좋다는 것을 보여줄 수 없는 경우, 이 선호된 인도방법이 모든 사업 및 관련 장비에 이용된다. 이 방법은 trilogiView를 이용하여 인도된다.

11. 전체 IETP 구조의 비용이 정당화될 수 없는 경우, 사업팀은 휴대형 문서 형식(PDF)을 인도방법으로 이용하여야 한다.

12. 자체적인 방안을 인도하고자 하는 사업팀은 DES JSC SCM-EngTLS-TE 및 DES LogNECProg - 미래군수지원서비스 (FLIS)로부터 사전 승인을 받아야 한다. 이것은 굴뚝식 방안(즉, 응용 프로그램이 데이터나 자원을 통합하지 않거나 다른 프로그램과 이들을 공유하지 않은 독립형)이 합동지원체계(JSC) 및 전방 사령부(FLS) 시스템으로 도입되지 않도록 하기 위함이다.

13. DII/F 능력 등과 같은 제한사항을 고려해야 한다. 또한 대역폭 및 하드웨어 그리고 인도환경 등과 같은 기반시설 요구도 고려되어야 한다.

14. 현재 또는 향후에 인쇄본 출력이 요구되는 모든 장비 출판은 DR TDOL에서 관리되어야 한다. TDOL은 마스터 사본을 보관하는데 이용된다; 즉, 여기서 완전한 감사 추적과 함께 형상관리가 이루어지고 TDOL 뷰어를 위해 인쇄 마스터와 소스도 제공한다.

전자식 기술문서

15. ETD의 가장 공통적인 출력은 전자식 기술문서(IETP), 페이지 지향형 출판물 및 사용장비를 지원하는데 필요한 모든 데이터의 데이터베이스를 포함한다.

16. IETP와 관련된 정보관리 문제는 계약에 명시된다. 계약적 요구사항과 비즈니스 규칙은 어떻게 정보가 ASD/AIA S1000D의 제4장에 따라서 관리되어야 하는지를 규정한다. JSC 서비스는 스폰서의 배포 목록, 쪽 번호 부여 및 특별한 지시(SI)에 따라 모든 배포 요구에 책임을 진다.

상호작용식 전자식 기술 출판물

17. IETP는 ETD에 대한 하나의 인도물품이다. Def Stan 00-600로부터, 이 요구는 SGML, XML, HTML 및 PDF 형식으로 IETP에 의해 이루어질 수 있다. 그러나, PDF 인도물품은

Def Stan 00-600에 정의된 전체 IETP 요구사항을 실행할 필요는 없다.

18. TrilogiView는 DII에 사용하도록 인증된 단체용 IETP 뷰어이다. 다른 대체 방안의 인도는 DES JSC SCM-EngTLS-TD-Pol 및 FLIS LogNEC 프로그램으로부터 승인을 받아야 한다.

온라인 기술문서 (TDOL)

19. '미래 군수정보 서비스 군수 네트워크 구동능력' (FLIS Log NEC)에 의해 관리되는 설계 저장소(DR)내의 TDOL의 능력은 형상관리 및 기술문서 보기를 위한 수단을 제공한다. '설계 저장소'는 '합동지원체계'의 '국방 참조 시스템'이다.

20. IETP는 지금은 TDOL에서 사용할 수 없지만, 모든 IETP 및 TDOL에서 관리되지 않는 TD는 상세 입수방안이 포함된 '플레이스 홀더'와 함께 여전히 TDOL에서 참조된다.

상용품 매뉴얼

21. 상용품 (COTS) 매뉴얼은 속도가 절대적인 경우, TD 정보를 제공하기 위한 빠르고 일시적인 방안을 제공한다. 이것은 긴급 운용 소요(UOR)에 대해서는 최소한 수용 가능한 것으로 고려되지만 종래의 TD 구매에 대해서는 아니다. 사실은 이들이 효과적으로 관리되도록 하는 인정된 참조번호를 확보하도록 하기 위해 전면 표지와 도입부분이 사용 출판물에 추가된다. '일반' PDF는 파일 크기를 제한하고 탐색 기능을 허용하기 위해 TDOL 업로드에 요구되는 표준임을 감안하여, PDF 형식으로 제공되는 상용품 매뉴얼의 확보가 가능하다.

배치된 기술문서 (TDD)

22. TD를 플랫폼에 배치하는데 필요한 하드웨어 및 기반시설은 사업팀의 책임이며, 기존 그리고 향후의 운용 군수 IT 정책 및 요구사항에 통합되어야 한다.

23. 사업팀은 굴뚝식 방안이 JSC에 부담을 주지 않도록 DES JSC SCM EngTLS-TD-Pol 및 DES LogNECProg-FLIS으로부터 승인을 받아야 한다.

제5장

긴급운용요구 (UOR)

1. 긴급운용요구(UOR) 프로세스는 기존 또는 긴박한 운용의 결과로 발생한 장비능력의 부족에 대응하기 위해 긴급 구매를 가능하게 한다. 이 프로세스 하에서, 신규 또는 추가 장비의 구매 (또는 기존능력의 강화)는 '정상' 적인 장비획득 사이클 보다 빠르게 일어난다. TD 지원방안은 사용자가 전장에서 장비를 안전하게 운용, 정비 및 수리할 수 있도록 이용 가능해야 한다.

적용범위

2. 이 절은 모든 사업팀 및 전방 사령부(FLS)에 적용되며, TD 구매 및 UOR 관리에 대한 별도의 지침을 제공한다.

사업팀(PT)의 책임

3. 국방부의 법적 주의의무를 충족하기 위해, 국방부가 운용에 대한 책임을 지는 일자부터 모든 장비에 접근 가능하고, 정확하며 최신의 것으로 관련 있는 TD가 제공되도록 해야 한다.
4. 이 목표를 달성하기 위해 TD의 배포를 관리하는 것은 사업팀의 책임이며, 그들을 대신해서 계약자 및/또는 다른 적절한 계약에 의해 이 책임을 다할 수 있도록 해야 한다.
5. UOR 프로세스는 2010DIN04-195에 정의되어 있다. 여기에는 '영구합동본부'(PJHQ) 및 '군수네트워크구동능력' (LogNEC) 과 같은 조직과의 계약관계에 대한 사업팀의 책임이 포함된다.

운용환경에서 UOR 장비에 대한 임시 TD를 위한 방침

6. 더 세부적인 계약이 있지 않는 한, 최소한 TD는 '온라인 기술문서' (TDOL)을 통해 전자식 형태로 인도되어야 한다. 아래 절은 UOD 에 대한 임시 TD를 상용품 매뉴얼 형식으로 제공할 때의 방침과 지원을 위한 조언을 제공한다.
7. 기존의 전장 '장비손질검사' (ECI) 보증 프로세스에 맞추어 형상통제가 채택되어야 한다.
8. 전장에 대해 사업팀이 TD를 생산하여 인도하는데 두 가지 옵션이 있다:

a. 임시 출판

b. 순응 출판

옵션 1 – 임시 출판

9. 임시출판은 아래의 경우에 채택될 수 있다:

a. 시간이 가장 중요하고 어떤 다른 옵션으로 출판을 하더라도 장비의 배치에 지연을 발생시킬 수 있을 때;

b. 22개월 이하의 단기 배치를 위한 경우. 전장에서 돌아오면 폐기되어야 한다.

10. 사업팀은 UOR 지원을 위한 임시출판을 제공하기 위해 설계당국(DO)에게 사용자 요구사항을 명확하게 설명하여 적절한 업무를 제기한다. 운용환경에서 판독이 가능하고 사용하기에 적절하다면 원제작사 또는 상용품 데이터의 이용도 가능하다. 엔지니어링 도면의 사진 또는 CAD 모델도 완전 호환되는 도면 대신에 이용될 수 있다.

11. 임시 출판은 전자식이다. 인쇄본 요구는 전장의 인쇄 시설을 통해 수락 및 관리된다. 모든 TD는 TD 참조번호와 같이 분명하게 식별되어야 한다.

12. 비록 이것이 임시 방안이지만, DO는 '보증확인서' (COC)서식을 이용해 인증에 대한 통상적 요구사항이 준수되도록 한다.

13. 이런 방식에 의해 제공되는 출판물은 단기간에 전적으로 임시 방안을 제공하기 위한 것이다. 즉, 완전한 상태가 되었을 때 이용 가능해야 하는 일관성 있는 호환 문서를 제공하기 위한 개발 작업은 계속 되어야 한다.

옵션 2 – 순응 출판

14. 아래 경우에는 옵션 2가 채택되어야 한다:

a. 관련 규격 및 사양서에 따라 배치를 지연시키지 않으면서 기존 정책에 부합되는 출판물의 생산에 충분한 시간이 있을 때,

b. 배치 기간이 12개월 이상으로 예상될 때,

c. 배치 기간과 상관없이 장비가 핵심 장비 프로그램 안으로 들여오는 것이 예상될 때,

d. 옵션 1이 활용되었으나, 배치기간을 12개월 이상으로 연장하기로 결정되었을 때.

15. 사업팀은 UOR 지원을 위한 순응 출판을 제공하기 위해 설계당국(DO)에게 정상 절차 또는 계약 내용에 맞추어 사용자 요구사항을 명확하게 설명하여 적절한 업무를 제기한다.

16. DO는 TD 내에 포함된 모든 정보가 정확하고 사용하기에 안전하며 계약에 정의된 예상 용도를 위해 적절함을 확인하고 보증하는 순응 출판을 위한 CofC를 제공한다.

인도

17. 미래군수정보서비스, 군수네트워크구동능력 프로그램 (FLIS LogNEC Prog)으로부터 TD 지원방안의 인도에 대한 조언을 입수한다.

제6장

기술문서를 위한 계약

개요

1. 이 장은 기술문서(TD)의 계약을 위한 요구사항이 만족되도록 하는 적절한 정보, 관련 지원 규격서 및 지침에 대한 접근을 사업팀에게 제공한다.
2. TD는 지적 노력의 산출물이고, 지적 재산권(IPR)으로 알려진 법적 권리가 이를 보호해 준다.
3. TD 계약을 위한 핵심 원칙은 아래와 같다:
   a. JSP 886 제7권 8.05부 제1장에 정의된 방침 요구사항 충족. 선호된 인도 방법은 ASD S1000D 에 대한 전자식 기술문서, 상호작용식 전자식 기술 출판물(IETP)이다.
   b. 국방부가 모든 영국 정부의 목적(장비 제작 목적 제외)을 위한 TD의 복사 및 배포와 같은 일정한 사용 권리를 가지도록 보장.
   c. 계약에 따라 국방부로 인도된 TD의 승인되지 않은 공개 방지.

상업적 고려사항

요구사항 명세서 (SOR)

4. 통상적으로 사안별 전문가와 협의 후, 국방부 종합군수지원 관리자(ILSM)은 ILS SOR 및 관련 계약문서요구목록(CDRL)에 기록되는 작업 및 TD 인도물품에 대한 요구사항 세트를 작성한다. 계약 담당관은 SOR에 대한 요구사항이, 계약 초안에서 SOR을 참조하게 하거나 요구사항을 문서의 본문에 삽입하는 식으로, 입찰 요청서에 포함되도록 한다. SOR에 대응하여, 입찰업체는 작업기술서(SOW)를 만들게 된다.

입찰요청서(ITT)에 대한 입찰업체의 대응

5. 입찰업체는 TD 요구사항을 어떻게 충족할 지를 서술해야 하며, 그렇지 못할 경우, 요구사항에서 벗어난 모든 부분을 기술해야 한다. 요구사항의 충족이 필요하지 않은 것으로 판단되는 경우, 그 영향은 국방부 사업 담당관에 의한 위험분석의 대상이 되어야 한다.
6. 모든 입찰업체를 동일하게 취급하는 것은 국방부의 법적 의무이다. 따라서, 사업팀은 합의

된 SOR과의 차이를 모든 업체에게 동시에 공유되도록 한다.

계약

7. 계약은 두 개 이상의 당사자간을 법적으로 구속하는 합의이다. 계약의 형식 또는 금액과 상관없이, 그 일을 하도록 서면 승인을 받은 국방부 피고용인에게만 서명과 부서를 위임할 권리가 주어진다. 이 원칙을 무시하기로 한 자는 징계처분을 받고 개인적 책임을 지게 된다.

8. 계약 체결 전 업체와의 사업 협의를 하기 전 항상 '아무런 조건 없이'라는 용어를 사용하고, 계약이 체결된 후 계약자와 사업 협의를 할 때에는 '(권리를) 침해하지 않고'라는 용어를 항상 사용한다. 보다 상세한 사항은, '상업 인식 지침'을 참조한다.

계약 조건

9. TD에 대한 계약을 체결할 때 아래 구문을 포함하는 것은 국방부의 표준 실무이다:

"계약자는 당국이 기술문서가 관련된 장비 제작의 목적이 아닌 영국 정부의 목적을 위해서 계약 또는 계약의 일부에 의거 인도된 모든 기술문서를, 동 기술문서의 수정 또는 확장된 버전에 포함된 부분을 포함하여, 복사, 수정, 확장하거나 또는 복사, 수정 또는 확대되도록 할 수 있고, 동 기술문서를 수정 또는 확대된 부분 및 그들의 사본을 포함하여, 배포, 사용 또는 사용되게 할 수 있는 권리를 가지도록 해야 한다."

10. 그러나, 어떤 IPR 조건이 적용되는지를 판단하는 것이 중요하다. 자세한 정보에 대해서는, 상용 도구 키트상의 IPR 조건 부분을 참조한다.

11. DEFCON 531: 모든 계약 안에 정보 공개를 포함하는 것은 필수적이다. 이것은 제삼자에게 공개되는 정보와 관련하여 국방부와 계약자를 위한 상호 의무 및 예외를 정의한다.

사업 고려사항

12. '사업'이 계약의 TD 요소를 고려할 때, 운용 중 지원, 유지 및 수정이 포함되도록 하는 것은 필수적이다. TD에 대한 계약은 TD의 수정 및 유지를 포함하며, 인도 및 사용을 위한 도입뿐만이 아니다.

안전 우선

13. TD는 모든 사용자가 접근 가능해야 하며, 정확하고, 관련이 있으며, 최신의 것으로 사용하기에 안전해야 한다. 사업팀은 어떤 기반시설이 가용한지와 데이터 공유환경(SDE)에서 작동이 필요한지의 여부를 고려해야 한다. 아래의 사유로 인해 정보에 대한 최종 사용자의 접근도 중요 고려사항이다:

a. SDE가 기존의 국방부 기반시설 및/또는 배치된 환경과 통합되는가;

b. 최종 사용자가 위험한 환경에서 작업하게 되는가?

c. 최종 사용자가 무기/탄약 옆에 위치해야 하고, 폭발물 정비 규정이나 전자기 펄스 고려사항의 적용을 받을 필요가 있는가?

14. 또한 '사업'은 TD가 어떻게 인도되고 계약자가 모든 운용자/정비자 정보에 접근해야 하는지를 고려할 필요도 있다. 이것은 지적 재산권(IPR) 및 국제무기거래규정(ITAR)에 의해 요구되었다. 정보 책임 담당관 지시 1/2012, 일시 정지에 대한 방침을 제외한 MOSS 파일, 서술자 및 ITAR 정보는 인터넷을 통해 이용할 수 있다.

운용 연구

15. 운용 연구는 예상되는 운용 중 사용에 대한 그리고 국방부 요구사항의 해석 지침으로서 잠재적 입찰자 및 계약자를 포함한 외부 당사자에 제공된다. 또한, 국방부가 계약자에 공급하여 계약자가 업무를 수행할 수 있도록 하는 데이터도 제공한다 (비록 새로운 것을 강요하지 않더라도). 운용 연구는 계약 문서가 아니다.

16. 운용 연구는 아래에 대한 정보를 포함한다 (해당할 경우):

a. 구매 대상 제품의 예상 용도

b. 교체될 체계의 설명

c. 예상하는 지원전략 및 기존 지원 기반시설로부터 발생하는 모든 제한사항

d. 인력 및 가용한 기능

e. 제품의 지원을 위해 활용될 수 있는 기존 및 향후 자원의 식별

사용 개념 (CONUSE)

17. CONUSE는 특정한 장비가 어떤 운용범위 또는 시나리오에 이용되는 방법을 설명한다. 이것은 보통 개발 단계에서 만들어진다. 운용 연구 및 CONUSE는 동의어이며, 사업 내에 하나의 문서만 존재한다. 기존 정책에 대해 생성되지 않았거나 CONUSE가 없는 사업의 경우, ILS 관리자는 용도 연구를 실시해야 한다.

18. Def Stan 00-600은 수명기간 동안 운용 연구/CONUSE가 최신화 되고, 중기 수명 개량 시 수명주기가 반복될 경우 다시 개정된다.

관급자산 (GFA)

19. GFA는 국방부 계약을 지원하기 위하여 업체에 공급한 국방부 소유의 자산을 나타낸다. 일반적으로, 업체에게 대여한 물자는 관급장비(GFE)라고 알려져 있다. GFE는 GFA의 하위 분류이다. 계약자에게 불출된 모든 GFA가 IETP 보기용 소프트웨어를 포함하여 계약에 명확하게 정의되어야 한다.

ILS 계획

20. 지원개념의 개발은 ILS 계획에 의해 개시되었을 경우 사업의 수명주기 시작과 같이 시작된다. ILS 계획은 Def Stan 00-600을 기반으로, 사업의 요구에 맞추어 테일러링된, ILS 에 대한 국방부의 접근방법을 설명한다. 이 계획은 작업기술서(SOW)에 명시된 국방부 요구사항의 해석을 위한 지침을 제공하기 위해 잠재적 입찰자 및 계약자 등 외부 당사자에게 제공된다.

작업 기술서(SOW)

21. SOW는 국방부 요구사항을 식별한다. 종합군수지원 계획은 사업에 대한 계약 문서인 SOW 내에 포함된다.

TD 관리 계획(TDMP)

22. TDMP는 플랫폼, 체계 또는 장비(PSE)를 위한 TD의 식별, 생산 및 유지에 이용되는 방법을 서술하고, '사업'이 어떻게 TD 인도물품을 생산, 보급 및 관리하는지를 보여준다. 제3장은 TDMP에 대한 정보를 제공한다.

TD 비즈니스 규칙

23. '사업'은 수명기간 동안 데이터가 어떻게 만들어지고 표준화 되는지를 정의한 포괄적인 비즈니스 규칙을 만들고 유지한다.

TD 테스트 스크립트

24. ASD S1000D에 대한 IETP의 경우, '사업'은 수명기간 동안 사용된 S1000D의 필수 및 선택 개념을 포함하는 테스트 스크립트를 만들어야 한다.

인도물품

25. TD가 정확하고 최신의 것이며 지원 요구사항을 충족하게 하는 정보의 흐름이 통제 및 유지되도록 하는 TD를 위한 효과적인 인도 시스템이 있도록 하는 것이 매우 중요하다. 기술정보 관리 및 인도정보는 제4장에 서술되어 있다.

전자식 기술문서의 검증 및 입증

26. 첫 번째 검증은 계약자의 의무이며, 가끔은 입증이라고 알려지는데, 필수적인 활동이다. 이를 완료하면, 데이터 모듈(DM)은 처음 검증된 품질 보증 상태로 올라간다. 국방부는 검증되지 않은 DM을 수락하지 않는다.

27. 두 번째 검증은 고객에 의한 선택 활동이며, 목적에 대한 적합성을 보장한다. 이 활동은

첫 번째 검증이 계약자와의 합의를 마침과 동시에 수행될 수 있다.

호스팅 및 배포

28. 사업팀은 굴뚝식 방안 (즉, 응용 프로그램이 데이터나 자원을 통합하지 않거나 다른 프로그램과 이들을 공유하지 않은 독립형)이 합동지원체계(JSC) 및 전방 사령부(FLS) 시스템으로 도입되지 않도록 DES LOGNEC Prog 및 DES JSC SCM-EngTLS □TD-Pol 로부터 지침을 받아야 한다.
29. Bicester 에 위치한 군수 물품 및 서비스 (LCS) 서식 및 출판물 팀은 국방부 등록 서식 및 출판물의 수령, 저장 및 배포 서비스를 제공한다. 다른 정부부서, 외국 정부, 계약자 및 민간인도 고객이 될 수 있다.

관련 규격 /지침 또는 지원 정보 요구사항

규격 및 사양

30. 아래 문서는 TD를 계약을 지원하는데 현재 이용 가능한 관련 규격이다:
    a. Def Stan 00-600. 이 문서는 ILS 인도물품 계약을 위한 현재의 규격서이다.
    b. Def Stan 00-60. 이 문서는 ILS 인도물품 계약에 관련된 사항에 대한 레거시 규격서이다. 이 규격서는 신규사업에는 이용될 수 없으나, 당초에 DEF-Stan 00-60에 대해 계약된 기존 사업에 대한 최신화에는 사용될 수 있다.
    c. Def Stan 13-99: DGM 사업팀 군수품 기술출판물에 대한 요구사항
    d. ASD S1000D: 국제 기술출판물에 대한 사양서

지침/지원 정보

31. 아래 문서는 TD를 계약을 지원하는데 현재 이용 가능한 관련 지침이다:
    a. JSP (D) 543: 기술문서 지침
    b. JSP 886 제7권 2부: 종합군수지원(ILS) 관리
    c. 군사항공국 (MAA) 규정
    d. ILS 제품 설명서는 JSP 886, 제7권 2부 부록 B에 포함되어 있다.
    e. DEFCONS.
    f. 기술지원에 대한 체계합의 (FATS), 유용한 FATS 문서임

상용 도구 키트

32. 영국 국방부 국방획득 그룹에 대한 상용 지침은 이 링크를 통해 접근 가능한 획득운용체계(AOF), 상용 도구 키트 내에 상세히 서술되어 있다.

보다 효과적인 계약 (MEC)

33. MEC는 사업의 위험을 줄이고, 국방부 또는 공급자의 과도한 약속으로 인해 구속되는 것을 방지하기 위해, 입증된 관리 도구를 이용하여 훌륭한 실무 적용 촉진을 위해 노력하기 위한 획득 결단이다. 기술적 위험이 있을 경우, 특히 관련성이 있다.

JSP886 Volume 7 Part 8.06 Test Equipment

Version 2.2 dated 22 Nov 12

JSP 886

국방 군수지원체계 매뉴얼

제7권

종합군수지원

제8.06부

시험 장비

개정 이력		
개정 번호	개정일자	개정 내용
1.3	25 Jan 10	소유권 및 문의처 수정.
1.4	22 Sep 11	제5권을 제7권으로 이동.
2.0	31 May 12	주요 개정.
2.1	04 Jul 12	제2장: 사용자 접근 장치 추가.
2.2	22 Nov 12	포맷 수정, 내용 변경 없음.

Contents

제1장
시험장비

배경

1. 이 장에서는 국방부의 종합군수지원(ILS) 방침에 따라 장비의 수명주기지원(TLS)에 소요되는 시험장비(TE)와 관련된 방침과 지침의 핵심 포인트를 제공한다.

2. JSP 886 제7권의 지원 및 시험장비(S&TE)에 대한 요구사항은 두 부분에서 다루어지는데, 이 장은 자동시험장비(ATS)를 포함하는 시험장비에 관련되고, 8.07부는 지원장비(SE)에 관련된다.

3. Def Stan 00-600에 정의된 지원 및 시험장비(S&TE)는 제품의 운용 및 정비를 지원하는데 소요되는 모든 장비 (고정식 및 이동식)를 말한다. TE는 ILS 요소인 S&TE의 한 부분이며, 아래와 같이 나뉘어진다:

 a. 범용 시험 및 측정 장비 (GPTME) - 한 가지 제품, 체계 또는 체계 이상에 공통으로 사용되는 품목으로 JSP 509: '시험장비의 관리'에 자세히 정의된다.

 b. 특수 시험 및 측정 장비 (SPTME) - 한 가지 제품, 플랫폼 또는 체계를 위해서만 사용되도록 설계, 개발 및 제작된 품목이다.

4. 시험장비는 나아가 다음과 같이 정의될 수 있다:

 a. 국방부 내의 시험장비(TE)는 체계, 장비 또는 구성품 사용성의 표시를 제공하고, 체계나 장비가 정밀하게 정의된 성능 또는 측정기준을 충족하는 능력을 평가하는데 이용되는 품목으로 정의된다; 이것은 JSP 509에서 자세히 정의된다. 또한, 여기에는 성능이나 측정 평가에 대한 기준을 제공하는데 사용되는 경우 시뮬레이터도 포함된다.

 b. 자동시험시스템(ATS)는 시험중 장치(UUT)를 시험하는데 필요한 자동시험장비(ATE)와 관련 품목 (예, 시험용 치구, 시험용 소프트웨어 등)을 포함한 시스템으로 정의된다. ATE는 통상 컴퓨터로 구동되는 방식인데, 이 컴퓨터는 소프트웨어 또는 펌웨어를 통해 UUT로 신호를 제공하고 그 반응을 측정하는 복잡한 시험 계측기를 제어한다.

방침

5. 국방부 내에서 TE의 사용을 극대화 하고 상호운용성을 확보하여 플랫폼, 사업 또는 장비 요구사항을 충족하기 위해 가장 비용효율이 높은 방안을 제공하기 위하여 시험장비에 대한 중앙집중식의 구매 및 재분배 전략을 채택되게 하는 것이 국방부의 방침이다. 이것은 배치가능 기반시설 사업팀 (DIPT)에 의해 관리된다.

a. 사업팀은 국방부 내에서 TE의 선정, 구매 또는 개조를 시작하기 전 GPTME 게이트키퍼[1]와 접촉해야 한다.

b. 모든 TE의 선정이나 구매 개시 전, 지원성 분석 프로세스의 일환으로 기존 국방부의 시험방안 및 TE가 고려되어야 한다.

c. 국방부 재고로부터 기존 방안이 불가능 한 경우, 상용품 TE의 구매를 먼저 고려해야 한다. SPTME는 그것이 가장 비용효율이 높은 방법임을 증명한 후에만 구매되어야 한다.

d. 개방형 체계구조 철학의 추진을 지원하기 위해, ATS의 선정이나 구매 전, 기존 국방부 ATS 방안이 고려되어야 하고, 부적절하다고 판단될 경우, Def Stan 66-31 제8부를 적용해야 한다.

e. TE의 교정은 JSP 886 제7권 8.17부: '교정'에 제시된 국방부 교정방침에 따라야 한다.

f. 사용자 접근장치(UAD)의 확산을 줄이는 것이 국방부의 방침이므로, UAD를 포함하는 모든 TE나 SE에 대해서 제2장이 되어야 한다.

6. 사업팀은 ILS 요소로서 GPTME 게이트키퍼에게 지원 및 시험장비(S&TE) 계획을 제공하며, 여기에는 TE의 선정 및 운용 중 지원 요구사항의 세부사항이 포함된다.

7. 지원이나 교정 비용이 많이 소요되는 비 표준 TE의 확산을 줄이기 위해, 국방부 각 부서는 특별한 경우를 제외하고 (JSP 509 참조) 자체 구매 예산을 이용해 TE를 구매하지 못 한다.

그림 1: 지원장비, 시험장비 및 교정 조직

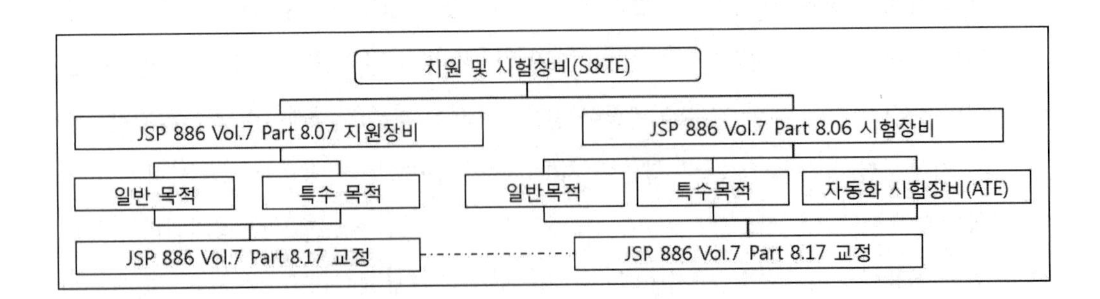

1 JSP 886 제7권 8.15부 참조.

우선순위 및 권한

8. 시험 및 측정의 수행 권한은 DE&S Corporate Governance Portal – 지원방안묶음에 공표된다.

요구 조건

9. 국방부의 시험장비는 피 시험장비의 물자 상태가 검증될 수 있도록 하기 위해 보급된다. 국방부의 법적 주의의무를 다하기 위해, 모든 국방부 TE는 이들이 사용되거나 운용될 환경에 대한 유럽 및 영국 보건안전 법령을 준수해야 한다. 이것은 JSP 815: '국방환경 및 안전성 관리, 부록 A에 포함된 장관의 정책 성명에 구체화되어 있다.

10. 장비나 체계 수명주기의 모든 단계에 걸쳐 안전성 케이스 및 위험 기록을 축적하고 유지해야 하는 것은 사업팀의 책임이다. 시험장비에 대한 안전성 케이스는 TE로부터의 안전 위험이 실제 가능한 최소임을 입증해야 한다. 이 평가는 실제 TE, 시험되는 품목 상의 영향 및 폭넓은 환경 분야를 고려하기 위함이다.

11. 영국 내에서 구매된 모든 장비는 유럽연합 지침에 따라 CE 마크를 부착해야 한다. 영국 외에서 구매된 모든 장비는 장비의 수입자에 의해 CE 마크를 부착해야 한다. 이것은 물리적인 부착을 의미하는 것이 아니라, 장비를 지지하는 적합하고 충분한 기술적 구성 팩이 있다는 뜻이다. 여러 개의 시험장비로 하나의 시스템을 구성할 경우, 사업팀에 의해 시스템에 대한 자체적인 인증이 요구되는데, 이것은 기술적 구성 팩의 형태를 취해야 한다.

12. 국방부에 의해 구매되는 모든 전자 전기 시험장비는 Def Stan 66-31의 요구사항을 충족해야 한다.

13. 총 수명비용과 지적재산권(IPR) 문제를 줄이기 위하여, 시험용 소프트웨어 신호 요구사항은 IEEE 1641 신호 시험 정의 (STD)를 이용하여 정의되어야 한다.

절차

14. Def Stan 00-600을 충족하기 위하여 모든 구매의 시작 시, 사업팀은 TE의 모든 기술적 및 교정 요구사항을 설명한 S&TE 계획을 작성해야 한다. TE의 구매 프로세스, 기술적 / 필수 요구사항에 대한 정보는 Def Stan 66-31 및 JSP 509에 설명되어 있다.

핵심 원칙

15. GPTME 게이트키퍼는 장비나 계측기의 가용도에 대해 조언한다. 이것은 경제 규모를 유지하면서 상호운용성 및 공통성의 최대화를 보장한다. 이것이 타당하지 않다는 것이 시연될 수 있는 경우, 사업팀은 특정한 장비 모델을 참조하지 않는다; 측정 요구사항을 나타내는 일반적인 용어를 사용한다.

16. SPTME가 필수적일 경우, 사업팀에 의해 구매되고 지원된다. 사업팀은 S&TE 계획에 SPTME에 대한 논리가 반영되도록 해야 한다.

17. 국방부가 지적재산권(IPR) 문제에 의해 제한을 받지 않고 재산권 방안에 의존하기 위해서는 기존의 국방부 ATS 시험 방안이 가장 먼저 고려되어야 하고, 만일 부적당하다고 판단될 경우, 국방부가 보유하고 있는 사용자 권리 (IPR)와 함께 하드웨어와 소프트웨어를 위한 모든 시험 프로그램 세트 소스 문서와 같이 개방형 체계 구조 접근 (Def Stan 66-31 제8부 참조)이 활용되어야 한다. 이 방법은 총 수명비용을 줄이는 장점이 있다.

18. 가격에 합당한 가치를 확보하기 위해, 시험 프로그램 세트(TPS)를 옮기거나 재 작성해야 할지를 판단해야 할 경우, 사례별로 비용 기반의 분석이 수행되어야 한다. 타당하다고 판단된 경우, 원래 형식의 기존에 사용 중인 시험 프로그램 세트(TPS)를 이동[2]하거나 기존에 사용 중인 ATS로 이동하는 것은 본 방침에 충돌되지 않는다.

19. 관련 유럽 공동체 지시, 영국 법령 및 규정을 충족한다는 증거가 제공되어야 한다. 이것은 특히 시험 대상인 복잡한 무기의 시험 및 안전도에 관련이 있는데, 무기가 알려진 안전 상태에 있고 목적에 부합되며, 시험장비와 무기가 서로에 대해 위험하지 않다는 것을 보증하는 것에 도움이 되기 때문이다.

20. TE의 교정은 국방부의 고객 및 TE 사용자에게 제공된 교정 품질의 신뢰를 제공하여, 모든 TE가 제품의 안전과 목적에 대한 부합성을 고려하여 의도된 역할을 수행할 수 있도록 하기 위한 국방부 방침 (JSP 886 제7권 8.17부)에 따르기 위함이다. 이것은 영국의 국가측정표준이나 영국과 상호인정협정을 체결한 국가에 의해 유지되는 유사한 국가측정표준에 소급될 수 있는 정확도를 가진 측정표준에 대해 규정된 요구사항까지 미리 정해진 주기에 따라 TE를 교정함으로써 달성된다.

관련 규격 및 지침

21. 지침:

a. DES JSC SCM-EngTLS-TM은 ATS에 대한 요구사항, 복잡한 무기 시스템에 대한 피 시험 안전도의 요구사항 및 ATS에 대한 적절한 안전도 케이스에 대한 조언 및 지침을 제공한다.

b. DI 사업팀은 GPTME 및 SPTME의 TE 요구사항에 대한 조언 및 지침을 제공한다.

c. DES JSC SCM-EngTLS-TM은 모든 교정 요구사항에 대한 조언을 제공한다.

d. 지원방안묶음 (SSE) - 핵심지원분야 (KSA) 2 - 지원성 공학

2 이동 - 시험 프로그램을 한 ATE로부터 다른 ATE로 옮기는 것.

22. 관련 규격:

a. JSP 430: 국방부 함 안전도 관리

b. JSP 440: 국방 보안 매뉴얼

c. JSP 454: 육상 시스템 안전 및 환경 보호

d. JSP 482: 국방부 폭발물 규정. 제8장.

e. JSP 509: 시험장비의 관리

f. JSP 553: 군사 감항성 규정

g. JSP 815: 국방 환경 및 안전도 관리

h. JSP 886: 국방 군수지원체계 매뉴얼

(1) 제3권 2부: 계약자 군수지원 (CLS). 제2장: GPTME[3].

(2) 제7권 15부: 게이트키퍼

(3) 제7권 17부: 교정

i. Def Stan 00-56: 국방체계에 대한 안전도 관리 요구사항

j. Def Stan 00-600: 종합군수지원. 국방부 사업을 위한 요구사항

k. Def Stan 02-43: 부수지원장비. 시험장비 및 공구 (카테고리 2)

l. Def Stan 05-57: 국방물자의 형상관리

m. Def Stan 66-31: 전기 전자 측정장비에 대한 기본 요구사항 및 시험

n. BS EN ISO / IEC 9001:2008: 품질관리제도 - 요구사항

o. IEEE 1641: 신호 및 시험정의에 대한 IEEE 표준

p. IEEE 488: 프로그램 가능 계측기의 디지털 인터페이스에 대한 IEEE 표준.

소유권 및 문의처

23. 시험장비의 정책에 대한 소유권은 DES JSC SCM-EngTLS-PEng에게 있다.

a. 문의처:

DES JSC SCM EngTLS-TM

Tel: Mil: 9679 82690, Civ: 030679 82690

b. 문서 편집자:

DES JSC SCM-SCPol-편집팀

Tel: Mil 9679 80953, Civ: 030679 80953

3 방침은 수리 가능한 GPTME만 참조한다.

제2장

사용자 접근 장치 (UAD)

배경

1. 본 자료 내의 사용자 접근장치(UAD)는 다른 시스템과 인터페이스하고, 데이터를 받아들이고, 프로그램 된 작업을 수행하기 위해 설계된 프로그램 가능 컴퓨터이며, 이런 작동의 결과를 전시할 수도 있다. 이 장치는 랩톱, 휴대형 및 태블릿 등 여러 가지 형태를 가지는 다기능 휴대용 기기이다.

2. UAD는 지원장비(SE) 또는 시험장비(TE) 또는 둘 다로서 활용될 수 있다.

그림 2: 지원 및 시험장비 역할의 사용자 접근장치

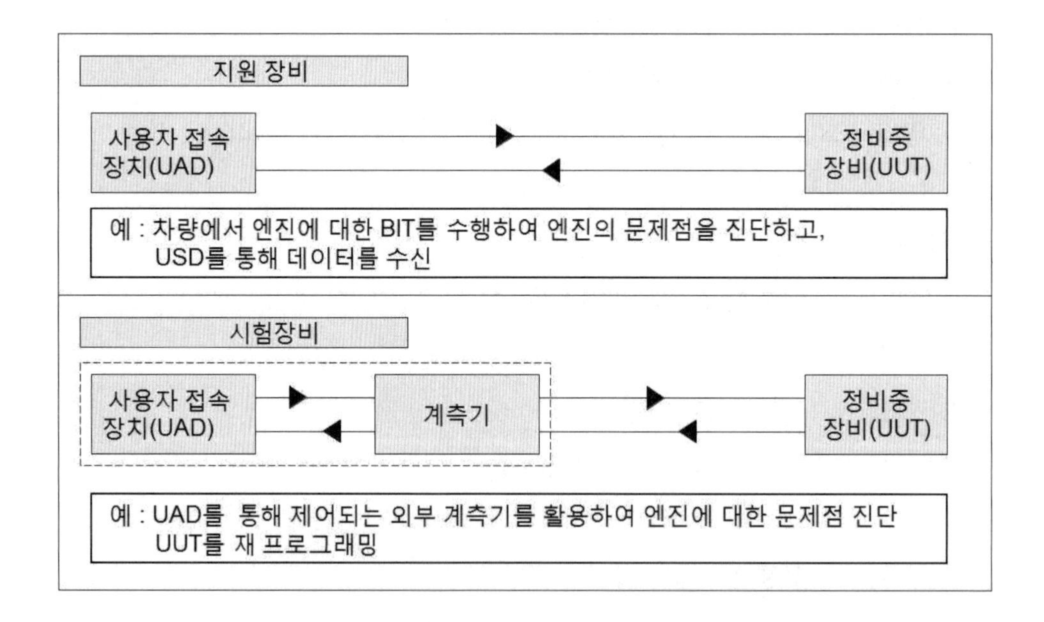

요구 조건

3. 국방 분야 내의 움직임은 국방부의 정보 기반시설의 합리화에 대한 것이다. 여기에는 국방분야 전체에 걸쳐 망으로 연결되거나 되지 않은 정보 기반시설의 통합이 포함된다. 따라서, DII는 국방부의 운영을 하나의 조직으로 지원하는 핵심 정보 서비스에 대한 기반구조의

선택이다.

4. 다양한 응용 분야에 활용될 수 있는 다기능과 함께 UAD의 향상된 기술진보로 인해, 이것은 수 많은 능력 도메인에 걸쳐 합리화와 통합에 대한 기회를 제공한다. 이로 인해, 사업팀은 국방부가 힘을 쏟을 수 있는 구매와 수명주기비용 측면에서 경제 규모로부터 오는 이익을 얻을 수 있다. SE 또는 ATS 방안의 하나로서 UAD를 구매하는 경우, 사업팀은:

a. 가장 먼저, DII 가 제공한 방안을 찾아보고,

b. DII 방안이 없거나 적절하지 않을 경우, 사업팀은 'DII 면제 방침' (DIN 2011DIN05-028)에 따라 DII 면제를 신청한다.

c. DII 면제 승인을 받은 사업팀은 자신들의 필요성과 보급 및 수명주기지원을 위한 집중화된 구매 시스템을 향한 국방부의 노력 모두를 만족하는 일반적인 지원 UAD 방안의 제공을 위해 지원 UAD 게이트키퍼인 Log NEC와 접촉한다.

5. 지원성 분석의 하나로서, DII가 제공된 기존의 국방부 UAD 방안이 고려되어야 한다. 만약 DII 방안을 이용할 수 없을 경우, 분석 프로세스는 JSP 886 제7권 8.15부: '공통 방산물자 활용에서 게이트키퍼의 역할'의 요구사항인 게이트키퍼로서 역할을 하는 Log NEC에 의해 관리된다.

6. 제1장에서 설명한 JSP 509에 제공된 정보에 대한 인식도 필요하다.

UAD 구매 문의처

7. UAD 구매를 위한 문의처는 아래와 같다:

a. DII 문의처: 현지 ISS 대표자.

b. Log NEC POC: DES Log NEC Front Door.

JSP 886 Volume 7: Part 8.07, Support Equipment

Version 1.1 dated 02 Nov 12

JSP 886

국방 군수지원체계 교범

제7권

종합군수지원

제8.07부

지원 장비

개정 이력		
개정 번호	개정일자	개정 내용
1.0	26 Oct 12	초도 출판
1.1	02 Nov 12	4페이지: 하위 절 I: 제품이 장비, 서비스, 체계 또는 체계의 체계로 정의되어 있음. 삭제됨.

Contents

제1장

지원 장비 611

제1장

지원 장비

배경

1. 본 자료는 국방부 종합군수지원(ILS) 정책에 따라 장비의 효과적인 수명주기지원을 위해 필요한 지원장비 (SE)에 관련된 방침과 지침의 핵심 포인트를 제공한다.

2. JSP 886 제7권에서 지원 및 시험장비 (S&TE)에 대한 방침 요구사항은 두 부분에서 다루는데, 본 자료는 SE에 대해서 그리고 8.06부는 자동 시험 시스템(ATSP를 포함한 시험장비 (TE)에 관한 것을 다룬다.

그림 1 : 지원 장비 & 시험장비 및 교정의 구성

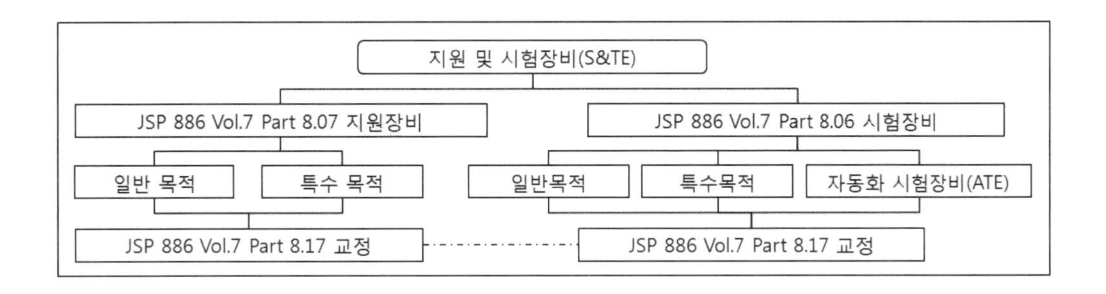

3. Def Stan 00-600에 정의된 지원 및 시험장비 (S&TE)는 제품의 운용 및 정비를 지원하기 위해 요구된 모든 장비 (이동식 또는 고정식)를 말한다. SE는 지원 및 시험장비 (S&TE)의 ILS 요소 중의 하나이며, 아래와 같이 구분될 수 있다:

a. 사업관련 - 특정한 제품을 지원하기 위해 제공됨.

b. 사업 비 관련 - 여러 가지 제품형태를 지원하기 위해 제공됨.

c. 또한, 이것은 다음과 같이 분류될 수도 있다:

(1) 일반 - 여러 가지 제품 형태를 지원하기 위해 이용되는 동일한 품목

(2) 특수 - 특정한 제품 형태를 지원하기 위해 이용되는 품목.

4. '가격에 합당한 가치' 방안을 제공하고 재고를 완전히 활용하기 위하여 가능한 한 특수 SE

대신에 일반 SE를 사용하는 것이 국방부 방침이다.

5. SE는 단순한 공구에서부터 복잡한 ISO 컨테이너형 작업장까지 다양한 범위를 포괄한다. SE에는 아래 항목들이 포함된다:

a. 공구 키트 및 공구 세트를 포함한 수공구

b. 실장비 정비 또는 장비외 정비용 지원장비

c. 지상 지원장비

d. 항공기 피뢰기 장치

e. 가스 및 냉각 장치

f. 작업장 공구 및 장비

g. 창고 장비

h. 특수 검사장비 및 창 정비 공장 장비

i. 자재 취급 장비 (MHE).

j. 공기 조화기, 환경제어 유니트, 범용 발전기

k. 배치 가능한 기술지원방안 (DTSS).

l. 감압 및 가압 챔버

m. 고공작업 장비

n. 리프팅 장비

수공구

6. 수공구는 일반 또는 특수로 분류된다. 대략 25,000가지의 일반 수공구, 공구 키트 및 공구 세트가 있으며, 이들은 DE&S '군사장비 공구 방안' DESLEGSG-DI-METS-OutputMgr@mod.uk에 의해 중앙에서 지원된다.

작업장 공구 및 장비

7. 작업장 공구 및 장비는 다음과 같이 분류된다; 제작용 (용접, 납땜, 목공 및 금속 세공), 작업장용 (세척, 구성품 세척, 용액 수거), 정비소용 (리프팅 장비, 주유, MoT 시험, 서비스 장비, 차량 리프트 및 잭), 창고용 (걸이, 체인 및 결박용 키트) 및 공구 (공압, 전기 및 탈수기). 이들은 DE&S '작업장 공구 및 장비' DESLEGSG-DI-WTE-OutputMgr@mod.uk 에 의해 중앙에서 지원된다.

방침

8. ILS가 JSP 886 제7권에 따라 모든 제품 획득에 적용되도록 하는 것이 국방부의 방침이다. SE는 ILS의 하나의 구성 요소이며, 본 자료는 사업팀(PT)이 어떻게 SE 방안[1]을 식별하고 개발하는지를 설명한다.

9. 사업팀은 새로운 SE의 개발을 최소화하고 기존 정부 또는 상용 SE[2]의 사용에 보다 많은 주의를 기울여 SE가 재고에 확대되는 것을 막아야 한다.

우선순위 및 권한

10. 군수지원 절차에서 지원분야 군수정책의 소유권은 국방물자국장(CDM)의 프로세스 기획자로서 국방군수운용참모차장(ACDS Log Ops)에게 있다. 이 역할은 국방군수위원회(DLB) 산하의 국방군수정책실무그룹(DLPWG) 및 국방군수조정그룹 (DLSG)을 통하여 이루어진다.

11. 사업팀은 모든 카테고리 A–D 사업 및 긴급운용요구 (UOR)에 대한 효과적이고 일관성 있는 지원방안 개발을 뒷받침하는, SSE에 의해 제시된 핵심 방침을 지원방안 개발이 충족하는지를 평가해야 한다.

요구 조건

12. SE를 구매하는 사업팀 내의 사업 ILS 관리자는 장비가 안전 '주의 의무'를 만족시키고 모든 환경 문제를 나타내야 하는 모든 규제 요구사항을 충족하도록 해야 한다. 이 필수 요구사항에는 아래 항목 등이 포함된다:

a. 1993년 이후 구매된 모든 SE는 CE Directive 93/EEC를 따르기 위해 유럽 CE 마크를 획득해야 한다.

b. SE는 사용 또는 운용될 예상 환경에 대해 유럽 및 영국 보건안전법령을 충족해야 한다.

c. SE는 적절한 지침 (JSP 375, 430, 454, 520, 553 및 기타)에 충족함으로써 관련 '기능 안전 위원회'의 요구사항을 충족한다.

d. SE가 상용 안전 인증을 저하시킬 수 있는 성질이거나 그런 환경에서 이용되는 경우, Def Stan 00–56을 충족하는 '안전성 케이스'가 요구된다.

e. 1.5바 이상의 압력으로 용액을 포함한 SE의 경우, 고압장비지침 (PED)[3]을 충족해야 한다.

f. 리프팅 장비[4]의 경우, 모든 리프팅 장비 운용 및 리프팅 장비 규정 그리고 모든 다른

---

1 SE 정책은 JSP 886 제7권 8.06부에 포함된 시험장비 정책과 밀접하게 연결되고 상호보완적이다.

2 사업팀은 국방부 내 SE의 사용과 상호운용성을 극대화하여 플랫폼, 사업 또는 장비의 요구사항을 충족하는 가장 비용 대 효과가 높고 효율적인 방안을 제공하도록 중앙집중식 구매와 재 보급 전략을 채택한다.

3 고압장비지침(97/23/EC)은 1997년 5월 유럽 의회 및 유럽 평의회에 의해 채택되었다.

4 일반적 용어인 '리프팅 장비'는 리프팅 운용 및 리프팅 장비 규정 1998 (LOLER 1998에 '부하를 올리고 내리는 작업용 장비이며 고정, 장착 및 지지하는데 이용되는 부착물을 포함한다'라고 정의되어 있다. 이 정의는 리프팅 기계 및 리프팅 장치를 모두 포함한다.

내부 규정[5]을 장비 정비 부분에 나타내야 한다.

g. SE는 환경 영향에 대해 평가되어야 하며 JSP 418에 따라 승인되어야 한다.

핵심 원칙

13. 사업팀은 S&TE 계획[6]이 수립되어 정기적으로 검토, 최신화 되고 지속적으로 국방부 방침에 충족되도록 한다. S&TE 계획은 수명주기 관리계획에 포함된다.

14. 특수 SE를 요구하는 체계를 구매하는 사업팀은 해당 SE의 획득, 자금 및 수명주기지원에 대한 책임을 진다.

15. S&TE 계획 개발 시, 사업팀은:

a. 우선 먼저 SE 개발/획득을 위한 지원을 요청하고 적절한 관문과 함께 한다는 증거를 보여준다 – JSP 886 제7권 8.15부: 공통 국방물자 활용의 관문 역할 (ILS 표준화 프로세스).

b. SE가 최적화되고, 장비 가용도에 대한 고객의 요구사항을 충족하도록 한다.

c. SE 계약에 적절한 교정 정보, 매뉴얼, 도면, 사양서 및 인증 요구사항이 포함되도록 한다.

d. SE의 용도 및 성능이 유해 환경, 목적 적합성, 안전성 등에 관한 모든 관련 규정을 충족한다는 증거를 보여준다

e. 새로운 SE의 개발을 최소화하고 기존 정부 또는 상용 SE의 사용에 보다 많은 주의를 기울여 SE가 재고에 확대되는 것을 막아야 한다. 이것은 아래 항목에 의해 이루질 수 있다:

(1) 기존 SE의 식별

(2) 기존 SE의 적용성 확대

(3) SE의 기존 품목을 개조

관련 규격 및 지침

16. 아래 문서는 SE와 관련된다:

a. JSP 375: 국방부 보건 안전 핸드북

---

5 JSP 375: MOD 보건 및 안전 핸드북 및 AESP 2590-E-100-013: 육상 환경에서 리프팅 및 복구 장비의 관리. AP 119K-0001-2: 리프팅을 위한 리프팅 장비 및 부속품. 연국 공군 지원국, 일반 명령, 특수 지침 및 서비스 수정.

6 S&TE 계획은 공구 및 시험장비 소요를 도출하기 위해 '경제적 수리수준분석(LORA)' 또는 정비업무분석(MTA)을 수행하여 요구된 지원장비를 식별하는 계약자/원제작사(OEM)에 의해 제공된다.

b. JSP 418: 국방부 단체 환경보호 매뉴얼

c. JSP 509: 시험장비의 관리

d. JSP 886 제7권: Part 08.06: 시험장비 (TE).

e. JSP 886 제7권 8.15부: 공통 국방물자 활용의 관문 역할 (ILS 표준화 프로세스).

f. JSP 886 제7권 Part 08.17: 교정

g. Def Stan 00-56 국방체계의 안전관리 요구사항

h. Def Stan 00-600 종합군수지원. 국방부 사업을 위한 요구사항

i. AESP 2590-E-100-013: 육상환경에서 리프팅 및 복구 장비의 관리

j. AP 119K-0001-2: 리프팅을 위한 리프팅 장비 및 부속품, 영국 공군 지원국, 일반 명령, 특수 지침 및 서비스 수정.

소유권 및 문의처

17. 본 자료에 대한 소유권은 Director Joint Support Chain (D JSC)에게 있다.

18. Head of Supply Chain Management (Hd SCM)은 D JSC를 대신하여 JSC 정책의 관리에 대한 책임을 진다.

19. 본 문서에 대한 정책의 스폰서는 DES JSC SCM-EngTLS-PEngr이다.

20. 본 지침의 내용에 대한 문의는 아래 창구로 한다:

a. 기술적 내용에 대한 문의:

DES JSC SCM-EngTLS-TM-TEC

Tel: 군: 9679 82690, 민: 030 679 82690

b. 편집팀에 대한 일반적 문의:

DES JSC SCM-SCPol 편집팀

Tel: 군: 9679 82700, 민: 030 679 82700

JSP 886 Volume 7: Part 8.08 Facility and Infrastructure

Version 1.1 dated 02 Nov 12

JSP 886

국방 군수지원체계 교범

제7권

지원 엔지니어링

제8.08부

시설 및 지원 기반

개정 이력		
개정 번호	개정일자	개정 내용
1.0	06‘ 06.21	JSP 586 볼륨 2 파트 8
1.1	10‘ 8. 14	JSP 886 볼륨 7 파트 8.08로 업그레이드 되었음
1.2	‘11 12. 2	JSP 제목의 변경
1.3	‘13 2. 12	양식 및 POC의 미미한 변화

Contents

제1장

제1장

시설 및 하부조직

배경

1. '하부조직'이라는 용어는 Defense Lines of Development(DLOD)에서 '국방 역량의 지원 내의 모든 고정, 영구 구조, 건조물, 재산, 장비 및 시설 관리 서비스의 (강/약 시설 관리 (FM) 모두) 획득, 개발, 관리, 그리고 처분'으로 규정되어있다. 이는 재산 개발 및 민관 인원을 지원하는 구조물을 포함한다. 달리 확인되어있지 않으면, 장비 프로젝트와 프로그램 또는 그것들의 지원 활동은 시설 및 하부조직에 영향을 끼칠 것으로 가정된다.
2. 통합 군수 지원(ILS) Def Stan 00-600이 시설을 규정하기를 장비를 통합, 작동, 유지하기 위해 요구되는 모든 물리적인 하부조직을 의미한다. 요구되는 시설은 군수 지원 분석 (LSA) Volume 7:Part 3의 적용을 통해 결정되어야한다.

권한

3. 시설 및 하부조직의 개발 및 지원을 관리하는 권한은, ILS 절차 및 방법론의 일환과 Def Stan 00-600에 구상된 대로 DE&S 기업 경영 포탈에서 공표된다.
4. DE&S 내에서, 하부조직과 재산 경영에 대한 위임은 DE&S 하부조직 대표에게 부임된다. 각각의 최상위 급 예산은 각각의 고객 재산 조직 (CEstO)이 있고 DE&S 하부조직의 대표는 DE&S CEstO의 대표이다. CEstO는 DE&S 재산 정책 및 전략의 전례를 제공하고 국방 재산 내에 있는 DE&S 1인 경영 담당자다.

위임된 요구사항

5. 시설 및 하부조직에 관한 위임된 요구사항은 없다, 하지만 관리자들은 시설과 하부조직을 개발하는 책임이 있고 Def Stan 00-56에 있는 국방 시스템에 대한 안전 관리 요구사항의 지침을 따라야한다.
6. 각각의 프로그램은 특정 시설 및 하부조직의 위임된 요구사항을 갖고 있어야한다.

보증 및 절차

보증

7. CEstO가 필요 프로젝트 승인/보증을 제공하고 하부조직 개발선 (ILOD)이 장비 승인 안에 놓으려하면, DE&S 기업경영 포탈이 프로젝트 팀(PT) 리더에게 초기 단계의 (즉 개념) 하부조직 리더와 협의하는 것을 요구하고 있다.

8. 승인/보증 기능은 해결안이 Governing Policy 2.1. Guidance for Assurance와 독립적으로 보증되고 JSP 886 Volume 1 Part 3: Support Solutions Envelope에서 찾을 수 있는 MOD 재산 개발 계획과, 주최자 CEstO의 설립 계획과 시종 일관되고 확인하는 것이 중요하다.

9. GP 2.1 (ILS 프로세스 및 지원 솔루션 개발)은 외부적으로 지원개발팀에 의해 배송의 위험을 확인하고 시종 일관된 지원 솔루션의 공급에 지원함 으로써 평가된다.

10. 하부조직의 리더는 DE&S 내에서 하부조직 PT 사업 케이스(BC) 및 투자 감정의 조사 및 승인/보증을 보장하는 책임이 있다. PT는 투자 승인부의 승인을 원하는 Cat A-C BC를 지원하는 DE&S 승인 지원 팀 (AST)과 연락을 취해야한다. AST는 DE&S 투자부 절차와 Through Life Investment Assurance(TLIA) 체제에 대한 책임이 있다.

절차

11. 새로운 또는 현존하는 것의 개조된 설비는, 주로 고가이고 긴 소요기간을 요 한다. PT는 군수 지원 분석 (LSA) 절차가 설계에 영향을 줘서 신 설비 또는 현존 시설에 대한 개조 소요를 최소화 해야 한다.

12. 설비 요구사항을 구분하는 PT와 하부조직 및 설비 솔루션을 제공하는 방위 재산 (DE)의 각별한 관계로, PT는 DE&S의 하부조직의 리더와 프로젝트의 초기 단계에 논의할 필요가 있다.

13. 기본 설비 및 하부조직 요구사항의 확인은 LSA 절차에 의해 지휘될 것 이다. DE&S와 DE의 설비 및 하부조직의 지급 의존도로 인해 프로젝트 팀은 관심의 초점을 CEstO와 DE가 프로젝트의 존속 기간 동안 논의할 것을 정해야 한다.

14. 임무 분석은 검사, 훈련, 작전, 정비 동안 장비 획득에 요구되는 설비를 확인한다. LSA 진행으로 발생하는 설비 자료는 설비 요구사항, 설계, 분야, 비용, 소요 기간 등의 확인 및 묘사를 포함한다.

15. 군수 프로세스 소유권자로서, 국방 자재 과장은 (CDM) 반드시 DE&S의 국방 군수 역량에, 최전방 및 MOD의 다양한 사업 결과물에 기여할 수 있는 능력에 자신이 있어야한다. 이 CDM을 달성하기 위해 결론적으로 이 재산 사업 절차가 효과적이고, 분명한 방법으로 작동하고 DE와 효과적으로 협력 되는가 요구한다.

16. 획득 경과로써, 이전에 확인된 설비 요구사항은 정련되고 최신화 되었고, 설비 프로젝트가 확인되고, 지원 문서가 준비될 수 있다. 지원 설비 도면, 현장 개관, 제작된 현장 평가 보

고와 LSA는 사용되어서, 시스템 또는 장비 설계가 정련됨에 따라, 설비 요구사항을 규정하고 확립하는데 사용될 수 있다.

중요 방침

17. 국방 재산 (DE)는 재산 포트폴리오에 대한 책임이 있는 MOD 기관이고 국방 재산 개발 계획 (DEDP)의 연간 발행에 상술된 MOD 재산 전략의 저자이다. DE의 비전은 '적절한 크기와 품질의 재산을 제공해서, 승인된 최고 실시와 조화하고, 사회 및 환경 고려에 민감해서 국방 소요에 재산 솔루션을 공급해줘야 한다.

18. 장비 프로젝트에 필요한 하부조직은 (재산 공급, 건설 작업, 정비 등)은 다음에 의해 인도될 수 있다:

 a. 재산 배송 프로그램 (핵심 작업/핵심 서비스) CEstO/DE 또는:
 b. 'Hybrid Project'로 알려진 장비 프로젝트 (최초 계약자, PFI 또는 PPP) 또는:
 c. 2 프로젝트의 결합.

19. 하부조직 개발선(ILOD)는 하부조직(재산) 요구사항을 고려해서 장비 프로젝트를 지원해야 한다. 이는 이 프로젝트에 의해 영향 받는 MOD에 의해 제공되었건 또는 조달 파트너 (PPP/PFI)에 의해 제공되는 모든 하부조직의 국면을 고려해야한다:

 a. 재산 공급 (획득 또는 판매, 차용 또는 고용).
 b. 건설 작업 (새로운 구조 또는 refurbishment).
 c. 수명 관리.
 d. 정비 (설비 관리).
 e. Soft Service의 공급 (세척/케이터링).
 f. 할당 영역의 사용.
 g. 지속가능한 개발.
 h. 자산의 폐지 및/또는 처분 또는 최후의 양도).

20. 설비와 하부 조직은 핵심 구성품이고, 최초의 장비 요구사항으로부터 반드시 설계되고 제작되어야한다. 함께 이것들은 중요한 성능 지표이고 이용도, 지원성, 지속성 및 비용 등을 지지한다.

21. 통합된 군수 지원(ILS) 원칙은 장비 및 하부조직 문제에 모두 적용되고, 장비 및 관련 하부조직 용소의 최초로부터 형상 관리(CM)의 적용 (JSP 886 Volume 7 Part 8.1), 절차, 및 결과적인 폐기에 적용된다. JSP 886 Volume 7 Part 2, Paragraph 29를 참고해라.

정책

22. 설비 및 하부조직 요구사항은 최대 고려 와 장비 성능, 비용, CADMID/CADMIT 주기

중의 프로젝트 시간척도를 고려해야한다.

23. 설비 및 하부조직 요구사항은 최초 게이트 (IG)와 주 게이트(MG) 사업 케이스 및 승인 당국의 투자 평가에 중점을 두어 다뤄야한다.

24. 완전히 구분된, 가격이 책정된, 관련 문제 전문가(SME)에 확증을 받은 요구사항만 CEstO에 의해 DE와 함께 고려되어서, 적용 가능할 경우 지역 최초 계약 (RPC)에 포함될 것 이다.

25. PT 리더는 CEstO와 DE와 프로젝트의 기간 동안 내내 연락을 취할 적임의 초점을 임명해야한다.

관련 표준 및 지침

26. 시설 및 하부조직이 새로운 장비가 작동될 때 그 자리에 있도록 보장하는 것은 통합 군수지원 과장 (ILSM)의 책임이다. 다음 참조는 적용 가능하다:

a. 획득 경영 체제 (AOF).

b. CEstO BC 형판 및 안내.

c. 승인 지원 팀

d. DE&S 지속 지시사항.

e. JSP 886 Volume 7 Part 2:ILS Manual Chapter 00.09.

f. 긴급 작전 요구사항 지침 지속 지시사항: 지침은 하부조직을 포함함.

소유권 및 연락처

27. 설비 및 하부조직에 대한 정책은 DES JSC TLS-Pol-DHd에 의해 지원된다.

상세 연락처

28. 상세 연락처는 다음과 같다:

a. 문서의 기술적인 내용에 대해서:

Core Works Fleet – Infra Core Works Programme Manager.

Email: DESInfraCoreWorkProgMgt2@mod.uk

Tel: Mil: 9355 Ext 68405. Civ: 01225 868405.

b. 문서의 표시와 접근성과 관련된 문제:

Document Editor: DES JSC SCM JSP 886 Editor.

Email: DESJSCSCM-JSP886@mod.uk

Tel: Mil: 9679 Ext 80953. Civ: 030679 80953

c. 추가적인 DE&S 하부조직 수뇌부 초점은:

(1) Core Works JSC&PT's-Infra Core Works Programme Manager.

DES Infra−CW Prog Mgr 2. Tel:9355 Ext 68405.

(2) Core Works Fleet−Infra Core Works Programme Manager.

DES Infra−CW Prog Mgr 1. Tel: Mil 9355 Ext 67693.

(3) Core Services−Infra Core Services Minor New Works.

DES Infra−Core Svs MNW. Tel: Mil 9355 Ext 68658.

설비 및 하부조직 통합 활동

획득	활동	제품	책임
개념	OA 모형을 만들어서 실질적인 설비 및 하부조직 요구사항을 인도함.	OA 보고서	CAP
	컨셉 페널을 만들어서 설비 및 하부조직 요구사항을 보내라.		CAP
	작전 경위를 규정해라	임무	CAP
	진보적인 확증 프로세스를 시작		CAP
	고급 설비 및 하부조직 요구사항을 결정해라	KUR(s)/URD	CAP/ CEstO
	설비 및 하부조직 요구사항에 대한 IAB 허가를 획득	최초의 Gate Business Case	CAP/CEstO
평가	프로젝트 페널을 형성해서 설비 및 하부조직 요구사항을 관리해라.		PTL/DE
	설비 및 하부조직 요구사항이 어떻게 인도되는지 윤곽을 그려라.		DE
	고급 진보적 확증 프로세스		PTL
	설비 및 하부조직 요구사항을 정련	URD	PTL/CEstO
	설비 및 하부조직을 요구사항에 대한 IAB 승인을 얻어라.	Main Gate Business Case	PTL/CEstO/AST
증명	설비 및 하부조직 요구사항을 관리하기 위해 프로젝트 패널을 유지.		PTL/DE/ CEstO
	성능, 가격, 시간 변수가 충족되도록 보장		PTL/DE
	어떻게 설비 및 하부조직 요구사항이 충족될지 결정	계획	DE/PTL
이동/ 제작	DE는 TLB에 요구사항의 산정, 배송, 양도를 관리한다.	프로젝트 관리	DE/CEStO/ PT
작동-중	설비 및 하부조직을 관리	RPC/WSMI	DE/HofE
	진보적인 보증을 제공	PTL	PTL/Supplier
종결/ 처분	설비/하부조직이 요구되지 않는 것을 확인	CEStO에 신고	CEStO/DE

JSP 886 Volume 7 Part 8.09 Human Factors Integration

Version 1.2 dated 09 Jan 12

JSP 886

국방 군수지원체계 교범

제7권

종합군수지원

제8.09부

인간 요소 통합

개정 이력		
개정 번호	개정일자	개정 내용
1.0	04 Nov 09	초판 발행
1.1	22 June 11	문의처 정보 최신화.
1.2	09 Jan 12	JSP 제목 변경 및 문서 최신화

Contents

제1장

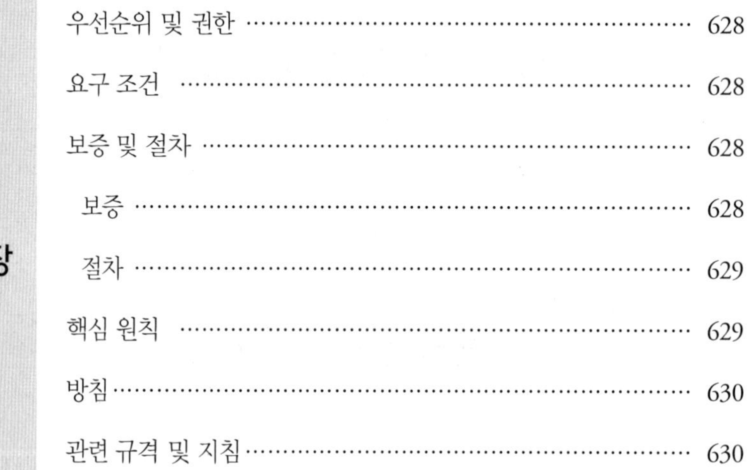

Ministry
of Defence

제1장

인간 요소 통합

배경

1. 본 자료는 국방부의 인간요소 통합 (HFI) 정책 지침과 지원방안묶음 (SSE) 관리 정책에 대한 핵심 포인트를 제공한다.

우선순위 및 권한

2. HFI 이행을 위한 절차는 DE&S Corporate Governance Portal Index – 지원방안 개발: KSA 2, 종합군수지원으로부터 공표된다.

요구 조건

3. 국방부의 법적 주의의무를 충족하기 위해, 사업관련 및 장비관련 필수 요구사항은 제품/장비 기준으로 고려되어야 한다. HFI는 제품의 효과도 및 안전성 또는 인도되는 서비스에 영향을 준다.

보증 및 절차

보증

4. HFI 데이터 관리 방침에 대한 보증의 세부내용은 지원방안묶음 (SSE), 관리방침 2.9 내에 획득운용체계(AOF)상에 제공된다.

5. HFI 관리 방침은 전술 레벨의 AOF에서도 발견된다:

http://www.ams.dii.r.mil.uk/aofcontent/tactical/hfi/content/hfi_pga.htm

6. 보증(Ensurance): 은 지원방안의 개발평가로서 사업팀에 의해 실시되는 내부 검증이다.

7. HFI는 사업팀에 의해 관리방침 2.1에 대해 별도로 보증되는 ILS 프로세스의 일부 요소이다. 보증에 대한 지침은 JSP 886 제1권 3부 SSE에 서술되어 있다. 보증은 별도로 수행될 수 없으며, 집합적으로 수행되어야 한다.

8. 보증(Assurance): 관리방침은 일관성 있는 지원방안의 인도와 이의 제공 지원에 대한 위험을

독립적으로 식별하는 '인간요소 사안별 전문가'에 의해 외부적으로 평가된다.

절차

9. 사업 그룹은 확립된 사업개념 및 목표에 대한, 그리고 확립된 '용도의 배경' 내에서 '인간-관련' 고려사항을 식별하고 문서화 한다.

10. HFI는 모든 영역과, 식별 및 경감된 각 영역 내의 '인간 관련' 고려사항에 걸쳐서 고려되어야 한다. 따라서, 후속적으로 요구된 HFI 노력의 수준을 결정하기 위하여 확실한 고려사항의 평가가 있어야 한다.

11. HFI 공급자는 인간-관련 고려사항이 어떻게 나타내어져야 하는지에 대한 HFI 계획(HFIP)을 포함한다. HFIP는 인간 요소를 체계 엔지니어링 프로세스에 통합하여 구조를 식별하기 위하여 만들어진다. HFIP는 HF 활동에 대한 활동, 전략 및 출력정보도 서술한다. 이 활동은 개별 사업의 요구를 충족하기 위해 테일러링되어야 한다.

12. 주요일정/결과서/수락시험이 서술되어야 충족성이 보장된다. 주요일정/결과서/수락시험은 자체적인 충족성을 보장하지 않으며, 보증에 의해 이루어진다.

13. HFI 방침 지침은 획득운용체계 (AOF) 상에서도 확인할 수 있으며, Def Stan 00-250 ' 체계 설계자를 위한 인간요소' 및 JSP 912 '국방체계에 대한 인간요소 통합'에 수록된다.

핵심 원칙

14. HFI는 능력의 기술 및 인간적 두 측면의 조화로운 통합을 보장하기 위해 인간-관련 고려사항의 식별, 추적 및 해결에 대한 체계적 프로세스이다.

15. 요구된 인원 수와 숙련도 그리고 이 인원이 운용을 해야 하는 환경으로부터 인력 활용의 고려사항. HFI는 인간공학, 심리학, 생리학 및 기타 분야로부터 이론, 방법 및 연구결과를 방위 시스템의 설계에 적용하는 엔지니어링 분야이다. 많은 인간-관련 과학으로부터 개념, 이론, 데이터 및 실행을 같이 제시하는 복합적 분야이다. 이것은 장비 및 운용 환경의 설계 반영에 관련되며, 안전성, 인간의 효율적인 이용 그리고 신뢰성 있는 총 체계 성능을 촉진한다.

16. 필수 성능 및 안전성 수준의 사양서와 시연을 지원하기 위해 강력한 HFI 요구사항이 획득 및 지원계약에 포함하는 것이 필수적이다. 세부 사항은 Def Stan 00-250 '체계 설계자를 위한 인간 요소'를 참조한다.

17. 종합군수지원 프로세스가 개시된 경우, HFI 계획 및 출력정보는 전체 군수 출력정보 및 군수지원분석기록 (LSAR)에 기록된 데이터에 포함되어야 한다. HFI의 주요 출력정보는 설계 및 안전성 분야에 반영하는 것으로 인식된다.

방침

18. HFI 방침은 방위체계의 설계 및 개발에 인간 요소를 적용할 때 지켜져야 한다. 영역은 Def Stan 00-250 8.18부에 각각 상세히 포함되어 있다.

19. 아래 항목은 국방부의 방침이다:

  a. HFI 내의 절차 및 프로세스는 수명기간 동안 모든 사업에 적용된다.

  b. HFI는 비즈니스 케이스의 최초 승인 및 최종 승인에서 투자 승인 위원회의 만족을 얻도록 제시되어야 한다.

  c. 면밀한 HFI 요구사항이 모든 구매 및 지원계약에 포함되어야 한다. 성세한 내용은 00-250의 0부를 참조한다.

  d. 점진적 보증은 계약적 HFI 요구사항이 개념, 평가, 시연, 제작, 사용 및 폐기 단계 동안 충족되는 것을 시연하기 위해 이용된다. 이를 위해, 필요한 HFI 활동이 예산 지원을 받을 수 있도록 적절한 자원이 필요하다.

20. HFI의 모든 측면이 포괄적으로 밝혀지도록 하기 위해, 유능한 HFI 리더는 설계 프로세스에 기여하거나 HFI 사안별 전문가와 접촉 또는 외부 조건을 구할 것이다. 자세한 사항은 'HFI 역량'을 참조한다.

관련 규격 및 지침

21. 체계 속의 사람 TLCM 핸드북 11월 (2010년 10월 재판) (인간요소 통합 국방기술 센터 (HFI DTC) 홈페이지 참조)

  a. Def Stan 00-250 : 체계 설계자를 위한 인간 요소'

  b. DE&S Corporate Governance Portal Index : 지원방안 개발

  c. 획득운용체계 (AOF), 지원방안묶음 (SSE) 관리정책 2.9.

  d. JSP 886 제1권 3부.

  e. JSP 912 방위체계를 위한 인간요소 통합

소유권

22. HFI에 대한 정책의 스폰서는 DES SE SEIG이다. 본 문서에 관련된 문의는 아래 문의처로 한다:

DES SE SEIG-HFI-Air, #4125, Level 1A, Elm, Abbey Wood, Bristol, BS34 8JH

Tel: 민: HFI-Air+44(0)30679 35578, 군: 9679 35578

E-mail: DESSESEIG-HFI-Air@mod.uk

DES SE SEIG-HFI Land, #4125, Level 1A, Elm, Abbey Wood, Bristol, BS34 8JH

Tel: 민: HFI-Land+44(0)30679 35530, 군: 9679 35530

E-mail: DESSESEIG-HFI-land@mod.uk

DES SE SEIG-HFI-POL, #4125, Level 1A, Elm, Abbey Wood, Bristol, BS34 8JH

Tel: 민: HFI-Pol+44(0)30679 37553, 군: 9679 37553

E-mail: DESSESEIG-HFI-POL@mod.uk

23. 문서의 입수에 대한 문의는 아래 문의처로 한다:

DES JSC SCM-SCPol-ET1, #3139, Cedar 1A, Abbey Wood, BRISTOL BS34 8JH

Tel: 군: 9679 80953, 민: 030679 80953

DES JSC SCM-SCPol 편집팀

JSP 886 Volume 7 Part 8.10 Supply Support

Version 1.4 dated 10 08 2011

JSP 886

국방 군수지원체계 교범

제7권

종합군수지원

제8.10부

보급 지원

개정 이력		
개정 번호	개정일자	개정 내용
1.0	12/09/08	초판 발행
1.1	01/02/10	제7권 5부에서 제7권 8.10부로 명칭 변경.
1.2	27/04/10	기존 방침 반영 최신화
1.3	20/06/11	최신화 방침 반영 및 제2장 추가
1.4	10/08/11	ILS 방침 최신화 반영

Contents

Figure

제1장

보급지원 방침

배경

1. 이 장은 국방부 종합군수지원(ILS) 방침에 따라 효과적인 수명주기 지원(TLS)을 위해 필요한 보급지원(SS)의 적절한 형태와 수준을 선택하도록 하는 정책의 핵심 요소를 제공한다.

2. 보급지원 (SS)은 수리부속 구매, 나토 목록화 및 기술문서(TD)의 생산을 가능하게 하는 엔지니어링 데이터[1]를 이용하여 지원의 기술 및 보급 측면 부분에 연결되는 ILS 내의 기능이다. 비록 SS가 주로 장비의 사용을 위한 도입에 대해 강조하지만, 사용 단계에서 장비와 그 수리부속, 공구 및 시험장비 및 기술문서 간의 형상관리를 유지하는 데에 일상적으로 적용되기도 한다.

3. 장비획득[2] 사업에 대한 SS의 실제적인 적용은 보급지원 절차(SSP)의 제공을 통해 가능해진다. SSP의 목적은 국방부 프로그램 위원회, DE&S 인도팀 및 업체에게 구매 전략과는 상관없이 종합군수지원 계획의 일부로서 SS의 계획 및 이행에 대한 실제적인 지침을 제공하는 것이다.

방침

4. 종합군수지원(ILS)가 모든 장비 획득 사업에 적용되도록 하는 것이 국방부의 방침이다. 이 방침은 JSP886 제7권 1부에 서술되어 있다. 본 방침은 기술 시연 프로그램, 주요 개량, 소프트웨어 사업, 합동 프로젝트, 비 개발 및 상용품 구매사업 등 국방부를 위한 모든 장비의 획득에 적용된다. SS는 ILS의 핵심 부분이며, 본 자료는 SSP를 생성하는 모든 장비 획득사업을 위한 방침을 제공한다.

요구 조건

5. 모든 국방부 장비 획득사업은 관련 법령 및 안전 요구사항을 준수해야 한다. SSP는 특정한 안전성 또는 법적 요구사항을 준수할 필요는 없으나, SS 프로세스의 출력정보는 장비 사용자와 정비자를 위한 안전한 근무 환경을 유지하는 데 필요한 활동에 대해 매우 중요하다.

우선순위 및 권한

6. 군수지원 절차에서 지원분야 군수정책의 소유권은 국방물자국장(CDM)의 프로세스 기획자로서 국방군수운용참모차장(ACDS Log Ops)에게 있다. 이 역할은 국방군수위원회(DLB) 산하의 국방군수정책실무그룹(DLPWG) 및 국방군수조정그룹 (DLSG)을 통하여 이루어진다. ILS 정책에 대한 스폰서[3]가 Hd JSC SCM에게 위임된 본 관리 체계와 대비된다.

7. JSP899: '군수 프로세스 역할 및 책임'은 지원방안이 지원방안묶음 (SSE)에 충족하도록 요구한다. D JSC는 지원방안을 위한 당국의 단일 지점이며, SSE의 스폰서 쉽을 가지고 있다. 사업팀(PT)은 자체적인 내부 지원방안의 보증에 대한 책임을 지며, SSE에 의해 제시된 핵심 방침 및 관리에 충족하는 것을 보여주어야 한다.

8. 모든 장비 획득사업은 ILS 계획의 일부로서 CADMID 주기의 평가단계에서 SSP를 만들어야 한다; 그러나, 그 범위는 '전 수명 기간'이며 아래 그림 1의 출력정보 제공을 위해 설계된 활동을 서술해야 한다:

그림 1 : 보급지원절차의 범위

활동	출력정보	일정
범위 설정	SS 요소 계획	최종 승인(MG) 까지
SS 설계	목록화를 위한 자료 구매 추천정보 초도보급목록 (IPL) 재보급 소요	수리부속 구매, TD 소요 및 구성품 식별 일정을 맞추기 위한 충분한 시간.
SS 인도	군수정보체계 유지 수리부속 인도	군수지원일자 (LSD) 까지
사용 검토	최신화된 수리부속 보유	사업 일정에 따른 형상변경관리위원회

핵심 원칙

9. 비용효율이 높은 자재 관리는 계약 당사간에 일관성 있고 모호성이 없는 데이터의 교환에 의해 이루어지는 체계화된 SS 정보 흐름의 제공에 의해 달성된다. SSP의 핵심 원칙은 아래와 같다:

---

1 지원성 분석(이전에는 군수지원분석으로 불림)의 ILS 프로세스로부터 도출된 엔지니어링 데이터

2 본 자료의 전체에 걸쳐, '장비 획득'은 장비, 정보, 소프트웨어, 장치, 서비스 시스템 및 체계속의 체계를 포함한다.

3 스폰서 - JSP의 내용, 배포 및 출판에 대한 책임을 가진 자 (위임장에 따름). DLPWG 그룹장을 통해 발행되고 관련 규정에 따라 효력을 가진 위임장(LoD)에 의해 정해진 책임.

초도 보급

10. 초도 보급(IP)은 초도 사용기간인 통상 2년 동안 적절한 수리부속 지원을 위하여 필요한 지원품목 및 수리부속[4]을 식별하고, 목록을 작성하여 제시하는 프로세스이다. IP의 주요 출력 정보는 CAMID 주기의 제작 단계에서 '마스터 초도 보급' 목록에 합의된 초도 수리부속의 구매 및 인도를 위한 절차 및 프로세스이며, 군수지원일자 (LSD)를 맞추기 위해 준비된다. 사업팀(PT)은 장비나 플랫폼의 구매 전 또는 늦어도 수리부속의 보급을 가능하게 하기 위해 절차를 마련해야 한다; DEFCON 82는 업체와의 계약에서 이 요구사항을 다루기 위해 이용된다.

목록화

11. 국방 재고목록에 유지되는 모든 품목이 나토 및 영국 국가부호국 (UK NCB) 절차에 따라 고유한 나토재고번호를 할당하여 목록화되도록 하는 것이 국방부의 방침이다. 목록화 요구는 긴급운용요구(UOR)에 의해 구매되는 품목에도 동일하게 적용된다. 나토 목록화 대상품목의 선정은 도해부품목록을 기준으로 한다, 이를 위해 사업팀은:

a. 모든 관련 소스 데이터를 확보하도록 절차가 작동되도록 한다; DEFCON 117은 업체와의 계약에서 이 요구사항을 다루기 위해 이용된다.

b. 계약자가 UK NCB에 소스 데이터를 제공하기 위한 절차를 마련한다.

c. 계약자가 목록화 관련 메시지를 소통하고 데이터를 교환하기 위해 UK NCB의 요구사항을 충족하게 한다.

d. DE&S 사업팀 또는 계약자 군수지원 (CLS) 계약에 의거한 업체 파트너에 의해 공적 자금을 이용하여 구매되어 합동지원계통(JSC)에 들어갔거나 들어갈 것 같은 모든 보급 품목은 NSN으로 목록화 되어야 한다.

e 수리부속으로 구매되거나 나토 목록화된 모든 품목은 관련 기본 재고 시스템(BIS) (예, CRISP, SCCS, SS3)에 등록되어야 한다. 보통, 이것은 ISIS와 연결된 전자보급관리데이터(ESMD)를 통해 자동으로 이루어진다. '품목 데이터 기록'이 일단 만들어지면, 최신화가 되도록 정기적으로 검토된다.

재 보급

12. 재 보급은 소모된 품목을 제 비축하는 일상적 프로세스이다. 수리부속 보충은 수명기간 동안 장비의 가용도를 유지하기 위하여 요구되며, 해당 품목의 구매 납기를 고려하여 발주가 되어야 한다; 여러 부류의 수리부속은 서로 다른 방법으로 관리되는데, 예를 들면, '임수 필

---

4 수리부속은 수리 가능품 및 소모품을 포함한다.

수품', '수리 가능품' 또는 중요한 수리부속은 주도적인 관리가 필요한 반면, 소모성 품목은 관련 BIS에 의해 통상 자동적으로 이루어지는 일상적인 재 보급을 요구한다. 지원방안을 수립할 때, 재 보급 및 수리에 대한 책임 (계약자, 국방부 또는 기타 조직)을 결정하고, 이들이 효율적으로 관리되는 프로세스가 유지되도록 하는 것이 필요하다.

13. 장비 사용 중 용도가 충분히 완성되고, 충분한 수리부속 소모 데이터가 확보되면 향후 수리부속 보유량이 최적화 될 수 있다. 최적화는 규정된 알고리즘 및 모델링 도구를 이용하여 BIS에 의해 가능해 질 수 있다. 아울러, 분석적인 기법의 적용을 통하여 재고의 움직임에 대한 심층적인 이해를 얻을 수 있다. 최적화된 지원계획 (OSP)는 적절한 수준의 장비지원을 제공하여 자원의 이용을 최적화 하는 능력을 DE&S 사업팀에게 제공하는 계획 프로세스이다.

14. 적기에 재 보충을 가능하게 하고 향후의 수리부속 구매 결정을 통지하기 위해 '사용 중' 수리부속 사용의 지속적인 모니터링이 요구된다. 효율적인 수리 루프를 보장하기 위해 수리에 사용된 수리부속의 소모도 모니터링 된다. 효율적인 비즈니스 최적화 절차는 정기적인 '사용 중' 재고 검토를 포함한다.

15. 방산 장비가 수명기간의 끝에 도달하면, 수리부속 재고 및 관련 지원장비의 폐기에 대해 고려되어야 한다. 수리부속 재 보급은 완성품 수량의 감소와 함께 감소된다. 판매, 분해 등 최종 폐기에 대한 모든 옵션이 검토된다.

16. 초도 및 재 보급은 아래의 SS 구매 프로세스에 의해 이루어진다:

a. 구매 계획. 이 프로세스는 공식 견적 및 고객 가격목록을 제시하는 견적요청 방법을 확립한다. 이 활동은 보통 '구매 지불 시스템' (P2P) 시스템에 의해 이루어진다. 구매계획의 출력정보는 계약자의 공식 견적 및 고객 가격목록 제시를 요구하는 PT에 의한 견적 요청과 후속 결정에 대한 것이다.

b. 발주 행정. 여기에는 고객에 의해 공급자에게 발주가 된 시점부터 모든 관련 수정, 전환, 문의, 진행 및 조언 단계를 거쳐 주문된 물품의 인도 확정 때까지 주문의 진행과 연관되어 수행되는 모든 활동이 포함된다. 이 활동은 P2P 프로세스를 이용하여 전자식으로 처리된다. 이 프로세스의 산출물은 고객이 계약자에게 발주를 하고 주문을 진행시키는 사전 협상된 계약 체계이다. 계약 체계는 컴퓨터 시스템 간의 데이터 교환을 위하여 '트랜잭션'이라고 알려진 표준화된 메시지 이용 능력을 제공한다. P2P는 발주와 주문 접수를 위해 컴퓨터 시스템 간의 자동 데이터 교환을 가능하게 하는 표준화 메시지를 이용한다.

c 송장 작성. 주문이 인도되면, 계약자에 의해 지불을 요구하는 송장이 발행된다. 송장은 보통 단수 또는 복수 주문 인도에 대한 개별 요청이다. 이 활동은 보통 P2P 시스템을 이용하여 수행된다.

17. 국방부가 계약자 군수 지원(CLS), 가용도 계약(CfA) 및 능력 계약(CfC) 방식으로 옮겨 가고,

계약자가 수리부속 공급에 대한 책임을 이전 받으면, 이 절차는 적절히 수정된다. 그러나, 궁극적으로 불충분한 사용 가능 플랫폼 또는 장비의 위험이 국방부에 남겨지기 때문에, '부서'에서 향후 보급체계까지의 문제에 대해 살펴보지 않을 수는 없다. 따라서, PT는 제공된 패키지가 운용 가용도를 보장하고 국방부의 구매, 재고 관리, 자산관리 및 회계 시스템의 데이터 교환 및 정보 교환 요구사항을 만족하도록 최적화 되었음을 확신해야 한다.

18. DE&S에 대한 단일 품목 소유권 및 '관문' 역할의 도입의 결과는 하나의 승인된 DE&S 구매원으로부터 공급되는 여러 장비 및 플랫폼에 걸쳐서 이용되는 공통 품목으로 나타난다. 이것은 일부 수리부속이 내부 비즈니스 합의에 의거 장비 사업팀 외부로부터 제공된다는 것을 말 한다.

수리 및 오버홀

19. 수리 및 오버홀 절차는 고장 품목을 사용 가능 품목으로 복구하는 품목 수리의 관리를 다룬다. 여기에는 고객에 의해 수리 요구가 공급자에게 제공된 시점부터 모든 관련 수정, 전환, 문의, 진행 및 조언 단계를 거쳐 수리된 물품의 인도 확정 때까지 모든 활동이 포함된다. 단순한 품목의 경우, 이 활동은 수리부속 보급과 일반적으로 동일하나, 더 복잡한 엔지니어링 관리 품목은 자산관리 시스템을 이용한 보다 능동적인 관리를 받아야 한다.

관련 규격 및 지침

20. 일반적인 SS 조언과 지침은 본 자료에서 얻을 수 있다. 이 지침과 관련하여 이용할 수 있는 몇 가지 참조 문서가 있다:

a. JSP886 : 국방 군수지원체계 매뉴얼:

(1) 제1권 Part 4 : 지원방안 매트릭스

(2) 제2권 Part 1 : 재고관리를 위한 방침 및 프로세스

(3) 제2권 Part2 :사업팀 재고관리 계획

(4) 제2권 Part 3 : 국방재고보급의 품목 단일 소유

(5) 제2권 Part 4 : 영국의 나토 목록화

(6) 제2권 Part 5 : P2P를 이용한 구매 재고

(7) 제3권 Part 2 : 계약자 군수지원

(8) 제3권 Part 3 : Purple Gate.

(9) 제3권 Part 5 : 물자의 취급, 저장 및 수송을 위한 포장

(10) 제3권 Part 7 : 탁송 추적.

(11) 제3권 Part 8: 역 보급계통

(12) 제3권 Part 12: 배치가능 재고

(13) 제7권 Part 1 : ILS 방침

(14) 제7권 Part 2 : ILS 관리

(15) 제7권 Part 3 : 지원분석 (SA) 지침

(16) 제7권 Part 5 : 지원정보의 관리

(17) 제7권 Part 6 : ILS 테일러링

(18) 제7권 Part 8.05 : 기술 문서

(19) 제7권 Part 8.14 : 특수한 식별을 요하는 품목의 관리

b 지원방안묶음 (SSE).

c 전자식 비즈니스 능력 웹사이트

d 획득운용체계 (AOF).

e Def Stan 00-600: 종합군수지원. 국방부 사업을 위한 요구사항.

적용성

21. 본 방침은 CLA, CfA 및 CfC 계약 등 모든 장비 획득사업에 적용된다.

소유권

22. 보급지원 정책의 스폰서는 DES JSC SCM-EngTLS-PEng이다. SS 정책의 입안 책임은 DES JSC SCM-EngTLS-SS에 있으며, DLPWG의 승인을 받는다. 지원에 대한 창구는 아래와 같다:

23. 기술적인 문의 창구:

DES JSC SCM-EngTLS-보급 지원

Elm 2b, #4222, MOD Abbey Wood, BRISTOL, BS 34 8JH

Tel: Mil: 9679 80398, Civ: 030679 80398

24. 편집상의 문의 창구:

DES JSC SCM-SCPol-편집팀

Cedar 1a, #3139 MOD Abbey Wood, BRISTOL, BS 34 8JH

Tel: Mil: 9679 82891, Civ: 03679 882891

Def Stan 00-600 제1부 제2부 제3부 제4부 제5부 제6부 제7부 제8부 제9부 제10부

제2장

보급지원 조언 및 지침

1절: 개요

목표

1. 본 자료의 목적은 획득 그룹[5]에, 특히 국방 장비 및 지원 (DE&S) 사업팀(PT) 내의 종합군수지원 관리자 (ILSM)에게 ILS 프로그램 내에서 수명기간 동안의 보급지원(SS) 절차 계획 및 이행을 위한 실무적 지침을 제공하기 위한 것이다. 새로운 장비가 사용자에게 인수되었을 때 지원이 가능하고 지원을 받을 수 있도록 하기 위해 SS 절차 (SSP)가 포괄적으로 계획되고 이행되게 하는 것은 ILSM의 책임이다.

적용 범위

2. SS는 CADMID[6]획득 주기에 걸쳐 장비지원에 필요한 수리부속, 공구 및 시험장비의 식별을 가능하게 하는 기능이다. SS는 완전히 최적화된 합동 지원체계[7]가 작동되게 하기 위해, 사용 단계 내내 필요한 관리 정보를 제공할 수 있도록 평가 및 시연단계에서 수집된 엔지니어링 데이터가 충분히 활용되도록 하기 위해 종합군수지원 및 보급체계 전문가가 같이 공유하는 공간이다. 이 문서는 장비획득[8]그룹에 도움이 되도록 '수명기간을 통한'과 '공유된 공간' 두 측면을 반영하도록 작성되었다. 사업의 종류와 규모, 제안된 장비의 용도 및 선택된 지원방안은 SS 요구사항에 큰 영향을 준다. 획득 사이클에 관한 SSP의 범위는 그림 2에 나타내었다.

그림 2: 획득 사이클 내의 SSP 범위

배경

3. SSP는 CADMID 사이클의 평가, 시연 및 제작 단계에서 서비스에 도입하는 동안 초도 수리부속 팩 (ISP)의 구매를 관리하고 사용 단계 동안 재 보급을 가능하게 한다. 또한 SSP는 구술문서를 위한 중요 정보의 제공도 가능하게 한다. SS는 아래의 사업 결과물을 개발하기 위해 지원성 분석(SA)으로부터 출력정보를 이용한다:

a. 초도 보급(IP). 장비의 수명기간 동안 지원에 필요한 수리부속 및 지원 품목의 식별, 목록화 및 구매. IP는 통상 2년인 초기 사용기간 동안 수리부속 지원을 제공하는 초도 수리부속 팩 (ISP)을 생성한다. 최종 ISP는 보통 SA 데이터에 의해 식별된 수리부속의 범위 및 규모, 수리부속 모델링 기법의 적용을 통해 제안된 개선사항과 가용한 자금 간에 절충된다. 군수지원일자 (LSD)와 같은 합의된 사업 마일스톤에 대한 군수준비 상태의 확실한 평가가 가능하도록 하기 위해 기본 재고 시스템(BIS)[9]을 최신화하고 ISP 인도를 모니터링하는 관련 사업팀에게 이들 품목의 계약 발효 일자를 통지하는 것이 중요하다. '합동보급계통서비스' (JSCS)로 인도 및 탁송에 대한 상세 내용, 특히 부피 데이터

---

5 획득 그룹은 국방부의 통일된 고객을 말하며, DE&S 사업팀, 프로그램 지원 기능 및 운용 센터를 포함한다: 즉, '능력 및 프로그램 위원장'; 전방 사령부 및 기타 고객.

6 CADMID – 개념, 평가, 시연, 제작, 사용 및 폐기. 서비스 제공을 위해, '폐기'가 '종료'로 바뀌어 CADMIT가 되었다.

7 합동지원체계는 자재의 물리적 흐름, 사람, 서비스 및 정보를 포함하여 지원방안의 사용 단계의 운용을 말한다. 합동보급계통 (JSC)는 거래로부터의 재고 수령에서 이들의 요구 부대로 인도 및 3군을 위한 반송 루프에 관련된 방침, 단-대-단 프로세스 및 활동을 다루는 지원 체계의 요소이다. DE&S 기업 관리 포탈은 합동보급계통의 전체 내용을 제공한다.

8 본 자료의 전체에 걸쳐, '장비 획득'은 국방 능력의 지원으로 구매된 장비, 정보, 소프트웨어, 서비스, 서비스 9) 시스템 및 체계 속의 체계를 포함한다.

9 국방부는 승인된 재고 회계 시스템을 제공하기 위해 많은 BIS를 가지고 있다. 이 시스템은 국방부의 고정자산 등기(FAR) 입력기인데, 이런 것으로는 '자원회계 및 예산'(RAB)에 호환되는 것이 있다. 소수 장비를 포함하는 대부분의 품목은 아래 시스템 상에서 호스팅 된다:

해상 환경을 지원하기 위한 품목의 관리를 위해 널리 이용되는 Comprehensive RNSTS Inventory System Project (CRISP). 육상 환경과 일반 비축 범위를 지원하기 위한 품목의 관리에 널리 이용되는 Stores System 3 (SS3). 항공 환경을 지원하기 위한 품목의 관리를 위해 널리 이용되는 Supply Central Computer System (SCCS). Management of Equipment Resources, Liabilities and Information Networks (MERLIN)은 도로교통법을 준수하기 위하여 자산관리를 요구하는 등기번호 장비의 관리를 위해 널리 이용된다. D JSC 방침은 각 품목이 고유한 NSN, 단일 소유자를 가지고 하나의 BIS에서 호스팅되는 단일 국방 재고 시스템을 향해 점진적으로 수렴하는 것이다. 2007년 11월, SS3은 목표 기본 재고 시스템(TBIS)로 지정되었으며, 향후에 모든 품목이 등록되는 기본 시스템으로 자리잡을 것으로 예상된다. '사업'은 BIS와 각 사업에 이용될 관련 '국내 관리코드'(DMC)에 관하여 DES JSC SCM-SSIT로부터 조언을 구한다.

및 저장 요구사항을 제공하는 것이 중요하다. 초기 사용기간 이후 요구된 사업 재고 계획[10]에 따라 재 보급이 이루어진다. IP에는 국방 재고에 이미 들어 있는 품목을 식별하기 위해 선별작업, DE&S 사업팀과 이들 품목[11]의 보급 (DE&S 사업팀이 이들 품목을 관리함)에 합의하기 위한 협상이 포함된다. 사업팀이 수명기간을 통하여 장비의 지원을 위해 필요한 모든 보급관리 데이터(SMD)를 식별하고 인도를 위한 계약을 체결하는 것이 필수적이다. IP는 이 초기 사용 기간에 대해 "어떤 수리부속이 필요한가? 와 "각 품목당 몇 개씩?"이라는 질문에 답을 하고자 한다. 수리부속의 범위가 알려지면, 그 다음은 사업 내의 특정한 적용을 위해 규모 또는 어느 정도의 수량이 필요한지가 요구된다. 예를 들면, 운용 지원, 창 지원, 설치, 시운전, 작업 준비 및 시험 그리고 시험장비에 대한 수리부속의 규모가 제공되어야 한다. 수리부속의 규모는 수리부속 보유 소요를 확립하고 장비의 수명기간 동안 재 보급 활동의 기초를 구성한다. 초기 수리부속 소요는 개별 체계/장비 소요 보다는 플랫폼 레벨에 최적화되어야 하며, 이런 이유로 초도 수리부속 패키지(ISP)의 구매는 보통 전체 플랫폼에 대한 범위 및 규모 파악이 끝날 때까지 기다린다. 시연 단계에서 만들어진 예측은 실제 운용 데이터로 교체되는데, 장비의 보다 장기적인 지원을 위해 이행될 보다 치밀한 계획을 가능하게 한다. 완벽한 분석 및 시연에도 불구하고, 복잡한 플랫폼 및 그의 관련된 지원은 조기 사용 기간 중 수정을 통해 보완되어야 한다. 이런 수정은 지원 소요에 영향을 줄 수 있으므로, 모든 장기 지원 계획은 이런 잠재적 변경을 대비해야 한다.

b. NATO 목록화. 합동 보급계통(JSC)[12]에 들어갈 수 있는 품목의 식별; 목록화 되지 않은 품목의 목록화, ISIS[13]에 올라있지 않은 외국 품목에 영국의 권리 추가. 이것은 JSC 군수정보 시스템(LogIS)이 공통적으로 구축된 특수 식별자를 사용하게 한다. 합동 보급계통 (JSC)에 들어가고, JSC LogIS상에서 관리, 요구 및 추적되는 모든 보급품목이 나토 목록화가 되도록 하는 것이 국방 정책이다. 사업팀은 설계 당국 및 제작사로부터 JSP 886 제2권 4부: '나토 목록화'에 규정된 최소 데이터 요구사항 세트에 따라 보급품의 식별 및 목록화를 위해 요구된 필수 SMD의 제공을 요구해야 한다.

c 도해부품 카탈로그. 대개 도해부품 카탈로그(IPC)인 기술문서(TD)의 카탈로그에 표시되는 품목의 식별 및 TD 일정에 이를 포함. 이것은 지원성 분석(SA)[14]에 의해 결정된 선택된 가능한 운용 활동과 가능성 목록으로부터 결정된다.

지원성 분석 (SA)

4. SA는 다른 요소와 결합된 정비계획의 선택을 식별하고 지원하기 위해 설계된 일련의 조사 활동으로 구성되며, 체계에 대한 최적의 지원방안을 제공한다. 초기 업무는 관련된 정비전략과 함께 지원 전략을 개발하는 것이다. 핵심 SA 업무는 정비계획을 개발하는 것이다; 이것은

결국 정비업무를 식별한다. 그 다음 업무분석은 아래의 범주 내에서 각 정비 업무의 수행을 위해 필요한 공구, 검사, 장비, 수리부속 및 기술문서[15]를 식별한다:

a. 예방정비. 여기에는 일정한 사용 기간 후 상태와 관계 없이 교체된 품목이 포함된다. 이것은 일수, 운용시간, 또는 거리, 착륙, 화재, 잠수 등과 같은 다른 사용기준으로 측정될 수 있다. 이 품목은 목록화 되어 ISP에 수록된다. 이런 형태의 정비 지원을 위해 필요한 수리부속은 범위와 규모를 예측하기가 쉬운 것으로 판단된다.

b. 신뢰도중심정비 (RCM). 여기에는 상태를 기준으로 교체된 품목이 포함된다. 상태는 육안검사 또는 비파괴 측정 기법에 의해 판단될 수 있다. 전형적인 품목은 타이어, 브레이크 부품, 트랙, 상태모니터링 조립체 및 안전중요 품목 등이다. 이 항목은 대부분 목록화되어 ISP에 수록된다. 이런 형태의 정비 지원을 위해 필요한 수리부속은 범위를 예측하기가 상대적으로 쉬운 것으로 판단되나 규모는 판단하기가 더 어려울 수 있다.

c. 보수정비. 여기에는 고장이 발생했을 때 교체된 품목이 포함된다. 이들 중 일부 품목은 나토 목록화되고 ISP에 수록된다, 그러나 규모는 정확하지 않을 것이다. 이런 형태의 정비 지원을 위해 필요한 수리부속은 범위와 규모 측면에서 예측하기가 어렵다.

5. 아래 그림 3은 SS와 SA의 관계를 보여준다. 세 가지의 출력정보는 서로 관련되어 있으며, 각각의 판단에 이용된 데이터의 형상관리가 필수적이다.

10 재고 계획 및 관리에 대한 조언 및 지침은 JSP 886 제2권 2부를 참조한다.

11 국방재고관리는 단일 기본 재고 시스템 (BIS) 상의 품목 호스팅을 포함하여 모든 보급품의 단일 품목 소유권 원칙을 기준으로 한다. 상세한 내용은 JSP 886 제2권 3부에서 다룬다.

12 JSC에 들어가기 위해서는 JSC를 통한 품목의 물리적 이동이 포함된다. 아울러, 다음의 모든 기능을 포함한다: 자재의 요구 및 수령, 후속적인 전수명 관리, 물자 회계 및 폐기. 이 기능은 기지 또는 배치된 '운용 중 국방부 군수정보시스템'을 이용하여 이루어진다. 전용 CLS 시스템과 CLS 계약이 이루어져 있다면, 국방부 Log IS와 끊김 없는 인터페이스를 위해 이 품목도 역시 목록화 되어야 한다.

13 보급품 정보 시스템 (ISIS); 5.5백만 건이 넘은 보급품, 11백만 건의 제작사 부품번호, 3천만 건의 품목 특성 및 8백만 건의 보급관리 데이터 기록을 가진 영국 국가부호국의 데이터베이스.

14 SA는 운용 중 과도한 비용을 발생시키는 설계의 특성을 식별하는 목적과 함께, 개발되는 제품 품목의 지원 문제를 분석하는 체계적 방법이다. 일단 식별이 되면, 이 부분은 향후의 비용을 절감하기 위하여 설계를 변경하기 위한 절충 대상이 될 수 있다. SA는 해당 체계의 전 수명에 대한 최적의 지원체계 자원소요의 식별을 도와준다. 사업의 설계 단계 중, SA 프로세스는 설계 엔지니어를 도와 지원성 요구사항을 장비의 설계에 반영하도록 한다. 설계가 확정되면, SA 프로세스는 사용 단계를 통하여 장비 지원에 필요한 특정한 자원을 정의하는 데이터를 생성한다. 이 데이터는 배치된 체계가 최적의 수명주기비용 (WLC)에서 준비성 및 지원성 목표를 충족하도록 하기 위해 지원자원을 계획, 구매, 인도 및 관리하는 SS 기능에 이용된다. SA에 대한 조언 및 지침은 JSP 886 제7권 3부를 참조한다.

15 별도로 고려된 거래 숙련도 (인간요소 통합에 따라 고려됨) 및 시설.

그림 3: 보급지원 절차와 지원성 분석 과의 관계

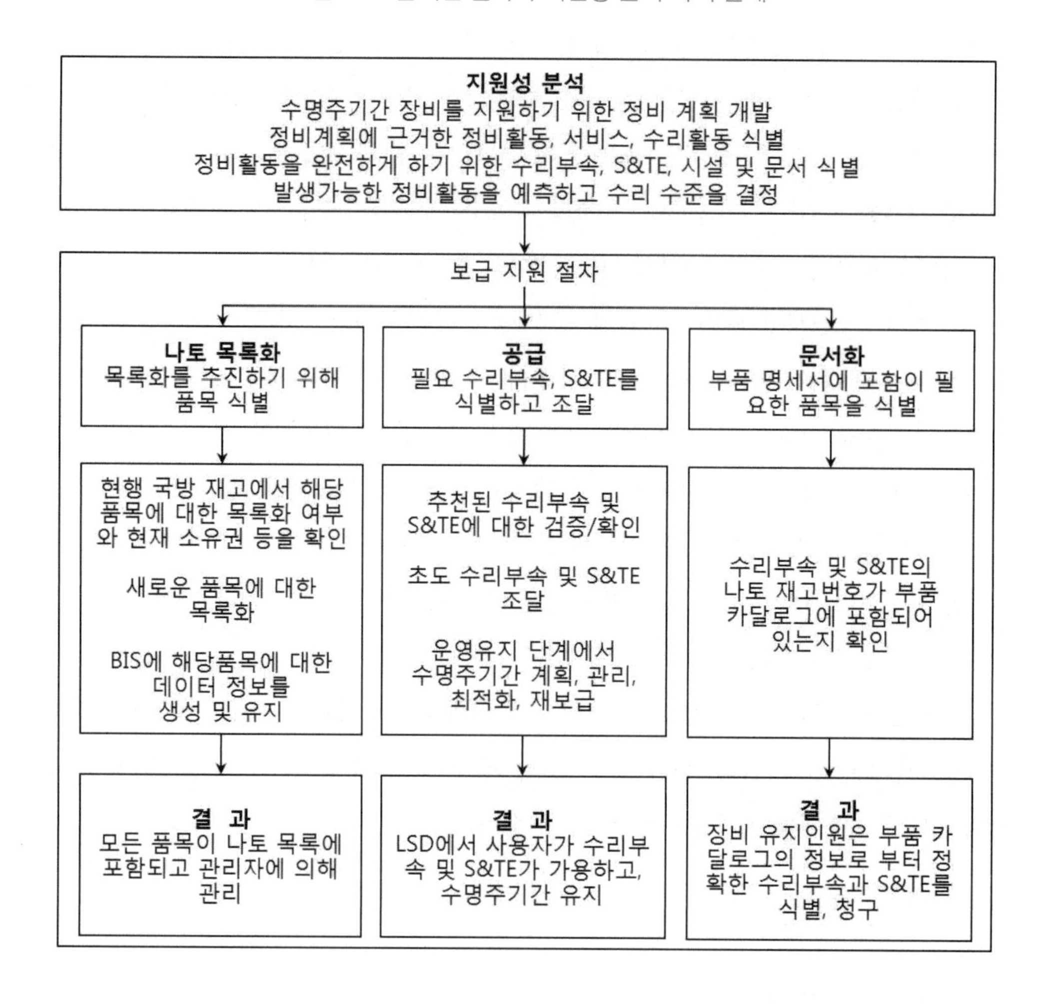

6. SA, IP 및 TD 데이터는 군수정보저장소 (LIR)라고 알려진 공유 데이터 세트 (관련 체계와 같이)의 일부로서 수집 및 저장된다. LIR은 선택된 수리 정책을 기준으로 각 라인과 정비 수준에 대한 자원 소요를 설명하는 보고서를 작성하는데 이용될 수 있다. LIR에 대한 정해진 형식이나 틀은 없으며, 사업의 개별 소요에 대해 테일러링되어야 한다; 즉, 작은 사업의 경우, LIR은 스프레드 시트이나 단독 데이터베이스 정도로 단순할 수 있으며, 반면, 크고 복잡한 사업의 경우는 표준화된 SA, IP 및 TD[16]요구를 충족하는 완전 통합된 도구세트를 필요로 한다. SA 업무 수행 중 발생된 데이터 및 정보는 장비의 수명기간 중 수 차례 이용되므로, LIR의 최신화 및 형상관리는 장비/플랫폼의 지속적인 가용도, 신뢰도 및 정비도 (ARM) 를 보장하기 위해 필수적이다.

보급지원 이행

7. 서비스 (CADM) 단계의 개요. 여기에는 아래의 프로세스가 포함된다:

a. 나토 목록화를 위한 품목의 식별

b. 전자보급관리데이터 (ESMD) 인터페이스를 통하여 품목의 목록화 및 BIS로 이전

c. TD에 포함시키기 위한 품목의 식별

d. 적절한 규격서에 충족되도록 TD 작업에 협조.

e. IP를 위한 품목 식별

f. 모델링, 범위조정 및 규모조정[17]을 통한 재고 최적화

g. 이중 보급을 막기 위한 기존 국방재고 선별

h. IP의 구매 및 BIS로 계약자료 이동

군수지원 위원회 (LSC)

8. 군수지원위원회 (LSC)는 신규 장비의 도입 시 적용되는 SS 관리통제 메커니즘이며, 지원 및 사용 문제를 협의하기 위한 공식적 회의이다. LSC는 향후 ILS 요소 계획을 세우며, 비록 위원회 이지만 주관자는 국방부 ILS 관리자(MILSM)이다. LSC는 사업의 수명기간을 통하여 ILS 관리 프로세스의 핵심을 구성한다. MILSM은 사업 별로 획득 단계에 따라 사업에 대한 SS를 다룰 기능 전문가를 식별한다. SS 기능 전문가는 사업을 위해 어떤 작업을 수행 하기 전 고객공급자계약(CSA) 또는 서비스레벨계약 (SLA)을 요구하는 기관이나 다른 조직으로부터 올 수 있다.

9. 사용 단계. 사용 단계 중, SSP는 Log IS, 특히 BIS 및 엔지니어링 수명주기 지원 (ETLS) 시스템에 의한 효과적인 물자관리를 촉진한다. JSP 886 제2권 1부: '재고 관리'는 사업팀이 IP부터 운용 중 지원 및 재고관리, 궁극적으로 폐기까지 다룰 때 필요한 단-대-단 재고관리 (IM) 절차를 설명한다. JSP 886 제2권 2부: '재고계획'은 장비의 수명기간을 통하여 재 보급 (RP), 수정 및 재고 지속성 활동에 대한 IM 절차를 설명한다. 사용 단계를 위한 계획에 효과적인 'Purple Gate'의 운영에 대한 국방부 방침을 고려하는 것이 필수적이다. 'Purple Gate'는 배치된 군 요소의 유지를 위해 JSC로의 물자흐름 규정을 준수하게 하는 절차이며, JSP 886 제3권 3부: 'Purple Gate'에 포함되어 있다. 전장에 대한 끊김 없는 단일 보급망의 유지는 JSC의 필수적 요소이다. 'Purple Gate' 방침은 사전 지정된 노드에서 JSC로 물자가 들어가는 것을 통제한다. 이것은 끊김 없는 보급을 가능케 하는 열쇠이며, 모든 사업팀 및 계약자가 이를 따라야 한다.

사업팀은 계약자에게 배치 부대를 위한 물자 및 장비를 지정된 Purple Gate 위치로 직접 인도할 것을 요구한다. PT 및 계약자는 Purple Gate 와 유지 물자 및 긴급운용요구(UOR) 의 전장 입출고 이동에 대한 JSP 886 제3권 7부: 탁송추적에 포함된 탁송추적방침을 준수해야 한다. 여기에는 탁송추적에 필수적인 데이터 및 정보의 제공이 포함된다.

16 예를 들면: SA 용으로는 ASD S3000L, IP 용으로는 S2000M 그리고 TD용으로는 S1000D임.

17 군수 모델링에 대한 방침은 JSP 886 제2권 2부: '사업팀 재고 계획'에 포함된다. 사용된 모든 모델은 입증 및 검증된다; 이에 대한 지침은 DES JSC SCM-SCO-분석을 참조한다.

형상변경관리 위원회 (CCMC)

10. 형상변경관리위원회 (CCMC)는 사용 단계 중 SS 관리통제 메커니즘이며, 군수지원일자 (LSD) 이후 지원 문제를 협의하기 위한 공식적 회의로서, 제품, 관련 요소 또는 지원에 대한 변경을 승인한다. CCMC는 LSD 이후 ILS 관리의 핵심을 구성한다. MILSM은 사업 별로 사업에 대한 SS를 다룰 기능 전문가를 식별한다. SS 기능 전문가는 사업을 위해 어떤 작업을 수행 하기 전 고객공급자계약(CSA) 또는 서비스레벨계약 (SLA)을 요구하는 기관이나 다른 조직으로부터 올 수 있다.

2절: 지원방안 개발

SS 요구사항

11. SS 요구사항 및 절차는 사업팀에 의해 선택된 지원방안의 형태에 따라 좌우된다. 아래의 지원방안 옵션은 결정적인 것은 아니나 SS 측면이 지원방안 형태에 의해 어떻게 영향을 받는지를 보여준다.

a. 국방부 관리 지원. 전통적으로 MOD는 내부 수리부속 제작 및 수리를 포함한 완전 국방부 관리에서부터 수리부속 구매 및 수리계약을 위한 결정 프로세스의 보다 효과적인 국방부 관리까지 여러 가지 옵션의 국방부 관리 지원을 이용한다. 국방부 관리 지원은 업체로부터 만족되는 수리부속 및 수리 소요 예측을 위한 전용 Log IS 및 모델링을 이용하여 국방부 스텝에 의해 특징화 된다. PT는 SS 요구사항의 정의와 그 인도를 보장하는 것에 전적으로 책임을 진다.

b. CLS. CLS는 합의된 수준의 장비지원에 대한 책임을 계약자에게 이전하는 것이 포함된 지원 방안의 하나이다. CLS는 ILS에 대한 요구를 줄이지는 않으나, SA 수행과 WLS를 최소화하기 위한 SS 데이터 유지에 대한 인센티브를 계약자에게 줌으로써 그 적용성을 강화한다. DE&S 사업팀은 SS 요구사항을 정의하고 수명기간 동안 장비를 지원하고 유지하는데 필요한 합의된 SS 데이터를 계약자가 인도하도록 하는 책임이 있다. 사업팀은 운용 중 지원 CLS 계약의 능력 모니터링을 수행해야 한다. CLS에 대한 조언과 지침은 JSP 886 제3권 2부: '계약자 군수지원'을 참조한다.

c. 가용도 계약. 가용도를 위한 계약 (CfA)는 합의된 기간 동안 합의된 가용도 수준의 장비 지원을 하도록 설계된 계약 전략이다. 계약을 더 길게 유지되게 함으로써 흔히 금액 보다 더 나은 가치를 달성할 수 있다. CfA 계약은 흔히 국방부 기반시설을 사용한다. 즉, 지원방안의 하나인 JSC, TD 및 엔지니어링 보고계통. CfA 지원 방안이 국방부 지원계통과 겹칠 경우, 국방부 방침 및 절차, 예, 'Purple Gate'를 따라야 한다. SS 요구사항을 수립하는 것은 사업팀의 책임이다.

d. 능력 계약. 능력 계약[18](CfC)은 계약자와 전체 능력의 인도에 대한 책임을 정한다.

계약자는 4개 축의 운용 능력, 인력, 장비, 교육 및 지원성[19](METS)를 제공하는 책임을 진다. 국방부는 교리 및 개념과 같은 특정한 국방개발라인 (DLOD)의 통제를 유지하며, 제한사항을 부가할 수 있는 요구사항도 계약자에게 설정한다; 예, 장비는 전략 항공 수송기에 최적화 되어야 한다. 사업팀은 ILS 의 수행 필요성 같은 요구사항을 설정해야 하나, 모든 SS 데이터는 계약자에게 존속되며, 사업팀은 가용도 모니터링만 책임진다.

보증

12. 국방장비 획득사업은 테일러링되고 운용 효과도 및/또는 수명주기비용 측면에서 사업에 대한 지원 위험의 독립적인 평가를 기준으로 보증된 지원방안을 개발해야 한다. 사업팀 리더는 지원방안이 지원방안묶음 (SSE) 관리방안(GP)에 명시된 국방부 및 DE&S 방침을 일관성 있게 충족하도록 해야 한다.

13. DE&S Corporate Governance Portal Index는 모든 사업과 긴급운용요구(UOR)을 위한 효과적이고 일관성 있는 지원방안의 개발을 입증하기 위해, 수명기간 동안 지원방안의 개발이 SSE에 의해 제시된 핵심 방안에 충족함을 사업팀이 평가하도록 요구한다. 핵심적인 사업 마일스톤 및 결정 시점은 사업의 지원방안이 사용자 요구사항을 충족하고, 다른 방안과 일관성이 있으며 모든 DLOD를 나타낸다는 증거로서 SSE 개발을 참조해야 한다. 사업팀은 금전에 합당한 가치를 달성하기 위한 기회를 활용하고 최적 실무를 공유하면서 지원방안이 최적화 되었음을 보여줄 수 있어야 한다.

14. 사업팀은 지원방안개선팀 (DES JSC SCM-SSIT)과 접촉해야 한다. 지원방안개선팀의 역할은 SSE GP 스폰서 및 사안별 전문가 (SME)과 같이 작업하며, 사업 착수부터 통합된 서비스를 고객에게, 특히 규칙에 대한 가능한 예외를 포함하여 세부적 기술지식이 적용될 필요가 있는 경우에 제공하는 것이다.

15. SSE 개발 매트릭스는 방침 및 최적의 실무적용을 충족하는 지원방안 평가를 기록하기 위하여 추천된 방법이다. 이것은 사업팀이 DES JSC SCM-SSIT의 조언 및 지침과 함께 활동을 관리하도록 하는 신호등 보고 체계이다. 이것은 사업팀이 각 관리 방침에 대한 결정과 활동을 기록할 수 있는 정보 및 증거 저장소를 제공하는 것에 의하여 이루어진다. 따라서, 주요 결정 지점마다 한 개씩 4개 버전의 개발 매트릭스가 있다

18 능력은 인원, 교육, 장비, 군수, 정보, 기반시설, 개념, 교리 및 조직의 총체적인 합으로 정의된다. 부서 계획의 기본적 배포는 '준비 완료된 군 요소'(FE@R)인데, 여기서 준비성은 업무 수행을 위한 개별 군 요소의 준비완료 상태를 나타내며, 이는 인력, 장비, 교육 및 지원성 측면에서 측정되고, 군 요소배치가 요구되기 전까지 일정에 따라 매겨진다.

19 목표 달성을 위해 요구된 기간 동안 필요한 전투 능력 수준을 유지하기 위한 군의 능력. (AAP-6)

최초 승인 (IG)

최종 승인 (MG)

군수지원일자 (LSD) 검토

운용 중 검토 (ISR).

또한, 특별히 UOR을 위해 설계된 별도의 개발 매트릭스도 있다. SS 요구사항에 대한 증거 지침을 부록 A에 나타내었다.

제3절: 보급지원 계약

16. SS 계약은 CADMID 사이클에 따라 달라진다. 신규 장비의 서비스 도입 시 사업팀의 SS 계약을 위한 방침 조언 및 지침은 본 문서 내에 제시되어 있으나, 운용 중 SS 계약을 위한 방침 조언 및 지침은 JSP 886 제3권 2부: '계약자 군수지원'에 포함되어 있다. 사업의 카테고리[20] 및 규모[21]는 IP 및 나토 목록화를 위해 사용되는 계약 방법에 영향을 준다. 나토 목록화를 위한 전자식 데이터 교환 (EDI) 계약은 JSP 886 wp2권 4부: '나토 목록화'를 참조한다.

Def Stan 00-600

17. DE&S Corporate Governance Portal Index를 통해 공표된 지원방안 개발을 위한 기존 방침은 ILS 방법론의 이용을 요구한다. ILS 계약을 위한 요구된 규격은 Def Stan 00-60[22]를 대체하는 Def Stan 00-600 – '종합군수지원. 국방부 사업을 위한 요구사항'이다.

SS 계약 문서

18. SS 계약 인도물품 (업무, 출력정보 및 일정)은 Def Stan 00-600의 17.11조에 서술되어 있으며, 본 문서의 제1장 8절에도 설명되어 있다. 아래의 3가지 계약 문서는 핵심 SS 계획정보를 포함한다:

a. 보급지원 계획. SS 계획은 Def Stan 00-600의 8.2조에 설명된 ILS 프로그램의 SS 요소를 제공하며, 장비 수명기간 동안 최신화 된다. 나타내어야 할 전형적 부분을 식별하는 SS 계획 개요의 사례를 JSP 886 제7권 2부 부록 K에 나타내었다.

b. 운용 연구. SA의 '운용 연구' 업무는 ILS에 대한 계획을 수립하기 위하여 각 입찰업체가 필요로 하는 기초 정보를 제공한다. 운용 연구 내에서 나타내어져야 할 전형적인 SS 부분은 JSP 886제7권 2부 부록 H에 서술하였다.

c. 작업기술서 (SOW). SOW에 나타내어져야 할 SS 부분은 사업의 특성에 좌우된다. 지침으로서, 포함되어야 할 SS 측면을 JSP 886 제7권 2부 부록 C에 나타내었다.

물자관리 규격서

19. 비용효율이 높은 물자관리 제공의 핵심은 획득 및 지원 프로세스를 통해 계약 당사간의 정기적이며 신속하고 효율적인 데이터 교환 능력이다. 오늘날의 첨단 기술 시장에서, 컴퓨터 응용 프로그램이 공통적인 규격을 활용함으로써 판매자나 고객이 최소의 비용으로 빠르게 정확하게 정보를 교환할 수 있도록 하는 것이 매우 중요하다; 즉, 최소한의 인간 개입을 말한다. 지원정보 관리에 대한 방침 조언 및 지침은 JSP 886 제7권 5부를 참조한다. 물자관리 표준에 규격화의 필요성 및 그로부터 얻는 이점은 아래의 요소에 따라 좌우된다:

a .사업 형태 (즉, 플랫폼/장비; 주장비/부장비; 복잡/단순한 사업)

b. 구매 형태 (즉, 개발품목(DI), 비 개발품(NDI), 상용품(COTS), 관급장비(GFE)

c. 구매 단계 (즉, 제작=IP; 사용=RP).

ASD 규격 2000M (S2000M)

20. S2000M은 국제사업의 지원에 공통적으로 수행되고 있는 대부분의 물자관리 기능을 위한 정보교환 요구를 규정한 국방부의 선호 규격이다. S2000M은 군 고객과 업체 공급자 간에 합의된 비즈니스 모델을 기반으로 한다. 공통 데이터 세트를 이용하여, S2000M은 물자관리 프로세스의 여러 단계에서 따라야 할 비즈니스 규칙을 정의하고, 명백한 방법으로 정보를 교환하기 위해 비즈니스 당사자간에 이용되는 여러 가지 세트의 표준 메시지를 제공한다. S2000M 규격은 6개의 장으로 구성된다:

a. 제1장 – 공급 – 공급자가 지원 품목 및 수리부속의 선택에 관한 정보를 어떻게 고객에 제공하는지를 정의한다.

b. 제2장 – 구매 계획 – 공급자가 제안한 부품에 대한 정보를 어떻게 제공하고, 가격이 어떻게 합의되는지를 정의한다.

c. 제3장 – 주문 행정 – 발주, 주문 모니터링 및 인도를 정의한다.

d. 제4장 – 송장 작성 – 송장 데이터가 어떻게 고객에게 보내지는지를 정의한다.

e. 제5장 – 수리 행정 – 수리주문 관리, 수리부속 소모 모니터링 및 수리 예상 계획을 다룬다.

---

20 국방장비 획득사업은 다음과 같이 투자승인위원회 (IAB)에 의해 분류된다: Cat A = £400M 이상, Cat B = £100M – £400M, Cat C = £20M – £100M, Cat D = 〈 £20M.

21 주요 전투함 같은 대규모의 복잡한 장비사업은 엄청난 양의 SS 데이터를 효과적으로 관리하고 통합하기 위하여 ASD S2000M과 같은 승인된 물자관리표준에 규격화 할 필요가 있다: 신형 헬멧과 같은 더 작은 장비는 이런 수준의 규격화가 필요하지 않을 수 있다.

22 여전히 Def Stan 00-60로 계약된 사업이 있는데, 이들의 계약 종료 시까지 지속된다.

f. 제6장 – S2000M Light – '전체 규격(제1장 ~5장)에 명시된 원칙에 충실하면서 필수적인 비즈니스 프로세스를 다루는 S2000M Light 절차를 운영하는 방법에 대한 지침을 제공한다.

21. 주요 전투함 또는 항공기 등과 같은 대형의 복잡한 플랫폼을 구매하는 사업팀은 S2000M의 1장[23]을 이용하도록 권고된다; 그러나 이것은 S2000M 프로세스 및 메시징 포맷에 따라 SS, SA 및 TD 데이터 및 정보의 통합, 관리 및 인도할 수 있는 전용 IS 를 요구한다. 더 작은 사업은 간소화된 S2000M 제6장을 이용할 수 있다. S2000M은 원래의 S2000M 프로토콜 또는 사용자가 UN/EDIFACT 규격을 이용하여 최신 EDI 기법에 의해 제공된 최대한의 효율을 활용할 수 있도록 한다. S2000M은 국제 EDI 규격, EDIFACT을 이용한다. EDIFACT 규격은 세계적으로 널리 이용된다; 이것은 IT 네트워크 및 부가가치 네트워크 상에서 지원되며, 많은 수의 서브 세트와 소프트웨어 패키지는 즉시 이용 가능하다. S2000M은 TD를 위해 ASD S1000D, 그리고 SA/LIR을 위해 S3000L을 이용할 경우 특히 강력하다.

2000M을 이용하는 사업

22. 계약은 합의된 S2000M 불출, 개정 및 변경 팩을 규정해야 한다. 단 특별한 경우에 한해서 변경 팩에서 개별 변경을 따로 채택할 수 있다. S2000M 형상 통제는 S2000M의 제1장에 서술되어 있다.

23. S2000M은 활동의 시작에 앞서 예비단계로서 IP와 관련된 요구사항이 합의되는 '지침회의'에 대한 기준을 포함한다. IP 지침회의 개최에 대한 요구는 JSP 886 제7권 2부에 포함되어 있으며, 개최 조건은 본 문서 부록 B에 정의되어 있다.

24. S2000M은 고객/계약자 적용에 맞추기 위해 테일러링되어야 하는 많은 옵션을 포함한다; 옵션은 국가관련 특성의 채택으로부터 데이터 요소의 조건부 합의까지, 심지어 선택된 데이터 요소만 채택하는 것까지 다양하다. 사업팀 SSP는 일반적 요구사항을 충족하도록 국방부가 테일러링해야 하는 S2000M의 여러 측면을 식별한다. 테일러링에 대한 지침은 JSP 886 제7권 6부: ILS 테일러링을 참조한다. SSP는 국방부가 다른 규격과 호환되도록 S2000M 변형을 도입했을 경우도 식별해야 한다.

25. S2000M에 대한 추가 정보는 ASD S2000M 웹사이트나 보급지원 정책팀과 접촉하여 확보할 수 있다.

---

23 모든 신규 계약은 P2P로 가는 것을 고려해 전자구매조건으로 이루어져야 하며, 따라서 S2000M 제2장 ~ 5장은 지금은 영국 국방부에 의해 이용되지 않는다.

재 보급 (RP) (사용 단계)

26. 운용 중 지원을 위한 CLS 계약 내의 RP를 위한 국방부 요구사항에 대하여 조기에 고려하는 것이 중요하다. 국방부는 전자식 도구의 활용을 통하여 공급자와 더 효과적인 거래 협력관계를 약속했다. 국방부의 전자구매 비전은 재무, 군수 및 서비스 지원 프로세스와 통합된 단-대-단의 완전 전자식 프로세스를 위한 것이다. 전자구매(eProcurement)는 주관자 역할을 수행하며 구매를 통제 및 관리하기 위한 필요한 정보를 제공한다. 전자구매는 전통적인 구매 방법에 변화를 요구하나, 전자구매의 도입은 자체 레벨과 부서 전체 두 '비즈니스 유니트' 모두에게 이익을 가져다 준다. 전자구매의 이점은 여러 계약을 위한 더 나은 협상과 기회로 유도하는 향상된 가시성을 허용하는 적기에 관련 있는 정확한 관리정보를 통해 구현된다.

구매 지불 (P2P)

27. 구매 지불 (P2P)은 국방부가 선호하는 전략적 전자구매 도구이다; 즉, 전자적으로 발주, 수령 및 송장처리를 가능하게 한다. 이것은 국방부의 계약 및 재무 방침 모두를 만족시키는 상용품 정보시스템(IS)을 활용하여 모든 구매활동의 포괄적 가시성을 제공한다. P2P는 비즈니스 프로세스를 완벽하게 지원하는 복합형 전자 구매프로그램이다. P2P는 주문에 맞춰 3가지 방법, 발주, 수령 및 송장 또는 2가지 방법, 발주 및 수령 (비즈니스 요구에 따라 조정)을 제공한다. 국방부의 방침은 모든 신규 계약이 P2P로 가는 것을 고려하여 전자구매 조건으로 이루지는 것이다.

28. 전술 레벨에서, P2P는 국방전자상거래서비스(DECS)를 이용하여 전자적으로 거래 당사자에게 주문을 보내고 응답을 수신하는 등 온라인 구매를 관리할 수 있는 능력을 사용자에게 제공한다. 거래 당사자는 송장을 전자적으로 P2P로 보내므로, 지불 프로세스에 따라 종이로 된 국방부 서식 640을 사용하지 않는다. 이것은 거래 당사자로부터 주문된 물품 또는 서비스의 인도에서 지불까지 걸리는 시간을 현저히 개선시킨다. P2P 프로세스 이용을 통해 발생하는 주요 이점은 아래와 같다:

a. 하나의 시스템에 대한 하나의 계약 기록은 온라인 계약, 구매 및 지불에 관한 광범위한 관리정보 소스를 제공한다. P2P는 계약정보의 주 소스이지만, 계약정보는 BIS 상에서 계속 이용 가능하다.

b. 종이작업이 필요치 않는 국방부 및 거래 당사자간의 전자 메시지 교환

c. P2P를 통한 작업흐름의 속도를 높이기 위해 자동화된 주문 및 승인

d. 계약, 구매 주문, 수정 및 지불의 인가 및 승인

e. 영수증 기록을 위한 단순한 프로세스

f. 국방부 서식 640을 이용하지 않는 전자 송장 및 지불 시스템, 그리고 Defence Bills

Agency (DBA)에 의해 지불에 대한 클레임의 수동 처리 요구 배제

g. 거래 당사자에게 즉시 지불

h. 국방재무관리시스템(DFMS)의 계좌를 최신화하기 위해 송장 및 지불에 관한 정보의 자동 공급

i. 사전 선적 통지를 통해 보급계통에 물자의 조기 가시화

29. P2P상의 추가 정보는 JSP 886 제2권 5부: 'P2P를 이용한 구매 재고'를 참조한다.

전자식 비즈니스 능력(EBC)

30. EBC는 OAGIS 9 기반의 XML 메시지 포맷을 활용하여 SC EAI 서비스[24]를 통해 '비축 시스템 3' (SS3) 및 CLS 계약을 처리하는 거래 당사자 간의 직접적인 소통을 가능하게 하도록 육상 환경 사업팀에 걸쳐서 구현된다. 그러나, DECS에 의해 처리된 다른 요구사항과는 달리, SS3에 의해 발생된 요청은 국방부의 P2P 시스템이나 프로세스로 가지 않고 계약자에게 직접 전송된다. SS3 EBC는 CLS 공급자간의 정보 교환을 통해 순방향 및 역방향 JSC 프로세스를 지원한다. SC EAI 서비스는 SS3 및 CLS 계약자 시스템 간의 처리 데이터 흐름의 변환 및 전송에서 중요한 역할을 수행한다. CLS 처리는 SS3에서 SC EAI로 자동으로 전달되며, XML 메시지로 변환된다. 이 메시지는 CLS 계약자에게 onward routing 되도록 DECS로 보내진다. 마찬가지로, DECS를 통해 계약자로부터 수신된 메시지도 SC EAI 서비스에 의해 적절한 처리로 변환되어 SS3이나 VITAL로 보내진다.

31. 업체에 대한 국방전자 게이트웨이로서, DECS는 업체와 주고 받는 모든 EBS CLS 메시지의 전송을 처리한다. 모든 CLS 계약자는 이 시스템을 통하여 업무를 처리하기 위해서는 DECS에 등록되어야 한다. 상세한 정보는 전자 비즈니스 능력 웹사이트를 참조한다.

관문 역할

32. UOR에 대한 능력인도에 참여하는 팀을 포함한 사업팀이 공통 국방물자를 확보하기 위해 관문역할에 참여하여 표준화 분석 프로세스를 수행하도록 하는 것이 DE&S의 방침이다. 이 방침은 JSP 886 제7권 8.15부에 포함되어 있다. 표준화 분석은 사업팀이 가능할 경우 기존 지원 기반시설을 이용하여 장비, 물자 및 서비스를 식별하기 위해 개념, 평가 및 시연 단계 동안 '전단' 분석을 수행하도록 요구하는 종합군수지원 활동이다. 표준화는 입찰 계약의 일부로 포함된다. 표준화 분석의 목적은 신규 장비나 서비스의 통제되지 않은 획득을 방지하고 국방부

---

24 SC EAI (기업 응용프로그램 통합) 서비스는 SS3과 DECS간 처리 데이터 흐름의 변환 및 전송에서 중요한 역할을 수행한다. CLS 처리상황은 SS3에서 자동적으로 SC EAI로 전송되며 XML 메시지로 변환된다.

의 능력, 나토 및 다른 연합군과의 상호운용성 측면에 초점을 두는 것이다. 표준화의 결여는 지원성, 상호운용성 및 운용 효과에 큰 악영향을 미친다. 표준화는 국방재고 내의 중복을 감소시키고 기존 지원 기반시설에 대한 장비도입의 영향을 최소화 한다.

단일 품목 소유권

33. 사업팀은 주 계약자로부터 수리부속을 구매하는 것에 자신을 제한하면 안 된다. 많은 부품이 이미 목록화 되었거나 더 싼 가격으로 다른 소스로부터 구입이 가능할 수도 있다. 어떤 품목이 국방부에 의해 이전에 제공된 적이 있다면, 관리 사업팀은 신규장비에 의한 이 품목의 소요를 통지 받아야 한다; 이것은 JSP 886 제2권 3부에 제시된 '단일 품목 소유권' 정책 하의 필수 요구사항이다. 이 품목에 대한 향후 관리는 양 사업팀간에 합의될 필요가 있다. 이 품목은 보통 IPL로부터 삭제된다. 만일 다른 사업팀에 의해 보급된 적이 있고, 해당 팀이 그 품목의 관리를 계속 실행한다면, 추가 요구가 신규 사업에 의해 계속 자금을 받을 수 있다.

가격 합의

34. 계약자는 보통 추천 부품 목록에 가격을 표시하도록 요구받지만, IP에 따라 요구된 수량이 추천량에서 크게 변동되는 경우 수정된 가격을 협상할 수도 있다. 계약자와 가격을 합의하는 것은 거의 계약 및 재무의 기능이나, ILSM은 DE&S 재고 관리자/보급 관리자 및 자신의 보급 스테프를 참여시켜 전문기술로 대응할 수 수 있다.

입고

35. 주문이나 계약이 일단 이루어지면, 인도가 모니터링 되고 진행된다. CLS 계약에 따라 공급되는 품목의 인도를 모니터링 하기 위해 '입고'가 생성될 수도 있다. 계약자로부터 입고된 품목의 세부내용을 지정된 창(Depot) 용으로 선택된 BIS상에 기록하는 보급 스테프를 위해 계약서나 참조서류의 사본이 DE&S 재고 관리자/보급 관리자로 보내져야 한다. 입고 기록은 그 다음 IPL의 인도를 관리하는데 이용된다. CLS 옵션과 P2P에 대한 지침은 JSP 886 제3권 2부: '계약자 군수지원', JSP 886 재3권 5부: '포장 및 AOF 상용 도구키트'를 참조한다.

인도

36. 인도는 전통적으로 '공장인도조건'으로, 합동지원체계서비스(JSCS)를 통해 제작사의 공장으로부터 국방부가 인수하는 식이다. '공장인도조건' 계약을 하기 전, 사업팀은 요구된 '공장인도조건' 서비스를 다룰 적절한 '내부 비즈니스 계약'이 JSCS와 체결되었는지를 확인한다. 사업팀은 국방계약조항 129조 (DEFCON 129)이 계약에 포함되었는지 확인한다; 이 DEFCON 이 포장 및 라벨링에 대한 조건을 설정한다.

엔지니어링 관리 품목 (EMI)

37. 주 장비/플랫폼 외에, 수 많은 수리부속, 특히 주요 예비 조립체 및 수리가능 LRU는 고가의 자산이거나 성공적인 운영에 매우 중요한 것으로, EMI 정책 및 절차에 의거 관리된다. EMI 정책에 의한 자산의 수령, 저장, 유지 및 불출의 통제가 이행될 수 있도록 관리하는 적절한 절차를 보장하기 위해 인도 시점에 EMI가 쉽게 식별되도록 하는 것이 중요하다. EMI는 수령 시 배치된 재고관리 시스템[25] 및 E&AM IS[26]에 기록되는 고유한 일련번호에 의해 수명기간 동안 추적된다. 사업팀은 평가 및 시연 단계 동안 획득 사이클의 초기에 업체 공급자와 같이 특수한 EMI 요구사항[27]이 계약에 포함되도록 한다. EMI 방침은 JSC 886 제7권 8.14부: '특수 식별을 요하는 품목의 관리'를 참조한다.

제4부: 지원 패키지의 구매

38. 주 장비의 구매 외에, 지원 패키지의 구매도 필요하다. 이것은 주 장비를 지원하기 위한 수리부속, 정비계획 수행을 위한 공구 및 시험장비, 지원 및 시험장비를 지원하는 수리부속, 교육장비를 지원하기 위한 수리부속 및 기술문서로 구성된다.

초도 보급

39. SSP 내에서 IP는 방산장비를 지원하기 위한 초도 수리부속의 획득을 위한 공식 프로세스의 첫 단계이다. 절차는 초도 수리부속 지원 소요가 식별되어 국방부 종합군수지원 관리자(MILSM) 에게 제시되게 하는 세부 방법을 정의한다. IP는 보통 설계가 확정되기 전까지 시작되지 않는다; 이것은 CADMID 사이클의 제작 단계의 시작이 된다. 수리부속을 위한 주문은 통상 주 생산 계약이 군수지원일자(LSD)까지 인도된 후 이루어진다. 설계가 이미 확정된 경우는 예외다 (예, 상용품 구매 등).

초도 지원 패키지

40. 사업팀은 DEFCON 82가 계약에 포함되도록 해야 한다. 이 DEFCON은 초도 수리부속의 보급에 대한 조건을 정의한다. ISP는 지원방안의 물리적 인도물품이 LSD 요구를 충족하기 위해 제 위치에 자리하고 필요 시 수명주기 지원이 이루어지도록 해야 한다. ISP의 품질은 수

---

25 BIS는 기록을 위해 일련번호를 요구하지 않는다.

26 운용 중인 기존 E&AM 시스템은 JAMES, UMMS, LITS 및 WRAM이다.

27 특수 요구사항은 사업팀에게 자산 일련번호를 제공하여 자산에 일련번호가 부여되도록 하고, 관련E&AM 시스템 상의 특정한 데이터 필드에 추가 데이터 요소를 제공하며, 계약자의 저장 시설 등에 E&AM 시스템 데이터 필드를 유지하는 것이다.

리수준분석(LORA), 정비업무분석(MTA) 및 고장유형 영향 및 치명도 분석(FMECA)과 같은 ILS 지원성 분석(SA) 활동으로부터 엔지니어링 데이터 출력정보의 가용도에 좌우된다. COTS/MOTS 방안의 경우, SA 데이터는 ITSR 요구사항을 적용 받는 장비와 같이 구매된다. '사업'이 ISP를 식별하고 구매하거나, 아니면 업체가 사업지원 방안전략에 의지하거나. 비록 업무가 업체측에 놓이더라도, 사업팀은 지능적인 결정자로서 ISP 를 만들 때 이용된 요소와 기준을 이해해야 하고 인도물품의 품질을 분석하고 평가할 수 있어야 한다. 이 분석의 수행 방법에 대한 상세한 조언 및 지침은 JSP 886 제2권 2부: ' 재고 계획'을 참조한다.

41. ISP는 장비의 운용 및 정비에 필요한 요소들로 구성되는데 이들은 국방부의 배치 및 운용 예측 상에서 산출된다. 이것은 주 장비를 위해 계약에 추가되는 것이다. ISP는 두 부분으로 나뉘어 진다:

a. 전체 수명주기 요구사항이 구매되는 품목; 예를 들면, 수리 풀, 특수 공구 및 시험 장비, 비상용 수리부속. 범위와 규모는 장비의 수명기간 동안 수정될 수 있다. 요소들은 장비의 개량 또는 지원방안 또는 장비의 수명주기 R&M 데이터 수집을 바탕으로 한 재고 최적화 기법을 통해 수정될 수도 있다.

b. 일정 기간 동안의 지원이 구매되는 품목; 예를 들면, 소모성 수리부속. 통상 2년인 이 기간은 범위와 규모, 특히 규모 계산에 중요한 요소이다. 초도 기간의 만료 후, 수리부속 지원은 사업 재고 계획에 따라 국방부 보급 및 구매 또는 CLS 계약으로 돌아간다.

42. ISP는 일정 기간 동안 계약자 수리 지원을 포함할 수 있다; 지원 계약의 조건 내에서 발생되는 모든 수리가 이루어지고 국방부로 반환된다.

43. 인도된 ISP는 아래 항목에 의해 좌우된다:

a. 식별된 정비업무의 SA 출력정보

b. 패키지의 구매 능력

c. 구매 위험의 평가

조기 최적화

44. 신규 장비가 서비스에 들어갈 때, 운용 효율이 수리부속, 특수공구 및 TD의 부족함 때문에 저하되지 않도록 하는 것은 매우 중요하다. 시연단계에서 이루어진 수리부속 소요 예측은 결국 실제 운용 데이터로 교체되어 장비의 장기적 지원을 위해 보다 정확한 편성이 이행되도록 한다. 그러나, 가장 빠른 시간 내에, 흔히 사용 데이터가 거의 없을 때 수리부속을 최적화 하는 것이 중요하다. 이것은 LSD부터 배치된 함대를 위한 요구된 가용도를 보장하기 위해 과다한 구매를 하지 않으면서도 충분한 수리부속이 확보되게 하는 것을 목표로 해야 한다는 것을 말하는데, 어려운 일이다; ISP가 너무 적을 경우, 운용 능력 저하 위험이 있고, 반면에 너무 방대할 경우, 일부 품목은 중복되고 아까운 자원이 낭비될 것이다. 많은 레거시 사업이 장

비 수명의 종료시점에 아직도 국방부 재고에 존재하는 비 사용 잉여품목 때문에 엉망이 되었다. 초기 지원기간이 2년인 경우, ISP 공식 검토는 12에서 18개월 사이에 이루어져야 한다.

45. USO 계약에 의해 구매된 플랫폼/장비는 정확한 ISP와 같이 인도되는 것이 중요하다. UOR은 보통 특정한 군사 운용 또는 작전의 특수한 요구사항을 위해 구매되며, 장비조달계획(EPP)에 의해 구매되는 대부분의 방산 장비에 비해 더 짧은 사용 수명을 가진다. 이것은 UOR은 수리부속의 수명기간 구매와 함께 인도된다는 뜻이며, 이 경우, 수리부속의 범위 및 규모를 정확히 하는 것이 더욱 중요하다; 이것은 분석 및 모델링 기법을 적용하거나, 사용 데이터를 비교할 만한 운용환경에 배치된 비교할 만한 장비로부터 얻은 데이터와 비교하는데 별도의 시간이 더 필요하다는 것을 말한다. 점점 발전하는 요구 프로파일, 고장 메커니즘 및 일정한 손상 패턴을 고려하기 위해 야전배치 시점부터 UOR을 위한 수리부속의 초기 범위 및 규모 설정의 지속적인 검토와 뒤이은 수정은 필수적이다. 처음부터 특수한 운용을 위해 야전 배치된 UOR이 나중에 작전 편제에 들어간다면, ISP가 설계된 초기 2년간 견뎌 내는 즉시 추가적인 범위 및 규모 설정 활동 대상이 되어야 한다.

46. 이 목표의 달성을 도와주는 재고 분석, 시뮬레이션 도구 및 이용 가능한 기법에는 범위가 있다; 가장 복잡한 경우, 여기에는 광범위한 데이터 (엔지니어링, 보급계통, 재무 및 운용 데이터) 의 확보, 정교한 시뮬레이션 모델링이나 시뮬레이션 도구를 통한 데이터의 공급 및 예산 한도 내에서 요구된 가용도를 충족하기 위한 최적화된 재고의 제시가 포함될 수 있다. 이것은 비 계획적인 군사 작전 지원의 지원성 계획 등 IP와 RP 모두를 위해 달성될 수 있다.

47. 제안된 ISP를 분석할 때, 사업팀은 아래와 같은 질문을 해야 한다:

a. 범위 및 규모 설정의 근원은 어디인가; 내부, SCM-SCO를 통해서, 또는 계약자를 통해서? 공정성 또는 향상된 신뢰 수준이 요구되는 경우, 복합된 자원을 이용하여 '비교분석'이 수행될 수 있다.

b. 어떤 최적화 도구 및 방법론이 ISP에 적용되었나? 여기에는 단순한 공학적 판단, 단일 품목 모델링에서부터 다단계 다편제 (MIME) 모델링 분석 등이 있다. 최적의 실무적용에는 출력정보의 정확성과 재고 최적화를 위한 적절성을 보장하기 위해 SCM-SCO에 의해 입증 및 검증 (V&V) 된 도구의 이용이 포함된다. 입증 및 검증이 안되었다면, 재고계획은 사업팀이 도구의 V&V를 촉진하고 SCM-SCO에게 조언을 구했으며, 비교분석 방법이 중간 기간 동안 이용되었음을 보여주어야 한다.

c. 언제 ISP 분석이 수행되고 검토되나? 사업팀은 언제 ISP 분석이 수행되고 검토되는지를 CADMID 사이클 상에 날짜 및 지정된 주요 지점을 재고 계획에 나타내야 한다.

d. 수리가능 품목의 관리를 위해 어떤 방법이 채택되었나? 사업팀은 수리가능 품목이 초도 보급(IP), 재 보급(RP) 및 하자보증 기간과 관련하여 어떻게 관리되고, 검토되고 최적화 되는지, 그리고 재고 내에서 수리가능 품목의 성능 개선을 위해 어떤 대책이 마련

되어 있는지에 대해 이해해야 한다. 수리 관리 계산에 실제적인 데이터를 적용하여, 사업팀은 체계 가용도를 향상 시키고 운용 위험을 감소시키며, JSC와 일관성을 개선한다. 아울러 군수분석은 수리 루프에 밀착된 장비를 줄이거나, 폐기 되게 하는 결과를 낳을 수도 있다. 현재 JSP 886 제3권 8부: '역 보급계통'에 제시된 역 보급계통 처리시간 (RSCPT) 파라미터를 이용하는 경우 실제적으로 될 필요성에 특별한 관심이 주어진다; 특히, 이것은 반환되는 물자는 통상적인 표준우선순위코드 (SPC)로 이동한다는 것을 나타낸다. 물자의 가치가 이동 순위의 결정에 이용되어서는 안 된다. 단기 보급 품목에는 사업팀에 의해 높은 이동 우선순위가 주어질 수 있다. 단, 이 결정으로 인해 발생하는 추가 비용을 감당할 수 있을 경우에 한한다.

e. 법적으로 추가적인 재고 최적화를 저하시키는 이유가 있는가? 아래 항목은 결정적이지는 않으나, 통상적인 최적화가 수행되지 않을 수 있는 경우를 나타낸다:

(1) 재고 수준이 기존 또는 향후의 CLS / IOS / CfA / CfC 에 영향을 주고, 그것에 의해 재고가 계약자에게 전달되지 못 하거나, 폐기를 위해 계약자의 처분에 의해 소모 또는 검토 되기 전까지 대차대조표상에 묶이는 경우.

(2) 계획된 재고가 사업팀 / 비즈니스 유니트 / 환경으로부터 벗어날 때.

구매 테일러링

48. 구매 테일러링은 구매 용이함에 대한 수리부속 중요도의 판단이며, 이에 따라 IPL 품목의 포함 또는 배제에 관한 결정이 내려질 수 있다. 다른 요소는 모델링에서 도출된 품목의 예측 사용 가능성이다. 네 가지의 품목 등급이 있다:

a. 치명적/구매 어려움. 이 품목은 사용 가능성과 거의 상관없이 목록에 남겨둔다. 예를 들면, 선박의 프로펠러 축은 고장 발생이 예상되지는 않으나, 만일 발생하면, 구매기간이 길어서 선박의 가용도에 악영향을 미친다. 구매의 어려움은 긴 납기, 전략 물자, 해외 구매 및 자원의 경쟁 등에 의한 것일 수 있다.

b. 치명적/구매 용이. 이 품목은 목록에 유지되나 수량을 줄이는 것을 고려해야 한다. 추가 구매는 사용이 증명될 때 이루어질 수 있다.

c. 비 치명적/구매 어려움. 사용 가능성이 높지 않는 한 또는 증명되지 않으면, 목록에서 제외하는 것을 고려한다.

d. 비 치명적/구매 용이. 이 품목은 목록에서 제외되어야 한다. 소요 시 구매.

수리가능 품목

49. 주요 수리부속 및 순환부품으로도 알려진 수리가능 품목은 수리 전문가에 의해 정비되며 거의 폐기되지 않는다. 이들은 주 장비의 요구 가용도를 보장하는데 매우 중요하다. 가지고

있는 특성으로 인해, 수리가능 품목도 EMI일 가능성이 많다. 이 품목의 범위는 비록 규모를 계산하기에는 매우 복잡할 수 있으나 보통 판단하기는 쉽다. 수리가능 품목의 구매는 수량의 20%가 가격의 80%를 차지하여, 범위와 규모를 산출할 때 많은 노력이 사용되어야 하는 경우 파레토 법칙을 따르는 것으로 알려져 있다. 장비의 가용도 목표를 충족하기 위해 요구되는 주요 수리부속의 수량 판단은 하나의 주요 업무이다. 요구사항은 DE&S SCM 분석팀으로부터 재고계획에 대한 지침을 이용하여 모델화 되어야 한다. 이것은 국방부 지원을 위한 요구사항의 확립이거나 업체에서 산출된 수치에 대한 비교기로서 작용하는 것이다. 모델링에 이용된 데이터는 정확하고 실제적이며, 모델링을 하기 전 합의되어야 한다. 산출 결과는 계획된 활용율과 예상된 장비 규모를 지원하기 위해 요구된 일반적으로 '수리 풀'로 알려진 주요 수리부속의 수량이다. 군수 지원성 소요를 만족시키기 위한 수량은 별도로 산출된다.

구매 능력

50. '사업'은 초도 수리부속 구매를 위한 예산을 가진다. 전술한 모델링 및 산출은 수리부속 구매 목록의 결과로 나온다. 전형적으로 목록의 비용 및 가용한 예산은 차이가 난다. DE&S 사업팀은 목록을 예산에 맞추기 위한 조정을 하여야 한다; 이것은 모든 증가된 위험을 경감할 수 있도록 향후의 운용 관리자와 같이 수행되어야 한다. 아울러, 위험을 구매할 수도 있는 자금의 판단을 위해 DE&S 재무 스텝과 상의해야 한다.

최종 수리부속 목록

51. 최종 IPL은 최적화된 절충안을 나타낸다. 이 목록은 사업팀에 의해 승인되어야 하며, 적절한 경우, 계약에 올려진다. 대형 사업에서는, 장비의 인도가 이루어짐에 따라 점진적인 반복[28]이 있을 수 있다.

재고 계획

52. 재고계획 방침은 JSP 886 제2권 2부: '재고 계획에 포함되어 있다. PT는 수리부속의 규모와 범위를 판단하는데 이용되는 방법을 결정하고 사업을 위한 필수 재고 계획의 수립에 관하여 DES SCM에 문의한다.

지원방안 개선팀 (SSIT)

53. SSIT는 방침 및 프로세스 개선, 더 나은 방법의 작업 및 교육 소요 / 개입 등에 대한 소요를 포함하여 문제점 부분 및 그 방안을 식별하기 위해, 상위 SCM 및 OC 네트워크의 합동 작업을 통해 보급체계 관리자 (SCM) 분야 내에 효율성과 효과도 개선을 위하여 사업팀 및 운용센터 레벨에 초점을 맞춘다. 특히, SSIT는:

a SCM 문제 해결과, LFE 및 최적의 실무적용 조언 및 공유를 위한 토론회를 제공한다.

b 국방 분야가 정책의 적용에 대한 모든 요구사항 및 조언을 충족하기 위하여 재고계획 방침의 포괄적이고 최신식의 주체를 갖도록 한다.

c 모든 사업팀에게 그들의 요구, 환경, 단일 서비스 규정 및 절차에 따라 합의된 시간, 수량 및 비용에 대해 최고의 재고계획 지원을 제공한다.

d 사업팀이 최적화된 재고 및 효율적인 재고 수행 통계인 'Green' 평가를 진행 및 유지하도록 지원한다.

54. SSIT는 SSE 내에서 재고계획에 대한 사안별 전문가(SME) 및 GP 3.3을 제공한다. 최종승인에 접근할 때, 사업팀은 그들의 지원방안이 재고계획 방침의 요구사항을 만족하도록 하기 위해 GP 3.3을 충족해야 한다. SSIT는 CADMID 사이클의 아주 초기부터 사업팀과 같이 작업하여 향후 재고를 어떻게 최적으로 계획할 것인지 판단하는 것을 지원한다.

분석 및 모델링

55. 사업팀이 체계 가용도를 보장할 수 있는 최적화된 지원방안을 준비하는 것을 지원하기 위하여 DE&S SCM 분석팀은 단일 품목 모델링부터 복잡한 모델링까지 전체적인 모델링 기법을 제공한다. 여기에는 아래 항목이 포함된다:

a. 수리수준

b. 재고의 범위 및 규모

c. 지속가능 군 요소 (FE@S)[29] 요구사항

d. 군수 모델링 도구의 입증 및 검증

e. 비교 분석

f. '실제 값'에 대한 모델링 결과의 시험을 위한 시뮬레이션

g. 자산 최적화 도구의 지원 및 유지에 대한 책임

h. DE&S 에 걸친 재고 세분화의 개발 및

i. 국방부 재고 보급 지원을 위한 알고리즘 개발 및 이행에 대한 조언

운용 지원

56. 예고 없이 비계획적인 작전으로 배치되는 부대는 전장관련 합동 보급체계가 구축될 때까

---

28 ASD S2000M을 이용한 사업은 IPL의 초안, 공식 및 마스터 버전을 가질 수 있다.

29 FE@S는 비 계획적 작전의 지원에 확보된 지속성 재고의 부족분을 판단하기 위하여 RP 센터에 의해 이용되는 척도이다. 이것은 장비 DLOD를 기반으로 하며, 준비성 척도인 FE@R 과는 달리 군수 지속성의 범-DLOD 평가는 제공하지 않는다.

지 긴급 전장 보급지원을 요구한다. 이에 대한 자세한 조언은 JSP 886 제3권 12부: '배치가능 재고'를 참조한다. 해상, 육상 및 항공 환경 별로 이 문제에 대한 접근방법이 다르다:

a. 해상. 해상 플랫폼은 '탑재문서' (OBD), 특히 일정기간 동안 함을 지원하기 위하여 설계된 수리부속, 지원 및 시험장비의 승인 목록인 OBD 제3권: '통합할당목록' (CAL)으로부터 도출된 수리부속과 같이 배치된다. CAL은 DE&S 사업팀에 의해 만들어진 장비 규모 및 목록으로부터 작성되며, 수명기간 동안 최적화 된다. 치명적 또는 필수품으로 표기된 부품은 항상 함에 적재된다. CAL 외에, 특정한 전장에 배치되는 플랫폼은 특수 '군사업무용장비' (MTE)도 적재해야 한다. 이에 대한 조언 및 지침은 'DES JSC SCM-SCO-분석'을 참조한다.

b. 육상. Priming Equipment Pack (PEP)은 비계획적 작전으로 인한 배치를 위해 부대의 '준비태세 및 공격준비시간'(RPT)를 충족하기 위해 적절한 준비성에 맞춘 미리 규모를 정한 물자 팩이다. 이것은 배치군을 28일 동안 유지하는데 필요한 범위와 규모의 물자를 포함하며, 작전 지역의 군수 여단(Log Bde) 에 의해 보유된 것과 균형을 이루며 RLC 및 REME 부대를 지원하는 부대와 편제 간에 배분된다. PEP는 아래 항목을 하기 위해 비 계획적 작전에 대한 배치에 요구된 물자의 인도와 주요 훈련에 작전상의 효과를 개선하는 것이 목적이다:

(1) 특정한 비계획적 작전에 대해 최적화된 이전의 작전분석을 기준으로 물자의 규모를 수립한다.

(2) 배치 전 부대 병참(QM)으로부터 추가적으로 부담을 제거하여 배치 전 높은 우선순위와 일련의 요구를 충족하기 위한 전략적 '보급계통' 상의 초기 부담을 줄인다.

(3) 비계획적 작전에 배치하기 전 육상 및 물품 IPT에 책무를 부여한다.

(4) 각 비계획적 작전에 대한 상세한 물자보충 가용성을 전방 사령부(FLS)에 제공한다. (보충 상황).

(5) 작전 보급계통 내에 지지선을 준비한다.

(6) 배치 기간 동안 요구달성 수준을 개선한다.

PEP에 대한 조언 및 지침은 DES JSC SCM-SCO-FI-PEP (PEP 팀)를 통해 이용할 수 있다.

c. 항공. 군사항공환경 (MAE) 장비도 가끔은 '플라이 어웨이 팩' 또는 '배치된 수리부속 팩'이라고 불리는 PEP에 의해 지원된다. PEP는 주 장비와 같이 배치되며, 좀 더 영구적인 체계가 구축될 때까지 제한된 지원을 제공한다. 배치 가능한 모든 MAE 장비는 산출된 PEP를 가져야 한다. 이에 대한 조언 및 지침은 DES JSC SCM-SCO-분석-SL 를 통해 이용할 수 있다.

57. 주 비축 지점(국방부 정비창 또는 업체) 외에 부대 또는 제2의 저장소 (영국 군수지원함대(RFA) 또는

제2창)에서 장비에 보유되는 특정 수리부속에 대한 소요가 있을 수 있다. 안정적인 평화 시 운용 중, 이 지점의 수리부속 보유량은 수리부속 사용량, 장비 사용량, 장비 보유량 및 자체 입력분 등을 기초로 자동으로 계산된다. 초기 재고는 SSP의 일부로 계산되고, 장비배치 계획의 일부로 재고비축 부대로 배포된다. 각 보유 부대에 대한 범위 및 규모는 관련 전방 사령부의 협조로 계산된다. 초기에는 각 부대와 이차 저장소가 최대한 적은 량을 갖도록 하고, 사용량 데이터를 근거로 재고를 늘려나가도록 하는 것이 목표가 되어야 한다.

군수지속성 및 비계획적 작전

58. 군수지속성 소요는 필수적이며 핵심지원지역 (KSA) 1 아래 지원방안묶음(SSE)에 명시된다. 스폰서인 ACDS (Log Ops) D Def Log Pol은 조언 및 지침을 제공한다. 일반적으로, 소요는 방위능력 소요를 만족하기 위하여 구매 및 유지되는 장비, 관련 지원 군수품에 대한 것이다. 대부분의 지속성 소요는 DE&S에 의해 산출되고, 부족분은 FE@S 척도를 통해 RP 센터로 보고된다.

59. 재고계획은 필시 가장 요구가 많은 비계획적 작전에서 장비를 유지하기 위해 요구되는 수리부속을 식별하는 것이다. 이것은 평화 시 및 일상 군사업무 용도와는 다른 범위 및 규모의 품목을 식별한다. 통상, 이런 품목의 대부분은 평화 시와 전쟁 시 현저히 다른 듀티 사이클을 가지는 장비의 요소와 관련이 있다. 예를 들면, 무기체계 사용의 수(더 많은 사격)와 치명도(더 큰 에너지 분출)는 수리부속의 사용량을 크게 증가시킬 수 있다. 또한, 필요할 때 장비가 전쟁의 역할을 수행하지 못 하는 경우 매우 곤혹스러울 가능성도 내포한다.

60. 군수품비축계획 프로세스에서 출력되는 것은 각 군수품 종류(군 임무에 투입되는 것 포함)에 대해 요구되는 모든 수량을 정하는 국방부 센터 내의 '정책 및 프로그램조정그룹' (PPSG)에 의해 지지되는 '군수품 비축 등록부'(MSR)의 생성이다. 궁극적으로, 이것은 DE&S 사업팀이 작전의 템포, 생산 속도, 가용한 예산 및 유지되어야 할 전체 재고 수준을 감안하여 특정 기간 동안 군수품을 인도하도록 제작사와 계약을 체결하도록 한다.

제5절: 목록화

목록화 지침

61. 지원방안 보증 프로세스의 하나로 제도가 유효하게 허용되지 않는 한, UOR 절차에 준하여 구매된 품목을 포함하여 합동보급계통에 들어갈 것 같은 사업의 장비들을 나토 목록화해야 하는 것이 국방부의 방침이다. 나토 목록화 절차는 나토 재고번호로 알려진 13개의 고유 숫자를 부여한다. 목록화 방침 및 절차는 JSP 886 제2권 4부: '나토 목록화'를 참조한다. DE&S 사업팀 또는 CLS 계약에 따른 업체 파트너에 의하여 민간 자본을 이용해 구매되어 JSC에 등록되었거나 등록될 예정인 모든 보급품목은 반드시 나토 목록화가 되어야 한다. 목

록화 소요는 품목의 요구 횟수와 품목의 가치와는 상관이 없으며, UOR에 의거 구매된 장비를 지원하는 품목에 동일하게 적용된다.

62. 나토 목록화는 국방부 Log IS가 물자의 식별, 수령, 저장, 유지, 요구, 불출, 탁송 추적 및 회계관리를 하는데 이용되도록 하기 위해 요구된다. 아래 부류의 품목이 목록화 된다:

a. 주 장비 그 파생품; 이 NSN은 일련번호, 해상 호출부호, 장비등록마크 또는 기체번호와 같은 다른 적절한 장비 식별자와 같이 자산관리 시스템의 주요 참조번호로 이용된다. 특히:

(1) MERLIN 상에서, 장비 NSN은 장비와 모든 중요 파생품을 식별하기 위한 '담보 및 자산 코드'에 연결된다.

(2) 군수품 NSN은 ASTRID상에 신규 데이터 기록을 만들고 'Ammunition Descriptive Asset'(ADAC) 코드를 생성하는데 이용된다.

(3) JAMES 상에서, NSN 및 자산코드가 부여된 차량 및 EMI는 정확한 전수명 자산 엔지니어링 및 안전 관리 보장을 위해 고유한 일련번호와 연결된다.

b. 구매예정인 수리부속; 수리부속은 수명기간 동안 장비의 정비를 지원하는데 필요한 품목이다. 수리부속은 Complete Equipment Schedule (CES) 품목을 지원하기 위해 요구될 수 있다.

c. 구매 예정인 특수공구 및 시험장비 (STTE).

d. 구매 예정인 Complete Equipment Schedule (CES) 품목. CES 품목은 장비를 운용하는데 필요한 품목이다.

e. 교육 보조재와 같은 관련 품목. (해당될 경우)

f. 구매되지 않은 품목이나, 향후에 필요할 것 같은 품목은 목록화되어야 하고 TD에 포함되어야 하며, 이를 통해 식별과 향후 구매를 지원할 수 있다.

목록화 절차

63. 모든 영국 주둔 주체들을 위한 나토 목록화 관리 및 절차 그리고 외국 품목의 목록화 촉진은 DES JSC SCM-UK-NCB의 책임이다.

목록화 옵션

64. 대형 사업의 목록화를 선별과 목록화 요청을 수행하는 목록화 업체와 계약자가 별도의 계약을 통해 하도록 하는 것은 일반적이다. 개량 및 UOR 사업을 포함하여 소형 사업의 경우는, 사업팀이 선별작업을 하고 UKNCB에 직접 목록화를 요청하도록 하는 것이 더 적절할 수 있다.

목록화 계약 조건

65. '사업'은 국방계약 117조(DEFCON 117)가 계약에 포함되도록 해야 한다. 이 DEFCON은 나토

목록화를 위한 데이터 공급 조건을 명시하고, 데이터가 제작사에 의해 어디로 제공되어야 하는지와 지적재산권 정보의 표기, 이들 정보가 목록화 목적을 위해서만 사용되어야 하고 제작사의 허락 없이 제삼자에게 복제 또는 공개될 수 없음을 명확히 한다. 설계 관리 당국은 지적재산권 프로세스, 제작 기법 또는 지적재산권 자재 사양의 상세한 내용을 공개하면 안 된다.

목록화 데이터의 배포

66. 사업팀은 외국 NSN, 목록화 중 생성 또는 변경된 것을 포함하여 선별 과정에서 발견된 NSN이 국방부 및 업체의 관련 자에게 즉시 배포되도록 해야 한다. 이것은:

a. TD가 가장 최신의 정확한 내용을 포함하게 한다.

b. 인도되는 품목에 정확한 라벨링이 되도록 한다.

c. BIS 상에서 품목 생성 및 계약 입고 생성이 정확하고 품목의 라벨링이 최신 규격을 반영하도록 한다.

보급관리 데이터

67. 보급관리 데이터 (SMD)는 목록화 프로세스의 일부로 생성된다. SMD 정보는 목록화 품목의 데이터베이스인 보급품정보시스템 (ISIS)에서 자동으로 보급체계의 노드로 보내진다. 이 SMD는 나중에 BIS 상에 신규 또는 수정된 품목의 기록을 생성하는데 이용된다. 전자 SMD의 개발은 NSN 데이터가 관련 BIS 상에서 자동 품목 헤더 생성을 가능하게 하며 전자적으로 ISIS에서 전송된다는 것을 말한다.

제6절: 기술 문서

개요

68. 기술문서 (TD)는 장비를 수명기간에 걸쳐 운용, 정비, 수리, 지원 및 폐기하는데 필요한 정보로 정의된다. 이 정보에는 SA 데이터, 데이터 모듈, 텍스트 또는 도해, 복제 가능한 마스터 자재, 전자식 기술출판물 (IETP) 및 모든 매체에서 도출된 모든 출력정보가 포함된다. 장비가 효과적이고 효율적이며 안전하게 관리, 운용 및 정비될 수 있도록 TD 일체를 제공하는 것이 목적이다. 이 목표의 달성을 위해, TD의 여러 사용자, 운용자, 정비자, 관리자 및 계약자는 적절한 방법으로 자신들이나 장비가 배치되어 있는 곳 어디에서나 TD에 접근할 수 있어야 한다.

방침 조언 및 지침

69. TD는 전자식 형태로 제작되어 인도되어야 하며, 최초 사용시부터 지원, 유지, 교육 및 기술지원 제공을 위해 각 장비에 제공되도록 하는 것이 국방부의 방침이다. 이로써 장비가 효

과적, 효율적으로 그리고 안전하게 운용, 관리, 정비 및 폐기되도록 한다. 수명주기 동안 지원을 위한 기술정보 및 데이터의 형태 그리고 적절한 수준의 선택에 대한 조언 및 지침의 핵심 사항은 JSP 886 제7권 8.05부: '기술문서'를 참조한다. TD에 대한 일반적인 조언 및 지침은 EngTLS-기술문서 웹사이트에서 이용할 수 있다.

내용

70. 주 요구사항은 TD가 가장 최신 버전의 정비계획 및 장비의 형상 변화를 반영하고 정확한 NSN을 포함하도록 하는 것이다. TD에 포함된 세부내용이 일관성을 유지하도록 하는 것이 주요 형상관리 업무이다. 주 계약자가 SA, IP 관리, 목록화 및 TD의 생산을 수행하는 경우, 데이터 전송 및 처리를 위한 사양에 국방부가 포함될 필요가 없어야 한다.

SS 요구사항

71. TD의 아래 부분에 포함된 모든 SS 정보가 정확하도록 하는 것이 중요하다:
    a. 사용자 지시. 이것은 장비를 운용하기 위한 절차를 나열한다. 지시는 기후 및 여러 변수에 대응하기 위하여 편차를 제시할 수 있다. 사용자 지시는 단순한 고장을 식별하고 수정하기 위한 최기 조치를 나열할 수 있다.
    b. 정비 업무. 이것은 수행될 주기 검사 및 정비를 나열한다.
    c. 수리 업무. 수행될 수리업무의 세부사항을 제공한다; 별도의 절에서 여러 단계의 수리에 대해 다룬다.
72. 카탈로그:
    a. 도해부품목록. 계층별 위치를 나타낸 도해이며, 수리부속의 기술적 데이터를 제공한다.
    b. 도해부품 카탈로그. 장비, 조립체 및 수리부속의 기술도면과 NSN을 포함한 도해 카탈로그.
    c. 기타 품목 목록. 예, CES (Complete Equipment Schedule) 및 특수공구 목록

제7절: 데이터 관리

개요

73. SSP는 내용 및 수량에 대한 반복적인 변경과 함께 계약자, 협력업체 및 국방부간에 일상적이고 반복적인 대규모 데이터 전송을 요구한다. 장비설계 및 지원방안이 장비의 수명과 함께 발전하기 때문에, 이 데이터의 형상관리를 유지하는 것은 중요한 업무이다.
74. 장비의 설계 및 제작 단계 동안 장비의 수명기간 지원을 효과적으로 관리하는데 요구된 필수 SS 데이터에 대한 계약은 장비의 LWS가 최적화 되어야 하고, 금액에 합당한 가

치를 달성해야 하는 경우 모든 장비 획득 사업에 필수적이다. 군사 플랫폼의 획득 사이클(CADMID)[30] 이 40년[31]을 초과하는 것이 이례적인 것이 아니며, 사업 ILSM이 약 40년 이후에 운용 지휘관의 군수지원 및 지속성[32] 요구사항 달성을 위한 필요한 정보를 제공하기 위해 LSD까지 어떤 Log IS 데이터 필드를 유지해야 하는지에 대해 충분히 이해하는 것을 매우 어렵게 만든다.

방침

75. 기존 국방부 방침은 사업팀이 '전 수명' 지원방안을 계획 및 보증하고, 이에 따라 ILS의 적용을 통해 지원성 및 수명주기비용(TLF)의 최적화 및 위험을 감소시키도록 말하고 있다. ILS에 대한 방침과 지침은 JSP 886 제7권 1부: 'ILS 방침'을 참조한다. ILS의 적용으로 인해 발생하는 법적 또는 안전 요구사항은 없으나,
사업팀은 지원방안의 설계에 ILS를 반영하였음을 보여주어야 한다. ILS의 적용에 대한 영국 국방규격은 국방획득 및 지원 계약에 적용되는 Def Stan 00-600이다.

군수정보의 관리

76. 국방부는 많은 양의 여러 가지의 상호 의존적인 Log IS 및 응용프로그램을 축적하였다. 이것은 전방 사령부에 대해 많은 교육 및 지원 부담을 부과하며, 통제되어야 하는 운용 효과상의 부담을 나타낸다. 또한, 국방군수[33]는 이 시스템 내에 포함된 정보의 효과적이고 효율적인 활용을 위한 점진적인 요구를 가지고 있다. '국방군정보전략'[34]은 기존 및 계획된 시스템의 재사용 최대화와 향후 확산의 최소화를 통해 가장 최적으로 달성될 수 있다고 판단한다. '군수정보요구계획' (LIRP)은 사업팀이 수명기간 동안 장비를 지원하기 위해 필요한 군수정보를 이해하도록 한다. 이것은 사업팀을 JSP 329: '국방 정보 일관성' 에 포함된 국방부 순수정보 방침에 충실하도록 하고, Log ID가 어떻게 장비를 최적으로 지원할 지에 대해 이해하도록 도와준다. 정보를 핵심 자산으로 처리함으로써, LIRP는 군수정보의 비용 및 용도, 운용위험의 감소를 통해 효과적인 수명기간에 걸친 의사결정에 요구되는 투명성을 제공한다.

---

30 개념, 평가, 시연, 제작, 사용 및 폐기

31 Nimrod는 1964년에 개발, FV 430 계열은 1961년에 개발, T42 구축함은 1968년에 개발됨.

32 목표의 달성을 위해 일정기간 동안 필요한 수준의 전투능력을 유지하는 군의 능력 (AAP-6)

33 '군수'는 군의 이동 및 유지를 계획하고 실행하는 과학으로 정의된다. 이것은 물자의 설계, 개발, 획득, 저장, 이동, 배분, 정비, 복구 및 폐기를 다루는 군사 작전의 측면으로 이루어진다; 인원의 수송; 시설의 획득 또는 건설, 운용 및 처분; 서비스의 획득 또는 공급; 및 의료 및 보건 서비스 지원. (JDP 4-00)

34 국방 군수정보 전략 (임시 버전) - ACDS (Log Ops)의 문서 -2009년 9월 1일

77. LIRP 프로세스의 최종 출력물은 중요한 군수정보 트리거의 식별 및 지원방안 기능을 효과적으로 보장하기 위해 필요한 요구사항의 교환을 통해 사업팀의 요구에 충족되도록 테일러링된 사업관련 '군수정보계획' (Log IP)[35]이다. Log IP는 수명기간을 통하여 능력 지원에 필요한 군수정보를 누가 가지고 있고 인도하는지, 그리고 언제 사업을 위한 계약일정의 일부를 구성하는지를 식별한다. Log IP 개발의 이점은 아래와 같다:

a. 전 수명 능력을 지원하기 위해 국방부와 업체 간의 정보교환 요구의 명확한 구도.

b. 군수정보의 요구, 소유자, 역할 및 책임을 식별하여 중요하게 계약되도록 한다.

c. 사업팀이 업체와의 군수정보 교환 및 국방 기반시설과의 인터페이스에 소요되는 비용을 식별할 수 있다.

d. 사업팀이 지원방안과 국방 Log IS 및 서비스가 상호운용 가능하다는 확신을 갖는다.

e. 정보 관리 및 구조에 대한 기존 국방부 방침에 동조.

f. 사업팀은 군수정보방침의 미 충족으로 인한 운용 위험의 식별 및 관련문제의 이해가 가능해 진다.

g. 효과적인 군수결정 지원을 위해 최종사용자 및 업체에게 공유된 상황인식을 가능하게 한다.

h. 효과적인 수명기간 SSP를 가능하도록 하기 위해, LIP가 아래 항목을 인식할 충분히 자세한 내용[37]을 포함하도록 하는 것이 매우 중요하다:

(1) 아래 항목에 의해 어떤 데이터 및 정보관리 시스템이 수명기간 동안 이용되는가:

(a) 저장, 취급 및 지원성 분석의 교환, 초도 보급, 나토 목록화 및 기술문서 데이터[37]를 위해 서비스에 도입되는 동안 사업팀/업체,

(b) 보급계통 (예, 기지 재고, 배치된 재고, 탁송 추적, 수리 및 엔지니어링, 자산관리 및 전자구매 시스템)의 관리를 위해 '사용' 단계 동안 사업팀/업체/사용자.

i. 사업팀/업체/처분 기관이 잉여 국방부 물자 및 장비의 처분에서 가능한 한 최고의 재정적 회수를 보장한다.

---

35 Def Stan 00-600 제 14조는 계약자의 LIP를 위한 정보의 제공을 요구한다.

36 Def Stan 00-600 제14조는 계약자가 군수정보시스템 및 서비스 (IS&S) 요구사항을 개발하고 군수 IS&S 이행 계획과 Hd LogNEC과 지원 합의를 제출하도록 요구한다.

37 복잡한 플랫폼 획득 사업은 물자관리규격을 이용하여 이익을 얻을 수 있다. ASD S2000M은 국제 계약 지원에 공통적으로 수행되는 대부분의 물자 관리기능을 위한 정보교환 요구사항을 규정한 사양이다. 공통 데이터 세트를 이용하여, S2000M은 물자관리 프로세스의 여러 단계에서 따라야 하는 비즈니스 규칙을 정의하고, 명확한 방법으로 정보를 교환하기 위해 사업 당사자간에 이용되는 여러 가지 표준 메시지 세트를 제공한다.

38 국방부에서 현재 운영하는 BIS는 Stores System 3 (SS3), CRISP 및 SCCS 이다.

j. 어떤 IS 데이터 필드가 유지되어야 하는가. UKNCB는 ISIS를 유지하기 위한 최소한의 데이터 세트를 가지고 있다; 이것은 국방부 BIS[38]상에 자동으로 품목 데이터 기록(IDR)이 생성되도록 한다.

k. 어떻게 시스템이 서로 간에 인터페이스 되는가. CADM 단계 동안, SS 데이터는 OEM, 주 계약자, 계약된 카탈로그 업체, 사업팀 및 UKNCB간에 교환되어야 한다. 끊김 없는 전자 데이터 교환을 위해 모든 노력을 쏟아야 한다.

가정

78. 사용 단계 동안 장비의 지원에 이용될 Log IS 의 데이터 요구에 관하여 사업 수명주기의 초기에 가정을 하는 것이 필요하다. 이 가정은 어떤 Log IS 가 현재 운영 중인지, 이 시스템의 OSD는 무엇인지, 계획된 교체 및 ISD는 무엇인지에 따라 좌우된다. ESMD에 대한 UKNCB의 최소 데이터 요구는 좋은 지표이다.

전자 데이터 교환 (EDI)

79. TD를 유지하고 IP 수리부속을 구매하기 위해 품목의 목록화를 위한 설계에 이용된 데이터가 가능한 한 일관성이 있고 최신의 것이어야 하는 것은 매우 중요하다. 목적은 목록화를 최소화 하고, 사용 단계에서 수행되는 부분에 기술출판을 한정하고, 사용 단계에 이용될 수리부속만 구매하여 낭비를 최소화 하는 것이다. EDI 서비스 합의는 비즈니스 규칙수립에 이용될 수 있으며, DEFFORM 30은 이 목적을 위해 이용될 수 있으므로, P2P 방식으로 실행되는 계약의 입찰 요청서에 포함되어야 한다. 사업팀 및 업체는 구매 조치를 취하기 전 DEFFORM 30의 범위와 규모를 숙지해야 한다. 사업의 범위와 규모 및 복잡성은 데이터 관리의 난이도를 결정한다:

a. 장비의 제작에 수천 개 정도의 품목으로 이루어지는 소형 사업은 전용 소프트웨어에 의지하지 않고 아마도 관리가 가능할 것이다. 이런 형태의 사업에서 설계는 형상관리 문제를 용이하게 하는 안정적 요소이다. 수리부속으로 고려되는 소수의 장비제작(통상 10%이나 장비에 따라 다름)에 있어서 일반적이다. 이 경우, DEFCON 82 및 DES SCM UKNCB e-Tasking 시스템이 이용될 수 있다.

b. 보다 크고 복잡한 사업, 특히 고도의 신기술, 많은 수의 품목이 제작에 사용되었거나, 또는 협력업체가 개입된 사업은 전용 데이터 관리 기법과 시스템을 요구한다. 이 경우에는, ASD standards S1000D 및 S2000M의 이용이 바람직하다. 적절한 규격에 대한 조언은 ACDS (Log Ops) Log Info 및 DES JSC SCM-EngTLS-SS으로부터 입수할 수 있다.

형상 관리

80. 설계 당국(DA)으로서의 제작사가 설계의 형상관리에 대해 책임을 지는 것은 일반적이다. 가끔, 별도의 DA가 지정된다. 아래 항목은 DA의 책임이다.

a. 형상 변경 등 설계의 이력기록의 유지.

b. 설계 내의 품목간 관련성 유지; 인덴쳐 표기 시스템의 채택을 통해 이루어질 수 있다.

c. 각 품목의 형태, 재료, 기법 및 오차를 기록한 전체 도면 저장소 유지.

d. 관련 NSN 및 관련 협력업체의 MPN이 부여된 경우 제작사 부품번호 (MPN)의 기록 유지.

e. 업체 및 국방부간에 전송된 데이터의 형상관리에 대한 책임은 합의될 필요가 있다. 일반적으로, 더 큰 사업일수록 데이터의 형상관리를 보장하기가 더 어렵다. 이것은 어려 가지 방법으로 달성될 수 있다:

(1) 기존 데이터가 정확함을 보장하기 위해 각 송신 데이터의 일부로서 통상 DA인 노드로 데이터 전송.

(2) 내부에 데이터 검사 프로토콜이 들어있는 ASD S2000M등과 같은 인증된 규격의 채용.

군수정보 저장소 (LIR)

81. 형상관리 데이터는 지원성 분석(SA)에 이용되는 품목 식별 데이터를 위한 주요 출처이다. SA에서 도출된 데이터는 군수정보 저장소(LIR)에 저장된다; 이것은 Def Stan 00-600에 주어진 지침에 따라 작성된 공식 기록일 수도 있고 다소 덜 공식적인 기록일 수도 있다. 아래 기록 세트는 LIR에서 도출된 것이다:

a. 정비업무, 도해부품목록(IPL) 및 Complete Equipment Schedule (CES) 작성에 이용되는 장비에 대한 품목의 연관성을 보여주는 계층적 구조.

b. 정비업무 작성에 이용된 수리업무에 관련된 품목.

c. IPL 작성에 이용된 수리부속으로 식별된 품목.

d. 정비업무, IPL 및 CES 작성에 이용된 목록화 품목

e. 정비업무, IPL 및 CES의 작성에 이용된 특수 공구로 식별된 품목

부록 A: 참조문서 안내

1. 핵심 방침 및 규격서:

a. JSP 886 제7권 8.10부: 보급지원 절차

b. Def Stan 00-600 종합군수지원. 국방부 사업을 위한 요구사항

c. ASD 사양 2000M (S2000M).

d. DE&S Corporate Governance Portal Index.

e. 관련 관리 방침을 포함한 지원방안묶음.

f. AOF 보급지원개발계획에 대한 지침

g. 참조 문서. 본 지침과 관련되어 사용될 몇 가지 참조문서가 있다:

(1) JSP 886 국방군수지원체계 매뉴얼:

(a) 제1권 4부: 지원 옵션 매트릭스

(b) 제2권 1부: 재고관리를 위한 방침 및 프로세스

(c) 제2권 2부: 사업팀 재고 계획

(d) 제2권 3부: 단일보급품목 소유권

(e) 제2권 4부: 영국의 나토 목록화

(f) 제2권 5부: P2P를 이용한 구매 재고

(g) 제3권 2부: 계약자 군수지원

(h) 제3권 3부: 역 보급 계통

(i) 제3권 7부: 탁송 추적

(j) 제7권 2부: ILS 관리

(k) 제7권 3부: 지원 분석

(l) 제7권 5부: 보급정보의 관리

(2) 지원방안묶음 (SSE).

(3) 전자 비즈니스 능력

(4) 보급지원소요에 영향을 주는 사업문서

(5) 사용자 요구사항 문서 (URD).

(6) 체계 요구사항 문서 (SRD).

(7) 운용 연구

(8) 작업 기술서

(9) 출력정보 방침 조언 및 지침

2. SSE 보급지원 근거 일람표 - 아래 그림 4 참조.

그림 4: SSE 보급지원 근거 일람표

JSP 886 Volume 7 Part 1 JSP 886 Volume 7 Part 8,10	**SS 전략** **SS 자원** **SS 계획**	DEFSTAN 00-600 JSP 886 Volume 1 Part 1,2,3&4 JSP 886 Volume 7 Part 2 JSP 886 Volume 7 Part 8,10 DACMT ILS Community ASD S2000M OAGIS9 SO 8000 ISO 22745 LCIA
JSP 886 Volume 2 Part 1 JSP 886 Volume 2 Part 4	**SS 활동 적용**	JSP 886 Volume 2 Part 4 JSP 886 Volume 7 Part 8,10 DEFCON 82 DEFCON 117 ASD S2000D
JSP 886 Volume 2 Part 1 JSP 886 Volume 2 Part 4	**운영유지 SS 납품**	JSP 886 Volume 1 Part 1,2,&3 DEFCON 129 ESCIT OSP
JSP 886 Volume 1 Part 3	**모니터, 검토 및 최신화**	JSP 886 Volume 2 Part 2

부록 B: 지침 회의에 대한 일반 요구사항

1. 입찰자는 국방부 요구사항에 대해 간명하게 이해해야 한다. 추가 정보나 해결을 요한 모든 문제는 제안서 제출 전 입찰자 회의 또는 계약 체결 전 해명 회의나 지침 회의에서 제기될 수 있다.

2. 지침 회의는 계약 체결 후 개최될 수 있으나, 세부 요구사항이 어떻게 이행되어야 하는지에 합의하는 단독 목적을 가진다. 국방부가 대응해야 하는 문제점을 제기하고, 방안을 제안하며, 해결책을 찾는 것은 계약자의 책임이다. 이 회의는 계약 변경을 요구할 수도 있는 방안을 도출할 수도 있다. 그러나, 회의 자체는 계약이나 계약 금액의 수정에 대한 제안을 하기에는 적절하지 않은 자리이다; 이런 제안은 별도의 공식 계약 협상에서 협의될 수 있다.

3. 계약 체결 후, ILS 검토/조정 회의가 사업 검토 프로세스의 일부로서 모니터링 하는 단계와 적절하고 계약자의 진도를 ILS 프로그램에 맞추어 촉진하기 위해 개최되어야 한다.

초도 보급 지침 회의 요구사항

4. IP 지침 회의는 국방부 ILS 관리자 또는 지명된 대리인과 계약자 ILS 관리자 또는 지명된 대리인이 같이 주재하게 된다.

5. 회의는 계약자와 합의된 일시에 국방부에 의해 요구된다.

6. 회의 형식 및 의제는 개별 사업 요구에 맞게 개발 및 조정되어야 하는 주제를 다룬다. 아래

항목은 통상 의제에 포함된다:

a. 정비개발 개념과 지원 방안을 반영하기 위하여 IP에 대한 계약자의 접근방법에 대한 확인 및 설명

b. 요구된 IP 발표 수준 확립

c. IP 프로그램에 대한 개요

d. IP 프로그램에 대한 일정

e. 부품번호 기반의 초도보급목록(IPL) 요구사항

f. 모든 수리부속 추천사항의 기반이 되는 고객의 지원 파라미터

g. 부품 데이터의 공통성

h. 동시 주문 생산품 및 수리부속, 현장교체품목 및 관련 절차

JSP 886 Volume 7 Part 8.11: Quality Management

Version 1.2 dated 18 Dec 12.

JSP 886

국방 군수지원체계 교범

제7권

종합군수지원

제8.11부

품질 관리

개정 이력		
개정 번호	개정일자	개정 내용
1.0	20/06/11	초도 출판
1.1	18/08/11	문의처 최신화
1.2	18/12/12	현 표준에 맞게 포맷 변경

Contents

제4장

품질 관리 687

제1장

국방부내의 품질

배경

1. 국방부 내의 품질은 품질보증(QA) 및 품질관리(QM) 분야를 포함한다. 이 두 가지는 서로 밀접한 관련이 있으며 고객의 요구사항을 충족하는 제품, 장비 및 서비스의 인도를 가능하게 하는 역할을 같이 수행한다.

우선순위 및 권한

2. Chief of Defence Materiel (CDM)은 전방으로 보급되는 국방장비의 품질을 보장하라는 책임을 2nd PUS로부터 위임 받았다.
3. CDM은 국방부 조직 및 개인이 방산장비 획득 및 전 부서에 걸친 수명주기 지원활동에 적용해야 하는 품질보증 및 품질관리에 대한 표준 및 방침설정을 포함하여 국방부 내의 품질방침 및 요구사항을 정의할 책임이 있는 국방부 품질보증국(MOD QAA)의 역할을 수립해야 한다;
4. 국방부 QAA의 책임은 안전 및 엔지니어링 국장(DS&E)에게 위임되었다.

보증 및 절차

보증

5. QA 및 QM 관리방침의 보증에 대한 세부사항은 사업 및 프로그램 관리 내의 획득운용체계(AOF) 상에 제공된다.

절차

6. 획득 수명주기를 통하여 품질관련 활동을 이행하기 위해 필요한 절차에 대한 지침은 아래의 후속 절, 획득운용체계 (AOF), 품질관리 웹사이트에 포함되어 있으며 '당신 주머니 속의 품질'이라는 핸드북에 요약 되어있다.

핵심 원칙

7. QA는 품질의 표준이 충족되도록 하기 위해 사업, 서비스 또는 시설의 다양한 측면의 체계적인 모니터링 및 평가 프로그램이다.

8. QM은 제품/서비스의 품질과 이의 달성을 위한 수단에 초점을 맞춘다. 따라서, 품질관리는 더욱 일관된 품질을 달성하기 위하여 프로세스뿐만 아니라 제품의 품질보증 및 관리를 이용한다.

관련 규격 및 지침

9. 아래항목은 품질보증의 주요 출처이다:

Def Stan 05-61 Pt 1: 품질보증절차 요구사항: 승인
Def Stan 05-61 Pt 4: 품질보증절차 요구사항: 활동 상대 계약자
Def Stan 05-61 Pt 9: 품질보증절차 요구사항 - 안전관련 품목에 대한 별도 검사 요구사항
NATO AQAP 2000: 수명주기 품질의 종합체계적 접근방법에 대한 나토 방침
NATO AQAP 2009: AQAP 2000 시리즈 사용에 대한 나토 지침
NATO AQAP 2070: 나토 정부 상호 품질보증
NATO AQAP 2105: 품질계획에 대한 나토 요구사항
NATO AQAP 2110: 설계, 개발 및 생산에 대한 나토 품질보증 요구사항
NATO AQAP 2120: 생산에 대한 나토 품질보증 요구사항
NATO AQAP 2130: 검사 및 시험에 대한 나토 품질보증 요구사항
NATO AQAP 2131: 최종검사에 대한 나토 품질보증 요구사항
NATO AQAP 2210: 나토 소프트웨어 품질 보충 요구사항
BS EN ISO 9000:2005: 품질관리제도 - 기초 및 용어
BS EN ISO 9001:2008: 품질관리제도 요구사항
BS EN ISO 9004:2000: 품질관리제도 - 수행 개선을 위한 지침
Quality in your Pocket: 국방 품질보증에 대한 지침
JAP100A-01: 군사항공 엔지니어링 방침 및 규정
AP 100C-10: RAF 품질보증 및 지속적 개선 매뉴얼
DEME(A) 엔지니어링 규격서
해군 항공 공중 엔지니어링 품질 매뉴얼
획득운용체계 (AOF): 품질 관리

소유권

1. JSP 886: 국방군수지원체계 매뉴얼에 서술된 방침, 프로세스 및 절차의 소유권은 합동지

원체계국장 (DJSC)에게 있다. 보급체계관리부장(SCM-HD)은 DJSC를 대신하여 JSC 방침의 관리를 책임진다. 품질 방침의 스폰서는 DES JCS SCM-Eng TLS P-Eng이다. 문서의 내용, 입수 및 표현에 대한 문의는 아래로 한다:

a. 내용에 관한 문의:

DQA Helpline, Elm 1c, #4133, DE&S Abbey Wood, BRISTOL BS34 8JH

Tel: Mil: 9679 Ext 32681. Civ: 011791 32681. E-Mail: des se dqa-helpline.

b. 입수 및 표현에 대한 문의:

DES JSC SCM-JSP 886 Editorial Team

Tel: Mil: 9679 Ext 80953. Civ: 030679 80953. E-Mail: desjscscm-jsp886@mod.uk

제2장

역할 및 책임

국방품질보증 당국

1. DS&E는 CDM로부터의 위임에 따라 국방품질보증당국 (DQAA) 역할을 수행한다. DQAA는 품질에 관계되는 방침 및 규격 문제에 대한 국방부 당국자이다; 이 책임은 방침, 프로세스 및 규격을 개발하고 개선하기 위하여 내 외부 관계자에서 국방부까지 협의하는 것을 포함한다. 두 개의 협의 채널이 있는데, 내부로는 품질보증협의그룹 (QACG)이고 외부로는 국방산업품질포럼 (DIQF)이다.

국방표준/보증 방침

2. 국방품질보증 (DQA) 방침은 DQAA의 집행부 역할을 한다. DQA 방침 부책임자는 획득관리를 지원하기 위한 품질보증 및 품질관리 수립을 위한 방침, 프로세스 및 규격의 조직체계를 개발 유지하는 책임을 가진다.

최상위 관리자

3. 본 문서와 품질관리제도 (QMS)에 관련하여, 최상위 관리는 획득 또는 군 기관 내에서 고위관리 책임을 지고 있는 사업팀 리더, 지휘관 또는 동등한 개인을 나타낼 때 이용된다; 고위관리위원회도 최상위 관리자로 고려될 수 있다.

4. 최상위 관리자는 방산장비 획득 및 수명주기 지원활동에서 최적의 수행과 안전성이 달성 유지되도록 하기 위해 QMS를 아래 4장에 따라 자신의 조직 내에 수립해야 한다.

품질 사안별 전문가 (SME)

5. 품질 SME는 획득 또는 군 기관 내에서 최상위 관리자를 대신하여 품질관리 방침, 표준 및 프로세스를 이행하는 책임을 진다.

6. 품질 SME의 역할은 품질보증이나 품질관리가 될 수 있다. 역할이나 직무 코드에 대한 세부 내용은 다음 링크에서 제공된다: PPPA Services – HRMS Data: Job Families, Job Codes

and Typical Posts.

7. 직무코드 '정부 품질보증 320'은 사업팀 내의 '품질보증 핵심포인트'(QAFP) 및 정부 품질보증 대표(GOAR)의 역할과 관련된다. 품질보증 역할은 제품 및 계약자의 위험감소 프로세스와 관련된다.

8. QAFP는 계약과 관련하여 모든 사업관련 품질보증활동을 조정하고 모니터링 하며, GQAR의 주 문의처이다.

9. GQAR은 획득 요구자에게 공급자가 계약 요구사항을 수행하고 있다는 신뢰를 주기 위하여 공급자의 QMS, 프로세스 및 제품의 계약 요소에 대해 사업팀에서 부여된 위험기반 감시를 수행해야 한다.

10. 직무코드 '품질관리 324'는 조직 내 내부 관리통제 (프로세스 관리 등)에 관련된 일상 업무에 참여하는 모든 스텝에 관련된다.

제3장

품질보증

품질보증 프로세스

1. 품질보증은 제품 또는 서비스가 고객의 요구를 충족 또는 초과하는지를 검증하고 판단하는 프로세스이다. 품질보증은 목표를 정의하고 달성하기 위하여 특정단계와 같이 프로세스로 구동되는 접근방법이다. 이 프로세스는 설계, 개발, 생산 및 서비스를 대상으로 한다.

2. 품질보증은 요구사항과 기대를 충족하는 국방물자 및 서비스 획득 프로세스에 있어서 필수 요소이다. 효과적인 품질보증은 고객 만족의 달성으로 이끌 뿐만 아니라 비용, 시간, 성능 및 위험 관리에도 큰 기여를 한다. 품질 좋은 제품 및 서비스 구현을 지원하는 핵심 활동은 품질 계획, 효과적인 내부 품질관리 확보, 충분한 만족을 주는 제품을 인도할 수 있는 경쟁력 있는 공급자 선정, 적절한 계약적 품질관리 요구사항 규정 및 정부품질보증 감시 기능의 수행을 포함한다.

품질보증 방침

3. 최상위 관리자는 조직 내에서 효과적인 품질활동 수행을 위한 책임이 있다. QA 활동의 관리는 역량 있는 QA SME에게 위임될 수 있다. 품질 계획은 관련 위험의 평가 및 모니터링을 포함하여 국방물자의 수명주기에 걸쳐 이행된다. 모든 위험은 조직의 위험등록부에 포함되어야 한다.

품질보증 수단

4. 획득 수명주기 동안 QA 활동의 이행을 위해 필요한 국방부의 수단 및 프로세스에 대한 지침은 획득운용체계 (AOF) 품질관리 웹사이트에 포함되어 있고, '당신 주머니 속의 품질' 핸드북 (DQA 상담회선을 통해서도 획득 가능)에 요약되어 있다.

품질 통제

5. 모든 조직 내에 통제가 필요하다. 내부적으로 이용되는 프로세스의 이해 및 검토를 통해, 조직은 프로세스가 목적에 부합되고 최신화 되며, 꾸준히 적용되도록 할 수 있다.

제4장
품질 관리

개요

1. 품질관리는 품질 요구사항을 충족하는 조직의 능력을 향상시키고, 품질과 관련하여 조직을 감독하고 통제하는 일련의 조정 프로세스 또는 활동이다.

품질관리 방침

2. 품질관리제도에 관한 국제규격은 BS EN ISO 9001:2008이다; 이것은 조직을 성공적으로 이끌고, 운용하며 지속적으로 개선시켜 나가는데 필요한 통제사항을 설명한다. DE&S, 전방사령부 및 부대의 모든 조직은 프로세스의 통제를 증명하기 위해 최소한 ISO 9001:2008을 충족하는 QMS를 이행해야 한다.

품질관리 원칙

3. ISO 9000:2005 규격은 그룹이나 팀을 이끌어나가기 위해 최상위 관리자에 의해 이용될 수 있는 8가지 관리 원칙을 정의한다. 이것은 정의된 QMS의 기초를 이룬다:

a. 고객 중심. 조직은 그들의 고객에 따라 좌우되므로, 현재와 미래의 고객 요구를 이해해야 하고 고객의 요구를 충족해야 하며, 고객의 기대를 초과하려고 노력해야 한다.

b. 리더쉽. 리더는 조직의 목적과 방향을 일치시켜야 한다. 리더는 조직의 목표 달성을 위해 모든 사람이 참여할 수 있는 내부 환경을 만들고 유지해야 한다.

c. 사람의 참여. 모든 레벨의 사람들이 조직의 실체이며, 그들의 완전한 참여가 그들의 능력이 조직의 이익을 위하여 사용될 수 있게 한다.

d. 프로세스적 접근. 원하는 결과는 활동과 관련 자원이 프로세스로서 관리될 때 더욱 효율적으로 달성된다.

e. 관리를 위한 체계적 접근. 하나의 체계로서 서로 관련된 프로세스를 식별하고 이해하는 것은 목표 달성에 있어서 조직의 효과와 효율성에 기여한다.

f. 지속적인 개선. 조직의 전체 수행에 대한 지속적 개선은 조직의 영구적인 목표가 되

어야 한다.

g. 사실에 입각한 의사결정. 데이터와 정보의 분석을 바탕으로 한 효과적인 결정.

h. 상호호혜적인 공급자 관계. 조직 및 그 공급자는 상호의존적이며, 상호 유익한 관계는 가치 창출을 위하여 상호 능력을 향상시킨다.

품질관리제도 이행

4. 품질관리제도의 도입은 조직이 고객의 요구사항을 분석할 수 있게 한다. 이것은 나중에 프로세스가 고객이 만족하는 제품의 달성에 기여하도록 정의되게 하며, 또한 그 프로세스의 관리를 유지하도록 한다.

5. 일단 조직 내에 구축이 되면, QMS는 제도의 효과를 유지하고 지속적으로 개발하기 위한 체계를 제공한다. 효과적인 품질관리제도를 달성하기 위한 핵심 활동은:

a. PDCA 사이클: 계획 – 실행 – 확인 – 행동

b. 처음부터 품질을 수립할 수 있는 활동의 계획

c. '처음부터 제대로 하기'의 강조와 함께 결과에 대한 개인의 책임

d. 오류가 발견되고 가능한 한 조기에 제거되도록 하기 위한 프로세스 결과 검토

e. 사업, 프로세스 및 개인 레벨의 수행에 대한 적기의 피드백

f. 수행이 개선되도록 하는 지속적인 개선

ISO 9001:2008에 충족

6. JSP는 ISO 9001:2008의 개요를 제공한다. ISO 9001:2008 인증을 획득하고자 하는 조직은 참조 규격을 참고해야 하며, 개별 조직의 품질방침 및 체계 그리고 해당 조직에만 별도로 관련되는 모든 절차 및 운영 지침을 설명하는 서류를 준비해야 한다.

7. 문서화된 절차는 부가가치 단위로만 요구된다는 사실에 주목할 필요가 있다. 그러나, 아래 문서화된 절차는 9001:2008의 완전 인증을 위해 필수적이다:

a. 문서 관리

b. 품질 기록

c. 내부 감사

d. 불일치 관리

e. 수정 활동

f. 예방 활동

문서

8. QMS가 요구하는 기록 등 모든 문서는 관리되어야 한다. 문서는 불출 전 검토 및 승인되고

정확한 문서가 이용될 수 있도록 유지되어야 한다. 요구사항에 일치되는 증거를 제공하기 위하여 기록이 만들어지고 유지된다. 모든 기록의 유지 기간이 정의되어야 한다.

9. JSP 441 국방기록 매뉴얼은 효율적이고 비용 대 효과가 높은 방법으로 정보를 저장, 검토 및 폐기하는 방법을 식별한다. 또한 1958년 및 1967년 공공기록법에 따른 국방부의 법적 의무도 규정한다.

관리 책임

10. 최상위 관리자는 QMS와 그의 지속적인 개선을 위한 약속을 해야 한다. 각 조직은 그들의 방침과 목표를 결정하고 문서화하여, 요구사항이 군사적 결과를 유지하면서 모든 안전, 법적 요구사항을 충족해야 하는 중요성과 함께 조직 내에서 아래로 흐르도록 해야 한다.

관리 검토

11. QMS의 '관리 검토'는 계획된 주기로 수행된다; 회의 세부사항은 기록되고 QMS의 개선과 군사적 결과를 충족하기 위한 지속적인 적합성의 측정에 이용된다. '관리 검토'는 최상위 관리자가 비즈니스의 성공에 매우 중요한 모든 사안의 가시성을 가지도록 하고, 사업의 지속적인 효과와 효율성을 보장하도록 설계된 주도적 활동을 이행할 수 있는 위치에 있도록 한다.

12. 검토는 사용자/고객 요구 및 기대가 충족되도록 시스템을 살펴보고, 시스템 내의 모든 약점을 식별하며, 개선사항을 평가한다; 접수된 모든 불만을 검토하고 원인을 파악하여 수정조치를 추천한다.

13. 아래 정보는 검토 프로세스에 이용될 수 있다:

a. 검토 입력정보:

⑴ 내부감사 보고서 검토

⑵ 고객의 피드백

⑶ 제품의 적합성

⑷ 예방 및 수정 활동

⑸ 이전의 관리검토 후의 후속 조치

⑹ 품질관리제도에 영향을 줄 수 있는 변경

⑺ 개선을 위한 조언

b. 검토 출력정보:

⑴ QMS 효과도의 개선

⑵ 고객 요구사항과 관련된 제품의 개선

⑶ 자원 소요

자원 관리

14. 최상위 관리자는 QMS를 이행, 유지하며 지속적으로 개선하고 고객 요구를 충족하기 위하여 자원이 가용하도록 해야 한다. 자원에는 요구된 업무를 수행할 잘 훈련되고 자격을 갖춘 스테프의 가용도, 건물, 장비 및 지원 서비스를 포함하는 기반시설이 포함되는데, 이들은 군사적 결과물의 요구사항을 충족하도록 적절히 관리되어야 한다.

15. 결과를 유지하는데 필요한 프로세스는 요구된 군사적 결과물이 유지될 수 있도록 수립되어야 한다. 기록물은 요구사항이 충족되었다는 증거를 제공할 수 있도록 유지되어야 한다.

제품 구현

16. 각 조직은 법적 그리고 조직의 요구사항을 감안하여 고객 요구사항을 검토하고 합의해야 한다. 이 요구사항은 '고객 공급자 합의'(CSA)에 정의되고 12개월 마다 또는 합의된 주기에 검토되어야 한다.

설계 및 개발

17. 신규 및 사용 중인 장비에 대한 활동은 적절한 설계 권한이 있는 조직이나 적절한 인증을 받은 계약자와 계약을 맺는 것이 일반적이다. 서비스의 변경은 관련 서비스 요구사항 및 JSP 886 제7권 8.12부에 따라 유지되는 형상관리를 만족해야 한다.

구매

18. 모든 장비 및 서비스는 JSP 886에 따라 구매되어야 한다; 계약 관리자 도구키트 및 AOF 내에 서술된 품질관리.

서비스 제공

19. 각 조직은 요구된 군사적 결과를 충족하고 유지하기 위한 목표를 수립해야 한다. 요구된 군사적 결과물이 유지되도록 교범, 프로세스, 절차 및 작업지시가 확립되어야 한다. 모든 프로세스는 장비가 그 능력 요구사항을 만족하고, 불출 전 모든 장비가 안전 및 법적 요구사항을 충족하도록 각 프로세스 책임자에 의해 입증된다.

모니터링 및 측정 장치

20. 모든 장비의 교정은 JSP 509 및 JSP 886 제5권 1부에 따라 통제된다.

측정, 분석 및 개선

21. 고객 만족. CSA에 대한 고객의 피드백은 정기적으로 검토된다. 요구된 결과/요구사항이

충족되지 않을 경우, 프로세스에 일치되도록 수정조치가 이루어져야 한다.

감사 프로그램

22. 내부 감사. 각 조직은 품질관리 시스템이 계획된 제도에 일치하도록 하기 위해 내부 감사 프로그램을 도입해야 한다. 내부 감사는 3가지 목적을 가지고 있다:

a. 검토 대상 프로세스가 부가가치가 있고 조직의 목표에 기여하도록 한다.

b. 검토 대상 프로세스에 충족하도록 한다.

c. 프로세스의 개선 기회를 식별하고 비즈니스 효율을 향상시킨다.

23. 내부감사 프로그램은 아래 기준에 대해 개발되어야 한다:

a. 비즈니스 성공에 치명적인 핵심 위험 부분의 식별

b. 잠재적인 위험에 의해 영향을 받은 프로세스 및 책임의 판단.

c. 비즈니스 목표에 기여하는 결과를 내는 데 위험을 가진 프로세스를 평가하기 위해 필요한 자원과 역량의 판단

d. 위험기반의 감사 프로그램 개발 및 이행

24. 감사 프로그램은 즉각적인 반응을 보여야 하며, 비즈니스 요구를 반영해야 한다. 주요 결과는 감사에서 발견한 사항과 결론 및 권고사항의 서식으로 된 감사인의 피드백이다. 모든 감사결과서는 평가와 후속 조치를 위해 최상위 관리자에게 보고된다:

a. FLC 감사 프로그램. FLC는 자체적인 소요에 따라 내부 감사 프로그램을 도입한다.

b. 제휴감사 계약. 모범 제휴감사 계약 문서가 개발되었다. 아직 권한이 부여되지는 않았지만, 이것은 군사항공환경 (MAE) 내에서 업체 및 국방부간의 제휴감사 계약을 위한 원칙적 체계를 제공한다. 비록 전후방 조직 내에서 MAE를 위해 개발되었지만, 제휴감사 계약의 원칙은 해상 및 육상 환경 내에서 활용될 수 있다.

개선

25. 요구된 군사적 결과가 유지되도록 하기 위해, 최상위 관리자는 QMS의 효과를 검토해야 한다. 여기에는 감사 결과, 보수 및 예방 활동 및 관리 검토 등을 포함할 수 있는 다양한 측정 대상의 검토가 포함된다:

a. 보수 활동. 보수 활동은 개선을 위한 수단으로 이용된다. 모든 보수활동은 비용, 수행, 안전성 및 고객의 만족 등 문제점 및 잠재적인 영향을 평가한다. 규정된 보수활동은 재발을 방지하기 위하여 불일치의 원인 제거에 초점을 맞추어야 한다.

b. 예방 활동. 예방 활동 계획은 잠재적 불일치의 발생을 방지하기 위해 그 원인을 제거하도록 수립되어야 한다.

JSP 886 Volume 7 Part 8.12 Configuration Management

Version 1.0 dated 2 Jul 09

JSP 886

국방군수지원체계 매뉴얼

제7권

종합군수지원

제8.12부

형상 관리

개정 이력		
개정 번호	개정일자	개정 내용
1.0	02 Jul 2009	JSP 586 제4권을 대체함.

Contents

제4장

형상관리 및 계획 708

제5장

형상식별 712

제6장

형상항목 (CI) 717

Contents

Figure

Ministry
of Defence

제1장

개요

배경

1. 본 자료는 수명주기 지원을 위한 체계 및 장비의 형상관리에 적용되는 방침 및 지침의 핵심 포인트를 제공한다.

2. 형상관리는 변경을 포함하여 제품, 시설 및 프로세스의 정보를 이용하여 이들을 관리하는 프로세스로, 의도된 목적을 위해 적합해야 한다.

방침

3. 사업, 제품, 체계 또는 장비 단위로 결정된 적절한 수준으로 형상관리가 수행되도록 하는 것이 국방부의 방침이다.

 a. CMP는 AOF 및 SSE에 명시된 요구 조건과 DES-SE DQA-POL-NAT2에 의해 주어진 지침에 일치해야 한다.

 b. 국방부 방침을 벗어나기 위한 사업 결정은 CMP에 명기 되어야 한다.

 c. 모든 사업은 관계자의 협조 하에 형상관리가 수행되어야 한다.

 d. 사용자, 정비자 및 관리자의 요구가 기존 및 미래의 지원 기반시설의 능력과 함께 고려되어야 한다.

우선순위 및 권한

4. 형상관리를 수행할 권한은 준칙 07 – 지원방안관리에서 공표된다.

요구 조건

5. 국방부의 법적 주의의무 준수를 위해 모든 제품, 체계 및 장비와 같이 정확하고 접근 가능하며 관련 있는 정보가 제공되어야 한다.

보증 (ENSURANCE 및 ASSURANCE)

보증 (Ensurance 및 Assurance)

6. 형상관리 통제방침에 대한 보증의 세부사항은 지원방안묶음 (SSE) 관리방침 2.5 내의 획득운용체계 (AOF) 상에 제공된다.

보증 (Ensurance): 지원방안의 개발을 평가하는 사업팀에 의해 수행되는 내부 검증.

7. 형상관리는 관리방침 2.1에 대해 독립적으로 보증되는 ILS 프로세스의 한 요소이다. 보증 (Assurance) 에 대한 지침은 JSP 886 제1권 3부: '지원방안묶음'을 참조한다.

보증 (Assurance): 관리 방침은 지속적인 지원방안을 제공하고 인도에 대한 위험을 독립적으로 식별하는 지원개선팀에 의해 외부적으로 평가된다.

프로세스

8. 형상관리에 대한 지침은 후속 장에서 설명된다.

핵심 원칙

9. CM의 5대 핵심 원칙은 아래와 같다:

a. 형상관리 및 계획

b. 형상식별

c. 형상변경 관리

d. 형상유지.

e. 형상감사

참고: 이 원칙은 뒤에서 정의된다.

관련 규격 및 지침

Def Stan 05-57 방산물자의 형상

연합형상관리 출판물 (ACMP) 1-7

STANAG 4159 국제 합동 사업을 위한 나토 물자 형상관리 정책 및 절차

STANAG 4427 연합형상관리 출판물 (ACMP) 시리즈 사용을 위한 상호합의

ISO 10007:2003 품질관리제도 - 형상관리 지침

소유권

기술문서의 스폰서는 DES SE TLS-AD POL이다.

상세 문의처 정보

DES SE DQA-Pol-Nat2

E-mail:

Internal: DES SE DQA-Pol-Nat2

External: dessedqa-pol-nat2@mod.uk

Tel Civ: +44(0) 117 91 34039

Tel Mil: 9352 34039

문서 편집

DES SETLS-PC5

E-mail:

Internal: DES SE TLS-PC5

External: dessetls-pc-5@mod.uk

Tel Civ: +44(0) 1225 882891

Tel Mil: 9355 82891

제2장

형상관리 (CM)

목적

1. 사업의 전체 수명주기에 걸쳐 적용되는 형상관리는 성능, 기능 및 물리적 속성의 통제와 가시성을 제공한다. 형상관리는 제품이 의도된 기능을 수행하고 계획된 수명주기 (CADMID를 통해)를 지원하기 위하여 충분히 상세하게 식별되었는지를 검증한다. 그림 1 참조. 본 지침의 목적을 위해, '제품'은 프로세스, 서비스, 소프트웨어, 하드웨어 또는 처리된 재료의 결과로 정의된다 (이것은 ISO 9000시리즈에 명시된 '제품'의 정의와 일치한다).

2. 형상관리에 대한 영국 국방부의 방침은 DEF STAN 05-57 및 ISO 10007 (품질관리제도 - 형상관리 지침)상의 추가 정보, 나토에 적용을 위한 STANAG 4427 & 4159 및 AOF 웹사이트의 지원방안묶음 (SSE) 핵심분야 2, 지침 원칙 2.5에 따라 형상관리를 수행하는 것이다.

3. 형상관리 시스템의 목적과 이를 사용했을 때의 이점은 다음과 같다:

a. 정의된 요구사항이 통제된다.

b. 제품의 형상정보가 제품/사업의 수명주기 동안 문서화되고 가시화 되며, 변경의 기준선이 수립된다.

c. 형상 상태와 이력이 지속적으로 기록 유지되도록 한다.

d. 제품을 일괄적으로 정의하는 형상항목(CI)의 선정을 관리한다.

e. CI의 물리적 기능적 특성을 식별하고 기록한다.

f. 예상되는 영향에 대해 요구사항, 제품, 지원 출판물, 시설 및 절차에 대한 변경이 평가된다.

g. 변경이 통제된 절차에 따라 기록, 승인, 검증 및 이행된다.

h. 실제 제품형상이 기록된 물리적 기준선에 대해 검증 가능해 진다.

i. 요구사항에 대한 제품 성능 및 기능이 측정될 수 있다.

j. 내외부적으로 제품의 CI 인터페이스를 기록하고 통제한다.

k. 사업, 제품, 체계 또는 장비의 수명기간 동안 형상관리가 유지된다.

l. IPT 리더는 사업의 수명기간 동안 CM 정책의 이행에 대한 궁극적인 책임을 지며,

CM 원칙의 효과적인 적용을 위해 전담자를 지정한다.

4. 비록 엔지니어링적인 면이 도출되었지만, 가용한 정보와 사용된 제품이 통용, 검증 및 확인되도록 모든 조직에 걸쳐 CM이 반드시 이루어져야 한다.

5. CM의 5대 원칙 (추후 정의된다)은 아래와 같다:

   a. 형상관리 및 계획

   b. 형상식별

   c. 형상변경 관리

   d. 형상유지.

   e. 형상감사

형상관리 및 수명주기(CADMID) 주요일정

그림 1 : 수명주기 내의 형상관리

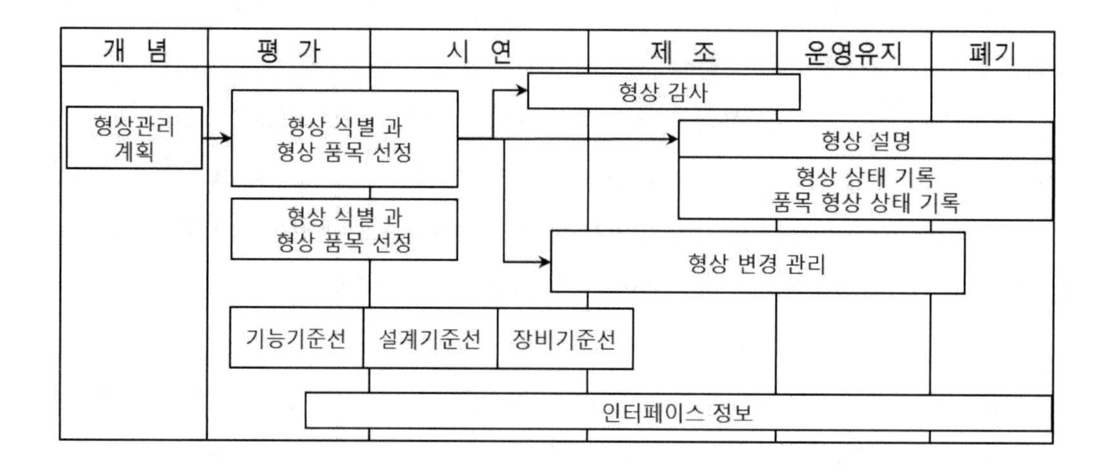

6. 수명주기 내의 아래 마일스톤에 이 CM 문서 또는 프로세스가 준비되어야 한다.

   a. 사용자 요구사항 문서 (URD). URD의 형상은 제품/사업의 수명기간을 통하여 관리되어야 한다.

   b. 최초 승인 (IG). 형상관리 계획이 작성되어야 한다.

   c. 체계 요구사항 문서 (SRD). SRD의 형상은 제품/사업의 수명기간을 통하여 관리되어야 한다.

   d. 최종 승인 (MG).

      (1) 형상관리계획이 이행되고 최신화 된다.

      (2) 제품 체계가 구현된다.

      (3) 형상항목의 식별방법이 수립된다.

(4) 형상항목(CI)이 선정된다.

(5) 최초 설계 기준선이 확립된다.

(6) 제품 수락의 시험 파라미터가 정의된다.

(7) 다른 제품, 장비 또는 플랫폼이 고려된다.

(8) 기능적 형상감사에 대한 요구사항이 만들어 진다.

e. 군수지원일자 (LSD) 및 사용일자 (ISD).

(1) 기능적 형상감사(FCA)는 설계기준선이 요구사항을 만족하는지를 확인하기 위해 수행된다.

(2) 형상유지 제도가 운영된다.

(3) 형상변경 관리절차가 반영된다.

(4) 제품기준선이 확립된다.

(5) 물리적 형상감사(PCA)가 수행된다.

제3장

역할 및 책임

통합사업팀 (IPT) – 일반사항

1. IPT는 획득 사이클의 모든 단계에 걸쳐 CM 원칙과 운영의 효과적인 적용이 정의되고 모든 관계자에 의해 수용되도록 한다.

IPT 리더 (IPTL)

2. IPTL은 사업의 수명기간 동안 CM 정책의 이행에 대한 궁극적인 책임을 진다. IPTL은 제품 품질, 형상 및 군수 관리에 대해 위임 범위 내에서 운영한다. 이 책임에 대해 추가적인 위임이 된 경우, IPTL은 스텝들이 충분한 역량을 갖추고 자신들의 업무 수행을 위한 자원을 재량껏 가질 수 있도록 한다.

IPT CM 전담자 (CMFP)

3. CMFP는 IPT 인원과 관계자에 의해 CM 원칙이 효과적으로 적용되도록 하여 IPTL을 지원한다. IPT내의 CMFP의 활동은 IPTL로부터 승인 및 합의된 권한 위임을 받는다.

4. CMFP는 사업의 형상관리를 위한 문서화 된 전략의 개발, 이행 및 운영의 책임을 진다.

5. CMFP는 정의된 목적과 목표 달성을 위한 계획의 효과 측정을 포함하여 본 계획의 개발 책임을 지는데, 이것은 '전 수명 관리계획'과 일치해야 한다.

6. CMFP는 형상관리 요구사항이 명확히 정의되고, 달성 가능하며 측정 가능한 수락기준을 포함하여 적절한 사업문서에 반영되도록 해야 한다.

7. CMFP는 식별된 CM 위험이 사업 위험 등록부에 포함되고 관리될 수 있도록 사업위험관리자와 협의한다.

공급자

8. 공급자의 책임은 경제적 효과적 방법으로 모든 협력업체 CM 활동을 포함하여 계약적 CM 요구사항을 달성해야 하는 책임이 있다. 또한, 형상관리 통제는 계약 및 조건/기준의 요구사

항을 충분히 만족시키는데 필요한 다른 기능과 함께 개발되어야 한다. 자신들의 CM 통제가 지속적으로 유효하도록 하는 것은 공급자의 책임이다.

최종사용자

9. 최종사용자는 장비 운용에 대한 책임이 있다.

최종사용자는 운용 성능을 개선하는 장비 개량을 식별하여 제안한다. 운용에 관련된 경우에만 최종사용자가 비 승인 개량을 이행할 수 있다.

국방품질보증 (DQA) 방침

10. DQA 방침은 CM 표준의 적절함을 유지하고 기존 철학과 모범실무에 일치하도록 한다. 표준이 최신화 되고 국방부의 요구와 의도를 반영하도록 하기 위하여 토론을 장려하고 방침개선 검토를 실시한다.

그들은 CM 기능적 역량이 현 교육과정에서 다루어지는지 확인한다.(CM 기능적 역량 적 참조)

제4장

형상관리 및 계획

1. 효과적인 CM 프로세스를 수행하기 위하여, 첫 째로 해야 할 일은 면밀한 계획 수립이다. CM 프로세스를 계획하고 관리하는 목표는 필요 시 예상된 결과가 나오도록 하는 것이다. 형상관리 및 계획은 사업에 의해 초기에 시작되고 계약 후 공급자에 의해 수행된다.
2. 형상관리계획(CMP)은 전체 수명주기 동안 형상관리가 어떻게 달성되고, 제품의 형상기록 및 제품형상간의 일관성이 어떻게 확보, 유지 및 검증 되는지를 상세히 설명한다.

개요

3. 제품과 그 인터페이스의 형상관리에 대한 계획수립은 필수적이다. 이 계획은 사업의 수명주기 동안 제품의 기능적 물리적 형상 및 형상항목의 관리에 이용되는 조직 및 절차를 정의한다.
4. 잘 문서화된 CMP는 프로세스를 명확하고 간결하게 설명하며, 고객, 품질평가자 및 감사자에게 교육이나 설명 목적으로도 유용하다.

형상관리계획의 목적 및 이점

5. CMP의 주요 목적은 제품의 수명주기 동안 제품의 기능적 물리적 특성이 요구사항에 일치하도록 하기 위해 CM의 수행 방법과 그 프로세스를 공식적으로 정의하는 것이다.
6. 잘 문서화 되고 유지된 CMP는 형상관리의 적용을 ISO 9000 품질관리제도에 연관시키고 고객 및 감사자에게 프로세스를 설명하는데 매우 중요하다. 관련 인원이 적절한 체계/장비 교육을 받도록 하고 자원 및 시설을 정당화 하는데도 유용하다.

형상관리계획의 전형적인 목차

7. 이 목차는 전형적인 CMP에 대한 안내이며, 사업의 CM 요구사항에 적절하도록 조정되어야 한다. 제안된 절의 내용은 비록 상세히 제시되었더라도 포괄적이지 않으므로 특정한 사업은 일부 표시되지 않은 CM 문제를 가질 수 있다. 또한, 제안된 CMP의 입력은 모든 사업에

서 요구되지 않을 수 있으므로 삭제되어야 한다.

1. 개요

1.1. 목적 및 적용범위

이 절은:

- CMP의 목적과 적용범위 그리고 사업과 제품에 관련된 활동에 적용될 CM의 범위를 정의한다.
- 보안관리계획의 요구사항을 반영해야 하는 CM에 관련된 보안지침을 설명한다.
- CM과 관련된 물자 또는 사업 프로그램의 모든 특수한 특성 정보를 포함한다.

1.2. 배경

CMP, 제품 및 사업의 핵심 내용 및 구조의 개요를 설명한다.

1.3. 이점

CMP 수행에 따른 이점을 설명한다.

2. 조직 및 책임

2.1. 조직

사업의 조직을 설명하고 CM 에 참여하는 사업 내 문의처를 보여준다.

2.2. 방침, 지침 및 절차

제품의 형상관리를 위해 이용된 방침 및 절차를 나열하고 설명한다.

2.3. 역할, 책임 및 자원

형상관리팀(CMT)와 형상통제위원회(CCB)의 역할 및 책임을 설명한다.

당국, 공급자, 하청 공급자, 설계 당국, CM 제공자 등 제품 조직 간의 관계를 식별한다.

사업의 수명주기 동안 항상 형상변경관리(CCM) 당국 및 변경 프로세스를 식별한다.

제품 CM에 대한 직간접 영향과 함께 기술 데이터 모델, 데이터베이스 및 정보 시스템과 등과 같은 시설을 식별한다.

3. 프로그램 및 사업관리

3.1. CM 일정 및 마일스톤

이 절은 사업관리 데이터베이스에 가져온 사업 및 제품의 일정 및 마일스톤을 설명한다.

3.2. 위험

이 절은 CM에 대한 위험을 정의하고 필요한 경감에 대해 정의한다.

3.3. 제한사항

이 절은 제품의 CM에 대한 제한사항을 정의한다.

3.4. 가정

이 절은 CMP를 개발 할 때 적용된 가정을 정의한다.

3.5. 종속성

이 절은 제품의 종속성과 제품이 어떤 것에 종속되는지를 정의한다.

3.6. 계약자 통제 관할 (UCC) 에서 국방부 통제 관할 (UMC)로 이양

공급자에서 국방부로 CM 정보를 이양하는 계획을 정의한다.

'사업'은 사업의 수명기간에 걸쳐 CM 정보의 관리를 위해 공급자와 계약을 맺을 수 있다.

4. 계약

이 절은 아래 항목을 식별한다:

- 항공, 육상 및 해상 체계의 추가적인 요구사항을 만족시키기 위한 모든 특정한 통제와 함께 계약적 CM 요구사항 및 이 요구의 일부인 CMP의 역할;
- 계약의 CM 요구사항 충족의 어려움을 보고하는 수단.
- 모든 판매자 또는 하청 공급자가 CM 요구사항을 충족하는 장비나 제품을 공급하도록 하는 방법
- 가끔, 경험 부족이나 규모 면에서 공급자가 CM 방침에 일치할 수 없는 경우가 있다. 이 경우에, '사업'이 CM 절차의 통제를 맡아야 한다.

5. 형상관리 업무

이 절은 CM 업무를 서술한다.

5.1. 형상항목(CI)의 선정

이 절은 형상항목의 선정 요구사항에 대한 충분한 정보를 포함한다. 형상항목 참조.

5.2. 형상항목 식별

이 절은 형상항목이 어떻게 식별되는지를 설명한다.

군수품을 활용하기 위하여, 이것은 재고번호이어야 하는데, 설계 당국은 자체적인 번호 부여체계를 이용할 것이다.

상세한 사항은 형상식별을 참조한다.

5.3. 형상변경관리 (CCM)

이 절은 아래 항목의 요구사항을 정의한다:

• 변경 통제
• 변경 분류
• 변경 통제 서식
• 문제해결책 추적
• 체계 변경 요구
• 체계 변경요구 우선순위
• 형상관리 라이브러리
• 불출 관리
• 개정 관리

CCM에 대한 상세한 사항은 형상변경통제를 참조한다.

5.4. 인터페이스 통제 및 관리

이 절에는 아래 항목이 포함된다:

• 비 개발품(NDI) 및 정부불출품목(GFE)의 이용에 대한 제도
• 제품 CI에 대한 변경에 의해 영향을 받을 수 있는 다른 사업 및 제품의 세부내용과, 협조 및 정보교환에 대한 조정
• 장비 외부 인터페이스의 식별, 통제 및 문서화를 위해 채택될 방법론
• 플랫폼 및 체계 레벨의 제품 및 다른 장비 사이의 CM 조정을 위한 데이터베이스 간의 관계
• 다른 사업 요구사항, 예를 들면 표준화, 목록화 및 LSA (군수지원분석), 과의 조정을 위한 계획

참고 - 해상 전투 체계 사업은 단일 플랫폼에 이용되는 경우 제품 간의 인터페이스 정보 공유를 위해 SiCA 데이터베이스를 이용한다. 상세한 사항은 Def Stan 21-13을 참조한다.

5.5. 형상유지

이 절은 제품의 수명기간 동안 형상관리 활동이 어떻게 관리되는지를 정의하며, 모든 제품의 형상정보의 수집, 기록, 처리 및 유지에 대한 프로세스를 제공한다.

여기에는 아래 항목에 대한 내용이 설명된다:

• 모든 형상문서에 대한 서식 및 데이터 요소;
• 사양서, 개요, 설치 및 정보 도면;
• 설계기록 검토 및 확인서;
• 양보;
• 컴퓨터 소프트웨어 문서;
• 제안된 승인된 변경 제안;
• 연동되는 CI에 대한 변경 제안의 상호관계;
• 공식검토 주기 및 모든 관계자에 의한 원격 검토를 위한 수단;
• 모든 제품형상정보의 저장 및 검색.

5.6. 기준선 관리

이 절은 어떻게 언제 그리고 기준선이 확립되어야 하는 지와 아래 항목의 내용을 정의한다:

• 기능적 기준선
• 설계 기준선
• 개발 기준선
• 제품 기준선

상세한 사항은 '형상 기준선'을 참조한다.

5.7. CM 저장소와 데이터 관리

이 절은 형상관리의 저장 / 취급을 위한 수단 및 방법을 설명하며, 아래 항목을 포함해야 한다:

• 모든 데이터 매체의 설명;
• 제품의 수명주기에 걸쳐 데이터 관리가 어떻게 통제되고 검증되는지;
• 실무 및 조직 레벨의 데이터 소유권;
• 기술 출판물 및 사용자 데이터;
• 데이터에 대한 접근 / 제한 및 데이터 손실 방지 등을 포함하는 데이터 저장 세부사항;

5.8. 지원 소프트웨어

이 절은 모든 소프트웨어의 형상관리가 어떻게 이루어지고 이것이 어떻게 하드웨어와 관련되는지를 설명한다.

5.9. 형상감사

이 절은 아래 항목을 포함하여 형상감사가 어떻게 관리되는지를 설명한다:

• 기능적 감사(FCA) 및 물리적 감사(PCA)의 수행 절차
• FCA 및 PCA의 결과 보고 서식
• UMC에게 이양까지의 관련 설계 검토를 포함하여 형상감사의 수행에 대한 제안 일정

상세 정보는 '형상감사'를 참조한다.

6. 형상문서 유지

이 절은 검토 수단 및 방법, 변경 통제, 변경 당국, 승인된 서명 출판물 및 이슈와 함께 CMP를 포함하여 CM 문서 관리를 위한 사항을 설명한다.

7. 교육훈련

이 절은 교육 소요가 어떻게 식별, 개발 및 수행되는지를 설명하여 이 교육이 요구사항을 만족하도록 한다.

8. 부록

8.1. 용어정의

8.2. 약어

8.3. 참조문서

사업 및 제품의 CM에 적용되는 사양서, 규격서, 교범 및 기타 출판물을 명시한다. 각 문서는 제목, 문서번호, 개정번호, 발간당국 및 발간일자에 의해 완전하게 식별되어야 한다.

제5장

형상식별

1. 체계 레벨에 대한 CM 통제는 효과적으로 적용되지 않는다. 이런 이유로, 사업분해구조(PBS)를 만들고 이 PBS를 검토하여 어떤 조립체, 하부조립체 및 구성품이 제품의 성능, 안전성, 품질, 지원성 등에 치명적인 기능적 물리적 특성을 통제하는지를 식별한다. PBS 검토의 결과는 제품의 수명기간 동안 CM 적용이 되는 조립체, 하부 조립체 및 구성품의 목록이 된다. 이 품목은 '형상항목' (CI's)로 알려져 있다.

제품 구조

2. 제품 구조는 제품의 계층을 설명한다. 이것은 복잡한 제품의 물리적 또는 기능적 분해(보통 체계적 분해가 이용된다)를 표시한 것이다

3. 이것은 완제품에서부터 분해되어야 하며, 제품의 요구사항에 일치해야 한다. 구조의 각 레벨은 형상 문서 (예, 설계 데이터, 운용 정보, 정비 절차, 저장 소요 및 교육 소요)를 참조한다.

4. 그림 2는 제품분해구조의 시각적 예를 보여준다.

그림 2: 제품구조의 예

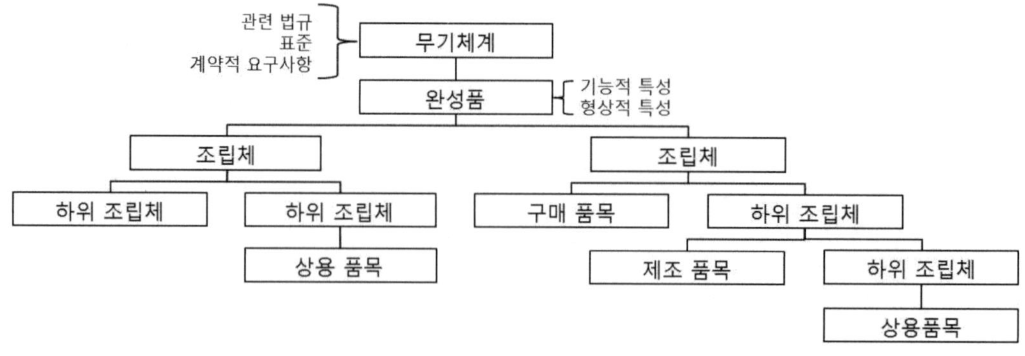

5. 각 항목은 자체적인 제품형상정보를 요구하는데, 여기에는 '제품정의정보' 및 '제품운용정보'가 포함된다. 이것은 제품 요구사항을 정의한다; 설계 정보, 활용 및 정비 문서; 저장 및 취급 요구사항; 교육 정보 및 기타 제품 및 사업에서 요구된 정보.

형상항목 식별

6. 형상식별(CI)은 "제품 구조를 설명하는 형상항목과 관련성의 선택. CI 활동의 결과는 제품분해구조이며 형상관리를 필요로 하는 조립체, 하부조립체 및 품목의 목록이다."로 정의된다.

7. CI의 식별 중 아래의 항목이 반드시 고려되어야 한다:

a. 제품구조 정의 및 관리 대상 하부 요소 선정.

b. 고유 식별자 할당.

(1) 계층의 물리적 또는 기능적 종속성을 추적할 수 있는 체계화된 번호체계 채택.

(2) 개별 유니트 및 유니트의 그룹을 각각 차별화 하기 위하여 일련번호 및 로트번호 할당.

(3) 각 제품 및 CIs의 가능한 적합성의 모든 변형 또는 이슈 통제.

(4) 나토 재고번호 체계

c. 제품의 표기

(1) 가능한 한 제품에는 재고번호가 표기되어야 한다; 제작사 참조번호/부품번호 또는 변형번호.

(2) 또는 최소한 적절한 방법에 의해 식별가능 해야 한다.

d. 제품의 속성 정의:

(1) 기능적 파라미터

(2) 물리적 파라미터

(3) 다른 품목 및 제품과 인터페이스

(4) 제품의 수명

e. 형상문서의 검토 및 조정 수행, 그리고 필요 시 고객의 검토 및 승인 획득.

f. 불출 프로세스 수립; 불출 형상문서; 사용 승인.

g. 내부 설계 통제 및 , 해당될 경우, 고객 형상변경 관리를 위한 기준선 형상문서

h. 제품, 형상문서 및 관련 데이터 간에 관련을 보장하는 적절한 식별자와 같이 제품 및 문서의 표시 및 라벨링.

i. 형상문서의 형태 및 형식 선정.

제품 형상정보

8. ISO 10007은 "제품 형상정보는 제품 정의 및 제품운영 정보를 두 가지로 구성된다" 그리고

"제품 형상정보는 적절하고 추적 가능해야 한다."라고 정의한다.

9. ISO를 충족하기 위해, 수명기간을 통한 CI를 정의하는데 필요한 기능적 정보는 문서화 되어야 한다. 이 제품 형상정보는 제품정의 정보 및 제품운용 정보로 구성된다. 이것은 관련성이 있고 추적 가능해야 하며, CIs의 관리를 보장하기 위해 번호체계 합의가 이루어져야 한다. 이 번호체계는 기존 번호체계 합의, 즉, NSN, 문서관리 시스템 및 모든 관련 사업 시스템을 고려해야 한다.

10. 아래 그림은 제품 정보의 일반적인 분류와 이들이 어떻게 관련되는지를 보여준다. 정보의 두 가지 주요 세트는 형상문서 및 운용정보이다. 제품 속성의 통제 및 조정을 위해 필요한 제품정보만 제품의 형상문서에 포함된다.

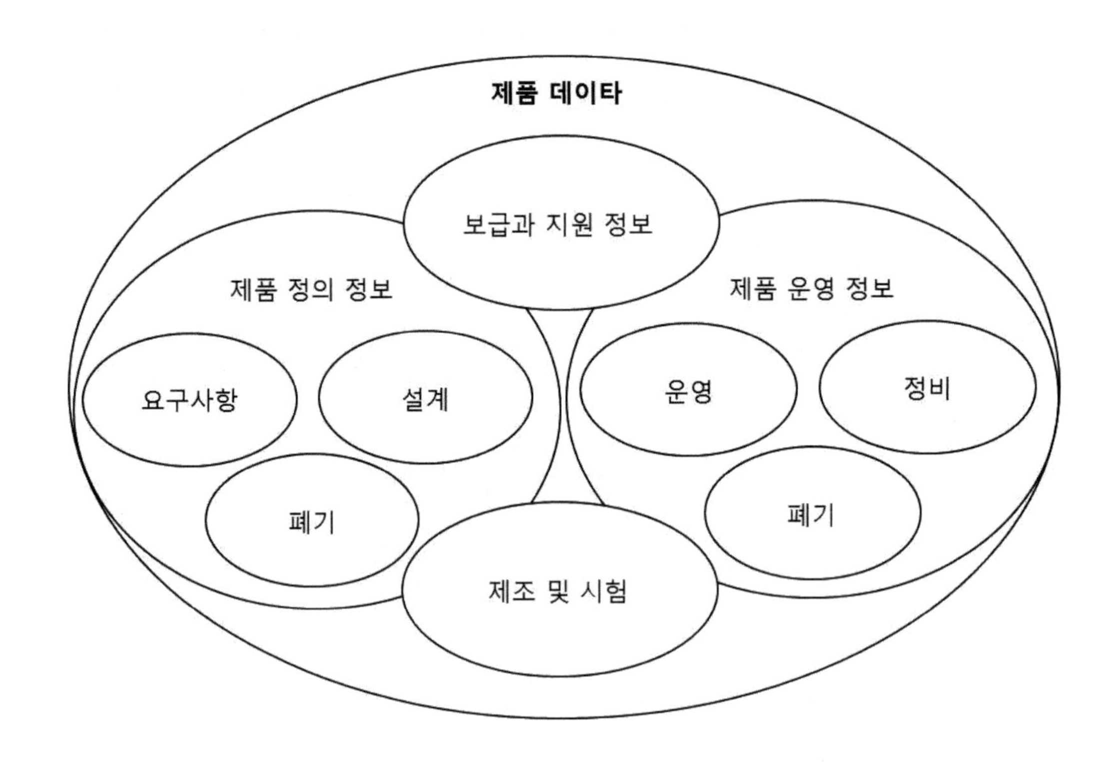

11. 제품 정의 정보는 제품의 요구사항, 구조, 기하학적 요소, 특성 및 속성을 완벽하고 분명하게 정의하는 정보라고 ISO 10303에 정의되어 있다. 이것은 형상 정의 및 통제를 위한 권위 있는 소스를 제공한다.

요구사항

12. URD, SRD 및 변경 요구사항은 제품 형상정보의 일부이며, 사업의 수명기간 동안 기록되고 최신화 된다. 여기에는 아래 항목이 포함된다:

a. 검증 및 수락기준 (요구사항의 달성이 어떻게 시험되는지 □ 종합 시험평가 및 수락 (ITEA))

b. 핵심 사용자 요구사항 (KURs)

c. 사용자 요구사항

설계정보

13. 설계 정보 또는 도면은 제품의 기능적 물리적 특성, 그리고 제품의 시험 및 수락 파라미터가 어떻게 요구사항을 만족하는지를 정의한다. 여기에는 아래 항목이 포함된다:

a. 기능적 설계정보

b. 물리적 설계정보 (엔지니어링 도면, 부품목록/카탈로그)

c. 시험 및 수락 파라미터 (제품 설계가 규정된 요구사항에 충족됨을 측정하는 방법).

제작정보

14. 제작 단계 동안의 제품형상 정보는 제품의 제작에 필요한 정보를 포함한다. 생산 프로세스 동안에 발생하는 모든 시험결과서/기록/양보는 기록된다.

보급 및 지원

15. 제품형상 정보는 아래 항목에 대한 정보 및 기록을 필요로 한다:

a. 저장 요구사항/기록 (예, 온도 및 환경 조건)

b. 특수저장 요구사항

c. 취급 요구사항/기록 (예, 리프팅 절차; 파손/사고 기록)

d. 수명 요구사항/기록 (예, 저장수명, 사용시간, 장착 시간, 침수 시간)

e. 위치

f. 상호호환성

g. 사용율

h. 구매정보

i. 수송 요구사항/기록

참고 1: 이 목록은 포괄적이 아님.

참고 2: 자산관리 및 추적 시스템을 위해 필요한 정보는 제품 형상정보에서 파생된다.

16. 제품운용정보는 제품정의정보에서 개발된 정보이며 제품의 시험, 운용, 유지 및 폐기에 이용되는 것이라고 ISO 10303에 정의되어 있다.

운용정보

17. 운용정보는 제품의 형상정보로부터 도출된다. 여기에는 제품의 운용에 필요한 모든 정보가 포함된다; 운용교범/절차, 모든 시험 결과; 결함 보고서 및 양보.

정비정보

18. 정비정보는 제품의 형상정보에서 도출된다. 여기에는 제품의 정비에 필요한 모든 정보가 포함된다; 정비교범/절차서/일정 및 시험절차서

폐기정보

19. 폐기정보는 제품의 형상정보에서 도출된다. 여기에는 제품에 폐기에 필요한 모든 정보가 포함된다.

제6장

형상항목 (CI)

1. 형상항목은 "형상관리를 위해 설계되었고 형상관리 프로세스 내에서 한 개의 개체로 처리되는 하드웨어, 소프트웨어, 처리된 재료, 서비스 또는 그것의 모든 별개 부분의 집합"이라고 ISO 10007에 정의되어 있다.

형상항목의 선정

2. CIs의 선정에는 아래 항목 등을 포함해야 한다:

a. 안전성

(1) CI의 고장이 인원의 안전에 위험을 발생 시키는가.

(2) CI의 고장이 제품의 안전에 위험을 발생 시키는가.

b. 치명도

(1) CI의 단독 고장이 제품 고장을 일으키는가.

(2) CI의 고장이 체계에 치명적인 영향을 주어 체계가 사용 불능 또는 임무 달성을 불가능하게 하는가.

(3) CI가 제품의 운용에 중요한가.

(4) CI가 하나 이상의 다른 체계와 인터페이스에 중요한가.

c. 복잡성

(1) CI가 복잡하거나 체계의 핵심 부분인가.

(2) CI가 제작에 오랜 시간이 걸리는가.

d. 비용 및 구매기능 및 성능

(1) 첨단기술에 비례하여 구매 또는 제작이 어려운 품목.

(2) 대량으로 사용되는 품목 (통상적으로 형상항목 전자부품 수의 최소 10%)

e. 기능 및 성능

(1) CI의 고장이 체계에 영향을 주어 체계가 사용 불능 또는 임무 달성 불가능, 또는 광범위한/고가의 정비 및 수리를 발생시키는가.

⑵ CI의 고장이 체계 안전성, 가용도, 임무 성공을 평가하거나 정비/수리에 필요한 데이터의 획득을 방해하는가.

⑶ CI의 고장이 품목에 대한 첨단기술과 관련하여 의도된 용도에 엄격한 성능 요구사항을 가지고 있는가.

f. 교환가능 품목으로서 통합, 상호호환성 및 상태

⑴ 제품 내의 한 곳 이상에 사용되는 품목

⑵ 하나 이상의 제품 또는 사업에 사용되는 품목

⑶ 불출이 달라도 상호호환성은 있지만 통제가 필요한 품목.

⑷ 불출이 다르면 상호호환성이 없는 제품.

g. 종합군수지원 (ILS).

⑴ 알려진 수명, 저장수명 또는 환경 노출시간을 가진 품목. 이것은 통제된 감시 조건을 보증하는 진동, 온도 또는 제한사항이 될 수 있다.

⑵ 특수한 취급, 수송, 저장 및 시험 주의사항이 필요한 것으로 알려진 품목.

⑶ 제한되거나 예고된 유효수명을 가지거나 신뢰도, 안전도 또는 경제적인 사유로 정해진 기준에 따라 교체하는 것으로 판단된 품목

제7장

형상변경 관리

1. ISO 10007 은 형상변경을 "제품 형상정보의 공식 승인 후 제품의 통제에 대한 활동"으로 정의한다.

2. 그림 3은 일반적인 변경 통제 프로세스를 보여주는데, 제품 또는 관련 문서에 대한 변경의 이행, 검증 및 기록한다.

3. 시험, 운용 또는 정비, 또는 규정의 변경으로 인해 변경이 요구 될 수 있다. 변경요구 서식의 예와 작성 요령은 부록 A의 '변경제안 서식 예' 와 Def Stan 05-57을 참조한다.

그림 3: 형상 변경 프로세스

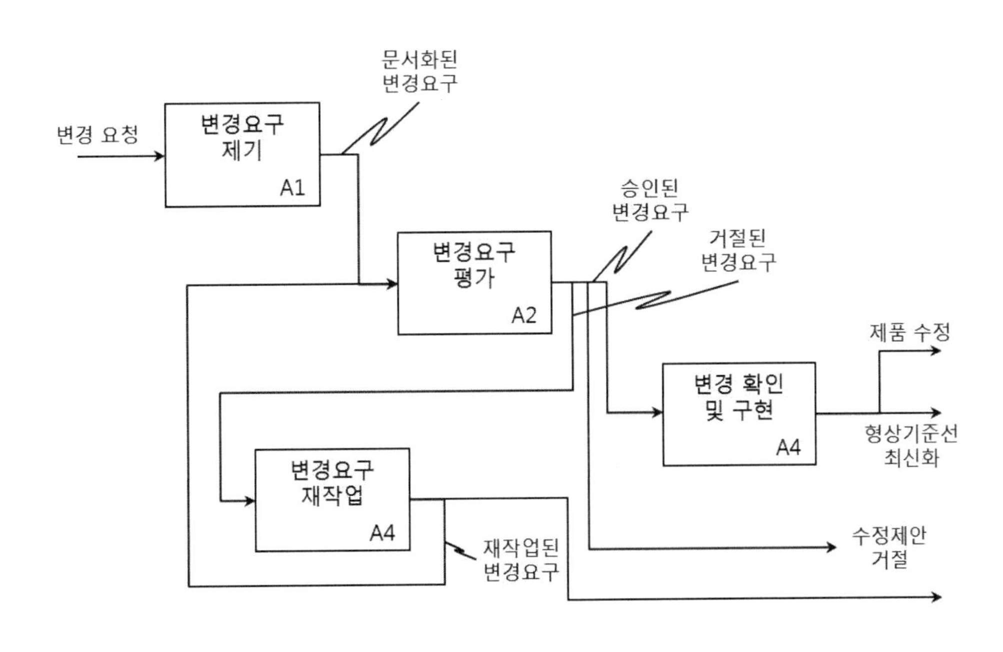

4. 아래 항목은 변경요구 이행을 위한 사유의 예다:

a. 안전도/위험제거를 위한 개선

b. 법령에 따른 변경

c. 제품성능 개선

d. 새로운 능력소요 제공.

e. 제품 또는 장비의 단종

f. 수리부속의 가용도

g. 신기술의 삽입

h. 결함 수정 (예방 및 보수)

i. 제품지원 개선

참고 – 제품에 대한 변경이 조립, 형태 및 기능의 변경을 발생시키면, 새로운 나토 제고번호를 제품에 부여해야 한다.

그림 4: 평가 프로세스

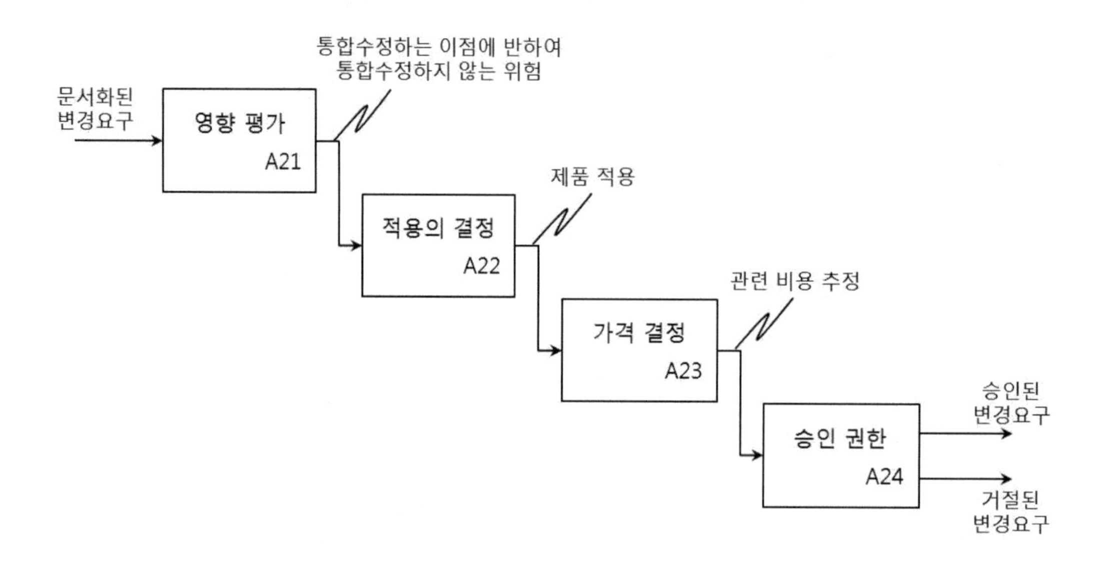

5. 그림 4의 평가 프로세스는 변경요구 평가에 대한 절차를 보여준다.

a. Box A21 영향 판단. 영향판단은 통상 설계 당국에 의해 수행되고 변경/개조를 반영할 수 있는 이점을 제공하며, 변경 미 반영시의 위험을 설명한다.

b. Box A22 적용성 판단. 설계 당국과 사업팀은 개조를 요하는 제품과 후속 영향을 설명해야 한다.

c. Box A23 비용 판단. 설계 당국은 개조의 반영에 수반되는 비용을 설명한다.

d. Box A24 승인 당국. 승인 권한은 변경통제위원회의 회의에서 주어진다. 이 그룹은 설계 당국, 사업팀, 모든 관련 공급자, 안전, ILS, 사용자 및 품질관리 부서의 대표자로 구성된다.

6. 위원회는 아래 사안을 고려해야 한다:

a. 성능 개선

b. 공급자, 사업 및 사용자에 대한 비용문제/절감분

c. 포함된 설계, 개발 및 시험

d. 운용 및 정비문서 최신화

e. 교육 소요

f. 영향을 받은 제품, 즉 생산 중인 제품 및/또는 기존 제품의 개조.

g. 수리부속 및 교체에 대한 영향

h. 다른 장비와의 인터페이스

7. 변경이 합의되면, 변경관리위원회는 아래 사항을 고려한다:

a. 언제 변경이 반영될 수 있나.

b. 어떻게 변경이 반영되나.

c. 누가 변경을 반영하나.

d. 어디에서 변경이 반영되나.

그림 5: 변경요구의 이행 및 검증

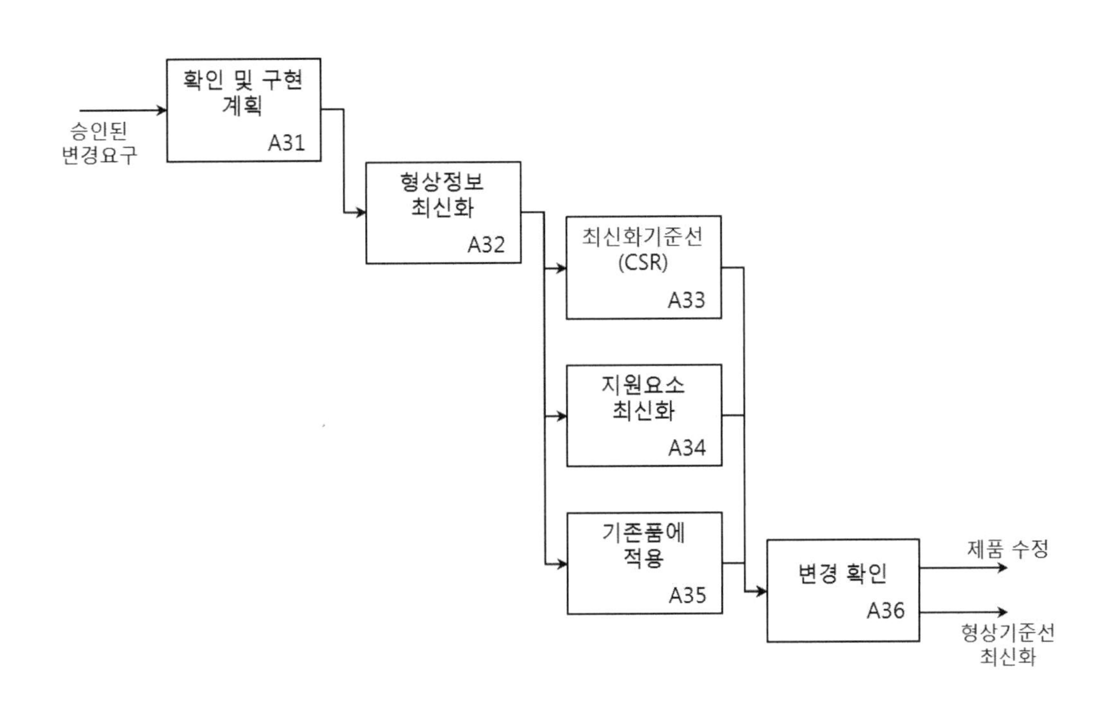

8. 그림 5는 합의된 변경요구의 이행 및 검증 프로세스를 보여준다.

9. 변경, 개조 또는 개량의 반영을 계획할 때 몇 가지 중요한 문제는 아래와 같다:

a. 법적으로 요구된 변경, 개조 또는 개량

b. 안전 관련 변경, 개조 또는 개량

c. 운용 책무

d. 재고 가용도

e. 변경, 개조 또는 개량을 수행하는 공급자의 시간

f. 누가 변경, 개조 또는 개량을 하는가?

g. 어디서 변경, 개조 또는 개량이 이루어지는가:

h. 언제 변경, 개조 또는 개량이 이루어지는가?

i. 운용 및 정비 교범의 최신화

j. 요구된 교육훈련 최신화

10. 검증 및 개조작업의 수행은 기능적 물리적 형상 감사를 필요로 한다.

제8장

개조 분류 범주

1. 개조 제안서를 분류할 때 아래 항목이 고려되어야 한다:

a. 안전도 – 장비의 사용 정비, 수송, 저장 및 폐기 중 인원(군인 및 민간인)

b. 운용 및/또는 기수적 가치 – 전체적인 성능 및 상호운용성, 설계 및 수리성 포함.

c. 사용 측면 – 정비, 사용자에게 가용한 시설, 지원비용, 가용도 및 신뢰도 부분 포함.

d. 시간일정 및 비용 – 운용 중 장비에 대한 현재 및 소급 작업 포함.

e. 환경 문제

f. 수명주기비용 측면의 재무적 문제 – 자재, 인건비, 시험, 개조 키트 및 소급구현 비용 포함

g. 아래와 같이 생산 중인 자재에 대해 알파벳 순의 분류가 적용된다:

(1) Class AA: Class AA 개조는 초도 군 불출 또는 신규 장비의 도입을 위한 승인을 위해 반영이 필수적이고, 인도 전 주 장비의 모든 동 품목에 구현되어야 하는 개조.

(2) Class A: 필수적인 개조. 미 구현은 안전성, 불 가용성 또는 심각한 운용 제한을 유발한다. 내재된 어떠한 인도 지연이나 폐기와 상관 없이 구현된다.

(3) Class B: 높은 순위의 개조. 미 구현은 심각한 운용 제한을 유발하거나 정비 효율성을 저하시킬 수 있다. 이 개조는 즉시 구현되어야 하고 가능한 한 즉시 부품을 이용 가능하도록 해야 한다. 폐기 및 인도 지연은 변경위원회의 승인 시 허용된다.

(4) Class C: 기술적 또는 운용상의 사유로 중요한 개선인 개조. 이 개조는 인도에 지연이 없는 한 부품이 가용한 즉시 생산 중에 구현된다.

(5) Class D: Class C보다 덜 중요한 개선인 개조. 이 개조는 인도 분할이나 지연이 유발되지 않은 한 신규 생산 시에 구현된다.

(6) 특수 주문 전용 (SOO): 제한된 수의 제품에 적용하기 위한 제한된 운용 요구를 충족하기 위하여 필요한 개조에 적용된다. 사례는 아래와 같다:

(a) 항공기, 유도탄 또는 장비 (예, 낙하 탱크, 열대 및 북극용 장비) 당 하나 이하에 적용될 수 있는 특수한 운용 요구.

⒝ 특수형태의 군 지원장비, 공구 또는 시험장비의 도입

⒞ 개조의 평가에 이용되는 개조

h. 숫자에 의한 분류가 사용자(지정된 운용 중인 주요 수리부대 제외)의 긴급 조치를 위해 보유중인 '운용 중' 자재에 적용된다. 숫자 분류는 '운용 중' 공급자에게 인도되었거나 공급자가 보유중인 물자에도 적용된다:

⑴ Class 1: 필수 개조. 변경이 안될 경우, 안전에 악영향을 미치거나 심각한 운용상 제한을 가할 때. 이 개조는 즉시 그리고 강제적으로 구현되어야 한다. 수리부속도 변경위원회의 합의에 따라 개조 또는 폐기된다.

⑵ Class 2: 높은 순위의 개조. 변경이 안될 경우, 정비 효율성 저하를 포함하여 성능이나 기타 운용상으로 심각한 제한을 가한다. 이 개조는 변경위원회에 의해 결정된 범위 및 시간에 강제적으로 구현되어야 한다.

⑶ Class 3: 운용 효율, 신뢰도, 경제성, 근무 또는 정비도에 개선이 확보되는 중요한 개조 (Class2 보다는 덜 중요함)로 소급적용의 비용과 노력보다 중요도가 높다고 변경위원회가 판단한 개조.

⑷ Class 4: 비 소급적인 개조. 변경위원회가 기존 수리부속의 회수 및 개조 또는 폐기가 필요하다고 결정한 경우. 필요 시, 이 개조는 수리 시에 구현되나, 이후 SLP만 이용된다.

⑸ Class 5: 수리부속의 상호호환성에 영향을 주지 않는 비 소급적인 개조. 필요 시, 이 개조는 수리 시 또는 비 개조 수리부속 재고가 사용될 때 구현된다.

⑹ Class 0: 운용과 관계가 없는 개조.

i. 공급자 및/또는 운용 중 사용자에게 적용될 수 있는 형상변경에 대한 전체 분류는 아래와 같은 적절한 분류에 의해 표시된다:

⑴ A/2; B/1; C/2; D/4 등. (생산 중 및 운용 중 적용)

⑵ A/−; B/−; C/−; D/− (지정된 운용 중 적용 없이 생산 중 적용)

⑶ A/0; B/0; C/0; D/0 (운용 중 적용 없이 생산 중 적용)

j. 개조분류에 대한 보충사항 및 필요조건

⑴ 공급자 및 군 개조 분류는 개조가 적용되는 범위의 공급자 및 군에게 통지하기 위한 보충사항 및 필요조건이 필요할 수 있다. 이 보충사항 및 필요조건은 개조에 대한 모든 참조문서에 포함되어야 한다.

⑵ 형상위원회는 군 개조 당사자 (SMP) 또는 공급자의 실무 당사자(CSP)의 이용을 추천할 수도 있다. CSP는 작업 내용이 군의 능력을 초과한다고 판단되는 경우 Class 1, 2 및 3 개조의 구현을 위해 이용될 수 있다.

k. 이런 보충사항 및 필요조건의 예는 아래와 같다:

(1) 비 개조품의 제거 시 (부품번호/나토 재고번호와 함께 명명예정 또는 관련부품, 예를 들면 엔진, 레이더 스캐너 또는 꼬리날개의 제거 시). 이것은 개조 키트의 가용 여부에 따라 개조가 명명된 품목 또는 관련 부품이 처음으로 제거될 때 구현되어야 한다는 뜻이다.

(2) 비 개조품의 교체 시 (부품번호/나토 재고번호와 함께 명명예정). 이것은 개조 품목의 가용 여부에 따라 개조가 명명된 품목이 처음으로 고장 났을 때 구현되어야 한다는 뜻이다.

(3) 비 개조품 (부품번호/나토 재고번호와 함께 명명예정) 공급자 또는 선정된 서비스 부대(추후 지정)로 반환 받은 후. 이것은 품목에 대한 개조가 1, 2단계 서비스 능력을 초과하는 것으로 판단된다는 것이다.

(4) WOTSAC (구형 수리부속이 소모될 때). 이것은 상호 호환성이 영향을 받는다는 것을 나타내며, 개조는 구형 수리부속이 소모되었을 때 구현된다는 것을 말 한다.

(5) NOROR (수리 시 적용 안됨). 이것은 개조가 수리 시에 구현되지 않는다는 것이다.

(6) . . .에 의해 만족됨. 특별한 (기술적) 지시에 따라 군 개조 또는 보수작업과 뒤이은 공급자의 개조가 동일하거나 둘 사이에 큰 차이가 없을 경우 동일성이 제시된다.

(7) . . . .대체. 특별한 (기술적) 지시에 따라 수행된 군 개조 또는 보수작업과 뒤이은 공급자의 개조 간에 큰 차이가 있는 경우, 동일성이 제시된다.

(8) 제 (XX) 정비 부대(MU) 에서 수리(R&R) 시 구현됨. 정비부대의 식별 번호가 삽입된다.

제9장

형상유지 (CSA)

1. ISO 10007은 현상유지를 "제품 및 그 제품의 형상정보에 관련된 기록 및 보고의 결과"라고 정의한다. 또한 형상유지 활동은 사업의 전 수명기간 종안 수행되어야 한다고 한다.

2. 효과적인 형상관리를 제공하기 위하여, 제품형상 정보가 모든 관계자에게 배포되어 이용 가능하게 하는 것이 필수적이다. 또한 제품형상 정보에 대한 모든 변경이 관련 관계자와 적기에 소통되어야 하는 것도 중요하다.

그림 6: 형상유지 시스템의 입력 및 출력

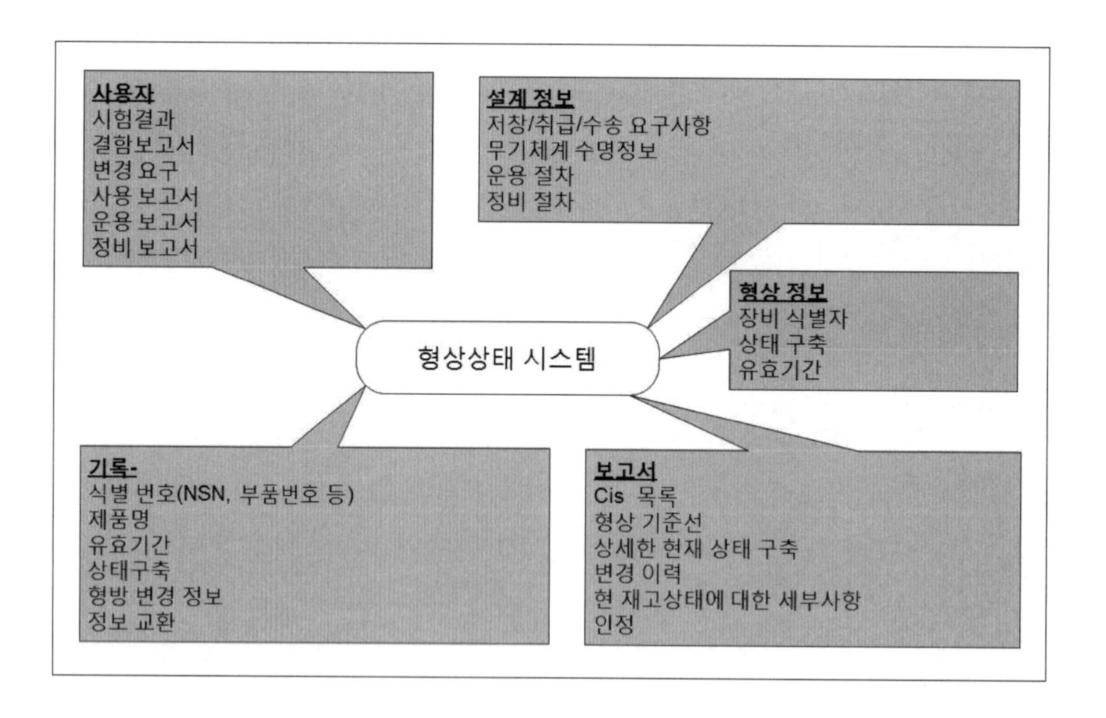

형상유지 정보

3. 형상유지 정보는 설계 당국/제작사에서 전방사령부까지의 활동으로부터 수집되며, 검토 후 관련 서식에 따라 필요 시기에 배포되어야 한다.

4. CSA 시스템에 수집되는 정보의 깊이와 범위는 제품의 특성, 제품이 운용되는 환경, 변경 활동의 예상 규모 및 복잡성, 그리고 사업의 정보 요구사항을 기반으로 한다.
예, 각각에 일련번호가 매겨진 유니트에 대한 정확하고 추적 가능한 변경 이력 기록과 함께 한정된 수명을 가진 포를 내장한 무기체계와, 차량에서 발전기를 변경하는 것과의 핵심적인 특성을 비교한다.

개념 단계

5. 몇몇 문서는 형상관리를 요구하는 개념단계 동안 생산되는데 예를 들면 아래와 같다:

a. 사용자 요구사항 문서 (URD).

b. 체계 요구사항 개요 문서 (SRD).

c. 형상관리 계획.

d. 요구사항 수락 기준

평가 단계

6. 평가 단계는 단일 기술 옵션까지 하향 선택하므로, 형상유지 활동에 초점이 맞추어 진다. 개념단계에서 나오는 문서는 최신화 되고 이행된다.

시연 단계

7. 시연단계 중, 제품의 요구사항 문서와 세부 형상문서가 작성되고 불출되어 기준선을 형성함에 따라, 제품 구조가 만들어지고 동적으로 최신화 된다.
형상유지 시스템은 아래 항목에 대한 정보 수집이 필요하다.

a. 제품형상 정보: 요구사항, 규격서, 사양서, 설계 정보, CI 식별 등

b. 제작

c. 시험 및 검증 절차

d. 변경 활동 및 제안 및 반영된 변경요구의 이력

e. 모든 변경의 영향

f. 변형의 상태 및 이력

8. 제품의 설계가 진행되면, 각 제품형상 정보 문서의 불출 기록 및 설계 기준선을 최신화 하기 위한 뒤이은 개정이 형상유지 시스템에 들어간다. 이 기록 불출에 수반되는 데이터는 최신화의 적용성을 상세화한다.

9. 형상관리에 관련되고, 제품의 설계 진전에 맞추기 위하여 최신화 및 이행을 요구하는 후속 문서는:

a. SRD.

b. URD 유지.

c. 형상관리 계획

d. 요구사항 수락 기준

10. 시연단계 종료 시까지, 설계불출 기준선이 검증되어 제품기준선(PBL)으로 된다, 기능적 형상감사 (FCA)도 시연단계가 끝날 때까지 수행되고 기록 및 요구된 활동이 확보된다.

제작 단계

11. 이전 단계에서 생산되고 접근 가능한 정보는 제작 단계에서 이용 가능해 진다. 생산형상 및 변경 기록 등과 같은 제작 활동으로부터의 추가 정보가 이용 가능해 지고 기록 및 추적된다.

12. 제작 단계로부터 데이터베이스에 기록되어야 하는 정보에는 아래 항목이 포함된다:

a. 일련번호 및 로트번호가 부가된 구성품의 설치 및 제거를 포함하여 각 제품(일련번호 별로)의 생산형상.

b. 일련번호 및 로트번호가 부가된 구성품의 설치 및 제거를 포함하여 각 유니트(일련번호 별로)의 생산형상.

c. 각 승인된 주요 엔지니어링 변경의 적용성을 구성하는 식별정보 및 제품 일련번호; 제품의 일련번호가 부가된 모든 유니트에 대해 불출된 변경의 식별자.

d. 제품의 이전 형상을 반영하는 대체된 형상 기록

공급자로부터 제품의 인도

13. 공급자로부터 받는 제품 형상정보는 아래 정보의 추가와 함께 제작 단계의 그것과 유사하다:

a. 인도 일자

b. 각 유니트의 하자보증 종료일자

c. 서비스 계약 종류 및 만기일자

d. 설치 형상 (공급자가 장비를 설치하는 경우)

e. 교육 소요

사용자에게 제품 인도

14. 통상 사용자에게 제품 인도는 제작단계와 운용단계가 겹치는데, 이것은 이전 단계에서 생산된 정보가 이용 가능해야 하고 인도 일정 동안 거의 최신화되어야 한다는 것을 말 한다.

15. 공급자로부터 또는 사용자에게 제품을 인도하는 동안 고려되어야 할 기타 정보는 아래와 같다:

a. 인도 일자

b. 설치 형상

c. 인도 또는 설치된 각 유니트의 하자보증 만기일자

d. 서비스 계약 종류 및 만기일자

e. 교육 소요

사용 단계

16. 운용단계의 목적은 운용 요구를 달성하기 위한 능력을 지원 유지하기 위함이다.

17. 사용 단계 중의 형상유지는 지원 관련문제/요구사항 및 제품의 종류에 따라 부가되는 법적 요구사항에 따라 크게 좌우된다

18. 사용 단계 중 형상유지 시 추가 정보도 유지되어야 한다:

a. 제품의 운용기준선 및 통지기준선

b. 제품 운용 및 정비정보 버전 상태

c. 정보변경 요구 및 변경 통지

d. 제품사용에 대한 제한 및 양보

e. 제품성능 저하

f. 교육 소요

폐기 단계

19. 비용효율이 높고 안전한 제품의 폐기단계 중 형상유지는 아래 항목에 좌우된다:

a. 제품의 폐기가 환경문제에 악영향을 미치는 경우

b. 제품이 교체되어야 하는 경우

c. 제품이 회수되어야 하는 경우

20. 또한, 일부 제품의 폐기에는 반드시 고려되어야 할 법적 계약적 문제가 결부되어 있다.

21. CADMID 사이클에 걸친 전형적인 형상유지는 그림 7에 나타내었다.

그림 7: CADMID 사이클에 걸친 전형적인 형상유지

수명주기 단계 / 제품 및 사업에 테일러링된 전형적인 CSA 정보 및 활동	C	A	D	M	I	D
사용자 요구사항 문서 (URD)	●	●	●	●	●	●
체계 요구사항 문서 (SRD)		●	●	●	●	●
제품 구조 / 계층 정보		●	●	●	●	●
기능 기준선		●	●	●	●	●

설계 기준선			●	●	●	
제품 기준선			●	●	●	●
형상 문서		●	●	●	●	●
형상 문서 변경 제안		●	●	●	●	●
형상 문서 변경 기록		●	●	●	●	●
변경 요구 제안	●	●	●	●	●	
변경 요구 기록	●	●	●	●	●	
제품 변경 요구 제안	●	●	●	●	●	
제품 변경 요구 기록	●	●	●	●	●	
양보 및 차이 기록		●	●	●	●	●
검증 / 감사 보고 및 조치		●	●	●	●	●
사용 기록			●	●	●	●
저장수명 기록			●	●	●	●
제품 운용 정보 / 기록			●	●	●	●
제품 유지 정보 / 기록			●	●	●	●
제한사항 (운용/시설/등)			●	●	●	●
제품 교체 정보			●	●	●	●
제품 호환성 정보			●	●	●	●
제품 인터페이스 정보			●	●	●	●
제품 안전 제한사항			●	●	●	●
제품 환경 제한사항			●	●	●	●
제품 회수 정보	●	●	●	●	●	●

제10장

형상기록 (CSR)

1. 향상기록(CSR)은:

a. 개조 세트 및 키트, 특수공구, 취급장비, 특수시험장비 및 포장 등과 같은 변형 및 부수 품목을 포함하여 계획되고 현재 그리고 조기에 승인된 모든 기준선의 부품번호, 도면 목록 및 사양서를 참조하여 각 CI에 대한 기록을 제공한다.

b. 수명기간 동안 제품의 후속 장착상태 및 향후 개조 상태를 정의하는 각 CI에 대한 기준선을 제공한다.

c. 승인된 모든 개조, 수정 및 체계 변경에 대해 각 CI의 변경기록에 대한 참조를 제공하여 제품의 변경상태를 기록한다.

d. 도면 목록 번호 및/또는 도해부품 카탈로그에 대한 참조를 제공하여 제품을 이루는 모든 CI의 관계를 보여주는 제품 분해구조를 제공한다.

e. 각 CI에 대한 계약진행 상태가 생산 순서에 맞도록 정의되게 한다.

f. 제품 설계 상태가 각 제품 순서에 대해 정의되도록 한다.

g. NDI 및 관급자산(GFA)을 포함한다.

h. 특수한 시험이나 검사를 요구할 수 있는 운용상 문제와 함께 제품의 모든 특성을 식별한다.

i. CMP에 정의된 제품에 대한 모든 CM 문서 인도물품의 목록; 지원 및 사용 출판물; 소프트웨어 문서 및 모든 목록; 품질계획; 위험관리 계획; 안전계획 및 인터페이스 사양서

2. CSR 참조 시스템이 채택되어 차상위 레벨 CI가 종속CI 및 관련CI와 또는 그 반대로 교차 참조 되도록 한다.

3. 하나 이상의 제품에 공통적인 CI를 포함하는 제품에 대한 CSR은 공통 CI에 대해 설계 당국에서 유지하는 관련 형상문서를 참조한다.

4. 계약에 정의된 바와 같이 적절한 당국에 의해 합의된 상세 수준까지의 패밀리 트리를 이용하여 구성 CI의 개요를 제공할 수 있도록 전체적인 제품 CSR이 만들어져야 한다.

5. 제품기준선(PBL) CSR은 제품의 승인 전 그리고 UMC가 나오기 전 설계당국에 의해 정확도에 대하여 인증된다.

6. CSR은 특수공구, 설계 도구 및 모델, 특수 시험장비, 취급장비 및 포장 등과 같은 제품 지원에 이용되는 모든 품목을 나열해야 한다.

7. CSR은 CMP내에 설명된 서식으로 작성되어야 하며 적절한 당국에 의해 합의되어야 한다. 상용 데이터베이스 패키지 출력정보는 계약에 명시된 당국의 데이터 입력 요구사항과 호환되어야 한다.

제11장

형상감사 (CA)

1. 형상감사 및 검증은 제품의 요구사항 및 형상문서에 정의된 성능 및 기능조건이 설계에 의해 달성되고, 설계는 형상문서에 정확하게 문서화되도록 한다. 이것의 목적과 이점은 아래와 같다:

a. 제품 설계가 합의된 수행 능력 제공을 보장한다. 즉, 식별된 능력 격차를 보완해준다.

b. 형상문서의 완벽함을 확인한다.

c. 제품과 그 형상문서상의 일관성을 검증한다.

d. 지속적인 형상통제를 제공하기 위하여 적당한 프로세스가 마련되도록 한다.

e. 제품 기준선 확립에 신뢰를 준다.

f. 운용 및 정비지시, 교육, 여유부속 및 수리부속 등을 위한 기준으로 알려진 형상을 확보한다.

2. 각 CA에 대한 조정은 CMP 내에 정의된다. 감사팀은 형상항목이 형상 기준선에 일치하는 것을 공식 검증하기 위하여 제품의 수명기간 동안 모든 단계에서 CA를 수행할 수 있다.

3. 각 CA의 시기는 전체적인 계약 요구사항, 공급자의 작업 일정 및 CI의 가용도를 고려하여 비용효율적인 방법으로 결정된다.

4. CA 보고서는 보수작업에 대한 모든 요구의 수락 및 평가를 위해 계약에 정의되어 있는 적절한 당국에게 공식 보고된다.

5. 형상감사에는 기능적 형상감사(FCA) 및 물리적 형상감사(PCA) 두 종류가 있다. 시험을 통해서 완벽하게 검증될 수 없는 경우, FCA는 적절한 분석 또는 시뮬레이션이 이루어졌는지 그리고 CI가 사양서의 요구사항을 충족하도록 하는데 분석 또는 시뮬레이션의 결과가 충분한지 여부를 판단한다. 모든 승인된 변경은 이들이 반영되고 검증되었는지를 확인하기 위해 검토가 되어야 한다.

참여 및 책임

6. 제품 요구사항의 주인으로서, '사업'은 형상감사의 구성 및 관리에 대한 책임을 진다. '사업'은:

a. 공식 형상감사 회의 일정을 기록한다.

b. 수락되지 않은 추천사항을 미 수락 사유와 같이 기록되게 한다.

c. 차기 회의 시작 시 당국과 공급자가 검토할 수 있도록 이전 회의의 회의록이 제공되게 한다.

7. 공급자는 아래 요구사항에 따라 형상감사를 수행하여 '사업'을 지원한다:

a. 공급자는 적절한 협력업체, 판매자 및 공급자가 '사업'의 형상감사에 참여하도록 해야 한다.

b. 공급자는 형상감사를 효과적으로 수행 또는 지원하기 위하여 필요한 자원, 물자 및 시설을 제공한다. CMP에 의해 요구된 감사의 형태 및 범위를 계획하고 수행하는데 아래 항목이 이용될 수 있다:

⑴ 형상감사 계획

⑵ 사양서, 제품설계 정보, 교범, 일정 및 시험 데이터

⑶ 검사 결과서, 프로세스 시트, 데이터 시트 및 기타 문서

⑷ 검증 및 확인에 필요한 공구, 측정 및 검사장비

⑸ 물품 수입검사, 제조, 검사 및 시험 등의 지역 및 시설에 접근

⑹ 관련인원, 예를 들면 기술, 제조, 계약, 형상 및 품질, 에게 접근

⑺ 감사 대상인 CI.

8. 공급자는 고객과의 조정을 위해 각 통합일정, 주제에 따라 각 형상감사에 대한 시간/장소/일자 및 의제를 수립해야 한다. 이 일은 형상감사 실시 보다 충분히 이전에 이루어져 적절한 준비가 가능하도록 해야 한다. 또한, 공급자는:

a. 각 형상감사 일정이 필요한 정보와 CMP 요구사항, 예를 들면 엔지니어링 데이터(계약자료 요구목록에 따라, 재현성 분석, 위험분석, 사양서, 매뉴얼, 제품설계 정보, 보고서, 하드웨어, 소프트웨어 또는 목형)의 가용성에 부합하도록 해야 한다.

b. 감사 담당자를 임명한다. 이 담당자는 각 형상감사 별 팀 리더(형상 전문가)가 될 수 있다.

c. 형상감사의 범위 내에서 발표자료의 세부 내용에 대해 협의할 수 있도록 모든 발표자가 준비되게 한다.

형상감사 프로세스

기능적 형상감사 (FCA)

9. FCA는 CI가 형상문서에 명시된 성능 및 기능적 특성을 달성하였는지를 검증하기 위하여 PBL의 수락 이전에 CI에 대한 시험 데이터 및 품질보증 기록의 공식 조사로 정의된다.

10. FCA는 계약에 별도로 명시되지 않는 한 별도의 개발/요구사항 사양서가 기준선이 되는

각 CI 또는 CI 그룹에 대해 수행된다.

11. FCA는 CI 또는 CI 그룹이 규정된 기능적 요구사항을 충족하는지를 보여주는 것이다. 이것은 제품 기준선의 확립 이전에 실시된다.

12. FCA 실시 전에, 공급자는 아래 정보를 당국으로 제공해야 한다:

a. 공급자의 설명

b. 감사대상의 품목의 식별정보 – 품명 및 사양 식별 번호

c. CI에 대한 모든 양보의 배포 목록

d. 감사대상 문서와 CI의 FCA에서 달성해야 할 업무를 식별하는 FCA 점검표

e. 각 감사 대상 CI에 대한 소개, 각 CI에 대한 시험결과 및 발견내용의 서술. 최소한, 충족되지 못한 CI 요구사항 및 각 항목에 대해 제안된 해결방안, 구현 및 시험된 모든 변경의 형상상태 그리고 사양 요구사항의 충족을 위해 구현되어야 하는 제안된 향후 변경이 협의에 포함되어야 한다.

13. FCA를 위한 데이터는 생산을 위해 공식적으로 수락 또는 불출될 제품의 일치 요구사항에 대한 품목의 형상시험으로부터 수집된다.

a. 개발기간 동안 제품은 일련의 형성과정을 거치는데, 각 버전은 제품이 목표로 하는 제품모델로 점진적으로 형성되어 간다. 각 모델은 기능이 점진적으로 개발되어 감에 따라 적합성 요구사항에 대해 시험된다.

b. 시제품이나 예비 생산 모델이 생산되지 않는 경우, 시험 데이터는 첫 번째 생산품의 시험에서 확보된다.

c. 복잡한 시스템이나 CI의 경우, FCA는 점진적으로 완료된다. 이 때, 최종 FCA는 모든 요구사항이 충족되도록 수행되어야 한다.

d. CI 검증이 체계 통합 및 시험 이후에만 완료가 가능한 경우, 최종 FCA는 PCA와 같이 수행된다.

14. 사양 요구사항의 충족 여부를 검토하기 위해, 공급자는 아래의 시험정보를 FCA 팀에게 제공해야 한다:

a. 충족성 시험 절차

b. 충족성 시험 결과

c. CI에 대한 시험 결과, 설명서, 절차서 및 결과서

d. 사전 수락 데이터가 기록되는 동안 성공적으로 완수된 시험의 전체 목록

e. 시험 소요에 의해 요구되었으나 수행되지 않은 전체 시험 목록, 즉, 체계 또는 하부체계 시험으로 수행될 예정인 것.

f. 예비생산 시험결과

15. 공식 시험계획, 사양 및 절차의 감사가 실시되어야 하고 공식 시험 데이터와 비교되어야

한다. 그 결과는 완성도와 정확도에 의해 검증되어야 한다.

16. 인터페이스 소요 및 시험은 검토되어야 한다.

17. 시험을 통해 완전히 검증될 수 없는 요구사항의 경우, FCA는 적절한 분석 또는 시뮬레이션의 달성 여부와 분석 또는 시뮬레이션의 결과가 CI가 사양의 요구사항을 보장하기에 충분한지를 판단한다.

18. 요구사항 일치 시험결과서의 감사는 결과서가 CI 일치 시험을 정확하고 완전하게 서술하는지를 검증하기 위해 수행된다.

19. CI의 공급자 내부 형상문서 목록은 시험 데이터가 검증되는 CI의 형상을 공급자가 확실히 문서화 하도록 검토된다. 이것은 제품의 정의 및 설계 정보가 적절히 통제되는 것을 보증하기 위한 것이다.

20. 공급되는 CI의 설계 정보는 제작에 필수적인 시험 데이터가 포함되고 설계 정보와 같이 제공되도록 하기 위해 선택적으로 표본화 된다.

21. 제품 설계 및 장비 시험에 대한 모든 변경은 이들 모두가 반영되고 완료되도록 하기 위해 검토된다.

22. 설계 검토 및 상세설계 검토는 모든 발견 내용이 반영되고 완료되도록 하기 위해 조사된다.

23. 감사 결과서는 발견 내용을 설명하기 위해 작성되며, 여기에는 FCA에 의해 검토된 시험 절차 및 결과서 그리고 발견된 결함내용이 포함된다.

24. 모든 결함에 대한 완료일자는 명확하게 수립되어야 하고 감사 완료 후 합의되고 문서화 된다.

25. 공급자 및 FCA 감사팀의 합의에 의해 감사가 이루어진 CI에 대한 FCA 확인서가 발행된다.

물리적 형상감사 (PCA)

26. PCA는 설계 문서에 대한 생산형상의 공식 조사라고 정의되며, FCA 이후 실시된다.

27. PCA는 CI가 규정된 물리적 형상을 충족하도록 하기 위해 요구된다. PCA에 뒤이어 제품 기준선(PBL)이 수립되며, 승인된 개조 절차에 의해 모든 후속 변경이 일어난다. PCA는:

a. 설계 문서에 대한 생산형상의 공식 조사이다.

b. CI의 FCA가 성공적으로 완료되었거나 PCA와 동시에 수행되지 않는 한, 시작되지 않는다.

c. 문서에 의해 규정된 수락시험 조건이 품질보증 활동에 의한 CI의 생산 유니트 수락에 적합한지를 판단한다.

d. CI의 생산에 활용된 시험 제품 설계정보, 사양서, 기술 데이터, 그리고 CSCI의 설계 문서, 목록, 운용 및 지원 문서의 세부 감사를 포함한다.

e. 생산형상이 이 문서에 의해 반영되도록 하기 위해 불출된 문서 및 품질관리 기록의

감사를 포함하며, 소프트웨어의 경우, 제품 사양서 및 인터페이스 설계 문서가 PCA에 포함된다.

f. 당국 및 공급자에 의해 합의된 선정된 CI에 대해 수행된다.

28. PCA에 대한 예정일자 및 실제 수행일자가 CSA 및 CMP 문서에 기록되어야 한다.

29. 승인된 모든 내, 외부 형상 변경은 PCS 이전에 새로운 적용가능 형상변경문서의 개정판에 반영되어야 한다.

30. PCA 이전, 공급자는 감사 대상 CI에 대한 아래의 정보를 당국에 제공해야 한다:

a. 명세서

b. 사양서 식별번호

c. CI 식별자

d. 일련번호

e. 설계정보 및 부품번호

f. CI에 대한 양보 목록

31. 감사 대상 CI에 대한 참조정보는 아래와 같다:

a. CI 제품 사양서

b. CI에 대해 승인 또는 미결 변경을 표시한 목록

c. 전체 부족분 목록

d. 수락시험 절차 및 관련 시험데이터

e. CSR 초안 및 설계 규격

f. 모든 정비교범 (또는 계약 요구사항에 따른) 포함하는 운용 및 지원 출판물

g. 제안된 설계 인증서

h. 버전 설명 자료

i. 지정품명 및 명판

j. 각 CI 발견 내용 / 품질보증 프로그램 상태에 대한 FCA 결과서 및 회의록

k. 추천 수리부속 목록

l. 인터페이스 설계 문서

32. 공급자는 아래 항목을 포함하여 모든 제품형상 정보(PCI)를 검토한 후 PCA 팀에게 제공한다:

a. CI의 식별에 필요한 모든 형상 정보

b. 승인된 변경통지 및 승인된 양보를 포함하여 관련 하드웨어, 소프트웨어 및 인터페이스 사양

c. 모든 반영된 변경의 식별정보

d. 완료되지 않은 모든 변경요구의 식별정보

e. 불출 문서 및 품질관리 기록

33. 선정된 생산 CI와 FCA 및 시연에 이용된 개발 CI 간의 모든 차이를 식별하거나, 이 변경이 선정된 CI의 기능적 특성을 저하시키지 않는다는 것을 당국에게 확신시킨다.

34. 제품이 설계 사양에 충족되는 것을 보여주는 관련 도면 또는 생산 지시가 검토되어야 한다.

35. 최소한, 선정된 제품설계 정보에 대한 아래 검사는 이루어져야 한다:

a. 제작 프로세스 상의 식별번호, 명세서 및/또는 부품번호, 및/또는 일련번호가 해당 계약에 대한 관련 제품 설계 정보와 일치한다.

b. 제품설계 정보 및 관련 제작 프로세스가 모든 승인된 변경이 CI에 반영되었음을 확인하기 위해 검토된다.

c. 검토된 모든 관련설계 정보가 식별되도록 하기 위해 불출기록이 확인된다.

d. 제품에 비 반영된 변경이 해당 계약의 관련 제품설계 정보에 대해 기록된다.

e. 양보요구 정보가 기록된다.

36. OEM의 모든 승인된 부품이 나열되었는지 확인하기 위해 CI / 설계 규격 / 자재 명세서와 대조하기 위한 공급자의 부품 카탈로그가 제공되어야 한다.

37. 생산되고 있는 형상이 불출된 데이터를 정확하게 반영하였는지를 확인하기 위해, 공급자의 불출 시스템 PDM 또는 다른 형상변경관리 절차와의 직접 비교를 통해 CI에 대한 형상의 모든 기록을 검토한다. 여기에는 현재 구성된 수리부속/수리부품의 인도를 위해 PCA 이전에 제공된 수리부속/부리부품의 중간 불출이 포함된다.

38. 모든 내 외부 변경이 정상적으로 통제되도록 하기 위해 '형상변경관리' 통제구조에 대한 감사가 이루어진다. 이것은 CI의 개념부터 이행까지 내 외부 당국의 '변경 추적'에 의해 달성된다.

39. CI 수락시험 데이터 및 절차는 제품 사양에 적합해야 한다. PCA 팀은 재 달성해야 할 수락시험을 판단하고, 당국의 대리인이 필요한 감사, 검사 또는 시험의 전부 또는 일부에 입회하도록 하는 권한을 가져야 한다.

40. 수락시험을 통과하지 못한 CI는 수정이 되어야 하며, 필요 시, 공급자가 재 시험해야 한다. PCA 팀은 이 제품의 제품 사양에 따른 재시험 결과를 검토한다. 당국에게 감사검토 결과가 통보 되어야 한다.

41. 공급자는 제작 시점에서 협력업체 제품의 검사 및 시험을 확인할 수 있는 데이터를 제시한다. 검사 및 시험은 공급자 또는 계약에 의거 증명되어야 한다.

42. 제품사양에 적합함을 보여준 CI는 수락을 위해 승인된다. PCA 팀은 서명을 통해 CI가 합의된 기준선에 맞게 제품 설계정보 및 사양에 따라 생산되었음을 인정한다.

43. 최소한, 감사 대상 CSCI에 대해 PCA 팀은 아래 조치를 수행해야 한다:

a. 서식 및 완성도에 대한 제품 사양서를 구성하는 모든 문서를 검토한다.

b. 기록된 불일치 및 수행된 작업에 대한 FCA 회의록을 검토한다.

c. 설계 명세서의 기입된 내용, 부호, 라벨, 태그, 참조번호 및 데이터 설명을 검토한다.

d. 세부 설계 명세서를 정확도 및 충실도에 대해 소프트웨어 목록과 비교한다.

e. 소프트웨어 요구 사양에 적합한지 확인을 위해 CSCI 인도 매체 (디스크, 테이프 등)을 검사한다.

f. 승인된 코딩 규격과의 적합성에 대해 주석 목록을 검토한다.

g. 충실도 및 정확도에 대해 요구된 모든 운용 및 지원문서, 성세설계 검토에서 나온 의견의 반영 및 CSCI의 운용 및 지원에 대한 적합성을 검토한다.

h. 실행 가능 형태의 CSCI를 가지고 있는 부품, 구성품 또는 결합체의 관련성이 적절하게 설명되었는지를 확인하기 위하여 모든 관련 문서를 검사한다. 펌웨어의 경우, 이 정보에 CSCI를 프로그램 가능 부품 또는 결합체에 설치하기 위한 요구사항이 완벽하게 서술되고, 또 이 정보가 적절히 이행되도록 한다. 펌웨어 품목의 후속 획득이 예정된 경우, 문서가 예정된 구매를 위한 상세 수준까지 달성되어야 한다.

i. 인도물품 또는 고객이 보유한 지원 소프트웨어를 이용하여 각 CSCI가 제작될 수 있음을 보여준다. 재 제작된 CSCI는 동일함을 보장하기 위해 실제 CSCI 인도 매체와 비교된다.

44. 아래의 최소한의 정보는 검토된 각 제품 설계정보에 대한 회의록에 수록되어야 한다:

a. 제품 설계정보 번호/제목 (버전 식별자 포함)

b. 해당 계약에 대한 제품설계 정보에 관련된 제작 프로세스 시트 목록 (변경 서신 번호/제목 포함)

c. 불일치/의견

d. 최소한, 선택된 항목에 대한 후속 검사는 완료되어야 한다.

최종 회의

45. 팀 리더는 PCA의 결과를 바르게 요약하여 관련된 모든 경감 조치 및 보수작업(불일치)을 식별한다. 요약 보고서는 모든 당국자 및 공급자 팀원에게 제공되어야 한다.

46. 미해결된 모든 계약 요구사항이 검토되고 책임 문제가 해결되어야 한다.

47. 공급자 대리인은 공급자의 대응과 아래 항목에 관해서 공급자에 대한 당국의 조치의 승인을 요약한다:

a. CI 확인서

b. CI에 관한 미해결된 계약적 문제

c. 미해결된 책임 문제 (있을 경우)

48. PCA 실시 후:

a. 공급자는 서면으로 된 PCA에 대한 당국의 수락 또는 거절, PCA 상태 및 의견, 수정해야 할 사항, 또는 PCA 거절 및 재 실행을 위한 요구사항을 통보 받는다.

b. 공급자는, PCA 완료 후, 계약에 명시된 대로 PCA의 사본을 출판 배포한다.

c. 당국과 공급자는 PCA 확인서에 서명한다.

49. CSR (사양서, 제품 설계정보, 형상유지 등)은 생산 개시를 위해 확정된다. CSR은 필요 시 당국에게 제공된다.

물리적 형상감사 점검표

평가 대상 :	
기관 명	
사업 명	
단계/불출	
일자:	

기준	예/ 아니오/ N/A
a. 물리적 형상감사 계획이 포괄적이며 완료되어 있나?	
b. PCA 계획이 지정된 승인자에 의해 검토 및 승인되었나?	
c. PCA 방법이 타당한가?	
d. PCA를 위해 문서화된 방법이 명백한가?	
e. PCA 시작 전 모든 절차 기준이 만족되었나?	
f. PCA 시작 전 모든 필수 입력정보가 완전하고 이용 가능한가:	
g. 미결 변경지시의 영향이 검토되었는가?	
h. PCA 대상 체계의 물리적 형상과 FCA 에 이용된 체계가 일치하는가?	
i. PCA 대상 체계의 물리적 형상과 FCA 에 이용된 체계가 불 일치하는 경우, 이 차이가 형상항목의 기능적 특성을 저하시키지 않음을 보여주었나?	
j. 문서가 불출된 체계를 정확하게 반영하는지 검증하기 위해 체계의 기준선형상을 기록한 문서가 불출된 체계와 비교되었는가?	
k. 체계의 기준선 형상을 기록한 문서와 불출된 체계 간의 불일치가 있는 경우, 불일치 내용이 문서화되고 수락되었는가?	
l. 체계의 기준선 형상을 기록한 문서의 서식 및 완성도에 대해 검토가 이루어졌는가?	
m. 체계의 기준선 형상을 기록한 문서와 불출된 체계가 문서화된 설계와 일치하는가?	
n. 실제 체계 인도 매체가 사양에 일치하는가?	
o. 체계의 기준선 형상을 기록한 문서와 불출된 체계가 생산 기록에 일치하여 체계가 사양서에 따라 생산되었음을 입증하는가?	
p. 모든 주요 문제와 위험이 식별되고 문서화 되었는가?	
q. 주요 문제와 위험이 있을 경우, 이들을 수용, 설명 또는 경감할 계획이 있는가?	
r. 모든 PCA 종료 기준이 충족되었나?	

기능적 형상감사(FCA) 점검표

CI 설명 ______________________________ 일자: ________________

CI/CSCI 식별자: ____

불출번호

____

요구사항 예 아니오 NA

1. FCA를 수행할 시설을 이용할 수 있는가
2. 감사팀원이 식별되고 감사에 대해 통보되었나
3. 감사팀원이 자신들의 책임을 알고 있는가
4. 일반 요구 사양서(GRS) 또는 아래 두 가진 문서 전부:

소프트웨어 요구 사양서 (SRS), 체계 사양서 (SS)

5. 면제 및 예외 목록이 작성되었나
6. 검증 시험 절차서가 제출되었나 (시험 업무)
7. 검증 시험 절차서가 검토 및 승인되었나 (시험 업무)
8. 검증시험이 완료되고 결과서가 있는가 (체계 입증 시험)?
9. 검증 시험 데이터와 결과가 검토 및 승인되었나?
10. 시험 결과서가 제출되었나 (있거나 해당될 경우)
11. 검증시험이 증명되었나
12. 시험 준비성 검토 I 및 II (TRR I 및 TRR II)가 완료되었나
13. 시험 준비성 검토 I 및 II (TRR I 및 TRR II)의 회의록 및 지난 검토 이후 미결 문제가 있는가
14. 기준선 및 데이터베이스 변경 요구와 모든 설계 와 함께 관련 상태유지 기록 (문제 보고서 및 불일치 보고서 (PR 및 DR) 등)이 제공되었나
15. 기능적 요구사항 및 계획 문서에 의해 정의된 기타 입력정보

FCA 팀원 서명: Date:

____

____

____

____

____

□ 검토된 결과가 요구사항을 충족하여 수락되었음 (첨부 의견 참조).

□ 검토된 결과가 요구사항을 충족하지 못하였음 (첨부 의견과 불일치 목록 참조)

승인자: ________________________ 일자: ____________

제12장

형상 기준선

1. 형상 기준선은 특정 시점에서 제품의 정의를 나타내는 승인된 모든 문서로 구성되며 형상 관리의 기초가 된다,
2. 형상 기준선은 제품수명 주기 중 참조형상의 정의가 필요하면 언제든지 확립되어야 한다; 이것은 향후 업무의 출발점이 되며, 관련자에게 후속 업무를 위해 필요한 정보의 안정성과 일관성을 보증한다.
3. 어떤 제품이 어느 수준까지 정의되어야 하는지는 요구된 통제의 정도에 달려있다.

기준선의 확립

4. 형상 기준선에 포함된 세부내용은 크게 변할 수 있으므로 그 당시의 사업 개별 요구에 맞추어 조정되어야 한다. 이 기준선은 단순하며 내부의 소 그룹에 의해 통제되는 변경과 같이 내부적으로 통제되거나, 국방부를 포함하는 변경위원회와 같이 외부 공급자에 의해 통제될 수도 있다.
5. 하부체계 속성의 안정화되거나 설계 세부내용에 대해 더 큰 통제가 필요할 경우 추가적인 기준선이 확립될 수 있다. 이 점은 통상 업무 및 책임의 변경을 나타낸다.
6. 이의 예는 아래 항목이 포함된다:
   a. 평가단계에서 시연단계로 전환
   b. 시연단계에서 제작단계로 전환
   c. 고객이 설계 개념을 승인한 경우
   d. 시설이 운용상태가 들어갈 때
   e. 주요 변경이 승인될 때
7. 이 이벤트는 통상적으로 안정화가 필요하거나 변경/설계 당국의 전환이 있을 때 사업 수명 내의 단계를 나타낸다. 제품의 기준선을 정의하는 문서는 상호 일관성과 호환성이 있어야 하고 모든 이해 당사자들에 의해 이해될 수 있어야 한다. 각각의 더 자세한 기준선은 이전의 것에 대해 추적이 가능해야 하고 더욱 상세해야 한다. 예를 들면:

a. 하나의 도면이 완료되어 불출되었을 경우, 설계자는 통제를 포기 (즉, 일방적인 변경이 불가함) 하므로, 이것에 종속되는 관련 도면이 작성되는 동안 다른 사람은 안전성을 보증 받을 수 있다.

b. 제품 기준선에 대한 변경을 승인하는 권한은 생산 공구 및 시설에 상당한 투자가 공약되어야 하는 경우 프로그램 관리에게 이전될 수 있다.

c. 다른 제품 또는 다른 공급자로부터 받은 동일 제품과의 호환성을 확인하기 위해 고객은 제품의 변경에 대한 검토를 요구할 필요가 있다.

8. 모든 문서 또는 데이터 세트가 기준선의 일부로 고려되기 전, 문서가 유효하며 완전하고 사용하기에 적절한지 검토되어야 한다. 문서 및 파일의 무결성을 검증하기 위해 불출 체계/프로세스가 이용될 수 있다.

9. 형상변경 관리는 기준선 관리를 위한 필수적 프로세스이다. 기준선은 변경을 승인하기 위하여 당국과 함께 일관성 유지에 대한 필요성을 일치시키기 위한 도구이다. 형상관리 시스템과 계획은 아래 항목을 포함해야 한다:

a. 어떤 기준선이 확립되어야 하는가?

b. 언제 정의되어야 하는가

c. 어떻게 정의되어야 하는가

d. 문서와 파일 무결성을 보증할 프로세스

e. 기준선에 대한 변경을 승인할 권한

f. 변경 권한이 이전되는 경우

g. 언제 변경 권한이 이전되는지

h. 제안된 변경이 승인되도록 하는 프로세스

기준선의 종류

10. 기능, 개발 및 생산 등 3가지 형상 기준선이 있다.

기능 기중선

11. 기능 기준선은 평가 기간 중 공식적으로 지정된 형상문서로 정의된다.

a. 기능 특성

b. 시험 요구사항

c. 관련 CI와의 인터페이스 특성

d. 핵심 하위 CI

e. 설계 제한사항

설계 기준선

12. 설계 기준선은 공식적으로 지정된 형상문서로 정의된다; 통상 이것은 평가 단계 종료 시 그리고 시연단계 전에 이루어진다.

13. 설계 기준선은 개발 또는 할당 기준선으로도 알려져 있다.

14. 설계 기준선에는 아래 항목이 포함된다:

    a. CI에 대한 기능 기준선으로부터 할당된 기능적 물리적 특성

    b. 기능적 특성의 달성을 보여준 시험 요구사항

    c. 관련 CI와의 인터페이스 특성

    d. 설계 제한사항

제품 기준선 (PBL)

15. 제품 기준선은 CI에 대한 형상으로 정의되며 아래 항목을 규정하는 생산의 시작 전에 공식적으로 지정된다:

    a. CI의 필요한 모든 물리적 기능적 특성

    b. 생산 수락 시험을 위해 지정된 선택된 기능 특성

    c. 생산 수락 시험

그림 8: 기준선 CADMID 주기

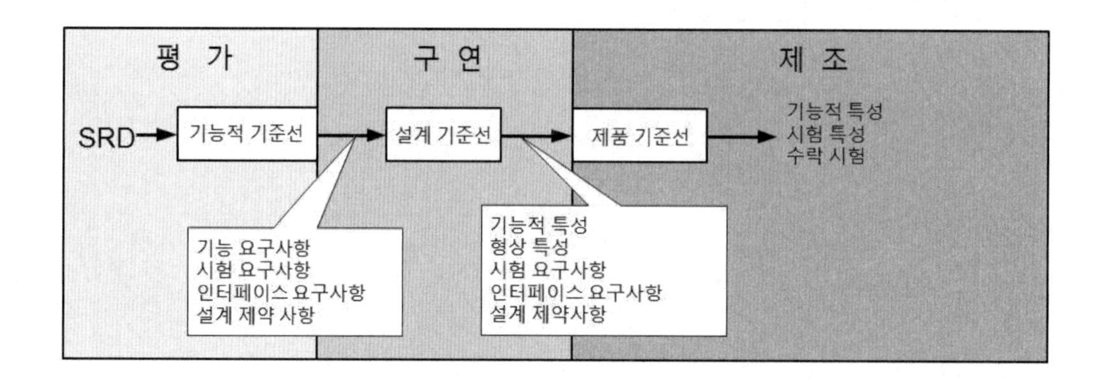

인터페이스

16. 개별 제품에 대한 모든 변경은 하나 이상의 체계에 걸쳐 광범위한 문제를 가질 수 있으며, 수 많은 관련 장비에 대해 이차적인 개조 부담을 지울 수 있다. 영향을 받는 모든 체계, 장비 또는 제품이 신제품의 도입 또는 제안된 개조가 제품에 이행되기 전에 고려되도록 하는 것이 필수적이다.

제13장

참조문헌

A. Def Stan 05-57 방산물자의 형상

B. 연합 형상관리출판물 (ACMP) 1-7.

C. STANAG 4159 국제 공동사업을 위한 나토 물자형상관리 방침 및 절차

D. STANAG 4427 연합 형상관리출판물 이용을 위한 상호합의

E. ISO 10007:2003 품질관리제도 - 형상관리를 위한 지침

F. 관리방침 2.4의 형상관리를 위한 AOF 상의 지원방안묶음 (SSE) 웹사이트

G. ISO 10303 -1 산업 자동화 시스템 및 통합 - 제품 데이터 설명

H. Def Stan 05-10

제14장

용어 정의

기준선	대상 형상항목의 수명주기 내의 특정 시점에 적용되는 기술 데이터 및 공식적으로 지정된 문서의 집합체이다.
양보	규정된 요구사항을 완전히 충족하지 못 하는 제품의 사용 또는 불출을 허용하는 것. 양보는 제품 구현/생산에도 적용된다.
형상	품목의 형상은 기준선 문서 및 그 문서에 대한 승인된 변경에 의해 정의된다.
형상 감사	설계 기능 요구사항과의 적합성에 관한 형상항목의 수락 가능성과 해당 품목이 선언된 형상 기준선을 나타내는지를 확인하기 위한 감사
형상 항목	군수지원을 요하거나 별도 구매로 지정된 모든 품목은 형상 항목이다.
형상 관리	수명기간에 걸쳐 제품의 성능, 기능 및 물리적 속성과 그 요구사항, 설계 및 운용 정보의 일관성 확립 및 유지를 위한 프로세스
형상 유지	승인된 형상문서의 목록, 제안된 변경 상태 및 승인된 변경의 이행 상태 등 형상을 효과적으로 관리하는데 필요한 정보의 기록 및 유지와 관련된 활동.
설계 당국	원제작사가 제품을 공급하는 각 계약에 대한 제품 사양을 통제하는 승인된 조직체. 제품이 COTS인 경우, DA는 각 계약에 대해 공급되는 것처럼 제품의 불출 또는 개정레벨을 관리한다. DA는 기존 또는 알려진 향후의 법령에 위배되지 않는 한, OEM의 제작 프로세스의 세부사항을 변경할 수 없다. DA는 계약서에 별도로 명시되지 않는 한 상세설계의 소유자가 아니다. OEM은 COTS 제품의 사양을 마음대로 변경할 수 있다.
일치 확인서	일치 확인서는 제품이 제품 사양을 충족한다는 것에 대한 공급자의 공식적 선언이다. 제품이 COTS인 경우, 일치 확인서는 각 계약에 대해 공급되는 것처럼 제품의 불출 또는 개정 수준을 설명한다. 모든 설계 예외나 사용 제한은 확인서에 명시되어야 한다.
설계 검토	설계 검토는 설계에 대해 체계적인 비평적 연구가 되도록 하는 공식적 문서화된 엔지니어링 관리 프로세스이다. 이것의 목적은 설계가 명시된 요구사항을 충족하도록 하는 것이다.
제품분해구조	XXXX 사업의 구조를 설명하고 체계, 하부체계 및 요구사항으로 분해한다
제품 데이터 관리	제품의 정의를 관리하는 정연한 방법. 모든 데이터 사용자에게 단일 소스의 데이터를 제공한다.

부록 A: 개조 제안 서식 (MPF)

<table>
<tr><td>1. 계약자 / 설계 당국</td><td>2. 주 장비
사양서 번호</td><td>3. 개조번호
발간번호</td></tr>
<tr><td>4. 출처</td><td>5. 당국 IPT</td><td>6. 장비 그룹기호</td></tr>
<tr><td colspan="3">7. 제목
설명 제목</td></tr>
<tr><td>8. EFFECT ON: 개조 사업
a. 이전 및 기존 변경
b. 고객에 대한 이익 (MOD)</td><td colspan="2">9. EFFECT ON: 타 계약자</td></tr>
<tr><td>10. 예상구현일자
a. 시험설치 / 보증설치
b. 생산
c. 수리 및 개장</td><td colspan="2">11. 제품전환 지연</td></tr>
<tr><td colspan="3">12. 개조키트 인도
일자
인도율</td></tr>
<tr><td colspan="3">13. 군 구현을 위한 인시
a. 접근
b. 분해
c. 구현
d. 재 조립
e. 시험
f. 합계</td></tr>
<tr><td colspan="3">14. 계약자 추천사항
준비, 시험 설치 또는 생산작업은 추천내용을 기준으로 시작될 수 없다. 계약자/설계 당국 서명</td></tr>
<tr><td>15. 통합사업팀 (IPT)
회의 번호
품목
일자
이전 품목</td><td colspan="2">16. 적용 계약
준비 및 시험 설치
개조키트 제작
설계 반영
계약실무자(CWP)에 의한 구현</td></tr>
<tr><td>17. 영향이 있습니까:
17.01 상호교환성 (ICY)
a. 기능적</td><td colspan="2">
17.14 NUCLEAR HARDENING</td></tr>
</table>

b. 물리적

c. ICY LRU 주요 조립체

d. ICY 세부 부품

17.02 종합군수지원

a. 신뢰도

b. 정비도

c. 수리부속

d. MSPL 일정

e. 저장

f. 교육

g. 지원장비

h. 포장

i. 기술문서

j. NATO 재고번호 (NSN)

17.03 인터페이스

17.04 호환성

a. 물자

b. 폭발물

c. 화학약품

d. 전자기

e. 기타/ 핵

f. 외부

17.05

a. 질량

b. 모멘트

17.06 안전성 케이스

a. 내공성

b. 구조 무결성

c. 선체 무결성

d. 핵

e. 차량 무기 안전성

f. 핵 무기 체계 안전성

17.07 취급/성능 및 운용

17.08 전기적

17.15 문서

a. 사양서

b. 설계 인증서

c. 시운전 문서

d. 승인제출

e. EOD 절차

f. 사용 불출

g. 수리 절차

h. 최소표준개조목록 (MSML)

17.16 STRIKE NUMBER

17.17 TEMPEST CLEARANCE

17.18 성능

17.19 환경제어 시스템

17.20 취약성

17.21 수명

17.22 품질보증

17.23 시운전

17.24 차이

17.25 생산

17.26 창/ 사이트 능력

17.27 시험, 목형, 시험설치 및 입증 설치

17.28 시험장비

a. 사양서

b. 자동 시험

c. 특수 형태

d. 소프트웨어

17.29 공구

17.30 자기 특성

17.31 음향 특성

17.32 가용도

17.33 휴대성 (소프트웨어)

a. 적응성

a. 전자기펄스 b. 퓨즈 및 회로차단기 c. 전원 요구사항 17.09 인간요소 인터페이스 (HFI) 17.10 구현 이슈 품목 17.11 보급품목 17.12 외부구매 품목 17.13 라인 시험 1st 소프트웨어 하드웨어 2nd 소프트웨어 하드웨어 3rd 소프트웨어 하드웨어 4th 소프트웨어 하드웨어	b. 설치 용이성 c. 적합성 및 교체 용이성 17.34 기준 장비 17.35 플랫폼 17.36 시뮬레이터
18. 개조제안 금액/비용 a. 설계 준비 및 개발 시운전 준비 벤치 시험 시험 설치 (PCA) 정지 시운전 이동 시운전 합계 참고: 준비/시운전 비용은 개조 분류 전에 승인될 수 있다. b. 구현/제작 생산 시 평가 (GW) 인도 전 소급 생산	수리 및 개장 작업장으로 반환 폐기 작업용 공구 - 구현 검사 매체 시험 장비 생산 장비 개조 키트 제작 공구 포장 합계 c. 설계 반영 형상문서 최신화 형상유지 기록 최신화 기술문서 수정 개조 팸플릿 합계
19. 추가 정보 (필요 시)	
20. 당국 IPT 결정 이 결정은 '인가된 서명권자'에 의한 분류 및 승인을 전제로 작업을 추진하기 위한 권한이다. (Block 21)	21. 개조 승인 IPT 당국 / 서명 / 일자 계약자 DA / 서명 / 일자
22. 입증자료(무엇을, 왜, 어떻게)	

개조 제안 서식의 작성 안내

1. 개조 제안 서식 (MPF)은 본 규격을 적용할 때 개조를 제안하는 일반적인 수단을 제공하고자 고안되었다. 이 서식은 제품수명 주기의 특정 요구사항에 맞게 테일러링될 수 있다. 합의된 서식과 요구된 정보는 CMP에서 구성되고 식별된다. 아래 정보는 MPF 작성을 도와주기 위해 제공된다 (참조번호는 개조 제안 서식의 각 칸에 해당한다). 해당 없는 칸에는 대각선을 삽입한다.

BOX 1: 설계 당국(DA) 또는 계약자 (DA 아닌 경우)의 명칭 및 주소를 기입한다. 후자의 경우, DA의 명칭 및 주소도 기입한다.
BOX 2: 주 장비명 (사업명 포함)이 표시된다. 예를 들면, 챌린저, 님로드, 애쉬튜트 등. 형(type), 마크(mark) 또는 모델번호, 그리고 부품번호 및 나토 재고번호도 '플랫폼' 사양과 같이 표시되어야 한다.
BOX 3: 모델번호(참고1)가 기입된다. 어떤 장비의 경우, 당국이 별도의 개조 번호를 부여할 수 있는데, 이 번호를 윗칸에 기입하고 DA의 개조번호는 아래 칸의 괄호 안에 기입한다. 재 상신의 경우, MPF 발간번호를 개조 번호 아래에 기입한다. 참고: 개조 번호는 당국에서 제공한 뱃치로부터 번호 순으로 되어야 하며, 그렇지 않으면 DA는 계약자가 지정한 번호를 받아 들일 수 있다. 할당된 개조번호는 서로간의 관련 통신 시에 이용된다. 계약자는 CSR에 모든 개조번호 목록을 유지해야 한다.
BOX 4: 개조의 출처를 아래 2항에서 제공하는 것 중에서 찾아 기입한다. 개조에 대한 사양이 작성되었다면, 그 식별번호가 제공되어야 하고, '출처'에 대한 설명도 부가한다.
BOX 5: 당국 및 해당 소요군의 명칭을 기입한다.
BOX 6: 개조에 합당한 개조 그룹 형태(A/AB/B)을 기입하고 설명을 부가한다. 개조 그룹은: 그룹 A 개조: 품목과 장비간의 상호교환성에 영향을 주지 않고, '교환 시'라는 주석이 없는 한, 군에 의한 주 장비상의 구현을 요하지 않는다. 그룹 B 개조: 이것은 물리적 상호교환성에 영향을 주는 변경으로 인한 마크(mark) 또는 형(type)의 변경을 정당화하거나 기능변경이 이를 정당화 하는 개조. 주 장비는 개조 작업을 필요로 한다. 그룹 AB 개조: 장비가 상호교환성에 영향을 미치지 않을 때의 개조이나, 기능변경이, 비록 형 또는 마크 번호의 변경을 정당화 하지 않더라도, 개선을 제공하여 군에 의한 조기 교체가 정당화 된다. 개조 명판 작업이나 신규 부품번호를 부여하여 개조품목을 식별할 수 있는 것이 중요하다.
BOX 7: 개조에 의해 영향을 받는 주요 조립체의 명칭을 부품번호, 나토 재고번호와 같이 기입한다. Box2에 정의된 주 장비 내의 이런 조립체 수량이 명시된다. 개조될 CI (주 조립체가 아닐 경우)의 명칭을 기입하여 개조에 대한 간단한 내용을 설명한다. 예를 들면, "기폭제 (부품번호 74863), 스위치 접점 부위 도금." 조립체 별로 이런 품목의 명칭 및 식별정보가 표시되어야 한다. 신규품목이 도입되는 경우, 이것이 기준 품목을 대신하는 것인지 아니면 개조하는 것인지를 나타내야 한다. 기존 품목이 변경되는 경우라면, 변경 전과 후의 부품번호와 나토 재고번호가 표시되어야 하고; 제출 시 이를 모들 경우에는, 빈칸으로 남겨둔다. 군이 이를 하도록 제안되었다면, 제목 및 설명 끝에 군 개조 번호를 괄호 안에 포함시킨다.
BOX 8: 이 칸은 하지 않으면 개조할 수 없거나 정상적으로 작동되지 않는 개조를 배제하고, 사전에 또는 같은 장비 또는 관련장비 동시에 구현해야 되는 모든 다른 개조의 번호를 기입한다. 다른 개조를 같이 하는 것이 경제적이거나 편리할 경우, 19번 추가정보 칸에 예상 인시와 비용절감 내용과 같이 기재한다. 아울러, 고객에 대한 장점과 이익도 19번 칸에 기입한다.

BOX 9: 개조에 의해 영향을 받는 다른 계약자의 이름과 장소, 영향을 받는 (알려진 경우) 다른 물자(품목)의 명칭을 기입한다 (18번 칸 참조). 영향을 받는 다른 계약자가 없으면 "해당 없음"이라고 기입한다.
BOX 10: 개조가 지연을 발생시키지 않고 정상 제작 공정에서 구현될 수 있는 경우, 가장 빠른 예상 구현시점(즉, 일자, 품목, 뱃치 또는 장비)을 기입한다. 수리의 경우, 수리, 개장 또는 전환 일자가 요구된다. 생산 라인에서 개조가 구현될 수 없는 경우, "NIP" (생산 중 불가)라고 표기한다. 예상 구현시점 보다 빨리 구현될 수 있는 경우, 생산지연 및 추가 비용을 19번 칸의 "추가정보"란에 설명한다. 개조 분류 C와 D를 추천하는 개조의 경우, 군에 의한 소급 구현이 요구될 때를 제외하고 구현 일자만 받아들일 수 있다.
BOX 11: 구현으로 인해 생산라인이나 주요 전환 프로그램의 인도지연 발생이 예상되는 경우 그 내용을 기입한다.
BOX 12: DA에 의한 개조 세트의 가장 빠른 인도 일자 및 인도율을 기입한다. 통상 군은 군 참조번호를 가진 모든 품목 및 공통 보급품을 보급한다. 이런 품목의 상세 내용은 이들 품목이 개조세트와 동시에 이용 가능하도록 군 보급 목적으로 제공한다 (17번 칸 참조). 또한 군이 DA에게 이들 품목을 공급되는 개조 세트에 포함시켜 달라고 요구할 수 있는 기회를 제공한다. 참고: 해당할 경우, 보증 설치의 충분히 완료할 수 있는 허용 시간도 제시되어야 한다.
BOX 13: 군 구현을 위한 예상 인시는 5개의 별개 시간 및 합계로 표시된다; 이 시간을 나눌 수 없을 경우, 전체 시간만 표시한다. 통상, 군 구현 시간은 계약자 구현 시간과 동일하다고 가정하나, 특수한 환경으로 인해 이 시간이 크게 다를 경우, 두 시간을 모두 기입하여 이 문제에 대해 주의를 기울이도록 한다.
BOX 14: 계약자는 '분류' 카테고리를 이용하여 비용 대 효율이 높은 구현 방법을 추천한다.
BOX 15: 영향을 받는 IPT는 MPF가 검토 및 승인된 관련 데이터를 삽입한다.
BOX 16: IPT 당국에 의해 기입된다.
BOX 17: 영향을 받는 해당 항목에 "예" 또는 "아니오"라고 기입한다. "예"로 표기하는 경우, IPT가 검토를 위해 요구할 경우 각 항목에 대한 영향을 보여줄 수 있도록 관련 상세 내용이 제공되어야 한다. 영향을 받는 항목은 제품/장비에 대한 문제를 줄 수 있다. 각 개조에 대한 상세 정보를 IPT에 제공한다 - 시험 결과서, 보고서, 인증서, 입증서류, 요구사항, 승인, 데이터, 기록물, 절차서, 방법, 회의록, 조건 등과 같은 적절한 MPF 정보를 첨부한다.
BOX 17.01: 개조가 물리적 또는 기능적 상호교환성에 영향을 주는지 여부를 설명한다. 장착구조/부착물에 대한 개조 없이 차상위 조립체에 정착할 수 없는 경우 품목은 물리적 상호교환성이 영향을 받는 것으로 판단되며, 관련 MPF는 특정 장비/부품 및 주어진 새로운 식별(부품) 번호를 나타내야 한다. 그러나, 경미한 설계 내용 변경에 대한 신규 도면 제작 비용을 줄이기 위해, 계약자/DA는 기존 부품번호에 접미사를 붙일 수 있으며, 이것으로 인해 새로운 군 참조번호의 할당이 이루어진다.
BOX 17.02: 신뢰도 및 정비도. 개조가 장착되는 장비/조립체의 신뢰도에 영향을 주는지를 표시한다. 수리부속: 대상품목에 대한 수리부속인 상세 부품내역이 개조에 의해 상호교환 불가로 되는지를 표시한다. 이 부분은 17.01칸에 다룬 대상 품목의 상호교환성에 미치는 개조의 영향과 혼동되지 말아야 한다. MSML 일정: 개조가 수리부속 일정에 영향을 미치는지 표시한다. 저장: 개조에 의해 저장 소요가 영향을 받는지 표시한다. 교육: 개조 이행 및 후속 지원 활동을 위한 새로운 교육 소요가 있을 지에 대해 표시한다. 지원장비: 주 장비 소프트웨어 지원에 필요한 것을 제외하고 개조가 지원장비에 영향을 미치는지를 표시한다. 포장: 포장 소요에 변경이 있는 경우 표시한다. 기술 출판물: 개조에 의해 군 기술출판물이 영향을 받는지 표시한다. 개조와 관련하여 기존 NSN에 변경이 있을 경우, 해당 품목에 신규 NSN이 부여되어야 한다. 이 목록화 프로세스는 UKNCB에 의해 수행된다. 이 활동은 02.d 칸과 같아야 한다.
BOX 17.03: 개조로 인해 장비의 인터페이스가 영향을 받는 경우 표시한다.

BOX 17.04: 재료, 폭발물, 화학 제품에 의해 영향을 받는 호환성의 카테고리를 표시한다. 구현 전 개조가 추가적인 EMC 시험을 요구하는 경우 표시한다. 또한 외부에 연동되는 장비 호환성에 영향을 주는 경우도 표시한다; 예를 들면 항공기, 주 장비 등. 영향을 받는 계약자/DA의 명칭 및 장소를 9번 칸에 기입한다.
BOX 17.05: 현저한 모멘트 변화가 없는 한 장비 또는 설치되는 장비의 무게 변동을 기입하고, 0.5kg 이하의 무게 변동은 "아니오"라고 기입한다. 무게중심 또는 모멘트의 변동은 해당될 경우 기입한다; 예를 들면, 개조로 인해 무게의 변동 또는 물리적 위치의 변화가 유도탄의 장비 모멘트 또는 무게중심에 영향을 주는 경우.
BOX 17.06: 내공성이 영향을 받는 경우 표시한다. 체계 무결성이 영향을 받는 경우 표시한다. 구조나 선체 무결성은 주요 구조의 정적 강도, 피로 수명 또는 내식성을 직접 또는 간접적으로 변경시키는 모든 개조에 의해 영향을 받는다. 답변이 "예"일 경우, 적절한 구조/선체 무결성 회의를 위해 개조 제안서 사본이 IPT로 보내져야 한다. 설치된 차량 또는 관련 장비에 대한 개조가 차량의 핵 시스템의 안전성에 영향을 주는 경우 표시한다. 19번 칸의 "추가 정보"에 상세한 설명을 기입한다. 설치된 차량 또는 관련 장비에 대한 개조가 차량의 무기 시스템의 안전성에 영향을 주는 경우 표시한다. 19번 칸의 "추가 정보"에 상세한 설명을 기입한다. 개조가 어떠한 핵 무기 통제 시스템, 핵무기 지지 및 투하, 진동 특성 및 무기 주변의 공기 흐름에 영향을 주는 경우, 이를 설명하고, 안전성 측면의 승인을 위해 IPT로 보내야 한다. "영향을 받은 항목" 체크박스는 "예'로 표기하고 IPT 승인 번호는 19번 칸의 "추가 정보"에 포함된다.
BOX 17.07: 개조가 취급/수행 또는 운용 소요에 영향을 주는 경우 표시한다. 대답이 "예"인 경우, 안전성 케이스 관련 문제를 판단하기 위하여 IPT가 시험 필요성 검토를 하게 한다.
BOX 17.08: 개조에 의해 전기적 펄스 특성이 영향을 받는 경우 표시한다. 차량에 설치된 퓨즈, 회로차단기에 영향을 주는 경우 이를 기록한다. 개조되는 장비에 대한 전력 소요에 변경을 일으키는 경우 표시한다.
BOX 17.09: 개조가 HMI 장비 통합에 영향을 주는지를 표시한다.
BOX 17.10: 개조 세트에 포함시키기 위해 당국으로부터 계약자에게 공급되는 품목을 나타낸다.
BOX 17.11: 계약자로부터 공급되는 개조 세트에 추가적으로 군에서 공급하는 품목 또는 '비 계약자 부품'(NCP)에 대해 군에 의해 공급되는 품목을 기입한다.
BOX 17.12: NCP 개조에 대한 물자목록 생성. 19번 칸에 포함한다.
BOX 17.13: 제1 ~4 라인 소프트웨어 시험 장비 프로그램에서 유지되는 서비스 또는 하드웨어가 영향을 받는 경우 표시한다.
BOX 17.14: 개조에 의해 Nuclear Hardening 이 영향을 받는 경우 표시한다.
BOX 17.15: 다음과 같이 개조에 의해 요구된 문서가 영향을 받는 경우 표시한다. 사양서 - 개조에 의해 제품 사양서가 영향을 받을 경우 표시한다. 설계 인증서 - 개조의 결과로 새로운 '설계 인증서'가 요구된 경우 표시한다 ("예"라고 표시하는 경우, 상세 내용을 19번 칸에 기록한다). 시운전 문서 - 이 개조에 의해 제품 시운전 문서가 영향을 받는 경우 표시한다. 승인 신청 문서, 사용 불출 - 이 변경 의해 사용문서에 대한 기존 불출이 영향을 받는 경우 표시한다 ("예"일 경우, 제품에 대한 추가 명확화 작업을 요구하게 된다). 수리절차 - 이 개조로 인해 수리절차의 표준이 영향을 받는 경우 표시한다. 최소표준개조목록(MSML) - 이 개조로 인해 MSML이 영향을 받는 경우 표시한다. 추천한 개조 분류는 Clearance trial에 이용되는 모든 제품을 나타내야 한다.
BOX 17.16: 해당될 경우 개조 플레이트에 Strike number를 표시한다.

BOX 17.17: 개조에 의해 Tempest clearance가 영향을 받는지를 표시한다. (잘 모를 경우, "불명"이라고 기입한다).
BOX 17.18: 개조에 의해 제품의 성능이 영향을 받는 경우 표시한다.
BOX 17.19: 개조에 의해 제품의 환경 제어 시스템이 영향을 받는 경우 표시한다.
BOX 17.20: 개조에 의해 제품의 취약점이 영향을 받는 경우 표시한다.
BOX 17.21: 개조에 의해 제품의 수명이 영향을 받는 경우 표시한다.
BOX 17.22: 개조에 의해 제품의 품질보증 요구사항이 영향을 받는 경우 표시한다.
BOX 17.23: 개조 이행 전 제품의 입증/재 입증을 위해 추가적인 시운전이 요구되는 경우 표시한다. 18번 칸에 설명한다.
BOX 17.24: 목표와 활동간의 차이를 구분하는 능력에 영향을 주는 경우 표시한다.
BOX 17.25: 생산라인에 영향이 있는 경우 표시한다. 18번 칸의 금액 부분에 추가 설명해야 한다.
BOX 17.26: 개조의 이행과 관련하여 기존의 창/사이트 능력/시설에 어떠한 영향이라도 있는 경우 표시한다.
BOX 17.27: 개조의 요구사항이 시험 또는 목형, 시험 설치/보증 설치 활동을 전제로 하는 경우 표시한다. 이에 대한 정의가 필요하다.
BOX 17.28: 이 개조로 인해 사양서, 전용 자동시험, 소프트에 관련된 시험장비의 요구사항이 영향을 받는 경우 표시한다. 19번 칸에 설명한다.
BOX 17.29: 개발/시험/생산/지원에 이용되는 모든 공구에 영향이 있는 경우 표시한다. 개조 비용은 18번 칸의 금액 부분에 기입한다.
BOX 17.30: 개조에 의해 제품의 자기특성에 영향이 있는 경우 표시한다.
BOX 17.31: 개조에 의해 제품의 음향특성에 영향이 있는 경우 표시한다.
BOX 17.32: 개조에 의해 제품의 가용도에 영향이 있는 경우 표시한다.
BOX 17.33: 개조에 의해 제품의 휴대성에 영향이 있는 경우 표시한다.
BOX 17.34: 개조에 의해 교정 등과 관련하여 특수 기준장비가 영향을 받는 경우 표시한다.
BOX 17.35: 개조에 의해 모 플랫폼에 영향이 있는 경우 표시한다.
BOX 17.36: 개조에 의해 시뮬레이터에 영향이 있는 경우 표시한다.

BOX 18: 견적 금액의 근거를 설명한다. 여러 단계에서 금액의 근거가 달라지는 경우, 관계되는 금액에 대한 변동을 표시한다. 금액에는 부가가치세를 제외한 이익 등 모든 비용 요소가 포함되어야 한다.

BOX 18a: 적절한 위원회에서 다루어지게 될 개조 제안의 각 단계별 금액을 기록한다. 요구되지 않는 단계가 있으면 "필요 없음"이라고 표기한다. MPF는 관련 계약번호가 표기될 경우에만 계약문서로 받아들여 진다. 복수계약은 설계 연장을 위한 "특별 업무" 계약으로 나타나는" "개조 준비"를 위해 순차 MPF를 이용하여 다루어야 하며, 제안 제출의 적절한 단계를 위해 계약번호가 인용되어야 한다. MPF 제출을 위한 준비에 소요되는 모든 비용의 세부내역은 "준비" 항목에 표기되고 이미 발생한 것으로 식별되어야 한다. 계약 실무자(CWP)에 의해 시험설치(TI)가 수행된 경우, 출장비, 교통비 등은 포함되지 말아야 한다. 준비 또는 시험설치가 승인되고 후속 MPF가 제출된 경우라면, 해당 단계에 "승인된 금액 £-----"이 표시되어야 한다. 시험 시운전이 요구된 경우, 시간/거리 등이 19번 칸 "추가 정보:에 표시되어야 한다. 구조 시험은 "지상/벤치시험" 항에 표시된다.

BOX 18 b 및 c: '생산/구현' 항의 비용은 비 개조 품목 및 개조 품목의 생산 간의 금액 차이이다. 개조가 불량을 줄이고 다른 이익을 발생시킨다면 이를 금액에 반영한다. 표시된 금액이 증가한 것인지 감소한 것인지 그리고 품목당인지 또는 제품 또는 장비 세트 당인지를 표시한다. 부품 및 조립체 둘 다가 수리부속으로 공급되는 조립체의 부품에 개조가 영향을 미치는 경우, 두 가지 구현 모두에 대한 금액을 별도로 나타낸다.
'인도 전 소급 생산'은 생산이 완전하게 또는 일부 끝났으나 아직 인도되지 않은 제품에 개조를 적용하기 위한 금액을 나타낸다. 예측에는 분해 및 재 시험 등 재작업 비용을 포함해야 한다.
개조에 의해 영향을 받지 않았거나 다른 조립체 상에서 소급작업을 하기 전 최종시험을 이미 통과한 하부조립체의 재시험 비용은 포함하지 않는다. 견적된 금액은 개조 세트의 가격을 제외한 모든 개별 비용의 총합이어야 한다. 포함된 장비의 수도 명시되어야 한다. '수리 및 개장'은 수리 또는 개장을 위해 반환된 각 제품에 대해 개조 이행을 위한 인건비이다. 예측이 어려울 경우, 분해 및 제 조립을 뺀 금액만 표기하고 주석을 단다.
Class A, B 개조 구현 금액은 추가적인 분해 비용을 포함해야 한다. Class C 개조의 구현 금액은 구현 만에 대한 것이다. DA 작업을 위해 반환되어 개조되는 품목의 경우, 각 장비에 대한 견적 금액은 인건비 (개조된 품목을 군으로 회송하는 반환(분해, 재 조립, 시험 및 추가 항목 포함)을 위한 세부 항목에 대한 실제 작업), 공구 (신규 공구 및 특수 공구/생산장비, 품질보증 측정 및 점검장비, 신규장비를 포함하는 장비, 개조 부품 또는 개조 세트의 생산을 위해 필요한 기존 공구, 또는 생산 중 또는 소급하여 DA에 의해 개조의 구현을 촉진하기 위한 개조를 위한 금액도 이 항 아래에 별도로 표시되어야 한다), 폐기 (자체적인 개조 건을 가지고 있는 다른 DA로부터 구매되는 품목에 대해 발생하는 폐기 비용은 견적하지 않는다, 왜냐 하면, 이 금액은 다른 DA의 개조에 의해 다루어지기 때문이며, 개조의 결과로 공구 또는 특수 공장시험 설비의 예측 가격이 중복되고 수리부속 및 정비로부터 폐품만 발생될 뿐이다.), 생산 중 (견적된 생산 중 폐기 비용은 신규 제품에서만 발생하는 총 폐기 비용이며, 신규제품에 반영을 위해 제작된 전체 부품 또는 일부분과 구매된 재료/품목을 포함한다. 이들은 명시된 구현 시점과 관련하여 개조로 인해 잉여품으로 된다.) 및 '인도 소급 생산' (RBD) (견적된 RBD 중복 금액은 제작된 모든 부품의 총 금액이어야 하며, 소급 개조의 구현으로 인해 여분이 된다), 최대 폐기 금액 (이것은 개조위원회가 요구한 경우, RBD 폐기 및 생산 중 폐기에 대한 대안이다. 여분이 될 모든 자재비와 정해진 구현 시점에서 개조를 구현한 결과로 나오는 동 자재에 대해 실시된 모든 작업 비용을 예측한 것이다. 최대 폐기 예측 비용은 해당 개조위원회의 제재를 받지 않고 초과되면 안 된다.)을 포함해야 한다.

'군 구현을 위한 특수공구'는 개조 세트 금액과는 별도로 유지되는 군 구현을 위한 특수공구에 대한 금액인데, 이런 공구는 다른 기준으로 공급되기 때문이다. 품명 및 부품번호 등 이런 공구의 목록은 19번 칸 '추가 정보'에 제시되어야 한다.
'개조 세트'는 구현 임대 품목을 제외한 개조 세트의 가격이다.
'설계 반영'은 기술 출판물 가격을 제외한 설계반영 금액이다.
'개조 팸플릿'은 개조 팜플렛(ML)의 개별 총 합계 금액이며 반드시 포함되어야 한다.
'기술출판물'은 기술출판물의 가격이다. 영향을 받은 각 출판물, 관련 가격 및 개별 출판 권한 보여주는 세부 가격은 19번 칸 '추가 정보'에 포함되어야 한다.

BOX 19: 8번 및 9번 칸에서 요구한 보충 정보와 17번 칸에서 요구한 목록을 포함하여 정보에 관련된 추가 정보. DA가 주 장비의 DA가 아니고, 개조가 안전성 케이스 관련 문제 (6번 칸) (예를 들면, 변경이 주 구조의 강도 또는 제어, 전기, 유압 또는 기타 시스템 등과 같은 서비스를 변하게 하는 경우)에 영향을 주는 경우, 주 장비 DA와 상의를 해야 한다. 개조에 대해 주 장비 DA 및 승인 부서와 협의되었으면 표시한다.

BOX 20: IPT에 의해 기입된다. 해당될 경우, 아래의 표준 문구가 포함된다. 추천사항 – 생산작업은 "추천사항"에 의해 추진할 수 없음. 결정 – 이것은 아래 결정에 따라 개조(양 당사자간에 공정하고 합리적인 가격 합의를 전제로) 진행을 위한 작업에 대한 승인이다. 참고 1: 이 결정은 개조 분류를 포함한다. 참고 2: 추천사항은 추천된 개조 분류를 포함할 수 있다.
BOX 21: MPF는 당국 또는 위임된 서명권자 (IPTL) 및 계약자/DA에 의해 서명되어야 한다. DA 서명은 IPT에 의해 합의된 모든 변경을 포함하여 내용의 합의를 확인하는 것이다. 참고: MPF는 계약 수정을 전제로 진행하기 위해 계약부서와의 합의와 함께 당국 또는 위임된 서명권자 (IPTL)에 의해 먼저 서명된다.
BOX 22: 이 개조가 왜 필요한지, 어떻게 그 목적을 달성하는지에 대해 '제목 및 '설명' 칸의 설명이 부족할 경우 간단한 설명을 기입한다. 고장 또는 결함 등 알려진 고장 (군 또는 민)의 세부내용을 기입한다. 개조 제안이 재 상신 되었다면, MPF의 발간 번호를 기록하고 재 상신 이유를 기입한다. 개조가 사양의 변경이나 새로운 사양 요구에 의해 채택된 경우라면, 이를 설명해야 하며, 사양 식별번호 및 발간번호를 표시한다. 다른 개조를 위한 시험설치 설계가 같이 진행되고 있고 작업의 중복 가능성이 있는 경우라면, 가능한 한 빨리 이 사실을 밝혀야 한다. 통신이나 문서에서 도출한 것이 같이 주어지지 않는 한 IPT가 모르는 통신이나 문서에 이를 참조하지 말아야 한다.

2. 아래 항목은 개조를 위한 출처의 표준 목록이다. 각 개조 제안서 서식은 1번 칸에서 제목을 그 뒤에 2번 칸으로부터 하나 이상을 적절히 포함해야 한다.

1번 칸	2번 칸
국방부 사용자 요구사항 군 고객 요구사항 국방부 요구사항 설계 개선 설계 변경 설계 결함 설계 요구사항 미 충족 설계 사양 요구사항 미 충족 비용 절감 상용 통신 요구사항 제품 개선 생산 용이성 품질 개선 기록 요구사항 신뢰도 개선 비 호환성 법적 요구사항 안전성	사양서 후속 군의 사용에 의해 발생 역할 변경에 따른 결과 사용자 요구사항 서식에 의해 공표 무선통신 설치에 의해 공표 개조 요구사항 무게 감소 생산 경험의 결과 민간 운용자 경험의 결과 DA의 시운전에 의해 발생 실험에 의한 발생 구성품의 불 가용에 의한 발생 근무 편이 품목의 수명 연장 합동 요구사항 충족 다른 품목에 대한 변경의 결과 구현 임대 장비의 설계 변경 처리 회로 또는 체계 변경에 대한 결과 재료 변경에 대한 결과 오류로 인한 결과 화재 위험에 인한 결과 강도 시험에 의한 도출 피로시험에 의한 도출 환경시험에 의한 도출 방사선 위험 제거 이전 개조의 주기변경 도입

JSP 886 Volume 7 Part 8.13: Obsolescence Management : Chapter

Version 2.2 dated 19 Dec 12

JSP 886

국방군수지원체계 매뉴얼

제7권

종합군수지원

제8.13부

단종 관리

개정 이력		
개정 번호	개정일자	개정 내용
1.0	08 Jul 09	JSP 586 제2권을 대체함.
1.1	10 Nov 09	제1장: 정책 수정.
2.0	11 Jan 10	일부 변경.
2.1	29 Jun 11	문의처 최신화.
2.2	19 Dec 12	제1장: 정책 수정.

Contents

제4장

단종관리 전략 769

제5장

단종관리 계획 773

Figure

제1장

단종관리 정책

배경

1. 본 자료는 국방부 단종관리(OM) 및 지원방안묶음(SSE) 관리 정책(GP)에 대해 관리 지원자를 위한 지침을 제공한다.

2. 국제 표준 IEC 62402:2007[1]에 정의된 '단종'은 '원제작사로부터 가용 상태가 불 가용상태로 전환'되는 것을 말하며, OM은 '단종에 대하여 조직을 감독하고 통제하기 위한 통합적 조치'를 말한다.

3. OM은 목표는 제품의 수명주기를 통하여 재정적 및 가용도 영향을 최소화하기 위하여 설계, 개발, 생산 및 운용단계 지원의 중요 부분으로서 단종이 관리되게 하는 것이다.

정책

4. 본 자료의 절차 및 정책이 모든 국방부 사업에 적용되도록 하는 것이 국방부의 방침이다. 플랫폼, 장비 및 기타 지원전략의 다양함을 인식하여, 테일러링 요소의 최적 활용, 기법 및 방법론이 요구될 수 있다.

5. EngTLS-OM은 국방부 OM 정책에 대해 책임을 진다. 정책의 전체적인 목표는 아래 사항을 통하여 운용 가용도와 소유 비용의 최적 균형을 유지하는 단종 요구사항을 수립하는 것이다:

   a. 단종품목의 불가용으로 인한 과도한 비용의 재판단, 교체 및 장기 불가동으로부터 발생하는 운용 능력의 손실 최소화

   b. 단종에 대한 주도적인 계획에 의하여 시간을 확대하고 가용한 옵션을 완화하여 계획되지 않은 비용 지출을 최소화

   c. 불필요한 비용을 발생시키는 동일하거나 유사한 단종 문제 해결을 위한 다수의 독자적인 노력 방지

---

1 BS EN 62402:2007 은 영국의 이행 규격이다. 이것은 IEC 62402:2007과 동일하다.

절차 및 권한

6. SSE의 이용은 Chief Defence Materiel (CDM)에 의해 위임되었다.

요구 조건

7. 장비의 단종 위험관리를 실패하면 수명주기 비용, 제품 성능, 제품 가용도, 정비도, 안전 및 법령에 영향을 미치게 된다. 그 결과로서 명백하게 비용효율이 낮지 않는 한 사업에서 주도적인 OM 전략을 이행하는 것이 요구 조건이다.

보증 및 프로세스

8. Delivery Functional Directors는 '투자보증정책'을 자신들의 부문에 수립해야 할 책임이 있다.
9. SSE는 보증 프로세스에 직접 기여하지는 않으나, SMART 승인지침은 SSE에 대한 지원전략을 판단하고 관계자를 참여시키는 것이 필수 프로세스라고 하는 내용을 포함한다. '국방 장비 및 지원'(DE&S)에 의해 요구된 보증 프로세스의 일부로서, 사업은 제안된 방안의 성숙도 및 SSE에서 제시된 정책과의 통일성과 일관성을 보여주어야 한다.

프로세스

10. 사업팀 (PT)은 IEC 62402:2007에 따라 주도적인 OM 전략을 개발하여 이행해야 하며, 이것의 주요 관점은 다음과 같다:

a. 장비 설계 과정에서 재료, 제품, 기술 및 인터페이스의 선택은 향후 단종이 장비에 미치는 위험을 최소화 하도록 이루어져야 한다. 고려해야 할 요소에는 기존 시장, 규정, 기술 로드 맵 및 적절한 구성품 선택이 포함된다.

b. 위험평가는 단종으로부터 장비에 미치는 위험을 판단하기 위해 수행되어야 한다. 위험분석 수행의 권고 방법은 IEC 62402:2007에서 설명한 가능성, 영향 및 비용 세 가지 방법을 이용하는 것이다. 이 평가의 결과는 위험의 등급(낮음, 중간 또는 높음)을 결정한다.

c. 위험 평가의 결과, 단종 위험에 대한 반응적 또는 주도적 방안이 품목에 대해 사용되어야 한다.

(1) 반응적. 반응적 방법은 위험평가의 결과가 '낮음' 위험 등급일 때 적용되어야 한다. 이 옵션은 단종 문제가 발생할 때까지 어떤 조치도 필요하지 않으며, 적절하고 비용 효율이 높은 방안이 이행된다.

(2) 주도적. 주도적 방안은 위험평가 결과가 '중간' 또는 '높음' 위험 등급일 때 채택되어야 한다. 단종의 위험을 완화시키기 위하여 위험의 심각성에 맞춘 적절한 방법이 선택된다.

d. 장비 내의 여러 품목이 다른 위험 등급으로 평가될 수 있다. 따라서 하나의 체계는

반응적 및 주도적 방안을 복합적으로 적용할 수 있다.

e. 위험평가는 2년 이하의 주기로 재 평가되어야 한다. 이것은 단종위험에 대하여 각 품목을 위해 선택된 방법(반응적 또는 주도적)이 여전히 유효하며, 당초 결정에 영향을 미칠 수 있는 다른 요소가 개입되지 않았는지 확인한다.

f. 단종관리계획(OMP)의 수행을 측정하기 위한 척도가 이용되어야 한다. 최소한 주도적 OM 전략 이행에 의해 달성된 '비용 절감'이 계산되어야 한다.

g. 위험평가의 방법 및 결과 그리고 각 품목에 대해 선택된 방법은 OMP에서 연관된다. OMP 개발에 대한 상세한 지침 및 주도적 OM 전략을 구성하는 요소는 제5장에 서술하였다.

소프트웨어

11. 소프트웨어는 '단종'되지 않으나 이 소프트웨어가 실행되는 하드웨어의 빠른 단종에 의해 영향을 받을 수 있다. 장비에 내장된 소프트웨어에 대한 하드웨어의 변경의 영향은 단종 영향의 경감 및 해결 시 반드시 고려되어야 한다.

12. JSP 886 제7권 4부: '소프트웨어 지원'은 운용을 위해 도입되는 소프트웨어가 수명주기 동안 최고의 비용효율로 지원가능 하도록 하기 위해 지켜야 하는 국방부 정책을 소개한다. '사업'은 소프트웨어 단종에 대해 IEC 62402:2007에 명시된 지침이 아니라 본 정책을 충족해야 한다.

디지털 정보

13. 이와 유사하게 정보 및 통신기술 (ICT) 장비 내 포함되거나 이로부터 추출된 정보도 단종되지 않는다. 그러나 지원될 수 있는 위치에서 지원되지 않는 상태로 바뀔 수 있고, 또 하드웨어의 빠른 단종 또는 그 정보가 저장되는 미디어의 성능저하로 인해 접근성에 영향을 받을 수 있다. 수명기간에 걸친 정보보증(IA)에 대한 정부 방침은 정보가 수명기간 동안 사업에서 이용이 가능하게 유지되도록 하기 위해 ICT 사업이 정책 및 기술전략을 수립하도록 요구한다.

14. 국립보존기록관(TNA)은 디지털 공동체 관리에 대한 정부 기관이다. 디지털 정보를 다루는 모든 ICT 사업은 이들이 TNA의 핵심 원칙에 충실하도록 하게 한다:

a. 전략적 사업 요구로서 디지털 공동체

b. 정보에 대한 사용성 요구를 정의한다.

c. 요구에 정보 수명주기를 반영하도록 한다.

d. 계약 종료에 대한 계획에 디지털 공동체를 반영한다.

e. 공급자가 디지털 공동체를 이해하도록 한다.

f. 기술 및 서비스 공급 변경 후 공동체를 시험한다.

15. 디지털 공동체에 대한 상세한 지침은 TNA 웹사이트, http://www.nationalarchives. gov.

uk/information-management/our-services/dc-guidance-by-role.htm에서 입수할 수 있다. DES 정보 담당관(ICO) 팀은 더 광범위한 수명주기 IA 대책과 함께 디지털 공동체에 대한 조언과 지침을 제공할 수 있고, DES CIO-Front Door (MULTIUSER)에서 접촉될 수 있다.

핵심원칙

16. 국방 분야에서 단종에 의한 영향은 심각한 것으로 밝혀졌다. 이런 이유로, 비용 최소화 및 위험 경감을 위하여 최단 시일 내에 OM을 이행하도록 해야 한다.

관련 규격 및 지침

17. 국방부 내의 OM은 IEC 62402:2007: 단종 관리 □ 적용지침에 따라 수행되어야 한다.
18. 사업팀은 계약자가 해당 사업의 단종 문제 관리를 위해 필요한 지식과 전문기술을 가지도록 해야 할 책임이 있다. 주도적 OM 이행을 위한 업체와의 계약 지침은 EngTLS-OM에서 입수할 수 있으며, 본 자료의 제2장 ~7장에 제시되어 있다.
19. OM 정책은 합동지원체계관리조정그룹(JSCMSG)를 운영하는 합동단종관리실무그룹(JOMWG)으로부터 조언을 받는다. JSCMSG는 국방부와 업체의 이익 그리고 방위산업전략을 지원하기 위하여 공동으로 합의된 수명주기지원전략 및 정책을 수립하였다.
20. 상세한 정보는 EngTLS-OM 및 획득운용체계 내의 OM 주제로부터 입수할 수 있다. EngTLS-OM은 본 정책의 유지, 배포 및 관련 문제에 대한 책임을 지며 JOMWG에 대한 국방부의 대리인이다. 본 정책 또는 인용한 규격에 대한 변경은 EngTLS-OM 팀을 통해 요청될 수 있다.

소유권 및 문의처

21. 본 자료의 소유권은 Director Joint Support Chain (D JSC)에 있다. Head of Supply Chain Management (Hd SCM)는 D JSC를 대신하여 JSC 정책의 관리에 대한 책임을 진다. 본 자료의 정책 입안자는 DES JSC SCM-EngTLS-PEngr이다.
22. 본 지침의 내용에 대한 질의는 아래 창구로 한다:

a. 기수적인 문제에 대한 질의:

DES JSC SCM-EngTLS-OM

Tel: Mil 9679 Ext 80939, Civ: 030679 80939

b. 입수 및 표현에 대한 질의:

DES JSC SCM-SCPol-편집팀

Tel: Mil 9679 Ext 80953, Civ: 030679 80953

제2장

수명주기 내의 단종관리

개요

1. 이 장은 수명주기 내의 여러 주요 마일스톤에서 핵심 OM 요구를 식별하는 사업팀을 지원한다.

그림 1 : 수명주기 내의 단종관리

URD IG SRD MG LSD ISD OSD

개 념 | 평 가 | 시 연 | 제 조 | 운영유지 | 폐 기

단종관리활동의 효과 모니터링

단종관리 전략의 개발, 구현 및 주기적 재검증

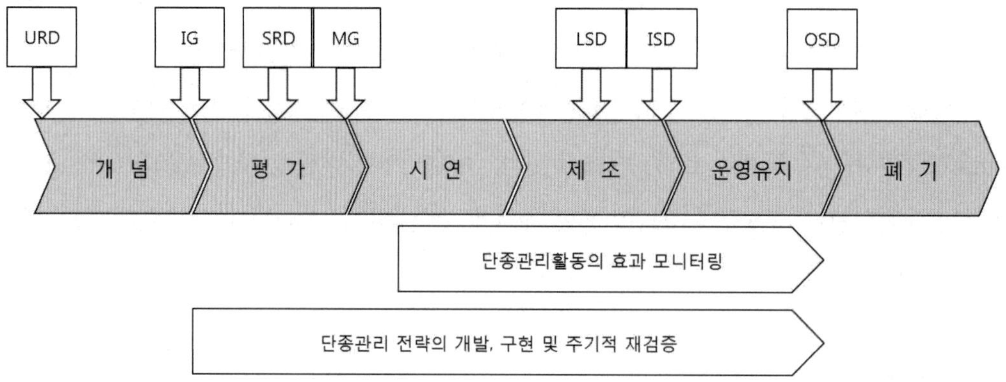

사용자 요구 문서 (URD)

2. 사업팀은 단종관리를 위한 요구사항을 URD에 포함시킨다. 아래의 요구사항 및 해당 유효성 척도(MoE)가 추천되나, 개별 사업에 맞게 테일러링되어야 한다:

a. 요구사항. 수명주기 동안 단종 위험의 경감을 위한 OM 전략이 요구된다.

b. 유효성 척도. 단종은 가용도 또는 능력에 영향을 주지 않는다.

초기 승인

3. 사업팀은 초기 승인 시에 SSE 충족성 도구에 수록된 요구사항의 증거를 제공해야 한다. OM 계약에 대한 지침은 제3장을 참조한다.

체계 요구문서 (SRD)

4. 사업팀은 SRD에 단종관리를 위한 요구사항을 포함해야 한다. 아래 요구사항 및 해당 성능 측정 (MOP)이 추천되나, 개별 사업에 맞게 테일러링되어야 한다:

a. 요구사항. JSP 886 제7권 8.13부: 단종관리를 충족하는 OM 전략이 방안에 포함되어야 한다.

b. 성능 측정. 단종관리계획 (OMP)은 IEC 62402:2007을 충족해야 한다.

최종 승인

5. 사업팀은 최종 승인 시에 SSE 충족성 도구에 수록된 요구사항의 증거를 제공해야 한다. OMP 개발에 대한 지침은 제5장을 참조한다.

군수지원일자 검토

6. 사업팀은 군수지원일자 검토에서 SSE 충족성 도구에 수록된 요구사항의 증거를 제공해야 한다.

전력화 일자 검토

7. 사업팀은 전력화 일자 검토에서 SSE 충족성 도구에 수록된 요구사항의 증거를 제공해야 한다.

제3장

단종관리 계약

개요

1. 사업에 대한 OM 전략 구현 시 고려해야 할 가장 중요한 부분 중 하나는 계약조건이 잘 정의되고 중요한 결정이 초기에 내려지도록 하는 것이다.

2. 단종의 결과에 의한 재정적 그리고 가용도 위험이 수명주기 동안 가장 비용효율이 높은 방법으로 관리되도록 정확한 계약 조건이 마련되어야 한다.

단종관리를 위한 계약

3. OM 계약 시 나타내어야 할 두 개의 주요 요소가 있는데, 아래와 같다:

   a. 사업에 대한 단종위험을 관리하기 위한 계약

   b. 단종문제의 경감 및 해결을 위한 계약

4. 상기 두 요소는 OM에 대한 계약정책보고서(CPS)에 명확히 설명되어 있다. 이 CPS는 AOF의 계약도구키트에 포함되어 있다.

계약 정책 보고서 (CPS)

5. CPS는 사업에 대한 단종위험을 관리하기 위하여 업체와 계약 체결 시 필요한 결정을 고려하여 사업팀과 그 계약 담당관을 지원하기 위해 개발되었다. 선택된 지원 방안에 어울리도록 이 결정이 일단 내려졌다면, 제안된 계약 문구를 이용할 수 있다.

6. CPS는 이 링크를 따라가면 입수할 수 있다: CPS.

제4장

단종관리 전략

개요

1. 이 장은 주도적인 OM 전략의 개발 및 이행에서 사업팀 및 계약자를 위한 주요 활동과 책임을 정의한다.

2. 단종은 하드웨어, 소프트웨어 및 지원장비에 영향을 준다. 단종은 장비 수명주기의 모든 단계에 영향을 미친다. 아마 비용이 많이 들고 무시할 수 없는 불가피한 것이지만, 치밀한 계획으로 그 영향과 비용을 줄일 수 있다. 사업팀은 OM이 가용도를 최대화 하고 수명주기 비용을 최적화 하기 위해 수명주기의 모든 단계에서 업체와 협의할 때 중요하게 다루어지도록 해야 한다.

3. 단종의 수명주기비용을 다룰 때, 장비 수명주기의 어떤 지점에서 문제를 예상하고 처리하는 것이 수명주기의 뒤 부분에서 하는 것 보다 비용이 훨씬 싸게 든다는 것이 밝혀졌는데, 뒤 부분에서는 프로그램의 가용도를 위협하는 주요 재 설계가 요구될 수 있다. 능동적인 단종 관리를 통해 전방 '비용 회피' 정책이 요구될 수 있다.

4. 그러나, 전략이 완전히 주도적이지 않아도 된다. 위협의 갑작스러운 변화, 새로운 능력 요구 및 기술 분야 시장의 힘의 결과로 반응적인 요소가 항상 있기 마련이다.

책임

5. 사업팀은 단종 처리에 대한 책임을 할당 또는 위임하여, 수명주기 동안 장비 또는 체계를 지원하기 위한 필요한 계획, 분석, 경감 및 방안이 만들어지도록 해야 한다. 이런 모든 활동과 책임은 OMP에 명시된다. OMP내의 체계 및 요소의 상세한 내용은 제5장을 참조한다. 체계나 장비를 위한 OMP는 수명주기관리계획(TLMP)에 상세히 서술된다.

사업팀을 위한 OM 활동 및 책임

6. 계약자와 지원계약 특성과의 관계와 상관없이, OM에 대한 책임은 사업팀에 있다. 어느 수준까지는, OM 활동의 상당 부분이 계약자에 의해 수행되나, 위험은 결국 국방부의 것이기

때문에, 사업팀은 사업에 대한 단종위험을 관리하는 계약자의 능력에 신뢰를 가질 수 있도록 충분한 점검과 통제가 이루어질 수 있게 프로세스에 긴밀하게 참여해야 한다. 아래와 같은 주요 활동을 수행함으로써 사업팀이 지능적인 고객의 역할을 유지할 수 있도록 해준다:

OM에 대한 사업 요구사항 정의

7. 사업의 개념 및 평가 단계 중, 사업팀은:

   a. SME로부터 조언과 지침을 구한다.

   b. OM에 대한 계약 요구사항을 정의한다. 제3장 참조.

   c. 단종위험 모델 (단종에 대한 위험을 가진)을 결정한다; 제3장: '발생하는 단종 우려와 문제 해결을 위한 계약' 참조.

   d. OM에 대해 책임을 질 사업팀 대표자를 지정한다.

   e. 계약자의 OMP를 검토하고 합의하고, SME로부터 보증을 요청한다.

   f. 단종이 설계의 핵심 요소로서 관리될 수 있도록 한다.

   g. 가능한 경우 구성품 목록을 확보한다. 구성품 모니터링을 위해 필요한 최소한의 데이터 식별을 위해 제5장: '구성품 목록'을 참조한다.

   h. 구성품 목록을 구성품 가용도 모니터링 도구에 올린다. 이의 이점에 대한 상세한 내용은, 제5장: '구성품 가용도 모니터링 도구'를 참조한다.

OMP 이행의 모니터링

8. 시연, 제작 및 운용단계 중, 사업팀은:

   a. 단종 현황 보고를 검토한다 (계약자가 향후의 단종 우려와 현재의 단종문제를 사업팀으로 통지한다).

   b. 단종 우려와 문제의 현황을 구성품 모니터링 도구 상에서 조사한다.

   c. 가장 비용효율이 높은 단종 우려 완화대책과 단종문제의 해결 방안이 계약자에 의해 채택되도록 한다; 제5장: '해결 프로세스'를 참조한다.

   d. 단종 우려 완화대책과 단종문제의 해결 방안의 이행에 대해 계약자와 연락을 취한다. 사업팀은 이행 시기가 향후 능력 개량과 일치하도록 한다.

   e. '비용 회피'를 측정하여 OMP 의 이행을 모니터링 한다; 제7장 참조.

   f. 최소 매 2년 마다 계약자가 위험평가를 재 검증 하도록 한다.

   g. 모든 결정사항이 OMP에 기록되도록 한다.

계약자를 위한 OM 활동/책임

9. 계약자는 단종이 사업의 가용도나 능력에 불리한 영향을 미치지 않도록 하기 위하여 OM

전략에 적절한 자원이 제공되도록 한다. 아래의 주요 활동을 수행함으로써 그 조직은 계약이행 의무를 완수할 수 있게 된다.

OM 전략 개발

10. 주도적인 OM 전략의 개발 시 계약자는:

a. 단종 관리자를 지정한다.

b. 사업팀과 단종위험 모델 (단종의 위험을 가진)을 협상하여 합의한다. 제3장: '발생하는 단종 우려와 문제의 해결을 위한 계약'을 참조한다.

c. OM 전략을 개발한다; 제5장에 따라 개발된 OMP에 이를 명시한다.

d. 조직을 통해 OM 전략을 이행하는데 필요한 프로세스 및 절차를 개발한다.

e. 설계 단계 중 단종 위험을 경감시키는 주도적 방안을 이행한다.

f. OM 전략 이행에 필요한 도구 및 기술을 선택한다.

g. OM 활동이 공급자에게 중첩되는 경우, 계약 요구사항을 정의한다.

h. 공급자로부터 구성품 목록을 확보한다; 제5장: '구성품 목록'을 참조한다.

i. 정보가 보급체계와 관계자를 통해 전달되게 하도록 의사소통을 공식화 한다.

OMP 이행

11. 주도적인 OM 전력 이행 시 계약자는

a. 확률 – 영향 – 비용에 기초한 위험평가를 수행한다. 제5장: '위험 평가'를 참조한다.

b. 위험이 "중간' 또는 "높음'일 경우, 주도적 방안을 채택한다.

(1) 단종 우려를 경감하기 위하여 가장 적절하고 주도적인 방안을 식별하고 평가한다. 제5장: '주도적 방안'을 참조한다.

(2) 가장 적절한 경감 대책을 이행한다.

(3) 결정 사항을 반영하도록 OMP를 최신화 한다.

(4) PT 현황 보고서에 향후 모든 단종 우려를 기록한다.

c. "높음' 위험 부분에 대해 '구성품 모니터링'을 수행한다.

d. 위험이 '낮음'이면, 제5장:'반응적 방안'을 채택한다.

e. 최소 매 2년마다 위험평가를 재 검증한다.

f. 단종 문제가 발생할 경우:

(1) 가용한 방안을 식별하고 평가한다: 제5장: '해결 프로세스'를 참조한다.

(2) 가장 비용효율이 높은 방안을 이행한다.

(3) 채택된 방안의 이행에 대해 사업팀과 연락을 위하며, 이행의 시기가 '향후 능력개량'과 일치되도록 한다.

⑷ 결정사항을 반영하도록 OMP를 최신화 한다.

⑸ PT 현황 보고서에 향후 모든 단종 우려를 기록한다.

g. '비용 회피'를 계산한다; 제7장을 참조한다.

h. '단종 영향 평가'가 수행되도록 추천한다; 제6장을 참조한다.

i. 습득한 경험을 반영하도록 OMP를 최신화 한다.

제5장

단종관리 계획

단종관리계획에 대한 요구 요소

1. 제4장에 서술된 모든 OM 활동 및 책임은 OMP에 명시된다. OMP의 요소 내에서 어떻게 활동을 수행하는지에 대한 상세한 설명이 후속 절에 설명된다. OMP를 작성하기 위한 양식은 '획득운용체계'로부터 다운로드 가능하며, 특정 사업 데이터에 본 자료를 축적하여 SSE GP 2.3에 충족되도록 한다.

문서 세부내용

2. 이 내용은 형상관리 목적을 위해 필요하며, 아래 내용을 포함한다:

a. 문서명

b. 문서 참조번호

c. 문서 개정번호

d. 문서 일자

e. 문서 작성자

f. 문서 소유자

g. 참조문서의 기록

h. 목차

사업 세부내용

3. 이것은 계획에서 참조하는 사업과 계획된 지원방안에 대한 간단한 설명이다.

a. 사업명

b. 사업의 설명 (OMP에서 다루는 사업의 개요)

c. 지원방안의 설명 (대단히 중요한 지원방안에 관련하여 OMP의 평가를 지원하는 정보 (지원계약의 특성 등))

계획의 범위

4. 이것은 OMP가 다루는 사업의 범위를 상세히 설명하며, 아래 내용을 포함한다:

   a. 계획이 적용되는 장비 및 서비스의 전체적인 식별 (이것은 계획이 적용되지 않는 사업의 모든 부분 및 배제된 사유에 대한 상세 내용도 포함한다.)

   b. 계획이 적용되는 기간 (계약이 OSD에 이르지 않을 경우 특별히 의미가 있음: 이것은 반드시 규정되어야 한다)

단종관리 조직

5. 계획에서 상세하게 식별된 활동이 수행되고 관리되도록 하기 위해 적절한 자원이 계획에 할당되어야 한다. 계획에 의해 제시된 활동의 수행에 책임이 있는 조직 및 개인의 세부사항이 계획에 포함되어야 한다.

6. 배선도는 적절한 권한(TOR)을 포함하여 식별된 위치 간의 관계를 보여주는데 유용할 수 있다.

   a. 사업의 OM 체계에 대한 세부사항 (이것은 필요 시, 업체 파트너의 상세 사항을 포함한다)

   b. 책임과 책무의 세부사항

   c. OM 소통과 회의 수단 및 빈도

위험 평가

그림 2: 반응적 방법 대 주도적 방법

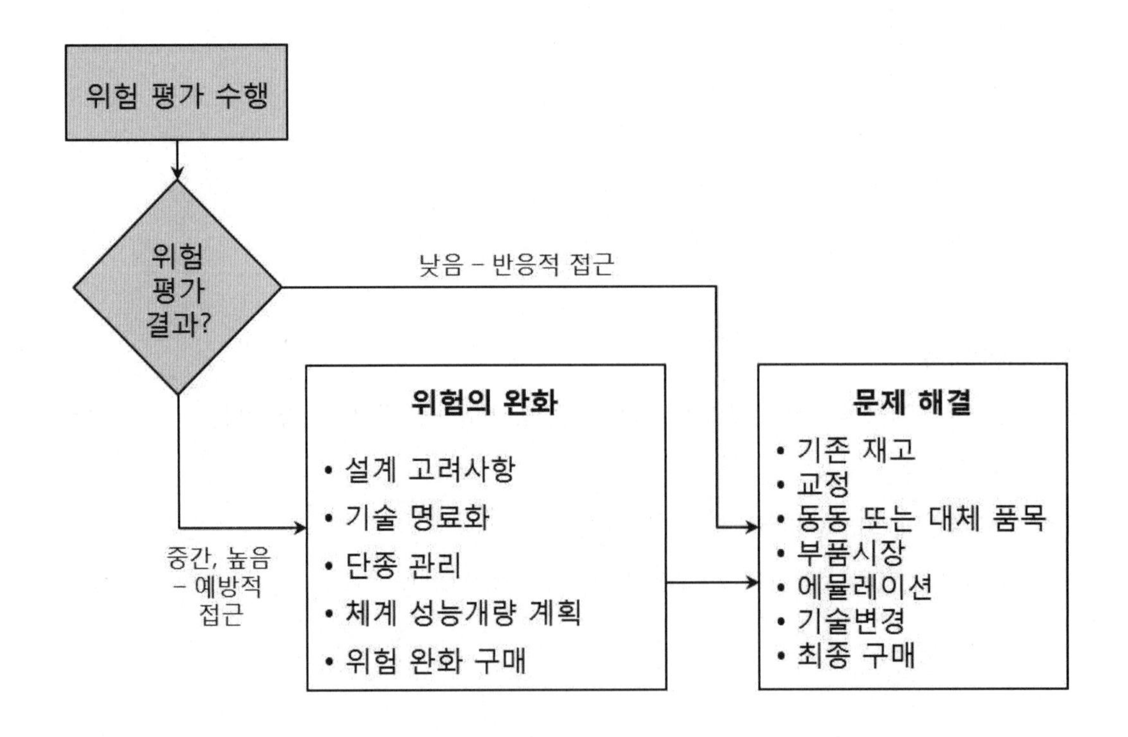

7. 추천된 위험평가 수행 수단은 IEC 62402:2007에 서술된 가능성, 영향 및 비용의 3 요소의 이용이다. 첫 번째 단계는 체계나 장비를 관리 가능한 부분으로 분해하는 것이다. 세부 분해 수준은 단종 관리자의 재량이나, 대부분의 단종 문제는 장비의 구성품 레벨에서 발생하므로, 사업에 대한 단종위험을 관리하고 이해하기 위해서는 각 장비에 이용된 구성품의 목록이 필요하다. 이것의 두 가지 측면을 목표로 한다:

a. 가장 큰 문제를 일으킬 것 같은 부분에 노력을 집중한다.

b. 알려진 문제가 없는 부분이나 비 치명적 품목에 노력을 낭비하지 않는다.

8. 위험평가를 수행하기 위해, 단종 관리자는 가능성, 영향 및 비용을 고려한다. 감안해야 할 고려사항의 예는 아래와 같다:

a. 예비품의 부족으로 불 가용 상태가 되는 제품의 영향은 무엇인가?

b. 대체 구성품으로 인한 성능저하의 영향은 무엇인가?

c. 자재의 단종으로 인해 제품에 미치는 영향은 무엇인가?

d. 조기 교체의 예상 비용은 얼마인가?

e. 단종을 우회하는 다른 대책의 예상 비용은 얼마인가?

f. 기술의 진보로 인한 단종의 가능성은 얼마인가?

g. 새로운 법령의 도입으로 인해 발생하는 단종의 가능성은 얼마인가?

h. 관련 지식 및 기능 단위 세트 손실의 결과는 무엇인가?

i. 자료의 부족의 영향은 무엇인가?

j. 지적 재산권(IPR) 접근 불가의 영향은 무엇인가?

k. 환경 법안의 변경으로 인해 제품에 미치는 영향은 무엇인가?

9. 단종 관리자는 평가 대상인 품목에 대한 '점수'를 구하여 그림 3에 그리기 위한 위험평가를 수행한다; 여기서, 가능성, 영향 및 비용은 그림에서 3개 축을 만들며, 분류의 수준이 낮음, 중간 및 높음이다. 이 그림은 어디에 위험이 존재하는지를 그리는 단순한 방법을 제공하고, 이로부터 단종 관리자는 채택을 위한 적절한 방법(즉, 반응적 또는 주도적)을 유도해 낼 수 있다. 장비 또는 LRU 내의 수 많은 품목에 대한 방법은 반응적 방법 및 주도적 방법의 혼용일 수 있음을 이해해야 한다. 진보하는 지원 환경에 따라 품목 또는 장비는 주도적 또는 반응적 방법 사이를 움직일 수 있다.

그림 3: 위험 평가도

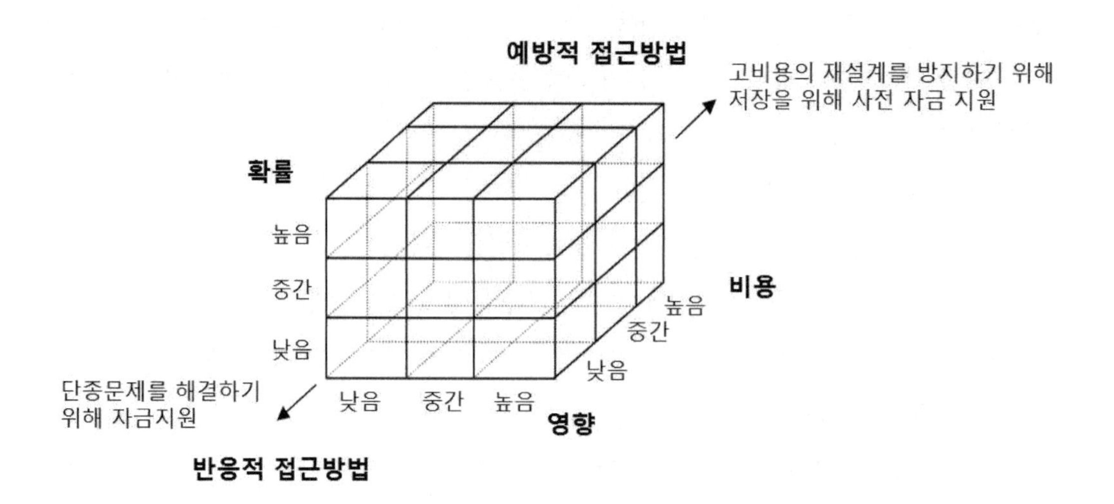

단종 관리 방법

10. 대상 장비에 대해 이 활동이 수행되고 나면, 적절한 방법이 검토되어야 한다. IEC 62402:2007은 선택을 위한 두 가지의 방법이 있음을 나타낸다 (반응적 및 주도적). 다른 가능한 방법이 있다고 제안하는 많은 주 계약자가 있으나, 이것은 단지 다른 수준의 선행 활동일 뿐이다.

반응적 방법

11. "아무것도 하지 않음"이 단종 문제에 대한 반응적 방법인데, 낮은 위험의 단종 문제 경감을 위한 방법을 찾기 위한 계획을 거의 세우지 않는다. 적당하지 않은 것으로 보일 수 있지만, 운용상 치명적이지 않거나 낮아진 보급이 쉽고 빠르게 해결될 수 있는 품목에 대해 일리가 있다. 전통적으로 대부분 장비의 기계적 구조 및 일부 소수의 장비는 위험평가의 결과로 이 방법에 의해 처리된다. 이 방법은 엔지니어링 도면이 있는 품목, 공급자가 지원을 철수할 경우 제작 데이터 또는 실시권이 협상될 수 있는 재산권 품목, 또는 다양한 출처로부터 획득 가능한 품목에 대해 널리 적용된다.

12. 단종 문제에 대해 반응적이 되는 것은 문제를 회피화려는 것이 아니다. 왜냐 하면 보급체계가 교체를 위해 원래 부품을 찾으려고 할 때 단종 발생이 최초 가시화 되어 비로소 발견될 수 있기 때문이다. 같은 맥락에서 완성품 또는 물품의 운용 지원에 대한 위험이 낮을 경우, 또는 장비의 잔여 수명에 대해 완전 주도적 방법이 적절하거나 비용효율적이지 못할 때 반응적 방법이 포괄적으로 수용될 수 있다.

13. 언급한 바와 같이 반응적 방법은 문제를 무시하는 것으로 봐서는 안 된다. 반응적 방법의 선택은 특정 장비의 상황의 위험평가를 기준으로 하는 합리적인 결정이어야 한다. 이 합리적

인 입장으로부터 단종위험의 결과와 함께 하고, 품목이나 서비스가 더 이상 이용이 불가할 때 반응할 수 있는 결정이 내려진다. 이에 대한 상세한 내용은 향후 위험평가 검토에 대한 계획과 함께 OMP에 기록된다.

주도적 방법

그림 4: 반응적 방법 대 주도적 방법

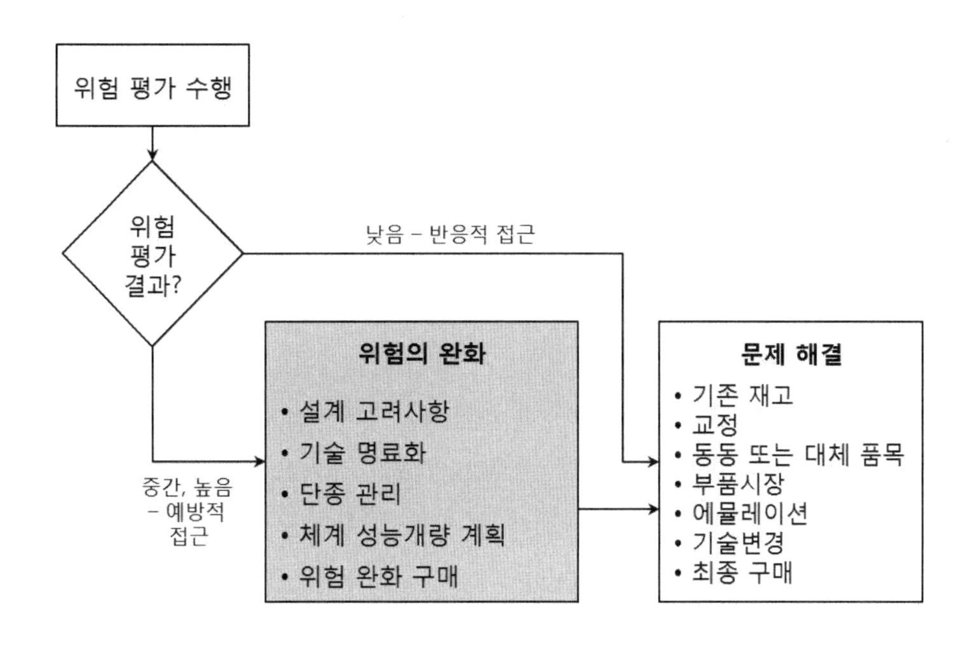

14. 주도적 관리는 여러 레벨의 노력과 활동을 필요로 한다. '중간 위험'으로 판단된 품목은 '높은 위험'으로 판단된 품목에 적용되는 것과 동일한 수준의 노력과 활동을 필요로 하지 않는다. 따라서, 사업의 특정한 요구에 테일러링 될 수 있는 광범위한 범위의 주도적 OM 활동이 있다.

15. 이 방법은 우려의 조기 식별과 우려의 제거 또는 지원이 지속되도록 옵션을 작동시켜 위험을 경감하는 능동적인 관리 방법을 취한다. 아래의 주도적 방법은 단종 문제의 가능성을 감소시킨다.

a. 설계 고려사항. 장비의 설계 반영을 위한 요구사항은 사업의 시작부터 적용되어야 한다. 단종의 위험을 최소화하기 위해 자재, 구성품 및 인터페이스의 선택이 이루어져야 한다. 시장에 변화를 줄 수 있는 규정에 대한 변경, 복수 공급원의 조사, 생산중단의 징후 (최종구매(LTB) 통지) 그리고 구성품 단종에 이를 수 있는 기술에 대한 변경 등과 같은 요소는 고려되어야 한다.

b. 기술의 투명성. 이 설계 방법은 인터페이스의 사양에 좌우된다. 인터페이스가 완전

히 규정되어 있는 한, 개별 모듈이나 구성품이 대체될 수 있는 (맞춤, 형상, 기능이 유지될 때) 모듈 장비 및 COTS 품목에 대해서는 특히 관련이 있다.

c. 단종 모니터링. 여기에는 장비 설계에 이용된 프로세스, 자재 및 구성품이 포함된다. 포함된 활동에 대한 상세한 설명은 '단종 모니터링'을 참조한다.

d. 계획된 체계 개량. 이 옵션은 제품의 수명 기간 중 장비의 전부 또는 일부의 설계가 최신화되고 단종품이 교체되는 선결 지점을 포함한다. 이 개량은 제품이 만족하도록 설계된 요구사항을 강화할 수 있는 "중간 수명 개량" 시기와 일치시킬 수도, 그렇지 않을 수도 있다. 장비 개량 프로그램은 수명주기 비용을 최소화하는 요구를 고려해야 한다. 이 방법은 장비에 COTS 또는 군용 기성품(MOTS)을 널리 사용하고자 할 때 유용할 수 있다.

e. 위험경감 구매. 사업에 대한 식별된 위험을 줄이기 위해 수명주기 동안 또는 차기 체계개량 때까지 제품을 지원할 수 있는 충분한 품목의 구매. 위험경감 구매의 사례는 Life time buy, Life of type buy 및 Bridge buy가 있다.

단종 모니터링

16. 주도적 OM 방법이 이용되고 있다면, 이 방법에 대한 최소 요구사항이 단종 모니터링 활동 형태라는 것을 예상해야 된다. 여기에는 기술 로드맵으로부터 구성품 모니터링 도구 참조까지가 있다. 단종 모니터링과 관련하여 OMP는:

a. 모니터링이 수행되는 상세 수준 (조립체, LRU, 구성품 등)

b. 누가 모니터링을 하는가에 대한 상세 내용

c. 어떻게 모니터링이 수행되느냐에 대한 상세 내용

d. 결과가 어떻게 소통되느냐에 대한 상세 내용(수단 및 빈도)

구성품 가용도 모니터링 도구

17. PT가 활용하고자 하는 시장에서 구입 가능한 '구성품 가용도 모니터링 도구'가 있다. 이것은 장비의 단종 문제에 관해 계약자와 계약할 때 PT가 똑똑한 고객이 될 수 있도록 해 준다. 사업팀은 장비의 구성품을 도구에 로드 하기 위해 조립수준에 맞추어 준비한다. 사업팀은 구성품이 광범위한 데이터베이스에 대해 모니터링 되게 하고, 아래 사항을 확보하게 할 수 있다:

a. 문제 부품이 이용된 모든 장소를 식별하여 장비 전체에 걸친 구성품 단종의 영향에 대한 실시간 평가. 현재는 인지하지 못하는 심각하고 고 비용의 문제가 있을 수 있다.

b. 계획 및 조치를 위한 충분한 시간을 주는 최대 8년까지 예측한 모든 조립 수준에서 요약된 부품의 현재 및 예측된 가용도

c. 저비용으로 잠재적 단종 문제가 해결되도록 하는 장착된 부품에 대한 최종구매시기 통지

d. 고비용의 재설계 및 혹시 모를 재인증 문제를 방지하게 하는 동등 부품의 식별 및 가용도

e. 공통 또는 공유된 방안의 개발을 가능케 하는 국방부 내의 동일 부품의 다른 사용자 식별.

구성품 목록

18. 구성품 가용도 모니터링 도구는 장비에서 이용되는 구성품 목록을 필요로 한다 (이것은 실제적인 계층구조가 될 수 있다). 구성품을 식별하기 위해, 최소한의 데이터는 제공되어야 한다:

a. 원 제작사의 부품번호 (일부 목록은 적당하지 못한 공급자의 내부 부품번호를 포함한다).

b. 원제작사 이름

c. 구성품 또는 부품의 설명

d. 부품에 관련된 모든 규격서 (예, 승인된 군용 부품에 대한 BS / CECC 상세 사양서 또는 미국 MIL 규격서)

해결 프로세스

그림 5: 반응적 방법 대 주도적 방법

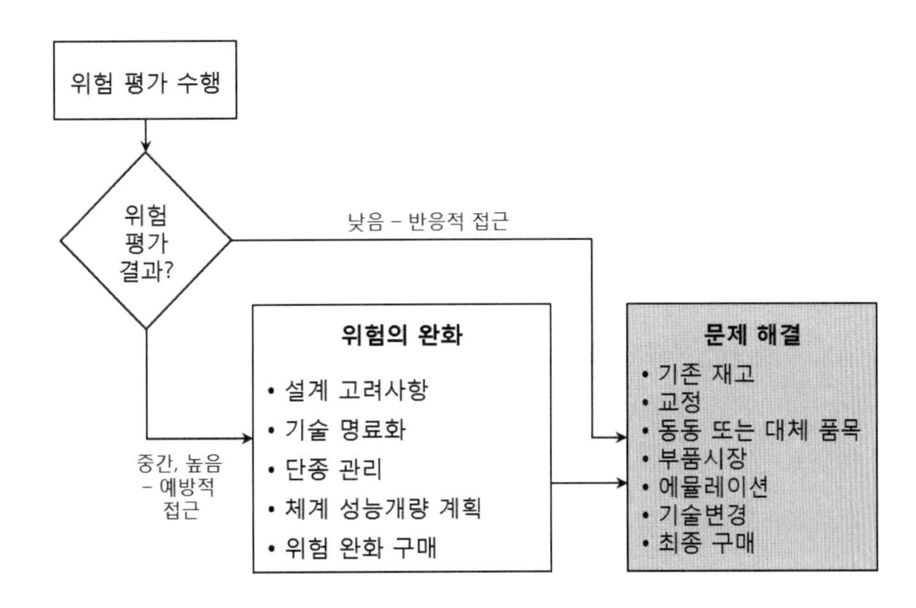

19. 단종위험은 완전히 제거될 수는 없다. 단종이 식별되면, 사업에 미치는 단종의 영향을 최소화 하기 위해 강력한 해결 프로세스를 개발하는 것이 단종 관리자의 책임이다. 해결 프로세

스에는 아래 사항이 포함된다:

a. 단종 문제의 식별은 누가 하는가:

b. 이 문제는 누구와 어떻게 소통되는가 (수단과 일정)?

c. 단종 문제의 영향을 누가 평가하는가?

d. 평가는 어떻게 수행되는가?

e. 방안 옵션은 누가 식별하는가?

f. 이행될 방안 옵션은 누가 선택하는가?

g. 방안 옵션이 이행되는 시기는 누가 결정하는가?

20. 적절한 방안 옵션을 이행하기 전 비용효율이 반드시 검토되어야 한다. 각 방안 옵션의 이행에 대한 비 반복 엔지니어링 비용(NRE)이 2004년 3월자 국방부 '구성품 단종 해결 비용 척도 연구'의 일부로서 계산된다. 잠재적 방안 옵션에 대한 상세 내용을 아래에 '기존' 재고'에 대해 이행할 때 NRE가 가장 최저인 비용 순으로 나타내었다. 또한 이를 그래픽으로도 나타내었다. 각 방안 옵션의 이행에서 발생하는 비용 차이를 보여주는 그림 6을 참조한다.

a. 기존 재고. 보급계통에 보유 중으로 사업에 할당될 수 있는 품목

b. 재사용 (부품 재생). 잉여 장비 또는 경제적 수리를 초과하는 장비에서 발견된 품목의 이용

c. 동등품. 기능적, 사양적 및 기술적으로 호환 가능(형태, 맞춤 및 기능)한 품목

d. 대체품. 명시된 것과 하나 이상의 사유에 대해 성능(예, 품질 또는 신뢰도 수준, 오차, 파라미터, 온도 범위) 이 다른 품목

e. 승인된 부품시장. 품목이 시장에서 구입 가능하나 원 제작사 또는 공급자로부터는 아니다. (통상, 면허된 공급자가 공급하는 완성품)

f. 에뮬레이션. 확보 불가한 품목에 대한 대체 형상, 맞춤 및 기능, 그리고 인터페이스 (F3I) 를 만드는 제작 프로세스. 마이크로 회로 에뮬레이션은 원 부품을 에뮬레이션하고 요구 시 제작 및 공급될 수 있는 첨단 부품을 복제할 수 있다.

g. 경미한 재설계. 품목이 장비에서 떨어져 재 설계된다. 재 설계의 비용은 엔지니어링, 프로그램 관리, 통합, 입증 및 시험을 포함할 수 있다. 예를 들면, 경미한 재 설계는 회로기판 레이아웃의 변경을 나타낼 수 있다.

h. 중대한 재설계. 품목이 장비에서 떨어져 재 설계된다. 재 설계의 비용은 엔지니어링, 프로그램 관리, 통합, 입증 및 시험을 포함할 수 있다. 예를 들면, 중대한 재 설계는 회로기판의 교체가 될 수도 있다.

i. 최종 구매. 제품 생산중단 통지의 결과에 따라 제품의 수명주기 동안 또는 차기 기술 개량 때까지 제품의 지원에 충분한 품목의 구매

21. 최종구매 비용은 특정 사업에 관련된 것으로 판단되었기 때문에, 2004년 3월자 국방부 '구성품 단종 해결 비용 척도 연구'에는 포함되지 않았다.

그림 6: 비 반복 엔지니어링 방안 비용 (£)

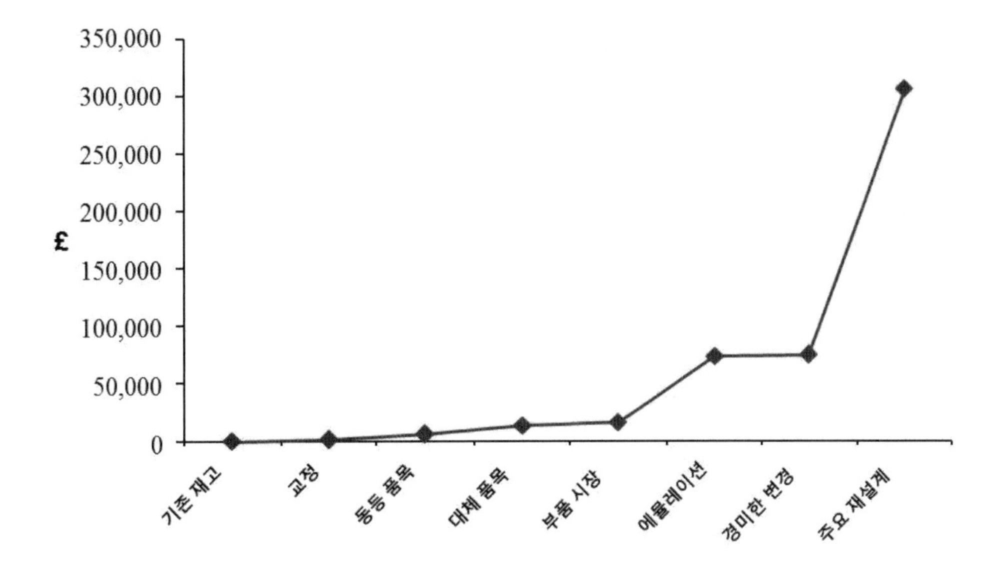

공급자 조정

22. OM 활동이 보급계통(SC)을 통해 중첩되는 경우, 적절한 수준의 OM 활동을 수행하도록 하기 위해 공급자와 조정하는 것이 필요하다. 이 계획에는 아래와 같은 보급계통 조정을 포함해야 한다:

a. 공급자와의 조정 상세 내용, 이것이 계약적 요구인지 아니면 요청인지 명시(소통의 수단 및 빈도 포함)

b. 구성품 목록에 대한 요구사항이 SC를 통해 중첩되었는가?

23. 모니터링 활동이 SC까지 이루어지고 있다면, 모든 문제 및 이 문제를 밝히는 후속 의사결정 프로세스의 통지를 보고하는 소통 망이, 대응을 위한 적절한 시간을 제공하기에 충분히 효과적 이도록 하는 것이 중요하다 (즉, 정보를 SC 상하로 보내는데 소요된 시간이 단종 문제를 밝히는 데 이용 가능한 옵션에 영향을 주지 않는다).

수행 관리

24. OM 프로그램이 PT, 업체 또는 양자간의 협조에 의해 실행되는 것과 상관 없이, OM 프로그램 수행 비용은 상당한 비용을 포함할 수 있다. '사업'은 프로그램의 비용이 활동 수행의 비용 회피에 의해 상쇄되는 것을 보여줄 수 있어야 한다.

25. OM 프로그램의 비용을 정당화하기 위해, 계획(및 프로그램)의 수행을 측정하는 것이 필요

하다. 계획에는 어떻게 계획 수행이 평가되는지, 특히 아래 내용이 들어 있어야 한다:

a. 어떻게 수행이 측정되는지의 상세 내용.

b. 척도가 어떻게 이용되는지에 대한 상세 내용 (누가 입수하고, 그리고 어떻게 입수되는가?)

c. 수행 정보 보고에 대한 상세 내용

26. 제7장: 비용 회피는 OM 프로그램의 비용을 정당화하기 위한 비용 회피를 판단할 비용 척도를 어떻게 이용하는지에 대한 예를 보여준다. 전체 연구 내용은 2004년 3월자 국방부 '구성품 단종 해결 비용 척도 연구'에 포함되어 있다.

계획 전환

27. 만약 계획이 사업의 만료일자(OSD)를 커버하지 못할 경우, 기존 계획의 종료 시 사업이 어떻게 단종을 관리할 지를 명시해야 한다. 모든 알려진 단종 우려 및 문제가 식별되고 경감 대책이 수립 되어야 한다. 이 계획의 이행에서 수집된 모든 데이터는 계약 종료 12개월 전까지 당국으로 제출해야 한다.

제6장

단종영향 평가

문제점

1. 단종 관리자가 장비의 기존 단종 문제를 파악하도록 하는 많은 도구와 프로세스가 있다. 이들 도구 중 일부는 구성품 레벨에서 예측된 가용도를, 가끔은 향후 최대 8년 까지 제공하는 예측성 요소를 가지고 있다.

2. 그러나, 이것은 OM에서 완전히 주도적이 되어야 하는 요구사항의 일부일 뿐이다. PT가 해야 하는 가장 중요한 질문의 하나는: OSD까지 나의 사업에 단종이 미치는 영향은 무엇인가? 하는 것이다.

3. 이 문제에 대한 주 핵심은 사업에 대한 단종 위험과 비용 영향 및 향후 규정된 기간 동안의 가용도에 미치는 영향을 직시하는 것이다. 현재 이 문제에 대한 하나의 대안은 없다.

4. 이 질문은 단종 문제 해결을 위해 별도로 확보해야 하는 예산 규모에 크게 영향을 미치기 때문에 가용도 계약에도 크게 관련된다. 사실 입찰자는 이 위험 선택을 하지 않거나, 위험이 자신에게 주어질 경우 매우 부풀려진 비용을 제공할 수도 있다.

5. 따라서, 결정이 내려지고, 비용 추측이 검증되거나 요구될 수 있도록 당국이 이 분야에 대해 더 많은 정보를 가질 수 있게 되는 능력을 가지는 것이 중요하다. 이 능력은 단종영향 평가에 의해 제공된다.

개요

6. '단종영향평가' (OIA)는 예상 예산에 대한 계량 가능한 타당성을 제공하고, 단종으로 인해 발생한 장비 지원성에 미치는 영향을 경감하기 위한 중요한 결정이 필요할 때 제시한다. OIA는 의사결정 프로세스에서 사업팀을 지원하기 위한 결정적인 출력 정보를 가진다. 이것은 다음 사항을 개발하기 위하여 장비를 자세히 살펴 보는 것이다:

a. 현재 단종 상태의 이해

b. 향후 단종문제의 예측 및 언제 그리고 어디서 단종의 영향이 장비의 지원성에 미치는지를 판단한다.

7. 이로 인한 주요 결과는 아래와 같다:

   a. 무엇을 하려고 하는가?

   b. 언제 그것을 해야 하는가?

   c. 비용은 얼마나 드는가?

   d. 하지 않을 경우의 영향은 무엇인가?

8. 주요 결과는 상기 질문에 대한 답변의 요약이다. 이 결과는 중요한 결정 시점의 개요와 함께 비용 프로파일 및 시간을 강조한다.

결과의 요약

그림 7: OIA 지원성 예측

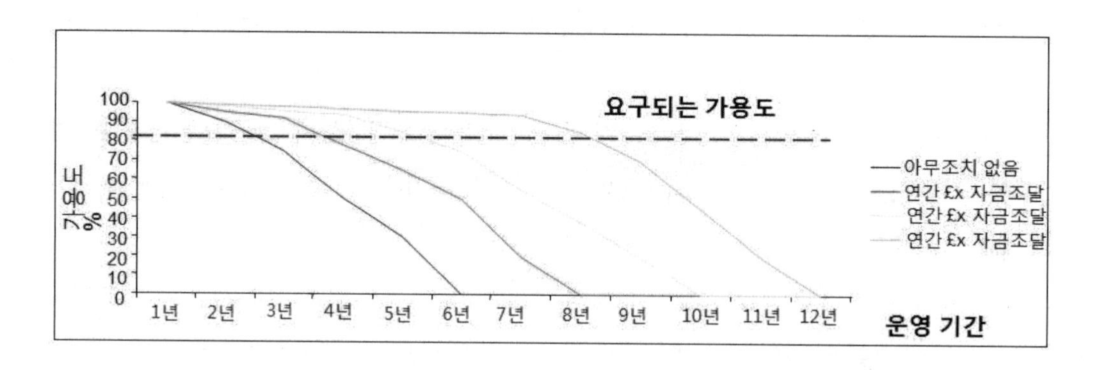

그림 8: OIA 비용 프로파일

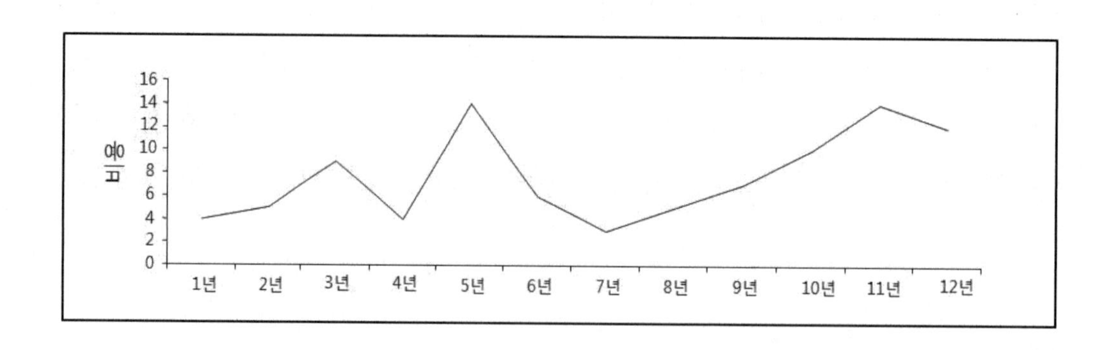

9. 상기 그림 7과 8의 그래프 (사례 설명 목적임)는 두 가지 중요 요소를 나타낸다. 이것은 아래와 같다 (단종 관점에만 볼 때):

   a. 가용도를 85%(예를 들면)로 유지하기 위해 요구된 주요 마일스톤은 무엇인가?

   b. 상기 주요 마일스톤을 이행하기 위한 예상 비용 프로파일은 무엇인가?

핵심 마일스톤

10. 이 핵심 마일스톤은 통상 특정 회계연도에서 특정 값의 자금으로서 정의된다. 이것은 장비를 유지하기 위해 필요한 여러 가지 단종 해결 방안이 될 수 있다. 예: 즉 차기 체계 개량 또는 위험경감 구매.

지원 데이터

11. 상기 출력 정보는 수집되어 분석된 기초 데이터에 의해 지원되는데, 이것의 전형적인 사례는 특정 하부체계에 대한 단종예측 분석이 될 수 있다. 6개 LRU의 하부 체계에 대한 전형적인 예를 아래 그림 9에 나타내었다.

그림 9: 단종 예측 분석

	1년	2년	3년	4년	5년	6년	7년	8년	9년	10년	11년	12년
LRU 1												
LRU 2												
LRU 3												
LRU 4												
LRU 5												
LRU 6												

생산 중 생산 중단 - 대체품 있음 생산 중단 - 대체품 없음

12. 이 데이터는 참고용일 뿐이나 OIA 결과 요약을 구성하는 전형적인 데이터를 나타낸다.

입력 데이터

13. 모든 이런 종류의 활동과 마찬가지로, 출력 데이터의 품질은 입력 데이터의 품질에 직접적으로 비례한다. 완전히 신뢰할 만한 OIA에 요구된 입력 데이터의 예는 아래와 같다:

a. 구성품 목록. 평가되는 장비를 구성하는 구성품의 목록. 데이터에는 품목 명세, 원제작사 부품번호, 사용된 수량, 장소, 비용이 포함된다.

b. 신뢰도 데이터. 고장간 평균시간 (MTBF), 수리 평균시간, 수리회송시간 (TAT)등.

c. 보급계통 데이터. 재고 수준, 소모율, 구매납기, 저장수명, 운용수명 등.

d. 기타 출력 데이터. 구성품 가용도 모니터링 도구로부터의 출력 데이터

e. 비용 데이터. LRU 비용, 수리 비용, 저장 비용, 주문 비용

f. 사업 데이터. OSD 데이터, 계획된 능력 개량

14. 이 목록은 소모성이나 충분히 실현 가능한 OIA를 위해 요구되는 전형적인 데이터를 나타낸다. 분석 결과의 품질은 상기 입력 데이터에 빠진 것이 있을 때 타협을 하게 된다.

15. 사업팀은 모든 가용 데이터를 가지지 못할 수 있다. 누가 하더라도 OIA 역시 상기 데이터

의 수집 업무가 주어지는 요구사항의 하나가 될 수 있다.

16. OIA의 정확도 및 유효성은 이 입력 데이터의 가용도 및 정확도에 의해 결정된다.

최신화

17. OIA는 (이상적으로는) OSD까지 내다보아야 하는데, 이것은 통상, 10, 25 또는 30년도 될 수 있다. 그러나, 이 분야에서 단종예측을 주도하는 업체는 통상적으로 정확한 예측을 위해 앞으로 8년 까지를 내다보는 것으로 인식되었다. 따라서, OIA는 처음 8년은 정확해야 하며, 이 시기를 지나면 정확도가 점점 감소한다. 그래서, OIA는 주기적으로 최신화가 되어야 한다. 이 주기는 장비에 따라 달라지는데, 대략 2~3년 정도가 될 수 있다.

요약

18. OM SME는 사업에 대한 향후 단종위험의 확립을 위한 체계를 사업팀에게 제공하기 위하여 본 자료를 개발하였다.

19. OIA는 단종이 향후 장비에 어떻게 영향을 미치는 지를 이해하려고 하는 사업팀에게 유용하다. OIA는 입찰 시 사업 수행에 대한 증거를 제공하며 이 분야에서 향후 비용 예측에 도움을 준다.

20. 비록 SME가 본 활동의 목적과 범위를 수립했다 하나, 이것은 궁극적으로 업체에 의해 수행되어야 하는 프로세스이다. 사업팀은 독립적인 평가를 원할 경우 주 계약자 또는 제삼의 계약자에게 업무를 맡길 수 있다.

21. SME의 역할은 사업팀이 이런 형태의 활동 수행으로 인한 이점을 이해하도록 하고, 이들이 OIA를 수행하고자 할 때 요구사항의 정의 및 구체화를 지원하기 위해 이 능력의 개발을 지원하는 것이다.

제7장

비용 회피

개요

1. 단종해결 비용척도의 이용은 사업팀이 아래 업무를 자신 있게 수행하도록 한다:

  a. 가장 비용효율이 높은 방안을 선택하기 위해 프로그램 및 사업에 대한 절충 수행

  b. 주도적 OM 전략의 이행에 의해 얻어진 금전적 절약을 판단하기 위한 비용 회피 분석 수행

  c. 전체 수명비용에 미치는 단종의 영향 판단

비용 회피 계산

2. 이 사례는 비용 회피 판단을 위해 비용 척도를 어떻게 이용하는지를 보여준다. 이것을 보여주기 위해 이용된 데이터는 2004년 3월자 국방부 '구성품 단종 해결 비용 척도 연구'에서 발췌한 것인데 이것은 이용된 연구 방법론과 전문용어를 자세히 설명한다.

3. 주도적 OM 전력 이행으로부터 얻어진 비용 회피를 판단하기 위해, 그림 10의 산출된 비용 요약의 이용을 요하는 '국방 마이크로 엘렉트로닉스 활동(DMEA) 비용 회피 방법론을 이용한다. ('최종구매'는 특정 프로그램에 관련된 것이기 때문에 포함되지 않았다).

그림 10: 비 반복 엔지니어링 방안 비용

방안	비용 (£)
기존 재고	100
재사용	1,300
동등품	5,300
대체품	13,500
부품시장	15,900
에뮬레이션	73,000
재 설계 -경미	74,400
재 설계 - 중대	305,900

DMEA 비용 회피 방법론

4. DMEA 비용회피 방법론은 각 방안을 가장 저비용으로부터 고비용까지 정렬시킨다. 비용회피는 차상위 비용 방안으로부터 해당 방안의 비용(그림 10)을 빼면 결정된다. 아래 그림 11은 그래픽을 이용해 나타낸 것이며, 그림 12는 모든 결과 값을 보여준다.

그림 11 : 비용 회피

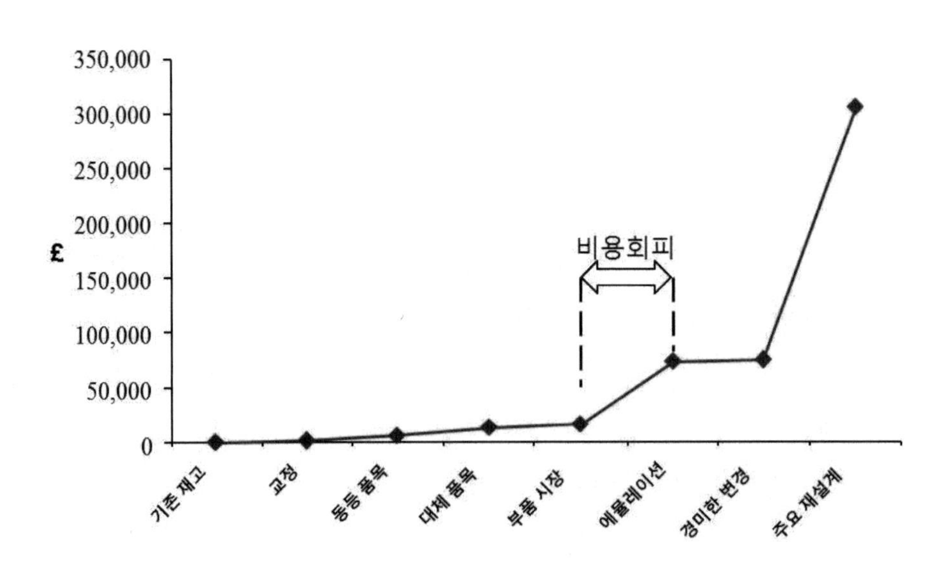

그림 12: 비용 회피 값

방안	비용회피(£)
기존 재고	1,200
재사용	4,000
동등품	8,200
대체품	2,400
부품시장	57,100
에뮬레이션	1,400
재 설계 -경미	231,500
재 설계 - 중대	0

비용회피 사례

5. 그림 13은 프로그램 중 각 단종 문제 및 우려에 대한 가장 효과적인 방안을 이행하여 채택된 주도적 OM 전략에 의해 달성된 전체 비용회피를 제공하는 가상 사례를 보여준다.

그림 13: DMEA 방법을 이용한 비용회피 예측

방안	이행된 방안의 수	비용 회피(£)	총 비용 회피(£)
기존 재고	14	1,200	16,800
재사용	0	4,000	0
동등품	140	8,200	1,148,000
대체품	16	2,400	38,400
부품시장	14	57,100	799,400
에뮬레이션	12	1,400	16,800
재 설계 -경미	4	231,500	926,000
재 설계 - 중대	0	0	0
합계	200		2,945,400

6. 사례의 총 예측 비용회피를 판단하기 위하여, OM 전략의 비용을 총 비용회피 값으로부터 제한다. OM 전략 비용이 3년(£300,000) 동안 연간 £100,000이라 하면, 총 사업 비용회피는 £2,645,400가 된다.

7. 두 가지의 상황에서 비용회피 산출의 조정이 요구된다:

a. 일부의 경우, 차상위 비용 방안이 기술적으로 실현 불가능할 수 있다; 예를 들면, 복잡한 ASIC에 대한 에뮬레이션은 실현 불가한 방안일 수 있다.

b. 재 설계는 한번에 하나 이상의 구성품에 대한 단종 문제를 해결할 수 있다; 흔히, 하나의 재 설계로 5가지 문제가 해결될 수 있다.

비용회피 스프레드 시트

8. 사업팀은 계약자가 자신들의 수행 측정의 일부로서 비용회피 데이터를 만들어 내도록 해야 한다. 실제 특정 사업에 관련된 방안 비용이 있는 경우 이것이 이용될 수 있으며, 그렇지 않으면, 상기 그림 13의 데이터가 비용회피 산출에 이용된다. 하나의 예로, 아래 데이터의 제공을 위해 간단한 스프레드 시트가 이용될 수 있다:

a. 연간 밝혀진 단종 우려의 개수

b. 연간 해결된 단종 문제의 개수

c. 이행된 각 방안 별 개수와 비율

d. 각 방안의 이행 비용

e. 이 방안 이행의 비용 회피

f. 연간 주도적 OM 전략의 이행 비용

g. 연간 주도적 OM 전략 이행의 비용회피

제8장

단종관리 용어 및 정의

사업팀이 OM에 대한 계약 요구사항을 개발할 때 표준화의 목적으로 '합동단종관리실무그룹'(JOMWG)를 통하여 아래의 용어 및 정의에 합의하였다.

용어	정의
대체품	명시된 것과 하나 이상의 사유에 대해 성능(예, 품질 또는 신뢰도 수준, 오차, 파라미터, 온도 범위) 이 다른 품목.
승인된 부품시장	품목이 시장에서 구입 가능하나 원 제작사 또는 공급자로부터는 아니다. (통상, 면허된 공급자가 공급하는 완성품).
에뮬레이션	확보 불가한 품목에 대한 대체 형상, 맞춤 및 기능, 그리고 인터페이스(F3I) 를 만드는 제작 프로세스. 마이크로 회로 에뮬레이션은 원 부품을 에뮬레이션 하고 요구 시 제작 및 공급될 수 있는 첨단 부품을 복제할 수 있다.
동등품	기능적, 사양적 및 기술적으로 호환 가능(형태, 맞춤 및 기능)한 품목
기존 재고	보급계통에 보유 중으로 사업에 할당될 수 있는 품목.
최종 구매	제품 생산중단 통지의 결과에 따라 제품의 수명주기 동안 또는 차기 기술개량 때까지 제품의 지원에 충분한 품목의 구매. 참고: 최종구매는 반응적 방안이다.
단종 (Obsolescence)	원제작사로부터 가용 상태에서 불 가용상태로의 전환.
단종 우려	주도적 방법의 결과로, 향후 단종문제가 식별된다. 향후의 가용도, 비용 및 사업에 미치는 영향을 최소화하기 위해 방안이 개발되고 이행될 필요가 있다.
단종 문제	단종이라고 선언된 사업 내의 품목. 가용도, 비용 및 사업에 미치는 영향을 최소화하기 위해 방안이 개발되고 이행될 필요가 있다.
단종 관리	단종에 대해 조직을 감독 통제하기 위한 통합된 활동
단종 방안	단종 우려 또는 단종 문제의 결과로 이행이 요구되는 방안 형태 (JSP 886 제7권 8.13부에 정의됨) 하나의 우려나 문제는 사업 내의 여러 장비에 영향을 미칠 수 많은 방안을 생성할 수 있다.
단종예정 (Obsolescent)	원 제작사에 의해 공지된 최종생산일자에 따름.
단종 (Obsolete)	원 제작사로부터 원래의 사양으로 구입이 불가함.
재사용 (부품 재생)	잉여 장비 또는 경제적 수리를 초과하는 장비에서 발견된 품목의 이용
재설계	품목이 장비에서 떨어져 재 설계된다. 재 설계의 비용은 엔지니어링, 프로그램 관리, 통합, 입증 및 시험을 포함할 수 있다. 재 설계는 '경미' (기판 재 배치)와 '중대' (기판 교체)로 구분될 수 있다.

위험경감 구매	사업에 대한 식별된 위험을 줄이기 위해 수명주기 동안 또는 차기 체계개량 때까지 제품을 지원할 수 있는 충분한 품목의 구매. 참고: 위험경감 구매는 주도적 위험경감 대책이며, 사업에 대한 수용 불가한 단종 위험이 식별되었을 때 사용자에 의해 개시된다. 위험경감 구매의 사례는 Life time buy, Life of type buy 및 Bridge buy가 있다.
불 가용	어떠한 출처로부터도 입수가 불가함.

JSP886 Volume 7 Part 8.14

MANAGEMENT OF ITEMS REQUIRING SPECIAL IDENTIFICATION (SI)

Version 1.3 dated 14 06 12

JSP 886

국방군수지원체계 교범

제7권

종합군수지원

제8.14부

특수 식별을 요하는 품목의 관리

개정 이력		
개정 번호	개정일자	개정 내용
1.0	01 Apr 11	초도 출판
1.1	21 Oct 11	정보 최신화
1.2	4 Dec 11	ILS 제목 변경 및 방침 최신화
1.3	14 Jun 12	제1장의 3절 삭제

Contents

Figure

제1장

방침

배경

1. 이 장은 별도의 특수 식별(SI)을 요하는 국방재고 내의 품목에 대한 국방부 방침을 제공한다. SI를 요하는 모든 품목은 나토 재고번호(NSN) 또는 '물자자산부호'(MAC) 및 특수품목 식별자(SII)에 의해 식별된다. SI에 대한 추가적인 조언 및 지침은 본 문서의 제2장 및 제3장에 제공되어 있다.

방침

2. SI로 지정된 품목은 소유권이 국방부로 이전될 때부터 최종 폐기될 때까지 특수한 수명주기관리 및 회계 절차를 통하도록 하는 것이 국방부 방침이다; 이들 품목의 관리자는 JSP 472: '회계 및 보고 매뉴얼' 및 JSP 886 제4권: '물자회계의 기초'에 따라 물자회계 규정을 따라야 한다.

우선순위 및 권한

3. 군수 프로세스의 지원 분야 군수정책의 소유권은 국방물자국장(CDM)의 프로세스 기획자[1]로서 국방군수운용참모차장(ACDS Log Ops)에게 있다. ACDS Log Ops 이 역할을 국방군수위원회(DLB) 산하의 국방군수조정그룹 (DLSG)을 통하여 수행한다. 군수 프로세스 내의 ACDS (Log Ops)의 정책 기획자로서 Head of Defence Logistics Policy은 DLSG에 의해 정부 군수정책을 이끌고 가라는 업무를 받았다; 이 관리 방식은 국방군수정책실무그룹(DLPWG)을 통해 공표된다. 이것은 종합군수지원(ILS)의 스폰서[2]가 Head Support Chain Management (Hd SCM)으로 위임된 본 관리 체계와 대비된다.

요구 조건

4. 모든 국방부 획득 사업은 관련 법령 및 안전성[3] 요구사항을 반드시 충족해야 한다. 영국의 법령에 따라 모든 고용인은 자신들의 피고용인, 일반국민 및 광범위한 환경에 대한 주의 의무

를 가진다. 국방부의 경우 군사장비 및 그 운용에 관련된 안전 위험을 관리하는 의무를 포함한다. 보건안전청에서 제공하는 일반 지침에 따라 국방부는 위험이 받아들일 수 없는 것으로 판단되지 않는 한, 이들이 현실적으로 가능한 최저 수준으로 감소되도록 하여 의무를 다한다. SI 품목은 안전에 대한 잠재적인 부정적 영향을 가지고 있으므로 이들을 법적 요구사항에 맞게 효과적으로 관리하는 것이 필수적이다.

보증 및 절차

보증

5. JSP 899: '군수 프로세스 역할 및 책임'은 모든 장비획득 사업 지원방안은 필수 사업보증 메커니즘에 충족될 것을 요구한다. 자산에 대해서는 추가적인 보증 요구가 적용된다. DE&S Corporate Governance Portal은 DE&S의 보증 요구의 상세 내용을 제공한다.

절차

6. 사업팀(PT)은 어떤 품목의 종합군수지원 프로그램의 일부로서 SI를 요구하는지를 식별한다. PT는 SI 요구사항과 함께 모든 NSN 및 MAC에 대한 SII 목록을 제공할 계획을 수립해야 한다; SI를 요구할 수도 있는 물자의 여러 카테고리는 11절에서 참고할 수 있다. 그런 다음 SII는 필수 재고 및 엔지니어링 수명주기 지원(ELTS) 관리 시스템에 입력될 수 있다.
7. 사업팀은 어떤 종류의 SII가 요구되는지 결정한다. 다음 항목은 모든 종류의 SII이다: 일련번호, 새시 번호, 소화기 개머리판 번호, 장비등록 마크 또는 차량 등록번호. 이 결정은 재고 및 ETLS 관리 시스템의 정보 요구사항이 반영된다. 자산이나 장비는 수명기간에 걸쳐 관리된다.
8. 사업팀은 사업의 군수정보계획 (LIP) 내에 재고 및 ETLS 데이터 그리고 ETLS 및 군수정보 시스템간에 교환되는 정보[4]의 명세서 제공을 위한 요구사항을 밝혀야 한다. 이 데이터 및 정보교환 요구 명세서는 장비의 수명기간 지원을 위해 제공되는 승인된 정보 시스템에 직접적으로 관련된다.

---

1 JSP899: 군수 프로세스 - 임무 및 책임.

2 스폰서 - JSP의 내용, 배포 및 출판에 대한 책임을 가진 자 (위임장에 따름). DLPWG 그룹장을 통해 발행되 관련 규정에 따라 효력을 가진 위임장(LoD)에 의해 정해진 책임.

3 안전관련 보급품목의 관리에 대한 정부방침은 JSP 886 제2권 1부 9장 참조.

4 지원정보 관리에 대한 방침, 조언 및 지침은 JSP 886 제7권 5부에 서술되어 있으며, 이 문서와 같이 참조되어야 한다.

핵심 원칙

9. 모든 국방 자산은 용도에 적절한 수준으로 관리될 필요가 있다. SI를 요하는 품목에 대해 요구된 관리 수준의 결정 시 안정성, 법령, 운용 능력 및 수명주기비용이 가장 중요하나, 과잉 관리도 합동지원체계, 특히 사업팀 및 전방 사령부(FLC) 군수 담당 및 총 수명 지원비용의 효율성에 영향을 줄 수 있는 심각한 자원 문제를 가질 수도 있다.

10. 방산 재고에서 SI를 요구할 수 있는 자산에는 여러 가지 카테고리가 있다:

a. 수입관세면제[5]에 해당하는 재고

b. 매력[6]이 있다고 판단되는 특수 품목

c. 범죄 및 테러집단에게 매력적(ACTO)[7]인 품목

d. 국제 무기거래규정(ITAR)의 대상이 되는 재고: 미국 정부는 ITAR 규정의 이행을 위해 군수품 수출통제법에 의해 다루어지는 미국 군수품 목록 상의 군사장비 수출입에 대한 통제를 운영하고 있다. 자세한 정보는 국제관계그룹(IRG)로부터 입수할 수 있다.

e. 기술관리품목(EMI)로 분류된 재고: ETLS 요구사항의 대상이 되는 재고, 안전성, 법적 적합성, 운용 능력 또는 장비 가용도에 영향을 줄 수 있는 가능성 때문에 수명기간 동안 개별 관리되어야 하는 플랫폼, 장비, 하부조립체 또는 별개의 품목.

f. 번호등록장비 (RNE)로 지정된 운송수단 및 장비.

소유권 및 문의처

11. 특수식별에 대한 방침의 수립은 DES JSC SCM-EngTLS-Hd의 책임이며, 국방군수정책 실무그룹 (DLPWG)에 의해 승인되었다. 이 문서에 대한 문의는 아래 창구로 한다:

a. 정책 스폰서에 대한 내용에 관한 질의:

DES JSC SCM-EngTLS-SS

Cedar 2a #3239, MOD Abbey Wood, BRISTOL BS34 8JH

Tel: Mil: 9679 80398, Civ: 030679 80398

mailto:DESJSCSCM-EngTLS-SS@mod.uk

b. 문서 입수에 관한 질의:

DES JSC SCM-JSP886 (MULTIUSER)

편집팀

Cedar 1A #3139, MOD Abbey Wood, BRISTOL BS34 8JH

Tel: Mil: 9679 80954, Civ: 030679 80954

mailto:DESJSCSCM-JSP886@mod.uk

적용성

12. 본 정책은 UOR 및 CLS, CfA 및 CfC 계약을 이용하는 사업 등 모든 장비획득 사업에 적용된다.

---

5 수입관세면제 – 수입관세 면제에 해당되는 품목 – 국방부 자산회계센터 (AAC)는 업체 자산(AII)에 대한 국방부의 공공회계기관, 지정된 감사 및 보증기관이며, 유럽 이사회 규정 150/2003에 대해 관세면제가 요구되는 EU 외부에서 수입되는 물품에 대한 국방부의 감사기관이다.

6 일부 보급품목은 기본재고시스템 상에서 매력 표시자를 가지나 일련번호로 관리되지는 않는다. 예를 들면 배낭이나 Maglite Torches 등; 단 쌍안경 및 나침반 등과 같은 품목은 해당될 수 있다.

7 ACTO 용품은 테러집단 또는 범죄 조직에게 즉각적인 가치로 판단되는 품목이다. JSP 440 7부 7절 1장 참조.

제2장

물자 회계

보급관리 데이터

1. 재고[8]소유자로서의 DE&S 사업팀은 특수 식별을 요하는 수리부속과 지원 및 시험장비(S&TE)가 초도 보급 (IP) 프로세스[9]기간 동안 식별되도록 한다. 기술관리품목 (EMI)으로 지정된 품목도 식별이 필요하며 더 큰 데이터 세트를 가지는데, 이 데이터는 ILS 프로그램의 일부로 수행된 지원성 분석으로부터 생성된다.

2. 사업팀이 사업팀 및 전방사령부(FLC)내의 증가된 수명주기 자원소요를 고려하는 것이 중요한데, 이것은 SI 데이터 및 정보를 관리하는데 요구된다. 특수품목 식별자(SII) 데이터는 배치된 재고관리[10]시스템에, 기술관리품목 (EMI)은 엔지니어링 수명주기지원(ETLS) 관리 시스템에 로드 할 필요가 있다. 이것은 IS 운용자의 자원집약적인 수동 개입을 요구할 수 있다.

3. 수리부속 및 S&TE에 대한 엔지니어링 및 보급관리 데이터 수집 프로세스를 아래 그림 1에 나타내었다:

그림 1: 수리부속 및 S&TE 데이터 수집 프로세스

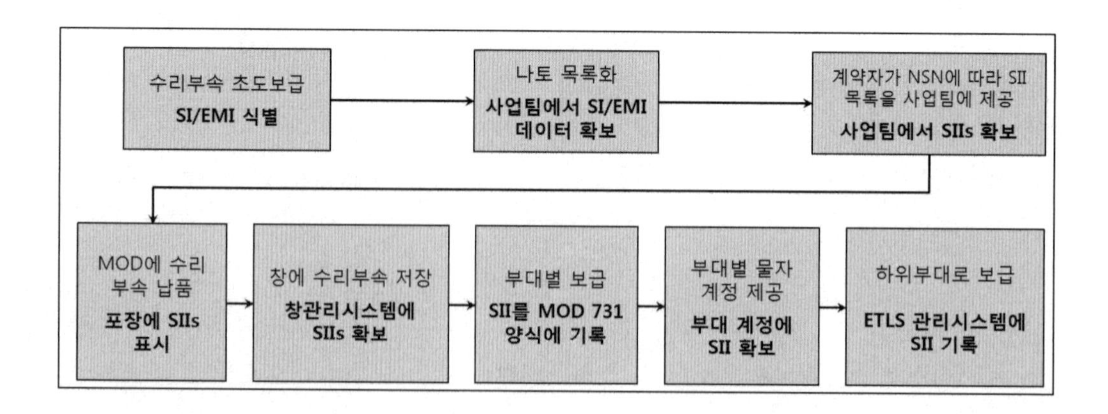

4. 사업팀은 공급자와의 계약에서 일련번호 서식과 기록 매체에 대한 요구사항을 명시해야 한다. 일련번호 필드에 숫자/문자의 개수 등과 같은 재고 및 ETLS 관리 시스템의 요구사항을

이해하고 고려되도록 하는 것이 필수적이다.

ETLS 비축 요구사항

5. 사업팀은 국방부나 계약자의 저장 및 분배 시설 내 비축기간 동안 ETLS 요구사항과 함께 모든 SI 품목에 대한 보급을 수행해야 한다. 주기적인 저장 중 정비나 교정, 수령 시 또는 불출 전 검사, 무 폭발물(FFE) 또는 무 가스 인증 및 국방부 서식 731을 이용한 물자 전처리를 요하는 품목에 대해 고려가 이루어져야 한다. 관련 재고 또는 ETLS 관리 시스템 상에서 이루어질 모든 ETLS 활동에 대해 보급이 필요하다; 이를 위해 국방부 시스템이 계약자의 시설 내에 설치되어야 한다. 포장의 표기나 라벨링에 대한 요구사항은 DEF STAN 81-41 6부를 참조한다.

업체 내 자산

6. 국방부의 자산, 특히 치구, 공구 및 시험장비 (JTTE)가 DEFCON 23에 따라 흔히 업체에 의해 보관된다. 대다수의 이런 품목은 DEFCON 611에 의거 사업팀에 의해 관급장비(GFE)로 공급되며, 국방부로 반환될 때 Complete Equipment Schedule (CES) 품목을 포함하여 더 큰 장비나 체계에 통합될 수도 있다. 사업팀은 PT DEFCON 23 및 DEFCON 611 등록부 상에 나열된 모든 SI 품목을 식별하고 모든 SII가 불출 및 반납 시점에 기록되도록 한다.

번호등록 장비

7. 국방부는 일반적으로 '운송수단'이라고 불리는 번호등록장비(RNE)인 국방부 소유의 많은 운송수단 및 장비를 운용하고 있다. '운송수단'이라는 용어는 전투장비, 주 견인기, 트레일러, 박스형 차체, 및 발전기와 선박 등과 같이 관리 목적을 위해 운송수단으로 취급되는 다른 자산에 적용된다. 국방부가 운용하는 운송수단의 대부분은 DE&S의 육상장비국장 (DLE) 휘하의 사업팀에 의해 관리된다; 또한 국방부의 '장비 자원, 부채 및 정보망 관리"(MERLIN) 정보시스템 상에 기록된다. 국방부는 군사 운송수단 및 그 운용에 관련된 안전 위험 관리 의무를 지기 때문에, 운송수단이 법적 요구사항에 따라 관리되도록 하는 것이 국방부의 방침이다. 안전, 운용 능력, 장비 가용도 및 총 수명비용에 미치는 영향 때문에 RNE는 SI에 의해 관리되도록 하는 것이 중요하다. SI 요구사항의 대상인 RNE는 물자자산부호(MAC), SII 및 장비

---

8 재고관리에 대한 국방부 방침은 JSP 886 제2권을 참조한다.

9 IP 프로세스는 관련 기본재고시스템상에 나토 목록화 및 품목 데이터기록 (IDR) 생성을 포함한다.

10 전방 사령부(FLC)에서 현재 사용되는 필수 재고관리 시스템은 OASIS, UNICOM, GLOBAL 및 MJDI이다. 이들은 점진적으로 MJDI로 대체되고 있다.

등록마크(ERM)[11]의 사용을 통해 수명기간에 걸쳐 추적된다. RNE의 관리에 대한 국방부 방침은 현재 개발 중에 있으며, 상세한 내용에 대해서는 DES JSC SCM-SCPol-PolDev (Stuart Langridge)로 연락한다.

8. 아래 부서는 국방부 운송수단의 관리 책임을 가지고 있다:

a. DE&S PT. 사업팀은 국방부의 '능력 스폰서'에 의해 설정된 '책임'을 고려하여 운송수단을 구매하고 뒤이은 부대 자격을 고려한 선단으로서 관리한다. 사업팀은 개조, 단종 및 폐기를 포함하여 운송수단에 대한 수명주기관리를 유지한다. 사업팀은 장비가 국방부 정보 시스템에 등록되고 ERM이나 VRN 세부내용이 계약자에 통보되어 정확한 등록내용을 표시한 운송수단이 인도되도록 한다.

b. 전방 사령부 (FLC). FLC는 자체적인 지휘 계통을 통해 각 FLC 내의 운송수단을 관리할 책임이 있다. 운송수단의 주 사용자인 HQ LF는 주요한 FLC 역할을 가진다.

c. Chilwell SCM 통계조사 팀. 센서스 팀은 운송수단자산의 회계 및 MERLIN의 충실도를 유지하는 책임을 진다. 여기에는 4가지 기능이 포함된다: 수령, 장소 이동 및 폐기를 위한 공식 문서 처리; 배치된 모든 운송수단의 연례 조사; 운송수단 품명부호 관리 및 해외 현지 발주자산을 위한 ERM 할당.

d. Ashchurch 운송수단 정비창. 정비창은 소유 사업팀의 지시에 따라 후속 이슈를 위한 운송수단 수령 및 저장에 대한 책임을 진다.

e. 부대. 부대는 불출된 운송수단의 손질 및 정비에 대한 책임을 진다. 운송수단 관리자로서, 모든 물자 회계 및 요구된 ETLS 처리를 완결하고 조사보고를 완성한다.

9. RNE에 대한 보급관리 및 SII 데이터의 수집 프로세스를 아래 그림 2에 나타내었다:

그림 2: RNE SII 데이터를 위한 프로세스

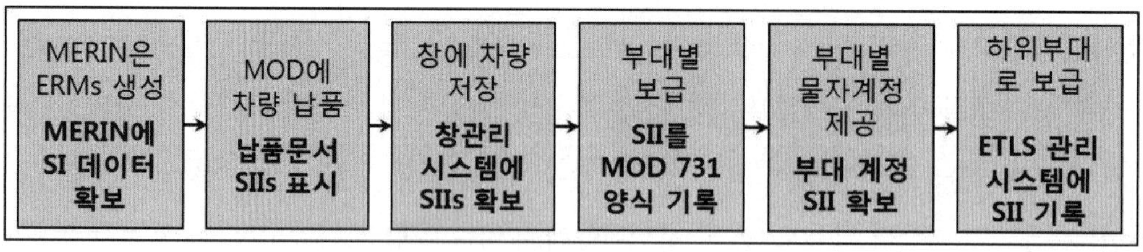

MERIN은 ERMs 생성 **MERIN에 SI 데이터 확보**	→	MOD에 차량 납품 **납품문서 SIIs 표시**	→	창에 차량 저장 **창관리 시스템에 SIIs 확보**	→	부대별 보급 **SII를 MOD 731 양식 기록**	→	부대별 물자계정 제공 **부대 계정 SII 확보**	→	하위부대로 보급 **ETLS 관리 시스템에 SII 기록**

11 ERM도 흔히 차량등록번호(VRN)로 불린다. 차량도 통상 차체에 각인되는 차량식별번호(VIN)을 가지고 있다.

제3장

기술관리품목

개요

1. 엔지니어링 수명주기지원 (ETLS) 기능의 적용은 총 수명비용의 최적화를 유지하면서 군 능력의 성공적이고 효과적인 수명주기지원을 달성하기 위해 필수적이다.

2. ETLS 기능은 자산 및 장비의 특수 식별(SI)에 의해 촉진된다. ETLS의 3가지 출력정보와 관련 세부활동을 아래 그림 3에 나타내었다.

그림 3: ETLS 기능

기능	활동 내용
형상 관리[12]	군수, 능력 및 안전 중요 설계 정보를 위한 설계 저장소 관리 설계와 안전성 케이스, 환경 케이스 및 운용형상의 연결 유지 정비정책의 수립 및 유지 신뢰도의 최적화 및 지속 도해부품 카탈로그 유지 교육 및 정비지침 유지 구성품 수명 및 단종 관리
선단 관리	역할 구성 설명 정비 기준선 및 역할 구성 관리 장비 제작관리 및 구조 유지 장비 역할 체계 관리 장비 및 플랫폼 개조 관리 운용형상이 설계형상의 한도 내에 유지되도록 하여 운용형상이 안전 및 환경조건을 충족하도록 한다.
정비 관리	상태 감시. 고장 예측 고장의 기록, 분석, 판정 및 감시 예상수명의 계산 및 도출 사용 데이터 기록 (상태, 사용, 고장) 자산위치 기록 및 추적 정비 일정수립 검사 실시 정비수행 관리/정비일정 관리, 기록 및 감시 엔지니어링 등록부 유지

기술관리품목

3. 기술관리품목 (EMI)은 ETLS요구사항의 대상이 되는 국방부 재고 내의 품목으로 정의된다: 안전[13], 운용 가용도, 법적 적합성 또는 비용에 영향을 미치는 가능성 때문에 수명기간에 걸쳐 개별 관리될 필요가 있는 플랫폼, 장비, 모듈, 체계, 하부체계 또는 디스크리트 품목. EMI의 전형적인 예는 정해진 수명을 가진 압력용기 또는 구명뗏목 등이다. EMI는 재료의 상태, 개조 상태, 형상 및 물리적 위치가 제작에서 사용지점까지, 역 보급계통에서 수리까지 그리고 수리에서 기지 저장[14][15]까지 지원체계의 모든 노드에서 알 수 있도록 관리되며, 상기 표 1에 설명된 ETLS 기능 및 활동의 대상이 된다.

4. 제품분해구조[16](PBS)는 정비, 수리, 개조 및 오버 홀 (MRMO)의 대상이 되고 고유한 참조번호에 의해 관리되는 계층적 구조를 설명하는데 이용된다. 상세한 PBS 정보는 JSP 886 제7권 2부 (부록 M의 첨부 1 – 00.03.03.01), 3부 (1장, 13e 절 및 5장 14f 절)을 참조한다.

특성

5. EMI의 효과적인 수명기간 지원을 위해서 소유자(사업팀) 및 관리자(사용자)는 E2E 지원계통의 모든 노드 및 시점을 통해 물자의 상태, 개조 상태 및 자산의 위치를 살펴보고 추적할 수 있는 것이 중요하다. EMI로 분류된 품목의 식별 및 효과적인 수명주기관리는 특수식별(SI) 방법의 이용에 의해 가능하며 아래 항목이 포함된다:

a. 나토 재고번호 (NSN) 또는 물자자산부호 (MAC).

b. 일련번호, 장비등록마크(ERM) 또는 차량식별번호(VIN)과 같은 특수품목 식별자(SII)

c. 아래 사항을 포함하는 능력 명세서

(1) 허용된 형상 및 설계 수명과 설계 의도

(2) 개조 상태를 포함한 '현재 그대로' 형상의 현재 기록

(3) 물자 상태 (MATCON)

(4) 잔여 수명 (해당될 경우)

(5) 저장수명, 저장 중 정비주기, 차기 교정일자

d. 불출, 수령, 장소, 구현, 사용, 파손, 처리, 정비, 수리, 개조, 사용시간, 운용조건을 포함하는 자산이력의 기록. EMI는 아래와 같은 Log NEC의 ETLS 관리 시스템 상에서 관리된다:

(1) 해상환경을 위한 UMMS

(2) 육상환경을 위한 JAMES (육상)

(3) 고정익 장비를 위한 LITS

(4) 회전익 장비[17]를 위한 WRAM

6. 상세한 요구사항은 LITS, WRAM, JAMES 및 UMMS의 각 사용자 안내에 수록되어 있다.

7. 사업 지원방안의 하나로 EMI 관리를 위한 대안체계에 대한 제안은 Log NEC 'Front Door'을 통해 Log NEC 프로그램에 의해 승인되어야 한다.

요구 조건

8. 사업팀이 EMI로 지정된 재고의 ETLS 관리항목을 위해 요구되는 추가 자원을 완전히 이해하는 것이 필수적이다. 총 수명비용의 최적화를 유지하면서 성공적인 수명주기지원 요소를 확보하기 위해, 아래 항목은 필수적이다:

a. 사업팀은 지원성 분석 활동으로부터 지원방안 개발 중 어떤 품목이 EMI로 지정되어야 하는지를 정한다. 수리부속 및 S&TE 품목은 초도보급 프로세스 단계에서 식별되어야 한다. 보급지원계획은 EMI 및 그 SII 목록의 제공을 포함해야 하며, 이들은 재고 및 ETLS 관리 시스템에 로드 될 수 있다.

b. 사업팀은 수명주기에 걸쳐 지원하기 위해 제공되는 승인된 정보 시스템과 관련하여 사업 군수정보계획(LIP) 내의 ETLS 및 재고관리 시스템 간에 수명주기 동안 교환될 데이터 및 정보[18]의 명세서 제공에 대한 요구사항을 포함한다.

c. 사업팀은 필요한 수명주기에 걸친 EMI 데이터의 구매, 그리고 이 데이터를 ETLS 관리 시스템[19]상에 로드 할 준비를 해야 한다.

d. 사업팀은 수명기간에 걸친 EMI 관리를 위해 요구되는 사업 팀 전방 사령부 내의 증가된 자원 소요를 이해한다.

e. 사업팀은 어떤 EMI 품목이 수명기간에 걸쳐 구현 및/또는 역할 맞춤의 대상이 되는

---

12 형상관리 방침은 JSP 886 wp7권 8.12부에 수록되어 있으며, 본 자료와 같이 참조되어야 한다.

13 안전관련품목의 관리를 위한 별도의 방법 - Def Stan 05-61 9부: '품질보증절차 요구사항'은 안전관련 품목을 오류나 고장의 결과가 체계, 사람 또는 환경에 큰 위해가 되는 조립체 또는 설치 단계 또는 체계의 시험 또는 그 구성품'으로 정의한다.

14 안전관련품목의 관리를 위한 별도의 방법 - Def Stan 05-61 9부: '품질보증절차 요구사항'은 안전관련 품목을 '오류나 고장의 결과가 체계, 사람 또는 환경에 큰 위해가 되는 조립체 또는 설치 단계 또는 체계의 시험 또는 그 구성품'으로 정의한다.

15 사용'장비 EMI가 수리 사이클에 한번 들어 갈 수 있으면 최종 폐기 때까지 여러 번 기지 저장으로부터 재 불출될 수 있다.

16 가끔은 장비분해구조(EBS)로도 불린다.

17 WRAM은 2011년 GOLD ESP에 포함될 예정임.

18 지원정보 관리를 위한 방침, 조언 및 지침은 JSP 886 제7권 5부에 수록되어 있으며, 본 자료와 같이 참조되어야 한다.

19 JAMES (L)상에서EMI의 관리를 위해, 사업팀은 자산의 'Type'와 뒤이은 'Instance'를 생성할 수 있도록 계약자가 JAMES 데이터 수집 서식 (JAMES DCT)를 완성하도록 해야 한다. ('Type'와 'Instance'는 JAMES (L)에 쓰이는 용어이다. 상세한 내용은 JAMES '사용자 안내'에 수록되어 있다.)

지 식별한다.[20]

f. EMI는 작전 지휘관의 군사적 요구능력을 만족시키기 위해 운용 가용도 요구 수준을 충족한다.

g. EMI는 국방부 및 다른 국방부 부서 또는 계약자의 수명주기를 통한 안전성 및 환경 법령, 계약적 요구사항 및 정보관리 요구사항을 충족한다. 방산장비에 대한 안전성 관리 요구사항은 Def Stan 00-56에 명시되어 있다.

h. EMI 지원 비용은 '총 수명" 전망으로부터 관리되며, 수명기간에 걸쳐 지속적으로 검토 및 최적화 된다.

i. EMI의 물자 상태, 개조 상태, 형상 및 장소는 제작에서 사용지점까지 역 보급계통에서 수리까지 그리고 수리에서 기지 저장[21]까지 모든 노드에서 명백히 알아 볼 수 있다.

j. 사업팀은 사업팀 DEFCON 23 및 DEFCON 611 상에서 유지되는 모든 EMI 품목에 대한 효과적인 ETLS 관리를 보장해야 한다. 여기에는 업체에서 수행하는 국방부 자산에 대한 주기정비, 교정 또는 개조 그리고 관련 ETLS 관리 시스템에 대한 상세 내용의 기록이 포함된다.

형상관리

9. EMI가 요구사항을 충족하도록 하기 위해, 이들의 형상이 사용 시 효과적으로 관리되어야 한다. 효과적인 형상관리(CM) 프로세스를 이행하기 위해 먼저 면밀한 계획 수립이 필요하다. CM 및 계획은 먼저 사업팀에 의해 시작되고 계약 체결 후 계약자에 의해 진행된다. 형상관리 계획(CMP)은 전체 수명주기 동안 형상관리가 어떻게 달성되고, 제품의 형상기록 및 제품형상 간의 일관성이 어떻게 확보, 유지 및 검증되는지를 상세히 설명한다. EMI와 그 인터페이스의 형상관리에 대한 계획수립은 필수적이다. 이 계획은 사업의 수명주기 동안 제품의 기능적 물리적 형상 및 형상항목의 관리에 이용되는 조직 및 절차를 정의한다. EMI의 경우 3가지 수준의 형상이 고려된다:

a. 설계형상. 이것은 통상 설계당국에 의해 유지되는데 전체 형상을 나타낸다. 설계형상은 장비의 안전 사례와 연결된다. 설계형상 관리에 요구된 규격은 Def Stan 05-57에 의해 정해진다. 주어진 장비에 대해, 여러 가지 설계형상이 있을 수 있다.

b. 지원형상. 이것은 종합군수지원의 기초가 된다. 사용 중 지원의 개발 및 수명기간 관리에 관련되고 수리부속 카탈로그, 기술 출판물, 지원장비 및 기타 지원 요구사항의 정렬을 위한 형상 측면을 다룬다. ILS 관리를 위한 방침은 JSP886 제7권에 수록되어 있고 Def Stan 00-600에 정의되어 있다. 주어진 장비에 대해, 여러 가지 승인된 지원형상이 있을 수 있다.

c. 운용형상. 이것은 전체적인 것이 아니라 개별 자산에 적용되기 때문에 다른 것과 차

별된다. 운용형상은 설계형상 및 지원형상과 일치해야 하며, 그렇지 않을 경우 승인된 모든 예외를 기록하게 한다.

선단(Fleet) 관리

10. EMI의 선단 관리는 군사적 능력의 인도를 지원하기 위하여 올바른 자산을, 올바른 장소에, 올바른 시간에, 올바른 상태로, 그리고 올바른 비용으로 할당하는데 필요하기도 하고 충분한 동일 기능을 제공하는 자산의 지원 및 유지이다. EMI를 지원하기 위해 제공된 승인된 ETLS 정보 시스템에 관련된 LIP 내의 자산 및 선단 관계자간에 교환되는 정보의 명세서는 효과적인 선단 관리를 위해 필수적이다. 선단 관리를 위한 절차는 '지상군 복무규정' 4532에 수록되어 있다.

안전 및 엔지니어링 보증

이 방침은 Director Safety & Engineering Assurance Policy와 같이 참조되어야 한다. EMI의 수명기간에 걸친 관리는 사업팀의 안전 및 엔지니어링 보증 프로세스의 핵심 고려사항이어야 한다.

---

20 사업팀은 DEFCON 23 또는 DEFCON 611에 의거 업체의 자산으로 보유되고 있으며 차후 차상위 조립체에 통합되어 국방부로 반납될 모든 EMI에 대해 알고 있어야 한다.

21 EMI 관리는 기지 창에서 저장되는 동안 지속되는 것이 중요하다. 주기적 저장 중 정비, 검사, 물자 전처리, 교정, 재 포장 및 불출 전 검사에 대한 준비가 갖추어져야 한다.

JSP 886 Volume 7 Part 8.15: Gatekeeper

Version 1.6 dated 22 Oct 2012

JSP 886

국방군수지원체계 교범

제7권

종합군수지원

제8.15부

공통 방산물자의 활용에서 게이트키퍼의 역할

(ILS 표준화 프로세스)

개정 이력		
개정 번호	개정일자	개정 내용
1.3	30/05/12	부록 A: 군용교량가설 추가, 문의처 변경.
1.4	05/07/12	부록 A: 페이지 11 UAD 추가. 페이지 11 M&GS POC 수정, 페이지 15 Power, 페이지 11 GP Power 교체. 16페이지 SSM 세부내용 변경.
1.5	06/09/12	페이지 8 CNC 등 추가. 페이지 11 GSE 문의처 수정; 페이지 23 AGSE 문의처 수정
1.6	22/10/2012	문의처 수정. 경미한 오탈자 제거

Contents

Ministry
of Defence

제1장

공통 방산물자의 활용에서 게이트키퍼 역할 (ILS 표준화 프로세스)

배경

1. 본 자료는 표준화에서 게이트키퍼 역할에 대한 방침, 원칙 및 지침을 제공한다. 표준화는 필요한 기존의 지원 기반시설, 장비, 물자 및 서비스를 식별 및 활용하기 위하여 개념, 평가, 시연 단계 동안 사업팀이 '전단'분석을 수행하게 하는 종합군수지원 활동 중의 하나이다. 표준화는 입찰요청서의 일부로 포함된다. 표준화 분석의 목적은 신규 장비 및 서비스의 통제되지 않은 획득을 방지하고 국방부의 능력, 나토 및 기타 연합국과의 상호운용성 측면에 초점을 모으기 위함이다. 표준화가 미흡하면 지원성, 상호운용성 및 운용 효율성에 큰 악영향을 미칠 수 있다.

2. 표준화는 국방재고 시스템내의 중복을 줄이고 기존 지원 기반시설에 장비를 도입할 때 미치는 영향을 최소화 한다. 표준화는 SOSA 규칙집[1]을 통해 DE&S 복합체계접근방법 (SOSA)에 긴밀하게 연결되어 있으며, 추진/구현 원칙 3과 4에 연결된다.

3. 기존 군수지원 자원의 활용은 아래 항목을 통해 사업의 수명주기 비용을 원천적으로 줄여줄 수 있다:

   a. 기존장비 이용 및 개발비용 방지

   b. 기존 지원 기반시설 최적화 및 활용

   c. 신규 교육 프로그램 개발비용 방지

   d. 지원문서의 활용 최적화

   e. 지원장비 및 시험장비 활용 최적화

   f. 가능한 한 시험된 장비를 사용하여 획득 위험을 줄인다. 그러나 표준화는 혁신을 억제하기 위한 것이 아니다.

   g. 경제의 규모를 인한 계약적 위치의 개선

   h. 함대 간의 통일성 및 상호운용성

4. 사업팀은 표준화 기회를 식별하기 위해 DE&S 운영 센터(OC) 내에 만들어진 지정된 '게이트키퍼'[2]와 연관된다. 게이트키퍼는 사안별 전문가이며, 여러 사업에 걸쳐 사용되는 일반 장

비, 구성품, 및 서비스의 획득 및 지원을 관리하는 '소유자'이다. 게이트키퍼는 사업팀이 지원방안을 수립하는 것을 지원한다. 기존 게이트키퍼에 대한 상세한 내용은 부록 A에 나열하였으며, 게이트키퍼의 역할에 대한 지침은 제2장에 서술하였다.

방침

5. 긴급운용소요[3](UOR)에 대한 능력 제공을 포함하여, 사업팀이 게이트키퍼에 참여와 함께 표준화 분석 프로세스를 수행하도록 하는 것이 DE&S의 방침이다. 사업팀은 SOSA 원칙 3과 4에 관련된 자신의 책임을 인식하면서 이 활동을 수행해야 한다.

운선순위 및 권한

6. 사업팀은 수명주기 동안 지원방안의 개발이 모든 카테고리 A ~D 사업 및 UOR에 대한 효과적이고 일관된 지원방안의 개발을 입증하면서 SSE에 의해 제시된 핵심 방침을 따르는지 평가해야 한다.
7. SOSA는 획득운용체계 (AOF)의 일부이며, 국방부 방침 및 최적 실무 적용의 일관성 개선을 목표로 한다. SOSA 규칙집은 국방 능력의 획득에 있어서 사업팀이 이용하도록 공유 및 체계화되고 관리되는 자원이다. SOSA의 원칙을 만족시키기 위해 따라야 하는 모든 관련 전략, 방침 및 규칙을 식별하여 담은 것이다.

요구 조건

8. 표준화를 적용하는데 필수 요구 조건은 없다. 그러나, 게이트키퍼의 참여를 통해, 사업팀은 기존의 지원 기반시설, 장비, 물자 및 서비스의 활용에 대해 적절한 조사를 수행하고 그들의 제안된 지원방안이 비용효과, 중복성 및 불필요한 혁신에 대해 시험되었음을 명확히 보여주어야 한다.
9. 현재 SOSA가 요구되지 않았지만, 요구된 여러 가지 방침과 프로세스를 제시한다.

---

1 SOSA 규칙집은 국방 능력의 획득에 이용하기 위해 공유 및 체계화 되고 관리되는 자원이다. SOSA의 원칙을 만족시키기 위해 따라야 하는 모든 관련 전략, 방침 및 규칙을 식별하여 담은 것이다.

2 게이트키퍼는 사업팀, 비즈니스 유니트 또는 개인이 될 수 있으며, 설계에서부터 재분배를 위한 구매 및 폐기 때까지 전 주기에 걸쳐 일반 방산 물자 품목의 몇 가지 측면을 관리한다.

3 게이트키퍼는 UOR 프로세스의 속도를 저하시키지 않는데, 사실은 적기에 게이트키퍼를 참여 시킴으로써 핵심 공급자와 서비스 식별을 위한 시간과 노력을 줄이고, 일관되고 비용효율적인 지원방안을 인도하는 동안 계약협상을 단축시킬 수 있다.

핵심 원칙

10. 사업팀은 ILS 계획에 표준화를 포함한다 (Def Stan 00-600이 적용됨).

11. 사업팀은 기본 지원을 운용 연구에 수록하고, 신규장비의 요구사항과 업체의 지원제안을 분석한다. 지원방안 위험을 줄이기 위해 일찍이 게이트키퍼에 물리도록 한다.

12. 개념, 평가, 설계 단계에 걸쳐 그리고 장비의 수명기간을 통한 모든 개조 기간 중 사업팀은 표준화 프로세스를 통해 지원 소요를 분석하고, 가능한 경우 기존 지원 기반시설, 장비, 물자 및 서비스를 활용해야 한다. 이것은 UOR에 대한 능력을 제공하는 사업팀에도 적용된다. 통상 여기에는 아래 항목을 포함한다.

a. 신규장비가 기존 계약에 포함되고 비용을 공유할 수 있는지 파악한다.

b. 신규 지원방안이 기존 방안보다 이점을 제공하는지 파악한다.

c. 개발 부담 및 지원비용을 공유할 수 있는 유사 사업이 있는지 파악한다.

d. 사업팀이 제안된 방안을 범용으로 구성하여 다른 사업에도 이용하고 가능하면 비용 공유도 할 수 있는지를 식별한다.

e. 지원 공유를 위한 비즈니스 합의나 계약 등을 조정한다.

f. 표준화 기회가 파악되지 않은 경우, 적합성 증명 및 감사 목적으로 TLMP에 표준화 프로세스의 활동 및 결과를 기록한다.

13. 국방지원그룹 (DSG)은 자체적인 전략적 육상 정비, 수리 및 오버 홀, 개량 및 개조 지원능력[4]을 제공하는 국방부의 전략적 자산으로 유지된다. 보유 국방 능력으로서 DSG는 극대화되고, 핵심 역량[5]이 지속된다. DSG는 어디에든지 비용 대 효과가 높고 적절하다면 향후의 국방부 구매 및 지원방안에 통합된다.

14. 사업팀의 계약 담당관은 제안된 구매 전략, 기존의 구조 합의 및 정부계약 규정의 적용에 대한 지침을 제공한다.

15. 사업팀은 체계의 배경에 대해 이해할 책임이 있다. 체계의 배경은 다른 사업, 프로그램 및 관련 도메인 기획자와 사업의 중요한 공동협력을 제공하고 정의한다. 이 배경은 사업에 적용될 설계 제한사항 및 SOSA 그룹으로부터 요구된 서비스를 위한 비즈니스 합의를 정의한다. 사업팀은 복합체계 규칙집 및 아래의 핵심 원칙에 대해 드러난 방안을 시험해야 한다:

a. 핵심원칙 3 다양성의 최소화. 방안은 국방능력을 생성하기 위해 이용되는 여러 가지 많은 체계, 구성품, 공구, 시설 및 기반시설을 최소화 하면서 운용 효과를 달성하도

---

4 DSG 능력은 주로 육상 및 항공 시스템에 집중된다.

5 핵심 국방지원그룹 (DSG)의 역량은 DSG 활용의 최적화를 위해 국방부 고객과 협의를 통해 관리된다. 국방부의 한 부서인 DSG는 사용 중인 장비의 지원을 위해 제삼자의 제한 가능성을 배제하기 위해 통상 지적재산권 및 국방부의 사용자 권리를 이용한다.

록 인도된다.

b. 핵심원칙 4 재사용을 위한 설계. 모든 국방개발라인 (DLOD)은 기존의 것을 활용하고, 새로운 방안과 그것을 구성하는 부분들이 방산업계에 걸쳐 재사용될 수 있게 설계되도록 하는 방안을 인도한다.

16. 사업팀과 게이트키퍼는 새로운 사업을 포함시켜 기존 계약을 확대하려고 한다. 이것은 기존 지원환경을 통합하여 개선하고 규모의 경제를 통해 국방부의 계약적 위치를 향상시킨다.

17. 기존 계약이 만기되어 재협상 또는 재입찰이 필요한 경우, 사업팀은 후속지원 계약 또는 서비스가 최고의 공통 의견 및/또는 금액에 합당한 가치를 제공하도록 하기 위해 관련 게이트키퍼를 접촉해야 한다.

18. 일반 방산 물자가 효과적으로 관리되게 하기 위해, 사업팀 및 게이트키퍼는 내부적인 비즈니스 합의를 체결한다. 고려되는 분야는 아래와 같다:

a. 지원방안 최적화

b. 자산관리

c. E2E 보급계통 활동

d. 시험 및 평가 작업

e. 시험 장비

f. 지원 장비

g. 포장, 취급, 저장 및 수송

h. 정비, 수리 및 오버 홀

i. 개조; 기술 개량/삽입

j. 사용 정보 및 활용

k. 정보 시스템 (IS 게이트키퍼 및 LogNEC Front Door 참조)

l. 단종 관리

m. 폐기/해지 활동

관련 규격 및 지침

19. 아래 문서는 관련 규격 및 지침을 제공한다:

a. Def Stan 00-600. 종합군수지원. 국방부 사업을 위한 요구사항

b. DE&S 복합체계 접근방법 (SOSA) 규칙집 및 원칙

c. JSP 886 제1권 4부: 지원옵션 매트릭스 (ESCIT).

d. JSP 886 제7권 1부: 종합군수지원 방침

e. JSP 886 제7권 2부: ILS 관리

f. JSP 886 제7권 3부: 지원성 분석

소유권 및 문의처

20. 표준화 방침에 대한 이 지침의 스폰서는 DJSC이다. 작성자는 DES JSC-SCM-EngTLS-PC이며 내용의 기술적 사항에 대한 문의를 위해 접촉할 수 있다:

a. 방침 해석에 관한 문의:

DESJSCSCM-EngTLS-PC2@mod.uk

Tel: Mil: 9679 82689, Civ: 030679 82689

b. 입수 및 표현에 관한 문의:

DES JSC SCM-SCPol Editorial Team.

Tel: Mil: 9679 80953, Civ: 03067 980953

제1장의 부록 A: DE&S 게이트키퍼 목록

1. 이 목록은 살아있는 기록으로서, 새로운 게이트키퍼가 지정되거나 부서의 변경이 있을 경우 수정된다.

2. 변경 요구는 JSP 886 편집팀을 통해서 한다: 전자우편: DES JSC SCM-SCPol 편집팀.

분야	환경	게이트키퍼	적용범위	문의처
공기조화기(ACU). 대부분의 ACU는 담당작업환경 (SWE) 및 기술작업환경 (TWE)의 지원을 위한 ISO 설치/통합이거나 배치가능 단위이다.	전체	원정 작전 기반 시설 (ECI) 팀	원정작전기반시설 팀은 DE&S의 육상장비 분야에 속한다. 이 팀의 목표는 '야전에서 군인의 삶을 개선'하는 것이다. ECI 팀은 성공적인 작전을 지원하기 위하여 재배치 가능한 유기적인 기반시설을 제공하고 유지한다. ECI 팀은 작전용 숙소(거주용 텐트 야영) 및 기술용 (항공기 격납고), 야전병원, 스태프 작업환경, 군 보호물자, 일반 작업용 천막, 임시 지면, 건설 용품 - 세멘트, 블록 등, 방산 용품 - 가시철사, MEXE 쉘터, 등, 세면/위생 유니트 및 야전취사 유니트, 스태프 작업 환경, 항공기 격납고, 임시 지면/도로, 의료 시설/환경, 엔지니어 조사 장비, 야영 지원 장비를 제공한다.	DE&S 육상장비 일반 지원 그룹 DESLEGSG-ECI-BusMgr@mod.uk
기갑	전체	LE OC 체계팀	LE OC 체계팀은 전방 사령부와 상설합동작전본부와의 합의에 따른 신속성과 응답성을 갖추고 전 작전주기에 걸쳐 장비 및 군수지원을 제공하고 유지한다. 체계팀은 아래 항목도 지원한다: 광전자 및 광학 시스템 원격무기 시스템 포탑 보호 시스템 복구 및 교량가설 전자 구조 및 통신 시스템 발전기, 구동기 및 연료 시스템	체계팀 리더 Ext: 31136 DES LE CTG-ST TL

자동시험장비 (ATS) 교정 복합무기시험	전체	DES JSC SCM EngTLS	아래 항목에 대한 JSC SCM Eng TLS 조언, 지침 및 방침: - 복합무기 시험에 대한 피시험 안전(SUT) 보증 - 교정 및 복합 무기 시험	DES JSC SCM-EngTLS-TM-ATS Tel: Mil: 9679 82696, Civ: 03067 982696 교정관련 문의: DES JSC SCM-EngTLS-TM-TEC Tel: Mil: 9679 82690, Civ: 03067 982690
모든 종류의 배터리 (잠수함 제외)	전체	경화기, 사진 및 배터리 (LWPB) 사업팀	DE&S의 개별능력그룹의 경화기, 사진 및 배터리 사업팀은 근접전투 시 최전방 부대에 의해 사용되는 장비를 구매 지원한다. 현재와 미래의 보병 근접전투의 승리를 위해 보병에게 통합전투장비를 장착 지원한다. 소화기 (비 살상 무기 포함), 휴대형 발전기 및 화상장비를 구매하고 지원한다. 배터리 팀은 특수 및 사용 배터리, 휴대형 배터리 처리기, 충전기 및 상태 점검기의 구매를 맡는다. 또한, 새로운 배터리 기술과 화학적 성질을 활용하고, 배터리의 화학적 성질, 입증 요구사항, 저장 및 폐기 그리고 공급업체의 선택에 관하여 다른 팀에게 조언하는 게이트키퍼 역할을 수행한다. (배터리 정책에 대한 세부 사항은 Def Stan 61/17 (배터리 사용을 위한 선택과 개요) 참조).	DES LE ICG-LWPB-PB-
군사용 교량가설	전체	LEOC 기동지원팀	기동지원팀(MST)은 현재 작전을 지원하며, 미래 작전을 충족하고 능력 요구에 대한 비용효율이 높은 방안을 이행하기 위한 임무를 가지고 '전투차량그룹'의 일부를 구성한다. MST 내의 장비부는 보병근접전투 - 장애물 통과 능력(DCC-OCC) 및 교량전차, 사륜 오토바이 및 궤도형 정찰차량, 말뚝을 위한 소형 단절구간 통과 방안, 복합 전차도하 교량(CSB) 및 가대, 고정용 전술지원용 교량 (GSB) 및 부잔교 능력, 군수지원교량(LSB) 및 잔교 능력, 선박 및 수륙 양용기 교량의 지원을 맡는다.	MST 장비 프로그램 관리자 Tel:03067931344 Mob: 07760990327 Deslecwg-ms-eqptprojmgr@mod.uk
전투 식별	전체	LE OC 체계팀	LE OC 체계팀은 전방 사령부와 상설합동작전본부와의 합의에 따른 신속성과 응답성을 갖추고 전 작전주기에 걸쳐 장비 및 군수지원을 제공하고 유지한다. 체계팀은 최근에 국방 피복팀으로부터 'Mockingbird' 시스템에 대한 책임을 인수했다. 체계팀은 아래 항목도 지원한다: 광전자 및 광학 시스템, 원격무기 시스템, 포탑, 보호 시스템, 복구 및 교량가설, 전자 구조 및 통신 시스템, 발전기, 구동기 및 연료 시스템	체계팀 리더 Ext: 31136 DES LE CTG-ST-TL@mod.uk

컴퓨터수지제어 (CNC) 특수 고정 기계 공구 및 정밀 연마 장비	전체	항공 물품 사업팀, GSE3	항공 물품 사업팀은 수명주기 지원과 함께 광범위한 지상지원장비, 활주로 차량, 항공전자장비 소모품 및 수리 품목의 획득을 통해 전방을 지원하는 국방 조직이다. GSE3 항공 작업장은 CNC 수직 밀링, 절곡, 라우팅, 터닝, 파이프 제작 및 정밀 표면연마 및 실린더 연마기계 등 다양한 장비의 지원을 제공한다.	AWS GSE 3 항공물품팀 DESAS-ACGSE3Group@mod.uk
기만기 시스템	전체	DES Ships MCS-UEW	해상전투체계 (MCS) 및 수상함 전투체계 그룹 (SSCSG)은 전투체계 수명주기의 모든 측면을 종합한다. MCS 팀은 설계부터 운용 지원에 통합까지 모든 전투체계의 개발 및 지원을 맡는다.	DESSHIPSMCS-Hd@mod.uk DES Ships MCS-UEW-BusMgr
배치가능 전자광학-기계 작업장 전 방산장비 진단 및 수리 능력	전체	배치가능 기반시설 (DI) 사업팀	DI는 서비스 및 수명주기 지원에 대해 범국방부 조언, 지침, 인도를 제공한다. 긴급운용소요(UOR) 및 배치된 장비, 시험장비 (전자 및 기계), 자동시험장비, 배치가능 기계 수리 장비, 작업장 공구 및 장비 등을 포함하여 게이트키퍼 역할에서 공급자와의 관계를 관리한다.	배치가능 기반시설 (DI) 배치가능 기반시설 DES LE GSG-DI-DTSS-OutputMgr
배치가능기술지원 시스템 (DTSS)	전체	배치가능 기반시설 (DI) 사업팀	DI는 서비스 및 수명주기 지원에 대해 범국방부 조언, 지침, 인도를 제공한다. 사업에는 국방철도장비, 주 전차 엔진 수리 시스템, 엔진 시험시설, 배기가능 기계 작업장, 휴대형 타이어 수리시설, 복합계기 수리 시설 및 배치가능 엔지니어링 작업장이 포함된다. 후자 사업의 경우, DTSS는 표준 20피트 ISO 컨테이너에 넣을 수 있는 시스템에 대한 게이트키퍼 역할을 수행한다.	배치가능 기반시설 (DI) 배치가능 기반시설 DES LE GSG-DI-DTSS-OutputMgr
운전병 야시경 시스템 (DNVS)	전체	LE OC 체계팀	LE OC 체계팀은 전방 사령부와 상설합동작전본부와의 합의에 따른 신속성과 응답성을 갖추고 전 작전주기에 걸쳐 장비 및 군수지원을 제공하고 유지한다. 체계팀은 아래 항목도 지원한다: 광전자 및 광학 시스템, 원격무기 시스템, 포탑, 보호 시스템, 복구 및 교량가설, 전자 구조 및 통신 시스템, 발전기, 구동기 및 연료 시스템	체계팀 리더 Ext: 31136 DES LE CTG-ST TL
디젤 엔진	전체	DES 전 함대용 장비 사업팀 FWE-MET-DEG2	DES 함대용 장비 사업팀 (FWE)은 MESH, MXS, MPPS, FWS, UWS, BASS, MTS 및 NEW 사업팀, 함 인도 그룹의 요소로부터 구성되었다. 해상환경전환 (MET)팀 - 디젤, 전자장비, 연료 계통 및 냉각/공기 계통에 대해 책임을 진다.	문의처: FWE 사업팀 E: DESShipsfwe-buscoord@mod.uk MET T: 030 679 39620 E: DESShipsFWE-MET-BG@mod.uk DES Ships FWE-MET-DEG2 (Webster, Jasen Lt Cdr)

보병용 무인지상차량 (UGV)	전체	특수 사업 탐색 및 방해책 (SPSCM) 사업팀 (ISTAR)	모든 환경, 특히 급조폭발물 대응 (폭탄 해체) 역할.	DES SPSCM-TL DES SPSCM-1 (Favager, Ian Lt Col) +44(0)30 679 31605
전자 탐색	전체	DES 시스템 사업팀 MCS-UEW	해상전투체계 (MCS) 및 수상함 전투체계 그룹 (SSCSG)은 전투체계 수명주기의 모든 측면을 종합한다. MCS 팀은 설계부터 운용 지원에 통합까지 모든 전투체계의 개발 및 지원을 맡는다. 참고: 게이트키퍼 목록에서 모든 영역에 대한 '전자 탐색'은 DES Ships MCS-UEW 팀 리더에게 할당된다. 최소한, 이 책임은 육상장비의 사안별 전문가인 JES와 나뉘어진다. 해상은 JES 및 UEW 두 팀에 의해 다루어진다; 각각의 책임에 대해 더 자세한 설명이 필요할 수 있다. 항공 영역에 대한 책임은 Air ISTAR (NIMROD/HELYX 팀)에게 있으나 아직 수락되지는 않았다.	DESSHIPSMCS-Hd@mod.uk DES 시스템 사업팀 MCS-UEW-BusMgr (O'Hanlon, Mark Mr)
화재탐지 및 억제 시스템	전체	LE OC 체계팀	LE OC 체계팀은 전방 사령부와 상설합동작전본부와의 합의에 따른 신속성과 응답성을 갖추고 전 작전주기에 걸쳐 장비 및 군수지원을 제공하고 유지한다. 체계팀은 아래 항목도 지원한다: 광전자 및 광학 시스템, 원격무기 시스템, 포탑, 보호 시스템, 복구 및 교량가설, 전자 구조 및 통신 시스템, 발전기, 구동기 및 연료 시스템	체계팀 리더 Ext: 31136 DES LE CTG-ST TL
연료, 윤활유 및 산업용 가스	전체	국방연료그룹 및 DFG 작전 에너지 관리 (OEM) 팀	국방연료그룹 (DFG)은 전세계 아군에게 효율적이고 효과적인 연료, 윤활유 및 산업용 가스를 공급하는 책임을 맡는다. 방침, 절차 및 규정을 포함하여 물리적 보급망의 관리에 대한 책임을 지닌 합동 서비스 그룹이다. DFG는 전방 사령부를 지원하기 위해 항공용, 해상용 및 지상용 연료뿐만 아니라 윤활유 및 산업용 가스를 구입하여, 언제든지 정확한 품질로 인도하거나 사용 가능하도록 한다.	Wg Cdr D Keefe DES DFG-WES-SO1FuelsOps@mod.uk
연료 물 야영	전체	원정작전 기반시설팀	원정작전기반시설 팀은 DE&S의 육상장비 분야에 속한다. 이 팀의 목표는 '야전에서 군인의 삶을 개선'하는 것이다. ECI 팀은 성공적인 작전을 지원하기 위하여 재배치 가능한 유기적인 기반시설을 제공하고 유지한다. ECI 팀은 작전용 숙소(거주용 (텐트 야영) 및 기술용 (항공기 격납고), 야전 병원, 스태프 작업환경, 군 보호물자, 일반 작업용 천막, 임시 지면, 건설 용품 - 세멘트, 블록 등, 방산 용품 - 가시철사, MEXE 쉘터, 등, 세면/위생 유니트 및 야전취사 유니트, 스태프 작업 환경, 항공기 격납고, 임시 지면/도로, 의료 시설/환경, 엔지니어 탐사 장비, 야영 지원 장비를 제공한다.	DE&S 육상장비 일반 지원 그룹 DESLEGSG-ECI-BusMgr@mod.uk

범용 시험 및 측정장비 (GPTME) 특수 시험 및 측정장비 (SPTME).	전체	배치가능 기반시설 (DI) 사업팀	DI는 시험장비(TE)의 서비스 및 수명주기 지원에 대해 범 국방부 조언, 지침, 인도를 제공한다. DI팀은 범용 시험 및 측정장비와 관련한 조언 및 지침, 정비도, 능력 및 보증의 유지에 대해 고객 및 공급자에게 범 국방부 단일 창구를 제공하는데 여기에는 일부 복합 플랫폼 사용을 위한 특수 시험 및 측정장비가 포함된다.	배치가능 기반시설 DES LE GSG-DI-GPTME-OutputMgr
(ref v1.4) GPTME 사용자 접근 디바이스 (UAD)	전체	배치가능 기반시설 (DI) 사업팀	모든 사용자 접근 장비 (UAD)	DII: 자체 ISS 대리인 Log NEC: DES Log NEC Front Door.
(ref v1.4) 범용, 의료용, 치과용, 수의과용 보급품	전체	의료 및 범용 보급품 (M&GS) 팀	M&GS 팀은 범용, 의료용, 치과용 및 수의과용 물자 & 장비를 영국군 및 다른 정부 부서에 공급 및 지원하는 책임을 진다.	Chief of Staff DE&S Elm 2b, Abbey Wood Bristol 030 679 83466DES Med GS-COS
지상 설치 기반시설 (텐트 및 숙소 포함) 범용 작업용 텐트 작전용 숙소 스태프 작업용 환경 항공기 격납고 임시 지면 및 도로 의료 기반시설/환경 엔지니어 탐사장비 야영 지원장비	전체	DE&S 육상장비 일반지원 그룹 원정작전 기반시설 (ECI) 팀	원정작전기반시설 팀은 DE&S의 육상장비 분야에 속한다. 이 팀의 목표는 '야전에서 군인의 삶을 개선'하는 것이다. ECI 팀은 성공적인 작전을 지원하기 위하여 재배치 가능한 유기적인 기반시설을 제공하고 유지한다. ECI 팀은 작전용 숙소(거주용 텐트 야영) 및 기술용 (항공기 격납고), 야전 병원, 스태프 작업환경, 군 보호물자, 일반 작업용 천막 및 임시 지면을 제공한다.	DE&S 육상장비 일반지원 그룹 DESLEGSG-ECI-BusMgr@mod.uk
지상지원장비 (GSE)	전체	항공물품 사업팀	항공 물품 사업팀(AC PT)은 지상지원장비(GSE), 활주로 전용차량 및 광범위한 항공전자장비 등 다양한 범위의 항공기 물품 및 활주로 관련 장비의 획득 및 수명주기관리를 책임진다. 항공 물품 사업팀은 수명주기 지원과 함께 광범위한 지상지원장비, 활주로 차량, 항공전자장비 소모품 및 수리 품목의 획득을 통해 전방을 지원하는 국방 조직이다.	항공기 활주로 항공물품팀 DESAS-AC-AFD@mod.uk
지대공 항공관제 무전기 및 지상설치 항공기 항법보조장비	전체	대공방어 및 항공관제 시스템 사업팀 (ISTAR)	ADATS 팀은 대공방어, 항공관제 및 지상설치 전자전 체계의 관리를 책임진다. ADATS 팀은 아래 항목을 지원한다: - 이동형 및 고정형 대공방어 탐색 레이더류 - 1차 및 2차 탐색 레이더 및 정밀 접근 레이더, VHF/UHF 무인 착륙보조시설 포함 지대공/지대지 통신장비 및 항법장비 - 모든 나토 군의 실제 위험침투 훈련을 제공하는 위협 시스템의 결합. ADATS 팀은 지상, 해상 및 공중의 영국 및 나토 대공방어 자산간의 데이터 및 음성신호 교환을 가능하게 하는 다양한 레거시 대공장비도 지원한다.	ADATS Business Coordinator Room C31, Building 85, RAF Henlow, Beds, SG16 6DN. Tel: 01462 851515 x 4092. Fax: 01462 857707

휴대형, 착용식/ 휴대식 야시경	전체	보병시스템 (DSS)	보병 시스템(DSS) 사업팀은 병사 현대화 및 탐색, 표적획득 및 야간관측(STANO) 능력을 구매하고 지원한다. STANO 팀은 탐색장비, 거리 측정기, 레거시 장비에 대한 교체 능력 및 현저히 가벼워진 중량 및 군수부담 등과 같은 군수지원 및 능력의 개선을 통하여 보병의 광학, 열상 및 영상증폭 장비, 화기 조준경에서부터 특수한 전장용 장비까지의 운용 시스템 지원을 책임진다.	보병 체계팀 리더 DESLEICG-DSS-TL@mod.uk
수공구 - 범용 및 특수용 - 공구키트 - 수공구: - 검사용 공구 - 직물 공구 - 건축용 공구 - 차량용 공구 - 전기 배선공구 - 광섬유 공구 - 장제사용 공구 - 개인용공구 - 작업장용 공구 - 소모품	전체	배치가능 기반시설 (DI) 사업팀	DI 군사장비 공구방안 (METS)은 수공구에 대한 서비스 및 수명주기지원에 대해 범 국방부 조언, 지침 및 인도를 제공한다. 참고: 특수공구는 관련 사업팀의 책임이다. 공구키트 - 공구상자, 인서트, 감이식 공구 및 캐비닛을 포함한 RATS, 항공, 육상 운송 및 플랫폼 키트. 수공구, 아래 항목 포함: 엔지니어링 공구 - 스크루 드라이버, 육각렌치, 플라이어, 커터, 가위, 스패너, 소켓, 측정 공구, 토크 렌치, 칼, 핸드 드릴, 탭 및 다이, 줄, 망치, 펀치 및 드리프트, 프라이 바, 리벳 공구, 핀 등 표기 공구 - 스탬프, 스텐실, 센터 펀치, 스크라이버 등 측정 공구 - 자, 줄자, 마이크로미터, 깊이 게이지, 앵글블록, 마킹 테이블 등 검사용 공구 - 거울, 그래버, Magnetic retrieval 등 차량용 공구 - 수동식 오일 & 그리스 건, 풀러, 스플리터, 압축기, 스트랩 렌치, 베어링 제거기 등 건축용 공구 -다림 추, 먹줄, 수준기, 톱, 망치, 삽, 정, 도끼, 크로우 바, 솔, 등 면직 공구 - 가위, 절단기, 재봉기 바늘, 골무, 송곳, 등 전기 배선 공구 및 광섬유 공구 - 크림핑 공구, 삽입/제거 공구, 등 장제사용 공구 - 모루, 망치, 평다짐봉, Saddlers clam, 등 개인용 공구 - 칼 및 복합용 공구 작업장용 공구 - 작업대, 바이스 및 클램프 소모품 - 사포, 사지, 드릴, 기름 숫돌, 등	배치가능 기반시설 DES LE GSG-DI-METS-OutputMgr T: 02392 722415 Unicorn Building PP88 HM Naval Base Portsmouth PO1 3GX

안전진단시스템/체계 정보활용 (HUMS/SIE).	전체	LE OC 체계팀	LE OC 체계팀은 전방 사령부와 상설 합동작전본부와의 합의에 따른 신속성과 응답성을 갖추고 전 작전주기에 걸쳐 장비 및 군수지원을 제공하고 유지한다. 체계팀은 아래 항목도 지원한다: 광전자 및 광학 시스템 원격무기 시스템 포탑 보호 시스템 복구 및 교량가설 전자 구조 및 통신 시스템 발전기, 구동기 및 연료 시스템	체계팀 리더 Ext: 31136 DES LE CTG-ST TL
정보 및 통신시스템 (ICS) 정보 시스템 및 서비스 (ISS)	전체	네트워크 기술국 (NTA) 네트워크 운영국	고객 관리팀은 ISS에 대한 포트폴리오 관리자이다. 가능성을 모색하는 기술에 대한 프로그램 및 방안에 밀접하게 일치하며, 현재 하고 있는 것과 경로 상에 계획된 것도 이해 하고 있다. 것은 네트워크, 기반시설 및 적용 부서 내의 접촉 창구에 의해 피드백 된다. 소프트웨어 및 하드웨어 정비는 정보 인도 시스템(ISD)이 아니고 지금은 내부 정보 공급자(ISP) 이어야 한다; 이 요구는 DII의 롤아웃과 같이 점점 줄어든다. 폭 넓은 공공 분야에 걸쳐 더 큰 '규모의 경제' 가능성이 있는 경우, ISP는 카탈로그를 통하여 기존의 합의를 활용하여 지원방안 체계를 구매하는 것이 바람직하다. 소프트웨어 지원. '적용 지원팀' 책임자에 의해 제안되고 있는 개념인 '적용 클러스터'로 접근이 이루어지는 것이 추천된다. 이것은 국방부에 걸친 전체 적용 포트폴리오를 이해하기를 제안하며, 이에 따라 요구 시에 사업팀에 통지할 수 있게 된다. 틀림없이, 이것은 '적용 지원팀' 책임자 제안이 승인되고 이행되는 것에 좌우된다.	ICS 도메인 내의 게이트키퍼 기능은 UOR 등 모든 측면이 다루어지는 새로 수립된 다양한 모습의 '네트워크 당국' (즉, 네트워크 능력 당국 - 능력 스태프 (ISS를 위한 HoC CCII), 네트워크 운영국 - D ISS에 위임된 CDM) 및 ISS의 '헤드 솔루션'에 속한 네트워크 기술국(NTA)) 에 의해 제공된다.
기반시설획득	전체	DES INFRA CEstO	준칙 1에 따라, 그리고 DE&S 내의 작업 프로젝트 및 자산 관리에 대해 위임된 권한과 같이, 기반 시설팀의 책임자는 '장비 프로그램'에 관련된 영국 기반 시설 소요의 조정 및 최적화를 위한 중심점이다.	DES Infra-Core Works Prog Mgr 2
통합병사시스템	전체	개별능력 그룹 LE OC	'개별병사 시스템 추진팀'은 DE&S의 개별능력그룹의 한 부분으로 최전방 부대가 사용하고 착용하는 장비의 통합을 관리하여 효율성을 극대화 한다. ISSE의 역할은 아래와 같다: - 병사의 민첩성과 전투 능력 개선 - 다른 사업을 하나로 관리하고 적절한 프로그램 관리 원칙을 채용 - 기술을 활용하여 연구의 결과를 전방의 민첩성 향상에 접목	개별능력그룹 개별병사 시스템 추진팀 DES LE ICG ISSE-SEQ,

			- 모든 사병의 장비를 내부적으로는 병사 시스템에, 외부적으로는 차량병사시스템통합과 같은 병사를 인터페이스 시키는 다른 체계에 통합: 배터리/전원공급기를 포함하여 보병의 근접전투를 위해 병사가 착용 또는 휴대하는 모든 장비. 참고: 보병 SMS는 자신을 이 위임된 계통에 포함시키지 않는 대신에 장비의 통합에 의해 발생하는 위험의 관리 및 경감에 관여한다. ICG '개별병사 시스템 추진팀'은 보병이 이용하는 모든 장비 및 폭 넓은 능력을 제공하기 위해 보병을 통합하는 모든 플랫폼에 대한 중요한 '게이트키퍼' 역할을 채용해야 한다. 이의 목적은 ISSE가 보병의 역할에 영향을 미치는 사업이나 프로그램의 도입에 대해 거부권을 가지도록 하기 위함이다.	
포장 및 라벨링	전체	DES JSC SCM-EngTLS-Pol-Pkg	'포장방침팀'은 국방 포장 및 라벨링 문제에 대한 일반적인 조언과 지침을 제공한다. 포장 DIN: 2010 DIN 04-168 - Nov 2010	DES JSC TLS-Pol-Pkg-Mgr MOD Abbey Wood BRISTOL, BS34 8JH Tel: Mil (9) 352 35353 Mil Smart (9) 679 35353
휴대형 자가호흡기	전체	DES Ships MCS-UEW	'해상전투체계' (MCS) 및 '수상함 전투체계그룹'(SSCSG)은 전투 체계 수명주기의 모든 측면을 함께 다룬다. MCS 팀은 설계부터 운용 지원에 통합까지 모든 전투 시스템의 개발 및 지원을 책임진다.	DESSHIPSMCS-Hd@mod.uk DES Ships MCS-UEW-BusMgr
(ref v1.4) 전력: 범용 전원 야전 발전기 야전 배전 시스템 기술추세 감시 운용 중인 발전기 자산	전체	전력 게이트키퍼 배치가능 기반시설 (DI) 사업팀 - 전력 부문	'기반시설'팀은 '전장 유틸리티', '배치가능 지원 및 시험장비'팀의 결합체이다. DI는 장비와 관련된 배치가능 작업장, 시험 및 측정장비, 연료, 물 및 전력 시설에 초점을 둔다. 전력 게이트키퍼는 주로 전 국방부의 사업팀에 대한 기술지원 및 조언을 제공하는 책임을 맡는다. 지원 내용에는 아래 항목이 포함된다: 업체 제안서 심사 및 기술 평가 제공. 국방규격 및 필요한 규정준수에 대한 조언. 전력소요 정의 대한 조언. 기존 운용 중인 전력장비 능력에 대한 기술적 상업적 조언 제공.	DES LE GSG-DI-전력 □ 게이트키퍼 배치가능 기반시설 Spruce 3a #1304 MoD, Abbey Wood, Bristol Mil: 9679 35158 Civ:030 679 35158

적재, 무동력 취급장비	전체	배치가능 지원 및 시험장비	DS&TE는 취급장비, 팔레트, 선반 등 기계적 취급 및 저장 수단의 사용 및 수명주기지원에 대한 범 국방부 조언, 지침 및 인도를 제공한다.	배치가능 지원 및 시험장비 DII site
원격무기시스템	전체	LE OC 체계팀	LE OC 체계팀은 전방 사령부와 상설 합동작전본부와의 합의에 따른 신속성과 응답성을 갖추고 전 작전주기에 걸쳐 장비 및 군수지원을 제공하고 유지한다. 체계팀은 아래 항목도 지원한다: 광전자 및 광학 시스템 원격무기 시스템 포탑 보호 시스템 복구 및 교량가설 전자 구조 및 통신 시스템 발전기, 구동기 및 연료 시스템	체계팀 리더 Ext: 31136 DES LE CTG-ST TL
(ref v1.4) 지원 방안 및 정비 (SSM) 계약	전체	DE&S ISS DIST SSM	SSM 계약은 전세계 범 국방부적인 모든 비-DII/F IT 및 시청각 장비에 대한 지원을 제공한다. 이것은 목적은 규모의 경제 영향력을 확보하고 별도의 IT 및 시청각 장비 지원계약의 확대를 줄이는데 있다. 지원하는 장비에는 아래 항목이 포함된다: • 태블릿 (아이패드 등) • 개인용 컴퓨터 • 랩톱 컴퓨터 • 인쇄기 • 팩스 • 네트워크 장치 • 서버 • 투사기 • 메인 프레임 컴퓨터 • 칠판 • 텔레비전 • 카메라 SSM 계약은 아래 조건에 일치해야 한다: • DII/F 면제 (2011DIN05-028) • 효율 및 혁신 그룹: JSP 895 "구매지침" • 시청각 장비 지원 (2010DIN04-021) SSM 계약 사용의 면제는 SSM 관리자 (DES ISS ISP-SSM-Mgr (Taylor, Mark Mr))에 의해서만 발행되며, 계약 팀 및 예산관리자의 승인도 받아야 한다. 지원방안묶음 (SSE) 프로세스를 통해 지원방안개선팀 (SSIT)로부터 지침을 받을 수도 있다.	Mark Taylor (SSM Manager) 03067700869 Mark.taylor930@mod.uk

소화기, 경화기 및 박격포 (81mm까지) 사진 배터리	전체	경화기, 사진 및 배터리 (LWPB) 사업팀	DE&S 개별능력그룹 내의 경화기, 사진 및 배터리 사업팀은 근접전투에서 최전방 부대가 이용하는 장비를 구매하고 지원한다. 현재와 미래의 보병 근접전투의 승리를 위해 보병에게 통합전투장비를 장착 지원한다. 소화기 (비 살상 무기 포함), 휴대형 발전기 및 화상장비, 소화기, 경화기 및 박격포 (81mm까지)를 구매하고 지원한다.	DES LE ICG-LWPB-BusMgr
소프트웨어 지원	전체	DS&E - 체계 엔지니어링 및 통합그룹소프트웨어 인도	(소프트웨어 지원, SW 도구, SW 시험, SW 팀 등의 모든 측면에 대한 A&G)	DS&E - 체계 엔지니어링 및 통합그룹소프트웨어 인도 Block D Spur 5 Ensleigh, BA1 5AB Tel: 012254 72379 Mob: 077950 44322 Mil: 9355 72379 DES SE SEIG-SW-Del@mod.uk
전술데이터링크	전체	상황 인식 지휘 및 통제 (SACC) DT	전술 데이터 링크 (TDL)은 점증하는 중요한 국제적 역할을 수행하며, 나토 플랫폼간의 중요한 정보 교환 수단이다. 전술 데이터 링크 팀은 해상, 항공 및 육상의 영국군을 위한 TDL 능력을 제공한다. 이 팀은 인도된 모든 TDL 능력의 일관성과 상호운용성을 보장하여 효과적인 망 계획, 관리, 분석 및 플랫폼 구현이 가능하도록 한다. 모든 인도된 TDL 시스템의 성능을 유지하고 정책 개발 및 적용에 반영되게 한다. 데이터 링크 단말기/장비를 위한 공통 지원전략에 대한 조언; 운용 중인 공통 단말기 유지를 위해 계약 차량에 대한 접근 및 TDL 구현에 대한 내 외부 SME 지원. 참고: TDL은 이미 이런 역할을 수행하고 있으며, 플랫폼 단말기의 구매 및 지원을 돕기 위한 계약 철회가 이루어지고 있다.	Business Manager Tel:- 0117 91 30736 DESSACC-BM@mod.uk MoD Abbey Wood, yew 2b #1249, Bristol, BS34 8JH
전술 무전기	전체	바우먼 및 전술 통신& 정보 시스템 (BATCIS) 팀	BATCIS 팀은 이 환경 내의 연안 및 공중 요소를 포함하여 육상환경에서 사용되는 전술 통신 및 정보장비 및 시스템의 수명주기관리에 대한 책임을 진다.	BATCIS-BM-Sec and Comms on 030679 33563

기술 컨테이너 - 배치가능 엔지니어링 작업장 - 엔진 수리시설 - 타이어수리시설 - 사무실컨테이너	전체	원정작전 기반기설 (ECI) 팀	원정작전기반시설 팀은 DE&S의 육상장비 분야에 속한다. 이 팀의 목표는 '야전에서 군인의 삶을 개선'하는 것이다. ECI 팀은 성공적인 작전을 지원하기 위하여 재배치 가능한 유기적인 기반시설을 제공하고 유지한다. ECI 팀은 작전용 숙소(거주용 (텐트 야영) 및 기술용 (항공기 격납고), 야전 병원, 스태프 작업환경, 군 보호물자, 일반 작업용 천막, 임시 지면, 20피트 및 40피트 ISO 컨테이너의 제공 책임을 진다.	DE&S 육상장비 일반지원 그룹 DESLEGSG-ECI-BusMgr@mod.uk
시험평가	전체	시운전평가 서비스 및 표적 팀 (TEST)	TEST 는 국방부 'T&E 전략'의 핵심 인도 기관이며 전 부처에 대해 T&E의 관리 및 인도에 대한 책임을 진다. 이 팀은 이전의 ATS IPT 및 DTEG를 모아 결성되며, QinetiQ 와의 시운전, 평가 및 교육을 위한 장기적인 협의체 (LPTA) 및 복합 공중 표적 서비스 (CATS) 계약의 관리 책임도 진다. TEST는 DE&S 무기 클러스터의 엔지니어링 및 안전성 축의 일부를 이루며, 인원은 Abbey Wood, Boscombe Down 및 몇몇 시험평가장에 위치한다.	카탈로그 - 국방평가자문 (DEA) 서비스(통상 T&E 및 ITEA와 함께 지원)가 필요한 경우, DEA Manager: (DES WpnsTEST-DefEvalAdvisor Mgr). - LTPA 및 CATS의 경우, Ops Delivery Manager: Steve Attrill (DES WpnsTEST-OpsDelMgr). DES PTG-AA-P
열영상시스템 지상 플랫폼에 장착된 장비.	전체	LE OC 체계팀	LE OC 체계팀은 전방 사령부와 상설합동작전본부와의 합의에 따른 신속성과 응답성을 갖추고 전 작전주기에 걸쳐 장비 및 군수지원을 제공하고 유지한다. 체계팀은 아래 항목도 지원한다: 광전자 및 광학 시스템, 원격무기 시스템, 포탑, 보호 시스템, 복구 및 교량가설, 전자 구조 및 통신 시스템, 발전기, 구동기 및 연료 시스템	체계팀 리더 Ext: 31136 DES LE CTG-ST TL
운반수단- A 차량	전체	전투궤도 그룹	CTG 플랫폼은 체계팀과 긴밀하게 같이 일하며, 2009년 4월 장갑전투차량 그룹 대/중/경형 장갑차량시스템 팀으로부터 구성되었다. 모든 A 차량. 플랫폼 팀은 4,759대의 차량을 관리한다.	CTG PT Business Manager #6001 Teak 0 DES Abbey Wood Bristol BS34 8JH DES LE CTG-PT-TL@mod.uk
운반수단 -B 차량 특수 유틸리티 및 대형 군수차량	전체	일반지원 차량 사업팀 (GSV PT)	일반지원차량 사업팀(GSV PT)은 3군 모두에서 운용되고 있는 특수, 유틸리티 및 대형 군수차량의 제공 및 관리를 맡는다. 이 팀은 영국의 군사능력에 기여하기 위해 대형군수전투차량, 특수 미 경 유틸리티 차량을 인도하고 지원한다. 이 팀의 역할은: 특수, 유틸리티 및 대형 군수차량의 구매 및 사용 중 지원, 여기에는 최초 구매와 개조, 정밀 수리 프로그램, 안전 법령/사례, 재생, 단종관리, 출판 및 폐기가 포함된다.	DE&S 육상장비 일반지원 그룹 DESLEGSG-GSV-BusSpt3@mod.uk

운반수단 -C 차량	전체	SPPT	SPPT는 험지 물자취급 장비와 함께 토목공사, 건설 및 특수 시설을 포괄하는 PFI 능력을 관리한다.	Dave Killock 030 679 38183 (ABW 38183)
차량환경시스템 (NBC 포함).	전체	LE OC 체계팀	LE OC 체계팀은 전방 사령부와 상설 합동작전본부와의 합의에 따른 신속성과 응답성을 갖추고 전 작전주기에 걸쳐 장비 및 군수지원을 제공하고 유지한다. 체계팀은 아래 항목도 지원한다: 광전자 및 광학 시스템, 원격무기 시스템, 포탑, 보호 시스템, 복구 및 교량가설, 전자 구조 및 통신 시스템, 발전기, 구동기 및 연료 시스템	체계팀 리더 Ext: 31136 DES LE CTG-ST TL
작업장공구 및 장비 (WTE)	전체	배치가능 기반시설 (DI) 사업팀	아래 장비의 수명주기지원을 제공한다: 리프팅 및 잭 장비, MoT 시험장비, 구성품 작업장 세척장비를 포함한 주차장 장비, 금속작업, 목공 및 기계제작. 전투용 전동 공구키트, REME 공압 공구키트. 휴대형 공압 및 전동 공구, 육군, 공군 및 해군 탑재용 공구키트, 취급장비, 팔레트, 선반 등 기계취급 및 저장장비.	배치가능 기반시설 9679 39253 030 679 39253 DES LE GSG-DI-WTE-OutputMgr
		해상 전용		
음탐기, ES, 자가 호흡장치, SSTD, UUV	해상	DES Ships MCS-UEW-	'해상전투체계' (MCS) 및 '수상함 전투체계그룹'(SSCSG)은 전투 시스템 수명주기의 모든 측면을 함께 다룬다. MCS 팀은 설계부터 운용 지원에 통합까지 모든 전투 시스템의 개발 및 지원을 책임진다.	DESSHIPSMCS-Hd@mod.uk DES Ships MCS-UEW-BusMgr
해상장비선택 및 지원 편성	해상	DES Ships FWE-Hd	DES 전 함대 장비 사업팀. FWE 는 아래 항목을 수행한다: • 해양 공학 센터의 조정 및 해군당국에 사격, 추진 및 기동 시스템 제공 • 전체 함 운용 센터에 걸쳐 운용 및 수행관리에 대한 기능상 리드 제공.	FWE Project Team E: DESShipsfwe-buscoord@mod.uk
냉각 및 공기 계통	해상	DES Ships FWE-MET-RAGL	DES 전 함대 장비 사업팀. FWE 는 아래 항목을 수행한다: • 해양 공학 센터의 조정 및 해군당국에 사격, 추진 및 기동 시스템 제공 • 전체 함 운용 센터에 걸쳐 운용 및 수행관리에 대한 기능상 리드 제공. 해상환경전환 (MET)팀 - 디젤, 전기장비, 유체 계통 및 냉각/공기 시스템에 대해 책임진다. MET T: 030 679 39620 E: DESShipsFWE-MET-BG@mod.uk	T: 030 679 39620 E: DESShipsFWE-MET-BG@mod.uk

Def Stan 00-600
제 1 부
제 2 부
제 3 부
제 4 부
제 5 부
제 6 부
제 7 부
제 8 부
제 9 부
제 10 부

액체 계통	해상	DES Ships FWE-MET-FSGL	DES 전 함대 장비 사업팀. FWE 는 아래 항목을 수행한다: • 해양 공학 센터의 조정 및 해군당국에 사격, 추진 및 기동 시스템 제공 • 전체 함 운용 센터에 걸쳐 운용 및 수행관리에 대한 기능상 리드 제공. 해상환경전환 (MET)팀 - 디젤, 전기 장비, 유체 계통 및 냉각/공기 계통에 대해 책임진다. MET T: 030 679 39620 E: DESShipsFWE-MET-BG@mod.uk	T: 030 679 39620 E: DESShipsFWE-MET-BG@mod.uk
전기 장비	해상	DES Ships FWE-MET-EEGL	DES 전 함대 장비 사업팀. FWE 는 아래 항목을 수행한다: • 해양 공학 센터의 조정 및 해군당국에 사격, 추진 및 기동 시스템 제공 • 전체 함 운용 센터에 걸쳐 운용 및 수행관리에 대한 기능상 리드 제공. 해상환경전환 (MET)팀 - 디젤, 전기 장비, 유체 계통 및 냉각/공기 계통에 대해 책임진다. MET T: 030 679 39620 E: DESShipsFWE-MET-BG@mod.uk	T: 030 679 39620 E: DESShipsFWE-MET-BG@mod.uk
HP 공기, 동작, 조타 및 안정기	해상	DES Ships FWE-MES-MASSGL	DES 전 함대 장비 사업팀. FWE 는 아래 항목을 수행한다: • 해양 공학 센터의 조정 및 해군당국에 사격, 추진 및 기동 시스템 제공 • 전체 함 운용 센터에 걸쳐 운용 및 수행관리에 대한 기능상 리드 제공. 해상장비체계(MES)팀 - 가스 터빈, 변속기, 전기장치, 연료/윤활, 스팀, 유틸리티, 유압, 조타, 안정화, 기계적 취급 및 건설 장비에 대해 책임진다.	MES T: 030 679 33309 E: DESShipsFWE-MES-BGL@mod.uk
화재 안전장비, 폐기물 및 물	해상	DES Ships FWE-MES-UFSGL	DES 전 함대 장비 사업팀. FWE 는 아래 항목을 수행한다: • 해양 공학 센터의 조정 및 해군당국에 사격, 추진 및 기동 시스템 제공 • 전체 함 운용 센터에 걸쳐 운용 및 수행관리에 대한 기능상 리드 제공. 해상장비체계(MES)팀 - 가스 터빈, 변속기, 전기장치, 연료/윤활, 스팀, 유틸리티, 유압, 조타, 안정화, 기계적 취급 및 건설 장비에 대해 책임진다.	MES T: 030 679 33309 E: DESShipsFWE-MES-BGL@mod.uk
스팀 및 연료	해상	DES Ships FWE-MES-SGL	DES 전 함대 장비 사업팀. FWE 는 아래 항목을 수행한다: • 해양 공학 센터의 조정 및 해군당국에 사격, 추진 및 기동 시스템 제공 • 전체 함 운용 센터에 걸쳐 운용 및 수행관리에 대한 기능상 리드 제공. 해상장비체계(MES)팀 - 가스 터빈, 변속기, 전기장치, 연료/윤활, 스팀, 유틸리티, 유압, 조타, 안정화, 기계적 취급 및 건설 장비에 대해 책임진다.	MES T: 030 679 33309 E: DESShipsFWE-MES-BGL@mod.uk

교육, 교육장비 및 시뮬레이션	해상	DES Ships FWE-TSB-MTS	"시뮬레이션"은 시험 및 통합 목적에 이용된 시뮬레이션 및 합성환경을 포함한다.	DES SE SEIG-JTCSI-PSF1
상갑판(선체) 설비	해상	DES Ships FWE-MES-MCH	해상 장비 시스템 (MES) 탄약 잠금장치, 방수도어 및 해치, 천창 및 그물 (비행갑판, 포), 구명 밧줄, 스탠천 및 가드레일	DES Ships FWE-MES-MCHCME
대빗 및 리프트	해상	DES Ships FWE-MES-MCH	해상 장비 시스템 (MES) 항해에 필요한 선박용 대빗, 리프트 (항공기, 탄약, 인원 및 용품).	DES Ships FWE-MES-MCHCME
유압	해상	DES Ships FWE-MES-MCH	해상 장비 시스템 (MES) 수상함과 잠수함의 1차 유압계통 및 작동기 및 오염 시험	DES Ships FWE-MES-MCHCME
WOME 리프팅 장비	해상	DES Ships FWE-MES-MCH	해상 장비 시스템 (MES) 핵무기 및 재래식 무기의 취급에 이용되는 해상용 리프팅 장비의 사양 및 적합성	DES Ships FWE-MES-MCHCME
크레인운용 및 리프팅 정책	해상	DES Ships FWE-MES-MCH	해상 장비 시스템 (MES) 해상 운용에 사용된 리프팅 장비의 사양 및 국가와 EU 규제정책에 대한 국방부의 충족.	DES Ships FWE-MES-MCHCME
해상보급 (RAS)	해상	DES Ships FWE-MES-MCH	해상 장비 시스템 (MES) 해상에서 고체와 액체의 이전	DES Ships FWE-MES-MCHCME
정박 및 계류	해상	DES Ships FWE-MES-MCH	해상 장비 시스템 (MES) 계류 및 호줄, 체인 케이블, 닻, 관련 부품.	DES Ships FWE-MES-MCHCME
가스 터빈	해상	DES Ships FWE-MES-GTGL	DES 전 함대 장비 사업팀. FWE 는 아래 항목을 수행한다: • 해양 공학 센터의 조정 및 해군당국에 사격, 추진 및 기동 시스템 제공 • 전체 함 운용 센터에 걸쳐 운용 및 수행관리에 대한 기능상 리드 제공. 해상장비체계(MES)팀 □ 가스 터빈, 변속기, 전기장치, 연료/윤활, 스팀, 유틸리티, 유압, 조타, 안정화, 기계적 취급 및 건설 장비에 대해 책임진다.	MES T: 030 679 33309 E: DESShipsFWE-MES-BGL@mod.uk

전기 장치	해상	DES Ships FWE-MES-ESGL	DES 전 함대 장비 사업팀. FWE 는 아래 항목을 수행한다: • 해양 공학 센터의 조정 및 해군당국에 사격, 추진 및 기동 시스템 제공 • 전체 함 운용 센터에 걸쳐 운용 및 수행관리에 대한 기능상 리드 제공. 해상장비체계(MES)팀 – 가스 터빈, 변속기, 전기장치, 연료/윤활, 스팀, 유틸리티, 유압, 조타, 안정화, 기계적 취급 및 건설 장비에 대해 책임진다.	MES T: 030 679 33309 E: DESShipsFWE-MES-BGL@mod.uk
변속(기어 및 축)	해상	DES Ships FWE-MES-TGL	DES 전 함대 장비 사업팀. FWE 는 아래 항목을 수행한다: • 해양 공학 센터의 조정 및 해군당국에 사격, 추진 및 기동 시스템 제공 • 전체 함 운용 센터에 걸쳐 운용 및 수행관리에 대한 기능상 리드 제공. 해상장비체계(MES)팀 – 가스 터빈, 변속기, 전기장치, 연료/윤활, 스팀, 유틸리티, 유압, 조타, 안정화, 기계적 취급 및 건설 장비에 대해 책임진다.	MES T: 030 679 33309 E: DESShipsFWE-MES-BGL@mod.uk
통신	해상	DES Ships FWE-CSA-TL	DES 전 함대 장비 사업팀. FWE 는 아래 항목을 수행한다: • 해양 공학 센터의 조정 및 해군당국에 사격, 추진 및 기동 시스템 제공 • 전체 함 운용 센터에 걸쳐 운용 및 수행관리에 대한 기능상 리드 제공.	FWE Project Team E: DESShipsfwe-buscoord@mod.uk
해상 항법 시스템	해상	DES Ships FWE-CSA-TL	DES 전 함대 장비 사업팀. FWE 는 아래 항목을 수행한다: • 해양 공학 센터의 조정 및 해군당국에 사격, 추진 및 기동 시스템 제공 • 전체 함 운용 센터에 걸쳐 운용 및 수행관리에 대한 기능상 리드 제공.	FWE Project Team E: DESShipsfwe-buscoord@mod.uk
MIS, Ship/Air & RADAR	해상	DES Ships FWE-CSA-TL	DES 전 함대 장비 사업팀. FWE 는 아래 항목을 수행한다: • 해양 공학 센터의 조정 및 해군당국에 사격, 추진 및 기동 시스템 제공 • 전체 함 운용 센터에 걸쳐 운용 및 수행관리에 대한 기능상 리드 제공.	FWE Project Team E: DESShipsfwe-buscoord@mod.uk
해상 교육 시스템	해상	DES Ships FWE-TSB-MTS2-GL	DES 전 함대 장비 사업팀. FWE 는 아래 항목을 수행한다: • 해양 공학 센터의 조정 및 해군당국에 사격, 추진 및 기동 시스템 제공 • 전체 함 운용 센터에 걸쳐 운용 및 수행관리에 대한 기능상 리드 제공.	FWE Project Team E: DESShipsfwe-buscoord@mod.uk
보트	해상	DES Ships FWE-NA-BASS-GL	DES 전 함대 장비 사업팀. FWE 는 아래 항목을 수행한다: • 해양 공학 센터의 조정 및 해군당국에 사격, 추진 및 기동 시스템 제공 • 전체 함 운용 센터에 걸쳐 운용 및 수행관리에 대한 기능상 리드 제공.	FWE Project Team E: DESShipsfwe-buscoord@mod.uk

음탐기	해상	DES Ships MCS-UEW TL	'해상전투체계' (MCS) 및 '수상함 전투체계그룹'(SSCSG)은 전투 시스템 수명주기의 모든 측면을 함께 다룬다. MCS 팀은 설계부터 운용 지원에 통합까지 모든 전투 시스템의 개발 및 지원을 책임진다.	FWE Project Team E: DESShipsfwe-buscoord@mod.uk
시각 시스템(광전자/잠망경)	해상/육상	DES Ships MCS-UEW	'해상전투체계' (MCS) 및 '수상함 전투체계그룹'(SSCSG)은 전투 시스템 수명주기의 모든 측면을 함께 다룬다. MCS 팀은 설계부터 운용 지원에 통합까지 모든 전투 시스템의 개발 및 지원을 책임진다.	DESSHIPSMCS-Hd@mod.uk DES Ships MCS-UEW-BusMgr
어뢰 방어 (수상함 및 잠수함)	해상	DES Ships MCS-UEW	'해상전투체계' (MCS) 및 '수상함 전투체계그룹'(SSCSG)은 전투 시스템 수명주기의 모든 측면을 함께 다룬다. MCS 팀은 설계부터 운용 지원에 통합까지 모든 전투 시스템의 개발 및 지원을 책임진다.	DESSHIPSMCS-Hd@mod.uk DES Ships MCS-UEW-BusMgr
무인 잠수정	해상	DES Ships MCS-UEW	'해상전투체계' (MCS) 및 '수상함 전투체계그룹'(SSCSG)은 전투 시스템 수명주기의 모든 측면을 함께 다룬다. MCS 팀은 설계부터 운용 지원에 통합까지 모든 전투 시스템의 개발 및 지원을 책임진다.	DESSHIPSMCS-Hd@mod.uk DES Ships MCS-UEW-BusMgr
			육상 전용	
소화기 배터리 COTS 사진장비	육상	개별능력그룹 LE OC	'개별능력그룹'은 DE&S의 육상장비 분야에 속한다. 근접전투 시 최전방 부대에 의해 사용되는 장비를 구매 지원한다. 현재와 미래의 보병 근접전투의 승리를 위해 보병에게 통합전투장비를 장착 지원한다. 개별능력그룹은 하부 팀을 위해 전략적 방향, 군사적 및 사업적 운영 활동을 관리한다. 개별능력그룹은 수명기간 동안 물자 자산을 획득, 유지 및 지원하는 두 개 사업팀의 작업을 감독하기 위해 구성되었다. 이것은 별도 장비의 통합을 관리하는 '통합 병사 시스템 추진'에 대한 책임도 진다.	DES LE ICG-BusMgr
열 영상 STAIRS C	육상	보병 시스템	'보병 시스템'은 DE&S' 개별능력그룹 내의 사업팀인데 근접 전투 시 최전방 부대에 의해 사용되는 장비를 구매하고 지원한다. 현재와 미래의 보병 근접전투의 승리를 위해 보병에게 통합전투장비를 장착 지원한다. STANO 팀은 탐색장비, 거리 측정기, 레거시 장비에 대한 교체 능력 및 현저히 가벼워진 중량 및 군수부담 등과 같은 군수지원 및 능력의 개선을 통하여 보병의 광학, 열상 및 영상증폭 장비, 화기 조준경에서부터 특수한 전장용 장비까지의 운용 시스템 지원을 책임진다.	보병 체계팀 리더 DESLEICG-DSS-TL@mod.uk

긴급운용소요(UOR)로 구매된 장갑차 (PPV)	육상	장갑차팀	'장갑차팀"은 장갑차 및 전술지원차량에 대한 긴급운용소요를 인도하고 지원한다. 두 개의 Output 팀이 이 능력을 제공한다. 이 팀은 차륜형 차량에 대한 획득(구매, 지원 및 폐기) 및 긴급운용소요로 구매한 신형 궤도형 차량에 대한 책임을 맡는다. 이 팀은 수명기간 동안 장비의 방어능력을 제공하기 위해 구매 사이클에 걸쳐 모든 기능과 전문기술을 제공한다.	DES LE CWG-PMT-HyLt-ATL
전자 방해책	육상	DES 군 보호팀	'군 보호팀'은 '급조 폭발물' (IED)의 억지, 탐지 또는 무력화 하는 능력에 대해 책임을 진다. '군 보호팀'은 폭도들의 IED를 무력화하도록 설계된 휴대형 또는 차량 탑재형 전자 방해책(ECM)을 제공하고 유지한다. 이 팀은 ECM 장비를 배치된 전체 차량에 통합하여 기존 플랫폼과 하부체계와의 호환성도 보장해야 한다. 아울러, 배치된 작전 기지에 대한 기지 보호 감시장비를 획득하여 지원하고, 배치된 작전 부대를 지원하기 위하여 군견을 제공한다.	Maj A Stockdale RLC (9679) 37265 DES F2aP
			항공 전용	
항공기지상지원 장비	항공	항공 물품 PTL	항공 물품팀은 아래 항목을 다룬다: 항공기 지상 전원, 활주로 운용 지원, 항공기 취급, 항공화물 취급장비, 급유장비, 항공 정비지원, 지상표적 및 저압 챔버와 같은 기타 Output, 기계적, 전기적 및 유압 구성품; 항공기 일반 예비품 및 금속; 항전 계기; 항법 보조장비; 항공기 발전 시스템 및 부수장비; 항공기용 배터리, 항공기 일반 계기, 항공기 및 지상 무전기/레이더 운용 소요되는 항전, 전자 및 전기 소모품.	항공기 활주로 항공 물품팀 DESAS-AC-AFD@mod.uk
항공기 지원	항공	항공 물품 PTL	항공 물품 사업팀(AC PT)은 지상지원장비(GSE), 활주로 전용차량 및 광범위한 항공전자장비 등 다양한 범위의 항공기 물품 및 활주로 관련 장비의 획득 및 수명주기관리를 책임진다. 항공 물품 사업팀은 수명주기 지원과 함께 광범위한 지상지원장비, 활주로 차량, 항공전자장비 소모품 및 수리 품목의 획득을 통해 전방을 지원하는 국방 조직이다. 항공 물품팀은 아래 항목을 다룬다: - 항공기 지상 전원, - 활주로 운용 지원, - 항공기 취급, 항공화물 취급장비, 급유 장비, 항공 정비지원, - 지상표적 및 저압 챔버와 같은 기타 Output,	항공기 활주로 항공 물품팀 DESAS-AC-AFD@mod.uk

			- 기계적, 전기적 및 유압 구성품; - 항공기 일반 예비품 및 금속; - 항전 계기; 항법 보조장비; - 항공기 발전 시스템 및 부수장비; - 항공기용 배터리, - 항공기 일반 계기, - 항공기 및 지상 무전기/레이더 운용 소요되는 항전, 전자 및 전기 소모품.	
항공 플랫폼 시스템	항공	항공 플랫폼 시스템 PTL	피아식별기, 공중 표적조준 및 영상 시스템, 지상의 임무 계획 및 운용 시스템, 공중 방어 보조장비 및 전자전 시스템을 포함한 항공기용 무전기 및 식별 시스템.	항공 플랫폼 시스템 PTL. ABW 32023 DESAPS-TL@mod.uk
지구위치측정 시스템	전체	항공 플랫폼 시스템 -GPS	방침, 기술적 조언, MoU, FMS, 암호기, 구매, 시험, 폐기. NavWar.	항공 플랫폼 시스템 -GPS. ABW 312
항공기 탈출 시스템; 낙하산병 개인 장비; 비행복; 구명장비	항공	승무원 탈출 및 생존 사업팀	승무원 탈출 및 생존 사업팀(AES PT)은 승무원에게 임무, 안전성 및 생존성을 갖추도록 한다. 이 팀은 승무원 장비 조립체 및 생존장비 (AEA&SE) 및 항공기 보조 탈출 시스템 (AAES)을 제공하고 지원한다. 적용범위에는 아래 항목이 포함된다: 비행 전 승무원이 착용한 의복 및 장비, 조종석 또는 기내 결박을 위한 벨트, 탈출 시트 및 비상용 탈출 낙하산, 지상과 수상에서 생존 및 탈출에 필요한 구명정 및 생존 보조장비.	Contact details: AES PT Leader Mr WJ Mears T: 01480 52451 ext: 8149
가스 터빈	항공	합동 추진기 사업팀	합동 추진기 사업팀 (JP PT) 은 2007년 4월 CAESAS Organization Business Case의 권고에 따라 구성되었다. 이 팀은 브리스톨 필톤에 있는 롤즈로이스에 위치하고 있으며, 계약, 지속적 개선 및 지원 요소와 함께 EJ200, RB199, Pegasus 및 Adour 엔진 지원팀으로 구성된다.	MOD 합동 추진기 사업팀 WH28-5, PO Box 3, Gypsy Patch Lane Rolls-Royce, Filton, BRISTOL BS34 7QE 방산장비 및 Typhoon 사업팀 (EJ200), Walnut 2 #1226, MOD Abbey Wood, BRISTOL BS34 8JH
연료 취급 장비	전체	배치가능 기반시설 사업팀	DI 사업팀은 3군 모두를 위한 연료 취급장비를 구매하여 관리하고, 연료 취급장비에 대한 구매, 배치, 운용 및 정비에 대한 조언과 지침을 제공한다.	DES LE GSG-DI-FuelSys-EqptSp2 T: 030679 81793

제2장

게이트키퍼 역할 - 조언 및 지침

개요

1. 이 장에서는 게이트키퍼의 역할 및 DE&S 내에서 적용을 위한 원칙과 개념을 소개한다. 이것의 목적은 게이트키퍼의 이점이 실현되도록 하기 위해 수행되어야 하는 업무와 책임에 대한 이해를 제공하기 위함이다.

2. 게이트키퍼의 역할은 모든 획득 활동 및 모든 영역에 걸친 환경에 적용 가능하다. 역할이 가져다 주는 이익을 극대화 하기 위해, 획득에 포함된 사람은 가능한 신속하게 게이트키퍼와 능동적으로 접촉해야 한다. 게이트키퍼는 사업팀 내의 개인 또는 비즈니스 유니트가 지정될 수도 있고 또는 사업팀 자체가 그 역할을 수행할 수도 있다.

배경

3. 게이트키퍼는 단일 서비스 영역에서 관습과 관행에 의해 잘 알려져 있다. DE&S의 구성과 함께, 게이트키퍼에 대한 지식과 역할이 널리 알려졌으며, 사업팀(PT)이 자신의 사업 내에서 기존에 공통적으로 사용되는 장비를 충분히 사용하지 않는다는 것은 모두가 알고 있는 일이다. 이런 상황은 오늘날의 군대, 본질적인 교육 및 지원 문제에 의해 이용되는 장비의 종류가 늘어나게 하고, 기존에 운용 중인 장비의 활용도를 높여서 비용을 줄이거나 비용증가를 방지할 수도 있게 하였다. 이 문제는 공약을 지키기 위한 필요한 확대와 긴급운용소요 (UOR)의 활용으로 더욱 악화되었다.

4. 게이트키퍼 역할의 수립은 사업팀에게 공통적인 품목, 물자 및 서비스에 대한 사안별 전문가 (SME)별로 중심점을 제공한다. 게이트키퍼는 기존에 운용중인 장비에 대한 상세한 지식과 경험을 보유하고 정기적으로 업계 파트너와 만나서 기술적 진보 및 법령 변경과 같은 새로운 진전 사항에 대해 어깨를 나란히 하는 DE&S에 전체에 걸쳐 수 많은 사업팀에 자리하고 있다.

위험

5. 공통물자 활용의 위험은 기술 개발에 의한 개선 및 이점이 통합되지 않을 수 있고, 전체 체

계가 기술적으로 침체될 수 있다. 이 위험은 신 기술방안의 개발에 의해 얻어진 개선이 비용과 내재된 위험을 보충하고 남음이 있는지 판단하기 위해 분석을 통해 경감되어야 한다. 업체는 자신의 장비를 위해 어떤 지원이 요구되는지 조언한다. 게이트키퍼는 사업팀에게 동일 능력 분야의 유사 사업에서 이용된 기존의 적절한 지원장비를 조언하거나 시간, 비용 및 자원을 절약할 수 있는 운용 중인 방안을 제안할 수도 있다.

게이트키퍼 절차

6. 게이트키퍼가 사업에 참여하는 데는 두 가지 방법이 있는데, 사업팀이 조언 및 지침을 구하는 방법과 다른 수단으로부터 사업을 알게 하거나 사업팀에 접근하게 하는 것이다.

7. 게이트키퍼는 타당성, 기술적 이점 및 기존의 운용 중인 자산과의 통합/상호운용성에 대해 각 각의 적용을 평가하기 위해 사업팀과 협동한다. 통상 이런 평가는 다음과 같은 질문(비 포괄적)을 하게 된다:

a. 요구사항이 기존의 계약에 포함되거나 비용을 공유할 수는 없는가?

b. 제안된 방안이 기존 장비의 사용을 능가하는 이점을 가져오는가?

c. 개발 부담과 지원 비용을 공유할 수 있는 유사 사업이 있는가?

d. 고객이 다른 업체에게 이야기 하거나 다른 기술을 조사해 보았는가?

e. 사업팀이 자신이 제안한 방안을 범용으로 만들어 다른 사업에서도 이용할 수 있게 하여 비용을 공유하게 할 수 있는가?

8. 게이트키퍼는 사용 중인 레거시 장비와 함께 자신의 책임 분야에 대한 데이터와 문서를 보유해야 한다. 또, 세부적인 조언과 지침을 제공해 줄 수 있는 SME도 알게 되며, 업체와 다른 외부 조직과의 관계도 수립하게 된다.

표준화 활동

9. 아래 그림 1은 사업의 수명주기에 걸친 표준화 활동을 요약한 것이다.

그림1 : 표준화 활동 요약

CADMID 단계	충족성 시험	수락 가능한 증거의 형태
개념	공통 방산물자 및 지원체계의 표준화가 ILS 전략 및 지원성 분석 (SA)에 포함되어 있다는 증거를 제공한다.	ILS 및 SA 전략에 설명된 표준화 운용연구에 설명된 기존 장비, 지원 기반시설 및 프로세스
	사업팀과 게이트키퍼간에 연관된 증거를 제공한다.	TLMP에 기록된 사업팀과 게이트키퍼간의 연관 및 통신

평가	장비 및 지원체계의 표준화가 ILS 및 SA 계획에 포함되어 있다는 증거를 제공한다. 사업팀과 게이트키퍼간에 연관된 증거를 제공한다.	ILS 및 SA 계획에 설명된 표준화 TLMP에 기록된 사업팀과 게이트키퍼간의 연관 및 통신. 사업팀과 게이트키퍼간의 IBA 또는 CSA
시연 및 제작	장비 및 지원체계의 표준화가 완료되었다는 증거를 제공한다. 공통 품목이 관리되고 있다는 증거를 제공한다.	SA 분석 결과 식별된 공통 지원 기회 사업팀과 게이트키퍼간의 IBA 또는 CSA
사용	장비 및 지원체계의 표준화가 개조 프로세스 중에 고려되었다는 증거를 제공한다.	SA 분석에 대한 최신화의 결과 사업팀과 게이트키퍼간의 IBA 또는 CSA
폐기	모든 식별된 공통 품목이 사업팀과 게이트키퍼간에 합의된 바와 같이 폐기되거나 관리되었다는 증거를 제공한다.	SA 분석 결과

10. 해당할 경우, 게이트키퍼는 방안의 우선순위를 부여한다:

a. 공통적으로 이용된 운용중 장비

b. 제한되거나 특수한 용도를 가진 운용 중 품목

c. 국가 또는 국제 표준으로 제작되어 상용 시장에서 구할 수 있는 제품

d. 재산권을 가진 품목

게이트키퍼 프로세스

11. 게이트키퍼는 DE&S 전체에 걸쳐 넓은 범위의 기술 분야를 포괄하며, 내부 절차와는 다를 수 있다. 그러나, 단순하고 일반적인 프로세스 흐름도가 그려질 수 있는 동일한 중요 원칙에는 모두가 일치한다.

그림 2: 게이트키퍼의 일반적인 프로세스 흐름도

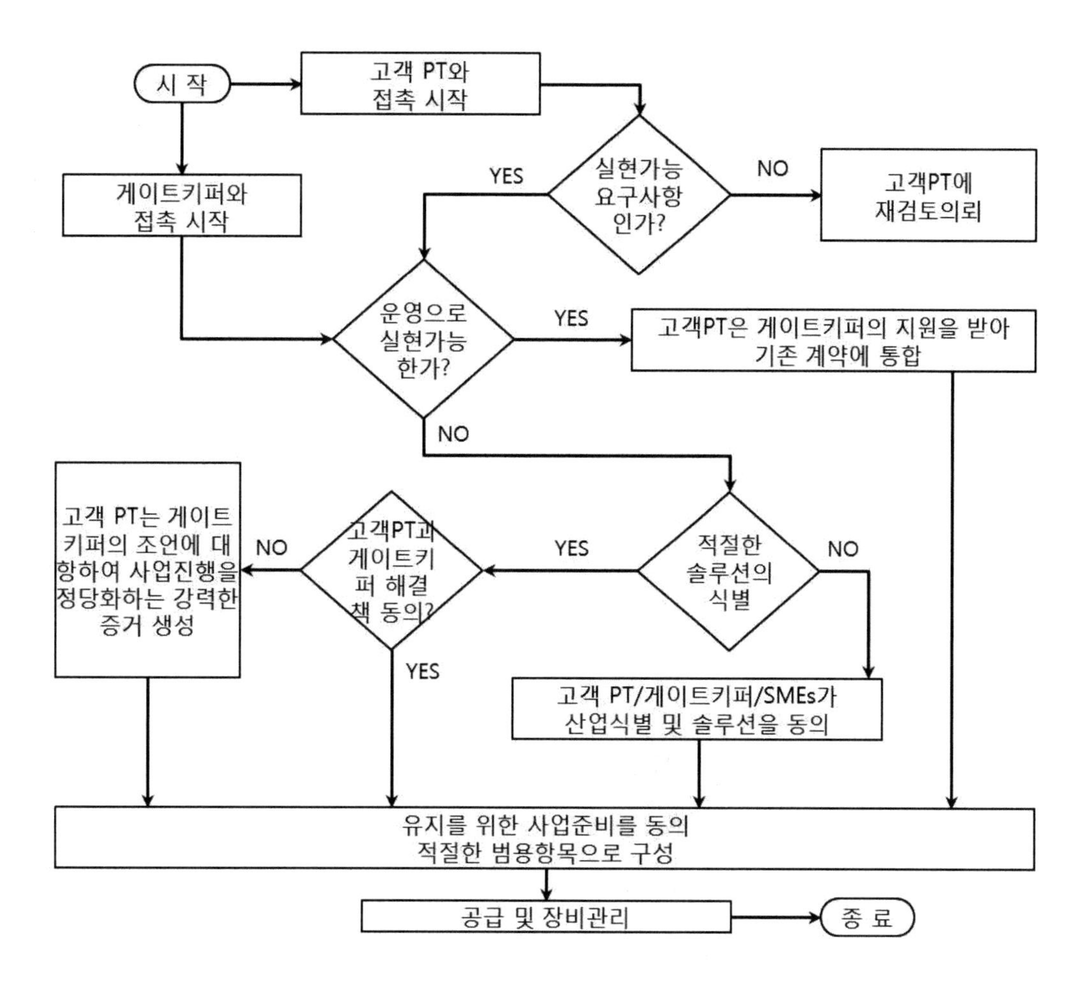

JSP886 Volume 7 Part 8.16 Calibration

Version 1.0 dated 5 Nov 12

JSP 886

국방군수지원체계 교범

제7권

종합군수지원

제8.16부

교정 방침

개정 이력		
개정 번호	개정일자	개정 내용
1.0	05 Nov 12	초도 출판

Contents

제1장

교정방침 842

Ministry
of Defence

제1장

교정방침

배경

1. 본 자료는 국방부의 종합군수지원 (ILS) 방침에 따라 장비의 효과적인 수명주기지원(TLS)에 필요한 국방부 내의 시험장비(TE) 및 특정 지원장비(SE)의 교정에 대한 방침 및 지침을 제공한다.
2. JSP 886 제7권 내에 지원 및 시험장비(S&TE)에 대한 방침 요구사항 이 두 부분에서 다루어진다; 8.06부는 자동시험장비(ATS)를 포함하는 시험장비와 관련되고, 8.07부는 지원장비에 관련된다.
3. 지원 및 시험장비의 획득은 교정 계획을 세울 때 이들 장비에 대한 예상 사용시점을 고려해야 한다. 주기 및 교정 장소는 운용 능력에 부정적 영향을 가지며, 운용 지원에 있어서 보급계통에 별도의 부담을 안겨준다.

방침

4. 아래의 방침은 TE의 교정에 적용된다:

    a. 측정, 시험 및 교정에 사용된 모든 시험장비는 국가측정기준에 부합하는 합의된 사양으로 교정되어야 하며, 교정이력의 추적성을 가지면서 중단없이 이루어져야 한다. 이에 대한 지침은 TE가 제작사의 성능 사양과 국방부에 대한 추가적인 요구사항을 충족하도록 하기 위해 관련 '교정 요구 명세서' (CSOR)를 규정하는 JSP 509: '시험장비의 관리'를 참조한다.

    b. 장비는 인증 범위가 대상 작업을 포함하는 한 적절한 체계 인증서를 보유한 실험실에서 실시되어야 한다. 인도된 제품에 시험 및 교정 요구사항이 포함된 계약의 경우, Def Stan 05-55 3부가 적용되어야 한다.

    c. 방산업계는 국방부 내의 교정 실험실, 전함정비지원구상(WSMi) 내의 엔지니어링 지원 서비스 및 국방지원그룹(DSG)를 최대한 이용해야 한다.

    d. 교정 목적이든 아니면 제품 특성의 측정 목적이든, 모든 측정은 각 측정 파라미터에

대한 측정 프로세스의 폭넓은 측정 불확실성을 고려해야 한다. 여기에는 표준, 측정장비, 절차 및 환경에 기인하는 오류가 포함된다. 폭넓은 측정 불확실성은 규정된 각 측정에 대한 오차의 25% 이하이어야 한다. 이 값의 달성이 어려운 경우 더 나은 교정설비를 갖춘 실험실을 선택하거나 제공된 서비스 수준을 수용할 지의 결정을 위해 장비 책임자에게 통지된다. 교정 관련 용어에 대한 상세한 설명은 UKAS 문서 M3003을 참조한다.

e. 모든 측정은 신뢰 수준 95% 이상에서 관련 불확실성을 가져야 한다.

f. TE는 수행된 측정의 무결성을 보존하기 위해 주기적 간격으로 교정되어야 한다. 교정 주기에 대한 책임은 TE의 소유자에게 있다. 즉, JSP 509 제2권 데이터베이스에 포함된 모든 GPTME는 '배치가능 기반시설 사업팀'(DIPT)에 의해 요구된 관련 교정 주기를 가지며, 모든 SPTME는 이를 소유하고 있는 사업팀에 의해 요구된 교정 주기를 가진다.

g. 모든 측정 표준 및 TE의 교정상태 및 사용가능 여부는 합의된 사양에 대한 적합성을 나타내는 적절한 교정필증에 의해 식별된다. 모든 필증은 국방부 시험장비(스폰서는 DIPT임) 에 대해 사용되는 국방부 서식 1775: '색부호 교정필증 표준체계'를 따라야 한다.

h. 교정일자가 만료된 TE가 사용되어서는 안 된다. 예외적으로, 그리고 운용지원을 위해, 전문 엔지니어링 장교가 규정된 교정 주기의 최대 25%까지 연장을 허락할 수 있다. 단, 이 결정은 차기 교정일자 이전에 이루어져야 한다. JSP 509: '교정유효일자 이후의 DME 사용에 대한 승인'을 참조한다.

i. 모든 전략 관련 TE의 교정은 Faslane 의 북부교정기관 (NCF)에서 이루어지며, Polaris/Trident II 기술협정 제29부 및 기타 관련 교정정책 문서에 명시된 US/UK 관련 방침에 의해 관리된다. 따라서, 이 업무에 대해서 JSP 886 제7권은 적용되지 않는다.

j. 교정기관 이외에서 수행되는 모든 교정/시험 활동 (이전에 현지 교정, 검증, 교차점검, 입증 또는 부대/사용자 레벨 시험으로 알려진 것)은 이제는 부대 레벨 시험이라고 불리며, JSP 509 제5권에 수록된 관련 부대 레벨 시험 절차에 의해 수행되어야 한다. 이 활동에 대한 방침은 Def Stan 05-55 제2부에 수록되어 있다.

k. SE의 특정 품목도 주기적인 시험이나 교정을 요구하므로, 전술한 국방부 방침을 적용 받는다.

(1) 마이크로미터, 버니어 캘리퍼스, 토크 렌치와 같은 수공구

(2) 압력계, 유량계, 패널 미터와 같은 계측 또는 지시기

(3) 게이지 및 특정한 치공구

절차

5. JSP 509를 참조한다.

관련 규격 및 지침

6. 아래 문서는 교정과 관련된다:

a. UKAS 발간물 M3003 측정의 불확실성 및 신뢰도 표시

b. 지원방안묶음 (SSE) 핵심지원 분야 (KSA) 2: 종합군수지원

c. JSP 509: 시험장비의 관리

d. Def Stan 05-55: 국방부 시험 및 측정장비의 측정 및 교정시스템 요구사항:

(1) 제1부: 국방부 교정 실험실 운영 및 관리

(2) 제2부: 부대 레벨 시험

(3) 제3부: 교정 하청계약

e. 국방부 서식 1775: 국방부 시험장비에 이용된 색부호 교정필증의 표준체계.

소유권 및 문의처

7. 본 자료의 소유권은 합동군수체계국장 (D JSC)에게 있다. Head Support Chain Management 가 D JSC를 대신하여 JSC 정책의 관리 책임을 진다. 본 자료에 대한 정책 스폰서는 DES JSC SCM-EngTLS-PEngr 이다.

8. 본 자료의 내용에 관한 질의는 아래 창구로 한다:

a. 정책 스폰서에 대한 기술적 내용 문의:

DES JSC SCM-EngTLS-TM-TEC

Tel: Mil 9679 82690, Civ: 030679 82690

b. JSP 886의 일반적 내용에 대한 문의:

DES JSC SCM-SCPol-편집팀

Tel: Mil 9679 80952, Civ: 030679 80952

조직

그림 1 : 지원 및 시험장비, 교정 조직

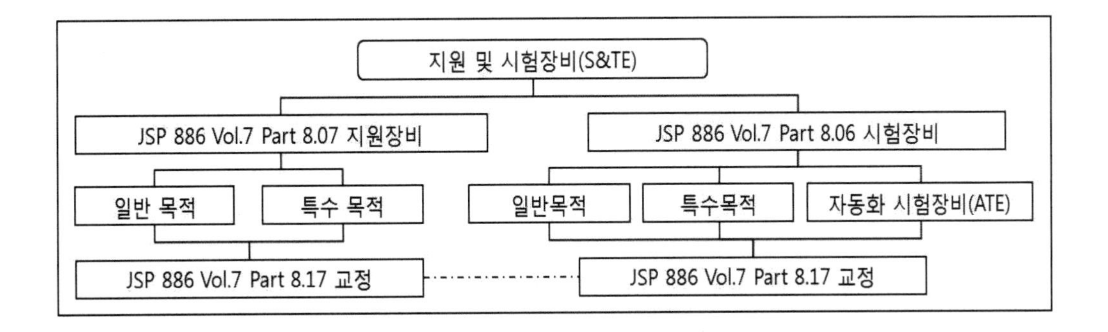

JSP 886 Volume 7 Part 9 – Supportability Case

Version 1.1 dated 11 Jul 11

JSP 886

국방군수지원체계 교범

제7권

종합군수지원

제9부

지원성 케이스

개정 이력		
개정 번호	개정일자	개정 내용
1.0	06 Sep 10	초도 출판
1.1	11 Jul 11	문의처 최신화

Contents

제3장

일반 요구사항 858

Figure

제1장

방침

배경

1. 본 자료는 ILS 지원성 케이스의 작성 방침과 지침에 대한 핵심 포인트를 제공한다.

정의

2. 지원성 케이스는 '정의된 체계가 사업의 지원 소요를 충족할 것이라는 주장을 지지하기 위해 생성되는 논리적이고 감사가 가능한 논쟁'으로 정의된다. 이것은 요구사항의 최초 서술로부터 시작하여 설계 활동, 시운전 등으로부터 입수한 지원 관련 증거 및 데이터 등, 운용단계 및 야전 데이터, 기록 및 변경사항까지 관련되거나 지원하는 정보를 참조하여 식별 및 인지된 위험, 전략 그리고 증거 체계를 포함한다.

3. 따라서 자신이 최상위 통제 문서임을 나타내며, 증거 체계와 연결된 지원성 케이스 보고서의 발간을 통해 주기적으로 최신화 된다. 이것은 진도를 기록하고 폐기될 때까지 수명기간에 걸쳐 장비/체계와 같이 한다.

4. 그러므로 지원성 케이스는 사업에 대한 수명주기관리 결정을 통보하기 위해 배포 및 타당성이 유지되어야 하는 점진적으로 확대되는 증거 체계의 본체이다.

방침

5. 지원성 케이스가 ILS 활동의 계획 및 수행과 동시에 만들어져야 하는 것이 국방부의 방침이다. 지원성 케이스는 테일러링된 ILS 방안과 일치해야 한다.

우선순위 및 권한

6. 지원성 케이스의 동시 작성을 포함하여 ILS 분야를 적용하는 권한은 DE&S Corporate Governance Portal Index를 통해 공표된다.

요구 조건

7. 모든 체계 및 장비는 지원성 케이스를 가져야 한다.

보증

8. ILS 지원성 케이스는 더 넓은 사업보증 체계의 일부를 구성한다. ILS보증에 대한 상세한 내용은 지원방안묶음(SSE) KSA 2의, 주로 관리 정책 2.1에 수록되어 있다.

9. 지원성 케이스는 SSE 적합성 수단을 축적하는데 이용된다.

10. 지원성 케이스의 작성 절차는 제2장에 그리고 추가적인 지침은 제3장에 수록되어 있다.

핵심 원칙

11. 핵심 원칙은 아래와 같다:

a. 체계에 대한 ILS 요구사항은 당국 및 계약자 모두가 이해 하도록 결정되고 확실하게 제시되어야 한다.

b. 활동 프로그램은 식별된 ILS 요구사항을 충족하도록 개발 및 이행되어야 한다.

c. 당국은 ILS 요구사항이 충족되고 요구사항과 관련된 위험이 관리되고 있음을 입증하기 위해 점진적인 지원성 케이스 작성을 수행해야 한다.

d. 지원성 케이스는 신규 사업의 경우 개념단계부터 폐기 때까지 수명기간에 걸쳐 적용되어야 한다. 기존 사업은 사업 관리자의 재량에 따라 지원성 케이스를 채택할 수 있다.

관련규격 및 지침

12. 아래의 규격서가 영국 국방부 내의 ILS 프로그램에 이용되었다: .

a. Def-Stan 00-60.

b. Def-Stan 00-600.

c. MILS-STD-1388-1a/2a/2b.

소유권

13. 시험장비에 대한 스폰서는 DES JSC SCM-EngTLS-PEng 이다.

문의처

14. 본 자료에 대한 질의 창구는 아래와 같다:

a. 기술적 내용에 관한 질의: DES JSC SCM-EngTLS-PC2

Cedar 2A, #3239, MOD Abbey Wood, BRISTOL BS34 8JH

Tel: Mil: 9679 Ext 82689, Civ: 030679 82689.

b. 자료의 입수 및 표현에 관한 질의: DES JSC SCM-SCPol 편집팀

Cedar 1A, #3139, MOD Abbey Wood, BRISTOL BS34 8JH

Tel: Mil: 9679 Ext 82699, Civ: 030679 82699.

제2장

지원성 케이스 절차

용어 정의

1. 지원성 케이스 보고서. 지원성 케이스 보고서는 증거 체계에서 합의된 바와 같이 지원성 케이스 (통상 프로그램에서 미리 정해진 지점 (예, 지원보증검토회의))에 대한 주기적인 갱신 판이다. 이 보고서는 지난 보고 이후 (필요 시 논문 및 데이터 출처 명시) 이루어진 작업으로부터 도출된 증거, 논쟁 및 결론에 대해 보고하고, 전체적인 지원 관련 달성내역/진도에 대한 평가 그리고 ILS 전략 및 계획의 검토 및 평가를 제공한다.

2. 지원성 증거 체계. 지원성 증거 체계는 지원관련 위험, 위험경감을 위한 증거에 대한 요구사항, 요구된 증거를 확보하기 위해 필요한 활동, 증거 수락기준, 실제로 제공된 증거의 근거 및 수락(또는 거절)의 확인의 매트릭스이다. 이것은 체계의 수명기간에 걸쳐 지원성 케이스의 추적성을 제공한다. 이는 당국 및 계약자의 위험에 같이 적용되며 통상 매트릭스 형식으로 제시된다.

3. 지원된 체계. 지원된 체계는 군사적 능력을 제공하기 위한 물리적 구성품, 소프트웨어, 절차 및 인간 자원의 복합체로 정의된다. 이것은 장비 및 지원 체계 모두에 대해 적용되며, 지원성 케이스는 이 둘의 지원 관련 요소를 설명한다.

지원성 케이스의 원칙

개요

4. 지원성 케이스는 '정의된 체계가 사업의 지원 소요를 충족할 것이라는 주장을 지지하기 위해 생성되는 논리적이고 감사가 가능한 논쟁'으로 정의된다. 지원성 케이스는 요구사항부터 충족 증거까지 군수 엔지니어링 고려사항의 가사 추적성을 제공한다. 이것은 특정 활동이 어떻게 수행되었고 어떻게 성공이라고 판단될 수 있는지의 추적성을 제공한다. 이것은 개념단계에서 시작하여 체계 수명 기간 동안 점진적으로 최신화되며, 정해진 마일스톤에서 지원성 케이스 보고서로 요약된다. 아래 그림 1은 증거원을 이용하여 지원성 케이스의 주장의 형성과 논쟁의 개념에 대해 보여준다.

그림 1 : 주장의 개발

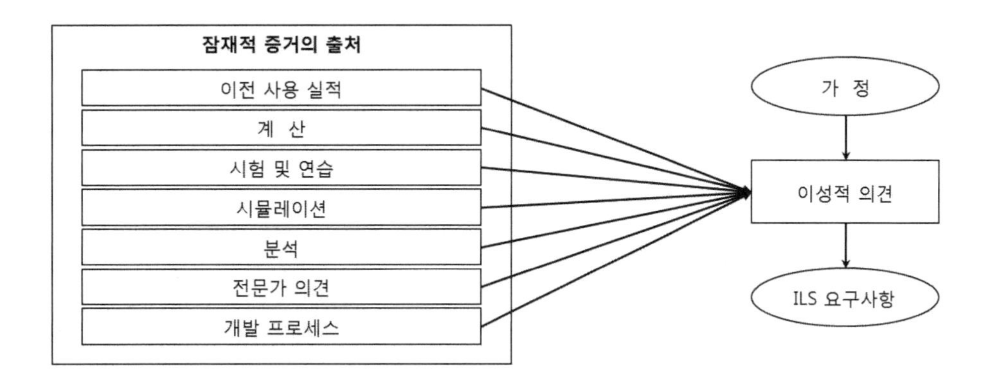

5. 실제 상황에서, 모든 자료의 조사는, 특히 증거의 출처가 많고 다양할 경우 손을 댈 수가 없다. 허용할 수 있는 방안은 지원성 케이스를 지원성 케이스 보고서 밖에서 구성하는 것인데, 이는 결국 소스 증거를 참조한다. 이 경우를 그림 2에 나타내었다.

6. 지원성 케이스를 형성하는 모든 분석, 전략, 계획, 증거, 가정, 논쟁 및 주장은 점선으로 테두리 친 경계 내에서 발견된다.

그림 2 : 지원성 케이스의 개념

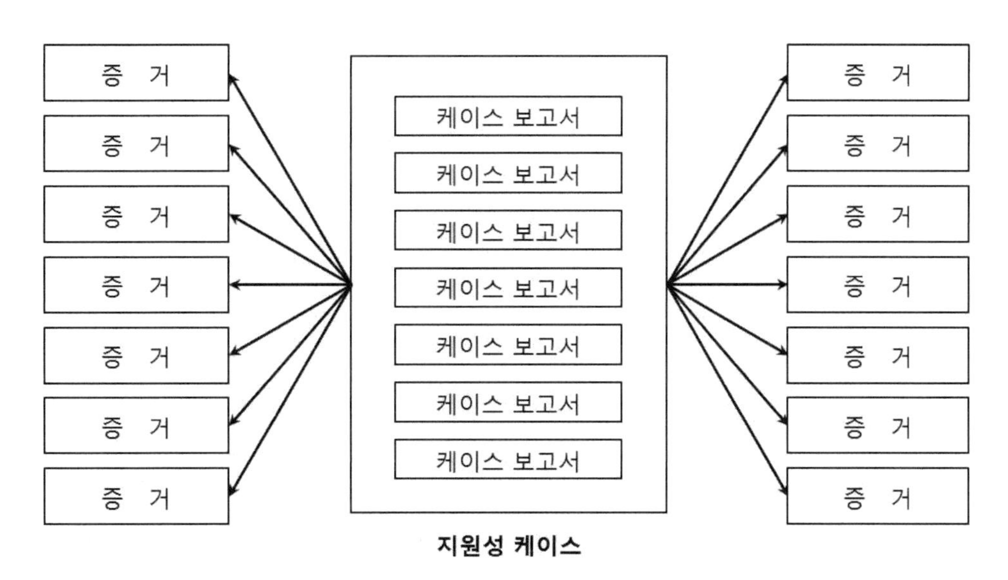

7. 지원성 증거 체계는 지원관련 위험을 나타내기 위해 기존의 경감활동 (및 이에 대한 성공 기준)을 확보한다. 이것은 통상 매트릭스 형태로 표시된다.

8. 지원성 케이스 보고서의 수, 내용, 목표 및 일정은 '증거 체계'에 의해 결정 및 규정된다. 이것은 'ILS 전략 및 계획'에 대한 초기 작업과 같이 시작하며, 사업 기간 동안 최신화 된다. 각 지원성 케이스 보고서는 가장 최근의 증거 체계를 반영한다. 이것은 그림 3에 나타내었다.

지원성 케이스의 이 요소는 초기(정당화된) 지원관련 요구사항 및 제안된 방안의 이유에 대한 세부 내용을 포함한다.

그림 3: 증거체계 수립 및 개발

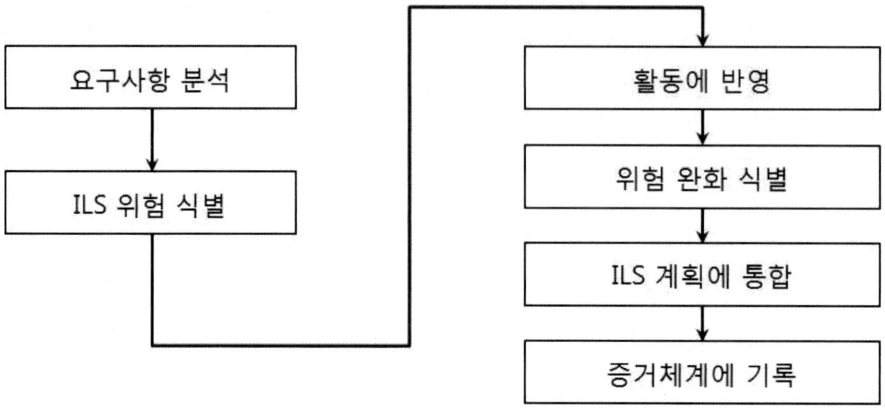

ILS / 지원성 엔지니어링 전략 개요

9. 모든 사업은 지원성 케이스에 중요한 ILS / 지원성 엔지니어링 전략을 포함하고 유지해야 한다. 이것은 구매하고자 하는 능력이 수명기간에 걸쳐 요구된 지원 특성을 반드시 가지도록 해야 한다.

10. 전략은 장비 및 지원체계의 지원성 관련 특성이 사용 중에 어떻게 지속적으로 모니터링 되는지를 설명해야 한다.

11. 당국은 지원관련 요구사항 및 이에 대한 측정 기준을 결정해야 한다. 지원관련 요구사항은 예상되는 지원체계 환경 및 제한사항을 포함해야 한다.

12. 당국으로부터 별도의 지시가 없을 경우, 지원관련 설계 목표 및 측정 기준을 주도하고 제안하는 것은 계약자의 책임이다.

13. 지원관련 요구사항의 분석을 통해, 계약자는 궁극적인 장비 및 지원체계 방안에 대한 확고한 설계 철학을 결정한다. 지원관련 요구사항의 달성에 관련된 위험의 고려는 위험 관리 및 필요한 보증의 제공을 위한 전략의 결과로 나온다. 활동 프로그램은 달성을 고려하여 ILS / 지원성 엔지니어링 전략 및 계획을 검토하기 위한 검증 및 피드백을 포함해야 한다.

14. 이 전략의 이행 방법에 대한 세부 내용은 JSP 886 제7권 2부: 'ILS 관리'에 수록되어 있다.

지원성 케이스 검토

15. 지원성 케이스는 아래의 경우 검토 및 최신화 된다:

a. 지원체계의 장비 또는 요소가 개조된 경우,

b. 체계가 어떻게 또는 어디서 이용 또는 지원되는지에 대한 변경이 있는 경우, 예를 들면, 기존 지원 또는 계약 방침의 변경.

c. 지원관련 요구사항에 변경이 있는 경우,

d. 실제 능력과 설계 의도 간에 차이가 있는 경우.

체계 수명주기를 통한 지원성 케이스의 적용

개요

16. 지원성 케이스의 작성은 장비 및 관련 지원체계를 개발하는 조직내의 전담 활동으로 수행되어야 한다. 포함된 프로세스는 계획대로 진행되는 모든 사업에 필요한 아래와 같은 두 개의 동시 수행 활동과 인터페이스 된다:

a. 운용센터 보증 작성

b. 신뢰도 및 정비도 케이스 작성

17. 각각의 활동은 아래의 주요 결정 지점에서 주요한 검토회의를 가진다:

a. 최초 승인 (IG).

b. 최종 승인 (MG).

c. 군수지원일자 (LSD) 검토

d. 전력화 검토 (ISR).

18. 공통적인 위험기반의 접근방법은 가능한 한 조화를 이루는 각 프로세스에 필요한 증거 수집을 위한 노력과 함께 모든 상기 활동의 수행에 사용된다.

19. 지원성 케이스 작성에서 당국과 계약자간에 요구된 노력의 균형은 '장비지원 지속 개선팀'(ESCIT)의 지원 옵션 매트릭스 및 개발품 또는 비-개발품 사업의 특징으로부터 선정된 개괄적인 지원방안 접근방법에 따라 크게 좌우된다.

최초 승인/계약 전 지원성 케이스

국방부 책임

20. 최초 승인 전, 활동의 대부분은 당국에 의해 수행된다. 지원 요구사항이 식별되고, 가능한 한 체계 수명주기의 초기에 정확하게 정량화 하는 것이 매우 중요하다.

21. '사업'은 지원 요구사항 및 그 측정기준을 정확하게 확보해야 한다. 체계가 운용 중 어떻게 사용되는지를 반영할 체계의 이용자와 함께 용도 연구가 이루어지는 것이 대단히 중요하다.

22. 이 시점에서 모든 지원관련 위험을 포착하여 사업의 위험 등록부에 포함시키는 것이 중요하다.

23. 지원성 케이스는 이 시점에서 공식 SSE 보증 프로세스와 긴밀하게 연결된다.

계약자 책임

24. 이 단계에서 뚜렷한 계약자 활동은 없다.

최종 승인

국방부 책임

25. 최종 승인 단계에서, 지원성 케이스는 제안된 ILS 활동, 이들의 성공 기준 및 이 증거가 만들어지는 사업의 마일스톤으로 이루어진 부분적으로 완성된 증거/수락 체계를 포함해야 한다.

26. 지원성 케이스는 이 시점에서 공식 SSE 보증 프로세스와 긴밀하게 연결된다.

계약 후 지원성 케이스

낙찰 후

27. 낙찰 후, 지원성 케이스는 계약대상 요구사항이 정확하게 포착되고 차이를 메워줄 모든 활동을 지원하기 위한 증거가 취합된 것을 확인하기 위해 재검토 되어야 한다.

계약자 책임

28. 지원성 케이스의 기준 및 기본적 증거 체계는 계약자에 의해 합의되어야 한다.

군주지원일자 지원성 케이스

29. 군수지원 일자는 사업일정에서 매우 중요한 마일스톤이다. 지원성 케이스는 이 시점에서, 운용단계까지의 ILS 목표가 충족되었으며, 미 충족된 것은 운용단계 중 필수 신뢰 수준으로 달성될 것이라는 것을 보여주기 위한 충분한 증거를 가져야 한다.

운용단계 지원성 케이스

30. 장비가 일단 전력화 되면, 지원체계의 운용을 면밀하게 모니터링 하는 것이 중요하다. 장비 및 관련 지원체계의 능력은 반드시 정확하게 기록되어야 한다.

31. 아울러, 장비가 운용되는 방법과 그 운용 환경에 대한 모든 변화를 기록하는 것이 중요하다. 지원에 대한 위험은 반드시 식별되어 사업 위험 등록부에 등록되어야 한다.

32. 장비의 성능을 모니터링 하고 지원성 요구를 유지하기 위해 필요한 만큼 지원체계에 변화를 주기 위해 효과적인 '데이터/결함 보고 및 수정작업 시스템' (DRACAS)이 이행되어야 한다.

개조

33. 군사적 요구의 변화를 충족하고 원래 설계와의 단종 문제를 해결하기 위해 장비는 수명

기간 중 수정될 필요가 있다. 기본 설계에 대한 모든 변경은 지원체계 요구사항이 충족되도록 하기 위해 지원체계에 미치는 영향에 대해 분석된다. 장비나 지원 체계에 대한 변경이 있어도 여전히 지원성 요구사항이 충족된다는 증거가 확보되어야 한다.

점진적인 ILS 보증

34. 모든 사업에서, 지원체계의 성능 부족 가능성이 있다. ILS 위험의 식별은 그 영향을 최소화 하기 위하여 경감활동의 채택을 촉구한다.

35. ILS 요구 달성의 실패 위험은 위험관리 업무의 적용을 통해 평가 및 관리된다. 이것은 전통적으로 사업 시작시점에서 정의된 기준에 대해 각 위험의 점수를 매긴다. 위험관리 프로세스는 위험의 식별과 함께 평가단계에서 시작하여 CADMID 주기를 거쳐 폐기 단계까지 지속된다. 보증 프로세스는 위험 수준의 변화 및 사업의 진행에 따른 새로운 위험의 출현에 대해 반응하는 능동적인 프로세스가 되어야 한다.

36. 프로그램 내의 ILS 위험은 수명주기에 걸쳐 감소되지 않는다는 것을 인식해야 한다. 다른 설계 옵션의 선택, 기술 삽입 또는 중간수명 개량으로 지원성 케이스의 일부가 쓸모 없게 되어 완전히 새로운 증거의 수집이 필요할 경우가 있다.

제3장

일반 요구사항

지원성 케이스 및 지원성 케이스 요약 보고서에 대한 일반 요구사항

증거 제공

1. 계약 기간 중, 지원성 케이스는 전통적인 LSAR 데이터 및 DID 지정 품목뿐만 아니라 모든 형태의 증거를 다 같이 가져온다.

2. 이런 증거의 형태에는 통상 아래 항목이 포함될 수 있다:

a. 종합군수지원계획

b. 군수지원분석계획

c. 종합군수지원 요소 계획

(1) 기술문서

(2) PHS&T.

(3) 보급 지원

d. 교육계획

(1) 교육소요분석

e. 설계 산출

(1) FMEA.

(2) FMECA.

f. 이전 사용 시 성능

g. 사안별 전문가의 의견

h. 시험 결과

(1) 신뢰도 시험

(2) 정비도 시험

i. 모델링 / 시뮬레이션 결과

(1) 비용 모델

(2) 신뢰도 모델

(3) LORA 모델

j. 설계 R&M 케이스

3. 계약 체결 후, 기능 적 및 물리적 양 군수지원 활동은 지원방안을 개발하기 위해 수행된다. 지원성 케이스를 위한 증거작성에 맞추어진 활동은 없으며, 증거는 폭 넓은 군수 엔지니어링 목표를 위해 요구되는 자료에서 도출되어야 한다.

4. CADMID 주기를 통해 진도가 이루어지면, 증거가 발생하고 일련의 지원성 케이스 보고서에 수집 및 평가되며, 이로써 계약 종료까지 적절한 시점에 지원성 요구사항이 충족된다.

5. 그림 4는 지원성 케이스의 논리적 논쟁이 어떻게 여러 형태의 증거를 결합하고 가정의 근거가 될 수 있는지를 보여준다. 이런 가정이 체계 수명주기에서 가능한 빨리 공개되도록 하는 것이 중요하다. 사업에서 '마스터 데이터 및 가정 목록'이 이행된 경우 여기에 포함되어야 한다.

6. 가정은 가장 빠른 시기에 입증되어 이 가정이 증거로 효과적으로 대체되어야 한다.

7. 논리적 논쟁은 예상된 ILS 능력에 관한 주장이 만들어지게 하고, 관련 증거와 함께 이 주장이 지원성 케이스를 구성하게 한다.

증거제시에 대한 지침

8. 이 절은 지원성 케이스에 어떻게 증거를 체계화하고 제시하는지에 대한 지침을 제공한다. 지원성 케이스에 제공된 증거는 '지원방안 매트릭스'(SOM) 및 사업의 복잡성으로부터 선정된 지원방안의 형태에 따라 사업 별로 크게 달라진다.

9. 군수지원 활동을 수행하기 전, 활동의 목표를 충분히 이해하고 성공 기준을 정의하는 것이 필수적이다. 성공 기준은 지원성 케이스 보고서의 주장을 확증해야 한다. 이상적으로는 성공 기준이 정량적 특성이어야 하나, 일부 활동은 자연적으로 그렇게 되지 않게 하고 정성적 기준에 합의를 요구한다.

10. 고장트리분석 (FTA) 등과 같은 모든 ILS 분석 기법이 장비나 지원방안의 설계반영을 위한 추가적인 활동 없이 직접적으로 지원성 증거를 발생하지 않는다.

11. 사업 수명주기의 특정 단계에서, 일부 장비 방안 및 관련 지원방안이 고려될 수 있다. 지원성 케이스는 각각의 조합을 별도로 다루어야 한다.

12. 활동으로부터 지원성 케이스에 입력되는 정보에 아래 항목을 포함하는 것을 고려해 볼 수 있다:

a. 목표 및 성공 기준

b. 결과

c. 가정

d. 증거

e. 증거의 개발 및 유지

증거의 타당성 판단 방법에 대한 지침

13. 증거의 타당성은 크게 ILS 위험의 축소에 관련된다. ILS 업무의 타당성을 스스로 설명할 필요가 없는 한, 생산된 증거의 가시성, 추적성 및 품질은 결정적인 요소가 된다. 따라서, ILS 업무 수행 및 통제의 폐 루프 내에서 증거가 생성, 관리, 입증 및 사용되도록 해야 한다.
14. 그림 4는 대표적인 폐 루프 시스템을 보여주는데, 왼쪽에서 오른쪽으로 크게 4 부분으로 구성된다. 좌측 부분은 ILS의 원칙적 목표를 반복한다. 이것은 증거 타당성 기준의 최상위 레벨을 나타내며, 위험경감 프로세스 수행 기간 동안 핵심 원칙으로 염두에 두어야 한다.
15. 보증을 요하는 ILS 프로세스는 전통적인 ILS 기법에 의존하는 상위 수준의 목표 지향적 프로세스이다. 이 프로세스는 자신과 외부 프로세스 간에 정보를 교환한다. 시스템은 ILS 위험을 줄이는 목표와 함께 폐 루프로 설정된다. ILS 보증의 결과는 ILS 위험 등록부 (사업 위험 등록부의 하부 세트), ILS 지원성 케이스 및 제공된 증거의 타당성 평가와 함께 그림 4의 우측에 나타나있다.
16. ILS 위험 경감 프로세스는 수명주기의 모든 단계 그리고 모든 형태의 계약에 적용된다. 그림 4에서 식별된 활동이 적용된 순서 및 정도는 계약의 종류 및 구매하는 장비나 능력에 따라 달라진다.
17. 이상적인 상황에서, 증거의 발생 및 조사작업 및 DRACAS/운용단계 피드백은 다른 증거 발생 및 유사 시스템의 버전에 걸쳐서 진행되어야 한다.
18. 증거의 타당성 평가를 위한 원칙적 기준은 아래와 같다:

    a. 전체 증거가 그림 4에 표시된 것과 같이 폐 루프 ILS 관리 및 위험 경감 프로세스에서 도출된다.

    b. 증거의 모든 항목의 출처가 특정한 ILS 작업 및/또는 통제 프로세스에 명백하게 연결된다.

    c. 증거의 모든 특정 항목 및 ILS 전략, 계획 및 위험 등록부 간의 연결이 나타나야 한다.

    d. 모든 특정 ILS 활동에서 나오는 증거는 증거제시를 위한 요구사항에 따라야 한다.

    e. 타당성, 충실도, 정확도 측면에서 증거의 각 항목의 상태와 어떻게 이들이 체계에 반영되고 위험을 경감하였는지가 증거 체계에 쉽게 식별될 수 있어야 한다.

19. 증거의 타당성을 평가하기 위하여, 감사 가능한 방법, 기법, 가정 및 세부 결과가 추구된다. 그 결과, 당 사자간의 개방적이고 정직한 대화가 매우 중요하다. 앞에서 나열한 기준에 따라 가시성, 추적성 및 품질을 포함하여 제시된 증거를 평가하기 위해 판단이 요구된다.

그림 4: 폐 루프 프로세스

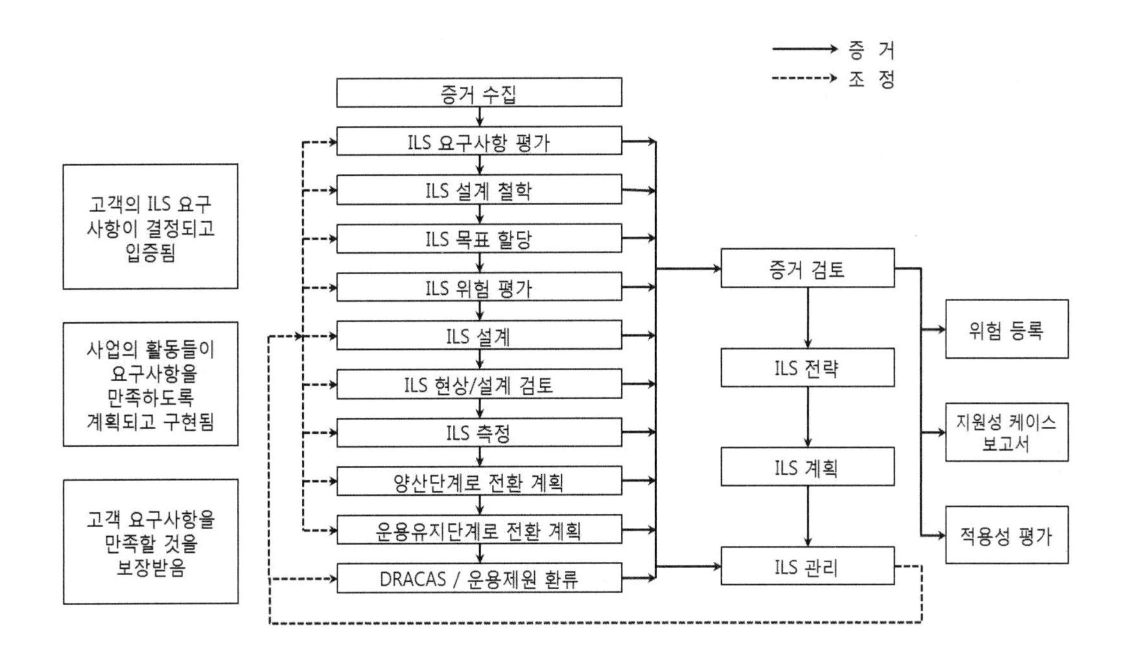
증 거
조 정
증거 수집
ILS 요구사항 평가
ILS 설계 철학
ILS 목표 할당
ILS 위험 평가
ILS 설계
ILS 현상/설계 검토
ILS 측정
양산단계로 전환 계획
운용유지단계로 전환 계획
DRACAS / 운용제원 환류
고객의 ILS 요구사항이 결정되고 입증됨
사업의 활동들이 요구사항을 만족하도록 계획되고 구현됨
고객 요구사항을 만족할 것을 보장받음
증거 검토
ILS 전략
ILS 계획
ILS 관리
위험 등록
지원성 케이스 보고서
적용성 평가

JSP 886 Volume 7 Part 10: Manage Design Through Life

Version 1.1 dated 17 Jan 13

JSP 886

국방군수지원체계 교범

제7권

종합군수지원

제10부

수명주기동안 설계 관리

개정 이력		
개정 번호	개정일자	개정 내용
1.0	23 Jul 12	초도 출판
1.1	17 Jan 13	경미한 개정, 내용 변경 없음.

Contents

제1장

Ministry
of Defence

제1장

수명주기 동안의 설계관리 (설계 의도 관리)

배경

용어 정의

설계 의도. 요구되는 능력의 결과와 설계 그리고 제품, 서비스 또는 방안 내에서의 실현간의 관계

설계 조직 (DO). 전 수명기간을 통하여 설계 관리 수행을 위해 수립된 권한을 가진 조직체 (보통 국방부 및 업체의 조합). 설계 조직은 능력이 안전하게 제공되도록 정의한 물자의 상태 및 운용 파라미터 내에 설계자의 원래 의도를 보존하도록 설계가 유지되게 하는 책임이 있다.

개요

1. 체계는 수명기간 동안 규정된 한계, 파라미터 및 제안사항 내에서 운용, 유지 및 지원되도록 만들어졌다. 체계의 설계는 원래의 설계 및 설계 의도, 알려진 물자의 상태 및 운용 환경간의 모든 차이가 이해되고 위험이 평가되었다는 증거를 제공하기 위해 수명기간을 통하여 관리될 필요가 있다.

2. 체계의 수명기간에 걸친 설계 변경을 포함하여 설계에 대한 충분한 지식과 설계 의도 그리고 설계가 어떻게 관리되는지를 보장하는 것이 중요하다. 이것은 개량, 운용 절차상의 수정, 수리부품에 대한 노화 및 사양에 대한 결정을(이 결정이 체계 안전성 및 운용상 성능에 미치는 영향에 대한 충분한 이해와 함께) 내릴 수 있게 한다. 그렇지 않을 경우, 원래 설계 의도에 대한 오해로 인해 부적합한 안전에 대한 논쟁, 안전성 케이스의 양보 그리고 기대에 어긋난 부적절한 운용으로 연결될 수 있다.

3. 본 정책은 장비가 원래의 설계와 인도 요구사항을 충족하는 상태로 유지 및 지원되도록 하는데 필요한 활동을 설명한다. 규정된 운용 한도 내에서 체계가 효과적이고 안전하게 예상치 않은 빈도의 고장이나 악영향 없이 사용될 수 있도록 한다. 여기에는 계획되고 안전한 방법으로 성능과 안전을 유지하는 것뿐만 아니라 장비를 개량하기 위한 관리 및 개량이 포함되며, 아래 사항을 요구한다.

a. 안전 케이스 관리

b. 설계의 형상관리

c. 설계 논리 를 입증하는 이해의 유지

d. 운용 및 정비의 범위 설정

e. 엔지니어링 이력 및 기록 유지

f. 사용자 및 정비자에 대한 기술지원

g. 지원 모니터링 및 검토

h. 지원성 케이스 관리

방침

4. 제품 설계자가 선정되는 즉시 사업팀 이 설계 전략과 설계조직(DO)의 수립을 통해 수명 기간을 통한 설계관리를 먼저 수행하도록 하는 것이 DE&S의 방침이다. DO의 구성은 포괄적이고 수명기간 동안 유지되어야 할 설계 책임을 상세히 나타낸다. 여기에는 모든 관계자가 그들의 역할과 책임을 이해하도록 투명하고 명백한 방법으로 공표되는 지원에 대한 위임이 포함된다.

5. 본 방침은 설계 안전 및 운용상 효과에 미치는 영향 때문에 UOR 을 포함하여 모든 사업에 적용된다. 본 방침은 사업의 규모, 복잡성 및 기간에 맞게 이행되어야 한다. 수행할 활동의 적절한 수준에 대하여 기술국장(9a의 문의처 참조)으로부터 조언을 구할 수 있다. 최소한, 설계 전략과 계획이 개발되어야 하며, 조직상의 책임이 합의되어야 한다.

6. 본 방침의 목적은 규정에 의해 요구된 핵심 포인트를 확보하기 위한 것이나, 포괄적이며 최소한의 공통적인 요구사항을 제시하기 위함이다. 그러나, 본 방침은 수명기간을 통한 설계관리를 위해 사업팀이 따라야 할 방향과 지침을 제공한다.

소유권 및 문의처

7. 군수지원 절차에서 지원분야 군수정책의 소유권은 국방물자국장(CDM)의 프로세스 기획자 3로서 국방군수운영참모차장(ACDS Log Ops)에게 있다.

8. 이 역할은 국방군수위원회(DLB) 산하의 국방군수실무그룹(DLWG) 및 국방군수조정그룹(DLSG)을 통하여 이루어진다.

9. '수명주기 동안의 설계 관리' 방침의 스폰서는 Director Safety and Engineering (DS&E) 이다.

a. 정책 및 관련내용에 관한 문의:

DES SE EngPol-1

Tel: 군: 9679 35066; 민: 030 679 35066

b. ILS 내용에 관한 문의:

DES JSC SCM-EngTLS-PC

Tel: 군: 9679 82891; 민: 030 679 82686

c. 문서의 입수에 관한 문의:

DES JSC SCM-SCPol-편집팀

Tel: Mil: 9679 80953; Civ: 030 679 80953

요구 조건

10. 체계나 장비가 안전 운용, 정비 및 지원을 보장하면서 원래의 성능 요구사항을 충족하도록 수명기간 동안 설계가 관리되도록 하는 것이 핵심 요구사항이다.

핵심 원칙

11. DO는 체계의 설계, 운용, 정비 및 지원에 영향을 미치는 모든 결정을 위한 기술 당국이다. 기술적 의사결정이 적절히 승인되고 자격 및 경험을 갖춘 박식한 인원에 의해 수행되도록 하기 위해, DO는 내외부에 적절히 권한 위임을 하고 관리해야 한다. 아울러, 다른 군수 기능의 소유자, 즉 군수지원위원회, 형상변경관리위원회, 정비자, 운용자 등에게 기술적 조언을 제공해야 한다.

12. 인도된 설계 기준(도면, 문서, 가정, 절충, 지원 논리 및 결정 등)의 일관성과 무결성은 체계에 대해 제안된 모든 변경에 대한 참조로 이용될 수 있도록 확보되고, 적절하고 접근 가능한 수단에 저장되어야 한다.

13. DO는 확정된 설계로부터 형상관리 정책 에 따라 설계 변경을 통제한다. 출처와 상관없이 설계에 대한 모든 변경은 공식 통합 및 구현 전에 승인된 설계 및 설계 의도에 대해 입증되어야 한다.

14. DO는 설계, 자재 상태 및 운용 파라미터가 알려지고 정의된 범위 내에서 적용 및 통제되도록 하기 위해 설계, 정비, 교육, 체계 운용 및 지원에 대한 권위 있는 규격서가 출판되도록 해야 한다. 이것은 체계가 설계자의 전제조건과 일치하도록 안전하게 운용 및 유지되는 것을 보장한다.

15. DO는 전 수명기간을 통하여 체계의 운용, 정비, 수리, 지원 및 폐기에 필요한 적절한 기술 문서를 출판하고 관리한다.

16. Def Stan 00-56의 안전관리 요구사항을 충족하기 위해, DO는 설계 정보를 안전성 케이스 프로세스에 제공하고, 설계가 식별 및 정량화된 안전 위험을 최소화하도록 통제되게 하는 책임을 진다. 위험은 최소한 허용가능 하거나 실제 가능한 최소(ALARP) 수준이어야 한다.

17. DO는 기존 프로세스(예, 정비), 운용 범위 또는 설계 전제조건을 이탈하는 문제에 대한 공식 평가 그리고 안전 운용이 부지불식 간에 타협되지 않도록 이런 이탈의 위험을 정량화하

는 책임을 진다.

18. 운용상, 기술적, 법적 및 환경 규제에 대한 변경 그리고 기타 안전 및 설계 의도에 영향을 줄 수 있는 변경은 DO 의해 이행된다.

관련 규격 및 지침

19. 아래 출판물은 추가 지침 및/또는 정책을 제공한다:

a. JSP 430: 함 안전 및 관리 및 환경 보호

b. JSP 454: 육상 장비 안전 및 환경 보호

c. JSP 520: 군수품, 탄약 및 폭발물 안전관리 시스템

d. 군사 감항성 기관(감항국) (MAA) 규제 출판물 (MRP).

e. JSP 886 제5권 Part 2A: 육상장비의 형상관리

f. JSP 886 제7권 Part 5: 지원정보의 관리

g. JSP 886 제7권 Part 5.01: 장비발생시스템정보의 관리 및 활용

h. JSP 886 제7권 7 Part 8.03 (A – D): 정비

i. JSP 886 제7권 Part 8.05: 기술 문서

j. JSP 886 제7권 Part 8.11: 품질 관리

k. JSP 886 제7권 Part 8.12: 형상 관리

l. JSP 886 제7권 Part 8.13: 단종 관리

m. JSP 886 제7권 Part 9: 지원성 케이스

n. BRd 1313: 수상함의 정비관리

o. BRd 8593(17): 수상함의 추가 및 개조 (A&A)절차 및 개량

p. Def Stan 00-45: 엔지니어링 고장 관리를 신뢰도중심정비의 이용

q. Def Stan 00-56: 국방장비에 대한 안전관리 요구사항

r. Def Stan 02-28: 핵잠수함 형상관리

s. Def Stan 02-41: 수상함의 형상관리 요구사항

t. Def Stan 05-57: 국방자재의 형상관리